U0394856

图 17-1　拍摄于绿色屏幕前的演员，将被合成
　　　　到另一个场景中（Jackson Lee/Splash
　　　　News/Corbis）

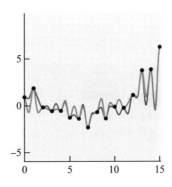

图 18-2　函数 S（红色）和 T（绿色）在每一个
　　　　整数点上（黑色圆点）都取值相同

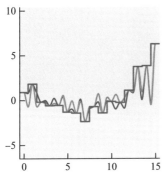

图 18-3　红色或绿色函数在一维液晶显示屏的
　　　　显示采样点上的光能函数（蓝色）

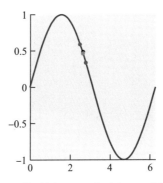

图 18-7　原始采样 $\sin(x_0)$ 为黑色，两个附近的
　　　　随机采样显示为红色。三点高度值的
　　　　平均（绿色）非常接近 $\sin(x_0)$

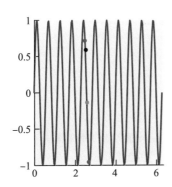

图 18-8　$x \mapsto \sin(11x)$ 在 $x=x_0$ 附近的随机采样（红色）
　　　　与在 x_0 位置上的采样（黑色）非常不同，所
　　　　以它们的平均（绿色）更接近零

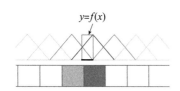

图 18-16 加权函数测量。中间红色"帐篷形状"
函数作为中间像素的贡献权重

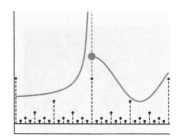

图 18-26 "不好的"函数。紫色函数在形式为
$p/2^q$ 的位置上的值为 $1/2^q$，其他位置
的值都为 0

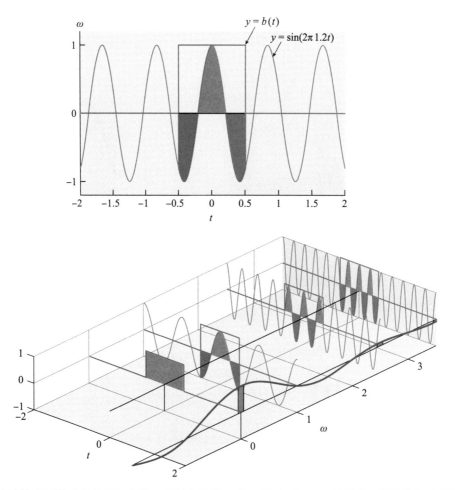

图 18-39 为计算盒函数 b 的傅里叶变换，在每个频率 ω 处，将 $\sin(2\pi\omega x)$ 乘以 b，并计算新生成函数覆盖区
域的面积，其中正面积（位于 $t\omega$ 坐标平面上方）显示为绿色，负面积为红色。上图：$\omega=1.2$ 时的计
算结果。下图：ω 取不同值时的计算结果。对于每一个频率，我们在图的右侧画出了计算得到的区
域总面积。它是关于频率 ω 的函数，在图中显示为紫红色平滑曲线；显然它为 $\omega \mapsto \mathrm{sinc}(\omega)$ 函数

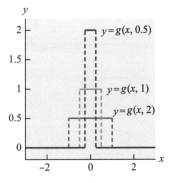

图 18-46 a 取不同值时的 $x \mapsto g(x,a)$ 函数

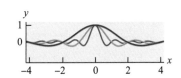

图 18-47 图 18-46 中所示例子的傅里叶变换，
其曲线颜色与图 18-46 一致

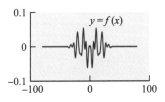

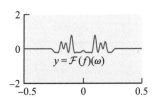

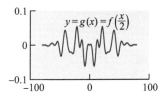

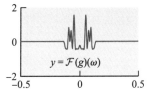

图 18-50 当 f 曲线沿 x 轴被拉伸后，$\mathcal{F}(f)$ 曲线（紫红色）沿 ω 轴被压缩，在 y 轴上则被拉伸

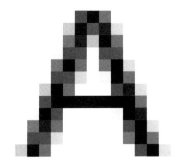

图 18-59 对白底黑字的彩色绘制

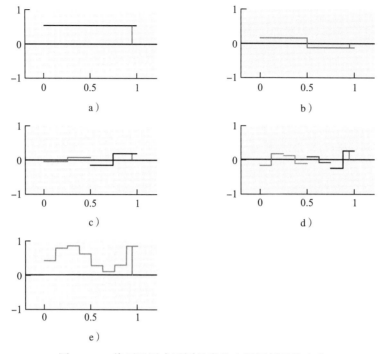

图 18-63 将逼近写成不同尺度的空间局部函数之和

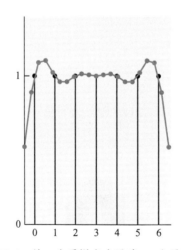

图 19-6 从 7 个采样点中重建 20 个采样点

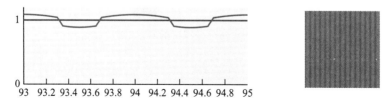

图 19-8 左：用截断的 sinc 滤波器对 1D 常值信号滤波产生波纹效应。右：用同样的截断 sinc 在水平方向对一张灰度图像进行滤波采样，产生波纹

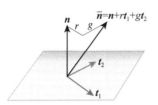

图 20-4 向量 $\bar{n}$ 单位化后得到新的法线 n'；r 和 g（相当于"红"和"绿"）沿曲面变化，其值可通过查找纹理图确定

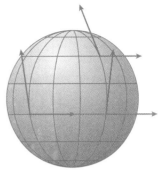

图 20-6 球面上 θ 为常数值的垂直曲线和 ϕ 为常数值的水平曲线，分别用橙色、蓝色显示，此外还画出了这些曲线上少数点处的切向量

图 20-13 使用单采样光线跟踪的棋盘格纹理走样图（由 Kefei Lei 提供）

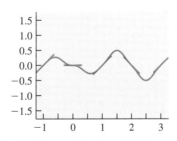

图 20-15 一维 Perlin 噪声，整数点处的线性函数以橙色线段标出

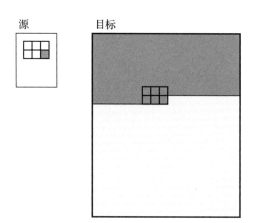

图 20-21　一幅合成了一部分的图像以及包含一个未知像素的高亮区域

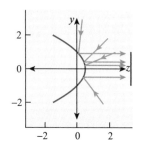

图 20-26　光线镜面反射图

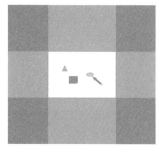

图 21-2　屏幕四角所在象限（绿色）属光标移动时较为方便的目标，与屏幕四边相邻的带状区域（蓝色）也是如此

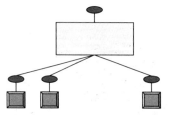

图 21-6　背景画布（黄色矩形）及其比例缩放 – 平移视图变换（顶部红色椭圆），背景中的每一图片（蓝色矩形）也有各自的比例缩放 – 平移变换

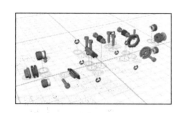

图 21-17　零件在平面上的投影桩提供了有关零件在垂直方向上位置的线索。透明的投影桩表示该零件在平面下。粉红色桩，如最靠近中心交叉网格点的那个，表示装配体而非单个物体（Michael Glueck 和 Azam Khan，©2009 ACM, Inc.，经允许转载）

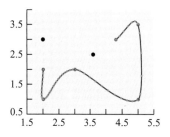

图 22-9　推广后的 Catmull-Rom 样条

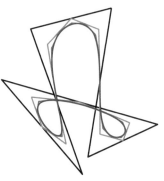

图 22-10　一个多边形（黑色）细分三次（彩色）后逼近一条光滑的极限曲线

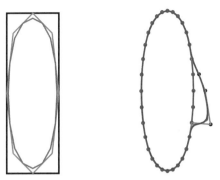

图 22-11　左图中的黑色矩形勾勒出一张脸的大致轮廓，经过两次细分得到右图中的红色椭圆，往右移三个控制点（黑色）构造鼻子的形状，进一步细分产生脸形轮廓的光滑曲线（深蓝色）

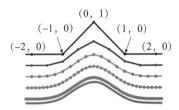

图 22-12　最上方为控制多边形，细分逼近三次 B 样条函数 b_3 的曲线图（红色），各层细分结果从上至下显示在图中

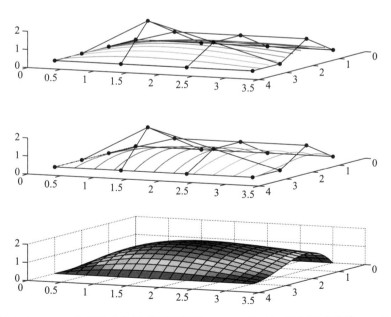

图 23-1　（上）在 Bézier 曲面片上选取若干参数值 s，$s \in [0, 1]$，绘制出曲线族 $t \mapsto S(s, t)$；（中）同一曲面片上取若干参数值 t，绘制出曲线族 $s \mapsto S(s, t)$；（下）绘制该 Bézier 曲面，其高度值用颜色标识。上两幅图中均显示了控制网格 $Q_{ij}(0 \leqslant i, j \leqslant 3)$

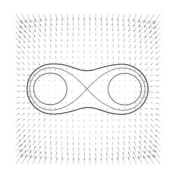
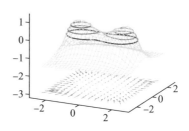

图 24-2 两座海岛的地形图和侧视图。在高潮时（两条接近于圆的红色曲线），海岛分离开，海岸线有两部分；在低潮时（大的紫色曲线），海岛通过地峡相连，海岸线为一条单一的曲线；在中潮时（绿色的 8 字形曲线），海岸线有一个奇点，此处高度函数梯度为零。在两幅图中，淡灰色箭头是隐函数梯度按比例缩小的版本

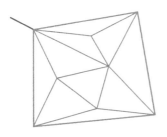

图 25-3 网格中，内部边显示为绿色，边界边为蓝色。不与任何面相邻的红色的边是悬边，在我们的网格中悬边是不允许的

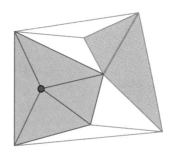

图 25-8 单形的星形由包含它的所有单形构成

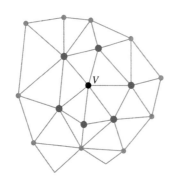

图 25-9 V 的 1 - 环为红色的点，2 - 环为更小的绿色点

图 25-10 顶部顶点的星形区域被绘制成橙色；1 - 环顶点在中部构成一个八角形（图中红线）；位于底部的 2 - 环顶点被绘制成亮绿色，并相互连接构成 8 字形

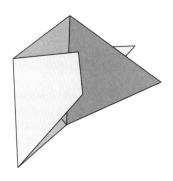 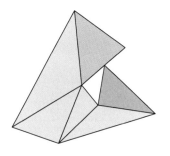 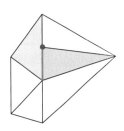

图 25-11 （左）网格自交；（中）粉色面一顶点交于绿色面的底部边；（右）红色顶点处形成 T-连接

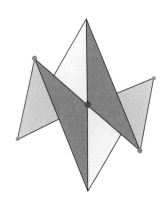

图 25-14 将网格投影到穿过其红色中心点的平面上，该投影并非单射。较大的绿色顶点离视点较近，而那些小的蓝色的点则较远

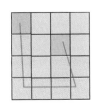

图 25-27 U 形的多边形集生成了许多边，但是不能一致性地标记网格单元，使每一条相交边都代表一个符号变化。图中标记良好的网格单元呈现为绿色。如果网格单元的相交边是奇数，那么就会出现问题（见橙色的单元）

图 26-1 洒落在湿路面上的薄层汽油因衍射而呈现出多彩的颜色

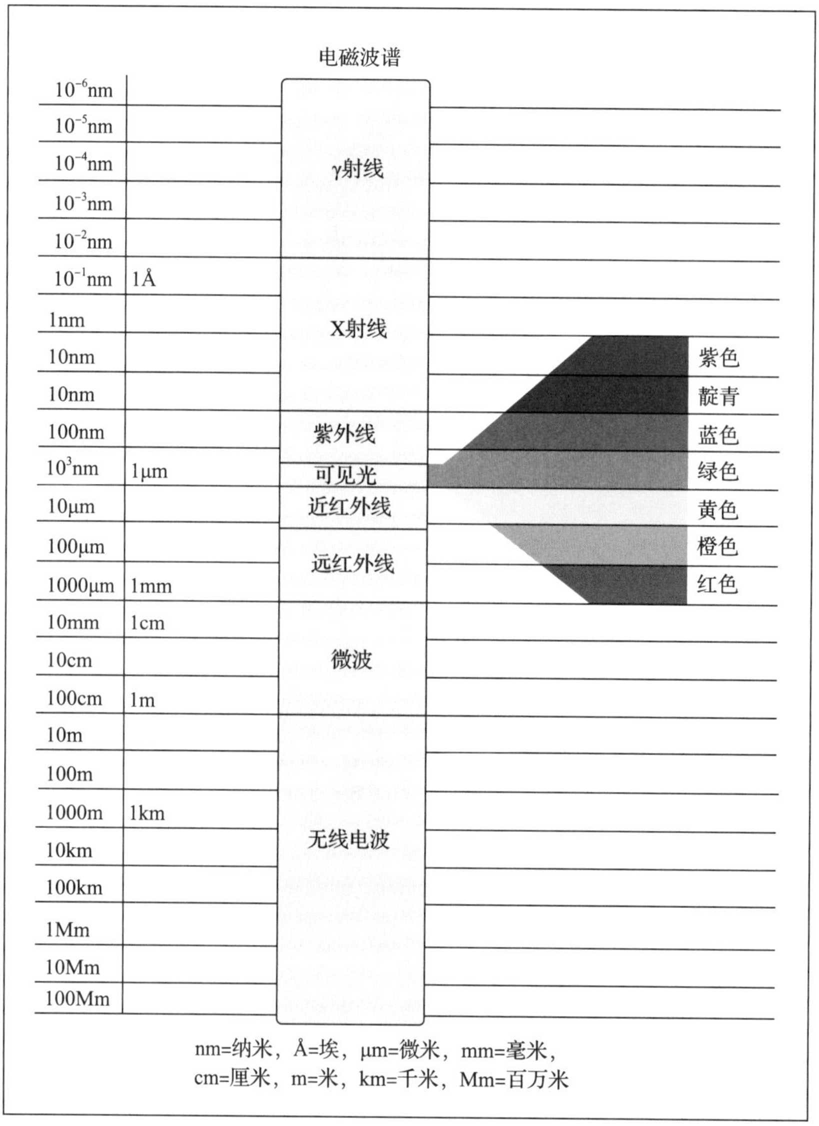

电磁波谱

10^{-6}nm		
10^{-5}nm		γ射线
10^{-4}nm		
10^{-3}nm		
10^{-2}nm		
10^{-1}nm	1Å	
1nm		X射线
10nm		
10nm		
100nm		紫外线
10^3nm	1μm	可见光
10μm		近红外线
100μm		远红外线
1000μm	1mm	
10mm	1cm	
10cm		微波
100cm	1m	
10m		
100m		
1000m	1km	无线电波
10km		
100km		
1Mm		
10Mm		
100Mm		

紫色
靛青
蓝色
绿色
黄色
橙色
红色

nm=纳米，Å=埃，μm=微米，mm=毫米，
cm=厘米，m=米，km=千米，Mm=百万米

图 26-5　电磁波谱包含许多不同的现象，可见光只占波谱中很小的一部分

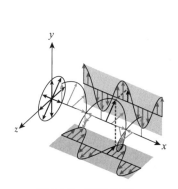

图 26-8　圆形偏振

图 26-22　从球体到包围该球体的圆柱体的水平径向投影是保面积的

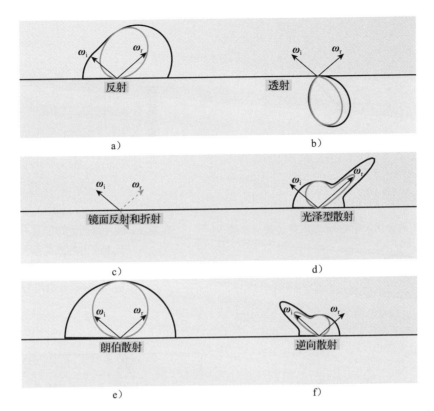

图 27-9　几种不同反射类型的 BSDF（位于外侧的黑色曲线）和概率密度曲线（位于内侧的蓝色曲线）；对于脉冲散射，例如镜面反射，我们用绿色箭头来代表脉冲方向，如 c 中所示；而对于其他类型的散射，概率密度和 BSDF 的峰值并不一样，彼此相差了一个余弦加权因子。a）一般反射材质。b）纯透射材质（非真实情形）。c）同时存在镜面反射和脉冲型折射的材质；在空气和水的交界面会形成这种散射。d）光泽型散射。e）朗伯散射。f）逆向散射

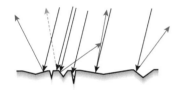

图 27-13　对称槽的顶点具有相同高度。从某一角度入射的光（如朝下的黑色箭头所示）会沿其镜面方向反射（绿色虚线箭头），或者折回光源或朝其他方向（橙色箭头）

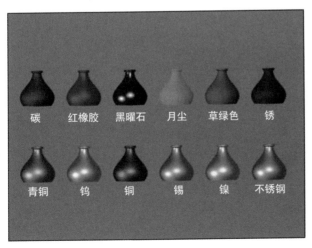

图 27-15　被两个光源照亮的花瓶，图中展示了 12 种不同材质花瓶的光照效果，材质的反射属性根据 Cook-Torrance 模型确定（由 Robert Cook 提供，©1981 ACM, Inc.，经允许转载）

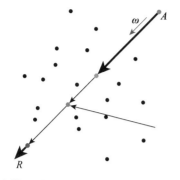

图 27-18　光线 R 从 A 出发沿着 ω 方向穿过参与介质

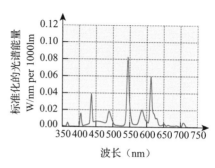

图 28-1　荧光灯的光谱能量分布。每一个波长上发射的光能量大多平滑变化，也有一些高的波峰。图片由 Osram Sylvania 责任有限公司提供

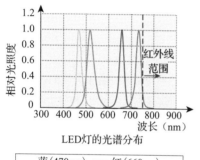

图 28-2　一些 LED 灯的光谱能量分布。对于每个灯来说，其发射的光集中在某一波长或者某一波长附近；一个理想的单光谱光源所发射的所有光能都集中在一个波长

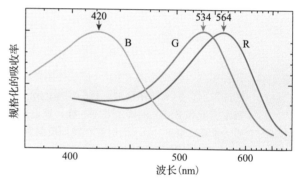

图 28-4　视网膜上三种视锥细胞的光谱响应函数（近似）；图中的 R、G、B 标记可能有所误导，因为 R 和 G 曲线的峰值所对应的单光谱光在多数人的眼中属于"黄色"范围

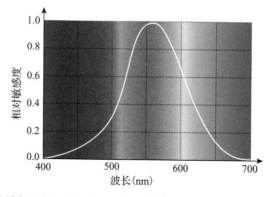

图 28-6　在每个波长上的光效率表示相对波长为 555nm 的光来说该波长的相对亮度

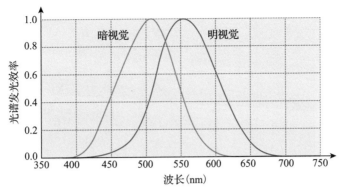

图 28-7　明视觉的光效率的峰值位于 555nm 处，暗视觉的峰值则在 520nm 附近

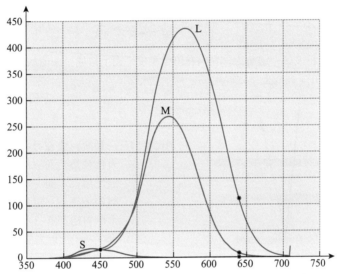

图 28-11　三种视锥细胞对单光谱光的响应可以从它们的敏感度图中读出来。比如，450nm 的光产生差不多相等的短波长和中波长的响应（用蓝色和绿色表示并且标记为"S"和"M"），但是长波长响应少一些（用红色显示并且标记为"L"）。640nm 的光产生很多红色响应，少量绿色响应，几乎没有蓝色响应

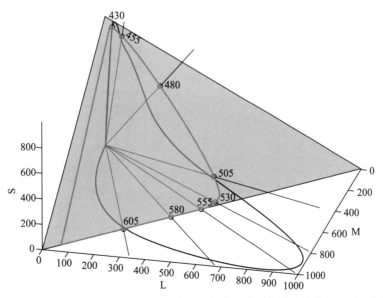

图 28-12　所有单色光的组合产生的响应（或可能响应）的集合（即所有可能的光谱能量分布）在响应三元组空间中组成一个广义锥。这个锥体和平面 S+M+L=1000（黄褐色）的交为图中被水绿色曲线包围的区域

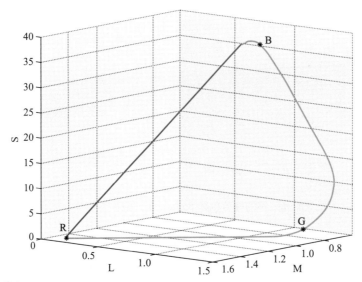

图 28-13　与等亮度单色光相关的一组响应，它们在恒定亮度平面上形成一条曲线。三个点分别对应红、绿、蓝的感知，都标在了曲线上

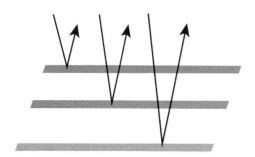

图 28-14　一种颜色涂在另一种颜色上面。光可以直接被最上面一层反射，可以在穿过顶层之后被下面一层反射，或者被涂有颜料的最底下一层反射。假设光每穿过一个颜料层都有一些衰减。这样我们就得到了一个反射光的模型

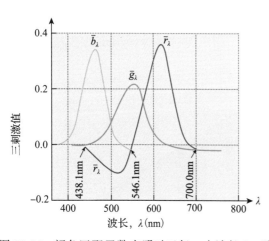

图 28-16　颜色匹配函数表明对于每一个波长 λ，需要混合多少标准红、绿和蓝光才能引发和单色光相同的感光细胞响应。可以看到，对于很多单色光，至少有一个原色的混合系数取负值，说明这些颜色不能由红、绿和蓝光混合生成

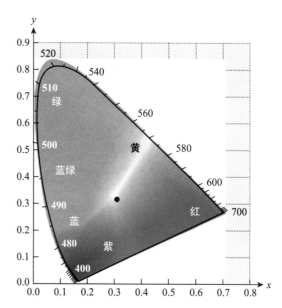

图 28-18　CIE 色度图。边界由对应于给定波长（以纳米为单位）的单色光的色度组成。中心点为基准"白"光，称为标准"发光体 C"

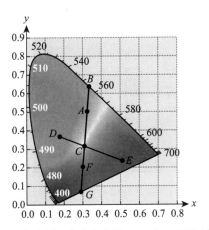

图 28-19 色度图上各点的颜色，D 和 E 互为补色

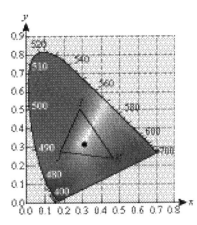

图 28-20 色度图中的颜色混合。线段 IJ 之间的颜色可以用颜色 I 和 J 混合得到，所有在三角形 IJK 中的颜色可以用颜色 I、J、K 混合得到

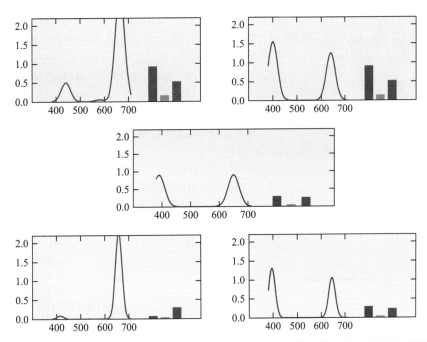

图 28-21 两个条件等色光谱（上）分别乘以（逐个波长相乘）同一反射光谱（中）。所生成的反射光谱并不条件等色（在每一个光谱旁标记了其对应的 RGB 响应值）

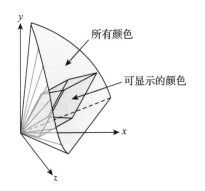

图 28-23 一个典型显示器在 CIE XYZ 颜色空间中的色域。注意，白色可以显示成很亮，而红、绿和蓝颜色的光强度要低得多。同时注意，许多颜色并不在可显示的色域内，特别是比较亮和暗的颜色

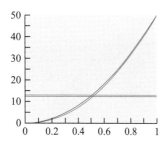

图 31-1 蓝色曲线 $y=50x^2$ 非常靠近红色曲线 $y=50x^{2.1}$，蓝色曲线与直线 $y=12.5$ 的交点非常靠近红色曲线与 $y=13$ 的交点

图 31-12 一个简单场景的辐射度绘制结果。注意画面上的颜色辉映效果（由 Creg Coombe 提供，参见 Coombe、Harris、Lastra 的论文 "Radiosity on graphics hardware"，Graphics Interface 2004 论文集）

图 31-18 每一条垂直的蓝色线表示场景中所有点的集合 M，从视点（左侧）出发的绿色路径与 M 交于某一点，然后递归地对多条光线进行跟踪，它们分别与 M（复制版）相交。在每个交点处产生散射，形成新的分叉。位于交点右上方的红色射线表示来自光源的入射光。在示意图中，光源位于无穷远处，因而所有直接光照均画成平行线

图 31-20 在双向光线路径跟踪中，我们计算出许多条视点路径（绿色）和光源路径（红色），然后在这两个集合间构建所有可能的拼接（橙色）

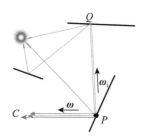

图 31-23 路径跟踪程序中提到的一些点和路径

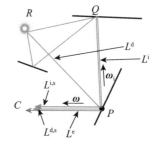

图 31-24 入射到点 P 的光可分为直射光和间接光

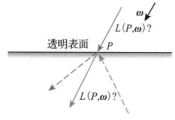

图 32-4 $L(P, \omega)$ 代表的辐射度是指沿着橙色实线箭头还是沿着绿色实线箭头

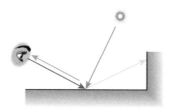

图 32-5 光线跟踪

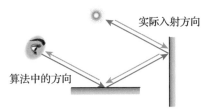

图 32-6 这个算法计算的是从视点发出最终到达光源（红色）的光线。光子沿着相反的方向（蓝色）传播

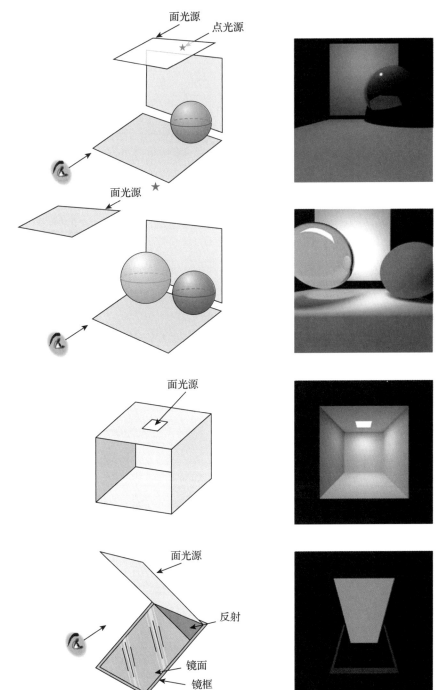

图 32-9 四个简单场景，右边为绘制结果。我们用光线跟踪绘制最上面那个场景（场景中的光照来自点光源，图中忽略面光源）；剩下的三个场景采用路径跟踪程序绘制，以呈现面光源的光照效果

图 32-10 路径跟踪场景

图 33-8 XToon 着色所用的二维纹理图。我们使用距离值作为纹理的纵向坐标索引，$v \cdot n$ 作为水平坐标索引

图 33-9 XToon 着色的茶壶，其中采用图 33-8 作为纹理

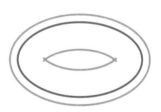

图 34-6 从中央红色曲线朝外做少量等距偏移生成的一条光滑绿线；而当红色曲线朝内侧等距偏移（由蓝色曲线表示）到焦点距离时，因等距曲线上相邻点的法线相交，形成退化情形——在蓝色曲线的两端形成尖锐点

图 34-7 用 Curtis 系统生成的水彩画（由 Cassidy Curtis 提供，©1997 ACM，Inc.，经允许转载）

图 36-1 黄色的墙目前仅由红色多边形（相机不可见）反射的光所照亮，移除红色多边形后，黄色墙将只被蓝色表面反射的光照亮

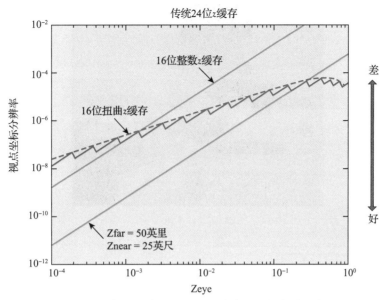

图 36-14 采用不同的方式表示 z 缓存值时的精度对比：24 位定点（绿色线）表示明显比 16 位定点（蓝色线）表示更精准；在远离相机的位置，16 位浮点表示比 16 位定点表示更准确（右边），但在十分靠近相机的位置精度稍低（左边）。在对数空间里蓝色和绿色线条为直线，但它们在线性空间里呈现为双曲线。橙色的浮点线呈现锯齿状是因为当采用单一指数表示时浮点数之间的间距是均匀的，但取下一个指数时会跳跃；橙色的曲线（虚线）是平滑后的趋势线

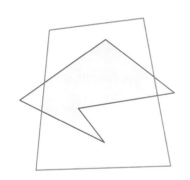

图 36-16 红色的输入多边形被凸的蓝色
         边界多边形所裁剪，裁剪结果
         为黄色区域的边界

图 36-19 上图：在 Fred Brooks 卧室内看到的视图。室内有两扇开着的房门，中间有一面镜子，对应的入口用白色的轮廓线标示，镜子的轮廓线则采用红色。下图：可见区域的俯视图解。注意投向镜子的视线形成了折向观察者身后场景的反射视域锥（版权归属 David Luebke，©1995 ACM）

图 36-19 （续）

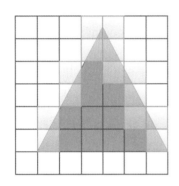

图 36-21 三角面片在标记深蓝色的像素块上具有二值可见性值 1，在白色像素上是 0。一个二进制值不能精确表示在三角形斜边上的像素块的可见性，在图中标记为浅绿色。试图在这些像素上计算二值可见性必然导致走样

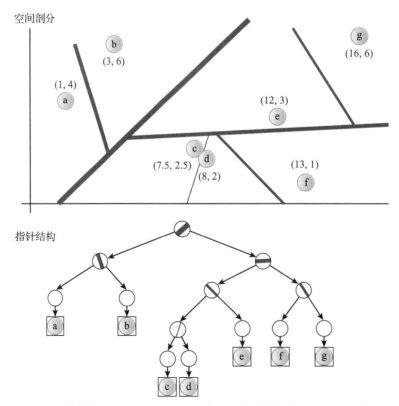

图 37-9 一棵二维空间二叉剖分树的图示，它记录了对若干附有关键字的值（蓝色圆盘）的剖分（红色线）过程。剖分线宽度对应于结点在树中的深度，根结点是最宽的

计算机科学丛书

原书第3版

计算机图形学
原理及实践

[美]　约翰·F. 休斯（John F. Hughes）　安德里斯·范·达姆（Andries van Dam）

摩根·麦奎尔（Morgan Mcguire）　戴维·F. 斯克拉（David F. Sklar）　　著

詹姆斯·D. 福利（James D. Foley）　史蒂文·K. 费纳（Steven K. Feiner）

科特·埃克里（Kurt Akeley）

彭群生　吴鸿智　王锐　刘新国　等译

Computer Graphics Principles and Practice Third Edition

机械工业出版社
China Machine Press

图书在版编目（CIP）数据

计算机图形学原理及实践（原书第 3 版）（进阶篇）/（美）约翰·F. 休斯（John F. Hughes）
等著；彭群生等译 . —北京：机械工业出版社，2020.12（2022.7 重印）
（计算机科学丛书）
书名原文：Computer Graphics: Principles and Practice, Third Edition

ISBN 978-7-111-67008-7

I. 计… II. ①约… ②彭… III. 计算机图形学 – 高等学校 – 教材 IV. TP391.411

中国版本图书馆 CIP 数据核字（2020）第 242588 号

北京市版权局著作权合同登记 图字：01-2013-7580 号。

Authorized translation from the English language edition, entitled *Computer Graphics*: *Principles and Practice*, *Third Edition*, ISBN: 9780321399526 by John F. Hughes, Andries van Dam, Morgan Mcguire, David F. Sklar, James D. Foley, Steven K. Feiner, Kurt Akeley, published by Pearson Education, Inc, Copyright © 2014 Pearson Education, Inc.

本书是计算机图形学领域公认的经典教材。与上一版相比，新版从内容到形式都有大幅变化。为了便于教学，中文版分为基础篇和进阶篇两册。此为进阶篇，包括原书第 17~38 章，内容涵盖三角形网格面的简化和修复及细节层次表示、复杂形状的建模技术、细分曲线曲面、图像的表示及存储格式、图像的采样和重建方法、表面材质散射模型、颜色感知与颜色描述、图形着色器、表意式绘制、计算机动画、现代图形硬件等。

本书可作为高等院校计算机系学生的教学用书，对从事计算机图形应用研究和开发的人员也有很大的参考价值。

出版发行：机械工业出版社（北京市西城区百万庄大街 22 号 邮政编码：100037）
责任编辑：朱秀英 责任校对：殷 虹
印　　刷：保定市中画美凯印刷有限公司 版　　次：2022 年 7 月第 1 版第 2 次印刷
开　　本：185mm×260mm 1/16 印　　张：36.25 插　　页：10
书　　号：ISBN 978-7-111-67008-7 定　　价：149.00 元

客服电话：（010）88361066 88379833 68326294 投稿热线：（010）88379604
华章网站：www.hzbook.com 读者信箱：hzjsj@hzbook.com

计算机图形学是信息社会的重要支撑技术之一。在众多的计算机图形学教材中，J. D. Foley 等人编写的 *Computer Graphics：Principles and Practice* 是公认的经典教材。早在 1982 年，J. D. Foley 就和 A. van Dam 合作出版了 *Fundamentals of Interactive Computer Graphics*，1990 年，他们继续与 Steven K. Feiner 和 John F. Hughes 合作，编写了该系列教材的第 2 版。1995 年，作者将第 2 版中的所有实例和算法程序从 Pascal 语言改写成 C 语言。我国学者唐泽圣、董士海等将该版教材译成中文版《计算机图形学原理及实践：C 语言描述》。由于第 2 版教材概念清晰，叙述深入，注重实践环节和能力培养，因此被广大图形学教师作为教材或作为必备的教学参考书，产生了很大的影响。

在过去的 20 年间，图形学取得了飞速的发展。基于 CPU 的传统图形流水线（又称为 2D 显卡）被基于 GPU 的 3D 图形流水线所取代。与此同时，三角形网格表面成为图形系统中景物表面的主要表示形式。计算机图形学与数字图像处理、计算机视觉等学科日益交叉，形成了基于图像的绘制、增强现实等新的学科方向。为了反映图形学的新发展，由第 2 版的 4 位作者中的 John F. Hughes 领衔，作者增加至 7 人，于 2013 年 7 月出版了本系列教材的第 3 版。

新版教材由 38 章组成。与第 2 版教材（共 21 章）相比，新版从内容到形式都有巨大的改变。第一，传统的线画图形内容，包括直线和圆弧的生成算法、线裁剪、线消隐、基于扫描线的多边形生成等经典算法已不再是计算机图形学关注的重点，因此不再列为本书的教学内容。第二，三角形网格面便于 GPU 处理，因而成为图形学研究的热点。本书专辟章节介绍三角形网格面的表示和简化、多层次网格的构建和传输以及细分曲面的生成。第三，新增了若干关于图像处理的内容，包括常用的图像格式、图像信号的采样与重建、图像的自适应缩放等。第四，由于计算机图形学是一门面向应用的学科，本书重点讲述了图形学中各种常用的近似模型及其表示方法、基于 GPU 的图形流水线的组成以及各种实用的实时 3D 图形平台。由于新版教材内容丰富，为了便于安排教学，我们将中文版划分为基础篇和进阶篇两册出版。这本进阶篇对应原书的第 17～38 章，内容涵盖三角形网格面的简化和修复及细节层次表示、复杂形状的建模技术、细分曲线曲面、图像的表示及存储格式、图像的采样和重建方法、表面材质散射模型、颜色感知与颜色描述、图形着色器、表意式绘制、计算机动画、现代图形硬件等。

翻译如此一本经典教材无疑是一项极为艰巨的任务，尽管我们有翻译 D. F. Rogers 的 *Procedural Elements of Computer Graphics* 第 1、2 版的经验，但面对这本久负盛名的教材，我们仍感到压力巨大。在翻译中，我们采取了分工合作的方法。参加进阶篇各章初稿翻译的有浙江大学 CAD&CG 国家重点实验室冯结青、王锐、金小刚、张宏鑫、吴鸿智、刘新国、于金辉、万华根，浙江工业大学陈佳舟，武汉大学肖春霞，广州大学方美娥等。浙江大学吴鸿智（第 31、32 章）、王锐（第 38 章）、刘新国（第 24、36 章）分别参加了相应各章初稿的审核和修改。全书最后由彭群生逐章仔细校对，修改定稿。

由于译者的水平和学识有限，译文中翻译不当之处在所难免，恳请读者批评指正。

译者
2020 年 11 月

　　本书面向学生、研究人员和从业人员，介绍计算机图形学的许多重要概念和思想。其中一些概念读者并不陌生，它们早已出现在广为流行的学术出版物、技术报告、教科书和行业期刊中。在某个概念出现一段时间后再将其写入教科书的好处是，人们可以更充分地理解它的长远影响并将其置于一个更大的背景中予以领悟。本书将尽可能详细地介绍这些概念（当然也略过了一些曾经热门但现在已不再重要的概念），并以一种清晰、流畅的风格将它们呈现给初学者。

　　本书属于第二代图形学教科书：我们并不将之前的所有工作全部认定为天然合理的，而是按今天的理解重新审视它们，进而更新其原有的陈述方式。

　　甚至一些最基本的问题也可能变得非常棘手。举例来说，假如要设计一个适用于低光照环境（如电影院的暗环境）的程序。显然，我们不能采用亮屏幕显示器，这意味着在显示程序中采用亮度对比来区分环境中的不同对象不再适宜。也许可以改用彩色显示，但遗憾的是，在低光照环境中人们对颜色的感知同样有所降低，某些颜色的文字要比其他颜色更易读。在这种情况下，光标是否仍容易被用户看到呢？一种简单的应对方式是利用人眼对运动的感知能力，让光标持续抖动。于是，一个看似简单的问题最后涉及交互界面设计、颜色理论以及人类感知等领域。

　　尽管上述例子很简单，但仍隐含了某些假设：采用图形方式输出（而不是通过触觉或封闭良好的耳机来输出）；显示设备既非常规的影院屏幕，也不是头盔显示器。其中也包含了一些显式的假设，例如采用光标（也有一些用户界面不使用光标）。上述每一种假设都是对用户界面的一种选择。

　　遗憾的是，这种多方面内容相互交织的关系使得我们不可能完全按照某种顺序来讲述各主题，而且还能很好地介绍它们的研究动因和背景，也就是说，这些主题无法以线性方式展开。也许，我们可以先介绍它们涉及的所有相关的数学、感知理论或其他内容，总之，将较为抽象的内容和主题放在前面介绍，然后再介绍图形学应用。尽管这种内容组织方式可能便于参考（读者很容易找到讲述一般化向量叉积的有关章节），但对一本教科书而言，其效果并不好，原因是那些涉及主题研究动因的应用都要等到书的最后才会介绍。另一种展开方式是采取案例研究的思路，分别介绍各种不同的任务（难度不断增大），然后根据问题的需要讲述相关内容。在某些情况下，这确实是一种自然的内容演绎方式，但难以对各主题做出整体性、结构化的呈现。本书是这两种方式的折中：开始部分介绍了广泛使用的数学知识和常规的符号标记方式，然后逐个主题展开内容，根据需要补充介绍必要的数学工具。熟悉数学的读者完全可以跳过开始部分而不致错过任何图形学知识，其他人则可从这些章节中获益良多，教师授课时可根据需要对其进行取舍。基于主题的章节安排方式可能会导致内容上的重复，例如，本书从不同的细节层次对图形流水线进行了多次讨论。与其让读者回头参考之前的章节，有时我们会再次陈述部分内容，使对该问题的讨论更为流畅。毕竟让读者返回 500 页之前去查看一幅图并非令人惬意的事。

　　对本教材的作者来说，另一个挑战是选材的广度。本书的第 1 版确实覆盖了当时图形学出版物中的大部分内容，第 2 版至少也约略提到了其中大部分的研究工作。本版教材不再追求内容的覆盖度，理由很简单：当本书第 2 版出版时，我们一只手就能拿起 SIGGRAPH 会议的全部论文集（这些论文几乎包含了图形学领域的代表性研究）；如今，SIGGRAPH 会议的全部论文集（仅仅是许多图形学出版物中的一种）叠在一起高达数米。即使是电子版的教材也无法将全部内容塞进 1000 页中。本书这一版旨在为读者指明在哪里可以找到当今的大部分 SIGGRAPH 论文。下面是几点说明：

- 第一，计算机图形学与计算机视觉的交叉面越来越大，但这并不能构成让我们将本书写成计算机视觉教材的理由，尽管一些有该领域丰富知识的人已经这样做了。
- 第二，计算机图形学涉及编程，尽管有许多大型图形学应用项目，但本书并没有试图讲授编程和软件工程。当然，在书中我们也会简要讨论一些专门针对图形学的编程方法（尤其是排错）。
- 第三，许多图形学应用都提供了用户界面。在编写本书时，大多数界面均基于 Windows 操作系统，采用菜单和鼠标进行交互。不过基于触觉的交互界面正变得越来越常见。交互界面的研究曾经是图形学的一部分，但如今已成为一个独立的领域（尽管它仍和图形学有很大的交叉）。我们假定读者在编写含用户界面的程序方面已具备了一些经验，因此本书将不再对它们做深入讨论（除了其实现过程与图形学密切关联的 3D 界面外）。

毋庸置疑，图形学领域的研究论文区别很大：有些涉及很多的数学表述；有些介绍的是一个大规模的系统，涉及各种复杂的工程因素的权衡；还有些涉及物理学、颜色理论、地形学、摄影学、化学、动物学等各个学科的知识。我们的目标是让读者领会图形学在这些论文中所起的作用，而其他的相关知识则需要读者在课外自行学习。

历史上的方法

在历史上，图形学大多为一些面向当时急需解决的问题的专门方法。这么说并非对那些曾经使用这些方法的人有所不敬，他们手头有任务，必须想办法完成。其中一些解决方法中包含了重要的思想，而另一些解决方法不过是为了完成任务。但这些方法无疑对后面图形学的发展产生了影响。举例来说，大多数图形系统中采用的图像合成模型均假定图像中存储的颜色可以线性方式融合。但实践中，图像中存储的颜色值与其显示的光亮度之间却呈非线性关系，因此颜色的线性组合并不对应光亮度的线性组合。两者之间的差别一直到摄影工作室试图将现实场景的照片与计算机生成的图像合成时才为人们所注意，即上述图像合成方式并不能生成正确的结果。此外，尽管一些早期方法描述十分原则化，但其关联的程序却对实现的硬件做了一些假设，几年后，这些假设不再适用，当读者看到这些实现细节时会说："这不是过时的东西吗，与我们毫不相关啊！"于是，就忽略了这些研究工作中某些仍旧重要的思想。更多的时候，研究人员只是在重新利用其他学科运用多年的那些概念和方法。

因此，我们不打算按照图形学发展的年代顺序来讲述。正如物理学教程并不从亚里士多德的动力学讲起，而是直接介绍牛顿动力学（更好的是一开始就讲述牛顿动力学系统的局限性，将平台搭建在量子力学的基础上），我们将直接从对相关问题的最新理解入手，当然也会介绍与之相关的各种传统研究思路。同时，我们还会指出这些思路的源头（可能不为大家所熟悉），例如，关于 3D 多边形法向量的 Newell 公式即 19 世纪初期的 Grassmann 公式。我们希望，指出这些参考源头能增加读者对许多早已开发并有望应用于图形学的方法的了解。

教学方法

日常生活中图形学最令人瞩目的应用是视频游戏中的 3D 形象以及娱乐行业和广告中的特效。然而，我们每天在家庭电脑和手机中的交互也都离不开计算机图形学。这些界面之所以不那么显眼也许是由于它们太成功了：其实，最好的界面会让你完全忘记它的存在。虽然"2D 图形学要比 3D 图形学简单"这句话听上去很诱人，但是 3D 图形学不过是一个稍复杂的版本而已。2D 图形学中的许多问题，诸如在方形发光单元（像素）组成的屏幕上如何完美地显示一幅图像，或者如何构建高效且功能强大的界面等，都和在绘制 3D 场景图像时遇到的问题一样困难。而 2D 图形学中通常采用的简单模型在怎样完美地表示颜色和形状等方面也可能对学生造成误导。因此，我们将 2D 和 3D 图形学的讲述交织在一起，分析和讨论两者共同的敏感问题。

本书设置"黑盒"的层次与众不同。几乎每一本计算机科学的书都需要选择一个合适的层次来讲述计算机的有关内容，该层次应便于读者理解和掌握。在图形学教科书中，我们同样需要选择一个读者将会遇到的图形学系统。也许，在输入某些指令后，计算机的硬件和软件就能在屏幕上生成一个彩色三角形。但这一切是怎样发生的？其中的细节与图形学的大部分内容并无关联。举例来说，假如你让图形系统绘制一个位于屏幕可显示区域下方的红色三角形，将会发生什么？是先确定那些置为红色的像素的位置然后因其不在屏幕显示区域内而将其抛弃？还是图形系统尚未开始计算任何像素值之前因发现该三角形位于屏幕之外而终止后面的过程？从某种意义上说，除非你正在设计一块图形卡，否则上述问题并不那么重要，它并非一个图形系统用户所能控制的。因此，我们假定图形系统能够显示像素的值，或画出三角形和直线，而不考虑该过程是怎样实现的。具体实现的细节将在光栅化和图形硬件的相关章节中介绍，但因其大都超出了我们的控制范围，所以诸如裁剪、直线反走样、光栅化算法等内容均将推迟到其后面章节予以介绍。

本书教学方法的另一点是试图展示相关的思想和技术是怎样浮现出来的。这样做无疑会增长篇幅，但我们希望会有所帮助。当学生需要独立推导自己的算法时，他们遇到过的研究案例可能会为当前问题提供解决思路。

我们相信，学习图形学最好的途径是先学习其背后的数学。与直接跨入图形学应用相比，先学习较为抽象的数学确实会延长你开始学习最初的几个图形算法所需的时间，但这个代价是一次性的。等你学习到第 10 个算法时，先前的投入将会完全得到补偿，因为你会发现新的方法组合了之前已经学过的许多内容。

当然，阅读本书表明你有兴趣编写绘图程序。因此，本书一开始就引入多个题目并直接给出解决方案，然后再回过头仔细讨论更广泛的数学背景。书中大部分篇幅都集中于其后面的处理上。在打下必要的数学基础后，我们将结束上述题目，延伸到其他的相关问题并给出求解思路。由于本书聚焦于基础性的原则，因此并未提供这些方法的实现细节。一旦读者领会了基础原则，每一个求解思路的具体算法就会了然于胸，并将具有足够的知识来阅读和理解其原始参考文献中给出的论述，而不是基于我们的转述。我们能做的是采用更为现代化的形式来介绍那些早期的算法，当读者回头阅读原始文献时，能比较容易理解文献中词汇的含义及其表达方式。

编程实践

图形学是一门需要自己动手实践的学科。由于图形产业为观众提供的是视觉类信息以及相关的交互手段，图形工具也经常用来为新开发的图形算法排错。但这样做需具备编写图形程序的能力。如今已有许多不同的方法可在计算机上生成图像，对本书中介绍的大部分算法而言，每一种方法都有其优点。尽管将一种编程语言和库转化为另一种编程语言和库已成为常规，但从教学的角度，最好是采用单一编程语言以便学生可以聚焦于算法的更深层面。对本书提供的所有练习，我们建议使用 WPF（Windows Presentation Foundation，一种广泛使用的图形系统）完成。为此，我们编写了一段基本且易于修改的程序（称为 testbed）以便学生使用。对于一些不适于采用 WPF 的情形，我们通常采用 G3D（一个公共的图形库，由本书的一位作者维护）。大多数情况下，我们使用伪代码，因为它提供了一种简洁的算法表述方式，而且，绝大多数算法的实际代码（按你所选语言编制）均可从网上下载，因此将其编入书中并无意义。注意代码形成过程中的变化，在有些情形中，它的最初版本只是一个非正式的框架，然后逐步发展成采用某种语言编写的接近于完成的程序，因此对其之前的版本进行语法检查并无意义，可以免去。有时，我们希望代码能反映数学推导过程，故采用诸如 x_R 之类的变量名，这使其看上去如同数学表达式。总的来说，伪代码并非正式编程语言，我们用它来表达宏观的思路而非算法的细节。

本书并非一本讨论如何编写图形程序的书，书中不会讨论应用图形程序中的细节。例如，读者无法从本书中找到有关 Adobe 最新图像编辑软件如何存储图像的任何提示。但只要读者领会了书中的概念并具备足够的编程能力，就一定能编写图形程序，并知道如何应用这些程序。

原则

在本书中，我们列出了一些计算机图形学的原则，希望对读者未来的工作有所帮助。也收录了一些有关图形学实践的章节，如怎样运用现有的硬件来逼近理想解，或者更快速地计算出实际解。虽然这些实现方法是面向现有硬件的，但对未来也有价值。也许十年后不能直接照搬这些实现方法，但其中蕴含的算法在多年内仍有意义。

预备知识

本书大部分内容所需的预备知识并未超出一般理工类在校生的知识范围，如：编写面向对象程序的能力；掌握微积分工具；对向量有所了解（可能是从数学、物理学甚至是计算机科学的课程中学到的）；至少遇到过线性变换等。我们也希望学生编写过一两个含有 2D 图形对象（如按钮、复选框、图标等）的程序。

本书一部分内容会涉及更多的数学知识，但在有限的篇幅内讲授这些知识是不现实的。一般而言，这些稍显复杂的数学知识将被精心安排于少数章节内，而这些章节更适合作为研究生的课程。它们和某些涉及深度数学知识的练习均注有"数学延伸"（◇）标记。同样，涉及计算机科学中较深概念的内容注有"计算机科学延伸"（◈）标记。

书中某些数学表述可能令那些曾在其他地方接触过向量的人感到困惑。本书的第一作者是一位数学博士，当第一次看到图形学研究论文中涉及数学问题的表述时，他也同样感到奇怪。本书试图清晰和彻底地解释它们与标准的数学表述之间的不同之处。

讲授本书的方式

本书可作为一个学期或一个学年的本科生课程的教科书，或者作为研究生课程的参考书。作为本科生的教学用书时，其中较深的数学内容（如仿重心坐标标架、流形网格、球面调和函数等)可以略去，而集中于几何模型的建模与显示，各种变换的数学原理，相机的数学描述，以及标准的光照、颜色、反射率模型及其局限性等基础问题。也应介绍一些基本的图形学应用和用户界面，讨论在设计中如何对各种因素进行权衡和折中以使其更有效率，也许最后再介绍几个特殊的主题，如怎样创建一段简单的动画、编写一个基础的光线跟踪程序等。上述内容对一学期的课程而言可能太多，即使是一学年的课程，也不可能覆盖书中的每一节，未讲授的内容可供有兴趣的学生课后学习。

安排较满的一学期课程(14 周)可讲授下述内容：

1. 绪论和一个简单的 2D 程序：第 1、2、3 章。

2. 对绘制中几何问题的介绍，进一步的 2D 和 3D 程序：第 3、4 章。视觉感知和人类的视觉系统：第 5 章。

3. 2D 和 3D 几何建模——网格、样条、隐函数模型：7.1~7.9 节，第 8、9 章，22.1~22.4 节，23.1~23.3 节，24.1~24.5 节。

4. 图像，第一部分：第 17 章、18.1~18.11 节。

5. 图像，第二部分：18.12~18.20 节、第 19 章。

6. 2D 和 3D 变换：10.1~10.12 节、11.1~11.3 节、第 12 章。

7. 取景、相机以及 post-homogeneous 插值：13.1~13.7 节、15.6.4 节。

8. 图形学中的标准近似：第 14 章、某些相关的章节。

9. 光栅化与光线投射：第 15 章。

10. 光照与反射：26.1~26.7 节(26.5 节或可不选)、26.10 节。

11. 颜色：28.1~28.12 节。

12. 基本反射模型，光能传输：27.1~27.5 节、29.1~29.2 节、29.6 节、29.8 节。

13. 递归光线跟踪细节，纹理：24.9 节、31.16 节、20.1~20.6 节。

14. 可见面判定和面向加速的数据结构，更前沿的图形绘制技术：第 31、36、37 章中的相关节。

不过，并非上面提到的每一节中的所有内容都适合于初学者。

另外，也可参考作为本科生基于物理的绘制课(12 周课程)的教学大纲。该课程按离线绘制到实时绘制的原则安排授课内容。可深入其中的核心数学和光线跟踪背后的辐射度学，然后回过头来再介绍计算机科学中提升算法可扩展性和性能的有关方法。

1. 绪论：第 1 章。

2. 光照：第 26 章。

3. 感知，光能传输：第 5、29 章。

4. 网格和场景图简介：6.6 节、14.1~14.5 节。

5. 变换：第 10、13 章(简要介绍)。

6. 光线投射：15.1~15.4 节、7.6~7.9 节。

7. 面向加速的数据结构：第 37 章、36.1~36.3 节、36.5~36.6 节、36.9 节。

8. 绘制理论：第 30、31 章。

9. 绘制实践：第 32 章。

10. 颜色和材质：14.6~14.11 节，第 27、28 章。

11. 光栅化：15.5~15.9 节。

12. 着色器和硬件：16.3~16.5 节，第 33、38 章。

注意上述授课内容并非按各章顺序排列。在编著本书时，我们试图让大多数章的内容独立成篇，彼此交叉引用而不互为必需的预备知识，以支持这种授课思路。

与之前版本的差异

尽管本版教材包含了之前版本中的大部分主题，但其内容几乎是全新的。随着 GPU 的出现，三角形的光栅化（转换为像素或采样）已采用完全不同的方法而非传统的扫描转换算法，对传统的算法本书将不再介绍。在讲述光照模型时，将更偏重测量所用的物理单位，这无疑增加了讨论的复杂性，而传统模型并未涉及各物理量的单位。此外，之前版本分别准备了 2D 和 3D 两个图形学平台，而本书采用现在广泛使用的系统，并提供了有助于学生起步的工具。

网址

在本书中常可看到本书的网址 http://cgpp.net，其中不仅包含测试程序和实现的实例，而且包含许多章节的附加参考材料以及第 2、6 章中的 WPF 交互实验。

致谢

本书虽系作者编著，但因包含了众多人的贡献而大为增色。

本书受到 Microsoft 公司的支持和鼓励，感谢 Eric Rudder 和 S. Somasegar 在本项目启动和结束时给予的帮助。

3D 测试程序最初源于 Dan Leventhal 编写的代码，kindohm.com 的 Mike Hodnick 慷慨地提供他的代码作为早期版本开发的起点，感谢 Jordan Parker 和 Anthony Hodsdon 在 WPF 系统方面的帮助。

Williams 学院的两名学生为本书出版付出了很大努力。其中 Guedis Cardenas 协助整理了全书的参考文献，Michael Mara 则协助开发了在本书多章中均有应用的 G3D Innovation Engine。电子艺术系的 Corey Taylor 对开发 G3D 软件提供了帮助。

CMU 的 Nancy Pollard、Pittsburgh 大学的 Liz Marai 在他们的图形学课程中曾讲授过本书部分章节的早期版本，并向我们提供了有价值的反馈意见。

Jims Arvo 不仅是本书中有关绘制的一切问题的总指导，而且还重塑了本书第一作者对图形学的理解。

除了以上提到的，还有许多人阅读过各章的初稿、提供了图像或插图、对主题或其讲述方式提出建议或通过其他方式提供帮助，他们是（按字母顺序）：John Anderson，Jim Arvo，Tom Banchoff，Pascal Barla，Connelly Barnes，Brian Barsky，Ronen Barzel，Melissa Byun，Marie-Paule Cani，Lauren Clarke，Elaine Cohen，Doug DeCarlo，Patrick Doran，Kayvon Fatahalian，Adam Finkelstein，Travis Fischer，Roger Fong，Mike Fredrickson，Yudi Fu，Andrew Glassner，Bernie Gordon，Don Greenberg，Pat Hanrahan，Ben Herila，Alex Hills，Ken Joy，Olga Karpenko，Donnie Kendall，Justin Kim，Philip Klein，Joe LaViola，Kefei Lei，Nong Li，Lisa Manekofsky，Bill Mark，John Montrym，Henry Moreton，Tomer Moscovich，Jacopo Pantaleoni，Jill Pipher，Charles Poynton，Rich Riesenfeld，Alyn Rockwood，Peter Schroeder，François Sillion，David Simons，Alvy Ray Smith，Stephen Spencer，Erik Sudderth，Joelle Thollot，Ken Torrance，Jim Valles，Daniel Wigdor，Dan Wilk，Brian Wyvill，Silvia Zuffi。尽管我们力图列出所有帮助过我们的人的名单，但仍可能有所遗漏，在此谨致歉意。

作为本领域团结与合作的例证，我们也收到了其他同类书作者的书信，他们对本书写作表示了极大的支持。Eric Haines、Greg Humphreys、Steve Marschner、Matt Pharr 和 Pete Shirley 对本书的出版提供了很好的意见。能在这样一个学术领域中工作我们深感荣幸。

没有彼此之间的支持、宽容、对任务的执着以及责任编辑 Peter Gordon 独到的视角，本书的出版是不可想象的！尤为感谢我们的家人在整个项目期间对本项工作的理解和巨大支持！

致学生

也许你的老师已经选择了一种讲授本书的方式，选择时已考虑各主题之间的相互衔接，或者可能采用了上面所建议的一种教学思路。不过你不必受此束缚。倘若你有意了解某些内容，可根据目录直接阅读。如感到缺乏某方面的背景知识，难以领悟所阅读的内容，可阅读必要的背景材料。因为有动机，你会感到此时比其他时候学起来更容易。停下来时，可从网上搜索他人的实现代码，下载并运行。假如感到结果有问题，可检查执行程序，尝试进行反向推断。有时候这的确是一种学习某些内容的有效方式，即采用实践-理论-再实践的学习模式：先尝试做某件事，看能否成功，倘若不成，则研读别人怎样做此事，然后再试。初次尝试可能会遭遇一些挫折，但一旦成功，你会获得对其理论的更深的理解。如果难以采取实践-理论-再实践的学习模式，至少应该花点时间完成你所阅读章节中的课内练习。

图形学是一门年轻的学科，经常可看到本科生作为合作作者在 SIGGRAPH 上发表论文。只需一年，你就可以掌握足够的知识并开始形成新的思想。

图形学也涉及许多数学知识。假如对你来说数学总是显得那么抽象和理论化，图形学将改变你的这一印象。数学在图形学中的应用可谓立竿见影，你很容易在所绘图中见到应用某一理论的实际效果。倘若你运用数学已得心应手，则可尝试采用本书提出的学术思路并做进一步推广，从而享受其中的乐趣。尽管本书包含了大量的数学内容，然而，对于当代研究论文中用到的数学而言，它不过刚刚触及其表皮而已。

最后，质疑一切。尽管作者已尽最大努力按当今的理解讲述所有内容，但只能说绝大部分内容叙述准确。在少数地方，当引入一个概念时，我们有意只讲述了部分内涵，而在稍后章节讨论细节时才全面展开。但在除此之外的其他地方，我们并未都这样做。有时候甚至会出错，遗漏一个"负号"或在循环中犯"循环次数少一次"的错误。在某些情形中，图形学领域对某概念的理解可能存在偏差，而我们采信了某一些人的观点，这只能留待未来纠正。上述问题读者都可能遇到。正如 Martin Gardner 所言，在科学探索中真正的声音不是"啊哈！"而是"哟，有点奇怪啊……"。假如你在阅读中发现某处显得有点怪，请大胆质疑，再仔细看几遍。如果证实是对的，将可澄清你理解中的混乱之处。如果真有问题，则将成为你推动学科进展的机会。

致教师

如果你是教师，你也许已浏览了上面"致学生"的内容（尽管它不是面向教师的，但你的学生也读了此节）。在那部分中，我们建议学生可以按任意顺序阅读本书各章，并可质疑一切。

我们向你建议两件事。第一，你应鼓励甚至要求你的学生完成本书中的课内练习。对那些声称"我有许多事要做,不能浪费时间停下来做练习"的人,你只需说:"是呀,我们没时间将车停下来加油……因为我们已经迟了!"第二,你在给学生布置课题或作业时,应既有一个确定的任务,也有一个开放的目标。那些成绩稳定的学生将会完成确定的任务,并学习你指定的内容。而另一些学生,当有机会做点有趣的事时,可能会做朝向开放目标的练习而让你惊讶。在做此类练习时,他们将会感到需要学习一些恰巧不懂的知识,而当他们掌握了这些知识后,问题就会迎刃而解。图形学就是这样一种特别的学问:成功马上看得见而且立刻有回报,从而形成一个推动向前的正反馈。可见性反馈加上算法的可扩展性(计算机科学中经常遇到)能给人以启示。

讨论和延伸阅读

本书中许多章都包含了"讨论和延伸阅读"一节,其中会给出若干背景参考文献或对该章思想的深层次应用。对前言来说,唯一适合延伸阅读的内容并非特定文献而是一般化的读物:我们建议读者着手查阅 ACM SIGGRAPH 和 Eurographics、Computer Graphics International 或其他图形学会议的论文集。根据你的兴趣,还可关注一些更为专门的会议,如 Eurographics Symposium on Rendering、I3D、Symposium on Animation 等。乍一看,这些会议的论文似乎涉及大量的知识,但你很快就会觉察哪些事是有可能做到的(假若只看图形效果),以及需要哪些技能才能达到目的。你会很快发现某些问题在你非常感兴趣的领域中多次出现,在后面学习图形学时这将指引你做延伸阅读。

John F. Hughes 普林斯顿大学数学学士（1977 年），加州大学伯克利分校数学博士（1982 年），现为布朗大学计算机科学系教授。主要研究方向为计算机图形学，特别是涉及图形学数学基础的方面。曾独立或合作发表了 19 篇 SIGGRAPH 论文，研究工作涉及几何建模、建模中的用户界面、非照片真实感绘制、动画系统等。现为 *ACM Transaction on Graphics* 和 *Journal of Graphics Tools* 的副主编，多次担任 SIGGRAPH 程序委员会委员，合作组织 Implicit Surface'99、2001 年 Symposium in Interactive 3D Graphics 以及第一届 Eurographics Workshop on Sketch-Based Interfaces and Modeling，是 SIGGRAPH 2002 的论文主席。

Andries van Dam 布朗大学 Thomas J. Watson Jr. 技术与教育讲座教授、计算机科学教授。从 1965 年开始任职于布朗大学，是该校计算机科学系的创建者之一，任该系首任系主任（1979～1985 年）。2002～2006 年担任布朗大学首任主管研究的副校长。他的研究工作集中在计算机图形学、超媒体系统、post-WIMP 用户界面（沉浸式虚拟现实，基于笔和触觉的计算）以及教育软件方面。他致力于研究面向教学和科研、支持交互式插图显示的电子书的创建和浏览系统，时间长达 40 年。1967 年，他合作发起了 ACM SIGGRAPH 会议，1985～1987 年出任 Computing Research Association 的主席，现为 ACM、IEEE、AAAS 会士，美国工程院院士，美国艺术与科学院院士，拥有 4 个荣誉博士学位，编著或合作编著了 9 本书，发表了 100 多篇论文。

Morgan Mcguire 麻省理工学院电机工程与计算机科学学士、工程硕士（2000 年），布朗大学计算机科学博士（2006 年），现任威廉姆斯学院计算机科学副教授，是 Marvel Ultimate Alliance 和 Titan Quest 系列视频游戏、Amazon Kindle 用到的 E Ink 显示器、NVIDIA GPU 等产品的咨询顾问。在 SIGGRAPH、High Performance Graphics、Eurographics Symposium on Rendering、Interactive 3D Graphics and Games、Non-Photorealistic Animation and Rendering 等学术会议上发表过多篇关于高性能绘制、计算机摄影等方面的论文。曾任 Interactive 3D Graphics and Games、Non-Photorealistic Animation and Rendering 等研讨会主席，G3D Innovation Engine 项目经理，是 *Creating Games* 和 *The Graphics Codex* 等著作以及 *GPU Gems*、*Shader X*、*GPU Pro* 中若干章的合作作者。

David F. Sklar 南卫理公会大学学士（1982 年），布朗大学硕士（1983 年），现任 Vizify.com 公司的可视化工程师，致力于研究可在各种波形因数的计算设备上展示动态信息图的算法。20 世纪 80 年代曾任教于布朗大学计算机科学系，讲授基础入门课程。是本书第 2 版中若干章（及其辅助软件）的合著者。随后，他转入电子书出版业，聚焦于 SGML/XML 审定标准，其间曾多次应邀在 GCA 会议上做报告。之后，他和夫人 Siew May Chin 合作创建了 PortCompass，属首批在线离岸零售商，这也是从房地产到数据库咨询等业界开启中间商模式的第一次尝试。

James D. Foley 利哈伊大学电机工程学士（1964 年），密歇根大学电机工程硕士（1965 年），密歇根大学博士（1969 年）。佐治亚理工学院 Fleming 讲座教授、计算机学院交互计算领域教授。曾任教于北卡罗来纳大学教堂山分校和乔治·华盛顿大学，担任过三菱电气研究院主管。1992 年在佐治亚理工学院创建了 GVU 中心并一直担任中心主任（至 1996

年），同时出任 *ACM Transactions on Graphics* 期刊的主编。其研究成果集中于计算机图形学、人机交互、信息可视化等领域。他是本书三个版本及其前身（1980 年出版的 *Fundamentals of Interactive Computer Graphics*）的合著者，ACM、AAAS、IEEE 会士，美国工程院院士，SIGGRAPH 和 SIGCHI 终身成就奖得主。

Steven K. Feiner　布朗大学文学学士（1973 年），布朗大学计算机科学博士（1987 年）。现任哥伦比亚大学计算机科学教授、计算机图形学与用户界面实验室主任、视觉与图形学中心联合主任。其研究工作包括 3D 用户界面、增强现实、穿戴式计算以及人机交互与图形学交叉领域中的多个课题。他是 *ACM Transaction on Graphics* 期刊的副主编，*IEEE Transaction on Visualization and Computer Graphics* 期刊编委，*Computer & Graphics* 期刊顾问编委。他入选了 CHI 科学院，和他的学生一起获得 ACM UIST 持久影响力奖以及 IEEE ISMAR、ACM VRST、ACM CHI、ACM UIST 最佳论文奖。曾担任许多会议的程序委员会主席或联合主席，如 IEEE Virtual Reality、ACM Symposium on User Interface Software & Technology、Foundation of Digital Games、ACM Symposium on Virtual Reality & Technology、IEEE International Symposium on Wearable Computers 以及 ACM Multimedia。

Kurt Akeley　特拉华大学电机工程学士（1980 年），斯坦福大学电机工程硕士（1982 年），斯坦福大学电机工程博士（2004 年）。现任 Lytro Inc. 公司工程副总裁，Silicon Graphics（即后来的 SGI）创始人之一，领导了包括 RealityEngine 在内的一系列高端图形系统的开发，以及 OpenGL 图形系统的设计和标准化。他是 ACM 会士、美国工程院院士，曾获 ACM SIGGRAPH 图形学成就奖。在 SIGGRAPH、High Performance Graphics 以及 *Journal of Vision*、*Optics Express* 等会议或期刊上发表或合作发表多篇论文，两次担任 SIGGRAPH 论文主席（2000 年和 2008 年）。

图像表示与操作

17.1 引言

数字图像在当今各种媒体中随处可见。虽然大部分图像是数码照片或者是载入、扫描到计算机中的其他格式的二维图片，但是越来越多的图像是在三维空间中通过高级建模和绘制软件生成的。随之而来的是大量的图像格式，其间大部分可以互相转换（尽管会有一些失真）。每种图像格式都有其局限性，尤其是在表示大范围光亮度图像时较为明显，因此，**高动态范围**(HDR)图像也逐渐成为一种新的格式。由于大部分图像来自数码相机，自然会想到将每一个像素保存为红色、绿色和蓝色值(RGB 格式)，在屏幕显示时则通过这三个值驱动屏幕像素的红、绿、蓝颜色。但在实践中，特别是在数字图像中，每个像素可能包含更多的信息，例如可能还包含了表示虚拟摄像机距离信息的**深度**值，表示某种透明度的 alpha 值，甚至是在该像素处可见物体的标识数。

在本章和下一章，我们将讨论图像通常是如何存储的，并介绍包括合成在内的一些图像操作技术。然后，我们会更详细地探讨图像的内容，明确一幅图像可以保存多少数据以及可以对它进行哪些有效的运算。最后，随着对图像更深入的了解，将讨论不同形式的图像变换，并分析它们的优缺点。

17.2 什么是图像

首先给图像下一个简要的定义，稍后再完善：一幅**图像**是一个数值型的矩形数组，数组元素的值称为**像素值**，所有像素值的类型相同。像素值可以是表示灰度（**灰度图像**）的实数，也可以是表示红、绿、蓝颜色分量（**RGB 图像**）⊖的三元数，也许，它们还包含除颜色和灰度值之外的其他信息。常提到的 **z 数据**就是一个典型的例子，它表示在每个像素处所拍摄的景物或图像可见点到视点的距离。

一个数值型矩形数组可以按多种方式呈现。比如，可以用灰度呈现 z 数据或深度图像。此时，靠近观察者的那部分图像所显示的灰度低于远离观察者部分的图像灰度。数组中的数字并没有先验的特殊含义。但是在实际问题中，拍摄一张数码照片时，我们往往需要知道像素值是按照红、绿、蓝三元组的格式存储的，还是按照绿、蓝、红三元组的格式存储的。任何一种混乱都可能导致图片的显示或者打印出现异常。因此，图像数据通常以特定的标准文件格式存储，其中每个像素所关联的数据的含义都是标准化的。有些格式，特别是 TIFF(Tagged Image File Format，**标签图像文件格式**)，允许为每个数据附加描述信息。例如，一个 TIFF 文件的描述可以是"每一个像素都有 5 个关联值：由 0～255 范围内整数表示的红色、绿色和蓝色值，一个由 IEEE 浮点数表示的 z 值，以及一个由 16 位无符号整数表示的对象标识符。"有了上述的基本概念，下面将对传统文件格式如何存储和表示数值型矩形数组的问题进行理论和实践的讨论。

⊖ 这里红、绿、蓝颜色分量的确切含义尚未清晰给出，在后面的章节中将会详细讨论。

至于数值型矩形数组是如何表示光亮度(或者其他物理现象)的，以及这种表示是否合适，也是重要的问题。在讨论图像文件的格式后，我们将讨论图像的内容。

17.2.1 一幅图像存储的信息

典型的图像文件格式将图像保存为一个 $n \times k$ 的数组，数组元素为像素灰度值或 RGB 三元值。自然也可以对图像进行某些运算，例如将两幅图像逐像素相加(或逐像素取平均)以生成淡入淡出效果。可依据对图像中每一个像素所实施的运算，定义图像的相加和与常量相乘(如两幅图像相加就是将其对应的像素的值相加)。如果将图像中所有像素的值以某种固定顺序排列，灰度图像将形成 $n \times k$ 图像集与 $\mathbf{R}^{nk}$ 空间元素的对应关系。因此，图像集形成了一个 nk 维空间的子集。

课内练习 17.1： $\mathbf{R}^{nk}$ 空间标准基的每一个元素均由 $nk - 1$ 个 0 与一个 1 组成。与其对应的是怎样的图像呢？你能否将任意一幅图像表示为这些"基图像"与标量乘积的和？

对比 $n \times k$ 图像的描述与从窗口看到的实际图像：在窗口内的每一个点，你都可感知到该点所呈现的颜色和亮度。也就是说，你的感知可被视为一个函数：给出窗口内每个点的亮度值(可通过某种方法测量)。在矩形区域内所有点的实值函数的集合构成了一个无限维的向量空间。然而，我们选择用 $n \times k$ 个采样值来表示一幅图像，它是有限维向量空间中的一个元素。显然，从前者到后者的转换必定有损失，具体的损失情况与图像的生成方式有关。我们会发现，在图像形成过程中所做出的选择(无论是通过照相机还是软件绘制)都会产生深远的影响。

17.3   图像文件格式

图像可以不同的格式进行存储，存储格式通常和显示格式相一致。一张 $n \times k$ 图像可存储为 nk 个 RGB 的三元值。其中，R 值表示像素颜色中的红色分量，存储为一定长度的二进制位序列，G 值和 B 值类似。但也有一些格式采用了更复杂的表示。以红色分量为例，读取图像的一行，存储第一个像素的值，然后是第二个像素与第一个像素的差，第三个像素与第二个像素的差，等等。由于这些差值一般为较小的数，可用较少的二进制位存储。这是一种**无损压缩**的图像格式：占用较少的存储空间，但能重建出原始的 RGB 图像。

另一方面，我们有时也采用**有损压缩**的图像格式，虽然会丢失一些原始数据，但不足以影响图像的使用。一个简单的有损压缩方案是按棋盘格图案交替存储像素值，在显示时，通过插值已知的邻近像素得到空白像素的值。尽管这可以将存储量减少 1/2，但在许多情况下会对图像质量造成实质性的影响。更精致的压缩方案是利用自然图像的统计信息和已知的人类视觉系统特性(例如，我们对尖锐的边缘比较敏感，但对颜色的缓慢变化不甚敏感)选择性地保存图像中的一部分数据，但忽略另一些数据。比如，JPEG 压缩就是把图像划分成许多小方块，再对存储于每一小方块中的数据进行压缩；当然，如果对基于 JPEG 格式表示的图像进行放大，很容易看到图像中的块状痕迹。

有些图像格式还存储了**元数据**(包含生成该图像的时间、所采用的设备或程序等信息)，在某些情况中，还记录了有关图像内容的信息，通常按**通道**进行描述。例如，所有像素的红色分量组成一个通道，称作**颜色通道**；相应地，还有蓝色通道和绿色通道。颜色通道中所保存的颜色值可以采用较少二进制位的短整数表示，如我们常提到的"8 位红色通道"或者"6 位蓝色通道"。图像的元数据提供了诸如每个颜色通道所占位数这样的信息。如果图像信息中还包含了每个像素处的深度值，即所谓的"深度通道"，对这样的非颜色通道，元数据也同样可予以描述。

17.3.1　选择图像格式

　　大部分数码相机均生成 JPEG 格式的图像。由于 JPEG 特别适于表达包含灰度值或 RGB 值的自然图像，因此已成为一种事实上的标准。另一方面，由于这种格式属有损压缩，难以用于图像之间的比较，因为无法得知两个图像是真的不同，还是在执行 JPEG 压缩算法时由于细微的差异而采用了不同的选项所致。

　　当图像的存储空间有限，且图片中的扫描图片和数码相片非常少时，常采用 GIF（**图形交换格式**）。在该格式中，每个像素存储的是一个 0～255 之间的整数值，指向包含 256 种颜色的颜色表的某一项。为了生成一幅 GIF 图像，需要决定选择哪 256 种颜色，然后将每个像素处的颜色调整为这 256 种颜色中的一种，并建立颜色表的索引数组。对只有少数颜色的图像（公司标志、简单的线画图表、箭头之类的图标等），GIF 格式堪称完美，但对自然图像则表现较差。这是因为 GIF 表示只有 256 种颜色，通常会造成图像质量的损失。

　　如之前提到的，TIFF 图像存储了多个通道，每一个通道都含有关于该通道内容的描述。在图像编辑和合成工具中，可能对多个图像图层进行混合或叠加，而 TIFF 正是表示这些中间或最终结果的理想格式。

　　在第 15 章中提到的 PPM 格式也与图像数据的组织密切相关。在该格式的文本描述中，只需提供"魔术码"（即 P3）、图像的宽和高（用 ASCII 码表示的一对正整数 w 和 h）、最大颜色值（一个不大于 65 536 的整数）和 $3wh$ 个颜色值，按照从左到右、从上到下的顺序，分别表示图像中每一像素的红、绿、蓝分量（前 $3w$ 的数字表示图像第一行的颜色）。其中，每一颜色值都不能大于最大颜色值，且采用 ASCII 码存储。所有的值（包括宽和高）均以空格分开。该格式还有一种采用二进制位表示的版本（魔术码 P5），即像素数据以二进制格式存储。此外，还有基于文本格式和二进制格式存储灰度图像的其他版本。

　　PPM 的一个突出优势是每一个像素的含义在很大程度上是由格式决定的。下面所引用的是关于该格式的描述：

　　［像素值］与像素中 CIE Rec. 709 红、绿、蓝颜色分量的光强成比例，并按 CIE Rec. 709 伽马转换函数调整。（该转换函数中伽马值取 2.2，其对应低光强的区段呈线性）。Maxval 为所有像素三个颜色分量的最大值，它取 CIE D65 白色和当前图像所属颜色域中的最高强度颜色（颜色域由与当前图像可能关联的所有图像所包含的颜色组成）［Net09］。

　　该描述中提到的 CIE 是颜色描述的标准委员会，在第 28 章将会具体介绍。

　　近些年来，**便携式网络图形格式**（PNG 格式）逐渐流行，部分原因是 GIF 格式涉及专利问题。总的来说，它比典型的 PPM 格式更为紧凑，但又同样便于使用。

　　对于图像操作程序，选择哪种图像格式都无关紧要，这是因为图像一般采用双精度的浮点数数组表示（每个通道表示为一个数组，或整幅图像用一个三索引数组表示，其中第三个索引用来选择通道）。之所以采用浮点数表示是因为图像操作中常涉及将相邻的像素值取平均。对整数或定点数取平均，尤其是多次平均运算后，可能导致过大的累积舍入误差。

　　使用"浮点数"规则有两点例外。

- 如果像素所附数据的类型不能取平均（如称为**物体 ID 通道**的像素中可见物体的标识符），最好是将其值存储为一种未定义算术运算的类型（例如枚举型），可预防编程错误。
- 如果像素所附数据将用于程序搜索，则采用定点数表示会更合理。例如，假如要搜索图像中的所有像素，使目标像素的邻域与给定像素的邻域"相似"，那么检测两个整数是否相等比检测两个浮点数是否相等更为可靠，因为后者是基于"近似相等"来判断的(比如，"这个差值是否小于 ε 值?")。

17.4 图像合成

电影导演往往需要拍摄一些画面，让演员身处某些观众感兴趣的场景中(例如，偏僻的乡村、宇宙飞船、爆炸中的建筑物等)。在许多情况下，让演员真的置身于这些场景中是不切实际的(比如，出于安全考虑，不可能安排高薪演员站在爆炸中的建筑物里面)。好莱坞会使用一种称为**蓝屏**的技术(见图 17-1)来解决这个问题。演员在一个空房间中拍摄，背景墙是某单一的颜色(原本是蓝色，现在大多为绿色，下面描述中统一用绿色)。在拍摄生成的数字图像中，纯绿色的像素被视作背景的一部分，而不含绿色的像素是"演员"，那些由绿色和其他颜色混合的像素是"部分为演员、部分为背景"的合成像素。然后拍摄特定的场景画面(比如爆炸中的建筑物)。最后，将演员的图像**合成到**特定场景的画面中：演员图像中每一个绿色像素均被特定场景画面中相应像素的颜色取代，每一个非绿色的像素则被保留，而部分绿色的像素被更换为从演员图像提取的颜色和特定场景画面相应位置处像素颜色的混合色(见图 17-2)。最后生成的合成图像显示出演员在爆炸建筑物前的情景。

图 17-1 拍摄于绿色屏幕前的演员，将被合成到另一个场景中(Jackson Lee/Splash News/Corbis)

图 17-2 这个演员被合成到一个室外的场景中。细节显示了马的尾巴如何模糊了部分背景(Jackson Lee/Splash News/Corbis)

这种方法有一定的局限性：照在演员身上的灯光并非来自特定场景中的灯光(或需精心设置以近似特定场景)，而解决阴影之类的问题则更加困难。此外，对于演员和背景相混合的像素，需要估计演员的颜色，及其在混合色中所占的比例。所求结果为**前景图像**和整幅图像的**掩码**，掩码中每一像素的值表示该像素被前景物体覆盖的比例：对应演员的像素的掩码值为 1，对应背景的像素的掩码值为 0，两者混合处像素(例如，演员的头发)的掩码值为中间值。

在计算机图形学中，我们也经常进行类似的操作：绘制了某场景的图像，事后又想在该场景中放置已绘制的其他物体。Porter 和 Duff[PD84]最早给出了这些操作的细节，但他们将之归功于之前在纽约技术学院时的工作。幸运的是，在计算机图形学中，在绘制这些前景物体时即可同时计算其掩码值，而无须事后估计。毕竟，这些物体和虚拟摄影机的精确几何信息是已知的。在计算机图形学中，通常用字母 α 表示掩码值，像素则用 4 元组 (R, G, B, α) 表示。由这一类型的像素构成的图像称为 RGBA 图像，或者 RGBα 图像。

Porter 和 Duff[PD84]描述了一系列图像合成运算。在介绍他们的研究工作前，我们首先关注上面描述的单个运算"U over V"，其中 U 和 V 为两幅图像，前景合成即对应于"演员 over 场景"的情况。

17.4.1　图像合成中像素的含义

α 值表示图像中单个像素的不透明度。我们把图像看成由一系列微小正方形单元组成，若某一个正方形单元 $\alpha = 0.75$，则表明该正方形的 3/4 被某物体所覆盖（即 3/4 不透明），还有 1/4 未被覆盖（即 1/4 透明）。因此，如果绘制的对象为一纯红色三角形，三角形内部覆盖了某像素的 3/4，则该像素的 α 值为 0.75，像素的 R 值为从三角形发出的红光的亮度，而 G 值和 B 值均为 0。

单独的 α 值只能表示物体的不透明度，不能表明被覆盖区域更多位于像素的左边还是右边，或是像素被条纹状图案还是圆点图案所覆盖。因此，我们假设像素内各处被覆盖的程度是均匀的：如果在像素内随机选择了一个点，其不透明的概率即为 α。我们进一步假设两图像像素不透明的概率互不相关。也就是说，如果 $\alpha_U = 0.5$，$\alpha_V = 0.75$，那么像素内一个随机点在两个图像中都不透明的概率为 $0.5 \times 0.75 = 0.375$，而都透明的概率则为 0.125。

像素的红、绿和蓝亮度值表示当像素完全不透明，即 $\alpha = 1$ 时从该像素所发出的光亮度。

17.4.2　计算 U over V

由于合成是逐像素进行操作的，我们以单个像素上的计算来阐述。图 17-3 展示了一个 $\alpha_U = 0.4$，$\alpha_V = 0.3$ 的例子。合成图像像素被 U、V 同时覆盖的部分占 $0.4 \times 0.3 = 0.12$，而只被 V 覆盖，不被 U 覆盖的部分占 $0.6 \times 0.3 = 0.18$。

a)　　　　b)　　　　c)　　　　d)

图 17-3　a) 40%被覆盖的图像 U 的一个像素。严格地说，被覆盖的区域应该随机分散在该像素方块中。b) 30%被覆盖的图像 V 的一个像素。c) 两个像素画在同一个方块中，重叠的区域是该像素的 12%。d) U over V 的合成结果：显示了 U 的所有不透明部分（覆盖了像素的 40%）和 V 的未被遮挡的不透明部分（覆盖了像素的 18）

计算 U over V 时，必须给出合成图像像素的 α 值和颜色值。覆盖度 α 为 $0.4 + 0.18$，它表示合成像素中既有 U 的不透明部分，也有 V 未被 U 遮挡的部分。一般而言，有

$$\alpha = \alpha_U + (1 - \alpha_U)\alpha_V = \alpha_U + \alpha_V - \alpha_U\alpha_V \tag{17.1}$$

合成像素的颜色是怎样确定的呢（即其红色、蓝色、绿色光的亮度）？合成像素中图像 U 所贡献的光（α_U 所含为 U 中不透明的部分）为 $\alpha_U \cdot (R_U, G_U, B_U)$，其中，下标指示 U 像素的 RGB 值。合成像素中图像 V 所贡献的光为 $(1 - \alpha_U)\alpha_V \cdot (R_V, G_V, B_V)$。因此，总的光亮度为

$$\alpha_U \cdot (R_U, G_U, B_U) + (1 - \alpha_U)\alpha_V \cdot (R_V, G_V, B_V) \tag{17.2}$$

而总不透明度是 $\alpha = \alpha_U + (1 - \alpha_U)\alpha_V$。如果像素完全不透明，那么所得光亮度会增加 α 倍。为此，必须除以 α，故像素的 RGB 值应为

$$\frac{\alpha_U \cdot (R_U, G_U, B_U) + (1 - \alpha_U)\alpha_V \cdot (R_V, G_V, B_V)}{\alpha_U + (1 - \alpha_U)\alpha_V} \tag{17.3}$$

上述合成公式告诉我们怎样计算 U over V 合成图像像素的不透明度（或覆盖度）以及颜色值。

17.4.3 简化合成

Porter 和 Duff [PD84]发现，在合成公式中，U 的颜色总是会乘以 α_U，V 的情形类似。因此，在每个像素中，若直接存储$(\alpha R,\alpha G,\alpha B,\alpha)$来取代$(R,G,B,\alpha)$，可简化计算。仍用$(r,g,b,\alpha)$表示(即用 r 表示 $R\alpha$)，则合成公式将变为

$$\alpha = 1 \cdot \alpha_U + (1-\alpha_U) \cdot \alpha_V$$
$$(r,g,b) = 1 \cdot (r_U,g_U,b_U) + (1-\alpha_U) \cdot (r_V,g_V,b_V)$$

由于新的(r,g,b)值已经预乘 α 值，因此原来前面乘的分数消失了。

两式具有相同的形式：有关 U 的数据乘以 1，有关 V 的数据乘以$(1-\alpha_U)$。这两项分别称为 F_U 和 F_V，"over"合成公式统一为：

$$(r,g,b,\alpha) = F_U \cdot (r_U,g_U,b_U,\alpha_U) + F_V \cdot (r_V,g_V,b_V,\alpha_V) \tag{17.4}$$

17.4.4 其他合成运算

Porter 和 Duff 也定义了其他合成运算，几乎所有的公式都和公式(17.4)具有相同的形式，只是 F_U 和 F_V 的值有所变化。可以想象像素中每个点的几种可能的情形：只在 U 的不透明部分中，只在 V 的不透明部分中，既不在 U 也不在 V 的不透明部分中，同时位于两者的不透明部分中。对于每一种情形，我们可以想象该点的颜色来自 U、来自 V 或与两者都无关。显然，若点位于 U 的不透明部分却在合成时使用 V 的颜色是不合理的。同样，若该点位于 U 和 V 均为透明的部分时也是如此。如果用四元数来表示所选择的颜色，我们可以用$(0,U,V,U)$代表 U over V，用$(0,U,V,0)$代表 U xor V(即显示的图像为 U 或 V 的一部分，但不位于 U 和 V 的重叠区域)。采用 Porter 和 Duff 的定义方式，图 17-4 列出了可能的运算、每种运算所关联的四元数以及调和因子 F_U 和 F_V。表格中略去了对称的运算(即列出了 U over V，但未列出 V over U)。

运算	四元数	图示	F_U	F_V
Clear	$(0,0,0,0)$	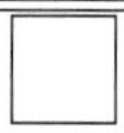	0	0
U	$(0,U,0,U)$		1	0
U over V	$(0,U,V,U)$		1	$1-\alpha_U$
U in V	$(0,0,0,U)$		α_V	0
U out V	$(0,U,0,0)$		$1-\alpha_V$	0
U atop V	$(0,0,V,U)$		α_V	$1-\alpha_U$
U xor V	$(0,U,V,0)$		$1-\alpha_V$	$1-\alpha_U$

图 17-4 合成运算和相应的调和因子，用于对预乘 α 后的颜色的调和(采用 Porter 和 Duff 的定义)

最后，还有一些不符合"按 F 调和"规则的合成运算。其中之一就是 darken 运算，它在不改变图像不透明部分覆盖度的情况下将其调暗：

$$\text{darken}(U,s) = (sr_U,sg_U,sb_U,\alpha_U) \tag{17.5}$$

与之密切相关的是 dissolve 运算，其中像素将保持原有颜色，但覆盖度变小：

$$\text{dissolve}(U,s) = (sr_U,sg_U,sb_U,s\alpha_U) \tag{17.6}$$

课内练习 17.2：解释在 dissolve 运算中，即使我们只是改变像素的不透明度，"rgb"值为什么也必须乘以 s。

dissolve 运算可用于构建从一个图像到另一个图像的过渡：

$$\text{blend}(U,V,s) = \text{dissolve}(U,(1-s)) + \text{dissolve}(V,s) \tag{17.7}$$

其中，四元数元素和元素间的加法用符号＋表示，参数 s 的变化范围从 0（纯 U 图像）到 1（纯 V 图像）。

课内练习 17.3：解释若 α_U 和 α_V 的值在 0～1 之间，为什么生成的 α 值也必须在 0～1 之间才会使合成的像素有意义。

上面的图像运算及其扩展是诸如 Adobe Photoshop 等图像编辑程序的基础[Wik]。

17.4.4.1　预乘 Alpha 的问题

假设在图像合成程序中，首先将一般的 RGBA 图像转换为预乘 α 的图像，执行合成操作后，再将所生成的图像转换成没有预乘 α 的图像。如果有人用这一程序对已经预乘了 α 值的 RGBA 图像进行运算，那会发生什么呢？在 $\alpha = 0$ 的地方，几乎没有差别；在 $\alpha = 1$ 的地方也一样。但对部分不透明的像素，其不透明度将减少，这会使背景物体更加清晰地透过前景。在实际中，这种情况时有发生；但由于我们视觉系统的包容度，它并不会导致混淆。

17.4.5　物理单位和合成

上面已提到使用 α 值来调和光的"亮度"，可认为这是对辐射度值进行调和运算（在第 26 章讨论）的代理版，其中辐射度值所示为对光能的度量。相反，如果像素的红色值仅仅是一个 0～255 之间的简单数字，表示从"没有丝毫红色"到"可以表示的最红的颜色"，则采用线性运算对其进行混合是毫无意义的。更糟的是，如果它们对应的不是辐射度，而是辐射度的幂（比如它的平方根），则其线性组合的结果必定是错误的。然而，不管有没有意义，直接基于像素值的图像合成已应用多年；可看到合成结果还是令人信服的，这也证明了人类视觉系统具有很强的自适应性。但当人们尝试合成现实世界的图像和计算机生成的图像时，问题就暴露出来了。现行的行业标准是允许在"线性空间"中进行合成的，即可采用一个具有物理意义且可进行线性组合的单位的倍数来代表颜色值[Rob]。

如 PPM 图像格式描述所指出的，标准格式中的像素值和物理值之间的关联常常是非线性的；在 28.12 节中讨论伽马校正时将会再次触及这个问题。

17.5　其他图像类型

正如我们已看到的记录了不透明度（α）的图像，表示图像的矩形数组可存储的不仅仅是红、绿、蓝颜色值。那么，像素中还能存储什么信息呢？答案是几乎任何信息！一个很好的例子是深度。现在已有可以同时记录图像的色度和深度的相机，其中像素的深度值为从相机到该像素所显示物体之间的距离。而绘制时，在计算像素中其他信息（比如，此处哪一物体是可见的？）的过程中通常也会获得深度值，所以构建其深度图像并不会增加额外的成本。

有了这个附加的信息，即可考虑将演员合成到一个场景中：场景中既有物体位于演员和摄像机之间，也有物体位于演员之后。此时像素的合成规则为："如果演员比场景更近，则用演员的像素覆盖场景像素；否则，用场景像素覆盖演员像素。"但是，新像素的深度值应如何确定呢？显然，对深度值进行混合是不正确的。事实上，对合成像素而言，不存在唯一正确的答案。对像素内的颜色进行混合之所以可行是因为当我们看到多种颜色的光时，可感知到其混合后的颜色。但当同一区域内多个不同深度的物体均可见时，我们并没有感知到该区域的混合深度值。在对两个含深度值的图像进行合成时，虽然一个相对安全的方法是取两个图像中最小的深度值，但最好的解决方案是认为合成后的图像无深度值。另一解决方案是，在对多个深度图像进行合成时，应在所有图像的深度信息均完整时一次性完成所有合成。在 Duff[Duf85]中对此及相关的其他问题进行了讨论。

深度仅仅是为图像添加新通道的例子之一。在网页浏览器中**图像映射**常被视为交互界面：图像显示后，用户可以点击该图像的某一部分从而引发某种预设的响应。比如，国际公司可能会展示一幅世界地图，当你点击你的国家时会链接到为本国特制的网页上。在图像映射中，每个像素不仅有 RGB 值，还包含一个"响应"值（一般是一个小整数）。当点击像素(42,17)时，与该像素关联的响应值将从该图像中被检出，从而激发相应的响应。

曲面绘制时常常会涉及纹理映射（参见第 20 章），曲面的每一个点不仅有 x、y、z 坐标，还附有纹理坐标，纹理坐标常以 u 和 v 标识。我们可以生成一幅图像，在每一个像素记录其 u 和 v 坐标（在图像中没有物体的空白处，则无 uv 坐标，可采用某个特殊值标明）。

有些图像的每一个像素包含了一个物体标识符(ID)，指明在该像素处哪个物体是可见的。物体的 ID 一般仅在图像生成程序的上下文环境中有意义。但为得到最终的绘制结果，我们常常（特别是在表达式绘制中）也会构建一些辅助数据的图像。例如，取一幅物体 ID 图像，找出物体 ID 变化的点，将这些点设为黑色，其他的点设为白色，即可显示出场景中物体间的边界，可认为这种边界图是图像中物体之间相互关系的一种简化表示。

17.5.1 术语

"图像"(image)这个名词被专用于表示有关颜色或灰度值的数组，与将每个位置处均包含地形高度和凹凸程度信息的图称为地图(map)相似，我们称每个点处包含诸如物体 ID 信息的数组为**映射**图(map)，但不幸的是，"映射"这个词已在数学中用作定义两个空间（通常是连续且一对一的）之间关系的函数。鉴于图形"映射"将某个值（比如物体 ID 或者透明度）关联到平面上的每个点，在一定程度上可认为图形映射是更广义的数学概念的一个特例。在考察纹理映射时可能会更感困惑，因为在纹理映射时必须在曲面上的每个点处关联一对纹理坐标，继而通过纹理坐标检索到给定图像上的一个点，并取该处图像颜色作为曲面上给定点的颜色。图像本身和为曲面上的点指定纹理坐标都是纹理映射过程中的一部分。图像即"纹理图"(texture map)（该用法很常见），还是给表面上的点指定纹理坐标为"纹理映射"(texture mapping)（该用法较少见，但是更贴近数学上的映射概念)? 在文献中的很多地方 map 和 image 被互换使用。幸运的是，通过上下文可以清楚地理解其含义。

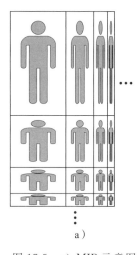
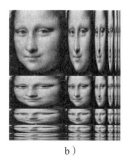

17.6 MIP 图

在第 20 章讨论纹理映射时，我们将看到对需进行映射的颜色纹理图像采用多分辨率表示是有必要的。正因为这一点，Lance Williams 开发出了 MIP 图（"MIP"的全称是"multum in parvo"，在拉丁文中的意思是"聚在一起的许多小东西"）。MIP 图(见图 17-5)存储的不仅是原图像，还有

图 17-5 a) MIP 示意图。左上角存放的是一幅分辨率为 $n \times k$ 的图像，它的右侧是一幅 $n \times k/2$ 版本的图像，然后是 $n \times k/4$ 版本，等等；而下面是一幅 $n/2 \times k$ 版本的图像，再下面是 $n/4 \times k$ 版本，等等。其他区域存放着行数和列数依次收缩的图像版本，上述递归过程直到图像缩小为单个像素时终止。b) 一个真实图像的 MIP 图

该图像沿着两个轴向以不同比例不断缩小的多个版本。

在"收缩"过程中将图像的列数减少一半是非常简单的,这只需对相邻的两列取平均即可,如代码清单 17-1 所示。类似的代码也可以将其行数减少一半。在行和列上重复进行收缩,直至得到 1×1 的图像,如图 17-5 所示。

代码清单 17-1　MIP 映射中列的收缩

```
1    foreach row of image {
2       for(int c = 0; c < number of columns/2; c++){
3          output[row,c] = (input[row, 2*c] + input[row, 2*c+1])/2;
4       }
5    }
```

在第 19 章,我们将学习实现纹理映射所需的技术,并分析其不足。现在先考虑如何将一幅不仅仅含有颜色数据的图像转化为 MIP 图。假设有一幅存储了 RGB 值和 α 值(颜色值没有预乘 α)的图像。按 MIP 映射方法,应对相邻像素的颜色取平均,但是当存在 α 值时,这样做也是正确的吗?举例来说,假设有一个红色像素,其不透明度为 0,相邻的蓝色像素的不透明度为 1。显然,混合像素应该为蓝色,其不透明度为 0.5。事实上,在估计相邻像素对合并后像素的影响时,左侧子像素的颜色值为 (R_L, G_L, B_L),不透明度为 α_L,而右侧子像素则分别为 (R_R, G_R, B_R) 和 α_R,左侧子像素最多可贡献 50% 的不透明度给合并像素,右侧子像素情形相同。因此,合并后像素的不透明度应该是

$$\alpha = \frac{1}{2}(\alpha_L + \alpha_R) \tag{17.8}$$

合并后像素的颜色又该怎样计算呢?如以上红蓝例子所展示的,合并中必须考虑不透明度的影响。故新的颜色应该是:

$$\frac{\frac{1}{2}(\alpha_L(R_L, G_L, B_L) + \alpha_R(R_R, G_R, B_R))}{\alpha_L + \alpha_R} \tag{17.9}$$

不难发现,即使是 MIP 映射,将颜色值预乘 α 也是自然而然的。更多有关 MIP 映射和 α 值之间关系的细节,请参阅 McGuire 和 Stone[MS97]。

将附有深度和物体 ID 之类属性的图像转化为 MIP 图存在诸多疑问,目前尚无公认的答案。

17.7　讨论和延伸阅读

虽然在图形学中图像主要用来进行绘制,但图像本身早已成为**图像处理**领域中独立研究的对象。随着基于图像的绘制技术的出现(基于不同视点下拍摄或绘制的同一场景的一张或多张图片合成该场景在新视点下的视图),一些问题接踵而至,比如"对于在之前视点下不可见,但在新视点下可见的场景部分,应该如何填充其像素值呢?"如果该部分仅涉及一两个像素,那么取其相邻像素的颜色进行填充就足可蒙混过关。但若为较大的区域,则空洞的填充将是一个困难的(显然是欠定的)问题。空洞填充问题、基于多幅模糊图像生成其清晰图像以及在缺乏先验掩码的情况下实现多幅图像的混合,都是**计算摄影**这一新兴领域中的核心问题。计算摄影的其他方面包括开发具有**可编码光圈**(镜头系统内部的复杂掩码)的照相机以及可计算相机,即该相机内置的处理单元可以调节整个图像的采集过程。本书的网站上大致介绍了这些技术的潜力。

"图像"和"矩形数组"之间没有确切的分界线。把图形的相关数据编成矩形数组便

功效倍增，因为一旦构成这种形式，任何基于单元的操作都可以实施。但在"图像"的宽泛定义下可以包含更一般的东西，应该开放思维，探索进一步的可能性。例如，我们在单个像素区域常存储多种采样信息，用于计算该像素的值。在讨论绘制时将会看到，我们常围绕像素中心发射多条射线，然后取其平均作为像素的值。为便于实现，这些值往往采自像素中心周围的固定位置，所以很容易对它们进行比较，但固定位置采样并非必需。当然，就像之前曾建议应记录像素值的语义一样，我们也应该记录这些采样值的语义。包含如此丰富采样信息的图像并非仅用于显示，而是提供了一种信息的空间组织，可转换为一种支持显示或数据重用的格式。

在基于多个采样值计算像素的显示值时，必须显式给出采样值的合成过程。在绘制中，29.4.1 节讨论的"测量方程"专门讨论了此问题。

Porter 和 Duff 提出的覆盖度和 alpha 值的概念已经相当普及并有所扩展。比如，Adobe 公司的 PDF 格式［Ado08］为每个物体的每个点定义了"不透明度"和"形状"属性。形状值取 0.0 表示该点在物体外部，1.0 则表示该点位于物体内部。值为 0.5 说明该点位于具有"柔软边界"的物体的边上。而形状和不透明度值的乘积则相当于本章所述的 alpha 值。这两个值可用于定义更为复杂的合成运算。

17.8 练习

17.1 合成运算可以按像素中的点只在 U 的不透明部分中、只在 V 的不透明部分中、既不在 U 的不透明部分也不在 V 的不透明部分，或者同时在两者的不透明部分这几种情形分别描述。请分别给出相应的描述。在合成中考虑同时位于 U 和 V 的不透明部分的情形是否与我们关于单个像素中不透明部分的分布的假设一致？

17.2 假设需要存储若干图像，这些图像都包含有许多同一颜色的大片区域。试考虑一种无损的压缩方法来减小图像的存储空间。

17.3 实现本章提到的棋盘格图案有损压缩方法，尝试用该方法压缩不同的图像，并描述重新显示该图像时你所观察到的问题。

17.4 本章关于 MIP 图的描述并非正式描述。假设 M 是某个图像 I 的 MIP 图，可以对 M 的子图进行简单的标记：记 I_{pq} 为 I 的行数缩小 2^p 倍、列数缩小 2^q 倍后得到的子图像。因此，M 图像的左上角应记为 I_{00}，它是原图像的拷贝；其右侧、宽缩小一半的子图像为 I_{01}，下边、高缩小一半的为 I_{10}，以此类推。显然，所有 $p \geqslant 1$ 的 I_{pq} 子图构成了 I_{10} 的 MIP 图，满足 $q \geqslant 1$ 的集合也构成了 I_{01} 的子图。请基于这一想法给出图像 I 的 MIP 图的递归定义。不妨假设图像 I 的宽和高都是 2 的幂。

17.5 MIP 映射常在图像预处理时执行，以便生成的 MIP 图可多次使用。相对而言，预处理的开销不是十分重要。尽管如此，对于大图像，特别是当其容量超过内存时，讲求效率就有必要了。假设图像 I 和它的 MIP 图 M 都因太大而无法存储在内存中，现按行存放在内存中（即 $I[0,0]$，$I[0,1]$，$I[0,2]$，…在内存中相邻）。故每次访问新的一行会引起一定的开销，而访问同一行中的各个元素则开销较小。在此情形下，应如何高效地生成一张 MIP 图呢？

图像和信号处理

18.1 引言

本章介绍各种图像操作，如缩放、旋转、模糊、锐化等背后的数学知识以及执行这些操作时如何避免产生人工痕迹。本章涉及许多数学知识，为此我们试图用最简洁的方式尽力做到表达无误。首先给出本章的简要概述，随后逐步展开相关内容。

整章内容可视作坐标系统/基（函数）原理的应用，即总是采用适合当前操作的基。注意，本章处理的对象不是第 2 章所述的几何形状，而是图像；更准确地说，是定义在矩形或者线段上的实数函数。

18.1.1 概述

尽管本章力求以正确、简洁的方式介绍相关的数学知识，但仍然可能难以做到既见树木又见森林。为此，本节首先简要叙述整章的核心思想。本节所述的许多内容并非严格意义下的表述。相对正确的陈述通常包含诸多前提条件，往往很难看到其核心思想。因此，应该将本节仅视作阅读本章余下部分的高层次指南。

我们先考察到达图像接收器某一行的入射光线，这是因为所有受关注的问题在考察一行时几乎都会涉及。记入射到 x 的光能为 $S(x)$，如果采用光线跟踪，可以从 x 出发，发射一根光线，通过逆向跟踪该光线来确定 $S(x)$ 的值。如果使用真实世界中的照相机，$S(x)$ 的值自然可定。在任一情况下，S 均为在一个区间上的实数函数，假设其为连续函数。因此，首先讨论定义在一个区间上的连续函数。

取定义于 $[0, 2\pi]$ 区间上的若干周期函数并进行求和，可以构建该区间的一个连续函数，如图 18-1 所示。反过来，也可以（通过一些积分函数）将一个区间上的连续函数 f 分解成也许无限个周期函数之和。这种分解类似于将 $\mathbf{R}^3$ 空间中的向量分解为沿着 x、y 和 z 轴的三个分向量。各周期函数的系数完全由 f 决定。这些系数按照其周期函数的频率排序，称为函数 f 的"傅里叶变换"。因此，如果有函数 $f(x) = 2.1\cos(x) - 3.5\cos(2x) - 8\cos(3x)$，那么它的傅里叶变换 $\hat{f}$ 为 $\hat{f}(1) = 2.1$，$\hat{f}(2) = 3.5$，$\hat{f}(3) = -8$。（实际上，函数 f 分解时可能同时涉及余弦函数和正弦函数，此处暂忽略正弦函数。）

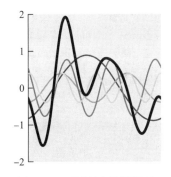

图 18-1 不同频率的周期函数之和，生成了更为复杂的函数（黑色加粗）

同样的想法亦适用于定义在实数轴上的函数：对于一个函数 $f: \mathbf{R} \to \mathbf{R}$，计算（涉及很多积分）一个不同的函数 $\hat{f}: \mathbf{R} \to \mathbf{R}$，$\hat{f}(\omega)$ 将告诉我们"f 看上去有多像频率为 ω 的余弦函数"。这就如同 $\mathbf{R}^3$ 中向量 v 的 x 坐标告诉我们 v "看上去有多像"沿着 x 轴的单位向量一样。给出 $\hat{f}$，即可由它重建出 f。$f \Leftrightarrow \hat{f}$ 的对应关系提供了两种不同的对函数的观察方式：在第一种方式（"数值表示"）中 f 给出了函数在每个点的值；第二种方式（"频率表示"）告诉我们"f 与频率为任一 ω 的周期函数的相似程度"。

在光线跟踪时，假设从每个像素的中心发出一条光线，并进行跟踪，可把入射光能 S 定义为实数轴 **R** 上的函数。设像素中心为实数轴上的整数点，我们将计算 $S(0)$、$S(1)$、$S(2)$ 等点。这时两个不同的入射光能函数 S 和 T 在各像素中心很可能取相同的采样值（见图 18-2）。这告诉我们：基于收集的像素中心采样值并不能唯一决定实际的入射光！即便如此，当在（一维的）液晶屏上显示这些样本点时，所示分段常数函数与 S 或 T 尽管有所偏离，但基本走势相似（见图 18-3）。另外，我们的眼睛会在两个相邻的显示像素之间构建起平滑的过渡，这增加了上述近似的合理性。

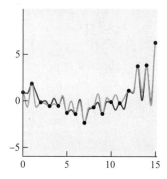

图 18-2　函数 S（红色）和 T（绿色）在每一个整数点上（黑色圆点）都取值相同

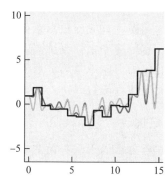

图 18-3　红色或绿色函数在一维液晶显示屏的显示采样点上的光能函数（蓝色）

上面提到的非唯一性问题严重吗？非常严重！它导致黑白显示器上显示的斜线呈锯齿状，导致老电影中的马车车轮出现倒转，导致图像缩小后看上去很糟糕，还会引发一连串的其他问题。该现象称为走样。让我们通过一些简单函数，即可生成所有其他函数的周期函数的例子来考察这一名字的由来。

让我们观察区间 $[0,2\pi]$ 上的一个函数 $x\mapsto\sin(x)$，它在这个区间内有 10 个均匀的样本点，如图 18-4 所示。从这些样本点重建原始的正弦函数是相当容易的。比如，可通过"点点连线"的方法得到非常接近的重建结果。

对于 $x\mapsto\sin(2x)$ 或 $x\mapsto\sin(3x)$ 也可以采用同样的方法。但当观察 $x\mapsto\sin(5x)$ 时（见图 18-5），奇怪的事情发生了：采样值均为零。这时，如果只看这些样本点，我们将无法区别 $\sin(5x)$ 和 $\sin(0x)$。如图 18-6 所示，对于 $\sin(1x)$ 和 $\sin(11x)$ 也是如此。

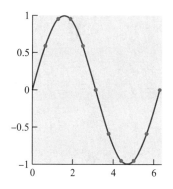

图 18-4　函数 $y=\sin(x)$ 在区间 $[0,2\pi]$ 上的 10 个等距采样值

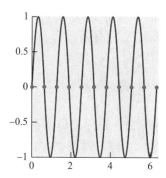

图 18-5　函数 $y=\sin(5x)$ 的 10 个等距采样值都为零

这意味着，若入射光能函数 S 为 $x \mapsto \sin(11x)$，根据所记录的样本点，可能被误认为是 $\sin(x)$，即频率为 11 的正弦曲线被一个频率为 1 的正弦曲线所顶替。事实上，这些样本点可对应于多条不同的正弦曲线，从而导致"走样"。一般而言，如果做 $2N$ 个等距采样，那么频率为 k、$k+2N$、$k+4N$ 等的正弦曲线将取相同的样本点。但如果函数 S 的频率严格限制在 $-N$ 和 N 之间，则所获得的样本点可唯一确定该函数。同一思想也适用于定义在 $\mathbf{R}$ 而不是在一个区间上的函数：如果 $\hat{f}(\omega) = 0$ 且 $\omega \geqslant \omega_0$，那么 f 可基于间隔为 π/ω_0 的无穷点序列实现重建。

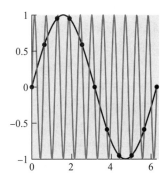

图 18-6　函数 $x \mapsto \sin(x)$ 和 $x \mapsto \sin(11x)$ 在 10 个采样点处取值都相同

然而，我们并不能限定入射光能函数不具有较高的频率。如果从远处拍摄一个栅栏，可见到在深色草地映衬下的明亮的栅栏桩子，其入射光就含有非常高的频率。用一句话来说，"如果场景中含有高频入射光，则绘制时必出现走样。"解决的办法是在采样前（或在采样过程中）运用各种技巧来去除高频率。要找到效率高且有效的方法，就需要深入理解本章的剩余部分。

下面举一个例子来说明去除高频率的技巧，供读者体会。仍以前面提到的 $\sin(x)$ 与 $\sin(11x)$ 为例，取 x 为采样点对这两个函数进行采样，设其中一个采样点位于 x_0。若输入信号为 S，我们计算 $(S(x_0) + S(x_0 + r_1) + S(x_0 - r_2))/3$，而不是直接计算 $S(x_0)$，其中 r_1 和 r_2 为约小于采样间距 $2\pi/10$ 之一半的随机数，这样会发生什么呢？如果输入信号 $S(x) = \sin(x)$，用于平均的三个数都会非常接近 $\sin(x_0)$，即随机采样并不影响结果（见图 18-7）。另一方面，如果原始信号是 $S(x) = \sin(11x)$，则这三个数会有很大的不同，一般来说，其平均值（见图 18-8）比 $S(x_0)$ 更接近零。简言之，这种方法通常会削弱输入数据的高频部分，而保留其低频部分。

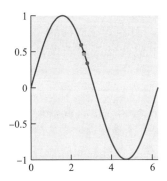

图 18-7　原始采样 $\sin(x_0)$ 为黑色，两个附近的随机采样显示为红色。三点高度值的平均（绿色）非常接近 $\sin(x_0)$

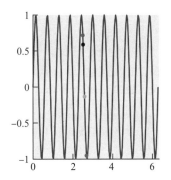

图 18-8　$x \mapsto \sin(11x)$ 在 $x = x_0$ 附近的随机采样（红色）与在 x_0 位置上的采样（黑色）非常不同，所以它们的平均（绿色）更接近零

18.1.2　重要的术语、假设和概念

本章使用的主要工具是卷积和傅里叶变换，在算法课程或研究各种工程或数学问题时你或许已经遇到过它们。

幸运的是，通过大家熟知的图形学运算，卷积和傅里叶变换很容易被理解；本章通过呈现它们与图形学的联系来讲解这些数学知识。比如，在数码照相机、扫描仪和显示器中都涉及卷积。傅里叶变换或许不大熟悉，但在经典的音频信号"图形显示"中（见图 18-9），低音、中音和高音的音量随时间而变化，它们即为每一时刻某一声段信号的基本傅里叶变换。

对于我们而言，傅里叶变换的核心性质为通过函数的卷积将原本散乱的函数转化为易于理解和可视化的其他函数的乘积。

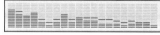

图 18-9　音频信号的频谱由一些强度条显示

一个函数（定义在实数轴上的函数）经过傅里叶变换后，表示为新的基。本章也提供这一原理的另一个佐证：选取合适的基来表达事物会使得它们更易于理解。

本章中用于理解图像的工具不仅可用来分析图像运算，也将用于研究表面对光的散射（表面对光的散射可视为一种卷积运算[RH04]）。这些工具还可用于绘制时对场景中传输光能的频率分析，以便我们能掌控对光能传输进行精确模拟所需的计算[DHS$^+$05]。

在讨论卷积和其他运算之前，让我们回到 9.4.2 节提到的话题：必须知道图形程序中每一个数字的含义。在讨论图像卷积和傅里叶变换等运算之前，也需要知道图像的含义。但正如在第 17 章简要讨论的那样，困难是在某些情形中我们并不知道答案。Alvy Ray Smith 在题为 "A Pixel Is Not A Little Square" 的论文[Smi95]中提到了这点，他指出，像素数组中单个元素的值一般并不能代表图像平面对应小方格内相关属性的平均。因而，基于这种像素模型的算法在某些情形中一定会失败（简言之，像素值不代表一个常数小方格，尽管可以用这种方式实现 LCD 屏幕显示）。一个极端的例子是，在物体 ID 图像中，每个像素包含一个标识符，表示在该像素上哪个物体是可见的。在这个情况中，像素值甚至不必是数值！

本章中，为避免在 x 轴和 y 轴方向上移动半个像素造成的麻烦，将采用显示用屏幕坐标。在该坐标中，标识为 $(0,0)$ 的像素在 x 轴与 y 轴上的实际显示区间均在 $-1/2$ 到 $1/2$ 范围内，标识为 (i,j) 的显示像素是一个以 (i,j) 为中心的小方格，而非以 $(i+1/2,j+1/2)$ 为中心。这意味着像素 (i,j) 的 x 坐标为 i，y 坐标为 j，而不是在图像的 "i 行 j 列"；也就是说，此处索引的是几何，而不是图像。由于本章不包含基于显示像素坐标的实用算法，应该不会造成问题。

本章中，我们假设图像包含采用物理单位对入射光的度量过程。对数码相机而言，这类似于对入射到 CCD 传感器上的一个小矩形的光线取平均辐射度，或取该矩形区域上辐射度的积分，或者是打开快门时记录入射到该矩形区域上的总光能（当采用某些数码相机的"原始"模式存储照片时，会看到这种信息，甚至在传感器过饱和时被告知存储的值有错）。对绘制生成的图像而言，像素中存储的值可能是沿着穿过该像素中心的光线的辐射度，或是通过该像素的几条光线辐射度的平均，等等。当相邻的像素中心区域存在重叠时，甚至可能是围绕像素中心的局部区域内采样值的平均。

18.2　历史动因

当图形研究者想在矩形像素网格上画一条直线时，最先想到的是将直线表达成 $y=mx+b$ 的形式，对每个整数 x 值，计算 $y=mx+b$。由于所得 y 通常不是整数，经四舍五入为整数 y'，然后在坐标 (x,y') 处进行标记。这适用于 m 在 -1 和 1 之间的情形；当斜率取更大值时，采用 $x=my+b$ 会更合适（交换 x 和 y 的角色，这不会影响我们的讨论）。所生成的直线如图 18-10 所示，画线时取小方块作为像素进行标记。

可看到此时的线相当不平整(锯齿状的边缘),但如果只能填充黑色或白色的方块,很难想象如何才能避免这种情形的发生。幸运的是,改进后的显示设备能显示多种灰度。为避免线条的阶梯形外观,可以在台阶处填充灰色方块,或采用更复杂的方法——让显示灰度与单位宽度线条在该方块中覆盖区域的面积成正比,如图 18-11 所示。在近距离下,生成的直线看上去仍显怪异。但在合适的距离下,这条线(见图 18-12)的视觉效果比锯齿状的黑白线条好多了。

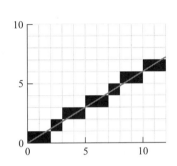

图 18-10　每列一个"像素"地画出一条线

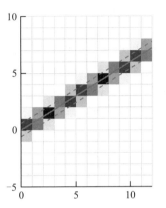

图 18-11　显示灰度与单位宽度线条(两条虚线间的区域)的覆盖面积成正比

　　计算绘制的物体在小方块中所覆盖面积的方法有点特别,但似乎挺实用。同样的思想也可用于字符显示,与简单地"依据像素中心是否位于字符笔画内对整个像素做非黑即白的填充"相比,能生成视觉上更好看的字体(见图 18-13 和图 18-14)。

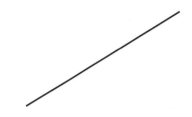

图 18-12　一条用灰度绘制且未经放大的线段

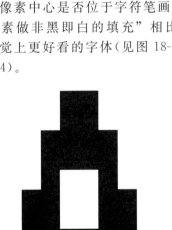

图 18-13　用黑白绘制字母"A"

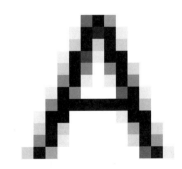

图 18-14　用灰度绘制字母"A"(取自一种不同的字体)

　　仅仅靠计算绘制物体在像素中所覆盖的面积并不能解决所有走样问题,从一细小的运动物体所生成的图像序列中即可看到这一点。图 18-15 显示了一个三角形在由 3 个像素组成的"一维图像"上移动的过程。该图像序列包括 5 帧画面。在第一和第二帧中,它完全位于第一个像素内，在这两帧中该像素显示为灰色；同样，在第四和第五帧中，它完全位于第三个像素内。仅在第三帧中，它位于中间像素内。其结果是，虽然该物体匀速通过这几个像素，但看上去它似乎是"快速"跨越了中间像素，因为中间像素显示为灰色的时间仅为其两侧像素的一半。

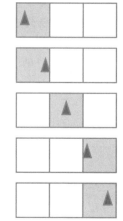

由于运动物体位于每个像素内的时间差异，致使物体的运动显得不规律。为了弥补这一点，可以采用一个不同的策略：在计算物体在像素内所覆盖面积时按其区域重要性进行加权，其中，像素中心周围区域比像素边缘附近区域重要性更高。虽然这种方法致力于解决按纯面积估算引起的运动不规则性，但仍然存在一个问题：当一个暗的小物体从左至右移动时，画面总的亮度不断变化。当物体靠近两像素的边界时，两者都没有变暗；但当其移动到像素中心处时，该像素急剧变暗。这导致该物体的亮度在运动过程中出现波动。

图 18-15 一个细小物体从左往右移动通过 3 个像素的图像序列

> 采用黑白色画一条斜率为 3/5 的直线，该直线在一行中取两个像素，下一行取一个像素，再下一行又取两个，然后以 2，1，2，2，1，2，…的模式重复。沿直线不规则的"阶梯"状分布与动画中三角形穿越每个像素时不规则的时间一一对应，直线的"阶梯"状和细小三角形移动的不规律实际上是走样现象的两种不同表现。

一种颇有成效的方法是运用加权函数：如果某物体的投影覆盖了位于像素 $i-1$ 的中心到像素 $i+1$ 中心之间的任意区域，该物体将影响像素 i 的光亮度。图 18-16 显示了该加权函数的侧视图。图中物体为黑色小线段，其左侧像素的加权函数为蓝色，中间像素的加权函数为红色，右侧像素的加权函数为绿色。因黑色线段位于左侧像素"帐篷"函数的边缘，故它对该像素亮度的影响较小。显然黑色线段对中间像素的影响比较大，而对右侧像素的亮度则无影响。值得指出的是，在任一位置，各加权函数的总和为 1，所以无论物体位于何处，它对图像亮度总的贡献将是相同的。

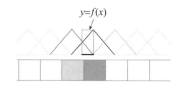

$y=f(x)$

图 18-16 加权函数测量。中间红色"帐篷形状"函数作为中间像素的贡献权重

我们基于物体投影所对应的加权函数区域来计算各像素的亮度值。假设 $x \mapsto f(x)$ 为图 18-16 所示物体的函数，对物体内的任何点 x，它取值均为 1，否则为 0。假设图 18-16 中的红色帐篷形函数为 $x \mapsto g(x)$，则该物体对中间像素亮度的贡献由下式给出：

$$\int_{-\infty}^{\infty} g(x)f(x)\mathrm{d}x \tag{18.1}$$

对右侧像素亮度的贡献如下式所示，其中右侧像素的加权函数为 g 向右位移一个单位：

$$\int_{-\infty}^{\infty} f(x)g(x-1)\mathrm{d}x \tag{18.2}$$

在每个像素处都有类似的表达：取 f 和 g 的位移函数相乘并积分。该操作（由一个函数和另外一个函数的位移版本逐点相乘，然后再积分（或取和））在图形学和数学里反复出现，称为**卷积**。需要提醒的是，其合理的定义应包括一个负号，因此可归纳为 $f(x)h(i-x)$ 的形式；负号既带来了实用的数学性质但也造成了很大的混淆。幸运的是，在我们的应用中，对于几乎所有被卷积的函数，$h(x)=h(-x)$ 都成立，因此负号并不带来影响。

下一节将讨论各种卷积、它们在图形学中的应用以及它们的一些数学性质。

本章的其余部分将讲解如何将**信号处理**中的思想运用到计算机图形学中。直线（或区间）上的函数通常被称为**信号**（尤其是当参数用 t 表示时，可认为 $f(t)$ 是一个随时间变化的值）。与上述类似于"帐篷函数"的函数（仅在局部小区域内非零）进行卷积运算被称为**滤波**，虽然该术语可用于任意其他的卷积函数。

18.3 卷积

我们提到过，卷积在图形学和物理世界里频繁出现。几乎每一种"传感"行为都涉及某种形式的卷积。比如，考虑理想数字相机中的一行传感器像素。可以用函数 $S(x,y)$ 描述一秒内到达位于 (x,y) 的传感器的光能量，S 与时间无关。在照相机快门打开的一秒钟内，每个像素都累积在该时间内入射的光能，所记录的累积值即为该像素的值。每个像素传感器都有一个响应函数 $(x,y) \mapsto M(x,y)$，用以描述该像素对每一比特（bit）入射光的响应程度（见图 18-17）。在这里我们故意采用"比特"这样一个非正式的单位，因为此处关注的是计算的方法而不是实际数值。

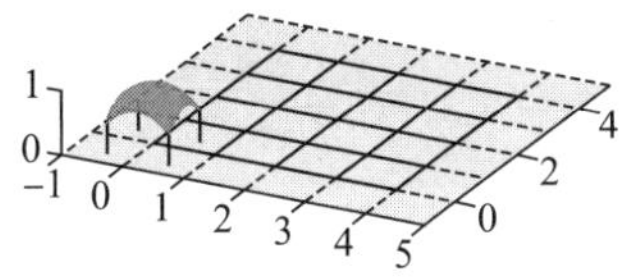

为了确定传感器像素对入射光的响应，将每一处的入射光 $S(x,y)$ 和响应函数 $M(x,y)$ 相乘，并在整个像素范围内求和。以像素 $(0,0)$ 为例：

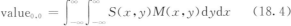

$$\text{value} = \int_{-\frac{1}{2}}^{\frac{1}{2}} \int_{-\frac{1}{2}}^{\frac{1}{2}} S(x,y)M(x,y)\mathrm{d}y\mathrm{d}x \qquad (18.3)$$

图 18-17　数码相机中的传感器像素和像素 $(0,0)$ 的响应函数 M

如果将 M 的定义扩展到整个传感器平面，即令 M 在像素 $(0,0)$ 正方形外为 0，可以重写函数如下：

$$\text{value}_{0,0} = \int_{-\infty}^{\infty} \int_{-\infty}^{\infty} S(x,y)M(x,y)\mathrm{d}y\mathrm{d}x \qquad (18.4)$$

上式看上去稍显复杂，但却导致其他地方的公式获得简化。

在一个设计精良的相机中，每个像素处的传感器响应函数应该是相同的。让我们探究其数学上的含义。以传感器像素 $(2,3)$ 为例，取 $S(x,y)M(x-2,y-3)$ 的乘积并积分，得

$$\text{value}_{2,3} = \int_{-\infty}^{\infty} \int_{-\infty}^{\infty} S(x,y)M(x-2,y-3)\mathrm{d}y\mathrm{d}x \qquad (18.5)$$

在一般情况下，传感器像素 (i,j) 的公式为：

$$\text{value}_{i,j} = \int_{-\infty}^{\infty} \int_{-\infty}^{\infty} S(x,y)M(x-i,y-j)\mathrm{d}y\mathrm{d}x \qquad (18.6)$$

这个表达式为函数 S 和一个位移函数 M 相乘并积分，所得值是关于位移量 (i,j) 的函数，它是卷积的核心内容。事实上，公式 (18.6) 几乎构成了两函数的卷积 $S * M$ 的定义。此处尚需做两点调整。首先，由于 S 和 M 均为定义在 $\mathbf{R}^2$ 上的函数，它们的卷积也应是定义在整个 $\mathbf{R}^2$ 上的函数（上面所述为卷积函数限制于整数网格点上的情形）。其次，若在卷积的定义中增加 $f * g = g * f$ 将带来诸多便利。为此，需要包括负号的情形，即我们希望

公式(18.6)具有如下形式：

$$\text{value}_{i,j} = \int_{-\infty}^{\infty} \int_{-\infty}^{\infty} S(x,y)\overline{M}(i-x,j-y)\mathrm{d}y\mathrm{d}x \tag{18.7}$$

其中 $\overline{M}(x,y)=M(-x,-y)$（对于一个典型的传感器来说，其响应函数是对称的，所以 $\overline{M}$ 和 M 是相同的）。不难看出，最终的公式不过是一维卷积的二维推广。简化为一维情形，现在可以定义两个函数 f, $g:\mathbf{R}\rightarrow\mathbf{R}$ 的卷积：

$$(f * g)(t) = \int_{-\infty}^{\infty} f(x)g(t-x)\mathrm{d}x \tag{18.8}$$

课内练习 18.1：(a) 稍停片刻，仔细领会该定义。它是本书余下大部分内容的核心。(b) 在公式(18.8)的积分中用 $s=t-x$，$\mathrm{d}s=-\mathrm{d}x$ 进行替换，以证明$(f * g)(t)=(g * f)(t)$。

基于上述定义，数码相机拍摄图像的过程可表达为采用"翻转的"传感器响应函数 $\overline{M}$ 对入射光进行卷积，然后在整数网格 $\mathbf{Z}\times\mathbf{Z}$ 上采样。

在我们研究过的几乎所有情况中，函数 f 与 g 之一必为偶函数，因此负号实际上不起作用。二维卷积的定义是类似的。如果 f, $g:\mathbf{R}^2\rightarrow\mathbf{R}$ 是在 $\mathbf{R}^2$ 上的两个函数，那么

$$(f * g)(s,t) = \int_{-\infty}^{\infty} \int_{-\infty}^{\infty} f(x,y)g(s-x,t-y)\mathrm{d}x\mathrm{d}y \tag{18.9}$$

可定义周期为 P 的两个周期函数的卷积，但积分区间将限于 P 的一个区间内。

对离散信号也可进行卷积，离散信号可描述为一对函数 f, $g:\mathbf{Z}\mapsto\mathbf{R}$；卷积的定义几乎是相同的，其中积分变成了求和：

$$(f * g)(i) = \sum_{j=-\infty}^{\infty} f(j)g(i-j) \quad i \in \mathbf{Z} \tag{18.10}$$

如果离散信号为双变量函数，亦可做类似定义。设 f, $g:\mathbf{Z}\times\mathbf{Z}\rightarrow\mathbf{R}$，那么

$$(f * g)(i,j) = \sum_{k=-\infty}^{\infty}\sum_{p=-\infty}^{\infty} f(k,p)g(i-k,j-p) \quad i,j \in \mathbf{Z} \tag{18.11}$$

作为卷积的一个应用，设想有一幅清晰图像，现欲将其模糊化以作为某合成图像的背景，以聚焦于前景物体。方法之一是用某个像素和它邻近的 8 个像素的平均值来替代该像素。图 18-18 显示了一幅小图上的结果。在较大的图像上，你可能会取一个更大的邻域，以获得更明显的模糊效果。如果令原始图像在像素 (i, j) 上的值为 $f(i,j)$，且 $g(i,j)$ 在 $-1\leqslant i$, $j\leqslant 1$，范围内为 1，否则为 0，则模糊后图像像素 (i, j) 的值正是 $(f * g)(i,j)$。注意在模糊中采用的函数 g 具有 $g(i,j)=g(-i,-j)$ 的特性，即 g 关于原点对称，因此卷积定义中的负号并无影响。

图 18-18　一幅 32×32 的图像与一个值都为 1 的 3×3 矩阵进行卷积，以模糊该图像

上面描述的处理通常称为**用滤波器 g 对 f 进行滤波**，其中仅在一个小区域内非零的函数称为"滤波器"。由于卷积是对称的，所以两者的角色是可以逆转的，我们将有机会采用不限于实数线或者整数网格点的任意非零滤波器进行卷积。

课内练习 18.2：用滤波器 g 卷积一幅灰度图像 f，其中 $g(-1,-1)=g(-1,0)=g(-1,1)=-1$，$g(1,-1)=g(1,0)=g(1,1)=1$，在其余点上，$g(i,j)=0$。

(a) 画出 g 的图。(b) 直观地描述何处 $f * g$ 为正、为负或为零。开始时，你可以选一些简单例子，例如一幅全灰的图像，或图像下半部分为白色、上半部分为黑色，再或者

左半部分为白色、右半部分为黑色，等等。然后将其一般化。

我们已经定义了两个连续函数(即定义在 **R** 上的函数)的卷积和两个离散函数(即定义在 **Z** 上的函数)的卷积。第三类卷积在图形学里常出现：离散-连续卷积。一个熟悉的例子是在灰度液晶显示器上的显示。在本章中，显示像素 (i,j) 是一个以 (i,j) 为中心的小方盒。图 18-19 所示为采用 **R**^{2} 上的"盒"函数 b 来显示一幅 2×2 图片 f(茎叶图形式)的结果，用盒函数形成的分片常数函数代表发射的光亮度在 **R**^{2} 上的分布。

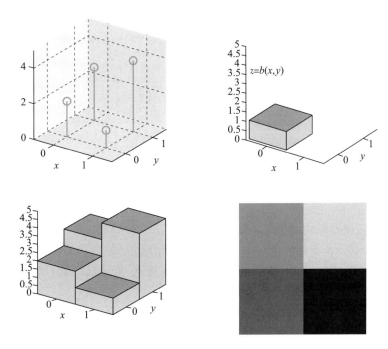

图 18-19　一幅 2×2 灰度图像上的值与一个盒函数卷积，得到一个 2×2 方块上的分片常数函数

(x,y) 上的发射光由下式给出：

$$\text{light}(x,y) = f(i,j)\text{box}(x-i,y-j) \tag{18.12}$$

这看起来并不像一个卷积，因为没有求和。但我们可以插入求和运算符号而无须做其他改动：

$$\text{light}(x,y) = \sum_{ij} f(i,j)\text{box}(x-i,y-j) \tag{18.13}$$

无须改动的原因是盒函数在单元盒外为 0。图形学的早期大都采用 CRT 显示器，激活一个像素时并不是生成一束均匀的方形光，而是以该像素为中心生成一个光斑，光斑的亮度随着距离的增加而逐渐消失。这意味着激活像素 $(4,7)$ 时，在显示器的其他区域，如坐标 $(12,23)$ 附近，也可能发出微暗的光。这种情况下，采用求和公式计算位置 (x,y) 的发射光就十分必要了。

对于一个离散函数 $f:\mathbf{Z}\to\mathbf{R}$ 和一个连续函数 $g:\mathbf{R}\to\mathbf{R}$，其卷积的一般定义是：

$$(f*g)(x) = \sum_{i=-\infty}^{\infty} f(i)g(x-i) \quad x\in\mathbf{R} \tag{18.14}$$

结果为连续函数。读者可自己定义连续-离散卷积，进而将这两个定义扩展到平面上。

18.4　卷积的性质

正如 18.2 节中提到的，卷积有一些优美的数学性质。第一，任何形式的卷积(离散、

连续或混合)中的每个因子都是可线性组合的，即

$$(f_1 + cf_2) * g = (f_1 * g) + c(f_2 * g), \quad 对任意 c \in \mathbf{R} \tag{18.15}$$

$$f * (g_1 + cg_2) = (f * g_1) + c(f * g_2) \tag{18.16}$$

第二，它具有可交换性，下面针对连续函数情形进行证明：

$$(f * g)(t) = \int_{-\infty}^{\infty} f(x)g(t-x)\mathrm{d}x \tag{18.17}$$

将 $s = t - x$，$\mathrm{d}s = -\mathrm{d}x$，$x = t - s$ 代入，得到

$$(f * g)(t) = \int_{-\infty}^{\infty} f(x)g(t-x)\mathrm{d}x \tag{18.18}$$

$$= \int_{s=\infty}^{-\infty} f(t-s)g(s)(-\mathrm{d}s) \tag{18.19}$$

$$= \int_{s=-\infty}^{\infty} g(s)f(t-s)\mathrm{d}s \tag{18.20}$$

$$= (g * f)(t) \tag{18.21}$$

离散函数和连续-离散混合情况下的证明是非常相似的。

第三，卷积是可结合的。证明涉及多项替换，这里就略去了。

最后，连续-连续卷积具有一些涉及导数的特殊性质，如 $f' * g = f * g'$（基于一些相当弱的假设）。通常它还提高了光滑性：如果 f 是连续的，g 分段连续，则 $f * g$ 是可微的；同样，如果 f 是一次可微的，则 $f * g$ 为二次可微。一般情况下，如果 f 是 p 次可微的，g 是 k 次可微的，则 $f * g$ 是 $(p+k+1)$ 次可微的（基于一些相当弱的假设）。

遗憾的是，对给定函数 f，映射 $g \mapsto f * g$ 通常是不可逆的，即一般情形下不能"反卷积"。在稍后介绍傅里叶变换时我们会看到其原因。

18.5 卷积的计算

卷积也出现在其他地方。考虑 1231 与 1111 的乘法：

```
   1231
  ×1111
  -----
   1231
  1231
 1231
1231
-------
1367641
```

在这个计算中，1231 每次都乘以第二个乘数中不同的 1，得到 4 个移位的版本，然后求和，这本质上是一个卷积运算。

另一个例子是，一个正方形的遮光板置于桌面上方，在一个圆形光源的照射下，在桌面上形成阴影（见图 18-20）。阴影内任一点 P 处的亮度由 P 点可见的光源区域决定。假设光源由多个点光源组成，正方形遮光板受到每个点光源的单独照射，并在桌面上投射硬阴影。从外观上看，各点光源的阴影本质上是对一正方形内的点取值为 1、正方形外的点取值为 0 的函数的平移拷贝（见图 18-21）。对所有点光源生成的桌面阴影图片求和，所得结果即为遮光板在灯照射下产生的软阴影。此为卷积的一种形式（同一函数多个平移拷贝的和）。也可以考虑其对偶问题：正方形遮光板的每个微面元都将独立地对入射到桌面的灯光形成遮挡，并在桌面上形成一个圆形"遮光"区；将这些圆形遮光区相加，一些桌面点位于所有的遮光圆盘内（**本影**），一些桌面点位于一部分遮光圆盘中（**半影**），其余桌面点则

受到光源的完全照射，因而对灯的每一点都可见。这两种计算桌面光亮度的方式——分别取多个平移矩形之和或者多个平移圆盘之和，相当于将 $f * g$ 看作 f 的多个平移拷贝之和（以 g 值为权重），或看作 g 的多个平移拷贝之和（以 f 值为权重）。

图 18-20　当圆形光源照射正方形遮光板时，在桌面上同时出现本影和半影

图 18-21　当正方形遮光板被两个不同的点光源照射时所投射的阴影（为更好地展示阴影，我们适当调亮了图像）

18.6　重建

重建是恢复信号的过程，或是基于采样对信号的近似。若查看图 18-4，可以看到，连接红点后产生了一条和原始蓝色曲线相当接近的线。这就是所谓的**分段线性重建**。稍后可看到，它适用于不包含大量高频的信号重建。

前面讨论了如何采用卷积对"将入射到相机传感器每一点的光转换为一组离散像素值"的过程进行建模，以及在液晶显示屏上显示一幅图像时，如何根据图像中的存储值设置每个液晶像素的亮度。此时，我们执行了一次离散-连续卷积，卷积中的离散因子是图像，而连续因子是一个函数，该函数在中心为 $(0,0)$ 的单位区域中取值为 1，否则为 0。离散-连续卷积是信号重建的另一个例子，有时也称之为**采样和保持**重建。

"拍摄，然后在屏幕上显示"（即采样-重建）可描述为卷积的过程。如果拍摄过程和显示过程都"可信"，每一点显示的光亮度应和入射到传感器对应点的光亮度完全一致。但由于屏幕所显示的光亮度呈分段常数，完全一致的情况仅发生在到达传感器的入射光场也是分段常数分布时（例如拍摄一个棋盘，棋盘的每个方格恰好匹配一个传感器像素）。然而在一般情况下，"感知-显示"模式永远不会生成与到达传感器的入射光场完全一致的亮度分布。所能期待的是，所显示的光场是原始光场的一个合理的近似。显示器的光亮度只能在一定范围内动态变化，这也是实用的限制：举例来说，你也不希望在屏幕上显示太阳的照片时灼伤你的视网膜。

18.7　函数类

在接下来的几节中将讨论几种函数。第一种用于对到达图像平面的入射光之类的问题进行数学建模，这是一个关于位置的连续函数。我们将该函数 f 定义在图像矩形 R 上，或定义在整个图像平面上（用 $\mathbf{R}^2$ 表示）。无论何种情形中，都要求函数 f 平方的积分是有限的[⊖]，即

$$\int_D f(x)^2 \, \mathrm{d}x < \infty \tag{18.22}$$

⊖　后面我们会考虑复数函数，而不是实数函数。当我们这样做时，我们需要在积分中使用 $|f(x)|$ 取代 $f(x)$。

其中 D 是该函数的定义域。（满足上述不等式的函数称为**平方可积**；对于许多具有物理意义的函数而言，该式意味着其信号的总能量是有限的。）域 D 可以是矩形 R、整个平面 $\mathbf{R}^2$、实数轴 $\mathbf{R}$，或在讨论一维情形时为某一区间 $[a,b]$。平方可积的函数形成一个向量空间，称为 L^2，我们经常采用 $L^2(\mathbf{R}^2)$ 一类的符号标识平面上平方可积的函数。记"f 是 L^2"为"f 是平方可积"的缩写。在任何指定的定义域内的 L^2 函数集构成了一个向量空间。欲证明 L^2 是加法封闭的，即如果 f 和 g 是 L^2，那么 $f+g$ 也是，需要花费一点功夫；此处将省略证明，因为证明本身并不具有启发性。

$L^2(\mathbf{R})$ 中的函数 $x \mapsto f(x)$ 在 $x \mapsto \pm\infty$ 时必须衰减为零，因为如果 $|f(x)|$ 总是大于某些常数 $M > 0$，则 $\int_{-K}^{K} f(x)^2 \mathrm{d}x > \int_{-K}^{K} M^2 \mathrm{d}x = 2KM^2$，当 $K \to \infty$ 时为无穷大。

第二类函数是离散形式的 L^2 函数：所有函数 $f: \mathbf{Z} \to \mathbf{R}$ 的集合，若满足

$$\sum_i f(i)^2 < \infty \tag{18.23}$$

则记为 ℓ^2；称之为**平方可加**。

两种方式可导致 ℓ^2 函数。第一种是对 L^2 函数进行采样。采样会在下一节中正式定义，但现在需要指出的是，如果 f 是在 $\mathbf{R}$ 上连续的 L^2 函数，那么 f 的样本 $f(i)$ 只是其在一系列整数点 i 上的取值。此时，采样意味着将函数的定义域由 $\mathbf{R}$ 限制为 $\mathbf{Z}$。导致 ℓ^2 函数的第二种方式是对区间 $[a,b]$ 中的 $L^2([a,b])$ 函数进行傅里叶变换，稍后将会介绍。

最后，ℓ^2 和 L^2 都具有内积。对于 $\ell^2(\mathbf{Z})$，定义

$$\langle a, b \rangle = \sum_{i=-\infty}^{\infty} a(i)b(i) \tag{18.24}$$

这跟在 $\mathbf{R}^3$ 上定义 $\boldsymbol{v} \cdot \boldsymbol{w} = \sum_{i=1}^{3} v_i w_i$ 类似。

对于 $L^2(D)$，当 D 为一个有限的区间或实数轴时，定义

$$\langle f, g \rangle = \int_D f(x)g(x)\mathrm{d}x \tag{18.25}$$

L^2 函数的内积具有我们期望的所有特性：内积的每一个因子都是线性的，并且当且仅当 $f=0$ 时 $\langle f, f \rangle = 0$，此处，我们扩展了 $f=0$ 的含义，指 f 在"几乎所有地方"都是零，也就是说，在 f 的定义域中任选一个随机数 t，$f(t)=0$ 的概率为 1。（一般来说，在讨论 L^2 时，如果两个函数几乎处处相等，我们就说这两个函数相等。）

基于内积的定义，可给出"长度"的定义，即对任意的 $f \in L^2$，定义 $\|f\| = \sqrt{\langle f, f \rangle}$，对 ℓ^2 也可做类似的定义。进一步的细节参见练习 18.1。

18.8　采样

采样这一术语在图形学中很常见，且具有多种含义。有时它指在函数 f 的定义域里取多个随机点 P_i（$i=1,2,\cdots,n$），采用 $f(P_i)$ 的平均值来估算 f 在定义域的平均值（见第 30 章）。有时（如本书上一版）指"计算函数在给定区域内的平均或加权平均来确定像素的值"，像素阵列的离散性诠释了"采样"一词的由来。在本章中，我们将赋予其特定的含义。若 f 是定义在实数轴上的连续函数，则对 f 进行采样表示"将 f 的定义域限定为整数"，或者更一般来说，限定为由等距点组成的无穷集合（例如，偶数或具有 $0.3 + n/2$，$n \in \mathbf{Z}$ 形式的所有点）。

对于不连续函数，定义稍有不同，但对那些不追求细节的读者而言，下面的叙述已足

够：如果 f 是分段连续的，但在 x 点存在不连续的跳跃，那么 f 在 x 处的采样为 f 的 x 左侧极限值和右侧极限值的平均。因此，对于一个在 -1 和 1 之间变化的方波（见图 18-22 和图 18-23），其在任何不连续位置处的采样都是 0。

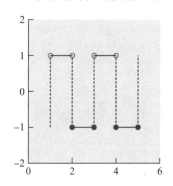

图 18-22　一个"偏移的"方波，在整数点的值为 -1

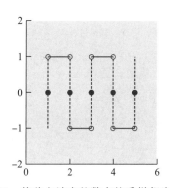

图 18-23　偏移方波在整数点的采样都为 0

对采样更一般的解释源于物理**测量**。若函数 $t \mapsto f(t)$ 的自变量为时间，那么为了测量 f，必须度量其在某个非零时间段内的平均。如果 f 快速变化，则所取时间段越短，测量效果越好。为了定义 f 在特定时间 t_0 的采样，可模仿上述测量过程。考虑点 $t_0 - a$ 和点 $t_0 + a$，定义函数 $\chi_{t_0, a} : \mathbf{R} \to \mathbf{R}$，当 $t_0 - a \leqslant t \leqslant t_0 + a$ 时 $\chi_{t_0, a} = 1$，否则 $\chi_{t_0, a}$ 为 0（见图 18-24）。函数 $\chi_{t_0, a}$ 的作用类似于相机中的快门：当 f 和 $\chi_{t_0, a}$ 相乘时，f 的值只在区间 $[t_0 - a, t_0 + a]$ 内有效。接下来，令

$$U(a) = \frac{1}{2a} \int_{\mathbf{R}} f(t) \chi_{t_0, a}(t) \, \mathrm{d}t \qquad (18.26)$$

$U(a)$ 是 f 在区间 $[t_0 - a, t_0 + a]$ 内的平均值，因此它表示 f 在该区间的"测量值"。本章练习 18.2 将该公式视为一个卷积。最后，**f 在 t_0 的采样**被定义为：

$$\lim_{a \to 0} U(a) \qquad (18.27)$$

即取 f 在无限短的时间段内的测量值。对于一个连续函数 f，如果 a 足够小，则对于任何 $s \in [t_0 - a, t_0 + a]$，$f(s)$ 将非常接近 $f(t_0)$，且 $U(a)$ 的极限就是 $f(t_0)$。这说明，基于上述测量过程定义的采样，正是 f 在 t_0 点的值。完整的证明需运用积分中值定理。对于诸如方波之类的不连续函数，其测量过程意味着取 t_0 左、右两侧值的平均，而其极限（在方波的情况下）即为上限值和下限值的平均。在更复杂的情形中，公式（18.27）定义的极限有可能不存在，此时 f 的采样也无法定义。但是，实际应用中并不会遇到这种函数。

18.9　数学考虑

上面给出的采样定义看上去有点复杂，它意味着 L^2 函数的数学细节也是复杂的。事实确是如此，对采样、卷积、傅里叶变换等做精确的描述是相当困难的。过于详细的前提条件描述，使并非内行的人难以了解定理的真正含义。与其完全搁置这些精致而详细的前提条件，或为每一个结果提供准确无误的表述，不如将注意力尽可能地限定在一些"好"函数上（见图 18-25）。这些函数或连续或非常接近于连续，所谓接近于连续是指其具有一个离散的不连续点的集合，且在不连续点的两侧，函数是连续和有界的（即不具有如 $y =$

$1/x$ 在接近 $x=0$ 处的"渐近线")。图 18-26 所示为一些即使在上述非正式定义下也无法研究的函数,当然它们在实践中也不会出现。

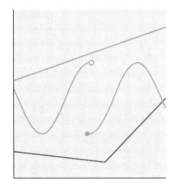

图 18-25   一些"好"函数

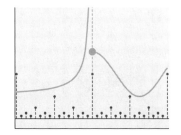

图 18-26   "不好的"函数。紫色函数在形式为 $p/2^q$ 的位置上的值为 $1/2^q$,其他位置的值都为 0

在"好"函数的限制下,许多令人困惑的细节已无须再考虑。对于使用上述数学工具探讨物理问题(如计算到达传感器的入射光),这一限制并无影响。在某种程度上,入射光是不连续的(无论下一个光子接踵而至或尚未到达),但就我们试图模拟的世界而言,将其视为在时间和位置上都连续的函数是合理的。

我们通常也研究"入射光"函数与一些其他函数(如盒函数)进行卷积的结果。盒函数是一种性质很好的卷积函数,与它进行卷积总是产生连续函数,而连续函数很容易实施采样——仅计算样本点的值。这意味着在我们研究入射光并仔细考察其涉及的数学时采用的是具有良好性能的函数。

在本章的余下部分,我们将考虑一维的情形:假设"图片"只有一行像素,传感器将被模拟为线段而不是一个矩形,等等。有时也会针对二维情形(普通图像)讨论相应的方法,但只给出一维情形下的公式。我们将研究定义在实数轴上的函数 f,且设 f 的样本点均位于整数位置上。为了进一步简化讨论,会限定 f 为**偶函数**(参见图 18-27),即对于每个 x,$f(x)=f(-x)$。余弦函数和平方函数均为偶函数的例子。偶函数限制可避免在讨论中涉及复数,但又不影响对基本思路的介绍。

到目前为止,我们已经给出了卷积的定义,并发现如图像显示、通过传感器进行图像采集(即摄影或绘制)、图像的模糊或锐化等许多操作,都可以写成卷积的形式,单个点的采样可定义为积分的极限,而对所有点的采样则为卷积的极限。

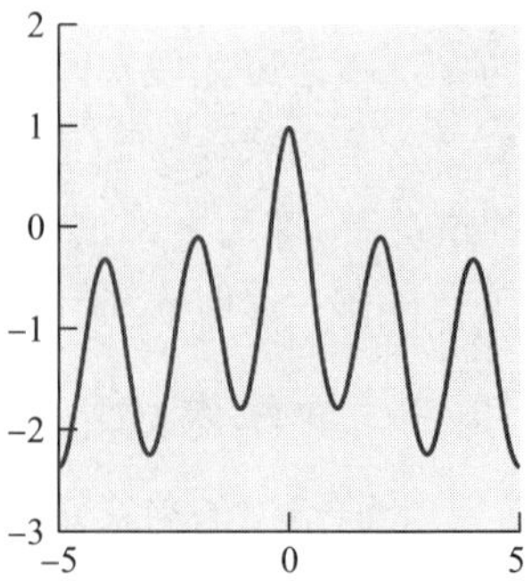

本章的余下部分将围绕下面的问题展开:"已知入射到传感器的光能分布,现欲生成一幅能准确地呈现入射光分布的图像,供随后显示或服务于其他目的,试问应在图像数组中存储什么?"要回答这个问题,需要做两件事:

- 选择一个新的基来表示图像。
- 了解在新的基上卷积的形态。

图 18-27   偶函数是关于 y 轴对称的

傅里叶变换是将图像转换到新的基上的一种方法。在新的基上,函数的卷积成为函数的乘法,因而更容易理解和进行推理。

18.9.1　基于频率的合成与分析

本章将使用区间 $H=(1/2,\ 1/2]$，字母"H"是"一半"的助记符。函数

$$f(x) = \cos(2\pi x) + \frac{1}{3}\cos(6\pi x) \tag{18.28}$$

的曲线如图 18-28 所示，它是定义在该区间上的一个偶函数（关于 y 轴对称）。一般来说，各种整数频率的余弦函数的和均为偶函数，这是因为和式中的每一余弦函数都是偶函数。通过调整和式中各频率余弦函数的系数，可以生成许多不同的函数。

比如，可以找到 $\cos(0x)$、$\cos(2\pi x)$ 和 $\cos(4\pi x)$ 的一个组合，使得 $f(0)=1$，$f(1/6)=0$，$f(1/2)=0$。所列约束条件如图 18-29 所示，左边展示的约束条件与右边相同，这是因为该函数是偶函数，实数轴左半边各点的函数值必须与右半边的相应值相一致。

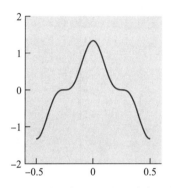

图 18-28　在区间 H 上的一个偶函数

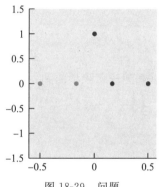

图 18-29　问题

该函数可写成如下形式：

$$f(x) = a\cos(0x) + b\cos(2\pi x) + c\cos(4\pi x) \tag{18.29}$$

然后施加约束条件，

$$1 = f(0) = a + b + c \tag{18.30}$$

$$0 = f(1/6) = a + b\cos(\pi/3) + c\cos(2\pi/3) \tag{18.31}$$

$$= a + b/2 - c/2 \tag{18.32}$$

$$0 = f\left(\frac{1}{2}\right) = a - b + c \tag{18.33}$$

可解得 $a=0$，$b=c=1/2$（见图 18-30）。

上述方法很容易推广：如果在区间 I 右边的非负部分给出关于某函数值的 k 个约束，则一定可以找到由 $\cos(0x)$，$\cos(2\pi x)$，$\cdots$，$\cos(2\pi(k-1)x)$ 的线性组合表达的一个函数来满足这些约束。具体证明基于正弦和余弦的基本性质。

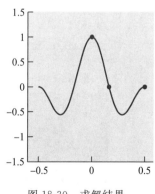

图 18-30　求解结果

因此，可以通过取多种频率的余弦函数的和来"合成"各种偶函数，甚至可以"指定"合成函数在某些点上的值，如上面的第二个例子。当然，也可以取多种频率的正弦函数的和来合成奇函数。通过在和式中混合正弦函数和余弦函数，还能合成既不是奇函数也不是偶函数的函数。值得指出的是，无论合成结果是什么，所得函数的周期恒为 1，这是因为和式中的每一项的周期都是 1。因此，如果 f 可表达为不同整数频率的余弦函数

和正弦函数的和，则有 $f(-1/2)=f(1/2)$。

> 此处"频率"一词有特定含义：称 $x\mapsto\cos(2\pi x)$ 是频率为 1 的函数。其他文章可能称 $x\mapsto\cos(x)$ 是频率为 1 的函数。同样，有些书选择将傅里叶变换定义在区间 $[-1,1]$、$[0,1]$ 或 $[0,2\pi]$ 上，依据不同的区间，各自在内积的定义里引入了一个待乘的常数。我们则遵循 Dym 和 McKean[DM85]的约定，有兴趣的读者可以参考该处的证明。然而并无通用的标准。幸运的是，我们主要关心的是傅里叶变换的定性性质，对此，它的定义区间和待乘常数并不重要。

更令人惊讶的是，区间 H 上满足 $f(1/2)=f(-1/2)$ 的任何连续偶函数均可表达为各种整数频率的余弦函数的和。甚至不连续的偶函数也大多可以写成这种形式。例如，由下式定义的方波函数(参见图 18-31)：

$$f(x)=\begin{cases} 1 & -\dfrac{1}{4}\leqslant x\leqslant\dfrac{1}{4} \\ -1 & \text{其他} \end{cases} \tag{18.34}$$

也几乎可以表达成无限项的和：

$$\overline{f}(x)=\frac{4}{\pi}\left(\cos(2\pi x)-\frac{\cos(6\pi x)}{3}+\frac{\cos(10\pi x)}{5}-\cdots\right) \tag{18.35}$$

$$=\sum_{k=0}^{\infty}\frac{4}{\pi(2k+1)}(-1)^k\cos(2\pi(2k+1)x) \tag{18.36}$$

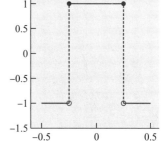

图 18-31　一个"方波"函数

我们说"几乎可以表达成"是因为 $\overline{f}(\pm 1/4)=0$(为 $\pm 1/4$ 左右两边 f 值的平均)，但实际上 $f(\pm 1/4)=1$。

公式(18.35)中的无穷序列可以由有限项的和来近似，图 18-32 展示了几种近似情形。

下面是一个面向图像的例子，我们从图 18-33 所示对称图像中提取一行像素。实际上我们只取了半行，然后将其对称翻转，得到一条包含 3144 个像素的完全对称的线，如图 18-34 所示。

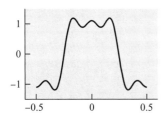 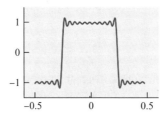 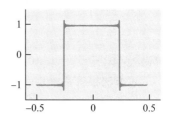

图 18-32　用 2、10、100 项来近似的方波函数。近似中的轻微波动称为瞬时振荡

图 18-33　泰姬陵(原始照片由 Jbarta 拍摄)，参见 http://upload.wikimedia.org/wikipedia/commons/b/bd/Taj_Mahal,_Agra,_India_edit3.jpg

如果把这个函数表达成余弦函数的和，和式中将含有 3144 项，无疑很难读下去。开始的几项如下：

$$f(x) = 129.28\cos(0x) + 5.67\cos(2\pi x) - 2.35\cos(4\pi x) + \cdots \quad (18.37)$$

可以通过绘出各系数点勾勒出上述和式的抽象化简图。具体而言，在 0 处取 129.28，在 1 处取 5.67，在 2 处取 -2.34，等等，结果如图 18-35 所示。$\cos(0x)$ 的系数实际上是 141.8，为了让读者可以看到其他细节，我们调整了其 y 值，从而隐去了 $\cos(0x)$ 项的大系数。（该系数为所有像素值的平均。）

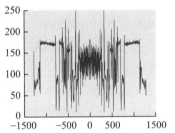

图 18-34　图像的一条水平线上的像素灰度值

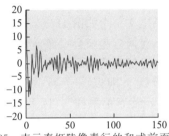

图 18-35　表示泰姬陵像素行的和式前面几项的系数。图示为 $\cos(2\pi kx)$ 在 k 处的系数

不难发现，余弦项的频率越高时，其系数越小。事实上，对自然图像，余弦项的系数"随着频率的增高而降低"极为常见。另外，图 18-34 所示的函数在很小的尺度上仍可见很多变化细节，而图 18-28 所示的函数变化发生在大尺度下。如果为图 18-28 画一张类似于图 18-35 的频率图，则它仅在两处非零（在频率为 0 和 1 处）。在 18.11 节将要观察到，一般情况下，小尺度下的细节意味着图像含有高频率。由于 $x \mapsto \cos(2\pi kx)$ 才具有 $1/(2k)$ 尺度的细节，任何终止于 $\cos(2\pi kx)$ 项的和式通常将不会含有小于 $1/(2k)$ 尺度的细节。像素值图的外观与和式中余弦项系数的分布之间的这种对应关系是一个很强的推理工具。我们将通过傅里叶变换将其形式化。

我们先以泰姬陵的灰度图像（也是对称的）为例，体会图像的频率分解从外观上看是怎么回事，图 18-36 展示了结果。图像中频率为 0 的部分所示为图像的平均灰度值，我们在绘制图像的中频部分和高频部分时添加了它，以避免部分像素出现小于 0 的值。

泰姬陵图像

频率小于15（低频率）

频率为15~70（中频率）

频率大于70（高频率）

图 18-36　泰姬陵图像的低频、中频、高频成分

18.10 傅里叶变换的定义

在接下来的两节中，将给出傅里叶变换的不同定义，这些定义密切关联。在证明各种推论时我们只给出一些提示，而主要通过具有启示性的例子。下面列出了在计算机图形学中将用到的傅里叶变换的三个主要特征，希望有助于读者阅读后面的内容：

- 傅里叶变换将卷积变为乘法，反之亦然。假设 $\mathcal{F}$ 是傅里叶变换，这意味着：

$$\mathcal{F}(f * g) = \mathcal{F}(f)\mathcal{F}(g) \tag{18.38}$$

$$\mathcal{F}(fg) = \mathcal{F}(f) * \mathcal{F}(g) \tag{18.39}$$

- 如果定义一个如图 18-37 所示的函数 g，其峰值等距分布且相隔较近，那么 g 的傅里叶变换看起来会很像 g 本身。不同之处在于，g 的峰值之间间距越小，其傅里叶变换峰值间的间距越宽。

- 将函数 f 乘以一个类似于 g 的函数，将近似于"对 f 做等距采样"。因此，可用 g 这样的函数来研究采样的效果。由于卷积与乘法的对偶性，可看到采样函数（如 g）的傅里叶变换是原函数（如 f）变换的平移拷贝之和。

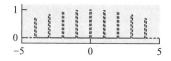

图 18-37 一个具有等距分布峰值的函数在 $x \to \pm\infty$ 时逐渐减小

18.11 在一个区间上的函数的傅里叶变换

在 18.9.1 节中曾提到，对于 $L^2(H)$ 中的偶函数，其傅里叶变换可写为余弦项和式的系数集合。然而在一般情况下，任何 L^2 函数均可定义其傅里叶变换，而不只限于偶函数。对于每个整数 $k \geqslant 0$，其定义为

$$a_k = \int_{-\frac{1}{2}}^{\frac{1}{2}} f(x)\cos(kx)\mathrm{d}x \tag{18.40}$$

$$b_k = \int_{-\frac{1}{2}}^{\frac{1}{2}} f(x)\sin(-kx)\mathrm{d}x \tag{18.41}$$

注意 b_0 总是 0。

序列 $\{a_k\}$ 和 $\{b_k\}$ 称为 f 的傅里叶变换。如果 f 是连续的且 $f(-1/2) = f(1/2)$，则有

$$f(x) = \sum_{k=-\infty}^{\infty} a_k\cos(kx) + b_k\sin(kx) \tag{18.42}$$

在上面的定义中包含了一个多余的值（b_0），b_k 定义中频率的负号不易理解，"傅里叶变换由两个序列构成"也显得有点模糊。幸运的是，采用复数表示后，这些问题即可迎刃而解。

下面我们采用复数函数来取代实数函数 $f:[-1/2, 1/2] \to \mathbf{R}$。与过去分别考虑正弦和余弦序列不同，我们定义：

$$\mathrm{e}_k(x) = \cos(2\pi kx) + \mathrm{i}\sin(2\pi kx) = \mathrm{e}^{2\pi ikx} \tag{18.43}$$

课内练习 18.3：证明 $(\mathrm{e}_k(x) + \mathrm{e}_{-k}(x))/2 = \cos(2\pi kx)$ 和 $(\mathrm{e}_k(x) - \mathrm{e}_{-k}(x))/(2\mathrm{i}) = \sin(2\pi kx)$，因此任何可以写成正弦函数和余弦函数之和的函数均可写为 e_k 之和，反之亦然。

除此之外，另一变化是内积的定义需做少许修改：

$$\langle f, g \rangle = \int f(x)\,\overline{g(x)}\mathrm{d}x \tag{18.44}$$

其中 $\overline{a+bi} = a-bi$ 是**共轭复数**。这一改变保证了 f 与 f 的内积总是非负实数值，可以用它的平方根来定义长度 $\|f\|$。

采用上述内积，函数集 $\{e_k : k \in \mathbf{Z}\}$ 是正交的，即

$$\langle e_k, e_j \rangle = \begin{cases} 0 & j \neq k \\ 1 & j = k \end{cases} \tag{18.45}$$

其证明相当于关于微积分和三角恒等式的练习。

我们定义

$$c_k = \int_{-\frac{1}{2}}^{\frac{1}{2}} f(x) \overline{e_k(x)} \mathrm{d}x = \langle f, e_k \rangle \tag{18.46}$$

对于一个满足 $f(-1/2)=f(1/2)$ 的连续 L^2 函数，有

$$f(x) = \sum_k c_k e_k(x) \tag{18.47}$$

即通过计算 f 与每个基函数 e_k 的内积可将 f 写为 e_k 的线性组合。这与在 $\mathbf{R}^3$ 中的向量可以表示为它在三个坐标轴的投影之和相类似。唯一的区别在于这里涉及无穷项的和，因此需给出一个证明来说明它会收敛。

f 的 **傅里叶变换**现已重新定义为序列 $\{c_k : k \in \mathbf{Z}\}$。基于这一新定义，$f$ 的傅里叶变换为 f 采用特定的正交基表示后的系数表。这种"系数表"支持逐项相加和与标量相乘，从而形成了一个向量空间，傅里叶变换即为从 L^2 空间到这个新的向量空间的线性变换。需要指出的是：傅里叶变换只是改变了函数的表示形式。由于其乘法卷积性质，它是一种非常重要的变换。

函数 $f \in L^2(H)$ 常称为 **时域**信号，而称其傅里叶变换为 **频域**表示。前者为定义在区间上的函数而后者为定义在整数上的函数，两者之间的区别非常清晰。但对于 $L^2(\mathbf{R})$ 函数来说，它的傅里叶变换也在 $L^2(\mathbf{R})$ 中，对这两个域稍加讨论或许会有帮助。$f(x)$ 给出了 f 在 x 点的值，我们称其为"值域"或"数值表示"，而 c_k 告诉我们 f 里含有多少频率 $-k$ 的内容，故它的傅里叶变换称为"频率表示"。

在接下来的部分我们不会关注 c_k 具体的值，但希望能给出这些数字的宏观图示，然后可说"当 $|k| > 200$ 后，这个函数的 $c_k = 0$"或"当 k 越来越大时，c_k 复数值会越来越小。"（称复数 $z = a+bi$ 的"大小"为它的 **模**，且 $|z| = \sqrt{a^2+b^2}$）。出于对宏观图的兴趣，对 $k \in \mathbf{Z}$，我们绘制 $|c_k|$，而不是 c_k。这是因为 $|c_k|$ 是一个实数，而不是一个复数，所以它更容易绘制。这些绝对值的图称为 f 的 **频谱**，它揭示了关于 f 的很多信息。（"谱"这个词原指光被分解为所有颜色波长的光。）

在 $L^2(H)$ 上的函数经傅里叶变换产生 c_k 系数序列，该序列可视为一个定义在整数上的函数，即 $k \mapsto c_k$。事实上，可证明它的和

$$\sum_k |c_k|^2 \tag{18.48}$$

与 $\int_{-1/2}^{1/2} |f(x)|^2 \mathrm{d}x$ 相等。f 是一个 L^2 函数，所以该和式具有确定值。这意味着 $k \mapsto c_k$ 是一个 ℓ^2 函数，也就是说，傅里叶变换将 $L^2(H)$ 变为 $\ell^2(\mathbf{Z})$。从现在起，我们将用字母"$\mathcal{F}$"表示傅里叶变换：

$$\mathcal{F} : L^2(H) \to \ell^2(\mathbf{Z}) : f \mapsto \mathcal{F}(f) \tag{18.49}$$

注意，$\mathcal{F}(f)$ 是一个函数，$\mathcal{F}(f)(k)$ 为 c_k，即 f 的第 k 个傅里叶变换系数。为简单起见，有时我们采用 $\widetilde{f}$ 表示 f 的傅里叶变换。

我们经常使用傅里叶变换的两个性质：

- 如果 f 是一个偶函数，则其每一 c_k 都是实数（即其虚部为 0）。故对于偶函数，可直

接绘制 c_k 而不是 $|c_k|$。绘制图 18-35 时就是这样做的，虽然只绘制了 $k \geqslant 0$ 的部分。

● 如果 f 是实数函数（我们所关注的所有函数均为实数函数，"到达这一点的光强度"即为实数），则它的傅里叶变换为偶函数，即对于每个 k，有 $c_k = c_{-k}$。这是图 18-35 中只绘制 $c_k(k \geqslant 0)$ 部分的原因，绘制出 $k < 0$ 部分并不增加任何新的信息。

我们已有一个傅里叶变换的例子：将方波函数 s 写成余弦和的形式（公式 (18.35)）。从这个和式可知：

$$\hat{s}(k) = \begin{cases} 0 & k \text{ 为偶数} \\ (-1)^n \dfrac{4}{\pi n} & k = 2n+1 \end{cases} \qquad (18.50)$$

$\hat{s}$ 的图如图 18-38 所示。

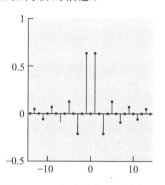

图 18-38　方波的傅里叶变换

18.11.1　采样和区间上的带宽限制

现在假设在区间 H 上有一函数 f，对于所有的 $|k| > k_0$，有 $\mathcal{F}(f)(k) = 0$。称这样的函数为**带宽限于** k_0。函数 f 可以写成频率小于或等于 k_0 的正弦函数之和。因为频率为 k 的正弦函数"特征"（"凹凸细节"）位于 $1/(2k)$ 尺度上，f 的特征尺度不会小于 $1/(2k_0)$。因此我们可以说，函数 f "在尺度 $1/(2k_0)$ 下是光滑的"。从技术角度来看，f 是完全光滑的，这里指的是 f 不包含小于 $1/(2k_0)$ 尺度的几何细节。

基于上述概念，假设 f 的图中有一尖角或不连续之处，则 f 不可能是带宽有限的——它必定包含有任意高频率的正弦函数！这一点很重要：一个不连续或不可微的函数不可能是带宽有限的。反过来的说法则不成立，因为存在很多包含任意高频率的光滑函数。

所有带宽限于 k_0 的函数组成了一个向量空间——两个带宽有限的函数相加，可以得到另一个带宽有限的函数，等等。该向量空间的维度是 $2k_0+1$，数字 c_0，$c_{\pm 1}$，…，$c_{\pm k_0}$ 即为坐标。（$2k_0+1$ 是实向量空间的维度，这是因为每个数字 c_j 都包含实数和虚数两部分，除了纯实数 c_0 外，都具有两个维度。）

如果在区间 $H = (-1/2, 1/2)$ 上取 k_0+1 个等距点，计算函数 f 在这些点上的值得到 k_0+1 个复数，将其视为 $2k_0+2$ 个实数。若忽略其中任何一个，将余下 $2k_0+1$ 个实数。也就是说，我们已经构建了一个从带宽有限的函数到 $\mathbf{R}^{2k_0+1}$ 的线性映射。这种映射是双射。（证明涉及大量的三角恒等式和一些复数运算。）它告诉我们：

如果 f 带宽限于 k_0，则 f 可由任何 k_0+1 个等距采样唯一确定。反之，如果给出 k_0+1 个等距样本值（不能仅为某数的实数部分或虚数部分），则存在着唯一的函数 f，其带宽限于 k_0，且在这些点取给定值。

上面即为**香农采样定理**[Sha49] 或**采样定理**的一种表述方式。可将其用于傅里叶变换为偶函数的实数函数，这意味着 $c_1 = c_{-1}$，$c_2 = c_{-2}$ 等。此时，原有的 $2k_0+1$ 个自由度变成了 k_0+1 个自由度。对这种情形，采样定理指出：

假设 f 和 g 是在区间 $[-1/2, 1/2]$ 上的实数函数，且 x_0，…，x_{k_0} 是该区间里的 k_0+1 个等距点，如：

$$x_j = -\frac{1}{2} + \frac{j}{k_0+1} \qquad (18.51)$$

且对于 $j = 0$，…，k_0，$y_j = f(x_j)$ 和 $y_j' = g(x_j)$。

对于所有的 j，若有 $y_j = y_j'$，则 f 和 g 相等，即带宽限于 k_0 的函数可完全由其 k_0+1 个个等距采样点决定。此外，对于给定的实数集合 $\{y_j\}_{j=0}^{k_0}$，存在一个唯一的带宽限于 k_0 的函数 f，对每个 j 有 $f(x_j)=y_j$。

> 采样定理在 1949 年由香农证明，但 Borel 早在 1897 年就提到过其中的部分内容。1928 年 Nyquist 也给出了部分定理。此外，还有几个人也曾独立地对该定理进行过全部或部分研究。Meijering[Mei02]介绍了这段历史。

从宏观上看，这个定理的重要意义在于，我们常基于某函数 f 的等距采样构建一幅图像，并希望这幅图像真正反映出 f 里的所有信息。依据采样定理，如果 f 的带宽限于某一频率，只要按该频率提供适当数量的样本，则完全可以从这些样本中重建 f，也就是说，所重构的图像是函数 f 的一个可信表示。

你或许会问，"如果对某实数函数采集了 k_0 个样本，但该函数并非带宽限于 k_0，会发生什么？这些采样点将对应一个怎样的带宽有限的函数呢？"我们稍后将讨论这个问题。

课内练习 18.4： 在区间 $H=[-1/2, 1/2]$，考虑三点 $-1/3$，0，$1/3$。

（a）求解带宽为 $k_0=1$ 的实数函数 f_1，该函数在上述点取值为 1、0 和 0。什么函数 f_2 和 f_3 在上述点处取值为 0，1，0 和 0，0，1 呢？（你可能需运用计算机代数系统来求解。）

（b）已知一带宽为 $k_0=1$ 的实数函数在这三个点的采样值为 $-1/2$，1，$-1/2$，求解该函数。

（c）计算 $x \rightarrow \cos(4\pi x)$ 函数在这三个点的采样值。它是否与采样定理矛盾？

采样定理可以从反方向来理解：假如对某信号按间隔 h 进行等距采样，若要从这些样本中实现该信号的重建，则该信号的最高频率应低于何值？答案是：待重建信号的波长应至少为 h 的两倍以上。因此，该频率是 π/h，即 Nyquist 频率。

课内练习 18.5： 假设你希望让 $x \mapsto \sin(x)$ 的频率为 1，如果采样间距为 h，则其 Nyquist 频率是多少？

18.12 推广到更大的区间和整个 R 上

如果需要研究定义在区间 $(-M/2, M/2]$ 上（M 为长度）的函数，而非区间 $H=(-1/2, 1/2]$ 上的函数，可以采用类似的定义。但其傅里叶变换的定义中增加了一个额外的因子 $1/M$；积分区间变为 $\pm M/2$，函数 $e_k (k \in \mathbf{Z})$ 则改用如下公式：

$$e_{\frac{k}{M}}(t) = \cos\left(\frac{2\pi k}{M}t\right) + i\sin\left(\frac{2\pi k}{M}t\right) \tag{18.52}$$

也就是说，傅里叶变换将 $L^2(-M/2, M/2)$ 映射到 $\ell^2(\mathbf{Z}/M)$。后者定义在由 $1/M$ 的整数倍点组成的集合上。不难看到，随着所取的区间越来越宽（即 M 不断增加），表示该区间上函数的各频率间的间距会越来越小。

当 $M \rightarrow \infty$ 时，可以通过"取极限"来研究其结果。因此，除了定义 $L^2(-M/2, M/2)$ 的傅里叶变换，我们还可以定义 $L^2(\mathbf{R})$ 的傅里叶变换。

对于 $f \in L^2(\mathbf{R})$，采用如下规则定义 $\mathcal{F}(f): \mathbf{R} \rightarrow \mathbf{R}$：

$$\mathcal{F}(f)(\omega) = \int_{-\infty}^{\infty} f(x) e_\omega(x) \mathrm{d}x \tag{18.53}$$

其中

$$e_\omega(x) = \cos(2\pi\omega x) + i\sin(2\pi\omega x) \tag{18.54}$$

可以从 $\mathcal{F}(f)(\omega)$ 中得知 "f 中频率为 ω 的信号有多少",但这可能会导致小的误解;更好的说法是:"f 与频率为 ω 的周期函数看上去有多像。"

正如有限区间的情形,如果 $|\omega|>\omega_0$ 时,$\mathcal{F}(f)(\omega)=0$,则 f **带宽限于**频率 ω_0。

在离开傅里叶变换这一主题前,还剩下最后一个问题:对于周期为 1 的周期函数 h,因其在 $\pm\infty$ 时不趋于零,导致公式(18.53)的积分通常不收敛,所以 h 肯定不属于 $L^2(\mathbf{R})$。另一方面,对该函数中一个周期内的信号的积分正是上面曾定义的、对区间内函数进行傅里叶变换的公式(18.46)。因此,我们可以采用这一区间函数的公式来讨论周期函数的傅里叶变换。

简略地说,如果将周期为 1 的周期函数 f 截断于 $|x|=M$ 处(即 $f(x)=0,|x|>M$),其 $L^2(\mathbf{R})$ 变换将随着 M 增大越来越聚集于整数点处,而它的值趋于与 M 成正比,最终达到极限状态,即 $L^2(\mathbf{R})$ 变换在所有非整数点上都为零,而在整数点上为无穷大。我们可以在每一步中通过除以 M 将无限值变为有限值,看上去就如同对 f 中单一周期信号的 $L^2(H)$ 变换。

18.13 傅里叶变换的例子

18.13.1 基本例子

图 18-34 和图 18-35 中,我们已看到了对一幅自然图像中一行像素的傅里叶变换。随着 ω 的增长,$\mathcal{F}(f)(\omega)$ 通常快速衰减;一般而言,可降至 $1/\omega^a$,其中 $a>1$。对于一幅含有尖锐边界的合成图像(如棋盘格图像),可望衰减到 $1/\omega$,前述方波函数中的情形便是如此。我们将采用蓝色来绘制信号,而采用品红色绘制其变换。但有时需要在同一轴上绘制多个信号,而在另一个轴上绘制它们的变换,这时每个信号及其变换均采用同一颜色绘制。对定义域在 $\mathbf{Z}$ 上的离散信号,我们一般使用茎点图表示(如图 18-38 所示)。

18.13.2 盒函数的变换是 sinc 函数

$$b(x) = \begin{cases} 1 & -0.5 \leqslant x \leqslant 0.5 \\ 0 & \text{其他} \end{cases} \tag{18.55}$$

是一个定义在实轴上的盒函数。因它是一个实值偶函数,其傅里叶变换也是实值且对偶的。我们可以根据定义式直接计算 $\mathcal{F}(b)(\omega)$。

$$\mathcal{F}(b)(\omega) = \int_{-\infty}^{\infty} b(x) \, \overline{e_\omega(x)} \, dx \tag{18.56}$$

$$= \int_{-\frac{1}{2}}^{\frac{1}{2}} \overline{e_\omega(x)} \, dx \qquad \text{因为对于 } b(x) = 0, |x| > \frac{1}{2} \tag{18.57}$$

$$= \int_{-\frac{1}{2}}^{\frac{1}{2}} \cos(2\pi\omega x) \, dx - i \int_{-\frac{1}{2}}^{\frac{1}{2}} \sin(2\pi\omega x) \, dx \tag{18.58}$$

$$= \int_{-\frac{1}{2}}^{\frac{1}{2}} \cos(2\pi\omega x) \, dx \qquad \text{因为 sin 为奇函数} \tag{18.59}$$

$$= \frac{\sin(2\pi\omega x)}{2\pi\omega} \Big|_{-\frac{1}{2}}^{\frac{1}{2}} \tag{18.60}$$

$$= \frac{\sin(\pi\omega)}{\pi\omega} \tag{18.61}$$

上述计算适用于 $\omega \neq 0$ 的所有情形;对于 $\omega=0$,则有 $\mathcal{F}(b)(0)=1$(你需要写出积分式

来证明)。

　　计算过程如图 18-39 所示，该图取自 Bracewell[Bra99]一书，对信号处理感兴趣的人而言，这是一本很好的参考书。

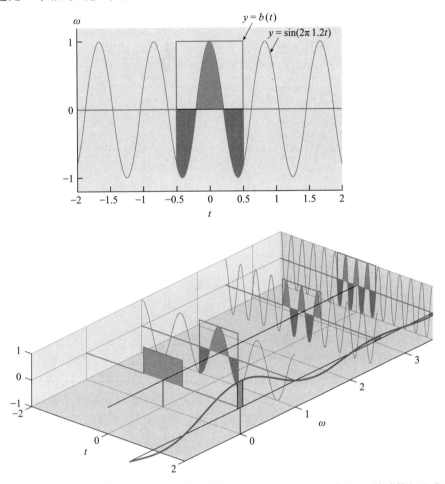

图 18-39　为计算盒函数 b 的傅里叶变换，在每个频率 ω 处，将 $\sin(2\pi\omega x)$ 乘以 b，并计算新生成函数覆盖区域的面积，其中正面积(位于 $t\omega$ 坐标平面上方)显示为绿色，负面积为红色。上图：$\omega=1.2$ 时的计算结果。下图：ω 取不同值时的计算结果。对于每一个频率，我们在图的右侧画出了计算得到的区域总面积。它是关于频率 ω 的函数，在图中显示为紫红色平滑曲线；显然它为 $\omega \mapsto \mathrm{sinc}(\omega)$ 函数

　　课内练习 18.6：按上述公式计算一个宽度为 a 的盒函数的傅里叶变换，该函数在区间 $[-a/2, a/2]$ 上取值为 1、其他均为 0。提示：在积分式中用 $u=x/a$ 替换，而无须做进一步的推演。

　　这是唯一一个我们直接计算的定义在实数轴上函数的傅里叶变换，它的结果是一个重要的函数，有专用的名字：

$$\mathrm{sinc}(x) = \begin{cases} \dfrac{\sin(\pi x)}{\pi x} & x \neq 0 \\ 1 & x = 0 \end{cases} \tag{18.62}$$

　　一般发音为"sink"。该函数尽管是分段描述的，但却是光滑且无限可微的，其泰勒展开式为 $\sin(\pi x)$ 的展开式除以 πx：

$$\text{sinc}(x) = 1 - \frac{(\pi x)^2}{3!} + \frac{(\pi x)^4}{5!} - \cdots \tag{18.63}$$

18.13.3 区间上的例子

考虑在区间 H 上的函数 $f(x) = \cos(2\pi x)$（见图 18-40）。直接计算积分可得 $\mathcal{F}(f)(1) = 1/2$，$\mathcal{F}(f)(-1) = 1/2$，且对于所有其他 k 值，$FT(f)(k) = 0$（见图 18-41）。因此，$f(x) = (1/2)e_1(x) + (1/2)e_{-1}(x)$，从 $e_k(x)$ 的定义来看这是显而易见的。

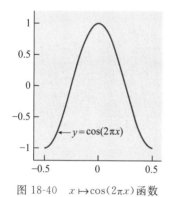

图 18-40 $x \mapsto \cos(2\pi x)$ 函数

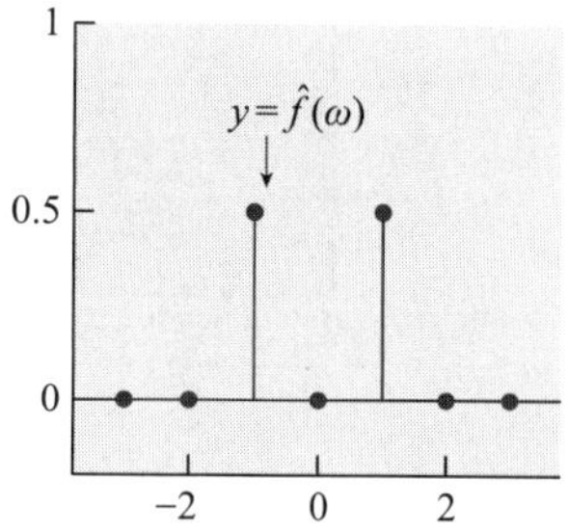

图 18-41   图 18-40 函数的傅里叶变换 $k \mapsto \mathcal{F}(f)(k)$

18.14 采样的近似

现重新取泰姬陵图像中的一行像素，把它视为定义在区间 $[-1/2, 1/2]$，上的函数，乘以图 18-42 所示的采样函数后，大部分信号将被去除，只保留了位于等距分布的各采样点局部小邻域内的信号(本例使用的采样函数约有 100 个峰值)。图 18-43 显示了对该行中心处图像信号的处理结果，其中 x 轴表示像素坐标。正如所看到的，产生的信号由很多小峰构成。这些尖峰信号的傅里叶变换有点像原始的傅里叶变换，然后被不断地复制(如图 18-44 和图 18-45 所示)。

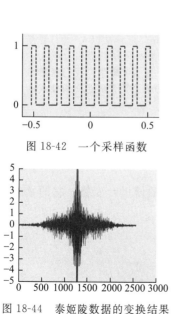

图 18-42   一个采样函数

图 18-43   泰姬陵函数与采样值相乘

图 18-44   泰姬陵数据的变换结果

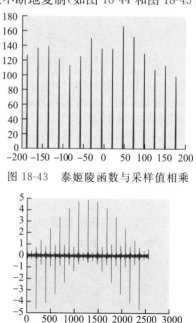

图 18-45   "采样过的"泰姬陵数据的变换结果

值得指出的是，上例中的复制并非精确复制。部分原因是我们采用了"宽"峰方波对信号进行采样，另一部分原因是泰姬陵图像本身亦属于采样数据，而非定义在实轴上的真正的函数，而且我们也没有通过插值将其变成这样的函数。但如果泰姬陵图像是定义在区间上的一个连续函数，且采样方波极窄，那么它的傅里叶变换将由对该连续图像傅氏变换的一系列近乎精确的复制组合而成。

可以看到，该采样图像的变换并没有原始图像信号那么大（观察 y 轴上的刻度）。这是因为在"采样"的过程中很多信号被移去并用零取代，所以每一个积分的值会变小。

18.15　涉及极限的例子

我们需要增加两个例子，每一个都涉及一个函数序列，而非单一的函数。

18.15.1　窄盒函数和 delta 函数

正如计算宽度为 a 的盒函数的傅氏变换时所看到的，盒形越窄，其变换所覆盖的区域就越宽：它是类 sinc 函数，只不过它不是在整数点上为 0，而是在 $1/a$ 的倍数频率处为 0。在处理泰姬陵的采样数据时，你可能也注意到了，它在纵轴方向的值变小：单位宽度盒函数的傅氏变换在 $\omega=0$ 处的高度为 1，宽度为 a 的盒函数其变换在 $\omega=0$ 处的高度为 a。

现在考虑：

$$g(x,a) = \frac{1}{a}b\left(\frac{x}{a}\right) \tag{18.64}$$

它是宽度为 a（非零）、高度为 $1/a$ 的盒函数，函数下区域的面积为 1。图 18-46 显示了几个例子。对于任何 a，$x \mapsto g(x,a)$ 的变换是一个在 $\omega=0$ 处取值为 1 的类 sinc 函数，但当 $a \to 0$ 时，sinc 函数的"宽度"变得越来越大，如图 18-47 所示。

当 $a \to 0$ 时，$x \mapsto g(x,a)$ 函数的傅里叶变换所产生的序列将逼近常数函数 $\omega \mapsto 1$。在许多工程教科书中，这个序列的"极限"被定义为"delta 函数 $x \mapsto \delta(x)$"，它的傅里叶变换被认为是常数函数 1。但严格来讲并非如此：该函数序列在 $x=0$ 时并不取极限，所设的傅里叶变换也不属于 L^2，因为它的平方积分非有限值。尽管如此，我们还是可以谨慎地使用 delta 函数，需要记住的是，通常的傅氏变换规则对它并不适用，且它只能在有限情形中用做代理。

采用 δ 函数或采用在下一节中定义的梳子函数的唯一原因，是由于存在下面的映射：

$$f \mapsto \int_{\mathbf{R}} \delta(x)f(x)\mathrm{d}x \tag{18.65}$$

该映射在 L^2 上定义了一个实数函数，是 L^2 中的一个对偶向量。如果在公式（18.65）中用 $g(x,a)$ 取代 $\delta(x)$，并取极限 $a \mapsto 0$，所生成的对偶向量序列确实收敛，当然这需要证明。因此，该 δ 函数至少在积分式中是有意义的。

18.15.2　梳子函数及其变换

运用上面对越来越窄、越来越高的盒函数序列的分析方式，即可对接近**梳子状**的 $L^2(\mathbf{R})$ 函数序列进行考察，该函数仅在每个整数点处取"无限窄盒"形状。图 18-48 显示

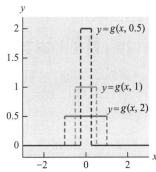

图 18-46　a 取不同值时的 $x \mapsto g(x,a)$ 函数

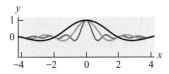

图 18-47　图 18-46 中所示例子的傅里叶变换，其曲线颜色与图 18-46 一致

了如何构造梳子函数：在每个整数点放置一宽度为 a、高度为 $1/a$ 的盒子，然后将它们的高度乘以一个"尖峰"函数。尖峰函数的宽度与 $1/a$ 成比例，它使得所有盒子下覆盖的面积为有限值，因此这些函数都属于 $L^2(\mathbf{R})$。

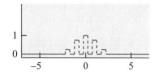 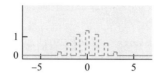 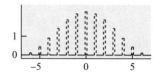

图 18-48　接近梳子形状的函数

图 18-49 所示为这些函数的变换。如同 delta 函数，其变换似乎逼近于一个极限，但该极限仍为梳子函数（即仅在整数点取值，且变得越来越大，而在所有非整数点处则趋于 0）。

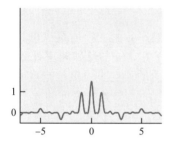 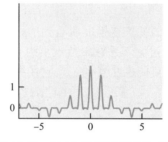 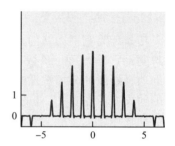

图 18-49　图 18-48 所示函数的变换

下面用符号 ψ 表示梳子函数，非正式地，可写为 $\mathcal{F}(\psi) = \psi$。

如果创建的是一个间距为 c 而不是 1 的梳子函数，则其变换是一个间距为 $1/c$ 的梳子函数，如同我们在盒函数与 sinc 函数中看到的情形。

18.16　傅里叶逆变换

我们已经说过，如果已知 $L^2(H)$ 中的一个函数（或周期为 1 的一个周期函数）f 的傅里叶变换 $c_k = \mathcal{F}(f)(k)$，则可以通过如下公式恢复 f：

$$\sum_k c_k e_k(t) \tag{18.66}$$

若 f 为一个好的函数，上式除了在 f 的不连续点及某些端点（$f(1/2) \neq f(-1/2)$）外都等于 f。实际上，我们定义了一个**逆变换**，基于系数序列，来得到区间上的 L^2 函数（或周期为 1 的一个周期函数）。

对 $L^2(\mathbf{R})$ 也存在一个类似的"逆变换"：

$$\mathcal{F}^{-1}(g)(x) = C\int_{-\infty}^{\infty} g(\omega) e_{\omega}(x)\,\mathrm{d}\omega \tag{18.67}$$

它具有同样的性质：若 f 为一个好的函数，对 f 变换将得到 g，再逆变换 g 所得到的函数几乎处处等于 f。这意味着可以无损失地在"值空间"和"频率空间"相互转换。

18.17　傅里叶变换的性质

我们已经指出，傅里叶变换是线性的。在对缩放后的盒函数进行变换时，你可能已经注意到，如果

$$g(x) = f(ax) \tag{18.68}$$

那么

$$\mathcal{F}(g)(\omega) = \frac{1}{a}\mathcal{F}(f)\left(\frac{\omega}{a}\right) \tag{18.69}$$

$$\mathcal{F}(f)(\omega) = a\mathcal{F}(g)(\omega a) \tag{18.70}$$

在定义中代入 $u = ax$ 可以直接给出证明。

我们称之为傅里叶变换的**尺度性质**：当沿 x 轴"拉伸"一个函数，其傅里叶变换在 ω 轴上就会被"压缩"，反之亦然，如图 18-50 所示。

与大部分线性变换相同，傅里叶变换是连续的；这意味着，如果函数序列 f_n 逼近函数 g，且所有 f 和 g 函数都属于 L^2，则 $\mathcal{F}(f_n)$ 亦将逼近 $\mathcal{F}(g)$。

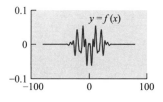

傅里叶变换还有两个对我们非常重要的性质。第一个是长度保持，对每一个 $f \in L^2(\mathbf{R})$，有

$$\|\mathcal{F}(f)\| = \|f\| \tag{18.71}$$

该性质的证明涉及对定义的复杂引证，在中间还需做仔细的极限推导。

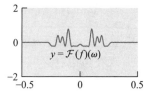

第二个性质是**卷积乘法定理**，它的证明思路较为类似，但更为复杂。它指出，对任意 $f, g \in L^2(\mathbf{R})$，有

$$\mathcal{F}(f*g) = \mathcal{F}(f)\mathcal{F}(g) \tag{18.72}$$

$$\mathcal{F}(fg) = \mathcal{F}(f)*\mathcal{F}(g) \tag{18.73}$$

对傅里叶逆变换，这两个公式同样成立。第二个公式还适用于定义在区间 H 上的函数，或周期为 1 的周期函数，只不过右边的卷积是对序列的卷积而非对实轴上函数的卷积。

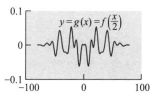

卷积乘法函数解释了为什么反卷积通常是困难的。假设 $\hat{g}$ 处处非零，那么对 g 的卷积可以转变为在频率域上对 $\hat{g}$ 的乘法。如果 $h = f*g$，则 $\hat{h} = \hat{f}\hat{g}$。假设 $u = 1/\hat{g}$，$\hat{h}$ 乘以 u 可以得到 $\hat{f}$。如果 U 是 u 的傅里叶逆变换，那么由卷积乘法定理可知，将 h 与 U 卷积可以恢复 f。然而这个公式存在一个问题：如果 $\hat{g}$ 是一个 L^2 函数，那么 $u = 1/\hat{g}$ 一般不是 L^2 函数。但它可以用一个 L^2 函数近似，因此一个近似的反卷积是有可能的。另一方面，假设对于某一 ω_0，有 $\hat{g}(\omega_0) = 0$，则我们无法定义 u，更不要提它的逆变换了。简单而言，用 g 过滤会去除 f 中所有有关频率 ω_0 的内容，并且这些内容无法从滤波后的结果 h 中予以恢复。

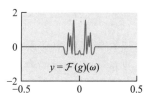

图 18-50　当 f 曲线沿 x 轴被拉伸后，$\mathcal{F}(f)$ 曲线（紫红色）沿 ω 轴被压缩，在 y 轴上则被拉伸

18.18　应用

我们已经定义了两种傅里叶变换，它们均为线性、连续、保持长度，且满足乘法卷积定理。可以认为傅里叶变换将函数 f 的"值表示"（$f(x)$ 表示 f 在 x 处的值）转换成了"频率表示"，$\mathcal{F}(f)(\omega)$ 则告诉我们"f 与一个频率为 ω 的正弦波相似的程度。"

现在来看看关于这一思想的两个应用：带宽限制和采样。

18.18.1　带宽限制

如果当 $\omega > \omega_0$ 时，$\mathcal{F}(g)(\omega) = 0$，称函数 g 带宽限于 ω_0，即"g 所包含的频率均低于 ω_0"，如图 18-51 和图 18-52 所示。在本节的剩余部分中，我们将固定 ω_0，即"带宽有限"

意味着"带宽限于 ω_0"。

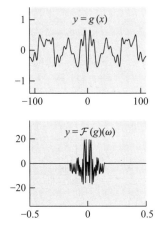
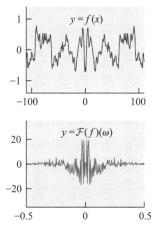

图 18-51　一个带宽有限的函数和它的傅里叶变换　图 18-52　一个非带宽有限的函数和它的变换

　　现在考虑在区间 H 上做类似计算。在进行计算之前，需要说明一个事实：就像盒函数的傅里叶变换是一个 sinc 函数一样，盒函数的逆变换也是一个 sinc 函数。这可以通过积分来验证。

　　现在假设 f 是 $L^2(H)$ 中的一个函数。哪个 g 是最接近于 f 的带限函数呢？我们利用傅里叶变换来求解。图 18-53 显示了求解的思路，上面一行所示为函数 f 及其变换，主要部分为低于 30 的频率信号，我们对该变换进行截断以突出感兴趣的部分。去除所有的高频信号（在本例中保留小于等于 17 的频率信号）后，将得到如右下图所示的函数。而这只需乘以一个宽度为 34 的盒函数（从 $\omega = -17$ 到 $\omega = 17$）即可实现，该函数为

$$B(\omega) = b(\omega/34) \tag{18.74}$$

由于在频率域中乘以盒函数等同于在值域中与 sinc 函数进行卷积，可以取原始信号与适当尺度的 sinc 函数的卷积，来获得右下图中函数的逆变换，其结果如左下图所示。该 sinc 函数是

$$S(x) = \text{sinc}(34x) \tag{18.75}$$

不难发现，所得结果 g 是一个更加平滑的信号。

　　信号 g 看上去与原始信号 f 很相似。其实，它是一个非常接近 f 的带宽有限的信号。从图 18-53 的右侧频域信号图中不难看出这一点。傅里叶变换是保距离的，也就是说，$\hat{f} = \mathcal{F}(f)$ 和 $\hat{g} = \mathcal{F}(g)$ 之间的距离即为 f 和 g 之间的距离。要找到最接近 f 的带限函数，只需要找到在带限之内最接近 $\hat{f}$ 而带限之外均为 0 的变换。故唯一的自由度是在 -17 和 17 之间对 $\hat{g}$ 进行调整；使它和 $\hat{f}$ 的区别尽可能小。

　　课内练习 18.7： 用积分证明这一结论。

　　本例中的数字 17 并无特殊意义。我们可以将 $L^2(H)$ 中的函数 f "带宽限制"于任何频率 ω_0 上。

　　让我们总结一下前面的内容：如果 f 是 $L^2(H)$ 中的一个函数，若需将 f 的带宽限制于 ω_0，则必须将它与函数 $x \mapsto S(x) = 2\omega_0 \text{sinc}(2\omega_0 x)$ 取卷积，或者将其傅里叶变换乘以 $\omega \mapsto B(\omega) = b(\omega/(2\omega_0))$。可得到最接近 f 的带宽有限函数 g。

　　如果你认为，"由于卷积涉及积分运算，且在每个点都得做一次积分，那计算量应该会非常大吧？"，你当然没错。但幸运的是，在实用中我们永远不需要这么做。

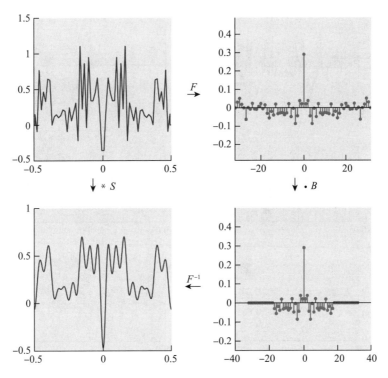

图 18-53　为了由 $\hat{f}$ 得到 $\hat{g}$，我们将其乘以一个盒函数 $B(\omega)=b(\omega/34)$，换句话说，我们去除了所有高频信息。为了由 f 得到 g，我们将其与 B 的逆变换卷积，它是一个宽度为 1/34 的 sinc 函数，即 $x\mapsto 34\mathrm{sinc}(34x)$

　　如果你想近似计算这个卷积，一种实用的方法是采集 f 的大量样本，计算这些样本的"快速傅里叶变换"（傅里叶变换的离散版本，计算 n 个样本的时间复杂度为 $O(n\log n)$），然后去除所有大于 ω_0 的频率，并变换回来。本章的图实际上是用这种方法绘制的。

18.18.2　在频谱中解释复制

　　作为第二个应用，我们重新审视图 18-45：当我们将泰姬陵数据乘以一个"采样"函数，傅里叶变换开始呈现周期性，看上去像是原始变换的多次复制、叠加与拼合的结果，如图 18-54 所示。

　　现解释图 18-54 所示情形。泰姬陵的原始数据可用函数 $x\mapsto f(x)$ 描述。其"采样"版本称为 h，由 f 和一个近似的梳子函数 g（由很多面积为 1、间距约 1/200 的窄峰构成）相乘得到，产生信号 $h=fg$。这意味着 $\hat{h}=\hat{f}*\hat{g}$。由于函数 g 与梳子函数近似，其傅里叶变换也是梳子函数变换的近似，即为另一梳子函数。由于 g 的间距约为 1/200，因而 $\hat{g}$ 的间距约为 200。所以 $\hat{h}$ 是 $\hat{f}$ 与间距为 200 的梳子函数的卷积。该卷积由 $\hat{f}$ 多次复制构成，每个梳齿对应于一次复制，然后求和。这解释了傅里叶变换 $\hat{h}$ 的近似周期性。

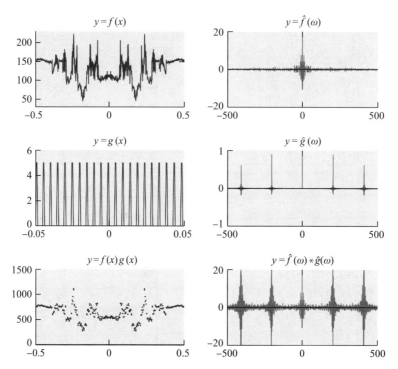

图 18-54   泰姬陵数据（左上）与一个狭窄的、峰值间距很近的梳子函数相乘（左中图——请注意 x 轴上所标识尺度的变化！），生成信号的"采样"版本如左下图所示。原始信号的傅氏变换（右上）与梳子信号的傅氏变换（右中图所示的梳子函数，其峰值间距较远）进行卷积，生成采样信号的傅氏变换（右下），看上去如同原始信号傅氏变换的复制和叠加

18.19   重建和带宽限制

让我们进一步研究函数 $f \in L^2(\mathbf{R})$ 与它在整数点上的样本之间的关系，这些样本定义了一个属于 $\ell^2(\mathbf{Z})$ 的函数 $\overline{f}$。为此，我们需要一个新的定义：如果对 $\omega \geqslant \omega_0$ 有 $\hat{f}(\omega) = 0$，则 f 在 ω 处是**严格带限**的。注意从">"到"$\geqslant$"的变化。本小节有如下主要结论：

- 如果对 $|\omega| \geqslant 1/2$，有 $\mathcal{F}(f)(\omega) = 0$，则 f 可以由 $\overline{f}$ 重构，即只要 f 为严格带限于 $1/2$ 的函数，从 $f \mapsto \overline{f}$ 的映射就是可逆的。
- 对 ℓ^2 中的任意函数 g，由于存在多个函数，它们的样本都由 g 给定，因此一般而言，不可能基于样本重建出一个任意的 L^2 函数。

相应的表述也适用于 $L^2(H)$ 中的函数 f，假定函数 f 在区间中具有 n 个间隔均匀的采样点，且带限低于 $n/2$ 的任一频率，则它可以从这些样本中重构（采样定理的核心）。

下面我们将展示如何从样本重建一个带宽有限的函数，不仅仅证明采样过程是可逆的，而且还将明确地给出一个逆变换。我们还将介绍一些容易计算的近似逆变换，它们具有如下性质：如果函数 f 是带宽有限的，取其采样，通过这些近似逆变换进行重建，将生成非常接近 f 的函数。

我们从一个简单的情况开始：即多个函数具有相同的样本值。对连续函数"在 x 采样"的意思就是"计算该函数在 x 处的值"。下面以 $f_1(x) = 0$ 和 $f_2(x) = \sin(\pi x)$ 为例，展示两个不同的函数在整数点处具有相同的样本值。实际上，在每一整数点处，这两个函数都取相同的值 0。因此，如果给出其中一个函数的样本，你不可能知道它对应于哪一个

函数。当然，当 $x \to \pm\infty$ 时 f_2 并不趋近于 0，因此它不属于 $L^2(\mathbf{R})$，但这很容易解决。

课内练习 18.8： 如果 f 是属于 L^2 的任意函数，证明函数 $x \mapsto f(x) f_2(x)$ 的样本将与 f_1 的样本相匹配，所以采样操作是从 $L^2(\mathbf{R}) \to \ell^2(\mathbf{Z})$ 的多对一映射。

需要注意的是，函数 f_2 的频率为 $1/2$，位于 Nyquist 极限之上：引起走样是预料之中的。

对于在区间 $H = (-1/2, 1/2]$ 上相应的情况，举一个类似的例子即可：考虑 n 个等距采样点 $x_j = -1/2 + j/n$，$j = 0, 1, \cdots, n-1$，函数 $g_1(x) = 0$ 和函数 $g_2(x) = \sin(\pi n(x + 1/2))$ 在每个 x_j 点的值均为 0。

可以说函数 g_2 是函数 g_1 的**走样**，因为就其样本而言，它们看上去是相同的。如果我们从一组样本来构建一区间上的函数，则因 g_1 和 g_2 具有相同的样本将导致相同的重构结果。

接着让我们考察稍复杂的情况：*如果一个函数是带宽有限的，证明它可以从样本进行重建。*

如前所述，将函数 $f \in L^2(\mathbf{R})$ 乘以一个"类似于梳子"的 L^2 函数，其乘积的傅里叶变换将呈现出周期性，可看出它由 f 的变换的多次复制构成。当被乘的函数越来越逼近于梳子函数时，其傅里叶变换也越来越趋近于 $\hat{f}$ 与梳子函数的卷积。当然，近似的梳子函数并不存在极限，但 f 的样本集是存在的，是一个属于 ℓ^2 的函数 $\overline{f}$。在频率域中，与 f 进行卷积的函数越接近于梳子函数，该卷积的傅里叶变换就越趋近于一个周期函数。实际上，其极限就是一个周期函数，但不属于 $L^2(\mathbf{R})$，因为当 $\omega \to \pm\infty$ 时它不趋向于 0。另一方面，可证明这一周期函数极限即为 $\overline{f}$ 的傅里叶变换。相关证明有点复杂，其中涉及实分析；Dym 和 McKean[DM85]提供了具体的细节。

对上一段进行简单总结：如果对 $L^2(\mathbf{R})$ 中的函数 f 在整数点上采样，得到 $\overline{f} \in \ell^2(\mathbf{Z})$，则有：

$$\mathcal{F}(\overline{f}) = \mathcal{F}(f) * \psi \qquad (18.76)$$

其中，ψ 是梳子函数。

假设 f 是严格带限的，即对于 $|\omega| \geqslant 1/2$ 有 $\mathcal{F}(f)(\omega) = 0$，则 $\mathcal{F}(\overline{f})$ 由 $\mathcal{F}(f)$ 的不重叠复制构成。为了从 $\mathcal{F}(\overline{f})$ 得到 f 的傅里叶变换，只需要将其乘以宽度为 1 的盒函数 b 即可。注意，在频率域中乘以 b 相当于在值域中与 $\mathcal{F}^{-1}(b)$ 卷积，而 $\mathcal{F}^{-1}(b)$ 为函数 $x \mapsto \mathrm{sinc}(x)$。由此可得出结论，要从样本重建带宽有限函数，只需取这些样本与 sinc 的卷积。

这是一个很漂亮的结果。例如，如果有一幅图像，该图像为对带宽有限函数 f 的采样，则将其与 sinc 函数进行卷积即可恢复 f。在一维的情况下，设样本为 f_j，这意味着：

$$f(x) = \sum_j f_j \mathrm{sinc}(j - x) \qquad (18.77)$$

如果 x 是一个整数，例如 $x = 3$，则该和式就是

$$f(3) = \sum_j f_j \mathrm{sinc}(j - 3) \qquad (18.78)$$

该公式中 sinc 的变量取整数，除了 $\mathrm{sinc}(0) = 1$，在其他整数点上 sinc 都等于 0。因此该和式可以简化为：

$$f(3) = f_3 \mathrm{sinc}(0) = f_3 \qquad (18.79)$$

这意味着，f 在整数点的值即为该点上的样本值。但如果 x 不是整数呢？此时 sinc 在每个变量处都非零，因而 f 在 x 处的值将涉及无穷多项的和。其计算就很难实现了。

我们稍后将讨论另外的重建方法，但其核心思想：即函数的重建可通过其样本与 sinc

函数的卷积来实现，仍然至关重要。下一章讨论图像缩放时，我们还会反复用到该思想。通常，我们会多次运用这一理论来决定应该做什么样的计算，然后再选择一近似计算方法。

我们已经看到了 sinc 卷积的两项应用。第一项是，对于任何函数 $f \in L^2(\mathbf{R})$，$f * \text{sinc}$ 即为最接近 f 的带限函数。这是因为在频率域中，与 sinc 卷积相当于"乘以一个盒函数"，它会去除 f 里的所有高频信号，而保留低频信号不变，因此是最接近 f 的带限函数的傅里叶变换，它的逆变换是在值域中最接近 f 的带限函数。第二项应用是在重建方面：要从样本重建一个带宽有限的函数，可取这些样本与一个 sinc 函数的卷积。

给定一个函数，按图 18-55 所示方式对其进行采样。观察这些采样点时，我们心里很自然地将这些点"连接"起来，如图 18-56 所示。我们现在将研究这一方法和用 sinc 函数重建的区别。

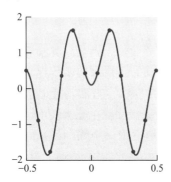

图 18-55　在等距点上采样一个函数

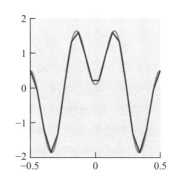

图 18-56　通过连接采样点进行重建

首先我们要意识到，"连接点"和取图 18-57 所示的"帐篷函数" b_1 的卷积的结果是一样的。注意到 $b_1 = b * b$，按连接点的方式进行重建就是"与 b 卷积两次"。

在频域中这是怎样的情形呢？理想的情况下，我们希望在频域中乘以单位宽度的盒函数 b 来去除所有的过高频率信号。但我们上面做的是乘以 $\mathcal{F}(b) = \text{sinc}$ 两次，也就是说乘以 sinc^2。这与乘以盒函数相比，有什么区别呢？图 18-58 显示了这两个函数，你可以看到它们有点类似。因为 sinc^2 对于大于 $1/2$ 的频率是非零的，它会让 f 的一些高频成分转化为低频形式的走样。注意到在 $\omega \leqslant 1/2$ 外的 $\omega \mapsto \text{sinc}^2(\omega)$ 的最高点出现在 $\omega \approx 1.43$ 附近，该最大值大约是 0.047，即最多 5% 的过高频率作为走样保存了下来。因此，sinc^2 应能够很好地限制带宽。但它对那些不应被衰减的低频信号有什么影响呢？当采样频率从甚低频靠近 $\omega = 1/2$ 时，sinc^2 快速减小。事实上，$\text{sinc}^2(1/2) \approx 0.23$，所以在 Nyquist 极限频率附近，信号将衰减到理想值的四分之一左右。但如果取 Nyquist 极限一半，它只衰减了 20% 左右。因此，对位于这个频率区域的样本点，连接点的重建效果是可以接受的，但对等于或略高于 Nyquist 极限频率的样本点，它就不适用了。

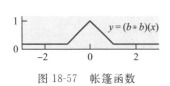

图 18-57　帐篷函数

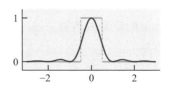

图 18-58　sinc^2 与盒函数的比较

显然，如果再次将帐篷函数 b_1 与盒函数 b 卷积将得到一个新的函数 b_2，其傅里叶变换将是 sinc³，它会更好地逼近理想的盒函数。但另一方面，函数 b_2 的卷积需要调和的样本不再是两个，而是三个。

在值域中，可以把帐篷函数当作 sinc 函数的近似。帐篷看上去有点像 sinc 的中央凸起，因此它们的变换也较为类似。根据这一想法，我们可以用分段二次或分段三次函数更好地拟合 sinc 函数的最初几个波瓣，其傅里叶变换将更像盒函数。这样的一个近似已应用于图像操作程序中，比如 Adobe PhotoShop 中供用户选择的"双三次"插值。

当在液晶显示器上显示一幅图像时，我们实际上是对其进行采样，并使用采样值来控制每个正方形显示像素的光亮度。从一维情形看，这相当于将每个样本扩展成一个单位宽度的常数函数，即将采样信号与盒函数 b 进行卷积。在频率域里，这意味着乘以 sinc 函数，在带宽限制方面它当然比乘以 sinc² 的效果差，因此与帐篷函数重建相比，走样更明显。

18.20　再谈走样

在 18.2 节中，我们讨论了在灰度液晶显示器上采用取整、覆盖面积采样和加权区域采样来绘制线条。现在我们从数值和频率的对偶角度来重新审视每一种方法。

首先，按照本书的第一原则——"弄清问题"，让我们阐明要解决的问题。给定一条直线 $y=mx+b$，其斜率 $0<m<1$，存在一个函数 f，对于任何到直线的距离小于 $1/2$ 的点 (x,y) 取值为 1，否则为 0。这个函数还可以描述为，"给定像素是否位于单位宽度的条纹 $y=mx+b$ 内"。该函数所定义的像素存在从黑色到白色的尖锐过渡（从 0 到 1），相应地，它的（二维）傅里叶变换含有任意高的频率信号。事实上，该函数与任何水平扫描线的交线（即 $x\mapsto f(x,y_0)$）均为一定宽度范围内的凸起，因此它的一维傅里叶变换看起来像一个 sinc 函数，在任意频率下都是非零的。函数 f 本身并不属于 $L^2(\mathbf{R}^2)$，但如果在所绘图像（假设其尺寸为 100×100）之外设 f 为 0，则它就属于 L^2 了。我们的目标是使显示器所呈现的图案尽可能地和 f 的带宽有限近似函数相一致（或是它的倍数，以处理单位问题）。

"取整"的方法相当于对函数 f 的加粗版本进行采样：任何到 $y=mx+b$ 的垂直距离不超过 $1/2$ 的像素 (x,y) 均被认为位于 f 上。上述样本在整数网格上构成一个 ℓ^2 函数，其频谱是 f 的频谱与一个二维梳子函数的卷积，它将导致许多高频分量走样以低频形式呈现出来。而在液晶显示器上显示这些样本时，则相当于该图像与一个二维盒函数进行卷积，即在频域中乘以一个二维 sinc 函数。所以在频率域中，取整方法如同先与梳子函数进行卷积，再乘以一个 sinc 函数。最终的结果丝毫谈不上对 f 的带宽有限近似函数有所逼近，如同我们所见，效果较差。

覆盖面积采样线条绘制方法包含三个步骤：

1）与一个二维盒函数做卷积计算覆盖区域。

2）在整数点采样。

3）与一个二维盒函数做卷积进行显示。

我们先在频率空间将 $\mathcal{F}(f)$ 与 sinc 相乘，接着与二维梳子函数卷积，然后再次乘以 sinc 函数。正如所知，f 与 sinc 相乘在一定程度上限制了带宽，过高的频率分量被削弱，但这远非严格带限。与梳子函数的卷积使得部分高频信息以低频走样的形式通过了弱带宽限制。第二次乘以 sinc 函数，对卷积结果再次实施了弱带宽限制。第一步中引入 sinc 函数作用明显，最后采用相应的灰度来绘制线条上具有不同覆盖面积的像素，效果大为改善。

在加权区域采样中，第一步进行卷积的不是二维盒函数，而二维帐篷函数；然后在频率域中，乘以 sinc^2，它的带宽限制作用更为有效，最终的绘制效果也更好。

在后两种线绘制方法中，仅对采样过程实施了近似的带宽限制；而在第一种线绘制方法中，则没有采取任何带限措施。在所有方法显示最终生成的图像时，其显示像素的边缘处均含有大量的高频信号。尽管如此，至少后面的两种方法可生成近乎满意的绘制结果。

然而，我们真的得到了理想结果吗？事实上，仍存在着三个方面的不足。第一，本章使用的"逼近"概念是以 L^2 距离度量的，我们前面已提到过，这种度量与我们对图像相似性的视觉感知并不完全吻合，因此有可能在朝着错误的目标进行优化。第二，我们一直关注高频成分，但在实用中，当像素足够小时，它们所显示图案的高频成分的频率可能非常高，以至于人眼根本无法察觉，这类高频信号已无关紧要。当然，对于那些可为人眼察觉的以低频形式出现的高频走样，还是必须加以抑制的。但如果线条绘制中保留了一些稍高于 Nyquist 极限的频率信号，其走样仅略低于 Nyquist 极限，但处在远高于人眼能观察到的频率范围，应该也是无关紧要的。

第三个不足之处属于一个较高层的问题。我们现采用的思路是，首先限制带宽，接着是信号采样，最后是重构，我们单独考察过每一步，并认可了每一步中的近似处理。在某种意义上，我们是对解决方案中的每个步骤进行近似，而不是对解决方案本身，这并不符合求近似解的原则。这里请考虑另一个问题：在显示器可以生成的所有图案中，哪一个与函数 f 的 L^2 距离最近？如果我们知道将在由正方形像素组成的液晶显示屏上显示结果，这个问题本身是否有道理？事实上，这个"最优的可显示的图像"是由覆盖区域采样方法生成的。采用该方法绘制会导致一些有趣的走样现象：与斜线相比，垂直线和水平线边界更尖锐；线段沿水平方向的运动看上去时快时慢，如同在本章开头我们所看到的移动三角形的情形。这是否要紧呢？答案取决于我们的眼睛察觉物体运动时的速度变化的能力。建议读者写一个程序进行试验，得出自己的结论。这个例子真正的启发是：有必要考虑一下将采样和重建放在一起而不是分开处理。

18.21   讨论和延伸阅读

如果想要从一幅图像（由某个函数 f 采样生成的矩形阵列样本）精确重构原始函数（即能够从样本恢复出 f），则图像的生成必须是无损的（即为向量空间的可逆映射）。一般而言，这将需将原始函数限制于 L^2 的某个子集中，通常为"带宽有限的函数"。

但实用中遇到的函数经常是我们想采样但却不是带宽有限的。解决方案是找到一种途径将该函数 f 转换为一个相近但带宽有限的函数 f_0。理想的做法是将 f 与 sinc 卷积，但一般情况下它并不切实际。与其他更简单的过滤器（比如盒函数）进行卷积可给出一个合适的近似。

在实践中，如果要写一个光线跟踪程序，则意味着不应该只在每个像素中心处采样一根光线，而是应该通过每个像素向场景发出多根采样光线，并对其结果取平均。这是对"入射光"函数进行盒函数滤波的一种低成本近似。当然，也可以计算各采样光线的加权和，它相当于对入射光和滤波器（例如 sinc 函数、帐篷函数或你所选的其他滤波器）卷积的一种逼近。

虽然 sinc 滤波器是理想的"低通"滤波器，但在实用时仍会遇到一些问题。例如，假设有一个宽的盒函数，用 sinc 函数对其进行过滤时，会形成**瞬时振荡**——盒函数不连续的两侧都会出现小的波动。虽然这并非"错误"，但它却导致显示时出现问题：由于某些结果值为负，这意味着必须让这部分显示出"比黑的还要黑"，这显然是不切实际的。这也是选择帐篷函数或者处处为正值的类 sinc 函数过滤器的另一个原因。

　　由于人眼无法察觉的细节无关紧要，因此可设法利用这一性质，下面为一个有趣的例子：对一个典型的液晶显示器像素的三个彩色频带分别进行调整，从而实现比三个频带统一调整更细致的控制，即使是灰度图像亦可如此。例如，图 18-14 中所示字母"A"就是采用这种方法绘制来实现反走样的，而图 18-59 显示了它放大后的外观。这种绘制字体的技术称为 TrueType[BBD+99]。类似的想法同样适用于图形学的其他方面。

　　从本章的讨论来看，Nyquist 极限似为一个绝对的界限：若以高于 Nyquist 极限的频率对信号进行采样，是不能重建的。但是事实并非完全如此。假设与某一采样速率相对应的 Nyquist 频率是 ω_0，则其傅里叶变换在 $-\omega_0$ 和 ω_0 之间严格非零的信号可以基于样本完全重建。同样，其傅里叶变换在 $5\omega_0$ 和 $7\omega_0$ 之间严格非零的信号也可以从它的样本完全重建（当然，重建时必须已知变换的极限）。事实上，如果已知函数 f 的采样，而且已知 f 的傅里叶变换仅在区间 I（区间长度为 $2\omega_0$）中非零，则函数 f 可以重建。同样，若 f 的变换是稀疏的，即仅在相对较少的点处非零，

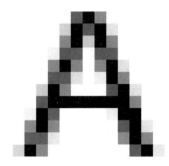

图 18-59　对白底黑字的彩色绘制

即使该变换不只是局限在长度为 ω_0 的区间内，仍可以利用其稀疏性来实现 f 的重构。不过，这已属于**压缩感知**这一相对较新的领域了[TD06]。

　　在本章的起始部分我们曾提到，位于区间内的每一个 L^2 函数都可以写成多个正弦函数和余弦函数之和。你可能会问"为什么是正弦和余弦函数之和而不是变化宽度的盒函数、帐篷函数或其他函数的集合之和？"第一个答案（稍后会回到这点）是，的确可以将 L^2 函数表达成正弦和余弦之外的其他函数之和，这通常也是值得尝试的。但傅里叶分解已在工程、数学和物理学中被广泛使用，其中的一个原因是源于以下的原则：对于从某空间到它自身的线性变换，将其转换为由特征向量组成的基表示后，将更容易被理解，因为此时变换即为一种非均匀的缩放变换。许多物理定律均描述为二阶线性微分方程，例如 $F = ma$，其中 a 为未知位置 x 的二阶导数，通常质量 m 和力 F 为已知，x 则需满足一定的边界条件。如果 F 和 m 取常数，则为一个二阶常微分方程。此时方程的解通常可写成指数函数的和，其中指数可能是实数或是复数。若为复数，就会引出正弦和余弦函数。由于描述世界的方程大多是二阶线性方程，因此将其表达为正弦和余弦函数之和再自然不过。事实上，傅里叶当时就是在描述如何求解**热方程**的过程中引入的傅氏变换，该方程描述了在给定初始值和边界条件下固体中的热量分布如何随时间而变化。

　　Oppenheim 和 Schaefer[OS09]对离散信号给出一个相似的结果，即每个线性平移不变系统解的基本形式亦为正弦和余弦的组合。所谓**平移不变系统**是指，如果将系统的输入信号视为 t 的函数，而输出信号为 t 的另一个函数，那么延迟输入信号（比如把 $t \mapsto s(t)$ 平移为 $t \mapsto s(t-h)$）将导致完全相同的输出信号，并有相同量的平移。用物理术语来说，系统明天的行为将和今天一样。

　　现回到问题的第一个答案，即可以将一个 L^2 函数写成除正弦和余弦之外的其他函数之和。傅里叶分解的两个关键特性是频域的局部性与正交性。第一个特性指我们可从一个信号的傅里叶变换中看到信号基本由单一频率构成，而在其他频率处很小。第二个特性指，$\exp(in\pi x)$ 和 $\exp(ik\pi x)$ 的内积恒为 0，除非 $k = n$；这说明，若想要采用傅里叶基写出函数 f，仅需针对每一个 n，计算 f 与 $\exp(in\pi x)$ 的内积，然后取计算所得值作为线性组合

的系数即可。

  1909 年，在 Hilbert 指导下完成的毕业论文中，Haar 证明了在[0，1]上的每一个 L^2 函数都能用在长度 $2^{-k}(k=0，1，2，\cdots)$ 的区间上为常数的函数之和来逼近。这些基函数具有空间局部性，也就是说，每个基函数仅在两个这样的区间上非零。这些函数（以及较大 k 值所对应的函数）叫作 **Haar 小波**。图 18-60 展示了一些 Haar 小波图。

  图 18-61 展示了单位区间上的 f 函数，图 18-62 展示了定义在宽度为 1/8 单位区间上的常数函数对 f 的逼近。图 18-63 展示了如何将该逼近写成 Haar 小波的线性组合：图 d 是 $k=3$ 的小波的加权和，每一部分都以不同的颜色显示；图 c 是 $k=2$ 的小波的加权和，以此类推。图 a 是一个常数函数，其值为该区间上 f 的平均值。图 e 中所示垂直橙色条的高度为上面所有各行中的橙色条高度之和。

  如果用越来越精细尺度上的 Haar 小波来逼近信号，并取其极限，所形成的线性组合（无限项）的系数，称为原函数的 **Haar 小波变换**。

  尽管 Haar 小波概念上非常简单，其性质和傅里叶基有相似之处，但仍有其不足。例如，它并不是无限可微的；事实上，它们甚至没有可微性。20 世纪 90 年代中期，不同光滑度的 Haar 小波与其他具有更为复杂形式的小波，被广泛用于计算机图形学中，遍及从线画图

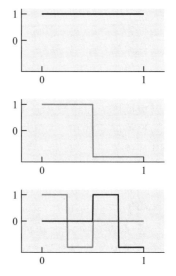

图 18-60 $k=0$，1，2 时的 Haar 小波，当 $k>0$ 时，有 2^{k-1} 个基函数

[FS94]到绘制[GSCH93]的各个方面。有意做进一步了解的读者，可阅读 Stollnitz 等主编的 *Wavelets for Computer Graphics：A Primer*[SDS95]，该书以图形学中的例子为切入点，提供了对该学科综合性的介绍。

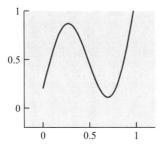

图 18-61 定义在单位区间内的一个光滑函数

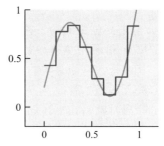

图 18-62 采用定义在 1/8 单位区间内的常数函数逼近给定函数

  顺便说一下，对 Haar 小波（或其他任何一个你用来编写函数的基）也有一个类似于香农定理的表述：如果某函数具有足够数量的样本，而且该函数可表达为一定数量的某种基函数的组合，则能重建出该函数。在某些情形中，会对样本的位置做各种形式的限制（例如，在 Haar 小波中，它们不能具有 $p/2^q$ 这样的形式，其中 p 和 q 是整数），但总体表述仍然是有效的。

  傅里叶基是一种表示一维和二维信号的非常好的方法，但在图形学中经常会遇到定义在球面或 $\mathbf{S}^2 \times \mathbf{S}^2$ 上的函数，如 BSDF。对于 $\mathbf{S}^2$，则有一种类似的基，称为 **球面调和函数**，我们会在第 31 章中做简单介绍。关于这些内容的更多的介绍可参见 Sloan[Slo08]。

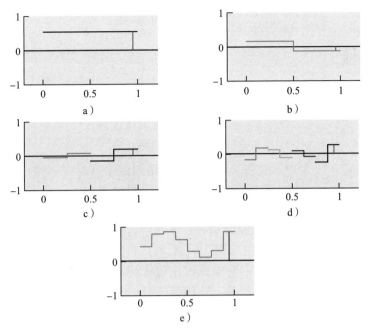

图 18-63　将逼近写成不同尺度的空间局部函数之和

18.22　练习

18.1　(a) 对 L^2 中的函数，可定义其长度为 $\|f\|$。证明：对任何函数 $f \in L^2$，其长度总是有限的。

(b) 证明：对于任何 $f, g \in L^2$，有 $\|f+g\|^2 - \|f\|^2 - \|g\|^2 = 2\langle f, g \rangle$，并由此得出结论：$f$ 和 g 的内积也是有限的。

18.2　(关于定义的练习)定义：当 $|t| < a$ 时，$g_a(t) = 1/(2a)$，其余情形 $g_a(t)$ 为 0。

(a) 对于任何函数 $f : \mathbf{R} \to \mathbf{R}$，证明公式(18.26)中 $U(a)$ 的值为 $(f * g_a)(t_0)$。(b) 证明在 t_0 点处 f 的样本值为 $\lim_{a \to 0}(f * g_a)(t_0)$。

图 像 缩 放

19.1 引言

在前面的第 17、18 章中，我们学习了如何采用图像来存储规则排列的数据，这些数据通常源于对某些连续函数的采样(如"入射到虚拟相机成像平面上特定区域的光能")。我们也学习了关于通过傅里叶变换来理解这种采样表示的许多理论知识。在本章中，我们将应用这些知识来调整图像的尺寸(如图 19-1 所示，将图像放大和缩小，也称为图像的缩放)，并实施包括边缘检测在内的若干操作。

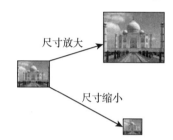

图 19-1　图像尺寸缩放的术语

我们假定图像中存储的数值对应于具有实值的连续信号，本章所讨论的算法并不适用于存储物体 ID 信息之类的图像。

与第 18 章类似，在本章中我们仍主要研究灰度图像。灰度图像的缩放问题涵盖了算法所有的主要思想，但避免了因涉及三个颜色通道带来的复杂性。此外，我们继续聚焦于对图像上一行像素的变换，因为将在单行像素上得到的结论推广到二维图像并没有导致新的重要性质，只是表述上会相对复杂一些。当然，在展示图像缩放的代码，以及分析卷积运算的效率时，我们会回到二维图像。

在这一章，我们将运用第 18 章中的如下结论：

- 信号采样和卷积运算可以从值域和频域两方面进行有效分析。
- 卷积乘法定理。值域中的卷积相当于在频域中做乘法运算，反之亦然。
- 单位宽度的盒状函数 b 的傅里叶变换为单位间距的 sinc 函数，$\mathrm{sinc}(\omega)=\sin(\pi\omega)/(\pi\omega)$，反之亦然。
- 缩放性质。设 $g(x)=f(ax)$，则有

$$\mathcal{F}(g)(\omega) = \frac{1}{a}\mathcal{F}(f)\left(\frac{\omega}{a}\right) \tag{19.1}$$

$$\mathcal{F}(f)(\omega) = a\mathcal{F}(g)(a\omega) \tag{19.2}$$

- 带宽限制与重建。如果
  - f 是 $L^2(\mathbf{R})$ 上的函数
  - $|\omega| \geqslant 1/2$ 时，$\mathcal{F}(f)(\omega)=0$
  - y_i 是 f 在所有 $i \in \mathbf{Z}$ 处的采样值

    则 f 可以由采样值 y_i 与 sinc 函数的卷积进行重建，即

$$f(x) = \sum_{i=-\infty}^{\infty} y_i \mathrm{sinc}(x-i) \tag{19.3}$$

如果 f 并非带宽限于 $1/2$，则对 f 采样将导致产生走样。也就是说，存在一个带限的函数 g，其采样值与 f 的采样值完全一致，式(19.3)重建得到的是 g 而不是 f。
- 若 L^2 函数近似于单位间距梳齿形状，其傅里叶变换亦近似于单位间距的梳齿形状。

在讨论近似梳状的 L^2 函数序列时，我们代之以虚拟的梳函数，并采用符号 ψ 表示，此时假定极限已被抑制。

19.2　图像放大

在这一节和下一节中，我们将讨论图像缩放的问题。也许你会觉得至少在某些情况下这种操作十分简单，比如对于 300×300 的图像，要将其缩小到 150×150，只需隔行隔列地删除就能得到想要的结果。练习 19.7 展示出这种简单的方法效果甚差，因此需要采用其他的方法。幸运的是，下面我们将描述的方法不仅能将图像放大或缩小较小的整数倍，而且可取任意缩放因子。本节介绍的图像放大算法相对比较简单，下一节介绍的图像缩小算法则需要考虑更多的细节。

像以前一样我们首先考虑一维情形，现欲将一个包含 300 个采样值的离散信号（称为源信号）变换为具有 400 个采样值的离散信号（称为目标信号）。源信号可以通过对函数 $S \in L^2(\mathbf{R})$ 在 300 个连续整数点采样得到。

同时假设信号 $S: \mathbf{R} \to \mathbf{R}$ 的带宽严格限于 $\omega_0 = 1/2$，以避免采样时产生走样。

为了对 S 进行 400 个点的重采样，我们首先设想三个理想化的步骤，虽然尚不能实现，但稍后会加以改进使之成为可行的算法。

1）从图像中的 300 个采样值重建 S。

2）将 S 沿 x 轴方向以比例 $400/300$ 拉伸。

3）在 $i = 0$，$\cdots$，399 这 400 个采样点处对 S 进行重采样。

当按步骤 1 重建 S 时，S 的带宽被限制于 $\omega_0 = 1/2$ 内。当我们对 S 进行 400 个点的重采样时，如要避免走样，得到的信号的频带必须仍在 $\omega_0 = 1/2$ 内。幸运的是，当我们沿 x 轴方向拉伸信号 S 时，相应的傅里叶变换沿 ω 轴方向压缩；因此生成的信号频带仍在 $\omega_0 = 1/2$ 的范围内。图 19-2 展示了这一步骤。然而你能看到在缩小图像时会遇到新的挑战。

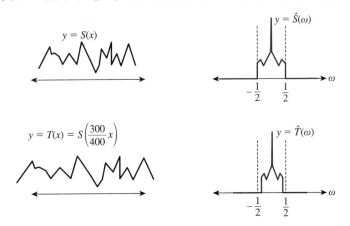

图 19-2　左侧所示的带限函数 S 在 x 轴方向被拉伸，形成 T，右侧所示为其傅里叶变换，S 拉伸后，其变换亦被压缩，带宽趋窄

基于整数点处的采样值重建信号有一个困难，即我们需要知道每一个整数点处的采样值，而不仅仅是 300 个采样样本。目前，我们暂时忽略这个问题，而将源图像位于 $0 \sim 299$ 范围以外的部分视为 0。在 19.4 节中我们再重新检视这一假设。

顺便指出，对于 $\mathbf{Z}$ 或 $\mathbf{R}$ 上的函数 f，它的**支撑集**为其所有非零点的集合，即

$$\text{support}(f) = \{x : f(x) \neq 0\} \tag{19.4}$$

如果这个集合位于某个有限区间内，我们称 f 具有**有限支撑**；如果该集合不包含于任何有限区间内，则称 f 为**无限支撑**。因此，盒状函数为有限支撑，而 sinc 函数为无限支撑。我们选择把图像的采样值视为有限支撑的函数。基于此假设，即可重建出代码清单 19-1 中所示的源信号 S。注意，我们仅需能求得任意给定点处重建信号的值，而无须耗费大量的时间来重建完整的源信号。这样，理想方案中的第一步就变得可行了。

代码清单 19-1   通过源图像采样值和 sinc 函数的卷积来求原始信号的值

```
1   // Reconstruct a value for the signal S from 300 samples in the
2   // image called "source".
3   double S(x, source) {
4       double y = 0.0;
5       for (int i = 0; i < 300; i++) {
6           y += source[i] * sinc(x - i);
7       }
8       return y;
9   }
```

注意，最后求得的和是有限的，原因是我们已假设除了 $i=0$，$\cdots$，299 以外的位置源信号 source[i] 为 0。不过，一般而言，其总和应该是无限的，或在现实问题中，至少在非常大的区间上。

现在我们已经重建出原始的带限函数 S，进一步是要将其放大得到新的函数 T。如果将 S 的每个采样值视为 S 在每一单位区间中点处的值，那么位于 0，$\cdots$，299 整数点处的 300 个采样值就可以表示 S 在区间 $[-0.5, 299.5]$ 内的部分。接下来需要将此区间拉伸至 $[-0.5, 399.5]$。

为此，记

$$T(x) = S\left(\frac{300}{400}(x + 0.5) - 0.5\right) \tag{19.5}$$

同样，我们只提供一种可行的方法来求 T 在任意点处的函数值，而不是建立其完整的信号。

课内练习 19.1：证明 $T(-0.5) = S(-0.5)$，且 $T(399.5) = S(299.5)$。

接下来必须对 T 在整数位置进行采样。由于 T 为带限函数，它一定是连续的，因此在 x 处采样相当于求 T 在 x 处的值。

显然，在编程时，300 和 400 这两个具体的值可以用符号 N 和 K 代替，其中 $K > N$，上述过程中的每一步骤保持不变。最终的完整代码见代码清单 19-2。

代码清单 19-2   一维源图像的放大

```
1   // Scale the N-pixel source image up to a K-pixel target image.
2   void scaleup(source, target, N, K)
3   {
4       assert(K >= N);
5       for (j = 0; j < K; j++) {
6           target[j] = S((N/K) * (j + 0.5) - 0.5 , source, N );
7       }
8   }
9
10  double S(x, source, N) {
11      double y = 0.0;
12      for (int i = 0; i < N; i++) {
13          y += source[i] * sinc(x - i);
14      }
15      return y;
16  }
```

当要将原始图像在两个维度上放大时，我们可简单地首先逐行放大，然后逐列放大（见图 19-3）。

课内练习 19.2：验证先行后列的放大与先列后行的放大能得到相同的图像。

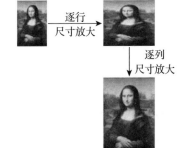

19.3　图像缩小

现在我们考虑更为复杂的图像缩小问题。假设源图像有 N 个像素，而目标图像只有 $K(K<N)$ 个像素。

同前面一样，我们通过将采样值与 sinc 函数卷积以重建源信号 S。但在下一步，若设

$$T(x) = S\left(\frac{K}{N}x\right) \tag{19.6}$$

结果将不再是位于 1/2 范围内的带限函数，而是 $N/(2K)>1/2$ 范围内的带限函数。在对 T 进行安全采样之前，我们需要将其与 sinc 进行卷积，将其带宽限制在 1/2 范围内。

图 19-3　先逐行再逐列放大一幅图像（原始图像来源于 http://en.wikipedia.org/wiki/File：Mona_Lisa,_by_Leonardo_da_Vinci,_from_C2RMF_retouched.jpg）

现在来看频域上的处理过程，如图 19-4 所示。为了重建信号 S，我们将采样值与 sinc 函数进行卷积，这相当于在频域上乘以一单位宽度的盒函数。在对 S 进行压缩以得到 T 时，S 的傅里叶变换被相应拉伸，因此需要再次乘以单位宽度的盒函数。

如图 19-5 所示，如果在拉伸之前将 S 乘以在频域上宽度为 K/N 的盒函数会怎样呢？此后，若再以比例 N/K 拉伸函数，即可得位于 $\omega_0 = 1/2$ 内的带限函数。上述频域内的处理流程如下：

1）乘以 $\omega \mapsto b(\omega)$ 来重建信号。

2）乘以 $\omega \mapsto b((N/K)\omega)$ 将带宽限制于 $K/(2N)$ 内。

3）按比例 N/K 拉伸函数，得到带宽为 1/2 的带限函数。

4）与 ϕ 做卷积操作，生成在整数点位置的采样结果。

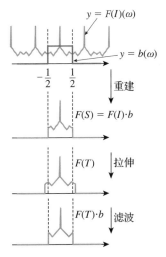

图 19-4　尺寸缩小后的带限函数 S

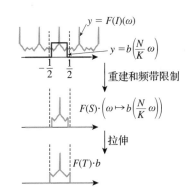

图 19-5　尺寸缩小前的带限函数 S

注意，前两步是可以合并的：乘以单位宽度盒函数后再乘以更窄的盒函数，与直接乘

以较窄的盒函数结果相同！这意味着无须先重建再限制频带，我们可以在重建过程中使用类似于 sinc 形状但更宽的函数，一步重建出带限信号。此时需要采用函数 $x \mapsto K/N\mathrm{sinc}((K/N)x)$ 来取代函数 $x \mapsto \mathrm{sinc}(x)$，除此之外的步骤保持不变。整个流程如代码清单 19-3 所示。

代码清单 19-3　一维图像的缩小

```
1   void scaledown(source, target, N, K)
2   {
3       assert(K <= N);
4       for (j = 0; j < K; j++) {
5           target[j] = SL((N/K) * (j + 0.5) - 0.5, source, N, K);
6       }
7   }
8
9   // computed a sample of S, reconstructed and bandlimited at K/2N.
10  double SL(x, source, N, K) {
11      double y = 0.0;
12      for (int i = 0; i < N; i++) {
13          y += source[i] * (K/N) * sinc((K/N) * (x - i));
14      }
15      return y;
16  }
```

19.4　算法实用化

上文所述已几乎是实用的图像缩放算法，然而，它们都依赖于一个假设，即超出原始图像的采样点的值为 0，这导致重建图像信号的值在边界邻近处下降。比如，假设初始图像由 7 个像素组成，每个像素的值都是 1，现欲将其放大为包含 20 个像素的图像。图 19-6 所示为重建结果，其中初始的 7 个像素用黑色线上的点画出，重建后生成的 20 个像素点由绿线连接，可以看到接近边界处出现局部波动，这一区域的采样像素值高于 1，而在毗邻边界处，采样像素值却接近 0。

下面列出了信号重建的 5 个解决方案，如图 19-7 所示。但它们都不够理想。

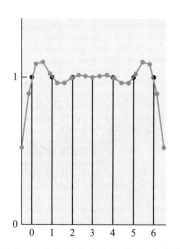

图 19-6　从 7 个采样点中重建 20 个采样点

原始图像　　　　0 值扩展

反射扩展　　　　常值扩展

图 19-7　图像扩展选项

1）0 值扩展，我们已用过。

2）反射扩展。

3）常值扩展。

4）将重建滤波器限制为有限支撑，然后采用以上某个方法。

5）在边界处调整滤波器使其能忽视区域外的采样值。

我们已经讨论过第 1 种方案的问题：以重建一张常数值的图像为例，由于带限函数在边界附近将很快下降为 0，导致边界处形成局部波动。当然该方案的优点也是显而易见的，即可以把无限项求和转变成有限项求和。

第 2 种方案需要“虚构”位于原始图像之外的像素的值，这一方案每次在边界处继续延伸时都取原始图像的反射，相当于重复地复制原始图像，导致图像平面上出现贴片效应；其 L^2 范数将为原始图像 L^2 范数的无穷倍，即 ∞。显然这一方案不能重建出 L^2 函数。

第 3 种方案意味着原始图像当前行右侧之外的所有像素均取右侧边界最后一个像素的值，对于左侧、上边、下边以及四角也采用同样的赋值方法。同样，这将导致重建的信号并非 L^2 函数。

第 2 种和第 3 种方案所重建的信号都不在 L^2 空间中，其中一个原因是采用无限支撑的 sinc 函数进行重建，导致重建结果不真实。距离甚远的采样点对图像内部点的值究竟有多大影响呢？事实上，其影响随距离增大而下降，距离甚远的点对重建的影响甚微。故可考虑用新滤波器 g 来取代 sinc 滤波器，g 的形状像 sinc 函数但具有有限支撑，且希望它的傅里叶变换类似于盒函数 b。遗憾的是，同时满足 $f \in L^2(R)$ 且 $\hat{f}$ 具有有限支撑是不可能的 [DM85]。但是可以找到一个具有有限支撑的滤波器，其傅里叶变换除一个小的区域外均接近于 0。若采用这样的滤波器来取代 sinc 滤波器，则扩展后的图像是否为 L^2 的问题便不复存在。如此一来，我们即可延伸原始图像一定的量 R 使之超出滤波器支撑集，继续超出的部分则用 0 填充。这就是上面所列出的第 4 种方案。

最后，第 5 种方案似乎不合原则，但是在实用中却很有效。当我们采用如下求和公式计算一个像素的值时

$$\text{target}(j) = \sum_i \text{source}(i)\text{sinc}(j - i) \tag{19.7}$$

实际上是取原始图像采样像素值的加权和。在上式中权重取自 sinc 函数，但是更一般的表达是

$$\text{target}(j) = \sum_i \text{source}(i)w(j - i) \tag{19.8}$$

其中 w 为一系列权重值。但倘若这些权重之和不等于 1，则在对一张常值图像滤波时，会得到不同于原常值图像的结果。以图 19-8 所示为例，图中采用截断的 sinc 函数对信号进行水平滤波，常值信号用紫色表示，采样信号取在整数点处。本例用 $x \mapsto 1.4\text{sinc}(1.4x)$ 进行重建，滤波函数截断于 $|x| > 3.5$ 处。所得结果进行更精细采样后用绿线绘制，可看到出现了明显的波纹。

通常，对于截断 sinc 函数一类的滤波器，其在每个像素处的权重值之和 W 都会接近于 1。然而在不同的像素处，和值 W 可能稍有变化，在重建常值图像时，就会形成波纹效

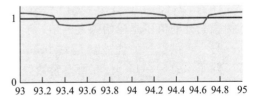

图 19-8　上：用截断的 sinc 滤波器对 1D 常值信号滤波产生波纹效应。下：用同样的截断 sinc 在水平方向对一张灰度图像进行滤波采样，产生波纹

应，如图 19-8 中所示。可通过在每个像素处除以权重值之和来去除波纹效应。这其实相当于修改滤波器函数，使得在所有采样频率的倍数处其傅里叶变换都为 0，也就是说，它的傅里叶变换已非我们原来想象的形状。但是，只要波纹效应小，对滤波器的函数修改就小，因此对其傅里叶变换的修改也小。

上述去波纹操作还为图像边界处的缺失数据提供了一种实用的处理方法：我们仍采用下式计算，且简单地忽略超出图像之外的所有 source(i) 项。

$$\text{target}(j) = \sum_i \text{source}(i)w(j-i) \tag{19.9}$$

计算时像往常一样累加权重，但是仅计入和式所包含的像素，然后除以该权重。在图像内部，每个像素的值均为已知，皆可取来实施去波纹操作。在边界处，我们仅采用边界附近原始图像的像素值来计算毗邻边界的图像采样，而无须"虚拟"位于图像边界之外的图像像素值。这种方法实用时效果甚好。

19.5　有限支撑近似

我们曾提到 sinc 函数是一种理想的重建滤波器，但实用时通常需要做出折中而采用具有有限支撑的滤波器。我们已经了解盒状滤波器和篷状滤波器。篷状滤波器实际是盒函数自身的卷积 $b*b$。可通过进一步卷积构造越来越平滑的滤波器，在第 22 章中将会详细讨论(该章主要内容为分段平滑曲线的构建)。篷状函数和自身的卷积(或 $b*b*b*b$)就是我们所知道的**三次 B 样条滤波器**，如图 19-9 所示。它具有如下形式(见第 22 章)：

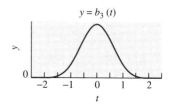

图 19-9　三次 B 样条滤波器

$$b_3(x) = \begin{cases} \dfrac{1}{6}(3|x|^3 - 6|x|^2 + 4) & 0 \leqslant |x| \leqslant 1 \\ \dfrac{1}{6}(-(|x|-1)^3 + 3(|x|-1)^2 - 3(|x|-1) + 1) & 1 \leqslant |x| \leqslant 2 \\ 0 & \text{其他} \end{cases} \tag{19.10}$$

此式和第 22 章的函数略有不同，本章 b_3 版本的有限支撑集为 $[-2, 2]$，然而第 22 章中函数的有限支撑集为 $[0,4]$。

注意，$b_3(0)=2/3$，$b_3(\pm1)=1/3$。这意味着当采用 b_3 对图像进行重建时，重建图像在原像素处的值不是原始像素的值，而是与其相邻的两个像素值的调和。

另一可供选择的滤波器是 Catmull-Rom 样条 γ_{CR}(具体请看第 22 章)，如图 19-10 所示。除了 $\gamma_{CR}(0)=1$，γ_{CR} 在所有整数处都为 0。这意味着采用这一滤波器进行重建可保留原图像的像素值，而只是插值生成它们之间的新点。另外，由于 Catmull-Rom 样条可取负值，所以插值的结果也可能为负值，这确实是一个问题，举例来说，不可能有"比黑更黑"的值。Catmull-Rom 样条的表达式如下：

$$\gamma_{CR}(x) = \frac{1}{2} \begin{cases} -3(1-|x|)^3 + 4(1-|x|)^2 + (1-|x|) & -1 \leqslant x \leqslant 1 \\ (2-|x|)^3 - (2-|x|)^2 & 1 \leqslant |x| \leqslant 2 \\ 0 & \text{其他} \end{cases} \tag{19.11}$$

Mitchell 和 Netravali[MN88]提议按 $2/3-1/3$ 的比例对 Catmull-Rom 曲线和 B 样条曲线进行调和，作为对图像进行重建和采样的最优三次曲线滤波器。这个滤波器(图 19-11)可表达如下：

$$f_M(x) = \frac{1}{18}\begin{cases} -21(1-|x|)^3 + 27(1-|x|)^2 + 9(1-|x|) + 1 & -1 \leqslant x \leqslant 1 \\ 7(2-|x|)^3 - 6(2-|x|)^2 & 1 \leqslant |x| \leqslant 2 \\ 0 & 其他 \end{cases}$$

$$(19.12)$$

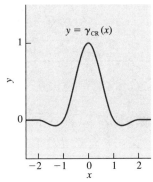

图 19-10 Catumull-Rom 滤波器

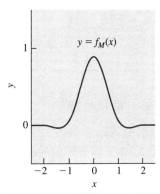

图 19-11 Mitchell-Netravali 滤波器

表 19-1 给出了几种滤波器及其傅里叶变换。

表 19-1 滤波器以及它们的傅里叶变换

注释	$y = f(x)$	$y = \mathcal{F}(f)(\omega)$
单位盒滤波器的傅里叶变换是函数 sinc		
sinc 滤波器，它的傅里叶变换是单位盒函数		
高斯滤波器。其傅里叶变换还是高斯函数。所示为 $g(\sqrt{\pi}x)$，其傅里叶变换为自身		
三次 B 样条滤波器。相当好的带限，除了在 $\omega=0$ 附近外，其余信号被衰减		
Catmull-Rom 滤波器。几乎无带限但是在 $\omega=0$ 处有较好的信号保持		

（续）

注释	$y = f(x)$	$y = \mathcal{F}(f)(\omega)$
Mitchell-Netravali 滤波器。位于三次 B 样条和 Catmull-Rom 滤波函数之间	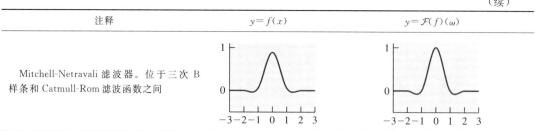	

19.5.1 实用的带限函数

sinc 函数的带宽限于 $\omega_0 = 1/2$ 之下，而三次 B 样条滤波器 b_3 并非如此，b_3 允许通过的频率远高于 $1/2$(尽管高频信号被衰减)。在第 18 章曾指出，这将导致信号混叠。频率为 $0.5 + a$ 的信号与频率 $0.5 - a$ 的信号混叠。特别地，在整数等距采样时，频率接近 1 的信号重建后看上去像频率接近 0 的信号。事实上，对任何接近整数频率信号的重建都将混叠到低频段。

因此，如果采用 b_3 从图像数据重建连续信号，由于 $\hat{b}_3$ 的支撑集不包含在区间 $H = (-1/2, 1/2]$ 中，得到的结果中将包含混叠信号。所幸 b_3 的傅里叶变换在 H 外急剧衰减。尽管如此，混叠仍然存在。

可通过折中来处理这个问题：先沿 x 轴拉伸 b_3，相应地，其傅里叶变换在 ω 轴上被压缩，从而将其支撑集的大部分区域拉入 H 区间达到减少混叠的目的。但这也有一个不好的后果，即我们希望保留的位于 $\pm 1/2$ 附近的频率细节将被削弱。这是一种在信号模糊(如 $|\omega| = 1/2$ 附近的频率细节损失)和低频混叠(如 $|\omega| = 1$ 附近的频率)之间的折中。当然，位于这些之间的频率也会出现混叠。但刚好大于 $1/2$ 频率的信号与刚好小于 $1/2$ 的频率之间的混叠在图像缩小时能够被除去，实践也证明这种混叠并非如在频率接近于 0 时的混叠那么明显。

19.6 其他图像操作和效率

采用一个小的、有限支撑的离散滤波器对一幅图像进行卷积是一个令人感兴趣的想法。我们曾见过用一个 3×3 的数组和图像进行卷积来模糊图像(为保持图像的平均亮度值不变，需要除以 9)。

通常将离散的滤波器存放于一个 $k \times k$ 的数组 a 中，$n \times n$ 的图像存储于数组 b 中，卷积的结果为 $(n+k) * (n+k)$ 的数组 c，具体代码如代码清单 19-4 所示。

代码清单 19-4　使用 "0 扩展" 规则的卷积

```
1    void discreteConvolve (float a[k][k], float b[n][n], float c[n+k-1][n+k-1])
2        initialize c to all zeroes
3        for each pixel (i,j) of a
4            for each pixel (p,q) of b
5                row = i+p;
6                col = j+q;
7                if (row < n+k-1) && (col < n+k-1))
8                    c[row][col] += a[i][j] * b[p][q];
```

与盒滤波器相比，高斯滤波器可取得更好的图像模糊效果。高斯滤波器取自函数 $g_\sigma(x) = 1/\sqrt{2\pi\sigma}\exp(-(x^2 + y^2)/\sigma^2)$ 的采样，其中 σ 为常数，用来调节模糊的程度：当 σ

取值较小时，卷积后的图像非常模糊；当 σ 取很大的值时，结果图像几乎觉察不到模糊。当 $\sigma=1$ 时，图像模糊的程度略低于采用 3×3 数组卷积的效果。还可以选取某一个方向进行增强模糊，如使用下面定义的滤波器：

$$f(x,y) = \frac{1}{\sqrt{2\pi\sigma}} \exp\left(-\begin{bmatrix} x & y \end{bmatrix} \boldsymbol{S} \begin{bmatrix} x \\ y \end{bmatrix}\right) \tag{19.13}$$

其中 $\boldsymbol{S}$ 是对称的任意 2×2 的矩阵。$\boldsymbol{S}$ 的最小和最大特征值分别对应的特征向量即模糊程度最大和最小的方向。模糊程度和特征值的幅度逆相关。

设 B 为一任意的模糊滤波器，当前图像为 I，则 $B * I$ 即 I 模糊化后的结果。泛泛而言，采用 B 进行卷积后将去除图像 I 中的大多数高频细节，而保留其低频部分。这也意味着，如果计算 $I - rB * I (r > 0$ 且 r 比较小$)$，将去除模糊部分而得到一个锐化的图像。当然这会使图像变暗。如果 I 中所有像素值均为 1，那么 $I - rB * I$ 就是 $1 - r$，所以锐化时可采用下面的式子进行补偿：

$$S_r = (1 + r)I - rB \tag{19.14}$$

当 B 是一个 3×3 的盒函数

$$\frac{1}{9} \begin{bmatrix} 1 & 1 & 1 \\ 1 & 1 & 1 \\ 1 & 1 & 1 \end{bmatrix} \tag{19.15}$$

时，相应的锐化滤波器为

$$\frac{1}{9} \begin{bmatrix} 9+8r & -r & -r \\ -r & 9+8r & -r \\ -r & -r & 9+8r \end{bmatrix} \tag{19.16}$$

取 $r=0.6$ 时的图像模糊和锐化效果如图 19-12 所示。该例中的图像为一个分辨率非常低的蒙娜丽莎图像，此处放大以便读者能看到单个的像素。

图 19-12　蒙娜丽莎的模糊化和锐化

课内练习 19.3：验证这个锐化滤波器的表达式。

读者可以将上述思想应用于其他模糊滤波器 B 以构建相应的锐化滤波器。

如果我们让图像 I 和一个 1×2 的滤波器 $\begin{bmatrix} 1 & -1 \end{bmatrix}$ 进行卷积，I 中的常值区域会变成 0，但是假若图像中有一条垂直的边（即亮像素的右侧为一暗像素），则卷积将维持一个大的值。（如果亮像素的左侧为一暗像素，则它将形成一个大的负值。）因此，这个滤波器可用来检测垂直边界（因其滤波后可输出非零值）。也可采用类似的方法检测水平边界。当采用类似于 $\begin{bmatrix} 1 & 1 & 1 & -1 & -1 & -1 \end{bmatrix}$ 的宽区间滤波器时，可以检测出较宽的边界，但若遇到相对较窄的边界时反而会输出较小的值。假如同时计算像素在垂直和水平方向的边界状态，甚至可以检测出图像中沿其他走向的边界。事实上，可定义

$$H = \begin{bmatrix} -1 & 1 \end{bmatrix} * I \tag{19.17}$$

$$V = \begin{bmatrix} -1 \\ 1 \end{bmatrix} * I \qquad (19.18)$$

$[H(i,j) \quad V(i,j)]$ 即像素 (i,j) 沿相应坐标轴方向的**图像梯度**(image gradient)。然后在每一轴向梯度图中，找出图像值增长量最大的像素。

图像 H 和 V 计算时有点"偏心"，即 H 取当前像素的右侧相邻像素减去当前像素来计算 I 沿水平方向的变化。同样，我们也可以用当前像素减去它的左侧相邻像素来进行计算。假如取这两次计算的平均，则相当于当前像素未参与计算，于是得到一个新的滤波器：$1/2[-1 \quad 0 \quad 1]$。显然，计算像素 (i,j) 处图像的变化率时，采用这一滤波器的结果更显"公平"，因为它不是只考虑其一侧的变化率。图 19-13 所示为采用改进后的滤波器对低分辨率的蒙娜丽莎图像进行模糊的结果，分别基于 $[-1 \quad 0 \quad 1]$ 在行和列上进行边界检测。最后从它们中生成图像的梯度表示(已去除在梯度计算中其值无意义的边界)。

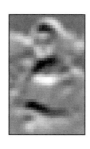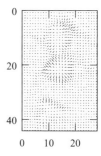

图 19-13　蒙娜丽莎，行方向边界检测、列方向边界检测和梯度的向量表示

对于一些更复杂的操作，如近于完美的图像重建、大尺寸的边界检测等，需要采用更宽的滤波器。假设有一幅 $N \times N$ 的图像，在图像的每一像素处取图像与 $K \times K$ 的滤波器 $(K < N)$ 的卷积，将涉及 K^2 次操作。而对 N^2 个像素，其运行时间将为 $O(N^2 K^2)$。但若该 $K \times K$ 滤波器是**可分离的**(separable)，即可以先对图像的每行进行滤波，然后再对结果的每列进行滤波，则运行时间就可以大大减少。以行滤波为例，对每个图像像素需执行 K 次操作，总计需要 $N^2 K$ 次操作；列滤波也是如此，于是整个处理所需时间为 $O(N^2 K)$，少了一个因子 K。

19.7　讨论和延伸阅读

显然，信号混叠现象——高频信号样本看上去跟低频信号样本相似——将对我们观察图形显示结果造成影响。线绘制中的信号混叠使线的高频信号呈现阶梯或锯齿形。蒙日波纹则属另一种混叠现象。也许有人会问："当这类既可能采自低频信号也可能采自高频信号的样本呈现在眼前时，难道我们的视觉系统倾向于将它理解为低频信号吗？"一种可能的解释是，我们的视觉系统所采用的重建滤波器跟篷状滤波器相似，即它仅仅将空间相邻的图像亮度混合在一起。这意味着，我们倾向于将这些样本视为低频信号实际上源于篷状滤波器傅里叶变换的快速衰减。当然，上述讨论的前提是假设视觉系统对其接收的信号实行了某种线性处理。然而事实可能并非如此。若无完美的重建方法，即使是对邻近 Nyquist 频率的采样信号，其重建结果也会很糟糕。所以当我们生成一幅图像时，最好能确保它的带限远低于理论值。不过，准确地选择滤波器确是非常困难的。

数字信号处理，如本章提及的边界检测、模糊、锐化，是一个广阔的领域。Oppenheim 和 Schafer 的书 [OS09] 提供了非常好的介绍。遗憾的是，许多人所共知的技术在实际应用中并不如人意。在对《蒙娜丽莎》进行边缘检测和梯度提取的例子中，我们特地选择了该图像的模糊版，因为如果对原图进行操作将出现许多随机的边界或梯度。显然，这类小技巧是每一个从事图像处理的人必须掌握的。

19.8　练习

19.1　假如要构建一个光线跟踪器。图像平面的网格分辨率为 100×100，并以 uv 坐标定义。图像在 u、v 方向均位于从 $-1/2$ 到 $1/2$ 的范围内。应该如何选取采样点？现考虑一维情形：在 u 的 $[-1/2, 1/2]$ 区间内选取 100 个采样点。方案之一是取 $u_i = -1/2 + (i/99)$，$i = 0, \cdots, 99$。此时这些点的范围为 $u_0 = -1/2$ 到 $u_{99} = 1/2$。另一种方案是将这 100 个点按 $1/100$ 的间距均匀地分布到 $[-1/2, 1/2]$ 的区间内，即 $u_i = -1/2 + (i/100) + (1/200)$。

(a) 设想现在只选取 $N = 3$ 个采样点，按上述每一种方案选取 u_i。

(b) 若 $N = 2$ 及 $N = 1$，按上述每一种方案选取 u_i。

(c) 若要在 -1 到 1 的区间内选取 200 个采样点，但要求位于"中间"的 100 个样本点与之前在 $-1/2$ 到 $1/2$ 区间中选取的 100 个采样点一一对应，该选择哪一种方法？

19.2　高斯滤波器是一种常用滤波器，其定义为 $g(x, y) = Ce^{-\pi(x^2 + y^2)}$。它有三个重要的特性：第一，它的傅里叶变换即自身；第二，它是旋转对称的，即对以原点为中心、半径为 r 的圆上的任何点，其值为常数；第三，它是两个 1 维滤波器的乘积。试用代数方法证明第二及第三个特性。

19.3　在平面上，三次样条滤波器 B 可以通过 $\overline{B}(x, y) = B\sqrt{x^2 + y^2}$ 转换为旋转对称滤波器。但是，这样的旋转对称滤波器是不可分离的。而基于 B 构造的可分离滤波器 $C(x, y) = B(x)B(y)$ 不是旋转对称的。它们之间有何差别？计算 $C(x, y) - \overline{B}(x, y)$ 在平面上的数值积分。

19.4　采用去除权重影响的方法，消除三次 B 样条滤波器的波纹效应，然后用其将某一信号增大 10 倍。

(a) 假定信号含有 10 个样本，每个样本值均为 1。

(b) 信号仍含 10 个样本，其中样本 i 为 $\cos(\pi ki/20)$，$k = 1, 4, 9$。请对结果做出分析。

19.5　这是另一种根据采样重建带限函数的方法。

(a) 解释为什么该操作必须是明确定义的（即对在整数点上的任意采样值集合，只存在一个带限为 $\omega_0 = 1/2$ 的 $L^2(\mathbf{R})$ 信号）。

(b) 解释重建必须是线性的，也就是说，如果 $f_i : \mathbf{R} \to \mathbf{R}$ 为离散信号 $s_i : \mathbf{Z} \to \mathbf{R}(i = 1, 2)$ 的重建结果，那么 $f_1 + f_2$ 即离散信号 $s_1 + s_2$ 的重建结果。

(c) 解释对于每一 $n \in \mathbf{Z}$，对某一个值 k，满足 $s_3(n) = s_1(n + k)$，则 $f_3(x) = f_1(x + k)$ 即为 s_3 的重建。我们称这种重建是**平移不变的**。

(d) 解释对 $s(0) = 1$，且对任意其他 n，$s(n) = 0$ 的信号 s，其重建结果即为 $f(x) = \mathrm{sinc}(x)$。

(e) 根据 (a) 到 (d) 的答案得出：任何离散信号的重建都可通过与 sinc 的卷积得到。

19.6　假定函数 $f(x) = \mathrm{sinc}(x)$ 的带限为 $\omega_0 = 1/4$，给出重建结果的精确描述。

19.7　一种将 300×300 图像下采样为 150×150 图像的糟糕方法是简单地每隔两行（列）保留图像的一行（列），从而形成一幅新的图像。假设原始图像是棋盘的形状，也就是当 $i + j$ 为偶数时，像素 (i, j) 为白色，反之为黑色。在一定距离下看，这幅图像看上去呈灰色。

(a) 证明如全选奇数序号的行和列，下采样生成的图像将完全为白色。

(b) 证明如果全选奇数序号的行但偶数序号的列，下采样生成的图像将完全为黑色。

纹理与纹理映射

20.1 引言

在第 1 章已经介绍过，**纹理映射**可以为物体的外观添加细节。但纹理映射既与纹理（通常指人们触摸物体时的粗糙感或光滑感）没多大关系，也与地图（map）不相干。这个术语为图形学早期发展时所定，一直沿用下来。

> 为什么称为"纹理映射"呢？通俗地讲，在之前较长时间内，无论是模型的几何细节或颜色细节都是通过将它们"涂画"在模型表面来表示的，就像错觉画一样。可以通过在模型表面画一个亮斑来表现高光而不用考虑场景中的实际光照，这类细节被称为纹理并被存储为图像数组。场景建模者需将模型表面的每一个顶点关联到图像数组中的特定位置，从而将模型"映射"到图像上（尽管总的目标刚好相反——是要像张贴画一样将图像"贴"到模型表面上）。人们很快就发现不仅**反射率**（即被反射光能的比率）可以映射，光照模型中的其他参数，如法向量，也可以映射。变动法向量可以使模型外观呈现凹凸不平，即表面纹理。但是"纹理"一词已用于表达别的含义，因此称这类映射为凹凸映射（bump mapping）。之后，人们还发现，可以将曲面位置上的小变化存储在一幅图中，尽管这真正刻画了表面几何的凹凸形状，应该称之为凹凸映射，但该词已经被用，所以称此处为位移映射。近来，可编程的 GPU 已日益常见，其纹理存储是程序员唯一可随机访问的数据结构，常被用来存储 n 维数组、指针或其他东西（即当成普通存储器使用）。因此，"纹理"一词的具体含义与时间有关。读者在阅读与纹理相关的文献时，需要了解文献的写作时间从而确定该术语的真正含义。

纹理映射的一个典型应用是让物体表面看上去如同被绘画过，比如一个软饮料罐。首先制作一幅 2D 图像 I，其形状大小像展开后的饮料罐侧面（见图 20-1）；接着给定图像沿水平方向和垂直方向的坐标 u 和 v，范围均由 0 到 1；之后构建一个圆柱模型，圆柱表面可为数百个多边形构成的网格，其顶点坐标可取为：

$$P_{ij} = \left(r\cos\frac{2\pi i}{10}, h\,\frac{j}{5}, r\sin\frac{2\pi i}{10} \right) \tag{20.1}$$

其中 r 为罐的半径，h 为高度，$i=0$，…，10；$j=0$，…，5（见图 20-2）。一个典型的三角形的顶点可标记为 P_{11}、P_{12} 及 P_{21}。

现指定每一个顶点的 u、v 坐标值。在上例中可取顶点 P_{ij} 的 u 坐标为 $i/10$，v 坐标为 $j/5$。注意到顶点 $P_{0,0}$ 和顶点 $P_{10,0}$ 为同一位置（罐体"接缝"处），但它们具有不同的 uv 坐标。由于在数学上一个点应拥有唯一坐标，也许称它们为 uv"值"更合适。但是"坐标"这个词本身没错。注意到在应用中有时会涉及一个或者三个坐标而不是两个坐标。再者，将概念绑定于字母表中的某个特殊字母也会引起问

图 20-1 苏打罐的纹理图（由 Kefei Lei 提供）

题，例如，一个网格可能指定了两组不同的纹理贴图坐标。故我们后面统一称**纹理坐标**而非"uv坐标"。

要绘制一个三角形，首先需要进行光栅化，即将三角形分解成细小的片段，每一片段对应最终显示结果中的一个像素。片段的坐标通过插值三角形的顶点坐标确定，与此同时，绘制器(或图形显卡)插值其纹理坐标。这样，三角形中每一片段将具有不同的纹理坐标。片段的显示光亮度计算则在绘制阶段进行，该计算涉及入射光、视线方向、表面法线等参数(参见第 6 章 Phong 模型)，材质颜色也是其中的参数之一。与取固定的材质颜色相比，纹理映射可根据片段的纹理坐标在图像 I 中查取对应的材质颜色。图 20-3 显示了纹理映射的效果。

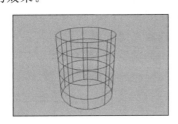 

图 20-2　饮料罐侧面的线框绘制　　　　图 20-3　采用图像纹理映射的饮料罐侧面
　　　　(由 Kefei Lei 提供)　　　　　　　　　　　(由 Kefei Lei 提供)

在上面的简要叙述中，我们略去了许多细节(如如何对片段做进一步采样)，但概括了纹理映射的核心思想。纹理映射的思想现已推广到许多方面。

三角形片段的值(如光亮度)一般都需通过计算求得，其中的参数包括入射光、表面法向、表面采样点到视点的向量、表面颜色(或关于表面散射的其他表述——如双向反射率分布函数 BRDF)等。一般情况下，大多数参数或者取常数，或者是对三角形顶点处的相应参数值进行插值。当然，我们也可以对三角形顶点的纹理坐标进行重心插值，由于纹理坐标可以作为一个或多个函数的变量，因而也被用作参数。一个典型的函数是"查取图像中(u,v)位置处的某个值，该图像的参数域为$0 \leqslant u, v \leqslant 1$"，还有其他许多函数。

本章大部分内容将围绕这个思想展开详细讨论，包括允许调节的参数，纹理坐标的值域(即所取值的含义)，及从网格到坐标空间的映射机制。

读者将会发现，"纹理映射"实际上不过是基于特定上下文语义实施的一种间接赋值：即通过索引(纹理坐标)来确定其值。可以通过查找表(在前述软饮料罐例子中，纹理图像即为"查找表")来确定该值，或者通过更复杂的计算，后者常称为**过程式纹理生成**。

本书封面给出了多种映射操作功能的一个实例，该图中几乎每一个可见到的物体都实施了多种映射——颜色、纹理、位移等，形成了丰富的视觉效果，而若通过其他方法显然是很难达到这种效果的。

20.2　各种纹理映射

本节将基于 Phong 反射模型，介绍纹理映射思想的几种变化形式。这些方法在很大程度上已不涉及反射模型，并且应用更加广泛。由于本章经常用到单位正方形$0 \leqslant u, v \leqslant 1$，为方便起见，在本章将其称为 U。

在第 6 章的 Phong 模型中，表面反射光由多个常数(漫反射系数 k_d、镜面反射系数 k_s、漫反射颜色 C_d、镜面反射颜色 C_s 以及高光指数 n)，多个单位向量的点积(这些向量包括光源的入射方向，从表面到视点的方向，表面法向)以及入射的光亮度定义。在 Phong

模型的其他版本中还包含了一个泛光项，以 k_a 和 C_a 表示，用来表示表面在周围环境光的照射下向四周散射的光。上述的每一项，包括各常量、向量甚至计算点积的方式，都可成为映射的对象。

20.2.1 环境映射

如果表面可视为镜面（即 $k_d = k_a = 0$，并且 n 非常大甚至无穷），那么按照 Phong 模型，可通过表面法向求出该表面投射到人眼的光线的反射光线，该光线可能指向一个光源或未指向光源。如果场景中的所有光源均为点光源，则将可能生成无任何反射的绘制结果，这是因为一条光线击中任一点光源的概率为零。如果场景光源为面光源，则我们能看到它们在表面上的反射。

可以用一个基于纹理的查找表来代替从四周点光源或面光源入射到表面点 P 的光：即将视线方向的反射向量视为单位球的一点，用它来索引一个贴有纹理的球面，从中查出从周围环境入射到点 P 的光。实用中，如果将视线向量写成极坐标 (θ, ϕ)（世界坐标系），如使用 $u = \theta/2\pi$，$v = \phi/\pi + 1/2$，即可对**环境映射图**进行索引（该图的 (u, v) 位置包含从对应方向到达的光）。

注意，上述方法假定，当点 P 移动时，从 v 方向入射到的点 P 的光并不变。因此，**环境映射图**在模拟四周环境在物体表面形成的镜面反射是可行的，但并不适宜模拟近距离景物产生的反射，因为随着 P 位置的改变，从 P 点至近处景物的方向会显著变化。

从哪里得到环境映射图呢？可采用从场景中心拍摄的四周环境的鱼眼镜头照片来提供初始输入，当然，将照片中像素映射为环境映射图中的像素还需做细致的重采样。实用时，通常采用多张普通的照片，并且采取一种与上面所述不同的映射策略，但是其核心思想是一致的（即采用光照查找表而不是在少数点光源或面光源间进行搜寻）。

Debevec 以第一人称概述了有关反射映射[Deb06]的有趣历史，图形学中第一次使用反射映射可以追溯到 Blinn 和 Newell 在 1976 年发表的论文[BN76]，而那时还远谈不上数字图像，故其"环境映射图"是由一个绘画程序创建的场景。

课内练习 20.1：上面已经仔细地介绍了在光线跟踪程序中如何采用环境映射图来描述一个镜面表面的光照。如果将其应用于一个光泽表面呢？若是一个漫反散表面呢？与基于少量点光源和面光源指定光照的简单模型相比，环境映射会使计算量大幅度增加吗？

20.2.2 凹凸映射

在**凹凸映射**中，将对 Phong 模型的另一个参数：表面法线 n，进行调整。典型的做法是基于模型的纹理坐标在凹凸纹理图中查找一个值，用其对法线向量做微小的扰动。

凹凸纹理图中的 RGB 值所给定的精确含义取决于具体的实现程序，以下为仅使用 R 和 G 分量来"扰动"法线的简单情形：假设在曲面上的每一点 P 处都有一对与曲面相切的单位向量 t_1 和 t_2，它们互相垂直，且沿曲面连续变化。理论上，也许不可能找到这样的向量场（见第 25 章），对此在 20.3 节将做进一步讨论，但实用情形中，大多数表面仅在几个少数孤立点处不满足上述连续性假设。例如，在单位球上与常数纬度线和常数经度线相切的单位向量可以作为 t_1 和 t_2，而仅在北极和南极点不满足连续性要求。若在这两个极点不对法向量进行扰动，则这两处 t_1 和 t_2 的不连续将不会产生影响。

获取 t_1 和 t_2 后，接下来讨论如何调整法向量。从凹凸纹理图中得到的 R 和 G 值是字节型的 $-128, \cdots, 127$ 或者无符号字节型的 $0, \cdots, 255$，通过下式变换（对应第一种情

况)将其调整为－1 到 1

$$r = \max\left(\frac{R}{127}, -1.0\right) \qquad (20.2)$$

g 也有对应的表示式。(此处舍弃了值－128，因为若以 128 作除数将无法表示＋1.0。)

　　课内练习 20.2： 写出将 0～255 范围的值转换为－1～1 的表达式。

　　最后，按下式调整法向量 $\boldsymbol{n}$：

$$\boldsymbol{n}' = S(\boldsymbol{n} + r\boldsymbol{t}_1 + g\boldsymbol{t}_2) \qquad (20.3)$$

如图 20-4 所示。在极端情形中(当 $r=g=1$ 时)，法向量可倾斜 54°。若需要更大幅度的倾斜，可将 r 和 g 的值重新转换为－2～2 或更大的范围。

　　上述映射方法最早由 Blinn[BN76]提出，它的优点是 $\boldsymbol{n}+r\boldsymbol{t}_1+g\boldsymbol{t}_2$ 永远不会为 0，且因其与 $\boldsymbol{n}$ 的点积为 1，故总是可以单位化。

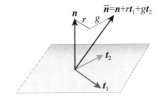

图 20-4　向量 $\bar{\boldsymbol{n}}$ 单位化后得到新的法线 $\boldsymbol{n}'$；r 和 g(相当于"红"和"绿")沿曲面变化，其值可通过查找纹理图确定

　　值得指出的是，上述将图像像素值转换至－1.0 到 1.0 的操作已列为 OpenGL 标准，并被称为**带符号的规范化 8 位定点表示**(见第 14 章)。此外还有其他表示标准，如每个像素采用更多的二进制位，及使用无符号值而不是有符号值等等。任何一种方式都非神圣不可改变，但多年来已经证明它们方便实用，现已成为标准。

　　一种更直接的方法是在纹理图像中存储三个浮点数(将关联于红色通道的二进制位视为浮点数，绿色和蓝色通道情形也如此)，并将这三个数取为(未单位化的)法向量的坐标分量，进而计算出单位法向量 $\boldsymbol{n}$。这是目前最常用的方法之一。

　　可以指定一组彼此之间缺乏一致性的法向量，即它们实际上并不构成某一表面的法向场(见练习 20.2)，渲染时使用这些法向可生成独特的外观效果。因此凹凸映射的第三种方式就是在每一个纹理坐标 (u,v) 处存储一个高度值。假设表面的当前位置沿着现法线方向移动一个指定的高度值，可形成一张新的表面(该表面并不需真正生成！)。我们取新表面在 u 和 v 方向(即 u 增加最大的方向，相应的 v 方向)切向量的叉积作为计算当前曲面光照的"法线"向量。显然，这种方式将涉及更多的计算，但由于每个位置仅存储一个值，其占用的带宽将大为减小。

20.2.3　轮廓绘制

　　这种应用与之前的情况不同，因为每一个表面点将只有一个纹理坐标值。如果从曲面一点 P 到视点 E 的光线，$\boldsymbol{r}=E-P$，垂直于曲面在该点的法线 $\boldsymbol{n}$，则点 P 位于曲面的轮廓线上。因此，若要通过轮廓线来绘制一个曲面，则所需要做的仅仅是计算 $\boldsymbol{r}$ 与 $\boldsymbol{n}$ 的点积，当该值接近 0 时在图像相应点设置黑色标记，或反过来将图像上其他的点设置为白色。为此我们制作了一维的纹理图，如图 20-5 所示。纹理坐标值可按下式计算：

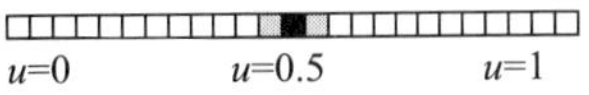

$u=0$　　　$u=0.5$　　　$u=1$

图 20-5　一维纹理的轮廓绘制

$$d = \boldsymbol{r} \cdot \boldsymbol{n} \qquad (20.4)$$

$$u = \frac{d+1}{2} \qquad (20.5)$$

　　由于点积的取值范围是从－1 到 0 再到 1，所以 u 将从 0 到 1/2 再到 1。当 $u=1/2$ 时，

它在纹理图中对应黑色，故我们在最终图像中将画一个黑点。需要指出的是：上述"绘制"算法并不涉及光照、反射或与其相关的任何操作，它仅根据在物体表面画轮廓线的规则生成一幅有一定意义的图像。在 33.8 节给出了该算法实际实现时的加强版。

20.3　根据参数化构建切向量

接下来介绍如何在一个光滑的参数化曲面上找到每个点的切向量**标架**（即一个基），然后描述如何在网格上做相似的构建。

作为光滑曲面的例子，球面通常被参数化为

$$P(\theta,\phi) = (\cos\theta\cos\phi,\sin\phi,\sin\theta\cos\phi) \tag{20.6}$$

其中 θ 的取值范围从 0 到 2π，ϕ 则从 $-\pi/2$ 到 $\pi/2$。

在 $P(\theta,\phi)$ 中，若保持 θ 不变而只是 ϕ 变化，可以得到一条经线；类似地，若保持 ϕ 不变而变化 θ，则可以得到一条纬线。计算这两条曲线的切向量，可以得到

$$\frac{\partial P}{\partial \phi}(\theta,\phi) = \begin{bmatrix} -\cos\theta\sin\phi & \cos\phi & -\sin\theta\sin\phi \end{bmatrix}^{\mathrm{T}} \tag{20.7}$$

$$\frac{\partial P}{\partial \theta}(\theta,\phi) = \begin{bmatrix} -\sin\theta\cos\phi & 0 & \cos\theta\cos\phi \end{bmatrix}^{\mathrm{T}} \tag{20.8}$$

在 $P(\theta,\phi)$ 位置的这两个向量在该点处与球上相切，且互相垂直（见图 20-6）。除了两极（$\cos(\phi)=0$）外，它们在其他所有位置处均非零，因此在几乎每个点处都可构成一个标架。一般来说，要在任意曲面上找到一个各点处光滑变化的标架在拓扑上是不可能的，因此上述在几乎每个点处都具有标架已是所能期望的最好情形。

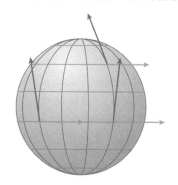

图 20-6　球面上 θ 为常数值的垂直曲线和 ϕ 为常数值的水平曲线，分别用橙色、蓝色显示，此外还画出了这些曲线上少数点处的切向量

一般地，如果一任意曲面可以被一个双变量函数 P 参数化，设其变量为 u 和 v，那么向量 $\frac{\partial P}{\partial u}(u,v)$ 和 $\frac{\partial P}{\partial v}(u,v)$ 将构成点 (u,v) 处曲面切平面的基。此处有两种例外情形：一是其中一个向量为 0，另一种是两个向量平行。在这两种情形中，参数化均会出现某种退化，而好的曲面参数化方式则仅在孤立点处存在退化。为了构建一个较好的标架，可以对第一个切向量进行单位化，并计算其与法向量的叉积获得第二个切向量。上述方法可在第一个切向量不为零的所有位置构建起一个正交的标架。

下面考虑网格表面，我们将逐个表面进行处理。假设网格的每一个顶点都有 xyz 坐标和指定的 uv 纹理坐标，每个顶点处所指定的 (u,v) 坐标实际上定义了从三角形所在的 xyz 平面到 uv 平面的仿射变换（反之亦然）。类似于上述球面例子中的等参数 θ 曲线和 ϕ 曲线，若能获知网格上等参数 u 和 v 曲线的形状，就能计算这些曲线的切向量。幸运的是，对于一个仿射变换，等参数的 v 曲线是一条直线，因此只需找到这条直线的方向即可。

假设当前表面的顶点为 P_0、P_1 和 P_2，其相应的纹理坐标为 (u_0,v_0)、(u_1,v_1) 和 $(u_2,$

v_2)。考察与 P_0 有关的所有向量，可定义边向量 $\boldsymbol{w}_1 = P_1 - P_0$ 和 $\boldsymbol{w}_2 = P_2 - P_0$，类似地定义 $\Delta u_i = u_i - u_0\,(i=1,2)$ 及 $\Delta v_i = v_i - v_0\,(i=1,2)$，如图 20-7 所示。

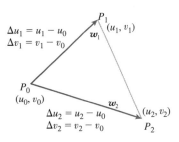

由于 v 沿每条边的变化呈线性(确切地说具有仿射性质)，现考虑 v 沿向量 $\boldsymbol{w} = \Delta v_2 \boldsymbol{w}_1 - \Delta v_1 \boldsymbol{w}_2$ 的变化。显然，v 沿 $\boldsymbol{w}_1$ 方向的变化量为 Δv_1，所以 $\boldsymbol{w}$ 中第一项的变化量为 $\Delta v_2 \Delta v_1$；类似地可知第二项所导致的 v 的变化量为 $\Delta v_1 \Delta v_2$。两项求和，故沿向量 $\boldsymbol{w}$，v 保持不变，这样我们就找到了一个 v 为常数的向量！可对 u 做类似推导，故可基于下面两个向量构建这个三角形的标架：

$$\boldsymbol{f}_1 = S(\Delta v_2 \boldsymbol{w}_1 - \Delta v_1 \boldsymbol{w}_2) \tag{20.9}$$

$$\boldsymbol{f}_2 = S(\Delta u_2 \boldsymbol{w}_1 - \Delta u_1 \boldsymbol{w}_2) \tag{20.10}$$

图 20-7　基于单个面计算 v 线的有关名词

遗憾的是，如果对其邻接的三角形进行同样的计算，将得到一组不同的向量。不过，我们可以在网格的每个顶点处，对其所有邻接三角形面的 $\boldsymbol{f}_1$ 向量取平均并单位化(称为基向量)，对 $\boldsymbol{f}_2$ 向量也进行同样的处理，在每个三角形面的内部则对其顶点处的基向量进行插值。注意可能出现下述的情况：在某一个顶点处，其中一个基向量的值为零，或者在三角形内部进行插值时某些点处得到零值(事实上，除了那些具有圆环拓扑的表面外，许多封闭的网格面常出现这种情况)，但这不过是我们在光滑映射所遇到问题的分段线性版。如果采用上述标架系统进行凹凸映射，则对其标架中某一基向量为零的点，应避免为其指定非零的系数。

20.4　纹理图的取值范围

在顶点处定义的纹理及在三角形网格内部插值生成的纹理都表示为数值。在采用 u 和 v 纹理坐标时，我们已隐含地定义了一个从网格到 uv 平面上单位正方形的映射。这种情况下纹理的取值范围是一个单位正方形。下面为两个更为一般的情形：

第一，某些系统允许纹理坐标取 $U = \{(u,v)\,|\,0 \leqslant u \leqslant 1, 0 \leqslant v \leqslant 1\}$ 范围以外的值。在实际调用前，该坐标值对 1 取模，即 u 被转化为 $u - \mathrm{floor}(u)$，v 也做类似处理。其实用效果可见于下面两种映射方式中：

1) uv 平面并非定义在单位正方形内的单幅图像，而是被划分为多个小的图像片(见图 20-8)。纹理坐标则定义在整个平面上。

2) 由 $u=1$ 和 $u=0$ 定义的单位正方形的边被设置为同样的纹理，因而该正方形可以被卷成一个圆柱。类似地，线 $v=1$ 和 $v=0$ 也可设置为相互一致，这样圆柱就可弯曲成为一个圆环(见图 20-9)。可以认为点 (u,v) 与沿圆环一个方向为 $2\pi v$，另一方向亦为 $2\pi v$ 的点相对应，于是纹理图像将覆盖整个圆环面。纹理坐标则定义了从物体到一个圆环曲面的映射。

要使上面两种映射都有意义，单位正方形左边的纹理值必须与右边的纹理值完全匹配(正方形上边和下边也必须如此)，否则在圆环表面 $u=0$ 的圆和 $v=0$ 的圆上纹理将出现不连续。而且，对纹理的任何滤波或图像处理必须对纹理图的左边和右边、上边与下边进行环绕式处理。

第二种纹理取值的一般化情形可见于凹凸映射的第二个版本：纹理坐标定义的是从一个物体到更高维空间曲面的映射。在凹凸映射中，物体上的每个点被关联到一个单位向量，换句话说，纹理的值域是三维空间中的一个单位球。

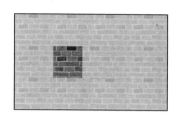

图 20-8　单位正方形纹理图像以深色显示，可在整个平面(黑框内区域)上被重复映射，故超出单位正方形之外的纹理坐标仍为有效

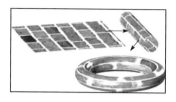

图 20-9　让正方形的一组对边相重合，形成一个圆柱；进一步重合圆柱的两端生成一个圆环

一般来说，纹理坐标关联的对象取决于映射将用于何处。下面为另一些例子：

- 可以采用各点的真实坐标作为纹理坐标(不过首先得将它们缩放到一个单位立方体内)，然后即可生成一个看上去如同大理石或木材的立体"图像"。由于每一点的颜色均取自三维纹理，物体看上去如同大理石或木材雕刻生成。在这种情形中，纹理需要占用大量的内存，但仅有一小部分被用来给模型着色。此时纹理的值域是三维空间中的一个立方体，而纹理坐标所映射的图像仅在模型表面。

- 将一个非零三元组 (u,v,w) 表示的纹理坐标(例如，单位向量)转换为 $(u/t,v/t,w/t)$，其中 $t=2\max(|u|,|v|,|w|)$；其结果仍为一个三元组，其中一个坐标将等于 $\pm 1/2$，而其他的两个坐标均位于 $[-1/2,1/2]$ 范围内，也就是说它对应于单位立方体某表面上的一个点。立方体的每一个表面(其对应的 u、v 或 w 为 $+1/2$ 或 $-1/2$)都设置了各自的纹理图。这种映射方式可为单位球表面贴上纹理，而且每一张纹理图片映射到球面后扭曲较小。上述纹理图结构称为**立方体映射图**，已成为许多图形包的一个标准程序；是当前描述球形纹理的首选方式。如果对极点附近处的纹理变形并不关注，那么球面经、纬线参数化之类的替代方法也是适用的(例如世界地图，极地附近区域几乎空白)。

- 如果立方体纹理图常需重新生成(例如，它为某一物体的环境映射图，需通过以当前物体为视点对周围变化的场景进行绘制而生成)，也许你会认为频繁地取六个不同的视角对场景进行绘制工作量太大。一种自然的替代方法是取两个半球面进行绘制，即将从 $\begin{bmatrix} x & y & z \end{bmatrix}^T$ 方向入射到 $(u,v)=((x+1)/2,(z+1)/2)$ 处的光，按 $y \geqslant 0$ 和 $y \leqslant 0$ 分别记录在两幅图像中。每次绘制仅用到单位正方形 $\pi/4 \approx 79\%$ 的面积，且非常容易计算和使用。(另一种采用两幅曲面片记录环境映射的方法是练习 20.4 中的**双抛物面**。)

20.5　确定纹理坐标

如何确定从一个物体到纹理空间的映射？绝大多数标准方法首先是确定各网格顶点的纹理坐标，然后采用线性插值方法将其扩展到每个网格面的内部。通常希望映射具有如下的性质：

- **分段线性**：这使我们能采用线性插值硬件来计算非网格顶点处的纹理值。

- **可逆性**：若映射是可逆的，则可以从纹理空间回溯到曲面，这将有助于进行滤波之类的操作。

- **容易计算**：每个点计算光照(或其他涉及映射的计算)时均需确定其纹理坐标，自然效率越高越好。

- 保面积：指纹理图中的空间被高效地使用。更为理想的是，在对纹理进行滤波时，能实现保面积和保角度的映射，即等距映射，但比较难。一种折中的方式是**保角映射**，即映射后保持纹理的角度不变，这样从每个点的局部区域看犹如纹理为均匀缩放[HAT$^+$00]。

下面列出一些常见的映射：

- 线性/平面/超平面投影：即采用表面点的世界坐标的一部分或全部来定义纹理空间中的对应点。Peachey[Pea85]将其称为**投影纹理**。图 20-10 中的木纹球就是采用这一方法生成的：右下角所示为定义在 yz 平面的纹理，球面上点(x,y,z)直接取纹理图上$(0,y,z)$位置的颜色。

图 20-10　采用右侧投影纹理映射生成的木质球（由 Kefei Lei 提供）

- 圆柱形映射：对于一些具有中心轴的物体，可在该物体的四周环绕一个大的圆柱面，然后以该轴为中心，将物体上的点投影到圆柱面上。具体而言，如果点(x,y)在圆柱面上投影点的柱面坐标为(r,θ,z)（r 为常数），则该点的纹理坐标为(θ,z)。更准确地说，我们取坐标 $u=\theta/(2\pi)$，$v=\mathrm{clamp}(z/z_{\max},-1,1)$，其中函数 $\mathrm{clamp}(x,a,b)$ 在 $a\leqslant x\leqslant b$ 时返回 x 值，$x<a$ 时返回 a 值，$x>b$ 时返回 b 值。

- 球形映射：通常在物体内部选取一个中心点，采用与圆柱映射相类似的方式将物体上的点投影到球面上，然后对投影点的球面极坐标进行适当缩放，作为纹理坐标。

- 平面上基于顶点纹理坐标(UV)的分段线性映射或分段双线性映射：这种方法是我们之前已介绍过的方法，也是最为常见的映射方式，但作为初始条件，它需要预先指定每个顶点的纹理坐标。至少有如下四种实现方式。

  - 人工指定一些或所有顶点的纹理坐标。如果仅指定了一部分顶点的纹理坐标，则需要通过算法插值来确定其他顶点的纹理坐标。

  - 采用算法以一种扭曲最小化的方式将网格展开在平面上，通常需要沿着某些分割线（由算法确定）对网格表面进行切割。文献中将这一过程称为**纹理参数化**。在上面介绍的人工指定纹理坐标方式中，亦可采用纹理参数化的一些处理方法对纹理坐标进行插值。

  - 采用算法将曲面分割成小的区域，每个区域的曲率应足够小从而能够以较小的变形映射到平面，然后为每个区域分别定义一张纹理图。基于立方体纹理图为球面着色即为这种方法的一个例子。对这种纹理结构进行滤波时，要么需要通过该区域的边界找到邻接的区域，要么像数学家定义流形结构一样让各区域间互相重叠。前者可以高效地利用纹理，但算法较为复杂；而后者会多占用一些纹理空间，但简化了滤波操作。

  - 让绘画者直接在物体上"画"纹理，并按绘画者绘画方式实现坐标映射（或像上面的分区域映射）。这一方法曾被 Igarashi 等人应用于变色龙系统[IC01]中。在一个非常类似的方法中，待绘制的纹理被存储在一个三维数据结构中，直接取表面点的世界坐标作为纹理坐标，来索引存储纹理的空间数据结构，以查找相应的纹理值。更丰富的纹理细节可通过类似八叉树的分层数据结构进行存储：若绘画者欲添加比当前八叉树结点更小尺度的纹理细节时，可细分该结点[DGPR02,

BD02]。

- 依据法向量向球面上投影：假定点(x,y,z)处表面法线为$\boldsymbol{n}=\begin{bmatrix} n_x & n_y & n_z \end{bmatrix}^\mathrm{T}$，其纹理坐标可取为 n_x、n_y 和 n_z 的函数，例如取点(n_x,n_y,n_z)在球面上的角度极坐标（径向坐标恒为 1），或者通过 $\boldsymbol{n}$ 索引立方体纹理图。

此外，还有更一般化的情形：物体上点的纹理坐标并非直接指定，而是由点和其他数据的函数来确定。环境映射即为其中一例：此时纹理坐标是通过视线在类似镜面的表面上的反射向量求出。

注意某些一般化情形涉及不可交换性原则。所谓可交换性是指某些操作可用其他的操作置换而不至于引起太大的误差，例如在估计入射到一个传感器像素辐射度的平均值时，需取邻近的多个样本进行平均，该操作可以用环境映射图中的反射计算来代替。而在计算非镜面表面的环境映射效果时，对表面上的每一采样点，需计算多根来自不同方向的入射光线，这就需要在环境映射图上查找每条光线的入射辐射度，然后乘以表面的BRDF（双向反射分布函数）函数值和余弦值，并对各入射光线的计算结果取平均。另一种替代方法是，构建一个新的环境映射图，该图上的每个位置存储原始环境映射图中附近多个样本的平均（即原始环境映射图的滤波版本）；计算时直接取新图上的一个样本值乘以表面采样点的 BRDF 值和余弦值得到其辐射度；这相当于将对样本取平均的操作与光线对 BRDF 值和余弦取卷积的操作前后顺序进行了交换。事实上，上述操作并不能交换，因此交换的结果一般是不正确的。但这对许多应用，尤其是对接近于漫反射的表面而言其结果通常已足够好，并且大大加快了绘制速度。这类方法现被称之为**反射映射**（更一般的术语）。

作为一个极端的例子，对于一个漫反射表面，描述入射光的唯一重要特征是其光照度（irradiance），它涉及对该表面上方可见的半球面空间[RH01]的辐射度按入射方向的余弦进行加权平均。假设入射光来自足够远则可认为光照度仅是方向的函数，于是可根据环境映射图，预先计算每一可能入射方向的辐射度的平均，构建一个**光照度图**（irradiance map），从而快速地计算漫反射表面的环境反射光。图 20-11 显示了一个光照度图，图 20-12 显示了一个基于光照度映射图生成的结果。

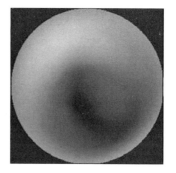

图 20-11　左：Grace 大教堂中某点的入射光球面映射图（2012 University of Southern California，Institute for Creative Technologies，经过允许使用）；右：基于入射光球面映射图生成的一个光照度图（由 Ravi Ramamoorthi 和 Pat Hanrahan 提供，©2001 ACM，Inc.，经允许转载）

课内练习 20.3： 描述一个纯白色、完全漫射的球的外观，光照环境采用图 20-11 上图中的光照度映射图，并取与光照度映射图相同的视线方向按平行投影进行绘制。

图 20-12　采用光照度映射图生成的几个物体，这些物体均为简化近似表示（由 Ravi Ramamoorthi 和 Pat Hanrahan 提供，©2001 ACM，Inc.，经允许转载）

20.6　应用实例

上面已经介绍了纹理映射的大致思想（为物体上的点一一指定纹理坐标，然后计算关于这些纹理坐标的函数，通常还会涉及对图像值的插值）。现在我们考察其应用的范围。表 20-1 列出了每一项应用中所映射的属性、映射方式以及相关映射的名称。我们使用"UV"表示某种曲面参数化方式。

表 20-1　纹理映射应用

属性	映射	技术
k_d，漫反射	UV	漫射细节映射，例如沙发上的装饰图案
k_s，镜面反射	UV	镜面细节映射，例如一个由于经常使用而发亮的门把手
L^{in}	反射	环境映射
L^{out}	UV	**发光映射**。采用纹理映射来指定物体（通常为漫射物体，如一盏油灯）的发光率
位置或法向量	UV	凹凸映射或者位移映射
光源的可见性	透视投影	**阴影映射**（参照第 15 章）
艺术化 L^{out}	各种点积	表意式绘制中的 XToon 着色（参照 33.8 节）

20.7　采样、走样、滤波以及重构

当我们绘制的场景包含纹理映射时，不管采用简单还是复杂的映射技术，都会存在采样和走样的问题。图 20-13 显示了一个非常简单的例子，该例为一采用光线跟踪绘制的场景，场景为一张无限的地面平面以及一张无限的天空平面。地面呈棋盘方格纹理，天空为蓝色，没有设光源。因此，进入场景的任一根光线只可能返回蓝色、黑色或者白色。

尽管地面的棋盘纹理非常完美，因为它可以用"floor(x)+floor(y)是否为奇数"的函数来表示，而无须通过图像插值来定义，但这幅图像看上去并不理想，它在地平线附近所呈现的蒙日效应既不真实也不自然。

产生这种现象的原因十分清楚：屏幕上每一条水平线上的纹理看上去像一系列方波，而方波的傅里叶变换包含大量的高频细节，并且越接近地平线时方波在图像空间中的频率越高。但我们始终按照固定的步长进行采样（对每一个像素都只取像素中心进行采样）。实际上，我们采样的对象是一个无带宽限制的函数，且越接近地平线，这种无带限的程度越严重，这必然导致走样。

图 20-13   使用单采样光线跟踪的棋盘格纹理走样图（由 Kefei Lei 提供）

但这并不意味着纹理映射不实用。它只是提醒我们通过纹理映射获取纹理值时，需要在采样之前对信号的带宽进行限制。

那带宽应该限制到什么程度呢？根据 Nyquist 采样定理，至少应限于像素间距的一半。对于地表平面而言，方波频率的上限随着距离而变化：假如一个棋盘方格离视点距离为 5 时在屏幕上的投影从左至右占据 20 个像素，则距离为 50 时可能仅占据 2 个像素，而距离为 100 时只占据一个像素。此时，纹理的基本黑白循环（相邻的两棋盘方格）正好占据两个像素，这意味着，距离为 100 时即使是方波的基本频率也符合 Nyquist 最小采样频率。当距离超过 100 时，我们所能进行的最好的处理是以像素内方波颜色的平均来代替单一的方波颜色（即显示一个均匀的灰色平面）。对垂直方向的棋盘方格投影也可以进行类似的处理。显然，每一方向的带限应随距离增加而线性减小。这一概念现已集成在许多硬件中：当需要进行纹理映射时，硬件会自动计算纹理图像的 MIP 图，并根据棋盘的最小格在屏幕上的投影尺寸选择合适的 MIP 层次。不过，为增加亲身体验，我们建议读者还是自己来尝试纹理采样的带宽限制（见练习 20.3）。

在某些时候（例如在没有显卡支持的光线跟踪软件中）你可能需要自行实现基于图像的纹理映射，这时可能会遇到两个问题：

1）有时需要近距离地观察一个物体，但纹理图像并没有提供足够的细节，例如，原始纹理图中两个毗邻的像素映射到最终图像后其对应像素之间却间隔了 10 个像素。中间部分需要通过纹理插值来填补。通常采用双线性插值（对于表面纹理）或者三线性插值（实体纹理）。

2）有时会远距离地观察一个物体，这时许多的纹理像素将投影于最终图像上的同一个像素。可采用前面所介绍的 MIP 映射，它是一种广泛采用的方法。

注意纹理采样网格很少能与屏幕像素严格对齐，因此仅通过纹理分辨率与屏幕分辨率相匹配（即此时邻接的纹理像素在屏幕上投影点的间距约为一个屏幕像素）仍将导致模糊。在实用中，当纹理像素不能与最终图像上的像素准确对齐时，纹理图像在每个方向至少需要两倍的分辨率，才能使通过双线性插值获得的纹理"足够清晰"（如果你并非逐像素中心做单一的光线跟踪而是采用了更复杂的绘制算法，则需设计新的采样模式）。

20.8　纹理合成

前面我们介绍了如何从照片(饮料罐贴图)、数据(将一幅世界地图映射到球面上)或直接设计(如轮廓绘制中的 1D 纹理)中获取纹理。但如果想创建一个从未见过的纹理，则可能需采用**纹理合成技术**，即从头设计或巧妙地利用已有数据。例如，你可能仅有一部分砖墙面的照片，而打算构建一个砖墙面建筑物，并希望其墙面并非该部分墙面照片从上至下从左至右的重复拷贝；或者你想通过位移映射模拟一个山谷区域，其中的山峰用一定尺度的位移表示，且互不重复。下面介绍几种解决上述问题的方法。

20.8.1　基于傅里叶变换的纹理合成

对于起伏的山峦，方法之一是采用过程纹理进行模拟，可通过下式来指定位移值：

$$d(x,y) = \sum_{i=0}^{n-1} c_i\cos(a_i x + b_i y + c) \tag{20.11}$$

其中，实数 a_i、b_i、c_i 影响余弦波的分布和形状，c_i 给出第 i 个余弦波的振幅，$\sqrt{a_i^2 + b_i^2}$ 则决定波形的频率。如果在环形区域：$r^2 \leqslant a_i^2 + b_i^2 \leqslant R^2$ 中随机选取两点 (a_i, b_i)，则所形成的余弦波的周期将大致相同，其结果如图 20-14 所示。Geoff Gardner[Gar85]将其戏称为"穷人的傅里叶级数"，因为该式仅含 n 项，而在他的大多数应用中 n 常取为 6。

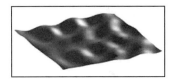

Gardner 还展示了该函数在其他方面的应用。例如，Gardner 用该函数的三维版表示在空间点 (x,y,z) 处云的密度，并通过在二维版上添加阈值来决定场景中植物的分布：若在某个位置 d 处函数的值大于某个预先设定的阈值，则可以在此处放置一棵树或者一株灌木，所形成的植物分布非常逼真。

图 20-14　$n=6$ 时的位移映射合成效果

20.8.2　Perlin 噪声

Perlin[Per85，Per02b]提出了一种不同的、旨在直接生成"噪声"的方法，所谓"噪声"是指它的傅里叶变换仅在某一个频带中非零，或至少在该频带外的值很小，而且"噪声"的取值限于 $[-1,1]$ 内。我们可通过取噪声为单一实参数 x 的函数来描述它的主要思想，该函数在每一个整数点处取值为 0，且具有各自的梯度值，为了简便起见，设梯度值为 0、1 或者 -1。例如，当 $x=4$ 时，设梯度为 1，可构建函数如下：

$$y_4(x) = +1(x-4) \tag{20.12}$$

当 $x=4$ 时，该函数为零，且在该处的导数为 1。为每一整数点处设定其梯度后，即可构建函数 y_1、y_2 等。Perlin 噪声的思路是，当 $4 \leqslant x \leqslant 5$ 时，可在该区间内采用一个取值为 0 到 1 之间的函数对 y_4 和 y_5 进行调和。x 的小数部分，$x-4$，即为一个这样的函数，可得：

$$y = y_4(x) \cdot (x-4) + y_5(x) \cdot (1-(x-4)) \tag{20.13}$$

遗憾的是，上述函数曲线在整数点处存在尖角。为了解决这个问题，需要一个更好的插值函数。我们采用 x 的小数部分，$x_f = x - \text{floor}(x)$，作为以下调和函数的变量：

$$a(t) = 6t^5 - 15t^4 + 10t^3 \tag{20.14}$$

该函数从 $a(0)=0$ 变化到 $a(1)=1$，而且当 $s=0$，1 时，$a'(s)=0$。它在两个毗邻的线性函数之间构建了一种二阶光滑插值，如图 20-15 所示。

在实用中，为了构建一个比图 20-15 更大范围的版本，可以从集 $\{-1,0,1\}$ 中随机选择 20 个值作为在整数点 $x=0$，1，$\cdots$，19 处的梯度值。当 x 大于 20 时，则以 20 对 x 进行取模。这虽然会导致模式重复，但与频繁调用随机数发生器相比，其运行速度要快许多。当然，也可以随机选择任一固定数量的梯度值（例如 20、200 或者 2000）以避免形成周期性的重复变化。

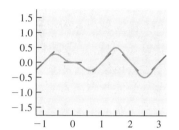

图 20-15 一维 Perlin 噪声，整数点处的线性函数以橙色线段标出

注意，由于控制点为单位间距分布，所生成的样条曲线也呈单位间距分布。因此它们的傅里叶变换集中于频率 1 处。上述思路可以从二维扩展到三维（二维情形留作练习）。为此，需要在每一个整数处选取梯度值。Perlin 建议从立方体中心指向各边中点的 12 个向量中选取：

$$(1,1,0) \qquad (-1,1,0) \qquad (1,-1,0) \qquad (-1,-1,0) \qquad (20.15)$$
$$(1,0,1) \qquad (-1,0,0) \qquad (1,0,-1) \qquad (-1,0,-1) \qquad (20.16)$$
$$(0,1,1) \qquad (0,-1,1) \qquad (0,1,-1) \qquad (0,-1,-1) \qquad (20.17)$$

以避免噪声函数的梯度与坐标轴方向重合。在上面的集合中再添加一行向量：

$$(1,1,0) \qquad (-1,1,0) \qquad (0,-1,1) \qquad (0,-1,-1) \qquad (20.18)$$

可得到由 16 个向量组成的集合，这样就可采用逐位操作来进行选取。

指定空间网格点 (i,j,k) 的梯度向量 $[u,v,w]^\mathrm{T}$ 后，我们构建如下的线性方程：

$$g_{i,j,k}(x,y,z) = u(x-i) + v(y-j) + w(z-k) \qquad (20.19)$$

令 i_0、j_0 和 k_0 分别为小于 x、y 和 z 的最大整数（即 $i_0 \leqslant x < i_0+1$，$j_0 \leqslant y < j_0+1$，$k_0 \leqslant z < k_0+1$），则包含点 (x,y,z) 的单位立方体各顶点的空间坐标分别为 (i_0,j_0,k_0)，(i_0,j_0,k_0+1)，(i_0,j_0+1,k_0)，$\cdots$，(i_0+1,j_0+1,k_0+1)。为了计算点 (x,y,z) 处的噪声值，首先采用上述线性函数分别计算点 (x,y,z) 在单位立方体各顶点 (i,j,k) 处的函数值 $v_{i,j,k}$，然后使用前面介绍过的函数 $a(x_\mathrm{f})$、$a(y_\mathrm{f})$ 和 $a(z_\mathrm{f})$ 对这些顶点处的值进行三线性拟合。代码清单 20-1 提供了该算法的一个直接但并非高效的实现代码（式 (20.14) 所给出的 a 函数需另予定义），优化的实现流程可参见 [Per02a]。

二维情况下的实现结果如图 20-16 和图 20-17 所示。

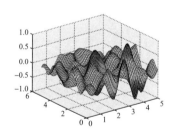

图 20-16 定义在 6×6 平面区域上的二维 Perlin 噪声

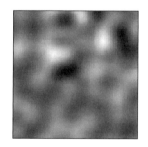

图 20-17 以灰度图像显示的同一噪声函数，其中黑色代表 -1，白色为 $+1$

我们也可以使用三维 Perlin 噪声在球面上构建一个径向位移映射图，点的颜色与该点处的位移值相一致，如图 20-18 所示。

Perlin[Per85] 还列举了一些更复杂的应用，例如生成大理石纹理效果，如图 20-19 所示。

图 20-18　经过 Perlin 噪声径向
位移映射后的球面

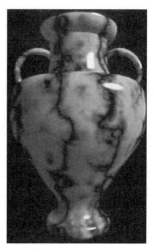

图 20-19　大理石花瓶，其表面纹理由多个噪
声函数合成（由 Ken Perlin 提供，
©1985 ACM，Inc.，经允许转载）

代码清单 20-1　基于 256×256×256 立方体区块的 Perlin 噪声实现代码

```
1  grad[16][3] = (1,1,0), (−1,1,0), ...
2
3  noise(x, y, z)
4    reduce x, y, z mod 256
5    i0 = floor(x); j0 = floor(y); k0 = floor(z);
6    xf = x − i0;   yf = y − j0;   zf = z − k0;
7    ax = a(xf) ;   ay = a(yf) ;   az = a(zf); // blending coeffs
8
9    for i = 0, 1; for j = 0, 1; for k = 0, 1
10     h[i][j][k] = hash(i0+i, j0 + j, k0 + k)
11     // a hash value between 0 and 15
12     g[i][j][k] = grad[h[i][j][k]]
13     v[i][j][k] = (x − (i0+i)) * g[i][j][k][0] +
14                  (y − (j0+j)) * g[i][j][k][1] +
15                  (z − (k0+k)) * g[i][j][k][2]
16
17   return blend3(v, ax, ay, az)
18
19 blend3(vals, ax, ay, az)
20   // linearly interpolate first in x, then y, then z.
21   x00 = interp(vals[0][0][0], vals[1][0][0], ax)
22   x01 = interp(vals[0][0][1], vals[1][0][1], ax)
23   x10 = interp(vals[0][1][0], vals[1][1][0], ax)
24   x11 = interp(vals[0][1][1], vals[1][1][1], ax)
25   xy0 = interp(x00, x10, ay)
26   xy1 = interp(x01, x11, ay)
27   xyz = interp(xy0, xy1, az)
28   return xyz
29
30 interp(v0, v1, a)
31   return (1-a) * v0 + a * v1
```

20.8.3　反应-扩散纹理

纹理合成的第三种方式源于 Turing［Tur52］关于自然界豹纹、蛇鳞等纹理形成过程的设想。他推测这类纹理可能是由于表皮上称为**形态发生素**的化学物质不断浓缩演变而成。先假设表面上有两种形态发生素，它们在表面上随机地浓缩聚集。其演化过程包含扩散和反应两个过程：所谓**扩散**是指形态发生素从高浓度区域移向低浓度区域；**反应**则指当两个形态发生素相遇时发生化学反应，生成一个或两个形态发生素，或者因中和导致其中一个甚至两个形态发生素消失。例如，若形态发生素 A 的出现促进了 B 的生成，反过来 B 的生成却加剧 A 的消耗，就会导致非常有趣的图案。图案的外形取决于多个因素：刻画 A 变化状态的特殊微分方程(这是一个关于 A 和 B 浓度的函数)；形态发生素扩散的速率和方向；浓度的初始分布等。Turing 认为其中一个形态发生素在稳态下的浓度可以决定着图案的外形。例如，当形态发生素 A 的浓度比较小的时候，斑马的皮肤长出白毛，浓度大时则长出黑毛。

　　Turing 当时并没有足够的计算能力来进行仿真，但是 Turk[Tur91] 以及 Kass 和 Witkin[WK91] 采用了他的想法并对其进行扩展，实现了实用化的仿真，可从一定的初始条件出发，预测进入稳态后平面甚至更一般表面上形态发生素的浓度。图 20-20 列举了他们所生成的一些**反应-扩散纹理**结果。

图 20-20　反应-扩散纹理。左图中纹理由 Kass 和 Witkin 合成(由 Michael Kass、Pixar 和 Andrew Witkin 提供，©1991 ACM, Inc.，经许可转载)。右图中纹理由 Greg Turk 合成(由 Greg Turk 提供，©1991 ACM，Inc.，经允许转载)

20.9　数据驱动的纹理合成

　　作为最后一种方式，我们将简要介绍依据现有纹理生成新纹理的两种方法。第一种是 Ashikhmin 提出的纹理合成算法[Ash01]，该算法基于 Efros 和 Leung[EL99] 以及 Wei 和 Levoy[WL00] 论文中的思想，这一思想可追溯到 Popat 和 Picard 的工作[PP93]。算法的输入为一幅纹理图像(称为**源纹理**)，以及拟合成的纹理图像的尺寸，例如 $n \times k$。而输出为一幅 $n \times k$ 的目标纹理图。一般而言，输出图像的尺寸要比源图像大许多。算法的核心思想是使所合成的目标图像呈现和源图像一致的材质纹理，例如基于小幅的砖墙纹理图合成大范围的砖墙图像。我们采取从左至右，逐行填充的方式合成目标图像。图 20-21 所示为填充过程中的典型一步，其中蓝色区域像素的纹理值已确定，黄色区域像素的纹理值待定。选择一块小的矩形区域(图中为 2×3 的矩形，下面称由这 6 个像素组成的矩形为**模板**)，该区域中绝大部分像素的纹理值已知，只剩下位于右下角的像素的纹理值待定。我们的目的是确定最后这

源

目标

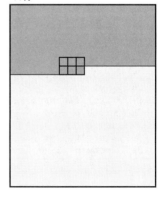

图 20-21　一幅合成了一部分的图像以及包含一个未知像素的高亮区域

个像素的纹理值，然后将模板朝右移动一步。

　　算法基于这 5 个已知的像素，在源图像中搜寻与该模板匹配的区域，选取其中的一个最佳匹配，将该区域中第六个像素的颜色值赋给目标模板中的待定像素。然后将模板右移一步，继续进行处理。

　　上面的叙述隐含了几个值得注意的问题。例如，"算法如何开始？""如何移向下一行？""如何在源图像中找到与模板中的已知像素相匹配的图像区域且避免无休止的搜索？"一种可行的方法是从目标图像的左上角开始，从源图像中随机的选取 5 个毗邻的像素来填充目标图像，然后在源图像中查找与这 5 个像素组合相匹配的图像区域。显然这并非易事，因此开始时只能接受一个看来并非最优的匹配，但随着模板在目标图像中不断往后移动，情形逐渐好转。为了进一步改进效果，算法需从上到下、从下至上、从左到右、从右至左地反复运行多次，以消除合成的目标图像中可能存在的边界。

　　在查找候选的图像匹配区域方面，一个有意思的发现是，当目标模板右移一步时，前一步选用的源图像像素的右侧相邻像素即为匹配当前待定像素的一个最佳候选像素（也就是说，这一算法很可能会拷贝源图像的整行像素）。还可以做更一般的推广，例如，目标模板中待定像素上面的毗邻像素为上面一行中填入的一源图像像素，因此，在源图像中与该像素毗邻的下侧像素也是匹配当前待定像素的一个好的候选者。事实上，目标模板中 5 个已知像素在源图像中的匹配像素的位置（或经少量偏移后）均可为查找待定像素的候选匹配像素提供线索，最终得到一个候选像素的集合。算法再从中择一进行填充。但这一方法偶尔会失效（例如当所取的候选像素邻近图像的边缘时），于是得重新选择，有多种可能的选择，具体实现的细节不再详述。

　　算法合成结果令人印象深刻。图 20-22 展示了一幅由只含有少数几颗草莓的小图像合成一幅包含许多草莓的大图像的例子。这种算法还有另一优点：它可以对已经部分填充的目标图像进行合成，即可以预设一幅图像的一部分像素已具有给定的颜色，当算法遇到这些像素时，发现它们已经被"填充"，于是保留其不变。但是这些"已填充"的像素会影响后续的图像匹配操作，从而影响后面像素的合成，图 20-23 展示了一个例子。

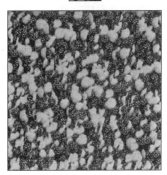

图 20-22　很小的源图像以及根据该图像合成的大图像（由 Michael Ashikhmin 提供，© 2001 ACM, Inc.，经允许转载）

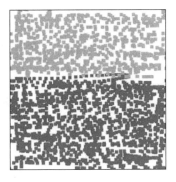

图 20-23　源图像、手画的目标引导图以及经过 5 轮合成后的结果图像（由 Michael Ashikhmin 提供，©2001 ACM，Inc.，经允许转载）

上述纹理合成过程最终会导致源图像中斜的条带状纹理被整体拷贝，这是因为合成过程中，条带中相邻行的像素被优先选为匹配像素，如图 20-24 所示。

在这种情形中，目标图像中围绕像素(i,j)的小的方形图像区域常会和源图像中围绕像素(i',j')一块小的方形图像区域形成匹配，只不过条带纹理的边缘处匹配可能不理想。令 $\boldsymbol{v}_{ij}=[i'-i,j'-j]^{\mathrm{T}}$，可发现 $\boldsymbol{v}$ 是一个关于变量 i 和 j 的函数，且在局部区域内为常数。这是由于在算法的实现过程中，会将源图像中与已填入像素(i',j')相距为 $\boldsymbol{v}$ 的邻近像素作为匹配与当前正在合成的与像素(i,j)相距为 $\boldsymbol{v}$ 的待定像素的候选。

上述概念可做更一般的推广：给定两幅图像 A 和 B，对于 A 上以任一像素(i,j)为中心点的 $p\times p$ 方形图像区域 P，在 B 中找寻与之最佳匹配的 $p\times p$ 方形图像区域 P'，记其中心点为(i',j')，并取 $\boldsymbol{v}_{ij}=[i'-i,j'-j]^{\mathrm{T}}$。所得 $\boldsymbol{v}$ 向量的集合称为**最近邻域场**（相对于 $p\times p$ 区域）。这个向量场的计算可能非常耗时，但是如果 A 和 B 图像相

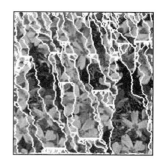

图 20-24　合成纹理图像中的条带结构，其中一致性纹理区域用白色标出轮廓（由 Michael Ashikhmin 提供，©2001 ACM, Inc.，经允许转载）

似，其最近邻域场将展示出与 Ashikhmin 算法合成结果相同的连贯性：即邻近的像素其向量值也十分相似。Barnes 等人[BSFG09]基于这一观察提出了一种计算两图像最近邻域场（或其近似场）的高效算法。

若 B 为样本纹理图像，A 为具有相似纹理结构的更大尺寸的目标图像，则计算得到的场可以用来指导纹理合成。此外，Barnes 等还展示了最近邻域场在计算摄影学中的许多应用。例如图 20-25 所示的让"图像慢慢移动"，即由用户指定图像中的一块区域（此例为照片中的人）及其移动后的位置，算法结合最近邻场计算和期望最大化算法（expectation-maximization algorithm），搜寻最优匹配块来填充图像上指定区域移动后留下的空洞（对移动区域周边的相邻像素也进行适当调整），从而生成人在同一图片中移动的效果。

图 20-25　左侧图像中的人在右侧图像中被平移到了左边（由 Connelly Barnes 提供）

20.10　讨论和延伸阅读

本章仅仅提供了对纹理映射技术的一个初步介绍。表 20-1 展示了纹理映射的强大功

能。对此不必惊讶，因为从本质上说，"间接赋值"或"通过函数来求值"都是计算中的核心方法。

在讨论纹理映射时，我们将其参数推广为光照计算中的参数。但在第 31 章将看到，在每个采样点需计算的是一个积分值，其被积函数为一般形式的光照模型。随着采样点的不同，被积函数也随之变化。如果这种变化是非带限的，那么就会导致走样。但纹理映射只能保证被积函数中的每一个参数是带限的，而不能保证该函数的积分值也是带限的。也就是说，该过程先对各参数进行带限然后积分而不是先计算积分再带限。由于这两种操作一般情况下不能交换顺序，所以有可能产生错误的结果。至于错误的程度至今尚无透彻的分析。

尽管纹理映射属于绘制程序，但它在许多通用计算中也被采用。OpenGL 以及 DirectX 都将纹理内存作为存储任意数据结构的通用 RAM。这主要是由于早期的图形系统不支持随机读写访问或者浮点类型以外的数据类型。但随着新的、可支持任意读写操作的硬件设备的出现，技巧性的运用纹理内存已不再流行。虽然 DirectCompute 和 CUDA 已经可以像 C 语言一样自由的访问内存，但是它们仍然保留了可执行纹理映射和滤波操作的 API 函数。

纹理合成也是一个丰富而活跃的研究领域。例如 Cook 和 DeRoses 关于小波噪声的研究[CD05b]对 Perlin 噪声进行了推广，可在放大后变得模糊的纹理区域填入与周边纹元相匹配的细节，以产生数字幻觉[SZT10，WWZ+07]。

20.11 练习

20.1 我们已采用纹理映射来改变 Phong 模型中的参数值，调整表面的入射光、出射光以及漫反射和镜面反射常数，但是我们尚未用它来调控点积。如果我们将 $v \cdot w = v^{\mathrm{T}} w$ 改写成 $v^{\mathrm{T}} M w$，其中 M 是一个特征值为正值的对称矩阵，那么 Phong 模型计算的结果将依特征向量的方向以及特征值的大小而变化。将这一思想用于单位球，将 M 写成 $M = VDV^{\mathrm{T}}$，其中 V 的列向量为特征向量，D 是以特征值为元素的对角阵。取 $V = [t_1, t_2, n]$ 进行测试，其中 t_1 和 t_2 为相切于球面经、纬线的单位向量，为 n 球面单位法向量，当 $0 < s, t \leqslant 1$ 时 $D = \mathrm{Diag}(s, t, 1)$。如果你在计算 Phong 模型的镜面分量时使用这种修改后的内积模型，那么将产生一种金属磨砂般的外观效果。

20.2 假设 D 为平面上的一个单位圆盘，向量场 $n(x, z) = \mathcal{S}([-z, 1, x]^{\mathrm{T}})$。证明：在 D 上不存在函数 $y = f(x, z)$，使在点 $(x, f(x, z), z)$ 处 f 的法向量为 $n(x, z)$，即 n 不构成 D 之上任一表面的法向量场。

提示：不失一般性，假设 $f(1, 0) = 0$，遍历曲线 $\gamma(t) = (\cos t, 0, \sin t)$，$0 \leqslant t \leqslant 2\pi$，观察 f 对这条曲线的限制。

20.3 (a) 编写一个程序绘制如图 20-13 所示的纹理图像。定义 0 代表黑色、1 代表白色，棋盘上的黑色方格取 0.15，白色方格取 0.85。

(b) 计算地平面上位于点 $(x, 0, z)$ 处的单位正方形在屏幕上投影的尺寸，可采用代数形式表示或先确定四个顶点的投影然后进行数值计算。进而将其沿垂直和水平方向的带限表示成一个关于 x 和 z 的函数。

(c) 平面上点 (x, z) 处的纹理颜色可以写成 $0.5 + 0.35 S(x) S(z)$，其中当 $\mathrm{floor}(x)$ 为偶数时 $S(x) = 1$，否则为 -1。采用类似于 18 章的方法，可得到 S 的傅里叶级数如下：

$$S(x) = \frac{4}{\pi} \sum_{j=0}^{\infty} \frac{1}{2j+1} \sin(\pi(2j+1)x) \tag{20.20}$$

为了限制带宽，需要对求和过程进行截断，于是变成：

$$\overline{S}(x, \omega_0) = \frac{4}{\pi} \sum_{j=0}^{\mathrm{floor}\left(\frac{\omega_0 - 1}{2}\right)} \frac{1}{2j+1} \sin(\pi(2j+1)x) \tag{20.21}$$

该式去除了所有频率大于 ω_0 的求和项。然后根据 z 值对 $\overline{S}$ 施加适当的带限，重新绘制上述图像，并且比较重新绘制后图像的走样情况。

(d) 上述走样对于你来说可能仍不可接受，而且 Gibbs 现象也令人不快。尝试 S 的其他近似带限函数，将其限制于比估计值更低的频率，评估最后的结果。

◇ (e) 在带限处截断级数(即在频率域乘以一个方波函数)并不是消除高频信息的唯一途径，尝试 Fejer 核函数(即在频率域乘以一个适当宽度的帐篷函数)，看能不能得到更满意的结果。

20.4 在二维环境下，假设存在一个形如图 20-26 的抛物面反射镜，抛物面的方程为 $z=(1-y^2)/2$。来自半圆方向的光线(图中绿色)经抛物面反射后，成为与 z 轴平行的射线(蓝色光线)，反之亦然。

(a) 证明：yz 向量 $\boldsymbol{n}=[y,1]^T$ 在点 $(y,z)=(y,(1-y^2)/2)$ 处和红色曲线垂直。

(b) 沿方向 $[0,-1]^T$ 入射的光线交镜面于点 (y,z) 后被反射，试确定反射方向 $\boldsymbol{r}$，请将答案写为关于 y 和 z 的表达式。

(c) 证明：在抛物面上点 $(\pm 1,0)$ 处，反射光线方向为 $[\pm 1,0]^T$。

(d) 证明：当入射方向为 $[0,-1]^T$，入射点的 y 值位于 -1 到 1 之间时，其反射方向覆盖了右半平面的所有可能方向。

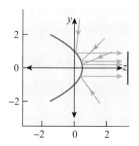

图 20-26 光线镜面反射图

(e) 如果绕 z 轴旋转图 20-26 中的红色曲线，将形成一个抛物面。证明：在这种情况下，对于入射方向为 $[0,-1]^T$，起始点位于 $(x,y,1)$，且 $x^2+y^2\leqslant 1$ 的射线，其反射方向覆盖了半球面空间朝 $z\geqslant 0$ 方向的所有可能方向。

(f) 如果绕 z 轴旋转曲线 $z=(-1+y^2)/2$，可定义另一个抛物面。由点 $(x,y,-1)$ 沿方向 $[0,1]^T$ 入射的光线(其中 $x^2+y^2\leqslant 1$)，经过抛物面镜面反射后朝半球面空间的相反方向射出。上面两种反射在：平行于 xy 平面的两个单位圆盘；两个半球面方向之间建立了一种对应关系。请写出这一对应关系的逆形式。

(g) 解释如何通过两块圆盘上的纹理来表示整个球面上的纹理(例如，光照映射或者环境映射等)。

◇ (h) 估计这个球面的"双抛物面"参数化表示变化区间的最大值，证明它可使纹理内存的使用非常高效，即每幅纹理图像(单位圆盘)仅有 $\pi/4$ 被用于一半球面的参数化。

交 互 技 术

21.1 引言

人机交互已成为一个独立的体系，其中一些交互技术因涉及大量的数学变换，与其将它们放在一本交互设计及与此相关的人的因素的专著中进行讨论，在本书这样的书中予以介绍似更为合适。下面，我们将通过一个二维操作的多触点界面、三个三维操作器：弧球(arcball)、跟踪球(trackball)和 Unicam，来阐述其中的核心思想。在每种情况下，不仅讨论其中涉及的数学，还将讨论在创建交互技术中所做出的设计选择。

本章将从讨论交互的基本概念开始，这些概念每位从事图形学的人都应知晓。21.3节介绍一个简单的多触点照片排序应用程序的实现。接着讨论既可旋转场景中的物体，又可调整相机姿态的三维变换界面。最后，我们将总结交互界面的设计指导原则并列举几个交互界面范例以展示其中一些特别有用的概念。

21.2 用户界面与计算机图形学

近年来游戏和其他技术发展迅速，但除绘制像素的数量之外，按几乎所有其他的标准衡量，图形用户界面(Graphical User Interface，GUI)仍然并将继续是计算机图形学唯一的最大用户(若按所绘制像素的数量，游戏或视频显示无疑位居第一)。图形用户界面日益成为 WIMP(窗口、图标、菜单、指针)GUI 以及诸如多触点界面和 3D 手势界面等后WIMP 界面演化的组合。

这里有两个原因。其一是因摩尔定律以及交互设备、显示器和无线技术的高质量工程化所带来的硬件商品化。其二是计算的经济核算：过去计算机昂贵但人工不贵，而现在的情形却恰恰相反——处理器是如此廉价，购买一款入门级计算机的花费尚不到人工一个星期的最低标准工资。在这样的经济环境下，需要节省的是变得昂贵的用户的时间而不是日益廉价的计算时间。

提出一个有效的界面模型——WIMP GUI——以取代过去的密码式机制不仅扩大了计算市场，与此同时，也为处理器制造商提升了经济规模(开发一台新机器的成本可由更多的用户来分摊)，从而推动了市场的进一步发展。

> 现代图形用户界面(GUI)起源于 Sutherland 的 Sketchpad 系统[Sut63]。Sketchpad是一个 CAD 系统，它采用一支光笔和许多(物理)按钮作为输入、一台示波器作为输出。它囊括了直接操纵工具、基于指点的选择、组合、基于约束的交互，以及许多直到现在还一直在被改进的其他想法。20 世纪 70 年代在 Xerox PARC 研究中心，研究人员为一台称为 Alto 的计算机开发了 WIMP 界面。这一界面虽然是黑白的，但其形式已非常靠近现代版。此设计中的大部分为 Apple Lisa 以及后来的 Macintosh 所采用。自其推出以来的数十年中，它成为交互技术的主流，直到最近才开始受到新的多触点交互以及诸如 Wii 和 Kinect 等新的界面装置的挑战。

虽然 GUI 设计(如 WIMP)所提供的框架为用户界面的开发奠定了很好的基石,但开发一个好的用户界面仍十分困难。试错法对探索可能的设计不失为一种可行的方法,但所有有效设计均需通过反复测试和不断完善,其中,构建从机器实现(如确定指针所在像素的位置、对指针移动轨迹进行滤波以消除噪声等)到人(用户的心理状态、交互目标以及对其交互操作朝目标的进展感觉,如"我正尝试移动这一段文字,并已成功选中了它……"等)的完整的交互模型对这两者都至关重要。研究有效交互的学科称为**人机交互学**(Human-Computer Interaction,HCI)[PRS02]。人机交互学是多学科高度交叉的领域,它涉及硬件和软件工程、计算机科学和数学、设计艺术、人体工效学以及最为重要的人类科学(感知、认知、社交),除此之外,它还涉及文化和可接入性问题。当然,首先而且最重要的是,它是一门设计学科,其结果必须接受实验的验证。

这种可用性测试是极其复杂的。譬如,考虑在以下两种界面间如何进行选择:一种界面简单易学但处理能力有限,另一种处理能力强但难学。一个简单的例子是勾选菜单项时是采用功能键还是采用鼠标。功能键容易掌握,而要学会有效地使用鼠标则需花数天时间进行训练(倘若你对此有所怀疑,可尝试用另一只手操作鼠标一小时。即便你对鼠标已十分熟悉,但很快就会发现,它给你带来的是烦恼而非裨益)。功能键和鼠标哪一种更好?答案无疑要看具体情况:假如你在做其他的许多事情时仍需使用鼠标,累计受益可能足以令你觉得它值得学习(甚至眼前的获益就可能已足够大)。但如果眼前的这个特定任务只是一时一事,则选用最为简单的界面无疑是明智之举。举一个具体的例子,Adobe 公司的Photoshop 系统配有一个庞大的用户界面,若要彻底掌握,需要相当长的时间。作为一个新手,有时你似乎会感觉所进行的操作均使画面变得更糟!但当配上笔和绘图板一起使用时(大部分设计对此部分进行了优化),该界面能比较得心应手地支持各种各样的操作,这使得它成为该领域中占主导地位的工具。相比较而言,像微软 Office 图片管理器这种较简单的图像编辑程序易于学习,容易上手,部分原因正是由于它们仅支持一个小范围的操作集。简言之,对处理能力而言,一个复杂的界面可能是必不可少的,但并非每一个复杂界面都好。一种常见的进化模式是**添加**(accretion),即新的功能随着时间不断地被添加到程序中,在添加时,每一个新的功能都似乎加在最合适的位置。然而,这种模式最终将导致一个毫无逻辑组织的复杂界面,所生成的程序即使对于每天都使用的专家而言也甚感不便。

上述例子虽然简单,但清楚地揭示出用户界面测试可能取决于更多的方面——不仅仅是交互过程或交互装置,而是完整的用户体验,从而将图形用户界面与其交互手段、特定的软件功能,甚至应用的环境(商场、汽车、办公室)紧密关联在一起。

在离开交互界面的复杂性与简单易学性这个话题之前,还有两个方面与 GUI 密切相关。首先,有一条一般原则,即识别比回忆更快。例如,在美国识别"让车"标志比判定三角形朝上还是朝下更为容易。在 GUI 的情况下,这意味着使用熟悉的名称和图标可以帮助一个新用户立即对一个新界面产生了解。同样,选择大家习以为常的位置放置菜单也是一个好主意。其次,如可能,应该设计**缓坡界面**(gentle slope interface)[HKS+97],该界面很容易上手并可立即使用,同时还提供了从新手到有经验用户的平稳过渡。如某些菜单,在每一菜单项旁边设置了调用该项的按键。而**工具盘**(tool tray)所包含的按钮或可直接点击(以启动某一标准操作),或被展开成多个按钮(允许从若干密切相关的操作中进行选择),可方便用户访问更多的功能。(例如,一个绘图程序设有一个按钮,用于选取画线模式,当展开其工具盘时,可能还提供了画实线、虚线或短划线等选项。)这种缓坡界面无论是对初次使用的新手还是超级用户都很方便，而且在他们之间架设了一条通道。

如同软件工程一样，众多设计方法均有一个共同的特点：以用户需求为中心，这就需要了解客户及领域知识。其中两种设计方法占主导地位，即改进后的软件工程瀑布模型⊖和快速原型，尽管其中界面不断在演化，但始终是功能性的，并逐渐从最小功能（点击按钮一次即产生一条"按钮被点击"的消息）向复杂的交互序列过渡。在新型交互类型的开发中，这两种方法的混合版较为流行。

设置抽象的边界有助于更有效地开发界面。边界指这样一些层面，在这些地方进行替换是可行的，而在一个特定层的内部，可能因存在上下文依赖关系使得替换难以进行。例如，设想有一个设计，其中采用鼠标指点各种对象：用笔来取代鼠标的指点功能通常是可行的（如果点击或双击是交互过程的一部分，则可用笔的轻叩来替换按钮点击，尽管这种替代会变得稍复杂）。类似地，用 Wiimote 来替换笔，或者在 Kinect 系统中用手替换笔，也是可行的，当然在每次替换中，交互细节必须做相应的改变。不变的是我们拟通过某种交互在场景中标识或选择某些对象的意图，因此可将交互意图和具体实现分离，构成自然的边界。

在交互中，人与计算机之间通常以两种方式（交互语言）进行交流：从用户到计算机是通过各种交互设备，而从计算机到用户主要是通过面向人眼的显示器，此外可能还有音频或触摸组件。每种交互语言的语义和形式构成了自然的抽象边界：我们必须确定用户可能会向计算机传递的意图（语义），以及每一意图是怎样传递的（形式），反之亦然。此外还有第三部分：即交互设备与显示器、数学运算或算法之间的信息传递，通过这种传递将输入的信息转换成对输出结果有意义的某些东西。但这类交互通常与应用相关，而且涉及的是计算而非人与计算机之间的通信。

这两种交互语言又可分解为更细的层次。

- **概念设计**（conceptual design）模型概括了用户对应用（如三维造型）的理解，通常由对象（其形状、纹理、控制点）、各对象间的关系（纹理附着于形状、样条受控于控制点）以及施加于对象上的操作（例如在物体表面添加纹理，或调整样条曲线的形状）组成。

- **功能设计**（functional design）是概念设计操作的界面说明。它描述了一个操作需要什么信息、可能会发生什么错误（和如何处理它们）以及操作的结果是什么。功能设计是对操作的一种抽象，而非针对用户界面。例如可指定将纹理附着到物体上，此时需要指定纹理、物体以及物体表面的纹理坐标，但用户如何提供具体的纹理或形状信息等问题会留到后面阶段。概念设计与功能设计组成了交互语言的"语义"部分。

- **序列化设计**（sequencing design）描述输入与输出的次序，以及哪些交互输入可以组装在一起形成语义的具体规则。对一个模型的点击与拖动操作可能是有意义的（表示该模型将会随之在屏幕所在平面上平移），而对菜单栏的空白处进行点击与拖动则因为无意义而被忽略。

- **词法设计**（lexical design）确定组成交互序列的各个操作单元。对输入而言，它们可能是一次单击、一次双击、一次拖动操作等。对输出而言，它们可能是对象闪烁、显示对话框或提示选择文本显示中的字体或文本颜色等。

⊖ 在瀑布模型中，需求决定设计，设计决定实现。实现后，对系统进行验证，然后进行维护。每个步骤都在下一步之前完成。在改进后的瀑布模型中，各级都有大量反馈。

并非所有交互操作都是按序进行的。在双手多触点界面中，如双手在一定时间内协同操作，则所做动作将含有语义，而双手动作精确的次序却无关紧要，不过，即便在这些情形中，一般的序列化设计概念也会给出很好的边界。

上面所提双手多触点交互的例子是称为**自然用户界面**（Natural User Interface，NUI）的最简单的情况。NUI 利用用户多方面的感知能力对多通道信息进行非精确解码（例如，用手指指点的同时用声音发出指令）。毫无疑问，对多个数据流进行解码使之归结为一个统一的目标极具挑战性。一个特别的挑战是，在 WIMP 界面中每个交互操作都是有目的和可界定的：例如，我们通过按开始按钮启动一个动作，其含义再清楚不过。但一个基于相机拍摄画面的交互界面则通过观察用户的脸或手以判断是否启动某一动作，此时并不能对交互动作做出清晰界定，系统必须推断其何时开始或结束。

21.2.1 一般规则

我们用一些理念概括这些一般性规则，这些理念对于设计任何一种界面的任何人都是重要的。或许除了"应该让真正的用户对设计进行测试"之外，在交互设计中并没有绝对的规则。界面设计通常必须同时满足初学者和超级用户的需要，而且直到设计被广泛采用之前，很难确定它是否会有超级用户。设计必须在允许的资源预算之内：交互可能只分配了很小部分的处理器时间、像素填充速率或其他资源。由于处理器速度、填充率、带宽，以及其他因素的变化，一个设计的最佳点可能发生大幅度漂移。

对于每一个设计而言，对交互操作做出某种响应及响应的流畅性是非常重要的。当在图形用户界面上点击一个按钮时，用户需要知道这一点击是否已被程序检测到：按钮应该改变其外观，或许还有声音反馈。显然这些都需在瞬间发生——若时间上有 0.2 秒的滞后，用户就会觉得界面笨拙且不可靠。图形用户界面要让人感觉实时，其迅速反馈能力至关重要：当我们将计算机当作一个设备或机器，与之"分离"的时候，稍有延迟是可以接受的。越觉得计算机中的场景是"真实的"，我们就越期望其中一切应如同在真实世界中那样，能即时响应。采用目前时髦的控制方式——例如，在基于 Kinect 的许多游戏中，用手来选择菜单——用户的真实感体验会得到大幅提高，当然，实时反馈仍是最基本的。事实上，将交互进程（用高的处理器优先级接收和处理来自交互设备的中断）分离出来，改成其自身的高优先级执行线程，对保持手眼协调感和界面的流畅感至为关键。

对即时反馈和流畅性的需要与应用环境密切相关：一个基于 WIMP 的桌面图形用户界面可能只需要平滑反馈，而一个 twitch 游戏则必须保证交互的即时反馈和流畅性——当玩家的实时交互寄存器处理太慢，效率太低时，他们会感到恼火！在虚拟现实环境中，该问题同样重要：界面（可能是整个场景！）更新不实时和不流畅可能导致**电脑病**（cybersickness，由于不一致的表观运动引起的恶心）。因此，足够快的交互反馈变成了几乎像严格实时时序安排的强约束。

有的汽车在你坐进去的那一刻就很"顺眼"。你能立即说出所有的控制在哪里。当你握住方向盘，你注意到有些按钮几乎就在你的拇指下方，似随手可按，但其布局却不会被你意外触及。当变速箱切换时，当前挡位清晰但巧妙地显示出来。某一显示元素（如变速箱指示器）的离散变化对应着某个状态的改变，而像速度和冷却液温度这样的连续量则采用模拟仪表显示。同样的道理，还有一些看起来就很"顺眼"的界面。领会其间所含的一些基本理念有助你的界面跻身于这些好评界面之列。

首先，使用**自解释性**（affordance）。自解释性是显示对象自行透露的可对其采取的行动。我们都知道通过手柄来拿锤子,因为手柄的形状适合人手去拿。我们可很快发现界面中的按钮,因为它看上去同我们在现实世界或在其他界面中见过的按钮相似。当我们在画面上看到有别于其他显示对象的可视标记时,例如绘图程序中呈现在包围矩形的角点或边上可拖曳的记号,就会猜测到它们可能有含义。自解释性使界面变得简单易学。让某些对象在受到关注时(可通过某种代理来表示对该对象的关注)有所响应,从而显示其可操纵,也是有益的:例如当光标经过电子表格各列时,相关列的两侧边界会高亮,该光标随即变成一个可对该列宽度进行调整的图标,这有助于我们意识到这些列的宽度是可调的,而光标的位置即代表了用户当前的关注点。

值得指出的是,提供给熟练用户使用的界面中,许多功能并不具有自解释性。当你选择一段文字并按住 CTRL-C 时,并无任何提示表明,该操作将拷贝该段文字,供稍后进行粘贴。但对你而言,知晓这一操作将带来很大的方便,因为你不再需要通过点击那些条目更为清晰的菜单去进行非常频繁的"复制"操作。手势界面也常常缺乏自解释性,当然,那些在现实世界原本熟悉的交互(例如,"如果我拖曳某个东西,它会移动")除外。

其次,使用**费茨定律**(Fitts' Law)来帮助你设计。费茨定律由保罗·费茨于 1954 年提出[Fit54],它描述从静止状态移动到位于一定距离外的目标内的一点所需要花费的时间(见图 21-1)。在运动是一维的情况下(例如,单纯水平运动而目标是一个宽度为 W、离运动起始点距离为 D 的垂直条带),从起始点移动到条带内的目标点所需花费的平均时间将服从以下规律

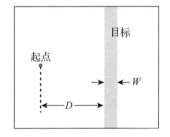

图 21-1 在费茨定律实验中,用户必须尽快地将一个指针(真实的或虚拟的)从左边的起点移动到右边的条带

$$T = a + b\log\left(1 + \frac{D}{W}\right) \qquad (21.1)$$

引入因子 b 是对单位转换(对数无量纲,在本式中需转换成秒)和对数底数的调节;a 项表示执行一项任务所需的最短时间——包括用户感知和理解这项任务,进而激活相应的神经等所需的时间。

对有关界面设计的大多数应用而言,上述定律的细节并不重要。但是,从该定律可以导出一些普遍性的原则。

- 大目标比小目标更容易击中,尤其是当其"大"尺寸正好位于交互所移动的方向时。
- 近处的目标比同样大小的远处的目标更容易击中。

此外,细致的测量结果表明,常数 b 与交互设备和具体操作有关:移动鼠标和移动笔尖分别对应不同的常数,用鼠标进行拖动比简单地移动加点击要慢。

当考虑基于光标的界面设计时,例如,由笔控制的光标,首先应该考虑的问题是,"用户最有可能采用笔做什么事?"以及"这些事怎样才能顺利完成?"第一个问题的答案与应用相关,第二个问题的答案更具有普遍意义。例如,简单观察可发现,在屏幕上光标移动可最快到达的位置是其当前位置(见图 21-2)。接下来最易到达的点是屏幕的四角:这是因为已约定笔尖光标不能移出屏幕,即便它在与角点关联的无限象限中沿水平或垂直方向做任意移动,也无须考虑其精准度。类似地,四条边也容易到达,不过它们仍需在水平或垂直方向上进行必要的控制。

由于"光标当前覆盖的点最易到达",这使得**环形菜单**(pie menu)(呈现在光标下的菜单,将光标拖动到菜单中的任一个扇形区即表示选中了相关选项)最易访问(见图 21-3)。调整各扇形区域的大小可使选取常用操作更为容易,高级用户甚至不用看菜单即可凭自身

的动作记忆对菜单项进行选择。

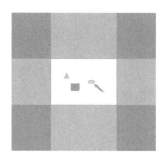

图 21-2　屏幕四角所在象限（绿色）属光标移动时较为方便的目标，与屏幕四边相邻的带状区域（蓝色）也是如此

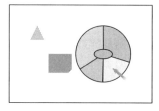

图 21-3　环形菜单示例。设置不同大小的扇形区使某些选项比其他选项更易于选取

鉴于"屏幕的四角和边缘是光标移动易于到达的目标"，将所有程序的菜单统一放置在屏幕顶部比将它们分别放在各自窗口的顶部将更为高效，但对之前未被激活的程序进行初次交互可能会比较慢：这是因为首先必须选中该程序并激活它，进而将其菜单置于屏幕的顶部。与此相反，对菜单位于窗口内的模式，选中该程序和选取菜单项可合并成一个动作。

顺便提及，一般情形下的费茨定律对光标移动到两维目标的难度提供了一个估计[GKB07]，包括对导引光标经由一个（可能是弯曲的）狭窄通道到达目标的难度的估计[AZ97]，后一结果已在几个学科中独立得出[Ras60，Dru71]。费茨定律也可自然地扩展到多触点设备[FWSB07，MSY07]。这些扩展亦可为设计提供指导。

21.2.2　交互事件处理

你或许已编写过一段程序：其中或点击界面上的按钮，或选取某一菜单项，以触发某些事件。第 4 章中描述的二维测试平台程序包含了这种交互的例子。该平台采取的是方法重写。其中 Button 类中提供的 buttonPressed 方法实际上什么也不做。我们可创建一个新的类，当 buttonPressed 被覆盖时可做些有用的事。系统将监视按按钮之类的事件，当它们发生时，系统将启动适当的程序。

当然也有其他的办法。在一些面向对象的编程方法中，对象可以对发送给它们的消息做出响应，而不是设置一些供调用的方法。在这类系统中创建一个按钮时，应告知系统：当按下按钮需要发送什么消息以及将消息发送到哪里。

在一些非面向对象的系统中，可将一个函数调用指针关联于创建按钮的程序中。当按下按钮时，会立即调用该函数。

上述这些都只是单一主题下的细微调整。在更低的层次上，鼠标按钮被按下的事件必须得到关注并予以处理。大体有两种途径。一类方法是，按下按钮产生一个中断，接着调用中断处理程序以确定光标的位置，随后将事件分发给相应的按钮。另一类方法是，按下按钮将在事件队列产生一个事件，一个交互循环进程将不断地对队列进行查询——是否有需处理的新事件。（两者的区别类似于抢先式和协作式多任务处理之间的区别。）

用户所采用的编程语言、硬件和操作系统可能会影响其最终使用的系统，但它们都不会实质性地影响系统的一般界面功能：在所有情况下得到的结果通常都是相同的。

在下面所有的例子中，我们均应用点击-拖动功能：选取某一个或一些位置，拖动定位点，导致某些东西改变。最后终止选择。在三维操作的例子中，可通过鼠标点击进行定位选择，拖动鼠标使定位点移动，释放鼠标按钮则终止选择。在直接对图片进行操作的例子中，手指接触意味着选择，当手指贴着图片移动时，定位点将随之移动，当手指从图片上抬起时即终止选择。在所有情形中，系统存在多个状态：

- 预交互状态
- "选中"状态
- "拖动"状态
- 后交互状态

在实践中，我们将之简化为两种状态：非交互状态和拖动状态。一个典型交互的过程可采用一个有限状态自动机（Finite-State Automaton，FSA）描述，该状态机包括这两个状态和四条弧（见图21-4）。

图21-4　FSA 通常处于空闲状态。点击后转换为拖动状态，拖动状态持续保留，直至释放按钮返回空闲状态

一般而言，有限状态自动机为交互序列的规划提供了一个很好的结构，它也非常简单。遗憾的是，随着 post-WIMP 交互技术的发展，相关的有限状态自动机可能会变得极为复杂（设想一下可用于描述未来你与机器人管家之间所有可能交互的有限状态自动机），但对于 WIMP 交互而言，有限状态自动机会是非常有用的工具。

21.3　二维操作的多触点交互

多触点界面正变得越来越普及。例如，我们在智能手机上操作图片，用拇指和食指进行平移与缩放。现考虑这个二维操作器的实现方法，其示意性表示如图21-5所示。

图21-5　图片操作界面。（上）单一触点（鲨鱼图片中的点）加拖动（大箭头）将图片移到新的位置。（下）将两个触点张开可移动和放大图片（ⓒThomas W. Doeppner，2010）

关于这一交互，有三点值得注意。

1）图像中触点的位置大致保持恒定。在第一种情况下，初始触点位于该图像中心左侧稍偏上，移动后，它仍然位于同一位置。

2）在移动-缩放交互中，手指沿横向张开的幅度比纵向大，但我们必须选择单一的缩放因子。一种方法是调整图像的尺寸以适应较大的变化。另一种方法是对水平和垂直放大因子进行平均（例如，沿垂直方向拉伸 20％和水平拉伸 30％将导致一个 25％的缩放因子）。第三种可能性，即我们目前所选择的，是依两手指触点间张开距离的比值进行比例缩放：如果触点之间的距离增加一倍，则按照因子 2 进行比例缩放。

3）尽管对图片进行非均匀缩放是有意义的，但我们选择均匀缩放。这不仅是因为非均匀缩放并非常见，而且使手指精确地按照比例移动也很困难，为方便起见，将其限制为均匀缩放更为实际。

21.3.1　问题定义

仍然存在许多可能的二义情况。若开始时用户抓住图片右上角和左下角，然后分别把这两个接触点旋转到图片的左上角和右下角位置，会发生什么呢？按照上面的规则 1，图片需绕其垂直轴翻转以保持接触点之间的对应关系，但那是一个非均匀缩放，与规则 2 矛盾。事实上，张开和合拢手指比转动手要容易得多，故我们选择规则 3 作为主导规则，因此，一般而言接触点的前后不一致不太可能是一个问题。

那么，当采用两根手指进行交互时图片应该如何平移呢？我们可以保持第一接触点始终在手指的下方，另一触点则不必如此要求，然后按第一触点计算平移量。我们也可以按照两个触点平移量的平均值来计算平移。我们还可以保持左下触点的手指始终在图片上（不管它是第一还是第二接触点），以此确定平移量（对习惯使用右手的人而言，该触点很可能是拇指接触）。我们将选择第二种方法，但其他任何一种方法都有其合理性。最终的选择决定于用户测试。

现在可以对问题做一个完整的定义：我们按两个触点的中点的移动来平移图片，并以该中点为中心对图片进行缩放，缩放因子取为两触点之间移动后的距离与移动前的距离之比。

上述解决方案所涉及的数学简单明了：首先计算两触点初始位置的中点，以此为中心对图片进行缩放，然后将该中点平移至其新位置，图片随之平移。

21.3.2　构建程序

为将图片操作器置入一个语境中，我们假设场景中有几张图片，场景采用非常简单的场景图表示：一幅"背景"和 n 幅图片，背景为一幅可在上面放置图片的无限画布，并可做整体的平移-缩放变换。每一幅图片则可各自进行独立的平移-缩放变换（见图 21-6）。图片变换后，我们看到的是其位于单位正方形 $0 \leqslant x$，$y \leqslant 1$ 内的部分。对一幅特定图片（或背景）的交互操作仅改变该图片的变换，而其他图片的变换不变。

假设操作将以回调信号的形式实施，每一个回

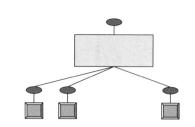

图 21-6　背景画布（黄色矩形）及其比例缩放-平移视图变换（顶部红色椭圆），背景中的每一图片（蓝色矩形）也有各自的比例缩放-平移变换

调信号对应一个触点事件，其中的触点指手指与交互表面的接触：当发现有一个新的触点、触点移动以及触点释放时，我们将收到其回调信号。当两个触点同时移动时（就像在移动-缩放交互操作中那样），我们将分别得到每一触点的回调信号（无特定顺序）。每个回调信号可识别出与它关联的触点。在启动图片操作器应用程序时，程序将向操作系统注册以接收所有触点交互的回调信号。

例如，当手指在图片表面产生触点且触点开始移动时，将启动应用程序中关于新触点的回调信号处理程序，并创建一个 Interaction 对象以处理接下来的交互序列。该 Interaction 对象会立即注册以接收随后的回调信号，在接收并处理每一回调信号后，该回调信号即被标注为已处理，从而使如同该应用程序一样的其他注册程序都不能再接收该回调信号。当交互完成后（通过一个触点释放事件），交互器将自行注销，而后面的回调信号将重新转到应用程序（见图 21-7）。

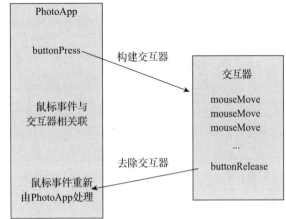

图 21-7　应用程序接收到回调信号后建立交互器，由交互器处理后续的回调信号直至完成

21.3.3　交互器

对交互器进行初始化时必须做以下几步。

1）确定当前操作的是哪一张图片（当触点不在图片内时，将背景记录为当前操作的对象）。

2）记录初始触点。

3）记录图片或背景的初始变换 T_0。

4）保持场景图中被选中的图片（或背景）的变换作为参考。（无论被选中的是图片还是背景都是如此，且从现在开始统称为所选图片。）

宏观来看，当前的交互只是一个简单的单指触点和移动，且不涉及缩放。故可按如下策略实现触点移动时的交互。

1）在触点移动的每一步，计算当前触点和初始触点之间的偏移 d。

2）令 T 为平移量为 d 的变换。

3）用 $T \circ T_0$ 取代所选图片的变换（即先执行之前做过的变换，然后再采用 T 进行平移）。

注意，我们计算的是对初始触点的偏移量，而非对触点移动的增量进行累积。当然也可以采用增量累积的方法，但在长距离拖动图片时，数值误差可能会使累积增量之和有别于总的移动距离，使得图片在正在移动中的触点周围"打滑"。我们将在虚拟球旋转的情形中对这个问题做进一步讨论。

无论上述哪一种情况中——运动的增量累积，或计算由起始点至当前点的平移——其平移变换均需与图片的已有变换进行组合，因此该平移是一个"相对"变换而非绝对变换。

触点一旦断开，交互即结束，此时我们仅需要注销交互器即可。

清单 21-1 给了以非正式的近似 C# 写的代码框架。

代码清单 21-1   图片操作应用程序的交互代码框架

```
 1   Application:
 2     main()
 3       build scene graph for photos and display the scene register newContact,
              dragContact,
 4       releaseContact callbacks
 5
 6     public newContactCallback(Scene s, Contact c)
 7         Interaction ii = new Interactor(c)
 8
 9  Interactor:
10     private Contact c1
11     private Transform2 initialXform
12     private Point2 startPoint
13     private FrameworkElement controlled
14     private PhotoDisplay photoDisplay
15
16     public Interactor(Contact c)
17        c1 = c
18        intialPoint = c1.getPoint()
19        controlled = the photo (or background) that's at initialPoint
20        initialXform = controlled.getTransform()
21
22        register for all contact callbacks
23
24     public dragContactCallback(Contact c)
25        if c1 != c {signal an error}
26        Vector2 diff = c.getPoint() - initialPoint
27        Transform2 T = new Translation(diff)
28        s.setTransform(o, initialXform*T)
29        redisplay scene
30
31     public releaseContactCallback(Contact c)
32        if c1 != c {signal an error}
33        unregister this interactor for callbacks
```

此处我们假设有点、向量和变换类，组合变换采用加载运算符 $*$ 表示，$S * T$ 表示先进行 S 变换再进行 T 变换。此外，我们假设每个对象（图片或背景）均独立保存有其自身的变换，而不是采用存储在场景图对象中的变换。

上述假设在 WPF 中均成立，且采用 WPF 实现的图片操作器程序在本书网站上即可获得。考虑到并非所有读者都有多触点交互设备，在该程序中用户可通过点击右键以创建或注销一个"触点"（显示为小标记），然后点击左键并拖动鼠标来移动触点，程序模拟了多触点接触，而不是进行实际的多触点交互。

WPF 还提供了拾取关联功能，可指出在用户点击的像素处的场景中哪个物体是可见的，如代码清单 21-1 中的第 19 行所列。

要做出什么改变才能支持双触点交互呢？当出现第二触点时，我们将认为对第一触点的点击-拖动交互序列的处理已经结束（即从当前图片的当前变换开始，并且遗忘其曾经的初始变换或初始触点）。

对于双触点交互，我们的方法是将两个触点的中点视为钉在图片上的别针，当中点移动时，图片随之移动；或者按两触点间的距离对图片进行缩放：若两指尖一起移动，不对图片进行缩放；若两指尖距离变宽，则放大图片，等等。我们记录交互开始时两触点的中点及其向量差，每次更新时，均构建相应的比例缩放-平移变换。换言之，所做的无外是我们在处理单触点的点击和拖动交互时所做的，但现在需要记录两个触点的初始位置，并且要考虑比例缩放。

交互序列可能类似于"用一根手指触摸，将图片朝右拖动，用拇指触摸，往右拖得更远，进而张开手指与拇指间的距离"，因而我们必须同时跟踪触点的个数。一旦这个数字变化，我们将重启跟踪。代码清单 21-2 显示了这些不同之处，但并未包括当触点移动时所做的改变。

代码清单 21-2　接触点数变动时的处理程序

```
1  Interactor:
2    private Contact c1, c2;
3    private Transform2 initialXform
4    private Point2 startPoint
5    private FrameworkElement controlled
6    private PhotoDisplay photoDisplay
7    private Vector2 startVector
8
9    public Interactor(Scene s, Contact c)
10     c1 = c; c2 = null;
11     startPoint = c1.getPoint()
12     initializeInteraction()
13     ...
14
15     // if there's only one contact so far, add a second.
16     public void addContact(Contact c)
17       if (c2 == null)
18         c2 = newContact(e);
19         initializeInteraction();
20
21     private void initializeInteraction()
22       initialFform = controlled.GetTransform();
23       if (c2 == null)
24         startPoint = c1.getPosition();
25       else
26         startPoint = midpoint of two contacts
27         startVector = c2.getPosition() - c1.getPosition();
28
29
30     public removeContact(Contact c)
31       if only one contact, remove this interactor
32       otherwise remove one contact and reinitialize interaction
```

当一个触点移动时，我们必须对相关图片的变换进行更新。代码清单 21-3 给出了细节。

代码清单 21-3　处理接触点的移动

```
1  public void contactMoved(Contact c, Point p)
2    if (c2 == null)
3      Vector v = p - startPoint;
4      TransformGroup tg = new TransformGroup();
5      tg.Children.Add(initialTransform);
6      tg.Children.Add(new TranslateTransform(v.X, v.Y));
7      controlled.SetTransform(tg);
8    else
9      // two-point motion.
10     // scale is ratio between current diff-vec and old diff-vec.
11     // perform scale around starting mid-point.
12     // translation = diff between current midpoint and old
13     Point pp = getMidpoint(); // in world coords.
14     Point qq = startPoint;
15     pp = photoDisplay.TranslatePoint(pp, (UIElement) controlled.Parent);
```

```
16        qq = photoDisplay.TranslatePoint(qq, (UIElement) controlled.Parent);
17        Vector motion = pp - qq;
18
19        Vector contactDiff = c2.getPosition() - c1.getPosition();
20        double scaleFactor = contactDiff.Length / startVector.Length;
21        TransformGroup tg = new TransformGroup();
22        tg.Children.Add(initialTransform);
23        tg.Children.Add(new ScaleTransform(scaleFactor, scaleFactor, qq.X,qq.Y));
24        tg.Children.Add(new TranslateTransform(motion.X, motion.Y));
25
26        controlled.SetTransform(tg);
```

代码涉及几个 WPF 约定, 有必要解释一下。首先, TransformGroup 是一个按顺序实施的坐标变换序列, 因此, 在 if 语句中, 首先对图片实施初始变换, 然后是平移。第二, 程序行

```
pp = photoDisplay.TranslatePoint(pp, (UIElement) controlled.Parent)
```

将点 pp 从世界坐标系(PhotoDisplay 的)变换到当前图片的父结点(背景画布)的坐标系。若当前操作的对象是背景画布, 则将该点变换到背景的父结点(即 PhotoDisplay)的坐标系。因此, 程序中的平移变换 qq-pp 应在图片比例缩放后实施, 但在执行与背景相关的变换之前。注意点 pp 的初始坐标必须表示成世界坐标才能确保这一变换正常工作。若其为图片的坐标系, 则必须把它变换到图片的父结点中。

21.4   三维空间中基于鼠标的物体操作

在 3D 中也可采用建立交互器的一般化方法进行交互, 该交互器通过处理点击-拖动交互序列对目标物体上的变换进行编辑。一个与之密切相关的思路是, 物体与视图的关系是对称的: 在由单一物体构成的场景视图中, 向右移动物体和向左移动相机所导致的最终图像的变化相同。因此, 对物体的交互操作稍作修改即可用于对相机的交互。

21.4.1   跟踪球界面

在跟踪球模型中, 我们可想象一个物体悬浮于透明实心球中。实心球中心为 C, 可通过用户交互进行旋转: 用户在球的表面上点击并将光标从起点 A 拖动到终点 B, 即可定义一个旋转, 其旋转平面为 A、B 和 C 构成的平面, C 为旋转中心。(称为**虚拟球**(virtual sphere)模型。)

课内练习 21.1: 用 A、B 和 C 描述旋转轴和角。

课内练习 21.2: 当 A、B 和 C 处于什么位置时旋转无定义? 你能想到在典型交互中可能出现该问题的一种情形吗? 还是这样的问题永远不会出现?

课内练习 21.3: 我们已经对旋转做了细致的定义。假如 A 和 B 是球面上两个不同的点且不位于同一直径上, 给出将 A 转到 B 的球的旋转集合 S。S 是一个有限集吗? 球旋转的空间 SO(3) 是三维的, S 是它的零维、一维、二维或三维子集吗?

在上述交互序列中, 用鼠标右键点击物体(在我们的示例中只有一个物体)将会出现一个围绕该物体的透明球体; 用鼠标的左键点击球体表面将启动旋转操作并进行初始化; 而将光标从点击初始位置拖动到一个新点则定义一个旋转变换, 我们将该旋转变换作用于物体, 看上去位于透明球内的物体似乎被同时拖动。释放鼠标时旋转变换将定格于当前点。顺便提一下, **解除拖动操作**(undragging)(即将鼠标移回到初始点)将变换重置为其初始值。

在实现时，我们需要做三件事情。

1）创建透明球并对鼠标在球面上的点击、拖动做出响应，最后结束该事件。

2）在处理鼠标点击事件时，记录好物体的当前变换以及初始点击位置，并将这些信息保存在点击时刻物体的参照坐标系里。

3）在处理拖动事件时，首先将当前鼠标的位置变换到初始点击时刻的物体参照坐标系，然后计算从初始点到当前鼠标位置的旋转变换，并将该变换施加到物体上，紧接着的是拖动前（pre-drag transformation）物体的初始变换。

这里有一个细微的问题：倘若拖动时光标脱离球面怎么办？对此情形，我们可将其重新投射回球面上：找到与通过光标的视线最为接近的球面上一点，并认为光标位于该处。

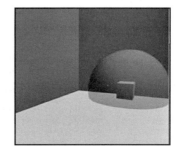

图 21-8　一块地面和两堵墙，以及一个可被旋转的立方体

下面让我们看程序代码。该程序从创建仅包含一个可交互物体（一个立方体）的场景开始（见图 21-8）。假定可通过点击鼠标的右键拾取立方体，我们创建一个交互器来处理随后的交互：

```
1  public partial class Window1 : Window
2      private RotateTransform3D m_cubeRotation = new RotateTransform3D();
3      private ModelVisual3D m_cube1;
4      private Interactor interactor = null;
5       public Window1()
6          // initialize, and build a ground and two walls
7          m_cube1 = a cube model
8          m_cube1.Transform = new TranslateTransform3D(4, .5, 1);
9          mainViewport.Children.Add(m_cube1);
10
11         this.MouseRightButtonDown +=
12                     new MouseButtonEventHandler(Window1_MouseRightButtonDown);

13         add handlers that forward left-button events to the interactor,
               if it's not null.
14
15     void Window1_MouseRightButtonDown(object sender, MouseEvent e)
16         // Check to see if the user clicked on cube1.
17         // If so, create a sphere around it.
18         ModelVisual3D hit = GetHitTestResult(e.GetPosition(mainViewport));
19         if (hit == m_cube1)
20             if (interactor == null)
21                 interactor = new Interactor(m_cube1, mainViewport, this);
22             else
23                 endInteraction();
24          // if there's already an interactor, delegate to it.
25         else if (interactor != null)
26             interactor.Cleanup();
27             interactor = null;
```

正如在图片处理例子中那样，交互器在操作开始时跟踪记录当前操控的物体（controlled）及该物体的变换。同时记录观察该物体的视窗（以便将鼠标点击转换为发自眼睛的射线）。初始化过程包括记录被操控物体的初始变换，以及以物体为中心创建一个透明球。相应的清理程序会移除球体。

```
1  private void initializeInteraction()
2      initialTransform = controlled.Transform;
3      find bounds for selected object,
```

```
4        locate center and place a sphere there
5        viewport3D.Children.Add(sphere);
6
7   public void Cleanup()
8        viewport3D.Children.Remove(sphere);
9        initialTransform = null;
```

当用户用左键点击球面时，程序记录被操控物体的当前变换以及点击的位置。如同在图片处理程序中那样，我们将这一位置记录在被操控物体的父结点坐标系中。同时记录当前状态处于拖动操作中。松开左键后，可重置拖动状态。

```
1   public void mouseLeftButtonDown(System.Windows.Input.MouseButtonEventArgs e)
2       ModelVisual3D hit = GetHitTestResult(e.GetPosition(viewport3D));
3       if (hit != sphere)
4           return
5       else if (!inDrag)
6           startPoint = spherePointFromMousePosition(e.GetPosition(viewport3D));
7           initialTransform = controlled.Transform;
8           inDrag = true;
9
10  public void mouseLeftButtonUp(System.Windows.Input.MouseButtonEventArgs e)
11      inDrag = false;
12
13  private Point3D spherePointFromMousePosition(Point mousePoint)
14      form a ray from the eye through the mousePoint
15      if it hits the sphere
16          return the hit point.
17      else // ray misses sphere
18          return closest point to ray on the sphere
```

最后，与之前相似，交互的核心部分是在鼠标移动时完成的，包括：检测鼠标的新位置（将其表示为被操控物体的父结点坐标），在该坐标系中构建一个旋转变换，将该旋转变换添加到被控物体的初始变换之前。

```
1   public void mouseMove(System.Windows.Input.MouseEventArgs e)
2       if (inDrag)
3           Point3D currPoint = spherePointFromMousePosition(e.GetPosition(viewport3D));
4           Point3D origin = new Point3D(0, 0, 0);
5           GeneralTransform3D tt = initialTransform.Inverse;
6           Vector3D vec1 = tt.Transform(startPoint) - tt.Transform(origin);
7           Vector3D vec2 = tt.Transform(currPoint) - tt.Transform(origin);
8           vec1.Normalize();
9           vec2.Normalize();
10          double angle = Math.Acos(Vector3D.DotProduct(vec1, vec2));
11          Vector3D axis = Vector3D.CrossProduct(vec1, vec2);
12          RotateTransform3D rotateTransform = new RotateTransform3D();
13          rotateTransform.Rotation = new AxisAngleRotation3D(axis, 180 * angle/Math.PI);
14
15          Transform3DGroup tg = new Transform3DGroup();
16          tg.Children.Add(rotateTransform);
17          tg.Children.Add(initialTransform);
18          controlled.Transform = tg;
```

在离开跟踪球界面之前，我们来看看具体实现时的一些选择及可能的方案。首先，要让物体旋转需要点击该物体。这需要将光标移动到物体上方。根据费茨定律，如果物体远离当前光标位置，该操作可能代价高昂。但从另一方面看，能及时将用户的注意力转移到待操控的物体上，也许可以部分平衡所花费的代价。通过第一次点击，用户选择了物体，接着需要做的是通过拖动光标让它旋转，从费茨定律角度看，这一操作是理想的：拖动始于当前的光标位置（最易达到的位置）。需要拖多远呢？答案是取决于虚拟球的半径：旋转90°意味着光标需移动的距离等于球体的投影半径。这表明，小的半径较为理想。但另一方面，要将光标精确地置于该小半径距离处并非易事；若球体较大，则用户可对旋转实施更精确的控制。设计人员应视交互情境中速度和精度哪一方面更重要来调整交互球的大小。

在数学处理上，我们选择界面的整体计算方案：点击初始点，每一步拖动后，均从初始点开始，重新计算它到当前点的旋转变换。另一方案是使用累积计算方案，即基于上一光标点到当前光标点的运动生成一个微小的旋转变换，这些微小的旋转变换将不断与物体的变换相乘来进行累积。除非光标在拖动过程中始终沿同一大圆弧移动，否则，累积计算和整体计算将给出不同结果。在累积计算方案中，绕初始点击点沿小圆圈拖动会产生围绕该点的自转，而沿小圆圈反向拖动则会生成相反方向的自转。这一点有时很有用。另一方面，在整体计算方案中，当光标被拖回初始点时，物体也会回到它的旋转前的朝向，这一特点也是用户所欢迎的。

在累积计算方案中，我们以 $R_1R_2R_3\cdots R_k$ 的形式将许多小的旋转乘在一起进行"累积"，其中 k 可能相当大。虽然每一旋转矩阵 R_i 也许都在数值精度范围内，但由于舍入误差，它们的乘积可能与一次性旋转的结果大不相同；甚至（应该！）令用户吃惊。一个解决办法是对旋转累积多次（也许十次）后，采用 Gram-Schmidt 过程重新对矩阵进行正交化。

即便使用这种重新投影到旋转矩阵集的处理方法，累积计算方案还有另一个缺点。对两个相同的场景执行完全相同的光标点击-拖动序列仍可能产生不同的结果。这是因为鼠标运动由操作系统进行采样，取决于机器的其他负载，采样点不一定恰好发生在相同的时刻。这使得生成两个旋转序列的两个点序列可能略有不同，导致最终结果亦有差异。通常情况下这不会是一个问题，除非在点击-拖动时机器负载甚高，影响了采样率，使其不能准确地表示光标移动的路径。例如，假若光标沿一个小圆圈移动超过半秒钟，但在这段时间内只得到了两个采样点，与得到了 10 个采样点的情况相比，其结果大为不同。

由于上述原因，一般情况下，试图对微分甚至非常小的差分进行数值累积并非一个好主意。但有两个例外。第一，这样的累积可能是计算一个值的唯一可行办法。例如，在研究光传输中，计算到达眼睛的光意味着计算一个积分，其已知的计算方法就是数值方法（见第 31 章）。第二是已知求和结果为一整数，且已知舍入误差很小，在这种情况下，可以采取舍弃该误差的方法。（例如，如果对四个项求和，得到 3.000 013，则可以放心地认定求和结果为 3。）

21.4.2　弧球界面

除了将光标在虚拟球面上拖动同样的距离会导致球体两倍的旋转之外，弧球界面 [Sho92] 与跟踪球完全一样。也就是说，若将光标从 A 拖动到 B，A、B 在中心为 C 的球面上张角为 $30°$，则球内物体将在 A、B 和 C 构成的平面内旋转 $60°$。

这包含了几个具有实用性的含义。首先，尽管我们只能看到并点击球的前半部分，但能实现任何一个可能的旋转：例如，将光标从球面上离视点最近的点拖到球的轮廓，将会使它旋转到球面最远点。其次，将光标从 P 拖动到 Q，再从 Q 到 R，再从 R 到 P（其中三个都是球面上的点），其结果是球根本不旋转。

关于弧球的性能评估，我们前面关于虚拟球的许多评价仍然成立。假如交互球表面被贴上某种容易识别的图案，如世界地图，当用户在伦敦这一位置点击和拖动时，他肯定会发现惊奇一幕：拖动时，伦敦从光标下迅速滑走。当然，在采用透明球时，这一现象几乎不可见，用户对交互的感觉很自然。（然而，设想要构建一个界面：通过拖动光标来实现物体平移，且其平移量为拖动向量的两倍，则用户肯定也会感觉不适。）

21.5　基于鼠标的相机操作：Unicam

现在进入与场景视图进行交互的话题。不难想到，这与操控物体是相同的；这是因为相机变换与景物变换一样，同属场景图的一部分。说得更通俗点，如果我们想看盒子的左侧，既可以让盒子向右旋转，也可以让视点向左移动。而让基于跟踪球或弧球的交互界面作用于整个场景而不是一个特定物体，并不太难，因此完全可以实现上述设想。给定一个正方形视窗，我们可在内简单地生成一个操纵球，使之与视窗的四条边相切，以便为相机控制提供最大精度。遗憾的是，这样做并不理想：相机会从"直立"状态慢慢倾斜。虽然这能方便地让单一物体看上去呈倾斜状态，但让相机倾斜却并非我们所望。在这种情形中，应根据人们的感知（在人们观察世界时，关于垂直的传统认知几乎总是"朝上"）来决定设计。

对相机的控制不仅仅限于相机方向：也许你想看看别的地方（的别的物体），或者更靠近于当前正在看的物体。第一种操作称为**摇拍**（panning），已可通过自然的交互实现：你可以点击想看的物体并将其拖拽到屏幕的中心。若它在画面以外，可执行多次摇拍。当然，在进行上述操作时，需要先表明本次交互是在摇拍而非旋转镜头，即需要引入"模式"的概念。第二种操作称为**推拉**（dollying），它并没有明显的交互操作，即便已进入推拉模式，也是如此。

Unicam[ZF99]是一种相机操控的机制，它采用一体化系统控制虚拟相机的三个旋转自由度和三个平移自由度。虚拟相机的其他常见特征（裁剪、平面距离、视角，以及观景摄像机中的成像平面旋转）很少调整，因此它们未被包括在内，这就像在图片操作器程序中我们略去了图像旋转功能一样。Unicam 的实现与前面介绍过的其他操作器极为相似，此处我们仅描述用户所感知的界面。Unicam 可用于透视相机和正交相机，这里仅介绍较为常见的透视相机情形。

因为 Unicam 是面向涉及频繁相机控制操作的应用（例如，实体造型）而设计的，故为它单独配置了一个鼠标键：所有相机操作均通过这一鼠标键进行点击和拖动完成。当用户想要在相机操作和由其他鼠标键控制的应用操作之间进行切换时，这种设计可减少切换的功夫和时间。

Unicam 的视窗被划分为两个区域（参见图 21-9）：一个是内部矩形，另一个是边界区域。在矩形内的交互决定相机平移，在边界区的交互决定相机的旋转。

在 Unicam 中，采用了**击中点**（hit point）这一名词，该点表示用户注意力聚焦之处。通常，这是位于当前光标下的场景点（即从眼睛发出，经过成像平面上的光标点向场景发出一条光线，该光线与场景的第一个交点）。若这一光线未击中场景中的任何物体，则击中点为前一击中点在这条光线上的投影。

图 21-9　在内部矩形内，鼠标运动将引起相机平移。在边界区域，鼠标运动将决定相机的旋转

21.5.1　平移

可将在平移区域内鼠标的点击与拖动操作在开始时就划分为沿"水平方向"还是沿"垂直方向"，这可通过检查拖动的前几个像素予以判定（为确定初始移动方向，建议取屏

幕宽度的1%作为一个合理的测试距离，且要求这一判定在最初 0.1 秒内完成，以免对用户形成干扰。)初始时光标沿水平方向的运动将引起相机做平行于胶片平面的平移，此时击中点一直位于光标之下。因此，当点击鼠标并向右拖动时将导致相机移向场景的左边，此时击中点将在结果图像中朝右移动适当的距离。

课内练习 21.4：用户如何操作才能使场景沿上下方向而非左右方向平移？

若初始时光标沿垂直方向移动则意味着另一种交互模式。如上所述，鼠标左右移动将引起相机在平行于成像平面的水平面上向右或向左运动，但沿垂直方向移动时将导致相机沿着从视点到击中点的直线平移。就如何将光标的移动距离转换为相机朝向物体的平移，作者们做了一个有趣的选择：即按从交互窗口的底部到顶部对应于从视点到击中点的距离进行线性转换，如此设置将使相机不可能"越过"击中点，但却很容易以一种对数模式逼近该点：允许多次半屏的垂直光标运动，且每次平移的距离为相机当前位置至击中点距离的 1/2。

将光标沿垂直方向的移动映射为相机推拉参数当然是一种随意的选择；我们也可以选择水平运动。但有报告表明，用户发现选取垂直方向更自然，或许是因为他们都很熟悉类似于图 21-10 中的场景，图中地形的水平布局清晰地揭示出：越靠近画面上方，其离视点的距离越远。(设想一种情景，在该画面上景物的水平位置同样反映了其离视点的距离，这样的情景为你所熟悉和常见吗？)

图 21-10　在画面中，景物的垂直位置与它们离观察者的距离存在对应关系

21.5.2　旋转

虽然旋转有三个自由度，但旋转必须有一个中心。(可通过平移将围绕某一中心的旋转转换为围绕其他任何中心的旋转，但开始时仍需先设定一个中心。)相机位置本身就可设为一个旋转中心，这与我们的生理结构也是对应的，例如你可以低头俯视或扬起头来仰视，也可以转动脖子左顾右盼。但是当你的注意力聚焦于某个物体时，让相机围绕该物体"转动"比我们先转动头部然后走到物体一侧观察物体更为自然。在 Unicam 中，用鼠标点击场景中的某物体，鼠标释放后会在击中点处放置一个蓝色小球(**聚焦点**)，随后实施的旋转都被设定为围绕这个聚焦点的旋转。

另外，用户可以在边界区域内点击以产生一个围绕**观察中心**(view center)的旋转，观察中心位于从相机过视图中心的视线上。击中点在该视线上的垂直投影即为观察中心。显然，相机沿视线至观察中心的距离由当前击中点的位置决定。

在取聚焦点为旋转中心时，紧接着在视图上任意位置进行点击和拖动将开始旋转；若取观察中心为旋转中心，则鼠标在边界区域内最初的点击将启动旋转，在每种情况中，均依据随后鼠标的拖动距离确定旋转量。与采用虚拟球或弧球操控旋转的情形不同，鼠标位移(相对于其初始点击的位置)的 x 和 y 坐标分别决定围绕场景坐标系"朝上"向量(通常是 y 轴)旋转的角度和围绕相机坐标系"朝右"向量(即成像平面中指向右侧的向量)旋转的角度。当鼠标从屏幕的左端沿水平方向拖动到右端时，对应于环绕朝上向量旋转 360°；而从屏幕的底端沿垂直方向拖动到顶端则对应于绕朝右向量旋转 180°，当然这一旋转被适时截止，以避免出现垂直俯视或仰视的物体视图。此外，旋转是依序实施的：首先是围绕朝上向量旋转，然后再围绕朝右向量旋转。

21.5.3　附加操作

聚焦点也可为进一步交互所用：在聚焦点上点击和释放鼠标将会使相机平移到该物体的上方生成其斜视图。点击然后朝右上方拖动鼠标会将当前视图保存在一个可拖动的图标中，稍后点击该图标即可恢复当前视图。而朝右下方拖动则会暂时使焦点球变大（其半径增至拖动的距离）；鼠标释放后，相机向内推进，直到放大的焦点球充满整个视图，此时，焦点球恢复为其正常大小。这一操作使用户能够方便地指定感兴趣区域。而朝任何其他方向拖动则中止上述交互。

21.5.4　评估

Unicam 为用户最常用的相机操作提供了非常方便的界面。由于许多操作始于当前光标位置，完全符合费茨定律的最佳选择。设计师将交互语义与用户具体操作的"体验"相关联，使交互操作易于使用和记忆（通过鼠标拖动来实现平移可让用户感觉正在拖动整个场景，而通过鼠标垂直运动来推拉相机镜头可让用户感觉正沿着火车轨道奔向其尽头）。

另一方面，系统无自解释功能。没有任何提示会告诉用户视图的边界区为旋转交互区，或其中心区可用于平移交互。对于像相机控制这种频繁使用的交互操作可能是适宜的。在不断使用中，用户将很快记住其特征界面。对于那些不经常使用的控制方式，适当的可视化表示会有所帮助。

21.6　选择最佳界面

我们已经介绍了两个物体旋转界面和一个相机控制界面。在许多游戏中提供的相机控制通常由键盘上的按键控制，而且只能让用户朝左、朝右看（固定增量）或朝上、朝下看（固定增量）。建筑漫游程序则允许用户在建筑物内漫游走动，通常将视点高度约束在 1.8 米附近，并防止用户穿墙而过。哪个界面是最佳的？答案是，在精心设计的界面中（例如，注重自解释性、遵循费茨定律），最佳的选择几乎总是密切关联于具体的情境。在建筑漫游应用中，相机控制界面应限定眼睛的高度，并防止用户直接穿过墙壁；在辅助飞机设计的 CAD/CAM 系统中，关键是应能查看那些人无法进入的空间（如机身内电缆布线的通道），当然，在界面中控制视点的高度和避免碰撞并非易事。

21.7　一些界面实例

本节中将简要介绍一些最受欢迎的交互界面。其中既有你的百宝箱内想要的点子，也有基于新的图形技术开发的单一应用界面。其他好的想法，像环形菜单、工具托盘和 Unicam，已在本章其他地方介绍过。好想法如此之多，本节不可能一一介绍。这里只列出了一份我们认为重要、实用、启发性想法的特别清单。

21.7.1　第一人称射击游戏控制

第一人称射击游戏（FPS）为许多视频游戏中的视图和相机运动提供一种基于键盘的控制方式。它们易于学习，应用广泛，对游戏程序中已有的其他相机控制机制是一个很好的补充。其中一种实现方式是采用箭头键：按压向上、向下键可使观察者前行和后退；而左、右键通常代表向左或向右"扫射"，当然它们也可以被用来将视线方向转向观察者的左侧或右侧。如果你想采用邻近的键执行相关功能（费茨定律同时适用于键盘和鼠标），方向键可能并非最佳选择。替代的典型方案是采用 W 键和 S 键驱动观察者前行和后退，Q 键和 E 键将视线方向转向观察者的左侧或右侧，A 和 S 用于左、右扫射（其中，在非射击类游戏中，可以将其映射为向左或向右前行"窥视"——依据按键持续的时间确定视点向左或向右的移动量，而当按键被释放时，返回前向视图）。

21.7.2　3ds Max 变换小工具

ViewCube[FMF$^+$08]是一个 3D 视图操纵小工具（见图 21-11）。它由 Autodesk 开发并

已置入其所有的 3D 建模产品中，包括 AutoCAD、3ds Max、Maya 与 Mudbox 等。这使得它成为目前在用的最重要的三维用户界面工具之一。ViewCube 旨在解决 3D 建模中长期存在的用户方向感缺失问题。随着 CAD 和数字媒体创作的日益普及和重要性不断提高，越来越多的设计人员由原本使用二维工具转入三维造型领域，该问题日益凸显。当以第三

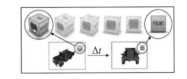

图 21-11　3ds Max 的基本建模小工具
（由 Azam Khan 提供，©2008
ACM, Inc.，经允许转载）

者陌生的视角来观察未贴纹理且往往尚未完成的三维场景时，用户极易丧失方向感或进行情节创作时难以知晓周围的背景。不过在游戏类应用中该问题不大存在，这是因为在游戏中精心构造的周边环境和强烈的光照效果提供了直观的方位线索。

ViewCube 图标总是位于屏幕右上角。它既可提供直观的方向反馈，又是一个相机控制的小工具。方向反馈采用垂直面上绘制轻淡阴影和各面显式标识字符的方式。开发 ViewCube 的研究人员曾尝试字符标识之外的多种替代方案，如在立方体内嵌入当前物体的 3D 小视图，但发现，字符标识效果最好。立方体的 8 个顶点、12 条边和 6 个面中各自对应一个特定的视线方向。用户可以用鼠标点击在点、边、面中任一元素的邻近区域将当前视点变换到预先定义的视点位置（以立方体的局部坐标系定义），或以弧球的交互方式[Sho92]通过单击并拖动鼠标将立方体旋转到其他任一方向。当立方体取预设的 26 个基本视图之一时，其轮廓线以实线显示，而取其他视图时则显示为虚线。此外，小箭头（在图 21-11 中未显示）指向四个周边面（不一定可见），并支持在当前视图平面内的 90°旋转。

21.7.3　Photoshop 的自由变换模式

当进入 Photoshop 的自由变换模式，并选定一个图像后，就会出现一个包围盒，且在包围盒的角点和四边会显示小的正方形"操纵标记"。当光标移过这些操纵标记时会转变成双向箭头，提示用户在此处可单击并拖动箭头。拖动角点处的箭头可同时调整包围盒在 x 和 y 方向的尺寸（及其中画面）；结合 shift 键则可保持包围盒在宽度和高度方向的比例不变。此外，按 control 键可使角点（或边）移动到任何位置，也就是说，图像可不再是长方形的。在对边进行拖动时，通常只移动所选定的边，但结合 shift 则会使对边被同时调整，因此，结合 shift 键拖动顶部边将实现图像关于水平中心线的缩放；按 control-shift 组合键可使图像产生错切（即边的中心沿包含边的直线移动）。

当光标位于紧靠包围盒的外侧区域时，它变成弯曲的双向箭头，提示用户可旋转包围盒及其中图像（见图 21-12）。最后，如果点击包围盒一角点，并按适当的控制键，则可以沿水平或垂直方向对包围盒施加透视变换，生成类似于"楔形石"的透视效果（见图 21-13）。

图 21-12   在自由变换模式下旋转图像

图 21-13   沿左侧边拖动包围盒的一个角点使图像呈现"楔形石"的透视效应，包围盒保持不变

21.7.4　Chateau

　　Chateau[IH01]是一个可快速构建高度对称形状的系统。它对用户输入进行检测，搜索其是否与某一已有形状具有对称性。例如，如果用户最近创建了长度为 5、半径为 1 的圆柱体，并正在通过手势交互构建一个长度大约为 5 的新的圆柱体，系统会在缩略视图提供一个已完成的圆柱体，用户可点击缩略视图以确认它是否即为想要的形状。倘若存在多种候选的方案，则（根据一些启发式规则）显示最可能入选的形状。一旦构建好第二个圆柱体并放置在某处，则系统可推荐第三个圆柱体，并以第二个相对于第一个的位移，安放第三个圆柱体，这使得创建一排圆柱体非常容易。

　　上述程序提供了候选的交互操作结果，虽然其中的细节并非特别相关，但其**提示性界面**利用了"识别比回忆更快"的思想：即用户可以非常迅速地挑选出正确的候选结果。类似的想法也用于亚洲字符集的键盘输入中，每个亚洲字符由 ASCII 字符的四元组表示，一旦用户键入一个或两个 ASCII 字符，系统会立即提供几个"可能的"亚洲字符作为候选结果，其"可能性"基于诸如文档中最近使用过的字符，甚至周围词汇或句子结构等。

　　移动设备上的文本-消息传送系统中使用的自动补全功能也类似，可提供多种候选结果。在 T9 输入系统中，采用"2＝ABC，3＝DEF，4＝GHI……"常规映射方式。当用户键入"432"时，拟输入单词的第一个字母应包含在 GHI 之中，第二个字母应包含在 DEF 之中，接着的字母应包含在 ABC 中，因此系统判断最可能的单词是"head"，并以它作为一个候选结果。用户也可以继续输入数字（"54"），从而选择像"healing"这种较长的单词。作为采用完全不同文本输入方法的系统，Dasher[WBM00]（见图 21-14）将候选的字符显示在靠近用户操控点的矩形框中。当操控点向右移动时，各矩形框向左移动，移动速度与其位移量成正比。在操控点向上或向下移动过程中，用户可让其穿过一个特定的矩形框。它相当于键击该框内所示的字母（通常为单一字母）。基于输入语言的统计信息，系统会将紧接着最可能键入字符的矩形框放置在中间区域，那些较小

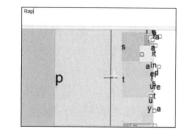

图 21-14   用户已选择了字符 R-a-p，在左上角显示，用户将向上移动光标，使标有"t"的盒子越过它，完成单词"Rapt"

可能键入字符的矩形框放置在顶部和底部。在某些情况下，也许有 2 个或多个字符均存在较大可能性，系统将这些优选字符的矩形框排成一列，以便操控点可以快速遍历它们。（例如，如果用户开始时已选择了字母"T"，可快捷穿过的两个矩形框应先是"h"后面接着"e"。）通过对系统进行训练（改变其对"可能性"的定义），或引入一个自定义的词汇表，可以使系统工作更为有效。这是一个可为严重残障者有效使用的提示性界面。

21.7.5　Teddy

Teddy[IMT99]是一个以非严格方式构建光滑或几乎光滑形状的造型系统。系统将用户的手势解读为三维造型指令。比如开始时用户画一条简单的封闭曲线，系统会将其解读为一个光滑形状的轮廓；并采用"充气膨胀"算法将该轮廓转化为 3D 形状。如笔画穿过形状，则它会像剑削一样切除形状的一部分。如果用户在物体表面上画一条封闭曲线，然后旋转物体，使该封闭曲线靠近视图上物体的侧影轮廓，接着画一条起点和终点都在封闭曲线上的新的曲线，则系统会以第一条曲线作为横截面，基于第二条曲线确定拉伸形状，从物体表面上创建出一个"拉伸体"，从而快速创建出有趣的形状（见图 21-15）。

该系统基于各种网格构建和编辑操作，但更为耀眼的是其界面设计的一致性和简单性。整个系统仅提供了几个简单的操作，且这些操作可通过直观的手势交互来完成，从而使烦琐的形状创建过程变得轻松愉快。Teddy 推出后不久即被成千上万的用户在视频游戏创作中作为角色化身的造型界面。

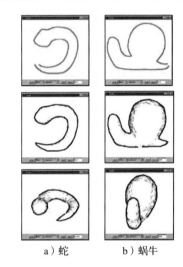

a）蛇　　b）蜗牛

图 21-15　采用 Teddy 对 2D 封闭曲线进行膨胀的例子（由 Takeo Igarashi 提供，© 1999 ACM, Inc., 经允许转载）

21.7.6　Grabcut 与通过笔画的选择

基于技术实现界面的另一个例子是 Grabcut[RKB04]，一个自动将图像分成前景部分和背景部分的系统。用户需输入一条封闭曲线，曲线区域内大多为前景。系统基于区域内前景和背景像素的颜色分布，建立每一像素集的统计模型。基于该模型，和一个给定像素的颜色，用户可以问，"这个像素属于前景的可能性多大？属于背景呢？"对图像中每个像素都进行上述估计后，可以发现图像上大片区域可能属于"背景"，另一大片区域可能属于"前景"，此外还有一些像素存在二义性。然后，系统根据两个目标将图像划分为前景和背景区域。

1）在前景和背景之间，更可能属于前景的像素通常被标记为前景，反之，则标记为背景。

2）相邻像素常取同样标记。

基于上述目标，系统可以为一个分割评分，这意味着，寻找最优的分割可视为一个优化问题。该优化可以归结为最小割问题的一个实例，为此已开发出相关的近似算法[BJ01]。系统找到一种优化分割后，将基于新的分割重新构建前景和背景的统计模型，如此重复下去，直到获得稳定结果。（该算法能通过对子像素层次上前景和背景混合模型的局部估计实现子像素分割，但相关细节在这里并不重要。）

最终的结果是，用户只需要表达相当笼统的意图（"将这类像素从那一类像素中分离出来"）即可完成一项相当困难的任务。（实际上，Photoshop 一类程序中常使用更基本的工具，甚至"智能剪刀"，来勾出前景元素区域的轮廓，这一过程通常很耗时。）

对 Grabcut 方法的一项改进是采用"涂抹"界面，其中用户在典型的背景区域上涂上几笔，然后在一些典型的前景区域上也涂上几笔。这些被涂抹的像素被用来建立前景和背景的统计模型。在给出前景的近似轮廓可能有困难的情况下，（例如，珊瑚床上的灰色章鱼），采用这一界面仍然可容易地标记出一大群代表性像素（例如，在章鱼身体而不是其胳膊上来涂鸦）。

当然 Grabcut 也有其自身的优势：例如，假设前景物体是位于人群中的一个人，Grabcut 中的封闭曲线可以帮助防止画面上有类似皮肤色调的其他人包含到前景中，而用涂抹界面他们则可能会被认作前景。

21.8　讨论和延伸阅读

尽管在这一章中讨论的技术在物体和视图操作中较好地运用了线性代数和几何，它们仅仅是一个起点。还有其他相机操作方法（如允许用户控制相机自身的俯仰、水平面左右偏角和垂直面侧偏角），虽然容易理解，但也容易迷失方向；在一个景物稀疏的场景中——例如，用户正在几何造型系统中构建一个景物——一不小心就可能将相机旋转到"什么都看不到"的视区中，这时要重新找到他感兴趣的景物并非易事。类似地，很容易在相机的缩放（zoom）或推拉中操作过度，导致感兴趣的物体只有子像素大，或整个视图所显示的仅为物体上很小的一处细节，如同用户站在建筑物外面，鼻子顶着墙时眼前看到的景象一样。Fitzmaurice 等人[FMM+08]介绍了一个工具包，可帮助实现 3D CAD 环境中"安全"导航，在自然的相机运动中不会出现什么都看不到、过度缩放，以及许多其他问题。Khan 等人[KKS+05]描述了相机操作器：HoverCam，可始终与感兴趣的物体保持恒定距离（见图 21-16）。

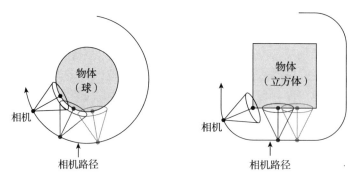

图 21-16　采用 hovercam 移动相机时可以与感兴趣的物体始终保持恒定距离（Azam Khan，©2005 ACM, Inc.，经允许转载）

Glueck 等人[GCA+09]展示了如何改进交互操作的输出效果，他们通过表现三维造型系统中物体与地平面的关系（同时采用多尺度网格揭示物体的大小），帮助用户理解物体的空间方位（见图 21-17）。这一点与 Herndon 等人的工作[HZR+92]也是相关的。在该项工作中，物体的阴影被投射在三面墙壁上，用户在任何墙壁上拖拽阴影即可引导物体做相应运动（见图 21-18）。

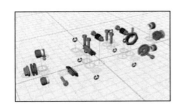

图 21-17 零件在平面上的投影桩提供了有关零件在垂
直方向上位置的线索。透明的投影桩表示该
零件在平面下。粉红色桩，如最靠近中心交
叉网格点的那个，表示装配体而非单个物体
（Michael Glueck 和 Azam Khan，© 2009
ACM，Inc.，经允许转载）

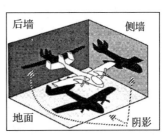

图 21-18 拖动飞机在三个平面上的任
何一个阴影可使飞机做相应
移动（Brown Graphics Group，
©1992 ACM，Inc.，经允许
转载）

所有这些技术展示了对特定应用环境（3D CAD 和造型）中的视点导航与相机操控进行改进的各种可能性；不同的 3D 环境（例如，在视频游戏中）有不同的导航需求。例如，在 CAD 中，用户可能希望能够越过表面到达隐藏面，然后在该面上实施进一步操作，而在视频游戏中，首先需要防止玩家穿墙而过，且导航控制主要为 2D（前进、后退，转向左侧或右侧），视点离地面的高度由典型身高决定。虽然关于相机与运动以及物体的操控方式进化（正如 2D 中的一些标准控件已经演化）的观念已被普遍理解，但我们预计面向应用或领域的交互控制方式将继续得到发展。

交互方式也取决于用户使用的交互设备：在虚拟现实系统中，用户通常通过移动其头部和身体来调整视图，此外也有多种替代的方法，如缩微场景（World-in-Miniature）方法［PBBW95］，其中 VR 用户一手持缩微版本的场景模型，另一只手则移动缩微相机，从而获得现实场景的新的视点。

在某些情境中，相机的控制方式可由具体应用的有关特点导出。He 等人［HCS96］描述了一个"虚拟摄影"工具，对包含多人互动的场景，该工具基于各种电影习惯拍摄手法自动选择视图。例如，在一部电影中，当两个人开始互相交谈，通常会看到他们俩人的形象；但随着谈话的进行，通常看到的是彼此面对面过肩视图之间的画面切换。类似这样的电影习惯拍摄手法可指导系统在多人互动的场景中自动放置虚拟相机，或者讲述虚拟的故事，等等。

一般而言，交互方法的成功可以从情境集成（context integration）、意图表达（expression of intent）以及将专家知识融入界面设计等方面来总结。以相机控制为例，观众通常不会真的想要去推移相机，他（她）只不过想要更近地观察某一景物；推移相机只是达到目标的手段。又如，只要用户提供一个手势说，"从略高于物体处给出该物体的斜视图，"Unicam 系统就会自动生成转换到该视图的相机过渡变换。类似地，虚拟摄影系统将专家知识集成到画面转换设计中，用户除了考虑"要看哪些人"以外，不需要考虑其他的执行细节。一般情况下，如果界面让用户表达的是意图而不是实现这一意图需采取的行动，则该界面更易于为用户所理解和掌握。

常令人惊讶的是，交互技术与图形学的其余部分有着紧密联系。举例来说，选取操作通常采用光线-场景相交测试来实现，而这正是我们构建高效光线投射绘制程序需优化的技术。在交互中为防止虚拟相机穿墙而过，可将它用一个球包围起来，且让该球始终在场景的空白处，其核心技术是碰撞检测和响应，从而确保球不穿过任何场景几何体。

如果你有兴趣制作视频游戏的界面,据我们所知最好的参考资料是 Swink 的 *Game Feel*[Swi08]。该书讨论了如何设计一个让用户"感觉良好"的界面,既分析了成功的案例,又分析了失败的案例,并给出了设计规范指南。

有关用户界面的自启示能力和人如何领会它们,可阅读 Norman 的 *The Design of Everyday Things*,它采用了 Gibson 的自解释性[Gib77]概念,并将其应用于人机交互环境中。

对于本章未曾描述的其他三维空间交互技术,Bowman 等人在[BKLP04]中做了全面的介绍。Olsen[Ols09]讨论了交互系统设计,内容不局限于游戏,既包含实际动手经验,也提供了算法和数学细节。Schneiderman 等人[SPCJ09]的经典教材则适合那些想要涉足用户界面设计领域但并未打算以它为职业的人。

21.9 练习

21.1 跟踪球交互的另一种方式是这样的:初始点击位置为图像平面的某点 P;鼠标的当前位置在另一点 Q。物体的中心在 C 点,且假定 C 不在图像平面上。取向量 $(Q-C) \times (P-C)$ 作为旋转轴,旋转量与 $\|Q-P\|$ 成比例。在选择比例常数时,较理想的是对于小的拖动,至少当初始点击位于视点与 C 之间连线上时,其旋转类似于由虚拟球交互所提供的旋转。其优点是即使拖动后的光标偏离透明球,也无须处理特殊情况。实现上述方式,看其有无任何明显的缺点。你能轻松地让物体绕视点到物体的轴线旋转吗?

21.2 弧球交互具有如下性质:将鼠标从 A_1 拖动到 A_2,到 A_3,到…A_n,与从 A_1 直接拖动到 A_n 最终效果相同。因此,我们可以把鼠标拖动的每一步当作独立操作,并在每个时刻更新被操控物体的变换,而无须记住 initialTransform。你能想到这种方法的缺点吗?

21.3 考虑一下你最喜欢的地图软件。假定你要驱车从自己家去 500 英里以外的朋友家,现有一条路线,刚出发时,该路线可能会穿过几条小街道,但很快上高速公路,并需在高速上行驶一段时间,最终当接近朋友家时,又需进行局部区域导航。

(a) 设计一个界面,让你能方便地按照该路线从起点驶到终点。

(b) 假设你已在地图上标记了你家的位置,现需找到朋友家,并予以标记,以便可使用路线查询软件找到一条便捷的路径。你可以输入朋友家的地址,但采用视觉导航可能更快,尤其是在移动设备上输入时。你可能先想要缩小地图,以便找到你朋友所在的城市,然后聚焦于该点,放大地图,等等。试设计一个基于光标的界面实现上述查询而无须单独的步骤(即先缩小,然后平移,然后放大)。提示:根据当前运动的尺度自动调整视图比例。

21.4 对图片操作器进行改进,使其在两个触点张开足够距离时,可以两触点的中点为圆心将图片顺时针或逆时针旋转 90°。具体地,可检查两触点间的向量差与最初的向量差相比,其转动量是否已超过 60°,并以此作为启动旋转的线索。作上述旋转后,何时应该转回原来的位置?为什么在启动旋转操作时以 60°为阈值比 45°为阈值更为适宜呢?

21.5 实现 Unicam 的平移和旋转功能,但相机推拉参数改为:沿垂直方向每一单位的光标移动量对应于相机离物体的距离乘以某一常数 $\rho < 1$。你必须决定若用户将光标从视图底部一直拖动到顶部,相机离物体会近到什么程度。将这一"对数"版本与 Unicam 的线性版本进行比较,并讨论哪一种映射方式更好,说明为什么。

21.6 扩展图片操作应用程序,用户可以在图片上放两个手指,当手指在图片移动时,图片会做相应平移及(不均匀)缩放使图片上那两个触点始终与相应手指保持接触。将这一功能与先前介绍过的均匀缩放操作进行比较。

21.7 考虑一个基本的绘图程序,用户可以用它绘制点、线、矩形、椭圆形等。在多触点交互环境中,你会如何考虑与这些元素进行交互?在常规的绘图程序中,可以拖动矩形的任一个角点来调整矩形大小,但当同时按某一控制键(如 CTRL)时,调整后的矩形将保持相同的宽高比。在多触点环境中，你认为这样的控制约束操作是更重要还是变得不太重要呢？试解释。

21.8　图片排序程序将图片按从前到后的次序排列：但最后从图片目录取来的那张位于最上面。试描述一些方法，可以无缝方式按从前到后的顺序对图片重新排序。

21.9　在实现虚拟的跟踪球界面时，我们通过比较鼠标当前位置与初始位置的差异来计算物体的旋转。另一种实现方式是增量式版本，将每一次光标的移动映射为从之前光标位置到当前位置的独立微小旋转，并累积这些微小的旋转。实现这一方式，并点击交互球最前端的位置，然后拖动光标围绕该点转一个小圆圈，并最后返回到该点。请问内置的立方体返回到了原初始位置吗？你个人更喜欢跟踪球交互旋转的累积计算方式还是整体计算方式？

21.10　针对虚拟球交互，尽可能详细地写出其概念设计、功能设计、序列化设计和词法设计细节。

21.11　编写一个第一人称游戏控制器程序。游戏区为一个大房间，里面有不同半径的圆形柱子，而你正与其他几位玩家玩"触碰捉人游戏"，每位玩家都有一个控制器和对应一个彩色球化身。标记为"it"的玩家试图捉住另一位玩家。当他的化身球触碰上另一位玩家的化身球时，即捉住了他。（化身球不能相互贯穿，也不能贯穿墙壁或柱子。）该玩家立即变为"it"，而先前标记为"it"的玩家在两秒钟内暂时安全（不可捉）。你的任务是基于你手头的任何设备：键盘、鼠标、触摸板等，编制一个有效的控制器，并验证你的设计决策是否合理。此处的游戏环境布置可稍宽松，使你的控制不致过于受限；当然，你也可以将游戏环境设计在一个带有粗圆柱的小房间里，使化身球不易自由移动（化身球仅能在圆柱间勉强通过），或在一个根本没有圆柱的房间里。试构造一个场景，然后设计一个控制器，并讨论游戏场景如何影响你的控制器设计。

样条曲线和细分曲线

22.1 引言

本章及下一章讨论样条和细分两个密切相关的主题。样条与细分均用于**几何造型**（geometric modeling，即构建仿真和绘制对象形状的几何表示），其中样条在图像处理、动画、数据拟合等许多领域亦有广泛应用。在相关的网络资源中对样条已进行了非常全面的阐述。本章仅简要地介绍一些常用的样条及细分曲线，下一章则讨论曲面情形。

22.2 基本多项式曲线

定义曲线有两种最常用的方法。与定义线段的两种方法类似，一种是给定两个端点 P 和 Q，另一种是给定其中一个端点 P 及指向另一个端点的向量 v（此时另一端点 $Q = P + v$）。这两种定义方式各有所用，但它们都定义了同一几何形状，均为坐标系/基函数表示原理的实例。选择正确的基函数会使几何形状的构造变得简单，下面我们讨论如何为平面或空间三次曲线张成的向量空间选择合适的基函数。

22.3 两条曲线间的拟合曲线段：Hermite 曲线

假设我们要模拟一辆沿 y 轴方向行驶、速度向量为 $[0\ 3]^T$ 的汽车，该车在时刻 $t = 0$ 位于点 $(0,4)$，此后汽车减速转弯，在时刻 $t = 1$ 处到达点 $(2,5)$，改沿 x 轴方向行驶，其速度向量为 $[2\ 0]^T$，如图 22-1 所示。

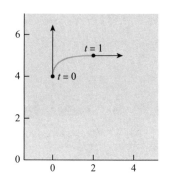

图 22-1　使汽车动起来。已知起点、终点和速度，我们想找到一条像图中曲线那样的路径

我们需要将汽车的两段路径"拼接"起来，也就是说，构造一条光滑路径，使汽车"沿 y 轴方向行驶"的之前路径与"沿水平直线 $y = 5$ 方向行驶"后面的路径相衔接，在这两段运动轨迹间形成过渡，这样，在 $t = 0$ 和 $t = 1$ 之间的每一时刻汽车只需按过渡路径的切向转向即可模拟出汽车的运动。

下面我们将上述问题一般化，给定端点 P 和 Q 及速度向量 v 和 w，寻找函数 $\gamma : [0,1] \rightarrow \mathbf{R}^2$，使得 $\gamma(0) = P$，$\gamma(1) = Q$，$\gamma'(0) = v$ 且 $\gamma'(1) = w$。以下函数 $\gamma(t)$ 为该问题的解，即

$$\gamma(t) = (2t^3 - 3t^2 + 1)P + (-2t^3 + 3t^2)Q + (t^3 - 2t^2 + t)v + (t^3 - t^2)w \quad (22.1)$$

$$= (1-t)^2(2t+1)P + t^2(-2t+3)Q + t(t-1)^2 v + t^2(t-1)w \quad (22.2)$$

要验证 $\gamma(0) = P$，仅需计算四个多项式在 $t = 0$ 处的值，它们的值应分别为 1、0、0、0。

课内练习 22.1：验证函数 γ 定义的曲线满足 $\gamma(1) = Q$，$\gamma'(0) = v$，$\gamma'(1) = w$。

该方法得到的曲线称为插值数据 P、Q、v 及 w 的 Hermite 曲线。式（22.1）中的四个多项式称为 Hermite 函数或 Hermite 基函数。

上述例子中的方法同样适用于 $\mathbf{R}^3$ 或 $\mathbf{R}$ 中的 P、Q、v、w，该构造方法与空间维数无关，后面介绍的其他类型曲线的构造方法同样如此，将不另说明。

从式(22.1)中所含的四个三次多项式中可以看出，输入参数是如何组合构造出曲线 γ 的。显然，以 v 或 w 为系数的多项式中均包含因式 t 和$(1-t)$，因此 v、w 的值不影响端点 $\gamma(0)$ 及 $\gamma(1)$ 的位置，而以 Q 为系数的多项式中包含因式 t^2，故它与 $\gamma(0)$ 的位置及其切向量 $\gamma'(0)$ 无关(参见本章练习 22.1)，其他多项式均可类似理解，图 22-2 给出了这四个多项式的曲线图，从中不难看出同样的性质。

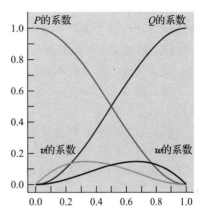

图 22-2　四个 Hermite 多项式的曲线图

上述例子体现了基函数构造方法的基本原理。根据 Hermite 基函数，如果想要改变曲线的起点位置，只需调整第一个多项式的系数，这种调整对起点的速度向量、终点位置及终点的速度向量毫无影响。相反，如果采用函数 $t\mapsto t^3$、$t\mapsto t^2$、$t\mapsto t$ 及 $t\mapsto 1$ 的线性组合来表示曲线，则改变起点位置需重新计算曲线式中的所有系数。因此，从这个意义上说，由 t 的各次幂组成的幂基函数并非这一问题基函数的正确选择，而 Hermite 基函数才是合适的。

通常，我们用小写希腊字母(常用 γ)命名参数曲线，参数一般用 t 表示。有时需同时给出两条不同曲线，这种情况下用 s 表示另一曲线的参数。

如所给问题的已知条件并不完全如上所述，比如起点参数 $t=a$，该时刻速度向量为 v，而直线运动始于时刻 $t=b$，其速度向量为 w，这种情况仍可用 Hermite 曲线求解。令 $c=b-a$，构造 Hermite 曲线 ζ 插值 P、Q、cv、cw，所求曲线 γ 可表示为

$$\gamma(t) = \zeta\left(\frac{t-a}{b-a}\right) \tag{22.3}$$

课内练习 22.2：验证公式(22.3)中 $\gamma(a)=P$，$\gamma(b)=Q$，$\gamma'(a)=v$ 且 $\gamma'(b)=w$。

这种变量替换可以推而广之，若某关于变量 t 的函数在区间$[0,1]$上具有很好的性质，则通过变量替换 $s=a+t(b-a)$ 或 $t=(s-a)/(b-a)$ 可将其转化为区间$[a,b]$上的关于变量 s 的函数。

Hermite 基函数均为三次多项式，可记为 $a_0+a_1t+a_2t^2+a_3t^3$，也可以改写为矩阵乘法的表示形式

$$a_0+a_1t+a_2t^2+a_3t^3 = \begin{bmatrix} a_0 & a_1 & a_2 & a_3 \end{bmatrix} \begin{bmatrix} 1 \\ t \\ t^2 \\ t^3 \end{bmatrix} \tag{22.4}$$

令 $\boldsymbol{t}(t)$ 表示由 t 的各幂次组成的向量，即 $\boldsymbol{t}(t)=\begin{bmatrix} 1 & t & t^2 & t^3 \end{bmatrix}^{\mathrm{T}}$，则

$$\gamma(t) = \begin{bmatrix} P;Q;v;w \end{bmatrix} \cdot \begin{bmatrix} 1 & 0 & -3 & 2 \\ 0 & 0 & 3 & -2 \\ 0 & 1 & -2 & 1 \\ 0 & 0 & -1 & 1 \end{bmatrix} \cdot \boldsymbol{t}(t) \tag{22.5}$$

第一个因子是一个矩阵，称为曲线的**几何矩阵**(geometry matrix)，记为 $\boldsymbol{G}$，其各列分别为 P、Q、v、w 的坐标(各列用分号隔开，下同)，中间的矩阵称为**基矩阵**(basis matrix)，

记为 $\boldsymbol{M}$，它包含了 Hermite 曲线表示的各多项式中 t 从低到高各次幂的对应系数，实际上上式给出了 Hermite 多项式从三次多项式基函数到 $\{1 \quad t \quad t^2 \quad t^3\}$ 幂基的转换。

课内练习 22.3：(a) 将 $\gamma(t)$ 的表达式中的第二个和第三个因子相乘，其结果为由四个多项式构成的列向量，验证它恰好是 Hermite 曲线表示中的各多项式。

(b) 若取 $\boldsymbol{t}$ 表示向量 $[t^3 \quad t^2 \quad t \quad 1]^\mathrm{T}$，应如何对 $\gamma(t)$ 的表达式中的第二个矩阵进行调整，使得该式仍然正确？

课内练习 22.4：假设 $\zeta(t) = (1-t)P + tQ$，试将 ζ 写成如公式 (22.5) 类似的矩阵形式。此时 $\boldsymbol{t}(t)$ 应取向量 $[1 \quad t]^\mathrm{T}$。

因此，Hermite 曲线可简记为：

$$\gamma(t) = \mathbf{GMT}(t) \tag{22.6}$$

后面将介绍的所有曲线都具有如式 (22.6) 的构造形式，即包含一个几何矩阵 $\boldsymbol{G}$（通常包括四个点而不是两个点和两个向量）、一个基矩阵 $\boldsymbol{M}$（列出各相关多项式的系数）和向量 $\boldsymbol{T}(t)$，不同类型曲线间的区别在于几何矩阵所含内容不同、基矩阵对应的多项式不同。

22.3.1 Bézier 曲线

本小节介绍第二种曲线类型：**Bézier 曲线**。它由四个点 $P_1，\cdots，P_4$ 确定，曲线起点为 P_1，终点为 P_4，曲线在起点处的方向向量为 $3(P_2-P_1)$，终点处的方向向量为 $3(P_4-P_3)$，如图 22-3 所示。

Bézier 曲线表示为

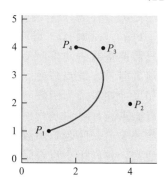

图 22-3　一条 Bézier 曲线图例，起点为 P_1，该点处切向量沿 P_1P_2 方向，终点为 P_4，该点处切向量沿 P_3P_4 方向

$$\gamma(t) = [P_1; P_2; P_3; P_4] \begin{bmatrix} 1 & -3 & 3 & -1 \\ 0 & 3 & -6 & 3 \\ 0 & 0 & 3 & -3 \\ 0 & 0 & 0 & 1 \end{bmatrix} \boldsymbol{T}(t) \tag{22.7}$$

式中几何矩阵包含的是四个点，基矩阵中的系数也与 Hermite 曲线不一样。

Bézier 表示看上去不如 Hermite 表示自然，与起点及终点切向量相比，P_2、P_3 的作用有一点模糊。但 Bézier 表示形式的优势在于它的几何矩阵的各分量均为点，因此改变一条 Bézier 曲线的形状只需简单地调整其控制顶点的位置，而对于 Hermite 曲线，则不得不仔细考虑调整首、末端点的位置与调整首、末端点处的方向向量有何不同，关于这一点可参见第 12 章。

课内练习 22.5：假设 P_2、P_3 均匀分布在 P_1 和 P_4 之间。

(a) 验证在这种情况下 $\boldsymbol{G}$ 可记为

$$\boldsymbol{G} = [P_1; P_4] \begin{bmatrix} 1 & \dfrac{2}{3} & \dfrac{1}{3} & 0 \\ 0 & \dfrac{1}{3} & \dfrac{2}{3} & 1 \end{bmatrix}$$

(b) 运用 (a) 中的结论验证此时 $\gamma(t)$ 可简化为 $(1-t)P_1 + tP_4$，即为从 P_1 到 P_4 的均匀直线运动轨迹。这一性质正是 Bézier 曲线定义中带有因子 3 的原因。

练习 22.2 表明两种曲线类型实质上非常相似，差别很小。

22.4　曲线拼接与 Catmull-Rom 样条

如图 22-4 所示，假设 P_0，P_1，$\cdots$，P_n 为点序列，$\boldsymbol{v}_0$，$\boldsymbol{v}_1$，$\cdots$，$\boldsymbol{v}_n$ 为与之关联的向量序列，现欲构造一条曲线 $\gamma:[1,n]\rightarrow\mathbf{R}^2$ 依次通过这些点，且在各点处的速度向量为给定的向量。当然，我们可以采用 Hermite 公式构造曲线 $\gamma_0:[0,1]\rightarrow\mathbf{R}^2$，起点为 P_0，终点为 P_1，且在起点及终点处的切向量为 $\boldsymbol{v}_0$、$\boldsymbol{v}_1$，然后构造 $\gamma_1:[0,1]\rightarrow\mathbf{R}^2$，其起点为 P_1，终点为 P_2，相应点处的切向量分别为 $\boldsymbol{v}_1$、$\boldsymbol{v}_2$，以此类推，可构造出 γ_3，$\cdots$，γ_{n-1}，则有

$$\gamma(t)=\begin{cases}\gamma_0(t) & 0\leqslant t\leqslant 1\\ \gamma_1(t-1) & 1\leqslant t\leqslant 2\\ \gamma_2(t-2) & 2\leqslant t\leqslant 3\\ \quad\vdots & \quad\vdots\\ \gamma_{n-1}(t-(n-1)) & n-1\leqslant t\leqslant n\end{cases} \tag{22.8}$$

由上述各段组合而成的曲线 γ（图 22-5）是一条连续可导的曲线，它通过给定的各点且在各点处的切向量取给定的值，组合曲线上各段 $t\mapsto\gamma_i(t-i)$ 称为**曲线段**（segment），整条曲线称为**样条**（spline），给定的点及向量就是常说的**控制数据**（control data），即用于控制曲线形状的输入数据。控制数据通常为一个点序列，称为**控制点**（control point）。

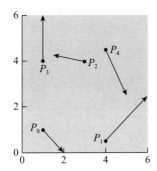

图 22-4　给定一个点序列及其对应的向量，构造一条曲线通过这些点，且取给定的向量为各点处的速度向量

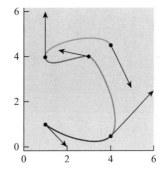

图 22-5　求解上述问题的由曲线段组合成的曲线

Catmull-Rom 样条是采用控制点定义曲线的例子，它是如下问题的解：给定点序列 P_0，P_1，$\cdots$，P_n，构造一条光滑曲线，在 $t=i$ 处通过第 i 个点，且具有这样的性质，当这些点均匀分布时，所得曲线恰好是插值首末端点的直线段。

其思想很简单，只需在每个点 P_i 处选取一个切向量，即可用前面的方法构造 Hermite 曲线。Catmull-Rom 方法根据该点的前一个控制点和后一个控制点的位置，取 $P_{i+1}-P_{i-1}$ 为曲线在点 P_i 处的切线方向，当然，为满足均匀分布条件，需适当调整该向量的模，调整后 P_i 处的切向量为 $\boldsymbol{v}_i=(P_{i+1}-P_{i-1})/3$，$i=1$，$\cdots$，$n-1$。

在端点 P_0 处该式不适用，因为控制点序列中 P_{-1} 不存在，为此假定 $\boldsymbol{v}_0=2(P_{-1}-P_0)/3$，这里，假定了一个关于 P_0 与 P_1 对称的虚拟控制点 P_{-1}，然后采用上述切向量计算公式计算得到，如图 22-6 所示。

类似地，可取端点 P_n 处的切向量为 $\boldsymbol{v}_n=2(P_n-$

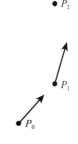

图 22-6　设置关于 P_0 与 P_1 对称的虚拟控制点 P_{-1}，定义 $\boldsymbol{v}_0=(P_1-P_{-1})/3$，$P_1$ 处的切向量与线段 P_0P_2 平行

$P_{n-1})/3$。基于网络资源中对相关内容的描述，我们将 Catmull-Rom 样条记为如下形式

$$\gamma(t) = \sum_{i=0}^{n} P_i b_{CR}(t-i) \tag{22.9}$$

其中 b_{CR} 为 Catmull-Rom 曲线，如图 22-7 所示，定义为

$$b_{CR}(t) = \begin{cases} \vdots \\ 0 & t < -2 \\ p_4(t+2) & -2 \leqslant t \leqslant -1 \\ p_3(t+1) & -1 \leqslant t \leqslant 0 \\ p_2(t) & 0 \leqslant t \leqslant 1 \\ p_1(t-1) & 1 \leqslant t \leqslant 2 \\ 0 & 2 < t \\ \vdots \end{cases} \tag{22.10}$$

其中

$$p_1(t) = \frac{1}{2}(-t^3 + 2t^2 - t)$$

$$p_2(t) = \frac{1}{2}(3t^3 - 5t^2 + 2)$$

$$p_3(t) = \frac{1}{2}(-3t^3 + 4t^2 + t)$$

$$p_4(t) = \frac{1}{2}(t^3 - t^2)$$

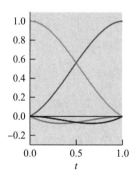

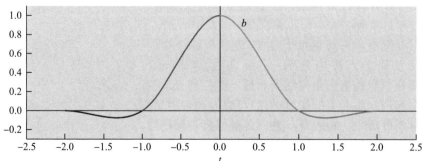

图 22-7　绘制在同一坐标系内的四个 Catmull-Rom 基函数（上图），经变换和组合得到定义在区间 $[-2,2]$ 上的函数 b_{CR}（下图）。b_{CR} 连续且 C^1 阶光滑，属 Catmull-Rom 样条。又 $b_{CR}(0) = 1$，且对所有其他整数 i 有 $b_{CR}(i) = 0$，因此 Catmull-Rom 样条是插值型的

式 (22.9) 中给出的 Catmull-Rom 曲线形式为研究 Catmull-Rom 样条的性质提供了方便。

注意，尽管该式看上去包含了 n 项，但对任意特定的 t 而言，其中最多有四项非零，这意味着容易编程实现 Catmull-Rom 样条上的点的快速计算。函数 b_{CR} 的值有时会取负值，这意味着式(22.9)中的和并不是控制点的凸组合，由控制点 P_0，…，P_n 构造的插值曲线可能位于其凸包之外，图 22-8 即为一个简单的例子。如果想要构造一条光滑的插值(inter-polating)曲线(该曲线严格通过而不仅仅是逼近控制点)，这种情况在所难免。

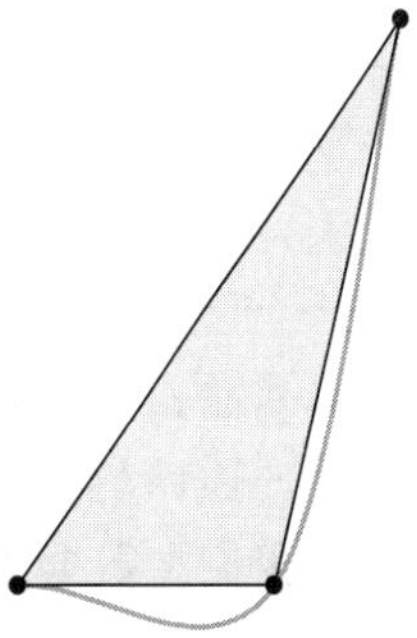

另外注意到，函数 b_{CR} 在大多数点处无限可微(因为它是多项式)，但在连接点处($x=-2$，-1，0，1，2)仅一阶可导。这在一些简单的造型应用中没问题，但如果要重构一条移动摄影车的路径，Catmull-Rom 样条却无法胜任，移动摄像车沿该样条构造的路径运动时会显得很不顺畅。

图 22-8　基于 3 个控制点生成的 Catmull-Rom 样条曲线几乎完全位于这 3 点的三角形凸包之外

22.4.1　Catmull-Rom 样条的推广

将问题一般化，给定 P_0，…，P_n 及参数序列 $t_0 < \cdots < t_n$，构造一条曲线 γ，使得对于 $i=0$，…，n，$\gamma(t_i)=P_i$，参数 t_i 称为**节点**(knot)，节点序列用字母 $T=t_0$，t_1，…，t_n 表示。图 22-9 给出了节点 $t=0$，1，3，4.3，3.8，5.5 的样条，控制点用红色小圆圈标出，黑色的较大圆点是设置的虚拟控制点，曲线上的 50 个绿色小点由节点区间 $[1,5.5]$ 均匀采样生成，它们沿曲线的分布反映了曲线的变化速率。

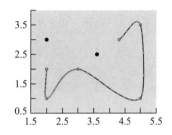

图 22-9　推广后的 Catmull-Rom 样条

基本 Catmull-Rom 样条的节点取 $t=0$，1，2，…，由于采用等距分布的整数节点，称之为**均匀**(uniform)样条。本节我们给出其推广形式，即**非均匀 Catmull-Rom 样条**(nonuniform Catmull-Rom spline)。

我们的问题是，对于给定的节点序列和控制点序列，如何构造其非均匀 Catmull-Rom 样条。为此，仍设置一个虚拟起始控制点 $P_{-1}=P_0-(P_1-P_0)$，另外在起始节点 t_0 前添加一个虚拟节点 $t_{-1}=t_0-(t_1-t_0)$，类似地，添加一个虚拟控制终点及终节点。样条的第 i 条曲线段定义于节点区间 $t\in[t_i, t_{i+1}]$，但同时也受节点 t_{i-1} 和 t_{i+2} 影响，其形状由点 P_{i-1}，P_i，P_{i+1}，P_{i+2} 控制。用于调节 P_{i-1}，P_i，P_{i+1}，P_{i+2} 各自影响的该曲线段的四个混合函数为 $t \mapsto p_{i,1}(T,t)$，$t \mapsto p_{i,2}(T,t)$，$t \mapsto p_{i,3}(T,t)$ 及 $t \mapsto p_{i,4}(T,t)$，具体表达式如下：

$$p_{i,1}(t)=\frac{-(t-t_i)(t-t_{i+1})^2}{(t_{i+1}-t_{i-1})(t_i-t_{i+1})^2} \tag{22.11}$$

$$p_{i,2}(t)=\frac{(t-t_{i+1})^2(t_i-t_{i+1}+2(t_i-t))}{(t_i-t_{i+1})^3}-\frac{(t-t_{i+1})(t_i-t)^2}{(t_{i+2}-t_i)(t_i-t_{i+1})^2} \tag{22.12}$$

$$p_{i,3}(t)=\frac{(t-t_i)^2(t_{i+1}-t_i+2(t_{i+1}-t))}{(t_{i+1}-t_i)^3}+\frac{(t-t_i)(t_{i+1}-t)^2}{(t_{i+1}-t_{i-1})(t_{i+1}-t_i)^2} \tag{22.13}$$

$$p_{i,4}(t)=\frac{(t-t_{i+1})(t-t_i)^2}{(t_{i+2}-t_i)(t_{i+1}-t_i)^2} \tag{22.14}$$

当 $t_i=i$ 时，以上各式的结果与上节给出的 Catmull-Rom 基函数一致。

以具体问题为例，给定平面内控制点及节点序列数据如下表所示，

i	t_i	P_i
0	1	$(1,3)$
1	1.2	$(2,3)$
2	1.7	$(3,4)$
3	2.5	$(3,6)$

现欲构造一条非均匀 Catmull-Rom 样条，并在多个参数值 t 处采样，以采样点构成的折线多边形来逼近该样条曲线。

首先，我们在数据表中添加两个虚拟控制点

i	t_i	P_i
-1	0.8	$(0,3)$
0	1	$(1,3)$
1	1.2	$(2,3)$
2	1.7	$(3,4)$
3	2.5	$(3,6)$
4	3.3	$(3,8)$

要计算特定的 t 值，比如 $t = 2.6$ 处曲线的值，先要确定其所属节点区间，注意 $t_3 \leqslant 2.6 \leqslant t_4$，即它处于第 i 段，这里 $i = 3$，因此具体需要计算 $p(3,1)(t)$，$\cdots$，$p(3,4)(t)$。

$$p(3,1)(t) = \frac{-(t-t_3)(t-t_4)^2}{(t_4-t_2)(t_3-t_4)^2} \tag{22.15}$$

因此

$$p(3,1)(2.6) = \frac{-0.1 \cdot 0.8^2}{1.6 \cdot (0.8)^2} \tag{22.16}$$

计算其他三个多项式时，表达式 $t-t_i$ 及 $t_{i+1}-t$ 将重复出现，为了提高程序效率，这些表达式只需计算一次并多次重用。

22.4.2 Catmull-Rom 样条的应用

若要实现一段运动物体的动画，使之对于 $i = \cdots$，在时刻 t_i 处于位置 P_i，则采用 Catmull-Rom 样条再合适不过。又若动画中有一物体，该物体受某参数控制，例如一转轮，其旋转运动为它在某些关键时刻所转的角度 R 所描述，比如说，$R(0) = 45$，$R(1) = 360$，$R(3) = 720$，现要确定该转轮在某中间时刻的 R 值，Catmull-Rom 样条自然也是合适的选择。但是，如果指定 $R(0) = R(1) = 0$，且 $R(3) = 90$，则在 $t = 0.5$ 时 Catmull-Rom 样条插值的结果将为负值，意味着转轮开始是反转的，之后再急速正向旋转，给人的感觉就是卡通动画里的那种运动，用它来模拟物理真实感的动画就不合适了。

22.5 三次 B 样条

三次 B 样条(还有线性、二次、四次 B 样条等，但三次 B 样条是最常用的)与 Catmull-Rom 样条类似，但二者又存在两个重要的差异：三次 B 样条是 C^2 连续的，即它的一阶和二阶导数都是连续函数；三次 B 样条不是插值型样条，它通常靠近但不通过控制点。

三次 B 样条有两种形式，即均匀和非均匀，我们首先介绍均匀 B 样条。控制顶点为 P_0，$\cdots$，P_n 的三次 B 样条的表达式为

$$\gamma(t) = \sum_{i=0}^{n} P_i b_3(t-i) \tag{22.17}$$

其中

$$b_3(t) = \begin{cases} \dfrac{1}{6}t^3 & 0 \leqslant t \leqslant 1 \\[2mm] \dfrac{1}{6}(-3(t-1)^3 + 3(t-1)^2 + 3(t-1) + 1) & 1 \leqslant t \leqslant 2 \\[2mm] \dfrac{1}{6}(3(t-2)^3 - 6(t-2)^2 + 4) & 2 \leqslant t \leqslant 3 \\[2mm] \dfrac{1}{6}(-(t-3)^3 + 3(t-3)^2 - 3(t-3) + 1) & 3 \leqslant t \leqslant 4 \\[2mm] 0 & \text{其他} \end{cases} \tag{22.18}$$

曲线 γ 的定义域为 $0 \leqslant t \leqslant n-2$。由于函数 b_3 的构造方式，当 $j \leqslant t \leqslant j+1$ 时，$\gamma(t)$ 落在由四个控制点 P_j，$\cdots$，P_{j+3} 形成的凸包内，即**凸包性**(convex hull property)。这一性质在光线与 B 样条曲线求交时十分有用，若光线与由四个连续控制点形成的凸包不相交，则与该四个控制点确定的 B 样条曲线段也不会相交。因此只有当光线与凸包有交时，才需进一步进行与曲线的求交计算，具体细节可参考相关的网络资源。

　　与 Bézier 曲线和 Hermite 曲线一样，B 样条曲线段也可以表示成矩阵形式，从而提高计算效率。回顾 Bézier 和 Hermite 曲线的矩阵表示为

$$\gamma(t) = \mathbf{GMT}(t) \tag{22.19}$$

其中 $\mathbf{T}(t)$ 为 t 的幂向量 $\begin{bmatrix} 1 & t & t^2 & t^3 \end{bmatrix}^{\mathrm{T}}$。由于一条 B 样条曲线由多个曲线段组成，它们分别定义在 $0 \leqslant t \leqslant 1$、$1 \leqslant t \leqslant 2$ 等各节点区间内，我们以 $\mathbf{T}(t-j)$ 替换式(22.19)中的 $\mathbf{T}(t)$，即取参数 t 的小数部分来定义第 j 个曲线段。

　　第 j 段曲线定义在 $j \leqslant t \leqslant j+1$ 区间，由控制点 P_j，$\cdots$，P_{j+3} 确定，其几何矩阵为

$$\mathbf{G}_B = \begin{bmatrix} P_j ; P_{j-1} ; P_{j-2} ; P_{j-3} \end{bmatrix} \tag{22.20}$$

对平面曲线而言，$\mathbf{G}_B$ 为 2×4 矩阵；对空间曲线而言，$\mathbf{G}_B$ 为 3×4 矩阵，各列为相应控制点的坐标。将 $\mathbf{G}_B$ 与 **B 样条基矩阵**(B-spline basis matrix)$\mathbf{M}_{\mathrm{Bs}}$：

$$\frac{1}{6}\begin{bmatrix} 0 & 0 & 0 & 1 \\ 1 & 3 & 3 & -3 \\ 4 & 0 & -6 & 3 \\ 1 & -3 & 3 & -1 \end{bmatrix} \tag{22.21}$$

相乘，则均匀 B 样条曲线表示为

$$\gamma(t) = \mathbf{G}_B \mathbf{M}_{\mathrm{BS}} \mathbf{T}(t-j) \tag{22.22}$$

这里 $j = \lfloor t \rfloor$，因而 $t-j$ 是 t 的小数部分。

　　虽然 B 样条曲线不能插值各控制点，但它具有较高阶的连续性，这使得其为许多应用所青睐。如何权衡曲线形状的可控性(是否插值其控制点)和曲线的连续性(光滑程度)，是一个必须根据具体的应用情况加以考虑的问题。

22.5.1　其他 B 样条

　　虽然 B 样条(以及其他三次或分段三次曲线表示)很受欢迎，但也有局限性，比如无法用有限个控制点构造的 B 样条曲线表示一个单位圆。而圆在机械制造等诸多应用中十分常见，因此这是一个严重的缺陷。

　　解决这一问题的方法是在 B 样条中引入一个额外坐标 w，即采用 $(x(t), y(t), w(t))$，用它来定义 $(x(t)/w(t), y(t)/w(t))$，所得到的曲线称为**有理 B 样条**(rational B-spline)。有了有理 B 样条,表示一个圆及其他圆锥曲线便毫无困难了。

均匀 B 样条应用比较方便。但如果已知的数据恰好是非均匀分布的(例如已知动画中运动的物体在时刻 $t=0$,1,2,10 的位置),在这种情况下,可采用 B 样条的推广形式:**非均匀 B 样条**(nonuniform B-spline)。它的有理形式,**非均匀有理 B 样条**(nonuniform rational B-spline),简称 NURB,是许多 CAD 系统中选用的工具。非均匀 B 样条的一个优势在于,可以通过重节点(比如节点 t_3 和 t_4 取相同值)来降低曲线在 t_3 处的连续阶,这样用户可以在原本平滑的曲线某些位置处设置尖点。关于如何采用重控制点及重节点技术来调整 NURBS 曲线外形的内容可参考相关的网络资源。

22.6 细分曲线

从第 4 章我们发现,不断细分多边形折线可以生成一条光滑的曲线。下面介绍一种特殊的具有良好性质的细分规则,新的多边形按如下方法从旧的多边形中产生:

- 采用边 $v_i v_{i+1}$ 的中点作为顶点,称之为 e_i(边点)。
- 用 $w_i = v_i/2 + e_i/4 + e_{i+1}/4$ 替换 $v_i (0<i<n)$。
- 构建新多边形 e_1,w_1,e_2,w_2,$\cdots$,e_{n-1}。

图 22-10 给出了一个按该规则细分若干层的例子,这里将规则推广至 $i=0$ 和 $i=n$,之后点的索引按 n 取模。其极限曲线为一条光滑曲线。图 22-11 显示了细分这种造型方法的优势:先用初始多边形勾勒出曲线的大致形状,细分几次后,移动某些控制点以生成局部形状细节,然后继续细分。

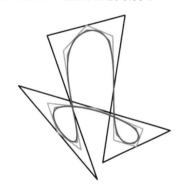

图 22-10　一个多边形(黑色)细分三次(彩色)后逼近一条光滑的极限曲线

图 22-11　左图中的黑色矩形勾勒出一张脸的大致轮廓,经过两次细分得到右图中的红色椭圆,往右移动其中三个控制点(黑色)构造鼻子的形状,进一步细分产生脸形轮廓的光滑曲线(深蓝色)

尽管细分方法很容易实现,但了解极限曲线的参数形式仍大有裨益。图 22-12 表明,如果对以$\cdots$,$(-2,0)$,$(-1,0)$,$(0,1)$,$(1,0)$,$(2,0)$,$\cdots$为顶点的多边形折线加以递归的细分,细分产生的曲线将迅速逼近式(22.18)中描述的 B 样条曲线 b_3,该曲线用红色实线在下方画出。线性代数的理论可以证明,细分曲线的极限正是三次 B 样条曲线,即细分是描述三次样条曲线的另一途径。

细分方法之所以重要(除了简单外),是由于它

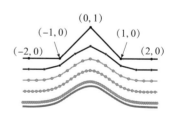

图 22-12　最上方为控制多边形,细分逼近三次 B 样条函数 b_3 的曲线图(红色),各层细分结果从上至下显示在图中

可以非常方便地推广到曲面情形，对此我们将在下一章中介绍。

22.7　讨论和延伸阅读

有关本章内容的网络资源中有对上述内容的更深层次的拓展，包括闭合型曲线（样条的起点和终点重合，在起、终点处具有相同的切向量，用于描述重复运动路径）等相关主题，还提供了相关文献的链接。

样条发展的起因之一是用相对简单的函数去逼近其他函数。自然地，这一思想导致将样条用于**压缩**（compression）：对一个密集的点序列，若其位于一条相对光滑的曲线上，则可用少量的控制点定义一样条曲线来逼近这条光滑曲线，从而生成原点序列数据的一个有损压缩表示。这实际上是对数据用拟合线段逼近思想的推广，但更强有力。

22.8　练习

22.1　式（22.1）中的四个 Hermite 多项式控制 Hermite 曲线的形状，

(a) 计算每个多项式的导数；

(b) 求 $t=0$ 及 $t=1$ 处的导数值；

(c) 解释仅 v 和 w 影响起点和终点处 Hermite 曲线的方向，而 P 和 Q 对曲线方向无影响。

22.2　确定一条 Hermite 曲线需要一个几何矩阵 $G_H = [P, Q, v, w]$，其中包括两个端点及端点处的切向量，确定一条 Bézier 曲线需要关于四个点的几何矩阵 $G_B = [P_1, P_2, P_3, P_4]$，它们都具有各自的基矩阵，不妨分别称为 M_H 及 M_B，

(a) 若选取

$$P_1 = P \qquad P_2 = P + \frac{1}{3}v \qquad P_3 = Q - \frac{1}{3}w \qquad P_4 = Q \qquad (22.23)$$

试证明此时由 P、Q、v、w 定义的 Hermite 曲线就是由 P_1、P_2、P_3、P_4 定义的 Bézier 曲线；

(b) 进一步证明上述情形可用矩阵形式描述为

$$G_B = G_H S \qquad (22.24)$$

$$= G_H \begin{bmatrix} 1 & 1 & 0 & 0 \\ 0 & 0 & 1 & 1 \\ 0 & \dfrac{1}{3} & 0 & 0 \\ 0 & 0 & -\dfrac{1}{3} & 1 \end{bmatrix} \qquad (22.25)$$

(c) 利用关系式 $G_B M_B = G_H M_H$ 及 (b) 中的结论，导出用 M_B 表示 M_H 的关系式。（若 A、C 均为四阶矩阵，$At(t) = Ct(t)$ 对任意 t 都成立，则 $A = C$。因向量 $t(0)$、$t(1)$、$t(2)$、$t(3)$ 线性无关，根据这一理论不难证明关于两个乘积的等式 $G_B M_B = G_H M_H$ 成立。）

22.3　在 Catmull-Rom 样条的讨论中，提到设置一个与 P_1 关于 P_0 对称的虚拟控制点 P_{-1}。

(a) 说明 P_{-1} 是由 $P_0 - (P_1 - P_0)$ 构造的，并简化之；

(b) 试证明若采用规则 $v_0 = (P_1 - P_{-1})/3$，则用 (a) 中的公式简化该规则得到 $v_0 = 2(P_1 - P_0)/3$。

22.4　在 Catmull-Rom 样条中，每个终点处都设置一个虚拟控制点，使得每个终点处的最后三个控制点对称。若重新设置 $P_{-1} = P_0$ 及 $P_{n+1} = P_n$ 会如何？结果样条将仍然插值所有原控制点，但当我们用样条来描述一个动点在时刻 t 处的位置时，将发现它在终点处的运动发生了变化，试分析它将发生什么变化。

22.5　试说明 Catmull-Rom 样条整体上不是 C^2 连续的，而在每一段上，显然它的二阶导数是线性函数（正如任意三次样条一样），试分析该线性函数在曲线段间未必连续。

样条曲面和细分曲面

23.1 引言

　　样条曲线和细分曲线可以推广到曲面，这就是样条曲面和细分曲面。本章首先介绍如何构造 Bézier 曲面片（Bézier patch），即一小片定义在参数域 $[0,1]\times[0,1]$ 上的曲面。对每个给定的 v_0，$u\mapsto S(u,v_0)$ 是一条 Bézier 曲线。同样对每个给定的 u_0，$v\mapsto S(u_0,v)$ 也是一条 Bézier 曲线（即 Bézier 曲面片在两个参数方向上均为 Bézier 曲线）。如同 Bézier 曲线可以拼接成更长的曲线，Bézier 曲面片也可以拼接成"缝合"曲面，当然各曲面片在边界和角点处的光滑拼接比曲线情形复杂得多。曲面拼接一般为网格形式，比如四个方形面片拼接于一个角点。关于样条曲面的生成，网络资源中有更详细的描述。

　　如果在拼接曲面时，其中含有三张或五张曲面片邻接于一个角点的情形，则拼接的连续性条件更为复杂，其外形也不容易控制。对这种情形，通常的解决办法是借助于**细分曲面**（subdivision surface），从一个任意的多边形网格出发，经过不断细分，最后收敛为一张光滑的曲面。本章给出的细分方法可取任意的多边形网格为初始网格，但经过一次细分后所有的网格面片都变成了四边形，经过反复细分后大多数网格顶点都变成了四个面的邻接点。顶点入度都为 4 的网格面片可以表示为等价的三次样条曲面，且在相邻面片邻接处保持 C^2 连续。但在那些顶点入度为 3、5 甚至 6 或更大的异常点处，曲面只具有 C^1 连续性，曲率不一定连续。更多的、进一步的细分方法及其实现可参见与本章内容相关的网络资源。

23.2 Bézier 曲面片

　　正如一条 Bézier 曲线可由 4 个有序控制顶点 P_1、P_2、P_3、P_4 定义，我们用 16 个顶点 $P_{i,j}$ 形成的网格来定义一张 Bézier **曲面片**，其中 i、j 取 1 到 4。记

$$b_i(t) = \binom{3}{i}(1-t)^i t^{3-i} \tag{23.1}$$

为第 i 个 Bézier 基函数，则由 P_{11}、P_{12}、P_{13}、P_{14} 定义的 Bézier 曲线为

$$\gamma(t) = \sum P_{1i} b_i(t) \tag{23.2}$$

该式中的下标"1"并非特指某一行，控制顶点网格中任意一行均可按该式定义一条 Bézier 曲线，同样，任意一列也是如此。若将两方向结合起来，便能构造一张参数化曲面：

$$S(u,v) = \sum_{i,j=1}^{4} b_i(u) P_{ij} b_j(v) \tag{23.3}$$

函数 S 定义在参数域 $0\leqslant u$，$v\leqslant 1$ 上。若固定 v 值，比如令 $v=0$，则得到

$$S(u,0) = \sum_{i,j=1}^{4} b_i(u) P_{ij} b_j(0) \tag{23.4}$$

由于 $b_j(0)=0$，$j=2$，3，4，且 $b_1(0)=1$，上式简化为

$$S(u,0) = \sum_{i=1}^{4} b_i(u) P_{i0} \qquad (23.5)$$

因此，当 u 从 0 到 1 变化时，$S(u,0)$ 的轨迹恰为一条由控制顶点 P_{i1}，$i=1,2,3,4$ 定义的 Bézier 曲线。类似地，$S(u,1)$ 为控制顶点序列 P_{i4} 定义的 Bézier 曲线。不难发现，$S(0,v)$ 及 $S(1,v)$ 分别为控制网格中另外两条边界上的控制顶点定义的 Bézier 曲线。

事实上，对任意固定的 v 值，不妨设为 v_0，$S(u,v_0)$ 均为 Bézier 曲线，如图 23-1 所示，S 定义的曲面即为一族 Bézier 曲线。对另一个参数方向同样如此，当固定 u 改变 v 时，也得到一族 Bézier 曲线。

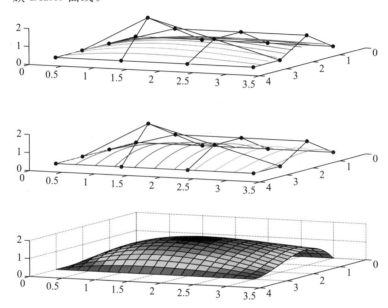

图 23-1　（上）在 Bézier 曲面片上选取若干参数值 s，$s \in [0,1]$，绘制出曲线族 $t \mapsto S(s,t)$；（中）同一曲面片上取若干参数值 t，绘制出曲线族 $s \mapsto S(s,t)$；（下）绘制该 Bézier 曲面，其高度值用颜色标识。上两幅图中均显示了控制网格 Q_{ij}（$0 \leqslant i,j \leqslant 3$）

Steven A. Coons 很早将样条曲面应用于计算机辅助几何设计。他研究了曲面的表示方法，可将多张曲面片沿着它们的边界粘接在一起且易于控制。1967 年，他撰写了一本关于几何设计的专著 [Coo67]，该书对这一领域后来的发展产生了深刻的影响。

计算机图形学领域的最高荣誉：表彰图形学杰出、创造性贡献的 Steven Anson Coons 奖，即以他的名字命名。

上述曲面片的形状为控制顶点 P_{ij} 的位置所控制。曲面片插值四个角点 P_{11}、P_{14}、P_{44} 及 P_{41}。位于控制网格边界上的其他顶点，如 P_{21}、P_{31}，则控制曲面片边界的形状。例如，曲面片在点 P_{11} 处的切平面包含了向量 $P_{21} - P_{11}$ 和向量 $P_{12} - P_{11}$，这两个向量的叉积即为曲面在 P_{11} 处的法向量。控制网格的四个内部控制顶点决定了曲面片中心区域的形状。它们对曲面片的边界线无影响，但影响曲面片在边界附近的走向。如果读者想验证上面所述，可以写一个小的交互程序，移动每个控制顶点以观察其对曲面形状的影响。

上述曲面片是由基函数的张量积构建的，且每个基函数均为三次，故称为**双三次张量积曲面片**（bicubic tensor product patch）。在式（23.3）所含表达式 $b_i(u) P_{ij} b_j(v)$ 中，如用

$c_i(u)$ 替换其中的 $b_i(u)$，取 c_i 为第 i 个 Hermite 曲线的基函数，或第 i 个 Catmull-Rom 样条基函数，或第 i 个 B 样条基函数，则可以得到不同类型的张量积曲面片。控制顶点对曲面片最终形状的影响取决于所采用的基函数类型，例如，可以在一个参数方向采用 Bézier 曲线，而另一个参数方向采用 Hermite 曲线，来构造一张曲面片。

通过拼接曲线段可得到更长的曲线，类似地，也可以拼接曲面片生成更大的曲面。我们可以尝试将两曲面片沿一条相邻的边界匹配。若为两 Bézier 曲面片，且其中一曲面片的最右侧一列控制顶点与另一曲面片最左侧一列的控制顶点匹配，则可以保证它们拼接起来（邻接边为同一条 Bézier 曲线），但不能保证拼接的光滑性。若要实现光滑拼接，在公共边界处不出现皱折，还需要相邻两列控制顶点满足进一步的约束条件。

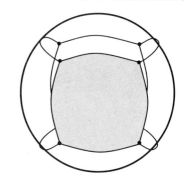

要将更多曲面片如网格般拼接起来，则需要满足一系列的约束条件。与本章内容相关的网络资源中介绍了一些方法。但如果遇到如图 23-2 所示的情况，有三张矩形曲面片在同一顶点处拼接，约束条件就很难设置了。解决办法有三：一是继续采用矩形曲面片，处理困难的约束条件；二是转向较为容易拼接的三角曲面片；三是类似于曲线情形，改用细分方法造型。下面我们简要讨论第三种方法。

图 23-2　由 6 个"矩形"面片拼成的球状气泡，每一顶点邻接三个面片

23.3　Catmull-Clark 细分曲面

细分曲面不需要从单个曲面片开始，再逐个拼接，而是直接从多边形网格出发，通过不断地更新网格来逼近一个通常光滑的极限曲面，从而使问题大大简化。

Catmull-Clark 细分方法［CC98，HKD93］常以 $\mathbf{R}^3$ 中的网格为初始网格（实际上细分过程适用于任意维网格），网格面的顶点并不要求共面，但如果顶点几乎共面，则可清晰地展示细分的过程，因此我们以这样的网格为例（参见图 23-3）。初始网格中的面可以是三角形、四边形、五边形等，但细分一层之后所有网格面都变为四边形，所以我们直接举四边形网格为例。

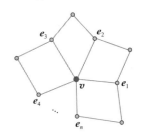

与细分曲线类似，我们以顶点 v 的**邻域**（neighborhood），即图结构中与 v 相连的顶点的集合，来描述细分曲面。

图 23-3　网络中顶点 v 与 n 条边邻接，e_1，e_2，…，e_n 为这些边的另一端点

细分的第一步是计算中心点 f_i'（第 i 个面各顶点的平均）。（我们约定，用带"'"的符号表示细分网格顶点，而不带"'"的符号表示细分前的网格顶点。）

接下来计算边点 e_i'，公式如下

$$e_i' = \frac{v + e_i + f_{i-1}' + f_{i+1}'}{4} \tag{23.6}$$

这里所有下标取模 n。

最后计算顶点 v 更新后的位置：

$$v' = \frac{n-2}{n}v + \frac{1}{n^2}\sum_i e_i + \frac{1}{n^2}\sum_i f_i' \tag{23.7}$$

新产生的顶点按图 23-4 所示方式连接起来。

细分后网格中面的个数接近细分前的四倍，因此几层细分后，会生成很大数量的面片。

课内练习 23.1：验证任何网格经过一次细分后，均变为四边形网格，且每一新生成的边点 e'_i 的入度均为 4。然后证明后续细分中产生的新面点其入度也是 4。

特别地，我们考察 $n=4$ 的情形（从前面的练习中可知这种情况是最常见的）。

此时，式(23.7)变为

$$v' = \frac{1}{2}v + \frac{1}{4}\frac{\sum_i e_i}{4} + \frac{1}{4}\frac{\sum f'_i}{4} \tag{23.8}$$

可看出，v' 是顶点 v、邻接边点的平均值以及相邻面点平均值的加权平均。这与曲线细分情形类似，曲线细分中新顶点位置也是老顶点及邻接边点平均值的加权平均。

图 23-5 是细分一层后该情形的示意图。

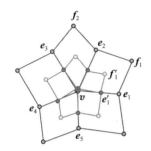

图 23-4　更新后的顶点与每个新边点连接，新　图 23-5　四边形网格中，从上一层细分中产生的面点
　　　　边点与相邻面的新面点连接(取 $n=5$)　　　　　　　是顶点 v 在每个四边形中的对角顶点

进而，我们可以在细分公式中去除 $\{f'_i\}$，将 v' 改写成 v、$\{e_i\}$ 及 $\{f_i\}$ 的加权和，这需要将

$$f'_i = \frac{v + e_i + e_{i+1} + f_i}{4} \tag{23.9}$$

代入式(23.8)得

$$v' = \frac{1}{2}v + \frac{1}{4}\frac{\sum_i e_i}{4} + \frac{1}{4}\frac{\sum f'_i}{4} \tag{23.10}$$

$$= \frac{1}{2}v + \frac{1}{4}\frac{\sum_i e_i}{4} + \frac{1}{4}\frac{\sum (v + e_i + e_{i+1} + f_i)/4}{4} \tag{23.11}$$

$$= \frac{1}{2}v + \frac{1}{4}\frac{\sum_i e_i}{4} + \frac{1}{4}\left[\frac{v}{4} + \frac{\sum_i e_i}{8} + \frac{\sum_i f_i}{16}\right] \tag{23.12}$$

$$= \frac{9}{16}v + \frac{3}{32}\sum_i e_i + \frac{1}{64}\sum f_i \tag{23.13}$$

e'_i 和 f'_i 可用细分前顶点表示为

$$e'_i = \frac{1}{16}[6v + 6e_i + e_{i-1} + e_{i+1} + f_{i-1} + f_i] \tag{23.14}$$

$$f'_i = \frac{1}{4}[v + e_i + e_{i+1} + f_i] \tag{23.15}$$

若将中心顶点 v、边点 e_1，e_2，e_3，e_4 及面点 f_1，$\cdots$，f_4 的坐标排成一个 9×3 的矩阵 $\boldsymbol{V}$，则式(23.13)可归纳为矩阵形式

$$\boldsymbol{V}' = \frac{1}{16} \begin{bmatrix} 9 & \frac{3}{2} & \frac{3}{2} & \frac{3}{2} & \frac{3}{2} & \frac{1}{4} & \frac{1}{4} & \frac{1}{4} & \frac{1}{4} \\ 6 & 6 & 1 & 0 & 1 & 1 & 0 & 0 & 1 \\ 6 & 1 & 6 & 1 & 0 & 1 & 1 & 0 & 0 \\ 6 & 0 & 1 & 6 & 1 & 0 & 1 & 1 & 0 \\ 6 & 1 & 0 & 1 & 6 & 0 & 0 & 1 & 1 \\ 4 & 4 & 4 & 0 & 0 & 4 & 0 & 0 & 0 \\ 4 & 0 & 4 & 4 & 0 & 0 & 4 & 0 & 0 \\ 4 & 0 & 0 & 4 & 4 & 0 & 0 & 4 & 0 \\ 4 & 4 & 0 & 0 & 4 & 0 & 0 & 0 & 4 \end{bmatrix} \boldsymbol{V} \tag{23.16}$$

更一般地，若顶点的入度为 n，则 $\boldsymbol{V}$ 中将包含 $2n+1$ 行，细分矩阵为 $(2n+1) \times (2n+1)$ 阶。令 $\boldsymbol{V}_n$ 表示入度为 n 的顶点的邻域坐标，则

$$\boldsymbol{V}_n' = \boldsymbol{S}_n \boldsymbol{V}_n \tag{23.17}$$

其中 $\boldsymbol{S}_n$ 是适当规模的矩阵。关于 Catmull-Clark 细分方法所有属性都可以通过研究矩阵 $\boldsymbol{S}$ 来获得，Halstead 等人在[HKD93]中对此作了详细的阐述。

下面举一个例子(读者可以自行推导)。取网格中某一顶点 v，经过不断细分后该顶点将逼近某点 v^{∞}(可通过观察 $\boldsymbol{S}$ 的幂来证明，具体证明参见关于本章内容的网络资源)，该极限点为

$$v^{\infty} = \frac{n^2 v' + 4 \sum_j e_j' + \sum_j f_1'}{n(n+5)} \tag{23.18}$$

其中带"'"的符号表示一层细分后的顶点(该式由观察 $\boldsymbol{S}$ 的特征向量得到)。注意这里的 v 不要求一定是原网格顶点。假如在三层细分后插入一个新的面点，我们也可以称其为顶点 v，找出它的相邻面点、边点，再用上述式计算其极限点。

容易观察出以下三点：

第一，对 x、y、z 方向，极限点表达式完全相同；实际上，该式适用于任意维空间，此时我们可以想象细分曲面只含一个坐标。

第二，若初始网格为 xy 平面内的整数点网格(即所有整数点均为网格顶点，沿水平及竖直方向单位长度的连接线段为边)，则一层细分后将产生对分的整数网格，二层细分后将产生四分的整数网格，依此类推。

第三，如果用 $(0,0,1)$ 取代上述整数网格中点 $(0,0,0)$，如图 23-6 所示，其极限曲面将非常简单。事实上，与细分曲线一样，可证明极限曲面重合于三次 B 样条基函数。特别地，若 (x,y,z) 在极限曲面上，则 $B(x,y)=z$，其

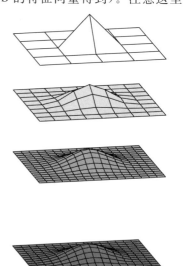

图 23-6 （上）向上移动整数点网格中的一点，构成初始网格；（中）第一层和第二层细分结果；（下）取初始网格为控制顶点的三次 B 样条基函数图像，可供比较

中 B 为基函数。

这意味着，至少在具有标准四边连接拓扑的网格区域，细分生成的极限曲面与以该网格为控制顶点定义的 B 样条曲面是一致的。而计算和绘制 B 样条曲面的代码随处可得，因此十分方便。但对于异常点（即顶点的入度不等于 4）附近区域，极限曲面则异于 B 样条曲面，只能通过不断细分来进行计算。Stam 在[Sta98]中详细讨论了异常点及其附近区域极限曲面的形状。

关于极限曲面上点的分析也讨论了如何计算这些点处的法向量[HKD93]，至少给出了非常一般位置处点的法向量算法。（正如 B 样条曲线尽管参数连续仍具有几何尖点一样，极限曲面也存在无法正常定义其法向量的点。）

由于极限曲面上点的位置和这些点处的曲面法向量都可以表示为一些邻域顶点的线性组合，因此可以将其视为"求解一网格的初始顶点位置，使得极限曲面通过这些顶点，且顶点处具有给定的法向量"问题。这是 Halstead 等讨论的核心问题。

细分生成的极限曲面一般是光滑的，但在异常点处不一定曲率连续（在这些点处曲率无定义或在其邻域内曲率不连续），但可以通过某种"手术"使之达到曲率连续，即抠除包含上述点及其邻域的一个小圆盘，代之以一张光滑曲面，但如何保证拼接处曲面的连续性仍是问题。一种方法是在该区域内将极限曲面和替代的光滑曲面混合，混合函数为一光滑函数，该函数以当前点到异常点的距离为参数，在拼接边界处取值为 0，在圆盘中心点处取值为 1，且在拼接边界及圆盘中心点处导数为 0。这种局部修复方法需要选择合适的圆盘半径以及用于混合的光滑曲面，其实用效果还不错[Lev06]。Loop 和 Schaeffer[LS08]提出了另一种方法，该方法采用近似的 Catmull-Clark 细分曲面或 Loop 和 Schaeffer[LS08]提出的 ACC 曲面，使曲面在异常点处呈现出更好的光滑性，但不改变在这些点处的几何表示。他们为每个待细分的网格四边形建立一个双三次曲面片 $(u,v) \mapsto S(u,v)$，表示其极限曲面，并构建两个相关的函数 $t_u(u,v)$ 及 $t_v(u,v)$，其中 $t_u(u,v)$ 为 S 在 (u,v) 处沿 u 方向切向量的近似值，即 $\partial S(u,v)/\partial u$，$t_v$ 类似。这些切向量近似函数可生成整张曲面上连续变化的近似法向量，采用这样的近似法向量进行绘制可以使极限曲面显得光滑。

23.4　细分曲面造型

在 Catmull-Clark 曲面的讨论中，已经提到通过构建细分曲面来拟合顶点和法向量的问题。但如果你脑海里已有一个形状，想要构建它的模型，则没有现成的点和法向量的数据可用。方法之一是先根据该形状制作一个具体的模型，对其进行扫描然后拟合出曲面，这种方法已为许多产品设计室采用。另一种可选方法是直接用细分曲面造型。

典型的造型过程是用户先构建一个粗的网格，使之符合其脑海中的大致形状，然后细分该网格，根据需要调整某些顶点的位置。通常，细分过程将使新生成的网格逐步逼近用户期望的形状，可通过调整新一轮的顶点来增加细节。继续细分一层，用户增加更多细节，等等，直至细分到某一层得到满意的曲面形状，便可以计算极限曲面了（或者再多细分几层产生足够光滑的网格曲面）。

在细分一层后再调整顶点的位置是允许的，因为生成的新网格仍然是符合细分算法要求的输入网格。实际上，还可以做更多调整，包括对网格的拓扑进行编辑、如在某一层添加一个洞等。这样，造型过程就需要记录原始顶点位置和在每一层的编辑操作。如果在执行第三层细分中，需将几个顶点往同一方向移动，而在第二层的编辑也可以实现同样或大致相同的效果，则重写网格表示，在第二层添加该编辑操作，减少在第三层的编辑，会使造型过程的表示更为简洁。

上述编辑方法的优势在于用户可以在不同层次的细分网格间浏览，在较低层进行形状细节的编辑，然后返回上层进行较宏观的编辑。但这样也会产生一个问题，在低层添加的细节经上层编辑后其效果可能发生了变化。例如在一张人脸模型中，鼻子朝 x 轴方向，但如果在上层编辑时让人脸在 xy 平面内旋转 $90°$，则低层的编辑将导致鼻子被拖到脸的侧面，而不是居中。因此低层编辑必须在上层细分一致的坐标系内进行，这样鼻子将描述为沿人脸正面的法向，而不是沿 x 轴线方向。这种多尺度编辑在 Cohen 等人的文章 [MCCH99] 中有介绍。Zorin 等人 [ZSS97] 对多尺度编辑表示进行了凝练，并给出了其他多尺度编辑方法。

23.5 讨论和延伸阅读

与前一章一样，相关网络资源包含了对本章内容更详细的介绍，以及相关文献的链接。样条与细分曲面是当前大多数 CAD 系统的核心造型工具，CAD 很早以前就从计算机图形学中分离出来，形成了自己的学科领域，读者可以查阅 CAD 入门教程以了解它的主要内容（包括一些稍显复杂的内容索引模式），Loop 的硕士论文 [Loo87] 中也有概述。尽管图形学与 CAD 已成为两个不同的领域，但二者的发展始终是相辅相成的。

形状的隐式表示

24.1 引言

隐函数是形状定义的一种方法，第 7 章和第 14 章曾就此对隐函数进行了介绍。隐式定义的形状，如 $x^2 + y^2 = 1$ 定义的圆、$x^2 + y^2 + z^2 = 1$ 定义的球或由 $F(P) = c$ 方程（式中 F 为某种复杂函数）定义的更为一般的形状，在图形学中有许多作用。首先，对于很大一类隐函数，计算光线与由这类函数定义的曲面的交点相当简便。其次，在仿真中采用隐式方法表示诸如"水和空气之间的边界"一类的曲面更为方便，因为对采用隐式方法定义的曲面来说，改变其拓扑非常简单（通过改变 F 或者 c），而参数曲面却一般很难做到。再次，在许多应用中，我们会遇到一些定义在网格点上的数据（例如，核反应堆中每个点的温度，脑部 CAT 扫描中每个点的体密度），并希望对这些数据进行可视化；通常，观察与这些数据保持一致的函数的等值面（函数取特定值的所有点的集合）可以帮助我们理解数据。本章将介绍隐式曲线和曲面，并讨论如何将它们用于形状建模、光线跟踪和动画，以及如何将它们转换成多边形网格。

隐式表示的主要优点是：形状的整体光滑性、造型的简单性、拓扑可随时间变化的灵活性以及精确计算曲面法向和其他几何属性的能力（在多边形表面上很难估算这些属性）。其缺点是：将隐式表示的形状转换成多边形网格的代价很大，并且其隐式表示多拓扑的能力使得我们很难控制由隐式方法定义的形状的拓扑。

24.2 隐式曲线

第 7 章讨论了描述平面直线的两种方法：参数形式（写成 $P + t\boldsymbol{d}$，$t \in \mathbf{R}$）或隐式形式（如方程式 $Ax + By + C = 0$，其中 A 和 B 不全为 0；或向量形式 $(X - P) \cdot \boldsymbol{n} = 0$，其中 $\boldsymbol{n}$ 是平面上的一个非零向量，P 是直线上一点，满足这一等式的点 X 的集合构成了包含点 P 且垂直于向量 $\boldsymbol{n}$ 的直线）。此外，我们发现，非常容易计算参数直线和隐式直线的交点。同样，在三维空间中我们可以隐式地定义一个平面，当直线表示成参数形式而平面为隐式表示时，计算直线与平面的交点是最简单的。

我们进一步讨论比平面直线更一般的隐式曲线，譬如由 $x^2 + y^2 = 1$ 定义的圆，或者更一般的曲线（参见图 24-1）。更一般地，如果有一个平面上定义的任意函数 $z = F(x, y)$[⊖]，假设它对应于在某一丘陵地区每个位置 (x, y) 处地表的高度，则称由 $F(x, y) = c$ 定义的点集为**等高线**，这也是一个函数**水平集**（level set）的例子（意指它们为 F 曲线上位于同一水平面上的所有点）。水平集有时也被称作 F 的**等值曲线**。数学课本上在讨论水平集时常常只考虑 $c = 0$ 的情形，这是因为如果将函数 G 定义为

$$G(x, y) = F(x, y) - c \tag{24.1}$$

⊖ 遵循数学惯例，即 xy 平面是水平的，z 轴沿垂直方向，因为 xy 平面是目前最关心的。如果遵循图形学的惯例，则必须采用公式 $x^2 + z^2 = 1$ 而不是公式 $x^2 + y^2 = 1$ 来描述圆。不过，既然我们对 xy 公式十分熟悉，故还是选择 xy 轴来描述。

$F(x,y)=c$ 的水平集就是 $G(x,y)=0$ 的水平集(所以有时你会遇到术语**零集**而不是"水平集")。

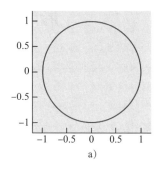 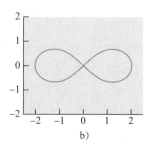

图 24-1　平面中的两条隐式曲线。a) 由 $x^2+y^2=1$ 定义的圆。b) 由 $(x^2+y^2)^2=2c(x^2-y^2)$ 定义的**伯努利双纽线**(leminiscate of Beroulli),改变 c 值可以调整在 "8" 字中心交叉的曲线的角度

　　因为该曲线上的点是间接定义的(只能通过函数 F 来判定一个点是否在曲线上),所以也称这类曲线为**隐式曲线**。如果 F 的表达式足够复杂,甚至会弄不清楚由 $F(x,y)=c$ 定义的水平集是否为空。

　　目前已经讨论的曲线有直线、圆和双纽线,前两种隐式曲线非常平滑,但第三种曲线存在自交。它们之间的区别在于定义它们的函数的性质。一般来说,如果 C 为水平集 $F(x,y)=c$,那么,如果在 C 上的每一点 P,梯度 $\nabla F(P)$ 非零,那么 C 由不相交的简单闭合曲线构成。

　　就直线而言,函数 $F_L(x,y)=Ax+By+C$ 的梯度为 $\nabla F_L(x,y)=\begin{bmatrix}A\\B\end{bmatrix}$,且处处非零。

对于圆,函数 $F_C(x,y)=x^2+y^2$ 的梯度为 $\begin{bmatrix}2x\\2y\end{bmatrix}$,只有在 $(x,y)=(0,0)$ 时梯度为零,且这一点并不在圆上。但是对于双纽线[⊖],

$$F_B(x,y)=(x^2+y^2)^2-2c(x^2-y^2) \tag{24.2}$$

其梯度为

$$\nabla F_B(x,y)=\begin{bmatrix}4x(x^2+y^2)-4cx\\4y(x^2+y^2)+2cy\end{bmatrix} \tag{24.3}$$

在 $(x,y)=(0,0)$ 时,梯度为零向量。在梯度为零处隐式曲线可能存在奇点(自交、尖点、相切)。不过这并非充要条件。例如,圆也可以采用如下方程定义:

$$F(x,y)=((x^2+y^2)-1)^2=0 \tag{24.4}$$

其中,圆上每一点的梯度均为零。简言之,梯度非零处曲线一定光滑,但曲线光滑并不能表明梯度的任何性质。

　　前面的例子也说明定义一条隐式曲线的函数并不唯一:同一条曲线可以由很多函数来定义。这是隐式表示的另一个缺点。

　　梯度为零的情形有多常见呢?稍加讨论就能发现这是非常常见的。如果将梯度的第一项设置为零,就会得到关于两个变量的一个方程(定义一条平面曲线);如果将梯度的第二项也设置为零(定义平面上的第二条曲线),这时我们就有关于两个变量的两个方程。如果它们均为线性方程,通常会有一个解;但它们可能是非线性的,所以只能说有希望找到两个方程的

　　⊖　下标 B 是指伯努利。

孤立解（即两条曲线的交点）。如果随机选择一个水平值 c，当然不能指望 $F(x,y)=c$ 会包含梯度为 0 的点，但是如果改变 c 值，那么对某些 c 值，其水平集将有可能包含一个梯度为零的点。这可以采用物理类比法来理解，如图 24-2 所示。如果将函数视为在起伏的海平面上（或之下）的地表高度，当海平面高度为 c 时，c 对应的水平集就是海岸线。随着潮水上涨，c 值在变化，海岸线的形状也在变化。例如，潮水上涨时，两个相邻的海岛可能会被分隔开（此时水平集由两条闭合曲线构成——两个海岛各自的海岸线）；随着潮水的下降，海岛可能通过地峡连起来，所以在低潮时，海岸线为一条长的曲线。对于某个 c 值，水平集由两条曲线变为一条曲线；在两条曲线的连接处，梯度为零。

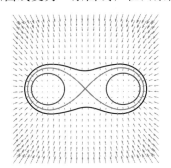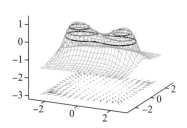

图 24-2　两座海岛的地形图和侧视图。在高潮时（两条接近于圆的红色曲线），海岛分离开，海岸线有两部分；在低潮时（大的紫色曲线），海岛通过地峡相连，海岸线为一条单一的曲线；在中潮时（绿色的 8 字形曲线），海岸线有一个奇点，此处高度函数梯度为零。在两幅图中，淡灰色箭头是隐函数梯度按比例缩小的版本

　　隐式曲线的梯度非零时有一个重要的功能：它总是指向曲线法向量的方向。（这一点以及在梯度非零处曲线保持平滑均为隐函数定理［Spi65］的推论。）可以从单位圆的例子中看到这一点：在点 (x,y) 处，梯度为 $\begin{bmatrix} 2x \\ 2y \end{bmatrix}$，这确实与该点处的法向量 $\begin{bmatrix} x \\ y \end{bmatrix}$ 平行。

　　对于函数 $F(x,y)=1+x^3-y^2$，从其水平集 $F(x,y)=1$ 梯度为零的情形同样可发现另一类问题，如图 24-3 所示。在点 $(x,y)=(0,0)$ 处，水平集有一个尖端，而邻近的曲线是完全平滑的。

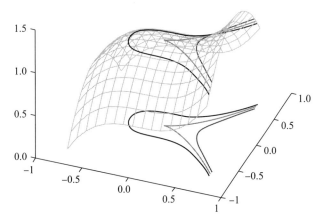

图 24-3　$F(x,y)=1+x^3-y^2$ 的图以及对应 $c=0.95$、1 和 1.05 的水平线。$c=1$ 的水平线在原点有一个尖点，此处梯度为零。这个例子表明水平集的拓扑在梯度为零处不一定改变

24.3 隐式曲面

上一节中的概念全部可以通过类似的方式推广到三维空间：如果有一个定义在三维空间中的函数 $w = F(x, y, z)$（例如房间里每个点的温度），就能找到 F 值为 c 的点集：

$$\{(x, y, z) : F(x, y, z) = c\} \tag{24.5}$$

一般而言，这是三维空间的平滑曲面。作为一个具体的例子，如果函数 F 定义为：

$$F(x, y, z) = x^2 + y^2 + z^2 \tag{24.6}$$

那么 $c=1$ 的水平集是三维空间的单位球面，如图 24-4 所示。（在三维空间，水平集有时称作**等值面**（isosurface）或**水平面**（level surface）。）

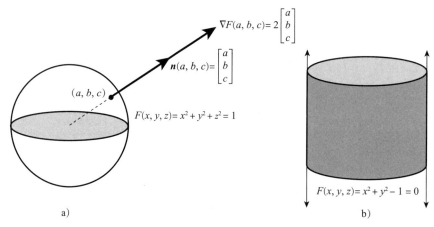

图 24-4　a) 球面被定义为隐函数 $F(x, y, z) = x^2 + y^2 + z^2 - 1$ 的零集，球上一点 $P = (x, y, z)$ 的梯度与原点到 P 点的射线平行，因此平行于球在 P 点的法向量。b) 圆柱面可由 $x^2 + y^2 = 1$ 隐式定义

如同二维情形，如果 $P = (x, y, z)$ 是某个水平面上的点，那么梯度 $\nabla F(x, y, z)$ 与 P 点的表面法向量平行。如果水平面上每一点的梯度都不为零，那么表面一定是光滑的。另一方面，如果水平面上某一点的梯度为零，那么该点可能为表面的自交点，或为表面拐角点，或者是一个尖点。

同样，如同曲线情形，一个随机选择的光滑函数 F 的等值面不太可能包含任何梯度为零的点，但是如果不断改变水平值（或者函数 F），那么很有可能遇到一些梯度为零的点。

最后，由点 P 和方向 $\boldsymbol{d}$ 定义的射线与由 $F = c$ 定义的隐式曲面的交点可通过求解 $F(P + t\boldsymbol{d}) = c$ 来计算（如图 24-5 所示）。

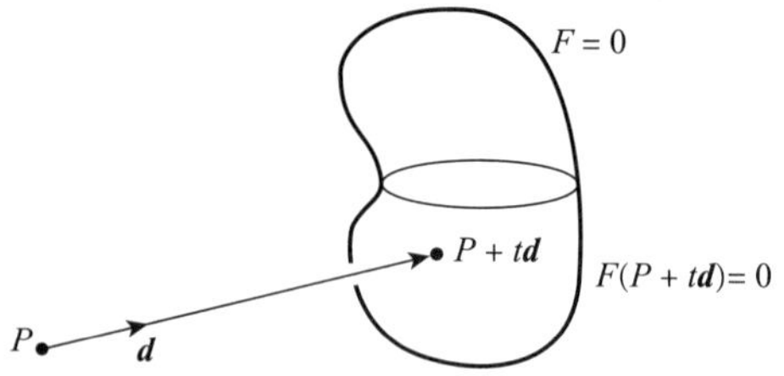

图 24-5　一条射线（由点 P 和方向 $\boldsymbol{d}$ 定义）和 $F(x, y, z) = c$ 定义的隐式曲面的交点必定位于点 $Q = P + t\boldsymbol{d}$（t 为某个值）处，且满足 $F(Q) = 0$。为了找到交点，可求解满足 $F(P + t\boldsymbol{d}) = c$ 的 t 值，交点即为 $P + t\boldsymbol{d}$

以曲面 $F(x, y, z) = x^2 + y^2 + z^2$ 为例，考虑 $P = (-2, 0, 0)$ 和 $\boldsymbol{d} = (1, 1/3, 0)$ 的射线与水平集 $F = 1$（单位球面）的交点。需求解

$$F(P + t\boldsymbol{d}) = 1 \tag{24.7}$$

即

$$F(-2 + t, t/3, 0) = 1 \tag{24.8}$$

代入曲面方程 F，可得

$$(-2+t)^2 + (t/3)^2 + 0^2 = 1 \qquad (24.9)$$

这是一个关于 t 的一元二次方程，整理后可得

$$10t^2 - 36t + 27 = 0 \qquad (24.10)$$

它的解是

$$t = \frac{36 \pm \sqrt{36^2 - 4 \cdot 10 \cdot 27}}{2 \cdot 10} \approx 1.065, 2.535 \qquad (24.11)$$

对应球面上的点：

$$Q_1 \approx (-0.935, 0.355, 0), \quad Q_2 \approx (0.535, 0.850, 0) \qquad (24.12)$$

课内练习 24.1：刚才计算的交点取决于 P 的坐标 (P_x, P_y, P_z) 和 $\boldsymbol{d}$ 的坐标（方向分量）(d_x, d_y, d_z)。试采用这些坐标而不是特定的值表示交点并给出交点存在的条件。

有了上面所述的关于隐式曲线和曲面的概述，下面进一步讨论隐函数的常用表示方法。

24.4 表示隐函数

上节例子中的隐函数是显式的多项式，但若我们想要用隐式曲面对特定形状进行建模，这样的方法并不切实际。试问，哪一个三变量多项式函数的水平集具有海豚的形状？找到这样一个多项式的次数和系数几乎是不可能的。

隐函数也可用**采样点**(sample)表示，通常为固定网格点处的函数值（如平面或三维空间的整数网格点。这种表示方法源于收集科学实验或测量中规则分布的数据）。当然，整数点的函数值并不能告诉我们该函数在非整数点处的值。显然，在任意一对整数点之间，函数可以取任意值。不过，如果采样点分布非常密集，可以合理地假设位于它们之间任一点的函数值"不会出现戏剧性的突变"。因此，作为一个例子，可假设采样点之间的函数值由采样点值的线性组合决定（就像第 9 章中基于多边形网格点的相关值，来定义它们在整个网格上的函数）。如果考虑平面情形，例如一个多边形网格（每个多边形均为正方形），顶点的值已知，即可以通过插值给出正方形内部的点。不过这里第 9 章的方法用不上，因为那里均假设网格由三角形组成。

24.4.1 插值方法

有几种方法可以将定义在平面整数网格上的函数扩展到定义在整个平面上的函数。

24.4.1.1 转换成三角形

将正方形网格转换成三角形网格的第一个方法是：每个正方形增加一条对角线，如图 24-6a 所示。但因为对角线有两种选择（没有特别的理由应对每个正方形做同样的选择），所以这种方法似乎不能令人满意，不过，对于精细采样的数据，这一方法还是适用的。另一方法是，如图 24-6b 所示，在正方形中心增加一个点，将每个正方形分成 4 个三角形。中心点的值取四个角点处值的平均，然后就能使用第 9 章的方法进行插值。

24.4.1.2 双线性插值

一种不同的方法是认为沿着正方形每条边的插值应该是线性的。据此，可以在网格上取一个正方形，如图 24-7 所示，通过线性插值确定正方形内一点 (x, y) 的值。具体方法是，首先沿着一对平行边进行线性插值，得到 P 点的值 $v_P = (1-x)v_A + xv_B$ 和 Q 点的值 $v_Q = (1-x)v_C + xv_D$，然后在 PQ 之间做线性插值，得到 $(1-y)v_P + yv_Q$，作为单位正方形内

一点$(x，y)$的值。（对于任何其他正方形，需要使用 x 和 y 坐标的小数部分来代替 x 和 y。）

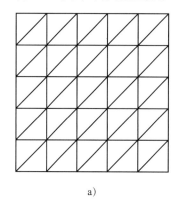

a)

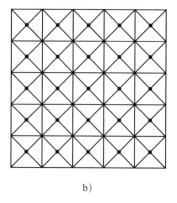

b)

图 24-6　a）由平面上整数网格点定义的正方形网格，通过在每个正方形中划一条对角线，可以将其转换
　　　　成三角形网格。b）也可以用一种更对称的方式进行，通过在每个正方形的中心添加一个顶点
　　　　（如小圆点所示），将正方形划分成 4 个三角形

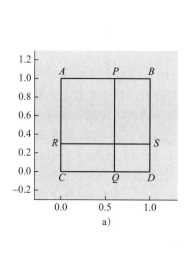

a)

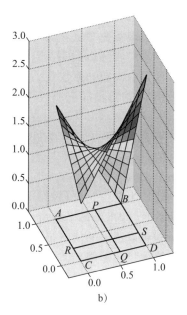

b)

图 24-7　a）已知函数在点 $A=(0,0)$、$B=(1,0)$、$C=(0,1)$ 和 $D=(1,1)$ 处的值分别为 v_A、v_B、v_C 和
　　　　v_D，可以通过如下方法计算单位正方形内点(x,y)处的值。首先分别对 AB 和 CD 进行线性插
　　　　值得到点 P 和 Q，再插值 PQ；或者，分别线性插值 AC 和 BC 得到 R 和 S，再插值 RS。这两
　　　　种情况的结果都是$(1-x)(1-y)v_A+x(1-y)v_B+(1-x)yv_C+xyv_D$。b）当 $v_A=1$，$v_B=3$，v_C
　　　　$=2$，$v_D=0$ 时的结果图。注意 x 和 y 为常数时的截面是线性的

最后得到

$$v = (1-x)(1-y)v_A + x(1-y)v_B + (1-x)yv_C + xyv_D \qquad (24.13)$$

作为单位正方形内一点(x,y)的值。因为混合函数在 x 和 y 上都是双线性的，所以这一方
法被称作**双线性插值**（bilinear interpolation）。

24.4.2　样条曲线

　　双线性插值可看作采用某种多项式对四个角点处的值进行调和，这表明采用任意一个插值样条函数都同样有效，事实也确实如此：如果有任意一个函数 h，在 $-1\leqslant x,\ y\leqslant 1$ 非负，其他各处为 0，在 $(0,0)$ 处为 1，那么，可以定义一个函数

$$F(x,y) = \sum_{i,j} v(i,j)h(x-i,y-j) \tag{24.14}$$

在各个整数点 (i,j) 取已知的值 $v(i,j)$。此外，如果函数 h 有这样一个性质，即当所有 $v(i,j)$ 的值为 1 时，F 值各处是 1，那么，$F(x,y)$ 值通常位于已知四个角点的最小值和最大值之间。下面是这种函数的例子：

- 单位正方形 $-1/2<x,\ y<1/2$ 的包围盒函数。
- 双线性基函数。

如果弱化 $h(0,0)=1$ 这个条件，那么像双三次 B 样条基函数之类的其他函数也是可用的。

其至可以选择更一般的函数来扮演 h 的角色，核心思想其实很简单：h 表示的是每个顶点的值对周围点的函数值的影响是如何随着距离增大而减弱的。实际上，它表示了我们在使用采样点来表示隐函数时所秉持的某种理念。

24.4.3　数学模型及采样隐式表示

如前几节所示，我们给出了整数网格上的函数采样点，但对"这些采样点来自什么函数"并无单一的答案。既然对此问题没有答案，也就无法回答"这些采样点定义了什么样的隐式曲线（或曲面）"。对于收集的实验数据应选择什么样的函数，我们几乎毫无了解，但有一点是明确的：如果在网格单元内函数值的变化非常大，以至于难以采用网格单元角点处的值来刻画这个变化，那么任何插值和水平集求解都会给出错误的答案。因此，通常会假定所采样的函数的带宽是有限的（即它的傅里叶变换所包含的频率不会高于指定频率 ω），同时采样间距足够稠密以确保能够从这些采样中精确重建出该函数。的确，如果采样稠密程度是该函数重建所需采样密度的两倍，那么简单的线性插值就可以很好地逼近该函数（参见第 18 章）。不幸的是，对逼近真值函数 F_0 的近似函数 F，即使 F 在每个采样点的值都非常接近 F_0，仍不能保证 F 的水平集与 F_0 对应的水平集相似。为了理解这一点，考虑一个坡度平缓的海滩。非常小的潮汐水位变化就能导致海岸线的剧烈变化；或者说，只要海滩形状稍有不同就会形成截然不同的海岸线。因此，F 和 F_0 的等值面本来就无须非常相似。

这个明显的矛盾——定义的函数相似，但其隐式曲线或曲面却不同——可以通过比例缩放部分解决：如果仅考虑函数 F 和水平集 $F=c$（水平集每一点的梯度的幅度至少为 1），那么用一个足够小的量 δ 轻微地调节 F 的值，即可导致水平面移动 $O(\delta)$。对于获取的数据，要保证梯度的这条性质是不现实的。而对我们自行构建的隐式函数来说，则是可行的。但是，如果我们关注的是隐函数随水平值变化而改变拓扑的隐式表达能力，那么从拓扑-改变这一层看，必须有一个梯度为零的点（以使它违反梯度大于 1 的假设）。简言之，水平集曲线（或曲面）的相似性虽然有可能保证某些类型的隐式函数的正确性，但在实践中，这个假设可能是无法实施或不切实际的。

24.5　隐式函数的其他表示

隐式曲面有时被称为"滴状曲面"（blob），因为使用如 $F(x,y,z)=x^2+y^2+z^2$ 这样的函数很容易创建小的滴状曲面。的确，将径向对称的函数平移到不同的点然后叠加，可以创建多个滴状曲面。设 $z=f(r)$ 是一个随着 r 快速递减的函数且 $f(0)=1$，我们可以定

义函数

$$F(P) = \sum_i f(\|P - P_i\|) \tag{24.15}$$

该函数在点 P_i 或其附近取极大值(假设各 P_i 相距足够远),它在 $c=0.9$ 处的水平集将由在 P_i 周围近似球形的滴状曲面组成。如果位于 P_i 的两个滴状曲面非常接近,那么相应的滴状曲面将融合成一个更大的滴状曲面,这一想法即为采用隐式函数进行形状建模的基础:通过仔细地选择点 P_i,可以用滴状曲面的和来构建形状。这种建模方法在文献[BW90,WGG99]中已经做了透彻的讨论;Bloomenthal 的书[BW97b]提供了很多细节。Wyvill[WMW86]等则开发了一种方法,以一种可预测的方式实现了滴状曲面的融合。该方法的关键是找到一个函数 f,当滴状曲面融合时,合成的滴状曲面的体积大致为各个滴状曲面体积之和。

如果我们在考虑隐式函数 F 时,不是通过 $F=0$ 来定义一个曲面,而是采用它来定义一个体(即 $F(P) \geq 0$ 的所有点),则还可以考虑对它做进一步的运算。例如,如果 F 和 G 都定义形状,则可将 $\max(F,G)$ 定义为形状的并集(只要两个函数之一为正,$\max$ 即为正),而将 $\min(F,G)$ 定义为它们的交集。令人遗憾的是,即使 F 和 G 是平滑的,函数 $\max(F,G)$ 也不一定是平滑的。由于平滑度是保证隐式曲面运算结果质量的重要指标,所以这些函数有时由其平滑逼近来代替;通过平滑逼近,可得到形状并集和交集的近似结果。由单个函数定义的简单形状开始,使用诸如平移、旋转、并集平滑、交集平滑等运算对它们进行组合,就能构建出相当复杂的形状的隐式表示(如图 24-8 所示)。Wyvill[BEG98]详细描述了这种**滴状曲面树**(blob tree)方法。

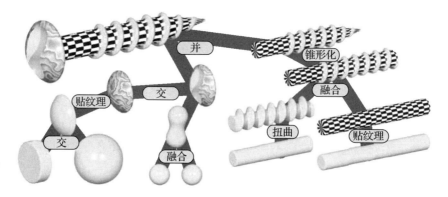

图 24-8　简单隐式曲面通过滴状曲面树组合后构成复杂形状。表明滴状曲面树可通过对较简单的隐式函数的一元和二元运算来定义复杂的隐式函数(由 Erwin de Groot 和 Brian Wyvill 提供)

另一种描述隐式函数的方法基于所谓的"径向基函数",在本章的网络材料里有所介绍。

24.6　转换成多面体网格

以网格点采样表示的隐式函数可以转换成多面体网格;本节将讨论**移动立方体**(marching cube)法,这是一个广为人知的实现上述转换的方法。其他的隐函数可以采用间接方式进行转换:首先在网格点上采样,然后运用移动立方体方法。但也有几种情形,可以快速找到隐式曲面上每一部分的一个点,然后从这个种子点直接构建曲面的那一部分[WMW86]。粗略估计,在一个 $n \times n \times n$ 的网格上,其隐式曲面网格上可能有 $O(n^2)$ 个多边形,因为移动立方体法需遍历网格的每个立方体,所以花费时间为 $\Omega(n^3)$;倘若隐式函数结构可提供一些先验信息，可减少等值面提取的时间。

下面首先考虑在二维空间中提取等值线的问题，它涉及问题的大部分复杂性，但二维情形中的图比三维情形容易理解。

已知一组网格点（grid）上的值，我们希望得到一组多边形折线段，来表示这些网格点值所定义的函数的零集。我们将这组折线段称为"网格"（mesh），这样可为三维例子做准备（虽然它仅由顶点和边组成）。构建这一网格可分解成两个任务：确定网格拓扑（有多少顶点和边，谁与谁相连）和网格几何（由顶点的实际位置决定）。图 24-9 显示了这个过程。

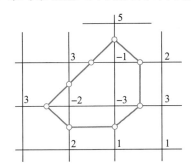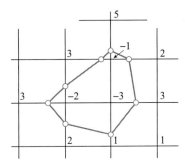

图 24-9　从一组网格点上的值开始，首先确定其相应函数的等值线的拓扑。网格边中点处的小圆圈表示等值线的顶点。然后调整这些顶点的位置以便更好地与输入值匹配（即这个小圆圈移向零等值线与网格边相交的位置）。因此，等值线抽取过程分为拓扑和几何两个任务

为了简单起见，先假设网格顶点处的值均不为 0，在推导出算法其余部分后我们再回到这个假设上。

我们还假设，如果在某些网格正方形内，等值线的拓扑是不确定的，那么任何与这些数据相一致的答案都是合理的（稍后也将回到这个假设上）。

最后，假设由四个网格顶点处的值定义的函数在每个正方形内部均无最大值或最小值，并在网格的每条边上呈线性。

有了这些假设，可以根据网格点的值是正数还是负数，将网格点标记为"＋"或"－"。如果某一边两端顶点的符号相反，那么零等值线函数一定会经过这条边的某一处值为 0 的地方，所以在这条边上放置一个等值线顶点。由于对称性，只有几种可能性，如图 24-10 所示。对于每一种可能性，都给出了一种在网格正方形内构建等值线的方法，使它与网格边上的交点保持一致。在图 24-10c 所示情形中，有多种连接网格边上交点的方法。我们展示了两种等值线不会自交的构建方法。

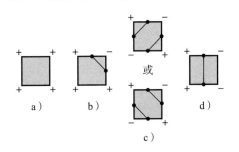

图 24-10　正方形网格顶点符号的模式。a）全部顶点为"＋"号（或"－"号）。b）一个顶点为"＋"号（或一个为"－"号）。c）一条对角线的两端为"＋"号，另一条对角线相反。d）两个相邻的顶点为"＋"号。所有其他情形是上述情形的旋转或镜像翻转。在每种情形中，在等值线经过的每条边的中心处做了标记，并显示这些交点相连接的可能模式

针对交点在正方形网格边上的每一种可能的分布选择一种连接方法，可生成一条拓扑有效的等值线。

完成这些后，可以把每个等值线顶点从网格边的中心点移到边上的正确位置（即该边

线性函数取值为 0 的位置)。

这一等值线构建方法有若干相当好的性质。

- 可以为等值线的每个顶点给出一个名字,该名字由它所在线段两端点的 x 和 y 坐标组成,从最左边的端点或 y 坐标小一点的端点开始,所以从 $(1,2)$ 到 $(1,3)$ 的线段上的顶点命名为 $(1,2,1,3)$。
- 可以一次处理一个正方形网格。对每个正方形网格:
  - 找到与之相关的等值线顶点。
  - 如果顶点是新的(可以使用哈希表,以其名字为检索名,查找时间 $O(1)$),为该顶点名分配一个新的索引,然后把这个索引添加到顶点表;如果它原来就有,不做任何处理。
  - 对于每一新的顶点,基于相关网格边两端点处的值确定它的精确位置,并将它记录到顶点表。
  - 检查正方形网格各顶点的"+"号、"−"号分布,确定必须添加的边(可以采用查找表来实现,四个"+"号和"−"号作为一个 4 位的二进制索引),然后把这些边添加到边表。
- 最终得到的等值线段集中,每个顶点(除了位于网格最外侧边界上的点)均由两条边共享,因此,最终的等值线是简单的闭合曲线或多边形折线。

一次处理一个正方形网格的方式也可扩展到三维情况,因为三维情形中的算法称为移动立方体法,所以这个二维算法可以称作**移动正方形**(marching square)法。实际上,可以一次处理一整行正方形以利用缓存的连贯性。

现在回到开始讨论移动正方形方法前所做的假设。

我们曾假设网格顶点处的值均不为 0。如果某一顶点处的值为 0,但其他相邻顶点处的值均不为 0,那么可以稍微调整这个值(比如,取邻接顶点中最小顶点值的 0.001 倍),然后继续执行算法的剩余部分。但是最后,需调整以这个顶点为端点的所有网格边上相关等值线顶点的位置,使这些点变成同一个点。这意味着最多有四个不同的等值线顶点可以位于相同的位置,在这种情况下,等值线不再由不相交的简单闭合曲线和折线组成。然而通常只有两个顶点被移到网格顶点,并且连接这两个顶点的边的最终长度变为零(如图 24-11 所示),此时等值线为闭合曲线的性质得以继续保持。但如果四个顶点都收缩到同一个网格顶点,该性质就不复存在了。

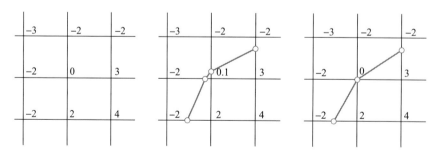

图 24-11   一个网格顶点的值为 0。稍微调整它的值然后计算等值线(在该网格点的邻近穿过),最终,将两个相邻的等值线顶点移动到网格顶点,这两个顶点之间的等值线边的长度收缩为 0

如果两个或更多相邻的网格顶点处的值为 0,则会出现更复杂的问题。例如,如果网格正方形的四个顶点值都为 0,那么正方形的所有边都应该被包含在等值线内,也许还包含正方形本身，这将使等值线不再是一条曲线！我们采取与之前情形相同的方法来处理：对所有为 0 的值稍做调整，计算等值曲线，最后调整顶点。但是如果某一顶点所在网格边的两端值都是 0，那么，不是移动该顶点到网格边的一端或另一端，而是把它置于边的中点。所得到的等值线对其四个角点处值均不为 0 的网格单元是拓扑正确的，即使对存在 0 值角点的网格单元也是拓扑一致的。这是第二种假设的情况——在不确定的情况下，任何具有一致性的答案都是可以接受的——不过我们并不总在两个 0 值之间放置一条整的网格边。

处理数据中零值的困难是问题本身带来的：在函数图形近乎水平的地方，其水平线是不稳定的，输入（数据值）的微小变化都将导致所生成的水平线的巨大变化。

24.6.1　移动立方体

移动立方体（marching cube）算法用来找出定义于三维空间网格顶点上函数的等值面，它与上述算法极其类似，当然也有一些细微的差别。同样，假设所有的输入值非零（这是最简单的）；如果输入中有零值，使用一个小的随机量对它进行扰动，然后计算等值面，最后将相关的等值面顶点移回到适当的位置（正如移动正方形算法中所做的那样）。

另一相同之处是，网格中特定立方体单元输出的等值面由该立方体顶点的"＋"号和"－"号的分布模式决定。因为立方体总共有 8 个顶点，每个顶点上有一个"＋"号或"－"号，故可用一个 8 位二进制数对该模式进行编码。这个编码可以用来对之前构建的示例表进行索引，示例表中包括了各典型模式下输出的等值面网格的顶点表和三角形表，其中顶点表中顶点的实际位置将由立方体单元网格边的插值决定。

图 24-12 显示了其中的两种情况：第一种生成并输出单一的三角形；第二种生成一个矩形，该矩形通常采用两个三角形来表示。

在移动正方形算法中，一个网格边要么不包含等值线顶点，要么包含一个等值线顶点。对于后者，两个相邻的网格正方形内都有一条以该顶点为端点的等值线边，因此每个顶点都连接两条等值线边，且由这些边构建成长的链条（该链条要么构成闭合曲线，要么终止于网格边界上）。在移动立方体算法中，相邻的立方体单元通过一个面邻接，如图 24-13 所示。这些面共享等值面顶点，但在相互邻接的两个面中，这些等值面顶点通过边相连接的方式可能不一致。如果出现这种情况，最终生成的等值面模型将含有位于网格单元内的边，这是不恰当的。因此务必使移动立方体算法中面向 256 种可能情形的 256 个模型两两一致，以保证最终的等值面网格要么是闭合的，要么只在输入的空间网格边界上存在边界边。

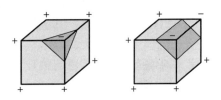

图 24-12　"＋"号和"－"号分布模式的两个例子及其对应的等值面

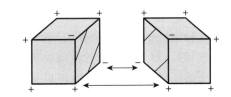

图 24-13　移动立方体算法中两个相邻的立方体共享同一个面。面的四条边上有 4 个相同的等值面顶点，但两个立方体用来连接等值面顶点的边不一致，这样生成的等值面中会有一条边界，而不是闭合曲面

如同移动正方形算法，移动立方体算法非常适合一次一个平面数据的处理方法，一次性地计算出与一个空间立方体某一平面相关的输出，然后将该立方体网格的下一平面的数据载入内存中。

24.7   多面体网格到隐式表示的转换

前面曾经提到，与多面体模型相比，隐式表示具有一些重要的优势。隐式表示可以转换成多面体表示，反向转换也是可能的：如能给出一个"足够好"的多面体网格，就可以找到一个函数 F，使它的等值面与这个网格具有类似的形状。"足够好"的网格具有如下属性：网格的补集（即不在网格上的所有三维空间点的集合）可分为两个集合，且每个网格面片都在这两个集合的边界上。例如，如果该网格为一对立方体，则这两个集合一个为位于两个立方体内部的点的集合，另一个是位于两个立方体外部的点的集合。立方体的每个面都有一侧位于内部，一侧位于外部。相比之下，莫比乌斯（Möbius）带就不属于"足够好"，因为它的补集为同一连通集。

当网格的两侧属于"两个集合"时，可以称其中的一个集合为"正"，另一个集合为"负"，则可在三维空间按如下规则定义一个函数 F：$F(P)$ 为点 P 到网格表面的最小直线距离（如果 P 位于"负"的区域，该距离乘以 -1）。这是一个隐式函数（称为网格的**有向距离变换**），它的零集即为这个网格。不过，如果用网格采样点来表示这一函数，其零等值面通常不会与原始网格重合，但倘若原始网格的采样点分布足够稠密，那么两者将是非常相似的。

一般而言，隐式表示和多面体模型之间互相转换是有误差的，所以应予以避免。

24.8   纹理隐式模型

由于隐式定义的模型一般不含纹理坐标，所以通常使用体纹理来定义其纹理。这种体纹理可采用过程函数定义，其规则类似于：

$$color = (0.3, 0.2, 0) + (0.2, 0.2, 0)\sin(x^2 + y^2) \qquad (24.16)$$

上式定义的体纹理在深棕色圆柱环和浅棕色圆柱环之间变化，生成类似于木头的材质外观（像这种可由两坐标函数表示的纹理，有时被称作**投影纹理**，你可以将它想象成二维图像投影到三维空间[Pea85]）。然而，更常见的是，通过体素表示来显式地定义隐式表示物体的纹理，譬如由体素网格中的每个体素来指定该处的颜色。

当只有少数体素用于纹理映射时，为了避免创建和存储所有体素，可以采用八叉树这类层次数据结构，数据结构中大多数空间单元为空，只有位于隐式曲面附近的单元需要填入。这种结构也常为绘画界面所采用，在该界面中，画家直接在表面绘制纹理（颜色、法向、位移）：对于大范围的常数纹理区域，由未细化的结构简洁地表示纹理；而在包含更多细节的区域，则深化八叉树以记录这些细节。DeBry 等[DGPR02]、Benson 和 Davis[BD02]详细介绍了这一方法。

24.8.1   模型变换和纹理

正如我们通常选取某个模型空间来描述多面体模型，然后实施各种变换将它放置在场景空间中某特定位置并保持特定的朝向，我们也常在某个模型空间中定义隐式模型，然后将它们变换到场景空间中。例如，通过公式 $F(x, y, z) = x^2 + y^2 + z^2 - 1 = 0$ 定义一个球，然后将球的中心平移到点 $(1, 3, 4)$，F 可用下式来替换

$$G(x, y, z) = F(x - 1, y - 3, z - 4) \qquad (24.17)$$

令 $G(x, y, z) = 0$ 即可得到一个以 $(1, 3, 4)$ 为球心的单位球。可以认为 G 是由 F 按如下规则构造的：

$$G(P) = F(T(P)) \tag{24.18}$$

这里 T 是变换"平移$(-1,-3,-4)$",是我们想要实施在球上的平移变换的逆。

课内练习 24.2: 一个沿 x、y、z 方向半径为 $(2,1,1)$ 的椭球的隐式方程是 $x^2/4+y^2+z^2-1=0$。

(a) 设 $F(x,y,z)=x^2+y^2+z^2-1$,试问上述椭球的隐式方程是 $F(x/2,y,z)=0$,还是 $F(2x,y,z)=0$?

(b) 试给出从单位球变换到上述椭球的简单缩放变换。

(c) (a)和(b)之间有什么关联?

通常,如果 S 是一个由函数 F 隐式定义的表面(即 $F(s)=0$ 当且仅当 $s\in S$),则表面 $T(S)=\{T(s):s\in S\}$(T 为可逆的线性变换)可由如下函数隐式定义:

$$G = F \circ T^{-1} \tag{24.19}$$

事实上,变换 T 不必是线性的,而只需要可逆。这意味着变换

$$T(x,y,z) = (x\cos z + y\sin z, -y\sin z + x\cos z, z) \tag{24.20}$$

可以将三维空间中的每个 $z=c$ 切片旋转一个不同的角度,从而使条带 $[-1,1]\times 0\times \mathbf{R}$ 扭成螺旋形。这一变换所定义的螺旋变形可应用于隐式定义的任何对象。

一个采用隐式定义并经过变换的形状既可以在场景空间中添加纹理(位于点 P 处的纹理 $F(T^{-1}(P))=0$ 是由 P 点的坐标决定的),也可以在模型空间中添加纹理(其纹理由坐标 $T^{-1}(P)$ 决定)。

24.9 光线跟踪隐式曲面

计算光线(通常为参数形式 $t\mapsto P+t\boldsymbol{d}$)与隐式定义的球的交点可以归结为求解一个关于 t 的二次方程:$F(P+t\boldsymbol{d})=0$,其中 F 是定义球的隐式函数。但如果要与更一般的隐式对象求交,那么 $F(P+t\boldsymbol{d})=0$ 可能极其复杂,并且可能没有任何简单的求根方法。这时,必须借助数值技术来求解[Pre95]。

在 24.8.1 节中曾提到,如果 S 是一个由函数 F 定义的隐式曲面,T 是一个线性变换,则曲面 $T(S)$ 由 $F\circ T^{-1}$ 定义。正如练习 7.17 和练习 11.13 所提示的那样,光线 $t\mapsto P+t\boldsymbol{d}$ 与 $T(S)$ 的求交问题,可以看作求取一条不同的光线与 S 的交点。因为 $T(S)$ 由 $F\circ T^{-1}$ 定义,当如下条件满足时,光线上一点将位于 $T(S)$ 上。

$$F(T^{-1}(P+t\boldsymbol{d})) = 0 \tag{24.21}$$

当我们求解光线 $t\mapsto T^{-1}(P)+tT^{-1}(\boldsymbol{d})$ 位于曲面 S 上的点时,得到同一个方程。而求解光线与未经变换的隐式曲面的交点可能更为直观(如同前面几章中讨论平面和球的情形)。这意味着,如果想通过对一些隐式定义形状(如球或圆柱)的变换来创建一个场景,那么在对场景进行光线跟踪时,可对场景中的每个物体,对光线的起点和方向施加该物体建模变换的逆变换,然后计算"逆变换"后的光线和变换前物体的交点 Q 及交点处的法向量 $\boldsymbol{n}$。最后对 Q 实施建模变换,对 $\boldsymbol{n}$ 实施法向变换,得到场景空间中的交点和法向。

对于中度复杂的场景,上述方法非常有效。但对于高度复杂的场景,最好使用层次包围盒首先判断变换后的哪些隐式形状与光线可能相交,然后只对可能相交的隐式形状进行求交测试。

24.10 动画中的隐式形状

隐式曲线或曲面也可用于动画中,在基于物理的动画中,它们作为其中的**水平集方法**

(level set method)[OS88]扮演了重要的角色。在这类方法中，一些受关注的初始对象为隐式方程($F_0(x,y,z)=0$)定义的曲面或由不等式($F_0(x,y,z) \geqslant 0$)定义的实体⊖。当各种力作用在这类曲面或实体上时，可能会以某种方式使物体产生变形，在数学上即为对函数 F_0 进行变形。这种变形可归结为微分方程形式：

$$\frac{\partial F_t(x,y,z)}{\partial t} = - \nabla F_t(x,y,z) \cdot v(x,y,z) \tag{24.22}$$

此处向量场$(x,y,z) \mapsto v(x,y,z)$描述了函数 F_t 的水平集在点(x,y,z)处是如何移动的(向量场 v 亦可随时间变化)。将 F_t 的微分方程作为 t 的函数进行求解，可给出这些力施加在曲面或实体时产生的形状变化。

通常力作用于隐式曲面上，仅 $F_t = 0$ 的点处的力是已知的。另一方面，在远离 $F = 0$ 的点处，其 F 函数值并不重要，因此跟踪 $F_t = 0$ 附近位置点的 F_t 是可能的。一种方法是通过有向距离将 F_t 扩展到邻近的点[LKHW03]；另一种方法是只在点集 $F_t = 0$ 附近的窄带内跟踪 F_t 的值，并将向量场 v 也扩展到这个带内[AS95]。不论哪种情况，函数 F_t 通常采用体素采样表示。

对于动画来说，水平集方法的优点是容易生成拓扑可变化的形状(如水滴融合到一个更大的水滴)。采用该方法已生成了极具真实感的流体动画[EMF02](见图 24-14)。

图 24-14　采用水平集方法生成的水的动画。注意水滴如何形成和融合(由 Stephen Marschner 提供，ⓒ2002 ACM，Inc.)

24.11　讨论和延伸阅读

隐式模型和第 7 章提到的参数模型之间具有对偶性，因此它们适合于不同的应用，并拥有一个特点，即当两个模型中一个为参数形式而另一个为隐式形式时，它们的求交变得十分容易。

近年来，形状的隐式表示不再作为一种艺术工具而受到青睐，不过，作为仿真用的形状表示方式却日益流行。这可能与 GPU 强力支持多边形表示有关，或者可能与下述事实有关：画家构建定义在整个空间上的函数只为生成一张曲面，而曲面仅占据空间中的一小部分，未免令人尴尬。而使用形状的有向距离(距离为正表示位于形状外部，距离为负则表示位于内部)可以部分地避免这种尴尬。为了适用于隐式定义的形状，只需在该隐式函

⊖　这些方法也可用于二维隐式曲线。

数的零集附近构建其有向距离函数即可，距离更远的空间点的值就无须考虑了。这一方法对本章前面描述的体纹理函数同样适用。也许这类方法能带动隐式定义模型的使用。

隐式曲面的魅力之一是其几何性质（即切平面、曲率等）可完全由定义它的隐式函数决定，并且能以解析方式计算。作为一个例子，本章所附的网络材料介绍了如何计算曲线和曲面的曲率。

24.12　练习

24.1　解释为什么方程式(24.14)给出的函数具有以下性质：对于任意点(x, y)，假如x和y均为非整数，如果函数h满足以下性质，即当所有$v(i, j)$的值为1时，F值处为1，那么，$F(x, y)$值将位于包含(x, y)的正方形的四个角点的最小值和最大值之间。

24.2　在移动正方形算法中，当网格正方形的四个顶点的符号依次改变时，有两种可能的方法来连接顶点。选择哪一种方法与四个顶点的值无关。

(a) 如果在每个正方形网格内从东北角到西南角画一条对角线，并将所得到的三角形集合作为网格，仍取原顶点处的值，对这些值进行分段线性插值，将得到一个图，其零值线与我们的选择保持一致。为什么如此？

(b) 如果在每个正方形网格内均选择另一条对角线，则相当于做出另一种选择。请予以解释。

(c) 设计一个算法，在每个正方形网格的中心添加一个新的顶点，将这一顶点和正方形的四个角点相连，构成四条边，新顶点的值取四个角点值的平均。基于这一新的三角形网格（以及新的值）为分段线性插值函数生成一条等值线。（新等值曲线的顶点，有些在原始的正方形网格边上，有些在新添加的边上。）

(d) 解释这一改进方法在顶点符号为＋－＋－的情况下所给出的连接方式属于上面提到的两种可能连接方式中的一种。

网　　格

25.1　引言

作为图形学中一种表示形状的方法，我们曾在第 8 章中介绍过网格。鉴于网格表示在当今图形学中占支配地位，我们现在将讨论关于网格的更多细节。在第 8 章中叙述的"顶点-面-表"已广泛地用于表示三角网格。三角形是平面凸多边形，而且对三角形的三个顶点进行线性插值只有一种方式，因而三角网格在硬件渲染中几乎无处不在。四边网格的每个面均有四个顶点，在许多方面也有其独特之处。例如，对于规则平面四边网格进行索引远比规则平面三角网格容易。另一方面，四边形未必是平面的，也不一定是凸的，即使其四个顶点均有值，仍无法通过四个顶点的线性插值确定四边形内任一点的相应值。因此，几乎所有对于三角网格而言简单的事，对于四边网格就变得困难起来。

如果网格中一个面具有任意多个顶点，该网格称为任意多边形网格。在几何建模过程中，任意多边形网格可带来很大的便利。例如在二维建模中，基于地理的棋盘游戏中的国家可表达为包含数百个顶点的多边形。倘若将它们表达成三角形网格，则会在这些国家的形状描述中引入一些毫无意义的人为痕迹。而且还会增大存储地图所需的空间。一般来说，这样的无约束网格具有同四边网格相同的问题，甚至更多。然而，当所建模型涉及的艺术内涵或者自然语义结构较为重要时，这类网格仍有其独特价值。

在第 14 章中曾提及，可采用三角形条带或者扇形存储方式以减少网格数据存储和传输的代价。在一个三角网格中，与其采用顶点索引的三元组列表来表示各网格面，不如采用形如(1，4，18，9，11，…)的三元组序列。它表示了如图 25-1 所示的一组三角形，第一个三角形的顶点编号为 1、4 和 18，第二个三角形的顶点编号为 4、18 和 9，第三个为 18、9 和 11，等等。

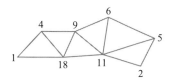

图 25-1　三角形条带可采用相应的顶点索引序列表示。任何一组相邻的三个索引都对应于条带中的一个三角形，其中只要一个顶点的索引不同(无须同时改变三个顶点索引)就会对应另一个三角形

从形状表示的抽象层面看，网格采用完整表示和采用条带或扇形表示并无重要差别。是否采用条带和扇形表示主要取决于几何传输(典型的是从 CPU 到 GPU)是否为主要瓶颈，或者**填充率**(将三角形转换为像素值的速度)等其他因素是否为决定性因素。

与绘制不同，在建模中当今的主流技术是样条(特别是 NURBS)和一分为四的细分曲面，两者均和网格有密切关系。另外，在许多应用领域，包括科学可视化和医学图像处理，也是非网格数据结构(如体素或者基于点的表示)占据主导地位。

上述表示方法上的不同选择与所需处理数据的类型以及系统特性(例如内存大小、内存带宽，以及传输到 GPU 的带宽等)密切相关。直至今日，体素表示仍然被游戏开发人员作为主要表示方法，而在科学可视化中的工作大多已转向网格以便更好地发挥 GPU 的优势。如同本书所介绍的任何一种工程化选择一样，网格也不可能是一种永远对或者永远错的选择，它只是我们工具包中的一种表示方法而已。

在第 8 章中引入网格时，主要是将它作为一种表示几何的手段，如图 25-2 所示。但网格也可用于其他地方。有时，网格的顶点坐标并非具体的位置，而是颜色或者法向量，甚至对应于构形空间中的一个顶点（例如，网格顶点可能用于描述某关节角色的某个"姿势"，而边则为这些姿势之间的插值，等等）。

第 8 章中的"顶点-面-表"模型似乎忽略了"边"，未对其进行显式表达。不过，这丝毫不意味着以面为中心。事实上，边是非真实感绘制和可见性判定的重要元素。在第 9 章中曾提到，顶点对定义网格函数起重要作用。特别是，连接性是许多应用的关键因素。在网格模型中连接性或边未能显式表示不应被误解为它们并不重要。

课内练习 25.1： "顶点-面-表"表示可通过添加边表而得以增强。边表中的每一行包含该边所连接的两顶点的索引值。在本练习中，我们将考查引入边表所带来的后果。

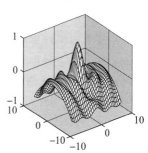

（a）假设网格中的一组边恰为某个面的边界，请给出从网格删除该面的算法。

（b）假设所有边均为"有向边"，例如 (3,11) 和 (11,3) 是不同的边。这样面 (3,5,8) 的边界由三条有向边 (3,5)、(5,8) 和 (8,3) 组成。假定我们所需表达的形状为多边形表面，请重新给出面删除算法。构建由 5 个三角形所形成的莫比乌斯带（Möebius strip），验证你的删除方法是否能正确地删除每一个面。

图 25-2　采用多边形网格来表示立方体、茶壶和起伏形状的光滑曲面

25.2　网格拓扑

网格**拓扑**，即网络中各元素相互连接的方式，对很多网格算法至关重要，这类算法常涉及邻接搜索，比如深度优先搜索或者广度优先搜索。本节我们将讨论网格的内在拓扑关系（只需查看面表即可确定的属性），然后将简要介绍已嵌入三维空间网格（模型中含有一个顶点表，明确给出了各顶点的坐标，网格不自交，稍后我们将给出其精确定义）的**嵌入拓扑**。

为了定义三角网格的拓扑结构，我们通常会给出一个点的集合（一般以顶点索引表示，如顶点 7、顶点 2 等）；一个边的集合，其中每条边表示为一对顶点的索引；一个面的集合，其中每个面表示为三个顶点的索引。对此我们还会提出一些附加的约束。因为一个顶点包含一个索引，一条边包含两个索引，一个面包含三个索引，如果有一个定义能同时包容这三项，将带来很大的便利。我们假设 k-单形（k-simplex）是 $k+1$ 个顶点的组合。因此，一个顶点是 0-单形（0-simplex），一条边是 1-单形（1-simplex），一个面是 2-单形（2-simplex）。（上述思想可以推广，例如采用 3-单形描述四面体网格，乃至描述更高维的网格。）

> 非三角网格中面的顶点数可能超过三个。当表面网格中存在非三角网格时，此处介绍的所有算法将会复杂得多，所以通常情况下我们只考虑三角网格。

顶点的**度**（degree/valence）指包含该顶点的边数。顶点**邻接**于包含该顶点的所有边，反之亦然。将上述度的概念推广，称**边的度**为包含该边的面的数目。（此时称边和这些面相邻接，反之亦然。）网格中，度为 1 的边被称为**边界边**，度为 2 的边被称为**内部边**（见图 25-3）。在下面的讨论中，我们将聚焦于一类网格，其所有的边的度或为 1，或为 2。与任何面都不相邻的边称为**悬边**，在我们的网格中不允许出现悬边。

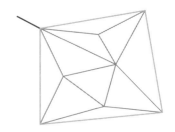

图 25-3　网格中，内部边显示为绿色，边界边为蓝色。不与任何面相邻的红色的边是悬边，在我们的网格中悬边是不允许的

25.2.1　表面三角化和有边界表面

为了使所述算法简洁且正确性可验证，我们将对三角网格的种类施加一定限制。我们已经限制所讨论的网格中，每条边仅和 1 或者 2 个面相邻，但我们还需添加一些除此之外的约束条件：

1）每个面出现不多于一次，也就是说，网格中的两个面只能有两个共享的顶点。

2）每个顶点的度至少是 3。

3）如果 V 是网格的一个顶点，并且假设和 V 通过边直接相连的顶点为 U_1，U_2，$\cdots$，U_n，那么 $\{V, U_1, U_2\}$，$\{V, U_2, U_3\}$，$\cdots$，$\{V, U_{n-1}, U_n\}$ 都是网格的三角形，并且：

（a）$\{V, U_n, U_1\}$ 是网格三角形（此时 V 为**内部点**）；

（b）$\{V, U_n, U_1\}$ 不是网格三角形（此时 V 为**边界点**）。

除此之外，没有其他包含 V 的三角形（见图 25-4）。

如果一个网格表面没有边界点，称其为**封闭表面**；如果有边界点，则称之为**有边界表面**。

课内练习 25.2：图 25-5 显示了三个表面，其中每个都不满足成为一个表面或有边界表面的条件。解释这三种情形失败的原因。

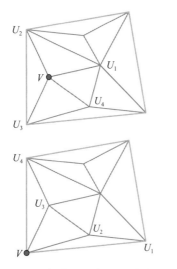

图 25-4　上面网格中的顶点 V 是内部点；下面网格中的顶点 V 是边界点

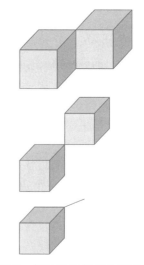

图 25-5　每种情形都因为某种原因而非曲面网格

我们还没有提到过任何有关定向或定向性的约束条件，因此，莫比乌斯带是完全合格的有边界表面。

课内练习 25.3：证明包含面 $(1,2,3)$、$(2,3,4)$、$(3,4,5)$、$(4,5,1)$、$(5,1,2)$ 和顶点

1、2、3、4、5 的网格是有边界表面(即满足以上所有条件)。确定所有边界边。

依次删除单纯形的每一个顶点可以得到该单纯形的**边界**，因此{2,3,5}的边界包括三个集合，分别是{2,3}、{2,5}和{3,5}。类似地，1-simplex{2,4}的边界包括两个集合{2}和{4}，0-simplex{8}的边界由空集构成。

25.2.2　计算和存储邻接关系

网格存储的基础结构是面表，但向数组中添加或从中删除一个面很慢。将面存储在链表中而不是以矩阵方式表示的表中，可降低添加和删除面的开销，但像邻接关系检测这样的操作会非常耗时。采用第 8 章中介绍的翼边数据结构可使邻接关系的计算非常快，但添加和删除变成了开销比较大的操作。

大多数的邻接关系查询操作都可以在预计算步骤中采用哈希表完成。下面是搜寻边界边的步骤。首先，每一网格面都有三条边，每条边都可以用一个有序顶点对来表示。如面{5,2,3}，其第一条边可以由(2,5)或(5,2)两个有序对来表示。然后，我们约定边中两顶点按其编号的升序排列，所以三条边分别为(2,5)、(3,5)和(2,3)。基于这一约定，查找边界边变得非常简单。首先，创建所有边的空哈希表。对于网格中的每个面，我们计算其三条边：对于每条边，如果它不在哈希表中，将该边插入表中；如果它已在哈希表中，将该边从表中删除。处理完网格中所有的面后，仍保留在表中的边都是仅出现过一次的边，即为边界边。

课内练习 25.4：上面的边界搜寻算法假定网格是一个封闭曲面或有边界的曲面，即它满足作为一个曲面的所有条件。试问如何使用类似的算法来判定一个网格是否满足所有这些条件(其中涉及内部点和边界点判定的条件 3 有点棘手，也可暂时忽略)。

上面所述的对表面的定义已非常一般化，但实践中发现在图形学中遇到的大多数的表面都是**可定向的**，甚至是**有向的**。为了定义有向表面，我们需要**定向单纯形**的概念：定向单纯形不仅仅是一个集合，而是一个有序的集合。0-单形仍然只是一个顶点。1-单形是一个由不同顶点的索引构成的有序对(i,j)。而 2-单形是一个由不同顶点的索引构成的有序三元组(i,j,k)，此处(i,j,k)、(j,k,i)和(k,i,j)表示"同一定向单纯形"。(或者，可约定编号最小的顶点总是排在最前面，根据剩下两个顶点的排序决定面的朝向。)

有向面的边界(有向)可通过每次删除面中一个顶点，并以循环的方式列出剩下的点而得到，例如，有向面(2,5,3)的有向边界由有向边(2,5)、(5,3)和(3,2)构成。

> 我们仅仅定义了面的有向边界。然而，定义边的有向边界却需要更多的理论，同样，为四面体和其他更高维网格体中的单形定义定向边界也需要更多的理论。

一个网格要成为有向表面，该网格所有的面都必须为定向单形，如果边 e 的顶点 i 和 j 包含在两个不同的面 f_1 和 f_2 中，且在一个面中边的顶点以(i,j)顺序排列，则在另外一个面中必以(j,i)排列。

常会在有向面上画一个小箭头指示其朝向，箭头标明的是顶点的循环顺序。图 25-6 显示了两个相邻面的例子——在第一个面中的边为(3,7)，而在第二个面中的边为(7,3)。

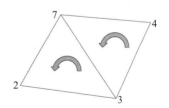

图 25-6　两个有向网格面(2,3,7)和(7,3,4)。有向边(3,7)为第一个面中的边，(7,3)为第二个面中的边

给出一个连通的尚未定向的面表，可以基于它创建一个定向网格：取出第一个三角形 {2,6,5}，为其指定一个顺序，假设是(2,5,6)。然后找到它的一个相邻面，例如(9,2,5)，因为它与第一面共享顶点 2 和 5，在相邻面中，这两个顶点必须反序，因此我们指定其顺序为(9,5,2)。继续上述模式，采用深度优先或者广度优先的搜索策略，为已定向网格面的相邻面指定其顶点的排列顺序。如果相邻面已定向，须验证其朝向与当前面一致（即其朝向应与我们依据当前面为其指定的朝向一致）。如果一致，我们忽略这个面继续执行；如果不一致，则终止算法并报告当前网格是不可定向的。

课内练习 25.5：（a）说明如何判断一个网格是否连通（也就是说，由网格中的所有顶点和边组成的图形是否是一个连通图）。

（b）把定向算法应用在课内练习 25.3 的五顶点网格，证明它不可定向。

（c）一旦我们指定了连通的可定向网格中一个面的朝向，即可由刚才描述的算法确定所有其他面的朝向。因此，对于任何连通的可定向网格，只有两个可能的方向。假设某网格 M 是不连通的，并有 $n > 1$ 个组成部分，它们有多少种不同的朝向呢？

上述算法稍加修改后可用来计算有向网格的边界：在处理每一网格面时，如果该面的某条边不构成另一个面的一部分，则将这条（有向）边记录为有向边界。

虽然我们介绍了可定向网格和一个确定其朝向的算法（使所有面的朝向保持一致），但是在实践中我们常会遇到有向网格，或者其朝向已经选定的网格。当采用这类网格表示三维空间中的封闭曲面，比如球面或圆环面时，其任一网格面(i,j,k)的方向通常已经确定：设 v_1 是从顶点 i 到顶点 j 的向量，v_2 是从顶点 j 到顶点 k 的向量，则向量 $v_1 \times v_2$ 朝向封闭曲面的外侧，也就是说，朝向空间的无穷部分。

目前碰撞检测中主要采用有向网格，其三角形网格面常存储为边表（或同时存储边表）的形式，以利于对某些经常发生的测试（例如判定点是否位于三角形内）进行加速。如果点 P 位于三角形 ABC 所在平面上，现欲测试它是否在三角形内，可以执行三次"这个点位于此平面的右侧吗"测试来回答这个问题。具体地说，假设 ABC 的平面为 S，考虑任一包含边 AB 的平面 J，且 J 和 S 不平行（参见图 25-7）。平面 J 可以通过位于该平面上的点 Q 和法向量 n 来确定。J 的方程如下：

$$(X - Q) \cdot n = 0 \qquad (25.1)$$

为了确定 P 是否在 J 的右侧，我们在等式(25.1)中用顶点 C 代替 X，显然其结果非零。如果结果为负数，我们用 $-n$ 取代 n，故不妨假设结果为正：

$$(C - Q) \cdot n > 0 \qquad (25.2)$$

既然我们可调整 n 使其指向合理的方向，通过下式即可测试 P 是否在 J 的右侧：

$$(P - Q) \cdot n > 0 \qquad (25.3)$$

一旦计算了 Q 和 n，我们可以把它们和边 AB 关联在一起，并在测试点是否位于三角形内时重复利用。

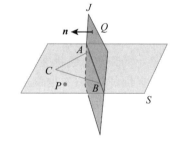

图 25-7　点 P 和点 C 位于平面 J 的同一侧，因此可能位于三角形 ABC 内。如果对过 BC 和过 CA 的平面，点 P 均满足测试条件，它一定在三角形内

课内练习 25.6：点与平面测试涉及点相减、点积和比较。假设所有的点都存储为三元组坐标，可考虑特殊点 $Z = (0,0,0)$ 并将测试条件改写为 $((P-Z)-(Q-Z)) \cdot n > 0$，或 $(P-Z) \cdot n > (Q-Z) \cdot n$，假设这个计算在你的执行程序的最里层循环，因而可忽略点与

向量的区别，并进一步假设你愿意做更多的预计算，试问对于每一个新的测试点 P，最少需几次操作才能完成上述计算？（答：三个乘法，两个加法，一个比较。你的工作是要验证这一点。）

　　网格的最后一种数据结构（对那些拓扑几乎保持不变的网格——例如该网格极少涉及添加和去除面的操作——尤为适用）是增强型三角形网格结构，其中三角形网格面表的第 i 行存储的不仅是三角形 i 的三个顶点的索引，而且包含了与三角形 i 相邻的三个三角形的索引。（如果三角形 i 的一条或两条边位于网格的边界上，则相应的索引设置为 invalid。）这种结构可加快网格数据结构的关联性检索，特别有利于轮廓边的搜索。（如果边 e 是某一视角下的一条轮廓边，那么与 e 邻接的边也很可能是轮廓边。）

　　四边形网格也有类似的数据结构。三角形网格和四边形网格之间看起来区别很小，但并非平凡。如果你能用一个四边形取代一对相邻的三角形，就会将五条边简化为四条，这可能意味着你的程序可获得 20% 的加速。

25.2.3　更多网格术语

　　顶点星形由顶点和邻接该顶点的所有边和面组成（如同顶点的"邻域"）。**边的星形**包括边本身以及包含该边的所有面。图 25-8 显示了一个红色顶点的星形（红色区域）和一条绿色边的星形（绿色区域）。**顶点的链接**处为该顶点星形的边界。假设 V 是一个封闭网格的顶点。位于 V 的链接处的每个顶点相隔一条边与 V 分离。因此称这些顶点为 V 的 **1-环**顶点；而那些与 V 相隔两条边的顶点称为 **2-环**顶点（见图 25-9）。基于网格表面的定义，一个内部顶点的 1-环顶点一定会组成一个闭环。对 2-环来说，情况就大不相同了。例如，四面体中任何顶点的 2-环均为空集；而八面体中任何顶点的 2-环都只有一个顶点。图 25-10 显示了一个网格，其中顶点的 1-环是好的，但 2-环形成数字 8 的形状。

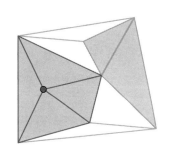

图 25-8　单形的星形由包含它的所有
　　　　　单形构成

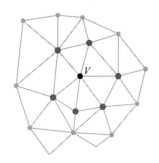

图 25-9　V 的 1-环为红色的点，2-环为更小
　　　　　的绿色点

图 25-10　顶部顶点的星形区域被绘制成橙色；1-环顶点在中部
　　　　　　构成一个八角形（图中红线）；位于底部的 2-环顶点被
　　　　　　绘制成亮绿色，并相互连接构成 8 字形

　　当我们计算网格的边界时，边界边会形成链；每一个链称为一个**边界段**，边界段数通常用字母 b 表示。

　　如果一个网格曲面 M 有 v 个顶点、e 条边和 f 个面，数字 $\chi = v - e + f$ 被称为 M 的**欧**

拉特征，可用它来度量曲面的"复杂性"：球形拓扑的特征值为 2，环面的特征值为 0；二孔环的特征值为 -2；在一般情况下，n 孔环的特征值为 $\chi = 2 - 2n$。如果 n 孔环有 b 个边界段，那么公式变成 $\chi = 2 - 2n - b$。

25.2.4 网格嵌入和网格拓扑

当我们指定曲面网格各顶点的具体位置时（并通过线性插值确定网格表面其余点的位置），我们希望网格的形状如同一张曲面有内部和外部，并且不自交。为区分抽象的表面网格（一个编号为 1，…，n 的顶点表和一个面表，或由顶点索引三元组构成的表）和与之关联的几何形状，我们用 i 和 j 这类小写字母表示顶点索引，P_i 和 P_j 表示顶点 i 和 j 的几何位置。同时使用 $C(P_i, P_j)$ 表示 P_i 和 P_j 的所有的凸组合，即连接它们的（几何）边；使用 $C(P_i, P_j, P_k)$ 表示顶点 P_i、P_j 和 P_k 位置的所有凸组合，即以其为顶点的（几何）三角形。

采用上述术语，我们将曲面网格的**嵌入**定义为对其顶点位置的不同取值，并通过线性插值和下述约束将其扩展到边和面：当且仅当顶点集 $\{i, j, k\}$ 和 $\{p, q, r\}$ 在抽象网格中有交时，三角形 $T_1 = C(P_i, P_j, P_k)$ 和 $T_2 = C(P_p, P_q, P_r)$ 才在 $\mathbf{R}_3$ 相交。如果交集为单个顶点索引 s，那么 $T_1 \bigcap T_2$ 必为 P_s；如果交集包含两个顶点 s 和 t，那么 $T_1 \bigcap T_2 = C(P_s, P_t)$；如果交集为所有三个顶点的索引，那么 T_1 必与 T_2 重合。（注意我们假设 i、j、k 不同，p、q、r 也不同；否则，T_1 或 T_2 将不成为三角形。）

图 25-11 展示了几个非嵌入网格的例子。在第一个例子中，两个三角形的交发生在三角形内部。在第二个例子中，两个三角形交于一点，该点为其中一个三角形的顶点，但位于另一三角形中某一边的中间。在第三个例子中，两个着色三角形（用浅绿色显示）的交只是左侧三角形边的一部分（俗称 **T-连接**）。

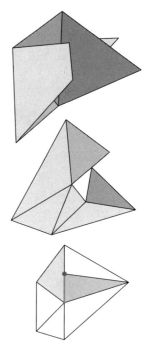

图 25-11 （上图）网格自交；（中图）粉色面一顶点交于绿色面的底部边；（下图）红色顶点处形成 T-连接

当我们同时有面表和顶点表时，可以通过测试来检查所生成的几何网格是否已嵌入，不过操作费时，且容易产生数值误差。首先，顶点表中各项（顶点位置）必须不同。其次，面表中任意两个面的几何交必须为空，除非它们在拓扑层面上共享一条边或一个顶点且其几何交与拓扑层面上的交相一致。良好的建模软件可确保其生成嵌入网格，故无须执行上述测试。

如果一个网格是**封闭的**，即其边界为空，且为已嵌入网格，那么该网格必然是有向的，且已嵌入网格将三维空间划分成两部分：其中有界的部分称为**内部区域**，无界的部分称为**外部区域**。第一条结论已为 Banchoff [Ban74] 所证明；第二条结论虽然看似显而易见，但要证明却着实不易，它是 Alexander 对偶定理 [GH81] 的推论，已远超出本书的范围。对于不在网格上的一点 P，为了判断它是位于网格内部还是外部，可从点 P 朝方向 $\boldsymbol{d}$ 发出射线 r（使该射线不经过网格上的任何顶点或边）。假定射线 r 和网格的 k 个面相交，如果 k 为奇数，P 位于网格内部；如果 k 为偶数，P 位于网格外部。方向 $\boldsymbol{d}$

可随机选择，但需使射线 r 经过网格的任一顶点或边的概率为零。

从几何和算法的角度来看，封闭的已嵌入网格是一个理想的几何体，在光线跟踪、含背面剔除的表面绘制、基于投射阴影区域求交的阴影计算中都非常有用。此外，如果一个封闭网格为已嵌入，若我们只将顶点位置移动一个足够小的距离，所得到的网格将仍然为已嵌入。所谓足够小即小于 $\varepsilon/2$，这里 ε 是从一个顶点到另一个顶点的最小距离，或者是一个顶点到由另外两个顶点构成的边的最小距离，或者一个顶点到由其他三个顶点构成的面的最小距离，或者从一条边到网格中另一条不相交的边的最小距离。

一个封闭、已嵌入的曲面网格，有时也称为**水密封**模型。亦有一些不满足封闭性、表面性和嵌入性，但看上去不透水的模型。一个简单的例子是，用一个正方形面将立方体分割成两个半立方体后，该模型仍然是"水密封"的，这是因为放在任何一个"房间"中的水都不可能流出；另一方面，该模型不再满足表面性和嵌入性条件。作为一个更实际的例子，如今已可方便地在视频游戏中创建一个机器人角色模型，机器人的躯干为一多边形柱体（带端盖），上臂为穿过躯干、两端开口的三棱柱（见图 25-12）。显然水并不能从躯干流入上臂。这种结构使得设计者很容易在一定范围内调整手臂的位置，无须考虑装配上的细节。

尽管采用上述方法完成角色建模和生成动画很容易，但对所得模型进行绘制和生成阴影却十分困难，包含 T-连接的模型也是如此。

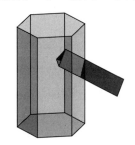

图 25-12　一个简单机器人的躯体和手臂的透视图

25.3　网格几何

从现在开始，假设我们所研究的均为已嵌入有向曲面网格，虽然不一定为封闭曲面，但可能有边界段。

前面曾提到曲面网格是对光滑曲面的离散模拟，但两者仍存在一些微妙的不同之处。例如，光滑曲面的每一点 P 都有一个切平面，形成对 P 点局部曲面区域的逼近。从 P 点附近足够小的曲面区域到其切平面的投影为单射，即邻域中任意两个点均不可能投影于切平面上同一位置。图 25-13 展示了一个球面的例子。相比之下，容易找到一些简单的网格，其中并不存在这样的平面。在图 25-14 所示例子中，找不到任何过中间的网格顶点且相当于其"切平面"的平面，这是因为顶点局部区域朝任何方向的投影都不是单射。

图 25-13　在这个简单的地球模型中，位于北极周边的小圆盘单射投影到北极点的水平切平面上，形成一个圆

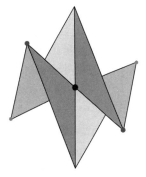

图 25-14　将网格投影到穿过其红色中心点的平面上，该投影并非单射。较大的绿色顶点离视点较近，而那些小的蓝色的点则较远

图 25-14 中所示情形似乎有点病态，但在曲面扫描过程中常将相邻的扫描点黏合起来，此时极易出现这种情况。图中出现的这类顶点称为"非局部平坦"顶点；而**局部平坦**顶点 P 是指存在向量 $\boldsymbol{n}$，使得从 P 点的星形到过 P 点以 $\boldsymbol{n}$ 为法向的平面的投影为单射。一般而言，在那些非局部平坦的顶点处，算法容易失败，因而最好检查网格的每个顶点 P 的法向 $\boldsymbol{n}$，以保证 P 点的局部平坦性。

上述非局部平坦顶点的例子道出了一个普遍现象：我们所知的光滑曲面的性质未必直接适用于网格。例如，在光滑曲面上垂直于某一方向 $\boldsymbol{d}$ 进行切片，将生成正常的光滑曲线。当然，切片时需避开一些孤立的"奇异"点。在这些点处，切片曲线可能自交，看似字母 X，如图 25-15 所示。对比之下，曲面网格的切片生成的是多边形曲线，而在奇异点生成的截交线确实非常复杂[Ban65]。

图 25-15 圆环的切片均为光滑曲线，但过最高点、最低点和两个临界点处（其切片曲线呈现为 8 的形状）的切片例外

另一个例子是光滑曲面的**轮廓**，通过轮廓线上每一点的视线均位于曲面在该点的切平面上，从而构成曲面上的一组光滑封闭的曲线，轮廓曲线间不会相交。例如，一个球面的轮廓永远是在球面上的一个圆。对于某些曲面，在某些特定视点处观察时，其轮廓线可能相交或存在尖角，但对随机选择的视线方向而言它们都是光滑的。然而，一个封闭三角网格的轮廓线由位于前向面和背向面之间的边组成，因而呈多边形而非光滑曲线。如图 25-14 所示，这些多边形轮廓线可能相交，而且一般而言均如此（即随机选择一个方向，这种现象发生的概率非零）。

我们把三角网格视为一种曲面主要基于对它们自身的考量，而非将其作为光滑曲面的逼近，从这一角度看，上面提到的不同之处并不令人惊讶。网格上的几乎所有点都是平坦的：不论怎样度量，其曲率都是零。而另一方面，按照常规度量方法，沿着边或在顶点处的曲率值却为无穷，似乎沿光滑曲面扩散的曲率此时被压缩到了一个个狭小的高曲率包里。所有基于参数曲面求导的微分几何技术在这一环境中均需重新思考，由此产生的**离散微分几何**已形成一个活跃的研究领域[Ban65，BS08]。

25.3.1　网格含义

在图 25-2 中，立方体具有尖锐的棱边，故常被认为属尖锐形状。相反，波形曲面在每条边均有弯折，但是弯折角度很小，故常被视为光滑形状。当我们在图形程序中用到网格时，一般并不知道哪种认知才是合理的。换言之，我们知道网格的数据，但并不知道它的含义。如同 RGB 图像格式本身因没有明确 R、G 和 B 的含义从而导致多种解释（参见第 17 章）一样，当网格中未包含说明时，该网格也存在歧义，在编程时所选的某个含义在另一些情形下可能会导致错误。这是一个"含义"原则的例子：用于表示网格的数字（或者其他数据）本身并不具有足够的内涵以避免歧义，含义不明确将导致算法出错。

在这一章的大部分章节中，我们均假设网格是对光滑表面的一种逼近，因此已指定了每个网格的含义。在第 6 章，我们曾看到这种假设可能导致问题。除非用多个不同网格重构金字塔的数据结构，否则其绘制结果可能出乎意外。但重构也会引发新的问题：例如重构后若需调整金字塔的高度，移动的将不再是单一顶点而是一个顶点的多个拷贝。这意味着，为提供正确的绘制结果，网格本身的拓扑结构遭到了破坏。例如，虽然原始的金字塔是一个水密封网格，但重构后的金字塔则未必。这部分是因图形界面设计所引起的。OpenGL 和 DirectX 都需要给出一个顶点的所有属性，例如将其法向和纹理坐标绑定在三角形条带中的索引的顶点位置上。如果想要生成一个类似于立方体的形状，则在每个顶点处需提供多个法向量，你不得不在同一位置创建多个顶点，最终导致非水密封的模型。而所有的当前硬件 API 均需逐个网格面或逐个顶点给定表面绘制属性，所以不得不采用类似于顶点复制的策略来指定表面颜色，这意味着每个面的三个顶点均需指定相同的颜色，导致在同一位置存在多个顶点并使网格不密封。

当你打算将任何特定的算法应用到自己的网格时，要确保你的关于网格的假设和算法设计者的假设相一致，否则不免发生意外。

25.4　细节层次

一座办公楼的模型中可能含有数百万多边形，用以描述楼内细节和窗户、边框、外饰等外观细节。但如果这个建筑出现在场景中较远的位置，将它表示成一个长方体盒子就够了。事实上，如果不这样建模，那么仅绘制几个街区就可能迅速耗费掉你所有的多边形存储空间，而它们不过决定了最终图像中的一小部分像素而已。显然，这是一种不当的资源分配方式。倘若采用基本的 z 缓存来确定可见性，而建筑物只占 100 个像素，则表示模型的数百万个多边形中只有 100 个被绘制，其余均不起作用（因为每个像素的颜色由最前面的多边形决定）。

可以通过层次可见性计算极大地改善这一状况，例如，完全无须绘制建筑物内部的多边形。但是若建筑物有大量的外观细节，上述方法仍只是一种缓和手段。真正需要的是，当建筑物位于远处时采用一种不同的模型。如果你在制作动画，当建筑物位于近处时应使用含有丰富细节的模型，而当建筑物远离视点时则转换为较少细节的模型。当然，重要的是这一转换过程必须难以察觉，否则将破坏动画的连贯性。从简单模型置换为包含完整细节模型的过程可以分成多个阶段。换言之，有必要构建一个包含**多层次细节**（levels of detail）的模型，各自用于合适的场合。

模型中包含多个细节层次意味着建筑物模型的不时转换。通常情况下，渲染器需要有每个绘制对象的多边形表示，然后基于这些多边形生成图像。而在一个包含层次细节的场景系统中，渲染器不仅需要各绘制对象的多边形表示，而且需提供其细节层次信息。这些信息可能是摄像机到所绘制对象中心的距离，或者要求所提供的绘制对象表示少于 10 000 个多边形，或者在三或四种标准细节层次中指定某一层次。

课内练习 25.7：可以采用广角透镜绘制一个近处的建筑物，此时建筑物将占据屏幕中大部分区域；也可以采用窄角透镜绘制一个遥远的建筑物，它仍然将占据屏幕中大部分区域。对于这种根据与绘制对象的距离来决定其细节层次的方法，你得到了什么启示？如何改进？

一个确定细节层次的实用方法是先构建模型的粗略表示，例如其包围盒；绘制软件可以迅速确定包围盒所在的屏幕区域，然后基于这一信息为绘制对象选取合适的细节层次。在表意式绘制（见第 34 章）中，我们有时省略某个对象的细节（例如，我们可能只绘出人群中的一两张脸，因为他们属重要人物）并非因为其所占据屏幕区域的大小。此时，渲染器在选择绘制对象的细节层次时所考虑的并非这里讨论的纯几何因素。

我们已经将层次细节作为一种解决资源分配问题的方法进行了介绍，但它的意义不仅如此:一旦我们决定采用单样本 z 缓存技术(或者其他基于固定的少数样本决定每个像素值的方法)来生成最终的图像,即隐含确定了一个可望产生正确结果的景物的尺度。为了便于讨论,暂假设每像素只取一个样本,任何投影区域小于两个像素的几何特征(一个台阶,一个窗台,一个门把手)都将呈现为锯齿状而无法准确地表现其形状。因此,从"采样前滤波"的角度,我们将去除所有这类特征。因此,采用细节层次方法也将关系到场景绘制的正确性和效率。可将其总结为下述原理:

✓ **细节层次原则**:细节层次对于效率和正确性都很重要。

话虽如此,但通过细节层次简化获得的"正确"并不总是我们所期望的。考虑图 25-16 所示建筑物的前壁。在"简化"该墙壁模型时通常会用单一平面的墙作为替代。

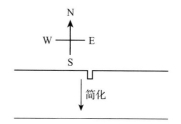

图 25-16 一个建筑物的前面墙壁,从上往下看。注意墙壁中间很窄的凸出部分。凸棱的两侧会分别反射从东面和西面入射的光线,但墙壁其他部分不会

现在考虑建筑物前壁模型简化前后的反射性质。假设建筑物前面墙壁由某种光亮的材料组成。那么对于未简化的墙壁来说,从东面射过来的光线会被墙壁反射回东面,从西面射过来的光线会反射回西面,而大量从南面射过来的光线会反射回南面。作为一个整体,该墙壁对于三个方向入射来的光的双向反射率分布函数(BRDF)如图 25-17 所示。而简化后墙壁的 BRDF 则大为不同,举例来说,当光线从东方射过来时,不论墙壁任何地方,其双向反射率均为零。

在对墙壁模型进行简化时,我们原可通过法向图表示墙壁表面的几何细节。但当我们进一步减少建筑物模型的细节层次时,因无须记录过高频率的变化细节,法向图也将予以简化。此时,类似于 Torrance-Sparrow 和 Torrance-Cook 光照模型将"墙上各种表面细节视为微观表面",我们可以将表面上不同点处各异的反射属性合并为单一的 BRDF。

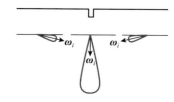

图 25-17 墙壁双向反射率分布函数,对应从东、南、西方向来的入射光线

这是因为在屏幕坐标中,这类几何特征已小到我们难以察觉,故可将它们的影响合并考虑。

我们之前也见过类似的处理方法。回到第 18 章:如果想对一个函数进行采样以揭示它的某些性质,则采样率需要超过该信号的 Nyquist 频率,否则会出现走样。对此处的情形而言,"函数"可以是"表面上点的 x(或 y 或 z)坐标",或是"表面的 BRDF"(作为表面位置的函数),或是"表面的颜色",等等。

事实上我们已经遇到的很多技术,如 BRDF、法向图、位移图等,均提供了表面在不同尺度上的几何表示。BRDF(至少在 Torrance-Sparrow-Cook 公式中)是对微平面的朝向分布如何影响表面对光的反射的一种表示。我们可以对所有这些微平面进行建模,但所带来的空间和时间耗费将无法承受。更重要的是,对这种表示进行采样(例如,光线跟踪时)将产生严重失真:被跟踪的光线将交于一个特定的微平面,形成镜面反射,而不是我们期待的漫反射。位移图和法线图可用来刻画表面的几何变化细节,哪怕这些表面在宏观上仅由几个多边形表示。由于它们均采用图表示(即定义在平面上的函数值),可采用 MIP 构

建方式对其进行预滤波，以减少走样。

　　幸运的是，这些技术也可构成某种层次结构：当你对一种表示进行简化时，可以把相关信息压缩到下一种表示中。例如，近距离观察时，一个包含皱折的平面铝箔可采用一个复杂的网格来表示，网格表面取简的 BRDF（镜面反射）。当它远离时，我们可以用较为简单的平面多边形替换复杂的几何表示，同时采用法向图或位移图来描述铝箔表面的皱折。当距离更远时，法向图中的变化已处于屏幕的子像素尺度，我们可以采用单一法向量，并将 BRDF 改为光泽型，即将众多独立的镜面反射合并为一个漫射型的 BRDF。在 Whitted 1986 年发表的关于过程建模的论文［AGW86］中介绍了多种这样的想法（至少其初期的形式）。

　　层次细节与采样/过滤思想的一致不仅仅是相似：在绘制时，我们试图采用随机方法仅基于少量样本来计算多个积分，在基于这些样本计算积分的过程中实际上隐含地重构了一个函数。如果这个函数不能为所选样本正确表示，就会发生走样。例如，在每像素取一个采样点的光线跟踪中，任何小于屏幕中两个像素距离的模型细节要么被过滤掉，要么显示时会严重走样。

　　在某种意义上，上述观察给出了如何制作图形的一个笼统方案：首先确定正确地表示图像需要采集哪些辐射度样本；然后检查光场本身，确定采集这些样本是否会引起失真。如果可能导致失真，则决定哪个变化需要从光场中消除；因为光场由绘制方程确定，然后可问"如何简化场景的光照或几何才能去除光场中的问题？"进而对场景模型做相应的修改。当最终着手绘制这个模型的时候，即可生成满意的图像。

　　因为下述原因，上述方案只是一个理想化的方案。首先，通过简化几何形状和光照来移除光场中"坏的东西"并非一目了然，事实上，这可能是无法完成的。其次，要确定光场中"坏的东西"，首先需要基于完整的场景模型来求解绘制方程，从而又回到了开始时的问题。一个折中的方案是先过滤掉光场中的所有高频变化，然后平滑场景几何形状，去除所有的尖角（这些尖角会导致反射光中的高频变化），则综合光照和几何形状相互作用的绘制方程得到的结果将不会含有太多的高频信息。虽然说这种松散的说法可能是正确的，但先平滑物体和光照产生的结果，和基于完整细节的场景模型和光照求解绘制方程再平滑其结果是不同的。这里的平滑操作（去掉高频）不能和绘制方程中的集成操作交换（不可交换原则的又一个例子）。但毕竟这是我们目前能得到的最好的结果，而且它构成了很多技术的基础。

　　在离开高层次的讨论之前，我们还有两点要讨论。第一，从图形学的角度，通常考虑的是用来表示当前场景的模型种类，此时很容易将场景本身和表示场景的模型相混淆。作为模型分类中的三种模式，考虑：不涉及细分的模型，如编制简单光线跟踪程序时使用的隐式曲面；采用三角形和基本体素（像立方体、球、圆锥）的集合，再加上求并、求交等集合运算，来描述形状；基于对象的图形表示，该类场景由各种对象来表示，每个对象都有自己的建模方式，并可支持多种操作，比如"与当前光线是否相交"和"提供自身的一种简化表示"。如果对象本身表示为网格（时常如此），自然会问，"这个对象的简化表示是什么？"这意味着将根据对象的种类，执行相应的层次细节简化。这种方法的问题是，简化的结果取决于我们描述场景的方式而不是场景本身。举例来说，如果场景中有一个球体，采用二十面体网格表示。自然可以用八面体或四面体对它进行简化。但是如果在建模时，我们采用二十个对象来构建该球，而每个对象为一个三角形，那就无法再简化，因为三角形已经是最简单的元素。再举一个例子，假设有两个不规则形状的物体（见图 25-18），它们之间局部区域存在交叉重叠，当我们去除外形上的微小细节以对其进行简化后，它们之间的缝隙却作为一个小细节被保留下来，在场景采样时这可能导致走样。在对一个包含很多建筑物的城市进行建模时也会出现这种情况：即使所有的建筑物最终都简化为长方体，但它们之间留下的长方形缝隙因在屏幕上非常之小，从而形成走样。

图 25-18　两个不规则物体相互交叉重叠。当简化各自的细节后，位于它们之间的缝隙这一细节因在未被我们的简化程序识别而保留下来

因此有一种细节层次的方法是将场景视为一个整体进行简化。Perbet 和 Cani [PC01]使用这种思路构建草原场景的模型：相机邻近范围内的草表示为独立的草叶，稍远一点的草用可调的、画着草叶的垂直图板表示。非常遥远的草则采用绘制在水平方向超大平面多边形上的纹理表示。中距离草的表示方法——面向观察者的带纹理的多边形——即为**贴图板**（billboard）的一个实例。各种各样的贴图板组合方案已使用多年，从采用一对交叉的贴图板来表示树木（除了从树上方俯视之外，视觉效果不错），到日益复杂的组合如运用多个半透明的贴图板来表示云[DDSD03]，到采用随时间变化纹理的贴图板来表示动态人群，不一而足[KDC$^+$08]。

在运用层次细节方法表示场景时，一个非常自然的方法是采用球体的并集。简化很方便：使用一个较大的包围球来代替多个小的球体。这种表示很容易进行平移和旋转操作，而且球体外形非常简单，支持各种算法，易于创建**球体树**（sphere tree）[Hub95]。这方面最早的工作可以追溯到 Badler[BOT79]。

在细节层次表示方面值得一提的最后一类对象是：参数曲线和曲面。其中，坐标函数 $t \mapsto (x(t), y(t), z(t))$ 或 $(u,v) \mapsto (x(u,v), y(u,v), z(u,v))$ 为实值函数，通常定义在一个区间或矩形域内。因此，它们适于进行傅里叶分析（表示为正弦和余弦函数的和）和滤波处理。针对某些具体的类型（如 B 样条函数）存在其他的简化方法，例如采用控制多边形来代替 B 样条函数。在另一些情形中，傅里叶基之外的其他基似更为合适：Finkelstein 等人 [CK96]采用 B 样条小波基来表示层次细节，支持简化（去除一定尺度之下的细节）和多尺度编辑（见图 25-19）；对曲面也有基于小波的类似表示方法[ZSS97]，同样支持多尺度编辑和曲面简化。

图 25-19　一条采用小波基表示的曲线，其中包含了大尺度特征和小尺度特征。对小尺度特征（曲线上的细节）的修改并不影响大尺度的外形特征，反之亦然（由 Adam Finkelstein 和 David H. Salesin 提供。©1994 ACM, Inc.）

25.4.1　渐进式网格

现在从上面一般化的介绍进入对一个具体的网格简化算法——Hoppe 的**渐进式网格**（progressive mesh）的探讨。渐进式网格简化的目标是通过折叠一条边（该边的两个顶点合并为一个点）将一个具有 n 个结点的网格 M^n 简化为具有 $n-1$ 个结点的网格 M^{n-1}，如图 25-20 所示。连续进行边折叠将生成一系列网格，其所含结点数越来越少，最终到只含有一个结点的 M^1。渐进式网格提供了一种连续细节层次的网格表示方法。而且，可以对从 M^n 到 M^{n-1} 的变化进行插值。在某种意义上，假定我们定义一网格 M^n_t，它具有 M^n 的拓扑结构，但对其几何形状进行了修改，其中网格顶点 u 的位置 $u_t = (1-t)u + tw$，顶点 v 的情况类似，则 M_1^n 和 M^{n-1} 具有相同的点集；但从一个转换为另一个尚需删除两个零面积的三角形，并为一些点和边重新命名。这种插值（见图 25-21）称为**几何变形**（geomorph）。

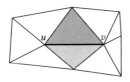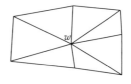

图 25-20　从顶点 u 到顶点 v 的边被收缩为一个新的顶点 w。与该边邻接的两个三角形消失，另外四条边（非 uv 边）被折叠成两条边。图中显示的三角形集合称为这条边的邻居（neighborhood）

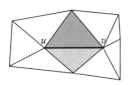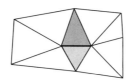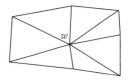

图 25-21　边的折叠可以逐步完成，通过对 u 和 v 分别进行插值使它们逐步靠近最终位置 w

为了描述这个算法，我们需要知道：

1）如何选择新顶点 w 的位置。

2）在每个阶段，如何选择折叠边。

对于第二项，Hoppe 为每条可能折叠的边给出了折叠的代价（下面将介绍），然后选取具有最小代价的边（采用贪心算法）。

对于第一项，Hoppe 考虑 w 的三种可能的位置 u、v 和 $(u+v)/2$，各自对应不同的折叠代价，他选择折叠代价最小的那条边。

25.4.1.1　边折叠代价

为了描述折叠边的代价，我们首先需要介绍如何衡量网格 M 拟合给定数据集 $X = \{x_i \in \mathbf{R}^3 : i = 1, 2, \cdots, N\}$ 的好坏程度。我们将使用原网格 M^n 中的一组点作为点集 X，但是现在我们想象 M^n 已是一个逼近得足够好的网格，可以采用它的顶点的集合作为 X。在下面的讨论中，我们假定 X 集合已确定。

拟合程度可用**能量**来描述。它是衡量网格 M 逼近 M^n 程度的一个函数，由多个项的和组成。

$$E(M) = E_{\mathrm{dist}}(M) + E_{\mathrm{spring}}(M) + E_{\mathrm{scalar}}(M) + E_{\mathrm{disc}}(M) \tag{25.4}$$

现在将最后两项合并为一项

$$E(M) = E_{\mathrm{dist}}(M) + E_{\mathrm{spring}}(M) + E_{\mathrm{extra}}(M) \tag{25.5}$$

并暂时忽略这一项。能量中的"距离"项 $E_{\mathrm{dist}}(M)$ 指的是每个 x_i 到 M 的距离的平方和：对于每个 x_i，我们选择 M 中距离它最近的点（这本身是一个最小化问题），取其距离的平方，然后求和。"弹簧能量"项 $E_{\mathrm{spring}}(M)$ 对应的是：在 M 中的每一条边上放置一个弹簧，弹簧静止时的长度为零，故总的能量为

$$E_{\mathrm{spring}}(M) = \sum_{(v_i, v_j) \text{为} M \text{的一条边}} \kappa \| v_i - v_j \| \tag{25.6}$$

κ 是弹簧常量，我们马上就会讨论。这一想法是通过调整网格 M 中结点的位置来最小化能量，使之较好地拟合数据（X），同时又没有太长的边。图 25-22 说明了为什么需要添加 spring 能量项。

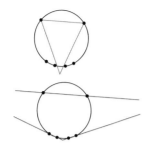

图 25-22 "spring"能量项的值：若要选取一个短边三角形拟合圆周上的 6 个点(以小圆点标记)，上图所示的三角形是不错的选择。若无须考虑"短边"这一约束条件，下图所示的三角形拟合效果似更佳，尽管它并不符合我们的初表

通过折叠一条边将网格 M 变为网格 M' 的代价可通过下面这个公式计算：

$$\Delta E = E(M') - E(M) \tag{25.7}$$

结果通常为正数(顶点越少，拟合数据越难!)。得出上述代价的前提是已知 M' 中各顶点的位置。注意从 M 到 M' 的变化只是其中一条边发生了折叠，而其他的顶点均保持不变，故新的改变仅仅是对应于折叠边的顶点位置。如前所述，Hoppe 将新顶点可能的位置限制为三个，即折叠边的原顶点 v_1、v_2 以及它们的平均值，并采用迭代法计算代价中的 distance 项和 spring 项，具体方法描述如代码清单 25-1 所示：

代码清单 25-1   找到取代一条折叠边的顶点的最优位置

```
1  Input: a mesh M and an edge vsvt of M to collapse
2  Output: the optimal position for v's, the position of
3   vertex s after the collapse
4
5  E ← ∞
6  repeat until change in energy is small:
7    Compute, for each xi ∈ X, the closest location bi on the
8      mesh M
9    Find the optimal location for location v's by solving a
10     sparse least-squares problem, using the computed locations
11     {bi : i = 1,...,K} to compute Edist
12   Compute the energy E' of the resulting mesh
```

需要指出的是 b_i 位于网格 M 上，需要将其转换为网格 M' 上的相应点。由于网格 M 和 M' 大部分相同，因此这并非难事。不过，若 b_i 位于一个包含 v_s 或 v_t 的三角形中，我们应计算它在该三角形中的重心坐标，然后将其映射到 M' 中，并将点 v'_s 当作 v_s 和 v_t 在 M' 中的位置。

现在可以给出完整的渐进网格算法(见代码清单 25-2)。

代码清单 25-2   Hoppe 渐进网格算法的核心部分

```
1  Input: a mesh M = Mn with n vertices, and a set of points X distributed on M.
2  Output: A sequence of meshes Mn,Mn−1,...,M0, where Mk has k vertices,
3    approximating the original mesh M.
4
5  E ← ∞
6  for each edge e of M:
7    compute the cost of optimal collapse of edge
8    insert (edge, cost) into a priority queue, Q
9  for k = n downto 1:
10   extract the lowest-cost edge e from Q
11   collapse e in Mk to get Mk−1
12   for each edge e' that meets e:
13     compute a new optimal collapse of e' and its cost
14     update the priority of e' in Q to the new cost
```

最后剩下弹簧常量 κ 这一细节。Hoppe 将 r 定义为边 e 邻域中顶点数与面数之比。若 $r<4$，设定 $\kappa=10^{-2}$，若 $4\leqslant r<8$，设定 $\kappa=10^{-4}$，若 $r\geqslant 8$，则设定 $\kappa=10^{-8}$。

上述算法考虑的是如何基于网格的几何结构对其进行简化。但是网格通常还有许多属性定义于顶点上，例如颜色、材质等。其中一些属性（像颜色）属于连续空间，因而进行折叠时有必要考量两端点处属性之差然后计算平均值。还有一些离散型的属性，例如材质——新点要么位于戒指的金属部件上要么位于钻石上，不存在位于两者之间的中间材质。第一类为**标量型**（scalar）属性，第二类为**离散型**（discrete）属性。

在确定折叠后新生成顶点的标量属性时，其取值应满足如下条件：对原表面上的每个采样点 $x_i \in X$ 及其在简化网格上的对应点 b_i，其标量属性值 $s(x_i)$ 和 $s(b_i)$ 应尽可能接近。具体而言，所选取的新顶点处的标量属性值应使下列能量最小：

$$E_{\text{scalar}}(V) = \sum_i \| s(x_i) - s(b_i) \|^2 \tag{25.8}$$

即使标量属性也可能需做特殊处理：考虑某立方体，其中每个面均取不同的颜色，故每个网格顶点有三个颜色属性值而不是一个。显然，算法的完整实现需要考虑这一特殊问题。

对于像材质之类的离散型属性，Hoppe 给出了**尖锐边**的定义：如果某边为边界边，且边的两侧具有不同的离散型属性；或者如上面所述，与之相连的顶点具有不同的标量型属性，则认为该边为尖锐边。尖锐边的集合构成了网格表面上取不同离散属性值的区域（或汇聚于"奇异"角点的网格面）之间的"不连续"曲线。取决于具体应用，Hoppe 禁止或惩罚可能导致改变不连续曲线拓扑关系的折叠。这里的惩罚代价即能量公式中的 E_{disc} 项（如果公式中包含该项）。这种处理方式是"意义原则"的一个例子：由于边两侧三角形的离散型属性取不同值，使边有了特别的含义，从而为进一步的计算提供了指导。

25.4.2　其他网格简化途径

如果简化过程始于一个初始网格，Hoppe 的网格简化方法是很实用的。但某些情况下亦可采用完全不同的简化方法。譬如，如果有一样条曲面，且已在某一分辨率下实现了三角化，现想要生成更简单的三角网，这时可返回样条曲面细分程序，选取不同的参数重新调用，这样会更为简便。GPU 架构领域的进展之一是开发了**细分着色器**（tessellation shader），或者说，在 GPU 上运行的一小段代码，它基于对形状的一些描述信息，生成该形状的细分网格（将其分划成多个多边形），细分结果通常由一两个决定细分密度的参数控制。

25.5　网格应用 1：移动立方体算法、网格修复、网格优化

我们现在介绍一些典型的网格应用实例。第一是用来从体数据中提取水平集曲面的移动立方体算法。第二是基于移动立方体算法变化形式的网格修复（填补空洞和裂缝）方法。第三是一个网格优化的算法，在保证整体网格几何形态不变的情况下，它可使网格内部结构（主要指三角形的形状）得到优化。

25.5.1　移动立方体算法的变化形式

到目前为止我们讨论的均为三角网格，因为它是一种主流的建模技术。但是，如果你手中的模型采用的是其他形式的表示，比如隐函数模型，那该如何处理呢？隐式模型的一种标准形式是均匀采样的密度网格，核磁共振成像常产生这类数据，其中每个网格单元所

附数值正比于该网格内所含某种物质的量。数据中的等值面可揭示组织与空气或者软组织与骨骼之间的分界面。对它们进行绘制时，首先要提取这些等值面的表示，然后将得到的多边形网格置入多边形绘制管线中。24.6 节介绍的移动立方体算法所做的正是如此。

移动立方体算法有多种广义的实现方式。以下我们将讨论两种 2D 情形下的实现，3D 情形中的算法是完全类似的。假定已知正方形网格各顶点处的函数值，则可采用线性插值的方法计算每条网格边上取值为零的点。"移动正方形"算法用单元内部的线段对位于单元网格边界上的零值点进行填充。这些线段组合起来构成了由各网格顶点值所定义函数的零水平集，见图 25-23。

但这样一来，我们可能忽视了额外的数据信息：在每个零值点处，我们还可以估计函数的梯度（见图 25-24）（或者直接基于原始数据计算梯度），然后根据这些梯度估计水平集的形状。

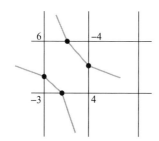

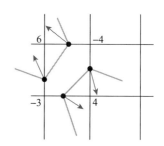

图 25-23 已知网格各顶点处的函数值，可通过线性插值计算各网格边界上的零值点（黑点），然后在每一网格单元中将这些点连接起来作为零水平曲线的估计

图 25-24 我们可以计算零值点处的梯度。基于零值点及其梯度信息将导致对零水平集的不同估计

上述算法可以称为移动正方形算法的 Hermite 版本（见第 22 章）。**扩展的移动立方体算法**[KBSS01] 依据 Hermite 数据来判断正方形内部一侧的形状：如果正方形内各数据点处的法向相近，默认为标准的移动正方形算法处理方式。但如果正方形内一对数据点的法向（例如 $(X_1, \mathbf{n}_1)$ 和 $(X_2, \mathbf{n}_2)$）很不一致（即 $\mathbf{n}_1$ 和 $\mathbf{n}_2$ 不是很平行），则该正方形将以另一种方式进行处理，即在正方形中插入一个新的点 X，并使下列**二次误差**最小化：

$$X = \arg\min \sum_i ((X - X_i) \cdot \mathbf{n}_i)^2 \tag{25.9}$$

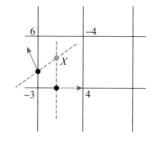

如图 25-5 所示，换言之，X 位于由 $(X_1, \mathbf{n}_1)$ 和 $(X_2, \mathbf{n}_2)$ 所决定线的交点处（在 2D 中，上式一目了然；但在 3D 情形中，可能涉及更多的点-法向组合，相应地，最小化目标函数也更为复杂）。然后将新插入的点与网格单元边界上的零值点连接起来（同时相连的还有 2D 中 X 的两条邻接边或 3D 中基于 X 的三角形扇）。

这里还有两个小问题。

1）如果法向相反且接近于平行，则最小化求得的 X 很有可能位于正方形之外，此时必须将 X 调整至正方形内部。

2）在 3D 情形中，如果在两个相邻的网格单元中同时出现额外的点 X_1 和 X_2，可跨过两网格单元的邻接面在两额外点之间连接一条边。

图 25-25 过零点的两条向量交叉决定了一个新点 X

课内练习 25.8：论证上述不理想的最小化结果实际上是走样问题。试分析采样过程，指出特高频信号在何处。

为了计算(至少对特殊情形)位于网格单元内部的等值面点,扩展的移动立方体算法采取了一种不同的处理方式:若相邻的单元内部各存在一个等值点,可根据网格边上的零值点用边(3D 中为面)将它们连接起来。这种方法叫作**双轮廓**算法。Ju 等人[JLSW02]提出了一种双轮廓算法来处理 Hermite 数据,其中包含了两个步骤:

1) 若网格单元各顶点处的值为不同符号(不全为正或者负),则通过最小化一个二次误差目标函数在单元内生成一个等值面点。

2) 对两端值为不同符号的边,生成一条边(2D 情形)或者四边形(3D 情形)将该边上的零值点与位于相邻单元内的等值点连接起来。

这一算法的好处是所有网格单元均以同一方式进行处理——无须检测"零值点处的法向量是否足够接近",但仍有一些地方需特别处理之处:例如通过二次误差函数最小化计算得到的等值点可能位于单元网格外部;此外,当等值面近乎平面时,从网格单元的 Hermite 数据可能会构建出一个接近退化的二次误差目标函数(即其零值点是一条线或者一个面),此时,该最小化问题的数值求解将不稳定。Ju 等人的工作通过深入的数值分析对上述问题进行了讨论,尽管他们所提供的解需设置一个自定的常数。

25.5.2　网格修复

网格可能"破裂"成各种各样的形状。设想一简单情况:平面上有个三角形 ABC。假设其边为有向边,如 AB、BC 和 CA。将每条边的终点以 $+1$ 计,起点以 -1 计,则三角形有向边界的算术和为零。但当边的方向取为 AB、BC 和 AC 时,其算术和为 $2C-2A$。若以这种计算边界的方法来检查该三角形是否水密封,可发现它并不水密封。此外,如果采用有向边来计算法向量,AC 边的方向失误会导致三角形内外判断出错。若网格表示中包含边表,则可通过检测各有向面的朝向是否一致来修复边表。

在建立网格时若同时考虑对绘制的加速常会发生问题,比如导致 T-连接或者是网格非水密封。甚至那些精心构建的网格,如 Utah 茶壶,也有问题(原茶壶模型无底面!)。虽然好的模型更便于工作,我们经常遇到的却是**多边形集**,由于它们几乎组建出一个完好的网格曲面,故希望尽可能利用这些现有的形状。方法之一是扫描,扫描仪能在曲面上采集很多点,甚至可以将这些点连接成三角形,但是从不同视角对模型扫描生成的三角形可能因各向视图未正确配准或遮挡关系的改变,而不能形成一个一致性的整体。对这样的三角形集合需要加以清理以形成一致的模型。

Ju[Ju04]运用他关于 Hermite 数据的双轮廓模型对这个问题进行了研究。该方法思路简单,但结果甚佳,下面简述这一算法。算法的输入为多边形集合;输出为在某种程度上与输入多边形保持一致的表面网格。图 25-26 介绍了输入多边形为闭合网格的情况;此时,原始网格几乎被精确地重构,尽管网格单元数有所减小。

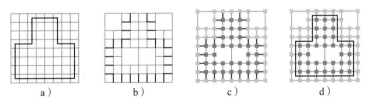

图 25-26　Ju 的网格修复方法。a) 一个被嵌入规则网格的模型。b) 与模型边界交叉的网格边存入 oct 树中。每个单元包括了偶数条边。c) 由交叉的边计算出网格点标记。d) 利用网格标记点重构模型

处理过程的步骤如下所示。

1) 输入的多边形集合被嵌入一个均匀的空间网格，与多边形相交的空间网格边标记为相交边。包含相交边的网格单元均被存储在一八叉树中。对空间网格单元大小的选择其实隐含对走样问题的考虑：一个空的多边形集和包含于一个网格单元内部的单个四面体所对应的多边形集将产生同一输出。结果是这两种信号互为彼此的走样。

2) 根据相交边标记网格顶点处的符号，每条相交边表示该边两端的符号发生转换。然而对于某些输入并非如此，如图 25-27 所示，这是由于遇到了输入数据中的边界。

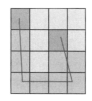

图 25-27 U 形的多边形集生成了许多边，但是不能一致性地标记网格单元，使每一条相交边都代表一个符号变化。图中标记良好的网格单元呈现为绿色。如果网格单元的相交边是奇数，那么就会出现问题（见橙色的单元）

Ju 展示了一个填充这类边界的方法，该方法通过构造一个相交集，来保证各相交边两端的符号具有一致性。这种填充法能生成相当光滑的补全曲线（2D）和曲面（3D）。

3) 有了符号数据（可扩展到整个网格各顶点处），即可采用移动立方体或者其扩展方法、若有方向数据亦可采用双轮廓算法，提取出一个连续的闭合曲面。

上述方法并非完美。在其生成的模型中，由输出网格表面包裹而成的实体可能会有一些小洞（就像瑞士奶酪）或手柄，而对存在多段边界数据的原始网格区域，边界填充（filling-in）算法所生成的结果可能不尽如人意。但是该方法可保证所提取等值面拓扑的一致性，算法运行高速（很大程度上因为采用了八叉树结构），从而为网格曲面修复提供了一个良好的起始点。

25.5.3 差分或拉普拉斯坐标系

正如导数是连续信号处理的重要参数，差分是离散信号处理的关键参数，对网格处理我们自然也力图寻找一个类似的参数。假定有一个基于网格顶点处采样的信号 s，则作为一个离散的信号，差分 $s(w)-s(v)$ 可认为对应于 $s(t+1)-s(t)$，其中 w 和 v 是相邻的顶点，$t\in\mathbf{Z}$。

二阶导数也有很重要的作用：在对一区间上的信号进行傅里叶分析时，我们可以把其表达成若干 sin 和 cos 函数的和，它正好是二阶导数算子在所有信号所组成空间上的特征函数。下面考虑二阶导数更具体的应用，假定有一离散信号

$$s:\mathbf{Z}\rightarrow\mathbf{R}:t\mapsto s(t)\qquad\qquad(25.10)$$

而且已知 $s(0)$、$s'(0)$ 和在任何 t 值下 $s''(t)$ 的值（此处用导数的记号来表示差分：采用 $s'(t)$ 表示 $s(t+1)-s(t)$，$s''(t)$ 表示 $s(t+1)-2s(t)+s(t-1)$），则可以重构出 $s(t)$ 函数：具体步骤是利用 $s'(0)$ 重构出 $s(1)$，利用 $s''(1)$、$s(1)$ 和 $s(0)$ 重构出 $s(2)$，依此类推。

课内练习 25.9：实现上面介绍的算法。已知 $s(0)=4$，$s'(0)=1$，$s''(1)=-1$，$s''(2)=0$，$s''(3)=-1$，求 $s(1)$、$s(2)$、$s(3)$、$s(4)$。

记录 $s(0)$ 和 $s'(0)$ 的值，以及所有二阶导数的值，便构成了信号的另一种表示形式。这种表示形式的一个优点是：如果想在每个信号上增加一个常数量，只需要改变 $s(0)$ 的值而无须更改其他任何数据。

课内练习 25.10：跟前面练习题一样计算 $s(1)$、$s(2)$、$s(3)$、$s(4)$ 的值，但此处 $s(0)=2$。证实其他各点的值也分别减 2。

类似地，只需改变 $s'(0)$ 的值就能在信号上增加一个线性的变量（即信号值均匀递增或递减）。这意味着二阶导数所刻画的信号信息不因信号位移或者剪切而受到影响。

对网格表面而言，类似的参数为**网格拉普拉斯差分**(Mesh Laplacians)。假设有一个网格，其每个顶点都有一个实数值，仿照一维离散信号情形，我们将其记为 $s(v)$。尽管此时已没有前一信号或后一信号的顺序，但仍存在相邻信号的关系。令 $N(v)$ 表示所有邻接到顶点 v 的 1 环顶点的集合，$|N(v)|$ 表示集合的大小，可定义顶点 v 的拉普拉斯差分函数为

$$L(s)(v) = C \sum_{w \in N(v)} (s(v) - s(w)) \tag{25.11}$$

这里常数 C 并不重要。我们可以把常数 $s(v)$ 从求和运算中移出，得到

$$L(s)(v) = C|N(v)|s(v) - \sum_{w \in N(v)} s(w) = C'(s(v) - \frac{1}{|N(v)|} \sum_{w \in N(v)} s(w)) \tag{25.12}$$

其中我们将顶点 v 的 1 环邻接点数 $|N(v)|$ 合并到常数 C 里，记为 C'。从式中可以看到拉普拉斯差分表达的是顶点 v 的信号值与 v 的邻接点信号平均值之差。

需要明确的是，拉普拉斯函数的输入是网格信号，输出还是网格信号。因此如果 s 为信号，那么 $L(s)$ 也是信号，而 $L(s)(v)$ 表示顶点 v 处的信号值。

和一维的情况类似，若已知某一顶点 v_0 以及除一个邻接点外它所有邻接点处的信号值，并知道网格上每个顶点的拉普拉斯函数，则能计算出剩下的那个邻接点处的信号值，这可能又为计算另一个顶点的信号值提供了足够的信息。

课内练习 25.11： 画一个四面体，其四个顶点分别赋值 1、3、0、5，即可在一个四面体上定义信号 s。计算每个顶点处拉普拉斯函数 $L(s)(v)$ 的值，其中常数 $C=1$。对这些值的和有何观察？

与离散信号情形不同的是：拉普拉斯值并非彼此独立。

因此，虽然信号的拉普拉斯不因每个点的信号值增加一个常数，或发生类似于一维离散信号剪切而受到影响，但并非在顶点处任意值的集合 $\{h(v) : v \in V\}$ 均可作为某种信号的拉普拉斯来重建出该信号。通常的方法是找信号 s 使得 $L(s)(v) - h(v)$ 尽可能小，即最小化下面的平方和

$$E(s) = \sum_{v \in V} (L(s)(v) - h(v))^2 \tag{25.13}$$

既然拉普拉斯函数在所有信号值增加一个常数的情况下不变，上述的最小化过程通常还必须加入一个或多个约束条件，例如选择少量顶点 v_1, v_2, $\cdots$, v_k，给定它们的值 $s(v_i)$。

当我们倾向于构建许多定义在网格上的函数时，例如计算每个网格顶点处的光照模型，然后沿边和三角面进行插值，发现计算拉普拉斯最常用的函数是返回其每个顶点的位置坐标的函数。例如，我们可以把每个顶点的 x 坐标视为该顶点的一个信号值，对 y 和 z 坐标也同样如此。如果我们用 $\mathbf{x}: V \to \mathbf{R}^3$ 表示一向量值函数（将每个顶点转换成 xyz 坐标），则可计算

$$\boldsymbol{\delta}(v) = L(\mathbf{x})(v) \quad v \in V \tag{25.14}$$

所给出的每个点处的向量称为网格的**拉普拉斯坐标**或**差分坐标**。

"拉普拉斯坐标"实际上并不是一个合适的称谓。在一个坐标系中，两个不同的点不能具有相同的坐标值（尽管在某些坐标系，比如极坐标中，可允许同一个点具有多个坐标）。然而容易发现，对于一个平面的规则三角化网格，其每个顶点的拉普拉斯坐标均为 0，于是，这个网格中任意两个平面区域都取相同的坐标。也许叫作"坐标拉普拉斯"或者"坐标差

分"更合适，但是"拉普拉斯坐标"和"差分坐标"已成了被广泛使用的名词。

拉普拉斯坐标有几个显著的性质。首先，它在位移变换下保持不变，也就是说，若 M' 是网格 M 位移后的版本，则两者对应顶点的拉普拉斯坐标完全相同。其次对网格施加线性变换时其拉普拉斯坐标取同一变换，这意味着，对网格 M 每个点实施线性变换 T（例如在 xy 坐标平面上旋转 30 度）生成新的网格 M'，则 M' 上各顶点的拉普拉斯坐标可由 M 上对应顶点的拉普拉斯坐标做同一变换 T 而得到。以上特性可以归纳为：网格仿射变换后，其拉普拉斯坐标会有相同的变换，只是要记住向量的仿射变换中不考虑位移。

总之，网格上的拉普拉斯坐标提供了一种与仿射变换等变化的网格几何描述。网格可以基于其拉普拉斯坐标和少数已知的网格顶点位置得以重构。而且如果我们是通过求解最小二乘问题进行重构而不是追求精确解，则任何一个网格点处的向量值函数亦可以起到拉普拉斯函数的作用。

25.5.4 拉普拉斯坐标的应用

Nealen 等人[NISA06]描述了一种通过调整顶点位置、但保持网格连接拓扑的方法来优化网格。该方法很简单，但它的优点和缺点也同样明显。

基本想法是通过调整顶点位置以满足两个目标：第一，调整后的顶点应尽可能接近它的原位置（尽管有些点的权重会高于其他点）；第二，调整后顶点的拉普拉斯必须和调整前网格拉普拉斯中不相切的部分尽可能相似。由于网格的拉普拉斯函数表示的是一个顶点和它周围相邻顶点位置的平均值之差，这使得每个顶点除了对其邻接点所构成的平面必要的位移外（这一描述假设相邻点几乎在一个平面内），趋于邻接点坐标的均值。

显然顶点朝其相邻点的均值移动和完全不移动这两个目标是相互对立的。通过调整相邻顶点的权重，我们可以选择强调保持网格形状或者使网格变化更加均匀。Nealen 等人提出了一些广为适用的调整权重的策略。

对比通常的点-面（vertex-and-face）表示方法，我们把一个网格表示成图 $G = (V, E)$，其中 V 表示顶点的集合，E 表示边的集合。我们将 V 表示成一个 $n \times 3$ 的数组，其中第 i 行包含第 i 个顶点的 x、y、z 的坐标值，我们将其存储为一个 3×1 的列向量，即 $V = [v_1, v_2, \cdots, v_n]^T$。

我们通过下述法则计算顶点 i 的拉普拉斯坐标

$$\boldsymbol{\delta}_i = \sum_{(i,j) \in E} w_{ij}(\boldsymbol{v}_j - \boldsymbol{v}_i) \qquad (25.15)$$

$$= \left[\sum_{(i,j) \in E} w_{ij} \boldsymbol{v}_j \right] - \boldsymbol{v}_i \qquad (25.16)$$

对于每个 i 而言，权重 w_{ij} 之和为 1，而且可能取为均等的，即

$$w_{ij}^u = 1/|\{j:(i,j) \in E\}| \qquad (25.17)$$

因此每条邻接于顶点 $\boldsymbol{v}_i$ 的边具有相同的权重，或者根据**余切法则**我们可以设置

$$w_{ij} = \cot\alpha + \cot\beta \qquad (25.18)$$

其中 α 和 β 为顶点 $\boldsymbol{v}_i$ 与其 1 环邻域顶点 $\boldsymbol{v}_j$ 连接边两侧三角形的内角（见图 25-28）[⊖]，定义

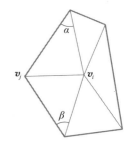

图 25-28　顶点 v_i 1 环邻域中一个顶点为 v_j；v_j 两边的内角为 α 和 β，取这两个角的余切值来定义 v_i 的余切拉普拉斯向量中 v_j 的权重

⊖　余切法则的基本原理可参见华章网站上材料中的介绍。

$$w_{ij}^c = \frac{w_{ij}}{\sum\limits_{(i,k)\in E} w_{ik}}$$

(25.19)

所以 $\sum\limits_j w_{ij}^c$ 的和是 1。

如果 v_i 与其邻接顶点位于同一个平面内，则 v_i 的均值拉普拉斯由 v_i 指向其邻接点的平均值，其余切拉普拉斯则为零向量。我们在这两种拉普拉斯上加注上标以区分其类型。

我们的目标是确定新的顶点位置 $v_i'(i=1,2,\cdots,n)$，使其同时满足：靠近原顶点位置；新顶点处的拉普拉斯和原顶点的拉普拉斯具有某种相似性。第一个条件可以写为

$$W_p V' = W_p V$$

(25.20)

W_p 为表示权重的斜对角矩阵，它给出了对我们最为重要的那些位置实施调控的约束条件。显然 $V'=V$ 即为这个系统的一个解，下面为其添加进一步的约束。

课内练习 25.12：既然有 n 个顶点 v_i，每个顶点均为三维表示，则 V 为 $n\times3$ 矩阵。试问等式(25.20)中其他矩阵的大小是多少？

第二个条件涉及拉普拉斯函数，可以写成

$$W_L L V' = W_L F$$

(25.21)

此处我们引入了一个表示权重的斜对角矩阵 W_L，其中 L 为某种拉普拉斯坐标变换矩阵（即 LV 的第一行为顶点 v_1 的拉普拉斯值，以此类推）。矩阵 F 为拉普拉斯坐标的目标值。综上考虑，我们将求解以下矩阵

$$\begin{bmatrix} cW_L L \\ W_p \end{bmatrix} V' = \begin{bmatrix} cW_L F \\ W_p V \end{bmatrix}$$

(25.22)

Nealen 等人发现，如果取 $L=L_u$ 且 F 为所有顶点的余切拉普拉斯坐标，则产生的网格将保留原始的形状细节但各三角形的形状会有所改善。如果将 W 设为单位矩阵，则所有的顶点将等距移动，三角面的形状只略有变化。另一方面，如果令顶点的权重与该顶点的平均曲率成正比，那么高曲率的顶点将保持固定，而其他的点发生移动。问题是，网格上总会有一些高曲率的顶点，如果将权重和曲率取为线性映射，将只有少数顶点被约束。Nealen 等人提出了另一种方法：计算

$$C(\kappa)$$

(25.23)

它是曲率不超过 κ 的顶点数与全部顶点数之比，将曲率为 κ 的顶点的权重取为与 $C(\kappa)$ 成正比，并将这些点的权重存储在矩阵 W_L 中。比例常数作为一个调节参数。

采用这一方法将可以改善三角面的形状同时保持高曲率点处网格的曲面特征。

另一方面，如果取 $L=L_u$ 且 $F=0$，将去除网格形状上的一些噪声，使网格变得平滑。Nealen 等人还讨论了该方法的另一些变形。

课内练习 25.13：我们尚未讨论如何设置与位置相关的权重 W_p。设想出一下典型物体上的哪些点适合取较大的权重？

不管是三角形形状优化还是网格平滑，都需要求解方程(25.22)。在该方程中，一个 $2n\times n$ 矩阵乘以一个未知的 $n\times3$ 矩阵，得到一个 $2n\times3$ 矩阵。为此，我们一次只求解未知矩阵中的一列。也就是说

$$AX = B$$

(25.24)

可通过求解

$$AX_i = B_i$$

(25.25)

实现，其中 X_i 表示 X 矩阵的第 i 列，$i=1,2,3$。求解时，先计算 A 矩阵的 LU 分解

[Pre95]。幸运的是，这一分解可用来计算 $\boldsymbol{X}$ 的每一列向量。

25.6　网格应用 2：变形传递和三角形排序优化

作为本章的总结，我们给出网格的两个更为高级的应用。第一是**变形传递**，该方法将两个具有某种关联的网格（如两个四足动物）上的少数关键点予以匹配，使第一个网格的变形能自动地传递到另一个网格上。第二个应用是通过重构网格的面表，使之在对网格进行绘制时能更有效地应用 GPU 进行加速。

25.6.1　变形传递

假定通过运动捕捉系统，我们已经获得了某一表演者在一段时间不同时刻的位置变化，即一个拓扑保持不变的网格 M（源网格），该网格对应于一个由顶点索引三元组表示的不变的三角形集合和顶点位置 $V^i (i=0,1,\cdots)$ 的时间序列（V^0 为 0 时刻所有顶点的位置集合，V^1 是 1 时刻的顶点位置集合，……）。我们希望将这一运动序列传递给另一个网格（目标网格），而目标网格（例如表示视频游戏角色的网格）可能不是真实的人体形状。或者说，我们记录了一匹马的位置序列，而想要将这一运动传递给骆驼（因缺乏骆驼的运动捕获数据）。将 V^0 和 V^k 之差作为当前模型的变形，我们希望将这一变形传递到另一个可能对应不同三角面片集合的目标网格 M' 上去，从而由目标网格的当前顶点位置 W^0 生成新的顶点位置 W^k。我们将采用 Sumner 和 Popović 提出的方法[SP04]（见图 25-29）。

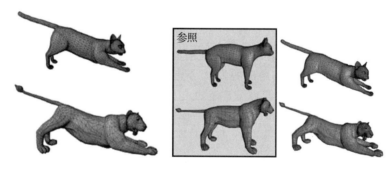

图 25-29　左边一列所示为源网格和目标网格，显示出两个网格间各三角面片的逐一对应关系；右侧的上图是源网格的变形，下图是采用变形传递算法生成的目标网格变形（由 Robert Sumner 和 Jovan Popović 提供）

因为仅考虑变形，我们只需考察 $k=1$ 的情形，而对下一个 k 值运用同样的技术。为叙述简便，重新做以下标注：采用 V_i 表示源网格中第 i 个顶点的位置（即它在 V^0 中的位置），$\overline{V}_i$ 表示该顶点变形后的位置（即 V^1 中的位置）。为了简化标注，我们将下面讨论的每一个对象视为向量而不仅仅代表一个点。我们为网格 M 选择一个"原点" O_M，把每个顶点表示成对这个原点的位移：

$$\boldsymbol{v}_i = V_i - O_M \qquad (25.26)$$

对 $\overline{V}$ 做相同的处理。对 M' 的处理是类似的，当然我们可以独立地选择一个"原点" $O_{M'}$（为了避免后期计算中大的舍入误差，选择类似于网格质心之类的点作为网格原点较好）。

$$\overline{\boldsymbol{v}}_i = \overline{V}_i - O_M \qquad (25.27)$$

同样，我们采用 $\boldsymbol{w}_i$ 和 $\overline{\boldsymbol{w}}_i$ 表示第 i 个目标网格顶点变形前后的位置，假定给定所有 i 的 $\boldsymbol{v}_i$、$\overline{\boldsymbol{v}}_i$ 和 $\boldsymbol{w}_i$，我们希望找到所有的 $\overline{\boldsymbol{w}}_i$。

为了将源网格 M 的变形和目标网格 M' 变形关联起来，我们需要建立它们之间的**对应**

关系。在 Summer-Popović 公式中，通过三角面片对的集合 $C=\{(s_i, t_i)\in \mathbf{Z}\times \mathbf{Z}: i=1,2,$ $\cdots,c\}$ 来建立对应关系。(s_i,t_i) 表示目标网格中的第 t_i 个三角面片与源网格中第 s_i 个三角面片的变形类似。注意集合 C 是三角形面片索引间的**关联**：如它可以表示在 M' 中三角面片 7 的变形和 M 中面片 2 和 96 相似（C 中的索引对 $(2,7)$ 和 $(96,7)$），或者 M' 中的三角面片 11，12 两者都和 M 中的三角面片 4 变形相似，这种情况下 C 将包含索引对 $(4,11)$ 和 $(4,12)$。不必 M 中的每一个三角面片索引都作为关联组合的第一个元素出现在 C 中，同样，也不需要 M' 中的每一个三角面片索引都作为某关联组合的第二个元素出现在 C 中。但最容易想到的关联方式仍为源网格和目标网格三角面片之间具有某种一一对应关系，此时，马头部的一个三角面片将和骆驼头部的某一三角面片相对应；马的左前腿部的一个三角面片和骆驼的左前腿部的某个三角面片相对应等。初始时建立和描述这种对应关系将分区域处理，可采用算法来推测源网格和目标网格各部分之间的对应关系，然而最容易的方式可能是由用户指定两网格上少数关键点之间的对应关系，然后运用某种广度优先搜索加松弛扩展的方法从这些关键点向外"生长"出对应关系。

接下来，我们把变形传递问题表述成为一个优化问题。在给出优化算法之前，需先对网格做一定的扩展。

假设有一个三角面片，其顶点为 $\boldsymbol{v}_1$、$\boldsymbol{v}_2$ 和 $\boldsymbol{v}_3$，它的变形将传递给另外一个三角形 $\overline{\boldsymbol{v}}_1$、$\overline{\boldsymbol{v}}_2$ 和 $\overline{\boldsymbol{v}}_3$。自然地，我们可以通过图形学中常用的仿射变换：某种平移和关联的线性变换，来实现这种传递。问题是，两个三角形都位于各自的平面，从一个三角形（及其所在平面）到另外一个三角形（及其所在平面）的仿射变换有无限多种，这是因为变换中离开平面的部分完全不受约束。

课内练习 25.14：考察二维类似情况：寻找从 $\mathbf{R}^2$ 到 $\mathbf{R}^2$ 仿射变换 $\mathbf{T}$，使得 x 轴上从 $(0,0)$ 到 $(1,0)$ 的线段变换成 y 轴上从 $(0,1)$ 到 $(0,2)$ 的线段，然后将变换 $\mathbf{S}:\mathbf{R}^2\to\mathbf{R}^2:(x, y)\mapsto (x+3y, y)$ 写成 $\mathbf{R}=\mathbf{T}\circ\mathbf{S}$ 的形式，并证明 $\mathbf{R}$ 以 $\mathbf{T}$ 相同的方式对线段进行变换。

因此，我们在 $\boldsymbol{v}_1$、$\boldsymbol{v}_2$ 和 $\boldsymbol{v}_3$ 定义的三角形上添加一个新的顶点 $\boldsymbol{v}_4$，其位置沿三角形法线方向高于三角形所在平面一个单位长度，即

$$\boldsymbol{v}_4 = \boldsymbol{v}_1 + \frac{(\boldsymbol{v}_2 - \boldsymbol{v}_1)\times(\boldsymbol{v}_3 - \boldsymbol{v}_1)}{\sqrt{\|(\boldsymbol{v}_2 - \boldsymbol{v}_1)\times(\boldsymbol{v}_3 - \boldsymbol{v}_1)\|}} \tag{25.28}$$

同样，在 M' 中也添加一类似的新顶点。现在由 $\boldsymbol{v}_1,\cdots,\boldsymbol{v}_4$ 到 $\overline{\boldsymbol{v}}_1,\cdots,\overline{\boldsymbol{v}}_4$ 可定义一个唯一的仿射变换，将这一仿射变换写成一个线性映射和一个平移的组合，可发现线性映射 $\boldsymbol{Q}$ 必定将 V_i-V_1 转换到 $\overline{v}_i-\overline{v}_1$，其中 $i=2,3,4$。即

$$\mathbf{V} = \begin{bmatrix} \boldsymbol{v}_2 - \boldsymbol{v}_1 & \boldsymbol{v}_3 - \boldsymbol{v}_1 & \boldsymbol{v}_4 - \boldsymbol{v}_1 \end{bmatrix} \tag{25.29}$$

$$\overline{\mathbf{V}} = \begin{bmatrix} \overline{\boldsymbol{v}}_2 - \overline{\boldsymbol{v}}_1 & \overline{\boldsymbol{v}}_3 - \overline{\boldsymbol{v}}_1 & \overline{\boldsymbol{v}}_4 - \overline{\boldsymbol{v}}_1 \end{bmatrix} \tag{25.30}$$

我们有 $\boldsymbol{S}=\overline{\boldsymbol{V}}\boldsymbol{V}^{-1}$，因而能够计算平移 d

$$d = \overline{\boldsymbol{v}}_1 - \boldsymbol{S}(\boldsymbol{v}_1 - O) \tag{25.31}$$

其中 O 是三维空间的原点。

注意到我们已经为初始网格和变形网格中的每一个三角面片都添加了一个新的顶点，因此初始条件变为：

- 原始网格 M（源网格），附加一增设的顶点集，仍然用 $\{\boldsymbol{v}_i\}$ 表示，其中每一个"三角形"有 4 个顶点；
- 变形后的网格 $\overline{M}$（变形源网格），带有一个增设顶点集；
- 另外一个网格 M'（目标网格），也附加了一个增设顶点集 $\{\boldsymbol{w}_i\}$；

- 对应关系 C，描述网格 M 和 M' 上三角形的对应关系；
- 对于 M 上的每一个三角面片 t，将 M 中 t 的四个顶点变换到 $\overline{M}$ 中 t 的四个顶点位置的仿射变换 $v \mapsto S_t v + d_t$。

取三角面片 t 在网格 M 的三角形表中的索引值来表示是很方便的，因此 S_t 和 d_t 也可采用整数索引。

现欲寻找目标网格 M' 的变换集，使这些变换与源网格的变换集尽可能相似；取目标网格中的目标三角形 s，其变换可写成如下形式：

$$w \mapsto T_s w + d'_s \tag{25.32}$$

我们的目标是对于任何 $(t, s) \in C$，其变换 T_s 和 S_t 尽可能相似。注意此处我们未考虑源网格的平移变换，而只关注网格中每个三角面片的内在变形和平移。正因为如此，所得到的解将不是唯一的：我们可以在所有的 d'_s 向量上同时添加任何一个常量平移，而得到同样好的解。通过显式设定目标网格中三角形 s 位移 d'_s，可消除这种解的不确定性。

还有一个问题：如果顶点 w_i 同属于三角面片 s_1 和 s_2，可能发生

$$T_{s_1} w_i + d'_{s_1} \neq T_{s_2} w_i + d'_{s_2} \tag{25.33}$$

此时，该顶点经由两个不同的变换被移到两个不同的位置，这意味着该变换并非针对网格 M' 的变换，而是对一个三角面片集的变换。令 $N(w_i)$ 表示所有包含顶点 w_i 的三角面片的集合，我们寻找变换集，使之满足

$$T_{s_1} w_i + d'_{s_1} = T_{s_2} w_i + d'_{s_2} \text{ 对于所有 } s_1, s_2 \in N(w_i) \tag{25.34}$$

将这个目标表达成数值优化问题

$$\sum_{(s, t) \in C} \| S_s - T_t \|^2 \tag{25.35}$$

并满足

$$T_{s_1} w_i + d'_{s_1} = T_{s_2} w_i + d'_{s_2} \text{ 对于所有 } s_1, s_2 \in N(w_i) \tag{25.36}$$

其中 $\| A \|^2$ 表示矩阵 A 中各元素的平方和（该量的平方根为矩阵 A 的 Frobenius 范数）。这是一个二次优化问题，能够用标准的数值方法求解（顺便提及，除非你是一个数值分析的专业人员，否则大可不必自行撰写二次优化求解程序，而可以找一个现成的求解程序，然后成为应用方面的专家）。然而上述求解模式的问题是大量的约束条件：每一对共享一个顶点的三角形将对应一个约束。即使每个顶点只邻接三个三角形，总的约束条件数仍然等于顶点数，这通常是一个非常大的数字，因此，上述求解模式仍需重新构造。

Sumner 和 Popović 做了一个很自然的调整：与其将目标三角形的变换 T_t 作为未知量并以变换后网格顶点的邻接性作为约束条件，他们取目标网格顶点的最终位置 $\overline{w}_i$ 作为未知量，并以 $\overline{w}_i$ 来表示变换 T_t。

前面已经提到，源网格的变形变换 S 可以表示成 $S = \overline{V} V^{-1}$。如果已知目标网格顶点变形后的位置 $\overline{w}_i$，则目标网格的变形变换可以类似地表示为 $T = \overline{W} W^{-1}$，即变换矩阵 T 中各元素最终可表达为未知位置 $\overline{w}_i$ 的线性函数，于是最小化问题变为

$$\min_{\overline{w}_1, \cdots, \overline{w}_n} \sum_{j=1}^{|M|} \| S_{s_j} - T_{t_j} \|^2 \tag{25.37}$$

其中 S_{s_j} 均为已知，而在 T 中

$$T = \overline{W} W^{-1} \tag{25.38}$$

W^{-1} 已知，仅 $\overline{W}^{-1}$ 未知。故上述求和是一个关于所有待求顶点位置的大规模二次表达式，将所有的未知位置写成一个 $3n \times 1$ 的向量 x，则最小化问题可重写成如下形式

$$\min_{\overline{w}_1, \cdots, \overline{w}_n} \|c - Ax\|^2 \tag{25.39}$$

其中 A 是大的稀疏矩阵。事实上，如果将所有未知顶点的 x 坐标列为 x 的前 n 项，y 坐标列为 x 中第二个 n 项，z 坐标列为 x 的最后 n 项，则矩阵 A 将呈现为一个分块对角矩阵，由 $n \times n$ 个块组成。

将式(25.39)的目标函数的梯度取为零，则该最小化问题最终可转化为求解线性系统

$$A^{\mathrm{T}} A x = A^{\mathrm{T}} c \tag{25.40}$$

矩阵 A 仅依赖于已知数据，仅需计算一次，同样，$Q = A^{\mathrm{T}} A$ 也仅需计算一次，而下列形式的方程

$$Qx = A^{\mathrm{T}} c \tag{25.41}$$

可通过对 Q 做 LU 分解(仅需计算一次)和回代进行求解。注意，LU 分解对三大块也是分块的，从而进一步简化了计算。

上述算法实现的要点是标记管理(bookkeeping)，把式(25.35)所示的优化问题变换为式(25.37)的形式，涉及对各项索引的仔细调整。假如你有意实现该算法，建议先取一个简单的二维网格作为实例：该网格最好不超过 5 个顶点和 7 条边，同时建议使用 Matlab 或者 Octave 等内置矩阵运算的语言编写程序，会有所帮助。一旦完成上述简单情况的模拟，将该算法转换为其他的语言会容易许多，尤其是在调试过程中，可以内置矩阵的实现过程作为参考。

25.6.2　有利于提高硬件效率的三角形重排序

众所周知，基于 GPU 实现的图形流水线包含几个阶段，其中任何一个阶段都可能成为瓶颈。对于某些模型，顶点的坐标变换占据计算量的主要部分，因此当代 GPU 倾向于对这些变换后的顶点实施缓存。在生成即将进入绘制阶段的三角形时，如果那些共享顶点的三角形能在近乎相同的时间进行处理，将能更好地发挥高速缓存的作用。三角形条带即为构建这种网格局部性的一种方式。另有一些模型，其中大量的复杂细节是不可见的(例如，一个办公楼模型可能包含数百万个三角形，但无论从任何一间办公室看，都只能看到数百个三角形)。在这些情形中，我们只需先绘制出可见的三角形，然后通过 z 向检测证明其他三角面片均不可见，对这些不可见的三角形片段无须进行光照和阴影计算。当然，背面剔除也会减少平均约 50% 的绘制计算量。通过巧妙的三角面片聚类，可以非常有效地解决缓存失配的问题。然而，要避免不必要的绘制，就必须依据当前的视点位置对三角形进行处理：如能将所有三角面片从前到后排序，则可极大减少不必要的绘制计算，但问题是这种排序将打碎针对顶点缓存失配问题的三角形聚类。尽管如此，这种从前向后的排序构成了算法的核心。我们可以通过构建一个图来确定三角面片的前后顺序，该图的结点为三角面片，若结点 t_1 部分或完全遮挡结点 t_2，则 t_1 到 t_2 间存在一条有向边。假定该图是非循环的，对该图进行一次拓扑排序将给出一个绘制次序。我们将稍后讨论循环情形。

Nehab 等人[NBS06]提出了一个解决方案，在采用背面剔除技术的同时，吸取了两种方法的优点。该方案构建足够大的三角面片聚类，可允许少量的缓存失配(与最优情况相比)。当以给定的顺序绘制聚类时，可显著地减少过度绘制(overdraw)情况。他们的方法基于三个关键想法：

1) 如果两个多边形的法向量的点积等于 -1，则其排序对过度绘制问题不产生影响，这是因为若其中一个多边形法向朝前，另一个多边形必为背面从而被剔除。当点积大于 -1 时，随着点积值的增大，过度绘制的可能性将增加。

2）如果两个多边形的点积为正，且从众多视点观察都是其中的一个多边形遮挡另一个，而另一个永远不会遮挡第一个多边形。在这种情况下，任何将遮挡多边形排在被遮挡多边形之前的排序都能减少过度绘制。

3）上述观察对位于同一平面上的多边形聚类是成立的，甚至对接近于平面的多边形聚类也是成立的。

图 25-30 示意了上述情形。此外，如果网格表面是凸的，则对其表面多边形的任何排序都不会导致过度绘制。甚至对图 25-31 所示的波浪形屋顶网格，仍然可能以一个不产生过度绘制的排序来绘制多边形。考虑到这些例子，算法有两个主要的步骤：首先，我们采用类似于 k-均值的聚类算法构建接近平面且相互连接的三角形聚类[HA79]；然后通过创建一张图来确定各聚类的排序，图的结点为各个三角形聚类。如果在多数情形中（针对所有可能的视点）结点 c_1 遮挡结点 c_2，则图中将包含一条从 c_1 到 c_2 的有向边。每条边都赋予一个权值，具体值取决于 c_1 遮挡 c_2 的情形的多少。然后，我们对该图进行拓扑排序，并利用边的权值来破除可能出现的循环遮挡情形。

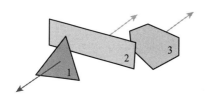

图 25-30 因为背面剔除，多边形 1 和 2 的前后顺序并不重要；在某些视点上，多边形 2 将遮挡多边形 3，但是多边形 3 从不会遮挡多边形 2

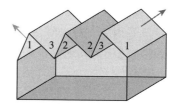

图 25-31 按图中数字依序绘制屋顶各表面，同时进行背面剔除，无论任何视点都不会产生过度绘制

25.6.2.1 聚类

在算法中，用户必须提供聚类的数量 k，k 通过顶点缓存效率和过度绘制率之间的折中来选取（根据作者提供的数据，对于 100 000 个三角面片数量级的网格模型，取 10～100 个聚类既可）。然后选择 k 个随机三角形，从它们出发生成聚类。一般地，k-均值算法有两个交替执行的步骤：基于与聚类表征的某种"距离"，将三角形添加到该聚类；然后重新计算聚类的表征。对于平面上的点的聚类，聚类表征通常取聚类内各点的质心，距离则为欧氏距离。在每次迭代中，每个点被添加到与它最近的聚类中。

在本算法采用的 k-均值聚类中，聚类从 k 个随机选出的"种子"三角形开始，每个聚类用其质心和法向量表征；初始质心和法向即为种子三角形的质心和法向。聚类利用三角形邻接关系对"种子"三角形进行广度优先搜索，不断"生长"。种子三角形与聚类中心的距离为 0。对与聚类 C 中三角形 g 邻接的三角形 f，它与聚类的距离等于三角形 g 与聚类的距离加上 $1 - n_f \cdot n_c + \varepsilon$，其中 n_f 和 n_c 分别是三角形 f 的法向和聚类的平均法向，ε 是一个小的常数，用来确保拓扑上靠近种子的三角形与较远的其他三角形相比优先被选择。一旦计算出每个面片与所有聚类中心的距离，即可将它添加到距离最近的聚类。第二步，重新计算聚类的中心和聚类的平均法向 n_c，重新开始迭代。因为距离函数增量中的点积项，与聚类法向较为一致的三角形将容易并入聚类中，而偏离聚类法向的三角面片则不会，从而导致聚类的边界趋向于与网格中尖锐的特征边匹配。注意到当前三角面片的两边或三边可能均与同一个聚类 C 相邻接，此时，选取与之相邻的三角形中的最小距离作为增量距离计算的基准。

25.6.2.2　排序

建立聚类后，我们再计算 $I(c_1, c_2)$ 的数值，即聚类 c_1 遮挡聚类 c_2 情形的具体量。计算时应选取足够多的视点，以获得对平均遮挡情形的较好估计，然后基于这些数值构建一张图，图的结点标记为各个聚类。I 的值以像素数来计算：即将 c_2 绘制在 c_1 之前可能被过度绘制的像素的平均数。如果 $I(c_1, c_2) > I(c_2, c_1)$，应在绘制 c_2 之前绘制 c_1，因此我们在图中设置一个 c_1 到 c_2 的有向边，权值是 $I(c_1, c_2) - I(c_2, c_1)$，该值恒为正。

如果所生成的图可进行拓扑排序（忽略权重），我们将采用这一排序。如不成功，我们需要构建一个顺序使得其中"违背合理排序"（即图中的有向边为 c_1 到 c_2，在新的排序中 c_2 的次序却在 c_1 之前）的权值之和最小。遗憾的是，此问题是一个 NP 完全问题[Kar72]，但是简单的贪心启发方法却可获得不错的效果。该方法基于一个拓扑排序的算法，即选择任一个全部边为出边的顶点作为开始结点，其连接的全部边为入边的顶点作为结束结点；然后从图中删除这两个顶点和与它们相连接的边，然后对图中的余下部分继续进行拓扑排序。

在不可排序的图中，当每个结点均为某个循环的一部分时（即每个结点同时含有出边和入边），上述方法不适用。此时，分别计算各结点所有出边的权重之和与所有入边的权重之和，找到两者之差最大的结点，将它置入此次排序的"胜利"侧（即将其作为下一个待绘制的聚类），然后继续正常的拓扑排序。

最后，在每个聚类中，我们使用某种三角形条带化算法（如[Hop99]），以优化网格的局部性的方式对三角形进行排序（避免顶点缓冲失配）。

上述算法效果显著：对于一个含 150 000 个三角面片的网格模型，可避免大约 40% 的过度绘制。当然，可能有几乎无近于平面的三角形聚类的网格模型，此时算法效果甚差。但是对于如日常游戏中遇到的网格模型来说，算法非常有效。

Sander 等人[SNB07]对这个算法进行了改进。我们期待在这一领域有结合高效几何计算的进一步研究。

25.7　讨论和延伸阅读

网格几何研究是一个新兴的领域，称为**离散微分几何学**。因为它与光滑曲面的微分几何学关系密切，读者应该从熟悉相关的文献入手。一本非常通俗的入门读物是 O'Neill 的著作[O'N06]；Millman 和 Parker 的著作[MP77]则是一本很好的后续读物。对于离散微分几何，也有许多实用的教程[MDSB03]和至少一本教科书[BS08]。

对称之为"网格展平"（现被称为"网格参数化"）的研究并不像我们曾经评点的那样毫无希望。尽管目前尚无一个单一的理想方法来实现参数化，但是已经出现了最简单方法之外的实质性进展[SPR06，CPS11，SSP08]。

网格的结构和对应于相应网格的图结构是紧密相关的。图的拉普拉斯算子已经用于解决图的分割和聚类这类问题；类似的算子也已用在网格的分割上。

作为光线跟踪的关键步骤，对光线-网格求交测试已进行了许多研究。同样，由于和动画的相关性，网格的碰撞检测也受到充分关注。许多想法可以为两者共享。Haines 和 Moller[AMHH08]提供了一个完整的综述，其中包含了多个算法的细节。

伴随网格"平滑"操作与数字滤波器设计[Tau95]以及平均曲率流[DMSB99，HPP05]之间的关系，网格优化被广泛研究。由于 Witkin 和 Welch 的工作[WW94]，可对网格的连接方式做小调整的方法在图形学中流行起来，对那些部分顶点入度太大或太小的网格，进行这种调整是必要的，否则难以使与这些顶点邻接的三角形接近于等边三角形的形状。

尽管对网格开展了大量研究，但事实上网格仍可能不是图形学中最终的形状表示模型。对绘制而言，反射光的不连续（即对入射光做任意小幅度的调整仍导致反射光的巨大变化）是一个严重的问题，特别是想要证明表面的收敛性时。将表面的几何信息（如曲率）凝聚到低维子集的几何元素（顶点和边）上类似于对点光源的假设，即将从一个小区域发出的光抽象为从单个点所发出的光。这种外形抽象为一些简单形式的绘制带来了方便，但会使其他高精度的绘制更为困难。相对于其他更受青睐的具有至少 C^2 连续性的几何表示，曲面的网格表示有一天会被认为仅仅是其极限情况。

然而，网格是一个十分活跃的研究领域。拿起从 2000 到 2012 间任何一本 SIGGRAPH 论文集，你都会发现其中有十几篇论文以某种形式聚焦在网格上，可以预计这种趋势还将继续一段时间。建议第一次时以开放的心态阅读这些论文，以了解其核心思想。然后心里再装着一群非常规网格来读论文，例如图 25-14 中局部起伏的网格、图 34-11 所示的充满褶痕的表面，以及如同图 25-32 所示由多个块构建而成的网格（该网格中没有任何两个相邻面片的法向量是接近的），验证这些核心算法是否可行。另一个好的测试例子是取两个大球体，各自移除一个小三角形，然后直接将其边黏接在一起，或者用一个类似于小的三角形棱柱的"走廊"将它们拼接起来（例如，该棱柱的任一顶点的 2 环边界很可能是不连接的）。

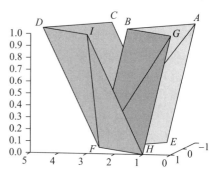

图 25-32　由 8 个三角形构成的网格块

25.8　练习

25.1　计算一个三角形网格边界的算法涉及遍历该网格所有的面，其运行时间是 $O(f)$。给出一个具有 $O(f)$ 边界边的连通三角网格，并证明 $O(f)$ 运行时间是最佳的。

25.2　假定有一个一维的**道路网格**（其中每个顶点都有一条或两条邻接边），我们可以随机给定顶点的位置，并将它放在平面上。一般而言，其结果不会是一个嵌入：边之间会产生交叉。然而，在三维空间中，存在足够的空间，并有非常高的可能性，使得随机分配位置的顶点形成一个嵌入的道路网格。在本练习中，试证明对于任何曲面网格，都可在某一欧几里得空间找到一个嵌入。思想很简单：对于一个 n 点网格，通过把点 1 放在 $(1,0,\cdots)$，点 2 放在 $(0,1,\cdots)$ 等，可将网格放入 $\mathbf{R}^n$。然后通过线性插值，放置网格中的边和面。

(a) 解释除非集合 $S_1 = \{i,j,k\}$ 和 $S_2 = \{i',j',k'\}$ 的交集非空，否则三角形 (i,j,k) 和 (i',j',k') 的嵌入不相交？

(b) 证明如果 $S_1 \bigcap S_2$ 包含单个索引 p，那么与之对应的嵌入三角形只在顶点 p 相交。

(c) 证明如果 $S_1 \bigcap S_2 = \{p,q\}$，那么与之对应的嵌入三角形只在与 $\{p,q\}$ 相关联的嵌入边相交。

25.3　参见如图 25-32 所示的网格。将其分别向左侧和向右侧复制，然后将所生成的条带再朝前和朝后复制，从而得到一个新的网格，其中最多有两个相邻三角形法向量轻度相似。证明这种网格对 Nehab 等人提出的多边形排序算法而言是最坏情形，如 25.6.2 节所述。

25.4　(a) 我们曾采用边的哈希简述了一个计算曲面网格边界的算法。试采用该算法来检测网格的所有轮廓线（轮廓边即其邻接的两个面的法向与视线向量点积具有相反的符号，轮廓线则为所有轮廓边的集合）。

(b) 轮廓边通常会形成环，尽管两个环可能共享一个或多个顶点。设计一个 $O(E)$ 算法把 E 条轮廓边聚集成环。提示：仍使用哈希。

25.5　Nealen 等人的论文 [NISA06] 建议采用平均曲率计算有向边的权重。证明亦可采用平均曲率的绝对值。是否能举出不这样做的理由？或者说明即使可行，它也并非重要的改进？

光

26.1 引言

我们现在对光做更为正式的讨论，对 1.13.1 节列出的有关光的简单原理做深入的扩展。我们先从光的物理特性开始，其中之一是：光是一种波，具有波的许多特征，比如频率。不同频率的光在人的眼中被感知为不同的颜色，但因为颜色是一种感知，而不是物理的现象，所以我们将有关颜色的内容单独列出来，放在第 28 章讨论。

本章的第二部分介绍光的度量和描述光的各种物理单位。因为这些量几乎都可以表述为一个基本物理量（辐射度）的积分，所以我们也会简要讨论在绘制中经常出现的一些特殊积分。最后，将介绍如何度量光在表面的反射（尽管严格的意义上说，它并非一种光的特性），并计算在两种简单情况下的表面的反射光。

26.2 光的物理学原理

我们生活的世界任何地方都存在电磁辐射。例如，我们沐浴在太阳的光和热中，收音机和电视机的信号在地球上无处不在，等等。**光**属于一种特定种类的电磁辐射，其频率可被人眼检测到。正因为这一点，多年以来，人们不仅从物理角度来刻画光（如它的能量），还从感知的角度，即从人的视觉系统处理和感知光的方式来描述光。其中最明显的感知特征是光的颜色，将在下一章详细讨论。我们先从微观和宏观的尺度讨论光的辐射特征。然后讨论如何来度量光。有关辐射测量的研究通常称为**辐射测量学**。辐射测量的思想很容易掌握，将辐射测量学应用于光（指人眼可以感知到的电磁波）也是如此。度量光的第二种方式与人类的视觉系统密切相关，称为**光度学**。光度学的度量方式大多为**概括式**的，因为它通常通过计算一些辐射量的加权和来进行度量。我们将在本章和下一章中讨论相关的话题。

在宏观层面，光可以被视为一种能量，它在真空中沿直线不受任何干扰的流动，遇到表面后则被吸收或被反射。在微观层面，光呈现**量化**状态——变为一个个独立、不可分的细小粒子，称为**光子**。同时光又具有**波动性**——光属于一种电磁辐射，并能用频率 f 部分地予以表征。光子的能量 E 和频率 f 的关系为：

$$E = hf = \frac{hc}{\lambda}$$

其中，λ 为光的**波长**，单位为米；c 为光速，它在真空中是一个常量，$c \approx 2.996 \times 10^8 \, \mathrm{ms}^{-1}$；$h$ 为**普朗克常量**，$h \approx 6.626 \times 10^{-34} \, \mathrm{kgm}^2 \mathrm{s}^{-1}$。

在图形学中，我们通常感兴趣的是宏观现象，因此，我们忽略光子的不可分割性。但在有些现象里，光的微观特征是重要的，尤其是其波动特性。由于光是一种电磁现象，可同时用电和磁两方面的特征来描述；但磁的特征是由电的特征决定的，所以我们通常忽略磁的特征。电的波动性会产生**偏振**现象。波动特征的效果，包括折射和偏振，实际上是我们日常生活所见一些现象的重要成因，这些现象如宝石反射的颜色、彩虹的外观、衍射光栅所呈现的彩虹图案、水上漂浮的油膜或汽油的彩色（见图 26-1）、光通过胶态悬浊液（如牛奶）而产生的散射以及光透过多层表面（如人类皮肤）而产生的散射等。

图 26-1　洒落在湿路面上的薄层汽油因衍射而呈现出多彩的颜色

我们先从微观角度开始，是因为它对于解释某种颜色现象时有重要意义。而且还由于我们觉得整天研究光的人应该对光的一些物理特性有所了解。但是如果你只对光的高层次现象感兴趣，并且在讨论颜色的时候愿意全盘接受本书关于辐射的论断，那么你可以无须顾虑地略过这些内容。

接着，我们将要从宏观的角度继续进行讨论，通过与日常现象的比对，将很容易理解。

26.3　微观角度

在本节中，我们将对光的本性和产生给出一个高层次的概述。那些对更进一步的细节感兴趣的人们则应从对电和磁有良好的理解开始（我们特别推荐 Purcell 的书［Pur11］）。

让我们先从一个简单的原子模型开始，该模型由一个位于中央的原子核和围绕该原子核按照一定的轨道旋转的电子组成，如图 26-2 所示。在离原子核稍远的轨道上的电子比离原子核近的轨道上的电子具有更多的能量（就像发射一个绕地球旋转的高轨道卫星，比发射一个类似大小的低轨道卫星，需要耗费更多的能量）。一个电子可以从高能级轨道降落到低能级轨道；当发生这种情况时，通常会发射一个光子，其能量是两个能级之差。另一方面，原子也可以吸收一个能量为 E 的光子，而让电子移动到一个能量比当前轨道恰好高出 E 的新轨道。有时候，一对轨道之间的能差并不刚好是 E；这种情况下，光子就无法被原子所吸收了。电子也可以通过其他机制来改变能级，其中之一是振动。在该机制里，物质里电子的部分能量可以转化为物质中原子的振动，或反过来转化。

一个典型的现象是，一个光子被原子吸收后，使电子提升到一个新的能级；短暂的时间过后，该电子再次回落到较低的能级，并且发射出一个新的光子。有时回落到较低能级的过程中，会经过一个中间能级：首先

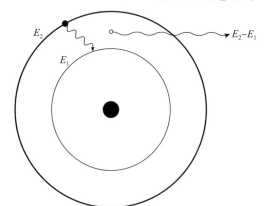

图 26-2　一个原子有一个原子核，原子核周围的电子位于不同层的轨道上。每个轨道都关联于一个能级。一个电子可以从对应较高能量 E_2 的轨道降落到对应较低能量 E_1 的轨道；此时，会发射一个拥有能量 $E_2 - E_1$ 的光子。相反的情况也可能发生：一个带有能量 $E_2 - E_1$ 的光子被原子吸收，将位于能量 E_1 轨道上的电子提升到对应能量 E_2 的轨道上

是一部分电子的能量转化为振动，然后产生光子发射（photon-emitting）和该电子的能量跳变。射出的光子携带的能量比被吸收的光子低，这种现象称为**荧光**。最熟悉的例子是某些矿物被紫外光（有时也被称为黑光）照射后会发出可见光。一个与之密切相关的现象称为**磷光**，其中，从中间状态转换为低能级状态相对不易，发生这个过程可能需要很长一段时间。故而磷光材料受到光照射后，在光被移除后的一段时间内仍然可以发光。此外，还有

一种光子和原子相互作用的形式：有时光子使电子跃升到更高的能级，但该电子随即便返回到原来的状态；其结果是，光子继续沿着原来的路线传播，只是稍有延迟。发生这种**虚拟跃迁**（virtual transition）的可能性取决于材料的性质，但是虚拟跃迁引起的延迟却导致了一个重要的宏观效应：即光通过材质的速度低于在真空中的速度，缓慢的程度决定于虚拟跃迁发生的频率。

简单的离散能级模型只适用于一个孤立原子。当多个原子彼此接近（如在固体内部）时，对电子开放的各个能级"延伸"成为一个能量**带**。与之前类似，电子吸收或释放的能量只能为能量带中的两个能量之差。

在某些材料，如金属中，某些电子并不附着于特定的核，而是游离在材料里，从而使该材料具有导电性。这些电子有很多可能的能量状态，因此，可以吸收许多不同波长的光子，然后又迅速地将它们发射出去。这通常使得像金属这样的导电材料反光，而最透明的材料通常是绝缘体。

其他材料，如某些形式的碳，也有游离的电子，但它们不能像金属中那样自由地移动。这种电子可以与材料的原子相互作用，从而导致这些原子移动和振动，而电子则失去能量。原子的这种运动称为**热**。因此，像烟尘这样的材料更易吸收光子，将电子的能量转换成热量，而不是重新发射光子。这就是为什么煤烟看上去是黑色的，深色衣服在晴天会发热的原因。需要说明的是所有频率的光都可转换为热量。特别是红外光（其波长比可见光的略长）如同可见光一样也是一种电磁辐射；只不过比起可见光，它更容易转换为热，但它仍然是一种光。

把整个过程反过来，如果我们加热烟尘，会引起原子振动；这种振动反过来会"踢"动旁边的电子，使其具有多余的能量，而这份能量可能通过发射一个光子而释放。因为松动的电子有许多可能的能量状态，所以发射的光也可有许多可能的能量值（波长）。因此，善于吸收能量并转换为热量的材料，在被加热时，能发射出许多不同量值的能量。

随着材料被加热，它们会变得更容易辐射电磁波。事实上，所有物体在绝对零度以上的任何温度时，都会发出一些辐射，只是平时生活中的低温下所产生的辐射并不多。我们之所以看到物体，主要因为它们反射光，而不是因为它们本身发射光。当然也有例外，如白炽灯内的灯丝、被铁匠锻造的高温铁块、太阳等。

我们可以测量被加热到温度 T 的物体所辐射的能量（见图 26-3）。对于每个窄的波长范围，可以测量出物体所辐射的位于这个范围内的能量，它与频率 λ 的函数 $I(\lambda, T)$ 如图 26-4 所示。当然，在非常低的温度下，测量结果很容易被反射能量所混淆。但是，如果我们将该物体设想成一个理想的**黑体**——能够尽可能地吸收和发射电子的物体——位于某个房间里并只以热能的形式辐射能量，就能得到如图所示的曲线。

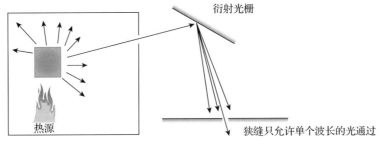

图 26-3　一个物体被加热到某一温度，该物体产生的一窄束辐射聚焦在一个衍射光栅上，被分离为不同波长的能量。将一个可移动的带狭缝的面板放置在这些衍射能量之前，可以测量出很窄一段波长范围内 $[\lambda, \lambda + d\lambda]$ 辐射出的能量

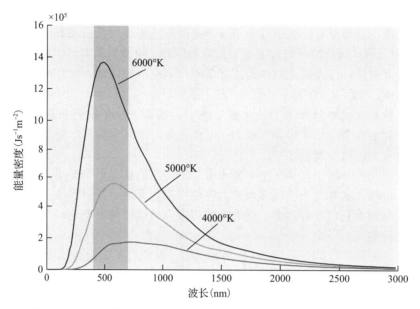

图 26-4   加热至温度 T 的黑体在波长 λ 附近的辐射，该图列出了在几种温度下的 λ 函数值。图中阴影区域表示可见光的波长范围

I 与 T 的关系可以通过测量得到，总的辐射功率对应于 T 的四次方：

$$\text{power} = \sigma T^4，其中 \sigma = 5.67 \times 10^{-8}\ \text{Wm}^{-2}\text{K}^{-4}$$

这就是著名的**斯蒂芬-玻耳兹曼定律**。（此表达式中的 K 代表"开尔文温度"。）

　　课内练习 26.1：温暖的一天，气温大约为 300K。

　　（a）按照斯蒂芬-玻尔兹曼定律，你的身体会辐射多少能量？（假设你身体的表面积大约为 1m^2，并假设为黑体辐射）。

　　（b）当你在家里坐了这么一天后，为什么没有因为向外辐射热能而感到寒冷？

　　该图的另一个显著特征是随着温度的增加，辐射强度的峰值位置向左移动。大约 900 K 时，在波谱的可见区段产生的辐射足以为人眼所感知。第一次谈及颜色，有一件事必须提到：当辐射的波长位于约 400nm 和 700nm 之间时，所产生的辐射人眼可见；在波长 700nm 的一端，辐射呈现红色，而随着波长变短，依次呈现出黄色、绿色、蓝绿色（能量逐渐增大）；在可见光谱 400nm 的一端，辐射呈现为蓝色。由于在 900K 时，可见光谱低频段的端点（对应于较长波长）辐射的能量比高频段端点多，所看到的物体发出暗红色。进一步加热后，这个物体变亮，这是因为斯蒂芬-玻尔兹曼定律中能量是温度的四次方。此时高频率的辐射开始混合进来，所以我们会看到红色和绿色的混合（例如橙色接着黄色），并最终形成红、绿、蓝的混合。此时，物体呈现为白色，并以很高的速率向外辐射能量；在 5000K 时，每平方米的辐射大约有 35MW。显然，这样的辐射会淹没表面对室内正常光照所产生的反射。

　　顺便说一句，电影制作和摄影用的灯经常用温度来描述，例如速记为"这盏灯所发射的光的光谱与同温度下的黑体辐射的光谱类似"。这对调整场景的照明使其呈现出普通白炽灯照明或太阳光照明非常有用。

　　马克斯·普朗克给出了上图曲线形状的表达式，这一结果为后面基于量子理论的分析结果所支持。该式为

$$I(\lambda, T) \propto \frac{1}{\lambda^5} \frac{1}{e^{\frac{hc}{\lambda k T}} - 1}$$

其中，h 是普朗克常数，k 是**玻尔兹曼常数**(约 $1.38 \times 10^{-23} \mathrm{JK^{-1}}$)。具体的精确值对我们而言并不重要，但该曲线的形状却很重要。因为 $e^x = 1 + x + \cdots$，当 λ 取很大值时，第二个因子的分母趋近于 $1/\lambda$，所以 $I(\lambda, T)$ 趋近于 λ^{-4}；当 λ 很小时，指数项占主导，曲线趋向于零。注意，对于小的 $\Delta\lambda$ 值，$I(\lambda, T)\Delta\lambda$ 是物体所辐射的位于波长 λ 和 $\lambda + \Delta\lambda$ 之间的能量。为了确定物体在一定波长范围内所辐射的总能量，必须以此波长范围对 λ 积分。上述公式也可以表示为频率的形式，在物理中描述光时，下面这个公式更常用：

$$R(f, T) = \frac{f^3}{e^{hf/kT} - 1}$$

其中频率为三次幂，而波长为五次幂。这是因为对 f 的积分涉及将积分变量从 λ 变换为 f，也就是说 $\lambda = c/f$，$\mathrm{d}\lambda = -(c/f^2)\mathrm{d}f$。

26.4　光的波动性

正如前面提到的，光是一种电磁辐射。(事实上，"光"是描述电磁辐射的一般化术语，其中"可见光"指可以被人眼感知到的辐射。在本书中，我们将遵循惯用法，提到光时，指的是"可见光"。)其他种类的电磁辐射包括 X 射线、微波等(见图 26-5)。当想要了解光是如何传播时，采用光的波动性来解释再合适不过。事实上，有一条经验法则说得好："所有的传播过程都类似于波，交换能量时则像粒子"[TM07]。要了解光的传播，我们必须讨论不同种类的波。

图 26-5　电磁波谱包含许多不同的现象，可见光只占波谱中很小的一部分

海面上所呈现的大而且规则的波是**线性波**——各个波峰和波谷组成了一条长线，这条线沿着垂直于该线轴线的方向推进（见图 26-6）。**波长**为相邻波峰（或波谷）间的垂直距离。**波速**是波峰移动的速度。这不是水中任何单个粒子移动的速度。通过观察很容易理解，例如一块木块漂浮于水面：当波通过时，木块升起又落下，也可能会沿波的方向稍微来回移动一下，但波峰移动一段时间以后，这个木块大体上仍然停留在原来的位置处。

图 26-6　海浪到达巴拿马城，波浪呈现长线形。当海浪接近岸边时，波浪线因为海底地形的不规则而略有弯曲（由 Nick Kocharhook 提供）

课内练习 26.2：（a）人的一根细头发的直径约为 $50\mu m \approx 1/500 inch$。红光的波长大约为 700nm。一根头发丝的直径相当于红光波长的多少倍？

（b）**衍射**（diffraction）是光波与某一尺度的物体（其尺度与光的波长为同一个数量级）相互作用产生的效果。你想看到人的头发和可见光相互作用产生的衍射效果吗？

可穿越空间的一类基本的电磁波是**平面波**。就像海洋波浪在海洋表面的每个点都对应有一个高度，光波在空间中的每个点都有一个电场。而且，正如所有沿着脊线或槽线的海浪都对应相同的高度，所有沿着同一平面的电场也都是相同的（至少在具有合理近似的足够大的半径内）。这意味着，我们可以通过描述垂直于该平面的一条线上的值来描述平面波。例如，如果波沿着垂直于 x 轴平面为常数，则在每一时刻 t，通过点 $(x,0,0)$ 的值，可以得到点 (x,y,z) 的值：

$$E(x,y,z,t) = E(x,0,0,t)$$

该波峰沿 x 轴移动的速度为 c，为光的速度，并且波形为正弦波。这意味着这个波 y 分量的公式是：

$$E_y(x,0,0,t) = A_y \sin\left(2\pi\,\frac{x}{\lambda} - 2\pi f t + \Delta_y\right) \tag{26.1}$$

$$= A_y \sin\left(2\pi\,\frac{x}{\lambda} - 2\pi\,\frac{c}{\lambda}t + \Delta_y\right) \tag{26.2}$$

其中 Δ_y 是一个"相位"，取决于我们选择的坐标系统的原点。类似地，z 分量的公式为：

$$E_z(x,0,0,t) = A_z \sin\left(2\pi\,\frac{x}{\lambda} - 2\pi\,\frac{c}{\lambda}t + \Delta_z\right) \tag{26.3}$$

课内练习 26.3：假设我们改变单位，使得光的速度 c 为 1.0；同样，假设 $\lambda=1$，并且 $\Delta_z=0$。画出 $t=0$ 时，E_z 作为 x 函数的图，以及 $t=0.25$，0.5，0.75 和 1.0 时的 E_z 函数图。

物理实验证实：沿 x 轴移动的波，其电场的 x 分量总是为 0。因此，向量 $a=[A_x, A_y, A_z]^T$ 表征了该平面波始终位于 yz 平面；A_y 和 A_z 可以取任何值，但是 A_x 始终为 0。

26.4.1　衍射

与光的波动性相关的第一个重要的现象是**衍射**。正如波浪通过防波堤的缺口时会扇形散开形成半圆形的图案，光波穿过一个狭缝时也会扇形散开。假设该狭缝与 y 轴对齐，且平面波沿 x 方向移动，那么电场（光通过狭缝后）将与 y 方向对齐，即 A_z 为 0。

如果我们在离狭缝一定距离的地方放置一个假想的平面，（见图 26-7），平面上呈现出的条带图案揭示了光的波动性。

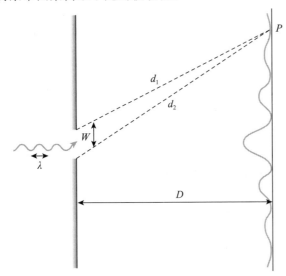

图 26-7　光穿过一个狭窄的缝隙向外扩散，照亮狭缝后的面。设光擦过缝隙的两边缘到背后平面的距离分别为 d_1 和 d_2。当 d_1、d_2 相差半个波长时，这些光波相互抵消；当 d_1、d_2 相差光波长的整数倍时，这些光波相互增强，从而导致成像平面上出现一组明暗相间的条纹，条纹之间的间隔约为 $\lambda D/w$

在大多数情况下，这种衍射效果在日常生活中并不常见，但与之密切相关的另一个现象，即光在经过某些介质（如棱镜或孔雀羽毛的翎眼）时会反射出不同波长的光的现象，却相当普遍。

26.4.2　偏振

在研究伴随光的传播沿 x 方向移动的电场时，我们采用以下形式来描述该平面波：

$$E_x(x,0,0,t) = 0 \tag{26.4}$$

$$E_y(x,0,0,t) = A_y \sin\left(2\pi \frac{x}{\lambda} - 2\pi \frac{c}{\lambda}t + \Delta_y\right) \tag{26.5}$$

$$E_z(x,0,0,t) = A_z \sin\left(2\pi \frac{x}{\lambda} - 2\pi \frac{c}{\lambda}t + \Delta_z\right) \tag{26.6}$$

相位常数 Δ_y 和 Δ_z 取决于所选择的 x 或 t 上的原点，如果我们用 $x+a$ 代替 x，那么 Δ_y 和 Δ_z 将随之改变，但它们之间的差值将保持不变。该差值可能是任何值（对 2π 取模）。一个典型的例子是由白炽灯发出的光，该差值是介于 0 和 2π 之间所有可能的值。

最简单的情形是一个平面波，它的 $A_y = A_z$ 且 $\Delta_y - \Delta_z = \pi/2$ 或 $3\pi/2$。这种波被称为**圆偏振波**。如果我们取时间 $t=0$，考虑在该时刻式（26.6）所描述的电场，并假定我们已调整 x 轴，使得 $\Delta_y = 0$，$\Delta_z = \pi/2$，则该电场具有以下形式：

$$E_x(x,0,0,t) = 0 \tag{26.7}$$

$$E_y(x,0,0,t) = A_y \sin\left(2\pi \frac{x}{\lambda}\right) \tag{26.8}$$

$$E_z(x,0,0,t) = A_y \cos\left(2\pi \frac{x}{\lambda}\right) \tag{26.9}$$

值得注意的是，对于每个 x，向量 $\boldsymbol{E}$ 都是 yz 平面上以 A_y 为半径的圆上的一点。图 26-8 说明了这一点。图中采用蓝色绘出了在某一固定时间 t 沿 x 轴的电场；该电场在 xy 平面上的投影为正弦曲线（红色）；在 xz 平面上的投影也为正弦曲线（绿色），且两者振幅相同，$A_y = A_z$；图中用两条紫红色的线表示其中一个向量（用黑色标记）向 xy 平面和 xz 平面进行投影。若将所有这些向量投影到 yz 平面，会在该平面形成一个圆（在图中绘为黑色）。

课内练习 26.4：在之前的分析中，如果 $\Delta_y = 0$，$\Delta_z = -\pi/2$，会怎样？这两种情况很类似，但有所不同，其中一种叫顺时针偏振，一种叫逆时针偏振。

考虑另一个极端的情况，$\Delta_y = \Delta_z = 0$。在这种情形下，沿 x 轴的每个点的电场向量是 $\begin{bmatrix} 0 & A_y & A_z \end{bmatrix}^\mathrm{T}$ 与一个标量的乘积，即所有的电场向量都分布在一条线上。图 26-9 说明了这一点：这些向量在 yz 平面的投影都位于由 A_y 和 A_z 决定的同一条直线上。这样的电场被称为**线性偏振**的，并以方向 $\begin{bmatrix} 0 & A_y & A_z \end{bmatrix}^\mathrm{T}$ 作为偏振轴。

课内练习 26.5：当 $\Delta_y = 0$ 且 $\Delta_z = \pi$ 时，会怎么样？

最后（见图 26-10），对 $\Delta_y - \Delta_z$ 不是 $\pi/2$ 的倍数或者 A_y、A_z 不相等的情形，电场向量在 yz 平面的投影形成了一个椭圆，这类光称为**椭圆偏振光**（elliptically polarized）。可以证明，一个椭圆偏振场总是可以表示为一个圆偏振场和一个线性偏振场之和，线性偏振场的偏振轴为椭圆的主轴方向（见练习 26.11）。

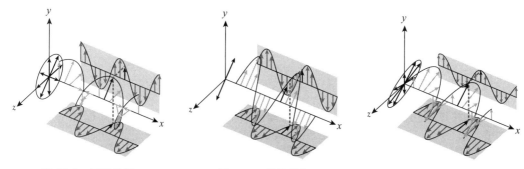

图 26-8　圆形偏振　　　　图 26-9　线性偏振　　　　图 26-10　椭圆偏振

有种称为**偏振片**的材料，它们对来自某一偏振方向的光是透明的，但对相反偏振方向的光是不透明的。

假定光沿着方向 $\boldsymbol{d}$ 传播，然后被一个法向为 $\boldsymbol{n}$ 的光滑平面反射。反射时，该光会以 $\boldsymbol{d} \times \boldsymbol{n}$ 作为偏振方向形成线性偏振光。当通过不支持该偏振方向的偏振片观察时，反射光被衰减。这就是偏振太阳镜过滤太阳反射光的原理。反射偏振光的精准性取决于反射材料，将在 26.5 节介绍。

26.4.3　光在界面的偏折

作为一种相关的现象，光从一种介质进入另一种介质时，速度会发生改变。光在真空中的速度是最快的；而在其他材质中，基于我们之前提到的虚拟跃迁，光速可能会大幅降低。结果是，当从真空中来的光进入其他材质中后，光速变慢。但是这并不影响光的频率——即在一段固定时间内，经过一个固定点的电磁波峰的数目是不变的。你可以通过观察一个人跳进泳池后的现象来验证这一点：不论你的视线是穿过水和空气或者仅仅穿过空气，你所见到的他衣服的颜色并没有变化。然而传播速度的变化却会影响波长，这可由如下公式确定

$$\lambda = s/f$$

其中 s 是光穿过介质的速度，f 是光的频率。

介质的**折射率**（index of refraction 或 refractive index）是光在真空中的速度和光在该介质中的速度的比值。用字母 n 表示。一些典型介质的折射率如下，真空：1，空气：1.0003，水：1.33，钻石：2.42。

不同介质折射率的差异导致一种宏观现象：当光线从一种介质进入另一种介质时，会发生偏折。尽管巴格达的 Ibn Sahl 早在公元 984 年就发现了这一现象[Ras90]，人们习惯上仍将对该折射的准确描述称为**斯涅耳定律**。

折射现象可用一个特别简单的公式来表述（见图 26-11）：如果 θ_1、θ_2 分别表示光线与界面的两个表面法线之间的夹角，n_1、n_2 分别表示两种材质的折射率，那么

$$\frac{n_2}{n_1} = \frac{\sin\theta_1}{\sin\theta_2}$$

这告诉我们，如果知道 n_1、n_2 和 θ_1，即可求出 θ_2。折射率 n 很大程度上决定了光如何与介质相互作用。例如，当光以某一角度入射到空气与玻璃的分界面，那么折射率不仅决定了光线偏折的程度，而且决定了多少光会射入玻璃，多少光会被玻璃反射出去（参见 26.5 节）。在采用基于物理的真实感绘制方法绘制玻璃或其他透明材质时，需要考虑这一点。

只需假设在每种材质里光的电场可表达为相同频率的、连续的正弦波，即可证明斯涅耳定律。幸运的是，这一数学解释适用于任何类型的波，而不仅仅是三维空间里的平面波，因此可以用一个平面上的线性波来阐述这一思想。考虑如图 26-12 所示的情况：一个浅水槽，其左侧的深度是右侧深度的两倍；这使得左半边波的传播速度是右半边的两倍。假如我们在左侧生成了频率为 f 的正弦波，该波向右移动，当到达右半边时，便会"聚集"起来。这是由于右边的波速较慢，而每秒到达水槽右边的波的数目仍然与到达中线的波的数目相同。

倘若我们在水槽的左侧创建一个朝偏离轴线方向（见图 26-13）传播的波，那么当这些波到达水槽左右两侧分界线时，它们需要延续为在水槽较浅的右侧传播的波。如果波峰的高度为一连续函数，那么水槽左右两侧的波峰在分界线处必须保持同一高度。为了实现这一点，波在分界线两边的传播方向必须不同。

课内练习 26.6：（a）假设水槽左半边波的波长为 λ，其传播方向与水槽左-右方向轴线的夹角为 $\theta_L \neq 0$。证明沿着水槽左右两侧的中分线，两波峰的距离为 $\lambda/\sin(\theta_L)$。

（b）相应地，在水槽的右半边，其波长约为 $\lambda/2$，两波峰之间的距离为 $(\lambda/2)\sin(\theta_R)$。假定上述等式成立，证明 $\sin(\theta_L)/\sin(\theta_R)=2$，正好等于水槽两边波的速率之比。

当两平面波在不同介质间的分界面相遇时，也会发生类似的现象。该现象符合斯涅耳定律。

实际上，介质的折射率并不是一个常数：它取决于光的波长。柯西对这种相关性给出了一个经验近似表达，其形式为

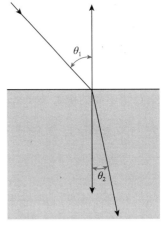

图 26-11　光线从一种介质进入另一种介质时，发生折射

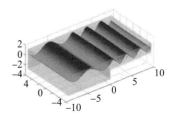

图 26-12　因为速度变慢，波传播至右边时聚集起来

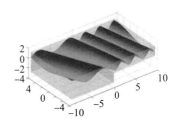

图 26-13　偏离轴向的波"在界面"改变了方向

$$n(\lambda) \approx A + \frac{B}{\lambda^2}$$

其中 A 和 B 的值与材质有关。它们的精确值并不重要，重要的是 $B \neq 0$。这意味着，不同波长的光穿过不同介质的分界面后，出现不同程度的偏折：折射后不同波长的光发生分离。一个与之相关的实例是，太阳光通过棱镜会折射出像彩虹样多彩的光。另一例子是，透镜被认为将光聚焦于一点，实际上它将不同波长的光聚焦于不同的点：当聚焦红光时，蓝光会变得模糊，等等。在设计镜头时，**色差现象**是必须考虑的一个严重问题，为此人们设计了不同的镜头镀膜来减小这种影响。

26.5   菲涅耳定律和偏振

考虑图 26-14，光到达两介质的界面时，上层介质($y > 0$)的折射率为 n_1，下层介质($y < 0$)的折射率为 n_2。假设这些介质为绝缘体，而不是导体。光的传播方向在 xy 平面，即图示平面。入射光与 y 轴的角度为 θ_i(i 代表入射)；反射光与 y 轴的夹角为 θ_r，$\theta_r = \theta_i$，透射光与 y 轴负向的夹角为 θ_t。由于伴随入射光的电场必须垂直于光的传播方向，我们需要考虑两种特殊情况。第一种情况，入射光线上每一点的电场都指向 z 轴(即平行于两介质间的界面，指向纸面的里侧或外侧)。具有这类属性的光源被认为关于表面平行偏振，或者称为 **p-偏振**。

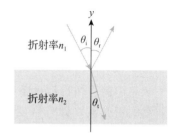

图 26-14　一根光线在通过介质间的界面时，发生反射和透射

当该波到达界面时，其电场与界面表面附近的电子相互作用，使之沿着 z 轴方向前后移动。这些运动反过来生成一个新的电场，该电场为两个平行偏振波之和，其中之一对应于透射光，另一个对应于反射光。透射光按斯涅耳定律给定的方向偏折，反射光的方向则满足"反射角等于入射角"：$\theta_r = \theta_i$。光的反射部分 R_p 主要取决于 θ_i，可按如下的公式计算：

$$r_p = \frac{n_2 \cos\theta_i - n_1 \cos\theta_t}{n_2 \cos\theta_i + n_1 \cos\theta_t} \qquad (26.10)$$

$$R_p = r_p^2 \qquad (26.11)$$

透射部分 T_p 为 $1 - R_p$(R_p、$1 - R_p$ 分别表示沿反射方向和透射方向的入射光能比例。反射波的振幅为 r_p 乘上入射波的振幅。)如同推导斯涅耳定律一样，这些公式可以通过假定光波在界面处的连续性而推导得到[Cra68]。

反射光的相位可能与入射光相同，也可能落后或超前，或者与它相差 180°。

另一特殊情况是当电场垂直于 z 轴，也就是说，它完全位于 xy 平面上，垂直于传播方向。这样的波被称为 **s 偏振光**。在这种情况下，反射系数 R_s 由下式给出：

$$r_s = \frac{n_1 \cos\theta_i - n_2 \cos\theta_t}{n_1 \cos\theta_i + n_2 \cos\theta_t} \qquad (26.12)$$

$$R_s = r_s^2 \qquad (26.13)$$

同样，透射系数 T_s 为 $1 - R_s$。关于 s-偏振和 p-偏振波的反射和透射系数的规则被称为**菲涅耳公式**，以奥古斯丁·让·菲涅耳(1788—1827 年)名字命名。

因为每个波可表示为 s-偏振波和 p-偏振波之和，这两种特殊情形可概括所有的情况。举例来说，假定入射光是由等量的 s-偏振波与 p-偏振波组成的线性偏振，那么反射后，其反射光仍然是线性偏振波。但其中 s-偏振波和 p-偏振波两部分的比例不再是 1∶1；而变

为了 R_s/R_p。因为一般情形中 $R_s > R_p$，所以反射光比入射光更趋于 s-偏振。事实上，无论入射光中 s-偏振波和 p-偏振波的比例如何，出射光中的 s-偏振分量与入射光相比占比会更大。这一结论也适用于圆形偏振光，唯一的差别是其中的相位，该相位不出现在菲涅耳公式中。入射的圆形偏振光一般反射为椭圆形偏振光，其中 s-偏振波占主导。

课内练习 26.7：（1）设 $n_1 = 1$，$n_2 = 1.5$（近似对应于空气和玻璃的折射率），画出 R_p 随 θ_i 变化的曲线。注意 θ_i 约为 $56°$ 时，θ_p 为 0。当光的入射角为这个角度时，反射光的偏振将出现什么情况？

（b）任何一组材料都有一个这样的角度，称为 **布鲁斯特角**（Brewster's angle）。简要解释下为什么布鲁斯特角只依赖于两种材料折射率的比例。

课内练习 26.8：考虑光从一片玻璃进入空气（$n_1 = 1$，$n_2 = 1.5$）。在 $0 \leqslant \theta_i \leqslant \sin^{-1}(n_2/n_1) \approx \sin^{-1}(0.66)$ 区间内，画出随 θ_i 变化的 R_s 和 R_p 曲线。该区间的右端点为临界角，在该点处 R_s 和 R_p 都是 1，所有的光都会被反射回到玻璃中，没有任何光进入空气。这种情形称为 **全内反射**。

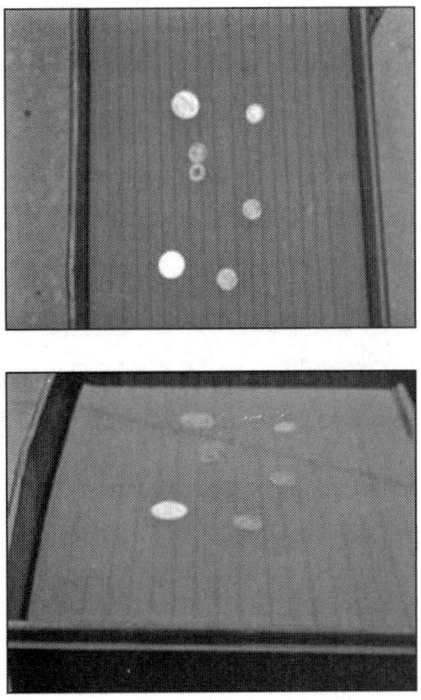

图 26-15 演示了菲涅耳定律。第一张照片所示为一个平静的阴天，从正上方看摆放在托盘里的几枚硬币和垫圈。第二张照片为同一场景，但以 $45°$ 视角观察时的情况，由于来自天空的入射光大都被反射，不易看清托盘里的东西。

图 26-15　菲涅耳定律的作用：从上面往下看，硬币看得很清楚，但从侧面看时，却因为天空光反射而变得模糊

以上分析适用于绝缘体。对于导体，透射光几乎立即被吸收，而且吸收的比例对反射光有所影响。有一种分析方法将折射率表示为一个复常数，其实部和虚部分别对应通常的折射率和被材料吸收的量，该复常数被称为 **消光系数**，记为 κ。另一种方法是将折射率和消光系数视为两个量。在后一种形式中，对导体（在空气中）的菲涅耳反射率的一个比较好的近似为：

$$R_s = \frac{(n_2^2 + \kappa^2)\cos^2\theta_i - 2n_2\cos\theta_i + 1}{(n_2^2 + \kappa^2)\cos^2\theta_i + 2n_2\cos\theta_i + 1} \tag{26.14}$$

$$R_p = \frac{(n_2^2 + \kappa^2) - 2n_2\cos\theta_i + \cos^2\theta_i}{(n_2^2 + \kappa^2) + 2n_2\cos\theta_i + \cos^2\theta_i} \tag{26.15}$$

其中 n_2 是该金属的折射率，κ 是它的消光系数。

斯涅耳定律和菲涅耳定律是非常一般化的，但也有材质，其性质比这些方程所描述的更有趣。例如，方解石，表现出 **双折射**（birefringence）性，即有两个折射方向而不是一个；黄玉也是这样。（这是因为在这些材质里，朝不同方向传播的光，其速度也不同！）

26.5.1　辐射度计算与非偏振形式的菲涅耳方程

虽然菲涅耳定律描述了透射和反射光能，但是在图形学中我们关注的主要是辐射度，在接下来的几节中，我们将给出其定义。因为辐射度的定义涉及角度度量，并且根据斯涅耳定律，两条光束之间的夹角在折射前和折射后是不同的，所以出射光和入射光的辐射度之比涉及一个额外的因子：

$$\frac{\sin^2\theta_i}{\sin^2\theta_t} = \frac{n_2^2}{n_1^2} \tag{26.16}$$

这一因子的推导过程可见本章的网页材料。

尽管我们已经注意到，反射后的光更为偏振化，但是在图形学中，通常假设光为**非偏振光**，也就是说，假设入射光的偏振度为零。基于这一假设，菲涅耳公式可以被简化为一个单一的因子，称为菲涅耳反射率，即

$$R_F = \frac{1}{2}(R_s + R_p) \tag{26.17}$$

反射光能是 R_F 乘以入射光能。透射光能是 $1 - R_F$ 乘以入射光能。这意味着，反射和透射的辐射度可以通过下面的公式来计算：

$$L(P, \boldsymbol{\omega}_r) = R_F L(P, -\boldsymbol{\omega}_i) \tag{26.18}$$

$$L(P, \boldsymbol{\omega}_t) = (1 - R_F) \frac{n_2^2}{n_1^2} L(P, -\boldsymbol{\omega}_i) \tag{26.19}$$

注意，这里 R_F 隐式地依赖于 θ_i、n_1 和 n_2。结合这些变量并利用斯涅耳定律，可以计算出 θ_t。

26.6   将光建模为连续流

想象一下，你站在十字路口，脸朝北方，统计从北边来到十字路口的汽车数量，在一个小时内看到 60 辆车。因此报告说，从北面来车的频率是每小时 60 辆。据此可以猜测在10 分钟内，大概会有 10 辆车到达；在 5 分钟内，会有 5 辆车到达，等等。当然，在一个实际的十字路口，车辆到达的频率是不规律的。因此，5 分钟 5 辆车的推测可能并不准确。但是，如果统计全天之内每小时从北边到达十字路口的车辆，可以画出一个类似图 26-16 的折线图，图中用直线将每个小时的采样点连接起来，当然也可以用更平滑的曲线来连接采样点。之后，你可以这样说："9∶30 的到达率约为每小时 65 辆。"

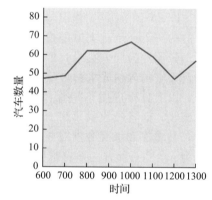

图 26-16   每个小时，从北面到达十字路口的汽车的数量

作出这样的表述后，意味着你认同了某一特定时刻的车辆到达率，即你把这个问题视为是连续的，而不是离散的，因此可以对它进行微分（即计算其瞬时频率）。然而事实上，只有对有限时间段内车辆到达率的度量（在 9∶20 和 9∶43 之间，到达了 19 辆车）才是有意义的。

我们对光做同样的处理。在观察到达表面一小片区域上的光时，固然可以认为我们计算的是"在一段时间内到达的光子。"但此处我们将光看成一个连续流，从而能够讨论光到达的瞬时速率。事实上，由于不同波长的光子携带有不同的能量，我们并不是计算该时刻到达的光子数量，而是计算其到达的能量，整体思想是相同的。

关于表面入射光能瞬时速率的假设使我们可以采用微积分来讨论光能。在计算中我们将两次使用这一取"极限"的策略，一次是确定单位面积表面入射光能的速率时，我们将在越来越小的面积上计算光能到达的速率；其次在考虑从某一特定的方向入射光能的速率时，我们会将该方向划分为若干小的立体角，而在持续的划分中这个立体角趋向于零。在给出对这个量（我们称之为辐射度）的描述后，可看到，我们所能做的实际度量都可表示为对面元、时间段和方向立体角的辐射度的积分。虽然辐射度是个抽象概念，但利用微积分

却很容易计算，并且所有可度量的量都可以表示为辐射度的积分。

在上述讨论中，我们已经将对光能入射速率的计算从离散形式转换到了连续形式。现在，我们将继续将这一方法应用到另外两个方面，即角度和面积。

26.6.1　概率密度的简单介绍

在这样做之前，我们先看一个和概率论相关的概念，**概率密度**。考虑一个可随机生成 0 和 5 之间的实数的随机数发生器。观察 1000 个这样随机生成的实数，看看有多少位于 0 和 0.5 之间，有多少位于 0.5 和 1.0 之间，等等。其结果的直方图（参见图 26-17）看起来相当光滑；从图中，我们可以推测出这个随机数发生器是均匀的，即每个数字出现的可能性都相同。但是，如果选择更小的区间来统计，比如，0 和 0.001 之间，0.0001 和 0.0002 之间，等等——均匀性就不再那么明显了。的确，生成任何特定的随机数的概率必定为零。因此，当我们讨论某个实数区间（不是像一对骰子上两个面那样的离散集合）上的概率时，讨论的不是生成某些特定数的概率，而是生成某个区间 $[a, b]$ 内数的概率。如果这个随机数发生器真是均匀的，那么生成位于区间 $[a, b]$ 内的数字的概率将正比于 $b - a$。更一般地，我们假定存在一个函数 $p: [0, 5] \rightarrow \mathbf{R}$，称为**概率密度函数**或 pdf，有以下特性：

$$\Pr\{\text{产生一个位于}[a, b]\text{区间内的随机数}\} = \int_a^b p(x)\mathrm{d}x$$

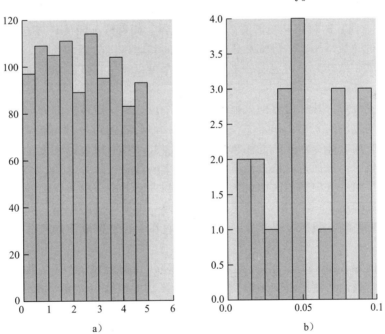

图 26-17　a) 位于 0～5 区间内的 1000 个随机数的直方图，每组随机数之间的间距为 1/2；表现为均匀分布。b) 更精细的直方图的一部分，每组随机数之间的间距为 0.01；在这一尺度上，看不出其分布是否为均匀分布

对于区间 $[0, 5]$ 均匀分布的随机数，p 为常数函数，其值为 1/5。对于其他分布，p 不是常量。但由于它的积分表示一个概率，所以 p 处处非负，且对 $[0, 5]$ 的积分为 1.0。

另一种用于描述随机数分布的方式是**累积分布函数**或 cdf，其定义为

$$F(u) = \Pr\{x \leqslant u\} \tag{26.20}$$

如果 F 是连续可微的，则可以通过 $p = F'$ 将两种形式关联起来。cdf 形式的一大优点是，很容易地引入概率**质量**，即实数轴上的某些点具有非零的概率。假定点 b 处存在概率质量，则 cdf 中将存在不连续"阶跃"，该"阶跃"即为 b 处的概率质量。在对镜面反射和折射的几何光学描述中学生需要仔细处理的"脉冲"，恰好对应于概率质量。这些同学只需好好研究定义概率分布的 cdf 方法即可。

课内练习 26.9：验证函数 $p(x) = \begin{cases} 2 & 0 \leqslant x \leqslant 1/2 \\ 0 & 1 < x \leqslant 2 \end{cases}$ 是区间 $[0, 2]$ 上的概率分布函数。注意，$p(0.5) = 2$，但是，这并不意味着，从该分布的随机数中取 0.5 作为样本的概率为 2。从这个例子中，我们可以看到，虽然概率不会超出 1.0，但是概率密度可能会超出 1.0。

26.6.2 进一步对光进行建模

现在我们回到十字路口问题。如同一些车从北面以一定的到达率抵达路口，另一些车会从南面、东面、西面分别驶来。为了准确描述抵达路口的所有车辆，需要多个计数器，每个计数器分别统计从每一方向抵达的车辆。如果该路口是一个更复杂的交叉点，具有 5 或 6，或 10 条通往它的道路，则需要更多的计数器。倘若汽车能从任何方向驶来，那么类似于前面讨论过的概率密度，可知从任一特定方向到达路口的概率为零。从而，我们不得不重提概率密度，从某一方向范围驶来车辆的概率可以通过在该方向范围内对概率密度积分得到。

类似地，光能可以从任何方向入射到表面一个点。沿一定范围的方向入射来的光能部分取决于该方向范围的大小：如果缩小方向范围，你会观察到入射光能减少。事实上，如果缩小为单一方向，那么入射的光能将变为零。因此，我们所说的**密度**是，从一定方向范围到达的能量值，可以通过对该方向范围内的概率密度进行积分得到。

就像从某个单一方向到达的能量为零，入射到表面上某个单点的能量也是零。为了得到一些有意义的结果，我们必须考虑入射到表面一小片区域的能量。同样，这也要通过概率密度的计算得到：我们可以建立一个函数，它在一小片区域上的积分即为到达该区域的光能值。

以上这些内容将在 26.7 节作出更为明确的解释；这里讲述的核心思想是，对于在场景里传播的光，我们将使用密度函数对其建模。该密度函数包含几个连续的变量：时间、位置和方向。

26.6.3 角度和立体角

为了在三维空间里定义到达某一面片的入射光的方向范围，就像在 $\mathbf{R}^2$ 里定义角度，我们需要在 $\mathbf{R}^2$ 里定义"立体角"这一概念。

在 $\mathbf{R}^2$ 空间，角度通常由一点 P 发出的两条射线（见图 26-18）定义。如果我们观察以 P 为圆心的单位圆 C，会发现两条射线之间夹着一段圆弧 A。圆弧 A 的长度就是角度的大小。

我们可以对这个定义稍做修改，将圆弧 A 称为角度。显然，如果知道圆弧 A 和 P 点，

即可找到这两条射线，反之亦然。所以两定义间的区别很小。因此，我们可以将后一定义推广为在 P 点的角度是 P 点处单位圆的某一子集[⊖]。该角度的大小就是该子集内所有弧段的总长度。在实用中，该子集内的弧段数是有限的（通常为一个）所以这并不是一个很大的推广。最后，讨论圆 C 上的点往往不方便，但是讨论单位圆上的点或者单位向量却很方便。对于 C 上的任意点 X，我们可以构建一个单位向量 $v = X - P$。给定的 v 和 P，很容易恢复 $X = P + v$。因此，我们把"在点 P 的角度"修订为：在点 P 的角度既可以为以 P 为圆心的单位圆 C 的一个子集，也可以是所有单位向量集合 $\mathbf{S}^1$ 的一个子集。

对上述定义做仔细调整，即可以定义"顺时针"角度、"逆时针"角度，"从 ray1 到 ray2 的转角"（可能大于 π）和"旋转多圈"等角度；但在我们对光的研究中，并不需要用到这些概念，仅涉及角度的定义和对角度大小的度量。

角度常用来表示一个形状 T 对点 P（见图 26-19）所张的角度。将形状 T 投影到环绕 P 点的单位圆 C 上，得到的角度称为**形状 T 对点 P 的张角**。在方程中，形状 T 对点 P 所张的角度记为：

$$\{\mathcal{S}(X - P) : X \in T\} \tag{26.21}$$

现在，我们可以通过类比的方法来定义 $\mathbf{R}^3$ 空间的立体角。点 $P \in \mathbf{R}^3$ 处的**立体角**是以点 P 为球心的单位球面上可度量的子集 Ω；或等价地，立体角为 $\mathbf{S}^2$ 的一个可度量子集，其中 $\mathbf{S}^2$ 为三维空间中所有单位向量的集合。Ω 的**立体角度值**为集合 Ω 的面积（见图 26-20）。

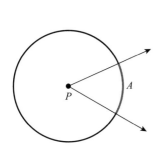

图 26-18　在点 P 的角度

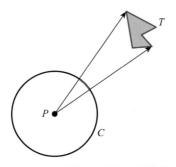

图 26-19　形状 T 对点 P 所张的角度

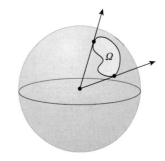

图 26-20　立体角 Ω 为单位球面表面上的一个集合。该立体角的值为该集合的面积

当我们把一个立体角内的点视为单位向量时，将使用粗体希腊字母来表示，而且几乎总是使用字母 $\boldsymbol{\omega}$。我们经常写"设 $\boldsymbol{\omega} \in \Omega \cdots$"，然后将 $\boldsymbol{\omega}$ 视为一个单位向量，例如，采用表达式 $\boldsymbol{\omega} \cdot \boldsymbol{n}$ 表示向量 $\boldsymbol{n}$ 在 $\boldsymbol{\omega}$ 的投影长度。事实上，这几乎是我们之后唯一看到的把立体角当作方向向量的集合使用的方式。

张角的概念也可以扩展到三维空间：如果 T 是 $\mathbf{R}^3$ 空间里的形状，P 是 $\mathbf{R}^3$ 空间里的点，$P \notin T$，T 对 P 所张的立体角为 T 在以点 P 为中心的单位球面上的径向投影面积。更精确地说，T 对 P 所张的立体角为

$$\{\mathcal{S}(Q - P) : Q \in T\}$$

这与 2D 的情况完全类似。

通过这个定义，我们可以讨论其他球面上（例如，地球）的"立体角"。其大小定义为

　　⊖　任意可度量子集[Roy88]，见第 30 章。

它们对球心所张立体角的度量。很容易证明：如果 U 是以 P 为球心，以 r 为半径的球体的一个子集合，U 的面积为 A，则 U 所张的立体角（即 U 对 P 的立体角）为 A/r^2。当我们说在某一任意球（像地球或球形灯泡）上的立体角，其隐含的意思是，"该区域对球心所张的立体角"。

课内练习 26.10：估计你的国家在地球上的立体角的值，设地球的直径为 13 000 千米（或 8000 英里）。

符号：人们习惯用 Ω 表示立体角和该立体角的值（就像我们用 θ 表示平面上的角度及它的值）。正如在微积分中我们经常使用 x 作为积分变量，通常用 ω 表示立体角 Ω 的元素，因此 ω 为单位向量。

单位：如同角度采用弧度为度量单位，立体角以球面度为度量单位，简记为"sr"。整个单位球体的立体角值为 4π 球面度。

26.6.4　计算立体角

现在，让我们测量几个简单的立体角（见图 26-21）。这里我们按图形学的标准而非数学标准，设置 y 轴正向朝上，x 轴正向朝右，z 轴正向指向我们。因此，经度为 $\mathrm{atan2}(y, z)$，纬度为 $\arcsin(y)$。（**余纬**，在球面极坐标系中通常用 ϕ 表示，为 $\arccos(y)$。另一个极坐标参数，θ，就是所谓的经度。）

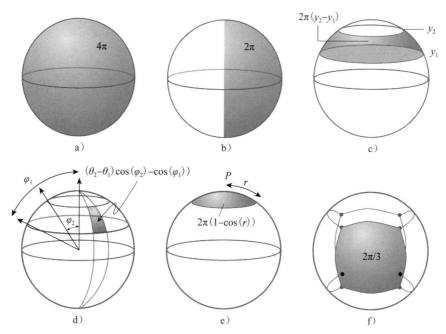

图 26-21　单位球上的各种立体角

- 如果 Ω 为 $\mathbf{S}^2$ 的全集，那么 Ω 的值为 4π（单位球面的面积）。
- 任一半球的立体角为 2π。
- $y=y_0$ 与 $y=y_1$ 之间的"条带"的面积为 $2\pi \parallel y_1 - y_0 \parallel$。这个例子与接下来两个例子遵循下面所述的定理。
- 介于纬度 λ_0、λ_1 以及经度 θ_0、θ_1 之间的经纬度矩形，其立体角为 $\parallel \theta_1 - \theta_0 \parallel \cdot \parallel \sin\lambda_1 - \sin\lambda_0 \parallel$（其中，纬度的定义域从南极的 $-\pi/2$ 到北极的 $\pi/2$）。（当经度位

于国际日期变更线的两侧时，该矩形为一个很长的条带，它包含了地球上非日期变更线的那一部分。）

- 与点 P 的球面距离小于 $r(r<\pi)$ 的所有点组成的"圆盘"，其立体角的值为 $2\pi(1-\cos(r))$。

- 如果正 n 面多面体(立方体($n=6$)，四面体($n=4$)，八面体($n=8$)，十二面体($n=12$)，二十面体($n=20$))内切于单位球，其一个面在球面上的投影区域(见图 26-21f)的立体角为 $4\pi/n$，这是因为总的投影面积是 4π，通过对称性可知，每个面具有相同的投影面积。

所有上述结果都是基于**球-圆柱体投影定理**：如果 C 是一个半径为 1，高为 2 的圆柱体，内切于半径为 1 的球 S，则水平径向投影映射

$$p:C \to S:(x,y,z) \mapsto \left(\frac{x}{\sqrt{1-y^2}}, y, \frac{z}{\sqrt{1-y^2}}\right) \tag{26.22}$$

是保面积的。（证明只涉及一个简单的微积分计算——见练习 26.1。）图 26-22 说明了这一点：如图所示，地球上一个国家的表面的面积与它的 plate Carrée 投影面积相同（尽管形状的其他多项特征被严重扭曲，如图中的格陵兰[绿色]）。

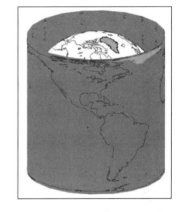

图 26-22 从球体到包围该球体的圆柱体的水平径向投影是保面积的

作为这个定理另一项应用的例子，令 Ω 表示北半球，即单位球上 $y \geq 0$ 的部分。我们在这个半球上对函数 y 进行积分。

也就是说，计算

$$B = \int_{(x,y,z)\in\Omega} y\,\mathrm{d}A \tag{26.23}$$

考虑上半圆柱 $H=\{(x, y, z):x^2+z^2=1,0\leq y\leq 1\}$，并通过轴向投影映射 p 投影到 Ω。变换积分中的变量并将 B 表示为

$$B = \int_{(x',y',z')\in H} y\,|J\,p(x',y',z')|\,\mathrm{d}A' \tag{26.24}$$

其中 $(x, y, z)=p(x', y', z')$，$\mathrm{d}A'$ 是 H 上的面元，$|J_p|$ 是变量变换带来的雅可比行列式（表示 (x', y', z') 处的面元是怎样通过拉伸或压缩变为 (x, y, z) 处的面元）。基于上述定理，p 保面积，$|J_p|=1$，所以积分变为：

$$B = \int_{(x',y',z')\in H} y\,\mathrm{d}A' \tag{26.25}$$

在 p 的公式里，y 保持不变，$y=y'$，所以积分可写为

$$B = \int_{(x',y',z')\in H} y'\,\mathrm{d}A' \tag{26.26}$$

由圆的对称性可知，上式即为 2π 乘上 y' 在 0 到 1 上的积分。而 y' 在 0 到 1 上的积分为 $1/2$，所以 $B=(1/2)\cdot2\pi=\pi$。

如果我们想知道 y 在上半球的平均值，我们需要将积分值(π)除以半球的面积(2π)。因此，其平均值为 $1/2$。这个值经常出现，但是它通常以一种更为一般化的形式出现：我们有一个由 $\boldsymbol{\omega}\cdot\boldsymbol{n}\geq0$ 来定义的半球，想知道 $\boldsymbol{\omega}\cdot\boldsymbol{n}$ 在这个半球上的平均值。（上面的例子是个特例，其中 $\boldsymbol{n}=[0\ \ 1\ \ 0]^{\mathrm{T}}$。）我们将这作为一个原则：

✓ **平均高度原则**：在单位球的上半球上的点，其平均高度为 $1/2$。因此，对任一单位向

量 n，其积分为

$$\int_{\{\boldsymbol{\omega}\in S^2:\boldsymbol{\omega}\cdot\boldsymbol{n}\geqslant 0\}}\boldsymbol{\omega}\cdot\boldsymbol{n}\mathrm{d}\boldsymbol{\omega}=\pi \tag{26.27}$$

课内练习 26.11：在各种计算中，常会见到这样的情形：点 P 的包围球上有一个立体角 Ω 以及包含点 P 的表面 M，可想象局部地存在一个过点 P 的切平面 K（即与 M 相切于 P 点的平面）。**投影立体角** Ω' 是 Ω 在平面 K 上的投影面积（见图 26-23）。

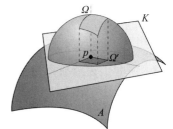

（a）以平面 K 为界，对平面 K 一侧的半球上的任一立体角 Ω，其可能的最大投影立体角是多少？

（b）假设 P 为原点且 K 为 xz 平面，计算"正 x 象限"的投影立体角（S 中 x，$y\geqslant 0$ 的点）。

（c）计算由北纬 30°以上的点组成的区域（即大约为北部副热带区域）的投影立体角。

（d）证明这两个区域的立体角相同。

（e）解释为什么它们的投影立体角不同。

（f）计算区域 $\theta_0\leqslant\theta\leqslant\theta_1$，$\phi_0\leqslant\phi\leqslant\phi_1$ 的投影立体角，其中 ϕ_0 和 ϕ_1 都在 0 和 $\pi/2$ 之间，即计算上半球一小块经纬度块的投影立体角。提示：你可以不用做任何积分就能够回答这个问题；球-圆柱体投影定理会有帮助。

图 26-23　Ω 为表面 M 上点 P 上方的单位半球面上的一个立体角，其投影立体角 Ω' 位于通过 P 点的 M 的切平面 K 上。Ω' 的面积永远小于立体角 Ω 在球面上的面积

26.6.5　一个重要的变量置换

在接下来的几章中，我们有时需要在立体角 Ω 上积分某一函数，其中 Ω 是由宽 w、高 h 的矩形区域对点 P 所张的立体角，如图 26-24 所示。通常这个函数会涉及因子 $\boldsymbol{\omega}_i\cdot\boldsymbol{n}$，其中 $\boldsymbol{n}$ 为点 P 处的表面法向量，$\boldsymbol{\omega}_i\in\Omega$ 为积分变量，在这种情况下，积分常为以下形式

$$A=\int_{\boldsymbol{\omega}_i\in\Omega}g(\boldsymbol{\omega}_i)\boldsymbol{\omega}_i\cdot\boldsymbol{n}\mathrm{d}\boldsymbol{\omega}_i \tag{26.28}$$

在涉及透明度的情况下，$\boldsymbol{\omega}_i\cdot\boldsymbol{n}$ 的值可能是负的，需要加上绝对值符号。

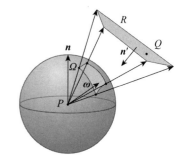

用纬度和经度来表达 Ω，甚至用 xyz 来描述 Ω 时，积分式会显得非常复杂。相反，如果对变量做变换，然后在矩形 R 上进行积分，往往比较方便。在 P 为原点的情况下，我们实施从 R 上的点 (x,y,z) 到单位球上点的映射：

图 26-24　变量改变后的标记

$$N(x,y,z)=\frac{1}{\sqrt{x^2+y^2+z^2}}(x,y,z) \tag{26.29}$$

（这里字母 N 表示"归一化"。）

为了计算

$$A=\int_{\boldsymbol{\omega}_i\in\Omega}g(\boldsymbol{\omega}_i)\boldsymbol{\omega}_i\cdot\boldsymbol{n}\mathrm{d}\boldsymbol{\omega} \tag{26.30}$$

通过变量置换，我们可以计算如下的积分

$$A = \int_{Q \in R} g(N(Q)) N(Q) \cdot \boldsymbol{n} \, |JN(Q)| \, \mathrm{d}Q \qquad (26.31)$$

其中 JN 为变量 N 置换后引入的雅可比行列式。

假设矩形 R 可通过一个角点 C 和两个相互垂直的向量 $\boldsymbol{u}$ 和 $\boldsymbol{v}$ 来表示，其中向量 $\boldsymbol{u}$ 和 $\boldsymbol{v}$ 的叉积 $\boldsymbol{n}'$ 指向 P 点。那么，R 中的点可表示为

$$Q = C + s\boldsymbol{u} + t\boldsymbol{v}$$

其中，$0 \le s \le w$，$0 \le t \le h$。所以，我们要计算的积分变为

$$A = \int_{s=0}^{w} \int_{t=0}^{h} g(N(C + s\boldsymbol{u} + t\boldsymbol{v})) N(Q) \cdot \boldsymbol{n} \, |JN(C + s\boldsymbol{u} + t\boldsymbol{v})| \, \mathrm{d}t\mathrm{d}s \qquad (26.32)$$

计算 N 在点 $Q = C + s\boldsymbol{u} + t\boldsymbol{v}$ 处的雅可比行列式稍微复杂一点，但是最终结果很简单：

$$|JN(Q) = \frac{|\boldsymbol{\omega} \cdot \boldsymbol{n}'|}{r^2} \qquad (26.33)$$

其中 r 为 P 到 Q 的距离，$\boldsymbol{\omega}$ 为 P 指向 Q 的单位向量。

对上式直观的解释是，如果矩形 R 的平面正好垂直于 $\boldsymbol{\omega}$，则 R 上的一个微小矩形投影到围绕 P 的单位球上时，其长和宽上将分别缩小 r，从而导致了分母中的 r^2。如果矩形 R 所在平面相对于 $\boldsymbol{\omega}$ 是倾斜的，则可先将该微小矩形投影到一个不倾斜的平面（沿 $\boldsymbol{\omega}$ 方向投影）。由倾斜原则，此时需引入一个余弦因子，即 $\boldsymbol{\omega} \cdot \boldsymbol{n}'$。

将这一结果应用到点 $Q(s,t) = C + s\boldsymbol{u} + t\boldsymbol{v}$，那么积分 A 变为

$$A = \int_{s=0}^{w} \int_{t=0}^{h} (N(Q(s,t))) N(Q(s,t)) \cdot \boldsymbol{n} \, \frac{|(Q(s,t) - P) \cdot \boldsymbol{n}'|}{\|Q(s,t) - P\|^3} \mathrm{d}t\mathrm{d}s \qquad (26.34)$$

$$= \int_{s=0}^{w} \int_{t=0}^{h} g(N(Q(s,t))) \frac{|(Q(s,t) - P) \cdot \boldsymbol{n}|}{\|Q(s,t) - P\|} \frac{|(Q(s,t) - P) \cdot \boldsymbol{n}'|}{\|Q(s,t) - P\|^3} \mathrm{d}t\mathrm{d}s \qquad (26.35)$$

$$= \int_{s=0}^{w} \int_{t=0}^{h} g(N(Q(s,t))) \frac{|(Q(s,t) - P) \cdot \boldsymbol{n}\| (Q(s,t) - P) \cdot \boldsymbol{n}'|}{\|Q(s,t) - P\|^4} \mathrm{d}t\mathrm{d}s \qquad (26.36)$$

如果我们定义 $\boldsymbol{\omega}(s,t) = (Q(s,t) - P) / \|Q(s,t) - P\|$，该积分可以简化为

$$A = \int_{s=0}^{w} \int_{t=0}^{h} g(\boldsymbol{\omega}(s,t)) \frac{|\boldsymbol{\omega}(s,t) \cdot \boldsymbol{n}\| \boldsymbol{\omega}(s,t) \cdot \boldsymbol{n}'|}{\|Q(s,t) - P\|^2} \mathrm{d}t\mathrm{d}s \qquad (26.37)$$

为了使上面的计算过程更为具体，代码清单 26-1 显示了在给出函数 g 并以单位向量作为参数的情况下，怎样来计算该积分的值。

代码清单 26-1   在一光源的立体角内对一个余弦加权函数进行积分

```
 1  // Given rectangle information C (corner), u, v (unit edge vectors),
 2  // w, h (width and height) and n' (unit normal), a point P on
 3  // a plane whose normal is n, and a function g(.) of a single
 4  // unit-vector argument, estimate the
 5  // integral of g(ω)ω·n over the set Ω of
 6  // directions from P to points on the rectangle.
 7
 8
 9  sum = 0;
10  for i = 0 to N-1
11      s = i/(N-1)
12      Δs = 1/(N-1);
13      for j = 0 to N-1
14          t = j/(N-1)
15          Δt = 1/(N-1)
16          Q = C + s * u + t * v
17          ω = S(Q - P)
18          r = ‖Q - P‖
```

```
19
20         sum +=  g(ω) |ω·n| |ω·n'|
                    ─────────────── Δs Δt
                          r²
21
22 return sum
```

总结一下，我们将立体角上的积分转换为在法线为 n' 的平面上的积分，为此，我们在被积函数中引入了一个额外的因子 $|\omega \cdot n'|/r^2$，其中 ω 是从 P 到表面上点 Q 的单位向量，r 为 P 到 Q 的距离。通常情况下，积分中已经含有形式 $g(\omega|\omega \cdot n|)$，所以该面积积分的被积函数为

$$g(\boldsymbol{\omega}) \frac{|\boldsymbol{\omega} \cdot \boldsymbol{n}\,\|\,\boldsymbol{\omega} \cdot \boldsymbol{n}'|}{r^2} \tag{26.38}$$

26.7 对光的度量

有了立体角的概念后，现在我们可以精确地描述光能如何在场景中传播。定义一个包括时间、位置、方向和波长等参数的函数 L，用以描述在场景中传输的光在无穷小的区间内的特性，称其为**光谱辐射度**。当我们取一个时间段、垂直于传输方向的一部分表面区域、特定方向的立体角以及在一定的波长范围对该函数进行积分时，可以得到在给定的时间间隔、从指定的传输方向入射到表面、位于给定波长范围内的光的总能量。前面讨论的是求取所有不同的波长的光能之和，现在，我们仍将继续这一讨论，但针对每个波长考虑其传输的光能——另一个密度！

对在一小段时间内、沿小的方向立体角入射到一小片面元上的某一小的波长范围的入射光的光谱辐射度的**积分**可通过物理设备进行测量。当上述参数区间均为无穷小时，很容易采用数学方法来计算，这就像取一个很小的时间段来丈量一辆车行驶的距离，只不过当我们研究运动的数学描述时采用的是瞬时速度。什么是 L 的单位？取 xy 平面上的一个矩形来表示一"面片"，并假设光束沿着垂直于 xy 平面的方向集 Ω 里流动，可知

$$\text{energy} \approx \int_{t_0}^{t_1} \int_{x_0}^{x_1} \int_{y_0}^{y_1} \int_{\boldsymbol{\omega} \in \Omega} \int_{\lambda_0}^{\lambda_1} L(t,(x,y,0),-\boldsymbol{\omega},\lambda) \mathrm{d}\lambda \mathrm{d}\boldsymbol{\omega} \mathrm{d}y \mathrm{d}x \mathrm{d}t \tag{26.39}$$

需要注意的是，在上面的被积函数里，L 具有四个参数：t、空间点 $(x,y,0)$、$-\boldsymbol{\omega}$ 和 λ。$\boldsymbol{\omega}$ 加负号，因为 $\boldsymbol{\omega}$ 为从表面射出的方向，但是这里我们需要求取入射到表面的光能之和。

对表面和时间采用 MKS 单位，但波长的单位取为纳米（遵循长期的惯例），因此 L 的单位必然为每秒每平方米每纳米每球面度多少焦耳。每秒一焦耳是 1 瓦特，所以我们也可以说成"瓦特/每平方米每纳米每球面度。"

如果光入射的方向 $\boldsymbol{\omega}$ 与表面法向并不平行，会出现什么情况呢？由倾斜原则可知，此时入射到单位面积表面的光能小于平行时的情况。

因此，更一般地描述沿着给定立体角 Ω，在给定时间段，入射到 xy 平面上一小片区域位于给定波长范围的光能的准确公式为

$$\text{energy} = \int_{t_0}^{t_1} \int_{x_0}^{x_1} \int_{y_0}^{y_1} \int_{\boldsymbol{\omega} \in \Omega} \int_{\lambda_0}^{\lambda_1} L(t,(x,y,0),-\boldsymbol{\omega},\lambda)\boldsymbol{\omega} \cdot \boldsymbol{e}_3 \mathrm{d}\lambda \mathrm{d}\boldsymbol{\omega} \mathrm{d}y \mathrm{d}x \mathrm{d}t \tag{26.40}$$

对于任意平面上的区域 R，假定该平面的法向量为 $\boldsymbol{n}$，则沿着与立体角 Ω 相反的方向，在 $t_0 \leqslant t \leqslant t_1$ 时间段内，到达 R 的位于 $\lambda_0 \leqslant \lambda \leqslant \lambda_1$ 波长范围内的光能为

$$\text{energy} = \int_{t_0}^{t_1} \int_{\lambda_0}^{\lambda_1} \int_{P \in R} \int_{\boldsymbol{\omega} \in \Omega} L(t,P,-\boldsymbol{\omega},\lambda) |\boldsymbol{\omega} \cdot \boldsymbol{n}| \mathrm{d}\boldsymbol{\omega} \mathrm{d}P \mathrm{d}\lambda \mathrm{d}t \tag{26.41}$$

其中 $\int_{P\in R}\cdots\mathrm{d}P$ 是 R 上的面积积分。

当我们关心的是入射到表面某一区域光能的整体能量，而不是每个不同波长入射光的能量时，就可以取整个波长范围 λ 对 L 进行积分，从而得到一个只依赖于时间、位置和方向的新函数，该函数以瓦特/每平方米每球面度为单位。这个新函数叫**辐射度**。光谱辐射度和辐射度之间的关系是相当一般化的：对于光度学中的任何量，其光谱版均包含有波长 λ 为参数，而无"光谱"版则已对所有可能的波长做了积分。

针对所有时间、面片位置和入射光方向（和所有入射光波长）定义的函数 L 充分描述了光能在场景中传递。我们称 $L(t,P,\boldsymbol{\omega})$ 或 $L(t,P,\boldsymbol{\omega},\lambda)$ 为在时间 t、位置 P 等的"辐射度"或"光谱辐射度"。如将函数 L 作为一个整体，有时也将它称为**全光函数**（尤其在计算机视觉领域）。

26.7.1   辐射术语

光谱辐射度 L 表征了在每个时刻、在场景中的每个点以及沿每个可能方向的光能传递。形式上，它的定义域为

$$\mathbf{R}\times\mathbf{R}^3\times\mathbf{S}^2\times\mathbf{R}^+$$

其中 $\mathbf{S}^2$ 表示三维空间中的单位球（光能传播的所有可能方向的集合），$\mathbf{R}^+$ 用来表示所有可能的光波长的集合。实际上，$\mathbf{R}^+$ 可用可见光的波长范围代替。L 的陪域（codomain）为 $\mathbf{R}$。

基于 L，通过积分，我们即可描述在辐射度学（测量辐射能的科学）中通常用到的所有项。另一种方法是从能量或功率开始，通过对它们的微分来定义所有项。我们将在 26.9 节简要介绍这种方法。

26.7.2   辐射度

光谱辐射度可用 L 描述，辐射度则可表示为

$$\int_0^\infty L(t,P,\boldsymbol{\omega},\lambda)\mathrm{d}\lambda \tag{26.42}$$

其中 $(t,P,\boldsymbol{\omega})\in\mathbf{R}\times\mathbf{R}^3\times\mathbf{S}^2$。在工程中，字母 L 通常用来表示辐射度，而 L_λ 则表示光谱辐射度；但是，在图形学中，光谱辐射度却通常记为 L。因为对我们来说，符号 λ 实际上表示函数的一个变量，取其作为下标并不恰当。下面，我们将在把光谱视为参数的情况下，继续这一讨论，最后再讨论一下光谱不作为参数的情况。在此之前，我们讲到辐射度都是指光谱辐射度；当我们说起辐照度（irradiance）时，即指光谱辐照度（spectral irradiance），等等。

从计算机图形学的角度看，关于辐射度的最有趣的事情是，在稳态情况下，L 与时间无关，在真空中沿着光线传输的辐射度为恒定值（假设此时无其他点光源；见练习 26.3）。从数学的角度，这意味着函数 L 不再为函数。当然，从物理的角度，L 不能为负值。

为什么在真空中沿着光线传输的 L 为恒定值？我们来做个试验（见图 26-25）：通过一个狭窄的硬纸管，注视在良好照明下涂有乳胶漆的墙壁上的一小块区域。你会看到位于管子另一端墙面上一块小圆盘区域所发出的光（在图 26-25 中为轮廓较小的圆）。现在我们移动到离墙两倍远的地方，再观察同一片区域。你会再次看到来自一个小圆盘区域的光（在图 26-25 中为轮廓较大的圆），呈现与前一次所见区域同样的亮度（假设你所观察区域的照明均匀）。对上述现象可做一个简单的解释：当你最初离墙的距离为 r 时，从墙发出的光向四周散射，照在半径为

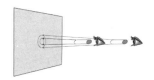

图 26-25   辐射度测量工具

r 的半球面上；当你移动到距离墙 $2r$ 的位置时，它照在半径为 $2r$ 的半球面，其照射面积是之前的 4 倍。但是，当你通过管子观看墙面时，你所看到的墙面区域是之前的 4 倍。因此，通过管子进入你眼中的总的光能是恒定的。在每种情形中，穿过管子的光能，近似等于眼睛通过管子在另一端所见区域辐射度的积分值。因为我们假设墙面照明均匀，因此它即为（近似为常数）墙面辐射度乘以管子末端的面积、乘上管子末端朝向眼睛的立体角。事实上，在两种情况下所见亮度一致意味着当你沿着初始视线方向移动时，墙面辐射度没有改变。

相对而言，数码相机传感器上的像素区域的面积可以认为无穷小（或者假定传感器像素内位置差异引起的辐射度变化非常小），入射像素区域的光线的立体角也可以认为是无限小（或假定因入射方向差异引起的变化非常小），则传感器像素的响应（假设它是对总的入射光能的响应）与辐射度成正比。事实上，计算机视觉实验中使用的高品质照相机，其生成图像中每一像素的值即为辐射度值。更准确地说，这些照相机所记录的值通常是关于波长的积分值，即光谱辐射度和表征传感器对每一波长入射光辐射度响应函数乘积的积分。

26.7.3 两个辐射度计算的例子

对于**朗伯辐射源**，沿所有出射方向的辐射度相等。假设我们有一个朗伯辐射球体 S，其半径为 r，辐射总功率为 Φ。现要计算从球体发射出的每根光线的辐射度。我们的方法（见图 26-26）是，围绕这个辐射源构建一个同心球面 S'，S' 的半径 $R \gg r$。所有从 S 发射出的光都会到达 S'，并且到达 S' 的功率密度（单位 Wm^{-2}）与到达位置无关。将这一密度记为 D，则

$$4\pi R^2 D = \Phi \qquad (26.43)$$

我们以辐射源发射出的恒值辐射度 L 为未知数，用其表示点 P 处的功率密度，进而基于功率 Φ 求解出 L。P 点的功率密度为

$$D = \int_{\mathbf{S}^2_+(P)} L \, |\boldsymbol{\omega} \cdot \boldsymbol{n}(P)| \, \mathrm{d}\boldsymbol{\omega} \qquad (26.44)$$

$$= \int_{\Omega} L \, |\boldsymbol{\omega} \cdot \boldsymbol{n}(P)| \, \mathrm{d}\boldsymbol{\omega} \qquad (26.45)$$

$$= L \int_{\Omega} |\boldsymbol{\omega} \cdot \boldsymbol{n}(P)| \, \mathrm{d}\boldsymbol{\omega} \qquad (26.46)$$

对于 Ω 以外的 $\boldsymbol{\omega}$，P 点朝其 $-\boldsymbol{\omega}$ 方向的辐射度为 0；由式（26.44）容易得到式（26.45）。因此对整个半球的积分可以简化为对 Ω 的积分。

对于足够大的 R，$\boldsymbol{\omega} \cdot \boldsymbol{n}(p)$ 非常接近 1，当 R 趋向于无穷时，可以得到

$$D = L \int_{\Omega} 1 \mathrm{d}\boldsymbol{\omega} = L m(\Omega) \qquad (26.47)$$

以 P 点为中心半径为 R 的球面（如图 26-27 中黑色圆所示）的总面积为 $4\pi R^2$，其朝向 P 点的总的立体角为 4π；这 $4\pi R^2$ 的球面上，辐射球占约 πr^2 的面积（即从 P 看去，辐射球在总面积 $4\pi R^2$ 中遮挡了一块面积为 πr^2 的圆盘形区域）。因此，小球朝向 P 的立体角为

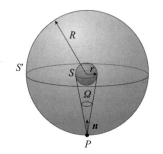

图 26-26 辐射球位于一个大的光能接收球内。现要计算到达 P 点的功率密度

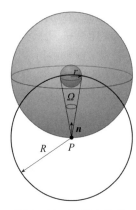

图 26-27 计算立体角 Ω 的值

$$m(\Omega) = 4\pi \frac{\pi r^2}{4\pi R^2} \tag{26.48}$$

$$= \frac{\pi r^2}{R^2} \tag{26.49}$$

将其代入式(26.47)和式(26.43)，得到

$$4\pi R^2 L \frac{\pi r^2}{R^2} = \Phi \tag{26.50}$$

$$\therefore \quad L = \frac{\Phi}{4\pi(\pi r^2)} \tag{26.51}$$

在计算中，我们做了两项近似：向量点积均为 1；设辐射球遮挡的面积为 πr^2。如果准确地计算该积分值，你会看到，这两项近似正好相互抵消。

现在我们来考虑一个类似的例子并进行分析。在此例中，辐射源为一个半径为 r 的小圆盘，且仅一侧发射光线(见图 26-28)。

我们将其放在一个半径为 R 的包围半球面 H 中，首先，计算半球面北极点 P 的功率密度；如前之推导，其功率密度为

$$D_P = Lm(\Omega) = L \frac{\pi r^2}{R^2} \tag{26.52}$$

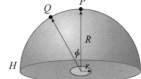

图 26-28　一个盘状的朗伯辐射源，只在一侧辐射

对一个与轴线偏角为 ϕ 的 Q 点，由倾斜原理可知，到达 Q 点的功率密度为到达 P 点的功率密度乘以 $\cos\phi$。因此，到达半球上所有点的总功率(这肯定是总辐射功率 Φ)是

$$\Phi = \int_H (\cos\phi) L \frac{\pi r^2}{R^2} \tag{26.53}$$

$$= L \frac{\pi r^2}{R^2} \int_H \cos\phi \tag{26.54}$$

将积分项中的常量拿出来，进一步简化可得

$$\Phi = L \frac{\pi r^2}{R^2} R^2 \int_{S_+^2} \cos\phi \tag{26.55}$$

$$= L\pi r^2 \int_{S_+^2} \cos\phi \tag{26.56}$$

因为 H 的面积为 R^2 乘上 S_+^2 的立体角。最后，基于平均高度原则，可得

$$\Phi = L\pi r^2 \pi \tag{26.57}$$

因此

$$L = \frac{\Phi}{\pi(\pi r^2)} \tag{26.58}$$

上述结果可以推广到任意形状的辐射源；在一般情况下，对于一个功率为 Φ、面积为 A 的单侧平面朗伯辐射源，其辐射度为

$$L = \frac{\Phi}{\pi A} \tag{26.59}$$

26.7.4　辐射照度

辐射照度[一]是从所有方向照射到某一面片的光能的密度(与受照射的面积、照射时间和

　　[一]　又称光照度。——译者注

入射光波长有关）。（辐射照度经常被描述为入射到某一面片的光的度量，该度量并不考虑"入射光的方向"，但是，如果到达的光能随入射光的方向变化，那么这句话的含义就不是完全清晰的）。当表面对入射光的"响应"与方向无关时，辐射照度是一个很有用的概念。这里的"响应"指的是表面"吸收"或"反射"入射光。但倘若其"响应"与方向有关，则辐射照度将失去作用。这是因为只知道到达面片的总光能，我们无法获知任何和反射光能有关的信息。

辐射照度通常定义于场景中面片上的一点 P（或某一传感器表面，如虚拟摄像机），特别是该点只有反射性的散射（也就是说，没有光透过表面到达该点），我们只需要考虑来自表面一侧的入射光。根据方程（26.42）可知，沿立体角 Ω 相反方向到达区域 R 的能量为

$$\text{energy} = \int_{t_0}^{t_1}\int_{\lambda_0}^{\lambda_1}\int_{P\in R}\int_{\boldsymbol{\omega}\in\Omega} L(t,P,-\boldsymbol{\omega},\lambda)\,|\boldsymbol{\omega}\cdot\boldsymbol{n}|\,\mathrm{d}\boldsymbol{\omega}\mathrm{d}P\mathrm{d}\lambda\mathrm{d}t \tag{26.60}$$

我们关注的立体角是 $\mathbf{S}^2_+(P) = \{\boldsymbol{\omega}:\boldsymbol{\omega}\cdot\boldsymbol{n}(P)\geqslant 0\}$，即从 P 点出射方向的集合。注意到 P 点的法向为 $\boldsymbol{n}$，故其辐射照度为上述公式最里面的积分，且用 $\mathbf{S}^2_+(P)$ 代替 Ω。在这个积分里，点积总是正值，因此可以把绝对值符号去掉

$$E(t,P,\lambda) = \int_{\boldsymbol{\omega}_i\in\mathbf{S}^2_+(P)} L(t,P,-\boldsymbol{\omega}_i,\lambda)\boldsymbol{\omega}_i\cdot\boldsymbol{n}\mathrm{d}\boldsymbol{\omega}_i \tag{26.61}$$

其中 $\boldsymbol{\omega}$ 用 $\boldsymbol{\omega}_i$ 代替（见图 26-29）。

在这个定义里，我们引入了几个接下来几章都会沿用的符号。首先，P 通常表示场景中表面上的一点，而 $\boldsymbol{n}(P)$ 表示表面在 P 点的单位法向量。在 P 点，所有指向表面外侧的向量的集合为 $\mathbf{S}^2_+(P)$，即

$$\mathbf{S}^2_+(P) = \{\boldsymbol{\omega}:\boldsymbol{\omega}\cdot\boldsymbol{n}(P)\geqslant 0\} \tag{26.62}$$

有时，我们会对上式做进一步泛化，写为

$$\mathbf{S}^2_+(\boldsymbol{n}) = \{\boldsymbol{\omega}:\boldsymbol{\omega}\cdot\boldsymbol{n}\geqslant 0\} \tag{26.63}$$

表示"向量 $\boldsymbol{n}$ 所面向的正半球"。

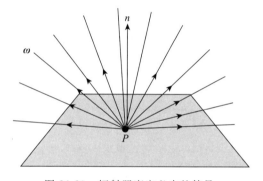

图 26-29　辐射照度定义中的符号

第二，$\boldsymbol{\omega}_i$ 指向半球外的某一光源，从该光源传递到 P 点的辐射度为 $L(t,\ P,\ -\boldsymbol{\omega}_i,\ \lambda)$。这一负号很重要：$\boldsymbol{\omega}_i$ 指向光源，但是入射光是从光源流向 P，其方向为 $-\boldsymbol{\omega}_i$。$\boldsymbol{\omega}_i$ 里的"i"是一个助记符，表示"入射"，而不是一个索引符号，故它的排版为罗马字体，而不是斜体。我们也经常使用 $\boldsymbol{\omega}_o$，它表示离开 P 点的光的方向（通常指向观察者的眼睛）。

光谱辐射照度的单位是 $\mathrm{Jm^{-1}s^{-1}nm^{-1}}$ 或 $\mathrm{Wm^{-2}nm^{-1}}$；球面度单位在积分后去掉了。

观察辐射照度的公式，可以清楚地看到，该式中的重要参数为表面指定点和该点处的表面法向量，相对而言，光所照射的表面并非那么重要。因此，我们不再将辐射照度作为定义在所有 $\mathbf{R}^3$ 上的函数，而是指明法线的方向（增加一个额外的参数）：

$$E(t,P,\boldsymbol{n},\lambda) = \int_{\{\boldsymbol{\omega}:\boldsymbol{\omega}_i\cdot\boldsymbol{n}\geqslant 0\}} L(t,P,-\boldsymbol{\omega}_i,\lambda)\boldsymbol{\omega}_i\cdot\boldsymbol{n}\mathrm{d}\boldsymbol{\omega}_i \tag{26.64}$$

在这个修改的公式中，E 的定义域为 $\mathbf{R}\times\mathbf{R}^3\times\mathbf{S}^2\times\mathbf{R}^+$。$E(t,\ P,\ \boldsymbol{n},\ \lambda)$ 表示那些波长为 λ、从 $\boldsymbol{n}$（P 点处的表面法向）确定的半空间里的各个方向入射 P 点的光能密度。

该式通常用来描述**单一光源照射产生的辐射照度**。要说明这一点，我们可以假想绘制一个场景，除了光源外，其他一切都画成黑色。然后，我们采用该单一光源生成的辐射度场 $\overline{L}$ 来代替式（26.64）里的 L。

假设我们要测量由单一面光源产生的辐射照度，该面光源的辐射度为恒定值 L_0（即从

光源的任一点，沿任意方向的辐射度均为 L_0 ），该光源所张的立体角大约跨越 1 纬度（例如，假设它近似为盘状，且非常小），且它对点 P 完全可见；那么在假设点积 $\boldsymbol{\omega}_i \cdot \boldsymbol{n}$ 为常数的条件下，该积分可以被很好地近似。这是因为积分中，所有的其他项也都是常数，所以可以直接计算其近似值。

课内练习 26.12：假设在图 26-30 中，盘状均匀光源半径为 r ，中心为 Q ，法向为 $\boldsymbol{m}$ ，辐射度为 L_0 ；该光源到 P 点的距离超过 $5r$ ，且光源对 P 点是完全可见的，那么在 P 点，来自该光源的辐射照度可以很好地近似为

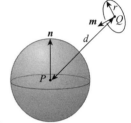

$$\pi r^2 L_0 \frac{(Q-P) \cdot \boldsymbol{n}(P-Q) \cdot \boldsymbol{m}}{\| Q-P \|^4} \tag{26.65}$$

上述结果有时被称为**规则五**[⊖]（rule of five）。

辐射照度概念出现在许多关于绘制的论文里，且通常用字母 E 表示。除了在第 31 章关于辐射度的讨论中会简单地提到辐射照度，下面我们不会再进一步讨论辐射照度，而字母 E 则主要用来标记绘制算法里的视点（或相机）。

图 26-30　规则五

26.7.5　辐射出射度

相应地，**光谱辐射出射度**计量的是沿所有可能方向离开表面的光；与辐射照度唯一的不同之处是出现在 L 参数里的方向向量 $\boldsymbol{\omega}_o$ ：

$$\text{Exitance} = M(t,P,\lambda) = \int_{\boldsymbol{\omega}_o \in \boldsymbol{S}_+^2(P)} L(t,p,\boldsymbol{\omega}_o,\lambda)\boldsymbol{\omega}_o \cdot \boldsymbol{n}\mathrm{d}\boldsymbol{\omega}_o \tag{26.66}$$

与之前一样，上述定义适用于只有反射的表面。同样，我们可以推广这一定义，将其定义在空间中的任一点上：只要我们提供一个额外的参数来表示表面法线，然后对所有的波长进行积分，那么就可以得到**辐射出射度**。

26.7.6　辐射功率或辐射通量

到达表面 $\mathcal{M}$ （无论它是场景中的真实表面或者虚拟面，如"围绕光源、半径为 1m 的球面"）的**辐射功率**或**辐射通量** Φ 也是通过积分来计算的。由于功率是用焦耳/秒度量的，我们必须对区域进行积分，从而把平方米从单位中去除：

$$\text{Power} = \Phi = \int_{P \in \mathcal{M}} \int_{\boldsymbol{\omega}_i \in \boldsymbol{S}_+^2(P)} L(t,P,-\boldsymbol{\omega}_i,\lambda)\boldsymbol{\omega}_i \cdot \boldsymbol{n}\mathrm{d}\boldsymbol{\omega}\mathrm{d}P \tag{26.67}$$

光谱功率的单位为 $\mathrm{Js}^{-1}\mathrm{nm}^{-1}$ ；功率（通过积分去除波长的单位）的单位为 J/s，即 W。

仅当指定了我们要积分的表面 $\mathcal{M}$ （以及时间和波长），"功率"的意义才是明确的。

对于空间里的虚拟面，如前面提到的围绕光源的包围球，到达其一侧表面的功率与从另一侧离开的功率是相同的；对于场景中的真实表面，表面入射一侧的功率可能会很大；对于不透明的表面，从另一侧表面离开的功率为零（很多光经反射离去）。

对同时存在反射和透射的面，我们需要将积分域扩展到全体 $\boldsymbol{S}^2$ ，并给式中的点积加上绝对值符号：

$$\text{Power} = \Phi = \int_{P \in \mathcal{M}} \int_{\boldsymbol{\omega}_i \in \boldsymbol{S}^2} L(t,P,-\boldsymbol{\omega}_i,\lambda) | \boldsymbol{\omega}_i \cdot \boldsymbol{n} | \mathrm{d}\boldsymbol{\omega}\mathrm{d}P \tag{26.68}$$

⊖　规则五有助于判定什么情形下一个光源可视为点光源。该规则通常表述为：光源对观察者所张的立体角为 0.03 立体弧度。此时，光源的最大处尺寸小于光源与观察者距离的 1/5。

"功率"函数的定义域是什么？当然，时间和波长仍然是变量，但是光能到达的表面呢？一种可能的答案是 $\mathcal{M}$，即积分的区域，它可以是三维空间里任意表面上任何一个可度量的子集。（尚无一个标准的名称来描述这样子集的集合。）大部分书籍忽略了这一问题，在讲到"辐射通量 $\varPhi$"时，定义域都是忽略不讲的。在 26.9 节，我们会再次简要地提到这一点。

26.8 其他度量

所有的辐射量都可以表示为 L 的积分：对于光谱辐射度，我们在上文中简略地提到过，其单位为瓦特/球面度角，可以通过对面积和波长积分得到。对于非光谱辐射度，则可通过对波长积分得到。在图形学里，有时用**辐射度**来描述非光谱的辐射出射度，它的单位为瓦特/平方米（通过对波长和方向立体角积分得到）。

当我们近似描述光能在场景中的流动时（通过多种方式对光子的流动进行聚合），上述术语（以及像"辐射照度"和"辐射出射度"）是非常有用的。例如，如果场景中只有漫反射面（例如表面均涂有乳胶漆），那么在计算时，完全可以忽略光辐射的方向而只是计算出相关表面辐射的总光能。同样，我们常根据波长，将光聚合为"红""绿"和"蓝"三个代表性的波长，由此，无须单独针对每一个可能的波长 λ 计算其光能传输，而是只计算这三个波长的光能传输。当然，其结果只是正确结果的近似，但在许多情况下，它已足够好。此外，将从表面辐射出去的光能表达为某些项的和，也是非常值得的，其中每一项都可以通过一个合适的算法求得。对一部分算法而言，以概括的方式表示光能是适宜的；而对另一部分算法，将光能表达成具有丰富细节的形式（采用辐射度场 L 刻画）更为合适。

还有一些量，它们采用和人类感知有关的项来描述光的聚合性质。这些量出现在**光度学**领域，将在 28.4.1 节里讨论。

最后，还有一个不易说清楚的术语：**光强度**（intensity）。光强度常出现在早期的图形学论文里，但它的含义并未被精确定义过。在研读这些论文时，可采用现代的眼光，将"光强度"视为"辐射度"的代名词（虽然在某些特定的讨论中，可能会相差一、两个余弦因子）。现在使用"光强度"这个词仅限于非正式的语境，例如说："增加灯的光强后，场景变亮了"。

26.9 导数的方法

另一种定义辐射度量术语的方法是以辐射通量 $\varPhi$ 为基础，通过"微分"推导出其他量。例如，观察表面上一点 P 和一个区域 R，其中 $P \in R$，考虑从所有可能的方向到达 R 的光及其功率，记为 $\Delta\varPhi$。将 $\Delta\varPhi$ 除以 R 的面积 ΔA，得到单位面积的功率

$$\frac{\Delta\varPhi}{\Delta A} \tag{26.69}$$

设想我们在包含点 P 的不同区域 R 上重复这一过程，并让每个区域的面积越来越小，将得到一个单位面积功率值的序列。当区域 R 的面积趋于零时，上述值存在一个极限，我们将这个极限

$$E(t, P, \lambda) = \frac{\mathrm{d}\varPhi}{\mathrm{d}A} \tag{26.70}$$

称为 P 点的辐射照度。

在进一步展开这个方法之前，建议读者仔细回顾一下导数的定义。通常情况下，当我们写 $\mathrm{d}f/\mathrm{d}x$ 的时候，f 必须是 x 的函数，且当 $h \rightarrow 0$ 时，$(f(x+h)-f(x))/h$ 存在极限，我们称这个极限为导数。但在上面的表述中，并不存在"变量"A，而且 $\varPhi$ 也不是 A 的函

数。对此我们可以做下述修正："设 $f(r)$ 为到达表面上以 p 为中心、半径为 r 的圆盘区域的功率(该圆盘的面积为 πr^2);进而定义 $g(r) = f(r)/(\pi r^2)$,表示到达该圆盘区域单位面积的功率;然后定义 $\mathrm{d}\Phi/\mathrm{d}A(p)$ 为 $g'(0)$。"有人可能会问:"如果用一系列不断变小的正方形,而不是圆盘,结果会相同吗? 若是其他的形状又如何呢? g 明显可微吗?"对于这类采用"导数"定义的新概念,都需要再考虑一下相应的问题。而在我们推出的基于积分的表述中仅涉及一个假设,即光谱辐射度函数 L 可积,其他一切都可基于这一假设得到。

在质疑基于导数的表述方法后,我们也要提一下它的优点。其一就是,当写

$$E = \frac{\mathrm{d}\Phi}{\mathrm{d}A} \tag{26.71}$$

的时候,如果想计算功率 Φ,只需计算下面的积分

$$\Phi = \int E \mathrm{d}A \tag{26.72}$$

$$= \int \frac{\mathrm{d}\Phi}{\mathrm{d}A} \mathrm{d}A \tag{26.73}$$

很容易注意到,$\mathrm{d}A$ 可以消去。但根据我们的经验,式中若包含有各种余弦因子,会给计算带来风险。倘若我们的学生没有充分理解在上述推导中这些因子的影响,则通常会得出错误的结论。一旦你对这一概念有所理解,并且已经经历了一些常出现的错误后,一定会体会到使用导数所带来的极大便利。

继续对导数表述方法的讨论,我们可以基于功率对面积的导数来定义辐射出射度,

$$M = \frac{\mathrm{d}\Phi}{\mathrm{d}A} \tag{26.74}$$

其中 Φ 指离开表面的光的功率而不是到达的功率。

辐射强度(一个之前未曾定义的概念,而且以后也不会再提及)是辐射通量对立体角的导数

$$I = \frac{\mathrm{d}\Phi}{\mathrm{d}\boldsymbol{\omega}} \tag{26.75}$$

而辐射度是"单位立体角单位投影面积上的辐射通量"[Jen01]

$$L = \frac{\mathrm{d}^2\Phi}{\cos(\theta)\mathrm{d}A\mathrm{d}\boldsymbol{\omega}} \tag{26.76}$$

其中 θ 是 $\boldsymbol{\omega}$ 和表面法向的夹角。而对 L 的描述则转化为

$$\Phi = \int_A \iint_\Omega L(P, \boldsymbol{\omega}) |\boldsymbol{\omega} \cdot \boldsymbol{n}| \mathrm{d}\boldsymbol{\omega}\mathrm{d}P \tag{26.77}$$

有经验的读者知道如何来读这个等式:"设区域 A 的法向量为 $\boldsymbol{n}$,沿着立体角 Ω 入射到 A 的光线的总功率,由等式(26.77)给出。"

26.10 反射率

反射率如何建模呢? 我们希望能体现下面的思想:从远处某点入射到表面上一点的光,会朝许多不同的方向散射出去;与此同时,来自许多不同方向的入射光将对该处表面朝某一特定方向的反射光做出贡献。核心在于将上述过程视为一加法过程:如果可以度量来自每个独立方向的入射光是如何散射的,即可知从所有方向入射到表面的光是如何散射的。

方向反射计(gonioreflectometer)是一种测量反射率的装置;在最基本的设计里,装有可沿球面运动的一个小聚光灯和一个小型传感器(见图26-31)。(在更为现代化的设计里,

样品台可沿多方向移动，而不是光源和传感器移动，如图 26-32 所示。）

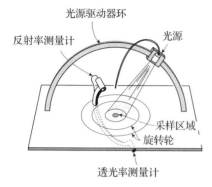

图 26-31   方向反射计的基本概念（根据［War92］原图重绘）

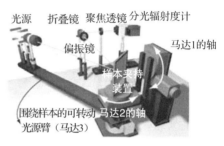

图 26-32   一个现代的方向反射计系统（由 Steve Westin 提供，"Automated threeaxis gonioreflectometer for computer graphics applications" by Westin，Foo，Li，and Torrance，from Advanced Characterization Techniques for Optics，Semiconductors，and Nanotechnologies II，Proc. SPIE 5878，August 2005）

聚光灯的光投射在位于球中心的样品上，传感器则度量从样品反射出的光。（在样品的周边区域和球体内部，均涂有吸光材料，如煤烟。）当光源沿掠入角（表面切平面方向）照射在样品上时，记录得到的反射值非常小（部分因为光照的大部分照在样品周边涂有黑烟的地方，而不是样品本身）。可以设想一种方式：通过提高聚光灯的强度，使入射在样品上的总的光能为恒定值，使之与聚光灯所在方位无关。为了做到这一点，我们需要将聚光灯强度提升 $1/\cos\phi$ 倍，其中 ϕ 是聚光灯的余纬度。因为这涉及一些困难的工程技巧，我们简单地用它乘以传感器数据。

那么，方向反射计测量的是什么呢？假设球体半径非常大，而聚光灯、传感器和样品都非常小，此时面积和立体角可视为无穷小，在这种假设下，它测量的是

$$f_r(P, \boldsymbol{\omega}_i, \boldsymbol{\omega}_o, \lambda) = \frac{L(t, P, \boldsymbol{\omega}_o, \lambda)}{L(t, P, -\boldsymbol{\omega}_i, \lambda)\cos(\phi)m(\Omega)} \tag{26.78}$$

其中

● Ω 是光源对样本所张的立体角，这里我们用 $m(\Omega)$ 表示 Ω 的测量值。

● $\boldsymbol{\omega}_i$ 和 $\boldsymbol{\omega}_o$ 分别为样品到光源的方向和样品到传感器的方向。

你可以购买一个辐射度计。摄影师使用的照度计是辐射度计的简单版本。要从方向反射仪得到读数，需执行以下计算：首先测出从光源到达样品的辐射度 L_1，测量光源的面积 A 以及光源与样品之间的距离 r，则光源对样品所张的立体角为 A/r^2。现在，按照每对 $(\boldsymbol{\omega}, \boldsymbol{\omega}')$，将光源和辐射度感应器放置到合适的位置，使得光线沿着 $-\boldsymbol{\omega}'$ 到达样品，辐射度传感器则可检测样品朝 $\boldsymbol{\omega}$ 方向反射的光能。将检测到的辐射度记为 L_2。那么，方向反射仪上的"读数"为 $([L_2/(L_2(A/r^2))]\boldsymbol{\omega}' \cdot \boldsymbol{n})$。实测时，最好是分别测量光源关闭时样品的辐射度 L_2^0 和光源开启时的辐射度 L_2^1，取 $L_2 = L_2^1 - L_2^0$；这可以防止在掠入角时由于杂散光射入该装置而引起过高的读数，此外，辐射度计存在校准偏移时也可能导致读数偏高，这使得在全黑暗的情况下仍然会记录正的辐射度。

我们称 f_r 为（光谱）双向反射率分布函数，或 BRDF。需要注意的是 f_r 的单位为 sr^{-1}。

因为方向反射计的光源是恒定的(即从光源发射出的辐射度为常值),定义 f_r 所涉及的参数值不随时间而变。当方向 $\boldsymbol{\omega}_i$ 和 $\boldsymbol{\omega}_o$ 位于表面的"不同侧"时,将其 f_r 值定义为零。f_r 的定义域为

$$\mathcal{M} \times \mathbf{S}^2 \times \mathbf{S}^2 \times \mathbf{R}^+ \tag{26.79}$$

其中 $\mathcal{M}$ 是场景中所有表面的集合。注意,在 $f_r(P,\boldsymbol{\omega}_i,\boldsymbol{\omega}_o,\lambda)$ 的定义里,$\boldsymbol{\omega}_i$ 是指向入射光源的单位向量,因此入射光沿着 $-\boldsymbol{\omega}_i$ 的方向到达表面。

基于 f_r 的定义,表面的出射辐射度 L^r 和入射辐射度 L^i 之间关系可正确地表述为

$$L^r(t,P,\boldsymbol{\omega}_o,\lambda) = \int_{\boldsymbol{\omega}_i \in \mathbf{s}^2_+(P)} L^i(t,P,-\boldsymbol{\omega}_i,\lambda) f_r(P,\boldsymbol{\omega}_i,\boldsymbol{\omega}_o,\lambda) \boldsymbol{\omega}_i \cdot \boldsymbol{n}(P) \mathrm{d}\boldsymbol{\omega}_i \tag{26.80}$$

此处 $\boldsymbol{\omega}_i$ 与表面法向量点积的负值即入射方向余纬度的余弦。上式称为**反射率方程**,它是更为一般的**绘制方程**(将在第 29 章介绍)的核心部分[Kaj86, ICG86, NN85]。

因为余弦因子的缘故,一些书籍将反射率描述为出射辐射度与入射辐射照度之比。为了清楚起见,我们直接依据 L^i 来定义反射率。

BRDF 有一个重要的对称性质,称为**亥姆霍兹互易**定律:

$$f_r(P,\boldsymbol{\omega}_i,\boldsymbol{\omega}_o,\lambda) = f_r(P,\boldsymbol{\omega}_o,\boldsymbol{\omega}_i,\lambda) \tag{26.81}$$

这一定律告诉我们,当我们用方向反射仪测量 BRDF 时,无须将光源和传感器放置在每一可能的位置组合上,这可以省去一半的方位采样。

亥姆霍兹互易定律还告诉我们,不是任何函数都可以是某种材料的 BRDF。事实上,还存在更进一步的限制。例如,由于能量守恒,如果一定功率的光到达某一表面并为该表面所反射,则离开表面的光能不会多于到达的量。这为多种 BRDF 积分设置了限制条件。

亥姆霍兹互易定律适用于很多材质。它的确得到了一些证据的支持。但也发现了有些材质经测量并不满足该"定律",这使它也遭到一些质疑。Veach[Vea97]讨论了互易定律成立的必要条件。

26.10.1 相关项

颜色乙烯基甲薄片既能反射光也能透射光。针对这种情况,可以构建一个测量透射光的方向反射仪;之前在讨论 f_r 时曾针对纯反射表面将透射部分定义为 0,而在这里该部分变为了非零,相反,"反射率"部分被置为零。所得到的函数称为**双向透射率分布函数**,或 BTDF。

这两个函数(BRDF 和 BTDF)之和被称为**双向散射分布函数**或 BSDF,记为 f_s。

当一根光线射到表面上的一点 P,我们之前假设它被反射(或透射),并再次离开 P 点。然而对于许多材质,包括人的皮肤、毛发、许多形式的木制品、树叶,光实际上会透入材料,并在表面下经历多次反射,最后在 P 点附近重新射出(见图 26-33)。这种散射可以通过**双向表面散射型反射分布函数**,或 BSSRDF 予以表征,该函数的参数有:点 P,光的入射方向 $\boldsymbol{\omega}_i$,光再次射出点 Q,光射出的方向 $\boldsymbol{\omega}_o$。幸运的是,对很多表面,简单的 BSDF 就足够了。然而,用 BSSRDF

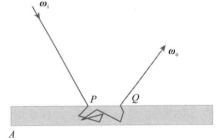

图 26-33 微平面散射。沿着 $-\boldsymbol{\omega}_i$ 到达表面 P 点的光并非被单纯反射,而是经过多次的微平面反射再射离表面;描述这种散射时,需要考虑在 P 邻近的每个点 Q 朝每个出射方向 $\boldsymbol{\omega}_o$ 所射出的光

绘制材质确可以生成一些精彩的效果[JMLH01](见图 26-34)。

图 26-34 在这两幅图里,表面下的散射表现了光透过大理石和皮肤的效果(由 Stephen Mar-schner 提供,©2001 ACM,Inc.,经允许转载)

26.10.2 镜子、玻璃、互易性和 BRDF

设想用方向反射仪测量一面完美镜子的 BRDF。该传感器测量到达的功率,然后除以感应区域的面积来计算入射辐射度,其中隐含地假设从采样点到达传感器的所有光线的辐射度近似相等。但是如果光源非常小,它的反射光线都集中射在传感器感应区域内某一处,这个假设将无效:因为对于传感器上的大部分区域,根本没有光线抵达。因此,测量镜子 BRDF 用的方向反射仪,其传感器的感应区域必须是可调的,从而使整个传感器区域都接受到光。当然,因为镜面反射是如此"聚焦"(反射后的光线仍然汇聚在一起)可尝试用一个微型光源来度量 BRDF,或许光源上装有一个可调节孔径的光圈。当我们关闭光圈时,必须相应地缩小感应区域的面积。值得指出的是,因为材质是完美的镜面,从光源到采样点的入射光线的辐射度与从采样点到传感器的反射光线的辐射度相等。现在考虑我们对 BRDF 的定义:

$$f_r(P,\boldsymbol{\omega}_i,\boldsymbol{\omega}_o,\lambda) = \frac{L(t,P,\boldsymbol{\omega}_o,\lambda)}{L(t,P,-\boldsymbol{\omega}_i,\lambda)\cos(\phi)m(\Omega)} \qquad (26.82)$$

假设我们测量时,取 $\phi=0$,且光源对样本所张的立体角 Ω 为 0.01sr。公式中的两个辐射度相等,所以它们相互抵消,得到的 BRDF 测量值是 $100sr^{-1}$。

现在假设调小光源的光圈,使得光源对样本的立体角为 0.005sr。我们将不得不缩小传感器区域以获得有效的辐射度度量结果,但是这样做后,我们会再次发现接收到的辐射度和发射的辐射度是相等的。所测得的 BRDF 将是 $200sr^{-1}$。随着光圈继续缩小,测量结果将无限增大。由此得出的结论是:对于一面完美的镜子,其 BRDF 为无穷大。更准确地说:如果 $\boldsymbol{\omega}_o$ 是 $\boldsymbol{\omega}_i$ 的反射,且受测表面为镜面,则 $f_r(P,\boldsymbol{\omega}_i,\boldsymbol{\omega}_o,\lambda)$ 为无穷大。

说函数取"无穷大"为值并无实际意义。但另有一类称为分布函数的数学对象,它们可取无穷大的值。"双向反射率分布函数"即为这类对象。不过,在考虑不完美的镜面(即它只能反射入射光的一半,而另一半为表面所吸收)时,使用"无穷大"这个概念会遇到挑战。如果对这一镜面进行之前的分析,我们会发现,在其镜面反射方向,BRDF 也是取无穷大的值;但它是一个不同的"无穷大",即只有之前"无穷大"的一半。我们可以将BRDF 分为两部分:"漫反射"部分和"脉冲"部分(后者用于表示镜面发射、斯涅耳折射等),来避开这个难题。

暂时忽略无穷大值的问题,我们继续观察关于 f_r 的表达式及 f_r 里的余弦项。对于完美镜面,如果将 $\boldsymbol{\omega}_i$ 和 $\boldsymbol{\omega}_o$ 进行交换,会发生什么呢?由于入射辐射度和出射辐射度相等,唯一可能发生变化的就是余弦项。但是对于镜面反射，入射角和出射角是相等的；这意味着，只要 f_r 有意义，它一定满足亥姆霍兹互易定律。

另一方面，当测量如玻璃这种材质的 f_s 时，根据斯涅耳定律，计算透射部分将涉及两个不同的角度。显然，在这种情况下，即使我们认同 f_s 可取无穷大值，它也不满足互易律。

26.10.3　L 的不同写法

函数 L 定义在 $\mathbf{R} \times \mathbf{R}^3 \times \mathbf{S}^2 \times \mathbf{R}^+$ 上，因此，将表达式写为 $L(t, P, \boldsymbol{\omega}, \lambda)$ 是有意义的，其中 $\boldsymbol{\omega} \in \mathbf{S}^2$，$P \in \mathbf{R}^3$。同样，写为 $L(t, x, y, z, \boldsymbol{\omega}, \lambda)$ 也是有道理的，其中 x、y 和 z 是实数。当然，在计算机程序里，通常假设"三维空间中的点"为一类对象，故需要使用重载函数，其变量类型为 real * point3 * spherepoint * real 或 real * real * real * real * spherepoint * real，不过，这两种参数类型的区别甚小，实际上并无影响。

但是 spherepoint 类会麻烦一点。一种方法是用 (θ, ϕ) 坐标来表征单位球上的每一点，但是这两个数值与球上的点并不是同一类对象。另一种方法是通过 (x, y, z) 坐标来表示球面上的点，不过实用上很难用计算机求出严格满足 $x^2 + y^2 + z^2 = 1$ 的实数。在工程和物理学中，通常忽略这样的问题，将定义在 $\mathbf{S}^2$ 上的函数 U 写为

$$U(\theta, \phi) = U(x, y, z) \tag{26.83}$$

其中

$$x = \cos\theta \sin\phi \tag{26.84}$$
$$y = \cos\phi \tag{26.85}$$
$$z = \sin\theta \sin\phi \tag{26.86}$$

不幸的是，尽管这类重载可以用在计算机程序里，但在数学中并无意义。符号 U 只表示一种对象。

出于这个原因，我们会保留符号 L，用来表示定义域为 $\mathbf{R} \times \mathbf{R}^3 \times \mathbf{S}^2 \times \mathbf{R}^+$ 的函数；当我们需要一个与之密切相关的函数（例如，在 27 章里根据极坐标角度定义的函数）时，会赋予它一个新名字，与原来的函数有所区别。之后，当我们讨论绘制算法时，我们会做一个相对固定的假设（即 $L(t, \cdots)$ 独立于参数 t），且波长参数 λ 也不会以任何有意义的方式出现在公式中，因此我们会用 $L(P, \boldsymbol{\omega})$ 代替 $L(t, P, \boldsymbol{\omega}, \lambda)$。

26.11　讨论和延伸阅读

我们已经描述了如何度量光能，并详细描述了有关光的微观特性的一些细节，以及与光进行交互的材质的相关特性。对这些内容做全面讨论属于物理学的范畴。一个极好的参考文献首推 Crawford 的关于波的教程 [Cra68]。当然还需要了解一些电磁理论 [Pur11]。对于研究图形的人，哪怕阅读一下牛顿专著《光学》[New18] 的部分章节都会受益匪浅。它教给你的不仅是一些光学的思想，而且会告诉你一个杰出的观察者和实验者是怎么工作的。对于这些思想在算法中的实现，可以参看 Pharr 和 Humphreys 的书 [PH10]。

我们已经讨论了在度量光时常用到的辐射度术语，除此之外，还有一些光度学术语，用来描述人类对光的感知。特别地，包含不同波长的光可被感知为相同的亮度。这只需对其所含的不同波长光的辐射度进行加权求和（其中每一波长光的权值因子 $\bar{y}(\lambda)$ 表示一定量的该波长的光被感知的亮度），即可得到一个表示总亮度的数值（称为**光亮度**）。函数 $\bar{y}$ 被称为**发光效率**，它也被用在 CIE 颜色系统，我们将在第 28 章对此进行讨论。光亮度以**流**

明为单位。用一个单独的数值来表示光的亮度,在大部分的光包含多种波长光的情况下,它是有意义的,并且大多数反射器反射的光也属于宽频谱光。但是,由于光能和反射率都是光谱量,在光具有高亮度(例如,一个明亮的红色激光)并且表面具有高反射率(指对光谱内所有波长光的平均反射率)的情况下,反射光仍可能属低亮度,例如,该表面恰好吸收该激光波长的光。正因为如此,在图形学中,这种光度学术语甚少使用,不过它们在照明工程中却相当重要。

26.12 练习

26.1 在本章,我们曾讲过从垂直圆柱体向它内含的单位球做水平投影时,其投影为保面积的映射。计算该映射在圆柱体 $(x,y,0)$ 处的导数,并证明它是保面积的。为什么在 $z=0$ 的点处进行这一计算即可证明?

26.2 我们计算过,在单位球上半径 $r<\pi$ 的球冠所张的立体角为 $2\pi(1-\cos(r))$。

(a) 在半径为 R 的球面上,半径为 r 的球冠对球心所张的立体角是多少?

(b) 在半径 R 的球上,半径为 r 的球冠的面积是多少?无须执行任何积分计算,只需通过观察即可以得出这个问题的解。

◇ 26.3 半径为 r 的球状均匀辐射源,倘若其辐射总功率为 Φ,则它朝每个出射方向 ω 的辐射度为 $\Phi/[4\pi(\pi r^2)]$。现在假定有一远处的点 P,它所在表面面向球状辐射源的中心 C,且 C 到 P 的距离为 $R>>r$。可计算出球状辐射源对 P 所张的立体角,以及该立体角内的每一条光线到达 P 点的辐射度,等等,从而得到 P 点的辐射照度。

(a) 上述计算可以得得 P 点的辐射照度吗?

(b) 现在假设总功率 Φ 保持不变,但是辐射源的半径 r 变小。试求出当 $r\to0$ 时,这个表达式的极限。

26.4 假设一"束"光沿着方向 ω_i 到达表面上一点 P,并沿着许多方向反射出去;然后我们考察朝每个方向反射光的量,进而讨论表面的"散射"。不过,到达单个点的光不可能携带任何能量,而且沿着单一方向入射的光也不可能携带任何能量。于是,我们假设光是沿着方向 η 到达,$|\eta-\omega_i|\leqslant\varepsilon$(即其方向接近平行于 ω_i),且光入射到以 P 为中心的一个小区域 Q,$\|Q-P\|<r$,当 r 很小时,辐射度 ℓ 是恒定的。在这个问题中,我们将基于光"束"照射来计算辐射照度。如果表面的 BRDF 是关于入射点位置和入射方向的连续函数,那么,作为 r 和 ε 的函数,沿出射方向 ω_o 的出射辐射度也将平滑变化。

(a) 作为 ε 的函数,入射光线的立体角是多少?对于很小的 ε,简化的表达式是什么?

(b) 当 r 和 ε 趋向于 0 时,应如何调整入射光线的辐射度,以保证入射功率是恒定的?当以这种方式调整入射辐射度,并具有极限时,我们可以讲,对沿 ω_i 方向并具有确定的辐射照度的一束光,其朝向 ω_o 的辐射度可以度量(理论上)。当 r 和 ε 趋向于 0 时,其比例因子

$$\frac{L_o}{\ell(r,\varepsilon)\,|\boldsymbol{n}\cdot\boldsymbol{\omega}_i|\,\pi\varepsilon^2\,\pi r^2}$$

具有极限值,该极限值正是 BRDF;这正是对将 BRDF 定义为"沿着方向 ω_o 的出射辐射度与沿着方向 ω_i 的入射的一束光的辐射度的比例"的验证。因此,BRDF 在所有出射方向上的积分,乘上 $\|\boldsymbol{\omega}_o\cdot\boldsymbol{n}\|$ 表示该束光的入射功率有多少被反射了出去(朝所有方向),因此它也被称为**有向半球面反射率**。

26.5 乳胶墙面涂料被设计为朗伯型反射材质,也就是说,无论它受到的光照来自哪一方向,你从任一视角看去,它都呈现出同样的亮度(即每一根反射光线的辐射度都相等)。此外,只要入射到涂料墙面某一固定区域的功率是恒定的,反射辐射度应与光照明的入射方向无关。好的乳胶漆效果与上所述非常接近,尽管它在掠射角的反射和理想结果有偏差。对于这样一个理想的反射器,它的 BRDF 应是怎样的呢?

26.6 假设放置在屋子里的平面 S 受到均匀光照射,即到达 S 的每条光线的辐射度均为一恒定值:10 瓦

特每球面度每平方米。试问该平面上 P 点的辐射照度是多少？

26.7 两只白炽灯泡在可见光谱范围内发出的总功率相同；一只灯泡灯丝的温度在 4000K，另一只灯泡的灯丝是 6500K。由斯蒂芬-玻耳兹曼定律可知，第二只灯泡的灯丝一定会比第一只小得多。在光谱的不可见区段，哪只灯泡会发射的功率更大？

26.8 对一学生，我们给出来自数码相机的如下数据。照相机拍摄的场景里有一个球形磨砂白炽灯，其在可见光谱范围的辐射功率为 1.2W。该灯的半径为 0.0175 米。相机的快门速度已被调整，使得传感器既不饱和，又能接受足够的照射；实际上，图像的显示值位于相机像素取值范围的中段，可假定它们与场景采样点的辐射度成正比。位于灯泡区域内的像素值为 4000（取值范围为 0～8191）。该学生想知道进入相机光线的辐射度与传感器数值之间的常数比。该学生认为，"由于磨砂灯泡为均匀辐射，因此，除了沿切向的视角外，可以推测：所有出射光线的辐射度是恒定的。灯泡的面积是 $4\pi r^2 \approx 0.000\,962\text{m}^2$；其辐射半球面所张的立体角约为 6.28sr，则出射光线的辐射度（辐射功率除以立体角和面积）为 $L \approx 1.2\text{W}/(0.000\,962\text{m}^2 * 6.28\text{sr}) \approx 0.006\text{W/m}^2\text{sr}$。乘以 $0.006/4000 = 1.5 \times 10^{-6}$ 后，即为由传感器值得到的辐射度值"。指出该学生方法里的错误，并给出正确的答案。

◇ 26.9 我们说，"在单位球上，所有与 P 点的球面距离小于 $r(r<\pi)$ 的点组成的'圆盘'所对的立体角为 $2\pi(1-\cos(r))$"。但是对于很小的 r，该立体角将含有 r^2 因子，这是因为平面上圆盘的面积表达式含有 r^2 因子。回顾 $\cos(r)$ 在 $r=0$ 的泰勒级数，就可以理解这两种形式实际上是一致的。

26.10 平面上有一圆盘，其圆心位于原点，半径为 s；有点 $P=(0,0,-h)$，位于圆盘下面，离圆盘的距离为 h。假设该圆盘是一个朗伯辐射源，从圆盘上的每个点沿着每一方向发射的辐射度为 L；且该平面是场景中唯一的表面。

(a) 写出 P 点的辐射照度积分表达式。

(b) 计算该积分。提示：转换到极坐标系，会有助于解题。

(c) 证明当 $h < s/10$ 时，P 点的辐射照度和圆盘面积覆盖整个平面（即 s 非常大）时的辐射照度一样大。因此，当 h 取很小的值时，P 点的辐射照度几乎为恒定值。

(d) 证明当 $h > 5s$ 时，辐射照度不超过 $\pi L(s/h)^2$ 的 5%。

26.11 证明任何形如方程(26.6)、沿着 x 轴方向传播的平面波，都可以表示为两个平面波 $E_|$ 和 $E_\bigcirc$ 的和。第一个波为线性偏振，第二个波为圆形偏振。提示：该线性偏振波的轴为 $[0 \quad A_y \quad A_z]^T$；圆形偏振波的量值是 $\sqrt{A_y^2 + A_z^2}$。

26.12 在图 26-11 中，假设我们在折射点处画一个半径为 r 的圆。在与圆的顶部相切的直线上，均匀分布一些点，从每个点向折射点发射一条光线。折射后，这些光线将以不同的角度进入下层材质里。每条折射光线都会和圆底部相切的直线相交。

(a) 画一幅图，描绘这种情况。

(b) 证明底部切线上的相交点也是均匀分布的。

(c) 计算底部切线上各相交点的间距与顶部切线上各发射点的间距之比。

26.13 运用基于频率表示的黑体辐射普朗克公式，将 $R(f,T)$ 的频率峰值的位置近似为 T 的函数（即对固定的 T，找到功率取最大值的频率 f）。证明该函数大致为线性函数（这称为**维恩位移定律**）。要做到这一点，需固定 T 值，定义一个变量 $u=f/T$，将 $R(f,T)$ 写为函数 $S(u)=T^3u^3/D(u)$，其中 $D(u)=e^{(h/k)u}-1$，该函数依赖于单一变量 u。试问 u 处于什么条件下，$S(u)$ 才能取到最大值（你可以假设 $e^{(h/k)u} \gg 1$）

　　当 T 接近 10 000K（大致是太阳表面的温度），峰值大约位于频率 5×10^{14} Hz，这是可见光范围（大致 4×10^{14} Hz～7×10^{14} Hz）的中段部分；这意味人的视觉系统对最常见的能量（太阳光）是最敏感的。

材质和散射

27.1 引言

本章介绍光和物体之间交互作用的建模方法：前面几节给出关于这种交互的物理和数学描述；最后将简要介绍一个用于绘制的软件接口。

本章的大部分内容将主要讨论光在物体表面上的交互；之后，会简要介绍光在物体内的交互，诸如光穿过雾和染色液体等。从局部看（譬如"光到达表面上某点后的去向"），上述所有的光的交互作用均可称为光的**散射**（scattering）。例如，镜面反射是一种非常特殊的散射方式，朗伯反射则是另一种情形。

散射是一个复杂、散乱的过程。对于很多材质来说，其物理特征的尺度仅为几个光波长，因此必须考虑其衍射效应。光与材质的交互作用还与材质的化学性质有关：例如材质是导体还是绝缘体、材质中电子能级的分布等（如第 26 章中所述），且随着材质的不同而变化。即使是最简单的粗糙材质，光和它们的交互作用也复杂多变。所有这些因素导致描述散射的程序代码呈现杂乱状态。假如你深入到任何一个绘制系统的内部，你会发现散射的表述要么被过分简化，要么就非常复杂。

27.2 物体级散射

如 Le Corbusier 所言"房子是一台用来生活的机器"，面向操作的定义有着其内在的吸引力：这些定义从说话人的观点直达事物的核心。从绘制器的视角来看，**物体**（object）也是一台机器：它通过和绘制器本身并无特别关联的交互，把物体的入射光场转化成出射光场。基于物理定律，这台机器有几个有用的性质：输入两个叠加的入射光场，其出射光场也相应叠加。这种线性性质对所能施加的变换做了非常严格的限制。但它也意味着我们可以从研究物体对沿单根光线入射光能的"反应"入手，然后通过对若干光线进行积分，来得到任意入射光场的出射光场。

虽然我们刚刚提到的定义有着内在的吸引力，但它在通常情况下并不实用：记录下所有可能的入射光场的反应（哪怕只是单根光线的反应！）需要太多的存储量。然而，值得记住的是，无论采用哪种表达形式，都必须从某种程度上包含我们刚刚介绍的"光场变换"的思想。

某些物体没有显式定义的几何，比如雾。但对于有明确几何定义的物体，把它和光交互作用分解为几何因素和**材质**（material）因素是很有利的。这里材质指的是物体本身和位置无关的特征。例如，"铝"是一种材质，铝球在球顶处对光的散射和在球底处完全相同。将几何因素和材质因素相分离可带来极大的简化和压缩：只需知道一小块材料对光的散射方式，就可在其他地方重用这一知识。当然，这里需假定物体是由均一材质构成的。如果某一材质在不同点上具有不同的散射性质（比如沉积岩），通常采取如下变通方法：以参数化的方式描述不同的材质，然后通过纹理映射为表面上的每一个点赋予某种参数，例如，表面上的某个点为红色砂岩，而另一个点则为黄褐色砂岩。

可以进一步推进上述的分解。某些时候，我们将双向散射分布函数分解为两部分：每一点处的"表面颜色"及其相应的 BSDF。在计算光的散射时，我们通过 BSDF 来计算沿每一方向有多少光被散射，然后以入射光的频谱分布乘以这一基本反射率再乘以"表面颜色"，得到出射光的频谱分布。这里"表面颜色"本质上来说是对各波长入射光的反射率，通常仅用三个数值表示（"红""绿""蓝"）。读者已经在第 6 章看过了一个类似 BRDF 反射模型的例子：那一章里我们定义了一个表面"光照模型"，其中涉及漫反射和镜面反射分量的 RGB 值，以及它们是如何和入射光相乘得到最终表面绘制的颜色。一个物理上更加严谨的模型见第 14 章。

27.3 表面散射

在前面的章节中，表面单个点上的散射通常采用 BRDF 表示。但对某些材质，光与物体的交互涉及光的透射，或者贯穿材质，而不是仅在物体表面（如奶酪），此时需要采用表现力更丰富的双向散射分布函数，或双向表面散射反射分布函数（Bidirectional Surface Scattering Reflectance Distribution Function，BSSRDF）。要表示雾一类的半透明体材质，则需要更加复杂的描述形式。这一章将主要关注表面材质的例子，但也会提及其他类型。我们将要考虑如下两个问题：

- 给定某种材质，应采用什么样的 BRDF（BSDF 或 BSSRDF 等）来建模？
- 这一模型用怎样的数学或者计算表达式来表示？

后面，我们将会把散射模型统称为 BSDF，以下情形例外：（a）在讨论只含反射的散射时，常使用如类似于"Blinn-Phong BRDF"的术语；（b）在简要讨论可互换性以及讨论表层下的表面散射时。因此，在大多数的相关公式中，我们将使用 f_s 而不是 f_r。

27.3.1 脉冲现象

用数值来表示光在表面上的散射的主要挑战之一，就是如何揭示**镜面**反射和**漫**散射之间的差异。这里镜面反射指的是在高度发亮表面所看到的镜面般的反射，而漫散射指的是一束入射光被散射到几乎每个方向上，例如光射在一个涂有乳胶的平面上所发生的情形。射向一面镜子的光束散射后其中绝大部分朝一个主方向，小部分则散射到其他方向。使用任何一种发光量的度量方法，可发现沿主方向的散射光超出沿其他方向散射光一个极大的倍数（例如 10^{10} 倍）。而偏离主方向后散射光以非常快的速度衰减。因此，可将镜面反射分离出来视为一个随点的位置而变化（pointwise）的现象，而将余下的散射视为一个关于出射方向的平滑函数。斯涅耳定律所描述的光在材质内的透射也是相同的，即从某一方向入射的光从另一方向射出。我们把上述两种现象称为散射中的**脉冲**现象，将它们和漫散射区分开来。

27.3.2 散射模型的种类

我们将讨论以下几种散射模型。

- **基于经验/现象的模型**：这些模型用来模拟观察到的散射现象，6.5.3 节介绍的 Phong 模型即为一例。由于并非瞄准物理规律，该模型允许用户在接近朗伯反射和高光泽的外观之间随意选择。
- **基于测量的模型**：这类模型存储有精心测量的 BSDF 数据。当需要某一指定方向对上（ω_i，ω_o）的 BSDF 时，我们只需在大型的存储数据表中查取即可，必要时，可对邻近的数据样本进行插值以得到所需结果。

- **基于物理的模型**：这类模型基于光对材质的物理交互作用的理解。本章的大部分内容是有关这类模型的。

27.3.3　散射的物理约束

对于非发光体，其表面材质散射的光不会多于入射光（某些"主动"物体显然会发射比入射光更多的光。比如光传感器在监测到光时会同时开启闪光）。我们将物体表面散射的能量不大于入射能量的情形称为**能量守恒**（假定未散射的能量转换为热能）。并不是每一个散射模型都符合能量守恒规则。Phong 模型的原始版本未取任何物理单位，因此无法判断它是否满足能量守恒！一般而言，能量守恒可作为 BSDF 积分的一种约束；我们将在讨论朗伯散射时见到这一约束条件实现的细节。

另一个常用的散射约束是**可逆性**（reciprocity）：如果 $(\boldsymbol{\omega}_i, \boldsymbol{\omega}_o) \mapsto f_r(\boldsymbol{\omega}_i, \boldsymbol{\omega}_o)$ 为某种材质的 BRDF，那么 $f_r(\boldsymbol{\omega}_i, \boldsymbol{\omega}_o) = f_r(\boldsymbol{\omega}_o, \boldsymbol{\omega}_i)$。Veach[Vea97] 将这个结论推广使之包含透射情形：假若光从 $\boldsymbol{\omega}_i$ 方向入射到折射指数为 n_i 的材质表面上，并在折射指数为 n_o 的介质中朝 $\boldsymbol{\omega}_o$ 方向散射，则：

$$\frac{f_s(\boldsymbol{\omega}_i, \boldsymbol{\omega}_o)}{n_o^2} = \frac{f_s(\boldsymbol{\omega}_o, \boldsymbol{\omega}_i)}{n_i^2} \tag{27.1}$$

注意将上式应用到反射情形时，两边的折射指数相同，因此该公式简化为对称法则。

> 众所周知，BRDF 满足对称性，即 $f_s(\boldsymbol{\omega}_i, \boldsymbol{\omega}_o) = f_s(\boldsymbol{\omega}_o, \boldsymbol{\omega}_i)$。人们通常把这一性质的发现归功于亥姆霍兹。Veach 给出了一个对称性的证明，并解释了为什么亥姆霍兹涉及镜面反射器和镜头的评述并不足以导出可逆性，此外还指出了其他一些据称为证明中的错误。即便如此，这种可逆性仍被广泛称为"亥姆霍兹可逆性"。
>
> 尽管 Veach 给出了关于可逆性的证明，对于珠光涂料之类的材质，可逆性显然不成立[CPMV+09]。但这与证明并不抵触：证明中假定散射材质是均匀的。
>
> 那 BRDF 到底是不是对称的？对于相当大范围内的已测量材质，答案是"对于几乎所有的实际用途，对称性成立"。Snyder[SWL98] 对此给出了较详细的解释。

27.4　散射类型

观察不同固体材质时，它们之间第一个引人注意的区别是其闪亮的程度：从粉笔的亚光外观，到抛光金属表面的光泽外表。另一个区别是，某些表面呈现透明，而另一些表面则反射光。正如在第 26 章所述，这些差异部分源于其基础加工过程及其内部结构：导电材质含有很多自由电子，故趋于反射；而那些趋于透明态的材质，其电子轨道能量层级之间缺少对应于可见光量子能量的间隙，等等。从更高的层面来看，用统一术语来描述各种散射（如反射、透射、镜面、脉冲、高亮、漫反射、朗伯反射、反向反射以及折射）会很有益处。具体来说，假定有一个平面（见图 27-1），其朝外

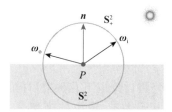

图 27-1　假定有一个平面（图中阴影部分），其法向量为 $\boldsymbol{n}$，$\mathbf{S}_+^2$ 表示所有离开该平面的向量，而 $\mathbf{S}_-^2$ 表示所有指向该平面的向量。光从光源沿着 $\boldsymbol{\omega}_i$ 方向到达平面，再朝 $\boldsymbol{\omega}_o$ 方向散射。$\boldsymbol{\omega}_o$ 可能属于 $\mathbf{S}_+^2$，也可能属于 $\mathbf{S}_-^2$

的法向量为 n(从材质内部指向外部空间)。有两个半球面 $S_+^2(n)$ 和 $S_-^2(n)$,其中 $S_+^2(n)$ 是满足 $\omega \cdot n \geq 0$ 的所有单位向量 ω 的集合,而 $S_-^2(n)$ 是与 n 点积非正的所有单位向量的集合。因为接下来的讨论主要针对法向量为 $n = \begin{bmatrix} 0 & 1 & 0 \end{bmatrix}^T$ 的单个平面,我们将符号简化为 S_+^2 或 S_-^2。在示意图中,我们将采用一个朝上的平面,故有时又称为上半球面和下半球面。我们使用 $\omega_i \in S_+^2$ 来表示入射光的方向(即沿着 $-\omega_i$ 方向入射),并用 ω_o 来表示光散射的方向(在发生透射时,用 ω_t 来表示透射方向)。

> 虽然上述的描述方式(即一个位于 $y \leq 0$ 半空间中的物体,散射光朝上)很简洁,它只是对更大范围真实情形的一个近似。我们会在 29.4 节再回顾这个问题。具体来说,表面是两个材质之间的边界。以玻璃球为例,它朝外的法向量指向周围的空气;但对于周围的空气而言,其朝外法向量却指向玻璃!在图形学中,我们常将空气视为无物。但对于诸如一个盛酒的玻璃杯,酒和玻璃杯的边界把这两种材质分隔开来。表面散射实质上不是单种材质的行为,而是关于一对材质的属性。

在具体介绍散射的种类之前,先提醒读者可能有些术语的使用并不严谨。比如"漫反射"可以用来表示"除镜面反射外的任何反射"或者"很接近朗伯反射"。

以下是一组用来描述散射的术语,其中的一些术语附有图示效果。

- **反射**(图 27-2):散射光全部朝上半球面,即 $\omega_o \cdot n \geq 0$。具体来说,对于 $\omega_o \notin S_+^2$,$f_s(\omega_i, \omega_o) = 0$。
- **透射**(图 27-3):散射光全部朝下半球面,即 $\omega_o \cdot n \leq 0$。具体来说,对于 $\omega_o \notin S_-^2$,$f_s(\omega_i, \omega_o) = 0$。
- **镜面反射**(图 27-4):全部散射光均朝一个方向,即镜面反射方向 $\omega_r = 2(\omega_i \cdot n)n - \omega_i$。函数 f_s 取无穷大值:$f_s(\omega_i, \omega_o) = \infty$。更确切地说,我们无法用普通方法来测量其反射率,因为出射光的辐射度独立于光源所张的立体角;这表明采用普通的 BSDF 方法处理镜面反射光 $\ominus$ 是不适宜的。在实际应用中,需要在编程时将镜面反射作为特例来处理。
- **脉冲**:所有散射光均朝一个方向,但不一定是镜面反射方向。比如说我们可将照相机的镜头看成纯透射,所有进入镜头的光均按斯涅耳定律进行透射。和镜面反射一样,在程序中需要把脉冲作为特例来处理。

图 27-2　茶壶表面的散射为一般反射(本图片序列由 Kefei Lei 提供)

图 27-3　茶壶表面的散射以透射为主

$\ominus$　事实上,处理这类情况我们可以使用"分布"的概念:通常涉及 BSDF 的积分形式如下:$\int f_s L g$。这里 L 是光能的某种表达形式,g 代表其他项,比如换元所需的 Jacobian 等;这样的积分把光能场 L 线性变化为一个值或者一个函数。因此,所谓"对 BSDF 进行积分"只是把一个函数空间中的线性函数在另一个空间中表示出来。但一些此类的线性变换不能用这种方法表示出,如第 18 章的 Delta 函数。但是为了能用统一的符号,图形学研究人员假定线性变换都能用前述方法表示出,并认为某些 BSDF 在其定义域上某些点的值是"无穷大"的。

- **光泽型反射**(图 27-5)：散射光集中于某些特定的方向 $\omega_s \in \mathbf{S}_+^2$，通常是沿镜面反射方向或其周围分布。如前面所提示的，"镜面反射"一词有时也指光泽型反射，但通常指方向聚焦的散射光。搪瓷咖啡杯的反射光含有一个较强的光泽型反射光分量：甚至可以从咖啡杯的表面看到周围物体的反射像，尽管它们稍显模糊。打过蜡的油漆地板也有光泽的外观：可以从地板看到反射光照到的物体，但通常只能看见大致的轮廓，而其中的细节都模糊掉了。地板散射光的聚焦程度比搪瓷杯小很多。第 6 章中介绍的 Phong 模型是一个光泽型反射光-散射模型。

- **漫反射**：散射光分布在所有可能的方向上，即对于所有 $\omega_o \in \mathbf{S}_+^2$，$f(\omega_i, \omega_o)$ 非零。稍弱的定义是，对于大部分方向，$f(\omega_i, \omega_o) > 0$。日常生活中的很多材质属漫反射材质：如纸、木、砖、大多数布等。

- **朗伯反射**(图 27-6)：这是漫反射情形中的一个特例：沿着 ω_o 方向的散射光的辐射度独立于 ω_o，即不论从哪个位置观察表面上该点，其亮度均相等。这意味着其 BRDF 对第二个变量保持恒定：对于任意两个向量 ω_o，$\omega_o' \in \mathbf{S}_+^2$，$f_r(\omega_i, \omega_o) = f_r(\omega_i, \omega_o')$。

- **逆向反射**：对于邻近 ω_i 的 ω_o，如果 $f_s(\omega_i, \omega_o)$ 取较大的值，那么相应的表面是逆向反射的。这类的表面常为镜面反射面，且镜面反射的主方向非常接近 ω_i。逆向反射涂料常用于路标，使之易于为驾驶员(通过车前灯来照射)看到。此外，逆向反射纤维还常常被织入运动服中，使其对夜间行驶的车辆更为醒目。

- **折射**：这是透射的一种特殊情形，与镜面反射相似：被透射的光全部朝由斯涅耳定律确定的折射方向 $\omega_t \in \mathbf{S}_-^2$。

图 27-4　茶壶表面的散射为镜面反射

图 27-5　光泽型散射

图 27-6　散射为朗伯漫反射：最典型的漫反射

对于以上介绍的每一类散射，我们可以把文字描述转换成对 BSDF 的特征化图示，尽管不同散射类型的图示效果准确度不一。由于 BSDF 是入射方向 ω_i 和散射方向 ω_o 两个变量的函数，很难对其给出一个完整的图示。因此，我们选取一个代表性的入射方向 ω_i，将 BSDF 画成以 ω_o 为变量的函数：$\omega_o \mapsto f_s(\omega_i, \omega_o)$。我们进一步假定 ω_o、n 和 ω_i 位于同一平面上，从而画出如图 27-7 所示的平面径向图。

在很多情况下，BSDF 曲线形状与 ω_i 的关系相对简单。因此从这种图示中已能很好地把握整个函数的形状。

需要特别了解的是 BSDF 曲线并不是表面向四周辐射的模式。假设有一束光子沿着

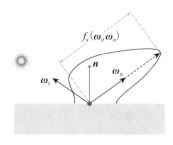

图 27-7　BSDF 函数图示。入射光从左边沿 $-\omega_i$ 方向到达；图中画出一典型的出射光方向 ω_o。极线图和 ω_o 的径向相交，交点和原点之间距离为 $f_s(\omega_i, \omega_o)$

一$\boldsymbol{\omega}_i$方向射向某材质，读者可能会以为其散射光子在某一平面上（比如 $\boldsymbol{\omega}_i - n$ 平面）将会呈现一个符合该平面上 BSDF 曲线的角向分布（即如果 BSDF 曲线沿某一方向的径向长度比另一方向长两倍，那么沿该方向出射光子的概率密度也会大两倍）。但只需考察理想朗伯反射的情形，对于所有的 $\boldsymbol{\omega}_i, \boldsymbol{\omega}_o \in \mathbf{S}^2_+, f_s(\boldsymbol{\omega}_i, \boldsymbol{\omega}_o) = 1/\pi$（我们很快会了解到为什么 $1/\pi$ 是正确的常数），就会发现上面的猜想是不对的。

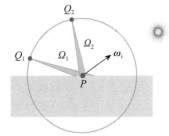

姑且假定有一个光子，从光源沿着 $\boldsymbol{\omega}_i$ 方向入射到表面 P 点，其散射到 $\boldsymbol{\omega}_o$ 方向的概率密度对于所有方向均相同。现估计围绕 P 点的单位半球面上某点 Q_1 的辐射度（见图 27-8），取 Q_1 点对 P 所张的立体角 Ω_1，并测量 P 沿此立体角发出的光能密度。注意到朗伯漫反射表面沿各方向的辐射度为常量，我们在单位半球面上另一点 Q_2 点采用立体角 Ω_2 测量时也应得到同一结果。但是，这两个立体角内所包含的反射表面面积与"出射角的余弦"（$\boldsymbol{\omega}_o \cdot n$）成反比，因此在出射辐射度里多了一个因子 $1/(\boldsymbol{\omega}_o \cdot n)$。这就是说，一个光子入射到朗伯表面沿 $\boldsymbol{\omega}_o$ 方向散射的概率密度将正比于 $f_s(\boldsymbol{\omega}_i, \boldsymbol{\omega}_o)(\boldsymbol{\omega}_o \cdot n)$。

图 27-8　设入射到假想表面某处的光子朝各个角度散射的概率相等，计算该处表面的辐射度

图 27-9 显示了几种我们讨论过的散射类型。其中 BSDF 曲线用黑色线画出，而散射概率密度分布以蓝色线显示。

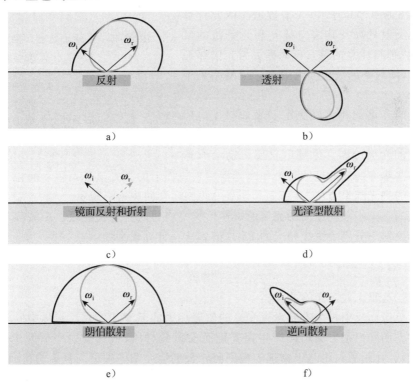

图 27-9　几种不同反射类型的 BSDF（位于外侧的黑色曲线）和概率密度曲线（位于内侧的蓝色曲线）；对于脉冲散射，例如镜面反射，我们用绿色箭头来代表脉冲方向，如 c 中所示；而对于其他类型的散射，概率密度和 BSDF 的峰值并不一样，彼此相差了一个余弦加权因子。a)一般反射材质。b)纯透射材质（非真实情形）。c)同时存在镜面反射和脉冲型折射的材质；在空气和水的交界面会形成这种散射。d)光泽型散射。e)朗伯散射。f)逆向散射

27.5　基于经验和现象的散射模型

现在我们介绍几个若干函数中常用的基本散射模型。镜面和朗伯模型是若干基于微平面的表面散射模型的基础，将在导出基于物理的散射模型时予以讨论。此外，Blinn-Phong 模型虽然不是严格意义上基于物理的模型，但应用非常广泛。

27.5.1　镜面"散射"

如图 27-10 所示，一个理想镜面反射平面（即全部入射光都被反射出去而无吸收）所形成的反射光的分布和将被反射对象放置在镜子后面某个位置所生成的发射光分布（此时假定镜子已移开）完全一致。在这两种情形中，沿着每根光线的出射辐射度相等，所以镜面反射过程并没有改变场景中总的光能。

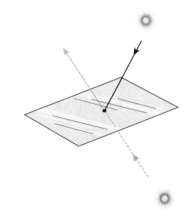

理想镜面毕竟少见，常见的镜面大都吸收一部分入射光然后反射余下的光。因此，沿着镜面反射方向 $\boldsymbol{\omega}_r = \boldsymbol{\omega}_i - 2(\boldsymbol{\omega}_i \cdot \boldsymbol{n})\boldsymbol{n}$ 的出射辐射度等于入射辐射度乘以一常数因子，即

$$L(P, \boldsymbol{\omega}_o) = \rho L(P, -\boldsymbol{\omega}_i) \qquad (27.2)$$

这里反射率 ρ 是一个位于 $0\sim1$ 的数值。因此计算表面的镜面反射只涉及其法向量 $\boldsymbol{n}$ 和无单位的反射率常数 ρ。值得注意的是，反射率 ρ 与光谱存在某种相关性（即对不同波长的入射光，反射率是不同的）。

图 27-10　一平面镜面，平面上方有一光源（入射光为右侧实线），镜面反射形成的出射光辐射度分布（左侧实线）和将一个"虚拟"光源放置在平面下适当处所生成的辐射度分布（虚线）是一样的（假定不存在镜面遮挡）

反射率与光谱的相关性决定于表面材质。广义上说，塑料之类的绝缘体的镜面反射光和入射光具有相同的光谱分布，但导电材质可能会有选择地反射某些频率的光。这就是为什么光滑塑料表面上的高光呈现白色，而位于一块抛光金块表面上的高光却呈金色。在 27.8.3 节中我们还会回顾这一现象。

反射光的光谱相关性最简明扼要的表达形式是将材质对于长波段、中波段和短波段入射光的总体反射率分别表示成相应的 RGB 值。这一计算模型如下：

$$L(P, \boldsymbol{\omega}_o, \lambda) = \begin{cases} \rho(\lambda) L(P, -\boldsymbol{\omega}_i, \lambda) & \text{如果 } \boldsymbol{\omega}_o = \boldsymbol{\omega}_i - 2(\boldsymbol{\omega}_i \cdot \boldsymbol{n})\boldsymbol{n}, \boldsymbol{\omega}_i \cdot \boldsymbol{n} > 0 \\ 0 & \text{其他} \end{cases} \qquad (27.3)$$

和之前一致，这里 λ 代表光的波长。

上述简单镜面反射模型没有考虑和光的偏振相关的菲涅耳公式。实际中并不存在对于所有的入射方向和出射方向均能产生完美镜面反射的材质（或其反射率恒为位于 $0<\rho<1$ 的同一常数）。在稍后讨论基于物理的模型时，我们会介绍一种更为复杂的镜面散射模型。

27.5.2　朗伯反射

朗伯表面具有如下性质：被照亮时，沿着每个（反射）方向的出射辐射度都相等（不存在光透射）。此外，出射辐射度和入射光照度是线性相关的：无论是减少入射光照，或者从掠角入射，出射辐射度都会产生同样的变化。因此，其 BRDF 是一个常量：通常写成

$f_s(P, \boldsymbol{\omega}_i, \boldsymbol{\omega}_o) = \rho/\pi$，此处 ρ 是一个常数，表明入射光中最终有多少被散射出去。

现在我们来考查 ρ 取什么值能使朗伯反射模型能量守恒。如图 27-11 所示，假定光从一个光源（例如太阳），到达某材质上一块面积为 A 的小的矩形区域 R：所有入射光线都位于某个小的立体角 Ω 中，且沿着每条光线的入射辐射度均为相同的常数 ℓ。则单位时间内到达表面区域 R 的光能是将入射辐射度乘以入射方向和表面法向量的点积，然后在 R 和 Ω 上进行积分：

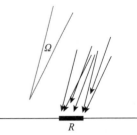

图 27-11　光从 $\boldsymbol{\omega}$ 方向入射到一块小的矩形采样区域 R，这里 $\boldsymbol{\omega} \in \Omega$，$\Omega$ 是一个小立体角；入射光辐射度和入射点的位置以及入射角无关

$$\text{能量功率} = \text{单位时间到达能量} \tag{27.4}$$

$$= \int_{P \in R} \int_{\boldsymbol{\omega}_i \in \Omega} L(P, -\boldsymbol{\omega}_i)(\boldsymbol{\omega}_i \cdot \boldsymbol{n}) \mathrm{d}\boldsymbol{\omega}_i \mathrm{d}P \tag{27.5}$$

$$= \int_{P \in R} \int_{\boldsymbol{\omega}_i \in \Omega} \ell (\boldsymbol{\omega}_i \cdot \boldsymbol{n}) \mathrm{d}\boldsymbol{\omega}_i \mathrm{d}P \tag{27.6}$$

$$= \ell A \int_{\boldsymbol{\omega}_i \in \Omega} (\boldsymbol{\omega}_i \cdot \boldsymbol{n}) \mathrm{d}\boldsymbol{\omega}_i \tag{27.7}$$

$$\approx \ell A \int_{\boldsymbol{\omega}_i \in \Omega} \cos(\theta) \mathrm{d}\boldsymbol{\omega}_i \tag{27.8}$$

$$= \ell A m(\Omega) \cos(\theta) \tag{27.9}$$

这里 $m(\Omega)$ 表示立体角 Ω 的测量值，θ 是向量 $\boldsymbol{\omega} \in \Omega$ 和表面法向量 $\boldsymbol{n}$（常量）之间的夹角。当 Ω 越来越小时，可采用中心线点积来逼近所有点积的结果。

课内练习 27.1：用反射方程来证明从区域 R 发射出的一根光线的辐射度可以近似表示为 $\ell(\rho/\pi)\cos(\theta)m(\Omega)$。

为了计算区域 R 单位时间内向外发射的光能，我们围绕采样区域构建一个巨大、黑色、全吸收的半球面，并计算单位时间内到达半球面的光能。和第 26 章一样，我们假定半球面足够大，从 Q 点到辐射区域 R 上任一点的方向都相同，而和区域 R 上的点的位置无关。

单位时间到达半球面上 Q 点的光能 $d(Q)$ 是对于所有到达 Q 点的光能的积分。因为所有的出射光均来自区域 R，此积分简化为对于 Ω 内所有方向 $\boldsymbol{\omega}$ 的积分，其中 $\boldsymbol{\omega}$ 从 Q 指向 R 上的某个位置。光能密度即为

$$d(Q) = \int_{\boldsymbol{\omega} \in \Omega_Q} L(Q, -\boldsymbol{\omega})(\boldsymbol{\omega} \cdot \boldsymbol{n}(Q)) \mathrm{d}\boldsymbol{\omega} \tag{27.10}$$

从上面的课内练习我们已经知道如何计算到达 Q 的光能。因为从 Q 点看区域 R 显得非常小，因此所有的向量 $\boldsymbol{\omega}$ 都近似指向同一方向（即 $\mathcal{S}(P-Q)$），这里 P 是区域 R 的中心，即球面的中心）。因此可以将 $d(Q)$ 近似写为

$$d(Q) = m(\Omega_Q)\ell(\rho/\pi)\cos(\theta)m(\Omega)(\boldsymbol{\omega} \cdot \boldsymbol{n}(Q)) \tag{27.11}$$

因为 $\boldsymbol{\omega}$ 几乎准确指向 Q 点所在的半球面的中心，式中最后一项点积近似于 1。将 Ω_Q 重写为 $(A/r^2)\cos(\theta')$，这里 θ' 是 $\boldsymbol{n}$ 和 $Q-P$ 之间的夹角（出射角）。得到

$$d(Q) = \frac{A}{r^2}\ell(\rho/\pi)\cos(\theta)m(\Omega)\cos(\theta') \tag{27.12}$$

在上式中除了最后的余弦项外每一项都是常量（作为 Q 的函数）。我们在整个半球面上对上面的光能密度进行积分，来计算到达半球的总光能：

$$\text{总的出射光能} = \frac{A}{r^2}\ell(\rho/\pi)\cos(\theta)m(\Omega)\int_{\mathbf{s}_+^2(r)} \cos(\theta') \tag{27.13}$$

$$= \frac{A}{r^2} \ell(\rho/\pi)\cos(\theta)m(\Omega)\pi r^2 \tag{27.14}$$

$$= A\ell\rho\cos(\theta)m(\Omega) \tag{27.15}$$

它等于 ρ 乘以入射到朗伯表面的光能。这意味着当且仅当 $\rho \leqslant 1$ 时，散射过程能量守恒。

朗伯表面反射的计算模型包括表面法向量以及表面的反射率光谱。

ρ 称为朗伯反射率；它同时也是在上半球面内朗伯型 BRDF 对余弦的加权积分，表示表面反射光能与入射光能之比。尽管这一概念也可用于其他种类的散射，然而对一般 BRDF f_r 来说，出射光能与入射光能的比率还决定于入射光能的空间分布，因此反射率为 BRDF 和入射光场两者的函数。我们之后不会用到这个更一般的概念。

> 顺便提及，对朗伯反射的一种解释是，它部分地源于次表面的多次散射；实际上，一种用作光学校准的标准材料是 Spectralon（它在可见光频段的反射率是 99%，并且在毫米尺度测量的 BRDF 非常接近朗伯反射）。这一反射属性是由其物理结构决定的：Spectralon 是一种多孔热塑性塑料，在离表面数微米处产生了许多次表面散射。因此，宏观呈现的朗伯反射实质上是复杂的次表面反射。

最后，对朗伯表面我们还有一项观察，前面关于 BRDF 和光子散射的概率之间有所不同的讨论告诉我们，如果一个光子沿着 $-\boldsymbol{\omega}_i$ 方向入射到一理想朗伯反射（$\rho = 1$）表面，然后朝某个方向 $\boldsymbol{\omega}_o$ 散射出去，可以看作对某个概率密度函数为 p 的概率分布进行采样。概率密度分布 p 可定义如下：

$$p(\boldsymbol{\omega}_o) = \frac{1}{\pi}(\boldsymbol{\omega}_o \cdot \boldsymbol{n}) \tag{27.16}$$

下面是有关朗伯反射的一些常见表述，在旁边列出了相应评论。

朗伯反射将光均匀地散射到各个方向	语义过于模糊无实际意义
朗伯型 BRDF 属常值函数	正确。$f_r(\boldsymbol{\omega}_i,\boldsymbol{\omega}_o)$ 对于 $\boldsymbol{\omega}_i$ 和 $\boldsymbol{\omega}_o$ 均为常值函数
从任何方向入射到朗伯表面的光子，都有均等的概率被散射到任一方向	错误。朝 $\boldsymbol{\omega}_o$ 散射的概率正比于 $\boldsymbol{\omega}_o \cdot \boldsymbol{n}$
一个从朗伯表面朝 $\boldsymbol{\omega}_o$ 方向出射的光子，都有均等的概率来自位于任一入射方向 $\boldsymbol{\omega}_i$ 上的发射源	不全对。如果该表面位于一均匀光场内，从任一方向入射到表面的辐射度都相等，则这一表述是正确的。但如果表面仅受到一窄束激光照射，那么入射光只能来自一个很小范围内的方向

27.5.3 Phong 和 Blinn-Phong 模型

读者之前已经见过两种形式的 Phong 模型：第一种模型见于第 6 章，那一章里曾采用非规范定义的"强度"单位来度量光，其值在 0 和 1 之间。第二种形式的模型见于 14.9.3 节，在那一节采用了真实的物理单位，并调节了相应常数因子，在镜面反射因子和漫反射因子之和不大于 1 的条件下，该模型能量守恒。此外，在第二种形式中我们还去除了所谓的"泛光"项，一个常用于模拟场景中光的多重反射、折射效果的补充项。

第 14 章中简化后的 Blinn-Phong BRDF 的一般形式如下：

$$f_s(\boldsymbol{\omega}_i,\boldsymbol{\omega}_o) = \frac{k_L}{\pi} + k_G\frac{8+s}{8\pi}z^s，其中 \tag{27.17}$$

$$z = \max(0, \boldsymbol{h} \cdot \boldsymbol{n}) \tag{27.18}$$

$$h = \frac{\omega_i + \omega_o}{2} \tag{27.19}$$

在公式(27.17)中，h 称为**角平分向量**(half-vector)，k_L 和 k_G 分别为朗伯漫反射率和高光反射率，其取值在 0 到 1 之间。如果 $k_L + k_G \leqslant 1$，那么该模型是能量守恒的。

Blinn 的原始模型是基于微面模型(稍后将做简要讨论)的物理分析导出的。它还包括一个针对菲涅耳方程的项，但目前我们先不讨论这些细节。

27.5.3.1　历史注记

原始的 Phong 模型用未经精确定义的"光强"来刻画反射光。其中还包含了一个称为"泛光"的反射项，来表述场景中经过多重反射后最终接近漫射的所有的光。所以，读者不时会见到涉及环境泛光、漫反射和镜面反射常数项的反射模型，正如在第 6 章所看到的那样。

Phong 的原始模型包含了一个镜面反射常数项(我们称为高光项)，这意味着反射率和入射光的波长无关，即不管什么材质，在白色的方向光照射下均会产生白色的高光。这种与波长无关的特性是很多绝缘体的特征，但一般来说对导体并不成立(可以观察白光在金戒指上产生的反射)。故镜面反射率通常被设定为与波长相关(一般指定红、绿、蓝三个反射率值)。类似地，漫反射率也可以扩展为包含 RGB 三个分量(例如红色衬衫会反射很多红光，但对蓝色或绿色入射光则几乎不反射)。最后，我们知道入射光的强度按表面到光源距离的平方衰减(尽管这对于方向光并不成立，方向光通常假定位于"无穷远处")。因此，多年来"标准"的光照模型具有如下形式：

$$I = k_a I_a + f(d) I \left[k_d (-\omega_i \cdot n) + k_s, (n \cdot h)^{n_s} \right] \tag{27.20}$$

这里标记 I 的项为"光强度"，标记 k 的诸因子为关于泛光反射、漫反射以及镜面反射的常数(为简洁起见，将泛光、漫反射以及镜面反射因子的"颜色值"予以统一表示)。h 是光照方向和观察方向的角平分向量，n_s 是高光指数。d 是从光源到点 P 的距离，且：

$$f(d) = \min \left(1, \frac{1}{a + bd + cd^2} \right) \tag{27.21}$$

是一个"平方衰减"项。但在实际应用中，c 常常被设为 0，此外，我们对表达式中的最小值操作除了"防止光强衰减过快"外，亦无合理的解释。注意，当存在多个光源时，对每个光源，公式(27.20)里的中括号项都要重新计算一遍。

从现代的观点看，整个模型并不令人满意，尤其是"泛光项"：它并没有解决背后蕴含的整体环境中的光能传递问题，而是在完全不同的领域(表面上点对光的散射)直接加了一个补丁。但是从当时的工程角度看，这是一个合理的选择：进行精确的光能传递计算显然超出了当时计算机的能力，而 Phong 模型相对简单，可直接计算，并能极大地改善经验方法的计算结果。尽管如此，读者不要误将 Phong 模型看成一个基于物理的模型。

还有一个术语上的问题：尽管人们常用"光照"来描述入射到表面的光，表面反射光的计算有时也称为光照计算。通常在三角形网格的顶点上计算"光照模型"，然后通过插值获得三角形内部各点的值。这一插值的过程称为**着色**(shading)。读者可能遇到过 Gouraud **着色**(按照重心坐标对各顶点的光强值进行内插)，而 Phong **着色**，则不是对顶点处的光强值进行插值，而是对顶点处光照模型的分量进行插值，即计算三角形内每一点的法向，及其与入射方向向量的点积等。Phong 着色可以有效地减少仅在顶点处计算散射所可能产生的瑕疵。相对而言，Gouraud 着色可能导致具有公共边的两个三角形的光强出现不同的变化率，并在公共边处形成马赫带效应(参见 1.7 节和 5.3.2 节)。尽管从物理量上衡量(即"计算得到的光强度和真实值之差"),Gouraud 着色的逼近质量是好的,从感知的角度来看(即"这个表面和真实表面在视觉上的差异")却并非如此。

值得指出的是,我们现在提到的着色和光照其含义已有不同:表达反射光与入射光关系的模型称为**反射模型**或者**散射模型**;计算此模型的程序片段被称为**着色器**(shader)。由于大多数图形处理是高度并行的,通常在每个像素上(常常多次)计算散射模型,传统的"着色"过程(即在三角形内部插值)已无必要;更何况很多三角形的大小都是次像素级,根本就用不到插值。因此,当今的"着色器"称谓在使用中不会引起混淆。

27.5.4　Lafortune 模型

Phong 模型把 BRDF 的镜面反射分量表达为余弦函数(即出射方向和镜面反射方向夹角的余弦)的幂。记 $R(\boldsymbol{\omega},\boldsymbol{n})$ 为方向 $\boldsymbol{\omega}$ 在法向量为 $\boldsymbol{n}$ 的表面上的镜面反射方向——如果 $\boldsymbol{n}=\begin{bmatrix}0 & 0 & 1\end{bmatrix}^T$,那 $R(\boldsymbol{\omega},\boldsymbol{n})$ 就是 $\begin{bmatrix}-\boldsymbol{\omega}_x & -\boldsymbol{\omega}_y & -\boldsymbol{\omega}_z\end{bmatrix}^T$,则 Phong BRDF 的高光部分为

$$f_r(P,\boldsymbol{\omega}_i,\boldsymbol{\omega}_o) = C(\boldsymbol{\omega}_o \cdot R(\boldsymbol{\omega}_i,\boldsymbol{n}))^e \tag{27.22}$$

这里 C 是归一化常数。当 $\boldsymbol{n}=\begin{bmatrix}0 & 0 & 1\end{bmatrix}^T$ 时,以上 BRDF 显然满足可逆性:交换 $\boldsymbol{\omega}_i$ 和 $\boldsymbol{\omega}_o$ 只是分别将两个向量的 x 和 y 坐标反号,因此其点积没有变化。

课内练习 27.2:说明 $\boldsymbol{n}=\begin{bmatrix}0 & 0 & 1\end{bmatrix}^T$ 情况下的可逆性证明能覆盖所有情形。

Lafortune 等人发现实测 BRDF 曲线的波瓣常不以镜面方向为中心对称线,有时还具有多个波瓣。因此他们取多个类似 Phong 模型的高光项(各自对应不同的镜面方向)并求和,从而得到更有表现力的一般模型,该模型基于一组以 k 个不同向量 $\{\boldsymbol{\omega}_k : k=1,\cdots,n\}$ 为中心对称线的波瓣:

$$f_s(P,\boldsymbol{\omega}_i,\boldsymbol{\omega}_o) = \frac{\rho_d}{\pi} + \sum_{k=1}^{n}(\boldsymbol{\omega}_o \cdot \boldsymbol{\omega}_k)^{e_k} \tag{27.23}$$

其中 ρ_d 是漫反射率。为使以上模型满足可逆性,需要把 $\boldsymbol{\omega}_k$ 各分量表达为 $\boldsymbol{\omega}_i$ 对应分量的倍数。例如将 $\boldsymbol{\omega}_i$ 表达为:

$$\boldsymbol{\omega}_1 = (\omega_{i,x}a_{1,x}, \omega_{i,y}a_{1,y}, \omega_{i,z}a_{1,z}) \tag{27.24}$$

或者,我们也可以将其表示为一个对角矩阵 $\boldsymbol{A}_1$。假设 $\boldsymbol{\omega}_k=\boldsymbol{A}_1\boldsymbol{\omega}_i$,则 Lafortune 模型为

$$f_s(P,\boldsymbol{\omega}_i,\boldsymbol{\omega}_o) = \frac{\rho_d}{\pi} + \sum_{k=1}^{n}(\boldsymbol{\omega}_o^T \boldsymbol{A}_k \boldsymbol{\omega}_i)^{e_k} \tag{27.25}$$

这里所有 $\boldsymbol{A}_k$ 均为对角阵从而保证了 BRDF 的可逆性。

课内练习 27.3:快速验证上面关于可逆性的论断。现在假定 $\boldsymbol{A}_1$ 不是对角阵,而是绕 z 轴转 90 度的旋转矩阵。证明对应的 BRDF 不满足可逆性。从而得出,当且仅当所有 $\boldsymbol{A}_k$ 都是对称阵时 Lafortune BRDF 满足可逆性。

在实际应用中,因为 Lafortune 模型只用对角阵,故仅需保存对角线上的三个元素而不是整个矩阵,矩阵-向量相乘也相应变成了逐项相乘。

Lafortune 模型具有通用性。事实上,通过选取足够大的 n,它可以逼近几乎所有能量守恒且满足可逆性的、定义在 $\mathbf{S}^2 \times \mathbf{S}^2$ 上的函数。但为了达到较好的逼近质量,可能会需要非常大的 n。

为了使 BRDF 具有光谱相关性,可将对角阵 $\boldsymbol{A}_k$ 取为波长的函数:并采用 RGB 值表示。

Lafortune 模型是一种混合模型。它构建在基于现象的模型(Phong 模型)上,但又源于对实测 BRDF 曲线外观的模拟!从某种意义上说,Lafortune 模型并不是一种光散射模

型，而是关于一类函数的模型。其特点是可用相对较少的参数来表示实测 BRDF 曲线，因而可支持快速计算。

27.5.5　采样

我们已经描述了与镜面反射、朗伯反射和 Blinn-Phong 模型相对应的 BRDF 分布，给定 ω_i 和 ω_o，即可方便地计算它们各自的 $f_s(\omega_i, \omega_o)$。但在第 31 和 32 章详细介绍的光线/路径跟踪和光子映射中，还需进行另外两种形式的计算。

对于光子映射，ω_i 是给定的，需要根据与 $f_s(\omega_i, \omega_o)(\omega_o \cdot n)$ 成比例的概率密度随机选取 ω_o 向量。（第 30 章将会详细介绍概率密度；目前只需按如下方式理解：如果 $f_s(\omega_i, \omega_o)(\omega_o \cdot n)$ 的值较大，则更频繁地选取 ω_o 向量，反之亦然。）

镜面反射的情形比较容易：我们总是取 ω_i 的镜面反射方向 ω_r。对于朗伯反射，我们需要在半球面上选一出射方向。其中朝向北极的方向入选的概率最大，越靠近赤道，入选的概率越低。幸运的是，采用平均高度原则即可实现上述选取。30.3.8 节中给出了相关细节。

对于 Blinn-Phong 散射，事情就不那么简单了。尽管通过认真的计算可以对 BRDF 进行直接采样，那全因其所含余弦幂的整齐形式；一旦诸如菲涅耳项等其他因素被引入，就不可能再直接采样。更好的是采用如 Lawrence[Law04] 所述的类似方法，使用可支持高效采样的项来逼近 BRDF。

光线/路径跟踪也存在类似问题，区别在于此时 ω_o 是给定的，需要根据与 $f_s(\omega_i, \omega_o)$ 成比例的概率密度来选取 ω_i。此外在直接计算反射积分时，需要按照与 $f_s(\omega_i, \omega_o)(\omega_i \cdot n)$ 的比例进行采样。

之前的论述也同样适用于这些情况。但在光线/路径跟踪中处理朗伯反射时，我们只需按照等比于常值 BRDF 的概率密度来采样，而不需要处理余弦加权的 BRDF。换言之，我们只需在半球面上均匀采点，而这很容易根据圆柱体-球体投影定理实现。

27.6　基于测量的模型

基于现象的模型能够较好地表示我们所感知的"现象"。但通过光的传递，散射的另一些方面有可能生成其他"现象"。如果忽视这些方面，那些次生现象将无法模拟重现。要判别这一点，唯一的方法是，构建一个散射实测数据的表示，将基于现象或者基于物理模型的模拟结果与之比较，考察它们之间是否存在显著差别。

一种基于实测值的散射表示是由 Matusik 等人[MPBM03] 提供的包括大约一百个各向同性材质完整 BRDF 测量值的版本。对于各向同性的材质，其基于极坐标表示的 BRDF 值仅决定于 ω_i 和 ω_o 的经度之差。因此其数据可以表示成一个三维表格（两个维度为纬度，剩下一个维度为经度差）。如果每一度采集一个样本，表格会包含很多项（$90 \times 90 \times 180$），注意每一项均为一个 RGB 三元数，此外，在靠近高光的区域，采样率亦被人为提高以便能精确表示那些闪亮的材质。

另有研究人员测量了多种各向异性的材质[War92]、表面的纹理特征[DvGNK99] 以及诸如次表面散射分布[JMLH01] 等更为复杂的数据，并开发了基于图像的 BRDF 测量方法，从而免去了使用全向反射计的高成本[MLW+99]。

这些测量值的价值之一就是可以基于它们对不同 BRDF 模型的表现力进行比较：举例来说，即使对 Blinn-Phong 模型的所有参数进行优化调整，也只能匹配所有测量值的 5%

或更少；且仅适用于所有可能的$(\boldsymbol{\omega}_i, \boldsymbol{\omega}_o)$方向对中的 90%，这意味着 Blinn-Phong 模型的表现力不够丰富，难以准确刻画真实材质的 BRDF。Matusik 曾使用这一方法对两个 BRDF 模型进行了比较，其一是 Ward 模型 [War92]，另一个是 Lafortune 模型 [LFTG97]；发现在很多情况下 Lafortune 模型拟合数据的能力更强，即便如此，仍有一些情形其平均误差高达 20%。这里使用数据差的对数来衡量误差，以抗衡高光峰值造成的影响。

在绘制中使用实测 BRDF 的一个缺点是采样的开销。尽管 Matusik 提出了一些方法，但均需要大量的额外预处理数据，同采用显式采样方法的模型相比，速度要慢得多。

在实用中，采用实测 BRDF 仍存在一些限制：我们只能绘制所有材质的 BRDF 均为已知的场景图像，而测量材质的 BRDF 并非易事；尤其获取掠角下材质的测量值极富挑战性。此外，我们只能采集已有材质的 BRDF，而无法通过调节参数来创建新的 BRDF（在后面将要介绍的基于物理的模型则是可以的）。最后，采集的数据中可能存在误差，这种误差可能使实测 BRDF 失去物理真实性。为解决这个问题，Matusik 将每一个实测的 BRDF 值投影到可逆的 BRDF 子空间，即用 $f_s(\boldsymbol{\omega}_i, \boldsymbol{\omega}_o)$ 和 $f_s(\boldsymbol{\omega}_o, \boldsymbol{\omega}_i)$ 的均值来代替 $f_s(\boldsymbol{\omega}_i, \boldsymbol{\omega}_o)$，此方法保证了 BRDF 的可逆性。此外他抛弃了那些明显失准的测量结果。

27.7 镜面反射和漫反射的物理模型

我们现在转向基于物理的反射型散射模型。在诠释散射现象时，需作如下选择：是使用基于光波理论的**物理光学**（physical optics），结合几何模型来计算散射，还是基于**几何光学**（geometric optics），即光在表面的反射完全由一个撞球模型所描述，因此入射光沿其镜面方向反射出去？初看上去，基于几何光学必定会失败；毕竟不是所有的表面都类似于镜面。然而，我们可以通过考察光和粗糙表面的交互过程来探讨这一问题，设表面由众多所有可能朝向的微小反射面所构成，虽然其几何非常复杂，但存在类似于镜面的反射。由于粗糙度可以用概率描述，几何光学方法实际上是可实现的。相对而言，基于物理光学的方法则面临计算上的巨大挑战：目前尚无任何简单的公式，面对相对复杂的情况，只能靠求解 Maxwell 方程组；当然最希望方程组有快速数值解法。在介绍几何光学方法后，我们会返回对这一问题的讨论。

实际上，几何光学仅适用于表面微反射区域的尺度大于入射光的波长的情形。由于我们感兴趣的入射光位于可见光波段，其波长大约是 0.5 到 1.0 微米；这意味着微平面区域的尺寸至少应在 1 微米以上。注意到头发的直径为 15 微米左右，平面上若有一根头发很容易被发现，由此可知普通材质刚好满足几何光学方法所需的假设：15 微米的砂纸看上去类似于新闻用纸；2 微米的砂纸是用来抛光汽车的上漆面以及打磨刀刃的，而粗糙度介于高度抛光的金属和新闻纸之间的材质表面极可能留有尺度为几个光波长的划痕。尽管如此，实用结果表明在这个尺度下几何光学能给出较好的预测。我们会在下几节中介绍几何光学方法的主要思路。

必须指出，由于尺度不完全相符（在给定假设中微面的大小必须大于光的波长，但实际上可能接近于相等），上述模型至多是实际现象的弱近似。最近的精确测量工作揭示了这种近似的局限性 [Lei10]。

27.8 基于物理的散射模型

平面反射光的物理过程由材料原子结构的电性质所决定，我们在第 26 章中已稍做介绍。特别是，用来制作最佳镜面反射器的金属表面有很多漂浮的自由电子，构成了一个几乎完美的等电势平面，并与光的电磁波产生交互。而菲涅耳方程组则决定了对不同方向偏振光的反射程度；在图形学中，我们通常假设光是非偏振的，并对菲涅耳方程组中垂直项和平行项取均值。因为菲涅耳方程组是所有的基于物理散射模型的一部分，稍后我们将回顾这一方程组并介绍如何将其用于实际。

如前所述，在这些散射模型的物理计算中，均假定反射面比入射光的波长大，否则衍射将占主导地位。若表面曲率不太大，我们可使用镜面模型来计算非平面镜面的反射；同样，在计算 Q 点的反射时，我们基于法向量 $n(Q)$ 来计算镜面方向。但如果曲率太大（即法向量变化太快），那么"等电位面"的模型假设将失效，衍射开始占主导地位。如果（沿任一方向）曲率半径接近或者小于光波长，就表明在该处镜面模型不再适用。值得一提的是多边形表面网格边上每一点的曲率均为无穷大。在光线跟踪中通常不考虑这一情形：光线将击中边某一侧的网格面，而不管其与边靠近的程度。如果光线精确击中某条边，交点要么被忽略，要么令其位于任何一个邻接面上。这样处理的结果完全可以接受，通常并不会成为一个问题。

27.8.1　重谈菲涅耳方程组

在第 26 章，我们看到在绝缘材质之间的分界面（如水和空气，玻璃和空气）上，光被反射和透射的比例很大程度上取决于光的入射角。假设入射光为非偏振光，光能的反射率是这两种材质的折射率、入射角 $\theta_i = \cos^{-1}(\omega_i \cdot n)$ 和折射角 θ_t 的函数。菲涅耳反射率 R_F 则是平行和垂直偏振项 R_s 和 R_p 的均值，分别为：

$$r_p = \frac{n_2 \cos\theta_i - n_1 \cos\theta_t}{n_2 \cos\theta_i + n_1 \cos\theta_t} \tag{27.26}$$

$$R_p = r_p^2 \tag{27.27}$$

$$r_s = \frac{n_1 \cos\theta_i - n_2 \cos\theta_t}{n_1 \cos\theta_i + n_2 \cos\theta_t} \tag{27.28}$$

$$R_s = r_s^2 \tag{27.29}$$

θ_i 和 θ_t 满足斯涅耳定律：

$$\sin(\theta_t) = \frac{n_1}{n_2} \sin\theta_i \tag{27.30}$$

对空气和水的分界面而言，空气的折射率约为 1.0，而水的折射率约为 1.33。R_F 关于 θ_i 的函数图像如图 27-12 所示。

读者将会发现，此函数几乎取常值，但在接近掠角的时候，函数值急剧上升。如果绘出关于其他折射率比值的 R_F 函数图像（见练习 27.5），可以看到这一特征具有普遍性：对小的入射角接近常值，而邻近掠角时函数值突然跃升。

对于金属表面，R_F 的公式更复杂些，但仍然显示出上述特征。

Schlick[SCH94]发现，可以用一个简单的表达式来很好地逼近金属表面的 R_F。另一些人发现该式对于非金属表面亦有相当不错的近似效果。这一近似表达式为：

$$R_F(\theta_i) = R_F(0) + (1 - R_F(0))(1 - \cos\theta_i)^5 \tag{27.31}$$

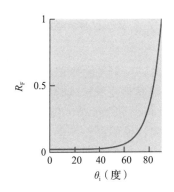

图 27-12　空气和水分界面上的菲涅耳反射率 R_F。它是关于 θ_i 的函数

这里 $R_F(0)$ 为沿法向入射光（$\theta_i=0$）的反射，$\theta_i=\cos^{-1}(\boldsymbol{\omega}_i\cdot\boldsymbol{n})$ 为入射角。当该余弦值等于 1 时，即得到 $R_F(0)$；当余弦值为 0 时，R_F 取值 1.0。

课内练习 27.4：通常无须显式计算出 θ，实际上很多公式里涉及的是 θ 的余弦或者正弦值，而不是 θ 本身。试基于 $\boldsymbol{\omega}_i$ 和 $\boldsymbol{n}$，而不是 θ，来重写 Schlick 近似表达式。

绝缘体的 $R_F(0)$ 值较小，而随着 θ_i 的增大 R_F 变化很大，带来非常明显的菲涅耳效应。但导体的 $R_F(0)$ 值较大（通常大于 0.5），其菲涅耳效应不大明显。

注意到折射率和消光系数与波长相关（不过，很多材料的表中并没有将它们列出，这是一个问题）；这表明菲涅耳反射率也是波长的函数。对于很多金属材料，这种相关性非常明显。举例来说，金的消光系数在高于 500nm 波长附近大幅下降，而折射率在 500nm 左右稳定上升。两者合起来赋予了金特有的黄色外观。而绝缘体针对不同的入射光波长其折射率近乎常数，这使得绝缘体上的高光恒为入射光的颜色。

实际使用 Schlick 近似时需要知道 $R_F(0)$。对于绝缘体，原始菲涅耳方程组给出如下值：

$$R_F(0)=\left(\frac{n-1}{n+1}\right)^2，其中 \tag{27.32}$$

$$n=\frac{n_2}{n_1} \tag{27.33}$$

课内练习 27.5：验证以上公式。

在图形学里，大多数物体位于空气中，$n_1=1$，此时 $n=n_2$，以上公式变得稍简单一点。

课内练习 27.6：针对导体，证明使用了菲涅耳反射率的近似表达式后，下式成立：

$$R_F(0)=\frac{\kappa^2+(n-1)^2}{\kappa^2+(n+1)^2} \tag{27.34}$$

有时候，我们想绘制从水下看到的泳池表面。此时，光线先需通过一个大折射率的介质，而界面的另一侧是具有较低折射率的空气。毫无疑问菲涅耳方程组依然成立，Schlick 近似式也可用。但此时必须使用光线进入空气的折射角 θ_i 作为参数。结果是：当 θ_i 接近临界角时，菲涅耳折射率趋于 1.0。注意这个临界角通常远小于 90°。（当入射角大于临界角时，R_F 保持为 1.0。）

课内练习 27.7：如果你在游泳时曾经朝上看过泳池的水面，请解释从水下朝上看到的水面同从水上看到的水面外观上的差别。提示：考虑菲涅耳反射以及形成全内反射的临界角。

27.8.2　Torrance-Sparrow 模型

根据 Phong 模型，表面受到来自 $\boldsymbol{\omega}_i$ 方向的入射光的照射后，会朝所有方向生成反射光，反射光的峰值出现在镜面反射方向 $\boldsymbol{\omega}_r$。实际观察非镜面材质时发现 $\boldsymbol{\omega}_r$ 并非沿峰值方向。Torrance 和 Sparrow 提出了一个模型来解释这一现象：他们设想一个表面由很多**微面**（microfacet）组成，每个微面都是一个小的镜面反射面，且具有随机的朝向。这些微平面成对出现且形成 “V” 字形，“V” 的两侧斜率相等，因此在材质截面上的边看上去如许多不同深度的 V 形槽，而槽的顶点处于同一高度上，如图 27-13 所示。

注意到我们已隐含假设待测量 BRDF 的表面

图 27-13　对称槽的顶点具有相同高度。从某一角度入射的光（如朝下的黑色箭头所示）会沿其镜面方向反射（绿色虚线箭头），或者折回光源或朝其他方向（橙色箭头）

区域远大于单个微平面的尺度，否则下面基于微面平均的分析将失去意义。基于同样的原因，当我们在绘制中采用实测 BRDF 时，需要确保图像上像素所对应的表面区域的面积大于或等于实测 BRDF 时采样区域的面积。

课内练习27.8： 可见光的波长在 0.5 到 1 微米之间；在粗略计算时，为方便起见，我们将其取为 1 微米。为了防止过强的衍射现象，微面最窄部分的尺寸至少应为几个光波长（比如 5 个）。在一个较平坦的表面上（大多数微面的斜率小于 45°），可以将每个微面想象为一个小圆盘或者正方形，其沿任一方向的投影至少为 $0.71 \approx \cos(45°)$ 乘以微面最窄部分的尺寸。

（a）直径为 1mm 的圆盘大概包含多少个这样的微面？

（b）假设这一圆盘上真有那么多微小镜面，现用一支激光笔去照射这个圆盘，并设激光笔的光束刚好覆盖圆盘。其反射光会呈现一个怎样的分布呢？应用激光笔、抛光金属片以及用来"捕获"出射光的白纸来验证反射光是否符合预测结果。

对于沿法向方向（$\omega_i = n$）的入射光，其散射光可能朝多个方向：如果槽很浅，大部分反射光会折回表面法线方向；如果槽很深，会发生更多沿非法线方向的散射。但对于非法线方向的入射光，其散射的分布是多种现象的综合结果。

- 由于每个槽的顶部都会对相邻的下一个槽形成一定程度的**遮挡**，使得被微面反射的光和总的微面面积不成比例。
- 反射光射中另一微面，并被该微面进一步反射，而不是沿原反射方向前进，这种情况称为**屏蔽**（masking）。
- 对某些光照方向，可能同时出现遮挡和屏蔽现象，如图 27-14 所示。

按照微面朝向的不同分布，详细分析微面的遮挡和屏蔽效应是一件相当复杂的事 [TS67]。尽管如此，仍可预测出三类重要现象：第一类是**后向散射**（backscattering），一部分从非法向方向来的入射光被反射回光源；第二类是非镜向峰值——BRDF 的峰值并不出现在镜面反射方向，而是朝掠射方向偏离（远离法向）。第三类现象是掠角时的 BRDF 值仍为有限值，这和实验观测吻合，但和之前未考虑遮挡和屏蔽效应的微面模型不符。

顺便提一句，一个值得做的实验是用一张普通办公纸，来观察一个公认为漫反射的表面，在接近掠角时的反射多么像镜面反射。如果读者拿着一张纸的底边，将它垂直地放在眼前，然后让其顶端下垂，使眼睛刚好能透过弯折形成的轮廓线看出去。如果朝某些较亮的场景看（比如晴天朝办公室窗外看），则可以在轮廓边上或其边缘，看到十分不同的特征。

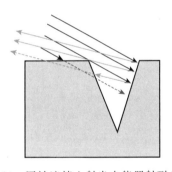

图 27-14　因被遮挡入射光未能照射到 V 形槽右侧的底部（朝右的虚线光线）；而部分从右侧面反射的光线被左侧面屏蔽（朝左的虚线光线）（该图由 Ephraim Sparrow 提供，参见 K. Torrance，E. M. Sparrow，*Journal of the Optical Society of America*，Vol. 57，No 9，1105-1114，September，1967，"Theory for Off-Specular Reflection from Roughened Surfaces"。本图是重画的）

和 Phong 模型类似，Torrance-Sparrow 模型包括漫反射项和高光项，并参考菲涅耳方程将反射率取为入射角的函数。假定微面的斜率为指数型分布：斜率 α 的概率密度正比于 $\exp(-c^2\alpha^2)$，其中常数 c 为模型的一个参数。

模型的参数包括材质的折射率(和波长相关),斜率分布常数 c,漫反射项和高光项系数 k_d 和 k_g,(原作者也曾使用 $g=k_g/k_d$,并采用折射率的复数形式以同时表示普通折射率和吸收率)。Torrance 和 Sparrow 的报告指出 $c=0.05$ 较为适用,与 $c=0.035$ 和 $c=0.046$ 的玻璃表面的实测结果大致符合。他们还画出对铝和氧化镁的预测结果,和实测数据非常吻合。

27.8.3 Cook-Torrance 模型

Cook 和 Torrance[CT82]对 Torrance-Sparrow 模型进行了扩展,显式考虑了漫反射(通常源于次表面散射,或因粗糙表面内部的多重散射)和镜面反射(完全基于表面,金属的反射尤其如此)的不同特性。因为采用微面的镜面反射对高光反射进行建模,有关镜面反射的任何讨论同样适用于高光反射。对镜面反射、漫反射的不同分析表明即便是同一表面,其漫反射光和镜面反射光亦可能具有十分不同的光谱分布,例如塑料的反射光具有和光源几乎一致的光谱分布,而不同金属(如铜和金)的反射率光谱则存在很大差异,因此其反射光呈现出"材质本身的颜色"。

和 Phong 模型类似,Cook-Torrance 模型亦包含三项:泛光项、漫反射项以及镜面反射项。泛光项被认为是表面对来自场景中不同方向入射光所产生的漫反射和镜面反射效果的平均,而且各处均匀。正因如此,泛光的颜色取为漫反射和镜面反射颜色的结合(这里我们用"颜色"作为"光谱分布"的简称)。仍假定漫反射项为朗伯反射。未计泛光项的模型为:

$$f(\boldsymbol{\omega}_i,\boldsymbol{\omega}_o,\lambda) = sR_s(\boldsymbol{\omega}_i,\boldsymbol{\omega}_o,\lambda) + dR_d(\lambda) \tag{27.35}$$

其中,

$$R_s(\boldsymbol{\omega}_i,\boldsymbol{\omega}_o,\lambda) = \frac{F(\boldsymbol{\omega}_i,\lambda)}{\pi} \frac{DG}{(\boldsymbol{n}\cdot\boldsymbol{\omega}_i)(\boldsymbol{n}\cdot\boldsymbol{\omega}_o)} \tag{27.36}$$

其中 s 和 d 分别是镜面反射和漫反射系数;R_s 和 R_d 分别是镜面反射和漫反射的 BRDF(光谱值)。F 是菲涅耳项,D 是微面斜率(朝向)分布,G 是几何衰减因子,以模拟微面的遮挡和屏蔽效应。我们现暂时忽略 D 和 G 的参数。整个公式计算的是表面上点 P 的双向反射率。点 P 法向量为 $\boldsymbol{n}(P)$,简写为 $\boldsymbol{n}$。

采用角平分向量来表示几何项最为简便:

$$\boldsymbol{h} = \mathcal{S}(\boldsymbol{\omega}_o + \boldsymbol{\omega}_i) \tag{27.37}$$

采用 $\boldsymbol{h}$ 后,几何衰减因子可写为:

$$G(\boldsymbol{\omega}_i,\boldsymbol{\omega}_o) = \min\{1, 2\frac{(\boldsymbol{n}\cdot\boldsymbol{h})(\boldsymbol{n}\cdot\boldsymbol{v})}{(\boldsymbol{v}\cdot\boldsymbol{h})}, 2\frac{(\boldsymbol{n}\cdot\boldsymbol{h})(\boldsymbol{n}\cdot\boldsymbol{\omega}_i)}{(\boldsymbol{v}\cdot\boldsymbol{h})}\} \tag{27.38}$$

斜率分布函数 D 描述了微面朝向每一方向的比率;令 $\alpha = \cos^{-1}(\boldsymbol{n}\cdot\boldsymbol{\omega}_i)$,我们可以把 D 写成 α 的函数,隐含假设该函数关于表面法向量对称,即微面朝向分布各向同性。Cook 和 Torrance 使用了 Beckmann 分布函数

$$D(\alpha) = \frac{1}{m^2 \cos^4\alpha} e^{-\left[\frac{\tan\alpha}{m}\right]^2} \tag{27.39}$$

此函数只有一个参数 m。

课内练习 27.9: 证明如果 m 很小,那大多数微面都接近垂直于法向量 $\boldsymbol{n}$;如果 m 较大,则表面会很粗糙,其微面呈锐角。

此外,Cook 和 Torrance 还注意到表面可能在多个不同尺度下均呈现出粗糙的外观,因此,可将函数 D 设为多个公式(27.39)表示项的加权和。

最后,他们构建反射光的光谱分布模型。对于漫反射率,采用实测的反射光谱,测量

时取沿法向的入射光。他们注意到（之前我们在对菲涅耳反射的讨论中也曾提到），对于绝大多数材质，入射角小于 70°前漫反射率光谱无明显变化。即使超过 70°变化也不大。因此可采用沿法向入射的反射率光谱作为所有入射角下的漫反射率光谱。

课内练习 27.10：某些人造材质被设计成在不同视角下呈现出不同的反射率光谱，一个例子是衍射光栅。试想出一种具有上述特性的漫反射材质。提示：织物。

对于镜面反射项，本模型假定反射率光谱随角度的变化完全源于菲涅耳项。这一结果在图形学中是一重要进展：由于镜面反射高光可以不同于表面的漫反射颜色或者入射光颜色，这使得精细模拟更多种类的材质成为可能（见图 27-15）。

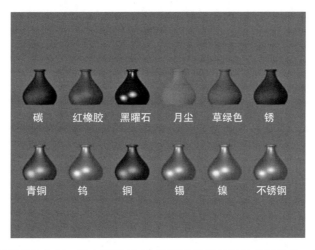

图 27-15　被两个光源照亮的花瓶，图中展示了 12 种不同材质花瓶的光照效果，材质的反射属性根据 Cook-Torrance 模型确定（由 Robert Cook 提供，©1981 ACM，Inc.，经允许转载）

27.8.4　Oren-Nayar 模型

和镜面反射的微平面模型密切关联的是关于粗糙表面反射（如未上釉的陶罐、网球或者月球表面）的 Oren-Nayar 模型［ON94］。Oren 和 Nayar 观察到这些表面的漫反射实际上并不完全符合朗伯定律，特别是靠近其轮廓边缘附近，其亮度明显超出朗伯模型的预测。这对月球尤为明显，注意到月球整个表面的亮度几乎是处处均匀的（除去表面的纹理特征外）。他们认为这种边缘发亮的现象可解释为：对于粗糙表面而言，即便我们观察的是其轮廓线边缘，附近表面上总有一部分微面会面向我们，从而反射出许多超出预计的光（如图 27-16 所示）。具体来说，Oren 和 Nayar 实质上仍采用了 Torrance-Sparrow-Cook 基于微面反射的思想，但他们假定每个微面为朗伯反射，而不是镜面反射。

此外，他们不仅考虑光源和微面之间的直接交互，还考虑了微面内部的多重反射。注意，对于一个非常粗糙的表面，倘若光照方向接近掠角，而观察者恰位于光照方向的对面，虽然观察者看不到被

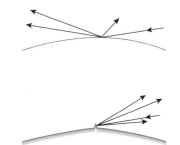

图 27-16　（上图）在平滑的漫反射表面的轮廓线附近，光线入射方向与表面法向偏离，导致光照度变小，因而朝观察者的散射光也极少。（下图）如果在粗糙表面靠近边缘处有一小块表面偏向入射光方向，这块表面就会朝各个方向，包括观察者方向，散射出更多的光

光源直接照射到的任何一个微面，但可见的那些微面（背向光源）仍可能受到非直接光照。
例如在黎明时东望一条山脉，你当然无法看到洒落在
每座山东侧的阳光，但仍会看到一些山的西面被毗邻
山的东面照亮（见图 27-17）。

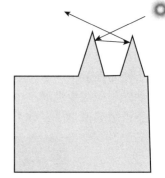

微面散射辐射度的表达式（假定微面斜率符合高
斯分布）是一个相当复杂的积分。Oren 和 Nayar 取许
多不同的入射方向、视线方向以及高斯形状参数计算
这一积分的值，开发了一个适于快速计算其逼近值的
简化形式。该式的变量为 θ_i（$\boldsymbol{\omega}_i$ 和 $\boldsymbol{n}$ 之间的夹角）、θ_o
（$\boldsymbol{\omega}_o$ 和 $\boldsymbol{n}$ 之间的夹角）以及入射和出射方向之间的方向
角之差 ϕ。如果入射光从西进入并向东反射，则 $\phi=0$；
如果向东北方向反射，那么 $\phi=45°$；如果向东南方向
反射，那么 $\phi=-45°$，等等。此模型有两个参数：斜
率分布常数 σ（微面偏角为 θ 的概率正比于 $\exp(-\theta^2/(2\sigma^2))$）和表面漫反射系数 ρ（可为入射光波长的函数）。

图 27-17   山峰的西侧处于东升旭
日的阴影中，但可能被
其他山峰东面的反射的
光照亮

完整的通用模型很少用到，常用的是只考虑单次散射的简化版本：

$$L_r(\theta_i,\theta_o,\phi;\sigma) = \frac{\rho}{\pi}E_0\cos(\theta_i)(A + B\max(0,\cos\phi)\sin\alpha\tan\beta) \qquad (27.40)$$

其中

$$A = 1.0 - 0.5\frac{\sigma^2}{\sigma^2 + 0.33} \qquad (27.41)$$

$$B = 0.45\frac{\sigma^2}{\sigma^2 + 0.09} \qquad (27.42)$$

这里取 $\alpha=\max(\theta_i,\theta_o)$，$\beta=\min(\theta_i,\theta_o)$，$E_0$ 为辐照度。

27.8.5   波动理论模型

目前为止，我们介绍的所有模型均基于几何光学，除菲涅耳项外，都忽略了光的波动
效应（比如干涉和衍射）。原因之一是直接求解 Maxwell 方程组非常困难，计算代价很大。
另一方面，波动光学确实能揭示几何光学所不能描述的效果。He 的研究[He93]即为令人
信服的一例，但其涉及的物理知识超出了本书的范畴，有兴趣的读者可以直接阅读该文。

波动效应到底有多重要？无疑是重要的，但 Pharr 和 Humphreys 在[PH10]的第 454
页提到：

Nayar、Ikeuchi 和 Kanade[NKK91]证实某些基于物理（波动）光学的反射模型和基于
几何光学的模型的特征非常相似。在实际应用中，除对非常平滑的表面外，基于几何光学
的近似模型并没有引起太大的误差。这是一个有用的结论，它为下述判断提供了实验佐
证：即权衡所得和计算开销，在图形学中采用波动光学模型并非一个合适的选择。

27.9   表达形式的选择

BSDF 可以采用多种方式表示，如实测模型中的数据表（可通过插值计算其他值），或
表示成若干"波瓣"的和（如 Lafortune 模型），或采用球面谐波函数的"傅里叶分解"，
（其二维情形是定义在圆上的正弦和余弦的幂）。BSDF 还可能采用高斯和、小波基或其他
多种形式来表示。每一种选择都有其优缺点，图形学里尚无一个公认的理想模型。

27.10　评估标准

我们已经讨论了 BSDF，重在找到一个表示模型使之较好地匹配实测数据，这无疑是对的。但我们还没有讨论过"较好匹配"的精细度量标准。一个显而易见的选择是取 L^2 误差：如果 f 是 f_s 的一个逼近，可取 $(f-f_s)^2$ 在 $\mathbf{S}^2 \times \mathbf{S}^2$ 上的积分来衡量拟合的好坏。由于 f 和 f_s 之间的差异对应于材质在受到直接光照时视觉效果的差异，所以从直觉上是合理的。然而，人眼感知是一个关于光辐射度的非线性函数。对于同样一组 $(\boldsymbol{\omega}_i, \boldsymbol{\omega}_o)$、同样小的逼近误差，当 f_s 取值较小时所导致的视觉差异会比当 f_s 值较大时显著得多，但按逼近精度衡量，它们被认为并无差别。这一点启示我们也许应在给定区域内对诸如 $\log[(f-f_s)^2]$ 的项进行积分，并将其作为误差。然而这仅当 BSDF 的散射光投向观察者时才有意义。如果反射光先到达另一表面然后再反射进入人眼时又该如何呢？这时也许原来的 L^2 误差才是一种更好的误差衡量标准：原因是发自表面的散射光经过一段距离的传输后（尤其对于弯曲表面），BSDF 中的小细节都"模糊掉了"，从而使反射光呈现均匀的分布。在 31.20 节我们会看到这一现象。

一些最简单的模型，如 Phong 模型，并不能很好的拟合观测数据，但它们具有较好的实用性（其 BSDF 含一个大的波瓣，其方向大致沿镜面反射方向，以及一些直观的参数）。其他模型，比如 Lafortune 模型，L^2 拟合精度高，并且容易和采样数据匹配（见 27.14 节）。另外的模型，比如基于球面谐波函数的模型，在求解反射积分时无须进行概率计算。究竟决定使用哪种模型，需要看你的最终目的是什么。

27.11　沿表面的变化

表面的 BSDF 通常为位置的函数，且非常值。一张纸的 BSDF 可能接近常值函数，但当纸印上文字图案后，印刷区域总的反射率会大幅变小。诸如木材之类的物体具有结构化的纹理，其粒度在 1 毫米左右，仅为微孔级的纹理尺度的 1/100。不同种类的木纤维的 BSDF 也明显不同。木材的丰富图案部分源于线性结构（如木纤维）很强的次表面散射；如果这些纤维的走向变化，如树节处，将引起材质反射率的另一种变化。

下面考察对刷有乳胶漆的墙壁表面（办公室中较为常见）建模的两种方法。通常这种表面含有纹理：表面凸起大约为 0.1mm 的尺度，通常彼此相距 2mm 左右。以 10 倍光波长的尺度审视，涂漆表面尽管有凸起，仍是较平坦的，因此可采用 BSDF 表示。可假定乳胶漆表面为理想的朗伯 BSDF，尽管如此，我们仍需要构建一张纹理图，记录不同点处表面反射率以及法向量的变化。可构建三维高分辨率纹理图（其中一维存储反射率，另两维记录法向量的变化），或者采用过程式纹理。

另一种方法是，把墙看成一真实的平坦表面，测量墙上每一点的 BSDF。我们会发现凸起边缘处的 BSDF 和凹下处的 BSDF 是不同的，等等；假如将每一 BSDF 表示成球面谐波函数之和，例如取 50 个谐波，为了表示整个墙面的 BSDF，将需要构建一张 50 维的纹理图，以记录每一个谐波的系数（假定乳胶漆是白的，无须考虑其光谱相关性）。

在这个例子中显然第一种建模方法要好。但如果考虑花岗岩之类的墙面，其材料由多种材质组成，每一种材质均具有不同的反射特性，则逐点变化的 BSDF 模型可能是更为合理的方法：这时将 BSDF 进行合适的分解或许能提供简洁的解；也许 BSDF 的变化只反映在 1 或 2 个因子里，而其他因子可做常量处理，从而省下大量的空间。

课内练习 27.11： BRDF 定义中一个隐含的假设是应在一个大于材质变化的尺度上测

量 BRDF 并使用它。因此，在航空遥感中测量花岗岩的 BRDF 并用于航空遥感中是适宜的，其中每一个像素传感器均记录数平方米花岗岩面的反射光。但基于这一 BRDF 来预测花岗岩的微观图像却不行。假设我们已构建了某个表面上含有局部纹理的物体的模型——如一张印有内容的纸，或其边缘留有指纹的金属托盘——现我们希望生成该物体一定距离外的图像，使整个物体在成像平面上只占几个像素。此时一个自然的选择是采用 MIP 映射。

（a）证明：在一定表面区域内对逐点变化的 BRDF 取平均，作为更大区域的 BRDF 是合理的，至少对本例中纸和金属托盘的情形而言。

（b）证明：即便在平面情形下，对 BSDF 模型中的参数（比如 Phong 模型中的高光指数，或者 Cook-Torrance 模型中的镜面反射颜色，或折射率）取平均，并用这些均值来计算更大表面区域的 BRDF 是不合理的。

（c）假设表面具有接近于常值的 BRDF（比如西班牙式屋顶上的弯曲瓦片），但在小于一个像素的尺度上仍有很大的曲率（如整个西班牙式屋顶投影于几个像素上）。此时应如何计算更大表面区域的 BRDF 呢？

27.12　对用户的适用性

使用基于物理或者基于经验的 BSDF 模型的好处之一是，这些模型常常提供了易于直观理解的参数。例如 Phong 模型的高光指数可以描述为代表"闪亮"程度，而漫反射和镜面反射率则代表表面的"亮度"。不过，这些参数并不能完全和直觉保持一致；譬如当 Phong 模型中的高光指数从 1 调整到 2 时，表面外观变化很大，但从 51 调整到 52 用户可能就毫无感觉（调节 Phong 模型高光指数的对数被证明直观得多：0 对应纯漫反射，6 对应"非常闪亮"）。类似的，材质的折射率以及绝缘性质也不易为大多数人直接理解。但我们可以通过对 Cook-Torrance 模型中的参数进行组合，为用户提供从"金属材质"到"塑料材质"的直观控制[Str88]。

使用直观参数模型的另一个理由是有时候我们需测量某种材质，然后创建一种相似但并非完全一样的新材质。与让设计者直接编辑测量数据相比，构建一个模型来拟合测量数据同时在模型中为设计者提供直观控制的界面显然更容易获得好的结果。

27.13　更复杂的散射

我们已经讨论了表面散射模型，对金属之类材质的反射属性，这类模型提供了相当好的近似。但当材质并不呈现为表面时，它们就显得力不从心了。本节将简要介绍体材质（有时亦称为参与介质）以及影响皮肤之类材质外观的次表面散射。

27.13.1　参与介质

下面非常简要地介绍光是如何和参与介质（如染色水或雾）进行交互的。

当晴朗的白天坐在一间黑暗的房子里，阳光穿过窗户射入，光束照亮整个房间。这种现象是由于阳光击中了屋内空气中的微小粒子（通常是灰尘），并通过这些粒子散射到人眼中。尽管这些粒子分布稀疏，颗粒又小，但由于太阳光很亮，微粒散射的光会比屋里阴暗墙壁所反射的光强很多，于是我们看到了"光束"。这类"体散射"现象同样可以解释土星环的外观和积云底部的暗区。通常我们将房间中的空气看成一种介质，光线可以毫无影响地通过，直至到达某一表面并产生散射。对体散射，普通模型不再适用，此时介质（含有尘埃的空气)会参与到光的散射过程中。描述这类情形经常会使用**参与介质**(participating media)这一术语。

对参与介质的准确建模需要对它的若干物理属性进行精确测量[Rus08];即便获得了这些常数,相关的计算仍相当复杂。然而大体上说,对于在介质中稀疏且均匀分布的散射粒子(比如房内空气中的灰尘),从介质中穿行的光将按指数衰减,即穿过距离为 d 的介质后,光的辐射度应乘以 $\exp(-\sigma d)$,这里 $\sigma > 0$,是一个小的常数。我们可以用光线穿过整个介质而不遇到任何粒子的概率来解释这一衰减。假设光穿过一毫米介质的概率是 0.95。那么光穿过介质第一毫米的概率是 0.95,穿过 2 毫米的概率是 0.95^2,以此类推,从而造成了指数级的衰减。对于非均匀的参与介质,衰减率 σ 是和位置相关的函数。这时离开介质的光就是入射光乘以 σ 函数沿光线的积分。

我们刚刚介绍的是光的**吸收**(absorption),可用于描述光和煤烟之类材质的交互,这类材质吸收光并将其转化成热,且几乎不发射或者反射光。图 27-18 展示了位于中心右侧的橙色粒子吸收光的示意图。注意吸收通常和光的波长相关,因此这里的分析针对单一波长光。

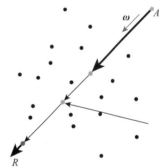

图 27-18　光线 R 从 A 出发沿着 ω 方向穿过参与介质

光穿过一般的参与介质时还可能发生其他三种现象,第一种是**发射**(emission),如图 27-18 左下角的红色粒子所示:同光与表面交互的情形类似,光也可能遇到会发光的介质(想象荧光棒中的液体,或者火焰中受热的烟尘)。第二种是向外散射:击中介质的光可能被散射到各个不同方向,形成之前曾提到的晴天在一弥漫灰尘的房间里所见到的光柱。向外散射可能并不均匀。通常假定向外散射是一个偏向路径的常值函数:如果光沿着 ω 方向传输,散射到新方向 ω' 的概率仅为 $\omega \cdot \omega'$ 的函数。第三种现象是向内散射(位于图 27-18 中心左侧的绿色粒子):其他地方介质的散射光可能到达当前点并继续散射,从而增强当前点朝观察方向的光强(向外散射和向内散射光类似于表面辐射度和场的辐射度)。

上述四种现象结合起来可以刻画点 P 沿着 ω 方向的辐射度 $L(P, \omega)$ 与点 $(P+\varepsilon\omega, \omega)$ 沿着 ω 方向辐射度之间的关系:将它们之差除以 ε 并取其在 $\varepsilon \to 0$ 时的极限,可得到一个 L 必须满足的类似于绘制方程的公式。Pharr 和 Humphreys[PH10]以及 Rushmeier[Rus08]对此给出了更多的细节。

吸收常数 σ 的单位是长度单位米的倒数。如果光在吸光介质中传输了 $1/\sigma$ 的距离,其辐射度将乘以衰减因子 e。更直观地说,如果光传输的距离为 $2.303/\sigma$,它将衰减 10 倍。尽管如此,σ 并非易于直观理解的参数。画家更倾向于采用 $2.303/\sigma$,即光衰减 10 倍时所传输的距离,作为控制吸收的参考量。

第 26 章中提到的消光系数 κ(有时表达为复数形式的折射率的虚部)和吸收常数 σ 密切相关:它表示电磁波进入均匀材质时呈指数级衰减。如果计算介质对某一特定波长 λ 光的吸收常数,则这两者有如下关系:

$$\kappa = \frac{\lambda \sigma}{4\pi} \tag{27.43}$$

因此,吸收系数与波长的相关性可通过 κ 自然地体现出来。很显然,不论复数形式的折射率还是消光系数都不容易为用户理解。κ 的倒数可为用户编辑材质提供一种更自然的控制。

对于诸如烟、雾一类的材质，吸收现象实际上并不由折射率，而是由更大规模的现象，例如进入和离开雾中小水滴的光所控制。

27.13.2　次表面散射

除了类似于镜面的反射(以及由众多微面形成的漫反射)和体散射之外，还有一种十分常见的散射方式：次表面散射。

以人的皮肤为例，光从某点 P 射入皮肤后会从另一点 Q 离开。可以坐在一个暗室中正对镜子并把一个小手电筒紧贴在脸颊上来查看这一过程。可以看到手电筒周围的皮肤由于光的次表面透射而显出红色。这种现象无法用基于表面的 BSDF 来建模。因而我们使用双向次表面散射分布函数，即 $f_{ss}(P,Q,\boldsymbol{\omega}_i,\boldsymbol{\omega}_o)$，来表达沿 $-\boldsymbol{\omega}_i$ 方向从点 P 进入材质的光中有多少从点 Q 沿着 $\boldsymbol{\omega}_o$ 方向离开(见图 27-19)。为简便起见，假定材质是均匀的且各向异性，因此 f_{ss} 只和 P 与 Q 之间的距离相关，而非它们的具体位置，这将极大减少表示散射所需的存储量。但对于很多材质(比如手掌)，其次表面几何结构既不是均匀的也不是各向异性的。诸如静脉、动脉、毛细血管、肌肉、软骨以及脂肪都对光的散射有不同的影响。

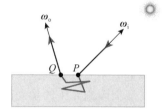

图 27-19　BSSRDF 的参数。光沿 $-\boldsymbol{\omega}_i$ 方向从点 P 进入材质，沿着加粗路径传输，并在材质内多次回折，最后从点 Q 沿着 $\boldsymbol{\omega}_o$ 方向离去

使用次表面模型对绘制方程有什么影响？回顾绘制方程的基本形式：

$$L(P,\boldsymbol{\omega}_o) = \cdots + \int_{\boldsymbol{\omega}_i} L(P,\boldsymbol{\omega}_i) f_s(P,\boldsymbol{\omega}_i,\boldsymbol{\omega}_o) \cdots \qquad (27.44)$$

即出射辐射度为对 P 点所有入射方向取积分。然而在次表面散射中，达到另一点 Q 的光亦可能最终从点 P 离开，因此式子变成

$$L(P,\boldsymbol{\omega}_o) = \cdots + \int_Q \int_{\boldsymbol{\omega}_i} L(P,\boldsymbol{\omega}_i) f_{ss}(P,Q,\boldsymbol{\omega}_i,\boldsymbol{\omega}_o) \cdots \qquad (27.45)$$

即计入次表面散射后增加了一重积分。实际上，对于大多数材料，可以将新增加的积分(对材质中的所有点 Q)替换成对 P 周围有限区域(比如一个圆盘)的积分(进入手指的光极少从鼻子射出)。如果材质均匀、各向异性，且表面各处的入射辐射度几乎为常量，则可以预计算出射辐射度并将其存储在一张查找表中。新方法的计算量不会超过原绘制方程很多。

至于构建次表面散射模型的实际效果，首先，光会向阴影边界两侧扩散，举例来说，投射在皮肤上的"硬阴影"(hard shadow)会稍显软化。其次，能模拟物体内的颜色渗透现象：将牛奶滴入一杯茶，茶的颜色会改变，其边缘处的茶色则被茶杯的颜色所影响。

那应该怎样构建次表面散射模型？和建立表面散射模型类似：或者基于测量数据，或者使用基于现象或者物理的模型。可通过修改方向反射计使得传感器可以测量从非中心点 Q(设采样平台中心点为 P)来的光，从而获得实测数据：调整时既可在采样平台上移动整个传感器装置，也让传感器绕其中心做小的两轴旋转。当然也可以对光源做等量的平移或者旋转，或者平移或旋转采样平台。除此以外，还可以在照亮采样平台时把普通传感器换成照相机。这将允许同时采集来自材质上多个点和多个方向的光线。Jensen 等人[JMLH01]对此有较详细的描述。

次表面散射的物理建模所涉及的物理和数学知识超出了本书的范畴。Jensen 等人描述

了一些可行的近似，提供了综述以及相关物理文献索引。

27.14　材质模型的软件接口

在将材质模型应用于绘制时，我们仅讨论一类特定的模型：由取有限值的部分和取脉冲值的部分组成的模型。在下文中我们会给出定义。

散射中的"脉冲"部分描述了穿越介质边界的透射以及镜面反射现象：由某一方向的入射光导致沿另一方向的出射光（如果同时发生透射和反射则为两个方向）。正如在 26.10.2 节所述，对于这些现象，无法测量其 BSDF。从 $\boldsymbol{\omega}_i$ 到 $\boldsymbol{\omega}_o$ 的"脉冲"散射可以用一个因子来刻画，该因子乘以入射光辐射度即得到出射光的辐射度。假定对于光源入射方向 $\boldsymbol{\omega}_i$，存在有限个 $\boldsymbol{\omega}_o$ 方向（通常为两个！）使得 $(\boldsymbol{\omega}_i, \boldsymbol{\omega}_o)$ 构成脉冲散射方向对。对于每对方向，我们将取一个常数 m，称为脉冲的**振幅**，即脉冲散射因子。类似的，对于给定的 $\boldsymbol{\omega}_o$，只有有限个 $\boldsymbol{\omega}_i$ 方向使得 $(\boldsymbol{\omega}_i, \boldsymbol{\omega}_o)$ 构成脉冲散射方向对。为简便起见，在本节的剩余部分，假定有且仅有两个脉冲方向 ι_1 和 ι_2，其振幅分别为 m_1 和 m_2。

当进行光线跟踪时，需要重建脉冲方向以及相关的材质属性，我们需要

```
ImpulseArray getImpulsesIn(surfel, ωo)
```

其中 surfel 是 SurfaceElememnt 类型的数据结构，用来存储表面上某点的几何法向量、点的位置、法向量朝向一侧介质的折射率以及另一侧材质的折射率，还有着色法向量（通常取周围点几何法向量的插值）。返回的"脉冲"数组包含一组 $(\boldsymbol{\omega}, \boldsymbol{\omega}_o, m)$，这里 $\boldsymbol{\omega}_o$ 为同一输入参数，m 为脉冲的振幅。对偶程序也同样有用

```
ImpulseArray getImpulsesOut(surfel, ωi)
```

它返回一组 $(\boldsymbol{\omega}_i, \boldsymbol{\omega})$，以及各自的脉冲振幅。

在可处理面光源和光泽型表面的高级光线跟踪程序中，需要计算任意方向对的 BSDF 中有限区域的值，即需要调用下面的程序

```
float getBSDFFinite(ωi, ωo)
```

能对 BSDF 进行采样也是必需的：给定出射方向 $\boldsymbol{\omega}_o$，选择一个入射方向 $\boldsymbol{\omega}_i$，使得选取 $\boldsymbol{\omega}_i$ 的概率密度正比于 $f_s(\boldsymbol{\omega}_i, \boldsymbol{\omega}_o)$。对于朗伯表面，该程序会均匀但随机地选取上半球面上任一方向。

如果 BSDF 中包含脉冲，因某些方向的 BSDF 值为无穷，故无法进行采样。例如，假设有一种材质以及一个指向光源的方向 $\boldsymbol{\omega}_i$，这里 40% 的入射光朝 ι_1 发生镜面反射，剩下的 60% 为朗伯散射。由于 $f_s(\boldsymbol{\omega}_i, \iota_1) = \infty$，无法按 BSDF 进行等比例采样。针对这种情况，我们希望采样过程中 40% 的时间返回 ι_1，剩下的 60% 的时间则返回半球面上的均匀随机采样方向 $\boldsymbol{\omega}_i$。进一步拓展这个例子，假定脉冲的振幅保持在 0.4，但是材料吸收掉 30% 的入射光并按照朗伯方式散射剩余的 20%。我们希望采样过程中 40% 的时间返回 ι_1，30% 的时间不返回任何值，剩余 20% 的时间返回均匀随机方向 $\boldsymbol{\omega}_i$。为此我们还需要如下程序

```
Vector3 getSampleIn(ωo)
```

注意，此程序对峰值狭窄的 BSDF 采样运行缓慢，除非在设计材质模型时就考虑如何实现高效的采样。

有时候采样方向 $\boldsymbol{\omega}_i$ 的概率密度并不一定需完全正比于 BSDF $f_s(\boldsymbol{\omega}_i, \boldsymbol{\omega}_o)$，只要其概率分布 p 在形状上类似 BSDF 即可；在这种情况下，我们不光要知道采样方向，还需要知道

如下的"因子"

$$\frac{f_s^0(\boldsymbol{\omega}_i, \boldsymbol{\omega}_o)}{p(\boldsymbol{\omega}_i)} \tag{27.46}$$

当然，对脉冲项无须做以上调整，因为它们可以精确采样。相应的程序如下：

```
Vector3 getWeakSampleIn(ωₒ, float &factor)
```

当返回采样向量时，该程序会同时为调整因子赋值。

按 BSDF 对出射方向进行采样，或者按照余弦加权的 BSDF 来对入射或者出射方向进行采样的程序也是有用的。实际上，在第 32 章编写路径跟踪程序和光子映射程序时，我们主要采用的是基于余弦加权 BSDF 采样方法。

27.15　讨论和延伸阅读

建立正确的散射模型对于绘制真实感十分关键：对于直接光照表面，我们的眼睛实际上观看的是其 BSDF，因此一定要确保它的正确性。Pharr 和 Humphreys[PH10]详细讨论了 BSDF 的建模，以及相应的软件接口。

关于散射模型已有大量的文献，建议至少阅读其中 1～2 篇早期文献，例如 Torrance-Sparrow、Cook-Torrance 或者 Blinn-Phong 的文章，以获得对建模复杂性的整体认识。

Lawrence[Law06]从计算的角度讨论了怎样构建散射模型的问题：模型应该有足够的表达能力以匹配测量数据；非常简单，可支持较为方便的采样策略。显然这都是一些非常实用的问题。

本章的开头讨论了光与物体的交互如何导致光场的变换，并很快切换到对不同材质表面的讨论；这种分解有利于降低光能传递计算的复杂度（可使用反射方程）。进一步可采取纹理映射方式，纹理参数可取从颜色到散射模型中的表面粗糙度等，从而使散射计算进一步简化。**外观建模**（appearance modeling）是构建多种材质紧凑表示的一种技巧。如本章引言所介绍的，散射过程极其复杂，因此外观建模的通用理论至今尚未建立，尽管已有一些实质性的进展[GTR⁺06][DRS08]。

我们对体散射进行了简单讨论，其中隐含地假定粒子在散射介质中的分布是均匀随机的。但若粒子的分布呈现某种结构性（如土星环），则需要更复杂的模型。开创性的工作包括 Blinn[Bli82b]，继而 Kajiya 和 von Herzen[KVH84]，Miller[Mil88]以及 Kajiya 和 Kay[KK89]。后者提出了**纹素**（texel）的概念——即由近似描述头发、皮毛之类微型表面视觉属性的参数构成的三维数组——来刻画结构性散射体对光的散射（见图 27-20）。此研究的复杂性再一次证实了本章开始所表达的观点：散射是复杂的。

图 27-20　由 Kajiya 和 Kay 的纹素绘制算法所生成的泰迪熊（由 Jim Kajiya 提供，ⓒ1989 ACM，Inc.，经允许转载）

散射是否太复杂了呢？如果在绘制过程中，需要计算的是从某物体上离开但并非直接进入眼睛的光，大部分情况下可以采用一个简化的散射代理：一般而言，我们无法分辨光是来自泰迪熊的散射，还是一个具有类似形状的褐色纸模型。不过也有例外情形：发自水晶吊灯的散射高光会照亮整个房间；把水晶灯换成漫散射反射器则不能产生同样的效果。即便如此，由散射导致的光照效果——比如泰迪熊的复杂外观——经过一次反射后大都消失。在这些情形中不必做那些多余的计算。

在关于 Torrance-Sparrow 模型和 Cook-Torrance 模型的讨论中，曾提到散射过程涉及光在表面间的多重反射，其中部分被遮挡和屏蔽。这同我们在学习全局光照算法时看到的情形一样，光经过场景几何间的多重反射，传递到场景中某些表面，而未达另一部分表面。为了获得"实时"解（即 2013 年的某些游戏）可通过**泛光遮挡**（ambient occlusion）[Lan02]来近似表现复杂的全局光照算法的着色效果。我们设置一个与局部区域可看到的远场大小成比例的泛光项，如果物体局部相邻的景物均凸起，则将物体的亮度调暗。与将亮度按 $1/r^2$ 衰减相比，这将形成更高频的亮度梯度，使凹陷处变暗。由于突显了凹处和凸处，使得观察者能感知材质在较大尺度上的平滑程度，这里阴影提供了重要的暗示。

最后，让我们退一步从更宏观的角度来审视微面模型。为真实可信地绘制场景，必须考虑光源对每一表面的入射光散射到其他表面的过程，以及呈现在眼睛或者相机前的复杂的光能分布。是场景中所有物体（至少是相互可见的物体）彼此关联导致了算法的复杂性。现在我们再看微面模型：它和场景绘制完全是同一回事！由于其他微面的遮挡，入射表面的光只能照射到微面的一部分，所生成的散射光再射向另一个微面，等等。因为假设这些微面所在表面宏观上（至少相对于单个微面的大小）是平坦的，故可假定每个微面只和少数邻近微面发生交互，从而降低了这一问题的复杂度。在极限情况时，比如光从掠角入射，多个微面可能对同一个微面形成遮挡，这个假设不再成立。

27.16　练习

27.1　在 Gouraud 着色时，我们会依据三角形三个顶点处的颜色值，在三角形内部进行插值。由于这一操作通常在光栅屏幕上进行，一个做法是从上到下，沿着每条边做线性插值，对位于三角形内的每一行像素，则线性插值其两端像素的值。通常情况下三角形有一个上顶点、一个下顶点和一个中部顶点。当跨过中部顶点后，开始遍历另一条边。另一做法是从上顶点到中部顶点插值，再从下顶点到中部顶点插值。

    （a）证明如果我们精确计算边和每一行像素中心线的交点（而不是四舍五入到最邻近的像素中心），所得即为对顶点颜色的重心坐标插值。

    （b）证明从上顶点到中部顶点逐行下移时，每一行的初始像素的值和上一行初始像素的值之差相同。

    （c）用（b）的思路在二维平台上开发一个具有低运算量的 Gouraud 着色程序。使用填色的小正方形作为"像素"来可视化结果。

    （d）假如采用同样的方法为一个凸四边形着色：按从上至下的顺序，对四边形内的每一行像素，通过插值计算它与两条边交点处的颜色值，然后整行逐像素做线性插值。如果旋转四边形（每个顶点上的值保持不变），那插值生成的着色结果是否也会跟着旋转？

27.2　常见有人拍摄平静（但不是完全平坦）水面上月亮或灯塔的倒影。在照片中通常看到明亮的倒影呈楔形，靠近观察者处变宽，而楔尖点要么逼近灯塔要么消失在地平线（如果是月亮）。找到一张这样的照片，描述反射的主要特征（比如楔形的形状），并用本章中所介绍的物理模型加以解释。

27.3　书架上有三本书，一本封皮为白色，另两本是黑色。书架本身由抛光木材所制。从上往下看书架，可见到书脊的倒影。在倒影中书脊底部黑白分界清晰。但书脊顶部分界显得相当模糊。试解释其中原因。是因视角的不同引起的菲涅耳效应吗？为什么？如何验证这一想法？提示：动手做实验！

27.4　在常见的 Phong 模型中，有以 RGB 三元数表示的漫反射颜色以及一个漫反射率。

    （a）思考一下为什么不将这两组参数合并成一组三元数，反正它们在模型中会彼此相乘。

(b) 在 Cook-Torrance 模型中，漫反射颜色和高光反射颜色均以 RGB 三元数表示(更一般地，由光谱分布所表示)。为何镜面高光指数不表示成 RGB 三元数呢？

(c) 假定整个模型按照波长分成几部分，从而镜面高光指数可以随着颜色不同而有所变化。假定对于红色波长高光指数为 3，蓝色和绿色时的高光指数为 5，设漫反射和高光颜色均为纯白色。当用白色点光源照射时，其镜面反射高光的外观会是什么样子？

27.5 假定 $r = n_1/n_2$ 为 1、1.5、2 和 3，画出菲涅耳反射率 R_F 随 θ_i 而变化的函数图像。先需依据斯涅耳定律计算 θ_t。

27.6 针对铝和氧化镁在 500nm 波长下的反射率，比较 Schlick 近似模型和菲涅耳表达式的差异。氧化镁不是金属，因此 Schlick 近似不一定适用。取 1.0 作为空气的折射率，1.44 作为铝的折射率，1.74 作为氧化镁的折射率。

27.7 在图形学中使用菲涅耳项时假定入射光为非偏振光；从另一方面来看，平行和垂直偏振项取不同的反射率表明射出表面的光实际上是偏振的。尽管如此，我们通常假设，当光入射到下一表面时为非偏振光。设想一个真实场景，上述不一致性会以某种可见瑕疵的形式明显地呈现出来。

颜　色

> 严格来说，光线并没有颜色。
>
> ——《光学》，艾萨克·牛顿

28.1　引言

大多数人可以感知颜色，它是我们的眼睛看到不同光谱混合光时产生的一种感觉。对波长为 400nm 附近的光，大多数人会感觉为"蓝色"，700nm 左右波长的光则让人感觉到"红色"。我们把颜色描述为一种感觉，因为它的确如此。一种颇具迷惑力的说法是，入射到眼睛里的光本身是有颜色的，我们只是感知这种性质，但是这个说法忽视了感知过程中许多关键的特征，最明显的是：不同波长光在不同的组合下可以产生相同的颜色视觉（即可以说，"这两种光具有相同的绿颜色"）。显然，若用颜色来区分不同波长的光，则它不足以分辨不同波长光的混合。所以将物理现象（"该光由不同波长的光混合而成"）和感知现象（"该光看上去呈现绿色"）区分开来是有必要的。此外，在不同的时间和不同的光照下，我们对于同一光谱混合光的感知也可能有所不同。

在阅读这一章时，你必须记住以下列出的事实：

- 颜色是一种感知现象，光谱分布是一种物理现象。
- 小学时学到的所有关于红色、绿色和蓝色的知识都是简化过的。
- 眼睛对光的感知大致呈对数规律：进入眼睛的光能每翻一番（不改变其光谱分布），眼睛感知的亮度将增加同一数量（即 1 个单位的光能和 4 个单位的光能所产生的亮度差与 16 个单位光能和 64 个单位光能所产生的亮度差相同）。

人们关于颜色的"知识"多半是错误的，至少可以说，这些知识只在某些特定条件下是正确的，而这些条件人们尚不知晓。试着以开放的心态阅读本章，忘记你过去曾经学到的关于颜色的知识。

28.1.1　颜色的含义

在讨论关于颜色的物理现象和感知现象之前，我们先考虑一下颜色的含义：因为物体有不同的颜色，而且用户可以分辨颜色之间的差异，因此能在用户界面中使用颜色为一些特定的对象进行编码。比如说，可以让文本编辑器里所有与高亮有关的图标都具有黄色的背景（事实上，很多高亮标记都为黄色）。同样，你也可以选择将所有优先级高的事项（或者有重要影响的事项，比如"关闭文档而不保存所做的修改"）设置成红色来吸引用户的注意力。

但是有不少人是色盲（或者更加准确地说，颜色感知缺陷）——他们对不同波长混合光的感知和其他人不一样，大多数人视为红色和绿色的两种光，红绿色盲的人却视为同样的颜色。男人中大约 8% ～ 10% 为红绿色盲；也有黄蓝色盲（不过很少），甚至还有全色盲（特别稀少）。女性中色盲极为少见（少于 1%）。

从图形学的角度，色盲导致的重要影响是在界面设计方面：如果你单纯依赖颜色编码去表达事物，大概 5% 的用户会错过你试图表达的意图。

单一颜色的效果无疑是重要的，但更重要的是如何选择能"和谐相配"的一组颜色。

这种选择属于艺术和设计领域而不是科学领域。当你设计一个用户界面的色彩搭配时，可考虑下面几点：

- 别人可能已经选择了一组很好的颜色；试着从你喜欢的用户界面开始，并采用他们所选择的颜色
- 使用画板程序去尝试一下，查看每一种颜色放在其他颜色的上方或者是旁边时的视觉效果，或者是三种颜色编成一组来尝试。
- 考虑一下你所选择的颜色在不同设备上的呈现效果；某些在 LCD 屏幕上不错的颜色其打印效果可能很差。如果这在你的应用中很重要，那么开始设计时就要将它记在心里。

28.2　光的光谱分布

我们先介绍与物理相关的颜色属性。正如在 26 章中所述，光是电磁辐射的一种形式；可见光的波长从 400～700nm。一个普通的荧光灯（见图 28-1）所发的光中含有许多波长的光；它们组合在一起让我们感知到"白色"。相反，激光笔用发光二极管（LED）产生单波长的光，通常是 650nm 附近，我们感知为"红色"。

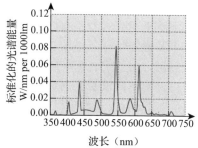

图 28-1　荧光灯的光谱能量分布。每一个波长上发射的光能量大多平滑变化，也有一些高的波峰。图片由 Osram Sylvania 责任有限公司提供

光谱功率分布（SPD）是描述一束光中不同波长光的功率的函数。该函数可以为任意形状（只需处处非负）。滤波器只允许特定波长或者特定波段的光通过；若将多个滤波器进行精心组合，几乎可以构建所有可能的光谱功率分布。我们可以将两个 SPD 函数相加生成第三种光谱功率分布，或者将它乘以一个正的常数因子得到一个新的光谱功率分布。这样，所有光谱功率分布函数的集合在由定义于[400nm，700nm]区间里的所有函数构成的向量空间内形成了一个**凸锥**。由于能构建几乎任何函数，这意味着这个锥是无限维的。具体来说，光谱功率分布为

$$P_s(\lambda) = \begin{cases} 1 & \text{如果 } s \leqslant \lambda \leqslant s+1 \\ 0 & \text{其他} \end{cases} \quad (28.1)$$

其中 s 的范围是整数 400～699 之间，且所有分布都是线性无关的，因此这一空间至少是 299 维的。如果让 λ 的取值区间更窄，那么这些线性无关的基函数数量可以是任意大。

与之形成对比的是（在后面的小节中将会看到），人们所**感知**或感觉的颜色集合是三维的；在某种程度上，从光谱功率分布到所感知颜色的映射是线性的，这种映射必然是多对一的。事实上，对于任意给定的感知颜色，必然会有无穷多的光谱功率分布能生成它。

特定的 SPD 函数也很重要，也易于理解：它们属于**单光谱**分布，其所有功率几乎都集中于某个单一波长或是该波长附近（见图 28-2）。

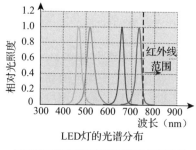

LED灯的光谱分布

| —— 蓝(470nm) | —— 红(660nm) |
| —— 绿(525nm) | —— 远红外(735nm) |

图 28-2　一些 LED 灯的光谱能量分布。对于每个灯来说，其发射的光集中在某一波长或者某一波长附近；一个理想的单光谱光源所发射的所有光能都集中在一个波长

它们很有趣的一个原因是所有其他的光谱功率分布都能写成它们（无数）的线性组合，所以它们是光谱功率分布集合基函数的基础。

一个纯粹的单光谱光（在我们的光模型中）不携带任何能量，这是因为光能是由波长的积分来描述的。所以提到"单光谱"光时，举例来说，你应该想到的是一个光谱位于650nm～650.01nm区间内的光。

描述一个光谱功率分布要么需要枚举它（无限多）的值，或者采用某种方式来表示其总体信息。在实用中，真实的光谱功率分布被枚举成多个离散值（采用光谱辐射计测量），但即使是这些枚举的值可能也需要概括。在**色度学**中，采用**主波长**、**色彩纯度**以及**亮度**来描述颜色的总体信息，依照光谱功率分布的不同，这些项的功效也有所变化。图 28-3 所示为一人工设计的光谱功率分布，其主波长是 500nm；色彩纯度由主波长光和整个光谱光能量的相对比例来定义：如果 e_1 为 0 而 e_2 很大，则色彩纯度是 100%；如果 $e_1 = e_2$，则色彩纯度为 0。所以色彩纯度衡量的是光符合单光谱光的程度（对于更加复杂的光谱，主波长的精确定义有点微妙。它并不总是对应有着最大功率值的那个波长，若 SPD 存在多个尖峰，且具有相同的峰值，则主波长无明确定义。不过，我们目前不用考虑这些细微之处）。

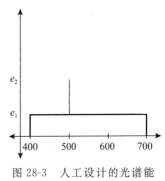

图 28-3　人工设计的光谱能量分布，其主波长为 500nm

关于光谱功率分布的最后一点注记是：普通的白炽灯（特别是那些有着干净玻璃灯泡的灯）和在第 26 章中描述的黑体辐射具有十分相似的光谱功率分布，因为它们都通过对一段金属（通常是钨）导电将其加热到非常高的温度——比如 2500℃——来产生光；所发生的光辐射近似于黑体曲线，尽管钨本身并非哑光黑色（作为对照，太阳的表面温度可达 6000℃ 左右）。这种辐射的重要特征是它的光谱功率分布非常平滑，而不是"峰峦起伏"。对于这类平滑的光谱功率分布，采用"主波长"和"色彩纯度"来做概括性的描述就非常适宜了。

28.3　颜色感知现象和眼睛生理学

视觉未受损的人能够感知光，他们用不同的词汇去描述对光的感觉，比如"亮度""色度"，并用大量个性化的词（"橘黄色""水鸭色""靛蓝色""浅绿色"）来描述各自对颜色的感知。

我们对颜色的感觉也受到格式塔观点[⊖]的影响：会用不同的词语去描述发射光的物体和反射光的物体的颜色。人们会把某个物体形容为"棕色"，但却几乎不说"棕色的光"。

格式塔观点让我们理解"物体的颜色"。当一本黄色的书放置在完全黑暗的小房间里面时，可以说它是黑色的，但人们更倾向于说它是黄色，只是现在没有被照亮而已。当然，在一个微暗的房间里，从黄色书的表面离开的光和在光照良好的房间里的情形是不同的，然而在两种情形中，我们都会说这本书是黄色。我们可在不同的光照条件下识别同一物体的颜色，这称为**颜色恒常性**。

可以设想一项实验，在实验中，观察者只能透过针孔去看。所看到的物体可以是发光的黄色灯泡，或是正在反射白炽灯光的一片黄色的纸。倘若被观察物体位于一定距离之

　⊖　格式塔观点（Gestalt view），心理学一个流派。主张人脑的运作是整体的。例如，我们对一朵花的感知，并非单凭对花的形状、颜色、大小的感官信息，还包括我们过去对花的经验和印象。——译者注

外，而且周围没有其他的参照物，将很难分辨出二者间的区别。所以，"发射体"和"反射体"之间的区别并不在于它们射入人眼的光的物理性质，而是在于观察者看到的场景。

另外，进行颜色实验时，"颜色匹配"和"颜色命名"具有不同的含义：说出一个颜色的名字远比起将一个颜色和另一颜色进行匹配要复杂得多。

"强度"不同于"色度"已成大家的共识：可以分为亮蓝色光和暗蓝色光，红色、黄色、橙色和绿色也同样。类似地，颜色的"饱和"程度——它是真的红色，或者粉红色、豆红色？显然，颜色饱和度独立于强度和色度。但再也不能想出与这三种性质无关的颜色的第四种性质。这意味着颜色可为三种独立的性质所定义，后面将看到的确如此。而选择哪三种性质则是需要考虑的（就像在一个平面上选择坐标轴一样；任意一对相互垂直的直线都可以取为坐标轴）。一些人选择用色度、饱和度和"明度值"来描述颜色，而另一些人则采用红色、绿色和蓝色的混合去描述颜色。28.13 节对此会做更多的讨论。

精细的生理学实验揭示出眼睛构造的许多细节，对此 Deering[Dee05]有一份很好的总结，可帮助人们弄清楚哪些东西视网膜能够看到，从而为我们在绘制时需聚焦在哪些方面提供了指南。从感知颜色的角度看，其关键之处是，视网膜上存在着两种感光细胞：**视杆细胞**和**视锥细胞**。视杆细胞对可见光范围内的所有波长都敏感，而三种视锥细胞则分别对三种不同波长的光敏感：第一种视锥细胞最敏感的波长为 580nm，第二种视锥细胞最敏感的波长为 545nm，第三种视锥细胞最敏感的波长为 440nm（见图 28-4）。Bowmaker 和 Dartnall[BD80]详细描述了感光细胞（包含视杆细胞）对不同波长光的响应曲线。这几种感光细胞通常被称为"红色""绿色"和"蓝色"感光细胞，红色和绿色感光细胞响应曲线的波峰位于通常被辨识为黄色的波段上，具体来说，红色波峰对应橙黄

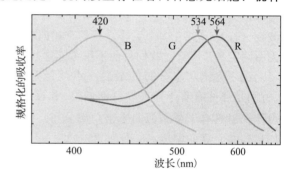

图 28-4　视网膜上三种视锥细胞的光谱响应函数（近似）；图中的 R、G、B 标记可能有所误导，因为 R 和 G 曲线的峰值所对应的单光谱光在多数人的眼中属于"黄色"范围

色而绿色波峰对应黄绿色（更精确地说，在多数人眼里，580nm 的单光谱光被感知为"橙黄色"）。一组更好的命名将它们分别称为"长波""中波"和"短波"感光细胞，常用 L、M、S 来表示。本书中，我们采用"红色""绿色"和"蓝色"来表述，从而无须从波长转换到颜色。

可以这样来解读这幅图，一定量 e 的 560nm 的光引发红色感光细胞响应，而波长为 530nm 的光则需要两倍的量才能引发红色感光细胞产生相同响应。（当然，这两种光所引发的绿色和蓝色感光细胞响应也很不一样。）更进一步，不同的光在红色感光细胞上所引发的反应效果是可叠加的：例如，投送总量为 e 的 560nm 光和总量为 $2e$ 的 530nm 的光与投送总量为 $2e$ 的 560nm 的光所引发的红色感光细胞响应相同。如果我们用 $f(\lambda)$ 代表红色感光细胞对波长为 λ 的光的响应，并且用 $I(\lambda)$ 表示波长为 λ 的入射光的强度，那么感光细胞的总响应为

$$\int_{400nm}^{700nm} I(\lambda) f(\lambda) d\lambda \tag{28.2}$$

简而言之，总响应是入射光 I 的线性函数，线性运算即"对响应曲线积分"。

基于上面所述，我们能够画出一个系统图（见图 28-5），揭示出一个物理现象（光的光谱功率分布）是怎样转变为一个感知现象（颜色感受）的。注意这个图稍做了一点简化，它笼统地提到了入射光，但并没有考虑入射光的构成模式（即没有描述人真正看到的场景）。这一简化使该模型无法刻画颜色之间的差异和颜色恒常性，但是这个简化——我们可以想象所有的入射光都来自包围观察者的单一、巨大、发光表面——却便于我们讨论基本的颜色现象。

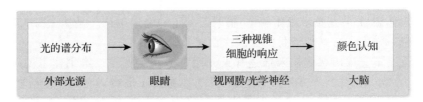

图 28-5　采用光谱功率分布描述的光进入眼睛；三种视锥细胞都做出响应，它们各自的响应经视觉神经传到大脑，产生颜色感知。上述过程关联于三个不同的研究领域：物理学，生理学、感知心理学

28.4　颜色的感知

由于人眼中有三种视锥细胞，那么颜色感知具有三维属性就不足为怪了。我们从与颜色相关最小的属性——**亮度**开始说起，亮度是我们对光明亮程度的印象，与色度无关。值得指出的是，此处提到的亮度并非一个具有物理单位的量；它是一个泛化的、用于非正式地描绘人类所感知的从某处（一个灯、一个反射面等）到达眼睛的光数量的名词。

28.4.1　亮度感知

为了确定不同波长的光的相对亮度，可做如下实验：你面前有两个光源，一个是作为参考的波长为 555nm 单光谱光源，还有一个是波长为 λ（可变化）的单光谱光源，λ 的取值在 400～700nm 之间。现将 λ 固定为某一特定波长，参考光源的发光量可通过操纵一个把手控制；调整参考光源的发光量（调整乘数因子 g）直到它与波长为 λ 的光具有相同的亮度。

记录 $g(\lambda)$ 并将 λ 重新设定为一个新的值，重复上述过程。实验结束时，我们就得到了一张表格，记录在明亮感方面，与555nm 的参考光相比，波长为 λ 的光的发光效率。对于每一个 λ，数值 $g(\lambda)$ 给出了相对于波长为 555nm 的光，波长为 λ 的光引发相同亮度响应的效率。做比例变换，使 $g(\lambda)$ 的最大值为 100%，可绘出实验得到的函数 $\lambda \mapsto e(\lambda)$（见图 28-6）；该图显示了面向人眼的光谱**光效率函数**（"效率"指的是某一特定波长的光引发明亮感知的效率）。

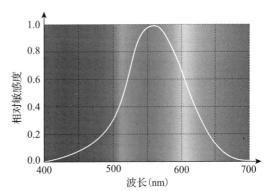

图 28-6　在每个波长上的光效率表示相对波长为 555nm 的光来说该波长的相对亮度

实际上光谱光效率函数图因人而异，并且会随着人的年龄而变化；鉴于此，我们通过平均许多个观察结果构建出一条标准光效率曲线。

这个标准表格可用来确定一个光源的**亮度**：我们将光源所辐射的每一个波长光的光强乘以表格中列出的该波长的光效率，然后计算总和，从而得到

$$\int I(\lambda)e(\lambda)\,\mathrm{d}\lambda \tag{28.3}$$

的近似值。这里 $I(\lambda)$ 是光源中波长为 λ 光的光谱强度，单位是 **坎德拉**（度量发光强度的国际单位）。1 坎德拉是一个波长为 540×10^{12} Hz（即 555nm 波长）$^{\ominus}$ 的单色光光源，在给定方向上的辐射强度为 1/683 瓦特／球面度时所对应的发光强度。国际标准委员会之所以在这个定义中选择了这个特别的数值是为了让它能够较好地匹配过去基于单个标准烛光或基于一特定近似黑体源（1 平方厘米融化的铂）辐射而制定的度量单位。显然，与 555nm 的光相比，在相同辐射强度下，其他波长的光的坎德拉要少。

为了感受一下怎样用坎德拉来描述常见光照，举几个例子：本书作者的 LCD 显示屏的亮度大约为 250 坎德拉／平方米（1 坎德拉／平方米称为 1 **尼特**，它是一个与辐射度学中的辐射度相对应的光度学单位），电影院屏幕光的亮度大约为 40 坎德拉／平方米。一个工作室播放显示屏的参考亮度为 100 坎德拉／平方米。

有人可能会说，既然人眼对光的感受可用坎德拉来度量，也许我们能够（如果只绘制灰度图形）用坎德拉来描述所有的光。但如第 1 章和第 26 章所述，这是一个严重的误识。倘若如此，则只需为每一个表面赋一个反射率值；假如是漫反射表面，反射率即为代表出射光和入射光之比的一个单一值。设表面反射率为 50%，那么某一特定发光强度的入射光在出射时，其光强将变成原来的一半。问题在于，真实的表面在反射真实的光线时，对不同波长的入射光具有不同的反射率。比如说，一个表面可能对光谱低频段全反射，但吸收位于光谱高频段的所有波长的光。如果这个表面先后受两个光源的照射，第一个光源发射的光位于光谱的低频段，第二个光源发射的光位于光谱的高频段，而且二者的发光强度相同。在第一种情况下，反射光和入射光将具有相同的发光强度，第二种情况则无反射光！换言之，在一些情形中，这种"概括数值"的确能表达人对光的感知，但却掩盖了光进入人眼背后的物理过程。因此，有人可能会说，光的发光强度应该只用来评估进入某些人眼中的光。

事实是，我们每天遇到的大部分的光（如从白炽灯发出的光）是很多波长光的混合，并且多数表面对每一波长的光都会有所反射，所以实用中我们会采用类似于发光强度这样的概括数值以及总体反射率，而反射光的发光强度则取为入射光的发光强度和表面反射率的乘积。这种简化的数值方法仅在入射光（或表面反射率）具有特殊的光谱分布时才会出现问题。不过，随着基于 LED 的室内照明的出现，这种特殊分布变得越来越常见，比如说，现在多数的"白色 LED 灯"实际上基于多个不同频率的 LED 灯，具有尖峰状的频谱分布。这个讨论是又一个不可交换原则的例子。

> 　　因为光度学中的量表示的是加权平均，并且加权平均和其他一些计算（例如乘法）的运算顺序不能交换，因此，除计算进入人眼的光外，我们几乎不使用这些光度学中的量。为了弄清楚加权平均的特性，考虑以下例子。取两列数
> $$L = (1,3,1,5,6) \tag{28.4}$$
> $$R = (0.33, 0.33, 0.33, 0, 0) \tag{28.5}$$
> 然后取以下权重
> $$w = (0.2, 0.2, 0.3, 0.3, 0.0) \tag{28.6}$$

$\ominus$　因为光速在不同介质中会产生变化，这里用频率来定义比用波长更好。但在图形学里，我们主要关注在空气中传播的光，因此，无须考虑这点。

计算它们各自的加权平均，结果分别是 2.6 和 0.233。

下面先将 L 和 R 逐项相乘，得到：

$$(0.33, 1, 0.33, 0, 0) \qquad (28.7)$$

然后按 w 进行加权，其加权平均值是 0.33。注意到 0.33 和 $2.6 \times 0.233 = 0.6058$ 两者并不相等；也就是说，先计算加权平均然后相乘和先相乘再计算加权平均所得到的计算结果是不同的。假设 L 代表着在 5 个选定频率上光的能量，R 表示某一表面对这 5 种频率光的反射率。则它们逐项相乘代表的是反射光的频率分布。但如果我们计算每一个光度学量的加权平均，则所得入射光的加权平均与反射率的加权平均的乘积并不等于出射光的加权平均（有人说：不能对反射率进行加权平均，而是应该取其平均；即令如此，交换律也不成立）。

你可能还会遇到别的光度学量。在单个波长处，它们中的每一个都可以认为是辐射度学中的量，然后按照光谱光效率曲线进行积分即可，如表 28-1 所示。

表 28-1　辐射度和光度测定项比较

概念	辐射学单位	光度学单位	光度学名称(缩写)
谱辐射度	$Wm^{-2}sr^{-1}nm^{-1}$	$lm m^{-2}sr^{-1}$	Nit
在一区域上积分	$Wsr^{-1}nm^{-1}$	$lm\ sr^{-1}$	Candela(cd)
在一立体角上积分	$Wm^{-2}nm^{-1}$	lm/m^2	Lux(lx)
同时对一区域和一立体角积分	Wnm^{-1}	lm	Lumen(lm)

注意到辐射度也是各波长光谱辐射度的积分，但它只是简单地对波长积分，无须考虑光效率曲线设定的权重。因此，不能基于非光谱表示的辐射度量来计算光度学量。如果有人问，"我有一个光源的辐射度是 $18Wm^{-2}sr^{-1}$，它是多少尼特？"这没有正确的答案！

28.4.1.1　明视觉和暗视觉

视杆细胞（眼睛中另一种感光细胞）也对光敏感，但其感光方式与视锥细胞不同。视锥细胞是明亮光照下（白天）的主要光接收器，然而视杆细胞则在弱光环境中（夜晚的室外）起主导作用。前者称为**明视觉**，后者称为**暗视觉**。暗视觉的响应曲线和明视觉不同（见图 28-7），它的峰值位于短波处，在 650nm 处降为 0。这意味着视杆细胞不能检测"红色"光。由于两种感光细胞都会根据所见场景的平均明亮度水平做自适应调整，这让红色成为在暗光条件下所用仪器的首选颜色，这是因为我们在微暗环境中的视觉主要依赖视杆细胞，仪器上的红光不会导致视杆细胞对视野中场景的平均明亮度水平进行重新调整。

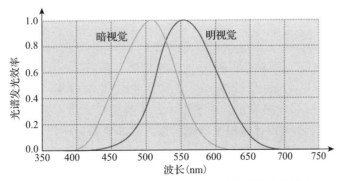

图 28-7　明视觉的光效率的峰值位于 555nm 处，暗视觉的峰值则在 520nm 附近

28.4.1.2　亮度

到现在为止我们讨论的是不同波长的光是如何被感知的。还有另外一个问题：不同强

度的光(其频谱分布不变)是如何被感知的。换句话说,如果我们有一个灯光漫射器——例如一片磨砂玻璃——它后面有 100 盏相同光强的灯,然后打开 1 盏灯、10 盏灯,或者所有 100 盏灯,使得这个灯光漫射器成为一个可变光源,我们的眼睛和大脑将如何辨识和度量亮度的变化呢? 由于日常生活中我们所见到的光强度范围甚宽,对亮度的感知可用对数关系来建模:也就是说,人眼对从 1 盏灯到 10 盏灯亮度变化的感知与对从 10 盏灯到 100 盏灯亮度变化的感知是相同的。(这里的亮度纯粹是感知意义上的,并不是一个可以测量的物理量,它描述的是感觉。)具体来说,对于发光强度为 I 的光,人眼感知的明亮程度是

$$S = k\log(I) \tag{28.8}$$

为了验证人眼对亮度的感知可用对数模型来刻画,可以展示两个相同亮度的光源,调整其中一个光源,直到眼睛可察觉它和另外一光源在亮度上的差异。通过反复测试,我们发现,在光强的很大范围内,两者在**感知上出现差异的临界值**(Just Noticeable Difference, JND)大约是 1%(也就是说,可察觉 $1.01I$ 与 I 在亮度上的差异)。在非常暗和非常亮的环境中,这一数字大幅增长。但对几乎当今所有显示器的光强范围,这个数字是 1%。所以如果按 1% 的增速反复调整光强,可以预测眼睛感知的亮度呈"阶梯"状递增,k 步"阶梯"的亮度跃升可以通过光强乘以 $(1.01)^k$ 来实现(上述推理假设:对于观察者来说,每一步的 JND 都为同样"大小")。这说明人眼对光强的响应和光强的对数成正比。

另一个模型(Steven's law)认为光亮度响应函数应为一幂函数:

$$S = cI^b \tag{28.9}$$

此处 b 是一个略小于 1 的数。对数函数和 $y=x^b$ 的图象颇为相似——都是向下凹曲,缓慢增长——所以二者都能很好地拟合实测数据。每一个模型都有其批评者,但在我们看来,重要之处在于二者的模拟结果与实际数据相当吻合,特别是当亮度变化范围相对较小的时候。实际上(后面将要讨论),眼睛会自动适应环境中占优势的光,使得其光强与优势光的差异位于合理范围内的光能够一一分辨。但对与平均亮度相比非常亮或者非常暗的光,我们的感觉就并非如此了("太暗了看不清"或者"太亮了没法直视")。

国际照明委员会(CIE)(一个负责定义光照和颜色相关术语的组织)决定采用 Steven 模型的修改版来表述人眼对光的感知响应。在我们后面讨论明亮度感知时将会用到这个模型。CIE 将**亮度**定义为

$$L^* = \begin{cases} 116(Y/Y_n)^{\frac{1}{3}} - 16 & \dfrac{Y}{Y_n} < 0.008\,856 \\[2mm] 903.3Y & \dfrac{Y}{Y_n} \geqslant 0.008\,856 \end{cases} \tag{28.10}$$

这里 Y(叫作**光亮度**)是一个 CIE 定义量,它与光(具有确定光谱的任意光)的能量成正比,而 Y_n 表示选为"基准白"的光的 Y 值。

可以看到,L^* 被定义为 1/3 次幂再轻微向下平移(平移量为 -16),而对非常低的光亮度值,则采用一个短线段来表示。在实用中,这条短线只用于其光亮度小于"基准白" 100 倍的光照;在一个典型的计算机生成图形中,它非常暗,所以在大多数情况下这条线段几乎不产生影响。

在实践中,这一对数或幂函数的感知响应时常会与视锥细胞和视杆细胞对光的自适应相混淆。在日常中我们遇到的光亮度,从没有月亮的阴天夜晚到晴朗天空下的雪野,其差距可达 10^9 倍,视锥细胞和视杆细胞对入射光发生反应时会产生化学变化,接着产生电的变化并被传送到大脑中。以光亮度的对数值为横坐标,可画出不同感光细胞的响应,从而

得到图 28-8；视杆细胞响应变化的亮度时会改变它们的输出，直至达到某个点。在这个点之后，光亮度的任何增加都不会影响视杆细胞的输出，这称为**饱和**。而视锥细胞的输出则从该点开始显著变化，其亮度的变化为明视觉系统检测到。然而视锥细胞的响应曲线在坐标轴上的位置并不是固定的：当入射到眼睛的光亮度位于某一层次之上时，就像图中的 D 点，其输出接近于极限的视锥细胞会渐渐适应，其响应曲线会平移到以 D 点为中心的新位置，从而对在 D 点或者 D 点附近的光亮度作出响应。不过这种自动适应能力是有限的——超过某一点之后，所有的光看上去都是"非常亮"。在 CIE 定义中采用"基准白"函数来给定我们想要描述亮度的光强区间。

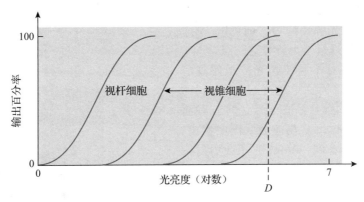

图 28-8　视锥细胞和视杆细胞的输出百分率。当光亮度达到一个适度的水平后，视杆细胞的输出曲线变平，即使在非常亮的环境中其输出仍维持不变；视锥细胞的响应曲线也会变平，但因为视锥细胞可适应场景的亮度，其响应曲线的位置可沿着对数光亮度坐标轴大幅度移动

28.5　颜色描述

即使具有相同的亮度，光的光谱能量分布仍可能存在相当大的不同：那些在长波波段具有较大能量的光呈现出一种外观，而在短波长区间具有较大能量的光则呈现另一种外观。我们将这两种外观分别标识为"红色"和"蓝色"。事实上，有一整套描述颜色的词汇。人们很自然地会认为颜色是表面或者光的某种固有的性质，只有在了解颜色感知的机理后才会弄清楚颜色实际上是一种感知现象。大多数关于颜色的讨论谈的是物体的颜色，尤其是绘画作品。我们则从介绍常使用的有关颜色的术语开始，从系统的视角讨论它们的语义。这些术语，如"色彩""明度""亮度""色泽""色深""色调"和"灰度"都是被用来描述我们对颜色的感知的。**明度**被用来描述表面，而**亮度**被用来描述光源。**色彩**被用来描述我们采用"红色""蓝色""紫色""浅绿色"等词进行表述时所要刻画的一种特性，也就是说，这种外观并不是由黑色和白色混合形成。黑色和白色的混合称为**灰度**；白色和纯色的混合称为**"色泽"**，而黑色和纯色的混合称为**"色深"**。黑色、白色和纯色的混合称为**"色调"**（见图 28-9）（恰当地说，我们应该说"由产生'黑色'感知和'白色'感知的刺激的不同混合产生的感觉叫作'灰色'"，但是这样的语言表述显得非常累赘）。

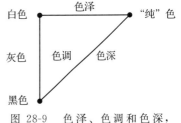

图 28-9　色泽、色调和色深，一般用来描述颜色

那么是什么组成了"纯色"呢？对所有给定光亮度的光（单一光谱色光或者其他），我

们可以通过混合 50% 的一种光和 50% 的另外一种光构建组合，也可以采用 70∶30 的比例，等等。如此即可用我们已经体验过的光来生成一种新的光，其颜色对于我们来说可能是新的，也可能是我们曾经看到过的。随着实验中选用的光对应越来越多种光谱能量分布，我们发现某些分布所对应的颜色恰好位于"边缘"，即这些颜色并不能由任何其他光谱色组合生成。这些颜色被叫作"纯色"。实验表明，这种指定纯光谱色的方式可以精确地将单一光谱色光源标记为"纯色"。基于我们对视锥细胞的理解不难解释这一点。

三种视锥细胞对不同波长光的敏感度意味着单一光谱色光（简称单色光）进入眼睛时会向大脑发出一个信号，该信号包含三种感光细胞的输出，具体可从响应曲线图中读出。在图 28-11 中可以看到 440nm 的光会引发许多蓝色视锥细胞（即短波长）的响应，产生响应的绿色视锥细胞（即中波长）稍少，更少的是红色视锥细胞（即长波长）。类似地，在570nm 处，红色和绿色视锥细胞二者都产生了很大响应，然而蓝色视锥细胞几乎无响应。可以用 S、M、L 建立三维坐标系，并且画出相应的响应曲线（见图 28-10）。

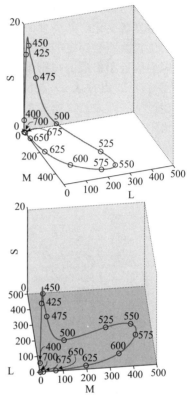

图 28-10   对单色可见光的响应曲线。注意短波响应曲线图中的坐标轴具有不同的尺度，两幅图对应不同的视角

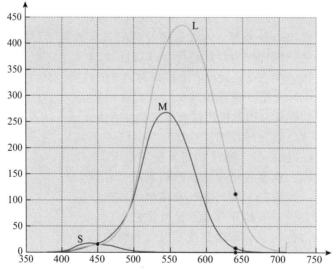

图 28-11   三种视锥细胞对单光谱光的响应可以从它们的敏感度图中读出来。比如，450nm 的光产生差不多相等的短波长和中波长的响应（用蓝色和绿色表示并且标记为"S"和"M"），但是长波长响应少一些（用红色显示并且标记为"L"）。640nm 的光产生很多红色响应，少量绿色响应，几乎没有蓝色响应

由这些单色光混合而成的光（近似地，并且需要在一定范围内）所产生的响应实际上是各单色光响应的线性组合（正系数），也就是说，所有视锥细胞响应的集合在由响应点组成的空间中形成一个**广义锥**（见图 28-12）。就像预测的一样，对单色光的响应位于这个广义锥的边界上，它们中的每一点都无法由其他响应点组合生成。一个例外是：单色光响应曲线的起始点和终点代表纯红色和纯紫色，两点的组合形成一条直线；从原点发出穿过这条直线的射线的集合是一个平面区域，它们构成广义锥边界的一部分。位于这部分边界上的点可以表示成其他响应点的组合；它们称为"紫色"，但并非"纯色"（注意这个响应圆锥的几何外形——特别是其交叉部分非常凸的形状——这是由于眼睛中三种视锥细胞的响应曲线形状所致。在本章的习题中，你会学习到如果感光细胞的响应曲线有所不同，这条曲线的形状会呈现什么形状，此时单色光的响应曲线会在什么位置）。

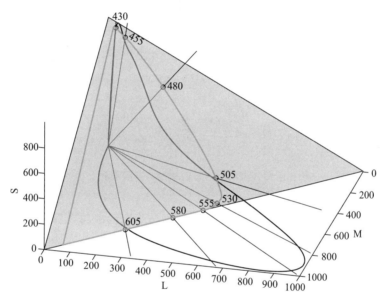

图 28-12　所有单色光的组合产生的响应（或可能响应）的集合（即所有可能的光谱能量分布）在响应三元组空间中组成一个广义锥。这个锥体和平面 S＋M＋L＝1000（黄褐色）的交为图中被水绿色曲线包围的区域

28.6　关于颜色的传统认识

知晓光谱信息如何转换为我们所感知的颜色（至少在没有格式塔的影响下）有助于我们理解有关颜色的一些传统认识。在这里我们讨论几个常见的断言。

28.6.1　原色

我们常听到"红色、绿色和蓝色为原色"（并未给出"原色"的定义），通常理解为它们不能由其他颜色组合生成，而所有其他的颜色却可以由原色组合生成。任何一个尝试过从红、绿和蓝颜料生成橙色的人都知道这一断言是错误的。但你确实可以通过红、绿和蓝颜料的混合生成很宽范围内的颜色（或者更学究一点，生成很宽色域的颜料，它们在阳光或者是类似光谱光的照射下，产生很宽范围的颜色感觉）——其范围比起你采用其他颜色，例如粉色、黄色和橙色所能生成的颜色要宽广得多。

考虑图 28-12 的水绿色曲线，如果我们采用光效率曲线调整每种单色光使它们都呈现相同的感知亮度，将得到位于恒定亮度平面上的一条曲线，类似于图28-13。在这个曲线上我们可以识别出感知为"红色""绿色"和"蓝色"的点。它们与对应于其他光谱能量分布但具有相同亮度的点构成了一个马蹄形状，适当组合后可生成其他"欠饱和"的颜色感知，包括位于靠近其中心的白色。

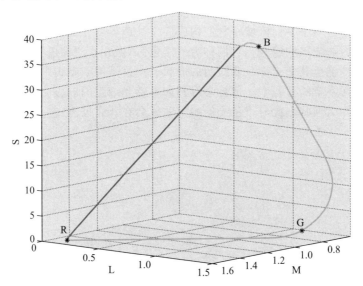

图28-13　与等亮度单色光相关的一组响应，它们在恒定亮度平面上形成一条曲线。三个点分
　　　　　别对应红、绿、蓝的感知，都标在了曲线上

由红色、绿色和蓝色生成的三角形占据了这个马蹄形区域的大部分，据此可为将它们称为"原色"部分地正名（对应于光的叠加原理）。

对于颜料而言，事情还未结束：红色颜料吸收大部分短波长的光，而反射大部分长波长的光；在白色光的照射下，它显示为红色。绿色和蓝色颜料的情形类似。当我们混合红色和绿色颜料时，红色颜料吸收大部分绿色光，绿色颜料吸收大部分红色光，最终反射的是由红色和绿色组成的混合光谱，但每一种都不多——我们看到的是棕色。

顺便指出，这是对断言"光的混合是加法，颜料的混合是减法"的正式解释。

但是红色、绿色和蓝色为原色这个表述只是部分正确。事实上，在上面曲线上选择任意三个点都只能覆盖整个感知响应区域的一部分而遗漏另一部分。若要全部覆盖所有的感知响应，将需要无数多的"原色"，这些原色将包括所有的单色光。

28.6.2　紫色并不是真正的颜色

人们有时会听到"紫色并不是真正的颜色"，因为它并没有出现在彩虹里（我们所提到的紫色，是我们所描述的红色光和蓝色光混合后产生的颜色感觉，它所对应的点靠近马蹄形直线边）。它不是单色光的颜色，但它确实是一种可感知的颜色。

28.6.3　物体具有颜色，在白光下即可看出

"物体有颜色，在白光下一看就清楚了"，这个断言可以更好地表述为：在阳光照射下物体的反射光具有某种特定的光谱分布，在我们的大脑中引发了颜色反应。但是"白光"有很多种，每一个演员都知道舞台上的白光和太阳的白光迥然不同，需要做不同的化妆。于是，若物体的反射光谱具有尖峰形状，且照明光源的光谱亦存在尖峰和波谷，则会极大

地影响其反射光。可能下面的表述更好："物体有反射光谱，而人的大脑的预测能力则非常强。对于其反射光谱不存在很大峰值的物体（自然界中很常见），即使它处于非常态光（较暗或有"色"光）的照射下，看上去其外观仍会和在阳光下一样。这种具有一致性的可预测的外观属性称为物体的"颜色"。

28.6.4　蓝色和绿色合成青色

关于颜色混合的许多断言常有耳闻。然而，当不同颜色的颜料进行混合时，它们常会引起误导。譬如说，用蓝色水彩颜料作画，干后在蓝色上再画上红色的条纹，其结果和按相反的次序重画一次完全不同。在画前先对颜料进行混合则产生第三种结果。所以任何关于颜色混合的断言都应包含一个可检验的混合过程。在一些颜色覆盖另一些颜色的情况中（见图 28-14），可以认为反射光来自最上面的颜色，来自下面一层颜色并穿过上面一层，和来自最底层的颜色并穿过上面两层颜色。假定光每穿过一个颜色层，就会吸收一定比例的某些波长的光能。在图中，最后一类光穿过了两层颜色，而第一类光没有穿过任何颜料层。Kubelka-Munk 着色模型[Kub54]对此做了详细分析。

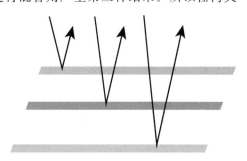

图 28-14　一种颜色涂在另一种颜色上面。光可以直接被最上面一层反射，可以在穿过顶层之后被下面一层反射，或者被涂有颜料的最底下一层反射。假设光每穿过一个颜料层都有一些衰减。这样我们就得到了一个反射光的模型

颜色混合问题因不同颜色光的混合与不同颜色颜料的混合之间存在区别而变得复杂，不过，这里的差别是纯粹物理上的。如果用一束红光和一束绿光照在一张均匀反射的白纸上，反射光将呈黄色。而如果用红色的颜料或者是染料画在一张白纸上，白纸将吸收光谱中除长波长以外的颜色，所以我们仅仅感知到"红色"的反射光。如果在红色的颜料中混合绿色的颜料或染料（它们将吸收光谱中除"绿色"波长外的所有光），二者相混合会吸收几乎所有的光。如果颜料或者是染料是合格的，将得到黑色的颜料；在实际中，如同我们前面提到的，会得到模糊的棕色，这意味着反射出来的光很少。这两种现象被赋予误导性的名字，分别是**颜色相加**和**颜色相减**；事实上，是光谱相加或者是被过滤，而颜色感知机制并未改变，就像我们在 28.6.1 节中提到的。

28.6.5　颜色就是RGB

随着计算机显示随处可见，采用 RGB 滑动条选择颜色的对话框也越来越多。你可能会听到：颜色只是红色、绿色和蓝色的混合。我们已经看到，很多颜色无法通过混合红色、绿色和蓝色的染料/墨水/颜料或者红色、绿色和蓝色的光得到。毫无疑问，这样进行混合确实能生成很多颜色，但并非全部。

28.7　颜色感知的长处和短处

从感光细胞对光响应的生理学描述来看，它离颜色感知尚存在距离（颜色感知发生在大脑内）。倘若这种感知真正发生了，我们可以自信地说看到了红色、蓝色或者是黄色。但是许多视错觉证明我们可能过分自信了。可以总结出其中的一些关键点，我们擅长于

- 发现相邻颜色的差异。
- 光照明发生变化时仍能维持对"物体颜色"的感知(见图 28-15)。

图 28-15   标记 A 和 B 的方格具有同一灰度,但在我们的感知中,它们却为不同的灰色。我们倾向于称其中一个为"白色方格",另外一个为"黑色方格"。有人会认为这是视觉系统在"辨识同一颜色"上的失败,但将其认为是视觉系统在变化光照下检测颜色一致性方面的成功或许更为合适:即使在我们的感知中,图中真实的灰色值有很大的变化,所有的黑色方格仍为黑色(由 Edward H. Adelson 提供)

但我们并不擅长于辨认两个相隔很远的颜色是否为同一颜色,或者将对某种颜色的感觉从前一天延续到后一天。不过,由于我们遇到的光照环境老是在变化,这也许是个优点而不是局限性。

28.8   标准的颜色描述

为了使描述颜色有一套共同的语言,大量的工作都致力于提供标准。Pantone™颜色匹配系统是一个命名系统,它在大范围内选取不同的颜色样品,逐一设定独立的标准编号,例如,一名印刷工人可以说,"这里我需要 Pantone 170C"。这些编号对应于经过校准的、给定的标准墨水的混合。

还有一个被广泛采用的 Munsell 颜色排序系统[Fi76],在这一系统中,宽广范围的颜色被组织在一个由色相、明度和彩度(即饱和度或"色纯度")组成的三维系统中,排列位置相邻的颜色在颜色空间中具有相等的视觉差异(基于大量观察者的判断)。

28.8.1   CIE 颜色描述

我们已经看到单色光可引发很宽范围的感光细胞响应,构成一条马蹄形曲线。在光谱的红色、绿色和蓝色波长区域分别选择三种单色光(在这一节下面的部分中我们将它们称为原色),通过组合它们,可产生很多熟悉的颜色感知(当然并非全部颜色)。前面我们提到过橙色,尽管没有一种红、绿、蓝原色光的组合能让我们产生橙色的感觉,仍可以某种方式将橙色光表达为红、绿、蓝原色的组合。实际上,我们真正要表达的是:"橙色可取红色和绿色约各一半进行混合,然后移去蓝色。"可以将其写为如下等式

$$orange = 0.45red + 0.45green - 0.1blue \tag{28.11}$$

当然,在混合时,我们不能移出实际并不存在的蓝色,但是可以将蓝光加到橙光中。如果发现等式

$$1.0orange + 0.1blue = 0.45red + 0.45green \tag{28.12}$$

左边和右边混合生成的颜色能够引发相同的感光细胞响应,则可以在数值上用式(28.11)去表达它。通过这种方式,我们可发现匹配任意单色光 L 所需的原色组合方式,将其结果表示成波长 L 的函数并画出来,如图 28-16 所示。这三个"颜色匹配函数"$\bar{r}$、$\bar{g}$ 和 $\bar{b}$ 告诉我们,为生成一个单色光,需要多少红、绿、蓝的原色来进行混合。譬如,想要让混合光看起来像 500nm 单色光,我们需要混合接近相同量的蓝光和绿光,并且减去相当多的红光(也就是采用 $\bar{r}(500)$、$\bar{g}(500)$ 和 $\bar{b}(500)$ 作为混合系数)。为了让混合光看上去像 650nm 的单色光,则需要用大量的红色,一点绿色,不要蓝色。

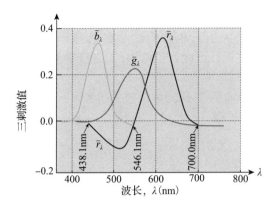

图 28-16　颜色匹配函数表明对于每一个波长 λ，需要混合多少标准红、绿和蓝光才能引发和单色光相同的感光细胞响应。可以看到，对于很多单色光，至少有一个原色的混合系数取负值，说明这些颜色不能由红、绿和蓝光混合生成

如果以 0.5∶0.5 的比例混合 500nm 和 650nm 的光又如何呢？可采用上面提到的这两种颜色的原色组合按给定比例进行混合。由于在得到的混合中，所有原色的颜色匹配系数都是正的，所以能用红、绿和蓝标准单色光实现合成。一般地，对于一个光谱能量分布为 P 的光，我们可以对每一个波长应用上面的方法，来确定最终的"混合系数"，也就是计算

$$c_r = \int_{400}^{700} P(\lambda)\overline{r}(\lambda)\,\mathrm{d}\lambda \tag{28.13}$$

$$c_g = \int_{400}^{700} P(\lambda)\overline{g}(\lambda)\,\mathrm{d}\lambda \tag{28.14}$$

$$c_b = \int_{400}^{700} P(\lambda)\overline{b}(\lambda)\,\mathrm{d}\lambda \tag{28.15}$$

并用它们作为参与混合的红、绿、蓝原色的量（当然，如果计算得到的三个系数中任意一个为负，则不能够通过原色混合来重现这种光）。

遗憾的是，三种原色所有凸组合的集合并不覆盖所有可能的颜色；从几何上看，以三原色作为顶点构成的三角形只是马蹄形感光细胞响应的一个子集。

1931 年，CIE 定义了三种标准原色，分别叫作 X、Y 和 Z，以这三种原色作为顶点构成的三角形可包含所有可能的感光细胞响应点。为此，CIE 必须建立其光谱存在负值的原色，也就是说，这些原色并不对应于实际存在的光。尽管如此，这些原色有其独特的优势。

- Y 原色的定义方式使得颜色匹配函数和光效率曲线完全一致，这意味着可将具有任意光谱的光源 T 写成一个组合

  $$T = c_x\boldsymbol{X} + c_y\boldsymbol{Y} + c_z\boldsymbol{Z} \tag{28.16}$$

  其中 c_y 为该光源的感知亮度。这对黑白电视的开发是有意义的：信号中需要以某种方式传输摄像时进入相机光的 Y 分量[⊖]。后来颜色信号开播，c_x 和 c_z 数据通过另一波段送入；彩色电视机可以解码颜色信号，而黑白电视机则会忽略。

- $\boldsymbol{XYZ}$ 的颜色匹配函数处处非负（见图 28-17），

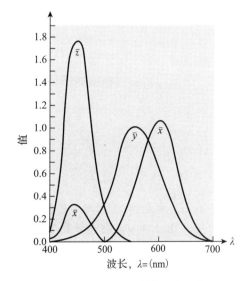

图 28-17　CIE 1931 颜色匹配函数

⊖　c_y 本身的值并非信号中的传输值，对此后面有所说明。

所有颜色均可表达为 **XYZ** 原色的非负线性组合。

- 因为红、绿和蓝原色可以看成 XYZ 空间中的点(也就是说,是 **X**、**Y**、**Z** 的线性组合),它们的任意组合也能用 **XYZ** 原色表达;因此,可由 XYZ 直接转换为 RGB 系数(反之亦然)。

如同红、绿和蓝颜色匹配函数,光谱能量分布为 P 的光可以被表达为

$$X\boldsymbol{X} + Y\boldsymbol{Y} + Z\boldsymbol{Z} \tag{28.17}$$

其中

$$X = k \int P(\lambda)\overline{x}(\lambda)\mathrm{d}\lambda \tag{28.18}$$

$$Y = k \int P(\lambda)\overline{y}(\lambda)\mathrm{d}\lambda \tag{28.19}$$

$$Z = k \int P(\lambda)\overline{z}(\lambda)\mathrm{d}\lambda \tag{28.20}$$

(更准确地说:具有 $X\boldsymbol{X}+Y\boldsymbol{Y}+Z\boldsymbol{Z}$ 能量分布的光和具有 P 能量分布的光会激发相同的颜色响应。)

在实用中,上面的积分可使用采样间隔为 1nm 的匹配函数表格(参见[WS82,BS81])来进行数值计算。常数 k 的值取为 $680\mathrm{lm\ W}^{-1}$。有时候我们也需要计算某些反射体的反射光谱的"颜色"。在这种情况下,必须选择一个标准光源作为校准"白色",来作表面的照明光源。不过它的值通常要做必要的缩放,使得完全反射表面的 Y 值为 100,也就是

$$k = \frac{100}{\int W(\lambda)\overline{y}(\lambda)\mathrm{d}\lambda} \tag{28.21}$$

在这里,W 是我们所用的校准白光的光谱能量分布。

假设光 C 产生和下式相同的感光细胞响应

$$X\boldsymbol{X} + Y\boldsymbol{Y} + Z\boldsymbol{Z} \tag{28.22}$$

这种情况下,可以写成

$$C = X\boldsymbol{X} + Y\boldsymbol{Y} + Z\boldsymbol{Z} \tag{28.23}$$

CIE 通过除以 $X+Y+Z$ 定义了和整体亮度无关的色度值;入射光加倍,X、Y 和 Z 也加倍,但同时它们的和也加倍,也就是说

$$x = \frac{X}{X+Y+Z} \tag{28.24}$$

$$y = \frac{Y}{X+Y+Z} \tag{28.25}$$

$$z = \frac{Z}{X+Y+Z} \tag{28.26}$$

保持不变。注意到 $x+y+z$ 之和恒为 1,所以如果已知 x 和 y,就能算出 z。独立于亮度的颜色集可以画在 xy 平面上;其结果称为 **CIE 色度图**,如图 28-18 所示。在选择 X 和 Y 原色时已考虑让色度图尽量和 x 轴与 y 轴相切。

从图中可以看出,"马蹄形"的中心位

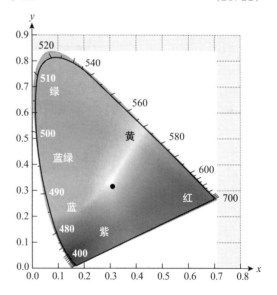

图 28-18　CIE 色度图。边界由对应于给定波长(以纳米为单位)的单色光的色度组成。中心点为基准"白"光,称为标准"发光体 C"

置附近是**发光体** C，这是一个基于白天光照的校准"白光"。遗憾的是，它并不对应于 $x=y=z=1/3$(尽管很接近，其他校准白色将在 28.11 节中描述)。

注意，如果知道 x 和 y，我们能够计算 $z=1-(x+y)$，但这并不能让我们恢复出 X、Y 和 Z；为了做到这一点，至少还需要一点额外的信息(所有 xyz 三元组均位于 XYZ 空间的一个平面子集上)。通常我们会从 x、y 和 Y(亮度值)恢复 XYZ。其公式为

$$X = \frac{x}{y}Y \tag{28.27}$$

$$Y = Y \tag{28.28}$$

$$Z = \frac{1-(x+y)}{y}Y \tag{28.29}$$

28.8.2 色度图的应用

色度图可用于若干方面。

首先，我们能够用色度图来定义**补色**：若两种颜色组合后能生成标准发光体 C 的颜色 (比如，图 28-19 的 D 和 E)，则它们互为补色。如果在该定义中要求混合时两种颜色各取一半，则有些颜色，比如 B，就没有补色。

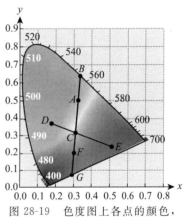

图 28-19　色度图上各点的颜色，D 和 E 互为补色

其次，这个图让我们能精确地定义**色彩纯度**：图 28-19 中 A 点的颜色可以表示为发光体 C 和纯光谱色 B 的组合。A 越靠近 B，其颜色的光谱纯度就越高。故我们定义色彩纯度为 AC 的长度和 BC 的长度之比。我们扩展这个定义使之包含 C，定义 C 的色彩纯度为 0。对于有些颜色，比如 F，从 C 到 F 的射线与马蹄形边界相交，且交点为非光谱色；虽然这种颜色为**谱外色**，但是 CF 与 CG 的比值依然有意义，我们仍可用上述方式来定义色彩纯度。不过其主波长的定义则有点麻烦；依照 CIE 标准，G 颜色的主波长为 B 的补色，标识为 555nm c，这里 c 指补色。

色度图的第三个作用是标识**色域**：任何光显示设备 (如 LCD 显示器)所生成的颜色均可标识为色度图上的某个区域。超出这个色域的颜色不可能由这一设备产生 (类似的，一旦定义了打印页面观看时的标准发光体，打印设备也具有色域)。若某一设备能生成两种颜色，则它也能产生(通过调整二者的量)由二者凸组合混合生成的任何颜色。在图 28-20 中，色度值为 I 和 J 的光组合后可产生对应于它们之间连线上任何点的色谱值；加上第三个颜色 K 可确定一个三角形的色域。显然马蹄形内任意三个顶点组成三角形都不能覆盖整个马蹄形，所以，任何三色显示器，无论经过怎样的校准，都无法产生所有的颜色感知。

注意打印机的色域比显示器的色域要小得多。对于

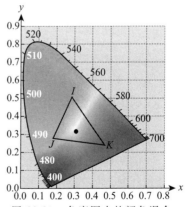

图 28-20　色度图中的颜色混合。线段 IJ 之间的颜色可以用颜色 I 和 J 混合得到，所有在三角形 IJK 中的颜色可以用颜色 I、J、K 混合得到

高端打印机，这可以通过采用**专色方法**（为了包含特定的颜色而在打印机中添加额外的墨粉来扩大色域）部分予以修正。但一般而言，通过打印准确地复现显示器上的图像是不可能的。色域匹配的问题（即将一个设备的色域合理地映射到另一设备的色域）依然是一个严峻的挑战。

28.9 感知颜色空间

CIE 颜色系统特别有用。它非常标准，并可采用色度计来测量光的 X、Y 和 Z 的值。在 CIE 系统中，每一颜色都有 XYZ 坐标；这让我们想通过计算两种颜色 $C_1 = X_1\boldsymbol{X} + Y_1\boldsymbol{Y} + Z_1\boldsymbol{Z}$ 和 $C_2 = X_2\boldsymbol{X} + Y_2\boldsymbol{Y} + Z_2\boldsymbol{Z}$ 的三元组 (X_1, Y_1, Z_1) 和 (X_2, Y_2, Z_2) 的欧氏距离来度量它们之间的"距离"。不幸的是，这和这两种颜色在感知上的差异并不对应：即使 C_1、C_2 和 C_3、C_4 两组颜色有相同的欧氏距离，两者的感知距离可能相差甚远。

幸运的是，可以通过非线性变换将 XYZ 坐标系转换为一个欧几里得距离和感知距离相对应的新的坐标系。1960 年开发的 CIE Luv 颜色坐标系可满足这一需求，稍后它们被 1976 年的 CIE $L^* u^* v^*$ **统一颜色空间**取代。用 X_w、Y_w 和 Z_w 标记 XYZ 坐标系中的白色，XYZ 坐标系中坐标为 (X, Y, Z) 的颜色在 $L^* u^* v^*$ 坐标系中可由 L^* 的表达式（28.10）以及下列式子定义：

$$u' = \frac{4X}{X + 15Y + 3Z} \tag{28.30}$$

$$v' = \frac{9Y}{X + 15Y + 3Z} \tag{28.31}$$

$$u'_w = \frac{4X_w}{X_w + 15Y_w + 3Z_w} \tag{28.32}$$

$$v'_w = \frac{9Y_w}{X_w + 15Y_w + 3Z_w} \tag{28.33}$$

$$u^* = 13L^*(u' - u'_w) \tag{28.34}$$

$$v^* = 13L^*(v' - v_w) \tag{28.35}$$

CIE 也定义了 $L^* a^* b^*$ 坐标系（有时候被叫作"Lab"）：

$$a^* = 500\left[(X/X_w)^{\frac{1}{3}} - (Y/Y_w)^{\frac{1}{3}}\right] \tag{28.36}$$

$$b^* = 500\left[(Y/X_w)^{\frac{1}{3}} - (Z/Z_w)^{\frac{1}{3}}\right] \tag{28.37}$$

其中 X_w、Y_w 和 Z_w 是 XYZ 坐标系中白色点的坐标。$L^* u^* v^*$ 和 $L^* a^* b^*$ 都可以用来度量颜色空间中的"距离"，均为图形学所常用，其中 $L^* a^* b^*$ 更多地被用来描述显示的颜色。

28.9.1 其他

我们所展示的 CIE 色度图基于 1931 年的颜色表，表中所列数据对应视网膜以 2°视角对颜色样品进行的采样。1964 年又以 10°视角进行了采样，颜色样品为更大区域内的恒定颜色。不过，对于图形学而言，小一点的视角更有实际意义。

从整个光谱空间（无限维度）到响应三元组空间（三维）的映射或多或少是线性的（至少对不是太亮和不是太暗的光是如此：对于不是太亮的光，饱和度可影响颜色的色度，对于不是太暗的光，明视觉和暗视觉会有所区别），这意味着它们之间必然是多对一的映射。若不同光谱的光产生相同的响应数值，称这些光为**条件等色**。有意思的是，经过表面反射后，条件等色光可能变成非条件等色（见图 28-21）。在实用中，多数表面的反射函数尖峰不够突出，上述效果并不明显。不过对于光谱有着尖锐峰值的 LED 灯来说，这一问题会凸现出来。

　　CIE XYZ 空间中 $x+y+z=1$ 平面上的颜色并没有包括所有可能的颜色。随着 $x+y+z$ 的值的变化，会出现其他颜色（像栗色）。而且，像棕色这种颜色（通常用于描述反射光颜色而不是发射光的颜色），可能完全不出现。

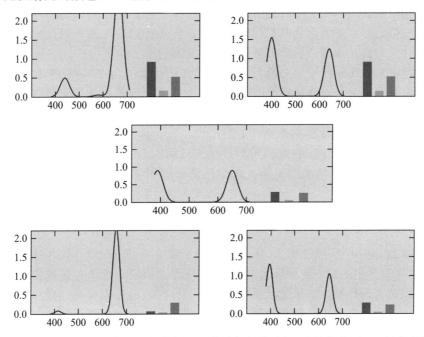

　　图 28-21　两个条件等色光谱（上）分别乘以（逐个波长相乘）同一反射光谱（中）。所生成的反射
　　　　　　　光谱并不条件等色（在每一个光谱旁标记了其对应的 RGB 响应值）

　　紫色和紫罗兰色通常被认为是同义词，但是紫罗兰色为纯光谱色（位于大约 380nm 处，刚好在可感知颜色的边缘），而紫色是对位于 CIE 马蹄形底部直线边或其附近点的颜色的名字。

28.10　阶段小结

　　现在我们暂停一下并记录至今为止的要点。首先，颜色是一个由不同光谱能量分布的光到达眼睛引起的三维感知现象。任何颜色感知均可由 CIE 原色 X、Y、Z 的组合产生；如果颜色 C 由 XX+YY+ZZ 产生，我们将 X、Y、Z 视为在包含所有可能颜色的空间中该颜色的"坐标"。

　　也有其他的颜色空间坐标系统，比如 CIE $L^* u^* v^*$ 还有 $L^* a^* b^*$，其中 L^* 标记的是亮度，而其他坐标代表色度。这些系统中颜色三元组的距离比（X、Y、Z）坐标三元组的距离更接近于颜色的感知距离。但是这些系统中的坐标并不是 X、Y、Z 坐标的线性函数（而 X、Y、Z 坐标是辐射测量量的线性函数），所以它们并不适合用于基于物理的计算。

　　在这两种"感知"坐标系中，有一个自由变量，具体来说是被选为"白色"的颜色。例如，倘若不知白色点的信息，将无法将 $L^* u^* v^*$ 坐标三元组转换为 XYZ 坐标三元组。

　　下面我们要从对颜色的描述转到如何在图像文件、电视信号中等表达颜色的问题上。考虑到对这个问题只有半个世纪的经验，涌现出大量的表示方法就不足为奇了。

28.11   白色

就像我们在前面曾提到的，许多光谱能量分布都呈现白色，如何从中选择一个特定的白色点是一个挑战。注意到一光谱能量分布在某一强度下呈现白色，但取另一个强度时，由于眼睛的自适应，可能看上去为黄色。此外，周围环境对颜色的呈现效果也有实质性的影响；如果在一间较暗的屋子中看幻灯片，展示一个被白炽灯照亮的场景，我们会迅速地适应环境，使得幻灯片中的白色点看起来是白色。但是如果在一间光照充分的屋子中放映同样的幻灯片，幻灯片中的"白色"可能看上去为黄色。

CIE 已经定义了几种标准"白色"；最简单的（从计算的角度）是标准发光体 E，它在可见光范围内具有恒定的光谱能量分布。标准发光体 C 试图模拟太阳光的白色，现在虽已不再推荐使用但仍有广泛应用。目前应用中更为常见的是 D 系列标准发光体，CIE 以 5nm 波长的增量列出该系列的标准发光体。总的来说，最有用之处在于它们与黑体辐射相似，其命名也体现了这一点：D65 和 6500K 的黑体辐射相似，D50 和 5000K 的黑体辐射相似，等等。摄影行业采用 D55 标准发光体；对于计算机图形学的许多内容，D55 或 D65 都是好的选择。

28.12   亮度编码、幂指数以及 γ 矫正

前面曾提到，在 CIE 标准中 L^* 采用 1/3 次幂定义，旨在将 L^* 取为对光线感知亮度（以校准白色亮度为中心的一定范围内）的合理的度量。假定你想要存储或者传输光的信息但又想不占用过多的比特。如果你从事物理测量，你想到的可能只是选择一种光强度的数值表示。但如果你从事应用，并想使所表示的光的信息能贴近人类观察光的方式（譬如说，你是一个电视机工程师，试图对第一台黑白电视的信号进行编码，需要做出编码哪些信息的决定），你可能会说：假如一个人可以分辨 100 种不同层次的光强度，则应该采用 100 个不同的数去表达。选择 200 个不同的数是愚蠢的，因为这些不同的数值虽然对应不同的光强度，但其中有若干光强层次人眼已不能分辨。况且，如用二进制表达光强值，从 100 增加到 200 会浪费一个比特。反过来，如果只取 50 种不同的光强度等级，则会导致显示图像上光强度的不平滑渐变。

但如果简单地将人眼可感知的光强度范围进行等分（在对光强信号进行数字转换时），你会发现，为了呈现低光强范围内的感知差异，不得不采用很小的分割间距。但同样的分割对于高光强范围又显冗余。事实上，用 L^* 来编码会更好，因为每一个量化的 L^* 值都对应着相同大小的感知差异。通过适当选择分割间距，即可实现对亮度的高效编码。

为了在通道接收端恢复光信号的光强，需要对 L^* 的公式进行反求（大致地说，可以取 L^* 的立方，再乘上常数 Y_n），最后让你的电视机屏幕发射相应光强的光。

早期电视机中使用的阴极射线管（CRT）有一个很有趣的特性：发射的光强正比于所施电压的 5/2 次幂。因为 5/2 接近于 3，这意味着可以取 L^* 的值当作电压，近似地决定每一个像素应显示的颜色。

说得更清楚一点：视觉系统对光强度的响应是非线性的，可用 $I^{1/3}$ 近似；而 CRT 输出的光强对电压的响应也是非线性的，可表示为 $I = kV^{5/2}$。两者结合起来产生了一个近似于线性的整体效果（5/6 次幂）。

实际上，视频工程师定义了"亮度的信号代表"（在之后的一些视频文献中，被误称为"亮度"）；这一信号编码的是亮度的 0.42 次幂。为什么用 0.42 次幂而不是 0.33 次幂？

一个答案是如果用 0.4 代替，那么 CRT 的 5/2 次幂会正好将它抵消——这使得我们可以简化家用电视机的电路，其代价只是在对信号进行编码时稍许低效一点而已。采用 0.42 而不是 0.4 是因为观看电视的环境（与户外环境相比会暗一点）和信号拍摄时的环境（通常是在明亮灯光下或者白天户外拍摄）并不一致；这一点小的调整是对上述光照差异的补偿。

体验天空稍阴时中午的花园（可合理地假定为漫射光源）和这一天日落后的同一花园，体会在亮光照和弱光照下对光强度感知的差别。在这两种情形中，只是光亮度的平均水平有了变化。因为我们对"亮度"的感知被近似地认为是一个对数函数，也就是说，一株植物的叶子和花在亮度上的差异无论在中午还是半夜都应该是一样的。但在实际中，它们并不是，在午夜呈现为低对比度，为此我们必须做一些调整进行补偿。

为了直接体验这一效果，我们可以用某一灰度值的区域包围当前图片，来模拟其环境光照。图 28-22 展示了三个灰色方块，它们周边分别为白色和黑色区域所包围。每一列的灰色方块相同，但看上去左边一列方块之间的对比度比右边一列要小。

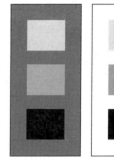

亮度的信号代表（亮度的 0.42 次幂）似应为视频信号的一部分。事实上，视频信号始于代表红、绿、蓝光分量的三个值 r、g 和 b，它们和光强度呈线性关系（如果光强度加倍，那么每一个 r、g、b 值也会加倍）。**亮度**可取 $r^{0.42}$、$g^{0.42}$、$b^{0.42}$ 的加权和。这些值与直接计算出亮度然后取其 0.42 次幂得到的结果差别很小（不可交换原则的另一个应用）。亮度被作为 Y' 分量用于稍后介绍的 $Y'IQ$ 颜色模型中。注意 Y' 并不随光强度线性变化。对于给定的光圈和白平衡，普通摄像机先计算 R、G 和 B 的值（在一定波长范围内它们与入射光强成比例），然后取其 0.45 次幂；我们将

图 28-22　周边的上下文影响对色调的感知（图片语意源于 Poynton[Poyb]）

所得到的值类似地命名为 R'、G'、B'。为了恢复原本的 R、G、B 值，它们必须再提升为 2.2 次幂。倘若需变换到其他颜色空间，通常必须先恢复 R、G、B，接着再进行转换，因为多数颜色转换是用 R、G、B 这种可随能量线性变化的值来描述的。

用来将视频信号中的 $R'G'B'$ 值转换为 RGB 值的幂指数 2.2，通常称为 **γ 指数**，转换的过程称为 **γ 矫正**。2.2 这个值并非普遍通用值；多年来在不同的图像格式里也采用过其他的 γ 值，许多图像显示程序还允许用户自行"调整 γ"来改变这一指数值。

28.13　描述颜色

在图形学中，我们通常需要以数学的方式对颜色进行描述。因为光和表面的物理交互过程取决于它们的光谱而不是各自的颜色，在对这个物理交互过程进行建模时不能采用 $L^*u^*v^*$ 描述。而且因为在绘制时我们计算的通常是光谱辐射度值（对相当宽的光谱范围来说，计算的是可见光谱底部、中部和前段的辐射度值），然后它们必须转换为控制显示器亮度的三个值，故最好是将绘制时采用的物理模型和在显示屏或打印机上对颜色的描述区分开来。

我们现在就来介绍几种描述在设备上生成颜色的模型。通常这些颜色模型所覆盖的颜色**限于**一定范围，也就是说，它们只能描述一定光强度之下的颜色（或该光强度以下的颜色的子集）。这和很多设备的物理特性相吻合：LCD 显示屏所能显示的颜色不会超出某一亮度；从打印页面上反射出来的光不会超过入射到该页面上的光，等等。

选择颜色模型时考虑的可能是它的简单性（比如 RGB 模型）、易用性（HSV 和 HLS 模型），或基于某种特定的工程因素（如用于彩色电视机信号传播的 Y′IQ 模型或用于打印的 CMY 模型）。随着不同设备之间图像交换日益普遍，也有专为无损转换而设计的颜色模型。在这些模型的数据中，不仅包含了颜色的系数，还包含了对将这些数据组织在一起的模型的描述。国际颜色联盟描述一台设备颜色空间的配置文件即为其一[Con12]，该文件可支持不同设备和媒体之间相似颜色的重现；一个更为简单（但功能不那么丰富）的方法是 sRGB，这是一个单一标准的 RGB 颜色空间，将在下面讨论。

在这一节中，我们将讨论几种颜色模型、它们的目标，以及颜色模型之间相互转换的方法。

按照惯例，在标记随光强度线性变化的量时采用无上标′的字母，而非线性变化量则采用含上标′的字母。因为该上标记号也可能用于标记其他情形，或遵循于传统先例，我们并非严格地执行这一点。

值得注意的是，因为模型定义时的上下文背景，各种颜色模型之间并非都是可转换的。CMY（描述彩色打印所需墨水量的系统）的思想基于打印过程中墨水被涂在某种白纸上而打印后的页面位于一定光照之下；显然打印页面上的反射光不会比入射光更亮。将一个特别亮的显示屏幕上的颜色转换为 CMY 描述是无法实现的，这是因为没有一种 CMY 颜色的亮度值可以匹配那个亮度。将一个设备的色域映射到另一个设备的色域是一门艺术；依据所需的用途，可设计合理的映射方式。从上面所述得到的信息是，当你在计算机中生成图像时，应尽量采用无损的方式进行存储，并在图像文件中记录关于该图像的重要信息（其校准白色是怎样定义的？其他原色又如何？），以便它后来能转换为其他格式。通常来说，从格式 A 转换到格式 B 再转换回来会让图像质量变差。

28.13.1 RGB 颜色模型

多数显示器，无论是 LCD、CRT 或者是 DLP，都采用 r、g、b 三个值来描述每一像素的颜色，这三个值分别对应三种光对相应像素显示贡献的大小。在一个液晶显示（LCD 显示屏）中，上述三种光实际上是三个滤波器，每一滤波器过滤从背后射过来的光而只允许不同数量的红、绿、蓝光通过；三个滤波器竖直排列，构成正方形"像素"的条带。而在阴极射线管显示器中，每一像素中有三种荧光粉。它们在电子束撞击下会发出相应颜色的光；所形成的颜色点排列成一个紧密的三角形。参与混合的红、绿、蓝光的精确光谱无须在 RGB 图像数据中详细说明，所以 r、g、b 值只有在针对具体显示器时才具有准确含义。在 CIE XYZ 空间中可显示颜色集合的一般形状如图 28-23 所示。

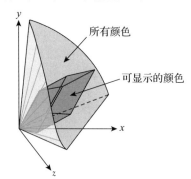

图 28-23　一个典型显示器在 CIE XYZ 颜色空间中的色域。注意，白色可以显示成很亮，而红、绿和蓝颜色的光强度要低得多。同时注意，许多颜色并不在可显示的色域内，特别是比较亮和暗的颜色

一个好消息是随着视频标准和 HDTV 标准的发展，采用特定的三种颜色的集合几乎已成为标准；它们被用在下面将介绍的 sRGB 标准中。对过去的图形学图像而言，其 RGB 值并不具有任何特定的含义；最好能通过调整 R、G、B 的语义（XYZ 坐标）进行尝试，直至最佳的图像效果，然后将其结果转换为 sRGB，供将来使用。

　　RGB 颜色立方体通常并不是被画成嵌入在 CIE XYZ 空间中的形状,而是将红、绿和蓝色作为坐标轴,如图 28-24 所示。

　　在这种呈现方式中,不同层次的灰色沿主对角线分布;随着点与这条对角线的距离增大,其色饱和度逐渐增加。实际上,我们是取出颜色空间的一部分并将其变换为立方体的形状(在 XYZ 坐标系中对应一个斜的平行六面体)。由于这一原因,人们有时将它称为 RGB 颜色空间,而不是颜色的 RGB 坐标系。

　　回到一般情况(预标准):RGB 颜色立方体覆盖的色域决定于显示器生成的原色(LCD 的条带或者是 CRT 的荧光粉)。因此在不同的显示设备上 RGB 三元组$(0.5, 0.7, 0.1)$可能表示不同的黄绿色。

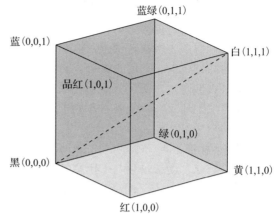

图 28-24　RGB 立方体。灰色是沿着主对角线

　　幸运的是,对颜色我们有一个普遍适用的描述:CIE XYZ,可将 RGB 三元组转换到 CIE XYZ。不过,执行该转换需要知道显示设备的原色。可以采用色度计进行测量:先将所有像素设置为红色,在 XYZ 空间中观察该颜色,测量其(X_r, Y_r, Z_r);接着将所有像素设置为绿色,在 XYZ 中观察该颜色,即(X_g, Y_g, Z_g),再对蓝色做同样的处理,得到(X_b, Y_b, Z_b)。如果设备上显示的颜色为

$$rR + gG + bB \tag{28.38}$$

其相应的 XYZ 颜色系数三元组应该是

$$r(X_r, Y_r, Z_r) + g(X_g, Y_g, Z_g) + b(X_b, Y_b, Z_b) = \begin{bmatrix} X_r & X_g & X_b \\ Y_r & Y_g & Y_b \\ Z_r & Z_g & Z_b \end{bmatrix} \begin{bmatrix} r \\ g \\ b \end{bmatrix} \tag{28.39}$$

这一结果即为在 CIE XYZ 系统中描述该颜色的 **X**、**Y**、**Z** 系数。如果我们有两台显示器,对应不同的转换矩阵 $\boldsymbol{M}_1$、$\boldsymbol{M}_2$,可通过这两个矩阵分别将每台显示器上的颜色转换到 XYZ 空间。设显示器 1 上的某一颜色为

$$rR + gG + bB \tag{28.40}$$

可得到其 XYZ 颜色坐标

$$\boldsymbol{M}_1 \begin{bmatrix} r \\ g \\ b \end{bmatrix} \tag{28.41}$$

它对应显示器 2 的颜色三元组

$$\boldsymbol{M}_2^{-1} \left(\boldsymbol{M}_1 \begin{bmatrix} r \\ g \\ b \end{bmatrix} \right) = (\boldsymbol{M}_2^{-1} \boldsymbol{M}_1) \begin{bmatrix} r \\ g \\ b \end{bmatrix} \tag{28.42}$$

也就是说,矩阵 $\boldsymbol{M}_2^{-1} \boldsymbol{M}_1$ 可将显示器 1 的 RGB 颜色描述变为显示器 2 的 RGB 颜色描述。

　　显示器 1 的某些 RGB 三元组乘以转换矩阵生成的显示器 2 的颜色三元组中,经常会出现一些值大于 1 或者小于 0 的情形。这意味着显示器 1 色域中某些颜色在显示器 2 的色域之外。对于这种情形有几种解决方案,有简单的也有复杂的。我们可以简单地用单位矩阵来替换转换矩阵,当然这不能实现颜色匹配,但却彻底避免了变换后的颜色超出色域的

问题(事实上,在互联网上传输图像时大多采用这种方法)。我们也可以将转换后的颜色压缩到 0 和 1 区间内;这一方法很简单,但它会导致图像上最亮和最暗的区域出现明显的走样。还可以采用更加复杂的方法,如 Hall[Hal12]描述的方法,或是在 ICC 色彩特性描述文件的绘制意图中所描述的方法[Con12]。其中一种策略是将源图像的白色点映射到新的显示媒体的白色点,以此为基础,再将其他颜色映射到相应的位置。另一种策略是在两者饱和度最大的颜色之间建立映射关系,其他颜色的变换与此保持一致。还有一种策略试图尽可能忠实地捕捉图像上各种颜色在感知上的相互关系(当然,我们首先需要知道新的显示媒体的白色点)。

sRGB 标准提出三个给定的 R、G、B"标准"色,不难发现,很多显示器都与此标准极为接近;这三个标准色与 CIE XYZ 坐标属线性映射关系:

$$
\begin{bmatrix} R \\ G \\ B \end{bmatrix} = \begin{bmatrix} 3.2410 & -1.5374 & -0.4986 \\ -0.9692 & 1.8760 & 0.0416 \\ 0.0556 & -0.2040 & 1.0570 \end{bmatrix} \begin{bmatrix} X \\ Y \\ Z \end{bmatrix} \tag{28.43}
$$

当然,如果两个显示器的 RGB 原色都由上式描述,则它们之间的颜色转换矩阵为单位矩阵。

28.14 CMY 和 CMYK 颜色模型

青-品红-黄(CMY)颜色描述模型适用于印刷品,印刷墨水反射一部分入射光而吸收其他部分。青色墨水吸收红色光,但反射蓝色光和绿色光(即它对长波段可见光的反射率很低,但对中短波长光具有高的反射率);品红色墨水吸收绿色光,黄色墨水吸收蓝色光。具体而言,哪些波长会被哪种墨水所吸收,其中的精确细节必须通过测量来确定。

在这一模型中,颜色被描述为青色、品红和黄色的混合。两种墨水混合后所反射的光是未被其中任何一种墨水吸收的光。例如,由于青色和品红色墨水混合后会吸收入射光中的红色和绿色部分,最终反射的只是入射光中的蓝色部分。CMY 描述的颜色可写为

$$
U = cC + mM + yY \tag{28.44}
$$

并记为颜色三元组(c,m,y)。在 CMY 颜色模型中,$(0,0,0)$表示白色,$(1,1,1)$表示黑色。

由于缺乏墨水对不同波长光吸收细节的精确测量,从 RGB 到 CMY 的转换通常取以下方式:RGB 颜色(r,g,b)等同于 CMY 颜色$(1-r,1-g,1-b)$。由于墨水之间的交互作用、点阵印刷方式中点的布局以及其他诸多因素,上述转换只能视为一种大致的近似。事实上,在计算机图形学领域几乎没有需采用 CMY 颜色表示一幅图像的情况。大多数现代打印机都装有软件,可接受 RGB 颜色表示并将其转换为在每一个点上相应墨水的用量,特定打印技术也是如此。

在实用中,颜色$(1,1,1)$并不是非常黑,这是因为青色、品红和黄色墨水并不能够真的吸收掉所有的入射光。所以打印机通常装有第四种墨水:黑色(记做 K)。它用来替换 C、M、Y 色域中较深的混合色。

28.15 YIQ 颜色模型

YIQ 颜色模型(按照非线性坐标约定,我们应该称其为 $Y'IQ$)用于美国商用电视播放。这是一个按照工程约束设计颜色模型的很好的例子。具体的约束包括:所播送的信号既可用来驱动黑白电视也可用来驱动彩色电视;高效地利用带宽。

为了满足第一个约束条件,YIQ 颜色模型中的 Y 值取前面提过的**亮度**,即

$$Y' = 0.299r^{0.42} + 0.587g^{0.42} + 0.114b^{0.42} \tag{28.45}$$

因此它和 CIE XYZ 模型中的 Y 值有所不同（我们已经用一个上标符号凸显这一区别，同时也表明它并不随着 R、G 和 B 的值线性变化）。剩下的 I 和 Q 值用来编码色度信息。它们本质上是 u^* 和 v^* 的旋转加缩放版本。这里我们略去其中的细节，因为随着分量视频信号使用的快速增长，YIQ 标准的意义越来越小。可能它最重要的特色是 Y'IQ 中的 Y' 和 XYZ坐标系中的 Y 并不是同一个量，其值大致为 Y 的 0.42 次幂。

用于三个通道传输的带宽（对应于每个通道信号传输可使用的精确比特数）是经过仔细选择的：4MHz 分配给 Y，1.5MHz 分配给 I，0.6MHz 分配给 Q。这和我们对亮度、对亮度明显不连续变化的强烈敏感，以及视觉系统对沿 I 和 Q 轴颜色变化的相对敏感程度相一致。

28.16　视频标准

现代分量视频信号采用类似于 Y'IQ 的多种方法编码，其中一个分量载着光强度信息，另外两个分量载着色度信息。根据 Poynton[Poya]，我们来检查一个编码解码过程，这一过程始于无二义性的颜色 XYZ 描述（见图 28-25）。

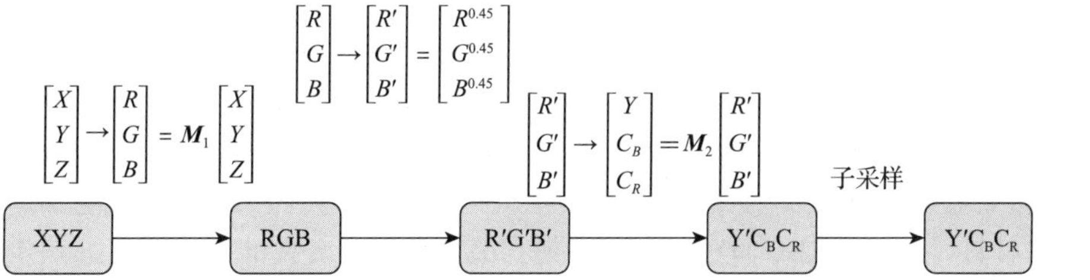

图 28-25　从 XYZ 值转换到 $Y'C_BC_R$ 值。将 XYZ 值乘以矩阵 $\boldsymbol{M}_1$ 转换为 RGB 值；接着对 RGB 值取 0.45 次幂进行非线性编码；所得结果再乘以另一个矩阵 $\boldsymbol{M}_2$，并作少量平移，形成 Y'、C_B 和 C_R，这里 Y' 近似表示光强度，另外两个量编码色度信息。最后，结果值通过子采样滤波进行数字化。从 XYZ 转换到模拟信号视频的过程是类似的（除了最后一步中的子采样滤波替换为带限滤波）

整个过程采用 HDTV 标准[Uni90]，可非正式地称为 Rec.709。从 XYZ 到 RGB 的转换（由 Rec.709 指定，故加注下标 709）是（精确到小数点后三位）。

$$\begin{bmatrix} R_{709} \\ G_{709} \\ B_{709} \end{bmatrix} = \boldsymbol{M}_1 \begin{bmatrix} X \\ Y \\ Z \end{bmatrix} = \begin{bmatrix} 3.24 & -1.54 & -0.5 \\ -0.97 & 1.88 & 0.04 \\ 0.06 & -0.20 & 1.06 \end{bmatrix} \begin{bmatrix} X \\ Y \\ Z \end{bmatrix} \tag{28.46}$$

转换到 R'、G'、B' 是很简单的：

$$\begin{bmatrix} R'_{709} \\ G'_{709} \\ B'_{709} \end{bmatrix} = \begin{bmatrix} R^{0.45}_{709} \\ G^{0.45}_{709} \\ B^{0.45}_{709} \end{bmatrix} \tag{28.47}$$

第二个矩阵运算将注有上标的 R'、G'、B' 值转换为一个亮度值和两个色度值，同时加上一个位移量使得色度值在 8 比特正整数范围内。

$$\begin{bmatrix} Y' \\ C_B \\ C_R \end{bmatrix} = \boldsymbol{v}\boldsymbol{M}_2 \begin{bmatrix} R'_{709} \\ G'_{709} \\ B'_{709} \end{bmatrix} = \begin{bmatrix} 16 \\ 128 \\ 128 \end{bmatrix} + \begin{bmatrix} 65.481 & 128.553 & 24.9965 \\ -37.797 & -74.203 & 112 \\ 112 & -93.786 & -18.214 \end{bmatrix} \begin{bmatrix} R'_{709} \\ G'_{709} \\ B'_{709} \end{bmatrix} \tag{28.48}$$

由于 R'、G' 和 B' 的取值范围是从 0 到 1，Y' 的取值范围是从 16 到 255，C_B 和 C_R 则从

$128-112=14$ 到 $128+112=240$。

如果你的 R'、G' 和 B' 值是从 0 到 255(例如计算机生成的图像),在用式(28.48)进行转换之前首先要对它们做适当的缩放(除以 255)。

还有另一种面向视频的标准(演播室视频),需要采用不同的转换(尽管形式类似)。在从 RGB 转换到视频信号或者是从视频信号转换到 RGB 之前,必须知道视频信号采用的是哪种格式。

28.17   HSV 和 HLS

在选择颜色上,RGB 立方体并不是一个理想的工具。一方面,因为有限的取值范围(RGB 都是 0 到 1),它最适合用来选择表面在三个波段上的反射率,也就是,它适合描述"材质颜色"而不是"光的颜色"("颜色光"的强度可以任意大)。即使是选择反射面的颜色,RGB 也不是那么方便;每一个分量并不匹配我们所感知的独立的颜色特征,比如"颜色的亮度大小"或者"饱和度多少"或者是"它的色彩是什么"。当你稍微增加绿色将红色朝着橙色调整时,颜色的亮度也随之增加,而你真正想做的只是改变它的色彩。

在选择颜色方面,有两种广泛使用的界面:HSV(色彩-饱和度-明度,hue-saturation-value)和 HLS(色彩-亮度-饱和度,hue-lightness-saturation)。在每一个界面中,色彩均为不依赖于其他颜色量(比如亮度)而独立变化的量。这两个界面都是很实用的工具,与 RGB 混合相比,它们更加符合绘图程序用户对颜色的直觉,但当需要设置光源的颜色对场景进行绘制时这些界面就不适用了,这是因为从 HSV 转换到 RGB 只生成 RGB 的描述(这一描述仍然是模糊的),没有给出精确的 RGB 定义(转换为 sRGB 可能更为适宜)。本章的网络材料讨论了 RGB、HSV 和 HLS 所定义颜色相互转换的具体细节。

28.17.1   颜色选择

没有哪一个颜色描述系统对于所有用户来说都是最好的,甚至像 HSV 和 HLS 这类面向可用性而设计的系统也是如此,用户的偏好多种多样。许多程序允许用户通过对话框来选择颜色,可从不同模式中进行勾选,例如允许通过滑动条或者直接输入数值(通常是 0~255)直接指定 RGB;通过滑动条确定 HSV 参数值;通过点击的方式从一个展示各种颜色的圆盘(所展示颜色的亮度可通过滑动条从暗到亮进行调整)上拾取,等等。在不同环境下,用户能快速发现哪种方法最合适。

28.17.2   调色板

上面关于颜色的讨论几乎都集中在如何对单个颜色进行描述和选择。当多个颜色一同显示时,颜色之间的相互影响变得重要起来。一些特殊视觉错幻觉实际上就是这种现象"欺骗"了我们的颜色感知系统。譬如说,众所周知,包围一个特定区域四周的颜色会影响我们对中心区域内颜色的感知(见图 28-26)。

举一个例子,在为用户界面挑选颜色时,重要的是让所

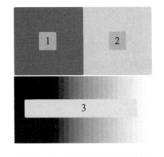

图 28-26   同时增强对比度的效果。上面的两个灰色小正方形(1、2)看上去像不同颜色,然而实际上为同一颜色。下面的灰色长条(3)全长都属同一颜色

选颜色保持和谐，而且让图 28-26 所示的人为增强对比度的方案不会遮蔽重要的设计决定。例如，如果我们设计一款画图程序，让所有与绘画相关的界面元素都采用一种颜色，所有和文字相关的界面元素则采用另外一种颜色，但若上面每一类中的某些元素分别置身于不同背景中，就会出现一个问题，即它们彼此之间显得毫无关联。

Meier 等人[MSK04]深入地研究过这个问题，所开发的界面选择的是调色板而不是单个的颜色。

28.18　颜色插值

在图形学中我们经常需要对颜色进行插值，从简单设计（"让这个背景矩形呈现从浅绿到品红的颜色过渡"）到绘制（"已知三角形三个顶点的颜色，沿三角形的边和在三角形内对点进行颜色插值"）概莫能外。但这并非一件容易的事。对于非常相似的颜色（比如，它们之间的差别刚刚能辨识出来），几乎可采用任何插值方案，包括对 RGB（或者用来表示颜色的其他三元组）的系数进行插值。但是对于差别较大的颜色（比如，一个饱和的绿色和一个中等棕色），则有许多种可选方案，并且没有哪一种在所有情形中都是正确的。

你甚至可以证明关于颜色插值的一些合理的假设不能被任何三维颜色空间通过任何一种颜色插值得到的结果所满足。

例如，若坚持以下假设：

- 将颜色 $C(\alpha, C_1, C_2)$ 视为"位于 C_1 和 C_2 之间 α 处的颜色"，假设该函数为 α、C_1、C_2 的一个连续函数，当 $\alpha = 0$ 时为 C_1，$\alpha = 1$ 时为 C_2。
- 对两种具有相同饱和度和亮度的颜色进行插值，其结果应为具有相同饱和度的某一中间颜色。
- 从 C_1 到 C_1 用 α 进行插值的结果恒为 C_1。

就会出现矛盾的现象。如果我们将注意力限制在饱和度和亮度都是 1 的颜色，会获得一个圆，将它记为 $\mathbf{S}^1$，并用色度对其进行参数化，取值范围从 0 到 1（例如，色度为 0 和色度为 1 表示完全饱和的红色）。将颜色函数 C 限制在这个圆上将给出一个从 $[0,1] \times \mathbf{S}^1 \times \mathbf{S}^1$ 到 $\mathbf{S}^1$ 的函数。上述性质即

- $C: [0,1] \times \mathbf{S}^1 \times \mathbf{S}^1 \to \mathbf{S}^1$ 是连续的
- $C(0, x, y) = x$，对于所有 $x, y \in \mathbf{S}^1$
- $C(1, x, y) = y$，对于所有 $x, y \in \mathbf{S}^1$
- $C(\alpha, x, x) = x$，对于所有 $x \in \mathbf{S}^1$

现在考虑函数

$$p_0: [0,1] \to \mathbf{S}^1: t \mapsto C(0, 0, t)$$
$$p_1: [0,1] \to \mathbf{S}^1: t \mapsto C(1, t, t)$$

第二条性质告诉我们 p_0 是常数，也就是说，它的圆周环绕数为 0。最后一条性质告诉我们，p_1 绕圆一周。这两个环可以通过一组中间曲线连接在一起

$$p_s: [0,1] \to \mathbf{S}^1: t \mapsto C(s, st, t), s \in [0,1]$$

而且每一条中间曲线的起点和终点都相同。但这是不可能的，因为 $t \mapsto p_s(t)$ 对 s 和 t 都是连续函数，因此 p_s 的绕数是 s 的连续函数。但一个连续的整数值函数是常数，因此当改变 s 时绕数不能够从 0 变到 1。

这并不是说颜色插值是不可能的或者是错误的：而只是说它不满足很多看上去十分自然的条件。因此最好能仔细考虑具体的应用领域，看其需要的是什么：你真的需要对两种

相反色度的颜色进行插值且其路径不通过白色点吗？你正在插值的颜色会不会变得相距更远，或者变得更近？当你在编写颜色插值程序时可作一个有趣的实验：为程序创建一些输入样本，并尝试将输出结果调到你想要的颜色。如果你不能够调到你想要的结果，那就说明你还不可能写出这一程序。

28.19 计算机图形学中对颜色的使用

使用颜色大抵出于以下考虑：美学方面，为了创建某种色调或风格；真实感方面，辨识相互关联的实体组；交互方面，对交互类型进行编码。如果使用得当，颜色将是实现上述功能的有效手段。但如果使用不当，则可能引起灾难；在一个实验中，毫无意义地在黑白界面中引入颜色会使用户性能降低约三分之二[KW79]。颜色的使用应该谨慎；装饰性使用应服从于功能性使用，使它不致被误解为具有功能性含义。如同用户界面的其他方面一样，颜色的使用，必须经过真实用户的测试，以发现和解决可能出现的问题。一个保守的做法是首先基于非彩色显示器来设计界面，以保证颜色的使用是完全冗余的（确保颜色障碍用户可使用该界面）。

有很多从美学角度考虑如何使用颜色的书，包括[Bir61]，在此仅介绍一些简单的使生成的颜色保持和谐的规则。最基本的规则是根据某种方法来选择颜色，通常可在某一颜色空间里沿一条平滑的路径选取，或者是将所选颜色限制在某一颜色空间的某个平面内，例如，使所选颜色具有一致的饱和度或者亮度值。此外，基于相等的感知差异选择颜色也是一种明智的方法。注意，这个感知差异和我们采用的颜色模型中的坐标距离是不同的：因此将颜色描述转换到 CIE $L^*u^*v^*$ 坐标系，或者是其他可精确度量感知距离的系统是关键的一步。

以随机的方式选择色彩和饱和度通常会导致过分华丽；将具有相似色彩和相似饱和度的颜色聚在一起会使画面更具吸引力（不过颜色之间的差别会变得不明显）。

如果表格或者图表只有几种颜色，那么选取它们中某个颜色的补色作为背景色不失为一个好的选择；对于照片和类似的图片，其背景可取中等程度的灰色。如果相互邻接的两种颜色不和谐，在它们之间添加一条窄的黑边通常有助于解决问题。一般来说，谨慎地选择一个颜色调色板是明智之举（除了生成真实感图形以外）。

颜色可用来对数据进行编码（实际上，这是科学数据可视化的标准手段之一），但是也有一些需要注意的地方。首先，颜色编码可能附有意料之外的语义。如果我们用红色显示公司 A 的收入，而且公司 B 的收入用绿色显示，对观看者来说，我们可能在告诉他们公司 A 处于财政困难中，因为在金融语义中，"红色"和"负债"是联系在一起的。亮色、饱和色要比起暗色、浅色更加引人注目，这可能会在不经意中暗示出某种强调。若界面中两个互不相关的元素采用了相似的颜色，则可能被感知为彼此相关，尽管选用这些颜色只是用来作为装饰。

不少颜色使用规则基于心理学而不是出于美学方面的考虑。例如，因为眼睛对光强度的变化比对色度的变化更为敏感，线条、文字或者其他的细节不仅应具有不同于背景的色度，并且亮度上也应有所不同——对包含蓝色的颜色尤为如此，这是因为对蓝色敏感的视锥细胞相对较少。故两个亮度相同的蓝色区域，若只是它们蓝色的深浅存在差异，则两区域之间的边界看上去会显得模糊。

蓝色和黑色在亮度上差别很小，这是个非常差的组合。类似的，黄色和白色在视觉上也很难分辨。

眼睛不能够分辨很小物体的颜色，因此很小的物体不应采用颜色来编码。当视域中物体的视角小于 20~40 分(弧度)时，判断它的颜色很容易出错[BCfPRD61，Hae76]；当视觉距离为 24 英寸时(典型的视觉距离)，0.1 英寸高的物体(对应多个像素)大抵为这个角度。故我们几乎无法分辨现代显示器中单个像素的颜色。

区域的颜色也会影响我们对区域大小的感知。Cleveland 和 McGill 发现：红色正方形看上去要比相同大小的绿色正方形大[CM83]。对相似大小的绿色物体和红色物体，观察者可能会更为关注后者。

如果你凝视着一大片具有饱和颜色的区域，移开目光后，眼前仍会瞬时出现余留的影像。这一效果令人不适也让人分心，所以在大片区域上采用饱和颜色是不明智的。

由于多种原因，红色物体看上去比蓝色物体更近一些；因此，若采用蓝色来表示前景物体而同时用红色表示背景物体是不可取的。反过来则没有问题(尽管许多人对在饱和蓝色背景上标注红色文字感到不快)。

了解这些颜色使用的风险和陷阱后，难道你还会对将谨慎使用颜色作为优先规则之一感到惊讶吗？

28.20　讨论和延伸阅读

对人的眼睛、视觉系统以及它们组合起来产生颜色感知的方式已开展了大量研究，这些工作涉及很多领域；出于美学方面的考虑或者说服、沟通的目的而应用颜色占了大多数。想获得更多的关于人的眼睛的资料，可参考 Glassner 的书[Gla94](特别适合计算机图形学研究人员阅读)；其他有用的参考材料有[BS81，Boy79，Gre97，Hun05，Jud75，WS82]以及[Poya]。如想要了解在使用颜色上有关艺术和美学方面的更多思考，可参考[Fro84，Mar82，Mei88，Mur85，MSK04]。若想得到有关显示屏的颜色校准和交叉校准的更多信息，则可参考[Cow83，SCB88，Con12，Int03]。

28.21　练习

28.1　你想要在两种相似颜色之间进行插值，而且它们均采用 RGB 颜色空间表示。你听说 XYZ 颜色表示更基本，故转换到 XYZ 颜色空间进行插值，然后再转换回来。解释为什么能生成和在 RGB 空间中插值同样的结果。本章介绍的颜色描述系统中哪些也能做到这点，说明为什么？

28.2　本章指出，如果你所插值的颜色均采用三元组来表示，并且这两种颜色比较靠近，那么无论它们定义于哪个颜色系统都没有关系，插值结果会非常接近。试验证上面的结论，待插值的两颜色分别为 $(r, g, b) = (0.7, 0.4, 0.3)$ 和颜色 $(r, g, b) = (0.7 + \varepsilon, 0.4 - 2\varepsilon, 0.3 - \varepsilon)$，计算在 RGB 和 $L^* u^* v^*$ 颜色空间中这两种颜色按 50：50 比例混合的插值结果并进行比较。其中 $\varepsilon = 0.01$，0.05，0.25。

28.3　考虑 $Y = 1$，其色度值覆盖整个 CIE 图的所有点。计算这些点的 $L^* u^* v^*$ 坐标，并且在标记 L^*、u^*、v^* 的坐标系上画出它们。

28.4　取 $400 < \lambda < 700$ 的两个单光谱光，它们的 $Y = 1$，一个波长为 λ，另一个为 $\lambda + 1$；它们在"波长轴"上相距 1nm。在 XYZ 空间中将这一距离表示为 λ 的函数并画出它们；同样，在 $L^* u^* v^*$ 空间中画出这一距离函数。在后者中 λ 为多少时该距离函数取最大值？最小值呢？注意：你需要一张位于 CIE 马蹄形图所有单光谱点的 xy 坐标列表。

28.5　没有任何一种三原色显示器能够重现所有可以感知的颜色。假设你想要设计一台可覆盖最大色域(用色度图的面积衡量)的三原色显示器。

(a) 说明为什么三种原色都应该位于马蹄形的边界上。

(b) 找到马蹄形边界上所有点的 xy 坐标，确定三原色的理想位置。

(c) 估算通过三原色混合所能覆盖面积的最大百分比？假如取四种原色呢？五种原色呢？

28.6   从式(28.26)推出式(28.29)。

28.7   (a) 假设视网膜上感光细胞的视敏度曲线并非高斯凸包形状，而是三角形：红色感光细胞的视敏度曲线为底边位于 600～700nm 上的等边三角形，绿色感光细胞视敏度的等边三角形底边在 500nm 和 600nm 之间，蓝色在 400nm 和 500nm 之间(三个等边三角形的高度相同)。此时的 CIE 图应该是什么形状？需要选取多少个原色才能完美地重现所有颜色？

(b) 假设三种感光细胞的视敏度曲线的定义域存在重叠，红色感光细胞视敏度的定义域为[500, 600]，绿色为[450,550]，蓝色为[400,500]。此时的 CIE 图应该是什么形状？需要多少个原色才能可信地重现每一可感知的颜色？

28.8   我们曾说过，无法将光源的辐射度 $18\mathrm{Wm^{-2}\,sr^{-1}}$ 转换为光度学单位尼特。倘若该光源是在某一温度下的黑体。说明在这种情况下你怎样能计算出其对应的尼特值(给出了发光效率函数表)。

28.9   写出将一个颜色的 $L^* a^* b^*$ 坐标转换为 XYZ 三元组的表达式。假设 X_w、Y_w、Z_w 均为已知。

28.10 我们说过，色度计可以被用来测量显示屏的红、绿、蓝三原色的 XYZ 值。现假设色度计只能测出 CIE xy 值，但是你也能测得最亮时红、绿、蓝原色的亮度值 Y_r、Y_g、Y_b。试依据测量得到的各原色的 xy 值以及最大亮度值，采用 RGB 系数 r、g 和 b 来表达 XYZ 系数。

28.11 (周边颜色感知)取站立姿势，向外侧伸出一只手，眼睛则注视你正前方的一个点。让朋友在你伸出的手上放一张纸牌，并让纸牌正面朝向你的头部。移动你的手让纸牌渐渐进入视野(你的目光继续盯住前方)。试说出纸牌是红色或者是黑色。移动纸牌，让它与正面轴向成 45° 角，再次尝试。移动纸牌使之与正面轴向成 30° 角，再次尝试。继续尝试直到你能够确定纸牌的颜色，并能验证你的结果是正确的(此练习由 Pascal Barla 提供)。

光 线 传 播

29.1 引言

本章我们推导描述场景中光线传播的**绘制方程**。首先考虑只包含光线反射而无折射的情形，然后再推广到包含光线折射的场景。除了一些极其简单的情况，一般的绘制方程在数学上均无法精确求解，因此需要引入近似解法。目前主流的近似算法为蒙特卡罗积分法，这种方法采用随机积分来估计某些积分的结果，将在下一章介绍。为了帮助理解这些算法的收敛性质，我们将考察各种光线传播过程，这些过程分别适于采用不同的算法来模拟。例如，一个点光源发出的光通过一系列镜面反射进入人眼的过程和一个面光源通过一系列漫反射形成的光照效果就必须用不同的方法处理。事实上，在感知层面上，不同的光线传播路径产生的现象也可能截然不同，对此我们也会做简单讨论。

29.2 光线传播概述

现在我们根据已有的辐射场概念和双向反射率分布函数（BRDF）来讨论一般的光线传播过程。首先，考虑一个真空的场景，其中只有纯反射材质物体（更具体地说，无半透明物体，光线均从物体外表面反射出去，不存在表面下的散射），因而物体朝外散射的光可用 BRDF 来描述，记为 f_r（下标 r 表示 reflection，反射）。这一特定场景可展现算法的主要思想，同时避免很多复杂的细节。以此为起点，我们再对算法进行推广使之包括其他种类的散射，且只需做少量的重要改动。

我们继续沿用第 26 章的假设，即某种材质对光的散射由两部分组成：镜面反射和斯涅耳透射（两者均为**脉冲型**散射），以及其他散射。脉冲型散射的特征是沿某一方向的入射光线的辐射度被转化为沿少数方向的（典型情况为 1～2 个方向）出射光线的辐射度，这种散射不能用反射率方程里的积分来表示，除非我们认为在散射函数 f_s 中可包含 "δ 函数"。尽管如此，我们仍将从入射光线到散射光线的光能转换写成散射方程（即一个积分）的形式，在建立起算法的主要框架后，我们将在 29.6 节讨论脉冲型散射对 f_s 的影响。

虽然绘制场景中的出射光线主要来自一些具有体积的物理实体，如灯具或太阳，但为方便起见，我们在场景中允许 "点光源" 的存在。它们对应于 L^e 中的脉冲项，需要做特殊处理。对此我们同样在 29.6 节讨论。

为了便于对光线传播进行讨论，我们需要定义许多符号，后续章节将继续沿用这些符号。表 29-1 列出了这些符号，部分符号的完整定义将在本章后面给出。

表 29-1 描述光线传播和绘制时使用的符号

符号	含义
E	视点
P	场景表面上的一个点，通常指从视点发出的视线所遇到的第一个表面点，但有时该符号也表示一般的点

（续）

符号	含义
Q, Q_j	光源表面的一个点，或者其反射或透射光线到达 P 的其他表面（如被照亮的反射表面）上的点
$\mathcal{M}$	场景中所有表面的集合
n_P, n_Q	P、Q 点处表面的单位法向量（在之前章节我们一直用 $n(P)$、$n(Q)$ 标记）；这里用 n_P、n_Q 减少方程式表示的复杂度
ω_i	从 P 点指向某一光源的方向向量
ω_o	沿 ω_i 的光线入射到表面 P 点所生成的反射光线，通常指向视点
ω	用来表示一个指向 P 点或从 P 点发出的单位向量
$L(P,\omega)$	表面在 P 点沿 ω 方向的辐射度
$L^e(P,\omega)$	表面在点 P 处朝 ω 方向所发射的光。当 P 不是光源表面上的一个点时，其值为 0
$L^{ref}(P,\omega)$	表面在点 P 处朝 ω 方向的反射光
$L^r(P,\omega)$	表面在点 P 处朝 ω 方向的反射或折射光。$L=L^e+L^r$
f_s	双向散射分布函数
f_r	双向反射分布函数
f_s^∞	f_s 中的"脉冲"部分，对应于折射或镜面反射
f_s^0	f_s 中取有限值的部分，对应于非镜面反射

为了数学处理方便，假设所考虑的场景均为有限空间，即场景被一个充分大的圆球所包围，球心位于原点，球的内表面涂上了一层不产生反射的材质，也就是说，到达该表面的光均被吸收。对于一个真实场景，它意味着，当光线离开场景时，即可完全忽略。不过在本章中，我们有必要构建一个光线投射函数，该函数的输入参数为光线的起始点 P 和其方向向量 d，函数返回与光线相交的第一个表面上的交点 Q。如果未假设绘制场景被一个巨大的圆球所包围，当光线射离场景且不与场景内的任何物体相交时，光线投射函数的返回值将无定义。所以这个包围黑球完全为数学处理方便而设，对真实的光线传播没有任何影响。

为了使概念简单一点，我们进一步假设所研究的场景是稳态的，与时间无关：所有光源都能保持足够长的光照使光能散射到整个场景并达到稳定状态。除此之外，我们将忽略光的波长特性，只研究总的光能辐射而非光谱辐射。

假设 $\mathcal{M}$ 为场景中所有表面（包括包围场景的黑球面）上的点的集合，对每一个点 $P\in\mathcal{M}$，P 点处的双向反射分布函数 $f_r(P,\omega_i,\omega_o)$ 描述了沿（$-\omega_i$）到达 P 的所有入射光中有多少朝 ω_o 方向反射出去（参见第 26 章）。在这一节中，符号 ω_i 和 ω_o 默认为单位向量，并与表面在 P 点的法向量 n_P 位于同一半平面，即满足 $\omega_i\cdot n_P\geqslant0$ 和 $\omega_o\cdot n_P\geqslant0$。

除了场景的几何和表面反射率外，我们还对场景中的**光照**做了假设，它给出了每一个光源上每一个点朝每一方向所辐射的光能。换言之，我们有以下函数：

$$L^e:\mathcal{M}\times\mathbf{S}^2\to\mathbf{R}:(P,\omega)\mapsto L^e(P,\omega) \tag{29.1}$$

其中，$L^e(P,\omega)$ 表示 P 点朝 ω 方向的辐射度，其中排除了场景中其他的所有光源和表面对 P 点的光能贡献。

> 对于面光源上的一点 P，当 $\omega\cdot n_P<0$ 时 $L^e(P,\omega)=0$，即光源只朝其表面的外侧辐射光能。以白炽灯为例，其朝灯泡外所有方向的辐射度均相同，即对于所有 $\omega\cdot n_P>0$，$L^e(P,\omega)=C$，这与朗伯表面的光反射特性相似，我们称这样的光源为**朗伯面光源**。

假设有以下的光线投射函数(见图29-1):

$$R: \mathcal{M} \times \mathbf{S}^2 \to \mathcal{M} \tag{29.2}$$

其中,$R(P, \boldsymbol{\omega})$表示起点为$P$、方向为$\boldsymbol{\omega}$的光线与场景中的物体的第一个交点。当$\boldsymbol{\omega} \cdot \boldsymbol{n}_P \leqslant 0$时,$R(P, \boldsymbol{\omega}) = P$,表示这条光线将直接从$P$点射入自身所在形体。当$\boldsymbol{\omega} \cdot \boldsymbol{n}_P > 0$时,则$R(P, \boldsymbol{\omega})$为我们从$P$点沿着方向$\boldsymbol{\omega}$所见到的那个点,更确切地说,$R(P, \boldsymbol{\omega})$就是光线从$P$点出发沿方向$\boldsymbol{\omega}$穿过真空所能击中的最远的景物表面点。

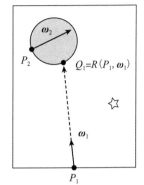

图29-1　$R(P_1, \boldsymbol{\omega}_1) = Q_1$,但是$R(P_2, \boldsymbol{\omega}_2) = P_2$

光线投射的算法描述及其相关的**可见性函数**(见练习29.1)是第36章和第37章讨论的主题,在第15章我们已经见过它们的一些基本例子。

基于以上这些清晰的假设,下面我们来分析光线在场景中的传播。

29.2.1　绘制方程(第一种类型)

在不考虑时间和波长因素的情况下,式(26.80)所示的反射率方程可写成如下形式:

$$L^{\text{ref}}(P, \boldsymbol{\omega}_o) = \int_{\boldsymbol{\omega}_i \in \mathbf{s}_+^2(p)} L(P, -\boldsymbol{\omega}_i) f_r(P, \boldsymbol{\omega}_i, \boldsymbol{\omega}_o)(\boldsymbol{\omega}_i \cdot \boldsymbol{n}_P) d\boldsymbol{\omega}_i \tag{29.3}$$

该式表示从其他方向入射到P点的光线经表面反射朝$\boldsymbol{\omega}_o$方向的反射光辐射度。

如果P位于光源上,也会朝$\boldsymbol{\omega}_o$方向发出光线,不过此时从P点发出的是发射光而不是反射光,也就是

$$L(P, \boldsymbol{\omega}_o) = L^e(P, \boldsymbol{\omega}_o) + L^{\text{ref}}(P, \boldsymbol{\omega}_o) \tag{29.4}$$

$$= L^e(P, \boldsymbol{\omega}_o) + \int_{\boldsymbol{\omega}_i \in \mathbf{s}_+^2(p)} L(P, -\boldsymbol{\omega}_i) f_r(P, \boldsymbol{\omega}_i, \boldsymbol{\omega}_o)(\boldsymbol{\omega}_i \cdot \boldsymbol{n}_P) d\boldsymbol{\omega}_i \tag{29.5}$$

式(29.5)即绘制方程的基本形式(仅考虑光的反射,在给定L^e和f_r的情况下定义L),该公式最早由Kajiya[Kaj86]和Immel等人[ICG86]应用于计算机图形学(在表达形式上略有不同),它与其他领域的同类方程(如辐射传输)完全相似。在后续章节中我们主要采用Kajiya的表达式,但是Immel的表达式非常适合描述蒙特卡罗绘制中的"采样"过程。

注意式(29.5)左右两边均包含有未知的辐射度函数L,其中右侧的L位于积分式内,这相当于某个未知函数h出现在同一微分方程的两边:

$$h'(x) = 2h(x-1) \tag{29.6}$$

故式(29.4)也称为绘制的**积分方程**,而解这样一个积分方程通常比解一个微分方程更难。下一章我们将介绍一些求积分方程近似解的方法。

式(29.4)给出的辐射度函数L考虑了离开点P的辐射度和入射到点P的辐射度。Arvo[Arv95]将前者称为**表面辐射度**(surface radiance),后者称为**场辐射度**(field radiance)。由于有$\boldsymbol{\omega}_o \cdot \boldsymbol{n}_P > 0$这一限制,由绘制方程,我们可以在已知场辐射度的条件下计算表面的辐射度,但是首先得知道如何来计算场辐射度。

解决这一循环求解问题的思路是,任何沿$-\boldsymbol{\omega}_i$方向入射到点P的光线必然来自其他表面上的一点$Q \in \mathcal{M}$,且点Q必须是点P沿方向$\boldsymbol{\omega}_i$的可见点。由此可得如下光线**传播方程**:

$$L(P, -\boldsymbol{\omega}_i) = L(R(P, \boldsymbol{\omega}_i), -\boldsymbol{\omega}_i) \tag{29.7}$$

其中,对任意的$\boldsymbol{\omega}_i$,满足$\boldsymbol{\omega}_i \cdot \boldsymbol{n}_P > 0$。

将式(29.7)代入式(29.4)，可得到最常用的绘制方程形式：

$$L(P, \boldsymbol{\omega}_\circ) = L^e(P, \boldsymbol{\omega}_\circ) + L^{ref}(P, \boldsymbol{\omega}_\circ) \tag{29.8}$$

$$= L^e(P, \boldsymbol{\omega}_\circ) + \int_{\boldsymbol{\omega}_i \in \boldsymbol{s}_+^2(p)} L(R(P, \boldsymbol{\omega}_i), -\boldsymbol{\omega}_i) f_r(P, \boldsymbol{\omega}_i, \boldsymbol{\omega}_\circ)(\boldsymbol{\omega}_i \cdot \boldsymbol{n}_P) \mathrm{d}\boldsymbol{\omega}_i$$

$$\tag{29.9}$$

上述公式基于光源的 L^e 项(已知)，以及一个由所有表面点的 BRDF 函数 f_r、光线投射函数 R 和表面辐射度组成的积分项来表示场景中任意一个面的表面辐射度。

29.3 略做前瞻

上述的绘制方程很完整而且是自包含的，但是我们能用它做什么呢？让我们提前看一下第 32 章的实现代码。一个基本的光线跟踪器的宏观结构如下：

```
1  foreach pixel (i, j)
2     C = location of pixel on image plane
3     r = ray from eye to C
4     image[i, j] = pathTrace(r, true)
```

上面的 pathTrace 函数的实现程序如代码清单 29-1 所示，给定一条光线(由一个初始点 U 和方向 $\boldsymbol{\omega}$ 确定)，对光线在场景中的路径进行跟踪，直至发现它与某一景物表面的交点 P，然后根据 isEyeRay 函数返回的布尔值判断是 $L(P, -\boldsymbol{\omega})$ 还是 $L^{ref}(P, -\boldsymbol{\omega})$。点 P 在程序中由变量 surfel(即 surface element)表示。

代码清单 29-1　pathTrace 的核心程序

```
1  Radiance3 App::pathTrace(const Ray& ray, bool isEyeRay) {
2      Radiance3 radiance = Radiance3::zero();
3      SurfaceElement surfel;
4
5      float dist = inf();
6      if (m_world->intersect(ray, dist, surfel)) {
7          if (isEyeRay)
8              radiance += surfel.material.emit;
9
10         radiance+= estimateDirectLightFromPointLights(surfel, ray);
11         radiance+= estimateDirectLightFromAreaLights(surfel, ray);
12         radiance+= estimateIndirectLight(surfel, ray, isEyeRay);
13     }
14     return radiance;
15 }
```

从上面的代码可见，P 点朝外的辐射度等于 P 点发射的光能(surfel.material.emit) 和 P 点向外反射的光能之和，见程序代码的最后 3 行，其中第 1 行为点光源入射到 P 点产生的反射光；第 2 行为面光源入射到 P 点产生的反射光；第 3 行计算的是其他光。因此，绘制方程中的 $L(P, -\boldsymbol{\omega}_i)$ 项可以分解为这三项之和。

为了计算第一项(见代码清单 29-2)，可将对来自所有可能方向的入射光线的积分转化成对来自所有点光源的入射光求和。由于积分域的改变，我们需要使用 26.6.5 节介绍的变量置换技术对被积函数做相应的调整。

代码清单 29-2　点光源入射光产生的反射光照

```
1  Radiance3 App::estimateDirectLightFromPointLights(surfel, ray){
2      Radiance3 radiance(0.0f);
3      for (int L = 0; L < m_world->lightArray.size(); ++L) {
4          const GLight& light = m_world->lightArray[L];
```

```
 5              // Shadow rays
 6              boolean visible = m_world->lineOfSight(surfel.geometric.location +
 7                                                     surfel.geometric.normal * 0.0001f,
 8                                                     light.position.xyz())
 9          if (visible){
10              Vector3 w_i = light.position.xyz() - surfel.shading.location;
11              const float distance2 = w_i.squaredLength();
12              w_i /= sqrt(distance2);
13              // Attenuated radiance
14              const Irradiance3& E_i = light.color / (4.0f * pif() * distance2);
15
16              radiance += (surfel.evaluateBRDF(w_i, -ray.direction()) *
17                          E_i * max(0.0f, w_i.dot(surfel.shading.normal)));
18          }
19      }
20      return radiance;
21  }
```

从上可见，程序遍历场景中的所有点光源，对每一个点光源，检查该光源对 P 点是否可见（使用可见函数 m_world-> lineOfSight()）。反射辐射度等于 BRDF、$\boldsymbol{\omega}_i \cdot \boldsymbol{n}_P$ 和 E_i 三项的乘积，E_i 即上面提到的实施变量置换后的入射辐射度。

第二项的计算类似，它计算的是面光源产生的反射光照。第三项最具有挑战性，在对它进行讨论之前，需要再掌握一点数学知识（在第 30 章将会做更深入的探讨）。

计算的思路是：任意一个函数 h 在积分域 D 上的积分近似等于 h 在 D 上的平均值与域 D 大小（size）的乘积。当积分域为闭区间 $[a,b]$ 时，域的大小为 $b-a$；当积分域为一个单位半球面时，域的大小为 2π，等等。h 的平均值可以通过抽取积分域中的 n 个点，取其平均来估算。随着抽取的样本数 n 增大，其估计值也越来越准确。即便 $n=1$，该方法也是可行的！也就是说，我们可以在积分域 D 中随机抽取一个点 x，将 $h(x)$ 与积分域 D 的大小相乘来估算 h 在积分域 D 上的积分。这样粗略估算的结果通常并不理想，但是如果重复以上的步骤许多次，它们的平均值会越来越接近真实值。

采用上面的计算方法，设 h 为反射率方程中的被积函数，积分域 D 为 P 点上方的半球面，实现代码见代码清单 29-3。

代码清单 29-3　其他表面的入射光线所产生的散射光（间接光照）

```
 1 Radiance3 App::estimateIndirectLight(surfel, ray, bool isEyeRay){
 2     Radiance3 radiance(0.0f);
 3     // Use recursion to estimate light running back along ray from surfel that
          arrives from
 4     // INDIRECT sources, by making a single-sample estimate of the arriving light.
 5
 6     Vector3 w_o = -ray.direction();
 7     Vector3 w_i;
 8     Color3 coeff;
 9
10     if (surfel.scatter(w_o, w_i, coeff)) {
11
12         newRay = Ray(surfel.geometric.location, w_i).bumpedRay(
13             0.0001f * sign(surfel.geometric.normal.dot(w_i));
14         // the final "false" makes sure that we do not include direct light.
15         radiance = coeff * pathTrace(newRay, surfel.geometric.normal), false);
16     }
17     return radiance;
18 }
```

暂时不考虑过多的细节，在上述代码中，我们用 scatter 函数在上半球面采样一个随机方向向量 w_i，然后用 PathTrace 函数估算沿该方向入射到 P 点的光线的辐射度，也就是估算 $L(P, -\omega_i)$，它前面的系数 coeff 包括半球面的面积和由于对入射方向的非均匀采样而引入的调节因子（基于 BRDF 进行选取，在第 30 章将会做进一步解释）。

总结一下：上述程序的递归性正好体现了绘制方程的递归性。读者可能会问，程序中并未见到终止条件，这一递归过程是否会结束？答案是肯定的，原因在于 scatter 程序的设计：如果某一表面的半球面反射率是 0.7，则有 30% 的概率 scatter 函数会返回 false，然后递归终止，在剩下的 70% 中，系数 coeff 会计入不发生散射的概率而做相应的调整。

29.4　一般散射的绘制方程

在推导绘制方程时，前面假设场景中只存在反射材质，而不存在透射材质或像雾这类当光穿过时会发生散射的"中间介质"。

现在我们将绘制方程推广到透射材质。加入透射材质几乎不需要引入任何新的概念，只需稍微调整一下场景中辐射度的表示形式即可。但要加入"中间介质"，则需要更深入的修正，在这里我们不做讨论，但是会考虑一种特殊的情形，即光线穿过"中间介质"时，只因被吸收而衰减，而不会散射到新的方向。在第 27 章简要讨论过一个更为一般的散射模型，可以用来生成如图 29-2 所示的令人惊叹的绘制结果，该图像绘制于 1987 年，是最早呈现"中间介质"散射效果的高度真实感合成图像之一。

图 29-2　中间介质（尘埃）散射效果的绘制（由 Holly Rushmeier 提供，ⓒ1987 ACM，Inc.，经允许转载）

在绘制方程中引入透射会遇到一个关键问题：对任意的 $(P, \omega) \in \mathcal{M} \times \mathbf{S}^2$，可能不只是对应唯一的辐射度值。

由于我们实施的是表面绘制而不是体绘制（可忽略中间介质），所以只关心表面上点 P 的辐射度 $L(P, \omega)$。表面在 P 点处必定有一个法向量 $\mathbf{n}$。可以按以下规则定义在表面 P 点的辐射度 $L(P, \omega, \mathbf{n})$：当 $\omega \cdot \mathbf{n} \geqslant 0$ 时，$L(P, \omega, \mathbf{n})$ 表示表面朝 ω 方向发射出去的辐射度；如果 $\omega \cdot \mathbf{n} < 0$，则 $L(P, \omega, \mathbf{n})$ 表示表面接收的来自方向 ω 的辐射度。通过将 $\mathbf{n}$ 表示为表面朝外的单位法向量或朝内的单位法向量，就可以同时处理光线反射和透射两种情形了。在程序中，这只需在光线与表面的交点处增加一个 if 语句：假定表面具有两个**面**（每一侧有自己的法向），根据光线方向 ω 与该侧表面法向 $\mathbf{n}$ 同向还是反向，对 ω 做不同的处理。在数学上，它意味着将辐射度 L 定义在所有场景表面的两个侧面上[Lee 09]。

$L(P, \omega, \mathbf{n})$ 有三个变量，在表达上有些棘手，我们将其替换为两个新函数：$(P, \omega) \mapsto L^{\text{in}}(P, \omega)$ 和 $(P, \omega) \mapsto L^{\text{out}}(P, \omega)$，分别代表沿着方向 ω 到达 P 点的光能辐射度和沿 ω 方向离开 P 点的光能辐射度（参考 Arvo 的工作）。反射率方程于是变成**散射方程**：

$$L^{\text{r,out}}(P, \omega_o) = \int_{\omega_i \in \mathbf{S}^2(p)} L^{\text{in}}(P, -\omega_i) f_s(P, \omega_i, \omega_o) |\omega_i \cdot \mathbf{n}_P| \, d\omega_i \qquad (29.10)$$

其中 5 处有所变化：

- 积分域覆盖了来自所有方向的入射光线。

- 左边结果由 L^{ref} 变成了 L^{r}（L^{r} 既可表示反射辐射度，也可表示透射辐射度）。
- BRDF 项 f_{r} 为 BSDF 项 f_{s} 所取代。
- $\boldsymbol{\omega}_{\mathrm{i}} \cdot \boldsymbol{n}_P$ 添加了绝对值符号。
- 入射辐射度和出射辐射度符号分别添加了上缀"in"和"out"。

上式给出的光能传播方程将入射光能和出射光能关联起来，我们将其写成两种形式，一种适用于光线跟踪，另一种适用于光子映射。两种形式的区别仅在于一种是沿着光子传播的方向跟踪光线，另一种是沿相反的方向跟踪光线。面向光线跟踪的光能传播方程为：

$$L^{\mathrm{in}}(P, -\boldsymbol{\omega}_{\mathrm{i}}) = L^{\mathrm{out}}(R(P, \boldsymbol{\omega}_{\mathrm{i}}), -\boldsymbol{\omega}_{\mathrm{i}}) \qquad (29.11)$$

面向光子映射的光能传播方程为：

$$L^{\mathrm{out}}(Q, \boldsymbol{\omega}_{\mathrm{o}}) = L^{\mathrm{in}}(R(Q, \boldsymbol{\omega}_{\mathrm{o}}), \boldsymbol{\omega}_{\mathrm{o}}) \qquad (29.12)$$

将辐射度场划分为两部分还有其他优点。将辐射度场写为这种形式时，可以很自然地将该方程扩展到场景中所有的点 P，而不仅限于场景表面上的点——对于非表面上的点，可令 $Q = R(P, -\boldsymbol{\omega})$，并设

$$L(P, \boldsymbol{\omega}) = L^{\mathrm{out}}(Q, \boldsymbol{\omega}) \qquad (29.13)$$

以此定义 $(P, \boldsymbol{\omega})$ 处的辐射度。根据上式，光线在穿过真空时，途经各点的辐射度为恒定值。式(29.13)中采用 $L(P, \boldsymbol{\omega})$ 而不是 L^{in} 或 L^{out}，是因为对真空中的所有点，这两个函数取相同值（它们仅对 $\mathcal{M}$ 集合中的点有所区别）。

于是，绘制方程变为

$$L^{\mathrm{out}}(P, \boldsymbol{\omega}_{\mathrm{o}}) = L^{\mathrm{e}}(P, \boldsymbol{\omega}_{\mathrm{o}}) + \int_{\boldsymbol{\omega}_{\mathrm{i}} \in \mathbf{s}^2(p)} L^{\mathrm{in}}(P, -\boldsymbol{\omega}_{\mathrm{i}}) f_{\mathrm{s}}(P, \boldsymbol{\omega}_{\mathrm{i}}, \boldsymbol{\omega}_{\mathrm{o}}) |\boldsymbol{\omega}_{\mathrm{i}} \cdot \boldsymbol{n}_P| \, \mathrm{d}\boldsymbol{\omega}_{\mathrm{i}} \qquad (29.14)$$

加入透射后的绘制方程因考虑多种情况看上去复杂了许多。不过在实用中，这几乎没有影响。部分归因于第 32 章中用来刻画材质的受限光散射模型：表面点对光线的散射仅有少量脉冲型散射、漫散射或光泽型散射等模式（注意脉冲型散射是一种类似于镜面反射或斯涅耳-菲涅耳折射的现象，即沿一条光线入射到 P 点的光能只沿一条或两条光线散射出去）。特别地，一般化绘制方程中表示光线透射的那部分积分可退化为更简单的形式：将沿一条特定光线的入射辐射度乘以表面的透射率（代表光能被透射量的百分数），然后将结果添加到出射辐射度上。

29.4.1　度量方程

通常绘制器输入的是场景的描述，输出的是一幅图像（像素值矩阵数组）。每一像素的值可能是位于一定范围内的 RGB 值，也可能是单位为 $\mathrm{Wm}^{-2}\mathrm{sr}^{-1}$ 的 RGB 辐射度值，或其他值。一般地，一个具体的像素值代表的是某种度量过程的结果。例如，对于数码相机来说，像素红色分量的值代表 CCD 中相应单元所累计的电荷量；对于虚拟相机来说，它表示的可以是在成像平面上与图像像素相对应的矩形区域中对入射光红色波段光照度的积分，或在比该矩形区域稍大点的圆盘上对该光照度的加权积分（在这种情形下单条光线的辐射度对最终图像的贡献将超出一个像素）。为了实现这一思想，对每一个像素 ij，建立一个感知响应函数 M_{ij}，它将任意一条光线辐射度转化成可以用来对所有光线累计求和的数值，从而得到感知响应值。也就是说，将像素 ij 的度量函数 m_{ij} 设置为

$$m_{ij} = \int_{U \times \mathbf{s}^2} M_{ij}(P, \boldsymbol{\omega}) L^{\mathrm{in}}(P, -\boldsymbol{\omega}) |\boldsymbol{\omega} \cdot \boldsymbol{n}_P| \, \mathrm{d}P \mathrm{d}\boldsymbol{\omega} \qquad (29.15)$$

这里，U 为图像平面。上式为度量过程的形式化描述。上式仅当点 P 位于一个很小的区域且方向 $\boldsymbol{\omega}$ 在一个小立体角内时，M_{ij} 的值才非零。例如，一个针孔相机 $M_{ij}(P, \boldsymbol{\omega})$ 的值非零

当且仅当满足下面两个条件：

- 光线 $t \mapsto P + t\boldsymbol{\omega}$ 穿过针孔。
- 点 P 位于图像平面上与像素 ij 相对应的区域内。

在这种情况下，可将入射到点 P 的光线的辐射度 $L^{in}(P, -\boldsymbol{\omega})$ 乘以这条光线的感知响应值。

对于一个真实的物理传感器，感知响应即为**光通量响应率**，其单位为 W^{-1}。由于辐射度单位为 $Wm^{-2}sr^{-1}$，对区域面积和立体角进行积分后，度量函数值 m_{ij} 变成了无单位量。

典型的传感器 M_{ij} 可以表示为与像素 ij 无关的形式，例如，它可在表示像素的小的矩形区域内取值为 1，而在其他位置取值为 0。尽管取值为 1 的区域随着像素 ij 的位置而变化，但 M_{ij} 函数的形式并无改变。

在考察场景空间中光线经过的所有可能的路径时，从绘制角度看，有一些路径比其他路径更重要。显然，那些最终进入虚拟相机的光线比那些最终被场景中距离遥远或不可见的景物所吸收的光线更重要。此时，函数 M_{ij} 可以帮助我们决定哪些光线路径需要检测。因此，函数 M_{ij} 也叫**重要性函数**[Vea96]。

29.5　再谈散射

在引言中我们提到过两种类型的光线散射。第一种类似镜面散射：从 $\boldsymbol{\omega}_i$ 方向入射 P 点的光能经过一定的衰减后从 $\boldsymbol{\omega}_o$ 方向散射出去，衰减因子为 c，$0 \leqslant c \leqslant 1$。两个主要的镜面散射例子是镜面反射和斯涅耳折射。第二种散射类似漫散射，沿着某个方向的入射光朝所有方向的立体角散射（朝各个方向均匀散射，如朗伯反射，或各向不相等）。在第二种散射里，沿着 $-\boldsymbol{\omega}_i$ 方向的单一入射光朝每一方向 $\boldsymbol{\omega}_o$ 的出射辐射度均为无穷小；为了得到非零的出射辐射度值，我们需要对沿给定方向整个立体角范围内入射光线的散射辐射度进行累计，绘制方程中的积分准确地表达了这一过程。为了使积分公式同样适用于第一种散射，需要假设函数 f_s 可取类似于 δ 函数的"无穷大值"。

可以将入射辐射度转化为出射辐射度的过程看成一个操作 K，该操作取入射辐射度和散射函数作为输入变量，得到出射辐射度 $L^{out} = K(L^{in}, f_s)$，上面已经提到应将 f_s 写成 $f_s^0 + f_s^\infty$，f_s^0 为"有限部分"，f_s^∞ 为"脉冲部分"；将场辐射度和 f_s^0 结合在一起可以求得表面辐射度，这一过程可以表达成下面的积分式：

$$K(L^{in}, f_s^0)(P, \boldsymbol{\omega}_o) = \int_{\mathbf{s}^2} f_s^0(P, \boldsymbol{\omega}_i, \boldsymbol{\omega}_o) L^{in}(P, -\boldsymbol{\omega}_i) |\boldsymbol{\omega}_i \cdot \boldsymbol{n}| \, d\boldsymbol{\omega}_i \qquad (29.16)$$

当物体表面的材质不透明时（只存在反射），积分域为一个半球面，可用 f_r 代替 f_s。

入射辐射度与散射函数脉冲部分的结合具有以下形式：

$$K(L^{in}, f_s^\infty)(P, \boldsymbol{\omega}_o) = \sum_{\boldsymbol{\omega}_i \in H(\boldsymbol{\omega}_o)} f_s^\infty(\boldsymbol{\omega}_i, \boldsymbol{\omega}_o) L^{in}(P, -\boldsymbol{\omega}_i) \qquad (29.17)$$

其中，$H(\boldsymbol{\omega}_o)$ 为可导致 P 点朝 $\boldsymbol{\omega}_o$ 方向镜面散射的所有入射方向 $\boldsymbol{\omega}_i$ 的集合（有限集），$f_s^\infty(\boldsymbol{\omega}_i, \boldsymbol{\omega}_o)$ 表示将入射辐射度转化为出射辐射度的缩放常数，我们前面称之为**脉冲幅度**。

此处有点微妙。式(29.17)仅当 L^{in} 在 $(P, -\boldsymbol{\omega}_i)$ 处连续时才成立，否则 L^{in} 的值必须用一个极限来表示。在计算机图形学中，这个细节一般被忽略，因为几乎所有物理过程都涉及卷积运算，卷积生成的大都为连续函数。也就是说，从纯数学的角度，模型 L^{in} 也许有间断点，但是在真实世界中，体散射过程实际上是连续的。任何基于 L^{in} 不连续而生成的图像都非真实存在！

29.6　实例

考虑图 29-3 的情景，表面材质具有 50％的朗伯漫反射和 30％的镜面反射（剩余 20％的入射光被吸收）。下面我们计算在两种不同光照条件下从点 $P=(0,0,0)$ 发出的反射光。

1）表面受到来自 x 轴正向半空间的所有点的光照（见图 29-4），对所有满足 $\boldsymbol{\omega}_i \cdot \begin{bmatrix} 1 & 0 & 0 \end{bmatrix}^{\mathrm{T}} \geqslant 0$ 的 $\boldsymbol{\omega}_i$，其入射辐射度 $L^{\mathrm{in}}(P, -\boldsymbol{\omega}_i)$ 均为 $6\mathrm{Wm}^{-2}\mathrm{sr}^{-1}$。

2）表面受到球心位于 $Q=(1,1,0)$，半径 $r<1$ 的一个均匀辐射球的光照（见图 29-5），该光源的总能量为 10W。

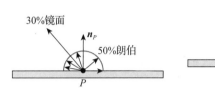 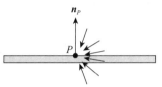 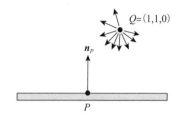

图 29-3　散射实例：50％为漫反射，30％为镜面反射，无透射　　图 29-4　来自 P 点右侧半空间的入射光　　图 29-5　点 P 受到位于 Q 点的各向均匀的微型球面光源的照射

我们将考察第二种情形中当 $r \rightarrow 0$ 时的结果。

针对每一种光照，我们分别计算表面在 P 点朝方向 $\boldsymbol{\omega}_o = S(\begin{bmatrix} -1 & 1 & 0 \end{bmatrix}^{\mathrm{T}})$ 的反射辐射度。

先讨论第一种情形。首先计算漫反射光：

$$L^{\mathrm{ref},0}(P, \boldsymbol{\omega}_o) = \int_{\mathbf{S}_+^2(P)} f_s^0(P, \boldsymbol{\omega}_o, \boldsymbol{\omega}_i) L(P, -\boldsymbol{\omega}_i)(\boldsymbol{\omega}_i \cdot \boldsymbol{n}_P) \mathrm{d}\boldsymbol{\omega}_i \tag{29.18}$$

将 $\boldsymbol{\omega}_i$ 转换成极坐标，$(x,y,z)=(\cos\theta\sin\phi, \cos\phi, \sin\theta\sin\phi)$，仅当 $x>0$，即 $\cos\theta>0$ 时，入射辐射度 $L(P, -\boldsymbol{\omega}_i)$ 非 0，因此可以将入射角限制在 $-\pi/2 \leqslant \theta \leqslant \pi/2$。类似地，由于只考虑反射光，可以进一步限制 $0 \leqslant \phi \leqslant \pi/2$。上述积分式变成：

$$L^{\mathrm{ref},0}(P, \boldsymbol{\omega}_o) = \int_{-\pi/2}^{\pi/2} \int_0^{\pi/2} f_s^0(P, \boldsymbol{\omega}_o, \boldsymbol{\omega}_i) L(P, -\boldsymbol{\omega}_i)(\boldsymbol{\omega}_i \cdot \boldsymbol{n}_P)\sin\phi\,\mathrm{d}\phi\,\mathrm{d}\theta \tag{29.19}$$

其中 $\sin\phi$ 项为积分变量转换为极坐标时引入的因子。在给定积分域内，L 的值恒为 6，故上述积分式变成：

$$L^{\mathrm{ref},0}(P, \boldsymbol{\omega}_o) = \int_{-\pi/2}^{\pi/2} \int_0^{\pi/2} f_s^0(P, \boldsymbol{\omega}_o, \boldsymbol{\omega}_i) 6\cos\phi\sin\phi\,\mathrm{d}\phi\,\mathrm{d}\theta \tag{29.20}$$

这里，我们用 $\cos\phi$ 替代点积 $\boldsymbol{\omega}_i \cdot \boldsymbol{n}_P$。最后 BSDF 的有限值部分为常数 $0.5/\pi\mathrm{sr}^{-1}$，所以朝 $\boldsymbol{\omega}_o$ 的反射辐射度变成：

$$L^{\mathrm{ref},0}(P, \boldsymbol{\omega}_o) = \int_{-\pi/2}^{\pi/2} \int_0^{\pi/2} \frac{0.5}{\pi} 6\cos\phi\sin\phi\,\mathrm{d}\phi\,\mathrm{d}\theta \tag{29.21}$$

$$= \frac{3}{\pi} \int_{-\pi/2}^{\pi/2} \int_0^{\pi/2} \cos\phi\sin\phi\,\mathrm{d}\phi\,\mathrm{d}\theta \tag{29.22}$$

$$= \pi\frac{3}{\pi} \int_0^{\pi/2} \cos\phi\sin\phi\,\mathrm{d}\phi \tag{29.23}$$

$$= \frac{3}{2}，因此 \tag{29.24}$$

$$L^{\mathrm{ref}}(P, \boldsymbol{\omega}_o) = \frac{3}{2} + I\mathrm{Wm}^{-2}\ \mathrm{sr}^{-1} \tag{29.25}$$

式 (29.25) 中 I 为脉冲型反射 (镜面反射) 辐射度, 由于表面反射率的 30% 为镜面反射, 故将入射辐射度 $6\mathrm{Wm}^{-2}\mathrm{sr}^{-1}$ 乘以系数 0.3 即可求得出射的镜面反射辐射度: $1.8\mathrm{Wm}^{-2}\mathrm{sr}^{-1}$。总的反射辐射度为 $(3/2+1.8)\mathrm{Wm}^{-2}\mathrm{sr}^{-1}=3.3\mathrm{Wm}^{-2}\mathrm{sr}^{-1}$。

也就是说, 对散射函数中脉冲散射的计算可从积分转化成与脉冲幅度相乘的简单运算。

现在来看第二种情形, 其照明光源为一个 10W 的辐射小球, 我们考察当入射光场 (点光源) 出现一个 "脉冲" 时 (光源半径逐渐趋于 0), 漫散射项和脉冲散射项分别如何变化。

在 26.7.3 节中曾提到, 半径为 r、总能量为 Φ 的均匀辐射圆球朝空间每个方向射出的辐射度为 $\Phi/[4\pi(\pi r^2)]$; 对距离 R 的点 P, 该辐射球所张立体角近似为 $\pi r^2/R^2$, 当 R 增大或 r 减小时, 该近似值将趋于精确。

通过积分来计算这个小的球面光源所生成的朗伯漫反射本质上与第一种光照情形是一样的, 不同之处在于, 前者是对 $\boldsymbol{\omega}_\mathrm{i}=[x \quad y \quad z]^\mathrm{T}$ 且 $x \geqslant 0$ 的半空间内所有入射方向进行积分, 而现在是取球面光源对朝点 P 所张立体角 Ω 内的入射方向进行积分, 即

$$L^\mathrm{r}(P,\boldsymbol{\omega}_\mathrm{o}) = \int_\Omega f_\mathrm{s}^0(P,\boldsymbol{\omega}_\mathrm{o},\boldsymbol{\omega}_\mathrm{i})L(P,-\boldsymbol{\omega}_\mathrm{i})(\boldsymbol{\omega}_\mathrm{i}\cdot\boldsymbol{n}(P))\mathrm{d}\boldsymbol{\omega}_\mathrm{i} + I \tag{29.26}$$

这里, I 跟前面一样代表脉冲型反射辐射度, f_s^0 仍恒等于 $0.5/\pi\,\mathrm{sr}^{-1}$ (为一个常量)。因 $\boldsymbol{\omega}_\mathrm{i}$ 位于光源朝向点 P 的立体角内, $\boldsymbol{\omega}_\mathrm{i}\cdot\boldsymbol{n}(P)$ 可以用 $\boldsymbol{u}\cdot\boldsymbol{n}(P)$ 很好地近似, 这里 $\boldsymbol{u}$ 是从点 P 指向球形光源球心 Q 的单位向量, 即 $\boldsymbol{u}=(\sqrt{2}/2)[1 \quad 0 \quad 0]^\mathrm{T}$。而表面在 P 点的法向量朝 y 轴正向, 所以该点积的值等于 $\sqrt{2}/2$。于是有

$$L^\mathrm{r}(P,\boldsymbol{\omega}_\mathrm{o}) \approx \frac{\sqrt{2}}{2}\frac{0.5}{4\pi}\int_\Omega L(P,-\boldsymbol{\omega}_\mathrm{i})\mathrm{d}\boldsymbol{\omega}_\mathrm{i} + I \tag{29.27}$$

由于光源朝每一条光线发射的辐射度都等于 $\Phi/[4\pi(\pi r^2)]$, 上式变为

$$L^\mathrm{r}(P,\boldsymbol{\omega}_\mathrm{o}) \approx \frac{\sqrt{2}}{4\pi}\frac{\Phi}{4\pi(\pi r^2)}\int_\Omega \mathrm{d}\boldsymbol{\omega}_\mathrm{i} + I \tag{29.28}$$

$$= \frac{\sqrt{2}}{4\pi}\frac{\Phi}{4\pi(\pi r^2)}\frac{\pi r^2}{R^2} + I \tag{29.29}$$

$$= \frac{\sqrt{2}}{4\pi}\frac{\Phi}{4\pi R^2} + I \tag{29.30}$$

由于 $R=\sqrt{2}$, $\Phi=10$, 最终得到朝 $\boldsymbol{\omega}_\mathrm{o}$ 的反射辐射度值为 $(5\sqrt{2}/(16\pi^2)+I)\mathrm{Wm}^{-2}\mathrm{sr}^{-1}$。注意式 (29.28) 的近似过程与半径 r 并无关联, 即使球型光源退化为点光源, 反射辐射度的值仍然不变。

反射辐射度的值为常数取决于两条假设: 可用 $\boldsymbol{u}\cdot\boldsymbol{n}(P)$ 近似表达 $\boldsymbol{\omega}_\mathrm{i}\cdot\boldsymbol{n}(P)$; 散射函数的有限值部分为常数。第一条的合理性是由于我们让光源半径 r 趋于 0; 第二条对一般的 BSDF 并不成立, 但是如果 f_s^0 连续 (如同对所有 BSDF 所做的假设), 则由积分均值定理, 我们要计算的积分等于

$$m(\Omega)\cdot f_\mathrm{s}^0(P,\boldsymbol{\omega}_\mathrm{o},\boldsymbol{\omega}_\mathrm{i}^*)L(P,-\boldsymbol{\omega}_\mathrm{i}^*)(\boldsymbol{\omega}_\mathrm{i}^*\cdot\boldsymbol{n}(P)) \tag{29.31}$$

其中 $\boldsymbol{\omega}_\mathrm{i}^*$ 为 Ω 中的某一方向。随着 Ω 逐渐趋于 0, $\boldsymbol{\omega}_\mathrm{i}^*$ 必定趋于 $\boldsymbol{u}$, 于是上式趋于

$$\pi(r/R)^2 f_\mathrm{s}^0(P,\boldsymbol{\omega}_\mathrm{o},\boldsymbol{u})L(P,-\boldsymbol{u})(\boldsymbol{u}\cdot\boldsymbol{n}(P)) \tag{29.32}$$

综上所述, 一个与点 P 距离为 R、总能量为 Φ 的点光源, 沿方向为 $\boldsymbol{\omega}_\mathrm{i}$ 入射到 P 点后, 所产生的朝 $\boldsymbol{\omega}_\mathrm{o}$ 方向的反射辐射度 (散射中非脉冲部分) 为

$$\frac{\Phi}{4\pi R^2}f_\mathrm{s}^0(P,\boldsymbol{\omega}_\mathrm{i},\boldsymbol{\omega}_\mathrm{o})\boldsymbol{\omega}_\mathrm{i}\cdot\boldsymbol{n}_P, \quad 对于\ \boldsymbol{\omega}_\mathrm{i}\cdot\boldsymbol{n}_P>0, \quad \boldsymbol{\omega}_\mathrm{o}\cdot\boldsymbol{n}_P>0 \tag{29.33}$$

最后，再考虑非常小的球形光源在 P 点产生的脉冲反射。光源上每一个点朝外发射的辐射度还是 $\Phi/[4\pi(\pi r^2)]$，由于 $\boldsymbol{\omega}_i$ 是 P 点指向光源的方向，故从方向 $-\boldsymbol{\omega}_i$ 入射的辐射度为 $\Phi/[4\pi(\pi r^2)]$；为了求出其沿镜面反射方向 $\boldsymbol{\omega}_o$ 的反射辐射度，我们用脉冲幅度 0.3 乘以入射辐射度，得到朝 $\boldsymbol{\omega}_o$ 的镜面反射辐射度为 $0.3\Phi/[4\pi(\pi r^2)]$。注意：这个值与光源半径 r 有关！随着 r 减小，光源朝每个方向发射的辐射度必然增加，以保持光源向外辐射的总能量不变，从而导致镜面反射辐射度也无限增加。如果我们尝试求一下极限，会发现其结果趋于 ∞，这个结果并不令人满意。

有几种方法可用来处理这个问题：

1）实际上，从眼睛发出的"光线"（视线）很少"刚好"交于一个点光源，即这是一个概率几乎为零的事件，即使这种事情发生，我们亦可忽略（连同它导致的无穷大值）。

2）在处理漫反射表面的反射时，点光源仍为点光源，但对于镜面反射，所有的点光源均具有非零的球面半径 r，其半径大小由人为设定。（不过，这使得我们所模拟的光线传播场景是内在矛盾的。）

3）假定点光源实际上是一个半径为 r 的小圆球，当场景中任意表面与点光源的距离远远大于 r 时，可以将该光源视为点光源来计算漫反射光并获得良好的近似结果。但在计算镜面反射光时仍采用半径 r。

4）注意，当场景中同时包含点光源和镜面反射时，为了处理方便，我们对两者都进行了物理上的近似，但其涉及的数学过程比较复杂。故而我们放弃设定其中任一种情况或同时放弃这两个设定。

上述方法各有其优点，但相对于方法 2，我们更愿意选择方法 3（虽然两者最后可能都对应同一程序）。在第 32 章，我们选择方法 1：即忽略对点光源的镜面反射。

29.7　求解绘制方程

读者自然会问，对于推导出来的绘制方程，怎样求解呢，即在已知场景几何、材质和光照的条件下，如何计算任意点 P 沿任意方向 $\boldsymbol{\omega}$ 的辐射度 $L(P, \boldsymbol{\omega})$？在讨论光线路径跟踪时我们曾展示了一些简单的求解方法，更一般化的方法将在接下来的三章中详细介绍。由于绘制方程的核心部分是积分，第 30 章首先讨论概率和蒙特卡罗积分，后面一章阐述绘制方程几种求解方法的思路，最后一章介绍了两种绘制器的实现，令人吃惊的是，与本章和下面三章的篇幅相比，这两个程序都非常短。这部分是由于程序中使用了一些库函数，如可视化测试、基本线性代数和材质表示等；另外也归功于基本的蒙特卡罗积分的简单性。

29.8　光线传播路径分类

在采用蒙特卡罗积分求解绘制方程时，我们将绘制方程中的积分分解成几个不同部分之和——譬如，有时将积分域分解为"可看见光源的方向"和"其他方向"，或将被积函数分解为有限值项和脉冲项之和，这种分解有利于在计算时对点光源和面光源或者镜面反射和漫反射做不同的处理。

由于处理方法的不同，有必要讨论光线从光源发出到接收点所经过的路径，或者其逆向路径（从视点出发，反向跟踪光线直至光源）。Heckbert[Hec90]创建了一套现已普遍接受的标记方式⊖：采用 L 表示光源，E 表示视点，S 表示镜面反射，D 表示漫反射。LDE 表

⊖　Hanrahan[JAF⁺01]把这套符号的发明归功于 Shirley，而 Shirley[Shi10]则称他不确定谁最先采用了这套符号。

示光线从光源发出，经过一个漫反射表面的散射，最后到达视点的路径。这里沿用了传统的正则表达式符号：＋表示"1 或多个"，∗ 表示"0 或多个"，? 表示"0 或 1"，括号"("表示分组，符号 | 表示逻辑"或"，如 $L(D|S)E$ 表示从光源发出的光线，经过一次漫反射或镜面发射到达视点的一次反射过程，LD^+E 表示光线传播途中经过了一次或多次的漫反射。

课内练习 29.1：（a）采用符号来描述以下路径：从光源发出的光线经过一次或多次漫反射，最后经过一次镜面反射，到达视点。

（b）一个基本的光线跟踪程序模拟的是从眼睛发出的视线经过多次镜面反射，最后经过 0 次或 1 次漫反射后到达光源的过程。用符号写出光线沿上述路径逆行从光源到视点的过程。

注意符号不仅揭示了光线传播的路径，还表示了光线传播过程中发生的一系列散射。在刚才讨论的半镜面例子中，从光源发出的光线可以经过一次镜面反射到达视点，也可以经过一次漫反射到达视点，这两种情况下光线传播的路径相同，而第一种情形标记为 LSE，第二种情形符号为 LDE。

符号有一些常见的扩展。Veach[Vea97]用符号 D 表示朗伯反射，G 表示任意形式的光泽型反射，S 表示理想镜面反射，T 表示透射。

我们可以根据视线跟踪的路径用符号来刻画各种绘制算法，见 Hanrahan[JAF$^+$01]：

- Appel 的光线投射算法：$E(D|G)L$。
- Whitted 的递归光线跟踪算法：$E[S^*](D|G)L$。
- Kajiya 的路径跟踪算法：$E[(D|G|S)^+(D|G)]L$。
- 辐射度算法：ED^*L。

递归光线跟踪算法考虑的是表面的漫反射或光泽型反射光经过一次或多次镜面反射到达视点。辐射度算法只考虑漫反射，Appel 的光线投射算法只考虑直接光照。

29.8.1 引人注目的视觉现象和光线传播

最后，我们讨论一下观察现实世界时常会留意的一些现象，以此作为本章的结尾。如果我们想合成出色的图像，这些现象必须有效地绘制出来。实际上，它们也为我们开发绘制算法提供了引导。

图 29-6　硬阴影

第一种现象是**阴影**（shadow）。图 29-6 显示了硬阴影效果，由一个立体角非常小的光源（太阳）生成，它缘于来自太阳的光照被物体的尖锐边界遮挡。图 29-7 显示的是软阴影效果，软阴影的形成有多种原因：如产生阴影的物体边界不清晰（如毛茸动物），即使位于点光源照射下，其阴影也无明确的边界。此外，如果遮挡物是一个非常小的物体，衍射效果可能占主导，从而使阴影变得柔和。但更多情况下，软阴影是由于受到非点光源的照射而生成的。如果受

图 29-7　软阴影

到光照的物体表面上某一区域内的点对光源上所有点均不可见，将形成**本影**；如果为光源上部分点可见，则形成**半影**；如果对光源上所有点全部可见，则无阴影生成。更准确地说：对于点 P 来说，点 P 位于半影区当且仅当 P 与光源之间的遮挡物发生移动时，P 点可见的光源表面点集有所变化。因此，假设 L 为一个典型的白炽灯光源，我们并不要求灯泡上的所有点对 P 均为可见，而只需要 P 点能看到的那些点实际上是可见的。

第二种现象是**边界线**，例如第5章谈及的轮廓线。物体与物体间的边界线、单个物体上不同材质间的边界线等都很显眼（阴影边界线也是边界线的一个例子）。

很多表面性质可通过光的反射来呈现。在点光源照射下，衍射物体（如图29-8中所示的CD表面）清楚地表现出它们的反射性质。即便在面光源下，反射光没那么聚焦，CD表面仍呈现出典型的彩虹图案（见图29-9）。磨光的金属表面则呈现拖长的高光（见图29-10），这些平行的磨光标志犹如池塘里的涟漪在月光照射下闪烁的波纹。

图29-8　点光源下的衍射效果

当然，还有很多常见的散射函数，光泽型材质器具高曲率的边缘呈现的高光亮线即为其中一例（见图29-11）。

偏振光现象一般不太明显，虽然戴过偏振光太阳镜的人都知道镜面反射光线大都是偏振的，因此可被太阳镜的偏振镜片所衰减。

图29-9　面光源下的衍射效果

焦散（caustics）（见图29-12）是由光通过曲面的反射或折射后聚焦而形成的明亮区域。其入射光通常来自点光源或像太阳这样的辐射立体角很小的光源。图29-13显示在更多的方向分散的光源照射下，焦散现象减弱甚至消失。

假设焦散主要是由于太阳光的照射，即入射光为平行光，此时的焦散亮斑通常出现在产生它的曲面的附近。图29-12给出了其中的原因：可以看到图中很多光线会聚于一个明亮的区域，但在这一区域之外，光线就发散了。由于焦散取决于光的聚焦，如果接受面离曲面足够远（位于该曲面的最大曲率半径之外），焦散就不会出现。通过研究曲面的**焦点**（表面法向聚集点），可判断在随机平行光照下，该曲面是否会在某个距离较远的物体上投射形成焦散亮斑。

图29-10　磨光金属表面上拖长的高光

图29-11　在太阳光下，书架边缘由于光泽型反射出现一条亮线

图29-12　太阳光下一杯水形成的焦散效果

图29-13　在分散光源照射下焦散效果消失

焦散效果还有另外一种形式：视线透过曲面后可能聚焦成一个点，或聚焦于一个小范围内的点集。放大镜就是基于这一现象设计的，但焦散现象也会出现在一些并非刻意设计的场景中。例如，图29-14中窗户的反光呈现出一些波动和扭曲，这是由于窗户玻璃表面的曲率造成的。

光线穿过透明介质会产生折射现象，如图29-15中笔的顶部和底部出现了偏移。空间连续性（例如，直线形状的物品看起来应该是直的，具有规则图案的物品在视觉上应该呈现规则性)很容易被留意，故折射所导致的视觉上的扭曲和变形也很容易被察觉。

如果你是在室内读这本书，那么你所看见的大部分光都已经过多次反射。为了证实这一点，你可以站在一个墙面粉刷过的空房间里，房间内有一个灯泡提供照明。如果在灯泡旁边放一块黑色的遮光板，房间的一部分将位于"阴影"区，但仍保持了相当高的明亮度。这种多重反射光的重要性并不能通过计算辐射光来准确地评价，因为人眼感知的对数特性：即使是相对较暗的区域，人眼也能看见；这些较暗的区域所接受的间接光照大都经过了多次反射/透射的衰减。虽然该区域仅有很少的光到达人眼，但我们依然能轻易地分辨表面上的一些细节，如房间暗处角落里地毯上的图案。

不过，这些暗区域的细节可能在其他较强光线下被遮掩。如图 29-16 所示，透过车窗户看到的景象被放在仪表盘上的白纸产生的反射光所遮盖。

图 29-14　窗户玻璃上扭曲的反 　　图 29-15　由于水对光线的折射 　　图 29-16　来自仪表盘上的反射
　　　　　　射图像 　　　　　　　　　　　　使原本连续的物体被 　　　　　　　　　　光模糊了窗外的景象
　　　　　　　　　　　　　　　　　　　　　　"折断"了

当你阅读绘制算法的有关章节时，脑子里一定要想着上面这些例子，问问自己：每个算法可以复现上面例子中提到的哪些现象。

29.9　讨论

本章的核心内容是反射率方程和光线传播，这两者结合构成了绘制方程和度量方程，而度量方程是图像合成过程的最后一步。同样重要的是将各种光线传播现象分解为"脉冲"和"有限值"项。这种分解可用于 BSDF，其中脉冲项包括镜面反射和斯涅耳折射；也可用于光源，其中点光源可视为一种光照明脉冲。由于脉冲项的存在，需要我们采用一种谨慎的方式处理积分。虽然可以采用蒙特卡罗方法来近似计算有限值项的积分（见下面几章），但对脉冲项的积分则必须另加处理。

光线传播的物理机制是图形绘制的理论基础，但仍有必要从人类感知的角度来研讨光线传播中的现象。在一个光照充足的房间里，一盏吊灯在墙面上投射形成一小条彩虹带在基于物理测量的全局光照计算中也许不算什么，但对于坐在房间里的人来说，这一特征足以吸引他的注意力。了解这些现象有助于我们知晓，在绘制中光线传播的哪些方面对人们判断合成图像的正确性影响更大。

29.10　练习

29.1　已知光线投射函数 R，试构建一个**可见性函数** $V: \mathcal{M} \times \mathcal{M} \rightarrow {0, 1}$，其中，$V(P, Q) = 1$ 表示线段 PQ 上的所有点均位于真空中，否则 $V(P, Q) = 0$；也就是说，$V(P, Q) = 1$ 当且仅当点 P、Q 间互相可见。根据以上定义，$V(P, P) \equiv 1$。假设现有机制可保证对所有点做等同测试。

概率和蒙特卡罗积分

30.1 引言

在学习绘制方法之前，我们先讨论蒙特卡罗（Monte Carlo）积分。首先快速回顾离散概率论的基本思想，然后将其扩展到定义于实数轴或单位球上的连续型概率，运用这些概念来描述如何对各种集合进行随机采样。之后介绍蒙特卡罗积分，通过在区间$[a,b]$上对一个函数的积分来展示所有的基本方法，最后讨论如何将积分域推广到半球面或整个球面上，以便通过对反射率方程的积分求得反射辐射度。

30.2 数值积分

先宏观地回顾一下随机方法在数值积分中的应用。有时我们需要对某些函数进行积分，而计算该函数的不定积分或不切实际或不可行。例如，反射率方程中的被积函数就无法找到与之对应的解析解。在这种情况下，数值方法往往是唯一可行的求解途径。数值积分方法分为两种：**确定性方法和随机方法**。下面来比较一下这两种方法。

为了求闭区间$[a,b]$上函数 f 的积分，典型的确定性方法（见图 30-1）是在闭区间$[a,b]$选取 $n+1$ 个均匀分布的点：$t_0=a$，$t_1=a+(b-a)/n$，…，$t_n=b$，这些点将整个区间分成 n 个区段，计算函数 f 在每个区段中点$(t_i+t_{i+1})/2$ 处的值并累加，再乘以每一个区段的宽度$(b-a)/n$。对充分连续函数 f，当 n 无限增大时，上面的结果将收敛于精确的积分值。对面积分亦有类似的求解方法，只需将表面均匀划分为小的矩形域即可。Press 等人在[Pre95]中对此做了讨论，并介绍了一些更复杂的确定性积分方法。

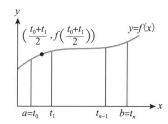

图 30-1　基于均匀分布采样的积分

采用概率或蒙特卡罗方法来估计 f 在$[a,b]$上的积分值的思想如下：设 X_1，…，X_n 为在闭区间$[a,b]$内选取的一批随机点，取 $Y=(b-a)\sum_{i=1}^{n}f(X_i)/n$。对不同分布的 X_1，…，X_n，计算 Y 的平均值，将其结果作为 $\int_{[a,b]}f$ 的积分值。在实现时，我们采用随机数生成器生成闭区间$[a,b]$上的 n 个随机点 x_i，计算 $y=(b-a)\sum_{i=1}^{n}f(x_i)/n$，$y$ 即为积分 $\int_{[a,b]}f$ 的一个近似估计，如图 30-2 所示。显然，每次得到的估计值是不同的，Y 的方差大小决定于函数 f 的形状。如果我们以非均匀的方式生成随机点 x_i，则需要对 Y 的计算公式稍做调整。采用非均匀分布的随机点有许多好处：在 $f(x)$ 取值大的地方多生成一些随机点，可迅速地减小估计值的方差。这种非均匀

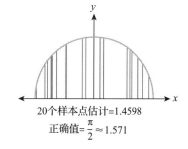

20个样本点估计=1.4598

正确值=$\frac{\pi}{2}\approx1.571$

图 30-2　基于 20 个样本点估计 $\int_{-1}^{1}\sqrt{1-x^2}$，其结果可作为正确积分值（$\pi/2\approx1.571$）的近似

采样方法叫**重要性采样**。图 30-3 展示了一个例子。

可以采用类似的方法来估计函数 f 在表面 R 区域上的积分。在 R 上选取一些均匀分布的随机点，计算 f 在这些点上的平均值，然后乘以区域 R 的面积。或者采用重要性采样，以非均匀的方式生成 R 上的随机点，计算 f 在这些点上的加权平均值，然后乘以区域的面积（重要性采样在面积分上的推广）。而我们应用数值积分方法主要是为了计算表面点 P 处向四周的散射光（即求解反射率方程），此时 R 为以点 P 为中心的球面或者位于其外侧的半球面区域。我们将在本章末对此进行讨论。

随机积分方法已成为研究绘制算法以及图形学其他内容的工具中的一部分。Press 等人的［Pre95］是本章讲述内容之外的主要参考资料。

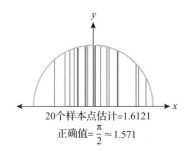

图 30-3　仍采用 20 个样本点，但样本点大多取在 $x=0$ 附近，并采用适当的加权计算各采样值的平均，所得结果可更好地逼近积分值

30.3　随机变量和随机算法

在过去的几十年里，绘制方法的主要转变是从确定性方法转向随机方法，下面讨论如何用随机方法求解绘制方程，这意味着将用到随机变量、数学期望、方差等，我们假设读者在此之前对这些知识已有所掌握。为了建立统一符号并为后面讲述连续和混合概率内容做准备，这里先回顾一下离散概率。讲述方式看起来可能不合常规，这是因为我们的目标不是分析某种已经存在现象的概率（如已知波士顿已经连续下了两天雨，分析明天下雨的概率），而是创建某种概率情景，其中某些可计算的值（如某随机变量的数学期望）正好与我们要求的某些积分值（如反射率积分）相等。这意味着要强调某些在基本的概率论课程中未被重点讲述的知识点。

我们经常发现，学生对如何将形式化的概率理论和实现概率思想的程序关联起来感到困惑，所以也会讨论一下这种联系。

对这些内容比较熟悉的读者可直接跳到 30.3.8 节。

30.3.1　离散概率及其与计算机程序的联系

一个**离散概率空间**是指一个非空的有限⊖集合 S 与一个实值函数 $p: S \rightarrow \mathbf{R}$，它满足以下两条性质：

1) 对任意的 $s \in S, p(s) \geqslant 0$；

2) $\sum_{s \in S} p(s) = 1$。

第一条性质称为非负性，第二条性质称为正则性。函数 p 称为**概率质量函数**，$p(s)$ 为 s 的概率质量（或非正式地，称为 s 的概率）。根据直觉，S 代表一系列试验结果的集合，$p(s)$ 为出现某个试验结果 s 的概率。例如，S 可以代表连续两次抛掷硬币出现正反面的所有四种结果的集合（hh，ht，th，tt），见图 30-4，如果硬币材质均匀，则每一结果出现的概率均为 1/4。

hh 1/4	ht 1/4
th 1/4	tt 1/4

图 30-4　由 4 个元素组成的概率空间，每个元素出现的概率相同，用分数表示

⊖　可数的无限集（如整数）通常为离散概率的研究对象，但我们不会涉及，此处只考虑有限集。

课内练习 30.1： 在一个离散概率空间(S, p)中，对任意的$s \in S$，有$0 \leqslant p(s) \leqslant 1$，请解释其原因。根据第一条性质，左边的不等号显然满足。那右边的不等号呢？

一个**事件**是指概率空间的一个子集。一个事件的**概率**(见图 30-5)等于组成该事件的所有元素的概率质量之和，即

$$\Pr\{E\} = \sum_{s \in E} p(s) \tag{30.1}$$

课内练习 30.2： 试证明，如果E_1和E_2分别为有限概率空间S中的事件，并且$E_1 \bigcap E_2 = \varnothing$，则$\Pr\{E_1 \bigcup E_2\} = \Pr\{E_1\} + \Pr\{E_2\}$。上述结论可推广到一般化情形，对任意的相互独立事件的有限集合，有$\Pr\{\bigcup_i^n E_i\} = \sum_{i=1}^{n} \Pr\{E_i\}$。有一个概率论公理为，在连续概率空间(如$[0, 1]$，$\mathbf{R}$)内，对无限但可计数的相互独立事件，上面的等式依然成立。

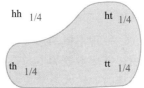

图 30-5　至少有一次反面朝上，该事件的概率为 3/4

随机变量是指将概率空间映射到某个实数集的函数，通常用大写字母标记：

$$X: S \to \mathbf{R} \tag{30.2}$$

该表述有启发性但也可能会引起误导。首先，上述函数X并非一个变量，它是一个实值函数。而且，它也不是随机数：对任意的$s \in S$，$X(s)$为单一的实数值。另一方面，X可作为一个模型来表示某个随机现象。举一个具体的例子，考虑前面提到的由四个元素组成的概率空间，在该空间可定义一个随机变量X，表示"有多少次硬币正面向上的情形"，或更确切地："字符串中包含 h 的次数"。可将随机变量X表示为

$$X(hh) = 2 \quad X(ht) = 1 \quad X(th) = 1 \quad X(tt) = 0 \tag{30.3}$$

该函数取实数值(0、1 或 2)，定义域为集合S，因此X为一个随机变量。如同这个例子，在本章中我们将用字母X表示几乎每一个随机变量。

随机变量也可以用来定义事件。例如，对于试验结果s，满足$X(s) = 1$的集合：

$$E = \{s \in S: X(s) = 1\} \tag{30.4}$$
$$= \{ht, th\} \tag{30.5}$$

是一个概率为 1/2 的事件，记为$\Pr\{X = 1\} = \dfrac{1}{2}$，也就是，我们用述语$X = 1$简记该述语所定义的事件。

下面为一段模拟该试验(采用上述方式表示)的代码：

```
1   headcount = 0
2   if (randb()): // first coin flip
3       headcount++
4   if (randb()): // second coin flip
5       headcount++
6
7   return headcount
```

这里假设 randb()是存在的，它返回一个布尔值，返回 true 的概率为 1/2。

当我们运行这段程序时，其返回值只能为 0、1 或 2 中的一个，而不会返回它们的任何一种组合。(当然，每运行一次，得到的结果可能是不同的)。这段模拟程序是怎样跟抽象的概率论联系在一起的呢？

它们的联系如下：

考虑上面程序所有可能的运行结果S，如果 randb()在两次运行中返回的值相等，则认为两次运行属相同运行。于是一共有四种可能的程序运行结果，分别为 TT、TF、FT

和 FF。根据经验和主观推断，这四种结果出现的概率是相等的，也就是说，如果我们运行该程序多次，每种结果出现的次数大致占总次数的 1/4。

依此类推：所有可能的程序运行结果及其对应的概率，组成了一个概率空间；其中依赖于 randb() 返回值的变量为随机变量。这是一种相当巧妙的数学建模。读者务必理解这一点。

一种不错的形式化方法是增加一个新的输入参数来取代程序中对 randb() 函数的调用，新增参数为由二进制位(0，1)组成的字符串。修改后的程序是**确定性的**；仅当调用该程序时，输入参数取一系列随机的二进制位，程序才变成随机的。在这种形式中，概率空间是作为额外参数输入的所有可能的二进制字符串的集合。

30.3.2 期望值

有限概率空间 S 上随机变量 X 的**数学期望**(也称为**期望值**或**均值**)可定义如下

$$E[X] = \sum_{s \in S} p(s) X(s) \tag{30.6}$$

在前面"连续两次抛掷硬币中正面出现的次数"试验中，其数学期望为

$$E[X] = p(\text{hh})X(\text{hh}) + p(\text{ht})X(\text{ht}) + p(\text{th})X(\text{th}) + p(\text{tt})X(\text{tt}) \tag{30.7}$$

$$= \frac{1}{4} \cdot 2 + \frac{1}{4} \cdot 1 + \frac{1}{4} \cdot 1 + \frac{1}{4} \cdot 0 \tag{30.8}$$

$$= 1 \tag{30.9}$$

如果我们运行抛掷硬币程序足够多次，虽然出现正面的次数有时为 0，有时为 1，有时为 2，但其平均值大致等于 1。

可以按以下思路改写式(30.7)：首先，对 X 可能取的每一个值(0、1 或 2)，计算 S 中符合该值的结果所占的比例。例如，对取值为 1 的情形，有 $X(\text{ht})=1$ 和 $X(\text{th})=1$，即 S 四项结果中有两项取该值，占 1/2。然后分别用 X 可取的每一个值乘以符合该值的结果在 S 中所占的比例，最后相加，得到

$$E[X] = \sum_{r=0,1,2} r \cdot \Pr\{X = r\} \tag{30.10}$$

$$= 0 \cdot \frac{1}{4} + 1 \cdot \frac{1}{2} + 2 \cdot \frac{1}{4} = 1 \tag{30.11}$$

上面这种形式常见于概率论的许多应用中，因为它只与 X 可能取的值及发生该值的概率相关，概率空间 S 并不直接出现。但在绘制应用中，我们不会采用这种形式。

尽管如此，函数 $r \mapsto \Pr\{X = r\}$ 和它在连续概率中的推广对我们来说，依然值得关注。注意到 r 定义于 X 的值域，而不是定义域。对于值域中的每一个值 r，该函数告诉我们 X 的结果中出现 r 的概率。该函数称为随机变量 X 的**概率质量函数**(pmf)，记为 p_X。

pmf 受人关注的一个原因是它可以加以推广，即通过 $Y: S \to T$，将概率空间映射到任意有限集合 T，而不仅仅是实值。对这样一个函数，定义

$$p_Y(t) = \Pr\{Y = t\}, \quad t \in T \tag{30.12}$$

函数 p_Y 为定义在 T 上的概率质量函数，(T, p_Y) 组成一个概率空间。

课内练习 30.3：(a) 我们如何判定 p_Y 为一个概率质量函数，即 p_Y 满足非负性和正则性吗？(b) 如果 $E \subset T$ 是一个事件，试根据式(30.12)证明在概率空间 (T, p_Y) 中事件 E 的概率由等式 $\Pr_T\{E\} = \Pr_S\{Y^{-1}(E)\}$ 给定。(这里 $Y^{-1}(E)$ 表示满足 $Y(s) \in E$ 的所有 $s \in S$ 的集合。)

前面已经以两种方式使用过术语"概率质量函数"：当提到概率空间 (S, p) 时，我们

称 p 为概率质量函数。但我们也将 pmf 描述为一个随机变量 $X:S{\to}\mathbf{R}$，甚至一个函数 $Y:S{\to}T$（映射到任意集合上）。下面说明这两种方式是一致的。考虑恒等函数 $I:S{\to}S:s{\mapsto}s$，由式(30.12)，有

$$p_I(t) = \Pr\{I = t\}, \quad t \in S \tag{30.13}$$

对一个确定的元素 $t\in S$，事件 $I=t$ 表示

$$\{s \in S:I(s) = t\} = \{s \in S:s = t\} = \{t\} \tag{30.14}$$

该事件的概率为事件中所有结果的概率质量之和，即 $p(t)$。因此，恒等映射的概率质量函数与概率空间的概率质量函数 p 是同一回事。

像 Y 这种将概率空间映射到某一集合 T（而不是实数集 $\mathbf{R}$）的函数有时候仍然称为随机变量。我们尤为感兴趣的情形是：Y 将单位正方形映射到单位球或上半球面，此时我们仍使用"随机点"这个术语，而采用字母 Y 表示随机点函数（就如用 X 表示本章中所有的随机变量一样）。

最后再介绍一个术语来结束本小节的内容。无论 Y 为随机变量还是从集合 S 到某一任意集合 T 的映射，函数 p_Y 都称之为 Y 的**分布**，或 Y 的分布服从于 p_Y。这一具有提示性的术语十分有用，以学生的考试分数为例，我们经常会说："考分分布在均值 82 分附近。"在本例中，概率空间 S 为学生的集合，且具有均匀的概率分布，考试分数是一个从学生集合 S 到 $\mathbf{R}$ 的随机变量，你将会经常看到符号 $X{\sim}f$，它表示"X 为随机变量，其分布为 f"，即 $p_X=f$。

30.3.3　数学期望的性质和相关术语

随机变量 X 的数学期望是一个常数，通常记为 $\overline{X}$。注意 $\overline{X}$ 亦可视为定义于 S 上的常量函数，所以 $\overline{X}$ 也是一个随机变量。

数学期望有两个最常用到的性质：$\mathrm{E}[X+Y]=\mathrm{E}[X]+\mathrm{E}[Y]$；对任意实数 c，有 $\mathrm{E}[cX]=c\mathrm{E}[X]$。简言之，数学期望是线性的。

> 数学期望和方差（稍后会介绍）均为高阶函数：它们的参数不是数字或点，而是函数，具体来说，为随机变量。
>
> $\mathrm{E}[X+Y]$ 表示随机变量 X 和 Y 的和（即函数 $s\mapsto X(s)+Y(s)$）的数学期望。这意味着，$X+X$ 表示函数 $s\mapsto X(s)+X(s)$。不过，如果 X 正好对应于一段类似于 `return randb(...)` 的程序代码，则不能通过 `X()+X()` 来实现 $X+X$：因为这两次生成的随机数可能为不同的值！

一般而言，当你阅读一段包含 randb 的程序时，你对程序的分析将涉及一个含 2^k 个元素的概率空间，这里 k 表示 randb 函数被调用的次数；概率空间里的每一个元素都有相同的概率质量。rand 函数也是如此：当调用函数 rand 时，位于 0 与 1 之间的任何一个数作为输出结果的可能性都相同。我们称 randb 为一个**均匀随机变量**，因为它返回的所有结果都具有均等的可能性。

注意，如果 randb()函数被调用的次数是变化的，则程序的概率空间中某些元素发生的概率会比其他元素更大。

课内练习 30.4：假设对前面的抛硬币程序进行修改：只有第一次抛硬币时结果为正面才抛第二次，如代码清单 30-1 所示。求这段代码的概率空间，并计算随机变量 headcount 的数学期望。

代码清单 30-1　在程序中，randb() 函数被调用 1 次或 2 次

```
1   headcount = 0
2   if (randb()): // first coin flip
3       headcount++
4       if (randb()): // second coin flip
5            headcount++
6   return headcount
```

随机变量 X 的值可能聚集在平均值 $\overline{X}$ 附近，也可能很分散。分散程度可采用**方差**来度量，方差等于 $X(s) - \overline{X}$ 的离均差平方和的平均，可正式表示为

$$\mathrm{Var}[X] = \mathrm{E}[(X - \overline{X})^2] \tag{30.15}$$

或简化为 $\mathrm{E}[X^2] - \mathrm{E}[X]^2$（见练习 30.9）。

方差的单位等于 X 单位的平方，方差的平方根（即**标准差**）的单位与 X 的单位相同。作为一个有用的经验法则，X 所有值的四分之三都落在以 $\overline{X}$ 为中心的 2 倍标准差区间内。

方差不满足线性。但是对任意的实数 c 和 d，有 $\mathrm{Var}[cX + d] = c^2 \mathrm{Var}[X]$。

随机变量 X 和 Y 称为**相互独立**的，如果

$$\mathrm{Pr}\{X = x \quad \mathrm{and} \quad Y = y\} = \mathrm{Pr}\{X = x\} \cdot \mathrm{Pr}\{Y = y\} \tag{30.16}$$

对任意的 $x \in \mathbf{R}$，$y \in \mathbf{R}$ 均成立。例如，在前面连续两次抛掷一枚均匀硬币的试验中，如果 X 表示第一次抛掷出现正面的次数（0 或 1），Y 表示第二次抛掷出现正面的次数（0 或 1），显然 X 与 Y 是相互独立的，两次抛掷硬币都出现正面的概率为 1/4。另一方面，变量 X 与 X 明显不相互独立。一般而言，我们假设调用 randb() 或 rand() 或其他类似函数所得到的值均对应于相互独立的随机变量。

如果 X 和 Y 相互独立，则它们满足以下两条重要性质：

- $\mathrm{E}[XY] = \mathrm{E}[X]\mathrm{E}[Y]$
- $\mathrm{Var}[X + Y] = \mathrm{Var}[X] + \mathrm{Var}[Y]$

再回到前面的抛掷硬币的试验及相关程序，该程序通过调用一个随机数生成器 randb()，来生成两个随机变量的值，这些值称为这两个随机变量的样本。具体来说，randb() 函数可以产生一长串随机的 0 和 1，且生成 0 和 1 的概率相等，我们只不过是从这一长串的 0 和 1 中取出两段而已。

这两个样本因此是相互独立的，并且由于它们来自相同的分布函数（randb()），属于**同分布**。这样的随机变量很常见，我们称之为**独立同分布**（记为 iid）的随机变量。

30.3.4　连续型概率

前面讲过的离散概率的整个框架可类推到可数的无限集，不过推广时需要小心，因为会涉及无限序列的和及其收敛性，需要加以讨论。尽管这种情形在计算机图形学中不大受关注，但不可数无限集（如单位区间、单位正方体）上的概率问题却反复出现。我们将可以求出定积分的不可数无限集称为**连续统一体**，且用**连续统一体概率**与前面讨论的离散概率相对照。有些书上采用的术语是："**连续概率**"，但是由于我们希望能将连续函数和不连续函数一并讨论，所以更倾向于选取"连续统一体概率"（简称连续型概率）。针对连续体，我们将着重分析包含 rand 函数（返回区间 $[0,1]$ 上均匀分布的随机数）函数的程序。有以下三个难点：

1）rand 函数实质上并非生成 $[0,1]$ 上的实数，而是生成其中一个很小的子集的浮点表示。

2）某些方面的分析涉及数学上的一些微妙性质，如可测量性。

3）概率空间为无限大，需要讨论的是概率密度而非概率质量。

我们通常会忽略难点 1 和 2，因为它们在实际应用中基本没有影响。而难点 3 却是关键的。

作为研究的动因，看一下另一个样本程序。为了尽可能地使代码具有可读性，我们在程序中避免使用 rand()，而是写成 uniform(a,b)，表示随机生成一个位于 a 和 b 之间对应均匀分布概率的实数，其具体实现为 a+(b-a)*rand()。

```
1    u = uniform(0,1); // a random real between 0 and 1
2    w = √u
3    return w
```

在接下来的几页里，我们将讨论与这一程序相关的样本空间，概率密度的概念以及随机变量、数学期望的定义，最后计算 w 的数学期望。

首先，在连续体情况下，概率空间 (S,p) 由集合 S 和概率密度函数 p 组成，S 为积分区间，如实数轴、单位区间、单位正方体、上半球面、全球面等，p 为**概率密度函数**，p：$S \to \mathbf{R}$（见图 30-6），它满足以下两条性质：

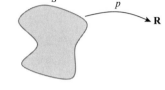

- 非负性：对所有的 $s \in S$，有 $p(s) \geqslant 0$。

- 正则性：$\int_S p = 1$。

图 30-6　连续统一体 S 具有密度函数 p，该函数为 S 中的每一点赋予一密度值

第二条性质表示 p 在整个 S 上的积分为 1，无论 S 为一维区间，如 $[a,b]$，还是二维区域，如单位正方形，都成立。对前者，$\int_a^b p(s)\,\mathrm{d}s=1$；对后者，

$$\int_0^1 \int_0^1 p(x,y)\mathrm{d}y\mathrm{d}x = 1 \tag{30.17}$$

大部分情况下，我们的概率空间都是区间或球面，当用常数函数 1 对它们进行积分时，所得结果为某个有限值，称其为 S 的大小，记为 size(S)。此时，概率密度函数为常数，其值为 $1/\text{size}(S)$，称为**均匀密度**。注意在实数轴上无均匀密度。

对离散情形，正则性意味着求和；而对连续体情形，则需要进行积分。读者可能认为这里的概率密度就是离散情形中的概率质量，其实它们是完全不同的，下面的课内练习即可说明这一点。一个恰当的解释是概率密度表示 S 中每一单位上的概率。因此，在有单位量纲的情况下，概率和概率密度的区别在于两者的单位不同（即长度、面积、体积）。

课内练习 30.5：设 $S=[0,1]$，$p(x)=2x$。试通过检查 p 是否满足上述两条性质来证明 (S,p) 为一个概率空间。注意到 $p(1)=2$，概率密度函数的值可能大于 1，而概率质量永远小于等于 1。

回到前面讨论的程序，执行程序得到的所有可能的结果是无限的$^{\ominus}$：事实上，$[0,1]$ 上的每一个实数都对应于一个执行结果。故可认为概率空间为 $S=[0,1]$（单位区间），又由于 uniform(0,1) 返回每一个值的概率都相等，所以 S 取均匀概率密度，即对所有的 $x \in [0,1]$，$p(x)=1$。

如同离散概率情形，**随机变量**表示将 S 映射为 $\mathbf{R}$ 的函数 X，**事件**为 S 的一个子集，我们将更为关注 $a \leqslant X \leqslant b$ 上的事件，式中 X 为随机变量。

　　事实上，并非 S 的每一个子集都是事件，而只限于"可测量"的子集。实质上，一个不可测的集合是无法用数学符号表示的，自然在一般计算机运算中也不可能遇到，所以我们直接忽略这一细节。如果你愿意，可假设事件严格约束在区间、矩形域或其他比较容易积分的集合上。

　　$\ominus$　这里我们假想随机数生成器返回的是实数值，而不是它们的浮点表示。

概率空间 (S, p) 上的一个事件 E 的概率等于概率密度 p 在 E 上的积分，犹如离散空间中一个事件的概率等于事件包含的所有点的概率质量之和。

概率空间 (S, p) 上一**随机变量 X 的数学期望**定义如下：

$$\mathrm{E}[X] := \int_{s \in S} X(s) p(s) \mathrm{d}s \tag{30.18}$$

与离散情形类似，期望值是线性的。

课内练习 30.6：(a) 设 S 为一具有均匀密度的概率空间，证明随机变量 X 的数学期望为 $\mathrm{E}[X] = \dfrac{1}{\mathrm{size}(S)} \displaystyle\int_{s \in S} X(s) \, \mathrm{d}s$。

(b) 设 Z 为闭区间 $[a, b]$ 上具有均匀密度的随机变量，试求 Z 的数学期望。

现在将数学期望的记号引入前面的代码例子中。程序中的变量 u 对应于闭区间 $[0, 1]$ 上的随机变量 U。类似地，变量 w 对应于随机变量 $W = \sqrt{U}$，根据定义，W 的数学期望为：

$$\mathrm{E}[W] = \int_0^1 W(r) p(r) \mathrm{d}r \tag{30.19}$$

$$= \int_0^1 \sqrt{r} \, \mathrm{d}r = \frac{2}{3} \tag{30.20}$$

这一结果符合直觉：变量 U 均匀分布于 $[0, 1]$，其数学期望值为 $1/2$，而对任意的实数 $0 < u < 1$，有 $u < \sqrt{u}$，故任意数的均方根比它们的均值大，据此可预测 W 的数学期望比 $1/2$ 大。

30.3.5 概率密度函数

与 30.3.2 节描述的离散空间中随机变量的概率质量函数相对应，现在建立连续体上随机变量的概率密度函数。

考虑随机变量 X，对于它在区间 $a \leqslant X \leqslant b$（或集合 $\{s : a \leqslant X(s) \leqslant b\}$）上的事件，通常存在一个**概率密度函数**（或称为**密度**或**分布**）p_X，并且

$$\mathrm{Pr}\{a \leqslant X \leqslant b\} \int_a^b p_X(r) \mathrm{d}r \tag{30.21}$$

我们暂时只考虑存在概率密度函数的随机变量。

从直觉来说，随机变量的概率密度函数 p_X 可理解为：对于一个很小的值 Δ，$p_X(a)\Delta$ 近似等于 X 位于一个中心点为 a、长度为 Δ 的区间（即 $[a - \Delta/2, a + \Delta/2]$）内的概率。当 $\Delta \to 0$ 时，逼近精度越来越高。

课内练习 30.7：试解释：如果 X 为概率空间 S 上的一个随机变量，概率密度函数为 p_X，则 $\displaystyle\int_{-\infty}^{+\infty} p_X(r) \mathrm{d}r = 1$。

如同离散情形，如果 S 为一个连续体的概率空间，其概率密度函数为 p，且

$$Y : S \to T \tag{30.22}$$

我们可用 Y 表示定义在 T 上的概率密度（见图 30-7）。下面的讨论集中于 Y 为可逆函数的特殊情形，虽然其结果同样可用在 Y "几乎可逆"的例子中，就像球面的经纬度参数化，其不可逆的区域的大小为 0。在这一例子中，如果我们忽略国际日期变更线上的点，参数

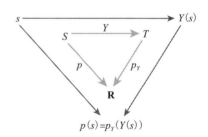

图 30-7 根据密度函数 p_Y 的定义，从任一点 $s \in S$ 出发，无论你沿着哪一条路径跟踪箭头，都会得到相同的结果：$p(s) = p_Y(Y(s))$

化为 $1-1$，国际日期变更线的"大小"为 0（这里"大小"表示表面面积）。

类似于离散情形，定义

$$p_Y(t) = p(Y^{-1}(t)) \tag{30.23}$$

再回到前面的程序例子中，变量 U 的 pdf 函数为

$$p_U : [0,1] \rightarrow \mathbf{R} : r \mapsto 1 \tag{30.24}$$

很明显它在区间 $[0,1]$ 上积分值为 1。

　　对 $[0,1]$ 上一个指定值，如 $r=0.3$，$U=r$ 的概率为 $\int_r^r p_U(r)\mathrm{d}r = \int_r^r 1\mathrm{d}r = 0$。直观地，如果我们要在 $[0,1]$ 上取一个随机数，则拾取到某一个指定值的概率为 0。尽管如此，我们确实得到了某个数。这就说明互不相交事件（这些事件为"选取点 0.134""选取点 $\pi/13$"等无限个类似事件）并集的概率不等于每一个具体事件的概率之和。当我们从有限集拓展到无限集后，之前一些关于概率的直觉出错了。

变量 W 的 pdf 并不明显。显然，作为 W 的输出，那些接近 0 的值出现的概率比接近 1 的值的概率小，到底是什么模式呢？答案显然不等于 U 的 pdf 的平方根。我们寻找具有以下性质的函数 p_W

$$\Pr\{a \leqslant W \leqslant b\} = \int_a^b p_W(r)\mathrm{d}r \tag{30.25}$$

式（30.25）的左边表示事件 $a \leqslant W \leqslant b$，将它重写为

$$\{a \leqslant W \leqslant b\} = \{s \in [0,1] : a \leqslant W(s) \leqslant b\} \tag{30.26}$$

$$= \{s \in [0,1] : a \leqslant \sqrt{s} \leqslant b\} \tag{30.27}$$

$$= \{s \in [0,1] : a^2 \leqslant s \leqslant b^2\} \tag{30.28}$$

最后一个事件（式（30.28））的概率为 $b^2 - a^2$（为什么？），于是我们需要找到一个函数 p_W 满足性质：对任意的 $a, b \in [0,1]$

$$\int_a^b p_W(r)\mathrm{d}r = b^2 - a^2 \tag{30.29}$$

经过简单的微积分计算，得到 $p_W(r) = 2r$（见练习 30.4）。

随机变量的概率可推广到随机点。假设 S 是一个概率空间，$Y : S \rightarrow T$ 表示 S 到另一个概率空间 T（不是实数集）的映射，我们将 Y 称为一个"随机点"而不是一随机变量。此处同样可以采用概率密度的概念，但需要考虑任意集合 $U \subset T$，而不是任意区间 $[a,b] \subset \mathbf{R}$；如果对每一个（可测量）子集 $U \subset T$，都有

$$\Pr\{Y \in U\} = \int_{u \in U} p_Y(u)\mathrm{d}u \tag{30.30}$$

则称 p_Y 为随机变量 Y 的 pdf。

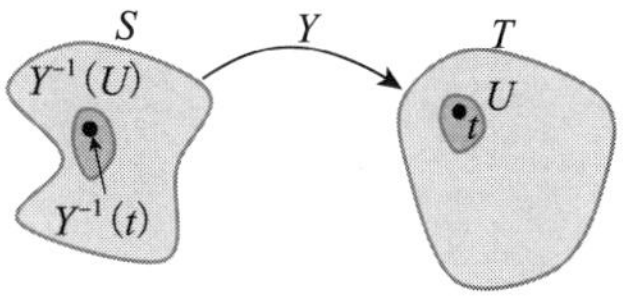

事实上，如果已知映射 Y，通过引入一个与前面找 p_W 用的参数完全类似的参数，计算 p_Y 是很容易的。

假设 S 具有均匀的概率密度（见图 30-8），则 $Y \in U$ 的概率等于集合 $Y^{-1}(U) \subset S$ 的概率，它等于集合 $Y^{-1}(U)$ 的大小除以 S 的大小。

如果 p_Y 是连续的，则可直接计算 p_Y。当 U 为点 $t \in T$ 的一个非常小的邻域时，式（30.30）的右边等于

图 30-8　$U \subset T$ 的概率等于 $Y^{-1}(U) \subset S$ 的大小除以 S 的大小

$$\int_{u \in U} p_Y(u)\mathrm{d}u \approx \mathrm{size}(U) p_Y(t) \tag{30.31}$$

另一方面，式(30.30)的左边等于上面给出的比值，即

$$\frac{\text{size}(Y^{-1}(U))}{\text{size}(S)} = \text{size}(U)\, p_Y(t)，\text{因此} \tag{30.32}$$

$$p_Y(t) \approx \frac{\text{size}(Y^{-1}(U))}{\text{size}(U)}\frac{1}{\text{size}(S)} \tag{30.33}$$

式(30.33)右边的第一项为 Y^{-1} 引起的 U 的面积变化的近似，由 Y^{-1} 在点 t 处的雅可比行列式的值给定。当 U 为 $Y(t)$ 的邻域且面积不断收缩时，取其极限，得到

$$p_Y(t) = |(Y^{-1})'(t)| \frac{1}{\text{size}(S)} \tag{30.34}$$

正如在离散情形一样，我们用 p_Y 表示概率空间 T 的概率密度，或作为随机点 Y 的概率密度函数。

同理，假设恒等映射 $\iota{:}S \to S{:}s \mapsto s$，则 $p_\iota = p$，概率密度函数的两种概念——用于定义连续体概率空间的概率密度和这一空间内一个随机变量的概率密度——事实上是一致的。

最后，我们再次用符号 $X \sim f$ 表示"X 为一个随机变量，其分布服从于 f"，在连续体情形中即 $p_X = f$。我们将要反复用的一个标准分布函数为 $U(a,b)$，它表示区间 $[a,b]$ 上的均匀分布，可表示为常数函数 $1/(b-a)$。你会经常看到这种形式的语句"假设 $X, Y \sim U(0,\pi)$ 为两个均匀随机变量……"

30.3.6　球面域上的应用

我们将上一节的方法应用于球面域 $\mathbf{S}^2$ 的经纬度参数化，即

$$Y{:}[0,1]\times[0,1] \to \mathbf{S}^2{:}(u,v) \mapsto (\cos(2\pi u)\sin(\pi v), \cos(\pi v), \sin(2\pi u)\sin(\pi v))$$

$$\tag{30.35}$$

首先取 $[0,1]\times[0,1]$ 上均匀概率密度函数 p，即对任意的 u，$v \in [0,1]$，$p(u,v)=1$。为了书写上的便利，记 $(x,y,z)=Y(u,v)$。

根据直觉，如果在单位正方形上随机均匀地取点，然后通过 f 将这些点映射到单位球面上，在球的两极将会聚集大量的点。（如果你对此有所怀疑，可编写个小程序验证一下。）这说明映射后 T 上的概率密度不是均匀的。

根据上一节的结论：

$$p_Y(x,y,z) = \frac{1}{|Y'(u,v)|} p(u,v) \tag{30.36}$$

$$= \frac{1}{|Y'(u,v)|} \tag{30.37}$$

而 Y 的面积改变因子（见图 30-9）为

$$|Y'(u,v)| = 2\pi^2 |\sin(\pi v)| \tag{30.38}$$

$$= 2\pi^2 \sqrt{1-\cos(\pi v)^2} \tag{30.39}$$

$$= 2\pi^2 \sqrt{1-y^2} \tag{30.40}$$

于是

$$p_Y(x,y,z) = \frac{1}{2\pi^2 \sqrt{1-y^2}} \tag{30.41}$$

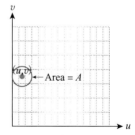

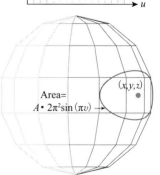

图 30-9　球面参数域小区域 A 在球面上对应区域的面积为 $A \times 2\pi^2\sin(\pi v)$

由式(30.41),采样点位于球面上以(x,y,z)为中心的一个小盘形区域A的概率近似等于$A/(2\pi\sqrt{1-y^2})$。

30.3.7 一个简单的例子

设U为$[0,1]\times[0,1]$上的均匀分布随机变量,现在要将它映射为$[0,2\pi]\times[0,1]$上的均匀分布随机变量,则需定义$V(a,b)=U(a/(2\pi),b)$。U的概率密度函数为

$$p_U:[0,1]\times[0,1]\to\mathbf{R}:(x,y)\mapsto1 \tag{30.42}$$

于是,V的概率密度函数为

$$p_V:[0,2\pi]\times[0,1]\mapsto\mathbf{R}:(x,y)\mapsto\frac{1}{2\pi} \tag{30.43}$$

(简略证明:由于V服从均匀分布,V的pdf为常数。该常数在V的定义域上的积分等于1,所以V的pdf等于$1/(2\pi)$。)

代码表示如下:

```
1   x = uniform(0, 1);
2   y = uniform(0, 1); // U = (x, y)
3   x' = 2 * π * x;
4   y' = y;           // V= (x', y')
5   return (x', y')
```

上述代码中并未提到pdf,但这并不影响我们对代码进行分析。

30.3.8 在光线散射中的应用

能方便地按照某种分布进行采样(生成许多相互独立且符合同一分布的随机变量)对于图形绘制十分关键。在计算反射率积分的过程中,需要在正半球面上随机地选取一个反射方向$\boldsymbol{\omega}$,并使采样的概率密度$\boldsymbol{\omega}\mapsto f_r(\boldsymbol{\omega}_i,\boldsymbol{\omega})$(式中第一个参数表示入射方向,取为常数)正比于表面的双向反射率分布函数(BRDF)(注意该函数通常并不能作为半球面上的概率密度函数,因其积分不等于1)。不过,在半球面上根据与某个函数的比例进行采样有时并不方便。

现在来考察两个可直接采样的例子。

例1:朗伯型BRDF 我们只需在上半球面上随机均匀地选取一方向即可(采样方向位入任一立体角$\Omega\subset\mathbf{S}_+^2$中的概率应正比于$\Omega$的整体立体角)。事实上,由于上半球面的面积等于$2\pi$,只需使采样方向位入任一立体角$\Omega$的概率等于$m(\Omega)/(2\pi)$。

幸运的是,如26.6.4节所示,从沿y轴方向的单位圆柱面到单位球面的映射

$$g:(x,y,z)\mapsto(x\sqrt{1-y^2},y,z\sqrt{1-y^2}) \tag{30.44}$$

是保面积的(但不保长度或角度)。取半圆柱面

$$H=\{(x,y,z):x^2+z^2=1,0\leqslant y\leqslant1\} \tag{30.45}$$

即可得到从H到$\mathbf{S}_+^2$的保面积映射。而下述映射

$$f:[0,1]\times[0,1]\to H:(u,v)\mapsto(\cos(2\pi u),v,\sin(2\pi u)) \tag{30.46}$$

则将面积扩大了2π倍,读者可以计算雅可比行列式来验证。复合函数$Y=g\circ f$表示从单位正方形到$\mathbf{S}_+^2$的映射,且面积扩大2π倍。Y在$\mathbf{S}_+^2$上的概率密度为常量函数$1/(2\pi)$。

在代码清单30-2所示的程序中,返回值为上半球面上的一个随机点,采样的概率密度为$1/(2\pi)$。

代码清单 30-2　生成上半球面服从均匀随机分布的样本

```
1   Point3 randhemi()
2     u = uniform(0, 1)
3     v = uniform(0, 1)
4     r = sqrt(1 - y*y)
5     return Point3(rcos(2πu), y, rsin(2πu));
```

例 2：半球面上的余弦加权采样　现在假设要在半球面上采样，而且希望从半球面上点 $\boldsymbol{\omega}$ 的邻域中采样的概率正比于 $\boldsymbol{\omega} \cdot \boldsymbol{n}$，这里 $\boldsymbol{n} = \begin{bmatrix} 0 & 1 & 0 \end{bmatrix}^{\mathrm{T}}$ 为垂直于半球面底平面（xz 平面）的单位向量。若 $\boldsymbol{\omega} = \begin{bmatrix} x & y & z \end{bmatrix}$，则 $\boldsymbol{\omega} \cdot \boldsymbol{n}$ 的值即为 y。

注意函数 $(x, y, z) \mapsto y$ 并不是上半球面的 pdf（概率密度函数），因为它的积分等于 π，而不等于 1，其 pdf 为 $(x, y, z) \mapsto y/\pi$。现在根据这一 pdf 进行采样（也就是说选取随机点 Y，使其分布符合该 pdf）。由于径向投影是一种保面积的映射，可以先在半圆柱面上按照 y/π 的概率密度选取一个随机点，然后将其投射到半球面上。

因为概率密度与圆柱面的角度坐标无关，我们只需生成 $y \in [0,1]$。由式（30.26），如果 U 在 $[0,1]$ 内均匀分布，则 $W = \sqrt{U}$ 为线性分布，即 W 在 $t \in [0,1]$ 上的概率密度函数为 $2t$。

代码清单 30-3 显示了结果代码。

代码清单 30-3　在上半球面上生成服从余弦分布的随机样本

```
1   Point3 CosRandHemi()
2     θ = uniform(0, 2 * M_PI)
3     s = uniform(0, 1)
4     y = sqrt(s)
5     r = sqrt(1 - y²)
6     return Point3(rcos(θ), y, rsin(θ))
```

综上所述，按均匀分布或余弦加权分布对表面进行采样是方便的，而按照一般分布提取样本点就不那么容易了。当我们设计光线反射模型（即与观测数据较为吻合的 BRDF 系列模型）时，其中一个评判准则就是它的吻合程度："这类模型是否包含了能较好吻合观测数据的函数？"另一评判准则是："一旦与观测数据匹配，能否根据所得分布实现高效采样？" Lawrence 等人[LRR04]指出了这两个准则之间的关联性，他们还提出一个基于因子分解的 BRDF 模型，非常适合进行重要性采样。

30.4　再谈连续型概率

现在介绍计算连续型随机变量数学期望的方法，并用这些方法计算积分值。这些方法之所以重要是因为在图形绘制中，希望估计以下反射率积分的值

$$L^{\mathrm{ref}}(P, \boldsymbol{\omega}_{\mathrm{o}}) = \int_{\boldsymbol{\omega}_{\mathrm{i}} \in \mathbf{s}_{+}^{2}} L(P, -\boldsymbol{\omega}_{\mathrm{i}}) f_{\mathrm{s}}(P, \boldsymbol{\omega}_{\mathrm{i}}, \boldsymbol{\omega}_{\mathrm{o}}) \boldsymbol{\omega}_{\mathrm{i}} \cdot \boldsymbol{n} \mathrm{d}\boldsymbol{\omega}_{\mathrm{i}} \tag{30.47}$$

其中 P 和 $\boldsymbol{\omega}_{\mathrm{o}}$ 可取不同的值。如能知道如何构造一个随机变量使其数学期望值正好等于该积分的值对求解上式将大有帮助。

我们已经看到，在前面生成在 $[0,1]$ 上均匀分布的随机数的代码中，取该随机数的平方根将得到 $[0,1]$ 上的一个值，其数学期望为 $2/3$，恰好等于 $f(x) = \sqrt{x}$ 在 $[0,1]$ 上的平均值。当然这并非巧合，如下面定理所述：

定理： 如果 $f: [a,b] \to \mathbf{R}$ 是一个实值函数，$X \sim U[a,b]$ 为闭区间 $[a,b]$ 上的一个均匀

随机变量，则随机变量 $(b-a)f(X)$ 的数学期望为

$$E\big[(b-a)f(x)\big] = \int_a^b f(x)\mathrm{d}x \tag{30.48}$$

这是一个非常重要的结论！这说明只要运行这一代码足够多次然后求结果的平均，即可用随机算法来计算积分的值。本章的余下部分将详述这一结论并尝试改良它。

定理的证明很简单。X 的 pdf 为 $p_X(x)=1/(b-a)$，所以 $(b-a)f(X)$ 的数学期望等于

$$E\big[(b-a)f(X)\big] = \int_a^b (b-a)f(x)\,p_X(x)\mathrm{d}x \tag{30.49}$$

$$= \int_a^b (b-a)f(x)\,\frac{1}{b-a}\mathrm{d}x \tag{30.50}$$

$$= \int_a^b f(x)\mathrm{d}x \tag{30.51}$$

代码清单 30-4 为相应的程序。

代码清单 30-4　估算实值函数 f 在区间 $[a,b]$ 上的积分

```
1   integrate1(double *f (double), double a, double b):
2      // estimate the integral of f on [a, b]
3      x = uniform(a, b) // a random real number in [a, b]
4      y = (*f)(x) * (b - a)
5      return y
```

该程序的返回值 y 是一个随机变量，可作为 f 积分的一个估计值。估计的平均质量由 y 的方差来度量，方差大小与函数 f 有关。如果 f 为常量函数，则估计结果恒为正确值；如果 f 有较大的波动(如 $f(x)=10\,000\sin(2\pi x/(b-a))$)，则估计结果很可能非常差。但是如果我们运行该程序许多次最后取所有运行结果的平均，会得到一个接近正确积分值的估计结果(尽管任何单次运行结果可能与正确值相差较远)。

课内练习 30.8：用你最熟悉的编程语言实现上面那段程序，并运用它估算下面函数在闭区间 $[0,2\pi]$ 的平均值：$f(x)=4$，$f(x)=x^2$，$f(x)=\sin(\pi x)$。

一般而言，当我们寻找一个随机变量对某个值进行估算时，选具有较小方差的变量为佳，避免选具有较大方差的变量。

现在取两个独立同分布(iid)样本来改进积分估算效果(见代码清单 30-5)。

代码清单 30-5　估算实值函数 f 在一个区间上的积分(第 2 版)

```
1   def integrate2(double *f (double), double a, double b):
2      // estimate the integral of f on [a, b]
3      x1 = uniform(a, b)   // random real number in [a, b]
4      x2 = uniform(a, b)   // second random real number in [a, b]
5      y = 0.5 * ((*f)(x1) + (*f)(x2)); // average the results
6      return y * (b - a)      // multiply by length of interval
```

显然返回的数学期望值仍等于 f 在 $[a,b]$ 上的积分，下面予以验证。假设随机变量 X_1、X_2 均在 $[a,b]$ 上均匀分布，令 $Y=(f(X_1)+f(X_2))/2$，$E[(b-a)Y]$ 表示什么？由数学期望的线性性质，有

$$E\big[(b-a)Y\big] = E\Big[(b-a)\,\frac{1}{2}(f(X_1)+f(X_2))\Big] \tag{30.52}$$

$$= \frac{1}{2}E\big[(b-a)(f(X_1)+f(X_2))\big] \tag{30.53}$$

$$= \frac{1}{2}(\mathrm{E}[(b-a)f(X_1)] + \mathrm{E}[(b-a)f(X_2)]) \tag{30.54}$$

$$= \frac{1}{2}(2\mathrm{E}[(b-a)f(X_1)]) \tag{30.55}$$

最后一个等式之所以成立是因为 X_1、X_2 具有相同的分布。于是有

$$\mathrm{E}[(b-a)Y] = \mathrm{E}[(b-a)f(X_1)] \tag{30.56}$$

$$= \int_a^b f(x)\mathrm{d}x \tag{30.57}$$

Y 的方差为

$$\mathrm{Var}[Y] = \mathrm{Var}\left[\frac{1}{2}(f(X_1) + f(X_2))\right] \tag{30.58}$$

$$= \frac{1}{4}\mathrm{Var}[f(X_1) + f(X_2)] \tag{30.59}$$

$$= \frac{1}{4}(\mathrm{Var}[f(X_1)] + \mathrm{Var}[f(X_2)]) \tag{30.60}$$

$$= \frac{1}{4}(2\mathrm{Var}[f(X_1)]) \tag{30.61}$$

$$= \frac{1}{2}\mathrm{Var}[f(X_1)] \tag{30.62}$$

当我们取两个样本的平均时，数学期望保持不变，而方差降为原来的一半。（标准差变为原来的 $1/\sqrt{2}$）。如果定义 Y_n 为

$$Y_n = \frac{1}{n}\sum_{i=1}^n f(X_i) \tag{30.63}$$

这里，$X_i(i=1, 2, \cdots, n)$ 为均匀分布于 $U[a, b]$ 的独立随机变量，对任意的 $n=1, 2, \cdots$，$(b-a)Y_n$ 的数学期望等于 $\int_a^b f(x)\mathrm{d}x$，而 Y_n 的方差为 $\mathrm{Var}[Y_1]/n$。

该随机变量系列具有以下性质：当 n 趋于无穷大时，Y_n 的方差趋于 0。这使得它成为估算积分值的十分实用的工具。我们只要采样足够多的点，所得结果就会越来越逼近于正确值。

现将这些方法运用到图形学中，当递归地对一条光线进行跟踪时，首先找到该光线与表面的交点，如果表面是光泽型反射表面，则从交点再增选几条光线（基于该表面的 BRDF 来随机地选择这几条光线）进行跟踪。在对图像上的相邻像素进行跟踪时，被跟踪的光线与光泽表面的交点可能位于前一交点的附近，同样，我们从该交点随机增选几条与上次不同的光线进行跟踪。我们通过这些递归的光线采样来估计入射到该光泽型表面的所有光能（即估算积分）。不过，即使实际入射到表面上相邻两点的光能几乎相等，但按上述方法估计的结果却可能有所不同，这导致图像上出现噪声。由于在递归跟踪时选取更多的采样光线可减小估计结果的方差，所以只要递归跟踪的光线足够多，由它们引起的噪声影响会降到不明显。

一般地，假定有一个待估值的量 C（如前面对 f 的积分）和一个生成 C 的估计值的随机算法（从数学上说，就是得到了一个随机变量，其数学期望等于[或接近]待估计值）。我们称该随机变量为 C 的一个**估计量**。如果该随机变量的数学期望等于 C，则称为**无偏估计量**，否则称为有偏估计量。在不考虑其他因素的情况下，一般总是优先选择无偏估计量。

估计量作为随机变量，当然会有**方差**。一般总是优先选择具有较小方差的估计量。但

不幸的是，估计量的偏差和方差一般是此消彼长的，往往需要在二者间进行权衡。

当有一系列估计量 Y_1，Y_2，…时，我们关注的不是 Y_k 是否存在偏差，而是当 k 增大后，Y_k 的偏差是否与其方差一样，逐渐趋于 0。如果满足这一条件，则称这一系列估计量是**一致的**。显然，一致性是估计量的理想性质：它说明只要增大采样量，则所得结果一定会越来越接近于正确值！

以上是对估计量、偏差、一致性的非正式描述；要给出这些概念的严谨定义，则需涉及更多的数学，将超出本书的范围，有兴趣的读者可参阅 Feller[Fel68]。

30.5 重要性采样和积分

仍回到计算函数 f 在闭区间 $[a,b]$ 上的积分这个问题上来（为计算反射率方程中积分提供方法）。在前面的尝试中，我们采用了均匀分布的随机变量对 $[a,b]$ 区间进行采样，现在来看看采用另一种分布函数 g 的随机变量会怎么样。由于 g 更倾向于选取 $[a,b]$ 中某些区段的随机数，我们不能像前面一样采用这些样本来直接估计积分值，而需要抵消函数 g 的影响：计算过程还是同前面一样，但是每一个样本必须除以 g。这就是下面的**基于重要性采样的单样本估计**定理。

定理： 如果 $f:[a,b] \rightarrow \mathbf{R}$ 是一个可积的实值函数，X 是闭区间 $[a,b]$ 上的随机变量，其分布为 g，则 $f(x)/g(x)$ 为随机变量，其数学期望为 $\int_a^b f(x)\mathrm{d}x$。

证明过程跟前面几乎一样：

$$E\left[\frac{f(X)}{g(X)}\right] = \int_a^b \frac{f(x)}{g(x)} g(x)\mathrm{d}x \tag{30.64}$$

$$= \int_a^b f(x)\mathrm{d}x \tag{30.65}$$

课内练习 30.9： 设 X 为 $[a,b]$ 上均匀分布的随机变量，求 X 的概率密度函数 g。如果采用 X 估计 f 在 $[a,b]$ 上的积分，按照基于重要性采样的单样本估计定理如何生成一个样本？这与单样本估计量定理是否一致？其中额外的因子 $(b-a)$ 有何变化？

跟前面一样，如果采用 n 个样本，则估计量的方差降为原来的 $1/n$。

非均匀采样方法的价值在于，如果概率密度函数 g 严格正比于 f，则导致以下有意思的结果：随机变量 $f(x)/g(x)$ 的每一个样本都相等（此时 $f(x)/g(x)$ 是一个常数），这意味着估计量的方差为 0！

然而，要使 g 严格正比于 f（即存在某个常数 C，使 $g = Cf$）并使 g 为一个概率分布函数，则需要

$$1 = \int_a^b g(x)\mathrm{d}x \tag{30.66}$$

$$= \int_a^b Cf(x)\mathrm{d}x \tag{30.67}$$

$$= C\int_a^b f(x)\mathrm{d}x \tag{30.68}$$

换言之，常数 C 正好是我们要计算的积分的倒数。然而，要发挥这一方法的优势，我们需要知道待求解的问题的答案！

不过并非毫无希望。假设 f 值比较大的地方 g 也取较大的值，f 值比较小的地方 g 也取较小的值（不必严格成正比），则基于这一权重采样的估计量的方差将小于均匀采样方法的方差。采用这种函数 g 的采样方法称为**重要性采样**，函数 g 有时也称为**重要性函数**。

在计算机图形学中，对于只包含光线反射的场景，我们通常试图在给定 $\boldsymbol{\omega}_0$ 和 P 的情况下估算绘制方程中的积分

$$\int_{\boldsymbol{\omega}_i \in \mathbf{S}^2_+(P)} L(R(P,\boldsymbol{\omega}_i),-\boldsymbol{\omega}_i) f_r(P,\boldsymbol{\omega}_i,\boldsymbol{\omega}_0) \boldsymbol{\omega}_i \cdot \boldsymbol{n}(P) \mathrm{d}\boldsymbol{\omega}_i \qquad (30.69)$$

在上式中，表面在 P 点的反射率函数 f_r（P 点处材质属性）是已知的，但通常并不知道 L 如何随着入射方向 $\boldsymbol{\omega}_i$ 而变化。尽管缺少其他的必要信息，但一般而言，当 f_r 取较大值时，Lf_r 也较大；当 f_r 取较小值时，Lf_r 也较小。因此希望在选择样本时以一种正比于 f_r 或 $\boldsymbol{\omega}_i \mapsto f_r(P,\boldsymbol{\omega}_i,\boldsymbol{\omega}_0)\boldsymbol{\omega}_i \cdot \boldsymbol{n}(P)$ 的方式来减小估计方差，我们将其称为**余弦加权 BRDF 采样**。这也许不可能做到，但至少可以在选择样本时让其与 f_r 或余弦加权 BRDF 采样函数相关。这种采样方式有助于显著减小估计方差。事实上，很容易发现沿哪些方向做重要性采样能大幅度地改进结果。

- 如果表面受到的光照主要来自几个点光源，则在决定被积函数值的大小时，沿不同采样方向入射光强 L 的变化将起主导作用；
- 如果表面接收的光照大多来自空间各个方向的漫反射光，而表面本身为光泽或镜面材质，被积函数的大小主要决定于 f_r，对跟踪方向进行基于余弦加权 BRDF 的重要性采样可以大大减小估计的方差。

不幸的是，在构建绘制系统时，我们并不知道要绘制场景属于哪种类型。最好的方式是根据待绘制场景的具体情况将两种采样策略（采用余弦加权 BRDF 作为重要性函数或根据入射光场的近似进行重要性采样）组合在一起。这种方法称为**多重重要性采样**（见 31.18.4 节）。

30.6 混合概率

前面已经讨论了离散概率和连续型概率，但是绘制中还会遇到第三种概率，我们称之为**混合概率**。混合概率源于描述双向散射分布函数中的脉冲或由点光源引起的脉冲的需要，定义于连续集上，如闭区间 $[0,1]$，但并不能由采用概率密度函数严格定义。考虑下面这段程序：

```
1   if uniform(0, 1) < 0.6 :
2       return 0.3
3   else :
4       return uniform(0, 1)
```

该程序 60% 的概率返回值 0.3；其余 40% 的概率返回一个 $[0,1]$ 上的均匀分布的值。该返回值为一个随机变量，该随机变量取 0.3 的**概率质量**为 0.6，而取值为 $[0,1]$ 上其他点的概率由概率密度函数 $d(x)=0.4$ 决定。我们希望概率密度函数可由下式给出

$$d(x) = \begin{cases} 0.4 & x \neq 0.3 \\ 0.6 \cdot \infty & x = 0.3 \end{cases} \qquad (30.70)$$

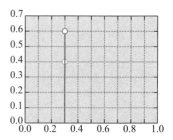

如图 30-10 中的图表所示。按第 18 章的表述方式，也可以说概率密度函数为常数函数 0.4 和 δ 函数 $0.6 \cdot \delta(x-0.3)$ 之和，或者只需说该随机变量在 0.3 处存在一个概率质量。总之，具有混合概率的随机变量是指其定义域中存在一个有限点集，在这些点上 pdf 无定义，而只关联于正的概率质量，这些点处的概率质量与定义域其余部分的概率密度的

图 30-10　混合概率。垂直线为概率质量，水平线所示为概率密度

积分之和必定等于 1。

具有混合概率的随机变量的一个关键特征是：当我们希望通过重要性采样来估计积分值时，在对仅具有概率质量的位置进行采样时一定要选用非零概率。由于只存在有限个位置关联于概率质量，所以可以用如下方法：

1）设 x_1，…，x_n 为只存在概率质量的位置；

2）设 $M = \sum_i m_i \leqslant 1$ 为这些概率质量之和；

3）令 $u=$uniform$(0,1)$；如果 $u \leqslant M$，则以概率 m_i/M 返回点 x_i；

4）如果 $u > M$，则用均匀随机采样或其他可用于非混合概率的采样方法返回某个值 x。

在上面的例子中，我们的方法将以 60% 的概率返回 $x=0.3$，以 40% 的概率均匀返回 [0,1] 上的随机值(除 0.3 外)。

x_i 的采样概率并非一定要正比于 m_i/M，但这种做法可使重要性加权积分的计算过程变得非常简便。在第 32 章中我们将看到这一方法的应用。

30.7 讨论和延伸阅读

本章的核心结果是重要性采样的单样本估计定理，根据这一定理我们可以用随机变量 $f(X)/g(X)$ 的期望来估算函数 f 在某个区域 R 上的积分，其中 X 为区域 R 内具有分布函数 g 的一个随机变量。该定理为光线跟踪算法和路径跟踪算法的核心。一致性和偏差的概念也是本章的重点。

Spanier 和 Gelbard 的经典专著[SG69]相当详细地介绍了蒙特卡罗积分方法，不过在书中该方法被用来研究中子传播而不是光子传播问题。

30.8 练习

练习 30.1～练习 30.4 用来巩固对蒙特卡罗积分的理解(不论是否采用重要性采样)。

30.1 你的朋友选了三个正数 A、B 和 C，并画出了其函数图像(如图 30-11 所示)。你不知道 A、B、C 的值。因而问你的朋友一个下列形式的问题："对某一个 s，$f(s)$ 等于多少?"你需要基于这些约束，估算 f 在[0,3]上的积分。你的方法是抛掷一枚有三个面($i=1$、2 或 3)的均匀硬币。抛掷一次后，然后问你的朋友："$f(i-1/2)$ 等于多少?"并用他的答案乘以 3 来估计积分值。这个估计值显然是一个随机变量，记为 X。

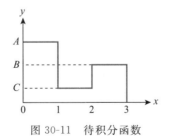

图 30-11 待积分函数

（a）求数学期望 $\mu = E[X]$。

（b）求 X 的方差。结果用符号 A、B、C 和 μ 来表示。

（c）A、B、C 满足什么条件时，X 的方差为 0；A、B、C 满足什么条件时，X 的方差比 μ 大。

30.2 继续讨论上题中的问题，假设你用一个随机数产生器 xrand 来取代抛掷硬币，该随机数产生器返回[0,3]内的值，其中 70% 的概率返回[0,1]上均匀随机数，20% 的概率返回[1,2]上均匀随机数，10% 的概率返回[2,3]上均匀随机数。首先由 xrand 产生一个采样值 t，然后让你的朋友告诉你

$y = f(t)$ 的值。

(a) 如何用 y 来估计积分值？提示：采用重要性采样。

(b) 计算估计量的方差。

(c) 什么条件下该估计量的方差比练习 30.1 方法估计量的方差大？什么条件下又比练习 30.1 中的方差小？

(d) 写一个小程序证明该估计量的数学期望和方差与你预想的结果相符。

30.3　现在假设函数 f 不仅仅是一个三值函数，而是一个可取无限值的函数，如 $h(x) = 1 + (x/2)^2$。

(a) 采用微积分计算 h 在区间 $[1,3]$ 上的积分。

(b) 写一个小程序估算 h 在区间 $[1,3]$ 上的积分，方法为在该区间内取一个均匀随机数 x，计算 $h(x)$，然后乘以 $(3-1)$（区间长度）。运行程序 100 次，计算返回结果的平均值，将这一结果与 (a) 中的积分值进行比较。

30.4　在式 (30.29) 中，我们已经证明对任意的 $0 \leqslant a \leqslant b \leqslant 1$，随机变量 W 的 pdf p_W 满足 $\int_a^b p_W(r)\mathrm{d}r = b^2 - a^2$。

(a) 记 $f(b) = \int_a^b p_W(r)\mathrm{d}r$，用微积分基本原理基于 p_W 求 $f(b)$ 的导数 $f'(b)$。

(b) 由于 $f(b) = b^2 - a^2$，用另一种方法求 $f'(b)$。

(c) 试证明：对任意的 $r \in [0,1]$，$p_W(r) = 2r$。

30.5　**重要性采样。**

(a) 采用微积分计算 $f(x) = x^2$ 在区间 $[0,1]$ 上的积分。

(b) 用随机数积分方法（取均匀分布样本）估计 (a) 的积分，样本量分别为 $n = 10$、100、1000 和 10 000。

(c) 试画出以样本量为自变量的误差函数图（每个样本量重复做三次，然后取平均）。

(d) 对 $f(x) = \cos^2(x)\mathrm{e}^{-20x}$ 做同样的计算。

(e) 现在用非均匀采样法估计 (d) 的积分，并使所生成样本 x 的概率密度正比于 $s(x) = \mathrm{e}^{-20x}$，为此你需要确定比例常数。幸运的是，很容易计算 s 在区间 $[0,1]$ 上的积分值。于是你需要根据正比于 s 的概率密度来生成样本；最简单的方法是先生成 $u \in [0,1]$ 的均匀分布样本，然后计算 $x = -\ln(u)/20$。如果 $x > 1$，则予以忽略，并重复这一过程。

(f) 上述采样方法能得到关于积分值的更好估计吗？试对你的结论做出直观的解释。

30.6　**一致性和偏差。** 考虑随机变量 $X \sim U(0,1)$，本章中我们一直用 n 个样本的平均值来估计 X 的数学期望，该估计量是无偏的。现在考虑下面这个估计量：

$$Y_n = \frac{1}{n}\left(1 + \sum_{i=1}^{n} X_n\right) \tag{30.71}$$

其中，X_i 为 iid~$U(0,1)$。

(a) 试证明 Y_n 是平均值 $\overline{X}$ 的有偏估计量。

(b) 试证明序列 Y_1，Y_2，…是 $\overline{X}$ 的一致估计量。

(c) 试建立一个 $\overline{X}$ 非一致的无偏估计量序列 Z_n（提示：一致性需要满足两个条件）。

30.7　**舍选采样。** 在很多情况下，直接根据分布函数进行采样比较困难，这时，**舍选采样** 成了最后的解决方案（尽管在某些情形中该方法可能非常慢）。图 30-12 演示了其思想：围绕概率密度函数 d 的曲线画一个方形盒，在方盒内选取均匀分布的随机点，取这些点 (x,y) 的 x 坐标值作为样本。倘若 $y > d(x)$，则该点 (x,y) 被拒绝，需要重选。显然，在 $d(x)$ 取较大值的区域，点 (x,y) 容易入选；而在 $d(x)$ 取值较小的区域，点 (x,y) 则比较容易被拒绝。当采样点被拒绝后，重新生成新的采样点，直到找到一个可接受的点。

(a) 基于舍选采样方法编写一个程序，在区间 $[0,2]$ 上根据分布函数 $d(x) = x$ 生成 10 000 个样本，并用直方图画出采样结果。

(b) 在采样过程中，哪一部分的样本点被拒绝了？

(c) 取 $d(x)=20\exp(-20x)/[1-\exp(-20)]$，重复(a)的操作，观察舍选采样表现有多差。

(d) 采用舍选采样的思想(在非常大的空间中拾取采样点，仅选取其中符合条件的点)生成单位圆盘上的均匀分布点，并画出结果。

(e) 基于同样的思想分别采集位于三维空间和十维空间单位球内的样本点，依据被拒绝的概率评判最后一种情形中舍选采样的表现。

(f) 各种维度单位球中的点均沿方向均匀分布(原点例外)。据此设计单位球体内点的采样器和单位球面上点的采样器(确保原点不取为候选点)。设计实验，对这两种采样器与前面我们描述的半球面点采样器的效率进行比较。(取决于个人计算机性能，比较结果不唯一。)

(g) 如果要对区间$[0,1]$上的函数 $x\mapsto 1+x$ 进行舍选采样，需要画一个方框$[0,1]\times[a,b]$，试给出 a、b 取值的约束条件。如果 b 取得非常大，会发生什么情况？

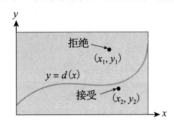

图 30-12　画一个围绕概率密度函数 d 曲线的方形盒，在方盒内选取一个均匀分布的随机点 (x,y)。若该点位于概率密度曲线之下，返回 x 值，否则，重新选点

30.8　设 X 为区间$[0,1]$上的一个随机变量，概率密度函数 $e:[0,1]\to\mathbf{R}$，$f:[a,b]\to[0,1]$ 是一个双射递增可微函数。

(a) 证明 $t\mapsto e(f(t))f'(t)$ 为$[a,b]$上的概率密度函数。

(b) 设 Y 为服从 $t\mapsto e(f(t))f'(t)$ 分布的随机变量，假设 $t_0\in[a,b]$，$x_0=f(t_0)$。对非常小的值 ε，$\Pr\{t_0-\varepsilon\leqslant Y\leqslant t_0+\varepsilon\}$ 与 $\Pr\{x_0-\varepsilon\leqslant X\leqslant x_0+\varepsilon\}$ 之间是怎样关联的？这是一个考察对定义理解的问题——不涉及任何复杂的数学知识。

30.9　反复运用数学期望的线性性质证明 $\mathrm{Var}[X]=E[X^2]-E[X]^2$。

30.10　**概率密度。** 设($[0,1]$,p)为一个概率空间，其中，p 是概率密度函数。注意到 p 的值可能大于1。在这个问题中，你将证明出现这样 p 值的机会不多。试证明，对 $x\in[a,b]\subset[0,1]$，如果 $p(x)\geqslant M$，则 $b-a\leqslant 1/M$。提示：用积分形式表示事件$[a,b]$的概率，然后基于条件 $p(x)\geqslant M$ 求出该积分的下限估计。

解绘制方程：理论方法

31.1 引言

本章讨论解绘制方程的理论方法，重点介绍各种数学求解的途径以及所用到的近似求解方法，具体实现细节将在下一章讨论。幸运的是，其中涉及的许多数学问题都可通过简单问题的类比而得到理解。在绘制时，我们需要计算辐射度 L 的值或集成多个 L 值的表达式（如积分）；因此，未知量为整个 L 函数。这一点与我们在代数课中遇到的方程：

$$3x^2 + x = 13 \tag{31.1}$$

形成鲜明对照，该式中，未知量 x 为一个单一的值。不过，这种简单的方程可为求解辐射度函数 L 的复杂任务提供一个有用的近似模型。我们先对它们进行讨论，然后将其思想运用于图形绘制。

31.2 方程的近似求解法

对任意一个场景（即使中等复杂程度），精确求解其绘制方程是不可能的。为此，我们不得不寻求近似解法。在计算机图形学中，常见的近似形式有以下 4 种：

- 构建近似方程
- 限制定义域
- 采用统计方法估计
- 二分法/牛顿法

第四种方法在绘制中并不常用，故只做简短介绍。而统计方法是目前绘制中采用的主流方法，将成为余下章节讲述的主要内容。

下面以一个简单问题来讨论这四种方法：求一个正实数 x 满足以下方程

$$50x^{2.1} = 13 \tag{31.2}$$

该方程的数值解为 $x = 0.5265\cdots$。假设我们并不知道这个解，只能通过加、减、乘、除、计算实数的整数次幂等易于手工计算的方法求解。

31.3 方法 1：构建近似方程

求解 $50x^{2.1} = 13$ 涉及求取指定数的 2.1 次方根，显然有困难，我们转而求解如下近似方程

$$50x^2 = 12.5 \tag{31.3}$$

简化后即 $x^2 = 1/4$，可得 $x = 0.5$。由于乘法和求幂运算都是连续的，有理由相信这一稍加"扰动"后的方程的解将十分接近原方程的解（见图 31-1），而求解这个近似方程则容易得多。

读者可能发现近似方程中的"近似"一词

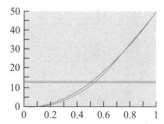

图 31-1　蓝色曲线 $y = 50x^2$ 非常靠近红色曲线 $y = 50x^{2.1}$，蓝色曲线与直线 $y = 12.5$ 的交点非常靠近红色曲线与 $y = 13$ 的交点

在前面一段中并未定义。现在考虑另一个例子，求解下面的方程

$$10^{-6}x = 0.1 \tag{31.4}$$

其解为 $x=10^5$。如果对方程略加修改，让右边的 0.1 变成 0，这样方程的解就变成了 $x=0$；显然，此处对方程式很小的扰动导致方程解的巨大变化。判定方程式（如更复杂的绘制方程）扰动对方程的解的影响（敏感度）通常相当困难；实际中，我们常采取这样的说法来处理："假设今晚的月亮呈椭圆形而不是圆，即使月光能透过关闭的卧室窗帘，它看上去也不会有太大的变化。"换言之，我们需要利用领域的专业知识来判定哪种近似求解法对结果可能只产生微小的扰动。

在绘制中这样的例子如用朗伯反射模型来近似计算任意表面对光的反射，或在判定光源对任意点的可见性时总是判定为"可见"。第一种近似导致绘制的所有表面均无高光，第二种近似导致绘制的画面中无阴影。尽管如此，两者的近似效果仍然优于全黑图像，这意味着，即使是差的近似也比完全无解好。

31.4　方法 2：限制定义域

与试图求得一个正实数 x 使其满足方程

$$50x^{2.1} = 13 \tag{31.5}$$

相比，我们可以这样来问，"是否存在一个正整数满足（或近似满足）该方程？"（见图 31-2）。**限制定义域**可以大大简化问题。在上式中，左边为 x 的递增函数，当 $x=1$ 时，它等于 50，也就是说，倘若存在一个正整数解，它必定位于 0、1 之中，只需检测这两个可能的解中哪一个合适（如果都不合适，哪一个"较好"）。我们很快发现 $x=0$ 时，左边等于 0，与右边的值相比太小，$x=1$ 时，左边等于 50，又太大。

于是有两个选择：给出在受限定义域中的"最佳"解（$x=0$），或者给出以下估计："理想的解位于 0 和 1 之间，且更接近于 0；通过线性插值，得到 $x=0.26$，作为解的最佳估计值。"（见图 31-3）

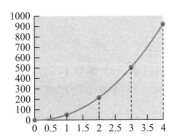
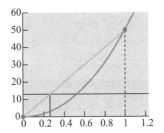

图 31-2　曲线 $y=50x^{2.1}$ 的定义域限定为 $x=$ 0、1、2、3、4，图中以圆形茎结点标记（位于灰色实线上）

图 31-3　由于 $x=0$ 时左边的值太小，$x=1$ 时左边的值又太大，我们求取这两点连线与直线 $y=13$ 的交，得到 $x=0.26$

在运用线性插值方法时，我们错误地将方程左边 $F(x)=50x^{2.1}$ 假设为在 $x=0$ 和 $x=1$ 之间几乎线性变化的函数，这就是为什么所估计的 x 值并非紧密地逼近真实解。更一般地，如果某变量的定义域为 D，我们将其限制于一个子集 $D'\subset D$，如果想要以 D' 中的近似解作为对 D 中的真实解的估计，则要求 D' "足够大"以保证对 D 中的任意点 d，在 D' 中均可以找到一个足够接近的点，使 $F(d)$ 可用 D' 中邻近于 d 的点的函数 F 来推测。

在后面讨论光能辐射度方法时将介绍一个绘制中运用限制定义域求解的例子。注意方法 1 和方法 2 均违背了逼近方程解的原则：它们近似的是问题，而不是问题的解。

31.5 方法 3：采用统计方法估计

第三种方法是采用统计方法估计方程的解，也就是说，找到一种方法生成序列值 x_1，x_2，$\cdots$，x_n，使得每一个 x_i 都是一个可能的方程解，随着 n 的增大，x_1，x_2，$\cdots$，x_n 的平均值 a_n 越来越接近真实解。

在此条件下，我们尝试求解方程

$$50x^{2.1} = 13 \tag{31.6}$$

其解为

$$x = \left(\frac{13}{50}\right)^{\frac{1}{2.1}} \tag{31.7}$$

该值很容易用计算机计算出来，但是假设我们暂无能力执行比实数的整数次幂更复杂的运算。（对于绘制方程，可表述为："假设除了对光线在表面之间的整数次反射与折射进行计算外我们尚无能力实现其他计算。"这是一个合理的假设：难以想象计算一根光线反射 2.1 次的含义！）不过，运用二项式定理（式（31.8）），仍可求出方程的解

$$(1+t)^\alpha = \sum_{k=0}^{\infty} \binom{\alpha}{k} t^k \tag{31.8}$$

其中

$$\binom{\alpha}{k} = \frac{\alpha \cdot (\alpha-1) \cdot \cdots \cdot (\alpha-k+1)}{k!} \tag{31.9}$$

上式的定义域范围为任意的实数 α 及整数 $k = 0$，1，2，$\cdots$ 此处令 $\alpha = 1/2.1$ 和 $t = 37/50$，于是 $1-t = 13/50$，计算式（31.8）的值可得到式（31.7）的解。

计算式（31.8）需要求一个无穷级数的和。注意无穷级数的和可采用级数的有限项来估计。

31.5.1 通过采样和估计求级数的和

我们首先讨论概率论的几个简单应用，为绘制中所用到的蒙特卡罗方法奠定基础。

31.5.1.1 有限级数

假设有如下有限级数

$$A = a_1 + a_2 + a_3 + \cdots + a_{20} \tag{31.10}$$

现要估计级数之和 A 的值。方法如下：在 1 和 20 之间随机取一个整数 i（每一个整数被取到的概率均为 1/20），令 $X = 20a_i$，则 X 为一个随机变量，X 的数学期望等于它所有可能值的加权平均，权重即相应的概率，于是有

$$E[X] = (1/20)(20a_1) + (1/20)(20a_2) + \cdots + (1/20)(20a_{20}) \tag{31.11}$$

$$= a_1 + a_2 + \cdots + a_{20} \tag{31.12}$$

$$= A \tag{31.13}$$

这样我们就找到了一个随机变量，其数学期望等于所求级数的和！通过对该随机变量进行实际采样并取平均，可得到级数之和的近似值。

课内练习 31.1： 假设所有 20 个数 a_1，a_2，$\cdots$，a_{20} 均相等，此时随机变量 X 的方差等于多少？在此例中需要取多少个 X 的样本才能得到 A 的一个好的估计？

一般地，X 的方差与级数中各项间的差异有关：例如，如果级数中各项均相等，则 X 的方差等于 0。X 的方差也与我们对级数项的选择方式有关，这里恰巧是均匀采样，后面的其他例子将涉及非均匀采样。将上述思想用于图像绘制，则需要对光线可能通过的各种路径进行采样；计算得到的值为沿采样路径传输的光能。由于有些路径上传输的光能大

（如：从光源直接入射到视点的路径），而有些路径只传输少量的光能，不同路径间存在很大的方差；为了得到准确的估计结果需要采集大量的样本，或采用其他方法来减少方差。这意味着，对一个基本的光线跟踪器，每个像素都需要跟踪很多条光线，才能得到入射到该像素的辐射度的一个好的估计。

31.5.1.2　无穷级数

令人感兴趣的是能否将上述方法直接推广到无穷级数 $A = a_1 + a_2 + \cdots$：随机取一个非负整数 i，令 $X = a_i$，i 为等概率抽取，则 X 的数学期望值为 A。此处存在两个问题。第一，缺少一个类似于 20 的因子。在前面有限级数的例子中，每一个 a_i 前面都乘以 20，因为选取 a_i 的概率为 1/20。这意味着在无穷级数的情形中，我们需要在每一个 a_i 前乘以无穷大，因为每个 a_i 被选取的概率为无穷大分之一，但这不具有任何意义！第二，随机均匀选择一个正整数的想法听起来不错，但数学上却无法实现。根据式（31.11），级数项每一项先乘以其采样概率（1/20），再乘以概率的倒数（20），受此启发，我们需找到一个稍有不同的采样方法：这只需是放弃均匀采样。

为了求下面无穷级数的和

$$A = a_1 + a_2 + \cdots \tag{31.14}$$

可以 $1/2^j$ 的概率选取正整数 j，这样取 $j = 1$ 的概率为 1/2，取 $j = 10$ 的概率为 $1/2^{10} = 1/1024$。（之所以采用这种概率是因为易于操作，显然，概率之和等于 1，当然选取其他为正且总和为 1 的概率也是可以的。）

令

$$X = 2^j a_j \tag{31.15}$$

X 的数学期望为

$$E[X] = \sum_{j=1}^{\infty} \frac{1}{2^j} (2^j a_j) \tag{31.16}$$

$$= \sum_{j=1}^{\infty} a_j \tag{31.17}$$

$$= A \tag{31.18}$$

与前面一样，这一估计的方差与具体的级数项有关。如果恰好有 $a_j = 2^{-j}$，则方差为 0，表明上述估计是一个好的估计。如果 $a_j = 1/j^2$，则方差非常大，需要对大量的样本取平均才能得到对结果的低方差的估计。

如前所述，在选取 j 时我们采用了一种简单的方式（采样概率为 $1/2^j$），当然也可以采用其他概率分布进行采样，依据所选取的概率分布，估计量将具有较小或较大的方差。

当将这种方法用于图形绘制时，选取 j 即相当于选取"光线在表面之间反射的次数"。假设待绘制的场景中每一表面的反射率均接近于 50%，则通过 $k+1$ 次表面反射后，沿该路径传输的光能大约为经过 k 次表面反射的一半。在这一情形中，光传输路径长度每增加 1，将其采样概率减半不失为一种合理的选择。一般地，选取合适的采样分布是蒙特卡罗方法能否成功实施的关键。

31.5.1.3　采用统计方法求解 $50x^{2.1} = 13$

现将上述方法用于方程 $50x^{2.1} = 13$，前面已知

$$x = \left(\frac{13}{50}\right)^{\frac{1}{2.1}} \tag{31.19}$$

运用二项式定理对方程的右边进行变换

$$(1+t)^a = \sum_{k=0}^{\infty} \binom{\alpha}{k} t^k \qquad (31.20)$$

令 $t = 13/50 - 1 = -37/50$，$\alpha = 1/2.1$，得

$$x = \left(\frac{13}{50}\right)^{\frac{1}{2.1}} \qquad (31.21)$$

$$= \binom{\alpha}{0} + \binom{\alpha}{1}\left(\frac{-37}{50}\right)^1 + \binom{\alpha}{2}\left(\frac{-37}{50}\right)^2 + \cdots \qquad (31.22)$$

$$= 1 + \frac{\alpha}{1}\left(\frac{-37}{50}\right)^1 + \frac{\alpha(\alpha-1)}{2!}\left(\frac{-37}{50}\right)^2 + \cdots \qquad (31.23)$$

为了求 x 的一个估计值，我们以 $1/2^j$ 的概率选取正整数 j，并计算第 j 项。在撰写本章内容时，我们曾抛掷硬币，统计每轮抛掷时上抛多少次才能出现正面，得到序列 3，3，1；此处 x 的三个估计量为级数项的第 3 项、第 3 项和第 1 项分别乘以 8、8、2，得到：

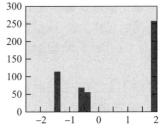

$$x_1 = 8\frac{\alpha(\alpha-1)}{2!}\left(\frac{-37}{50}\right)^2 \approx -0.5464 \qquad (31.24)$$

$$x_2 = x_1 = -0.5464\cdots \qquad (31.25)$$

$$x_3 = 2 \qquad (31.26)$$

回想一下方程的精确解为 0.5265，而我们三次采样的平均值为 $x = 0.3024$，显然并非一个好的估计。但是当样本量增加到 10 000 时，估计值为 0.5217，跟精确解已足够接近（见图 31-4）。

图 31-4 对 $50x^{2.1} = 13$ 解的 500 次估计的直方图，其平均值已非常接近于 0.5265

读者可能注意到我们曾假定 x 可以改写成一个幂级数，对于绘制方程，这并非易事。幸运的是，将绘制方程中的解改写为一个无穷级数是相当容易的，而估计该无穷级数的和仍需采用上述随机采样方法。

31.6 方法 4：二分法

最后一种求解方法是找到一个 x 值使得 $50x^{2.1} < 13$（如 $x=0$），再找一个 x 值使得 $50x^{2.1} > 13$（如 $x=1$）。由于 $f(x) = 50x^{2.1}$ 为 x 的连续函数，所以该函数必定在 $x=0$ 和 $x=1$ 中间某处取值 13。我们可计算 $f(1/2)$ 的值，发现 $f(1/2) < 13$，由此可知方程的解位于 $1/2$ 和 1 之间。反复地在包含解的区间中计算其中点处的函数值，并根据该结果抛弃不包含解的那半个区间；如此下去，即可快速收敛到一个很窄的区间，该区间必定包含方程的真实解。

上述过程可看成实数线上的二分搜索。还有"更高阶"的方法，如牛顿法。在该方法中，我们先提出一个初始解 x_0，"假设 f 是线性的，并将 f 表示成 $y = f(x_0) + f(x_0)(x - x_0)$"，上述函数在点 $x_1 = x_0 - f(x_0)/f'(x_0)$ 处为 0。然后计算真实函数 f 在点 x_1 处的值，如果 $f(x_1)$ 比 $f(x_0)$ 更接近 0，则用 x_1 代替 x_0，按上述方法继续迭代。如果初始的 x_0 邻近于 $f(x) = 0$ 的解，上述过程可很快收敛；否则（或 $f(x)=0$），该方法求解可能不尽如人意。

尽管上面介绍的方法很具吸引力，但对类似于绘制方程这样的函数方程（即方程的解为一个函数而非一个数）而言并没有一种简单的类比。没有一种简单的办法可将一个数位于两个数之间的这种比较推广到更一般的函数。

然而，二分法在图形学中依然广泛应用，上面方程求解的四种方法也成了本领域中求解方程的基本原型。

31.7　其他方法

还有其他一些解方程的方法无法通过 $50x^{2.1}=13$ 这个例子来简洁说明。例如，你也许会说："我能求解由两个二元线性方程组成的方程组……但是它们的系数必须都是整数而非任意实数。"即便你并没有解决一般性的问题，但能解决其中的一个子问题也是值得的。例如，在图形学中，早期的绘制算法所能绘制的场景仅限于点光源照明，而非任意光照；后来的一些算法所能绘制的场景中的所有表面均应为朗伯反射体，等等。

作为第二个例子，你可能得到一个非常复杂的求解方法，因而选择对该求解方法（而不是对方程本身）进行近似。例如，前面用来计算无穷级数之和的蒙特卡罗方法可能过于复杂，你可能选择只计算前面四项之和。这听起来很可笑，而在实用中却常能很好地工作。又如，大部分基本的光线跟踪器在对反射/折射光线进行跟踪时止于预先确定的深度，这相当于计算无穷级数之和时只计入前面固定数量的级数项。

31.8　再谈绘制方程

回顾一下，辐射度场函数的定义域是场景中所有表面点的集合 $\mathcal{M}$，给定场景中一表面点 $P \in \mathcal{M}$ 和一方向向量 $\boldsymbol{\omega}$，该函数返回表示从点 P 发出沿方向 $\boldsymbol{\omega}$ 的辐射度（实数值）。辐射度场的函数模型为 $L:\mathcal{M} \times \mathbf{S}^2 \to \mathbf{R}$。

此处有一个细节，在 29.4 节中曾讨论过：某些"表面点"可能同时属于两个表面。例如，假设有一个实心玻璃球（见图 31-5），球的北极点最好被视为两个点：一个位于球"外表面"，另一个位于球的"内表面"上。从外表面点朝北射出的光线为表面反射或折射光线，而到达内表面点的入射光线是通过玻璃-空气介质的透射或反射而来。我们曾提议采用三个自变量（点、出射方向、该点的外法向）来扩展光场的概念。但在本章余下部分，将只考虑光线反射（除了少数几个特别指出的点外），这是因为：（a）两点重合使符号标记变得复杂，而两点重合的概念本身已足够复杂；（b）在第 32 章将要给出的程序中，加入透射所需做出的修改相对较小而且很直观。至于为北极点保存两个副本的问题，在第 32 章将会看到，我们只保留单一的几何副本，且无光场的显式表示；而入射光线的含义以及如何处理，将取决于入射的光线方向与表面单位法向量 $\boldsymbol{n}$ 的点积，这导致程序中设置了几个 if-else 语句。

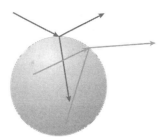

图 31-5　来自球面上方的光入射到球面被反射和折射。对来自球面内部的光也是如此

下面将继续用 f_s 表示散射函数，读者需要注意的是，在透射的情况下，某些 $\boldsymbol{\omega} \cdot \boldsymbol{n}$ 项可能需要添加绝对值符号。

标记方式：在某些文章中，L_{in} 表示 $L(P, \boldsymbol{\omega})$，$L_{out}$ 表示 $L(P, -\boldsymbol{\omega})$。Jensen 用 L_r 表示反射辐射度，L_i 表示入射辐射度，L_t 表示透射辐射度。RTR 也采取了类似的方式，采用符号 L_i 和 L_o，以下标标识方向。Shirley 用 k_i 和 k_o 分别表示 $\boldsymbol{\omega}_i$ 和 $\boldsymbol{\omega}_o$；Arvo 称 L_i 和 L_o 为"场"辐射度和"表面"辐射度。顺便提一下，我们上面所说的辐射度场也被称为"全光函数"和"光场"。

绘制方程将场景的辐射度场$(P, \boldsymbol{\omega}) \rightarrow L(P, \boldsymbol{\omega})$表述为：表面点朝空间某方向的辐射度为以下两项之和：(a)该点朝这一方向自身发射的辐射度；(b)该点的全部入射光沿该方向的散射辐射度。方程的具体形式如下：

$$L = E + T(L) \tag{31.27}$$

其中：

- E 表示发射辐射度场，一般 $E(P, \boldsymbol{\omega}) = 0$，但 P 为光源上的点且光源从 P 点沿方向 $\boldsymbol{\omega}$ 存在光能发射时除外。

- $T(L)$ 表示由 $L^{\ominus}$ 形成的散射辐射度场，其中 L 为整个场景的辐射度场。$T(L)(P, \boldsymbol{\omega}_\circ)$ 表示从点 P 朝方向 $\boldsymbol{\omega}_\circ$ 散射的光能。

具体来说，T 定义为

$$T(L)(P, \boldsymbol{\omega}_\circ) = \int_{\boldsymbol{\omega}_i \in S_+^2(P)} L(P, -\boldsymbol{\omega}_i) f_s(P, \boldsymbol{\omega}_i, \boldsymbol{\omega}_\circ)(\boldsymbol{\omega}_i \cdot \boldsymbol{n}(P)) \mathrm{d}\boldsymbol{\omega}_i \tag{31.28}$$

就目前的讨论而言，上面表达式的关键特征是 L 出现在积分式中。

注意，在求解方程(31.27)中的未知量 L 时，我们还没有一张关于 L 的图像！我们只有一个函数 L，可在多个点处估计 L 的值来构建图像。特别地，我们可能会取每个像素的中心点 P 以及从针孔相机的小孔到点 P 的向量 $\boldsymbol{\omega}$（假设有一个物理相机，成像平面位于相机小孔的后面），求取其 $L(P, \boldsymbol{\omega})$ 值。

课内练习 31.2：试求 T 的定义域和值域，即 T 的处理的对象及所得到的结果是什么。注意后面问题的答案不是"生成实数"。

函数 T 是一个高阶函数：它输入函数，生成新的函数。你已经见过类似的高阶函数，如微积分中的导数，或许曾在一些编程语言如 ML、Lisp 和 Scheme 中遇到过，在这些语言中，这样的高阶函数很常见。

下面从计算机科学角度考虑上面提到的积分。我们有一个待解决并具有完备定义的问题，现在检查这个问题究竟有多难。首先，即使对于非常普通的场景，也可证明该问题无解析解。其次，注意到 L 的定义域并不如同我们在计算机科学中见到的许多情形一样是离散的，而是一个相当大的连续集——L 的参数中包含 3 个空间坐标和 2 个方向坐标，因此它是一个包含五个自变量的函数（注意，在图形学中，习惯称其为"五维函数"，更准确地说，它是一个定义域为五维的函数）。在计算机科学的专业术语中，我们将类似于旅行商问题或 3-SAT 一类经典问题称为难解问题，因为目前求解这类问题的唯一方法具有大 O 复杂度，并不比枚举所有可能解的复杂度低。相比之下，由于绘制方程的定义域是连续的，它的求解甚至更难，连枚举出所有可能的解也是不实际的。也许你的下一个想法是构造一种非确定性方法求近似解，这是一个好的设想，也正是现在大部分绘制算法所做的。但不像你所学过的大多数非确定性算法，尽管我们可以估计出这些随机化的图形算法的运行时间，但这些方法本身意义不大，因为一般情况下它们的逼近误差无法控制：具体来说，因为定义域是连续的，而我们的算法只能基于有限的样本，因此总可以构建一个场景，其中所有光能都是通过少数路径进行传播，但这些路径并不包含在我们的采样样本中。

我们生成近似解的策略是采用某种方法对定义域进行离散，使误差可限制在一定的范围内。如此即可对解空间中相当大的一部分进行枚举，这不失为一个好的想法。尽管我们

⊖ 这里用符号 T 而不是 S(scattering)是因为在后面我们将用 S 来描述各种光线路径。

无法考察曲面上每一个点的光线传播路径，但是却可以考察逼近曲面的三角网格的每一个顶点。不过，图形学中曲面的三角网格逼近表示是不唯一的。当你把计算机科学从纯理论中脱离出来并开始应用于实际时，你就会发现问题远高于指数级的复杂度，所以通常需要寻找在一般情况下均能有效工作的近似算法，尽管无法保证在所有情况下其误差都能控制在一定范围内。

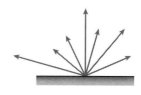

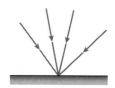

回顾第 29 章中曾将场景中光线划分为两类（见图 31-6）：入射到表面上一点的光线来自空间各个方向，称为**场辐射度**。这些光线到达该表面后发生散射；所产生的散射辐射度称为**表面辐射度**。

图 31-6　上图：表面辐射度包括从表面上一点射出的所有光线；下图：场辐射度包括从场景中入射到表面上该点的所有光线

也可以对辐射度做进一步的划分：将点 P 的表面辐射度分为出射辐射度（当 P 为光源上一点时该项非 0）和反射辐射度。它们分别对应绘制方程右边两项。同样，点 P 的场辐射度也可分为**直接光照** $L^d(P, \boldsymbol{\omega})$（从光源发射穿过空间直接传输到 P 点的辐射度）和**间接光照** $L^i(P, \boldsymbol{\omega})$（从场景中一点 Q 沿射线 $P-Q$ 传输到点 P 的辐射度，但 Q 不位于光源上）。下一章将详细介绍这两项。

课内练习 31.3：假设 P 和 Q 相互可见。求点 Q 朝 $P-Q$ 方向的出射辐射度、反射辐射度与沿该方向入射到点 P 的直接光照、间接光照之间的关系，上述各项可用符号 L^d、L^i、L^r 和 L^e 表示，注意它们的符号。采用 $\boldsymbol{\omega} = \mathcal{S}(P-Q)$ 给出答案。

将绘制方程写成式（31.27）能更清晰地揭示散射算子将一个辐射场（L）转换成另一辐射场（$T(L)$）。不仅如此，它还具有线性性质：$T(L_1 + L_2) = T(L_1) + T(L_2)$，以及对任意实数 r，$T(rL) = rT(L)$（从式（31.28）很容易看出）。这种线性性质并非源于绘制方程构型的巧妙，而是一种物理上可观测的性质，在物理学中通常称之为叠加原理。对那些希望求解绘制方程的人来说，它确实具有这样的性质。在后面的第 35 章中，我们将看到在基于物理的动画中叠加原理可用来计算力、速度和其他变量，再次简化了我们的工作。

将绘制方程改写成如下形式

$$L - T(L) = L^e \tag{31.29}$$

或

$$(I - T)L = L^e \tag{31.30}$$

这里 I 表示单位算子：它将 L 转换为 L 本身。TL 表示将算子 T 施加于辐射场 L。

本章余下的大部分章节将介绍求解这一方程的方法。在讨论这些方法时，每一个光源发射的光能 L^e 为输入量，每一个表面点的双向反射率分布函数（BRDF）也是如此，因而可实施算子 T。而未知量为辐射度场 L。

式（31.30）与线性代数中特征值问题的形式化描述十分相似，这并非巧合。在解绘制方程时，我们将使用很多与处理特征值问题相同的方法。

31.8.1　关于符号

本章反复使用的一些符号已经总结在表 31-1 中，图 31-7 给出了表中符号的空间语义。

表 31-1　本章所使用的符号

符号	含义
$\mathcal{M}$	场景中所有表面的集合
P,Q,R	集合 $\mathcal{M}$ 中的点
$\boldsymbol{n}$	表示一个函数，输入表面点 P，返回 P 处表面法向量。当点 P 不注自明时，可将 $\boldsymbol{n}(P)$ 直接简写成 $\boldsymbol{n}$
$\boldsymbol{\omega}$	表示某一方向单位向量的通用符号，也可认为是 S^2 中的一个点（向量 $\boldsymbol{\omega}$ 的末端点，其始点为原点）
$\boldsymbol{\omega}_i$	点 P 朝向光线入射方向的向量，即入射光线方向为 $-\boldsymbol{\omega}_i$。一般而言，$\boldsymbol{\omega}_i \cdot \boldsymbol{n}(P) > 0$
$\boldsymbol{\omega}_o$	点 P 的反射光线方向向量，一般有 $\boldsymbol{\omega}_o \cdot \boldsymbol{n}(P) > 0$
$S_+^2(P)$	满足 $\boldsymbol{\omega} \cdot \boldsymbol{n}(P) > 0$ 的所有方向向量 $\boldsymbol{\omega}$ 的集合，即集合 $P \in \mathcal{M}$ 中所有点的出射方向。该标记仅适用于场景表面上的点
S_+^2	当点 P 不注自明时，$S_+^2(P)$ 可简写为 S_+^2
$L(P,\boldsymbol{\omega})$	点 P 朝方向 $\boldsymbol{\omega}$ 的辐射度
$L^e(P,\boldsymbol{\omega})$	光源上点 P 朝方向 $\boldsymbol{\omega}$ 的出射辐射度。当 P 不是光源上的点时，$L^e(P,\boldsymbol{\omega}) = 0$
$L^d(P,\boldsymbol{\omega})$	从光源沿方向 $\boldsymbol{\omega}$ 入射到点 P 的辐射度，P 与发射光线的光源之间无遮挡，为**直射光**
$L^i(P,\boldsymbol{\omega})$	沿方向 $\boldsymbol{\omega}$ 入射到点 P 的辐射度，但不是直射光，而是**间接光**
$L^r(P,\boldsymbol{\omega})$	由于表面散射从点 P 沿方向 $\boldsymbol{\omega}$ 朝外发出的光辐射度
$f_s(P,\lambda,\boldsymbol{\omega}_i,\boldsymbol{\omega}_o)$	点 P 处的散射函数（BSDF），光线波长为 λ
$f_s(P,\boldsymbol{\omega}_i,\boldsymbol{\omega}_o)$	点 P 处的总体散射函数（BSDF）（对 λ 进行"累计"）
$f_s(\boldsymbol{\omega}_i,\boldsymbol{\omega}_o)$	当点 P 不注自明时，非光谱散射函数（BSDF）的简写
ρ	朗伯型材质的反射率

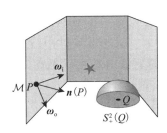

图 31-7　一些标准的标记方式。向量 $\boldsymbol{\omega}_i$ 指向光源（图中用星号标记）方向

请注意 $\boldsymbol{\omega}_i$ 的下标"i"为罗马字体而非斜体；罗马字体下标是为了表明这是一种"语义"下标（如用符号 V_{IN} 表示输入电压）而不是"索引"下标（如用符号 b_i 表示某个序列的第 i 项）。

当对波长 λ 域进行"累计"时，重要的是决定这种"累计"是表示求和（如从 $\lambda = 400\text{nm}$ 到 $\lambda = 750\text{nm}$ 的积分）还是表示求平均；你可在你的代码中任取一种方式，但必须保证始终如一。

某些时候点 P 处存在多个入射方向向量，可用 $\boldsymbol{\omega}_1$，$\boldsymbol{\omega}_2$，…分别进行索引，而用符号 $\boldsymbol{\omega}_j$ 泛指该序列中任意一个向量，这里不用下标 i 以避免与前面提到的用法[⊖]混淆，读者需要根据上下文判断。所有这些向量都被用来表示入射光线方向，也就是，充当了 $\boldsymbol{\omega}_i$ 的角色。

正如在第 26 章所说的那样，在描述光方面有很多术语及对应的单位。为了避免冲突，我们只使用以下几个：功率（单位：瓦特）、光通量（单位：瓦特/平方米）、辐射度（单位：瓦特/（平方米·球面度））、偶尔也用光谱辐射度（单位：瓦特/（平方米·球面度·纳米））。

31.9　我们需要计算什么

图形绘制中大部分工作可归结为以下三类：

⊖　语义下标。——译者注

- 设计数据结构来加快光线跟踪过程，将在第 36 章进行讨论。
- 寻找更一般化的函数 f_s 模型，能表达更为广泛的表面材质属性，同时又足够简单，使得能对绘制过程进行巧妙的优化。第 27 章对此进行过讨论。
- 确定绘制方程近似求解的方法。

本章关注第三个问题。

绘制方程通过函数 L 来描述场景的辐射度。但真的需要知道 L 的所有细节吗？首先我们并不关心那些散射到外部空间（或被某些表面完全吸收）的辐射度——它们对我们要绘制的图像并不产生影响。事实上，如果要绘制一幅透过针孔相机小孔看到的场景图像，若小孔位于空间某一点 C，则真正要计算的值为 $L(C, \boldsymbol{\omega})$。为此，可能需要计算其他的值 $L(P, \boldsymbol{\eta})$ 以便更好地估计我们所关注的值。

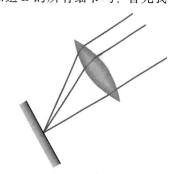

图 31-8　穿过镜头到达相应传感器单元的任意一条光线均对该单元测得的光能值产生贡献

然而，倘若我们想模拟一台真实的相机，配有镜头以及一个传感器阵列（如很多数码相机中的 CCD 阵列）。为了计算像素点 P 的传感器响应，将需要考虑向 P 传输光能的所有光线，也就是说，从镜头上任意一点到达相应传感器单元上任意一点的光线（见图 31-8）。

如同第 29 章所提到的，沿不同光线入射的光可能产生不同的效果：垂直于成像平面的入射光比沿某一角度入射的光能激发更大的响应，光线入射点靠近传感器单元中心区域比靠近其边缘区域效果更明显，这一切都是由传感器的结构决定的。其度量方程（参见式（29.15））如下

$$m_{ij} = \int_{U \times \mathbf{s}^2} M_{ij}(P, -\boldsymbol{\omega}) L^{\mathrm{in}}(P, -\boldsymbol{\omega}) |\boldsymbol{\omega} \cdot \boldsymbol{n}_P| \, \mathrm{d}P \mathrm{d}\boldsymbol{\omega} \tag{31.31}$$

式中 M_{ij} 为传感器响应函数，反映了像素点 (i, j) 对通过 P 点沿方向 $-\boldsymbol{\omega}$ 入射的辐射度的响应值。

一个完美且合理的理想化假设是将像素区域视为一个微小的正方形，当光线穿过镜头并到达这一方形区域时，$M_{ij} = 1$，否则 $M_{ij} = 0$。然而，即使在这样的理想化假设下，待求的像素值仍然涉及对整个像素区域和穿过镜头的所有方向进行积分。就算假定镜头很小使得计算第二积分域时只需采样一根光线就能精确估计（近似于针孔相机），还有一个面积分有待计算。

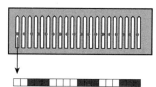

图 31-9　绘制尖桩篱栅场景若只在像素中心采样，将导致结果画面中出现成块的黑、白像素

计算这一面积分的一个很差的方法是仅选取位于像素区域中心的单一样本（即在最简单的光线跟踪模型中，只通过像素中心发射一根光线），这一做法之所以差是因为它会导致图形走样：例如，如果我们要绘制一幅尖桩篱栅的图像，其中尖桩的间隔与像素之间的间隔略有不同，绘制的篱栅将出现大片同颜色区域，与人眼在每个像素应该看到的情景大相径庭（见图 31-9）。

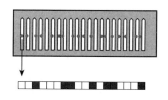

图 31-10　在每个像素中随机采样将减少走样，但会出现噪声

如果在每一个像素内随机选取一个采样点，走样现象将大幅减少（见图 31-10），但图像中增加了椒盐噪声。

由于我们的视觉系统不易觉察这种噪声的"边界"信息，但是却能轻易发现走样图像中的错误边界，用噪声来代替走样无疑是对结果的改进(见图 31-11)。

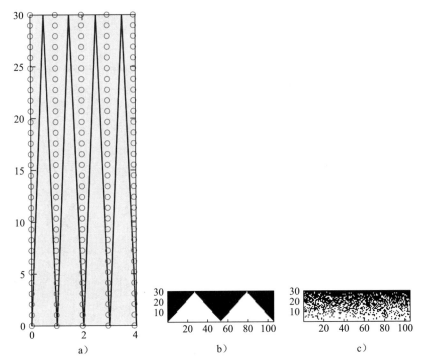

图 31-11   a)关于锯齿形的几何片段和绘制时像素采样位置(小圆圈)的特写镜头(每一个锯齿在 x 轴上的长度略大于一个单位)。b)所生成的结果。尽管在长度为 104 个像素的图像中分布着 102 个锯齿，但由于走样，我们只看到了 2 个。c)采取抖动式采样(每一个样本可随机地偏离中心，但水平和垂直方向均不超过半个像素)，所生成的图像中有大量噪声，但并非走样

在积分域上采集更多的随机样本并对它们的结果取平均在实用中更具普遍性。例如可以对波长段积分(而不是执行常见的简单 RGB 计算，后者属对波长的固定采样)。也可以对镜头表面进行积分以来生成景深效果和色差。对一个运动的场景，可通过在指定"时间窗口"上积分，模拟在这个时间区段内快门开启的效果。所有这些思想均可见于 Cook 等[CPC84]的经典论文，称之为过程分布的光线跟踪。为了防止与分布式处理的概念混淆，我们将它称为**分布式光线跟踪**，而 Cook 现在也用它来描述算法[Coo10]。我们将在第 32 章讨论分布式光线跟踪中所采用的独特的采样策略。

简言之：一般情况下，为了绘制生成一幅真实感图像，需要采用某种方式对很多值取平均，其中的每一个值均为图像平面上的一点 P，沿 $\omega \in \mathbf{S}^2$ 上一个方向的 $L(P,\omega)$ 值。

31.10   离散化方法：辐射度算法

下面先简略介绍辐射度算法，一种对给定类场景进行绘制的非常有效的方法，然后再针对更一般场景，讨论其采样方法和如何更有效地估计其 $L(P,\omega)$ 值。

辐射度绘制算法与我们在第 15 章中见过的算法有所不同。那些方法均从成像矩形面出发，为了计算到达成像面的光亮度，从成像面向场景投射光线，找到光线与场景的最近交点，并用各种方法计算从场景入射到该交点的光亮度。而其具体实现方式：逐个像素、

逐根光线、还是逐个多边形实施，只涉及算法的效率。核心思想为"从成像矩形出发，依此来决定需要计算的相关光线传播路径"。而另一种截然不同的方法是直接模拟光的物理传播过程：从光源发射光开始，跟踪光的传播路径，从中找出到达成像矩形面的光，并予以记录。该方法曾为 Appel[App68]所采用，他从光源向场景发射光线，检测光线与场景的交点。如果该交点为可见点，则在交点在成像平面上的投影处画一个小的标记（如"+"）。在高光照区域，标记很密集；在低光照区域，则几乎没有记号。对所得结果拍一张黑白照片（其实是用笔在绘图纸上画成）并对照片底片进行处理，Appel 生成了入射到成像平面的光的图像。

与上述方法相似，辐射度算法也是计算场景中的光能分布，最后才生成图像。由于场景中表面均假设为朗伯表面，将场景中所有点的表面辐射度表示转换为最终图像相对比较简单。

辐射度算法有两条重要的局限性。

- 它只是一类子问题的解，这是因为它只适用于朗伯反射体，而且一般来说场景中的光源也必须为朗伯发射器。
- 它是一种"离散化"方法：根据绘制方程，应对所有的 $P \in \mathcal{M}$ 和 $\boldsymbol{\omega}_o \in \mathbf{S}^2_+(P)$，计算其 $L(P, \boldsymbol{\omega}_o)$，现缩减为计算一个有限的数值集。场景被划分成许多小的面片，我们计算的只是每一个小面片的辐射度值。

将表面划分为小面片表明辐射度算法是一种**有限元**方法，在有限元方法中，一个函数被表达为有限个简单函数之和，每一个简单函数只在一个小的区域内非零。（这里的"有限"是相对于"无穷小"而言：该方法并没有在表面上每一点计算其辐射度——点属于"无穷小量"，而是计算"有限"小面片上的相关值。）

辐射度算法是第一个在其生成的图像中呈现颜色辉映现象（例如白色天花板毗邻红色墙面的地方映出粉红色）的方法，它对反射进行描述时无须包含一个"泛光项"（泛光项是散射模型（见第 27 章）中的一项，它计入了场景中所有的非"直接光照"效果，但如何计算曾为一个困扰多年的问题）。图 31-12 为一个辐射度算法的例子。

辐射度算法的第一步是把所有场景表面划分成一些小面片（通常为矩形）。面片必须足够小使得到达面片的光照在面片上几乎处处相同，因而离开该面片的光也是如此，可用单一值来表示。"网格化"步骤对最终结果有很大影响，下面我们就来分析一下。现在假设场景表面被细分成许多

图 31-12　一个简单场景的辐射度绘制结果。注意画面上的颜色辉映效果（由 Creg Coombe 提供，参见 Coombe、Harris、Lastra 的论文"Radiosity on graphics hardware"，Graphics Interface 2004 论文集）

小面片，用字母 j 和 k 表示面片序号，A_j 表示面片 j 的面积，B_j 表示与面片 j 上任意点处沿任意朝外方向⊖$\boldsymbol{\omega}_o$ 的辐射度成正比的值，n_j 表示面片 j 上任意一点的法向量。

假设每一个面片 j 都是朗伯反射面，其 BRDF 为一个常值函数：

$$f_s(P, \boldsymbol{\omega}_i, \boldsymbol{\omega}_o) = \rho_j / \pi \tag{31.32}$$

⊖　这里的"朝外方向"满足 $\boldsymbol{\omega}_o \cdot n_j > 0$；辐射度与方向无关，因为表面均假设为朗伯面。

其中，ρ_j 为面片的反射率，P 为面片 j 上的任意点。进一步假设场景中光源均为具有常数辐射度的朗伯光源，即面片 j 上任意点 P 沿任意方向 $\boldsymbol{\omega}_o$ 的 $L^e(P,\boldsymbol{\omega}_o)$ 为常数。

这一简单的光线散射形式及关于光源恒值发射的假设意味着绘制方程可被大大简化。

现在继续做如下四个假设。首先假设绘制场景由封闭 2 维流形组成，并且任意两个 2 维流形均不交于其内部（例如，两个立方体可能有相交的边或者面，但不会贯穿到彼此内部）。该假设意味着不允许存在双面的表面（即两面都会产生光线反射的多边形），这类表面应造型为实心薄板。

设 P 和 P' 为面片 j 上的点，Q 和 Q' 为面片 k 上的点，$\boldsymbol{n}_j$ 和 $\boldsymbol{n}_k$ 分别为相应面片的法向量。另外三个假设如下：

- P 与 Q 之间的距离约等于面片 j 的中心点 C_j 与面片 k 的中心点 C_k 之间的距离。
- $\boldsymbol{n}_j \cdot (P-Q) \approx \boldsymbol{n}_j \cdot (P'-Q')$，即两个面片上任意两点的连线几乎平行。
- 如果 $\boldsymbol{n}_j \cdot \boldsymbol{n}_k < 0$，则面片 j 上任意一点对面片 k 均可见，反之亦然。如果两个面片互相面对，则它们相互可见。

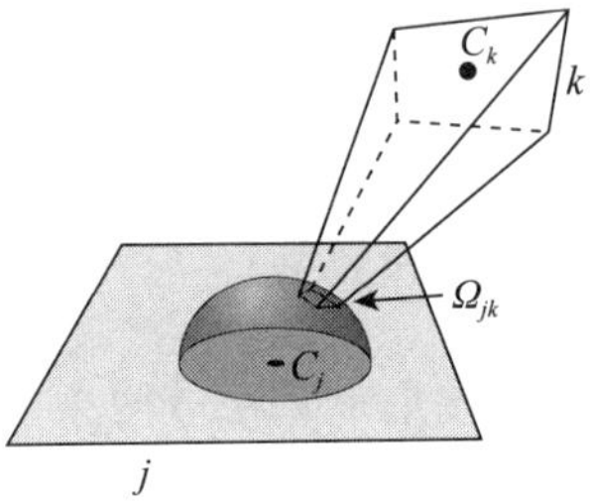

图 31-13　面片 k 对面片 j 可见，当它投影到以 C_j 为中心的半球面上时，所生成的立体角即为 Ω_{jk}

还需要一个定义：若面片 j 和 k 互相可见，则令 Ω_{jk} 表示从面片 j 到面片 k 的方向立体角（见图 31-13）；如果面片彼此不可见，则 Ω_{jk} 定义为空集。

下面运用这些假设对绘制方程进行简化。考虑面片 j 上的一点 P，对满足 $\boldsymbol{\omega}_o \cdot \boldsymbol{n}_j > 0$ 的朝外方向 $\boldsymbol{\omega}_o$，绘制方程形式如下：

$$L(P,\boldsymbol{\omega}_o) = L^e(P,\boldsymbol{\omega}_o) + \int_{\boldsymbol{\omega}_i \in \mathbf{S}^2_+(\boldsymbol{n}_j)} f_r(P,\boldsymbol{\omega}_i,\boldsymbol{\omega}_o)L(P,-\boldsymbol{\omega}_i)(\boldsymbol{\omega}_i \cdot \boldsymbol{n}_j)\mathrm{d}\boldsymbol{\omega}_i \quad (31.33)$$

现在引入因子 π 来简化式（31.33）。令 $B_j = L(P,\boldsymbol{\omega}_o)/\pi$。根据假设，$L(P,\boldsymbol{\omega}_o)$ 与 $\boldsymbol{\omega}_o$ 无关，所以 B_j 也与 $\boldsymbol{\omega}_o$ 无关（无须将 $\boldsymbol{\omega}_o$ 作为一个参数）。同样，定义 $E_j = L^e(P,\boldsymbol{\omega}_o)/\pi$。代入式 $f_r(P,\boldsymbol{\omega}_i,\boldsymbol{\omega}_o) = \rho_j/\pi$，得到

$$\pi B_j = \pi E_j + \frac{\rho_j}{\pi}\int_{\boldsymbol{\omega}_i \in \mathbf{S}^2_+(\boldsymbol{n}_j)} L(P,-\boldsymbol{\omega}_i)(\boldsymbol{\omega}_i \cdot \boldsymbol{n}_j)\mathrm{d}\boldsymbol{\omega}_i \quad (31.34)$$

上式中对正半球面所有方向向量的积分可以替换为对每一个立体角 Ω_{jk} 内方向求和，这是由于到达面片 j 的光线必定来自某个面片 k。方程于是变成

$$\pi B_j = \pi E_j + \frac{\rho_j}{\pi}\sum_k \int_{\boldsymbol{\omega}_i \in \Omega_{jk}} L(P,-\boldsymbol{\omega}_i)(\boldsymbol{\omega}_i \cdot \boldsymbol{n}_j)\mathrm{d}\boldsymbol{\omega}_i \quad (31.35)$$

上式积分内的辐射度即面片 k 发出的辐射度，也就是 πB_k，替换该项并重新整理关于 π 的常数因子，得

$$\pi B_j = \pi E_j + \frac{\rho_j}{\pi}\sum_k \int_{\boldsymbol{\omega}_i \in \Omega_{jk}} \pi B_k (\boldsymbol{\omega}_i \cdot \boldsymbol{n}_j)\mathrm{d}\boldsymbol{\omega}_i \quad (31.36)$$

$$= \pi E_j + \frac{\rho_j}{\pi}\pi \sum_k \left(\int_{\boldsymbol{\omega}_i \in \Omega_{jk}} (\boldsymbol{\omega}_i \cdot \boldsymbol{n}_j)\mathrm{d}\boldsymbol{\omega}_i\right) B_k \quad (31.37)$$

$$= \pi E_j + \rho_j \pi \sum_k \left(\frac{1}{\pi}\int_{\boldsymbol{\omega}_i \in \Omega_{jk}} (\boldsymbol{\omega}_i \cdot \boldsymbol{n}_j)\mathrm{d}\boldsymbol{\omega}_i\right) B_k \quad (31.38)$$

两边去除因子 π，得

$$B_j = E_j + \rho_j \sum_k \left(\frac{1}{\pi}\int_{\boldsymbol{\omega}_i \in \Omega_{jk}} (\boldsymbol{\omega}_i \cdot \boldsymbol{n}_j)\mathrm{d}\boldsymbol{\omega}_i\right) B_k \quad (31.39)$$

在求和项中 B_k 前的系数称为面片 j 对面片 k 的**形状因子** f_{jk}，所以方程可以简写为

$$B_j = E_j + \rho_j \sum_k f_{jk} B_k \tag{31.40}$$

式(31.40)称为**辐射度方程**。在求解它之前，先仔细分析一下形状因子。对面片 j 和 k，

$$f_{jk} = \frac{1}{\pi} \int_{\boldsymbol{\omega}_i \in \Omega_j} (\boldsymbol{\omega}_i \cdot \boldsymbol{n}_j) \mathrm{d}\boldsymbol{\omega}_i \tag{31.41}$$

根据第二条假设(从面片 k 到面片 j 的所有光线的方向基本相同)，向量 $\boldsymbol{\omega}_i$ 可用 $\boldsymbol{u}_{jk} = \mathcal{S}(C_k - C_j)$ 替代，即替换为从面片 j 的中心点到面片 k 的中心点的单位向量。显然 $\boldsymbol{u}_{jk} \cdot \boldsymbol{n}_j$ 是一个常数，因而可移到积分符号外面。

形状因子可被写成：

$$\frac{1}{\pi} \int_{\Omega_{jk}} \boldsymbol{\omega}_i \cdot \boldsymbol{n}_j \mathrm{d}\boldsymbol{\omega}_i = \frac{1}{\pi} \int_{\Omega_{jk}} \boldsymbol{u}_{jk} \cdot \boldsymbol{n}_j \mathrm{d}\boldsymbol{\omega}_i \tag{31.42}$$

$$= \frac{1}{\pi} \left(\int_{\Omega_{jk}} 1 \mathrm{d}\boldsymbol{\omega}_i \right) \boldsymbol{u}_{jk} \cdot \boldsymbol{n}_j \tag{31.43}$$

剩下的积分只是计算立体角 Ω_{jk} 的值，即面片 k 的面积 A_K 除以两面片间距离的平方 $\| C_j - C_k \|^2$ (采用第三条假设)，再乘以 $\boldsymbol{n}_k$ 与 $\boldsymbol{u}_{jk}$ 夹角的余弦值(倾斜原理)。于是形状因子变成

$$f_{jk} = \frac{1}{\pi} \frac{A_k}{\| C_j - C_k \|^2} |\boldsymbol{u}_{jk} \cdot \boldsymbol{n}_j| \cdot |\boldsymbol{u}_{jk} \cdot \boldsymbol{n}_k| \tag{31.44}$$

课内练习 31.4：(a) 根据式(31.44)，显然有 $f_{jk}/A_k = f_{kj}/A_j$。试证明之。(如果面片 j 和 k 互相可见，则两个点积中有一个点积的值为负数。)

(b) 假设面片 k 非常大，几乎占据了面片 j 可视方向的整个半球面，试求 f_{jk} 的表达式(可近似)。

如果计算出所有 f_{jk} 的值并写成矩阵形式 $\boldsymbol{F}$，左乘对角矩阵 $\boldsymbol{D}(\rho)$($\boldsymbol{D}(\rho)$ 的第 j 个对角元素为 ρ_j)，并将所有光能辐射度值 B_j 和出射值 E_j 表示成列向量 $\boldsymbol{b}$ 和 $\boldsymbol{e}$，则在上述假设下，光能辐射方程变成如下形式

$$\boldsymbol{b} = \boldsymbol{e} + \boldsymbol{D}(\rho)\boldsymbol{F}\boldsymbol{b} \tag{31.45}$$

化简后为

$$(\boldsymbol{I} - \boldsymbol{D}(\rho)\boldsymbol{F})\boldsymbol{b} = \boldsymbol{e} \tag{31.46}$$

这是一个简单的线性方程组(虽然含有很多个未知量)。

可用线性代数中的标准方法求解该方程(见练习 31.2)。当对角矩阵 $\boldsymbol{D}(\rho)\boldsymbol{F}$ "小于" 同阶单位矩阵的值，即所有特征值均小于 1 时，方程的解是存在的，这一点可由所有表面的反射率均小于 1 的假设(以及可能是最大的形状因子的计算结果)保证。注意我们并不建议采用矩阵求逆方法求解式(31.46)，因其运算复杂有 $O(n^3)$，而采用一些近似方法如 Gauss-Seidel 迭代法，其求解效率要高得多。

对一个场景，f_{jk} 只需计算一次。一旦矩阵 $\boldsymbol{F}$ 已知，即使场景的光照条件(即向量 $\boldsymbol{e}$)有所变化，仍可快速地计算出每一个面片中心发出的辐射度(即向量 $\boldsymbol{b}$)。

求得向量 $\boldsymbol{b}$ 后，在给定相机参数的条件下，如何生成最终图像呢？首先创建一个由很多矩形面片组成的场景，设面片 j 的值为 B_j，然后基于相机视点，对场景进行光栅化。这里不去计算每个像素处的光照值，而是采用像素内可见表面上存储的值：如果像素显示的面片为 j，则将值 πB_j 存于该像素。最终生成的图像即为场景的光能辐射度绘制结果。

但很少按上述方法做，因为这样生成的辐射度图像看上去呈 "块" 状，而根据经验，完全朗伯环境下的辐射度分布非常平滑。故我们不直接绘制计算得到的辐射度值，而是运

用诸如双线性插值或更高阶的插值方法，基于相邻面片中心点的辐射度值做插值运算。这类似于 31.4 节所讨论的方法，在该方法中，我们先在整数点处求解方程，然后通过插值估计方程在实数点处的解。这样，我们得到的是一个满足绘制方程离散近似表示的分段常量函数(由向量 b 表示)，但显示的是一个不同的函数(并非分段常量)。

总结一下前面的工作，假设空间 V 表示所有可能的表面辐射度的集合，当前的辐射度方法考虑的只是 V 的一个子空间 W，它由各面片上分段常量分布的辐射度场组成。对绘制方程进行近似，找到它在 W 中的一个解；然后将这个解(通过线性插值)转换到由所有的分段线性辐射度场组成的另一个子空间 D。如果 D 和 W "足够相似"，则上述转换是可行的(见图 31-14)。

显然，上面求解思路存在矛盾之处。解决的手段是不将辐射度场假设为分段常量分布，而是分段线性或分段二次分布并作相应的计算。Cohen 和 Wallace[CWH93]给出了相关的细节。

形状因子的计算是辐射度算法中最耗时的部分。一种方法是采用光栅化绘制程序五次绘制整个场景，将所得结果分别投影到**半立方体**的五个面上(立方体上半部分表面，如图 31-15所示)。与前面每个像素存储一个辐射度值不同的是，这里存储的是每个像素内可见表面的下标 k。可以预先一次性地计算出半立方体每个面上每个 "像素" 的投射立体角；而在计算面片 k 对半立方体中心的投射立体角时，只需将存储为下标 k 的所有像素的立体角相加即可。为了保证这一方法行之有效，投影于半立方体表面的图像必须具有足够高的分辨率使得一个典型的场景面片在半立方体表面上的投影至少覆盖数百个 "像素"；随着场景复杂度不断增长(或为了使 "每一面片为常数辐射度" 的假设更正确，不断减小面片的尺寸)，将要求半立方体表面像素具有更高的分辨率。

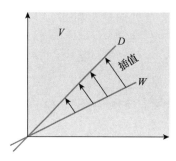

图 31-14 如示意图，由所有表面辐射度场组成的空间 V 包含了由分段常量分布的辐射度场组成的子空间 W 以及由分段线性辐射度场组成的子空间 D。从 W 映射到 D 可通过线性插值实现

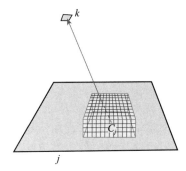

图 31-15 我们将场景投影到以 P 为中心的半立方体表面上，面片 k 可沿穿过图中所示像素的光线为 P 点所见，在半立方体表面该像素处存储 k 值

在求解辐射度方程式(31.46)时，有些近似解法并不需要用到形状因子矩阵 F 中的每一个元素。因此可以在运行中动态计算 F 中的相关元素并将其记入高速缓存，Cohen 和 Wallace[CWH93]详细阐述了运用这一策略的各种方法。

在结束关于辐射度算法的讨论之前，再提四点需要注意的问题。

第一，在构思本算法时，我们曾假设面片之间完全相互可见，但是计算形状因子的半立方体方法无须受限于这个假设。不过，半立方体法需假设面片 j 中心点朝向面片 k 的立体角可以很好地近似表示面片 j 上任意点朝面片 k 的立体角。当面片 j 和 k 距离很远时，这一假设是合理的，但是当两者距离很近时(如一个为地板上的小面片，一个为墙壁上的小面片，而且两者彼此邻接，共享一条边)，该假设将不再成立，此时形状因子的计算为对两个面片上所有点进行积分，即使面片几何形状很简单，也不存在简单的表达式。Schroeder[SH93]采用一些相当标准的函数来表示这种形状因子，但因过于复杂，难以实用。

第二，网格剖分对辐射度算法解的精度影响很大；特别地，如果场景中有阴影边缘，当网格面片的边界与阴影边缘对齐或靠近阴影边缘的网格剖分得很细(因而可以有效地表现阴影边缘处光亮度的急剧变化)时，所得解的质量将大大提升。Lischinski 等人[LTG92]提出一种网格预计算方法，所生成的网格适于呈现辐射度计算中可能出现的光亮度剧烈变化。

另一类面向网格划分的方法是，对每一个面片，检查该面片上各处的辐照度是否满足均匀性假设，可通过计算面片各角点处的辐照度值并对这些值进行比较来实现。如果它们间的差值超过给定的阈值，则将该面片剖分成两块较小的面片，重复上面的步骤，**逐步细化**。不过，这种方法不确保奏效：因为有可能存在某个面片，入射到面片各点的辐照度差异非常大，但面片各角点处的辐照度却恰巧相等；这种情况下，本应该继续细分面片，但我们没这么做。有一点比较幸运：细分面片所需的计算很少：我们只需计算新生成子面片的形状因子并删除已被剖分面片的形状因子，然后基于先前估计的原面片的表面辐射度赋予各子面片新的辐射度值；简单地将旧的值赋给子面片是可行的，但更睿智的方法可以加速收敛。

第三，虽然前面讨论的辐射度算法考虑的是理想朗伯表面和朗伯光源，但仍可以在多个方向上对它进行推广。不同于前面所做的表面朝外发出的辐射度与方向无关的假设，在构建网格时，我们可以根据网格位置和光能辐射方向对其进行分解(即将点 c_i 朝外方向的球面细分成很多小面片，且假设每一个小面片的辐射度值都是常数)；从而允许表面具有更一般的反射率分布，不过这会使计算量大大增加。此外，可以采用其他的基函数，例如**球面谐波函数**，来表示出射光沿半球面不同方向的变化。有一种球面调和函数的展开形式类似于在高维空间中采用傅里叶级数写成的周期函数。Ramamoorthi 等人[RH01]应用过这一方法来研究光能传播。在每一种情形中，处理镜面反射都很棘手：要么球面表面被分割成非常小的面片，要么得采用非常高阶的球面调和函数，两种措施都会导致计算量急剧增加。一种处理方法是把光能传播中的"镜面分量"分离出来另做一遍绘制。辐射度加光线跟踪的混合算法[WCG87]试图将两种算法结合到一起。不过，近年来这一绘制方法逐渐被随机化方法所取代。

第四，我们对辐射度算法有点不公平。在所有发射和反射均为朗伯型的假设下，绘制方程的简化形式是真实的"辐射度方程"，它与将场景细分为面片以及由此导出的矩阵方程有着很大的区别。尽管如此，通常还是把这两者放在一起讨论，并将矩阵形式称为辐射度方程。Cohen 和 Wallace 书中第 1 章以更全面的视角对辐射度进行了讨论，而我们前面讲述的离散化方法仅列为求解方程的多种近似方法之一。

31.11　对光线传播路径进行分离

漫反射与镜面反射存在很大差别，一种合理的方法是在程序中将它们分开处理。例如，如果在表面的入射光中，朝镜面反射方向反射了 50%，吸收 10%，其余 40% 按朗伯定律朝各个方向散射，则由光线的入射方向计算其反射光线方向的代码如代码清单 31-1 所示。这一代码是 29.6 节讨论的算法版，其中用到了第 30 章介绍过的混合概率思想。

代码清单 31-1   具有部分镜面反射功能的表面散射

```
1   Input: an incoming direction wi, and the surface normal n
2   Output: an outgoing direction wo, or false if the light is absorbed
3
4   function scatter(...):
5     r = uniform(0, 1)
6
7     if (r > 0.5): // this is mirror scattering
8       wo = -wi + 2 * dot(wi, n) * n;
9     else if (r > 0.1): // diffuse scattering
10      wo = sample from cosine-weighted upper hemisphere
11    else: // absorbed
12      return false;
```

31. 12   绘制方程的级数解

绘制方程：

$$(I - T)L = L^e \qquad (31.47)$$

可写成如下形式：

$$\boldsymbol{Mx} = \boldsymbol{b} \qquad (31.48)$$

这是我们在线性代数中很熟悉的形式，不过，这里的 x 不是由三或四个元素组成的列向量，而代表一个未知函数 L；方程右边的 b 不是一个目标向量，而代表一个目标函数：发射辐射度场 L^e；此外，线性变换不是通过左乘矩阵 M 来定义，而是实施某种线性算子。粗略地讲，两者之间的差异主要在于，前者是线性代数中所熟悉的有限维问题，而后者是处理实值函数空间时所产生的无限维问题。（的确，辐射度近似算法相当于对一个无限维问题的有限维逼近，所以辐射度方程最终被表示成一个矩阵方程。）

现在，先假定我们关心的问题是有限维的：即 L 和 L^e 均表示由 n 个元素组成的列向量，$(I-T)$ 表示一个 $n \times n$ 矩阵，其中 n 很大。则方程(31.47)的解为

$$L = (I - T)^{-1}(L^e) \qquad (31.49)$$

一般来说，$n \times n$ 矩阵求逆过程非常复杂，容易产生数值误差，特别当 n 很大时。但有一个实用的技巧。注意到：

$$(I - T)(I + T + T^2 + \cdots + T^k) = I - T^{k+1} \qquad (31.50)$$

课内练习 31.5：试展开相乘的左边证明等式(31.50)。矩阵相乘一般不满足交换律。为什么在这个例子中可以交换矩阵相乘顺序？

假设随着 k 增大，T^{k+1} 越来越小(即所有 T^{k+1} 的矩阵元素趋于 0)，所有 T 的各指数次幂之和将等于 $(I-T)$ 的逆矩阵，也就是：

$$(I - T)^{-1} = I + T + T^2 + \cdots \qquad (31.51)$$

两边同乘 L^e，得

$$L = (I - T)^{-1}L^e \qquad (31.52)$$

$$= IL^e + TL^e + T^2 L^e + \cdots \qquad (31.53)$$

也就是说，场景中的辐射光能等于光源发射的光(ILe)，加上从光源发射的光经场景表面散射一次(辐射度 TL^e)、散射两次($T^2 L^e$)、散射 k 次等之和。

在以上推理中，曾假设所涉及的问题均为有限维，从而得到了一个看上去十分合理的结论。事实上，上面的推理过程对无限维空间中的光能传播也是成立的，唯一的限制条件是 T^2 必须被视为"施加操作算子 T 两次"，而不是"矩阵 T 的平方"。

当然，我们必须保证：当 k 很大时，$T^k \to 0$。当 T 表示一个矩阵时，这意味着 T^k 的所有矩阵元素趋于 0（当 k 很大时）。而当 T 表示一个无限维空间上的线性算子时，其含义为 $T^kH \to 0$（当 k 很大时），这里 H 表示 T 定义域中的任何元素（就我们的问题而言，它意味着不论初始发射的辐射度为何值，经过足够多次表面散射后，会变得越来越小）。

从现在开始，我们假设光线散射算子 T 满足性质：当 $k \to \infty$ 时，$T^k \to 0$，以确保绘制方程的级数求解方法可得到有效的结果。

当然，级数解涉及无限多项求和，其中每一项的计算都很复杂，所以它并不是一种绘制场景的实用方法。另一方面，如前面所见到的，已有很多基于级数求解方法的近似算法。

线性算子的高次幂什么时候趋于零算子？我们可以通过考察特征值来回答这一问题：如果所有特征值都严格小于 1，则当 $k \to \infty$ 时，$T^kL^e \to 0$。在绘制中，这意味着场景中不存在理想反射面；可以假设场景中只包含两个巨大的理想平面镜面，彼此面对，两镜面中间安放了一个点光源。光源向左、右发射出相同量的光，构成光线散射算子 T 的一个特征值向量：光线发生反射后，仍然有相同量的光向左、向右传播。在此情形中，T 有一个特征值为 1，即使反复迭代也不会收敛。如果光源发射光线，这些光线经场景中的镜面反射后，将添加到光源新发射的光线中，如此循环下去，传播的光能将趋于无穷大。这说明，不切实际的理想镜面假设将导致不切实际的无限光能传播（并导致求解绘制方程的迭代算法不收敛）。

实际中，我们所遇到的大部分表面其反射率都相对较小，在这些表面上执行迭代计算不仅收敛，而且收敛速度非常快。不过，这种收敛不一定是我们想要的：经过数次迭代后，辐射度场 L 的估计值也许会非常逼近真实的辐射度场 L_0，但在观察者的眼中，场景外观与理论值可能有很大的差别。例如，如果场景为一个封闭的房间，房间照明来自墙上一个极小的孔，孔的后面有一个光源，因此房间中的光亮度实际上非常小……接近于零光照；采用标准数学方法对相似度进行度量时，结果类似。然而，从感知上来说，差别却很明显：实际中就是这一丝微弱的光照就能使你半夜醒来不会碰到脚趾头，而完全没有任何光线时情况就不一样了！

31.13　光线传播的其他表述方式

前面都是基于辐射度场 L 来描述光线传播过程，其中 L 定义在 $\mathbf{R}^3 \times \mathbf{S}^2$ 或 $\mathcal{M} \times \mathbf{S}^2$ 上的，$\mathcal{M}$ 为场景中所有表面点的集合（因为光线在真空中传播时其辐射度保持恒定不变，知道了 L 在 $\mathcal{M}$ 中各点的值就相当于知道 L 在 $\mathbf{R}^3$ 空间中所有点的值）。我们还使用散射算子在绘制方程中将入射辐射度场转换成出射辐射度场。但光线传播还有其他的表述方式。

Arvo[Arv95]运用两个分离的算子描述光线传播过程。第一个算子 G，将 $\mathcal{M}$ 中点的表面辐射度转换成场辐射度（本质上为光线跟踪）：从点 P 发出沿 $\boldsymbol{\omega}$ 方向的表面辐射度即为另一表面点 Q 的场辐射度，而点 Q 为从点 P 发出的光线与 M 的第一个交点。第二个算子 K 将入射到点 P 的场辐射度结合点 P 处的表面双向反射率 BRDF 生成表面辐射度（即它描述了光线在表面局部的单次散射）。因此，光线传播算子 T 可以表示为 $T = K \cdot G$。

Kajiya[Kaj86]提出了另一种表述方式，即用 $I(P, Q)$ 表示从任意点 $P \in M$ 直接传播到任意点 $Q \in M$ 的光亮度；如果 P 和 Q 相互不可见，则 $I(P, Q) = 0$。Kajiya 称数量值 I 为

无遮挡情况下两点之间传播的光亮度。(这一段和下一段用到的符号 I、ρ、ε、M、g 后面将不再使用;此处只是用来解释他所采用的符号与我们所用符号之间的对应关系。)Kajiya 定义的 BRDF 不是基于一个点和两个方向向量,而是基于三个点;采用 $\rho(P,Q,R)$ 表示从 R 传播到 Q 的光能经散射传播到 P 的那部分。他的"发射光"函数也只采用点作为参数而非点和方向参数:$\varepsilon(P,Q)$ 表示从点 Q 朝点 P 方向所发射的那部分辐射度。Kajiya所定义的量中去除了在我们的绘制方程表述中所出现的各种余弦因子,而将它们包含在积分式中(他的积分域为场景中所有表面的集合 $\mathcal{M}$,而我们的积分域为以某个点为中心的上半球面;正如 26.6.4 节所描述的那样,表达式中变量的改变导致了余弦因子的引入)。Kajiya 的绘制方程如下:

$$I(P,Q) = g(P,Q)\left[\varepsilon(P,Q) + \int_{R \in M} \rho(P,Q,R)I(Q,R)\mathrm{d}R\right] \tag{31.54}$$

这里 $g(P,Q)$ 为一个"空间几何"项,它部分地决定 P 和 Q 之间的相互可见性:当 P 对 Q 不可见时,$g(P,Q)=0$。采用算子表示后,式(31.54)可改写成如下形式:

$$I = g\varepsilon + gMI \tag{31.55}$$

其中 M 表示将积分式中 I 和 ρ 合并的算子。上式的级数解如下:

$$I = g\varepsilon + gMg\varepsilon + gMgMg\varepsilon + g(Mg)^3\varepsilon + \cdots \tag{31.56}$$

该式的优点为显式引入了可见性计算:式中的每个 g 都代表一个可见性(或光线投射)算子。

31.14   级数解的近似值

前面曾提到,采用计算无穷级数各项和的方式来求解绘制方程不切实际,而几种近似求解法却很有效。下面的讨论继续沿用 Kajiya 的思路。

最早广泛使用的近似求解方法大都有以下两点限制性假设:

- 发射函数限定为点光源
- 只计算一次性光线散射(即光线传输路径为 LDE 形式)

也就是说,式(31.56)的近似解取为

$$I = g\varepsilon + gM\varepsilon_0 \tag{31.57}$$

这里 ε_0 表示只使用点光源。(第一项含 ε,表明可绘制直接可见的面光源。)注意到第二项本应为 $gMg\varepsilon_0$,即应考虑光源对表面是否直接可见(表面能受到光源直接照射吗?),但这一可见性计算对早期硬件来说过于复杂,故早期绘制的图像中都没有阴影。

注意到 ε_0 只包含有限个点光源,定义在 M 上的积分变成了简单的求和。

可以运用 31.2 节介绍的很多方法来求解该绘制方程:有限点光源的限制条件相当于只求解其中一个子问题。无穷级数截尾则表明我们近似的是具体的求解方法而不是方程本身。早期所用的光线传播算子 M 也受到限制:所有的场景表面都必须是朗伯反射体,不过这一限制很快就扩展到镜面反射材质。

对算法进行改进:用 $g\varepsilon_0$ 取代 ε_0(即加入阴影)是一个曾进行过大量研究的题目,主要有两种方法:精确可见性计算和非精确可见性计算。精确可见性计算将在第 36 章讨论。

一种典型的非精确可见性计算方法是以光源位置为视点来绘制场景生成**阴影图**:阴影图中的每个像素点存储从光源穿过该像素中心到最近的场景表面点之间的距离。在绘制中,当我们想检测某个点 P 是否受到光源直接照射时,可将点 P 投影到该光源的阴影图中,将点 P 到光源的距离与阴影图中相应像素点处存储的距离进行比较。如果大于存储值，则说明点 P 被离光源更近的某个表面遮挡，未受到该光源的直接照射。这种方法有许多缺点，其中主要一点是它仅取位于阴影图像素中心处的样本点来判定投影到该像素的所有点的阴影状态；当视线方向和光照方向几乎相反而表面法向量又与它们接近于垂直时，将导致严重的走样（见图 31-16）。

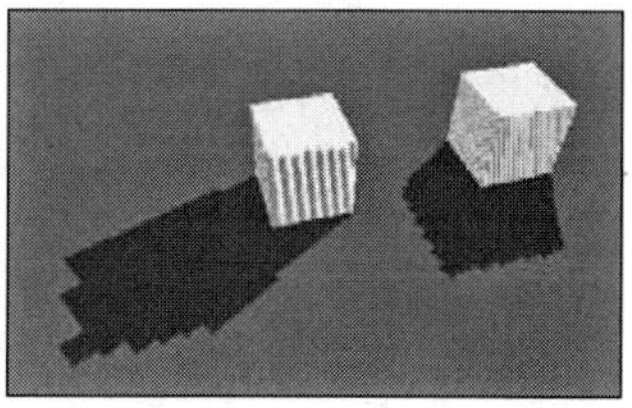

顺便提一下，图形学早期采用的绘制方法并非绘制方程的近似解，而属于实用性"技巧"，在一些情形中属于将特定观测的结果（如面向漫反射表面的朗伯反射定律）不恰当地运用于更为一般的场景，有时则是根据观测到的现象给出的近似模型，但总之不是基于内在的物理模型。当你阅读当时一些老的论文时，很少会看到瓦特和米这类单位；偶尔还会发现某处多了或少了一个余弦项。因此应仔细阅读，充分思考，相信自己的理解力。

图 31-16　采用低分辨率阴影图导致阴影边界走样，而立方体表面上的条纹则为因另一问题引起的走样（由 Fabien Sanglard 提供）

31.15　对散射的近似：球面调和函数

前面已经讨论了基于面片划分的辐射度算法，其中场辐射度由一个分段常量函数来近似；该算法可以看成是一种尝试：在由所有可能场辐射度函数组成空间的一个子空间上，采用特定的基函数来表示场辐射度，本例中的基函数仅在某个面片 j 上取值为 1，而在其他面片取值均为 0。这些基函数的线性组合即为辐射度算法中的分段常量函数。

另一种类似的方法是用球面函数空间上的基函数表示某一点处的表面辐射度（其辐射度可定义为包含该点所有入射方向的半球面上的函数）。假设只考虑连续函数，则其基函数由球面调和函数 h_1，h_2，…组成，这与 $\mathbf{S}^2$ 中采用定义在单位圆上的傅里叶基函数 $\sin(2\pi nx)$（$n=1,2,\cdots$）和 $\cos(2\pi nx)$（$n=0,1,2,\cdots$）相类似。在 xyz 坐标系下，前面几个球面调和函数正比于 1，x，y，z，xy，yz，zx，x^2-y^2，其比例系数选为常量且使得每一基函数在球面域上积分为 1。在球面极坐标系下，则为 1，$\cos\theta$，$\sin\theta$，$\sin\phi$，$\sin2\theta$，$\sin\theta\sin\phi$，$\cos\theta\cos\phi$，$\cos2\theta$。与定义在圆上的傅里叶基函数一样，它们也是两两正交：即任意两个不同的调和函数之积在球面域上的积分等于 0。图 31-17 演示了前面几个调和函数的径向图，如第一个调和函数 h_1（常量函数 1）的图为一个球。

图 31-17　球面调和函数的前面几项。对以球面极坐标表示的单位球 $(1,\theta,\phi)$ 上的每一点，我们画一个点 (r,θ,ϕ)，其中 $r=\left|h_i(\theta,\phi)\right|$，取绝对值可避免 r 为负值时该点被遮蔽，尽管这样做可能会引起误解

明确地说：对于一个连续函数 $f: \mathbf{S}^2 \to \mathbf{R}$，可以将 f 表示成一系列球面调和函数之和[⊖]：

$$f(P) = \sum_{j=1}^{\infty} c_j h_j(P) \tag{31.58}$$

系数 c_j 的值与 f 相关，这如同将定义于单位圆上的函数写成正弦项和余弦项之和时正弦项、余弦项的系数决定于被表示函数一样。求解这些系数的方法是相同的，即通过计算积分。

点 P 处的余弦加权 BRDF 是一个关于两方向向量 $\boldsymbol{\omega}_i$、$\boldsymbol{\omega}_o$ 的函数，其表达式

$$\overline{f}(\boldsymbol{\omega}_i, \boldsymbol{\omega}_o) = f_s(P, \boldsymbol{\omega}_i, \boldsymbol{\omega}_o) \boldsymbol{\omega}_i \cdot \boldsymbol{n}(P) \tag{31.59}$$

定义了一个映射关系 $\overline{f}: \mathbf{S}^2 \times \mathbf{S}^2 \to \mathbf{R}$，故无法直接用前面定义的调和函数来表示函数 $\overline{f}$，我们通过两步来实现。为了简化符号，下面的讨论中略去变量 P。

首先，固定 $\boldsymbol{\omega}_i$，考虑函数 $\boldsymbol{\omega}_o \mapsto \overline{f}(\boldsymbol{\omega}_i, \boldsymbol{\omega}_o)$，记为 $F_{\boldsymbol{\omega}_i}$，它可以用球面调和函数表示成如下形式：

$$F_{\boldsymbol{\omega}_i}(\boldsymbol{\omega}_o) = \sum_{j=1}^{\infty} c_j h_j(\boldsymbol{\omega}_o) \tag{31.60}$$

如果选不同的 $\boldsymbol{\omega}_i$，将重复上述过程；这样一来，我们就得到系数的集合 $\{c_j\}$。显然系数 c_j 的值与 $\boldsymbol{\omega}_i$ 有关；可看成关于 $\boldsymbol{\omega}_i$ 的函数，于是有：

$$\overline{f}(\boldsymbol{\omega}_i, \boldsymbol{\omega}_o) = \sum_j c_j(\boldsymbol{\omega}_i) h_j(\boldsymbol{\omega}_o) \tag{31.61}$$

现在每一个函数 $\boldsymbol{\omega}_i \mapsto c_j(\boldsymbol{\omega}_i)$ 本身也是球面域上的函数，因而也可以表示成一系列球面调和函数之和。即

$$c_j(\boldsymbol{\omega}_i) = \sum_k w_{jk} h_k(\boldsymbol{\omega}_i) \tag{31.62}$$

将它代入式(31.61)中，得

$$\overline{f}(\boldsymbol{\omega}_i, \boldsymbol{\omega}_o) = \sum_j c_j(\boldsymbol{\omega}_i) h_j(\boldsymbol{\omega}_o) \tag{31.63}$$

$$= \sum_j \sum_k w_{jk} h_k(\boldsymbol{\omega}_i) h_j(\boldsymbol{\omega}_o) \tag{31.64}$$

这种表示形式的优点是在计算绘制方程中的积分项

$$\int_{\boldsymbol{\omega}_i \in \mathbf{S}_+^2(P)} L(P, -\boldsymbol{\omega}_i) f_s(P, \boldsymbol{\omega}_i, \boldsymbol{\omega}_o) \boldsymbol{\omega}_i \cdot \boldsymbol{n}(P) \mathrm{d}\boldsymbol{\omega}_i \tag{31.65}$$

时，由于 L 和 f_s 均以球面调和基函数来表示，因而可以高效地计算积分。但是必须注意的是，在将 BRDF 表示成调和基函数之和时，我们曾假设 BRDF 是连续的；这或者需排除任何一种脉冲(如镜面反射)型双向反射率分布，或者要求上面所有等式均写为近似相等。

不幸的是，L 的表示一般基于球面坐标系统，而 f_s 的表示基于直角坐标系，且 x 轴和 z 轴所在平面为表面切平面，y 轴方向为表面法向方向。将 L 的球面调和表达式转换到表面的局部坐标系需做一些计算；这对于低次调和基函数比较简单，但当次数逐渐提高时，所需计算量将越来越大。将采用球面调和函数表示的点 P 处的场辐射度函数 L 转换到局部直角坐标系中(丢弃了负号)

$$L(P, -\boldsymbol{\omega}_i) = \sum_m u_m h_m(\boldsymbol{\omega}_i) \tag{31.66}$$

代入式(31.65)，得

$$S(\boldsymbol{\omega}_o) = \int_{\boldsymbol{\omega}_i \in \mathbf{S}_+^2(P)} \sum_m u_m h_m(\boldsymbol{\omega}_i) \sum_{jk} w_{jk} h_j(\boldsymbol{\omega}_i) h_k(\boldsymbol{\omega}_o) \mathrm{d}\boldsymbol{\omega}_i \tag{31.67}$$

⊖ 截尾之后有限项的和为 f 的近似表示；如果 f 是不连续的，则有限项的和只是在连续域上对 f 的近似。

$$= \sum_k h_k(\boldsymbol{\omega}_o) \int_{\boldsymbol{\omega}_i \in \mathbf{S}^2_+(P)} \sum_m u_m h_m(\boldsymbol{\omega}_i) \sum_j w_{jk} h_j(\boldsymbol{\omega}_i) d\boldsymbol{\omega}_i \tag{31.68}$$

$$= \sum_k h_k(\boldsymbol{\omega}_o) \sum_{j,m} w_{jk} u_m \int_{\boldsymbol{\omega}_i \in \mathbf{S}^2_+(P)} h_m(\boldsymbol{\omega}_i) h_j(\boldsymbol{\omega}_i) d\boldsymbol{\omega}_i \tag{31.69}$$

当 j 和 m 不同时，上式中的积分项为 0，当两者相同时，为 1。于是整个表达式可以简化用来表示沿 $\boldsymbol{\omega}_o$ 方向的表面辐射度：

$$S(\boldsymbol{\omega}_o) = \sum_k h_k(\boldsymbol{\omega}_o) \sum_j w_{jk} u_j \tag{31.70}$$

右边关于 j 的和式可看成是加权余弦 BRDF 系数矩阵和场辐射度系数行向量 $\boldsymbol{u}$ 之间的乘积，所生成的向量为在表面局部坐标系中基于球面调和函数表示的表面辐射度的系数。

通过采用球面调和函数来表示 BRDF 和场辐射度，我们将式(31.65)转换成了矩阵相乘形式。这是运用**基函数原则**的又一个例子：选择一组好的基函数，可以使问题变得更为简单。特别是在计算一个乘积的积分时，采用一组类似于球面调和函数(基函数两两正交)的基尤其有用。

如果可以假设场辐射度与位置无关(例如，如果入射光主要来自多云时的天空)，则上述方法主要的计算量为将场辐射度的球面调和表示从球面坐标系转换到局部坐标系。如果这一假设不成立，将涉及将一个点的表面辐射度(采用球面调和函数表示)转换成其他点的场辐射度(同样采用球面调和函数表示)。

Ramamoorthi[RH01]全面地开发了这一方法。其中的主要挑战如下：

- 不同坐标系下球面调和函数表示的转换。
- 将积分计算转化成矩阵相乘——当矩阵规模不大时，这是个好办法。然而，函数波动越剧烈，在采用球面调和函数近似表示它时，若要取得较好的逼近精度，就需要更多的球面调和级数项(就像在一维空间中近似表示剧烈波动函数时，需要高频的正弦项和余弦项)。由于很多 BRDF 都波动剧烈(镜面反射尤其明显)，要构建一个好的近似表示往往需要许多级数项，这使得矩阵相乘计算量大为增加，当矩阵不稀疏时，情况更为严重。
- 前面忽略了表面辐照度的一个重要性质：它只在上半球面上非零。这使得在赤道线处不连续，而用球面调和级数表示这种不连续通常很难：要取得好的逼近效果需要更多级数项。

Ramamoorthi 提出了一个强有力的论据，说明大部分场辐射度可以用少数球面调和级数项来很好的近似。Sloan[Slo08]写了一篇好的综述，对球面调和函数的性质进行了总结，Kautz 和 Snyder[KSS02]则演示了对视点固定、光源移动(或光源固定、视点移动)的场景进行绘制时如何高效地利用这些性质。

31.16　蒙特卡罗方法入门

下面讨论求解绘制方程的蒙特卡罗方法。基本思想是采用概率方法(参见第 29 章)来估算绘制方程中的积分。概括地说，就是采集被积函数的若干样本，取其平均，用平均值乘以积分区域的面积作为所求积分的估计值。

先对后面要讨论的各种方法进行一个粗略和非正式的介绍。

经典光线跟踪算法(见第 15 章)从人眼出发，不断地向场景投射光线，找到光线与场景表面的第一个交点，计算交点处表面的颜色，该颜色值为所有可见光源(用光线投射算法检测光源的可见性)对该点的光照，再加上来自场景其他地方的光照。后面一项仅当交点处表面的反射率存在镜面反射/折射分量才需进行计算，此时，我们需要递归地跟踪其反射或折射光线。

在第 15 章中，我们只计算了直接光照，只需对光线跟踪器稍加修改，即可加入递归跟踪过程。代码清单 31-2 给出了实现的伪代码，光源为点光源。

代码清单 31-2   递归式光线跟踪

```
1  foreach pixel (x, y):
2    R = ray from eyepoint E through pixel
3    image[x, y] = raytrace(R)
4
5  raytrace(R):
6    P = raycast(R) // first scene intersection
7    return lightFrom(P,R) // light leaving P in direction opposite R
8
9  lightFrom(P, R):
10   color = emitted light from P in direction opposite R.
11   foreach light source S:
12     if S is visible from P:
13       contribution = light from S scattered at
14                        P in direction opposite R
15     color += contribution
16   if scattering at P is specular:
17     Rnew = reflected or refracted ray at P
18     color += raytrace(Rnew)
19   return color
```

这里的"颜色"是"光谱辐射度分布"的简称，主要思想是其中一部分可以基于交点处的直接照明来计算，而余下部分则需通过一个递归过程来计算。该算法通常从人眼开始，穿过待绘制的图像上的每一像素向场景投射光线，时常会向每个像素发射多条采样光线，对其结果取某种加权平均。大致步骤为：从人眼投射光线；计算交点处的直接光照；加入递归光线。光线跟踪计算的是光源沿 $LD^? S^* E$ 的路径对交点光照的贡献。

光线跟踪器(及随后的所有算法)的本质特征是一个光线投射函数和一个 BRDF 函数(或双向散射分布函数 BSDF)，光线投射函数向场景发射一根光线并找到与该光线最先相交的场景表面，BRDF(或 BSDF)根据表面点 P 和两根射线方向 $\boldsymbol{\omega}_i$ 和 $\boldsymbol{\omega}_o$ 返回函数值 $f_s(P, \boldsymbol{\omega}_i, \boldsymbol{\omega}_o)$。(在上面的伪代码中，BRDF 函数隐藏在"light from S scattered at P in direction opposite R"中，表面在点 P 的散射辐射度等于入射光的辐射度乘以 BRDF 函数，再乘以一个余弦项)。更复杂的光线跟踪器会移除条件"if scattering is specular"，如果表面的散射是非镜面的，则通过朝空间许多方向投射多条递归的光线，依据反射率方程采用 BSDF 对各条光线的返回结果进行加权平均，来估计散射辐射度。这种形式的光线跟踪方法我们在后面还将提到。

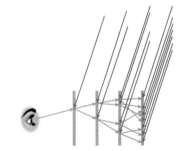

图 31-18   每一条垂直的蓝色线表示场景中所有点的集合 $\mathcal{M}$，从视点(左侧)出发的绿色路径与 $\mathcal{M}$ 交于某一点，然后递归地对多条光线进行跟踪，它们分别与 $\mathcal{M}$(复制版)相交。在每个交点处产生散射，形成新的分叉。位于交点右上方的红色射线表示来自光源的入射光。在示意图中，光源位于无穷远处，因而所有直接光照均画成平行线

除了 BRDF 和 BSDF，后面我们还需要一个函数，它取表面点 P 和射线 $\boldsymbol{\omega}_i$，按照接近正比于 BRDF 或 BSDF(或它们的余弦加权形式)的概率密度，返回一根随机光线 $\boldsymbol{\omega}_o$。

跟随 Kajiya 的思路，我们可以画一个高度示意的光线跟踪路径图(见图 31-18)。首先从视点向

场景投射光线，并开始跟踪；在第一个交点处，我们计算直接光照并作为沿最左边的路径投向视点的那一部分光线的辐射度予以累计。与此同时，投射递归光线。最基本的光线跟踪算法只沿其镜面反射方向投射光线（假设表面具有部分镜面反射能力）；而在更为复杂的算法中，则会沿多个方向继续进行跟踪。当被跟踪的递归光线与场景中另一个表面相交时，将该处的直接光照分量传递到第一个交点，并进一步传递到视点。这一传递过程涉及两次散射。更深层次的跟踪将计入更多的散射。最后，我们得到一棵分叉树，它展示了如何将各处的光能贡献聚集到最终图像的单个像素上。树的分叉度决定于每一次散射时所投射的递归光线数。

在**光线路径跟踪算法**中，同样从视点向场景投射光线，同样计算交点处的直接光照。与此同时投射一根递归光线，所投射方向却并非一定为镜面反射方向：而是由覆盖所有可能方向的某个概率分布函数决定。所得结果可以有效地计算沿 L(S|D)＊E 路径所有光线的光能贡献。不过由于该算法基于概率方法，最终生成的图像存在噪声。为了减少噪声，就必须投射大量的光线。光线路径跟踪的示意图（见图 31-19）与前面的光线跟踪算法类似，不同之处是每一棵树的分叉因子均为 1。虽然我们只画了一棵分叉树，实际上有很多的分叉树，它们关联于图像上的每个像素。

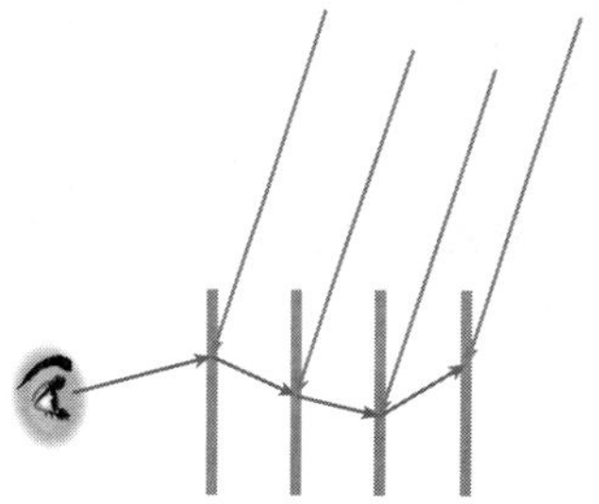

图 31-19　在光线路径跟踪中，从视点出发的每一条路径或由于某一概率而终止，或继续跟踪一条递归光线。在此处的算法示意图中，在每一个表面散射点或吸收点处计算其直接光照贡献，并沿所绘路径传递回来

在**双向光线路径跟踪**中，一条路径从视点出发跟踪，另一条路径从光源出发跟踪。将两种走向的路径拼接到一起（例如，将光源路径上的第三个交点与视点路径的第二个交点连接起来），可构造从光源到视点的全部光能传播路径。如果拼接线段上存在遮挡，则这条路径无光能传播。每一条拼接路径都包含了传递到视点（或相机）的光照信息，可通过综合多条路径和拼接段上的信息来估算每个像素的颜色。双向光线路径跟踪算法能大大改善对焦散效果（光线沿 LS^+DE 路径传播形成的明亮区域，即光线沿不同的路径聚焦于漫射表面上某一区域）的模拟。不过，当焦散仅由反射光形成（例如沿 LS^+DSE 光线路径），或者说它并非直接来自光源，而是源于一个小的漫射物体表面上的反射光（LDS^+DE）时，仍然很难计算。

该算法的原理图表示（见图 31-20）由两棵分叉树组成，一棵始于光源，另一棵始于视点，在两棵树的所有内部结点之间建立连接。此外，我们必须清楚，对图像上每一个像素，有很多条入射光的传输路径，同样，对每一个光源，也有很多条路径从它发射出去。因而更为正确的示意图应由两片树林组成（两者之间有许多可能的连接线段）。

图 31-20　在双向光线路径跟踪中，我们计算出许多条视点路径（绿色）和光源路径（红色），然后在这两个集合间构建所有可能的拼接（橙色）

在**光子映射**中，与对始于光源的光线路径树林的处理有所不同：它并非与一条视点路径相拼接，而是采用该树林中的结点（每个结点代表入射到场景中某点的光能）来估计到达场景任意点的入射光。沿一条视点路径传播到视点的光能可通过累计入射到该视点路径上每一结点的光能来进行估计。一种非常简单的估计入射到某点的光照的方法是在该点附近

寻找入射光照已知的最近点，基于这些点的入射光照来进行插值。虽然光子映射算法使用的并非这种"最近邻插值法"，但与之相关。在光子映射算法的示意图中（见图 31-21）包含一片入射光照已估计的云区域，而来自视点的路径与该区域相交。

我们要介绍的最后一种绘制算法——**中心光线传播算法**（MLT）——无法用上面的图示方法直观表示。这种算法确实涉及双向光线路径跟踪，但是选取光线路径和使用的方法却有所不同。

图 31-21　在光子映射中，光线路径树林被用来估计表面每一点的入射光（通过局部插值），视点路径根据这一估计得到入射辐射度值。我们将相关的光源-视点路径树结点画成一片云

正如上面大致描述的那样，我们向绘制场景中递归地投射很多条光线，形成很多光线传播路径。在蒙特卡罗方法中，这些路径通过一个随机程序产生，通常是基于与 BRDF 相关的分布函数的采样。

我们采样的两种主要方式是非常相似的。

- 在光线跟踪算法中，我们从视点出发跟踪一根光线，与场景中某个表面交于点 P，然后问："入射到点 P 的哪些光线贡献了光能并最终传播到视点？"对一个镜面反射表面，答案为"视点路径的镜面反射方向"；对一个漫反射表面，答案是"来自任何方向的光都可能传播到视点"。对其他表面，答案位于这两者之间。在给定方向向量 $\boldsymbol{\omega}_o$ 的条件下，我们需要在上半球面 $\mathbf{S}^2_+$ 上按正比于函数 $\boldsymbol{\omega}_i \mapsto f_s(\boldsymbol{\omega}_i, \boldsymbol{\omega}_o)$（也许还要乘以一个余弦因子）的概率分布进行采样。

- 在光子映射这类算法中，我们跟踪的是从光源发射出去的光而不是"收集投向视点的光"，所关注的问题为："已知沿方向 $\boldsymbol{\omega}_i$ 入射到表面点 P 的光照，经点 P 散射后，其散射光射向多个方向。请随机地提供一个出射方向 $\boldsymbol{\omega}_o$，并让选取 $\boldsymbol{\omega}_o$ 的概率正比于 $f_s(\boldsymbol{\omega}_i, \boldsymbol{\omega}_o)$。"

显然，这两个问题紧密相关。

样本的采集需要依据某种**采样策略**。上面提到的"基于某个分布函数进行采样"既用于中心光线传播（MLT）算法，也用于重要性采样中。还有一些其他的集成方法运用了别的采样策略。我们必须确保采样过程是面向整个定义域的，而不是集中来自某一区域；在这种情况下，分层采样、泊松圆盘采样以及一些其他的采样策略能获得较好的采样结果，而不会引入瑕疵。

不论使用的是哪一种采样方法，我们计算的值均为随机变量，作为待求积分项的估计量，它们的性质决定了我们如何来衡量各种算法的性能。

在继续讨论之前，先简略地回顾一下前面学过的蒙特卡罗积分（可阅读 Kellerman 和 Szirmay-Kalos[KSKAC02]）。

为了计算函数 f 在定义域 H 上的积分，我们将其转化为求一个随机变量的数学期望：

$$\int_H f(x)\mathrm{d}x = \int_H \frac{f(x)}{p(x)} p(x)\mathrm{d}x \tag{31.71}$$

$$= \mathrm{E}\left[\frac{f(x)}{p(x)}\right] \tag{31.72}$$

其中 p 为 H 上的概率密度函数。为了估计该数学期望的值，我们基于概率分布 p 人工采集 N 个互不相关的样本并取平均，即

$$\int_H f(x)\mathrm{d}x = \mathrm{E}\left[\frac{f(x)}{p(x)}\right] \tag{31.73}$$

$$\approx \frac{1}{N} \sum_{i=1}^{N} \frac{f(X_i)}{p(X_i)} \tag{31.74}$$

上述近似的标准差为 $\sigma / \sqrt{N}$，其中 σ^2 为随机变量 $f(X)/p(X)$ 的方差。如果所选的概率函数 p 在 f 较大的地方取较大的值，在 f 较小的地方取较小的值，则可以减小方差。这称为**重要性采样**，p 为重要性函数。（如果样本之间是相关的，则方差减小并不明显；在后面我们会讨论这一点。）

有了这些准备知识之后，下面开始介绍一种通用的方法来逼近绘制方程的级数解。

31.17　路径跟踪

在求解未知量 L 的方程 $L = L^e + TL$ 时，我们发现解的形式可以写成

$$L = L^e + TL^e + T^2L^e + \cdots \tag{31.75}$$

这里 L^e 为光源的出射辐射度，T 表示光线传播算子，L 表示场景中的总辐射度。

让我们在这一框架下来考察光线跟踪：取一根射入眼睛的光线，反向跟踪该光线，找到它与场景中表面的交点，计算该交点处的直接光照，然后从该点递归地跟踪更多的光线，它们交于更多的场景表面，继续计算这些交点处的直接光照。如此继续下去。在计算层面，我们在构建一个分支结构：如果在每个散射点处平均跟踪 n 条光线，那么在 k 次散射后，将跟踪 n^k 条光线。如果平均反射率 $\rho < 1$，则当光沿每一条光线路径到达眼睛时，其起始点处的直接光照将衰减 ρ^k 倍。当 n 很大时，衰减也非常大，这意味着我们付出大量的努力（$O(n^k)$）来收集光照，它们却只占了最终结果很小的一部分（ρ^k）。

Kajiya 注意到，在很多场景中，大部分到达视点的光都只经历了少数几次散射过程，因而提出了一种改进的方法，称为**路径跟踪算法**，其示意图见图 31-19。

在路径跟踪中，点 P 处的间接光照不是基于 n 个样本来估算，而是只采用 1 个样本！这一方法的计算量随递归式光线跟踪的深度 k 线性增长。当然，单一样本可能错过某些重要信息，为了解决这个问题，可重复跟踪从视点发出的同一根光线：每当光线到达第一个散射点时，递归光线采样器都会选取一条不同的递归光线。（当然，在实现时，在投影于图像上单一像素的表面区域上采集多个样本更有意义[CPC84]，这样递归的光线必然是不同的。）与直接光线跟踪相比，路径跟踪大大减少了递归跟踪的光线数，我们可以用这部分时间为每个像素跟踪多条从视点发出的光线。通常花费在长度为 length 2 的路径的计算量只占花费在长度为 length 1（直接光照）的计算量的很小一部分，这意味着仅有少量的计算被用于估计贡献度相对较小的间接光照。

至此我们还未提及如何选取路径长度。常见的光线跟踪模型中，当选取某个递归深度 k 后（即每条光线至多经过 k 次散射），我们无法获得来自长度大于 k 的路径的光的贡献，故总会低估辐射度。因此光线跟踪算法是有偏的和非一致性的：即使对每个像素点跟踪很多条光线，路径长度大于 k 的辐射度仍然未予计算。路径跟踪算法移除了对路径长度的限制，同时也修正了光线跟踪算法的有偏性和非一致性。

尽管如此，路径跟踪还是存在两个算法上的缺点。第一，该算法需在提高均值精度和方差增大之间进行权衡。找到一个可以提供正确结果的估计量并非易事，但是如果只能付出较小的计算代价，那么生成一张错误但是更具审美外观的图像往往要优于一张正确但却夹杂很多噪声的图像。第二，为了减少偏差并获得与最终图像相一致的估计，在最坏情况下该算法的运行时间可能**无界**，尽管实际中这种情形极少遇到。前面关于线性还是指数复杂度的争论并非问题的全部。Kajiya（和 Cook 等人）提出的关键想法是尽管跟踪任意一根

指定光线的时间几乎相同，但从某些光线中获得的信息会比其他光线大，因此希望优先考虑前者。如果将使用 r 条光线（总的光线数，而不仅仅是初始光线）的路径跟踪所生成的图像与使用 r 条光线但按扇形模式递归跟踪的算法图像进行比较，以图像上一像素的值和真实均值之间的差来度量，你会发现：路径跟踪所生成的图像通常更接近于真实图像的均值，即具有较小的偏差。Kajiya 在多个方面利用了光线的各种重要性。下面我们只考虑在每个场景表面跟踪一条直接照明光线（末端）和一条间接照明光线（递归）的策略。

31.18　路径跟踪和马尔可夫链

前面已经指出，求绘制方程

$$L = (1 + T + T^2 + \cdots) L^e \tag{31.76}$$

$$= L^e + \sum_{k=1}^{\infty} T^k L^e \tag{31.77}$$

的级数解

$$L(P, \boldsymbol{\omega}_o) = L^e(P, \boldsymbol{\omega}_o) + \int_{S^2} L(P, -\boldsymbol{\omega}_i) f_s(P, \boldsymbol{\omega}_i, \boldsymbol{\omega}_o) |\boldsymbol{\omega}_i \cdot \boldsymbol{n}| \, \mathrm{d}\boldsymbol{\omega}_i \tag{31.78}$$

这里 L^e 表示出射辐射度，L 表示表面辐射度，T 表示光线传播算子。这一过程类似于求方程

$$\boldsymbol{x} = \boldsymbol{b} + \sum_{k=1}^{\infty} \boldsymbol{M}^k \boldsymbol{b} \tag{31.79}$$

的解

$$\boldsymbol{x} = \boldsymbol{b} + \boldsymbol{M}\boldsymbol{x} \tag{31.80}$$

其中 $\boldsymbol{b}$ 和 $\boldsymbol{x}$ 表示 n 维向量，$\boldsymbol{M}$ 表示一个 $n \times n$ 矩阵。类似之处在于 T 为定义在由所有可能辐射度函数组成空间上的线性算子，而乘以矩阵 $\boldsymbol{M}$ 为对向量空间 $\mathbf{R}^n$ 的线性运算；当我们采用固定网格上的分段常量函数来近似表示辐射度函数空间，而且光线传播算子只考虑朗伯反射（即辐射度近似时），求解上面的积分方程就转化成了求解一个有限维的矩阵方程。

考虑 $\boldsymbol{M}$ 为 2×2 矩阵这一特例，选取合适的 $\boldsymbol{M}$，使得 $\boldsymbol{M}$ 的特征值均小于 1（以确保级数解收敛），并且使得 $\boldsymbol{M}$ 的所有元素均非负（它们大致对应于绘制方程中 BSDF 的值，这些值永远不会为负值）。

在接下来的几页里，我们要估算解的第一个向量元素 x_1。当然，我们可以在给定一个具体的 2×2 矩阵 $\boldsymbol{M}$ 的条件下，直接解出式（31.80），但是，必须想到，矩阵 $\boldsymbol{M}$ 可能有上千甚至数万亿阶，而不仅仅是两阶；在这种情况下，这里描述的方法效果最好。

我们将介绍两种求 x_1 的方法：一种是非递归的方法，另一种是递归的方法。第一种方法更复杂一些，读者可以跳过它。包含它的原因如下：

- 为第二种方法提供了理论解释。
- 它的独特构造方式常在现代绘制研究论文里出现。

31.18.1　马尔可夫链方法

如果运用式（31.79）求 x_1 的值，需要对无穷多项求和。其中前几项为

$$b_1 \tag{31.81}$$

$$m_{11}b_1 + m_{12}b_2 \tag{31.82}$$

$$(m_{11}m_{11} + m_{12}m_{21})b_1 + (m_{11}m_{12} + m_{12}m_{22})b_2 \tag{31.83}$$

将式(31.83)展开，得到

$$m_{11}m_{11}b_1 + m_{12}m_{21}b_1 + m_{11}m_{12}b_2 + m_{12}m_{22}b_2 \tag{31.84}$$

根据 31.5.1 节，可按如下方法求无限序列的和：随机选取序列中的某项 a_i(基于正整数域上的某一概率分布 p)，则 $a_i/p(i)$ 为序列和的一个近似估计。在本次应用中，将式(31.81)～式(31.83)中的每一个被加数都当作一项，即第一项为 b_1，第二项为 $m_{11}b_1$，等等。

如果考察每一项下标的序号，如 $m_{11}m_{12}b_1$，可发现如下规律：

- 下标序号以 1 开始，因为要计算的是解的第一项 x_1。
- 随后的每一个下标都重复两次(此处，2 个 2，2 个 1)。这种重复性是矩阵相乘定义的结果。
- 符合这一规则的每一个下标序列都会出现。

因此，为了从无穷序列中随机选取其中一项，我们只需要"随机"取一个始于 1 的下标的有限序列。下面我们将采用一种略为间接的方法。

图 31-22 演示了概率的有限状态转换机(FSA)。从结点 i 到结点 j 的连线用概率 p_{ij} 标记，可以理解为某一时刻处于状态结点 i 下一时刻移到结点 j 的概率为 p_{ij}。(在这类概率 FSA 中，穿过 FSA 的路径并不是由一个输入字符串决定，而是由在每个结点处的随机选择来决定。)

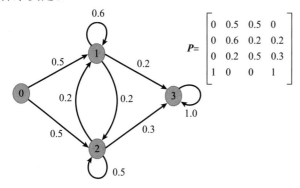

$$P=\begin{bmatrix} 0 & 0.5 & 0.5 & 0 \\ 0 & 0.6 & 0.2 & 0.2 \\ 0 & 0.2 & 0.5 & 0.3 \\ 1 & 0 & 0 & 1 \end{bmatrix}$$

图 31-22　概率 FSA 具有 0、1、2、3 四种状态，0 为开始状态，3 为吸收状态。而其他都是可能转移到的状态，其转移概率如图中标示。这样的图展示的是一个马尔可夫链，上图中还展示了其转移矩阵

我们从结点 0 开始，根据图中各边标记的概率 p_{ij}，向其他状态结点作随机转移，最终到达结点 3，并在那里终止。生成的结点转移序列从 0 开始，以 3 结束，中间是将要用作结点索引指标的 1 和 2 组成的序列。

类似于这样的 FSA 称为**马尔可夫链**的一个可视化表示。这是一个含转移概率的状态序列，并遵循约束条件：第 $k+1$ 步出现状态 i 的概率只与第 k 步所在的位置有关，而与之前的所有步骤无关。这样的马尔可夫链可以用转移概率 p_{ij} 组成的矩阵 $\boldsymbol{P}$ 完全表示，并满足如下**马尔可夫性质**：矩阵的每一行元素之和等于 1(因为当位于状态 i 时，下一时刻必定会转移到某一状态 j)。

课内练习 31.6：如果 $\boldsymbol{P}$ 为一个 $n\times n$ 矩阵，并满足上面描述的马尔可夫性质，试证明列向量 $[1 \quad \cdots \quad 1]^{\mathrm{T}}$ 为 $\boldsymbol{P}$ 的一个特征向量。并求该特征向量对应的特征值。

在上面的图中，从状态 0 转移到状态 3 的一条典型路径如 01223；介于初始状态和最后状态之间的数字组成了一个下标序列，对应于我们所求和式中的某一项。如 01223 对应：

$$m_{12}m_{22}b_2 \tag{31.85}$$

而且，该路径的概率等于 FSA 中一条随机路径的概率，即这一路径途经所有边所标记概率的乘积。在上例中如下：

$$p_{01}\, p_{12}\, p_{22}\, p_{23} \tag{31.86}$$

现在我们可以提出计算式(31.79)之和的一个一般性算法(见代码清单 31-3)。

代码清单 31-3　用马尔可夫链估算矩阵元素

```
 1  Input: A 2×2 matrix M and a vector b, both with
 2     indices 1 and 2, and the number N of samples to use.
 3  Output: an estimate of the solution x to x = Mx + b.
 4
 5  P = 4×4 array of transition probabilities, with indices
 6        0,...,3, as in Figure 31.22.
 7
 8  S₁ = S₂ = 0 // sums of samples for the two entries of x.
 9  repeat N times:
10    s = a path in the FSA from state 0 to state 3, so s(0) = 0.
11    k = length(s) - 2.
12    p = probability for s // product of edge probabilities
13    T = term associated to subscript sequence s(1),s(2),...,s(k)
14    S_{s(1)} += T/p; // increment the entry of S named by s(1)
15
16  return (S₁/N, S₂/N)
```

只需对矩阵 P 做非常弱的约束,上述算法即可提供一个关于 x 的一致估计,即当 $N \to \infty$ 时,$S_1/N \to x_1$ 且 $S_2/N \to x_2$。其收敛速度取决于矩阵 P:P 取某些值时,即使 N 较小,估计结果的方差也会很小;而在其他情况下,估计的方差则较大。因此作为操作者,需要选取合适的矩阵 P。

下面的两个练习为你提供了思考如何有效地选取矩阵 P 的机会。虽然这部分内容看上去与绘制技术并不相关,但从习题中学到的思想将有助于理解下面将要讨论的路径跟踪算法。

课内练习 31.7:(a)假设 $m_{12}=0$,要选择一个矩阵 P 使得结果能快速收敛(即估计量的方差较小)。是否应取 $p_{12}=0$?或取 $p_{12}\neq 0$?试以矩阵 $M = \begin{bmatrix} \dfrac{1}{2} & 0 \\ 0 & \dfrac{1}{4} \end{bmatrix}$ 为例进行探讨。

(b)转移概率 p_{01} 和 p_{02} 反映了得到 x_1 的新估计值和 x_2 的新估计值的频度。p_{01} 和 p_{02} 的合理数值是多少?为什么?如果只估计 x_1 的值,应如何选取 p_{01} 和 p_{02}?

课内练习 31.8:试写一段程序计算课内练习 31.7 中的向量 x,并选取不同的概率转移矩阵 P,测试 P 对收敛性的影响。提示:当 M 为对角矩阵时,看能否发现某种模式;注意在选择时需确保矩阵 M 的所有元素都非负,且其特征值的模均小于 1(例如,对于复数特征值 $a+b\mathrm{i}$,需保证 $a^2+b^2<1$)。

我们建议读者花一点时间做上面的练习题,并且最好用 Matlab 或 Octave 编程语言,这两种语言比较容易实现。在调试程序过程中能让你更深入的理解该算法。

上面提到的"弱条件"为:第一,如果 $m_{ij}>0$,则 $p_{ij}>0$;第二,如果 $b_i \neq 0$,则 $p_{i3}>0$。这两个条件加起来可确保无限求和式中任意一个非零项被选中的概率也是非零的。上述两个条件的补集也是相关联的:如果 $b_i=0$,则 p_{i3} 也应该设置为 0,这样就不至处理因其最后因子为 0 而无意义的项;同样,如果 $m_{ij}=0$,则取 $p_{ij}=0$ 也能节省不少工作量。

用刚才的思想研究光线传播问题时,其对应的两点是:不要忽略任何光源(即对 b_i 和 p_{i3} 的条件约束);尽量不要选取 BSDF 值为 0 的光线方向(即对 $p_{ij}=0$ 的条件约束)。

31.18.1.1　另一种马尔可夫链估计方法

在上面的方法中,当我们生成序列 01223 后,用它来计算和式中的某一项以及与该项相关联的概率。Wasow 提出的另一种方法则略有不同，他的方法用一个只包含 k 项的序列一次性求出所求和式的 k 个不同的估计值。Spanier 和 Gelbard[SG69]给出了该方法的详细描述及严格证明。下面对它做非正式的推导。

其思想如下：假设我们已经生成了一个局部序列 012，余下有几种可能性。下一步可能直接生成一个 3，结束这个序列，也可能生成另一个 1 或 2，继续下去。设想你已穿过 FSA 数千次，其中有若干次的结点下标序列其序列号以 012 开头。如果有 100 个这种序列，因为在我们的特定 FSA 中 $p_{23}=0.3$，则大约 30 个序列为 0123，大约 20 个序列为 0121···，其余大约 50 个序列为 0122···。在基本假设下，完整序列（0123）相对应的概率为 $0.5 \cdot 0.2 \cdot 0.3 = (0.5 \cdot 0.2) \cdot 0.3$，注意括号中的内容包括除最后因子外的其他所有因子。和式中与序列 0123 相对应的项为 $m_{12}b_2$，于是和式的估计值为：

$$\frac{m_{12}b_2}{(0.5 \cdot 0.2) \cdot 0.3} \tag{31.87}$$

所以，在所有序列号始于 012 的序列中，其中 30% 所得到的和式估计值为 $m_{12}b_2/[(0.5 \cdot 0.2) \cdot 0.3]$，假设我们将这 100 个序列对和式估计值的贡献都看成较小的值 $m_{12}b_2/(0.5 \cdot 0.2)$（去掉了分母的 0.3）。则数学期望还是一样，因为 30 份 $m_{12}b_2/[(0.5 \cdot 0.2) \cdot 0.3]$ 的和等于 100 份 $m_{12}b_2/(0.5 \cdot 0.2)$ 的和。我们将同样的原理运用到每一个开头序列号，将得到一个新的算法。在这样做之前，考察式 $m_{12}b_2/(0.5 \cdot 0.2)$，它可写成：

$$\frac{m_{12}b_2}{(0.5 \cdot 0.2)} = \frac{1}{p_{01}}\frac{m_{12}}{p_{12}}b_2 \tag{31.88}$$

更一般地，在更长的结点下标索引序列中，第一个乘数因子为 $1/p_{0i}(i=1$ 或 $2)$，随后有若干形为 m_{ij}/p_{ij} 的乘数因子，最后再乘以 b_k。修改的算法代码见代码清单 31-4。

代码清单 31-4　基于马尔可夫链和 Wasow 估计方法估算矩阵元素

```
 1   Input: A 2×2 matrix M and a vector b, both with
 2       indices 1 and 2, and the number N of samples to use.
 3   Output: an estimate of the solution x to x = Mx + b.
 4
 5   P = 4×4 array of transition probabilities, with indices
 6           0,...,3, as in Figure 31.22.
 7
 8   S₁ = S₂ = 0 // sums of samples for the two entries of x.
 9   repeat N times:
10       s = a path in the FSA from state 0 to state 3, so s(0) = 0.
11       (i, value) = estimate(s)
12       Sᵢ += value;
13
14   return (S₁/N, S₂/N)
15
16   // from an index sequence s(0) = 0, s(1) = ..., s(k+1) = 3,
17   // compute one sample of x_{s(1)}; return sample and s(1).
18   define estimate(s):
19       u = s(1); // which entry of x we're estimating
20       T = 1/p₁ᵤ // accumulated probability
21       value = T · bᵤ
22       for i = 1 to k−1:
23           j = sᵢ
24           k = sᵢ₊₁
25           T *= mⱼₖ/pⱼₖ
26           value += T · bₖ
27       return (u, value)
```

暂且在这里停留一下，考察这种算法计算 $(1+M+M^2+\cdots)b$ 的宏观思路。

- p_{0i} 的值决定了计算该元素与计算别的元素相比所花时间的相对长短。
- p_{i3} 的值决定了一条路径的平均长度的长或短。如果较短，而矩阵 M 的影响力衰减速度较慢，则可能需要大量样本才能得到关于该元素的一个较好估计。
- 这个看似单一的算法实际编码了无限个算法，在某种意义上，只要满足矩阵 P 各行元素之和为 1，且对任意的 $m_{ij} \neq 0$，有 $p_{ij} \neq 0$，以及对任意的 $b_i \neq 0$，有 $p_{i3} \neq 0$，转移概率 p_{ij} 可以任意选取。

31.18.2 递归法

下面介绍另一种递归算法，通过几步来估算下面方程的解

$$x = b + Mx \tag{31.89}$$

所有思想均基于第 30 章。

作为预备，假设要用蒙特卡罗方法估算两个数 A 和 B 的和。可编写如下代码：

```
1  define estimate():
2    u = uniform(0, 1)    // random number in [0,1] with
3                         // uniform distribution
4    if (u < 0.5):
5      return A / 0.5
6    else:
7      return B / 0.5
```

这是一个重要性采样的估算方法，加权参数为 0.5 和 0.5。

课内练习 31.9：(a) 试证明上述代码返回值的数学期望等于 $A+B$。

(b) 将程序第 4 行的条件修改为 if(u<0.3)，然后适当调整返回值后面两个参数 0.5 的值，使得返回值保持不变，从而得到一个新的估计方式。

(c) 假设 $A=8$，$B=12$，程序第 4 行的条件为 if(u<p)，试找到一个合适的分数 p，使得该程序多次运行所得估计量的方差最小。

(d) 当 $A=0$，$B=12$ 时，p 又该取什么值呢？

现在假设 B 为 n 项之和：$B = B_1 + \cdots + B_n$，则对上面的代码做如下修正：

```
1  define estimate():
2    u = uniform(0, 1)
3    if (u < 0.5):
4      return A/0.5
5    else:
6      i = randint(1, n) // random integer from 1 to n.
7      return B_i / (0.5 * (1/n))
```

在采用前面的随机采样法之外，这里还采用了关于 B 的均匀单样本估计来估计 $A+B$。

运用这一思想来估计方程 $(I-M)x = b$ 的解：

$$x = b + Mb + M^2 b + \cdots \tag{31.90}$$
$$= b + M(b + Mb + \cdots) \tag{31.91}$$

为了简化随后的讨论，也为了与即将展示的它在光线传播中的应用保持一致，我们假设矩阵 M 的所有元素均非负，任意一行元素之和 $r_i = \sum_j m_{ij}$ 均小于 1，且 M 的特征值的模均小于 1 以保证级数解收敛。此外假设 M 为 $n \times n$ 矩阵而不是前面的 2×2 矩阵。

现在运用上述简短程序的思想估算 x_1（式(31.90)中向量 x 的第一个元素）。根据方程，x_1 等于 b_1 与 $(Mx)_1$ 的和，这使得采用我们的数字求和估计程序很容易得到 x_1 的值，而前提却必须已经知道整个向量 x！原因是 $(Mx)_1$ 为一个和式：$m_{11}x_1 + \cdots + m_{1n}x_n$。该和式也

可以如前所述，通过随机选取一些项的方法来估计其近似值。其中因子 m_{ij} 已知，需要估算因子 x_j；因此如果要估算 x_1 就需要对任意的 j，能估算 x_j，这构成了一个递归过程。处理递归问题时常见的是，如果对问题进行泛化，则递归过程将变得简单。于是可写如下一段程序 estimate(i)，来估计 x_i，对于 x_1，只需要调用 estimate(1)即可。

```
1  define estimate(i):
2    u = uniform(0, 1)
3    if (u > 0.5):
4      return b_i / 0.5
5    else:
6      k = randint(1, n)
7      return m_{ik}· estimate(k) / (0.5 * (1/n))
```

本书的网址上给出了实现这一方法的完整代码，并将它与实际求解方程系统得到的解进行了比较。如果读者运行一下代码，将会发现，结果出人意料的好，至少当 M 的特征值比较小时如此，级数解的收敛速度很快。

如你读过马尔可夫链小节的内容，可发现该程序相当于 $n=2$ 且图中所有边的概率均标记为 0.5 情形的马尔可夫链解：当我们处于某个状态时，在下一时刻，有一半可能是结束，另一半则可能执行一个递归程序。因为该算法的马尔可夫链版本必定会生成一个一致性估计量，所以递归版也必定如此。在本小节余下的部分，读者们可以思考一下我们写的递归版本是如何与不同形式的马尔可夫链相互对应的。

注意到虽然这段代码是递归的，但是却无法像证明合并分类的正确性那样，采用归纳法来证明它的正确性：对 estimate 函数的递归调用并不比直接调用"简单"，而且还没有中止递归的基本情形。该代码在结构上是递归的，但是对它的分析却与"图"的理论和马尔可夫链有关。事实上，该代码是不正确的，至少不能以证明合并分类的方式予以确认，例如，存在一条执行路径，程序会永远运行下去（如生成的随机数 u 总是小于 0.5）。尽管如此，该程序仍然以概率 1 生成 x_i 的无偏估计，而这正是采用蒙特卡罗方法所希望得到的结果。（回顾一下第 30 章的内容，"概率 1"并不等于该事件必然发生：仍然可能存在某些极为偶然的情形，如在单位区间[0，1]上选择一个随机数，正好选上了 e/π。）

下面从两个方面改进该算法。第一，由于 estimate(1)的返回值差异很大：其中一半的返回值为 $2b_1$，而另外一半由递归调用得到。如果所有情形都返回 b_1，则可以得到同一平均值：

```
1  define estimate(i):
2    result = b_i
3    u = uniform(0, 1)
4    if (u < 0.5):
5      k = randint(1, n)
6      result += m_{ik}· estimate(k) / (0.5 * (1/n))
7    return result
```

第二，如果对所有 j，m_{ij} 的值都较小，则上述代码的递归部分以极大概率返回较小的值（需乘以因子 m_{ik}）。在这种情况下，最好能修改程序使其在运行时直接跳过这一部分。注意到我们前面曾假设 $r_i = \sum_j m_{ij}$ 小于 1，因此可将代码修改如下：

```
1  define estimate(i):
2    result = b_i
3    u = uniform(0, 1)
4    if (u < r_i):
5      k = randint(1, n)
6      result += m_{ik}· estimate(k) / (r_i * (1/n))
7    return result
```

这就是我们针对这个特定问题所写代码的最终版本。引入参数 r_i 是为了在马尔可夫链模型中为 p_{i3} 选取一个较合适的值；k 是 $1 \sim n$ 的一个随机整数，对它的选取也可以稍加改进：例如，以与 m_{ik} 构成某种比例的概率来产生整数 k，这样可以减少方差，但同时增加了计算时间。在应用这一方法求解绘制方程时，我们对代码的递归部分还将做些某些改进。而对计算中涉及的矩阵模型，目前仍没有较好的模拟方法。

课内练习 31.10：确认你已经充分理解了这一小节中的所有代码。可向自己提出下面两个问题，"第 6 行为什么 $(1/n)$ 在分母里？"以及"为什么乘以 m_{ik} 而不是 m_{ki}？"只有你确信自己已充分理解了，才能进入下一小节。

31.18.3   建立一个路径跟踪器

下面介绍如何用与迭代求解线性方程相类似的方法建立一个路径跟踪器，对一个简易的路径跟踪器逐步进行优化，实现高效的采样。包装后的路径跟踪器程序相当简单：

```
1    for each pixel (x,y) on the image plane:
2        ω = ray from the eyepoint E to (x, y)
3        result = 0
4        repeat N times:
5            result += estimate of L(E,−ω)
6        pixel[x][y] = result/N;
```

有多种版本的包装程序：可计算像素 (x, y) 上多个点的辐射度，然后根据测量方程对结果进行加权得到像素值。对于动态场景，可在多个不同的时刻分别估算点 (x, y) 的辐射度并取平均，来生成运动模糊效果，等等。所有这些过程的核心问题都是估算 $L(E, -\omega)$；我们下面将聚焦于这个问题，写一个 estimateL 程序来实现这一目标。

估计器代码的第一个版本与矩阵方程求解程序的代码完全相似：由于 L 等于 L^e 加上一个积分，我们采用蒙特卡罗估计求这两项的平均值。假设点 C 为待估算其辐射度的位置点，但在调用递归程序之前，暂且将点 C 想象成视点 E。

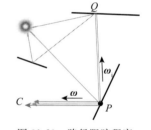

图 31-23 展示了相关的项。图下方的红色箭头表示 $L^e(P, \omega)$（不过在这一场景中 $L^e(P, \omega)$ 恰好为 0，这是因为表面点 P 不是光源发射点）。

图 31-23 路径跟踪程序中提到的一些点和路径

```
1    // Single-sample estimate of radiance through a point C
2    // in direction ω.
3    define estimateL(C, ω):
4      P = raycast(C, −ω) // find the surface this light came from
5      u = uniform(0, 1)
6      if (u < 0.5):
7        return L^e(P,ω)/0.5
8      else:
9        ω_i = randsphere() // unit vector chosen uniformly
10       integrand = estimateL(P, −ω_i) · f_s(P, ω_i, ω)|ω_i · n_P|
11       density = 1/4π
12       return integrand / (0.5 * density)
```

在单位球面域上均匀选择向量 ω_i 的做法类似于在 1 和 n 之间随机选择整数 k，除了一点不同：在抽取 k 时，有可能 $m_{ik} = 0$，即我们在马尔可夫链中跟踪的这条路径对求和结果的贡献为 0；但我们在选择 ω_i 时，采用 raycast 函数估算沿方向 $-\omega_i$ 的光线投射到 P 点的辐射度。于是就会知道点 P 对沿该方向朝 P 投射光线的那些点而言是否可见，这是早期路径跟踪论文的一项共同技术：即采用光线投射作为一种重要性采样方式求解某些对场景中所有表面的积分。（Kajiya 实现的是面积分，而不是半球面或球面积分。）

课内练习 31.11：如果 P 点所在的表面为纯反射而无折射，则执行上述代码时有一半的递归采样将被浪费。假设函数 transmissive(P) 仅当 P 点处表面的 BSDF 具有一定的折射功能时才返回布尔量 true。试修改上面的伪代码，使之在 P 点表面无折射时，仅对其正半球面域进行采样。

同样，我们用固定项 L^e 来取代原来的条件项，代码于是变成

```
1  define estimateL(C, ω):
2    P = raycast(C, −ω)
3    u = uniform(0, 1)
4    resultSum = Lᵉ(P, ω)
5    if (u < 0.5):
6      ωᵢ = randsphere()
7      integrand = estimate(P, −ωᵢ) ＊ fₛ(P, ωᵢ, ω)|ωᵢ·n_P|
8      density = 1/4π
9      resultSum += integrand / (0.5 ＊ density)
10   return resultSum
```

如果 BSDF 不仅可针对一对方向向量给出具体的值，还可以给出表面的散射率（即当表面被光源均匀照射时入射到该表面的光能被散射出去的比例），则我们可以修改递归投射光线的频率：

```
1  define estimateL(C, ω):
2    P = raycast(C, −ω)
3    u = uniform(0, 1)
4    resultSum = Lᵉ(P, ω)
5    ρ = scatterFraction(P)
6    if (u < ρ):
7      ωᵢ = randsphere()
8      Q = raycast(P, ωᵢ)
9      integrand = estimate(Q, −ωᵢ) ＊ fₛ(P, ωᵢ, ω) |ωᵢ·n|
10     density = 1/4π
11
12     resultSum += integrand / (ρ ＊ density)
13   return resultSum
```

我们采用的第二项技术源于 Kajiya 的原始论文，即将来自点 Q 的辐射度写成两部分之和：点 Q 的发射辐射度（称为**直射光** L^d）和其他点辐射的光能到达点 Q 经过 Q 点散射再入射到点 P 的辐射度（称为**间接光** L^i，如图 31-24 所示）。在图中，从点 Q 入射点 P 的直射光为 0，因为 Q 不是光源，但从 R 点到 P 点存在直射光，如图上蓝线所示。将从点 Q 到点 P 的辐射度分解为不同的部分是为了数学处理方便。对一个从点 Q 入射到点 P 的光子，我们无法判别它是 Q 的直射光还是散射光，将入射光做这样的分解后我们就可以重组程序获得更好的结果。

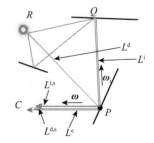

图 31-24　入射到点 P 的光可分为直射光和间接光

上图中还显示了 P 点对这些光的散射结果，我们将它们分别称为 $L^{d,s}$ 和 $L^{i,s}$，则从 P 点发出的散射辐射度 $L^r = L^{d,s} + L^{i,s}$，且

$$L^{i,s}(P, \boldsymbol{\omega}) = \int L^r(Q, \boldsymbol{\omega}_i) f_s(Q, \boldsymbol{\omega}, \boldsymbol{\omega}_i) |\boldsymbol{\omega}_i \cdot \boldsymbol{n}_Q| \, \mathrm{d}\boldsymbol{\omega}_i \tag{31.92}$$

$$L^{d,s}(P, \boldsymbol{\omega}) = \int L^e(Q, \boldsymbol{\omega}_i) f_s(Q, \boldsymbol{\omega}, \boldsymbol{\omega}_i) |\boldsymbol{\omega}_i \cdot \boldsymbol{n}_Q| \, \mathrm{d}\boldsymbol{\omega}_i \tag{31.93}$$

其中 $Q=\mathrm{raycast}(P,\boldsymbol{\omega})$。

基于这些定义，我们略微修改一下代码（见代码清单 31-5）。

代码清单 31-5 基于 Kajiya 模式的路径跟踪器，第 1 部分

```
1  define estimateL(C, ω):
2    P = raycast(C, -ω)
3    resultSum = Lᵉ(P,ω) + estimateLr(P, ω)
4    return resultSum
5
6  define estimateLr(P, ω):
7    return estimateLds(P, ω) + estimateLis(P, ω)
8
9  define estimateLis(P, ω): // single sample estimate
10   u = uniform(0, 1)
11   ρ = scatterFraction(P)
12   if (u < ρ):
13     ωᵢ = randsphere()
14     Q = raycast(P, ωᵢ)
15     integrand = estimateLr (Q, -ωᵢ) * fₛ(P,ωᵢ,ω) |ωᵢ·n|
16     density = 1/4π
17
18     return integrand / (ρ * density)
19   return 0
20
21 define estimateLds(...
```

注意，在计算从点 P 向外散射的间接光时，并非散射从 Q 入射到 P 的所有光，而只是 L^{r} 部分，辐射光能中的 L^{e} 为直接光并不包含在内。

为了估计 $L^{\mathrm{d,s}}$（对直射光的散射），我们要计算积分

$$L^{\mathrm{d,s}}(P,\boldsymbol{\omega})=\int L^{\mathrm{e}}(Q,-\boldsymbol{\omega}_{\mathrm{i}})f_{\mathrm{s}}(P,\boldsymbol{\omega},\boldsymbol{\omega}_{\mathrm{i}})\,|\,\boldsymbol{\omega}_{\mathrm{i}}\cdot\boldsymbol{n}_P\,|\,\mathrm{d}\boldsymbol{\omega}_{\mathrm{i}} \qquad (31.94)$$

这里 Q 表示对从 P 点沿方向 $\boldsymbol{\omega}_{\mathrm{i}}$ 散射光线的跟踪结果。

下面我们从对球面域的积分转移到对曲面的积分（通常涉及变量置换），并对所有光源进行积分。（现将图 31-24）中的点 Q 视为光源上一点。）为了简化问题，假设场景中所有光源均为面光源（没有点光源！），光源个数为 K，光源表面积分别为 A_1，$\cdots$，A_K，总面积 $A=A_1+A_2+\cdots+A_K$。

式（31.94）于是变成了

$$L^{\mathrm{d,s}}(P,\boldsymbol{\omega})=\int_{Q\in\mathrm{lights}} L^{\mathrm{e}}(Q,-\boldsymbol{\omega}_{PQ})f_{\mathrm{s}}(P,\boldsymbol{\omega},\boldsymbol{\omega}_{PQ})V(P,Q)\frac{|\,\boldsymbol{\omega}_{PQ}\cdot\boldsymbol{n}_P\,\|\,\boldsymbol{\omega}_{PQ}\cdot\boldsymbol{n}_Q\,|}{\|\,Q-P\,\|^{\,2}}\mathrm{d}Q$$
$$(31.95)$$

这里 $\boldsymbol{\omega}_{PQ}=\mathcal{S}(Q-P)$ 表示从点 P 指向点 Q 的单位向量，$V(P,Q)$ 为可见性函数，当 P 与 Q 相互可见时，$V(P,Q)$ 的值为 1，否则为 0。（积分式后面新增的点积以及分母中的长度的平方源于变量置换。）注意到被积函数中包含的是 L^{e} 而不是 L：这是因为我们想估计的是入射到点 P 的直射光的散射辐射度。

通过从光源表面均匀随机抽取一个点 Q（注：Q 点以概率 A_i/A 落于光源 i 上，且在光源 i 上，Q 服从均匀随机分布）来估计这一积分，然后采用 Q 对积分式进行单样本估计：

$$L^{\mathrm{d,s}}(P,\boldsymbol{\omega})\approx A\cdot L^{\mathrm{e}}(Q,-\boldsymbol{\omega}_{PQ})f_{\mathrm{s}}(P,\boldsymbol{\omega},\boldsymbol{\omega}_{PQ})V(P,Q)\frac{|\,\boldsymbol{\omega}_{PQ}\cdot\boldsymbol{n}_P\,\|\,\boldsymbol{\omega}_{PQ}\cdot\boldsymbol{n}_Q\,|}{\|\,Q-P\,\|^{\,2}}$$
$$(31.96)$$

这使得 estimateLds 函数的代码变得相当简单（见代码清单 31-6）。

代码清单 31-6　　基于 Kajiya 模式的路径跟踪器，第 2 部分

```
1  define estimateLds(P, ω):
2    Q = random point on an area light
3    if Q not visible from P:
4      return 0
5    else:
6      ω_PQ = S(Q − P)
7      geom = |ω_PQ·n_P||ω_PQ·n_Q| / ‖Q−P‖²
8      return A · L^e(Q, −ω_PQ) f_s(P, ω, ω_PQ) · geom
```

　　上面所有运算过程都依赖于 BSDF 具有一个"好"的分布，即不存在脉冲。在下一章，我们将对代码做一些调整以考虑存在脉冲的情况。

　　现在总结一下，路径跟踪算法运用了马尔可夫链蒙特卡罗方法（MCMC）来估算绘制方程的积分式，并重复利用对链的初始分项来提高计算效率。它还避免了传统光线跟踪所产生的多余递归光线；所节省的时间可用来对单个像素抽取更多的样本。理论上来说，路径跟踪算法是一个非常优秀的算法，但是它要求用户预先选择一个接收概率（前面我们用的是散射率）和跟踪光线的采样策略；倘若选择不合理，将带来较大的方差，需要采集大量的样本来减少最终图像上的噪声。除此之外，采样策略必须具有普适性，足以发现场景中传输较多光能的光线路径。如果允许场景中存在理想镜面反射表面和点光源，则如前所述，形如 LS^+DE 的光线路径将出现问题：按这一路径，从视点出发的光线在第一次反射后必须选取一个方向，使得经场景表面一次或数次反射后，正好到达点光源，不幸的是，选取这一方向的概率为 0。即使允许近似于点的光源和近似镜面反射的表面，情况仍然相似：采集到一条理想光线路径的概率将非常小。为了解决算法的这种局限性，必须对由所有可能的光线传播路径组成的空间选取其他的采样方式，否则就只能依靠增加样本量来得到好的估计结果（即生成低噪声图像）。

　　路径跟踪器与传统的光线跟踪器有什么不同呢？如前所述，路径跟踪生成的图像很可能含有许多噪声，这是因为每个点的辐射度采用的是蒙特卡罗估计值，具有方差，而基本的光线跟踪算法仅当存在镜面反射时才递归地跟踪光线，它采用的是漫反射生成的间接光估计值（其方差非常小，可视为零），这使得基本光线跟踪算法绘制的图像偏暗，但是噪声较小。另一方面，在路径跟踪中通过采集更多的样本，也可以大大减少噪声。假如受计算量限制只允许投射少量光线，基本光线跟踪算法生成的结果是错误的，但图像看上去不错；而路径跟踪算法生成的结果大体上是正确的，但是噪声很大。随着允许的光线投射量增加，基本光线跟踪算法的结果并没有实质性的改善（除非增加光线跟踪深度），而路径跟踪算法绘制出的图像噪声却越来越小，并能准确地绘制出漫反射生成的间接光照效果。

　　最后，我们将"度量"作为路径跟踪器封装程序的一部分，当然可以将其包含在某个待计算的项中，这样一来，我们不是估计 L，而是要估计 L 与度量函数 M 的乘积。于是需要递归计算的积分就变成了度量函数 M 与一些散射函数、余弦项以及 L^e 的乘积。（如果积分域为面积而不是立体角，则还包括一些涉及变量置换的因子。）这种形式具有对称性：即可以互换 M 和 L^e 的角色。设想一下用如下方式绘制场景：从视点按照函数 M 向场景发射光线（相当于光源），而在光源处取 L^e 作为度量函数进行度量，则在该"逆向"场景中估算光能传播的积分式与原始场景完全相同。这为"从视点出发跟踪光线"而不是从光源出发跟踪其发出的光子（自然界中的光能传输方式）提供了理论上的证明：两者的积分式完全相同。

31.18.4　多种重要性采样

在对光线路径空间进行采样时，我们发现，对不同种类的路径可能需要采用不同的采样策略才能获得最有效的结果。不过很难预先知道对一个具体场景需要选取哪种采样方法。Veach 提出了**多种重要性采样**，即同时使用多种采样策略来计算同一个积分，对采用不同策略采集的样本采取不同的加权方法。Veach 给出了一个具有说服力的例子：一个光滑的表面上映射着一个面光源（例如微波起伏的海面上荡漾着一轮明月）。在这类场景中，只有两种重要的光线传播路径：LE 和 LDE，如果光源不在视域之内，则只需要考虑 LDE 路径。该场景中的所有光线传播路径的长度均不超过 2。于是分析变得十分简单。我们下面只考察 LDE 路径。

假设我们要估算到达某个像素点 P 的光，一种路径采样方法是穿过 P 点跟踪一条光线，该光线与场景一光滑表面相交，交点为 x，然后在 x 点根据 BRDF 进行方向采样，跟踪第 2 根光线，该光线可能击中面光源，从而对像素 P 的辐射度产生贡献，也有可能该光线与面光源无交，则该样本贡献度为 0。另一种方法是穿过 P 点跟踪光线到 x 点，然后在面光源上随机均匀地抽取一个样本点 x'，连接 x 和 x'，构成第 2 根光线。显然这条光线路径的辐射度贡献必定不为 0。

第二种方法初看起来远比第一种方法好，因为其光线路径总是会传递一些光能。但是如果表面非常粗糙，情况会怎样呢？此时 BRDF 在方向 xx' 的反射分布可能接近于零，因此对最终辐射度的贡献也将非常小。图 31-25 演示了实验生成的画面。

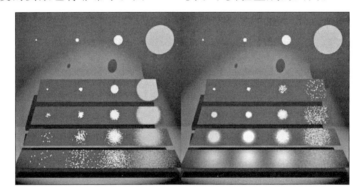

图 31-25　左图由对粗糙表面的 BRDF 进行采样生成，近处薄板比远处薄板更粗糙。四个不同大小的光源在薄板上留下不同的光影。右图由对光源采样生成，上层薄板上，第 1 个倒影比第 2 个清晰。在左图中，下层薄板上，第 2 个倒影比第 1 个清晰。可以看出，没有哪一种采样策略是最好的（注意，该场景还有一个位于摄像机上面的微弱光源，所有的薄板都具有小的漫反射分量，使我们能看到薄板的大致形状）（由 Eric Veach 提供）

显然我们希望在一些情况下使用某种采样策略，另一些情况下则采用另一种采样策略，余下的情况则使用这两种采样策略的混合形式。这时就需要用到多种重要性采样。在讨论多种重要性采样之前，有一点需要引起注意：如果存在两个估计量，其中一个方差很大，另一个方差很小，倘若取两个估计量的平均，则会出现问题，除非采集更多的样本。通俗地说，多种重要性采样的核心思想是提供了某种对两个估计量取平均的方法，避免存在较大方差的估计量影响后面的计算结果。

为了描述多种重要性采样，现回到抽象层次：我们要计算函数 f 在定义域 D 上的积分，并有两种不同的采样方法，分别生成一组样本 $X_{1,j}$，$j=1$，2，$\cdots$ 和另一组样本 $X_{2,j}$，$j=1$，2，$\cdots$，其概率密度函数分别为 p_1 和 p_2。

为了基于这两组具有不同分布的样本来估计积分值，仅需构建从 D 到 $\mathbf{R}$ 的两个加权函数 w_1 和 w_2，且 w_1 和 w_2 满足如下两个性质：

- 对任意满足 $f(x)\neq0$ 的 x，有 $w_1(x)+w_2(x)=1$；
- 当 $p_1(x)=0$ 时，$w_1(x)=0$，以及当 $p_2(x)=0$ 时，$w_2(x)=0$。

通常还将 w_1 和 w_2 设为非负，因此 w_1 和 w_2 位于 0 和 1 之间。

举个简单的例子，当 p_i 在定义域上均不为 0 时，对每一个 x，我们可以取 $w_1(x)=0.25$，$w_2(x)=0.75$。更多时候，加权函数会随着样本 x 而变化（作为样本的函数）。稍后我们会回到这个问题。

选定了加权函数后，我们从第一组分布中抽取 n_1 个样本 $X_{1,j}$，$j=1$，2，$\cdots$，n_1，从第二组分布中抽取 n_2 个样本 $X_{2,j}$，$j=1$，2，$\cdots$，n_2，按下面的**多样本估计式**对它们进行合并：

$$F = \frac{1}{n_1}\sum_{j=1}^{n_1}w_1(X_{1,j})\frac{f(X_{1,j})}{p(X_{1,j})} + \frac{1}{n_2}\sum_{j=1}^{n_2}w_2(X_{2,j})\frac{f(X_{2,j})}{p(X_{2,j})} \tag{31.97}$$

Veach 证明了多样本估计式 F 的无偏性，且只要选取合适的加权函数，F 具有很好的方差性质。（类似的可以推导出适用于 3 个、4 个或多个采样器的估计式。）

什么是好的加权函数呢？最简单的一种是常量权重函数；另一种也与之密切相关：把定义域 D 分割成两个子集 D_1 和 D_2，使得 $D_1\bigcup D_2=D$ 且 $D_1\bigcap D_2=\varnothing$，当 $x\in D_i$ 时，定义 $w_i(x)=1$，否则 $w_i(x)=0$。这相当于"对定义域的每个部分分别用一种采样策略（分而治之）。"这种方法的一种应用是将光线路径空间分割成光线分别经过 0 次、1 次、2 次、$\cdots$ 反射，对每一部分分别使用一种不同的采样策略。另一种应用是当我们对 Phong 式 BRDF 进行采样时，在镜面反射、光泽型反射、漫反射间进行选择。

31.18.5　双向路径跟踪

路径跟踪算法基于当前所在点选择如何延伸跟踪路径（即 `selectRay` 是一个只依赖于 x_k 的函数），但场景的实际照明也是很重要的考虑因素：如果一束明亮的光线照射在一个暗的表面上，大部分的光线可能仍被反射出去。即使从一个低反射率表面反射出来许多暗淡的光线，也可能收敛形成视觉独特的焦散现象。鉴此，Lafortune 和 Willems [Laf96]、Veach[VG94]分别独立提出了**双向路径跟踪算法**，同时从光源和视点两个方向进行光线路径跟踪。初看起来，这似乎不切实际：从两个方向跟踪的路径几乎不可能恰好落到同一点，使得光源发出的光能一路传输到视点。但是一个小小的技巧（见图 31-26）即可解决这一难点：用线段将这两条路径连接起来！事实上，可以通过这条线段将第一条路径上的任一点与第二条路径上的任一点连接起来，然后计算沿所生成路径的光能传播量。

光源路径和视点路径都可通过光线跟踪生成，因而必定能传播光能，但两条路径之间的连线段可能遇到遮挡物，使得形成的合成路径无法传播光能，这种潜在的遮挡会浪

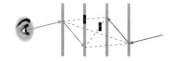

图 31-26　从光源和眼睛分别跟踪一条光线路径，将第一条路径上的每一点与第二条路径上的每一点相连以创建连通光源到眼睛的路径，但这些连接线段有可能遇到遮挡物（图中以黑色方块表示），阻断光能传输

费大量路径跟踪时间，还会增加像素估计值的方差。即使连线段不被遮挡，计算该合成路径对总的光能传输的贡献也是非常复杂的。

在实际应用中，双向路径跟踪算法通常能获得比较好的结果（假定有足够多的样本）甚至可以用来作为评价其他绘制方法的参考标准。

为了用跟踪路径作为样本来估算绘制方程积分式，我们不仅需要知道沿每一条路径传播的光能，还需知道生成该路径的概率。计算这一概率需要对生成这些路径的程序进行仔细的分析：生成将要连接在一起的两条子路径的可能性有多大？两条路径在这条连接线段被阻断的可能性有多大？这些概率的大小与采样方法有关。例如，要生成一条路径，我们可能做如下某件事：

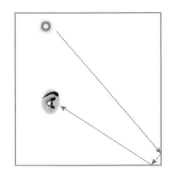

- 反复地从当前路径点随机均匀地朝外射半球面投射光线（即投射方向位于某一立体角内的概率正比于该立体角的大小）。
- 反复地朝投影立体角随机地投射光线。
- 在场景中所有表面并集的一块区域上反复地选取一个随机点，朝该点投射光线。

显然，每一种方法对某些路径的采样概率肯定比其他方法高；从一种方法转到另一种方法类似于一般积分问题中的变量置换：将在被积函数中引入一个新的因子。第三种采样方法（在表面区域选点）的几何项中包含了因子 $1/r^2$，当选取的两个表面点距离非常近时，会导致很大的值（见图 31-27）。而采取第一种方法时，由于变量置换，正好消去了几何项中的不良因子（除了关联于连接光源路径和视点路径的线段的因子未被消除外）。

图 31-27　如果图中所示的光源路径是通过在表面上均匀选点生成的，由于两条路径之间的连接线段很短且被积函数中含有 $1/r^2$，将在积分中引入一个很大的值

Veach 解释了如何采用多种重要性采样来改善这一问题。

31.18.6　中心光线传播算法

Veach 和 Guibas[VG97] 在 1997 年提出了**中心光线传播（MLT）算法**，这是另一种马尔可夫链蒙特卡罗方法，不同的是，马尔可夫链不再形成在场景所有表面点集合 M 上的随机游走函数，而是形成在场景所有路径空间上的随机游走函数。也就是说，MLT 算法可能开始检测一个长度为 1 的路径，然后检测一个长度为 2 的路径，接着又会检测一个长度为 3 的路径，等等。显式地描述这一路径空间以及如何对它进行随机采样都不是容易的事。必须指出，MLT 算法所基于的 Metropolis-Hastings 算法也只能提供与所求结果成正比的结果。幸运的是，在 MLT 算法中，我们要求的结果是一组数据（输出像素值），而对于这组数据而言，它们的比例系数相同，换言之，我们绘制得到的图像中各像素的值为所求图像像素值的一个常量倍数。但这里也有一个问题：该比例系数可能为 0，即得到一个全黑的图像。最后，虽然 MLT 的结果是无偏的，但是为了保证小方差，仍然需要采集大量的光线路径样本（如同其他的蒙特卡罗方法一样）；方差能否迅速减小，部分地取决于如何选择一个好的**变异策略**，该策略将决定如何从当前的光线路径生成新的光线路径。（这与前面见到的计算矩阵幂次的和非常相似：对转换概率 p_{ij} 的选择将显著影响其收敛速度。）因此，一旦你开发出一个 MLT 绘制程序，可以通过引入更多、更好的变异策略来提

升它的性能，这些变异策略也反映了你对光线传播结构的理解。你可能会发现，如果某条路径传输大量光能，倘若你稍许移动视线，即略微改变视线路径第一个交点，而其他地方保持不变，则形成的新路径仍可能会携带大量的光能。该算法的内在结构为人们表达他们对光能传播的高层次理解提供了便利。

此外，某些变异策略不仅实现起来简单，而且能对路径空间之前很少采样过的某些"亮点"区域做更频繁的采样。这些策略代表着算法的一大改进。

MLT算法相当复杂，涉及大量数学推导。读者们如果感兴趣，可以阅读 Veach 的论文[Vea97]；毫无疑问，任何对绘制感兴趣的人都会一探究竟的。

31.19　光子映射

我们前面曾提到光子映射是一种类似于双向路径跟踪的算法，与将视点路径和光源路径连接起来不同，它取视点路径的末端点 P 通过检测所有的光源路径来估算入射到 P 点的光能。问题仍然是，在光源路径的有限集合中，很可能没有任何路径正好落在 P 点。作为替代，我们只能估算入射到 P 点附近点的光能，然后进行插值。

这样做的前提是需要把所有入射到表面的光以某种方式记录下来，使得搜索"邻近"点比较容易。在光子映射算法中，这些入射光被存入一张**光子映射图**——一个并不关联于场景几何的相对紧致的结构。映射图信息存储在各个点上；现在我们来描述存储在每个点上的具体数据。

因此，光子映射分为两个阶段：构建光子映射图（通过**光子跟踪**）和使用光子映射图来估计表面上各点的出射辐射度。

基于邻近点的入射辐射度来估算表面的出射辐射度涉及表面对入射光的散射（通过BSDF）。存储入射光（至少存储一个入射光的样本）的一个优点是通过 BSDF 可简洁地表示大量的出射光线，一个入射光样本被存储在一个记录中，我们称之为**光子**。注意这里的"光子"与具有相同名称的基本粒子完全是两回事。光子映射算法中的光子包含了以下信息：空间位置、方向向量 $\boldsymbol{\omega}_i$（指向光源或光入射到该点前的最后一个反射点，$\boldsymbol{\omega}_i$ 与光线传播的方向恰好相反）以及入射功率。它们的单位分别设定为：位置坐标的单位为米；方向向量无单位，但其长度为1；功率单位为瓦特。它们分别被记为 P、$\boldsymbol{\omega}_i$ 和 Φ_i。因此光子映射算法中的光子表示许多物理上的光子聚集在一起每秒的流量。

采用光子映射图表示的场景由表面和光源（光源本身可能也是表面）组成。对每个光源 L，设 Φ_L 为该光源的可见光发射功率。例如，一个 40W 的白炽灯其中大约 10W 为发射的可见光，对于这个白炽灯而言，$\Phi_L = 10\text{W}$。我们将场景中所有光源的总的功率表示如下

$$\Phi = \sum_L \Phi_L \qquad (31.98)$$

对场景表面上的某点 P，其 BSDF 为 $f_s(P, \boldsymbol{\omega}_i, \boldsymbol{\omega}_o)$，由于 BSDF 可能随波长变化，我们加入一个自变量：$f_s(P, \lambda, \boldsymbol{\omega}_i, \boldsymbol{\omega}_o)$，其中 λ 表示某一特定波长或（在大多数实现中）一个波段，波长或波段通常由符号 R、G 和 B 表示。这同样适用于 Φ_L 和 Φ，因为它们也与波长有关。假如 BSDF、Φ_L、Φ 表达式中省略了 λ 参数，则表示各波长之和。如下式：

$$f_s(P, \boldsymbol{\omega}_i, \boldsymbol{\omega}_o) := \sum_\lambda f_s(P, \lambda, \boldsymbol{\omega}_i, \boldsymbol{\omega}_o) \qquad (31.99)$$

除了场景描述参数之外，光子映射算法还有两个主要参数：光源发射的光子总数 N 和用来估算任意点处出射辐射度的光子数量 K。N 的值用来构建光子映射图，而 K 的值则用来估算辐射度。第三个参数 maxBounce 用于在算法的光子跟踪阶段限制光子的反射次数。

光子映射图本质上是一棵储存光子的 kd 树，以光子的位置为关键值。代码清单 31-7
展示了光子映射图的构造方法。

代码清单 31-7　通过光子跟踪构建光子映射图

```
 1  Input: N, the number of photons to emit,
        maxBounce, how many times a photon may be reflected
        a scene consisting of surfaces and lights.
    Output: a k-d tree containing many photons.
 2
 3  define buildPhotonMap(scene, N, maxBounce):
 4    map = new empty photon map
 5    repeat N times:
 6      ph = emitPhoton(scene, N)
 7      insertPhoton(ph, scene, map, maxBounce)
 8    return map
 9
10  define emitPhoton(scene, N):
11    from all luminaires in the scene, pick L with probability
12    p = ∑λ ΦL(λ)/∑λ Φ(λ).
13
14    ph = a photon whose initial position P is chosen uniformly
15        randomly from the surface of L, whose direction ωi
16        is chosen proportional to the cosine-weighted radiance at P in
17        direction ωi, and with power Φi = ΦL/(Np).
18
19  define insertPhoton(ph = (P, ωi, Φi), scene, map, maxBounce)
20    repeat at most maxBounce times:
21      ray trace from ph.P in direction ph.ωi to find point Q.
22      ph.P = Q
23      store ph in map
24      foreach wavelength band λ:
25        pλ = ∫fs(Q,λ,ωi,ωo)ωo · n dωo, probability of scattering.
26      p̄ = average of pλ over all wavelength bands λ.
27      if uniform(0, 1) > p̄
28        // photon is absorbed
29        exit loop
30      else
31        ωo = sample of outgoing direction in proportion to fs(Q,ωi,·)
32        ph.ωi = −ωo
33        foreach wavelength band λ:
34          ph.Φi(λ) *= pλ/p̄
```

代码的大部分直接模拟场景中光的反射过程。如果忽略波长因素，可将光子被吸收的
步骤解释如下：正如前面路径跟踪算法中所述，当光子与反射率为 30% 的一个表面相交
时，可以产生一个散射光子，其功率等于入射功率乘以因子 0.3，或者也可以生成等于入
射功率的散射光子，但其生成概率为 0.3（这一方法称为**俄罗斯轮盘**）。长时间后，有非常
多的光子到达该点并被散射，故总的散射功率是相同的。尽管如此，两种策略仍有很大的
不同，至少对一个与波长无关的场景如此：在第二种方法中，每个光子的功率从不变化，
这意味着存储在光子映射图中的所有样本都有相同的功率，这使得一般情况下的辐射度估
算过程大为简化，由于其统计学上的依据超出本书的范围，在此不做赘述。代码中"按散
射概率分布所确定的概率反射光子，其功率等于入射功率"正是应用了俄罗斯转盘原理。

由于散射过程与波长相关，代码最后以表面在各波段的散射概率为比例因子对光子在
相应波段的散射功率 $\Phi_i(\lambda)$ 进行调整。如果表面为白色（即在所有波段具有相同的反射率），
则 $\Phi(\lambda)$ 不变。作为对比，如果用 RGB 表示颜色且表面为纯红色，则平均散射概率为 1/3；
光子功率的红色分量乘以 1/(1/3)，而绿色（G）和蓝色（B）分量则置为 0。

课内练习 31.12： 如果表面为 30% 的均匀灰色，即在每个波长都反射 30% 的光能，此时光子的散射功率将如何改变？

光的发射和散射（尤其是同时存在漫反射、光泽反射和镜面反射的反射模型）的代码实现需要谨慎处理。对此，我们将在第 32 章深入探讨。

光子映射算法的第二部分是通过跟踪从视点 E 投射到场景中的光线来计算视点可见的各点处的辐射度。在此之前，我们先建立平衡的 kd 树，然后对每一个法向量为 $\boldsymbol{n}$ 的可见点 P，令 $\boldsymbol{\omega}_o = \mathcal{S}(E-P)$，采用如下方式计算辐射度：

1）设 $L = 0 \mathrm{W/m^2 sr}$，L 表示投向视点的辐射度；

2）在光子映射图中找到与 P 点距离最近的 K 个光子（搜寻半径 r，使得在该范围内正好包含 K 个光子）；

3）对每个光子 $\mathrm{ph} = (Q, \boldsymbol{\omega}_i, \Phi_i)$，用下式更新 L 的值

$$L \leftarrow L + f_s(P, \boldsymbol{\omega}_i, \boldsymbol{\omega}_o)\Phi_i \kappa(Q-P) \tag{31.100}$$

这里 $\kappa(Q-P) = 1/\pi r^2$ 称为估计**核**。上式与波长相关（即如果我们使用 3 个不同的波段，则式(31.100)表示三个赋值式，分别对应 R、G、B）。

易知上面计算的是 P 点的正半球面域上的积分式 $\int f_s(P, \boldsymbol{\omega}_i, \boldsymbol{\omega}_o)\boldsymbol{\omega}_i \cdot \boldsymbol{n}\mathrm{d}\boldsymbol{\omega}_i$ 的近似值：式中 P 点的入射辐射度用其邻近点的入射辐射度近似表示。不过，从方向 $\boldsymbol{\omega}_i$ 入射到点 P 附近点 Q 的光线可能缘于一个离 P 点很近的光源的照射，如果是这样，则 Q 的入射光线方向和与 P 的入射光线方向相差会很大（见图 31-28）。

除此之外，还有可能某些光线可以到达 P 点而入射 Q 点时却被遮挡，这种情况下用 Q 点的入射光来估算 P 点的入射光就不合适了。从这一点看，光子映射算法是有偏的：如果只有有限个光子样本，则在估算某些暗区点的辐射度时部分样本将取自位于较亮区域的光子，从而得到比实际偏亮的辐射度值。

另一方面，至少对漫反射表面，光子映射算法将生成一致性的结果：随着光子数量 N 趋于无穷大，估算点 P 入射光的 K 个样本越来越靠近 P，使得它们的入射方向越来越逼近 P 点的入射方向，且其辐射度也越来越近似于 P 点的辐射度。

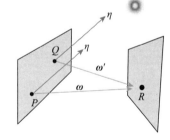

图 31-28　太阳光沿 η 方向入射 P，几乎沿同一方向入射 Q。但从一个离 P 很近的点 R 发出的散射光入射 Q 的方向为 $\boldsymbol{\omega}'$，入射 P 的方向为 $\boldsymbol{\omega}$，两者就不同了

课内练习 31.13： 上面的一致性分析假设当 N 趋于无穷大时，K 仍为同一常数。如果 K 与 N 成正比，如 $K = 10^{-5}N$，这一分析结果还正确吗？说明理由。

当入射辐射度随表面点的位置和入射方向而平滑变化时，采用邻近点的样本来估算当前点的入射辐射度是适宜的。但当场景中存在点光源和尖锐边缘时，图像中会出现轮廓分明的阴影，此时表面点的入射辐射度将不连续。另一方面，入射辐射度的不平滑主要缘于直接光的照射，它们均沿 LDE 的光线路径。为此，我们可将绘制方程中积分的定义域分割成两部分：沿 LDE 的光线入射路径和其他路径，积分式也变成这两部分的积分之和。第一部分积分相对容易：只需经过一层光线跟踪即可估计场景各点的直接光照。如何估算第二部分积分呢？我们采用光子映射算法！为此需要从光子映射图中删去沿各 LDE 路径入射的所有光能估计量，这只需稍微修改一下光子映射图的构建过程即可：对 N 个光

子中每一个光子，在光子映射图中只记录从第二段路径后产生的光能传递。

　　光子映射算法还有其他局限性。空间邻近的点其表面法向量不一定相近(见图 31-29)，因而使用邻近点的光子可能得到错误的估计结果。已有多种启发式方法用来缓解这个问题，如[Jen01，ML09]。

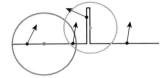

　　当我们使用常数核 $\kappa(v) = 1/(\pi r^2)$ 时，存在一个问题：如果要计算辐射度的目标点移动了，则该点的邻近点区域也随之移动，通常在移动圆形区域的一侧丢失一个光子，则在其另一侧的某处将会增加一个光子；如果这两个光子具有不同的**功率**(功率各分量分别为各波段的功率)，则表面点的入射辐射度估计值将出现不连续，在最终结果中形成明显的走样。采用其他核函数可在一定程度上缓解这一问题，参见 Jensen 的书著。

图 31-29　采用邻近点的光子来估计当前点的入射辐射度可能得到很差的结果，尤其是在边角和薄板附近

　　前面所介绍的是 Jensen 的书中给出的光子映射算法基本形式，在该书的描述中还包含了多个可调的隐含参数。例如，存储光子的 kd 树可以用其他数据结构如空间哈希函数替换[MM02]，用来进行密度估计的内核函数也可以变化，甚至还可以换一种密度估算方法。

31.19.0.1　最后采集

　　在密度估算时可采取"最后采集"步骤，这是一种非常有效的扩展。当我们检测场景中某点 P 时，可以搜索它的最近邻光子来估计 P 点的场辐射度，或者也可以从 P 点向其他点 $Q_i(i=1,2,\cdots)$ 投射大量光线，然后用最近邻法求这些点 $Q_i(i=1,2,\cdots)$ 的场辐射度以及从每一点 $Q_i(i=1,2,\cdots)$ 反射回 P 点的光，这些收集的光能之和也可作为 P 点场辐射度的一个有效估计。不过，不大可能呈现前面所述的不连续现象，这是由于它通常会被大量的其他连续函数所掩盖。

31.19.1　图像空间的光子映射算法

　　McGuire 和 Luebke[ML09]对一种特殊情况(点光源和针孔相机)下的光子映射算法进行了重新思考，发现一些最费时的操作可以大大优化。例如，其中一项操作——将光子映射图中光子的信息传递给图像像素——原始的光子映射算法会出现内存的高度不连续。想要查找与当前点邻近的光子必须搜遍整个 kd 树。取决于该树的内存安排方式，一部分的存储位置与其他部分可能相距甚远。另一方面，倘若每个光子被计算后，对所有与之相关的像素(这些像素在内存中自然地存储在同一区域)都能作贡献，将会带来很大的改善，由此产生的算法称为**图像空间光子映射**算法。该方法的思想可以追溯到 Appel 在绘图机上标注符号"+"：这些符号起到空间定位作用，因而便于绘图机绘制。它与另一种同样主要工作于图像空间的逐步光子映射算法[HOJ08]也有密切关联。

　　该算法的核心思想是，在向场景投射光线从相关表面上的光子采集光能时，邻近像素很可能也要从这些光子采集光能，于是我们可以将光子投影到成像平面，将相应的光能添加到位于当前像素周围一个小邻域内的所有像素上。虽然存在几个执行细节上的小问题(邻域取多大？出现遮挡时如何处理？)，但该算法可采用 CPU/GPU 混合执行，比传统光子映射算法快得多。尽管该算法只能处理点光源和针孔相机的情形，但是在某些实际应用如电子游戏中，算法提速足以弥补这一局限性。

31.20　讨论和延伸阅读

本章中的很多思想在开源的 Mitsuba 绘制程序[Jak12]中都已实现，察看它们的实现方式有助于读者具体化这些思想(强烈建议你研究一下该绘制程序)，不过我们建议读者先阅读下一章的内容，其中总结了一些为许多绘制程序所采用的绘制小技巧，这将使你更容易看懂 Mitsuba 绘制程序。

本章大部分内容都是关于光线传播过程的模拟，前面曾有过一些关于场景中光能传播的宏观思想，但在讨论中被一笔带过。现在我们重新深入讨论。

例如，我们在用 Heckbert 的符号标记法对光线路径进行分类时，成功地将路径空间分割为多个子空间，针对每个子空间分别加以考虑。我们知道，场景中的大部分光能都是经由 LDE 路径传输的直接光，在包含点光源和尖锐边界物体的场景中，直接光将引发光场中的很多不连续(例如图像中的侧影、轮廓线和尖锐阴影)。

Heckbert 的分割方式是有效的，但有点粗糙：途经多重镜面反射的光线路径可生成高的"产出"，但仅当这些路径始于光源才有如此效果。也许还存在其他的路径分类方式，允许我们可以更有效地分划出路径空间中的"明亮区"。

在考虑计算某点的反射率积分时，人们理所当然会问："场辐射度的变化对它有多大影响？"如果是朗伯表面，答案是："通常不太大。"但如果是光泽表面，则影响会很大。在计算反射率积分生成表面辐射度时，由于表面辐射度会随着出射方向不同而变化。你可能会问："当该辐射度射到另一表面时，这个变化还会有所呈现吗？"如果我们近距离观察一张表面，即使眼睛只是移动了几厘米，该表面的外观就可能出现很大的变化。但是如果该表面在 1000 米之外，则眼睛需要移动数十米才能观察到相同的现象。Durand 等人在一篇引人深思的文章[DHS+05]中依据被观察表面的空间位置和观察角度，将对辐射度场各频率分量的计算与在不同的绘制算法中取合适的采样率的思想关联起来。

我们将图像绘制转化成对辐射度场传感器响应的模拟，其隐含目标为求得每个像素点处"准确"的传感器值。然而，这可能并非正确的目标。如果图像是供人观赏的，有必要考虑将模型和人的感知衔接起来。人的视觉是很挑剔的，尽管对几乎所有知觉都无法发现所感知的幅度值，但对其中的差异却非常敏感。例如，我们无法说出明亮是什么，但是却能很可靠地判别这个物体比旁边的另一物体更明亮。这意味着，假定有一幅完美的图像，由于噪声，其中某个像素的值较原来的值降低了 5%；而另一侧同样是这幅完美的图像，不过所有像素点的值都乘了 1.1。现需要在两者进行选择，你极有可能会选第二幅图像，尽管第一幅图像在 L^2 误差下更接近于原图像。

的确，相比于绝对亮度，人类视觉对对比度更加敏感。在未来，绘制图像梯度比绘制图像本身也许更有意义，只需要再知道少数几个点的准确像素值即可。这种绘制方法的"最后一步"可能是对梯度进行积分，得到一个光亮度场，约束条件则为前面已知的几个像素值；这种约束优化更加符合人类对图像正确性的认知。我们并不是将这一思想作为一个研究方向提出来，而是促使读者思考这幅大的图，还有哪些方面当前的方法仍无法解决？

本章主要聚焦于从算子理论角度求解绘制方程，但是我们并没有一一介绍所有的方法。解具有形式：$(I-T)^{-1}\boldsymbol{e}=(I+T+T^2+\cdots)\boldsymbol{e}$，这里 $\boldsymbol{e}$ 表示场景中的光源。如果我们将右边的形式稍微变动一下，可以发现基于这一形式解的其他方法：

$$(I-T)^{-1}\boldsymbol{e}=(I+T+T^2+\cdots)\boldsymbol{e} \tag{31.101}$$

$$= e + (T + T^2 + \cdots)e \tag{31.102}$$

$$= e + (I + T + \cdots)Te \tag{31.103}$$

上式含义为：除了从光源直接到达视点的光（第一项 e）之外，我们可以先用光能传播算子对光源计算一次（Te 项），得到一系列新的光源，然后结合级数解（$I + T + T^2 + \cdots$）来绘制图像。这就是虚拟点光源算法[Kel97]的核心思想，对光源直射光的初始转换采用一个非常类似于光子跟踪的方法实现，不同之处在于，新方法并不是在交点处记录场辐射度，而是记录光线散射之后的表面辐射度，该表面的辐射度变成了一个虚拟的点光源（或对应于图像空间光子映射算法中的反射映射）。

如果根据 Arvo 的方法，进一步将 T 分解成乘积 KG，这里 G 表示将各点处的表面辐射度传输到另一点成为该点的场辐射度（入射光能），K 表示将某点的场辐射度通过散射转化成该点的表面辐射度。于是我们可以考虑以一种稍微不同的方式将级数解中的一项予以分解：

$$(I - T)^{-1}e = (I + T + T^2 + \cdots)e \tag{31.104}$$

$$= e + (T + T^2 + \cdots)Te \tag{31.105}$$

$$= e + (I + T + \cdots)KGe \tag{31.106}$$

$$= e + ((I + T + \cdots)K)(Ge) \tag{31.107}$$

在上式中，我们将从光源发射的辐射度转化成场景中其他表面的场辐射度（Ge 项）。随后的处理包括从视点跟踪光线至不同的层次，对每个交点处的场辐射度进行散射（K 项）。这种方法可看成是光子映射算法的一种初级形式，其中光子映射图中仅包含一次反射生成的光子。

毫无疑问，对该级数解做其他形式的因子分解会产生更多新的算法。

本章只是在图像绘制中的某些方面提供了一个宽广的视野，而将关注点集中于蒙特卡罗方法上，因为我们相信该方法在当前乃至未来一段时间都将是主流。转述 Michael Spivak[Spi79b]的话，我们仅仅介绍了相关的基本概念，而"其背后是一盆巨大的文献"粥"，我们尚不够贪心以至于要挑出"粥"中所有的葡萄干。"

如果读者们想了解更多的关于绘制的物理和数学的基础知识，特别是蒙特卡罗方法，我们推荐 Veach 的论文[Vea97]。对于那些需要了解图形绘制基础的读者，Arvo 的论文[Arv95]是个很好的起始点，尤其它是从算子理论的视角来讲述的。然而，两者都涉及相当多的数学。SIGGRAPH 课程讲义[JAF$^+$01]提供了一个稍微通俗一点的介绍。

另一方面，如果你感兴趣的是如何高效地生成近似于理想结果的画面，则 *Real Time Rendering*[AMHH08]是一本优秀的参考书。

对于蒙特卡罗方法的现代化实现，Pharr 和 Humphreys 撰写的 *Phyiscally Based Rendering*[PH10]叙述既详细又全面。

最为重要的是，应从研读这一领域的当前研究现状起步。关于绘制的研究在几乎所有图形学会议中都是受关注的主题，这里要特别提一下 The Eurographics Symposium on Rendering 会议，该会议长期聚焦于图形绘制，使它成为培植新思想的沃土。建议读者选取一篇论文，开始阅读并跟踪其参考文献，时刻保持开放的心态，勇于质疑。

有必要时常问问自己："还有什么有待解决的问题？"当前图像失真是因为材质模型不合适吗？是因为某些类型的光线路径没有采样到吗？是我们没使用足够宽的频带吗？是因为有些重要信息蕴含在深层反射路径中，尽管这些路径所传递的光能甚少？也许所有这些问题在一定程度上对结果都有影响。同时，我们做的某些假设（例如，"几何光学"假设）

也限制了图形绘制所能真实呈现的现象。那么这些现象重要吗？例如光的衍射现象是否重要？波动光学现象有多重要？类似于这样的问题将成为未来图形绘制研究的动力。

31.21　练习

31.1　假设在你的场景中，跟踪一根光线的平均时间为 A，给定一对向量计算表面相应的 BRDF 值需要时间 B。(a)从视点出发，采用路径跟踪算法跟踪 N 条光线，衰减率取常数 r（这样在每个交点处光线路径向前继续延伸的概率为 $(1-r)$），试基于 A 和 B 估算整个跟踪过程需要的时间（假设所有其他操作不耗时）。

(b) 现采用双向路径跟踪算法从视点出发跟踪 $N/2$ 条光线，从单个光源出发跟踪 $N/2$ 条光线，试进行同样的估算。

31.2　光能辐射方程

$$(\boldsymbol{I}-\boldsymbol{F})\boldsymbol{b}=\boldsymbol{e} \tag{31.108}$$

具有形式 $\boldsymbol{Mb}=\boldsymbol{e}$，其中 $\boldsymbol{M}=\boldsymbol{I}-\boldsymbol{F}$。在实际中，$\boldsymbol{M}$ 的最大特征值（或奇异值）远小于 1.0，这意味着 $\boldsymbol{M}$ 的幂值将迅速减小。这一性质可被用来快速求解方程(31.108)。

(a) 将方程右边乘以 $(\boldsymbol{I}-\boldsymbol{F})$ 然后消元证明 $(\boldsymbol{I}-\boldsymbol{F})^{-1}=\boldsymbol{I}+\boldsymbol{F}+\boldsymbol{F}^2+\cdots$。仅当方程右边为一个绝对收敛级数时，才能有效消元。幸运的是，当特征值（或奇异值）很小时，满足这一条件，试予以证明。

(b) 试证明

$$\boldsymbol{b}=\boldsymbol{e}+\boldsymbol{Fe}+\boldsymbol{F}^2\boldsymbol{e}+\cdots \tag{31.109}$$

(c) 令 $\boldsymbol{b}_0=\boldsymbol{e}$，$\boldsymbol{b}_1=\boldsymbol{e}+\boldsymbol{Fb}_0$，更一般地令 $\boldsymbol{b}_k=\boldsymbol{e}+\boldsymbol{Fb}_{k-1}$，试证明 $\boldsymbol{b}_k$ 等于式(31.109)右边前 $k+1$ 项之和，因此当 $k\to\infty$ 时，$\boldsymbol{b}_k\to\boldsymbol{b}$。于是计算光能辐射度向量 $\boldsymbol{b}$ 的一个递归算法为：设置初始值 $\boldsymbol{b}=\boldsymbol{e}$，根据 $\boldsymbol{b}_k=\boldsymbol{e}+\boldsymbol{Fb}_{k-1}$ 反复迭代，直到 $\boldsymbol{b}_k$ 与 $\boldsymbol{b}$ 之间的误差足够小。

(d) 如果将向量 $\boldsymbol{b}$ 的第 i 个元素视为面片 i 的光能辐射度，则乘以 $\boldsymbol{F}$ 后该辐射光能被发射到所有其他面片。这里我们选择不将 $\boldsymbol{Fb}$ 作为一个整体来计算，因为这会涉及大量的乘法运算，而是从单个面片通过矩阵运算将其"未发射的"光能传播出去。多个算法采用了这一思想，例如，查找具有最大未发射光能的面片，通过矩阵将该光能传播出去。试针对 2D 光能辐射度模型，实现一种基于此思想的算法，并将其运行时间和收敛性与每一步都用 $\boldsymbol{b}$ 乘以 $\boldsymbol{F}$ 所有项的直接算法进行比较。

31.3　光子映射算法中最后采集步骤需要对 P 点上方的半球面进行采样，其中 P 点为我们要计算其场辐射度的点。当 P 的位置在表面上移动时，对采样点的不同选择将在计算结果中引发噪声。假定在最后采集步骤中一次性选定一组固定的采样方向来对每个半球面进行采样。试评价这种采样策略，说明赞成或反对的理由。

绘 制 实 践

32.1 引言

在本章中，我们将介绍两个绘制器的实现——路径跟踪器和光子映射器——以及促进它们实用化的优化技术。目前这两种绘制方法都被广泛使用，易于理解，构成对场景绘制问题的完整的解决方案，也就是说，在合理的条件下，它们提供了与我们所寻求结果（即"合理地"绘制图像）相一致的估计。

我们并不建议把这些作为理想的绘制程序。相反，我们把它们当作案例研究。它们足以展现现代绘制程序的复杂性和特征；可为你阅读绘制方面的研究论文提供必要的基础。

假设你已经实现了在第 15 章中描述的基本光线跟踪程序。本章的大部分内容均基于第 30 章和第 31 章。

在实现这些绘制器的过程中，我们将描述若干方法来构建场景的几何表示、散射模型和对像素值有贡献的样本的表示。它们并不如同前面几章中的数学公式那样一眼就能辨识，对此你在第 14 章里已有所了解。

在 32.8 节中，我们将讨论如何对绘制程序进行调试，并列出一些故障样例及其原因，让你了解如何根据可见的人工瑕疵的类别来识别属于哪一种 bug。

32.2 表示法

当构建一个基于光线投射的绘制器时，你所选择的表示方法将产生大范围的影响。你选择的散射模型是否能够呈现你想要模拟的现象？对于某一确定的向量 ω_i，能否容易地从与 $\omega \mapsto f_s(\omega_\mathrm{i}, \omega \mid \omega \cdot n \mid)$ 成正比的概率分布中获得采样？你的散射模型是否能量守恒？你选择的场景表示能否使光线与场景的求交计算既快速又鲁棒？你选择的光源表示是否很容易按照面积在光源上均匀地选取采样点？

课内练习 32.1：对于上面的每一个问题，答案"是"或"不是"对基本光线跟踪器的结果和运行时间有怎样的影响？

除了这些选择之外，在建模方面还有一些实际的问题。例如，当我们把散射模型（至少是双向散射分布函数或 BSDF）视为空间中一点和两个方向向量的函数时，对表面散射性质的定义或测量通常与表面的法向（或许还和切平面基准）相关。在实践中，我们跟踪一根光线，找到某个表面上的一点，然后找到作为表面性质的该点的 BSDF，其参数由该点在表面上的位置及相应的纹理贴图决定。我们先从这一特定的简化开始讨论。

32.3 曲面表示及 BSDF 的局部表示方法

考虑到一块面片是如此之小，在局部区域内可以将它视为平面，基于 P 点的单位法向量 n 和单位切向量 u、v，可在 P 点构建一个局部坐标系，其中 u、v、n 构成三维空间的一组正交基底，如图 32-1 所示。能否将曲面分解为切向空间和法向空间决定于曲面的**局部平坦性**，但在曲面的边缘和角点处（如立方体的棱边和顶点），做这样的分解是有问题的，因为在这些地方难以确定哪个方向为表面的"切向"或"法向"。对这个问题，图形学至今尚未给出一个确定性的答案。

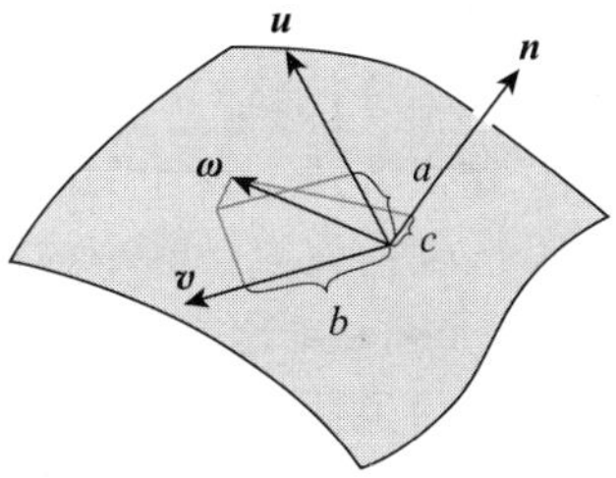

对于 P 点的任一方向向量 ω，我们可以简单将其表示为 $\omega = au + bv + cn$，其中 $a = \omega \cdot u$ 为点积，等等。

课内练习 32.2：如果 ω、n、u 和 v 用场景坐标系表示，M 为 3×3 的矩阵，矩阵的每行分别是 u、v、n。试证明 $M\omega = \begin{bmatrix} a \\ b \\ c \end{bmatrix}$。弄清这一点后，即可知如何从场景坐标系转换到局部的切向-法向坐标系。

图 32-1 P 点的一组局部基底，由相互垂直的单位向量组成。通过点积可以将图中的 ω 分解为这些单位向量的线性组合

现在考虑 BSDF $f_s(P, \omega_i, \omega_o)$，它是关于表面点和在该点的两个单位向量的函数。如果将 ω_i 和 ω_o 写成 $\omega_i = au + bv + cn$ 和 $\omega_o = a'u + b'v + c'n$，则可以定义一个新的函数

$$\overline{f}_s(P, a, b, c, a', b', c') = f_s(P, \omega_i, \omega_o) \tag{32.1}$$

还可以更进一步。因为 ω_i 和 ω_o 是单位向量，可以采用极坐标来表示，假定 ϕ 表示经度，θ 表示纬度，按照二维平面上 θ 的标准用法，我们用 θ 表示 ω 和 n 的夹角，于是有 $\theta = \cos^{-1}(b)$，$\phi = \text{atan2}(c, a)$，

$$\hat{f}_r(P, \theta_i, \theta_o, \phi_i, \phi_o) = f_s(P, \omega_i, \omega_o) \tag{32.2}$$

函数 $\hat{f}_r$ 是角度反射计的实际测量值。注意，f_s 和 $\hat{f}_r$ 只是同一个量的不同表示方式，就像曲线的直角坐标表示和极坐标表示。（我们曾在第 14 章讨论了如何在这些形式之间进行转化。）

函数 $\hat{f}_s$ 有一种形式，采用该形式很容易表达 BSDF 的某些常见性质。例如，朗伯型双向反射率分布函数（BRDF）完全独立于 θ_o、ϕ_i 和 ϕ_o。因此，对于朗伯型的 BRDF，u 和 v 的选择无关紧要：采用 u 和 v 来表示的 ω_i 和 ω_o 的点积仅在计算 ϕ_i 和 ϕ_o 时才会用到。

Phong 和 Blinn-Phong 的 BRDF 都依赖于 θ_o 和 θ_i，但是它们对 ϕ_i 和 ϕ_o 的依赖性却很特别：它们只依赖于差值 $\phi_i - \phi_o$（实际上是对 2π 取模后的差值）。

课内练习 32.3：（a）解释一下为什么 Blinn-Phong 型的 BRDF 只依赖于 ϕ_i 和 ϕ_o 的差值。

（b）证明 Blinn-Phong BRDF 实际上只依赖于这一差值的绝对值，而和符号无关。

依赖于角度之间的差意味着由 (θ, ϕ) 表示的 BSDF，即 $\hat{f}_s$，与 u 和 v 的选择无关。如果我们在切平面上将 u 和 v 同时旋转 α 角，那么 ϕ_i 和 ϕ_o 都会增加或减小 α 角（可能还有 2π 的增量），但是它们的差值（mod 2π）仍然保持不变。具有这个性质的 BSDF 称为**各向同性**（isotropic），可表示为关于 θ_o、θ_i 和 $\phi = (\phi_i - \phi_o) \bmod 2\pi$ 三个变量的函数。图形学里目前使用的大部分材质的 BSDF（或 BRDF）都可归入这一类，例外情况（**各向异性**材质）如拉丝铝，它的涂刷方向导致各向异性。采用次表面散射来表示的材质通常具有内部结构，从而使得这类材质各向异性。上述简化的表示通常不适用于这类材质。

前面的讨论涉及 θ_i、ϕ_i、θ_o 和 ϕ_o，凸显出 BSDF 是定义在四维域上的一个函数。然而，实际计算中涉及的通常是这些角度的正弦和余弦，至少在 BSDF 的解析式中如此。（在制作 BSDF 表时，我们不能基于 θ_o 和 θ_i 来制表，而是基于它们的余弦值；这一论述在这里也是适用的。）实际计算 BSDF 时，通常是取一个点 P，和两个向量 ω_i 和 ω_o，并用 u、v 和

n 表示这些向量。

具体实现是怎样的情形呢? 代码清单 32-1 中列出了一般化的 Blinn-Phong 模型 G3D 实现的部分代码。

这里有几个设计上的选择。第一个是采用 SurfaceElement 来表示一根光线与场景中一表面的交点。其中的数据成员有 material 和 shading。在 material 内存储的数据包括 Phong 高光指数,材质对红、绿、蓝光谱入射光的反射率等。在 shading 内存储交点的几何坐标、纹理坐标和交点处的表面法向量。(当你读 p.shading.normal 时,可将 "shading" 理解为形容词。因此,p.shading.normal 为着色用的法向,p.geometric.normal 为几何法向。)

代码清单 32-1 计算 Blinn-Phong 反射率的部分代码

```
1   Color3 SurfaceElement::evaluateBSDFfinite(w_i, w_o) {
2       n = shading.normal;
3       cos_i = abs(w_i.dot(n));
4
5       Color3 S(Color3::zero());
6       Color3 F(Color3::zero());
7       if ((material.glossyExponent != 0) && (material.glossyReflect.nonZero())) {
8           // Glossy
9
10          // Half-vector
11          const Vector3& w_h = (w_i + w_o).direction();
12          const float cos_h = max(0.0f, w_h.dot(n));
13
14          // Schlick Fresnel approximation:
15          F = computeF(material.glossyReflect, cos_i);
16          if (material.glossyExponent == finf())
17              S = Color3::zero()
18          } else {
19              S = F * (powf(cos_h, material.glossyExponent) * ...
20          }
21      }
22      ...
```

表面法向量马上被用来计算 $\cos\theta_i$ 的值,这是一个在局部参照系中表示两个输入向量中 $\boldsymbol{\omega}_i$ 的例子)。half-vector(注意 direction() 返回一个单位向量)由对 $\boldsymbol{\omega}_i$ 和 $\boldsymbol{\omega}_o$ 的计算得到,$\boldsymbol{\omega}_i$ 和 $\boldsymbol{\omega}_o$ 在代码里分别表示为 w_i 和 w_o。随后计算菲涅耳项的 Schlick 近似,并用它来确定光泽反射。代码中被省略的部分为漫反射计算。镜面反射计算和基于斯涅耳定律的透射计算未编入代码;这两部分分别对应散射模型的一个脉冲。将这两个脉冲项分开来计算,可使反射光计算更为简单。回顾一下之前的一个积分表达式,即

$$\int_{\boldsymbol{\omega}_o \in \mathbf{s}_+^2(P)} L(P, -\boldsymbol{\omega}_i) f_s(\boldsymbol{\omega}_i, \boldsymbol{\omega}_o) \boldsymbol{\omega}_i \cdot n \mathrm{d}\boldsymbol{\omega}_o \tag{32.3}$$

该积分是施加在 L 上的线性算子的简写。该算子一部分由以上卷积被积函数定义,一部分由脉冲项定义,如镜面反射率,在脉冲情形中,对于一个给定的方向 $\boldsymbol{\omega}_i$,只有在某一个 $\boldsymbol{\omega}_o$ 处,该被积函数才非零;此时 "积分" 的值为某一常数(脉冲系数)乘以 $L(P, -\boldsymbol{\omega}_i)$。

用蒙特卡罗积分来近似计算镜面反射率一类的项是不可行的:我们永远不可能以随机的方式选到理想的出射方向。幸运的是,这些项很容易直接计算,无须采用近似方法。因此,SurfaceElement 类提供了一个方法(见代码清单 32-2),该方法返回计算反射辐射度需要的所有脉冲(在本情形中为镜面反射脉冲和透射脉冲,不过如果要绘制双折射材质,则存在两个透射脉冲,故合理的做法是返回一个脉冲数组)。

代码清单 32-2　一个返回散射模型中的脉冲部分的方法

```
1  void getBSDFImpulses (Vector3& w_i, Array<Impulse>& impulseArray) {
2      const Vector3& n = shading.normal;
3
4      Color3 F(0,0,0);
5
6      if (material.glossyReflect.nonZero()) {
7          // Cosine of the angle of incidence, for computing
8          //Fresnel term
9          const float cos_i = max(0.001f, w_i.dot(n));
10         F = computeF(material.glossyReflect, cos_i);
11
12         if (material.glossyExponent == inf()) {
13             // Mirror
14             Impulse& imp      = impulseArray.next();
15             imp.w             = w_i.reflectAbout(n);
16             imp.magnitude     = F;
17             ...
```

G3D 是围绕三角形网格来设计的。因此 SurfaceElement 类也包含一些和网格有关的项(见代码清单 32-3)。

代码清单 32-3　SurfaceElement 类的其他成员

```
1  class SurfaceElement {
2  public:
3      ...
4      struct Interpolated {
5          /** The interpolated vertex normal. */
6          Vector3 normal;
7          Vector3 tangent;
8          Vector3 tangent2;
9          Point2  texCoord;
10     } interpolated;
11
12     /** Information about the true surface geometry. */
13     struct Geometric {
14         /** For a triangle, this is the face normal. This is useful
15          for ray bumping */
16         Vector3 normal;
17
18         /** Actual location on the surface (it may be changed by
19             displacement or bump mapping later. */
20         Vector3 location;
21     } geometric;
22     ...
```

上面的向量 tangent 和 tangent2 分别对应 u 和 v。在对曲面建模时,必须指定每个点上的 u 和 v。用纹理坐标的导数可以计算出这些量;如果我们已有点 i 处的纹理坐标(u_i, v_i),则可找到 u 在三角形内的一个线性近似,从而确定一个 u 增长最快的方向 u。进一步定义 $v = n \times u$,得到一组正交基。然而,需要注意的是,上述计算是面向单个三角形的,不能保证得到的 u 在相邻三角形上的一致性。事实上,由于制图员的窘困(不可能将球面展平在一张纸上,且保持原来的角度和距离),要在整张曲面上实现具有一致性的纹理坐标赋值一般是不可能的。有一点很重要,各向异性的 BRDF 只能用于 u 和 v 具有一致性的区域。

向量 geometric.normal 为三角形面片的法向量,而不是其近似表示的曲面的法向量。根据最初曲面建模的方式,这两种法向量可能保持一致,或者曲面法向量取相邻三角形面片的法向量的加权平均,或者通过其他的一些方法来确定。三角形面片的法向量在光

线跟踪算法中很有用，因为如果交点 P 落在三角形 T 上（见图 32-2），则由于舍入误差或
表示方法误差可能会使 P 与 T 稍有偏离，从 P 点出发射向
场景的光线可能先击中 T 上某点。通过将 P 沿着 T 的法向
方向稍微移动少许（bumping），即用 $P+\varepsilon n$ 代替 P，其中 ε
为很小的值，则可以避免这些虚假的相交。（也许，为了避
免与 bump-mapping 的概念混淆，此处"nudging"也许是
更加合适的术语，但是"bumping"是 G3D 采用的术语。）
那么 ε 应该是多大呢？可采用经验法则："不超出场景里你
所看到的最小物体尺寸的 1%。"这隐式地为场景建模设立
了一个条件：假如对你表示场景中物体尺寸的浮点数进行
排序，重要的物体或性质的尺寸不应小于两相邻浮点数最

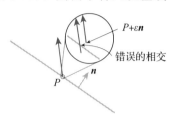

图 32-2　将 P 沿法向稍许外
移，得到 $P'=P+$
εn，可防止从 P 射
出的光线与 T 相交

大差的 100 倍。举例来说，如果你的场景里的所有物体的坐标都在 -100 到 100 之间，而
且你将使用 IEEE 32 位浮点数，那么因为在 100 附近的两个浮点数的最大差是 4×10^{-6}，
所以你建模的任何属性都不能小于 4×10^{-4} 个单位。

　　课内练习 32.4：设想我们在跟踪光线 $P+t d$ 时，将 P 沿着光线方向稍许外移。试通
过考虑那些几乎和表面相切的光线，来证明这是一个错误的主意。

　　光线起始点稍许朝外凸起（ray bumping）是一个设计上的选择。它弥补了固定精度
几何表示所带来的某些问题。但作为一个设计选择，它
对物体的表示有很大的影响。举例来说，如果决定场景
照明的某些性质的特征小于凸起的尺寸，则在我们的计
算里，这些性质将不能得到正确的呈现。这限制了我们
的计算模型在任意精度下所能生成的现象。作为一个例
子，假想通过几乎相切的两光滑圆柱体之间的缝隙来看
太阳（见图 32-3）。通常太阳光线在穿过缝隙时，会在两
圆柱体之间多次交互反射。但如果两圆柱体之间的缝隙
小于我们在路径跟踪器设置的凸起尺寸，那么光线将更

图 32-3　一根太阳光线穿过
几乎相切的两光滑
圆柱体之间的缝隙

容易被吸收而不是被反射。这是否是一个问题呢？如果凸起的尺寸小于光的波长，则不
构成问题。为什么呢？因为对这种尺度的缝隙，衍射效应占主导地位，此时我们采用的
光线跟踪模型本身就不适用了。这是睿智建模原则的又一个实例，当我们要模拟某物或
某事，需要明了我们所采用的物理、数学和计算模型的局限性。

32.3.1　镜面和点光源

　　如果我们允许场景里存在点光源，那么从视点跟踪的光线到达点光源的可能性为零，
实际中也不会发生。同样，如果允许场景里存在理想的镜面，就不能将散射运算符写成可
通过简单采样来近似计算的积分，因为几乎永远采样不到镜面反射光线的那个方向。如将
二者结合起来，事情将变得更糟。

　　考虑一个由一个光滑镜面球和一个点光源组成的场景。如果所跟踪的光线从视点出发
并通过各像素中心，几乎可以肯定这些光线会错过点光源；如果从光源开始跟踪光线，则
会错过像素中心。但如果假设场景里的点光源为半径为 r 的球形，其中 r 很小，则会在镜

面球上看到它的高光。

即使高光在图像上可能仅占据一个像素，但如果没有高光，在感知上将带来明显不同。我们有三种选择：可以放弃传统的关于点光源的假设；或通过调整 BRDF 来填补该像素上高光的缺失；或者选择其他的方法来估算从该位置到视点的辐射度。在拥有无限绘制资源的理想环境中，我们可以选择使用很小尺寸的点光源，并跟踪从点光源发出的大量光线。在光线跟踪过程中，当我们将 BRDF 和光源直射光相结合，计算表面的反射时，可以限定其最大高光范围（即镜面高光指数）。这可确保在采样足够细的情况下，该点光源一定会生成高光。当然，它也会轻微模糊场景中其他物体在该处的反射效果。镜面高光指数在 10 000 和∞之间所表现出的差异一般不易察觉，所以这是一个可以接受的处理方案。但另一方面，如果镜面指数取为 10 000，则需要在高光方向周围做精细的采样，否则最终生成图像的方差会非常大。这使得我们更倾向于第三种选择，即将点光源（甚至很小的光源）的脉冲型反射分离开单独计算，这样可以避免上述的精细采样需求，但在这里我们不继续讨论这一方法。

32.4　光的表示方法

在我们的理论分析中采用辐射度场$(P,\omega)\mapsto L(P,\omega)$来定义光：其中 P 为任意一点，ω 为一任意方向，$L(P,\omega)$表示沿方向 ω，穿过 P 点的光线的辐射度；可在过 P 点且垂直于 ω 的平面上测量。当 P 为空中一点时，这是一个很好的抽象。但若 P 正好位于表面上时，则存在两个问题。

1）几何建模和物理模型之间的精确关系有待定义。我们还没有说明一个固体是开放的（即不包含它的边界点，如同一个开区间）还是封闭的；等价地，我们也没有说明，从闭曲面上一点射出的光线是否会与该曲面相交。

2）当 P 是一个透明固体（如玻璃球）表面上的一点，且 ω 指向该固体内部（见图 32-4），那么$L(P,\omega)$有两种可能的含义：它可能指到达 P 点的入射光（来自远处的光源），或从 P 点透射进入曲面内部的光。此时必须综合考虑斯涅耳折射、材质半透明程度和内反射等因素，因此这两者并非同一个量。

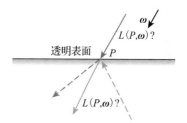

图 32-4　$L(P,\omega)$代表的辐射度是指沿着橙色实线箭头还是沿着绿色实线箭头

在第 26 章，我们讨论过第二个问题：通过比较 ω 和表面法向量 $n(P)$（其中 P 是表面上一点，ω 是单位向量），将每对(P,ω)定义为入射辐射度和出射辐射度。我们也提到，Arvo 将辐射度场划分为场辐射度和表面辐射度，解决的也是这个问题。

对于第一个问题，可认为固体边界上的点是该固体的一部分，所以玻璃球表面上一点 P 就是该球体的一部分（对于油漆的木板，边界上的点被认为是既在油漆内，也在木板内）。这意味着，沿着方向 n_p 从 P 点射出的光线首先将和该球体相交于 P 点。（从实用考虑，避免光线在 $t=0$ 处相交需要将一个实数与零进行比较，很容易发生浮点错误，此时将 $t=0$ 处的交点包括在内比考虑如何避开它更容易处理。）因此，基于上述表面点模型，光线稍许**凸起**不仅容易避开舍入误差，而且也是一种必需。

32.4.1　光源的表示方法

32.4.1.1　面光源

我们的简单场景模型可支持非常基本的一类面光源：这类面光源可以用一个多边形网

格(通常为单个多边形)和辐射功率 Φ 来表示。多边形上的每个点可朝每个方向 $\boldsymbol{\omega}$(其 $\boldsymbol{\omega} \cdot n_p > 0$)射出光线；光源上的所有点朝所有出射方向发射光线的辐射度为同一常数。

可通过将光源的功率除以多边形的面积来计算其发射的每根光线的辐射度；我们将对面积为 A，功率为 Φ 的多边形光源的辐射度的计算简化为 $\Phi/(\pi A)$(参见 26.7.3 节)。

我们还需要对面光源进行均匀随机(相对于面积)的采样。为此，需计算所有三角形的面积，并列出累加和 A_1，$A_1 + A_2$，…，$A_1 + \cdots + A_k = A$，其中 k 是三角形的编号。为了实现随机采样，我们在 0 和 A 之间均匀随机选取一个值 u；找到满足 $A_1 + \cdots + A_i \leqslant u$ 的三角形 i，然后在该三角形内部以均匀随机的方式生成一个采样点(见练习 32.6)。

我们还想要知道，对于曲面上一点 P 和方向 $\boldsymbol{\omega}$，$\boldsymbol{\omega} \cdot n_p > 0$,，辐射度 $L(P,\boldsymbol{\omega})$ 是多少？对于均匀辐射的光源，这是一个常数函数，但对于更一般的光源，它可随位置或方向变化。

32.4.1.2　点光源

点光源由位置 $P^{\ominus}$ 和功率 Φ 指定。点光源朝所有方向均匀地辐射光。正如在第 31 章所看到的，单纯讨论一个点光源的出射辐射度意义不大，但是讨论点光源发出的光入射到漫射表面上一点 Q 所产生的反射辐射度却很有意义，该辐射度为

$$L(Q,\boldsymbol{\omega}_o) = f_s(Q,\boldsymbol{\omega}_i,\boldsymbol{\omega}_o)\max(\boldsymbol{\omega}_i \cdot n_Q,0)\frac{\Phi}{4\pi\|Q-P\|^2} \tag{32.4}$$

如果点光源发射的光入射到镜面或穿透一个半透明的表面，那么，我们可以计算它在下一个漫反射表面所生成的散射，依此类推，这最终成了一个烦琐的记录问题。然而点光源不过是一个方便的假设，我们可以忽略这个问题，而关注于点光源的漫散射。虽然在基于光线跟踪的绘制器里实现这条性质很困难，但是在后面将会看到，在光子映射的情况下，它是相当简单的。

为了让点光源发射的光线直接进入眼睛，我们做出了一个灵活的处理，将点光源看作一个半径 r 很小的发光球体；在计算直接光照时，则将它视作一个点。然而，这种处理有个缺点，在设计表示光源的类的时候，需要知道所调用的该类光线属于哪一种(对从视点发出的光线进行小球相交测试，而对二次反射的光线，则永远不与这个光源相交)，这显然违反了封装原则。

32.5　基本的路径跟踪器

回顾一下光线跟踪和路径跟踪的基本思想：对于图像的每个像素，我们从视点发射数根穿过该像素的光线。一种典型的情形是：光线(图 32-5 中红色的射线)击中场景中某一表面，计算入射到该处的光源直射光(几乎垂直的蓝色射线)以及由此产生的表面朝向视点的散射光(沿着灰色射线方向)。随后递归地跟踪一条或多条光线(如黄色光线)，并计算沿着这些光线返回的辐射度，以及它如何经散射回到视点，等等。计算沿着这些穿过当前像素的光线返回视点的辐射度之后，我们对这些值做某种加权平均，将其结果作为像素值。

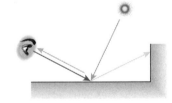

图 32-5　光线跟踪

对于光线跟踪的一般描述("从视点朝场景发出一根光线，跟踪该光线直到它击中某表面上一点，然后……")，我们将使用以下约定，即其中提到的光线是从视点稍许前移后射

　　$\ominus$　我们仅允许有限个位置，而扩展绘制程序的功能使之能正确地处理方向光源将留作习题。

出，而跟踪的二次光线是从第一个交点稍许前移后射出，它或者指向一个光源或者指向下一个交点，等等(见图 32-6)。

另一方面，我们要计算的辐射度是沿被跟踪的光线反向传递的光能。如果视点光线 r 从视点 E 开始，并沿着方向 $\boldsymbol{\omega}$ 前进，交场景于 P 点，我们要计算的是 $L(P,-\boldsymbol{\omega})$，即计算朝向 r 相反方向的辐射度。我们有多种类似于 Radiance3 estimateTotalRadiance(Ray r,...) 的函数，这类函数返回朝向与 r 相反方向的辐射度。

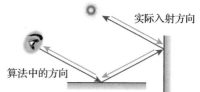

图 32-6　这个算法计算的是从视点发出最终到达光源(红色)的光线。光子沿着相反的方向(蓝色)传播

32.5.1　预备知识

我们先从一个非常简单的路径跟踪器开始，其中，图像平面被分割为一个个矩形区域，每个区域分别对应一个像素。如果投向视点的一条光线穿过了第 (i, j) 个矩形，我们把该光线的辐射度作为到达该矩形的一个辐射度样本。尽管路径跟踪器很简洁，但我们将使用大量的符号，这些符号将在表 32-1 中列出，并依次予以定义。

表 32-1　路径跟踪器里用到的符号

符号	意义
E	视点
P	场景表面上一点，通常是视点发出的光线在场景中遇到的第一个点，但有时候该符号是通用的
Q, Q_j	光源表面上一点或者入射 P 点的其他表面(如被照亮的反射面)上的点
$\boldsymbol{n}_P$, $\boldsymbol{n}_Q$	$\boldsymbol{n}_P$ 代表 P 点处的单位法向量，$\boldsymbol{n}_Q$ 同理
$\boldsymbol{\omega}_i$	从 P 指向某光源的单位向量
$\boldsymbol{\omega}_o$	单位方向向量，其方向为沿 $\boldsymbol{\omega}_i$ 的入射光在 P 点的反射光线方向，通常指向 E
$\boldsymbol{\omega}$	单位方向向量的通用名称，通常基于 P 点
$L(P,\boldsymbol{\omega})$	表面点 P 朝 $\boldsymbol{\omega}$ 方向的辐射度。注意在本章，我们对 L 的定义限于表面上的点
$L^e(P,\boldsymbol{\omega})$	从 P 点沿着 $\boldsymbol{\omega}$ 方向发射的光。除非 P 为光源上的点，否则其值为 0
$L_j^e(P,\boldsymbol{\omega})$	第 j 个光源发射的光
$L^r(P,\boldsymbol{\omega})$	在 P 点朝 $\boldsymbol{\omega}$ 方向的反射或透射(折射)光，$L=L^e+L^r$
$L^{ref}(P,\boldsymbol{\omega})$	P 点朝 $\boldsymbol{\omega}$ 方向的反射光
$L^{trans}(P,\boldsymbol{\omega})$	P 点朝 $\boldsymbol{\omega}$ 方向的透射光。$L^r=L^{ref}+L^{trans}$
f_s	双向散射分布函数
f_s^∞	f_s 的"脉冲"部分，对应透射或镜面反射
f_s^0	f_s 的有限部分，对应非镜面反射

假设场景里有 k 个光源，每个都产生一个发射辐射度场 $(Q,\boldsymbol{\omega})\mapsto L_j^e(Q,\boldsymbol{\omega})$，$(j=1,\cdots,k)$，对于任意一个点-向量对 $(Q,\boldsymbol{\omega})$，其中 Q 为表面上一点，且 $\boldsymbol{\omega}\cdot\boldsymbol{n}_Q>0$，只有当点位于第 j 个光源上，方向 $\boldsymbol{\omega}$ 为光源的辐射方向时，$L_j^e(Q,\boldsymbol{\omega})$ 才不为 0。通常，这个辐射度场为朗伯型，即当 Q 是光源表面上的点且 $\boldsymbol{\omega}$ 满足 $\boldsymbol{\omega}\cdot\boldsymbol{n}_Q>0$ 时，$L_j^e(Q,\boldsymbol{\omega})$ 是恒定的；否则它为零。现在我们暂且假设它是一个普通的光场。

更进一步，我们假设所有表面片均为不透明面，即表面散射的唯一形式为反射(只需做很小的调整就能将透射包括入内)。

绘制方程告诉我们，如果 P 是光线 $t\mapsto E-t\boldsymbol{\omega}$ 与场景的第一个交点(见图 32-7)，那么

$$L(E,\boldsymbol{\omega})=L(P,\boldsymbol{\omega}) \tag{32.5}$$

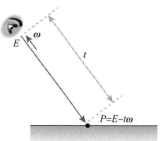

图 32-7　从视点 E 看场景，可看到 P 点，P 与 E 的距离为 t

$$= \underbrace{L^e(P,\boldsymbol{\omega})}_{\text{发射光}} + \underbrace{\int_{\boldsymbol{\omega}_i \in \mathbf{S}_+^2(\boldsymbol{n}_P)} f_s(P,\boldsymbol{\omega}_i,\boldsymbol{\omega}) L(P,-\boldsymbol{\omega}_i)\boldsymbol{\omega}_i \cdot \boldsymbol{n}_P \mathrm{d}\boldsymbol{\omega}_i}_{\text{散射光}} \tag{32.6}$$

我们可以通过将被积函数中的 L 分为两部分，从而将等式右边第二项改写为和的形式。如同第 31 章，我们用 $L^r = L - L^e$ 表示场景中的反射光（稍后，它将代表反射和折射光）。在大多数表面点处，$L^r = L$，因为大部分点不是辐射源。但在辐射源处，L^e 非零，故 L^r 不同于 L。因此

$$\text{散射光} = \underbrace{\int_{\boldsymbol{\omega}_i \in \mathbf{S}_+^2(\boldsymbol{n}_P)} f_s(P,\boldsymbol{\omega}_i,\boldsymbol{\omega}) L^e(P,-\boldsymbol{\omega}_i)\boldsymbol{\omega}_i \cdot \boldsymbol{n}_P \mathrm{d}\boldsymbol{\omega}_i}_{\text{直接散射}} \tag{32.7}$$

$$+ \underbrace{\int_{\boldsymbol{\omega}_i \in \mathbf{S}_+^2(\boldsymbol{n}_P)} f_s(P,\boldsymbol{\omega}_i,\boldsymbol{\omega}) L^r(P,-\boldsymbol{\omega}_i)\boldsymbol{\omega}_i \cdot \boldsymbol{n}_P \mathrm{d}\boldsymbol{\omega}_i}_{\text{间接散射}} \tag{32.8}$$

课内练习 32.5：解释一下，为什么对某光源上的点 Q 和某一方向 $\boldsymbol{\omega}$，$L^r(Q,\boldsymbol{\omega})$ 可能非零。

第一个积分表示对光源直射光的散射，它可以进一步展开。我们可以写 $L^e = \sum_{j=1}^k L_j^e$，表示 k 个独立光源的光照之和，所以

$$\text{直接散射} = \sum_{j=1}^k D_j(P,\boldsymbol{\omega}),\text{其中} \tag{32.9}$$

$$D_j(P,\boldsymbol{\omega}) = \int_{\boldsymbol{\omega}_i \in \mathbf{S}_+^2(\boldsymbol{n}_P)} f_s(P,\boldsymbol{\omega}_i,\boldsymbol{\omega}) L_j^e(P,-\boldsymbol{\omega}_i)\boldsymbol{\omega}_i \cdot \boldsymbol{n}_P \mathrm{d}\boldsymbol{\omega}_i \tag{32.10}$$

因此，$D_j(P,\boldsymbol{\omega})$ 表示表面在 P 点对来自光源 j 的直射光的反射，该反射光朝方向 $\boldsymbol{\omega}$。

与其通过对 $\mathbf{S}_+^2(\boldsymbol{n}_P)$ 里的所有方向进行积分来计算 D_j，我们可以简化这个问题，只在那些 $L^e(P,-\boldsymbol{\omega}_i)$ 可能非零的方向上，即指向第 j 个光源的方向上积分。进而可将这个积分转换为对第 j 个光源所对应区域 R_j 上的面积分；变量置换引入了雅可比行列式，我们在 26.6.5 节曾看到过：

$$D_j = \int_{\boldsymbol{\omega}_i \in \mathbf{S}_+^2(\boldsymbol{n}_P)} f_s(P,\boldsymbol{\omega}_i,\boldsymbol{\omega}) L_j^e(P,-\boldsymbol{\omega}_i)\boldsymbol{\omega}_i \cdot \boldsymbol{n}_P \mathrm{d}\boldsymbol{\omega}_i \tag{32.11}$$

$$= \int_{Q \in R_j} f_s(P,\boldsymbol{\omega}_i,\boldsymbol{\omega}) E_j(Q,-\boldsymbol{\omega}_i) V(P,Q) \frac{(\boldsymbol{\omega}_i \cdot \boldsymbol{n}_P)(\boldsymbol{\omega}_i \cdot \boldsymbol{n}_Q)}{\parallel Q-P \parallel^2} \mathrm{d}Q \tag{32.12}$$

其中 $\boldsymbol{\omega}_i = \mathcal{S}(Q-P)$ 为 P 指向 Q 的单位向量，针对 Q 对 P 可能不可见的情况，此处引入了可见性函数 $V(P,Q)$。（注意，这一转换将我们这个版本的绘制方程转为了 Kajiya[Kaj86] 的版本）前面的参数只适用于面光源。在点光源的情况下，如第 31 章所述，这个积分必须通过取极限来计算。

对于面光源，我们通过单样本蒙特卡罗估计来估算这个积分：

$$D_j = \int_{Q \in R_j} f_s(P,\boldsymbol{\omega}_i,\boldsymbol{\omega}) E_j(Q,-\boldsymbol{\omega}_i) V(P,Q) \frac{(\boldsymbol{\omega}_i \cdot \boldsymbol{n}_P)(\boldsymbol{\omega}_i \cdot \boldsymbol{n}_Q)}{\parallel Q-P \parallel^2} \mathrm{d}Q \tag{32.13}$$

$$\approx \mathrm{Area}(R_j) f_s(P,\boldsymbol{\omega}_i,\boldsymbol{\omega}) E_j(Q_j,E,-\boldsymbol{\omega}_i) V(P,Q_j) \frac{(\boldsymbol{\omega}_i \cdot \boldsymbol{n}_P)(\boldsymbol{\omega}_i \cdot \boldsymbol{n}(Q_j))}{\parallel Q_j-P \parallel^2} \tag{32.14}$$

其中 Q_j 是基于面积在区域 R_j 上随机均匀选择的一个样本点，其中 R_j 对应第 j 个光源。

第二个积分表示对间接光的散射（方程(32.8)），它也可以通过将被积函数里的 $\boldsymbol{\omega}_i \mapsto f_s(P,\boldsymbol{\omega}_i,\boldsymbol{\omega})$ 分解为和的形式分成两部分。

$$f_s(P, \boldsymbol{\omega}_i, \boldsymbol{\omega}) = f_s^\infty(P, \boldsymbol{\omega}_i, \boldsymbol{\omega}) + f_s^0(P, \boldsymbol{\omega}_i, \boldsymbol{\omega}) \tag{32.15}$$

其中 f_s^∞ 表示脉冲项，如镜面反射（以及稍后将要提到的斯涅耳透射），而 f_s^0 是散射分布的非脉冲项（即 f_s 为一个实值函数而不是一种分布）。每个脉冲可以由：一个方向（方向 $\boldsymbol{\omega}_i$，使得沿 $-\boldsymbol{\omega}_i$ 的入射光在 P 点的反射或透射方向为 $\boldsymbol{\omega}$）；脉冲幅度 $0 \leqslant k \leqslant 1$，这使得沿 $-\boldsymbol{\omega}_i$ 方向的入射辐射度乘上 k 就可以得到表面在 P 点朝 $\boldsymbol{\omega}$ 方向的出射辐射度。我们将用字母 m 来索引脉冲项（其中 $m=1$ 表示反射，$m=2$ 表示透射）。因此，我们可以写成

$$\text{refl. indir. light} = \int_{\boldsymbol{\omega}_i \in \mathbf{S}_+^2(\boldsymbol{n}_P)} f_s(P, \boldsymbol{\omega}_i, \boldsymbol{\omega}) L^r(P, -\boldsymbol{\omega}_i) \boldsymbol{\omega}_i \cdot \boldsymbol{n}_P \mathrm{d}\boldsymbol{\omega}_i \tag{32.16}$$

$$= \Big[\sum_m k_m L^r(P, -\boldsymbol{\omega}_m) \Big] + \tag{32.17}$$

$$\underbrace{\int_{\boldsymbol{\omega}_i \in \mathbf{S}_+^2(\boldsymbol{n}_P)} f_s^0(P, \boldsymbol{\omega}_i, \boldsymbol{\omega}) L^r(P, -\boldsymbol{\omega}_i) \boldsymbol{\omega}_i \cdot \boldsymbol{n}_P \mathrm{d}\boldsymbol{\omega}_i}_{\text{对间接入射光的漫反射}} \tag{32.18}$$

最后，我们通过一个单样本蒙特卡罗估计来估算最后一个积分-对间接光的漫反射：我们在半球面（当同时考虑反射和折射时为整个球体）上根据某一概率密度选择一个方向 $\boldsymbol{\omega}_i$，并采用下式估计积分

$$\text{diff. refl. indir. light} = \frac{1}{\text{density}(\boldsymbol{\omega}_i)} f_s^0(P, \boldsymbol{\omega}_i, \boldsymbol{\omega}) L^r(P, -\boldsymbol{\omega}_i) \boldsymbol{\omega}_i \cdot \boldsymbol{n}_P \tag{32.19}$$

请注意，虽然在字面上，BRDF 对脉冲项（如镜面反射）没有意义，但是我们对镜面反射辐射度的计算非常类似于式（32.19）。现将方程（32.17）写成

$$k_1 L(P, -\boldsymbol{\omega}_1) \tag{32.20}$$

其中 $\boldsymbol{\omega}_1$ 是 $\boldsymbol{\omega}_i$ 的反射方向（$\boldsymbol{\omega}_2$ 是透射方向）。在当下的情况下，系数 k_1 的作用如同辐射度系数

$$\frac{1}{\text{density}(\boldsymbol{\omega}_i)} f_s^0(P, \boldsymbol{\omega}_i, \boldsymbol{\omega}) |\boldsymbol{\omega}_i \cdot \boldsymbol{n}_P| \tag{32.21}$$

在每种情形中，我们仅需要 BRDF 的表达式能返回合适的系数。

32.5.2　路径跟踪器的代码

路径跟踪器的核心代码在代码清单 32-4 里列出。

代码清单 32-4　路径跟踪器的核心程序

```
1  Radiance3 App::pathTrace(const Ray& ray, bool isEyeRay) {
2      // Compute the radiance BACK along the given ray.
3      // In the event that the ray is an eye-ray, include light emitted
4      // by the first surface encountered. For subsequent rays, such
5      // light has already been counted in the computation of direct
6      // lighting at prior hits.
7
8      Radiance3 L_o(0.0f);
9
10     SurfaceElement surfel;
11     float dist = inf();
12     if (m_world->intersect(ray, dist, surfel)) {
13         // this point could be an emitter...
14         if (isEyeRay && m_emit)
15             L_o += surfel.material.emit;
16
17         // Shade this point (direct illumination)
```

```
18              if ( (!isEyeRay) || m_direct) {
19                  L_o += estimateDirectLightFromPointLights(surfel, ray);
20                  L_o += estimateDirectLightFromAreaLights(surfel, ray);
21              }
22              if (!(isEyeRay) || m_indirect) {
23                  L_o += estimateIndirectLight(surfel, ray, isEyeRay);
24              }
25          }
26
27          return L_o;
28  }
```

这个程序的大致框架非常贴近路径跟踪器算法。未列出的外层循环为，对图像中的每个像素，生成一根从视点出发穿过该像素的光线，然后调用 pathTrace 程序(对每个像素可重复执行多次，然后对返回的结果取平均(可能为加权平均))。

随后的计算由五个部分组成：找到光线与场景相交的位置(并将交点存储在名为 surfel 的 SurfaceElement 里)，然后对从该点出射的辐射度求和，包括由面光源的直接照明产生的辐射度；由点光源直接照明产生的辐射度，最后是一个递归项，所有这些辐射度值都针对交点。每个项是否包含在程序内，分别由一个标志(m_emit，m_direct，m_indirect)来控制，这使我们在调试程序的时候，非常容易测试。例如，如果我们关闭直接和间接光，就能很容易地知道光源是否正确。

现在我们分别观察这四项。发射项只是简单地取表面点向外发射的辐射度，其中表面点在代码里称为 surfel.geometric.position，但在这个描述里称为 P，然后将它加到已计算得到的辐射度上。这里假定该表面为朗伯辐射源，因此在 P 点朝每个方向发射的辐射度都相同。如果该辐射源的出射辐射度不是恒定值，则其出射辐射度依赖于方向，我们可能写

```
1          if (includeEmissive) {
2              L_o += surfel.material.emittedRadianceFunction(-ray.direction);
3          }
```

其中出射辐射度函数描述了发射的模式。注意，我们要计算的出射辐射度，其方向与被跟踪光线的方向相反；跟踪的光线是从视点到表面点，但是我们想知道的是表面点射向视点的辐射度。

我们将表面点对直射光的反射(即从光源直接入射到 P 点的光，经表面散射后沿着跟踪光线相反方向折回视点)和对间接光的反射(即从交点投向视点的光，这些光既不是光源发射的光，也不是由于直接光散射而生成的光)加到出射辐射度上。

要计算点光源的直接照明(参见代码清单 32-5)，我们先确定从表面点到光源的单位向量 w_i，并检查其可见性；如果对表面点而言光源是可见的，则用 w_i 来计算反射光。这里遵循一个我们将一直采用的约定：变量 w_i 对应数学里的 ω_i；字母"i"表示"入射"；光线 ω_i 从表面点指向光源，而 ω_o 指向光线 ω_i 散射的方向。这意味着 w_i 将是 surfel.evaluateBSDF(...)的第一个参数，而变量 w_o 通常是第二个参数。这一约定还考虑到了以下事实：虽然对于 BRDF 的有限部分，它的两个参量通常是对称的，但是散射的镜面反射和透射部分通常是用非对称函数来表示的。

代码清单 32-5   对点光源照明的反射

```
1  Radiance3 App::estimateDirectLightFromPointLights(
2      const SurfaceElement& surfel, const Ray& ray){
3
```

```
4       Radiance3 L_o(0.0f);
5
6       if (m_pointLights) {
7           for (int L = 0; L < m_world->lightArray.size(); ++L) {
8               const GLight& light = m_world->lightArray[L];
9               // Shadow rays
10              if (m_world->lineOfSight(
11                  surfel.geometric.location + surfel.geometric.normal * 0.0001f,
12                      light.position.xyz())) {
13                  Vector3 w_i = light.position.xyz() - surfel.shading.location;
14                  const float distance2 = w_i.squaredLength();
15                  w_i /= sqrt(distance2);
16
17                  // Attenuated radiance
18                  const Irradiance3& E_i = light.color / (4.0f * pif() * distance2);
19
20                  L_o += (surfel.evaluateBSDF(w_i, -ray.direction()) * E_i *
21                          max(0.0f, w_i.dot(surfel.shading.normal)));
22                  debugAssert(radiance.isFinite());
23              }
24          }
25      }
26      return L_o;
27  }
```

　　在这段代码中有三处值得关注的细节，代码中已做了突出显示。第一个是我们没有询问光源对表面点是否可见；而是如前所讨论的，询问它对一个从表面点稍许凸起的点而言是否可见（凸起点由表面点沿其法线做少许位移得到）。第二个细节是，确认从 P 点到光源的方向和 P 点处的表面法向处于同一半球；否则，表面不受光源所照射。这个测试看上去似乎显得多余，但其实不然，这里面有两个原因（见图 32-8）。其一是该表面点可能位于表面边缘上，因此该点对该表面所在平面之下的光源是可见的，但并没有被光源照亮。另一原因是，我们在"检查表面点是否受到光照"时使用的法向量是着色法向量而不是几何法向量。由于实际测试的是它与着色法向量的点积，因而可在未做细致剖分的曲面上生成平滑变化的光照效果。

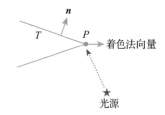

图 32-8　P 对光源是可见的，但是没有被光源照亮

　　这又是一个通用的模式：在计算可见性时，我们将使用与表面片相关联的几何数据。但在计算光的散射时，使用的是 surfel.shading.location。一般情况下，我们对表面点的表示中既有几何数据也有着色数据：几何数据是原始的底层表面网格数据，而着色数据是散射计算里使用的数据。例如，如果表面的生成过程包含了位移映射，则着色位置可能与几何位置略有不同。同样，对每个三角形面片来说，其几何法向量是恒定的，但着色法向量则可能为对三角形三个顶点处法向量的重心插值。

　　第三个值得关注的细节是辐射度的计算。如第 31 章所述，如果我们把点光源当作一个朝各向均匀辐射的很小的球形光源的极限情形，那么在该光源照射下所产生的反射辐射度为表面 BRDF、一个余弦项和光源入射辐射度（随被照射点与光源距离而变化，在程序中记为 E_i）的积；我们还约定，忽略点光源的镜面散射。

　　现在我们把注意力转向面光源，参见代码清单 32-6，很多的代码都是相同的。同样，我们使用一个旗标 m_areaLights，以确定是否需考虑面光源的光照。为了估计面光源照明产生的辐射度，我们在光源上随机采样一点，即基于单个样本来估计面光源的照明。当然，与在光源上提取多个采样点相比，这会产生很大的方差，但在路径跟踪器中，对每个像素我们通常跟踪多条初始光线，因此最终的图像里的方差会减小。在测试可见性时，我们同样将表面点和光源上的点少许外移。除此之外，剩下的细节是估算表面对面光源入射光的反射辐射度。由于 samplePoint 是基于面积对光源表面的随机均匀采样，所以需要对变量做一些改变，不仅要包括表面点处的余弦，而且还包括光源采样点处的余弦，以及它们之间的距离平方的倒数。直至第 23 行，我们均采用上述思想来估计面光源在 P 点的散射辐射度，但尚未包括脉冲散射，因为 evaluateBSDF 只返回 BSDF 有限部分的分布。

代码清单 32-6　对面光源照明的反射

```
1  Radiance3 App::estimateDirectLightFromAreaLights(const SurfaceElement& surfel,
      const Ray& ray){
2     Radiance3 L_o(0.0f);
3     // Estimate radiance back along ray due to
4     // direct illumination from AreaLights
5     if (m_areaLights) {
6        for (int L = 0; L < m_world->lightArray2.size(); ++L) {
7           AreaLight::Ref light = m_world->lightArray2[L];
8           SurfaceElement lightsurfel = light->samplePoint(rnd);
9           Point3 Q = lightsurfel.geometric.location;
10
11          if (m_world->lineOfSight(surfel.geometric.location +
12             surfel.geometric.normal * 0.0001f,
13             Q + 0.0001f * lightsurfel.geometric.normal)) {
14             Vector3 w_i = Q - surfel.geometric.location;
15             const float distance2 = w_i.squaredLength();
16             w_i /= sqrt(distance2);
17
18             L_o += (surfel.evaluateBSDF(w_i, -ray.direction()) *
19                (light->power()/pif()) * max(0.0f, w_i.dot(surfel.shading.normal))
20                * max(0.0f, -w_i.dot(lightsurfel.geometric.normal)/distance2));
21             debugAssert(L_o.isFinite());
22          }
23       }
24       if (m_direct_s) {
25          // now add in impulse-reflected light, too.
26          SmallArray<SurfaceElement::Impulse, 3> impulseArray;
27          surfel.getBSDFImpulses(-ray.direction(), impulseArray);
28          for (int i = 0; i < impulseArray.size(); ++i) {
29             const SurfaceElement::Impulse& impulse = impulseArray[i];
30             Ray secondaryRay = Ray::fromOriginAndDirection(
31                surfel.geometric.location, impulse.w).bumpedRay(0.0001f);
32             SurfaceElement surfel2;
33             float dist = inf();
34             if (m_world->intersect(secondaryRay, dist, surfel2)) {
35                // this point could be an emitter...
36                if (m_emit) {
37                   radiance += surfel2.material.emit * impulse.magnitude;
38                }
39             }
40          }
41       }
42    }
43    return L_o;
44 }
```

在第 26 行，针对脉冲散射，我们采用一种不同的方法：先计算脉冲散射方向，然后跟踪这个方向，看是否会遇到辐射源；如果遇到，那么将辐射源射出的辐射度乘以脉冲幅度得到散射辐射度。

> 在每种情况下(包括表面对面光源的脉冲反射和有限反射,以及对点光源的有限反射),我们选取某一方向 ω_i,然后将沿方向 $-\omega_i$ 入射 P 点的光的某种度量值乘以基于 BSDF 的某个因子(对应脉冲幅度或 BSDF 的有限反射率)。这里我们有可能重构代码,使对光的估计在每种情况下都对应第 14 章里描述的 biradiance,这有助于解释第一个光线跟踪器虽未采用物理单位但仍然生成了不错的结果图像。

至此,我们已经计算了绘制方程中的发射项和反射项(至少是光源直射光的反射项)。现在必须考虑从其他辐射源到达 P 点的光,也就是说从某点 Q 入射 P 点的光并非 Q 点直接发射的光而是 Q 点的反射光。这类光经 P 点反射,贡献到从 P 点传递到视点的出射辐射度中。我们仍然采用单样本来估算这一间接光的入射辐射度。为了实现这一点,我们递归地调用路径跟踪代码。首先构建一根始于(或非常靠近)P 点的光线,该光线沿某一随机方向 ω 进入场景;然后调用路径跟踪器得到沿着这一光线逆向返回 P 点的间接光辐射度,然后根据 P 点所在表面的 BRDF,求得从 P 点朝向视点的反射辐射度。当然,在这种情况下,在返回结果中不能包括从光源直接发射到 P 点的光所产生的辐射度——我们已经另行计算了这种辐射度。因此在代码清单 32-7 的第 24 行,我们将 includeEmissive 设置为 false。

代码清单 32-7　　估算沿着某一光线间接入射光的散射

```
1   Radiance3 App::estimateIndirectLight(
2          const SurfaceElement& surfel, const Ray& ray, bool isEyeRay){
3       Radiance3 L_o(0.0f);
4       // Use recursion to estimate light running back along ray
5       // from surfel, but ONLY light that arrives from
6       // INDIRECT sources, by making a single-sample estimate
7       // of the arriving light.
8
9       Vector3 w_o = -ray.direction();
10      Vector3 w_i;
11      Color3 coeff;
12      float   eta_o(0.0f);
13      Color3 extinction_o(0.0f);
14      float   ignore(0.0f);
15
16      if (!(isEyeRay) || m_indirect) {
17          if (surfel.scatter(w_i, w_o, coeff, eta_o, extinction_o, rnd, ignore)) {
18              float eta_i = surfel.material.etaReflect;
19              float refractiveScale = (eta_i / eta_o) * (eta_i / eta_o);
20
21              L_o += refractiveScale * coeff *
22              pathTrace(Ray(surfel.geometric.location, w_i).bumpedRay(0.0001f *
23                  sign(surfel.geometric.normal.dot( w_i)),
24                  surfel.geometric.normal), false);
25          }
26      }
27      return L_o;
28  }
```

这项工作的最大的一部分由 surfel.scatter()完成,该函数输入一根到达某一点的光线 r,在该点处或者吸收这根光线,或为这根光线确定一个出射方向 r' 和一个系数,该系数与沿着 r' 入射该点的辐射度(辐射度 $L(P, -r')$)相乘,以生成 P 点沿方向 $-r$ 的散射辐射率的单样本估计。

在细读阅读 scatter()的代码之前,让我们仔细回顾一下这段描述。首先,scatter()既可用于光线/路径跟踪程序,也可用于光子跟踪程序。第二项应用可能更为直观:设想场景中有一些光能到达某一表面，这些光能或被表面吸收或沿着一个或多个方向散射出去。而 scatter() 程序即用来模拟这一过程。如果表面的吸收率为 0.3，则 30％ 的时间 scatter() 会返回 false。其他 70％ 的时间则返回 true，并设置 ω_o 的值。给定其面向光源的方向 ω_i，那么找到散射光方向 ω_o（至少对无镜面项或透射项的表面）的概率大致正比于 $f_s(\omega_i, \omega_o)$。在理想的世界，它严格成正比。在实际情况中，则并非如此，但是返回的系数会包含一个 $f_s(\omega_i, \omega_o)/p(\omega_o)$ 因子，其中 $p(\omega_o)$ 是 ω_o 的采样概率，可起适当的补偿作用。

如果存在镜面反射会怎样？譬如说，30％ 的时间入射光被吸收，50％ 的时间入射光被镜面反射，而剩余的 20％ 的时间则被散射，其散射符合朗伯散射模型。在这种情况下，30％ 的时间 scatter() 将返回 False。50％ 的时间它将返回 true，并将 ω_o 设置为镜面反射方向。剩余 20％ 的时间其散射光将基于余弦加权分布朝半球面各个方向反射（即沿着法线方向反射的概率较高，而沿着切线方向反射的概率较低）。

让我们来看这一点如何实现，先看代码清单 32-8 中列出的 G3Dscatter 方法的开始部分。

代码清单 32-8　散射程序的开始部分

```
1  bool SurfaceElement::scatter
2  (const Vector3& w_i,
3   Vector3&        w_o,
4   Color3&         weight_o, // coeff by which to multiply sample in path-tracing
5   float&          eta_o,
6   Color3&         extinction_o,
7   Random&         random,
8   float&          density) const {
9
10     const Vector3& n = shading.normal;
11
12     // Choose a random number on [0, 1], then reduce it by each kind of
13     // scattering's probability until it becomes negative (i.e., scatters).
14     float r = random.uniform();
15
16     if (material.lambertianReflect.nonZero()) {
17         float p_LambertianAvg = material.lambertianReflect.average();
18         r -= p_LambertianAvg;
19
20         if (r < 0.0f) {
21             // Lambertian scatter
22             weight_o     = material.lambertianReflect / p_LambertianAvg;
23             w_o          = Vector3::cosHemiRandom(n, random);
24             density      = ...
25             eta_o        = material.etaReflect;
26             extinction_o = material.extinctionReflect;
27             debugAssert(power_o.r >= 0.0f);
28
29             return true;
30         }
31     }
32  ...
```

正如读者所看到的，material 中有一个 lambertianReflect 成员，它表示该材质在三个颜色波段的反射率[⊖]；这些反射率的平均值给出了发生朗伯散射的概率 p。如果随

⊖ 按照惯例，我们将这三种颜色波段称为"红色""绿色"和"蓝色"，但我们可以记录 5、7 或 20 个颜色波段上的反射率，而实现过程无须做大的调整。

机值 r 小于 p，我们生成一根朗伯散射光线；否则，在 r 中减去概率 p，并移至下一种散射。

课内练习 32.6： 试证明，这种方法生成朗伯散射光线的概率为 p。

实际的散射过程相当直接：cosHemiRandom 方法在半球面上按余弦加权分布生成一个向量，该半球的极点在法向量 $\boldsymbol{n}$ 上。该方法还返回位于交点法向量 $\boldsymbol{n}$ 一侧材质的折射率（实部和虚部）和一个系数（这里称之为 weight_o），这个值正是我们执行反射辐射度的蒙特卡罗估计需要使用的值。（返回值 density 并非概率密度，而是一个专为其他算法而设计的值，这里我们暂且忽略它。）

散射代码的剩余部分是类似的。回想一下，我们采用的反射模型为一个朗伯分量、一个光泽型反射分量和一个透射分量的加权和，各权重之和等于或小于 1。如果权重之和小于 1，则表明部分入射光被吸收。注意，这些权重按 R、G、B 分别指定，对每一种颜色，各分量权重之和必须小于等于 1。

该模型的光泽反射部分有一个指数项，该指数可以为任意的正数或无穷大。若为无穷大，则表示镜面反射；否则，为类 Blinn-Phong 反射，反射幅度还需乘以一个菲涅耳项 F，代码清单 32-9 列出了相应的代码。

代码清单 32-9　更多的散射代码

```
1    Color3 F(0, 0, 0);
2    bool Finit = false;
3
4    if (material.glossyReflect.nonZero()) {
5
6        // Cosine of the angle of incidence, for computing Fresnel term
7        const float cos_i = max(0.001f, w_i.dot(n));
8        F = computeF(material.glossyReflect, cos_i);
9        Finit = true;
10
11       const Color3& p_specular = F;
12       const float p_specularAvg = p_specular.average();
13
14       r -= p_specularAvg;
15       if (r < 0.0f) { // Glossy (non-mirror) case
16           if (material.glossyExponent != finf()) {
17               float intensity = (glossyScatter(w_i, material.glossyExponent,
18                   random, w_o) / p_specularAvg);
19               if (intensity <= 0.0f) {
20                   // Absorb
21                   return false;
22               }
23               weight_o = p_specular * intensity;
24               density = ...
25
26           } else {
27               // Mirror
28
29               w_o = w_i.reflectAbout(n);
30               weight_o = p_specular * (1.0f / p_specularAvg);
31               density = ...
32           }
33
34           eta_o = material.etaReflect;
35           extinction_o = material.extinctionReflect;
36           return true;
37       }
38   }
```

最后，我们来计算由于折射引起的透射散射，代码清单 32-10 列出了相应的代码。唯一需关注的细节是透射光的菲涅耳系数取为 1 减去反射光的系数。

代码清单 32-10　透射引起的散射

```
 1      ...
 2      if (material.transmit.nonZero()) {
 3          // Fresnel transmissive coefficient
 4          Color3 F_t;
 5
 6          if (Finit) {
 7              F_t = (Color3::one() - F);
 8          } else {
 9              // Cosine of the angle of incidence, for computing F
10              const float cos_i = max(0.001f, w_i.dot(n));
11      // Schlick approximation.
12              F_t.r = F_t.g = F_t.b = 1.0f - pow5(1.0f - cos_i);
13          }
14
15          const Color3& T0           = material.transmit;
16
17          const Color3& p_transmit   = F_t * T0;
18          const float p_transmitAvg = p_transmit.average();
19
20          r -= p_transmitAvg;
21          if (r < 0.0f) {
22              weight_o     = p_transmit * (1.0f / p_transmitAvg);
23              w_o          = (-w_i).refractionDirection(n, material.etaTransmit,
                  material.etaReflect);
24              density      = p_transmitAvg;
25              eta_o        = material.etaTransmit;
26              extinction_o = material.extinctionTransmit;
27
28              // w_o is zero on total internal refraction
29              return ! w_o.isZero();
30          }
31      }
32
33      // Absorbed
34      return false;
35  }
```

代码清单 32-10 中的代码有点乱。它包含了多个分支，并且有几处近似以及明显的针对性技巧，像对菲涅耳系数采取 Schlick 近似，将入射角的余弦值限定为不小于 0.001 等。对散射代码而言，这并不奇怪。散射包括多种情况，代码必须要针对这些情况做出相应的处理，但是杂乱也可能是由于有限精度的机器执行浮点运算而引起的。也许一个更为正面的看法是，这份代码将会在不同的参数值下反复调用，而对大范围内的输入值仍保持良好的鲁棒性是非常重要的。

然而有一种替代方法。如果我们真正了解表面的微观几何，并且知道每种材质的折射率，就能以一种相对简单的方式来计算散射。这里只有一个反射项和一个透射项，既未反射又未透射的光则被吸收。只要表面微观几何的尺度比我们要散射的光的波长稍大，上述分析就提供了一个完整的模型。遗憾的是，这个想法因以下原因目前仍不切实际。首先，以微面的尺度来表示微观几何或者涉及庞大的数据量，或者需要庞大的计算量（如果微面由算法生成）。其次，如果我们准确地表示微观几何，那么在这样小的尺度上，每个微面如同镜子。要生成 P 点的漫反射效果，需要数以千计的光线入射到 P 点附近的微面，而每条散射光线均沿着自己的方向。举个例子，如果采用光线跟踪来绘制一支粉笔，就需要在每个像素上跟踪一千根光线而不是一根！再次，对许多材质来说，其准确的折光率尚不知晓，或者很难测量，尤其是其消光系数。

不过，我们可通过一些概要统计量，如漫反射系数，来表示散射，从而使这个棘手模型变得可用，只不过在保真度方面会稍有损失；这是基于我们的观察：表面精确的微观几何对最终的绘制效果几乎不产生影响。如果我们绘制 20 支具有相同宏观几何形状的粉笔，那么在画面上它们看上去都基本相同。

在这两种选择之外还有第三种选择：你可以存储测量得到的 BRDF 数据。以合理的精度存储这样的数据，可能很昂贵。（如果材质表面具有光泽型的高光，类似 Phong 指数为 1000 时产生的高光，那么偏离 7° 后，BRDF 会从峰值降至一半，如果想要真实地呈现这种材质，则需要至少每 2° 就做一次采样，总共需要采集大约 17 000 个样本。）按照正比于 $\omega \mapsto f_s(\omega_i, \omega)$ 的概率来获取方向 ω 更有问题，但它是可行的。你可能会认为通过选取一种显式的参数表示（例如，球谐函数，或者一些广义的类似于 Phong 的模型），并让它最佳地填充这些测量数据，就能兼具两者的优点。不可否认，这在今天的电影界是相当普遍的做法，它在模拟某些材质，如金属时，效果的确非常好，但是当你使用的解析模型不能正确地模拟次表面效果[NDM05]时，这个方法用在漫反射表面上会产生巨大的误差。尽管如此，这是当前一个活跃的研究领域，它有望简化散射的积分计算。

32.5.3　结果与讨论

图 32-9 展示了四个简单的场景（示意图和光线跟踪效果图），我们将采用它们对绘制程序进行评估。第一个场景里包含一个漫反射地面、漫反射墙面以及一个颜色明亮的半漫射（semidiffuse）球；可用来对层次包围体、可见性和纯反射（无透射）表面的绘制进行简单、细致的测试。因为场景中的大部分散射都属于漫反射，故对多个表面之间的散射只做有限的测试：例如，我们不能从画面上看到物体间的多重反射效果，就像我们真的置身于一个包含 12 个镜面球的场景中所见到的那样。

第二个场景中加入了一个透明球，它的折射率比空气稍大一点，以便验证其透射效果（顺便提及，你可以在场景里放入一个完全透明且不存在任何反射的球，该球的折射系数设为 1.0，则它的放入对场景的外观不会产生任何影响。当然，如果你的绘制程序对光线-表面的求交次数设有限制，那么该球体就可能对绘制结果有所影响。）透明球面反射来自其他球体的光，反射那些照射到它表面的光，并在地板上形成一个漫射光图案。这些效果（漫反射表面间的颜色辉映、焦散以及实体球面上的反射光）在使用光线跟踪生成的图像中是没有的。

第三个场景是 Cornell box，一个由漫射面组成的标准测试场景以及一个面光源。在该场景的正确的绘制结果里，颜色辉映和多次交互反射效果很明显，但是在光线跟踪的生成的图像里这些效果是看不到的。

最后一个场景包含一个很大的面光源，该面光源朝向观察者倾斜，它下面有一个很大的镜面也朝观察者倾斜，在镜面后有一个漫射矩形方框构成它的边界。观察者不仅会观察到光源，还可以观察到它在镜面中清晰的反射像。两者连起来呈现出一个长且连续的矩形。

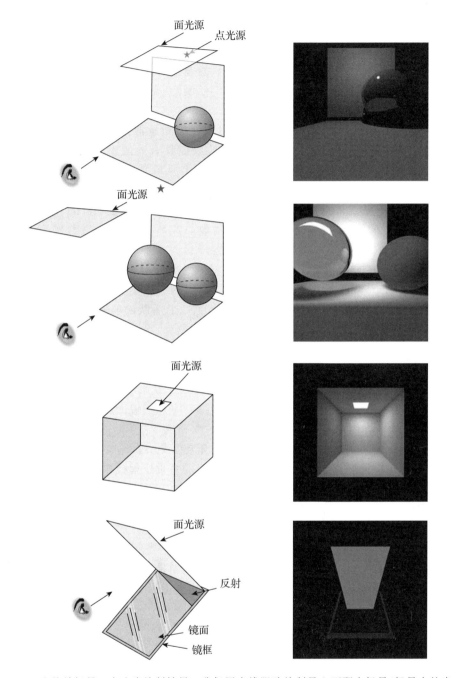

图 32-9　四个简单场景，右边为绘制结果。我们用光线跟踪绘制最上面那个场景（场景中的光照来
　　　　自点光源，图中忽略面光源）；剩下的三个场景采用路径跟踪程序绘制，以呈现面光源的
　　　　光照效果

　　图 32-10 展示了第一个场景路径跟踪效果图。它与光线跟踪的效果图相比有一些明显的差异。第一是面光源，在光线跟踪程序里我们曾忽略面光源，但是路径跟踪程序里包括了面光源。第二，在路径跟踪的效果图里有一些噪声，每个表面看上去都有一些斑点。我们很快会对此进行讨论。第三，阴影较为柔和。照到地面上的光被反射到球体上，照亮了

球体的下半部分，反过来，它又增亮地板上的阴影区域。第四，呈现出颜色辉映效果：地板和墙面上的淡粉色源于球体上的反射光。

当你了解路径跟踪程序是如何工作的，你就会预计到软影和颜色辉映效果。不过，噪声似乎是一个严重的缺点。另一方面，光线跟踪结果图有些走样，尤其是在阴影的边界处。这是因为，在光线跟踪器里，从视点发出穿过两相邻像素的光线，经球体反射（或透射）后，它们的反射（或折射）方向几乎是平行的。在路径跟踪器里，依据概率进行选择：例如，在大约80%的时间里，一根光线射中球面，并沿着一个特定方向反射出去。如同光线跟踪一样，相邻的光线反射后仍然相邻。但是相邻的光线有20%的概率会被吸收。假如对每个像素我们跟踪10根初始光线，合理的预计是7、8、9甚至10根光线会被反射（也就是说，其中0到3根光线被球体吸收）。这使得在对这些采样光线返回的辐射度值求和后，相邻的像素可能具有不同的辐射度值。为了减小相邻像素间的这种差异，我们需要发射大量的初始射线（大概每个像素发射成百上千根光线）。你甚至会用统计上置信区间的概念来决定采样光线的数量，使得光线被吸收的比例非常接近被吸收的概率，以保证像素间的差异足够小，低于观察的阈值。事实上，在绘制图32-10时，每个像素发射了100根初始射线，尽管如此，红色球体上所呈现的地板的镜像仍有一些轻微的斑点。图32-11里的斑点更加严重。

图 32-10　路径跟踪场景　　　　图 32-11　一个路径跟踪场景，每个像素跟踪10根光线

32.6　光子映射

现在，我们开始讨论光子映射基本的实现过程。回顾光子映射，其主要思想是，从光源向场景发射光子[注]，记录它们在表面上的入射位置（和入射方向），然后向外反射这些光子，并记录这些光子后续的反射过程，这一过程最终因光子被吸收而衰竭或因递归深度受限而终止，其主要目的是估算漫射表面朝外散射的间接光。在估计漫射表面上某一点 P 的散射时，我们搜寻 P 点附近的光子，利用它们来估计入射到 P 点的光，然后基于表面反射率来估算离开 P 点的光。

毫不奇怪，路径跟踪代码里采用的大部分技术都可以用于光子映射。在我们的实现里构建了一个基于**哈希网格**（hash grid）（参见第37章）的数据结构；正如在光子映射的讨论中所提到的，可以用任何可支持快速插入和快速邻域查询的空间数据结构来替代这一数据

⊖　注意"光子映射"中的"光子"代表光源发射的一点能量，它代表了多个物理光子。

结构。

我们定义两个非常相似的类，EPhoton 和 IPhoton，来表示发射的光子和到达的光子；IPhoton 里的"I"代表"入射。"EPhoton 中包含了光子的发射位置和发射方向（均存储在传播光线里）以及它所携带的功率（按 R、G、B 三个光谱带分别表示）。相比之下，IPhoton 中包含的是该光子的入射位置、入射方向和功率。使用不同的类，有助于我们在运用术语"光子"时区分其不同的语义。在我们的实现里，发射一个 EPhoton，它在场景中传播，生成一个或多个 IPhoton（存储在光子映射图里）。

代码的基本结构为，首先构建光子映射图，然后用它来绘制场景。代码清单 32-11 展示出了光子映射图的结构：构建一个待发射光子的数组 ephotons，然后将数组中的每个光子射入场景产生一个入射光子的数组 iphotons，将这些 iphotons 存储在映射图 m_photonMap 中。

代码清单 32-11   光子映射代码的宏观结构

```
1  main(){
2    set up image and display, and load scene
3    buildPhotonMap();
4    call photonRender for each pixel
5    display the resulting image
6  }
7
8  void App::buildPhotonMap(){
9    G3D::Array<EPhoton> ephotons;
10   LightList lightList(&(m_world->lightArray), &(m_world->lightArray2), rnd);
11   for (int i = 0; i < m_nPhotons; i++) {
12       ephotons.append(lightList.emitPhoton(m_nPhotons));
13   }
14
15   Array<IPhoton> ips;
16   for (int i = 0; i < ephotons.size(); i++) {
17       EPhoton ep = ephotons[i];
18       photonTrace(ep, ips);
19       m_photonMap.insert(ips);
20   }
21 }
```

LightList 表示场景中所有点光源和面光源的集合，光子即由这些光源发射生成，每个光源所发射的光子的数量正比于该光源的功率。代码清单 32-12 和代码清单 32-13 大致展示了其实现过程：我们对每个光源在 R、G、B 光谱段的功率求和，求得其总的发射功率。那么，光子由第 i 个光源射出的概率为该光源的平均功率（关于所有光谱段）与所有光谱段上各光源总功率的平均值的比例。将这些概率存储在一个数组里，每个光源对应一个数组元素。

代码清单 32-12   LightList 类的初始化

```
1  void LightList::initialize(void)
2  {
3    // Compute total power in all spectral bands.
4    foreach point or area light
5        m_totalPower += light.power() //totalPower is RGB vector
6
7    // Compute probability of emission from each light
8    foreach point or area light
9        m_probability.append(light.power().average() / m_totalPower.average());
10 }
```

　　计算出这些概率后，剩下的唯一细节就是如何在面光源表面上选择一个随机点（见代码清单 32-13）。如果面光源为一已知的几何形状（立方体，球，……），我们可以用一些显而易见的方法来采样（见练习 32.12）。另一方面，如果面光源是用三角网格来表示的，则首先要随机选择一个三角形，选择三角形 T 的概率正比于 T 的面积，然后在这个三角形上均匀随机选一个点。不过，练习 32.6 显示出在三角形上均匀地生成样本点可能也不那么简单。

代码清单 32-13　LightList 类里的光子发射

```
1  // emit a EPhoton; argument is total number of photons to emit
2  EPhoton LightList::emitPhoton(int nEmitted)
3  {
4      u = uniform random variable between 0 and 1
5      find the light i with p₀ + ... + pᵢ₋₁ ≤ u < p₀ + ... + pᵢ.
6      if (i < m_nPointLights)
7          return pointLightEmit((*m_pointLightArray)[i], nEmitted, m_probability[i]);
8      else
9          return areaLightEmit((*m_areaLightArray)[i - m_nPointLights], nEmitted,
10                     m_probability[i]);
11 }
12
13 EPhoton LightList::pointLightEmit(GLight light, int nEmitted, float prob){
14     // uniformly randomly select a point (x,y,z) on the unit sphere
15     Vector3 direction(x, y, z);
16     Power3 power = light.power() / (nEmitted * prob);
17     Vector3 location = location of the light
18     return EPhoton(location, direction, power);
19 }
20
21 EPhoton LightList::areaLightEmit(AreaLight::Ref light, int nEmitted, float prob){
22     SurfaceElement surfel = light->samplePoint(m_rnd);
23     Power3 power = light->power() / (nEmitted * prob);
24     // select a direction with cosine-weighted distribution around
25     // surface normal. m_rnd is a random number generator.
26     Vector3 direction = Vector3::cosHemiRandom(surfel.geometric.normal, m_rnd);
27
28     return EPhoton(surfel.geometric.location, direction, power);
29 }
```

　　课内练习 32.7： areaLightEmit 函数代码采用 cosHemiRandom 以概率 $\cos(\theta)$ 生成一个沿方向 (x,y,z) 的光子，其中 θ 是发射方向 (x,y,z) 和表面法向量之间的夹角。为什么？

　　剩下的就是跟踪光子了（见代码清单 32-14）。我们用了 G3D helper 类，用 Array< IPhoton> 来累计入射光子。这个类包含了一个 fastClear 方法，这个方法可简单地将存储值的数目设置为零，而不是去实际地释放这个数组；从而可节省大量分配/释放的开销。photonTraceHelper 记录了当前光子经历的反射次数，当它到达用户设定的最大值后终止其反射过程。需要注意的是，与 Jensen 原来的算法相比，我们在每次反射时都存储一个光子，而不论它属于漫反射或镜面反射。在估算纯脉冲型散射表面（如，镜子）上点的辐射度时，无须采用这些光子，它们对结果也没有影响。

代码清单 32-14　跟踪光子的过程非常类似于跟踪光线或路径

```
1  void App::photonTrace(const EPhoton& ep, Array<IPhoton>& ips) {
2      ips.fastClear();
3      photonTraceHelper(ep, ips, 0);
4  }
```

```
5
6  /**
7    Recursively trace an EPhoton through the scene, accumulating
8    IPhotons at each diffuse bounce
9  */
10 void App::photonTraceHelper(const EPhoton& ep, Array<IPhoton>& ips, int bounces) {
11     // Trace an EPhoton (assumed to be bumped if necessary)
12     // through the scene. At each intersection,
13     // * store an IPhoton in "ips"
14     // * scatter or die.
15     // * if scatter, "bump" the outgoing ray to get an EPhoton
16     // to use in recursive trace.
17
18     if (bounces > m_maxBounces) {
19         return;
20     }
21
22     SurfaceElement surfel;
23     float dist = inf();
24     Ray ray(ep.position(), ep.direction());
25
26     if (m_world->intersect(ray, dist, surfel)) {
27         if (bounces > 0) { // don't store direct light!
28             ips.append(IPhoton(surfel.geometric.location, -ray.direction(),
29                 ep.power()));
30         }
31         // Recursive rays
32         Vector3 w_i = -ray.direction();
33         Vector3 w_o;
34         Color3 coeff;
35         float eta_o(0.0f);
36         Color3 extinction_o(0.0f);
37         float ignore(0.0f);
38
39         if (surfel.scatter(w_i, w_o, coeff, eta_o, extinction_o, rnd, ignore)) {
40             // managed to bounce, so push it onwards
41             Ray r(surfel.geometric.location, w_o);
42             r = r.bumpedRay(0.0001f * sign(surfel.geometric.normal.dot( w_o)),
43                 surfel.geometric.normal);
44             EPhoton ep2(r, ep.power() * coeff);
45             photonTraceHelper(ep2, ips, bounces+1);
46         }
47     }
48 }
```

上述程序中并没有真正令人惊奇的地方。scatter 完成了所有的工作。这里我们隐藏了一个细节：此处的 scatter 方法与我们在路径跟踪中使用的应该有所不同。如果我们只考虑反射，并且仅针对对称型 BRDF（即所有材料满足亥姆霍兹互反律），那么这两种散射方法是相同的。但在非对称散射的情况下（如菲涅耳加权透射），则有可能沿着 ω_i 入射到 P 点的光子朝 ω_o 散射的概率完全不同于沿着方向 ω_o 入射的光子朝 ω_i 射出的概率。也就是说，需要为表面提供两种不同散射方法，每一种方法分别应用于一种情况。而上面的代码采用同一方法，这是不正确的。但这是非常普遍的做法，部分原因是更正代码效果通常不明显，视觉上难以察觉。要想出一个两种散射规则生成的画面差别较大的场景，你可能需要花费一点时间。

光子传播和辐射度传播之间的一个区别是，在两种具有不同折射率的材质的交界处，辐射度将改变（因为某一侧的立体角在另一侧变成了不同的立体角），而光子表示的是光能在场景中传输的过程，光能并没有发生改变。因此，在光子跟踪的代码里没有 η_i / η_o 因子。

在建立光子映射图后，我们必须基于它来绘制场景。我们的第一个版本与路径跟踪代码非常类似，即将计算分解为直接光和间接光，并分开处理漫散射和脉冲散射。这里我们将采用光线跟踪方法（即递归地跟踪光线直至达到某一固定深度）；而将采用相应的路径跟踪方法作为练习留给读者。在这里，光子映射仅用于估计入射到某一点的间接光的漫反射。

使用光线跟踪和光子映射的混合算法来计算到达图像(x,y)像素的光由 phtonRender 程序实施；代码清单 32-15 展示了该算法以及它调用的一些方法。

代码清单 32-15　根据光子映射图为像素(x,y)生成一个图像采样点

```
1  void App::photonRender(int x, int y) {
2      Radiance3 L_o(0.0f);
3      for (int i = 0; i < m_primaryRaysPerPixel; i++) {
4          const Ray r = defaultCamera.worldRay(x + rnd.uniform(),
5              y + rnd.uniform(), m_currentImage->rect2DBounds());
6          L_o += estimateTotalRadiance(r, 0);
7      }
8      m_currentImage->set(x, y, L_o / m_primaryRaysPerPixel);
9  }
10
11 Radiance3 App::estimateTotalRadiance(const Ray& r, int depth) {
12     Radiance3 L_o(0.0f);
13     if (m_emit) L_o += estimateEmittedLight(r);
14
15     L_o += estimateTotalScatteredRadiance(r, depth);
16     return L_o;
17 }
18
19 Radiance3 App::estimateEmittedLight(Ray r){
20     ...declarations...
21     if (m_world->intersect(r, dist, surfel))
22         L_o += surfel.material.emit;
23     return L_o;
24 }
```

为了度量像素(x, y)处的辐射度，我们向场景里射入 m_primaryRaysPerPixel 根光线，然后估算沿着各条光线返回的辐射度。如果某一条光线击中一个面光源，该光源的发射辐射度（EmittedLight）和该光源反射的光必须计入沿着这条光线返回的总辐射度中。

我们忽略光线击中点光源的情况（在我们的场景描述里，点光源没有几何表面，因此不可能相交）。这里有两个原因。首先，光线和点光源（数学上的点）相交是一个零概率事件，所以在一个有理想精度的程序里，它是不可能发生的。这是一个为大家经常采纳，但有点似是而非的观点：首先，浮点数的离散性使零概率事件发生的概率尽管很小，但并不为零；其次，点光源照明（point-lighting）的模型通常被视为一种非零概率事物（像小的盘形灯）的极限，如果极限是有意义的，那么极限情形下的效果应该是非极限情形效果的极限。如果将盘形灯的值设定为与半径的平方成反比，那么在这些非极限的情况下产生的"非零"效果，在极限的情况下也应该有所呈现。

不让光线击中点光源的另一个更加实际的原因是，点光源是对现实的一种近似性的抽象，是为了方便使用。如果你想让它们在你的场景里可见，完全可以将它们建模为小的球形灯。在我们测试场景里，点光源在画面上均不可见，所以这个话题并无实际意义。

一般情况下，在光线与场景表面的相交点处，不仅可能发射光，也可能散射光。estimateTotalScatteredRadiance 程序通过对该点发出的直射光，间接光在该点的脉冲-散射和直射光的漫反射求和来模拟这一情况（参见代码清单 32-16）。

代码清单 32-16 估算沿着射线 r 的路线散射回去的总辐射度

```
1  Radiance3 App::estimateTotalScatteredRadiance(const Ray& r, int depth){
2      ...
3      if (m_world->intersect(r, dist, surfel)) {
4          L_o += estimateReflectedDirectLight(r, surfel, depth);
5          if (m_IImp || depth > 0) L_o +=
6              estimateImpulseScatteredIndirectLight(r, surfel, depth + 1);
7          if (m_IDiff || depth > 0) L_o += estimateDiffuselyReflectedIndirectLight
               (r, surfel);
8      }
9      return L_o;
10 }
```

针对每种情形，都设有一个布尔量来控制是否应包含这一类光。我们只在光子第一次反射时施加这种控制（即如果 m_IImp 是假的，则除非间接光的脉冲散射光直接进入视点，否则就忽略不计）。

直接光照的计算本质上与路径跟踪相同，只是我们在估算各面光源的直接光照时采用数个（m_diffuseDirectSamples）样本，而不是依靠发射多根初始光线来保证充分的采样（不过，这一方法是可行的）。这两种直接光照的计算非常相似，故我们省略了这一部分的代码。剩下需要考虑的是间接光的脉冲散射和漫反射。前面一项很容易，其计算非常类似于路径跟踪代码：我们只是递归地计算每个脉冲项的入射辐射度。然后求其散射的辐射度并对它们求和（见代码清单 32-17）。

代码清单 32-17 间接光的脉冲散射

```
1  Radiance3 App::estimateImpulseScatteredIndirectLight(const Ray& ray,
2          const SurfaceElement& surfel, int depth){
3      Radiance3 L_o(0.0f);
4
5      if (depth > m_maxBounces) {
6          return L_o;
7      }
8
9      SmallArray<SurfaceElement::Impulse, 3> impulseArray;
10
11     surfel.getBSDFImpulses(-ray.direction(), impulseArray);
12     foreach impulse
13         const SurfaceElement::Impulse& impulse = impulseArray[i];
14
15         Ray r(surfel.geometric.location, impulse.w);
16         r = r.bumpedRay(0.0001f * sign(surfel.geometric.normal.dot( r.direction())),
17             surfel.geometric.normal);
18         L_o += impulse.magnitude * estimateTotalScatteredRadiance(r, depth + 1);
19
20     return L_o;
21 }
```

现在只剩下间接光的漫反射辐射度的计算，此时光子映射终于开始发挥作用（见代码清单 32-18）。这段代码的中心是光子映射图的 kernel，该函数给出了入射到当前点邻近的每个光子贡献值的权重。

代码清单 32-18 使用光子映射图来计算间接光的漫反射

```
1  Radiance3 App::estimateDiffuselyReflectedIndirectLight(const Ray& r,
2          const SurfaceElement& surfel){
3      Radiance3 L_o(0.0f);
```

```
4    Array<IPhoton> photonArray;
5    // find nearby photons
6    m_photonMap.getIntersectingMembers(
7        Sphere(surfel.geometric.location, m_photonMap.gatherRadius()), photonArray);
8
9    foreach photon p in the array
10       const float cos_theta_i =
11       L_o += p.power() * m_photonMap.kernel(p.position(), surfel.shading.location) *
12           surfel.evaluateBSDF(p.directionToSource(), -r.direction(), finf());
13   return L_o;
14  }
```

我们取周围足够多的邻近光子，通过 kernel 函数确定它们各自的权值，基于 BSDF 来决定每个光子射向光线 r 源头的辐射度，然后依照各自的权重累加这些光子的贡献值。

需要注意的是与 BRDF 相乘的是一个面积加权的辐射度，在第 14 章里我们称其为 biradiance。

32.6.1　结果与讨论

当然，正如我们在第 31 章所讨论的，收集半径、光子映射图里存储的光子数和所估算辐射度的准确性之间存在相关关系。当我们估算间接光在 P 点的反射辐射度时，如果我们使用**圆柱形内核**（当光子和 P 的距离小于一定距离时，计入该光子，否则忽略该光子），且在 P 的收集半径内无入射光子记录，那么该反射光线的辐射度估计值将为零。当收集半径太小或者该区域内的入射光子太少时，上述情况可能发生。那么多少光子才够呢？通常期望当相邻像素的采样光线击中同一表面时，所得到的辐射度估计值应大体相似。但倘若一条光线，其收集半径内有 20 个入射光子，而邻近像素的采样光线，其收集半径内有 21 个入射光子，即使所有的光子具有相同的入射功率，沿第二条光线返回的辐射度仍然会比第一条光线高出 5%。为了减少常数辐射度区域内的噪声，在 P 的收集半径内可能需要保存数百个入射光子。

有几种方法可以不需要那么多光子就能改善结果。一种方法是改变光子映射图的**内核**（中心位于 P 的加权函数，该函数用来确定每个光子对最终辐射度估计值贡献的权重）。如果将圆柱形内核变为圆锥形函数（位于收集半径边缘的光子，其贡献值将接近于零），那么当 P 点变化时，无论收集半径内增加或减少一个光子，其影响将会很平缓。这也是我们绘制程序里采用的方法。

Jensen 给出的方法却另辟蹊径：与其在固定半径范围内收集光子，不如调整收集半径以得到固定数量的光子，然后将该圆盘形区域的面积融合到将功率（存储在入射光子里）转化为出射辐射度的计算中。

我们编写的含光子映射的光线跟踪绘制程序中有几个参数（用来估算面光源光照的样本数、内核的半径、射入场景的光子数），每个参数都会影响最终结果。从图 32-12 可看出，只发射了 100 个光子的 Cornell box 场景看起来斑驳陆离，这是因为场景里大部分点都不在任何一个光子的内核半径内。而当向场景发射 1 000 000 个光子时，每个点附近记录了数千个入射光子，由间接光生成的漫反射很平滑（对于每一个面光源，我们使用了大量的样本以减少画面上的这类光照不连续现象）。

倘若使用更大的内核半径，即使在低光子数下，图像看起来也会比较平滑，但远处的光子会影响到场景中任何一点的外观。我们显然需要在光子数 N 和内核半径 r 之间进行权衡。在 Jensen 原始的光子映射算法里，采用固定的光子数 K 来估算辐射度，通过调整收集半径以确保找到如此数量的入射光子。这一方法具有与图像显示**尺度无关**的优点——如果将画面的大小扩至两倍，无须做任何变动——但它并没有解决如何选择 N 和 k 的问题。

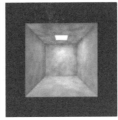

图 32-12　用 100、10 000 和 1 000 000 个光子绘制 Cornell box

估算面光源直接光照时采用样本的数量同样影响最终生成图像中的噪声。图 32-13 展示了这一点，图中的场景同样为 Cornell box。当每个光源只取一个样本时，图像噪声很大；当取 100 个样本时，其噪声比图 32-12 里采用光子映射估计间接光漫反射辐射度的噪声还要低。

图 32-13　只绘制来自面光源的直接照明，其中每个像素采集一个样本，使用 1、10 和 100 个样本来估算来自面光源的光

课内练习 32.8： 在每个光源单一样本生成的结果图里，噪声量与亮度是如何互相关的？为什么？人类的视觉系统对图像哪一区域里的噪声最敏感？

在像这样的绘制程序中，对每个像素采用多条初始光线是普遍的做法。如果我们采用 100 条初始光线，在跟踪每条初始光线时，就不需要使用大量的光线来估算面光源的直接光照。然而，正如课内练习 32.8 所示，我们仍需以某种方式来处理噪声问题，如果场景中有黑暗区域尤为如此。幸运的是，在 Cornell box 这个例子里，在靠近顶部的区域其光照受间接反射光的影响比直射光更大，所以加上间接光后，那里的噪声看上去就不那么明显了。

观察其他的测试场景（见图 32-14），可以发现，当光子映射使用 1 000 000 个光子后，它对第一个场景的绘制效果已非常好。第三个场景里有一个透明的球，在球体下方呈现出焦散亮斑。在第四个场景里，发射光子的面光源作为反射器时是全黑的纯朗伯面。镜子为纯镜面，镜子下方的面板也是黑色的朗伯面。尽管面光源发射了百万个光子，但是只有很少的光子最终与场景相交，而且交于镜子下面的面板。这些光子只有在估算面板的光亮度时才会用到，但该亮度更多地决定于来自面光源的直接光照，所以此处计算光子映射图几乎没有意义。

在所有版本的光子映射里，我们都是通过入射到 P 点附近的样本的功率来估算 P 点的功率。这个问题与统计学中的**密度估计**密切相关。密度估计最基本的形式是**最近邻**，即 P 点的值取为离 P 最近的样本的值。对于连续的密度，当样本数很大时，该值可以收敛到正确的值，但是收敛并不完全是我们想要的：对于任何固定的样本集，密度的最近邻估计为分段常数。（在一个平面上，常数区域是围绕每一样本的 Voronoi 单元。）这将导致大量的不连续。另一方面，当样本的数量增加时，相邻单元的值将越来越接近，因此，随着不连续点的集合变大，它们之间间断的幅度将变小[WHSG97]。

图 32-14　其他三个测试场景，朝每个像素发射 100 根初始光线，计算每个交点的间接光漫反射
　　　　　时，计入 10 000（上面一行）和 1 000 000（下面一行）入射光子，每个面光源只取一个样本

除了最近邻插值外还有很多其他形式的密度估计方法。其中一种是采用某种滤波核进行加权平均；Jensen 的方法是另一种，该方法采集固定数量的样本，然后除以一个取决于这些样本的值。有许多关于密度估计问题的专著，随着采用的方法越来越复杂，所涉及的统计学和数学知识也更加复杂。

36.6.2　对光子映射的进一步讨论

上述的光线跟踪＋光子映射的混合方法是非常基本的。正如我们将直接光照分离出来，用光线跟踪而不是光子映射来进行计算，那么也同样可以构建特殊光子的映射图，图中只包含沿特殊散射路径（如焦散和阴影）传播的光子（此时应从总的光子映射图里去除这些光子，以免它们被重复计算）。使用这种特殊的映射图可以更为准确地生成这类现象，其代价是代码复杂性的增加。

然而，有一种技术，不仅适用于光子映射，而且可用到许多算法上：这就是**最后采集**（final gather）。在这一步骤里，我们在视点光线与场景的交点处向场景发射数根光线并对它们进行跟踪，然后采用某种估计技术确定二次交点沿着这些光线返回的辐射度；最后得到视线交点沿视点射线的辐射度估计。例如，如果视点光线与场景交于 P 点，我们从 P 向外跟踪 20 条光线，这些光线与场景交于 Q_1，…，Q_{20}。在每个 Q_i，我们采用光子映射来估计其投向 P 的辐射度，然后集成这 20 个到达 P 点的辐射度样本，计算 P 朝向视点的辐射度。通过仔细选择二次光线的采样方向，所得到的 P 点的出射辐射度具有较少的人工痕迹（与采用光子映射估算相比）。举例来说，如果光子映射采用圆盘重构滤波，且没有使用很多的光子，那么 Q_i 点朝向 P 的重构辐射度估算值一定存在很多明显的不连续。但它们还要经过 P 点的反射率方程（BRDF）"加权"来产生 P 点的出射辐射度，最终的绘制结果里的人工痕迹会少很多。

代码的改动均为小的修改，如代码清单 32-19 所示，估算 P 点的间接光漫反射代码增加了一个新的参数 useGather，对于初始光线，该参数设置为 true，对于随后跟踪的所有光线则都设置为 false。当该参数为 false 时，采用光子映射图。但为 true 时，实质上执行的是单层光线跟踪，在初始光线与场景的交点处生成大量的二次光线，并使用 photonRender 来估算沿这些光线返回的入射辐射度。

代码清单 32-19   运用"最后采集"来提升入射到某一点的间接光辐射度的估计精度

```
1   Radiance3 App::estimateDiffuselyReflectedIndirectLight(..., boolean useGather)
2       // estimate arriving radiance at "surfel" with final gather.
3       Radiance3 L(0.0f);
4
5       if (!useGather)
6           ... use the previous photon-mapping code and return radiance ...
7       else {
8           for (int i = 0; i < m_gatherRaysPerSample; i++) {
9               // draw a cosine-weighted sample direction from the surface point
10              Vector3 w_i = -r.direction();
11              Vector3 w_o = Vector3::cosHemiRandom(surfel.geometric.normal, rnd);
12              Ray gatherRay = Ray(surfel.geometric.location, w_o).bumpedRay(...)
13
14              Color3 coeff;
15              L += π * surfel.evaluateBSDF(w_i, w_o, finf()) *
16                  estimateTotalScatteredRadiance(gatherRay, depth+1, false);
17          }
18      }
19      return L / m_gatherRaysPerSample;
20  }
```

"最后采集"对结果有显著的改善作用，特别是当"最后采集"步骤发射大量的二次光线时更是如此。如果在无"最后采集"步骤版本的代码中使用 20 个相邻光子来求其平均贡献，则在含"最后采集"版本的代码中至少应发射 20 根二次光线来估计辐射度。图 32-15展示了"最后采集"方法的效果。

图 32-15   前三个测试场景的绘制采用"最后采集"，取 30 个样本。生成光子映射图时，总计采用了 10 000 个发射光子，第一个场景使用了 1100 个光子，第二个场景使用了 7900 个光子。最后一幅图是 Cornell box，采用同样的参数绘制，不过无最后收集步骤。两者相比，确有实质性的改进

32.7   泛化

因为光子映射提供了对间接光反射辐射度的一致估计，对任何一个需要进行这一估计的绘制程序(光线跟踪，路径跟踪)，都可以采用光子映射来取代它的估计器。同样，可以用"最后采集"步骤来代替直接计算。类似地，也可以将绘制积分拆分为几部分(就像我

们将其分解为间接光脉冲散射、直射光漫散射等），然后分别估计各部分。在某些情况下，也可以直接求值而不是估算（例如，对来自面光源直射光的镜面反射）；将这一部分从被积函数中移除后，剩下的散射光变为一个关于出射方向或散射位置的更加平滑的函数，可用更少样本得到更好的随机估计。

　　某些类型的光照和反射计算适合采用特定的算法实现。举例来说，若将蒙特卡罗方法用于从视点出发的光线跟踪，而要绘制的场景由很小的光源照明，算法的实现将非常困难：一条光线（初始光线或散射光线）击中光源的概率极小，从而导致辐射度估计值的方差变得很大。而如果我们跟踪从光源发出的光线来构建一个光子映射图，则很容易估计小光源发出的漫射辐射度，甚至还可以估计沿着 LS^+DE 路径传播的散射光。一个与之对偶的情形是面光源发射的光被场景中多个几乎镜面的表面多次反射。此时很难在面光源上选取一个点和一个发射方向，使得所跟踪的光路最终能到达视点。显然这样的情况更适合进行光线跟踪。为了处理这两种情况，你会想要从视点和光源这两头跟踪，这就是双向路径跟踪[LW93，Vea97]。至于将路径整合在一起或使用类似于光子映射那样的密度估计策略，取决于你所遇到的路径的类别。事实上，你会自然地开始考虑：对于每种可能的路径类别，能否选择不同的方法来计算沿这些路径的光能传输，最后再将这些结果合并起来。而在选择一个合理的方式来组合多个采样方法（或者从反方向考虑，找到一个合理的方式来分割被积函数或积分域）时，我们自然地会想到某些类似于中心光线传播方法中使用的方法。

　　从广义上来说，存在一个可能方法的集合，你可用它们来构造一个绘制算法，而且你可以采取很多种不同的方式将这些方法组合到一起。若你重在模拟某些类型的现象（焦散、阴影），则一种方法可能会优于另一种方法。若着重考虑效率，则大 O 的程序运行时间、内存访问的连贯性、带宽的有效使用，都会影响最终的选择。不必受限于别人做过的选择，考量需要解决的具体绘制问题，必要时组合相关技术并进行优化。

32.8　绘制与调试

　　第 5 章曾提到人类的视觉系统对图像中某些类型的人工痕迹非常敏感。绘制程序为你提供了让这种敏感性发挥作用的机会。它们可以并行执行同一代码百万遍（通常每个像素执行一次或多次），而你却很容易构建出对这些代码具有一致性的场景，一旦有任何异常就会突显出来。

　　让我们观察几个例子来看怎样调试绘制程序。假设你正在编写一个路径跟踪器，你发现增加初始光线的数目会使图像变暗，但是并没有改善阴影附近的锯齿状走样。图像变暗显示出你除以了初始光线数（理应如此），但是你没有对辐射度进行累计使之与初始光线数成比例。可能你的部分代码，如代码清单 32-20 所示，是 L = estimateTotalRadiance(...)，而不是 L += estimateTotalRadiance(...)，你执行的仍然是每个像素一个样本，这是导致走样的原因。

代码清单 32-20　对数条初始光线返回的辐射度值求平均

```
1    for (int i = 0; i < m_primaryRaysPerPixel; i++) {
2        const Ray r = defaultCamera.worldRay(x + rnd.uniform(), y + rnd.uniform(),..)
3        L += estimateTotalRadiance(r, 0);
4    }
5    m_currentImage->set(x, y, L / m_primaryRaysPerPixel);
```

假设另一种情况：增加初始采样光线数后图像更亮。那可能是你累计了辐射度，但是没有将它除以初始光线数。

现在假设场景里的大部分物体看起来很正常，但是某一球体的左边似缺了三分之一，视线穿过了理应显示球体的区域。什么地方错了？显然，这是因为程序没能正确计算光线与场景的交点。如果你使用了层次包围盒（BVH），那么问题就出在这里。从画面上看，像是该球体被一平面截去了一部分，这表明某个包围盒平面的测试出了问题。或许切换至另一个不同的 BVH，就会得到正确的结果，这有助于你发现和诊断 BVH 代码里的问题。顺便说一下，如果你的视线穿过的只是场景中某一平面上的一行像素（或者在这一行里，只穿过了几个像素），这提示可能是浮点数比较出了错：或许在分割平面的一侧你使用的是小于测试，而在另一侧使用的是大于测试，但是有几个像素的测试结果为相等，它们无法划入分割面的任何一侧进行处理（见图 32-16）。

当在每个像素上只取相对少量的样本时，大部分蒙特卡罗绘制方法生成结果的方差会很高。举例来说，如果你绘制的是 Cornell box，那么一根典型的二次光线大多会击中方盒的某一侧，所有侧面的亮度大体相似。当然，一条光线也可能击中黑暗的角落，某些光线会从方盒的前面射出，进入空区域。但是，在一般情况下，如果每个像素都有几根二次光线，那么生成的效果应该很平滑。如果你发现眼前呈现的是一个"斑斑点点"的绘制结果，像图 32-17 所示（每像素只发出一根初始光线所得到的画面），你很可能遇到了可见性问题。作为对照，图 32-18 展示了解决了可见性问题后得到的结果；由于路径跟踪器的随机性质，结果图中仍存在很多噪声，但是没有全黑的像素。

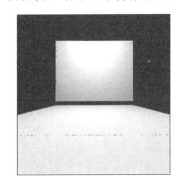

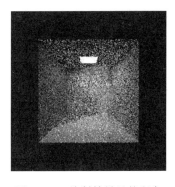

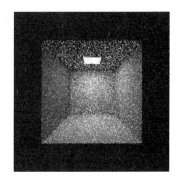

图 32-16　BVH 测试中的浮点数　　图 32-17　绘制结果里的斑点　　图 32-18　绘制结果里的噪声
　　　　　　比较错误

诊断途径是相对简单的。如果你删去了除直接光照外的所有入射光，但是仍然存在斑点，那么，某些从场景交点到面光源的采样光线的可见性测试肯定出现了问题。有两种可能性。第一个是，或许面光源上的采样点实际并不可见。例如你在天花板上开了一个小的方孔，然后将一个很大的方形光源置于略高于天花板的位置上，那么从室内看，该光源上很多随机的采样点本身就不可见。这只是一个建模方面的错误。当然，也许是面光源的采样代码有缺陷，生成的采样点实际上并不在面光源上。另一种可能性是，场景交点和光源采样点互相之间真的不可见（可能因为其中一个点没有凸起，或者两个点都没有凸起）。图 32-17 所示即为去掉路径跟踪器里调用的 bumpedRay 所生成的画面。未凸起的光线之所以不能看到其他的点，典型的原因是某个浮点运算出了错：一个预计稍大于零的数，实际上却稍小于零。这一判断错误与点的位置相关，而点的位置和浮点数的表示密切相关，因而会产生类似于斑点的随机性结果。但是有时这种错误强烈关联于某个单一参数，使得其结果呈现出某种规律性。图 32-19 显示，只要我们没有凸移光源采样点的位置，Cornell box 场景中的地板就会呈现不规则的照明效果(左后角落的一个三角形太暗了)。

假设你的光子映射程序可生成 Cornell box 里平滑渐变的反射光，但是没有颜色辉映效果：地板左边没有轻微的红色，而右边没有轻微的蓝色。请考虑一下可能是什么地方出错了，然后再继续阅读。

图 32-19　由于可见性测试错误导致地板上呈现对角状暗区

一个要问的问题是，"光子是否正确?"你可以将每一个光子视为场景中的一个点进行绘制，来验证它们是否被很好地散射，你甚至可以将每一个光子绘制为一个小箭头，其起点是光子的位置，其方向指向光源。如果所有光子的箭头都指向面光源，那么存在一个问题：你的光子映射图里没有任何散射的光子。(你存储的是首次击中的光子，这可能是有意的安排，但如果另有一个步骤计算直接光照，则是一个错误：直接光照将被重复计入)。诚然，通过对你得到的光子的值进行插值，将会得到光滑变化的光。但是不会生成颜色渗透的效果。现在，让我们假设，光子被很好地散射，这些光子存储的只是间接光，并且这些间接光来自许多不同的地方。

靠近红色墙面的地板上的光子可能是光源发射的光入射到墙面，然后反射到地板上生成的。问题肯定发生在反射过程中，在该过程中入射辐射度乘以 BRDF 和一个余弦项。因为反射光的幅值看起来是正常的，因此吸收/反射部分的代码肯定没有问题。但是反射光子功率的光谱分布明显是错的。那么光子应该是什么颜色呢? 显然应该为红色! 倘若你将光子画成一个个小的圆盘，并给它们填充入射光的颜色，你一眼就可以分辨出这些光子的颜色是否正确。当你发现所有的光子都是白色的时候，你立刻就会发现问题：在多重反射的过程中，光子的功率并没有乘以相关反射面的颜色。

再举一个例子，假设你决定使用"最后采集"步骤来改善光子映射程序的绘制效果。你明智地保留了程序中不含"最后采集"步骤的那一部分代码，然后在用户界面中增加了一个选择框，来确定是否使用"最后采集"。当你从无最后采集切换到包含这一步骤，结果图看起来几乎一样，只不过稍有一点暗。如果你关闭直接光照，则明显暗了很多。事实上，通过检查和比较单个像素的光亮度，你发现像素值全都下降了约 3 倍。请再次简单地思考一下错误出在哪里，然后继续阅读。

当你在绘制程序里遇到一个接近 3 的数字，实际上它通常是 π(类似地，因子 10 通常为 $\pi^2 \approx 9.87$)。在这种情况下，当编程者出现这个问题，则是因为在他在"最后采集"步骤里，对每个样本采用了余弦加权，并乘上相应的 $f_s(\boldsymbol{\omega}_i, \boldsymbol{\omega}_o)$ 因子，而不是 $\cos(\boldsymbol{\omega}_i \cdot \boldsymbol{n})$(因为余弦项已经包含在采样权重里了)，然后求这些结果的平均值。问题出在没有除以 π(在上半球上，对常数函数 1 进行采样并按余弦加权需除以 π)。

假设，在对第二个模型(含有玻璃球的场景)进行路径跟踪的过程里，我们在玻璃球表面看到了旁边的固体球和面光源的反射像，但是没有见到任何透射光的痕迹。这里有多种可能的问题。也许表面元素负责返回所有 BSDF 脉冲的方法不能返回透射光线。也许每根透射光线不知何故全都转化为全内反射。也许跟踪跳转的次数被限定为 2 次，由于光线必须经过后墙面的反射，然后穿过两个空气-玻璃的界面，才能传入视点，导致我们未能看到它。你应该如何调试?

首先，跟踪单独一条光线是非常有用的调试方法，可以使用像素坐标作为参数，就像 pathTrace(int x,int y)那样。你可以确定一个显示该球体的单个像素，然后添加路径跟踪该像素的代码，并使用调试器让它停止在第一个交点处。你先检查返回的脉冲的数目，应该会发现两个。一个具有正 z 分量(指向视点的镜面反射光)，另一个具有负 z 分量(进入球体的透射光)。(此处你能发现取 z 轴方向进行检测的优点，至少在你的测试程序中非常有效)。

其次，继续调试，跟踪第二个脉冲，你会发现，它的确与绿色的玻璃球第二次又相交了，看上去属于正常的多重散射。但是，第二个交点却令人惊奇地接近第一个交点——它们的坐标几乎相同。如果你选择的 (x,y) 像素中的采样点靠近画面上球体图像的中心，则可以预计相应的两个交点应分别位于球体的正面和背面，其间应相距约一个直径的距离。那什么地方错了呢？

问题再一次出在凸起(bumping)上。确实，透射光线需要沿表面法向稍稍凸起，但是它的起始点应朝球体内侧偏移，而不是朝球体外偏移。要确定光线朝哪一方向凸起，就需要知道光线在面的哪一侧。这可以通过光线方向与表面法向的点积来检测。如果你的散射代码为

```
1   Ray r(surfel.geometric.location, impulse.w);
2   r = r.bumpedRay(0.0001f, surfel.geometric.normal);
```

那么每根递归的光线都将向球体的外侧凸起。作为替代，你需要写：

```
1   Ray r(surfel.geometric.location, impulse.w);
2   r = r.bumpedRay(0.0001f *
3       sign(surfel.geometric.normal.dot(r.direction())),
4       surfel.geometric.normal);
```

一般情况下，通过跟踪光线进行调试是相当困难的。当场景里的物体都很简单时，对调试会有所帮助。假定一个场景里只有一个平面，$z=-20$，以及一个半径为 10、中心位于原点的球，用这个场景来调试就容易多了：每当你有一个光线和场景的交点，一眼就能看到交点在哪个面上。如果你的交点的 z 坐标不是 $z=-20$，那么很容易心算 $x^2+y^2+z^2$ 之和，看它是否近似为 10。倘若你所用的场景简单到可让你在任何一点都知道其准确的答案，那就更好了。以我们的第四个场景为例，该场景由一个完全吸光的面光源和一个镜子(我们为镜子增加了一个外框，使场景画面更容易理解，但在调试过程中将其删除)组成。一根来自视点的光线或击中该光源(沿着该光线返回的辐射度即为光源的出射辐射度)；或完全不与场景相交；或者交于镜子，然后被镜面 100% 地反射出去：因为该镜面的法向为 $(0,1,1)$，沿着 (x,y,z) 方向的入射光线反射后沿着 $(x,-z,-y)$ 方向射出。这样的交互过程很容易心算。且如果我们选择的像素位于场景中心，那么所有的 x 坐标都将非常接近于 0，可忽略不计。

毫无疑问，你将开发自己的调试方法。由于绘制代码通常和要呈现的特定现象紧密相关，若是开发一个方法，能容易地开启或关闭已计算的辐射度的某些部分，并推断出剩下的部分，那么会使调试变得更加容易。

32.9 讨论和延伸阅读

如同本章开始时所承诺的，我们描述了路径跟踪器和光子映射/光线跟踪混合程序基本的实现过程，同时还展示了一些设计上的选择和可能遇到的陷阱。每个绘制器最终都会生成一个包含辐射度值的数组，像素 (x,y) 处的值为从视点发出穿过像素 (x,y) 方形区域

的采样光线辐射度的平均值。这模拟了一个完美的方形辐射度传感器，是对典型的数字照相机 CCD 单元的良好近似。该近似只是"良好的"，因为在低辐射度值时，CCD 系统的噪声占据主导地位，在较大的辐射值时，传感器的响应是非线性的：它在某一点趋于饱和。甚至在两者之间，传感器的响应也不是真正线性的。

如何利用这些辐射度图像取决于我们的目标。如果想构建一幅环境映射图，那么辐射度图正好用上。如果想用标准的图像显示程序在传统的显示器上显示该图像，则需要将每个辐射度数值转化为普通摄像机感光单元对该辐射度的响应值。正如第 28 章中曾提到的，这种值与辐射度值通常并不成正比。不仅如此，如果辐射度值的范围非常宽，一个普通的摄像机还可能会截去其中的最低值和最高值。另一方面，因为有原始值，我们可做一些更复杂的处理，例如蒙骗眼睛，使视觉系统误以为感知到比实际显示更宽的亮度范围。这方面的研究称为**色调映射**[RPG99，RSSF02，FLW02，MM06]，是目前活跃的研究方向。

对每个位置，与其简单地存储平均辐射度，我们可以将采集的多个样本累积起来，留待后期处理，这让我们可以模拟几种不同类型的传感器响应，例如，用它们做密度估计问题的样本数据，这里的"密度"指像素值。计算样本平均值的简单方法相当于方框滤波器，而对不同的应用，其他的滤波方法可产生更好的效果[MN88]。毫无疑问，如果我们知道使用的是什么滤波器，就可以选择一种合适的采样方法，以便我们能最好地估算卷积值（即根据卷积滤波器进行重要性采样）。一般而言，只要有可能，采样和重构应该联合设计。

采用多个样本来估算像素区域的传感器响应的概念最早在 Cook 分布式光线跟踪的论文[CPC84]里得到全面开发。此处我们应用的只是它最简单的形式（在一个表示像素的方形区域上均匀采样），但对于动画，我们还需要在时间上积分。在相机快门打开的很短一段时间内（或是将它的电子传感器重新置为黑色，允许它在某个时间段内累计光能），入射到一个像素传感器的光可能有所变化。我们可以通过在时间域上积分来模拟传感器的响应，即选取多根光线，使其穿过图像平面上该像素内的随机点，并让每根光线关联一个随机的时间值（在快门打开的时间区间内）。该时间用来确定光线射入场景后所击中的几何：在某一瞬间，该光线可能击中某一物体，但在稍后一刻，即使是方向相同的光线也会错过这一物体，因为它已经不在了。

当然，为每条光线重新生成整个场景模型是非常低效的。一种取而代之的方法是将该模型置入四维空间，然后用四维层次包围体来处理。于是前面发射的采样光线变成了轴向对齐（它们的 t-坐标为常数），这为对 BVH 结构进行优化提供了可能性。

在空间域和时间域进行多次采样，有助于生成运动模糊效果；其他的现象可通过采用更大的采样域来模拟。例如，通过从每个像素朝镜头上的多个点发射光线并进行跟踪，然后组合这些采样值，可以实现从针孔照相机到镜头相机的转换。采用一个好的镜头和光圈模型，即可以模拟焦距、色差和镜头光晕等效果。所有这一切都需要大量的样本以及一个将这些样本组合在一起的策略。

当所跟踪的光线穿过像素正方形内均匀分布的采样点时，我们采用蒙特卡罗积分来估算像素传感器的响应。在第 31 章我们已展示过，估计值的方差会下降约 $1/N$，其中 N 是样本的数目，样本为独立恒等分布。逆线性下降的一个原因是，当独立采集很多个样本时，它们往往会聚集成簇，随着样本数的增加，某些样本对会非常接近，甚至 3 个或 4 个或更多的样本成组聚集。很自然地会想到，如果我们在选择样本时，没有两个样本过于靠近，将能"更好地覆盖采样范围"，从而得到对积分的更好估计。这个猜想是正确的。

一个简单的实现(最基本形式的**分层采样**)是将像素划分为 $k \times k$ 个小的正方形,其中 $k \approx \sqrt{N}$,然后在每个小正方形中随机均匀地选择一个采样点。使用这种策略,可使方差下降约 $1/N^2$,这是一个巨大的改进。

课内练习 32.9:假设你要在一个像素选取 25 个样本。你可以

(a) 将它们分布在 5×5 的网格里。

(b) 在像素正方形内均匀、独立地分布这些样本。

(c) 采用上面讲述的分层采样策略,将像素正方形分成小正方形,然后在每个小正方形内选择一个样本。

我们已经说过选择(c)比选择(b)好,但即便选择(c),也会出现(在相邻的小正方形中)彼此非常接近的一对样本。这是否意味着选择(a)更好?

不管采用何种方法来生成样本,当要积分的函数具有尖锐的边界时,有必要思考我们会得到怎样的结果,例如,棋盘上相邻两个方格中白色方格反射效果强,相邻的黑色方格却很弱,如果在图像平面上相邻方格的边界与像素的对角线重叠,而我们只用一根通过像素中心的光线来估算反射光,将会产生走样(见第 18 章)。采用分布式光线跟踪(或采用蒙特卡罗积分其效果等价)则以噪声代替走样,在视觉上较易接受。所以在选择采样策略时,一个方法是问:"如果必定有噪声,我们更愿意接受哪种噪声?"

Yellot[Yel83]建议采用生成样本的频谱来预测呈现噪声的类型。如果该频谱在某一频率 f 处能量较高,并且我们正在采样的信号在 f 处或靠近 f 处也有能量分布,那我们将看到的很可能是大量的走样而不是噪声。如果该信号在频谱的低频区域也有很多能量,那么产生的走样很可能是低频的,这种走样比高频走样更加明显。在图形学里,如果一种采样模式的信号频谱缺少低频能量且缺少能量尖峰,那么这种采样模式称为**蓝噪声分布**(这个术语通常用来指一些更具体的现象,即每个倍频光谱功率都增加一个固定量,使得功率密度正比于频率。)Yellot 给出了证据,表明眼睛里的视网膜细胞符合蓝噪声分布。对此,Cook 指出,由于这种分布具有良好的反走样性质,应是一种很好的可选采样模式。Mitchell[Mit87]则提出,Cook 提出的分层采样至少具有弱蓝噪声性质,但其他处理方法可以生成更好的蓝噪声。例如,泊松圆盘处理(将保留列表初始化为空;重复均匀地选择随机点;如果所选点过于靠近任何一个已保留的点,就拒绝该点,否则保留该点)可产生非常好的蓝噪声。遗憾的是,该生成过程有点慢,为此 Mitchell 提出了一个更快的算法,Fattal[Fat11]开发了一个非常快的替代方案,它代表目前最先进的水平。

在我们的绘制代码里将散射光分为"漫散射"和"脉冲散射",它基于下述事实:镜子或空气-玻璃界面的 BSDF 峰值比邻近值大很多,以至于它们具有完全不同的性质。但是这未能描述光泽型反射现象(像非常光滑的打蜡地板的反射),这种现象很重要。材质越光泽,高效采样就越困难。在计算表面元的散射光时,我们通常可用一个均匀分布或余弦加权分布对出射方向 ω_o 进行采样,并为每个样本赋予一个正比于散射值 $f_s(\omega_i, \omega_o)$ 的权值。但是当 $\omega_o \mapsto f_s(\omega_i, \omega_o)$ 呈高度尖峰状(假设入射辐射度各向均匀)时,这样的样本将无法用来估算反射率积分。最起码为 BSDF 模型提供的采样函数生成的样本可正比于 $\omega_o \mapsto f_s(\omega_i, \omega_o)$。当然,要想准确地估算反射率积分,还必须关注表面元的入射辐射度分布,而该分布又决定于来自光源的发射辐射度以及面元和光源之间的可见性。我们所知道的唯一可以同时考虑以上三个方面——BSDF 里的变化,发射辐射度和可见性——的算法是中心光线传播算法,但是它也有自身面临的挑战,例如启动偏差、很难设计有效的变异策略和如何正确计算变异的概率。

回到路径跟踪器/光线跟踪器类型的问题上，需要牢记的目标是减小方差：如果你能采用一个直接的方法来准确估算积分的某一部分，就能够实质性地降低总估计的方差。显然，在保证均值估计正确性的同时，减少其方差也很重要(或者至少是保证它们的一致性，即随着样本数量的增加估计值逐渐收敛于正确的结果)。然而，经过效果明显的优化后，会导致画面上的光照细节趋于平缓。如果你依据你的"领域知识"，说"大部分需绘制的场景其光照变化并不是很快"，那么很快你就可能需要绘制一幅夜晚天空的图像，在这个场景里所有的光照变化都是不连续的，而不是渐变。

在蒙特卡罗绘制领域一个最有希望的进展是以另外的方式来使用所采集的样本。这种方式不是计算样本的平均值或者取其加权平均，而是用收集的样本来探究所采样函数的信息。让我们从一个非常简单的例子开始：假设你被告知在$[0,1]$区间有一个函数，它的形式为$f(x)=ax+b$(但是不知道a和b的具体值)。很容易证明在单位区间内f的平均值为$(a/2)+b$。现在要求你用蒙特卡罗积分来估算这个平均值。你可能取10个或20个样本，计算它们的平均值，作为对f平均值的估计。这和我们至今在所有的绘制里所做的类似。但是假设更加仔细地观察这些样本，对每个样本，我们知道其x和$f(x)$。例如，假设第一个样本是$(0.1,7)$，第二个是$(0.3,8)$。单从这两个样本，就可以确定$a=5$，$b=6.5$，所以平均值为9。也就是说，仅根据这两个样本，我们对该平均值做了一个完美的估计。当然，我们之所以能这么做。是因为已经知道x-to-$f(x)$的确切关系。

这一想法已被 Sen 和 Darabi[SD11]用到了绘制上。他们断定一个特定像素的样本值和生成样本时采用的随机数有着某种函数关系。例如，样本值可能是对像素中心进行位移的简单函数或者是在运动模糊绘制(需对一个小的时间段积分)里某一样本的时间值。因为

我们使用随机数来选择光线(或时刻)，所生成的样本具有随机变化的性质。Sen 和 Darabi 对样本值和用来生成样本的随机数之间的关系进行了估计。当然对该关系的估计不像上面的例子$ax+b$那么简单；事实上，他们估计的是该关系的统计学性质而不是其中的准确参数。据此，他们将因位置引起的变化(将这种变化作为估计的基础)和因其他引入的随机性引起的变化区分开来，然后利用这一点来更好的推测像素值，这一过程称为**随机参数化滤波**(RPF)。图 32-20展示了该结果的一个例子。

在本章中，我们已经开发了两个绘制器，但它们并不代表现有的技术水平。Pharr 和 Humphreys[PH10]的书(这本书覆盖的内容几乎和本书一样)详细讨论了基于物理的绘制，对于想更深入学习绘制的人来说，这本书是一个不错的选择。SIGGRAPH 会议论文集，ACM Transactions on Graphics 的其他各期，Eurographics Symposium on Rendering 论文集，让学生有机会了解本章里的思想最初是如何发展起来的，并且知道哪些研究途径已被证明是走

图 32-20　上图采用每个像素8个样本来实现蒙特卡罗绘制。下图在上图的基础上通过 RPF 滤波，提升了绘制效果，在视觉上，这一效果和每个像素 8192 个样本的蒙特卡罗绘制效果几乎相同(由 Pradeep Sen 和 Soheil Darabi 提供，© 2012 ACM，Inc.，经允许转载)

不通的，又有哪些是经受住了时间的考验。

32.10 练习

32.1 回到代码清单 32-10，在程序的两处我们都提到了折射率的效果：这两处分别是近似计算菲涅耳项和计算不同折射率表面的界面处的辐射度变化。然而，我们完全没有使用消光系数，这意味着我们考虑的材质对光完全透射，所有对光的吸收都发生在不同材质之间的边界处。试修改路径跟踪器程序，将材质的消光系数考虑进来。

32.2 (a) 设 $A=(0,0)$，$B=(1,0)$，$C=(1,1)$，T 为三角形 ABC。假设 A 的纹理坐标为 $(u_A, v_A)=(0.2, 0.6)$，B 为 $(0.3, 0.3)$，C 为 $(0.5, 0.1)$。假设三角形内各点的纹理坐标可通过线性插值计算。试找到单位向量 u，使得 u-坐标沿方向 u 增长最快。

  (b) 推广到任意点和三角形三个顶点的纹理坐标。

32.3 (a) 我们用光子映射来估算间接入射光的漫散射。Jensen 建议只在漫射表面上存储光子。并且在光子映射的计算里也不计入直接光，而在一个独立的步骤里对其进行处理。如果我们在计算镜面反射和直接光照时也使用光子映射，会发生什么？你预计会得到怎样的结果？"最后采集"会有用吗？

  (b) 如果你已经编写了一个光子映射绘制程序，尝试修改代码单独处理每种情况。你的预测正确吗？

32.4 我们的路径跟踪器和光子映射器假设所有的光源都"在外部"——不容许玻璃球内嵌入一个发光的灯。这个假设植入在代码中什么地方？

32.5 (a) 我们将光子映射图集成到光线跟踪程序中。你能想到如何将它集成到路径跟踪程序中吗？

  (b) 当递归达到某一最大深度后，光子映射器将停止推送光子，这当然会引入偏差。怎么引入的？假设光子映射图只能存储 n 次反射的光子，试构建一个场景，使得产生的辐射度估计值是完全错误的，而不管你向场景里射入了多少光子。

  (c) 你能采取路径跟踪器的思想："继续跟踪直到无法继续为止"，将它应用到光子的传播过程中吗？它能解决你在 (b) 题中所构场景的问题吗？

32.6 (a) 给定一个随机数发生器，可以生成 [0,1] 区间分布均匀的随机数，描述一下如何在单位正方形内均匀地生成随机点。

  (b) 如果你生成的点 (x, y)，$x<y$，你就将它替换为 (y, x)，否则保持不变。证明这样生成的点均匀分布在顶点为 $(0,0)$，$(1,0)$，$(1,1)$ 的三角形内。

  (c) 设 $u=1-x$，$v=y$，$w=1-(u+v)$。证明将这个转换应用到 (b) 题的结果所生成的点在质心坐标系中均匀随机地分布在三角形 $u+v+w=1$，$0 \leqslant u, v, w, \leqslant 1$ 上。

  (d) 证明对任何三角形 PQR，点 $uP+vQ+wR$ 均匀随机地分布在三角形里（点的 uvw 坐标按 (c) 题方法生成）。

32.7 (a) 编写一个 WPF 程序，采用练习 32.6 的方法在三角形内产生点。用户可以拖拽三角形的三个顶点，并且可以按下按钮来生成 1 个或 100 个点，每个点都应该在三角形内，而且有颜色。另一个按钮则用来清除所有的点。

  (b) 扩展你的程序，使它能够处理网格。生成一个 2D 网格（或许是一组随机点的 Delaunay 三角剖分），然后改写程序，使之能在网格上均匀随机地选取一个点（或 100 个点）。要做到这一点，需要先计算各三角形的面积，对它们求和，然后为每个三角形赋予一个概率，该概率的值为该三角形的面积除以总面积。按某种方式对这些三角形进行排序，然后计算概率和：$s[0]=p[0]$，$s[1]=p[0]+p[1]$，$s[2]=p[0]+p[1]+p[2]$，等等。给定一个均匀随机变量 u，可以找出最大的索引 i，使得 $u \leqslant s[i]$。为了生成一个随机的网格点，你可以选取一个均匀随机数 u，找出最后一个满足 $u \leqslant s[i]$ 的三角形 i，然后在该三角形内随机生成一个点（见练习 32.6）。

  (c) 简要讨论一下如何使选择三角形的过程快于 $O(n)$，其中 n 是网格内三角形的数目。

  (d) 假设在三角形排序的过程中，我们将最大的三角形排在第一位。则对表进行搜索时，只需检索相对较少的三角形就能得到所要的结果。你预计，在对经典的图形学模型进行处理时，这对减少采样时间会有很大的效果吗？为什么？

32.8 我们已经论证过，从视点发出的光线击中一个点光源是一个零概率事件，因而可以忽略点光源。但是因为点光源一般用来表示尺寸非常小的球形光源的极限，而这样的球形光源被视点光线击中的概率并不是零，所以"可以忽略"这个论断取决于在近似处理时发生了什么。这样一个小的近似球形光源发射的辐射度正比于它的半径平方的倒数（为了维持恒定的功率）；而视点光线击中它的概率正比其半径的平方；因此，该光源对像素的预期贡献值（只要该球形光源足够小，它在图像平面上的投影可被完全包含在像素正方形内）是个常数。因而，我们可以将常数的极限看作零。试调整本章里的所有绘制器，添加一遍额外的绘制来"正确地"绘制点光源的光照效果。在该遍绘制中，需要从每个点光源跟踪一条到视点的光线，如果该点光源对视点可见，则在相关像素上添加一适当的辐射度值。如此实现过程相当于执行一个特殊情况下的双边路径跟踪。

32.9 在具有光子映射的光线跟踪绘制器里，我们采用几个样本来估算来自一个面光源的直接光照。如果面光源太远，这可能过了；如果距离太近，则可能采样不充分。对于一个具有朗伯反射率的均匀发光的平面型单侧面光源，只有余弦项随着样本在光源上的位置而变化。假设（见图 32-21）面光源完全包含在以点 Q 为中心、半径为 s 的球体里，而我们要计算该光源在朗伯表面上 P 点的反射，光源发光的一侧对 P 点完全可见，且从 P 到 Q 的向量 $r = Q - P$ 的长度为 d。试问在关于 d 和 s 的何种条件下，可以将面光源照射在 P 点引起的反射辐射度近似表示为面光源在球面上的投影面积（正交于 r）、r 和 n_p 之间夹角的余弦值、P 点的朗伯反射率和 $1/ \| r \|^2$ 的乘积，并确定结果的误差在 1% 以内？这里涉及几个假设——光源是平面、均匀的、对 P 点完全可见，P 点所在表面为朗伯反射面等。实际上，这些条件并没有所说的那样严格。特别地，这一计算方法也适用于凸的非平面光源，只不过计算光源投影面积的复杂度几乎和使用多重样本来估算反射辐射度一样。

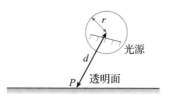

图 32-21　规则五

(a) 假设（对于一个固定的出射方向）反射表面有一个 BRDF 项。作为入射方向 θ 的函数，其变化是有界的，即 $|f(\theta) - f(\theta')| < K|\theta - \theta'|$。你可以做出类似的分析吗？可参阅第 26 章的练习 26.12。

32.10 当对面光源进行点采样时，我们根据面积均匀采样。作为一种替代方法，也可以对光源进行预采样，通过分层采样来生成样本集，然后重用。分层采样有助于确保对点光源平均光照效果的估计是准确的，尽管对相邻像素来说，这些估计值似乎是高度相关的，在某些情况下可能带来问题。从本质上讲，我们采用了"微小"点光源的集合代替面光源。如果近似表示面光源的点光源数不够，那么每个点光源投射生成的阴影会产生明显的人工痕迹。

(a) 构建一个光线跟踪器，用多个点光源的集合来代替面光源。你发现人工痕迹了吗？当你增加了光源上的样本数量后，对运行时间有多大的影响？

(b) 我们不使用微小光源的集合来计算每个表面点的直接光照，而是随机选取一个样本点，本质上是采用单样本来估算从光源传输到表面点的辐射度。如果每根初始光线做一次，就能生成很好的软阴影。如果我们发射 25 条初始光线（使用分层采样），并且面光源用 25 个微小光源表示，我们想要对每个微小光源都使用一次。你会怎样配对初始光线和微小光源？你能预见到什么问题吗？

(c) 实现你的方法并评判结果。

32.11 (a) 使用泊松圆盘方法在一条直线上生成蓝噪声样本：试在 [0，1] 区间生成样本，所有的样本彼

此相距至少 $r=0.001$，直到没有更多的空间可采集新的样本。

(b) 将该区间离散为 10 000 小格，包含样本的小格记为 1，否则记为 0。

(c) 计算生成数组的快速傅里叶变换。这是否呈现为蓝噪声分布？

(d) 采用不同的 r 值重试这一过程。频率低于多少后（相对于 r）能量相对较少？

(e) 现在使用分层采样来生成一个类似的占用数组，对这两个过程的频谱进行比较。描述你发现的任何差异。

(f) 推广到 2D。

(g) 实现 Mitchell[Mit87]用于产生蓝噪声的点扩散算法，然后将其结果同其他结果进行比较。

32.12　对于矩形面光源，试编写代码，基于面积对面光源实施均匀点采样。同样为球面光源编写类似的代码。对于球面，其投影 $(x,y,z) \mapsto (x/r, y, z/r)$，其中 $r=\sqrt{x^2+z^2}$，该投影是从轴线重合于 y 轴的单位半径圆柱体到单位球面的保面积映射，其中圆柱体从 $y=-1$ 延伸到 $y=1$。

着 色 器

33.1　引言

本章介绍**着色器**，它是用**着色器语言**写的代码片段（着色器语言是一种为方便书写着色器而专门设计的语言）。着色器关注的是在图形管线中如何处理数据。着色器语言的发展非常迅速（图形管线本身的可编程性也是如此），很可能本章在写完最后一句话时，所讲述的内容就已经过时，更不用说等你阅读到它的时候了。尽管发展迅速，有些内容历经数代着色器语言仍保持不变，而且预计至少在未来十年的着色器版本中依旧会得到保留。这一论断之所以可信有几条理由。考察图形库的发展过程（图形库将 CPU 端的一个程序关联到 GPU 端的一个或多个程序上），它经历了从特定设计（早期）到通用设计，如今多数的 GL 4 更类似于操作系统而不是图形库：将 CPU 程序和 GPU 程序的可执行片段直接连接在一起、在处理过程之间传递数据、启动及停止执行线程，等等。这一功能最起码在近期不会有明显的进一步扩展。也许五年之内你就可以直接使用 C# 来编写着色器程序，而不必采用专门的着色器语言，而且着色器可能会运行于 500 核的机器上。尽管如此，在许多方面它们所做的事情依旧相同：例如我们对顶点数据做的第一件事通常是将它们与某些矩阵相乘从而变换到场景坐标系。不管使用什么语言，这些都是相同的。

下面我们会介绍几个使用 GL 4 作为参考系统的着色器，并期望读者能够把本章的思想转化成你正在使用的着色器语言。

33.2　不同形式的图形管线

图 33-1 和图 33-2 分别展示了光栅化绘制管线和光线跟踪绘制管线各自包含的流程（参见第 15 章）。

有很多操作是这两种图形管线都包含的，例如将物体从景物空间变换到场景空间、再变换到摄像机空间，着色，将像素颜色值存入缓冲器以备后用（如用于环境映射或是与一些先前计算生成的图像进行合成等）。

作为软件工程师，我们知道如果程序中存在共性，就有机会把代码中的共同部分提取出来并开发成接口。接口的具体形式可以不同：有些设计使用虚函

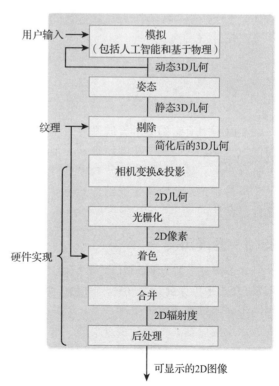

图 33-1　基本光栅化绘制管线的流程

数，其他一些采用回调等。有时，要抽象的内容太复杂而其使用的方式也同样复杂。在这种情况下，有必要创建一种语言，在该语言中，共性的使用方式可以通过一些小的程序来描述。我们已经在基础篇的章节中看到过在 WPF 平台上实现的一个例子：该平台使用 XAML 语言来描述景物的几何形状、属性、它们之间的关系以及它们之间传递数据的方式等。C#程序往往与 XAML 代码相结合构成完整的图形项目。

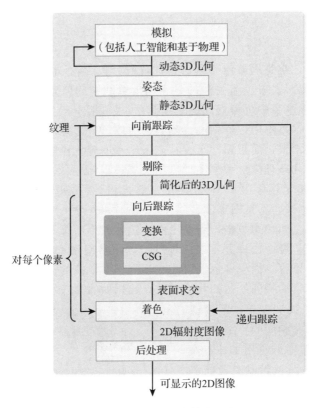

图 33-2   基本光线跟踪管线的流程

上面图中所示的图形管线都有一个共同的结构：场景中物体的几何与材质描述需要做相似的变换，它们的变换顺序也是类似的。不过，在一定阶段到底做什么，其具体细节可以有所变化。**着色器**即描述管线中这些部分的功能如何实现的小程序。

本章非正式地介绍了我们如何将研究室里写的一个个绘制程序演变为像 GL 4 这样的软件包设计。

33.3　发展历史

立即模式软件包(如 GL 的早期版本)以向软件包发送一系列指令(最典型的是函数调用)的方式来传递要绘制物体的结构。如果物体的建模是通过一系列变换来表示的，GL 调用的系列函数也会反映出这一点，调用时会相应地在堆栈中压入和弹出变换矩阵，每个矩阵表示当前应施加在所有顶点上的变换。变换后的顶点和三角形顶点索引三元组构成了要绘制的核心内容。绘制处理的流程可谓简单直接，可以大致总结为：给绘制系统提供一个三角形的集合，其中包含对每个三角形顶点和每个三角形属性的描述，以及施加在这些顶点上的各种变换。所生成的三角形被变换到标准的透视视域体中，通过近裁剪平面进行裁剪。接着再变换到标准平行视域体中，由其余的裁剪平面进行裁剪。然后对得到的三角形进行光栅化，对光栅化生成的像素进行着色（通过计算来确定它们的颜色，常涉及纹理查找），这些三角形被放入 Z 缓存，只有最前面的三角形得以保留在最终的图像中。在有些情况下，还会采用合成操作将生成的图像和先前保存的图像进行合并，这使得多个物体的图像可以采用多遍绘制技术分别生成，最终合成一幅单一的图像。

　　随着图形学的发展，施加在三角形上的具体变换、在三角形内对顶点数据值进行插值的方式，甚至如何将高层次的物体描述转换到三角形表上，都在发生变化。但有一些内容实际上为所有的程序所共享，例如向量数学、裁剪、光栅化、逐像素的颜色合成和混合。GPU 的发展反映了这一事实，虽然 GPU 变得越来越像通用处理器，但它仍继续支持向量和矩阵操作，在设计上仍旧保留了裁剪和光栅化单元。现代 GPU 的接口目前由以下部分构成：一个或多个处理几何数据的小程序（称为**顶点着色器**），裁剪和光栅化模块，然后是一个或多个处理光栅化产生"片段"的小程序（称为**像素着色器**或**片段着色器**）。就目前所做的事而言（计算关联在像素上的一个或多个样本的颜色）将其称为**样本着色器**或许更为合适。程序员使用一种单独的语言来编写着色器程序，并通知 GPU 以什么顺序调用它们，以及如何将它们链接在一起（即如何在着色器间传递数据）。通常软件包（像 GL4）会提供一些工具链接各处理流程、对着色器进行编译并将其加载到 GPU 上，然后以三角形表、纹理贴图等方式将数据传送到 GPU。

　　为什么将这些程序称为着色器？在朗伯光照模型的 GL 版本中，类似于第 6 章给出的公式，一个点的颜色可以按下式计算（采用 GL 符号标记）：

$$C = k_d C_d L (\boldsymbol{\ell} \cdot \boldsymbol{n}) \tag{33.1}$$

其中 $\boldsymbol{\ell}$ 是指向光源的单位方向向量，k_d 表示材质的反射系数，C_d 表示材质的颜色（红、绿、蓝三元组表示在这三个波段上物体表面反射光的量），L 是入射光的颜色（同样为 RGB 三元组，将与 C_d 逐项相乘），n 为表面法向。在 Phong 光照模型中还增加了一项，它涉及视线方向向量、镜面反射系数 k_s，以及镜面反射颜色 C_s 和镜面反射指数 n_s [⊖]。越来越复杂的数据组合，包括引入纹理数据来描述表面颜色或表面法向等，使得计算点的颜色的公式越来越像常规的程序。Cook[Coo84]提出了一个想法：作为建模过程一部分，用户可编写一个小的程序，而由绘制程序对这个程序进行编译，使之执行合适的操作。Cook 将这一想法称为可编程着色（或许可编程光照更符合上述过程）。在那个年代，光照模型所需计算量是很大的，以至于我们不得不采取将许多计算放在顶点处进行，然后在三角形内部进行插值的方法；并将这一插值过程称为着色。插值有直接对颜色的插值和对用于计算颜色的各种数据的插值。由于论述光照模型的论文常常会涉及这些着色方法，并将这两种着色并在一起讨论，"着色器"这个术语也用来表达新的概念了。

　　现代的着色器是真正的图形程序，其功能并不仅限于计算点的颜色而已。**几何着色器**可以变更提供给后续流程处理的三角形表；**表面细分着色器**读入表面的高层次描述，生成对应的三角形表；例如细分曲面的着色器可以取细分曲面控制网格的顶点和网格结构作为输入，而输出一组能良好逼近极限表面的精细三角形。还有仅仅对顶点位置实施变换的**顶点着色器**，它和最终输出的颜色毫不相关。

　　典型的图形程序包含几何着色器、细分着色器、顶点着色器、片段着色器，它还需要一种功能，可根据需要关停管线中的任意部分，不再进行后面的计算。例如程序也许

　　⊖　在第 14 章的相关描述中，我们将它们称为"光泽"表面反射系数、颜色和高光指数。

只运行几何着色器和细分着色器，然后将数据返回给 CPU，由 CPU 采用某种方法对这些数据进行修改并把结果返回给 GPU，交给光栅化和裁剪单元然后是片段着色器进行处理。

我们将介绍一些基本的顶点和片段着色器，让读者体会一下着色器是如何与本书提到的各种方法相关联的。

这里对光栅图形学的历史做一个粗略而通俗的介绍：

- 在图形学的开始时期，没有人知道该怎么做。我们找到了一种生成光栅化直线的算法，并采用均匀着色方法来绘制表面。

- 第二年，大家在思考新的光栅化方法，开始考虑对曲线进行光栅化，有人提出了新的光照模型。

- 很快大家就意识到还有一个有待解决的高层次问题——图元的光栅化，而且光照模型每年都在发展，需要一个架构对此予以支持。同时，有些操作，比如裁剪，几乎为每个图形程序所包含，而且它们均出现在相同的位置，于是形成了"管线"思想的雏形。

- 考虑到大部分光照计算都采用 Phong 模型，定义一种通用的语言来描述光照代价过于高昂，因此业界也分成了两大群体：主张固定功能的群体和主张可编程的群体。可编程路线绘制慢，但通用。而固定功能路线绘制快，但其功能仅限于它能执行的绘制操作。形成两大群体的原因在于不同的人对控制计算机的运行有不同的需要。偏重于交互性能的人会说："你们可以去调整参数，而我更愿把算法烧到芯片上"；另一些人会说："实时交互性对我来说并非那么重要，我需要的是表达的便利。我可以使用很多计算机，但是需要可编程的语言来描述我所需要的输出结果。"前面那批人去开发固定功能流水线，在产业界，他们聚集在 Silicon Graphics 公司和其他一些图形工作站制造商的周围。第二拨人形成了特效及计算机动画产业的核心，聚集在诸如 Lucasfilm 和 Pixar 这样的公司中。

- 对读者来说，好消息是这两种方法都成功了：固定功能路线的成功导致了商业图形卡的大发展。在不到 20 年的时间内，显卡图形性能的成本降低到原来的 1/1000 以下。与此同时，可编程着色路线则展示出当图形学不受交互性指标所束缚时，能实现怎样震撼的效果。最终，像 Moore 定律所说的那样，处理器的速度以极快的速度增长，前一年的非交互性程序在后一年就可按交互速度运行了。结果是，现在电影工业广泛采用 GPU，而游戏工业使用可编程着色已成常规。

- 然而两者也在逐步靠拢。由于每年环境都在变化，这两种方式之间的权衡可以依据当前硬件水平、模型规模等进行评估。固定功能方式正逐渐让位于可编程方式，而 Cook 的可编程着色器论文中提出的所有方法也逐步融入硬件中。

- 最终（迄今为止），图形管线的现状是，许多小的程序被链接在越来越复杂的管线中，这更像是一个操作系统问题而不是一个图形学问题。GL4 的设计反映了这一点：用户可以定义一堆小程序并把它们链接起来，从而构成一个完整的系统；在这种设计中，图形专用的内容只占一小部分，GL 早期版本中的很多图形专用设计现在已经弃用了。

33.4 一个包含着色器的简单图形程序

上面说过,现代图形系统的工作更像操作系统。三个彼此分离的程序体之间需要进行通信:

- 在 CPU 上运行的程序(主程序)。
- 图形管线:对主程序传来的数据进行某些处理,包括几何变换、裁剪、光栅化、合成等。
- 在 GPU 上运行的着色器程序。

一部分图形管线功能可以用库的形式在 CPU 上实现;而另一部分在 GPU 上实现。图形系统的一部分功能是将主程序的开发者和某些具体的实现细节(这些细节可能随不同计算机、不同的显示卡而变化)隔离开。当然,主程序的开发者往往也是编写着色器程序的人。开发者一定会问这个问题:"我应该怎样将 C#/C++/Java/Python 程序中的变量和顶点着色器中相对应的变量连接起来?"这正是 GL(或 DirectX 及其他图形 API)要承担的任务。

将主程序中的变量和着色器中的变量进行关联的细节琐碎而复杂,而 GL 的设计是非常通用的。几乎所有的开发者都希望基于一个**着色器包装程序**(该程序可为每位开发者分别选择一种通过 GL 将主程序和着色器连接起来的方式,并且还能提供着色器的自动重编译等功能)编制程序。图形卡制造商通常都提供着色器包装程序以方便开发者编写程序,而且这些程序完全符合常见的规范。只有那些想要进行最精细控制的人(或编写着色器包装程序的人)需使用 GL 提供的用来连接主程序和着色器程序的大多数工具。

本章我们编写示例着色器时就会使用一个着色器包装器——G3D。G3D 是[McG12]的一位作者所开发的一个开源的图形系统,它提供了一套方便的 GL 界面。不过本章的着色器也可以通过其他的着色器包装器来调用,且无须做任何更改。

来看第一个例子,这是一个提供 Gouraud 着色功能的着色器,它对每个顶点计算一次颜色,然后通过线性插值扩展到三角形内的任一点。本例中的主程序所输入的模型中,每个顶点都关联了一个法线向量,并提供了从模型坐标系到场景坐标系的变换以及相机的定义。代码清单 33-1 展示了 App 类的声明,该类从通用图形应用程序类(GApp)中派生出来。App 包含一个对可索引面集模型的引用、一个单一的方向光(由方向向量和辐射度指定)、表面的漫反射颜色值、漫反射系数以及对一个着色器对象的引用。

代码清单 33-1　一个采用着色器的简单程序对类的定义和初始化

```
1  class App : public GApp {
2  private:
3      GLight              light;
4      IFSModel::Ref       model;
5
6      /** Material properties and shader */
7      ShaderRef           myShader;
8      float               diffuse;
9      Color3              diffuseColor;
10
11     void configureShaderArgs();
12
13 public:
14     App();
15     virtual void onInit();
16     virtual void onGraphics(RenderDevice* rd,
17                             Array<SurfaceRef>& posed3D);
```

```
18  };
19
20  App::App() : diffuse(0.6f), diffuseColor(Color3::blue()),
21      light(GLight::directional(Vector3(2, 1, 1), Radiance3(0.8f), false)) {}
22
23
24  void App::onInit() {
25      myShader = Shader::fromFiles("gouraud.vrt", "gouraud.pix");
26      model = IFSModel::fromFile("icosa.ifs");
27
28      defaultCamera.setPosition(Point3(1.0f, 1.0f, 1.5f));
29      defaultCamera.lookAt(Vector3::zero());
30
31      ... further initializations ...
32  }
```

当 GApp 的 run()方法被调用时，它首先调用 GInit，然后反复调用 onGraphics()来
描述要绘制的对象。

可以看到，应用实例的初始化操作相当简单明了：在第 20、21 行，我们为表面指定
了漫反射率和颜色值，然后创建了一个方向光(给定其方向和辐射度值)。

在初始化期间，使用了 G3D 的 Shader 类从文本文件中读入顶点和像素着色器的文本
(第 25 行)，并且从文件中读入了一个二十面体的模型(第 26 行)，然后设置相机的位置和
视角(第 28、29 行)。

每一帧都调用 onGraphics 方法(见代码清单 33-2)。setProjectionAndCameraMa-
trix 方法(第 2 行)调用了数个 GL 操作来给定诸如 gl_ModelViewProjectionMatrix
之类的预定义变量的值。接下来的两行采用一个恒定的颜色来清除 GPU 中的图像。

代码清单 33-2　绘图程序及 main 函数

```
1   void App::onGraphics(RenderDevice* rd, Array<SurfaceRef>& posed3D){
2       rd->setProjectionAndCameraMatrix(defaultCamera);
3       rd->setColorClearValue(Color3(0.1f, 0.2f, 0.4f));
4       rd->clear(true, true, true);
5       rd->pushState(); {
6           Surface::Ref surface = model->pose(G3D::CoordinateFrame());
7
8           // Enable the shader
9           configureShaderArgs(light);
10          rd->setShader(myShader);
11
12          // Send model geometry to the graphics card
13          rd->setObjectToWorldMatrix(surface->coordinateFrame());
14          surface->sendGeometry(rd);
15      } rd->popState();
16  }
17
18  void App::configureShaderArgs() {
19      myShader->args.set("wsLight",light.position.xyz().direction());
20      myShader->args.set("lightColor", light.color);
21      myShader->args.set("wsEyePosition",
22          defaultCamera.coordinateFrame().translation);
23
24      myShader->args.set("diffuseColor", diffuseColor);
25      myShader->args.set("diffuse", diffuse);
26  }
27
28  G3D_START_AT_MAIN();
29
```

```
30    int main(int argc, char** argv) {
31        return App().run();
32    }
```

在 pushState 和 popState 两次调用之间，程序确定绘制这部分场景的具体着色器（第 10 行）以及将哪些变量的值传递给着色器（第 9 行），设置将模型从模型坐标系到场景坐标系的变换（第 13 行），然后把模型的几何数据送入图形管线（第 14 行）。

在这个简单的着色器中，我们传入（第 19～25 行）光源的场景坐标、光源的颜色、视点的位置、二十面体的漫反射颜色以及漫反射率常数。由 args.set 子程序构建起主程序中方向光的方向向量（场景坐标系）和着色器程序中名为 wsLight 变量的值的连接。

最终，在调用 onGraphics 之后，着色器包装程序通知管线采用顶点着色器逐一处理网格的顶点数据，将它们组装成三角形并进行光栅化和裁剪，然后使用片段着色器处理光栅化得到的片段。现在来看用 GLSL 语言写的顶点着色器代码做了些什么（见代码清单 33-3）。

代码清单 33-3　Gourand 着色程序中的顶点着色器

```
1    /** How well-lit is this vertex? */
2    varying float gouraudFactor;
3
4    /** Unit world space direction to the (infinite, directional) light source */
5    uniform vec3 wsLight;
6
7    void main(void) {
8        vec3 wsNormal;
9        wsNormal = normalize(g3d_ObjectToWorldNormalMatrix * gl_Normal);
10       gouraudFactor = dot(wsNormal, wsLight);
11       gl_Position = gl_ModelViewProjectionMatrix * gl_Vertex;
12   }
```

从代码中可以看出，GLSL 中预定义了一些变量和一些有用的函数，例如 normalize 和 dot。表 33-1 中列出了其中一些。

表 33-1　GLSL 中的预定义项

名称	类型	含义
gl_Vertex	vec4	当前顶点的齐次坐标位置
gl_Normal	vec4	当前顶点的法向
gl_FragColor	vec4	当前片段的 RGBA 颜色值
gl_ModelViewProjectionMatrix	mat44	从模型坐标系到规格化设备坐标系的变换
gl_Position	vec4	在透视除法之前当前片段的规格化齐次设备坐标，即 gl_Position.w 并不是 1.0[①]
pow(x, y)		x 的 y 次幂，如果 x 是向量，则逐项处理
max(x, y)		返回 x 和 y 中的较大值
dot(x, y)		向量的点积，其中 x 和 y 必须具有相同数量的分量（即 vec2 或 vec3 或 vec4）

①在 OpenGL 中，它们称为裁剪坐标，而规格化设备坐标指的是执行透视除法后的坐标。

内置的数据类型有类似于 C 语言的 float 和 int，还有一些进行向量操作需用到的类型，如 vec3 和 mat33。GLSL 还提供了一种叫作"切片"（slicing）的结构来访问 vec3 或 vec4 的任意部分：比如对于一个 vec3 对象 v，可以用 v.x 来访问它的第一个分量，通过 v.yz 则可访问第二个和第三个分量。由于 vec3 也可用来表示颜色（vec4 则可用来存储含有透明度值的颜色），我们也可以采用 myColor.rga 来访问颜色的红、绿、蓝分量及其透明度。$xyzw$ 切片和 $rgba$ 切片可以混用，不过并无意义。

如第 16 章所述，每种着色器都负责构建其后着色器需要用的数据。例如，本例中的顶点着色器使用 gl_Vertex 数据（顶点在三维场景空间中的位置）作为输入；每次调用着色器时，gl_Vertex 都将输入一个新的顶点在场景空间中的坐标。顶底着色器需要为 gl_Position 赋值，而 gl_Position 表示顶点在相机空间中的坐标，换句话说，经过相机变换后，顶点的位置从视域四棱锥移动到标准的透视视域体内。在本例的着色器中，这一操作由第 11 行程序执行，通过将顶点坐标值和适当的矩阵相乘完成。

顶点着色器还可以读入其他的输入数据，有两种形式的数据。第一种是附着在每个顶点上的信息，如法向量或纹理坐标；第二种是为每个物体设定的信息，在本例中，漫反射率就是这样的数据（在顶点着色器中没有用到）。光源在场景空间的位置也是一项，被声明为 uniform vec3 wsLight，其关键字 uniform 告诉 GL，这个值每个物体只设定一次。在 main 函数之前对这个变量加以声明表明它需要和程序中的其他部分链接起来。本例中我们通过 ConfigureShaderArgs 中的一次调用将它和主程序链接起来。

最后，顶点着色器可能会设定一些为其他着色器所用的数值。这些数值在每个顶点处计算一次；在光栅化和裁剪阶段对它们进行插值即可得到在每个片段上的值。默认的是透视插值（也就是在相机坐标系下基于重心坐标进行插值），但是在图像空间采用重心插值也是可以的。所得到的值随三角形内各点的位置而变化，因此它们被声明为 varying 变量。

上例中的着色器构建了一个这样的变量 gourandFactor（程序中第 2 行），它是表面单位法向量和场景空间中光源入射方向向量的点积。

在每个顶点处计算这一点积（第 10 行）及顶点位置之后，我们开始进入片段着色器（见代码清单 33-4）。

代码清单 33-4　执行 Gourand 着色的片段着色器

```
 1  /** Diffuse/ambient surface color */
 2  uniform vec3 diffuseColor;
 3
 4  /** Intensity of the diffuse term. */
 5  uniform float diffuse;
 6
 7  /** Color of the light source */
 8  uniform vec3 lightColor;
 9
10  /** dot product of surf normal with light */
11  varying float gouraudFactor;
12
13  void main() {
14      gl_FragColor.rgb = diffuse * diffuseColor *
15                         (max(gouraudFactor, 0.0) * lightColor);
16  }
```

片段着色器中再次使用在主程序中设定的三个统一的变量，它们分别为漫反射率、表面颜色以及光源的颜色。

在片段着色器中我们仍然可以访问在顶点着色器中计算得到的 gourandFactor。在任何一个片段着色器中，这一变量的值均为对三角形三个顶点处的值进行插值的结果。在着色器中的操作非常简单：用表面的漫反射率乘上漫反射颜色（其各分量的值均在 0~1 范围内，参见 15.4.6 节）得到一个 vec3，然后用 gourandFactor（如果它是正值）乘上光源颜色，得到另一个 vec3。然后将这两者的对应分量逐一相乘得到一个 vec3 值（使用 * 操作符），并赋值给 gl_FragColor.rgb。如果光源是纯红光而表面颜色是纯蓝色，那么乘积结果的所有分量都是零。不过一般来说，我们会得到入射光中红色分量与表面反射红色光能力（以及表面朝此方向反射光的能力）的积，对于绿色和蓝色也是类似。这样就得到了片段的颜色。

每个片段着色器都要负责设置 gl_FragColor 的值，该值在图形管线剩下的部分将会用到。

由上可见，一个简单的主程序加上两个简单的着色器即可实现 Gourand 着色！绘制结果如图 33-3 所示。在本书网站上提供的程序版本中，我们添加了一个图形界面使得用户可以交互式地选择漫反射颜色、设置反射率，此外用户可以将二十面体旋转到任何想要的方位，但程序的核心思想没有变。

图 33-3　采用第一个着色器绘制的二十面体

33.5　Phong 着色器

推广上面的程序来实现 Phong 模型并不让人意外。只需在主程序中再声明一些新的变量，比如镜面反射指数 shine、镜面反射系数 specular 以及镜面反射颜色 specularColor，此外还需引入环境泛光 ambientLightColor，相信读者可以自行完成这些工作而不需要去看代码。

回顾在第 6 章中提到的基本的 Phong 模型，像素的颜色可按下式计算：

$$\text{color} = k_d O_d I_a + k_d O_d I_d (\boldsymbol{n} \cdot \boldsymbol{\ell}) + k_s O_s (\boldsymbol{r} \cdot \boldsymbol{n})^{n_s} I_d \tag{33.2}$$

其中 k_d 和 k_s 是漫反射及镜面反射系数，I_a 是环境泛光颜色，I_d 是入射光颜色（即场景中方向光源的颜色），O_d 是物体的漫反射颜色，$\boldsymbol{\ell}$ 是从表面上的点指向光源的单位方向向量，$\boldsymbol{r}$ 是视线向量（从物体表面指向视点的向量）关于表面法向的反射向量（单位向量），n_s 是镜面反射指数，或者叫作光泽度，是控制表面高光区域大小的一个值；当 $n_s = 500$ 时会导致非常聚焦的高光。上式仅当 $\boldsymbol{r} \cdot \boldsymbol{n} > 0$ 时才成立，若该值为负，最后一项被消去。

在顶点着色器中（见代码清单 33-5），我们计算每个顶点的法向量以及从该顶点指向视点的向量。这两者的值尚未做单位化处理。

代码清单 33-5　执行 Phong 着色程序的顶点着色器

```
1  /** Camera origin in world space */
2  uniform vec3 wsEyePosition;
3
4  /** Non-unit vector to the eye from the vertex */
5  varying vec3 wsInterpolatedEye;
6
7  /** Surface normal in world space */
8  varying vec3 wsInterpolatedNormal;
9
10 void main(void) {
11     wsInterpolatedNormal = g3d_ObjectToWorldNormalMatrix *
12                            gl_Normal;
13     wsInterpolatedEye    = wsEyePosition -
14                  g3d_ObjectToWorldMatrix * gl_Vertex).xyz;
15
16     gl_Position = gl_ModelViewProjectionMatrix * gl_Vertex;
17 }
```

在像素着色器中，我们对顶点的法向量和视线向量进行插值，并用它们来计算 Phong 光照方程。即便每个顶点的法向量都是单位向量，插值结果一般也不会为单位向量，这就是我们没有在顶点着色器中对上述两个向量进行单位化的原因：因为不论怎样，对每个像素我们最后都得做一次单位化操作。对这两个向量单位化后，我们求出视线的反射向量 r，并在 Phong 方程中用它计算像素的颜色。注意我们用了 max 函数（第 32 行），这样当反射后的视线向量与指向光源方向的向量不在同一个半空间中时，这一项会被去除（见代码清单 33-6）。

代码清单 33-6　执行 Phong 着色程序的片段着色器

```
1  /** Diffuse/ambient surface color */
2  uniform vec3 diffuseColor;
3  /** Specular surface color, for glossy and mirror refl'n. */
4  uniform vec3 specularColor;
5  /** Intensity of the diffuse term. */
6  uniform float diffuse;
7  /** Intensity of the specular term. */
8  uniform float specular;
9  /** Phong exponent; 100 = sharp highlight, 1 = broad highlight */
10 uniform float shine;
11 /** Unit world space dir'n to (infinite, directional) light */
12 uniform vec3 wsLight;
13 /** Color of the light source */
14 uniform vec3 lightColor;
15 /** Color of ambient light */
16 uniform vec3 ambientLightColor;
17 varying vec3 wsInterpolatedNormal;
18 varying vec3 wsInterpolatedEye;
19
20 void main() {
21     // Unit normal in world space
22     vec3 wsNormal = normalize(wsInterpolatedNormal);
23
24     // Unit vector from the pixel to the eye in world space
25     vec3 wsEye = normalize(wsInterpolatedEye);
26
27     // Unit vector giving the dir'n of perfect reflection into eye
28     vec3 wsReflect = 2.0 * dot(wsEye, wsNormal) * wsNormal - wsEye;
29
30     gl_FragColor.rgb = diffuse * diffuseColor *
31         (ambientLightColor +
32             (max(dot(wsNormal, wsLight), 0.0) * lightColor)) +
33         specular * specularColor *
34         pow(max(dot(wsReflect, wsLight), 0.0), shine) * lightColor;
35 }
```

33.6　环境映射

要实现环境映射（见 20.2.1 节），我们可以如前面一样，使用顶点着色器来对视线向量和法向量进行插值。但此处我们并不是要计算漫反射和镜面反射光，而是用反射向量作为对环境映射图的索引。环境映射图由 6 张纹理图组成（见图 33-4）。主程序必须加载这 6 张纹理图供着色器使用，为此我们在 App 类中声明了一个新的成员变量，并在应用程序初始化操作中调用代码

```
environmentMap = Texture::fromFile("uffizi*.png", ...)
```

来使用 G3D 的内置程序加载立方体纹理图。在 configShaderArgs 过程中，则必须加上

```
myShader->args.set("environmentMap", environmentMap);
```

从而将主程序中的变量和着色器中的变量链接起来。

图 33-4　乌菲兹美术馆的环境映射图，包含 6 张纹理图：顶面、底面以及立方体四个垂直面各一幅。此处采用十字布局展示（由 Paul Debevec 提供，经允许使用，©2012 南加州大学创新技术研究所）

　　片段着色器程序（见代码清单 33-7）非常简单：使用法向量作为索引通过 GLSL 内置功能从立方体纹理图中查取一个颜色值，并将它乘上模型的镜面反射颜色（我们将其设置成浅的金黄色）使得反射光呈现出表面的颜色，从而模拟出一个金属表面，而不是像塑料表面那样呈现的只是表面自身的颜色。

代码清单 33-7　执行 Phong 着色程序的片段着色器

```
1  /** Unit world space direction to the (infinite, directional)
2      light source */
3  uniform vec3 wsLight;
4
5  /** Environment cube map used for reflections */
6  uniform samplerCube environmentMap;
7
8  /** Color for specular reflections */
9  uniform vec3 specularColor;
10
11 varying vec3 wsInterpolatedNormal;
12 varying vec3 wsInterpolatedEye;
13
14 void main() {
15     // Unit normal in world space
16     vec3 wsNormal = normalize(wsInterpolatedNormal);
17
18     // Unit vector from the pixel to the eye in world space
19     vec3 wsEye = normalize(wsInterpolatedEye);
20
21     // Unit vector giving direction of reflection into the eye
22     vec3 wsReflect = 2.0 * dot(wsEye, wsNormal)
23                        * wsNormal - wsEye;
24
25     gl_FragColor.rgb =
26         specularColor * textureCube(environmentMap,
27                                     wsReflect).rgb;
28 }
```

　　绘制结果（见图 33-5）显示出一个表面光亮的茶壶，着色时采用了上面的环境映射图，反射出乌菲兹美术馆广场的图像。

　　着色器使用纹理时，GL 都会自动地把纹理 Mipmap 化（除非你显式指定不需要这么做）。GL 的语义是：可在任一点上计算在该点有定义的任意数学量关于像素坐标的导数。因此对于出现在图像中茶壶上的每一个点，其表面法向量关于像素坐标的变化率都可以计算出来，并据此选择一个合适的纹理 Mipmap 层。

图 33-5　一个光亮的茶壶，茶壶表面反射出周围环境——乌菲兹美术馆广场

33.7　两个版本的卡通着色器

我们现在转到一种不同的绘制风格——第 34 章中的卡通着色。在卡通着色中，我们计算法向量和光源方向向量的点积（像处理任一朗伯表面时所做的那样），接着选择一个颜色值作为阈值对上面的结果进行二值化，因此最终的图像仅用两或三种颜色绘制，就像卡通画那样。这种方式肯定有多种变化：我们可以用 Phong 模型或任何其他模型进行光照计算，然后进行二值化着色；也可以使用两个或五个阈值；还可以使用变化的光源强度而不是这里用的简单的"单一亮光"模型。

我们采用的第一个（并非最优）方法是在顶点着色器中计算每个顶点的光强度（法向量和光源向量的点积，见代码清单 33-8），然后在三角形内使用 GL 来对顶点的光强进行插值，最后对插值结果进行二值化（见代码清单 33-9）。

代码清单 33-8　执行第一个卡通着色程序的顶点着色器

```
1   /* Camera origin in world space */
2   uniform vec3 wsEyePosition;
3   /* Non-unit vector to eye from vertex */
4   varying vec3 wsInterpolatedEye;
5   /* Non-unit surface normal in world space */
6   varying vec3 wsInterpolatedNormal;
7   /* Unit world space dir'n to directional light source */
8   uniform vec3 wsLight;
9   /* the "intensity" that we'll threshold */
10  varying float intensity;
11
12  void main(void) {
13      wsInterpolatedNormal =
14          normalize(g3d_ObjectToWorldNormalMatrix * gl_Normal);
15      wsInterpolatedEye =
16          wsEyePosition - (g3d_ObjectToWorldMatrix * gl_Vertex).xyz;
17
18      gl_Position = gl_ModelViewProjectionMatrix * gl_Vertex;
19      intensity = dot(wsInterpolatedNormal, wsLight);
20  }
```

代码清单 33-9　执行卡通着色程序的像素着色器

```
1    ... same declarations ...
2   void main() {
3       if (intensity > 0.95)
4           gl_FragColor.rgb = diffuseColor;
5       else if (intensity > 0.5)
6           gl_FragColor.rgb = diffuseColor * 0.6;
7       else if (intensity > 0.25)
8           gl_FragColor.rgb = diffuseColor * 0.4;
9       else
10          gl_FragColor.rgb = diffuseColor * 0.2;
11  }
```

不过绘制的结果并不令人满意(见图 33-6)：在三角形内部对顶点处的光强进行线性插值并二值化，其结果是两颜色区域的分界线为直线。如果对每个多边形都进行上述操作，那么每种颜色区域均呈现为明显的多边形边界。

如果在片段着色器中对顶点处的表面法向量和光源向量进行插值，然后基于插值结果来计算各插值点的光强，则光强将在多边形内平滑变化，而且在二值化后各颜色区域间的边界也是平滑的。在我们的这个例子中，由于光源为方向光，故仅对表面法线的插值有效果，但这一程序应可处理一般的光源类型。

课内练习 33.1：此程序又一次证明了这个原理：并不是每一对操作都是可以交换的。为了计算的简便或效率对两者的操作顺序进行交换仅仅在某些情况下能获得期待的效果。解释一下在本例中哪两个操作不能交换。

改进的程序仍可使用同一顶点着色器，只是我们不再需要声明或计算 intensity 值。改进的片段着色器见代码清单 33-10，绘制结果如图 33-7 所示。

图 33-6　使用顶点着色器生成的卡通着色效果：注意高光区域的尖角

图 33-7　使用片段着色器生成的卡通着色效果：注意茶壶光滑的边界

注意，在片段着色器中，我们采用的法向量值是先计算每个顶点处的法向，然后插值到当前片段并进行单位化得到的结果。

课内练习 33.2：假设在代码清单 33-10 的片段着色器中遗漏了单位化操作，绘制结果会有什么不同？它和第一版卡通着色器有怎样的不同？如果你不知道答案，实现两者然后进行比较。

代码清单 33-10　执行改进的卡通着色程序的片段着色器

```
 1  uniform vec3 diffuseColor; /* Surface color */
 2  uniform vec3 wsLight;      /* Unit world sp. dir'n to light */
 3  varying vec3 wsInterpolatedNormal; /* Surface normal. */
 4
 5  void main() {
 6      float intensity = dot(normalize(wsInterpolatedNormal),wsLight);
 7      if (intensity > 0.95)
 8          gl_FragColor.rgb = diffuseColor;
 9      else if (intensity > 0.4)
10          gl_FragColor.rgb = diffuseColor * 0.6;
11      else
12          gl_FragColor.rgb = diffuseColor * 0.2;
13  }
```

33.8　基本的 XToon 着色

最后，我们提供 XToon 着色的小部分实现。XToon 着色器使用二维纹理图(见图 33-8)来定义外观，但其使用方法与以往不同。我们使用与视点间的距离作为对纹理图纵向坐标的索引，因此越远的点其颜色就会越蓝，从而生成近乎**大气透视**的效果(观察发现，在户外场景中，距离更远的物体，比如山峰，看上去偏蓝色)，通过模仿此效果可以给观察者一种距离上的暗示。我们使用视线向量和法向量的点积作为对纹理图横向坐标的索引。当点积为 0 的时候（即位于轮廓线上），会索引到纹理图的中间部分（黑色区域），结果画出黑色的轮廓线。在这一纹理图中，位于底部的黑线比顶部更宽，这使远处点比近处点具有更宽的轮廓线。生成其他类型的风格变化也是可能的。

图 33-8   XToon 着色所用的二维纹理图。我们使用距离值作为纹理的纵向坐标索引，$v \cdot n$ 作为水平坐标索引

着色器的代码依旧很简单。在顶点着色器中，计算了每个顶点与视点之间的距离，见代码清单 33-11。

代码清单 33-11   XToon 着色程序的顶点和片段着色器

```
1    ... Vertex Shader ...
2    uniform vec3 wsEyePosition;
3    varying vec3 wsInterpolatedEye;
4    varying vec3 wsInterpolatedNormal;
5
6    varying float dist;
7
8    void main(void) {
9       wsInterpolatedNormal =
10         normalize(g3d_ObjectToWorldNormalMatrix * gl_Normal);
11      wsInterpolatedEye = wsEyePosition -
12         (g3d_ObjectToWorldMatrix * gl_Vertex).xyz;
13      gl_Position = gl_ModelViewProjectionMatrix * gl_Vertex;
14      dist = sqrt(dot(wsInterpolatedEye, wsInterpolatedEye));
15   }
16
17   ... Fragment Shader ...
18   varying vec3 wsInterpolatedNormal;
19   varying vec3 wsInterpolatedEye;
20   varying float dist;
21
22   void main() {
23      vec3 wsNormal = normalize(wsInterpolatedNormal);
24      vec3 wsEye = normalize(wsInterpolatedEye);
25      vec2 selector; // index into texture map
26      selector.x = (1.0 + dot(wsNormal, wsEye))/2.0; // in [0 1]
27      selector.y = dist/2; // scaled to account for size of teapot
28      gl_FragColor.rgb = texture2D(xtoonMap, selector).rgb;
29   }
```

绘制结果如图 33-9 所示。茶壶的轮廓线是用灰色-黑色绘出的，距离越远，轮廓线越粗，茶壶的把手比壶嘴颜色更偏蓝一些。

33.9 讨论和延伸阅读

对我们在本章中所讨论以及通过例子展示的内容，有人说："我怀疑你们所说的着色器就是我说的图形学！"这个观点不无道理：不管是在 CPU 还是在 GPU 上执行，Phong 着色模型进行的都是相同的计算。选择在哪里实现图形程序的此部分功能是一个工程问题：要看哪种方式最适合你的具体情况。由于 GPU 越来越并行化，而分支执行会损害其吞吐量，因此可以采取如下粗略的指导方针：把分支密集的代码安排在 CPU 上运行，而直线执行的代码则在 GPU 上执行。不过有时可以通过一些技巧使用算术计算来隐藏 if 语句。譬如使用

图 33-9　XToon 着色的茶壶，其中采用图 33-8 作为纹理

```
x = (u == 1) * y + (u != 1) * z
```

来替换

```
if (u == 1) then x = y else x = z
```

可以发现，没有固定不变的规则。做决策时需要权衡的因素包括软件开发成本、GPU 的输入输出带宽、GPU 各个着色器之间必须要传送的数据量等。

关于着色器编写技巧的新书一直在出版。这些书中介绍的很多技巧都是如何避开现有的 GPU 硬件或软件架构限制，而往往书刚出版不久它们就过时了。另一些有长期价值的书则阐述了如何将算法中要执行的操作最佳地分配到各个着色阶段中。

33.10 练习

下面所有的练习都需要进行实验。读者需要使用像 G3D 这样的 GL 包装程序，或者像 RenderMonkey〔AMD12〕这样的着色器开发工具。

33.1　编写一个顶点着色器，将物体上每一点的 x 坐标值修改为其 y 坐标值的正弦函数。

33.2　编写一个顶点着色器，将物体表面上每一点的 x 坐标值修改为其 y 坐标值和时间的正弦函数（读者需要将在主程序上通过系统时钟获得的时间值传入着色器）。可以写成下述形式：

```
gl_Position.x += sin(k1 * gl_Position.y - k2 * t);
```

这会生成一个波长为 $2\pi/k_1$，以 $2\pi/k_2$ 的速率移动的波。

33.3　编写一个顶点着色器，采用不同的单一颜色（在主程序中确定）来绘制每个三角形。这种做法对于调试程序非常有用。

表意式绘制

34.1 引言

在计算机图形学早期，研究人员力图生成看上去和我们眼睛观看真实物体完全一致的图像，而照片被认为是最为真实的，故绘制目标被确定为照片真实感。进一步的思考发现，每张照片只是场景光场入射到照相机镜头的一种缩影（condensation），不同的镜头、快门以及曝光设置、胶卷或传感器件等，都会影响所得到的图像。不过，"照片真实感"一词还是沿用下来。当研究人员尝试生成其他形式的图像时，他们采用"非真实感绘制"（non-photorealistic rendering，NPR）一词。Stanislaw Ulam 曾说过：谈论非线性科学就像谈论非大象类动物。相应地，我们也更愿使用**表意式绘制**（expressive rendering）这一术语，该术语抓住了生成图像的意图：图像不仅仅是表现未经处理的入射光，它可以传递更多的东西。

大多数传统的"绘制"（例如，艺术家对某场景的绘制）并不以严格的真实感为追求目标。鉴于艺术家和插图画家在描绘物体方面积累了丰富的经验，我们可以通过考察他们的作品来学到很多东西。此时我们必须了解艺术家的意图：一些作品力图呈现真实感，另一些则试图传递场景在他们心目中留下的印象，还有一些则为了进行简洁的交流（比如自动修理手册中的插图）或者做高度抽象化的表现（见图 34-1）。不同的意图影响着画家绘画时所做的选择：Toulouse-Lautrec 选择的风格传递出巴黎夜总会的气氛，它与 Leonardo 表现人的胳膊肌肉所选择的风格迥然不同。

表意式绘制可按作品的风格、意图、内涵以及抽象程度予以分类，其中每一个特征都不容易精确定义。场景建模也可以呈现出某种风格或支持某一艺术构思（比如剧场的座位设计或影片中的场景设计），精心的布局可以反映出设计者的意图甚至通过照片也能展现出某种

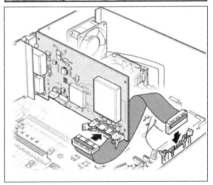

图 34-1　各种美术作品和插图的风格，从上到下为照片真实感（Harmen Steenwyck，包含水果和死禽的静景，1630）、印象派（Monet，日出，1872）和技术插图

抽象。因此在"表意式绘制"和"真实感"之间并没有明显的界限。不过，有些东西似乎自然地归入这一类或那一类。本章讨论有关"表意式绘制"的相关技术。广义而言，重在抽象和意图的作品属于"插图"，而"美术作品"则强调风格、内涵或者还有呈现的媒介。因此，很多科学可视化图像都涉及抽象以及作者旨在表达的意图，例如某一插图试图揭示血液在流动，但它既不表现细胞的颜色，也不刻画某一特定细胞的流动。Herman 和 Duke〔HD01〕给出了在可视化应用中采用表意式绘制的一个极好的例子。

在求解绘制方程的真实感算法和艺术技法之间自然有一些重叠。例如，在讲授插图的书中介绍了各种阴影（见图 34-2），每种阴影对应于绘制方程中解的某一部分。其中**直射阴影**对应于绘制方程解的级数展开中的第一个可见项，而**曲率阴影**则对应于双向反射率分布函数中的第一项（以及后续的一些项，但程度较弱）。除此之外，在创作一幅图像的过程中，创作者在做每件事时都需进行选择。这些选择都会影响到图像传递给观众的信息。有时这些选择涉及作品的**风格**——它使作品呈现某种个性，或者带有个人的烙印，或者使作品弥漫某种情调或者气氛——但更多时候它们涉及**抽象化**，一种突出物体的核心信息而忽略其无关细节的机制。

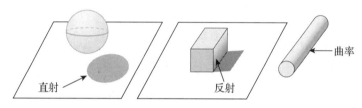

图 34-2　三种阴影（从左至右）：直射阴影、反射阴影和曲率阴影

归入第二种类别的图像间接地告诉我们，对视觉系统而言，哪些信息是重要的：正像讲述一个故事时我们总是试图描述最为相关的情节而忽略那些无关紧要的细节，在生成图像时，我们也有充分理由删除那些视觉上影响较小，或虽具有较大影响但并非重要的内容。实际上，各种图像简化制作技术反映出关于人类感知的某些机制：人们经常通过外轮廓或特征轮廓来描绘形状，这表明轮廓提供了有关形状的重要线索。而人物骨架线条画则表明人的某些姿势可以通过相对简单的骨骼位置信息予以很好的表达。为了揭示出人与地面的相对位置（是站在地面，还是跃起在空中），有时会在图像中采用阴影，此时精确的阴影形状与有无阴影相比就不那么重要了，如我们在第 5 章所见。

感知的关联性只是影响表意式绘制方式的一个方面。更重要的是如何对画面进行抽象，即通过去除不相关的信息来凸显重要的内容（对创作者而言）。在表意式绘制中需要考虑三种抽象方式〔BTT07〕：

- 简化。去除冗余细节，诸如在一个砖墙上仅画出少量砖块，或者在一件远离视点的起皱衬衫上仅画出少数最大的皱褶。
- 分解。将某一类物体与其个体分离。在画一只短尾的曼克斯猫⊖时，你既可以画一只具体的猫，也可以画一只一般的猫——一只可以识别为曼克斯猫的猫，而不是一个特定的个体。此时，你已将猫的个体特性从它的类别属性中分离出来。
- 图示化。用仔细选取的替代物表示某个对象，该替代物可能与其表示的对象并无很大的关联性，比如在一个电路图中三极管的图示（图 34-3）或者一个人的骨架线条画。

⊖　在曼恩岛上的一种几乎没有尾的原始猫。——译者注

正如 Scott McCloud[McC94]所观察的，"当逐步剥去一幅图像所含的细节直至只剩下最基本的'内涵'时，艺术家可以放大该内涵，而这是真实感艺术做不到的……例如，面部越是卡通化，它所能代表的人越多。"

对表意式绘制的研究相对而言比较新。许多早期的论文集中于对传统媒介和技法的模拟——钢笔画、水彩画、彩画玻璃、马赛克图案，等等。作为计算机图形作品，有些生成的图像的确令人惊讶，但从艺术的角度看，则令人难以恭维：因为它们只不过触及了艺术的表面。尽管如此，这些工作仍有很大的价值，它们不仅为后面进一步考虑作品意图和抽象的工作奠定了基础，而且还立即获得了应用。例如，基于铅笔草图风格的绘制隐含着绘制（或者要绘制的东西）并不追求完整或者具体细节并不重要。一个采用铅笔草图风格绘制的用户界面模型完全可供用户用来做初期测试，比如说"我需要的是一个发亮的旋钮"，而不是说"我不喜欢在旋钮上的有光泽感的高光"。

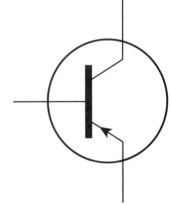

图 34-3　一个半导体的图示揭示了它的功能及含有的三个导体，仅此而已

34.1.1　表意式绘制的例子

在进一步讨论风格和抽象前，我们将考察一些早期的表意式绘制的例子（见图 34-4）。这些例子用到多种输入方式，从图像、纯几何模型到人工标注的模型都有。

第一个例子引自 Saito 和 Takahashi 的论文[ST90]，注意在绘制图像的过程中，可在每个像素上记录该处可见物体的深度值，或该点的纹理坐标，或表面的其他属性。他们运用图像处理方法检测画面上的深度不连续点，来提取物体的轮廓线；类似地，通过搜索导数不连续的像素可以检测出物体上的边（如立方体的边）。然后采用高亮颜色在原画面上绘制出这些轮廓线和边，可生成他们认为"更便于理解"的画面。上述绘制方法展示了他们的理念，即新添加的线条有助于视觉系统更好地理解。第二个例子——一幅由复杂模型生成的钢笔画——展示了**象征**(indication)手法的应用，即对周期性重复的图案（如木屋顶上铺设的木瓦，或者砖墙上的砖）仅画出其中一小部分来表意呈现整体图案的技术。第三个例子显示出一个多面体模型可见和隐藏的轮廓线，这些轮廓线均已实时提取并拼接成长的弧线段，然后按"风格"化的方法绘制，它提供了比简单的钢笔画更丰富的外观细节。第四个例子为一个风格化模拟的例子：绘制始于一个几何模型，但该模型表面已添加了许多精细的随机采样点，在每个点上附着一个笔画（一个或多个实际油画笔画的扫描纹理图像）以及某一颜色（由参考图像确定，该图像由原始场景采用传统的光照方法绘制生成）。然后按从后到前的顺序依次画出笔画，即可生成最终的图像。整个绘制过程还涉及许多其他的细节（包括笔画方向，参考图像生成等），但最核心的是要生成如同油画的外观效果。如果所选笔画和 Monet 作品的风格相似，参考图像的颜色类似于 Monet 的作品，所选择的场景也和 Monet 作品中的场景相似，则最后的绘制结果将类似于一幅 Monet 的油画。

34.1.2　本章结构

由于表意式绘制是比较新的工作，该领域贯穿全局的原理及结构尚未明确。因此，本章余下篇幅将讲述若干一般性的原则，它们因可应用于许多不同技术而值得加以讨论，接着将简介某些具体的方法，以演示各种要点，最后是对相关工作和未来研究方向的预测。

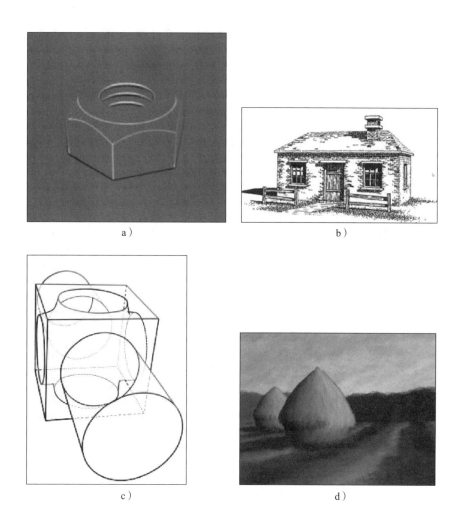

图 34-4　四个表意式绘制的例子。a)Saito 和 Takahashi 的基于深度图像的方法分别通过深色和浅色线来凸显物体的轮廓和边缘。b)在 Winkenbach 和 Salesin[WS94]的钢笔画风格绘制中，采用了象征（忽略重复细节）手法来简化房顶和砖墙的绘制。c)在 Markosian 等[MKG＋97]的工作中，轮廓曲线被迅速提取并拼接成长的笔画，以用于风格化绘制。d)在 Meier 的油画风格绘制中[Mei96]，在场景中物体的每个采样点上附着一个笔画，然后按从后至前的顺序绘制这些笔画，当视点变化时画面呈现出极好的时间连贯性（图 a 由 Takafumi Saito 和 Tokiichiro Takahashi 提供，©1990 ACM, Inc.，经允许转载。图 b 由 David Salesin 和 Georges Winkenbach 提供，©1994 ACM，Inc.，经允许转载。图 c 由 Brown Graphics Group 提供，©1997 ACM，Inc.，经允许转载。图 d 由 Barbara Meier 提供，©1996 ACM，Inc.，经允许转载）

34.2　表意式绘制的挑战

　　表意式绘制涉及风格、内涵、意图以及抽象，其中位居最前面的风格尚无精确定义，从而引发了一个很大的问题。"风格"可用来描述绘画的媒介（"钢笔画风格"），技法（"点刻"），标记动作（"自由草图"），标记组合或结构（"纹理风格"或"图案装饰风格"），以及更广泛的概念，如气氛（"一个黑色影片风格"）甚至是个性（"轻松的风格"）。不幸的是，所有这些只具有松散的关联性。很难想象用马赛克制作的图像呈现出黑色影片气氛并具有轻松风格。依据所有这些层面给出风格的清晰定义和特征分类依然是很难的，但对类似于从一种风格化绘制转换到另一种风格的问题，这是一个基本要素。

在操作层面上，现有的表意式绘制研究大多停留在单个物体的绘制，或者由若干个大小相近的物体构成的场景。而抽象化绘制也一般针对同一数量级上的尺寸。很少有表意式绘制系统能应用于足够宽广的尺寸范围并进行有效的绘制，比如《绿野仙踪》里的多萝西站在黄色的砖路上的场景，四周山地环绕，远处的翡翠城背景则用少量笔画示意画出。显然，尺寸仍是表意式绘制中一个极具挑战性的问题。

图 34-5　位于圆环边缘上的近于空间连贯的波浪线

连贯性是表述同一图像中邻近部分相互关联（**空间连贯**）或同一图像序列中相邻帧相互关联（**时间连贯**）的一个一般性术语。在表意式绘制中的空间连贯性问题可出现于多种情形。例如，假设我们打算用波浪线绘制物体的轮廓，则需要以大致相同的量对轮廓线上的相邻点实施位移，如图 34-5 所示。（如果各点的位移量是独立和随机的，位移结果将不再成一根线！）但如图中所示，如果我们简单地在轮廓的某一点开始向某一方向画一根波浪线，当重新返回该点时，其位移可能不再匹配，这种不匹配极易引起观察者的关注。

时间连贯性也与之密切相关。当我们对表意式绘制的画面进行动画演示时，笔画或者其他标记（如马赛克里的小块）会随时间变化。如果这些标记在相邻帧间变化太快，很容易令眼睛感觉不适。在早期无线电视（不是有线电视）中观看静止场景的情形可以作为例证。虽然静态"帧"的平均颜色为中性的灰色，但在观看时，你的眼睛会看到在屏幕上爬行或滚动的条纹等。如果在画面中的标记是点画（用点的疏密模式表现色调的明或暗）或者由短的笔画线构成的纹理，那么即使点画或者笔画呈现出某种时间连贯（即每个点画随时间缓慢改变位置，消失或者出现，或每条笔画的端点随时间缓慢移动），它们的动态变化可能形成比标记本身更强的感知线索。对于长的笔画，如又细又长的钢笔画线条更易感知其沿笔画垂直方向的运动；如果笔画对应于一个轮廓，则感知的运动与轮廓运动一致，而笔画沿自身方向的动态变化，例如，构成大轮廓一部分的短笔画不断收缩直至消失，则与轮廓运动不一致。

34.3　标记和笔画

很多表意式绘制是采用一些称为**标记**或者**笔画**的基元生成的。在点画中，一个钢笔点即为一个标记；在油画中，画笔在画布上的每一次运动为一个笔画。钢笔画通常混合运用标记和笔画来表现纹理、轮廓等。当然并非所有的表意式绘制都采用标记和笔画（见 34.7 节），但很多是。为什么？首先，很多表意式绘制方法模拟的是美术技法，笔画的使用大概源于原始人用一根树枝在泥土上画出某个形状。因此，采用标记和笔画的最简单理由是它们可以方便地生成，但更为重要的是它们会激发视觉系统产生反应。当我们在纸上画一个骨架线条画，或一个圆时，脑子中立即会将其视为一个三维形状（如某个人或球的形状）的表示。事实上，看形状的倾向几乎是一种共性。当我们观看一幅画时，看到的诚然是纸上的铅笔笔画，但被问及时却总是描述画中的物体，而不会说"我看到了纸上的铅笔笔画"。将笔画解释为所表示的形状与人的感知过程有密切关系，其中边缘检测是第一步。一个笔画似乎被直接理解成"边"的一侧，虽然在原理上每个笔画表达的应是边的两侧边缘，如同光线从亮到暗又从暗到亮的转变一样。

在表意式绘制系统中标记和笔画可通过多种方式生成。

第一种是扫描/拍照方式：首先拍摄画布上一个两侧颜色为对比色的笔画，然后，基于对比色，对笔画边缘附近的每个像素进行 α 值估计，依此可获得多个笔画样本。当需将它们绘制到虚拟画布上时，根据需要对这些笔画的扫描图像重新着色并将其合成到画布上。同样的方法也适用于炭笔画和铅笔画标记，当然也可以用于对马赛克画、蜡笔画的处理。上述方法看似简单，但对油画笔画的扫描以及处理实际上并不容易。

第二种方式是模拟美术技法，如模拟 Salisbury 等采用的钢笔画笔画[SWH97]。此处的核心系统会为每一个弯曲的笔画确定一条一般化的路径，而后笔画生成系统将生成一根样条来逼近上述路径。为了模拟手工画线的波动效果，沿路径法线方向添加一些小的扰动（波动程度由用户控制）。每个笔画的末端则画成锥形，锥形长度亦由用户控制。Northrup等[NM00]采用类似方法实现了类似于水彩画风格的绘制。虽然沿笔画法向对笔画的粗细做适当调整是个好的想法，但可能导致路径上相邻点的法线在焦点处出现交叉（见图 34-6）。这些问题大多数可以通过调整"法线"的概念进行处理，即允许法线做某种弯曲和压缩，Hsu 等在其关于笔画骨架的工作中采用了这一做法[HLW93]。

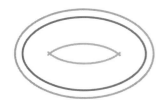

图 34-6　从中央红色曲线朝外做少量等距偏移生成的一条光滑绿线；而当红色曲线朝内侧等距偏移（由蓝色曲线表示）到焦点距离时，因等距曲线上相邻点的法线相交，形成退化情形——在蓝色曲线的两端形成尖锐点

最后一种方式是采用物理方法模拟绘画的媒介和工具。显然，物理模拟依赖于所构建的模拟对象模型，这些模型有的非常精确，有的则并非正式。Curtis[CAS⁺97]采用流体模型来模拟绘制水彩画时水和水彩颜料的流动（见图 34-7）；Strassmann[Str86]采用了一个最基本的笔刷物理模型（由一系列长度微小变化的鬃毛组成的线性数组，每根鬃毛都对不同的纸张和用户作画时施加在画笔的压力作出响应），此外还有纸张和墨水，使得用户可生成水墨画，如图 34-8 所示。Baxter 和 Lin[BL04]对上述模型进行了扩展，使之可处理更复杂的情形，包括鬃毛之间的相关性以及基于物理的笔刷和鬃毛变形等。

图 34-7　用 Curtis 系统生成的水彩画（由 Cassidy Curtis 提供，©1997 ACM，Inc.，经允许转载）

图 34-8　用 Strassmann 系统生成的一幅水墨画（由 Steve Strassmann 提供，©1986 ACM，Inc.，经允许转载）

34.4　感知与显著特征

正如第 5 章所讨论的，人类的视觉系统对入射光线的某些特征较为敏感，而对其他的则不那么敏感。这些人眼非常敏感的特征自然成为表意式绘制的最优选择。

候选的敏感特征包括侧影轮廓线、几何模型上的轮廓线、视觉上显著的轮廓（apparent contour）、示意轮廓线（suggestive contour）以及光场可以压缩为一根线之处。在计算机视觉中所有这些特征均可归入**边线**（edge）类，即画面上亮度变化最急剧的地方。注意，这些边线可能出现在不同尺寸下,即近处细看时可能亮度渐变而在远处看则亮度突变。已有证据表明[Eld99],所有尺寸上的边线的集合可以完整地刻画出一幅图像的特征。这也是基于梯度的表意式绘制技术最近若干工作的核心思想,对此我们将在 34.7 节中进行讨论。

在考虑应在画面上什么地方画线时,另一种方式是观察它们实际上被画在什么位置。Cole 等[CGL+12]制订了一项精心设计的实验来观察画家在取不同视角绘制单个物体的插图时会将线画在什么地方。他们发现画家更倾向于在遮挡轮廓线以及画面上呈现较大图像梯度之处画线,当然这并不意味着所有画的线都是如此。

在表意式绘制中也存在大尺寸方面的问题。在绘制一幅两人站在巴黎桥上的画时,我们可能会着墨于桥和人,而对作为画面背景的建筑物,只是勾勒其形状,也许会在埃菲尔铁塔上添加一些细节。这些选择表现了场景中较为显眼的特征,但是,倘若没有对整个场景的理解就无法采用算法依据图像数据确定其显著性。在大尺寸图像的表意式绘制中,目前仍需依据额外的用户输入来确定那些对感知而言可能非常重要的显著性细节。

34.5   几何曲线提取

因为在表意式绘制中常涉及景物的几何特征,如它们的轮廓,加之这些特征在几何中也是经常被研究的对象,因此它们有一套专门的词汇,但其用法在数学和图形中有所不同。在此我们沿袭数学中的用法。

首先,对位于背景前的某一物体,其侧影轮廓线(silhouette)即为物体图像和背景图像之间的边界线(见图 34-9)。假定有一个光滑物体,如球,如果 S 是一侧影轮廓点,则在 S 处的切平面将包含从视点到 S 的射线,而其切平面包含视线方向的点称为**轮廓点**(contour point),所有轮廓点的集合称为**轮廓线**(contour)。因此对于光滑物体而言,每个侧影轮廓点都是一个轮廓点,也就是说,侧影轮廓点是轮廓点的子集⊖。当然还有许多其他的轮廓点,如图 34-9 中下图所示,该图中轮廓线延伸到曲面内部。

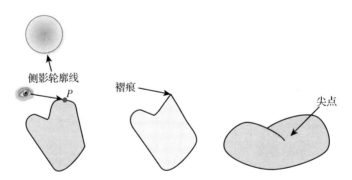

图 34-9   (左)侧影轮廓线分离出前景和背景。(中上)如果从视点到 P 的射线与曲面在点 P 相切,则 P 处于轮廓线上。(中)褶痕(crease)是一个点,在该点处周围相邻点的切平面收敛于两个不同的极限。若将上述定义适当弱化可给出在给定尺寸上褶痕的定义。(右)对于轮廓线 C 上的某点 Q,若 C 在该点处的切线与视点到 Q 的射线重合,则 Q 为 C 上的一个尖点(cusp)

设视点为 C,光滑曲面上的一点 P 为轮廓点的条件是:
$$\boldsymbol{n}(P) \cdot (P - C) = 0 \tag{34.1}$$
即曲面在轮廓点的法线与通过该点的视线向量垂直。

⊖   侧影轮廓线专指外轮廓。——译者注

遗憾的是，轮廓点在一些图形学论文中被称为侧影轮廓，这混淆了两个概念之间的区别。注意轮廓点 S 可能可见或不可见：唯一要求的是通过 S 的视线位于 S 点的切平面上。此外还有两个习惯称谓：其一是，我们上面所提的**轮廓**有时称为**轮廓生成器**（contour generator），而"轮廓"一词则常被用于表示**可见轮廓**；其二是，我们所提的轮廓也叫**折叠集**，虽然折叠集的定义更一般，除光滑曲面外还可扩展到多面体上[Ban74]。

在非光滑物体如多边形网格情形中，"切平面"和"法向量"的概念必须调整。方法之一是在曲面上构建一个平滑变化的法向场，例如，使其在每一面片中心与该面片的法线保持一致，而偏离中心处的法线则在各面片中心点的法线间平滑变化。虽然这个方法容易导致所生成的侧影轮廓点（位于画面上物体和背景之间的边界上）并非轮廓点（其法线与视线向量垂直），但非常实用。另一方法是认为两个面片之间的边对应于一个法向量的集合，该集合包含了位于相邻两面片法向间的所有法向量。图 34-10 所示为这一方法的一个简单例子：观察边 e 的两侧，将其相邻两面片的法向量 n_1 和 n_2 作为单位圆的点，可找到连接它们的大圆弧，称沿大圆弧所有点的向量为边 e 的向量。在选取大圆弧时，唯一的二义性问题出现在相邻两面片的法向正好相反时；这种情形下多面体是退化的（即相邻面片的内部相交），此时本方法失效（正如我们在光滑曲面上无法处理不光滑点的法向量一样）。

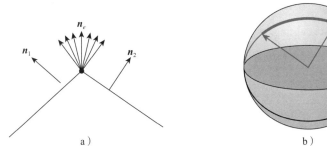

图 34-10　a）网格边 e 上的法向量集取自相邻面片法向量 n_1 和 n_2 间的插值。b）以原点为起点画出单位向量 n_1 和 n_2，则它们箭头的端点位于单位球面上，我们采用大圆弧插值来生成边 e 的法向量集

这个方法也可以扩展用于定义顶点的法向量集：顶点各邻接边的法向量在单位球面上对应的大圆弧链接成一个环，我们称该环内部球面点法向量的集合为顶点的法向。显然，这一方法也存在退化的情形：由于在球上任何简单封闭曲线均对应于两个不同区域的边界，我们必须在其中进行选择。如果多面体网格曲面在顶点处近乎平坦，则顶点附近区域内诸点的法向将较为接近，我们只需简单地在两区域中选择面积小的区域即可。当两个区域面积相等时则为退化情形。在实践中，当网格由光滑曲面的相对均匀且精细采样生成时，这样的顶点并不常见。

一般而言，多面体网格对轮廓提取这类问题并非一个好的起点，因为几乎网格上的每一条边都对应着法向量的不连续变化。在一些情形中，网格边是因对光滑表面实施面片化生成的。而在另一些情形中，网格边则为对原物体（如立方体）尖锐边的记录。若无进一步的信息我们将无法判断网格上的边属于哪一种情形。一些研究人员曾尝试各种阈值，但你只需观察一个精细切割的钻石就能意识到并不存在一个适用于所有物体的阈值。在处理实际问题时最好的办法是让建模者将那些两侧法向急剧变化的边标注成**褶痕边**，而其他边则**按光滑边**处理，或对其两侧法线进行平滑插值。此即为本章引言中所提到准则的一个例子，即你必须先了解当前的场景及你致力实现的目标，然后才能选取一种足够丰富的场景抽象化表示来抓住其重要的视觉特征。形状采用"多边形模型"表示早在表意式绘制出现之前，它缺乏足够丰富的视觉特征。同时它也是含义准则的一个例子：在多边形模型中的

"数字"并没有对应足够丰富的含义。

鉴于上面所述，代码清单 34-1 给出了一个绘制不自交光滑曲面多边形网格的可见轮廓和褶痕边的简单算法，网格上的每条边或由两个面片共享，或位于网格边界上。

代码清单 34-1   设视点为 Eye，画出多边形形状的可见轮廓、边界以及褶痕线

```
1  Initialize z-buffer and projection matrix
2  Clear z-buffer to maximum depth
3  Clear color buffer to all white
4  Render all faces in white
5
6  edgeFaceTable = new empty hastable with edges as keys and faces as values
7  outputEdges = new empty list of edges
8
9  foreach face f in model:
10   foreach edge e of f:
11     if e is a crease edge:
12       outputEdges.insert(e)
13     else if e is not in edgeFaceTable:
14       edgeFaceTable.insert(e, f)
15     else:
16       eyevec = e.firstVertex - Eye
17       f1 = edgeFaceTable.get(e) // get other face adjacent to e
18       if dot(f1, eyevec) * dot(f, eyevec) < 0:
19         outputEdges.insert(e)
20         edgeFaceTable.remove(e)
21
22 foreach edge in edgeFaceTable.keys():
23   outputEdges.insert(edge)
24
25 Render all edges in outputEdges in black
```

这一算法的关键思想为：边界边仅出现在一个多边形中，当所有为两个多边形面片共享的边处理完后，它们仍然会保留在表中；而对于为两个多边形面片共享的边，若其中一个面片的法向朝向视点而另一个面片的法向指向背离视点的方向，则该边为轮廓边。因此，所输出的边表包含了所有的轮廓边、褶痕线以及边界边。在初始化阶段中将曲面绘制成白色，可防止输出边表中被遮挡的边出现在画面上。在实践中，我们经常会将每条轮廓边朝着视点方向做少许偏移，这样它就不会被其所属面片掩盖。尽管这少量的偏移可能会使原本只是被轻微遮挡的轮廓边显现出来，但实用效果不错。第 33 章给出的另一不同的生成轮廓线的绘制算法可免受上述问题的困扰，但不能处理边界边或者褶痕线。

注意上述算法只是生成了一个待绘制的边表，它并不试图沿轮廓线画一个笔画，而只是将每一条边画成一根直线段。如想要沿轮廓线画一根长的光滑曲线（例如，若为样条曲线，可取边的顶点作为曲线的控制顶点，或者生成一根略呈起伏的曲线来传递一种手绘的"感觉"），则需要把边表中的边首尾链接起来。对于一个光滑的闭曲面，这样的链是存在的，在一般视图中，它们将在曲面上形成封闭的曲线（即闭合链）。（但褶痕边可能形成非闭合链。）遗憾的是，对于光滑曲面的多边形近似，则无这种简单的轮廓描述。如图 34-11 所示，从某些视点看，每条边都可能成为轮廓边，此时通过显然的贪婪算法（"搜索边表中与当前顶点邻接的另一条边，将其添加到闭合链中"）来生成链可能失败，生成横向相交的轮廓合链即为一例。

你可能会认为这个例子过于勉强，但即使是一个随机三角

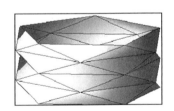

图 34-11   一个三角化的圆柱，从顶部往下看时每条边都是轮廓线

化的圆柱，从柱体的一端往另一方向看时也会看到很多的轮廓边（见图34-12），当然它们在最终图像中都投影于同一圆上，但却很难使这些笔画沿轮廓线保持一致[NM00]。

在 Zorin 和 Hertzmann 的工作中［HZ00］讨论了多轮廓线、非光滑轮廓线以及其他一些多边形轮廓线抽取中出现的问题。他们发现，"不管表面三角化如何精细，多边形近似网格的侧影轮廓线在拓扑上仍可能与原光滑曲面的侧影轮廓线存在明显差别。"为此，他们建议在每个网格顶点处计算下列函数：

$$g(P) = \boldsymbol{n}(P) \cdot (P - C) \qquad (34.2)$$

的值，对每一面片内各点则采用插值方法计算 g 值，然后提取网格表面上 g 值为 0 的所有点，称这些点的集合为轮廓线。若某顶点的 g 恰巧是 0，则微调其 g 值，由此可保证所生成的轮廓曲线由互不相交的多边形闭环组成，这对基于笔画的绘制无疑是理想的。图34-13 展示了这样绘制轮廓线的一个例子，其中采用了交叉影线（hatching）来进一步表现形状。

现在我们转到示意轮廓线、脊线和明显脊线。为便于讨论这些特征，我们必须先介绍**曲率**。图 $y = f(x)$ 在点 (x, y) 上的曲率可按如下公式计算：

$$\kappa = \frac{f''(x)}{(1 + f'(x)^2)^{3/2}} \qquad (34.3)$$

对于参数曲线 $t \mapsto (x(t), y(t))$，则为：

$$\kappa = \frac{x'(t)y''(t) - y'(t)x''(t)}{(x'(t)^2 + y'(t)^2)^{3/2}} \qquad (34.4)$$

对于实际中常见的多边曲线（polygonal curve），有简单的近似计算公式，但更好的方法是先用样条曲线逼近多边曲线然后再计算相应样条曲线的曲率。

课内练习 34.1：将图 $y = f(x)$ 转换成参数曲线表示：$X(t) = t$，$Y(t) = f(t)$，确认两者的曲率的公式完全一致。

对于曲面，其曲率计算要更复杂些。试考

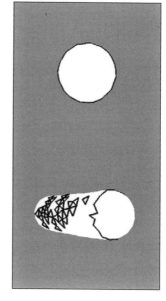

图 34-12　对如图所示的菱形形状，从其一端往另一端看其轮廓线为圆形，但从别的视角看则复杂得多（由 Lee Markosian 提供，© 2000 ACM, Inc.，经允许转载）

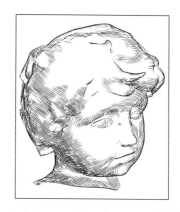

图 34-13　采用 Zorin-Hertzmann 算法绘制的轮廓线，头内部的明暗色调按表面曲率确定（由 Denis Zorin 提供，© 2000 ACM, Inc.，经允许转载）

虑半径为 r 的圆柱上的一点 P，可沿很多可能的方向来度量其曲率（见图34-14）：例如沿与圆柱轴线平行的方向，曲率为 0；沿与轴线垂直的方向，其曲率是 $1/r$。为了进行度量，我们过 P 点构建一个平面，该平面平行于法线方向 $\boldsymbol{n}$ 以及拟测量曲率的方向 $\boldsymbol{u}$。平面和圆柱相交形成一根曲线，其在 P 点的曲率可以采用方程(34.3)或者方程(34.4)计算。

对于圆柱面，前面所提到的两个曲率实际上是在点 P 处曲面沿所有方向 $\boldsymbol{u}$ 的曲率中最大和最小的曲率。正因为如此，它们被称为**主曲率**，一般用 κ_1 和 κ_2 表示，而相应的方向被称为**主方向**（对曲面进行表意式绘制的方法之一即沿其中一个或两个主方向绘制笔画 [Int97]）。注意两个主方向为正交方向；这对每个曲面上的每一点都成立（两个主曲率相等的情形除外，此时主方向无定义；称这样的点为**脐点**）。显然，主方向 $\boldsymbol{u}_1$ 和 $\boldsymbol{u}_2$ 以及相应的曲率 κ_1 和 κ_2 完全确定了曲面沿其他方向的曲率；若

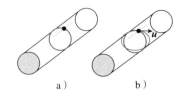

图 34-14   a)圆柱面的两个主曲率：沿着圆柱的轴向曲率为 0；而沿垂直于轴向的方向曲率是 $1/r$，这里 r 是圆柱面半径。b)若要度量圆柱面在 P 点沿其他方向 $\boldsymbol{u}$ 的曲率，可通过 P 点构建一个平面，该平面平行于 $\boldsymbol{u}$ 和圆柱面法向 $\boldsymbol{n}$，与圆柱面相交将生成一根曲线（非圆形的那条），其曲率即为所求

$$\boldsymbol{u} = \cos(\theta)\boldsymbol{u}_1 + \sin(\theta)\boldsymbol{u}_2 \quad (34.5)$$

则沿方向 $\boldsymbol{u}$ 的曲率（或**沿 $\boldsymbol{u}$ 的方向曲率**（directional curvature））是

$$\cos^2(\theta)\kappa_1 + \sin^2(\theta)\kappa_2 \quad (34.6)$$

注意上式与 $\boldsymbol{u}_1$ 或 $\boldsymbol{u}_2$ 的方向无关：例如，如果我们对 $\boldsymbol{u}_2$ 取反（给出一个同样有效的"主方向"），则 θ 的符号也将改变，进而改变 $\sin(\theta)$ 的符号，但 $\sin^2(\theta)$ 的符号不变。

34.5.1 脊点与谷点

可采用每个点 P 处最大方向曲率所对应的主方向 $\boldsymbol{u}_1(P)$ 来刻画**脊点**或**谷点**的概念：主方向可以连起来形成一条曲线，称为**曲率线**⊖（line of curvature）的曲线（见图 34-15）。当遍历一条曲率线时，主曲率 κ_1 逐点变化。在曲率线上其主曲率为局部最大值和局部最小值的点分别叫作**脊点**和**谷点**（见图 34-16）。由脊点和谷点形成的曲线可用来帮助理解形状，但为两个问题所困扰。其一是，实用时计算脊点和谷点的算法往往伴随"噪声"，即它们常会生成很多短线段，这些短线段除了显得杂乱外并不能提供有效信息。另一个是脊点和谷点通常成对出现，在我们认为有两根线的地方画家却只画一条线（见图 34-18 的例子）。

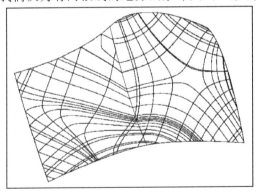

图 34-15   图中各曲线的切线或沿曲面的最大曲率方向或沿其最小曲率方向，在中心区域发生"弯曲"是因为该曲面是由两相邻的样条面片定义的（由 Nikola Guid 和 Borut Z'alik 提供，转载自 Computers & Graphics，volume 19，issue 4，Nikola Guid，Črtomir Oblonšek，Borut Žalik，"Surface Interrogation Methods," pages 557-574，©1995，经 Elsevier 允许转载）

⊖   更明确地说，可以在曲面上找到一条曲线 $t \mapsto \gamma(t)$，对每个 t，$\gamma'(t) = \boldsymbol{u}_1(\gamma(t))$，而 $\gamma(0) = P$；此即通过 P 的曲率线。

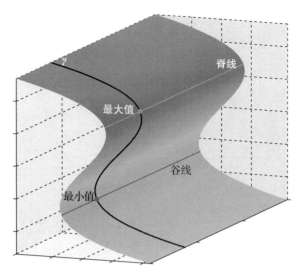

图 34-16　当遍历曲率线 γ 时，曲面 S 沿 γ 方向的方向曲率逐点变化。我们在其局部最大和最小值处予以标记，分别为脊点和谷点。谷线和脊线上的其余点分别对应曲面的其他谷点和脊点

34.5.2　示意轮廓

除了根据主曲率方向在曲面上定义若干曲线以找到曲面主曲率取局部最大值和最小值的点（如脊点和谷点）外，也可以基于另外一种依赖于我们观察曲面的视点而不是之前所述的基于曲面内在几何、与视点无关的向量场，这就是 DeCarlo 等提出的方法［DFRS03］，如下简述。

令 $v(P) = E - P$ 表示曲面上每个点处的视线向量。注意这个向量从 P 指向视点 E。用 $w(P)$ 表示 $v(P)$ 在 P 点切平面的投影。略去参量 P，则 w 可由下式定义：

$$w = v - (v \cdot n)v \tag{34.7}$$

这里 $n = n(P)$ 是点 P 处曲面的单位法向量。称沿 w 方向的曲率为**径向曲率** κ_r。注意径向曲率依赖于点 P 以及视点的位置，而非曲面的内在属性。

示意轮廓线由曲面上径向曲率为 0 的点组成，其中 κ_r 沿 w 方向的导数必须为正（即如果我们将 P 沿 w 移动到 $P + \varepsilon w(P)$，然后把所得点投影到曲面上，得到 Q，则对于足够小的 ε，$\kappa_r(Q)$ 值必须是正的）。DeCarlo 等采用"示意轮廓线生成器"来定义这些点，从而将"示意轮廓线"限定为我们所称的"可见的示意轮廓线"。示意轮廓线也可以采用其他两种方式予以描述。第一个特征是，它们为曲面上沿 w 方向其 $n \cdot v$ 取局部最小值的点；注意，对一般轮廓线上的点，$n \cdot v = 0$，则对示意轮廓线上的点，其 $n \cdot v$ 值在重新递增前会非常接近于 0。这一点与其第二个特征密切相关：当视点 E 移动时，轮廓线似乎也在沿着曲面移动（想象地球表面上晨昏线随着地球的转动而移动）。在这种运动过程中，有时会出现一段新的轮廓线，而这些新轮廓线上的点即位于之前视点的示意轮廓线上。正如 DeCarlo 等所述，示意轮廓线为在附近视点处所看到的轮廓线，但当更靠近当前视点时却并不存在与之对应的轮廓线。简言之，它们几乎可被认为是轮廓线。从另一角度看，假若曲面被一个靠近当前视点的光源所照亮，示意轮廓线将处于曲面上明区和暗区之间的边界上。正因为如此，我们很自然选取这些地方画线以便更好地揭示物体的形状（见图 34-17）。

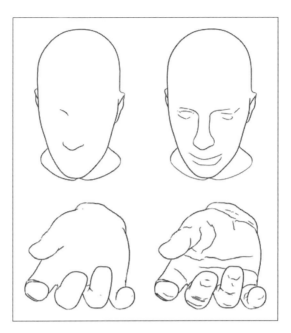

图 34-17   两个形状的轮廓线（左）以及示意轮廓线（右）（由 Doug DeCarlo 提供，
©2003 ACM，Inc.，经允许转载）

34.5.3   明显脊线

到目前为止讨论的例子已涉及一些特征：轮廓线与视点相关，而脊点和谷点则与视点
无关（除非我们仅需画出其中的可见点）。示意轮廓线也和视点有关，而且位于"人们期待
会看到线的那些地方"：如果曲面在某些区域波动明显，则这些点很可能在示意轮廓线上。
另一类线——明显脊线[JDA07]——也与视点相关（见图 34-18）。然而这种情形中的视点
相关性亦具有一个有趣的特性：它涉及曲面在某一特定视平面上的投影，且在该视平面而
不是在曲面上进行计量。由于物体在视平面上的投影即我们所看到的画面，在该平面上进
行的计量反映了人眼观察时可能进行的认知估计，因而位于轮廓线附近的轻微弯曲被画
出，而位于物体的前侧区域中同样大小弯曲度的波动则通常不画。

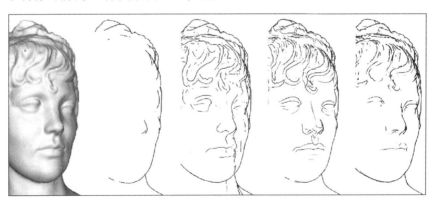

图 34-18   对一个模型加光照后的明暗视图、轮廓、示意轮廓、脊线和谷线、明显脊线（由 Tilke Judd 和
Fredo Durand 提供，©2007 ACM，Inc.，经允许转载）

34.5.4　非几何特征

表面的几何特征对确定在哪儿画线非常重要，其他方面的特征也起着重要作用，比如纹理：在画格子衬衫时，除画其轮廓线外，格子之间的条纹线也应该画出。这实际上是计算机视觉中边的概念的回归："边"即一定尺寸下表面亮度的不连续。这一思想在 Lee 等所提出的一个表意性绘制方法中被采用[LMLH07]。他们先采用传统的光照模型对场景进行初始绘制，然后基于这一绘制结果进行最终绘制。首先在初始绘制画面中搜索亮度不连续之处，然后在这些地方画线，以凸显物体的轮廓或表面上的纹理变化，如衬衫中的条纹。此外，他们还搜寻表面上细长的暗区并将其绘制成深色线，而细长的明亮区域则绘制成浅色线（见图 34-19）。最终画面上的大尺寸光照效果则通过选取某一阈值将初始绘制画面的亮度划分成**两种色调**[LMHB00]进行绘制。

图 34-19　含高光效果的抽象化色调绘制（由 Seungyong Lee 提供，©2007 ACM，Inc.，经允许转载）

34.6　抽象

运用线来描绘形状是一种抽象。在我们曾提过的三种抽象化绘制方式（简化、分离以及图示化）中，通过画线表现形状的方式属于第一或第二类，线绘制意味着去除细节，在有些情形中它可能会将特定的物体绘制成一般化的物体。

但即便采用轮廓线或其他线来描绘形状，仍可能会留下许多我们并不想要的细节。一块粗糙的花岗石表面含有大量的凹凸轮廓，但我们也许只想画出其外轮廓线，而忽略所有的由表面凹凸形成的内部细节轮廓。显然在尺寸和抽象间存在某种关联。一个经验法则是绘制具有同等重要性的场景中的物体时，其笔画数应与各自投影区域的大小（或投影面积的平方根，因为面积为 A 的圆的周长为 $2\sqrt{\pi A}$）成正比。简言之，在采用线条来描绘一个形状时，不仅需确定在哪里画线，而且需要考虑画线的数量是否超过了预期——此时，通过去掉或简化线条可以得到稀疏适度的表示。

对此可立即想到两类方法。第一类方法是先简化物体自身的表示（例如，若为细分曲面，可上移一层得到一个精度稍低但却更简单的表示）然后再提取线条。第二类方法是提取线条后再对其进行简化。

课内练习 34.2：对每一种方法，试列举出一些形状，其简化结果并不符合你的直觉。哪一方法更为"鲁棒"？

第二类方法曾为 Barla 等[BTS05]所实现。他们的算法输入的是一组矢量化的线（线画图中的线，即曲线），按如下两个准则来生成在视觉上相似的一组新线：

1）生成的新线均位于输入线位置处；

2）生成的新线与输入线的形状和方向保持一致。

算法先对当前尺寸上视觉相似的输入线进行"聚类"然后将其替换成较少的线，从而实现图的简化。

依据第二条准则，两条接近于平行的曲线可通过取近似平均的方式合并为一条新的曲线，但曲线的一端不能呈现发夹形弯折。如图 34-20 所示，左侧图中所画的单条发夹形粗线简化曲线不符合第二条准则，而右侧图中的粗线是较好的简化结果。

算法首先在所选尺寸上找到视觉相似的一组线的聚类，然后用单一曲线来替代该聚类。替代时，可简单地在聚类中挑选出一根有代表性的线，更复杂的策略是计算聚类中各线的某种"平均"，用其替换该聚类。图 34-21 展示了第二类方法生成的简化结果。

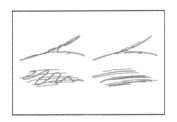

图 34-20　右侧图中的粗线是对输入的细线的一个较好的近似，而左侧图中的粗线则与第二条准则明显不符（由 Pascal Barla 提供，转载自 "Rendering Techniques 2005"，主编 Bala，Kavita，©2005，经 Taylor & Francis Group LLC-BOOKS 允许转载）

图 34-21　左侧的线画图由 357 根线条构成，右侧为只有 87 根线的简化结果（由 Pascal Barla 提供，转载自 "Rendering Techniques 2005"，主编 Bala，Kavita，©2005，经 Taylor & Francis Group LLC-BOOKS 允许转载）

从更高层次上看，对整个场景中作者或者观众并不关注的部分进行抽象化处理是合理的。然而倘若没有对整个场景的理解或对构画意图的把握（即在图中预先设置某种先验性的标记），要确定画面上哪些部分重要是不可能的。尽管如此，这一方法仍可以成为创作工具的一部分用在算法中控制简化的程度，如同在 Barla 等的算法中那样。DeCarlo 和 Santella[DS02]则根据观察者的视线来判断其对场景的理解。他们的系统输入的是图像，然后将其转换成线条画，画面中的大面积区域填充成同一颜色，不同区域间则以粗线隔开，简化后的画面表达了对场景的一种抽象，这种抽象方式与许多计算机视觉算法对场景的部分与结构的层次描述是一致的。为了实现这一变换，他们采用了眼动跟踪仪。概括地说，通过跟踪眼球来判定图像中哪些部分更受关注因而应采用更多的细节来表现。图 34-22 展示了输入的一个样本和处理结果。

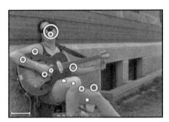

图 34-22　（从左至右）输入照片、眼动跟踪记录，以及采用 DeCarlo 和 Santella 的抽象和简化算法生成的结果（由 Doug DeCarlo 和 Anthony Santella 提供，©2002 ACM，Inc.，经允许转载）

也可以考虑一幅场景的线画图的动画，并基于时间连贯性对线画图中的笔画进行简化；其成功实现有赖于对运动（笔画在画面中位置或尺寸的改变）以及变化（笔画出现或消失）感知的深刻理解。

34.7　讨论和延伸阅读

本章介绍的两种抽象化技术可归入简化和分解这两类。是否也可通过图示化的方法实现画面抽象化，例如，能否从图像和绘画的大型数据库中学到图示化的方法？对此仍有待观察。

　　到目前为止在表意式绘制领域所做的许多研究都是模拟传统的媒体和绘画工具，然而计算机已向我们展示出创建新媒体和新工具的潜力，显然这比致力于模拟传统媒体更具有创造性。这里有两个例子，一个是 Orzan 等[OBW⁺08]提出的**扩散曲线**（diffusion curve），另一个是 McCann 和 Pollard[MP08]的**基于梯度域的绘画**（gradient-domain painting）。这两个例子都基于一种理念，即通过一定的计算，可使用户的一条笔画对整幅图像产生全局性的影响。

　　在基于梯度域的绘画中，用户通过熟悉的数字绘画工具界面对图像的梯度进行编辑。一条典型的笔画，例如在灰色背景中间画一道竖直线，将在该笔画两侧形成一个高的梯度，使得笔画左侧背景变暗而右侧背景变亮，而笔画自身则成为不同亮度区域间的边（即计算机视觉中的“边”）。通过改变笔画的宽度以及所取梯度值的大小，可以获得不同的效果。用户也可以抓取当前图像中的某一部分区域的梯度并将其作为一个笔刷进行编辑，以产生更有意思的效果。需要指出的是：用户当前编辑的图像梯度并非最终结果的准确梯度，最终的图像生成涉及对用户指定梯度的一体化处理，但结果中的梯度会尽量逼近用户给定的梯度值。图 34-23 展示了基于梯度域绘画方法对一幅照片的编辑结果，其中笔刷的梯度是从图像中的其他地方抓取的。

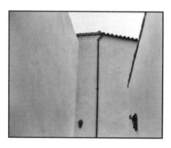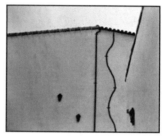

图 34-23　用梯度域绘画编辑的照片。屋顶瓦块以及排水管已被修改，左面的墙被去除。整个编辑过程只用到寥寥几笔（照片分别由 Christopher Tobias 提供，ⓒ2009；Nancy Pollard 和 James Mc-Cann 提供，ⓒ2008 ACM，Inc.，经允许转载）

　　扩散曲线方法也为用户提供了一个熟悉的数字绘画界面，但此时每条笔画被作为扩散方程的边界条件：在其基本形式中，位于笔画一侧的图像取某一颜色，而另一侧则取另一不同的颜色。位于笔画之间区域的颜色则由各笔画的颜色通过扩散方程来确定（即每个内部像素是其四个毗邻像素的均值）。虽然可以说，一条笔画能明显地影响一幅图像的整体外观，但若考察画面在视觉上的显著变化，可看到其效果仍然限于局部区域内：在无笔画的区域，画面亮度平滑变化，并没有形成视觉上明显的边缘。因此，扩散曲线这一工具让画家可直接运用视觉敏感的笔画作画。图 34-24 展示了一个示例结果。

　　很容易将这两种方法运用于动画生成。在对关键帧上指定位置处所设置的笔画插值时，它们作为边界条件所生成的全局求解结果亦将平滑变化，其时间连贯性几乎可自动保证。但画面上笔画出现和消失的情形是例外，对此仍需予以处理。此外，由于每一条笔画对画面的全局性影响，在图像某一部分的动画可能波及其他区域，从而对观看者的注意力形成干扰。毋庸置疑，风格化笔画的时间连贯性——诸如在钢笔画动画中的线条来回波动问题——仍然是一个严峻的挑战。

　　当今的视频游戏常特意采用非真实感技术来营造某种气氛或者风格，但要在整个游戏中保持该气氛或风格的连贯性，需要做高水准的艺术设计以及一个表意式绘制的工具。其中，既有对辅助艺术设计工具的需求，也有对场景非真实感绘制工具的需求，造型人员可运用这些工具来设定场景中各物体的相对重要性（及其随时间的变化），为简化算法提供依据。

图 34-24　基于少数几根扩散曲线绘制生成的画（Boissieux，INRIA）（由 Joelle Thollot 提供）

基于梯度域的绘画以及扩散曲线这类工具也许可称作"视觉元素"，作为画家作画的工具，但它们可能导致图像的全局性改变，这影响了其使用的方便性。若能找到这类工具的半局部性版本，使它们的影响区域可控制在指定范围内，就会方便得多。

运 动

35.1 引言

当你看到一个快速播放的、前后关联的图像序列时，这些图像会在你的脑海里融合，你会感觉画面中的物体正在动。并不必非得计算机播映：快速翻动绘制有卡通形象的书页和模拟电影放映(见图 35-1)也可以产生同样的运动幻觉。我们将其中的单幅图像称为**帧**(frame)，整个序列则称为**动画**(animation)。注意这两个词在计算机图形学中还有另外的含义，例如，一个坐标系可称作 "reference frame"，"animation" 既可指绘制生成的图像序列也可指描述某个物体运动的输入数据。

本章介绍了一些描述物体在 3D 世界中运动的基本方法。这些方法主要包括对关键位置(见图 35-2)的插值或者基于物理定律(见图 35-3)的动力学仿真。需要注意的是，虚拟场景中的物理定律不必与现实世界保持一致。

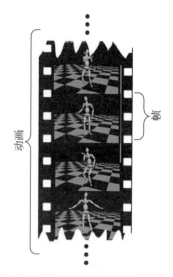

图 35-1　动画是图像帧的序列

图 35-2　从稠密的运动捕获数据[SYLH10]中提取一系列关键姿势，并让一个虚拟演员采取这些姿势来实现可视化(由 Moshe Mahler、Jessica K. Hodgins 提供)

图 35-3　将数百个复杂形状的物体堆集在一起进行牛顿力学[WTF06]刚体仿真。此类仿真在娱乐和工程应用中被广泛用来演练 "假如-结果" 场景。其主要挑战是效率和数值稳定性(由 Ron Fedkiw、Rachel Weinstein Petterson 提供，©2005 ACM, Inc.，经允许转载)

你所看到的角色动画大都由关键位置驱动，这些位置或由画家给定或通过捕捉演员的动作而获得（见图 35-4）。上述过程从计算的角度看并无特别的要求，但它需要画家的技能和时间，因而不仅动画成本高而且相对较慢。与此形成对比的是，动力学方法的计算具有挑战性，但基本上无须画家介入。这是一个利用计算机使人类的工作能力得以极大提升的经典例子。由于动画算法已变得十分复杂，而计算机硬件越来越高效、便宜，很自然的，采用动力学方法来生成更多动画已成为主体趋势。

图 35-4　动作捕获系统，如图所示的 InsightVCS 系统可以记录一个真实演员的三维运动，然后将这些运动赋给虚拟场景中的虚拟化身（由 OptiTrack 提供）

动画的艺术性和算法都是需要大量文字来描述的题目，即便综述也需要限定讨论的范围。本章将聚焦于基于物理的动画的计算和绘制，重点放在插值和绘制中的概念以及动力学方法涉及的数学细节上。动力学方法主要为对所估计的导数进行数值积分，深入领会相关的微积分知识会使你在处理系统稳定性和精度面对诸多困难时游刃有余。所采用的方法除物理仿真外也可用于其他数值问题的求解。值得一提的一个例子是，在动力学仿真中提出的积分方法已应用于光能传递中概率密度和光照辐射度函数的积分计算中。

还有很多生成动画的方法未在本章讨论，其中两个流行的方法分别为真人动作视频过滤（例如，如图 35-5 所示）和逐像素有限自动机仿真（例如，Conway 的游戏人生［Gar70］、Minecraft，以及各种"落沙"游戏）。视频过滤和有限自动机方法可成为有意思的图形学研究课题，尽管超出了本书的范围，我们仍向读者推荐。

图 35-5　Video tooning（视频卡通化）可以基于一段真人动作视频［WXSC04］生成动画。这种算法属重要的开放性研究，是一个很好的课题，但在本章中未对其做进一步讨论（由 Jue Wang、Michael Cohen 提供，Lean Joesch-Cohen 绘制并完成。©2004 ACM，Inc.，经允许转载）

最后，画家的参与不可或缺。没有富含表现力的输入数据即便最好的动画算法也效果不佳，最差的动画算法若由动画大师来操控亦能成功。这些输入数据由画家用动画工具生成，而动画工具本身是复杂的软件。要创建这样的工具，我们必须了解画家创作动画的目标和方法。这些工具将规范后面输入给运行系统的数据格式。

35.2　导引例子

我们首先用一些特设的方法生成简单场景中的运动。这些方法映射出动画的一些重要问题，并为它们发展为正式算法提供了思路。

35.2.1　行人（关键姿势）

考虑如何生成一个人在行走的动画。假定行人用第 14 章所述的三维网格建模，网格由一个顶点数组和三角形索引表表示。设画家已经创建了这个网格的一些变化形态，不同的形态拥有相同的索引表但不同的顶点位置。这些形态代表行人在步行中的不同姿势，每个姿势叫作**关键姿势**(key pose)或者**关键帧**(key frame)。这个术语可以追溯到手工卡通动画时期，那时由主动画师绘制动画的关键帧，助理动画师通过计算中间帧来完成"渐变"的过程。在 3D 动画的今天，**动画师**(animator)即为画家，他先设置网格的不同姿势，再由算法在这些不同姿势间进行插值。需要注意的是，在许多情况下，动画师和模型的创建者不是同一个人，原因是两者涉及不同的技能。在后面的章节中，我们将讨论一些可用来高效创建姿势的方法。而现在假设已有这些数据了。

虽然真实的行人也许永远不会有两次一模一样的姿势，但步行是一种重复性的动作序列，我们做一个常见的简化，即假设有一个步态**周期**(cycle)，它由有限个离散且重复的姿势来表示。为简单起见，假设这些关键姿势均按 1/4 秒的时间间隔出现，如图 35-6 所示。

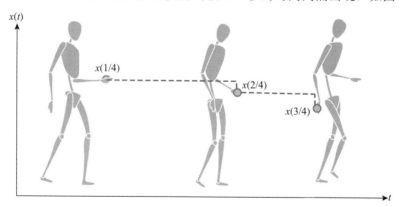

图 35-6　按时间对行人手上的一点的位置进行采样-保持插值

播放动画时，我们只需根据输入数据不断改变网格顶点的位置。大多数显示器的刷新频率为每秒 60~85 次（Hz）。但输入的数据是 4Hz，如果动画的每一帧都更新为下一姿势，则看上去人物会行走过快。一般来说，设 $p=1/4$ 秒为关键姿势之间的时间间隔，$x(t)=[x(t),y(t),z(t)]^T$ 是时间为 t 时的顶点位置。输入数据只指定了顶点在 $t=k*p$ 时刻的位置，其中 k 为整数，记其为 $x^*(t)$。对所有的顶点均做同样处理，这一过程很快即可完成。

如果中间帧采用**采样-保持**(sample-and-hold)的策略，动画将能以正确的速度播放。在公式（35.1）中，t_0 中语义括号为取下整数。

$$令\ t_0 = \lfloor t/p \rfloor p \tag{35.1}$$

$$\boldsymbol{x}(t) = \boldsymbol{x}^{*}(t_0) \tag{35.2}$$

课内练习 35.1：和采样–保持方法密切相关的是**最近邻方法**（nearest-neighbor），它将 t 四舍五入至一个最为接近 p 的整数倍的整数。

（a）写出最近邻方法的表达式。

（b）当 t 为 p 的整数倍值，为什么采样–保持方法和最近邻方法会得到相同的结果，每种方法都是平移 $p/2$? 正因为彼此的密切关系，这两个术语常被视为同义词。

如图 35-6 所示，采样–保持方法的插值结果并不光滑。以 60Hz 的速率播放，我们将看到一个姿势保持 15 帧，然后该角色将立即跳转到下一个关键姿势。我们可以通过帧之间的线性插值进行改善：

$$令 \; t_0 = \lfloor t/p \rfloor p \,; t_1 = t_0 + p \,; \alpha = (t - t_0)/p \tag{35.3}$$

$$\boldsymbol{x}(t) = (1-\alpha)\boldsymbol{x}^{*}(t_0) + \alpha\boldsymbol{x}^{*}(t_1) \tag{35.4}$$

线性插值可避免姿势之间的跳跃，各顶点的位置将平滑地变化，如图 35-7 所示。

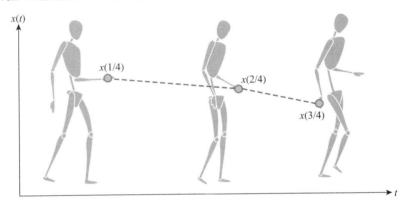

图 35-7　按时间对行人手上一点的位置进行线性插值

上式针对单个顶点。有几种方法可以将其扩展到多个顶点，这里举出三种方法。简单扩展是将同样的过程应用于顶点数组中的每个元素。即令 $\boldsymbol{x}_i(t)$ 为索引为 i 的顶点的位置，有

$$\boldsymbol{x}_i(t) = \begin{bmatrix} x_i(t) & y_i(t) & z_i(t) \end{bmatrix}^{\mathrm{T}} \tag{35.5}$$

上述运动方程的数组表示与索引型三角网格的表示相匹配，也和许多实时绘制 API 衔接，所以是一种自然的实现网格动画的方式。

另一种选择是保持插值公式（公式（35.4））不变，但重新定义输入和输出。例如，我们可以定义一个函数 $\boldsymbol{X}(t)$，它采用包含所有顶点位置的一个长列来描述系统的状态，而不仅仅是定义单一位置的矢量函数：

$$\boldsymbol{X}(t) = \begin{bmatrix} x_0(t) & y_0(t) & z_0(t) & \cdots & x_{n-1}(t) & y_{n-1}(t) & z_{n-1}(t) \end{bmatrix}^{\mathrm{T}} \tag{35.6}$$

注意，我们的推导过程并不涉及各顶点在向量中的排列顺序。所以，任意两个采用相同顺序排列的状态向量均可以进行线性组合，而向量中的每个元素则对应相应的坐标轴。当将线性插值扩展为样条插值时这种表示同样能很好地工作，甚至能进行数值积分，如本章后面所述。事实上，所选择的插值算法只是将其输入和输出简单地当作一个单一的高维点，尽管在我们看来它是一个排成一串的网格顶点序列。

另一个选择是用矩阵重新定义位置函数：

$$\boldsymbol{X}(t) = \begin{bmatrix} x_0(t) & x_1(t) & \cdots & x_{n-1} \\ y_0(t) & y_1(t) & \cdots & y_{n-1} \\ z_0(t) & z_1(t) & \cdots & z_{n-1} \\ 1 & 1 & \cdots & 1 \end{bmatrix} \tag{35.7}$$

这种表示和坐标变换的矩阵形式相一致，我们可通过 $\boldsymbol{M} \cdot \boldsymbol{X}(t)$ 来计算坐标变换，其中 $\boldsymbol{M}$ 是一个 4×4 的矩阵。

上述每一种表示方法均可以按在内存中保存的方法运行，但采用不同的表示方法将对构建求解动画问题的理论工具以及算法实现的软件接口产生影响。实际上，类似的表示都已用于面向不同任务的动画中。

最后，考察一下上面改进的插值算法目前的状况。虽然由线性插值生成的顶点运动是连续的，但这种简单的关键帧插值方法仍存在一些问题。

- 顶点的运动为 C^0 连续。这意味着，尽管顶点位置在不断变化，但转换为新的步态之前顶点的加速度一直为零，而在关键帧处却为无穷大。采用 C^1 连续或更高连续阶的样条插值可以改善这一状况（见图 35-8）。

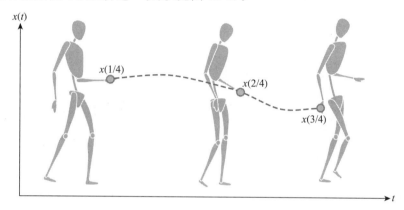

图 35-8　采用三次样条按时间对行人手上一点的位置进行分段插值

- 所生成的动画并不保体积。考虑行人的各个关键步态，若在动画中该行人围绕某个轴旋转 $180°$，不论采用线性插值还是样条插值，都会导致该行人逐渐变成一条扁平的线，然后再扩展成新的步态，而并非转动。
- 步行周期并未考虑行走的地面，如果行人是在爬山或上楼，插值生成的脚可能悬空或穿入地下。
- 插值生成的各段动画虽然光滑，但在各段动画之间的过渡可能仍显突兀。
- 我们不可以对行人的不同部分分别进行控制。例如，在两条腿走路时需要让双臂进行摆动。
- 目前的动画模式并不提供交互或高层次的控制。当前的算法中没有手臂或腿的概念，而仅仅是一个顶点数组。
- 仍需要一种方法来创建动画数据，例如通过手工输入或对真实世界的实例进行测量。
- 所考虑的动画均针对一具体的网格。以目前的方式制作动画十分耗时。若能将一个网格的动画传递到代表不同行人的另一网格将会便捷许多，而这意味着需将动画的对象从顶点层次抽象到更高层次，如四肢。（25.6.1 节所介绍的网格变形传递即为这种技术的一个例子）。

课内练习 35.2：创建一个简单的动画数据格式和播放程序来探讨上述想法。动画角色可采用简化的二维笔画图而不是三维人物模型。手工输入关键帧处的顶点位置并保存为文本文件，并用四帧动画来表现一个步态周期。即便生成只有四帧的动画也是具有挑战性的，试说明其中理由。你可以构建怎样的工具来对这个过程进行简化？线性插值的那些方面所导致的播放效果不能令人满意？

35.2.2 开炮(仿真)

让我们来绘制一艘帆船开炮的动画，如图 35-9 所示。我们将炮弹表示成一个黑色的球体，因而可以忽略它的朝向而只关注其质心(即局部坐标系原点)的运动——**根运动**(root motion)。忽略风力和重力加速度轻微变化所产生的影响，炮弹击发后受重力的影响将保持恒定的加速度。物理教科书给出了恒定加速度下的物体运动方程：

$$\boldsymbol{x}(t) = \boldsymbol{x}_0 + \boldsymbol{v}_0 t + \frac{1}{2}\boldsymbol{a}_0 t^2 \tag{35.8}$$

其中 $\boldsymbol{x}(t)$ 是三维位置，t 是时间，$\boldsymbol{x}_0 = \boldsymbol{x}(0)$ 是物体的初始位置，$\boldsymbol{v}_0$ 是物体的初始速度，$\boldsymbol{a}_0$ 是恒定的加速度。在 m-kg-s 单位制中，位置的单位为米，时间单位为秒，速度单位为米/秒，加速度单位为米/平方秒。该本教科书中给出的地球重力加速度为 9.81m/s^2(方向朝

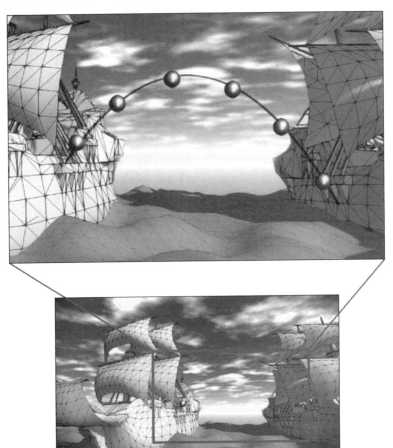

图 35-9   动画中的一帧(底部图)以及由描述炮弹飞行过程的各动画帧叠加而成的细节图(顶部图)。炮弹飞行轨迹按物理程序计算

下）。在本章的后面我们将看到这些公式和常量是怎么得来的，现在就以此为基础。一艘 18 世纪的船舰上的球型炮弹重 11kg，其射出初速度为 520m/s。假设 y 轴向上，射击仰角与水平 x 轴成 $\pi/4$ 角度，初始条件为：

$$\boldsymbol{v}_0 = (520\cos(\pi/4), 520\sin(\pi/4), 0)\,\text{m/s} \tag{35.9}$$

$$\boldsymbol{a}_0 = (0, -9.81, 0)\,\text{m/s}^2 \tag{35.10}$$

实际生成动画时，需以很小的时间间隔生成许多帧独立的图像（见图 35-9）。当这些图像连续快速播放时，观众不再感觉是一帧帧单个的图像，而是看到炮弹在空中平滑地穿过。可实际生成一段包含 N 个独立帧的 T-秒动画的代码如代码清单 35-1 所示。

代码清单 35-1　炮弹绘制过程的即时模式绘制

```
1   float speed = 520.0f;
2   float angle = 0.7854f;
3
4   Vector3 x0 = ball.position();
5   Vector3 v0(cos(angle) * speed, sin(angle) * speed, 0.0f);
6   Vector3 a0(0, -9.8f, 0);
7
8   for (int i = 0; i < N; ++i) {
9       float t = T * i / (N - 1.0f);
10      ball.setPosition(x0 + v0 * t + 0.5 * a0 * t * t);
11
12      clearScreen();
13      render();
14      swapBuffers();
15  }
```

对 swapBuffers 函数的调用是非常重要的一步。如果简单地清除屏幕并重复地对场景进行绘制，观众将看到不断闪烁的画面，这是因为每一帧画面都是逐个像素生成。为此，我们维持两个帧缓存器：由静态的**前缓冲器**（front buffer）为观众显示当前帧，而在**后缓冲器**（back buffer）中绘制下一帧图像。调用 swapBuffers 相当于告诉绘制 API，已完成下一帧的绘制，可以交换两个缓冲器中的内容并将下一帧图像显示给观众。这一方法称为**双缓冲**（double-buffered）绘制。

这是基于动力学描述运动过程的一个简单的动画例子。虽然上述步骤可生成令人满意的动画，但也提出了若干问题，有待我们在一个更一般的处理运动过程以及动力学的框架中予以讨论。

- 我们的方程并未考虑炮弹在水面掠过、沉入水中，或击中目标船等情形。我们应该怎样检测、表现炮弹击中的情形并对环境做出相应的改变？
- 我们可以通过炮弹飞行的抛物线和目标船（或水面）的交点来计算飞行时间 T。但应如何选择这段时间内绘制的帧数 N？
- 如果物体并非受单一的力，如重力，而具有常数加速度，那会怎么样？例如，船在水中会怎样运动？
- 对于一个无特征的球，我们可以不考虑其朝向。一个任意翻转的球可用怎样的运动方程来描述？
- 设想某种不以弹道形式移动的物体的运动（例如，人跳舞[PG96]）。要从物理学的基本原理导出其运动方程的确很难，而让一个动画师给出一个描述该运动的显式方程也难。那该怎样做呢？

35.2.3　走廊导航(运动规划)

考虑一个悬浮的遥控机器人在建筑物内的巡逻运动(图 35-10)。我们选择悬浮的机器人,可避免考虑轮子转动、四肢行走以及网格形变等方面的问题。机器人的整个运动均可以看成是相对于参考坐标系(定义刚性的机器人网格所采用的坐标系)发生的变化。参考坐标系称为机器人的**根坐标系**(root frame),而其运动称为**根坐标系的运动**(root frame animation)。[⊖]

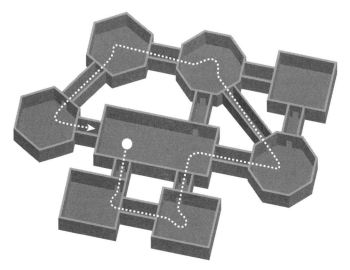

图 35-10　如何为一个按导引路径穿过走廊的人选择关键姿势属于计算机图形学和人工智能之间的接口问题(图选自[AVF04],其中讨论了基于 AI 方法的运动规划)

若假设机器人为一个均匀的球体,以避免表示旋转坐标系,则机器人的动画可以简单表示成其根坐标系的一系列平移变换,$x(t) = \cdots$。我们可以采用关键帧插值或者仿真来求解这一问题。当然最好采用混合式策略:基于关键帧给出一条理想的路径,再基于其受力情况(如地心引力、悬浮机制、牵引力)来模拟机器人大致沿这条路径的实际运动,从而既满足了高层次的运动约束又考虑了真实世界的物理规律。

那么如何获取关键帧呢?对于行人的步行周期,我们可假定动画师采用了某些工具来创建关键帧。但要准确模拟一个自主机器人的巡行或创建一个交互式应用程序,不可能依赖动画师。机器人必须根据目的地动态地选择自己的关键帧,比如如何走到一个特定的房间。这是一个人工智能(AI)问题。现实世界中的机器人以及非操控角色的视频游戏通常采用某种形式的路径选择算法。路径选择在计算机科学中已经研究多年,大多将其抽象成一个图学问题。但对于三维的虚拟世界,我们需要解决的不仅是图学问题,还需要解决源于具体房间的几何形状和多个角色交互的局部性问题。一种常见的方法是采用传统的 AI 路径选择算法(如 A^* 算法)来创建一个根结点的运动样条,然后再使用贪心算法估计前面一个小的时间段内的路径,并避免局部范围内的碰撞。

到目前为止,我们仅考虑了导航中平移型的根坐标系运动。当需要考虑四肢的运动、协同多个角色或涉及模型变形时,合成动态人物的运动将更具挑战性。这个带有一般性的问题称为**运动规划**(motion planning),它不仅是计算机图形学领域的一个研究问题,也是

⊖　这是一个根据上下文来判定有关运动的技术名词多重含义的一个例子。上面的"frame"指的是坐标系,而不是一帧图像;而"animation"指的是真三维的运动,而不是一个图像序列。——译者注

人工智能和机器人技术领域的研究问题。大多数解决方案源于本章所描述的原理和算法，然而它们也常利用搜索和机器学习算法，涉及更多的 AI 知识背景。引出这一问题后，我们暂且将它搁置到一边。本章的剩余部分概述未考虑人工智能的基本体元的运动，重点是刚性体元的运动。

35.2.4　符号

动画算法中的变量常从多个方面予以描述。参考坐标系有三个平移维度和三个旋转维度，所有变量均为时间的函数，而且许多变量为数组以便同时处理多个物体或顶点。我们采用的算法也常涉及一阶和二阶导数，而且经常需考虑一个事件（例如碰撞）发生之前和之后的瞬时值。

动画中的特定符号可以满足上述要求。有别于本书其他地方涉及绘制时通常采用的符号，下面的符号（常见于各种动画文献）仅适用于本章（见表 35-1）。

表 35-1　本章常用符号及其含义

符号	说明
$f(t)$	t 时刻标量函数 f 的值
$\boldsymbol{x}(t)$	t 时刻函数 $\boldsymbol{x}$ 的向量值
$\dot{\boldsymbol{x}}(t)$	$\dfrac{\mathrm{d}\boldsymbol{x}(t)}{\mathrm{d}t}$
$\ddot{\boldsymbol{x}}(t)$	$\dfrac{\mathrm{d}^2\boldsymbol{x}(t)}{\mathrm{d}t^2}$
x_i	有序排列的同类元素集合中的第 i 个元素
$\boldsymbol{x}[1]$	向量的第一个元素
$\boldsymbol{x}_i$	向量数组的第 i 个元素
$\dot{\boldsymbol{x}}^-$	事件前的瞬时值（单侧的导数）
$\dot{\boldsymbol{x}}^+$	事件后的瞬时值
$\boldsymbol{X}(t)$	整个系统的理想状态函数
$\boldsymbol{Y}_i \approx \boldsymbol{X}(i\Delta t + t_0)$	由数值积分方法计算得到的系统第 i 帧的实际状态

为了给其他类型的字母上方标记留出空间，用黑斜体字表示向量（例如，$\boldsymbol{x}$）。$\boldsymbol{x}$ 上一点，即 $\dot{\boldsymbol{x}}$，表示 $\boldsymbol{x}$ 关于时间的一阶导数。这是物理学中一个常见符号。在动画中，时间变量可见于所有公式中，用 t 表示（除了积分时需要的临时变量外），因此，所有导数都是关于 t 的（例如，$\dot{\boldsymbol{x}}(t)=\dfrac{\mathrm{d}\boldsymbol{x}}{\mathrm{d}t}(t)$）。多个点表示高阶导数（例如，$\ddot{\boldsymbol{x}}(t)=\dfrac{\mathrm{d}^2\boldsymbol{x}}{\mathrm{d}t^2}(t)$）。

这种点标记存在两个风险。第一个是 $\dot{\boldsymbol{x}}$ 这种紧凑的标记方式，让人很容易忽略后面的"(t)"，误将速度表达式的值当作一个变量而不是一个函数。当对一个复杂表达式（如与速度相关的动量）求导时，忘记速度是时间的函数可能会使你忘记使用链式法则，从而导致错误。例如，考察含有两个参数的函数 $p(m,v)=mv^2/2$（这恰好是动量方程）。我们可以对其求偏导，$\dfrac{\partial p}{\partial m}(m,v)=\dfrac{1}{2}v^2$；$\dfrac{\partial p}{\partial v}(m,v)=mv$。在动画论文上你可能会看到作者对这一函数的如下描述：$p(m,\dot{x})=m\dot{x}^2/2$，甚至会看到 $\dfrac{\partial p}{\partial \dot{x}}(m,\dot{x})=m\dot{x}$。在这里，$\dot{x}$ 被视为如同 v 一样的变量，到目前为止它几乎是合理的。但也常会见到 $\dfrac{\mathrm{d}}{\mathrm{d}t}p(m,\dot{x})=m\dot{x}\,\ddot{x}$，因为 t 并

非 p 的参数，所以看上去有些古怪；$\dot{x}$ 也从一个上方正巧含有点符号标记的变量变成了一个关于时间的函数，而它关于时间的导数则被标记为 $\ddot{x}$。因此，为了清楚起见，在本章中，当需要定义一个这样的函数时，我们会写成 $p(m,t)=m\dot{x}(t)^2/2$，或者写得更长：

$$p^*(m,v) = \frac{1}{2}mv^2 \tag{35.11}$$

$$p(m,t) = p^*(m,\dot{x}(t)) = \frac{1}{2}m\dot{x}(t)^2 \tag{35.12}$$

$$\frac{\partial p(m,t)}{\partial t} = m\dot{x}(t)\ddot{x}(t) \tag{35.13}$$

第二个问题是动力学系统的实现经常会涉及高阶复合函数。也就是说，它包含了采用其他函数作为参数的函数。在编程中，参数函数叫作一级函数或函数指针。向量函数 x（例如，`Vector3 position(float time)`...）和这个函数在 t 时刻的向量值 $x(t)$（即 `Vector3 currentPosition;`）有着本质的区别。如果传递的参数出错将导致程序错误。因此，在本章中我们始终使用函数符号来表示导数。然而，需要注意的是，在动画文献中，变量和函数符号之间的切换是司空见惯的事。

下面为这种表示的一个重要例子。在叙述本章动力学部分占主导的数值积分方法时，我们将三种基本表示的符号区分开来。一是物体的位置（可以仅仅是位置，或包含有其他扩展信息），用 $x(t)$ 标记，为向量函数。该向量的组成元素可为 x、y、z 坐标，或者是这些坐标和相关的旋转（以及其他的姿势）信息。因为一个动态系统中可能存在多个物体，或者物体上有多个点，我们需考虑多个函数的集合，它们在 t 时刻的值分别被表示为 $x_1(t)$、$x_2(t)$ 等。整个系统的状态函数包括所有位置函数及其导数的集合，其在 t 时刻的值记为 $X(t)$。状态函数为 t 的连续函数。

当我们用一个离散步长的数字积分器来逼近状态函数时，指的是计算给定步数时状态函数的值，并用 $Y_i \approx X(i\Delta t + t_0)$ 表示。需要指出的是，对于给定的 i，Y_i 不是一个函数而是一个值，在程序中它通常表示为一个（三维）向量数组。也可以将它看成是离散时间域上的函数，第 i 步的值为 $Y[i]$。但是，我们不采用这种标记。原因有二：第一，我们保留括号，将其用于标记向量值中的元素。第二，通常一次计算只得到一个 Y 值。这可能产生 Y 是一个离散函数或数组的误解（因为每次在内存中出现的只是一个值）。而 Y_i 则易于理解为程序迭代过程序列中的第 i 个元素，这才是这个符号应有的含义。

35.2.4.1 从更高层次看符号

学习动画中的数学理论最初遇到也是最具意义的挑战是熟知和掌握各种符号。我们一直尝试在本章中采用相对简单且和现有体系相一致的符号。为使有些内容能表述得如同牛顿定律一样简单，需要学习一种大规模的、新形式的语言。

如何选择符号标记是一件复杂的事，因为在一个形式化的计算系统中，需要通过符号来呈现"位置"的多方面属性及其取值的含义。实际上，这些属性与推导过程揭示了动画的基本规则及其具有的能力，它告诉你什么才是重要的（因为在动画描述的虚拟世界中，物理定律的描述是任意的、可变的）。从计算的角度看，有许多方法可用于积分和插值，但没有最佳的解决方案。

举一个具体的例子，理解积分器的输入和输出其实比理解积分算法本身更重要。很多的积分算法实际上都可纳入指定数据流的同一个积分系统中。因此，符号确实传递了一些重要的语义。所以，花一点时间以确保你了解方程中 x 和 x 之间的区别是值得的。

35.3　绘制的考虑

我们现在考虑几种动画和绘制相互关联的技术，包括使动画看起来更光滑的双缓存、三缓存显示技术以及产生运动模糊使物体的运动看上去平滑的所有方法。

35.3.1　双缓存技术

当显示器的刷新速度比处理器绘制一帧的速度更快时，直接将绘制结果写入显示缓存器将出现不完整的画面，显然这并非我们所期待。**双缓存技术**（double-buffered）则将当前帧的绘制结果写入屏幕**后缓存器**（back buffer），而让**前缓存器**（front buffer）为观众显示前一帧的画面。当后缓存器绘制完成，两个缓存器进行交换，或者将后缓存器的内容复制到前缓存器，或者将显示器的指针在两个缓存器之间来回移动。代码清单 35-1 中的炮弹代码显示了一个如何通过交换缓存区实现双缓存绘制的例子。当然，双缓存绘制占用的内存是常规帧缓存的两倍。

模拟向量示波器（示波器）的显示器没有缓存区，它通过模拟方式驱动电子束实时偏转来跟踪显示器表面的真实线条。显然这种显示器不可能实行双缓存绘制：它一边绘制一边显示画面。向量示波器如今已很少使用，虽然某些特殊用途的激光投影仪采用相同的显示原理，但有着相同的缺点。

对于采用数字帧缓存器驱动的显示器，对交换操作的处理必须小心。由于 CRT 采用单根电子束扫描显示光栅，因此需写入帧缓存区的像素必须等到电子束回扫到相应的屏幕显示像素时才予以更新。虽然 LCD、等离子以及其他现代平显技术已能够同步刷新所有像素，但为了节省成本，一台具体的显示器可能并不包含对每个像素进行独立控制的信号。不论哪种情形，类似于 CRT，显示器需以扫描整个帧缓存器所获得的串行信号作为输入。因而，对于当今的大多数显示器，其缓存器的内容必须在两次扫描之间进行交换。否则，在屏幕的顶部和底部可能呈现不同帧的内容，从而导致**画面撕裂**（screen tearing）。当屏幕显示的画面切换时，依据屏幕刷新频率和动画帧频的比率，光栅将向上或向下滚动刷新。

避免画面撕裂的方法是**垂直同步**（vertical synchronization），即等屏幕刷新时再交换帧缓存器。但这样做可能拖延绘制处理器的运行使之不得不同步于显示器的刷新周期。两种常见的解决方案是放弃垂直同步（这意味着接受由此引发的画面撕裂现象）和三缓存技术。所谓**三缓存**（triple buffering）技术，即在一个循环队列中同时维护三个帧缓存器，这使得绘制程序可以随时开始绘制下一帧而不必虑及显示器的刷新频率。当然，绘制程序仍需大致维持与显示器的刷新频率或与循环队列填满或变空的速度同步，这可能导致显示器或绘制器有时处于等待状态。循环队列可以直观地通过帧缓存器数组实现，每次按序调用，或采取共享同一个前缓存器的两对双缓存器。三缓存绘制的缺点是大大增加了帧缓存所占用的存储及所带来的用户输入和显示之间额外的延迟。

35.3.2　运动感知

运动感知是人的视觉系统一种神奇的能力，它使计算机图形动画成为可行。当今视觉系统的生物模型表明，眼睛或大脑中并不存在相当于刷新频率或统一快门之类的机制，然而，我们能感知以适当的帧频显示的序列画面中的物体在平滑地运动，而不是在离散位置之间跳变或者一些离散的物体在画面中不断出现和消失。

一般认为运动感知主要发生在大脑内。然而视网膜确实可保持正残留影像数毫秒，这可能会对大脑的运动感知产生影响。这与负残留影像截然不同，负残留影像是眼睛长时间凝视强刺激目标后出现的。

由于正残留影像效应，人类视觉系统只对低于 25Hz 的快门开闭或图像变化引起的闪烁强烈敏感，而对帧频超过 80Hz 的闪烁则完全不敏感。这就是为什么荧光灯以 50Hz（欧洲）或 60Hz（美国）的频率闪烁几乎不被察觉，也是为什么大多数的计算机显示器采用 60～85Hz 的刷新频率的原因。

Beta 现象（Beta phenomenon）[Wer61]，有时也称为"视觉暂留"（一个被过度使用的词），指使大脑感知物体运动的现象。超过 10Hz 这一运动感知的阈值后，在连续帧中重叠的物体影像看起来就像一个物体在运动。当然这仅仅是运动感知的最低帧速。但如果各帧中的二维形状没有适度的重叠，他们看上去仍为独立的物体。这意味着，在屏幕空间快速移动的物体需要更高的帧速才能产生正确的显示效果。

快速移动的物体和残留影像效应的局限性两者加在一起导致**频闪现象**（strobing）。这时即使帧速率超过 30Hz，也无法获得对运动的感知。频闪的一个典型例子是以目击者视角拍摄或绘制行驶中的过山车。因为过山车轨道上的点穿过屏幕的大部分区域，即使采用高帧速，各帧看上去可能仍为一帧帧独立的闪烁图像，不能前后融合形成对物体的运动感知。如果这种令人心烦的瑕疵持续长时间，则可能会引起恶心或头痛。当帧速高于 80Hz 后，残留影像效应几乎完全掩盖了频闪，对运动的感知变得流畅，尽管在视觉系统中真实的图像被模糊了。

基于人类对运动的感知和对闪烁的感知，可行的动画帧速范围从大约 10Hz 到大约 80Hz。表 35-2 显示了在上述范围内目前使用的各种解决方案。

表 35-2　常见的画面图像显示帧频

频率	现象或技术
10Hz	人类对运动感知的大致阈值
24Hz	美国电影
25Hz	残留影像开始掩盖闪烁的频率
25Hz	PAL 电影（欧洲）
25Hz	PAL 电视、视频（逐行扫描的帧频）
29.92Hz	NTSC 电视、视频（逐行扫描的帧频）
50Hz	PAL 电视、视频（隔行扫描的帧频）
59.94Hz	NTSC 电视、视频（隔行扫描的帧频）
60Hz	美国交流电工作周期；荧光灯闪烁频率
65Hz	典型的 LCD 显示器刷新频率
72Hz	美国电影放映机刷新频率（每帧以 24Hz 的频率显示三次）
80Hz	人类对闪烁感知的大致极限；频闪终止频率
85Hz	典型的 CRT 显示器的刷新频率
120Hz	立体视觉的 LCD 显示器的刷新频率（双视点）

注意，在动力学仿真中，绘制速率可以独立于仿真速率。采用低的采样频率实施仿真计算，在绘制时对各步的仿真结果进行插值，可分摊每一步仿真计算的成本。而取高的采样频率计算仿真然后在绘制时对各步的仿真结果进行下采样，则可提高绘制的精度和稳定性。我们将在本章后面再讨论这些问题。

大多数液晶显示器的刷新频率大约为 60～65Hz，但那些播放 60Hz 或 120Hz 的立体图像的显示器(配左右开闭式立体眼镜)的刷新频率则为120Hz或240Hz。

注意,有两个电影的播放标准:在美国和日本为24Hz,而在采用PAL/SECAM制式的欧洲和亚洲其他国家则为25Hz。有趣的是,当放映电影从PAL制式变为NTSC制式(或反之)时,通常不会对其进行改编使之适应显示器的帧频。因此,当25Hz的欧洲电影在美国以24Hz的频率放映时,为保持同步,音频会有4%的速度变化,这使得欧洲电影变慢而且音调变得低沉。当在相反的放映模式下,美国电影画面变快且声音变得高亢。

35.3.3　隔行扫描

许多电视广播和存储格式均为**隔行扫描**。在隔行扫描格式中,每帧画面的水平分辨率和最终图像相同,但竖直分辨率却只为其一半。这种只有一半分辨率的帧图像称为**场**。偶数场和奇数场之间的偏移为一个像素(一个水平扫描行)。为了显示出一幅完整的图像,两个连续场的**光栅图像**(排列成行的像素)必须隔行交织地结合在一起。

由于每幅图像均包含了不同时间片断图像中的像素,所以任何一幅图像都不属于同一时刻。但快速的运动可以采用相对较低的带宽来表示。显示器隔行扫描的痕迹过去被CRT荧光粉的余辉所掩盖(荧光粉亮度的衰减期长于单帧画面的刷新周期)。但现在有些显示器可以快速更新所显示的画面,故可看到隔行扫描的痕迹,当液晶显示器重放时实施暂停即可观察到该现象。另一些显示器则试图通过相邻帧之间的插值由隔行扫描信号重建逐行扫描信号。

撰写本书时,大部分广播电视和归档电视节目仍采用隔行扫描模式。随着高清数字显示器的出现,更多的新节目正改为**逐行扫描**(progressive)格式。逐行扫描格式更符合大家的期待:每个帧均为一幅完整的图像。

对于PAL/SECAM电视,逐行扫描的频率是25Hz,而隔行扫描的频率为50Hz。这意味着常规的欧洲电视广播必须每1/50秒发送一个场,才能每1/25秒发送出一幅完整的图像。

在电视上显示的控制台游戏的绘制可以选择逐行扫描或隔行扫描的模式。隔行扫描模式的优点是,每帧画面只需绘制一半的像素,但观众几乎未感到质量下降了50%。

35.3.3.1　电视片

由于采用PAL/SECAM模式,欧洲电影无须修改即可直接在欧洲电视上播放,这是因为它们均采用25Hz的帧频。要隔行扫描一部电影,只需简单地从每一帧中丢弃一半的光栅扫描行即可。

在美国,这一过程就不那么简单了。NTSC制式的电视播放的帧频为30Hz,但美国电影的频率是24Hz,也就是说每六帧才能对齐一次,而且通过对相邻帧插值的方式生成其余的帧会使画面变得非常模糊。在实际中使用的**电视片**(telecine)或**下拉**(pulldown)式电影模式是一个利用隔行扫描技术的聪明选择。

通常使用的算法称为**3:2下拉**(3:2 pulldown)算法。我们先通过一个简单的例子来了解它背后的含义。该算法不是通过重采样将24Hz帧频的逐行扫描格式变换为30Hz帧频的逐行扫描格式,而是试图通过重采样将24Hz的逐行扫描格式变换为60Hz的隔行扫描格式。这可通过将每个源电影帧复制"2.5"次来达到目的,即重复第i帧两次,然后融合第i帧和第$i+1$帧,之后继续处理第$i+1$帧。这样每3帧才融合一次,远比每6帧融合5帧要好。输出为逐行扫描格式,要得到隔行扫描格式,只需从现在的每一帧图像中丢弃一半的光栅扫描行即可。

实际上，3：2下拉算法是更有选择性地选取源光栅的扫描行进行融合，避免对不同帧的像素进行融合并直接生成隔行扫描的结果。它类似于随机融合（如抖动显示）：属于空间融合并由眼睛来合成。图 35-11 展示了这个过程。假定有四个原始电影帧 A、B、C、D，其采样频率均为 24Hz（左列），该算法将生成 4×2.5＝10 个约为 60Hz 的隔行扫描帧（中间两列），对应于 5 个约为 30Hz 的逐行扫描帧（右列）。注意，隔行扫描的帧按奇偶交替光栅的顺序播出，因此首先播放中间偏左一列顶部的第一帧，然后播放中间偏右一列顶部的第一帧，之后播放中间偏左一列的第二帧，等等。

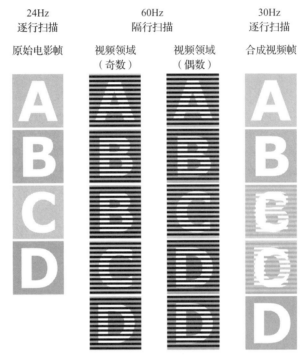

24Hz 逐行扫描	60Hz 隔行扫描		30Hz 逐行扫描
原始电影帧	视频领域 （奇数）	视频领域 （偶数）	合成视频帧

图 35-11　图示 3：2 的下拉算法如何开发隔行扫描技术将帧频为 24Hz 的电影转换为适合 NTSC 电视播放的 60Hz 隔行扫描模式。位于中间两列的奇数、偶数场源电影帧分别重复了 3 次、2 次（由 Eric Lee 创建）

隔行扫描帧从原电影序列帧中选择其偶数帧复制两次，奇数帧复制三次。也就是说，奇数帧和偶数帧出现的比例是 3：2。请留意在中间两列中源电影的偶数帧 A 和 C 出现两次，而源电影的奇数帧 B 和 D 出现了三次。

35.3.4　时序走样和运动模糊

绘制一个给定时刻的动画帧时，可假定该帧时间内场景中的几何体为静态。画面上的每个像素值既代表了空间图像平面上一个小区域的综合值，也代表了在一个小的时间片段内的综合值，这个小的时间片段通常称为**快门时间**（shutter time）或**曝光时间**（exposure time）。胶片相机设有一个物理快门，通过揿动快门或开闭光圈来控制曝光时间。数码相机则有一个电子快门。对于静态场景，曝光时间和测得的光能成正比。具有零曝光时间的虚拟相机可以看成是曝光时间趋近于零时计算所得的图像。

使用真实的相机时，曝光时间的长短很有讲究。短的曝光时间会引起噪声。在室内灯光的照射下，中度短的曝光时间（比如，1/100s）会使传感器上的背景噪声变得明显起来

（相对于拍摄信号）。如果曝光时间非常短（比如，1/10 000s），则可能因入射到每个像素上的光子数量不足而难以生成平滑的图像。由于光子是量化的，采用离散采样模型再自然不过。在计算机图形学中，我们通常在场景中包含有大量光子的假设下计算系统的稳定状态。但当测光时间太短时这一模型并不可行。长的曝光时间虽然避免了噪声，却导致图像模糊。对一个动态场景或移动中的相机而言，在曝光时间内成像平面上的入射辐射度函数并非不变值。所生成的图像将累计变化的入射光能，这使得运动中的物体变得模糊，其模糊程度与其图像空间速度成正比。因手持相机时的轻微抖动而导致的相机小幅转动也会使图像变得模糊，当然这样的结果并不讨人喜欢。同样，如果物体在屏幕空间中的速度非零，也会导致物体变得模糊。然而，**运动模糊**（motion blur）有时可能正是我们想要的结果，因为它传递了速度信息。如果采用很短的曝光时间来拍摄一辆行驶中的小车，其结果将与拍摄一辆静态的小车相同，观察者将无法从中判断该车的速度。而取长的曝光时间时，照片中的模糊的程度可反映出其速度的快慢。倘若行驶中的小车是图像的主题，摄影师也可以选择转动相机使得小车在屏幕空间中的速度变为零。这种拍摄手法在模糊背景的同时保证了小车始终清晰，又暗示了其行驶的速度。

对绘制生成的图像而言，光子是虚拟的，不存在背景噪声，所以取短的曝光时间并不会产生真实相机拍摄遇到的那些问题。然而，就像对每个像素只进行一次空间采样将导致走样一样，每个时间片段只进行一次时序采样也有相同问题。图 35-12 的上面一行展示的是一排细长的栏杆条。如果我们只在每个像素的中心处进行一次空间采样，则由于某些像素上的偏移采样使得其中的栏杆条可见而另一些像素中的栏杆条则不可见。从图中可以看出，随着空间采样密度的提高，所有的栏杆条都被显示出来。图中下面一行展示了时序采样的类似实验结果。画面场景中是一辆快速经过视点的奔驰的小车（以小球表示）。若在每个时间片段只做一次时序采样，小车或者可见或者不可见。提高时序采样率会增加小车可见的概率。当采用高的时序采样率时，小车在整帧画面中变得模糊，这与真实相机拍摄的结果相仿。

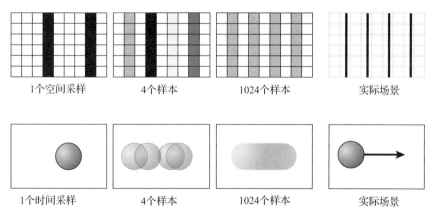

1个空间采样	4个样本	1024个样本	实际场景

1个时间采样	4个样本	1024个样本	实际场景

图 35-12　顶部图：位于白色背景中的黑色栏杆，从左至右空间采样分辨率逐渐提高。底部图：运动中的小球，从左至右时序采样分辨率逐渐提高。可以看出，提升空间或者时间采样率可以更好地呈现场景。图中的两种情况均采用规则的采样模式

改善时序走样的一种方法是采用高刷新频率的显示器，而且每次刷新时都对场景重新绘制。尽管如今已不多见，但确有 240Hz 刷新率的显示器。采用 240Hz 的频率进行绘制时，其时序采样率是常见的 60Hz 绘制频率的四倍。但是这种做法只是减少了时序走样，

而并非从根本上解决问题。例如，一辆高速行驶的小车可能会突然出现在屏幕中央，然后瞬间消失。

与提高刷新频率的思路不同，另一种解决闪烁问题的方法无须基于特制的显示器而更为常见。该方法通过显式地融合多个时序采样的结果来生成运动模糊的绘制效果。分布式[⊖]光线跟踪[CPC84]开辟了这一方法的先河，之后又被推广用于光栅化。这一方法通过软件来融合而不是采用高刷新频率的显示器并由人眼来融合。

不过，融合多个时序采样所产生的感知效果不一定等同于人眼观看高刷新频率的显示器或真实世界。这是由于人的眼睛并非一台相机。即使没有做时序融合，人眼仍能跟踪物体在场景中的高速运动。举例来说，可模拟眼睛的转动使显示器视野中的运动物体同该物体在眼睛视野中位置保持同步。从而获得对运动物体的清晰感知，而背景却是模糊的。如果采用低的帧频通过融合多个时序采样来展示该场景，其结果将是运动物体变得模糊，而背景却非常清晰。这可能导致如下结论：在不跟踪眼睛的情况下，难以有效地绘制出运动模糊效果。不过，所有的动作影片都面临同样的问题却很少有观众因影片中的画面进行了时序融合而感到困惑。一个导演要成功地吸引观众的注意力，摄像机必须要如同人眼一样始终盯住最感兴趣的目标。也许那些乏味的电影就败于这一点，尽管我们尚不知晓对这一现象任何具体的科研成果。因景深受限制引起的散焦以及佩戴 3D 立体眼镜也会遇到类似的问题。在交互场景中，由于难以控制或预测玩家的关注点，上述现象对其 3D 绘制形成了更大的挑战。不过，近几年来，游戏行业已经开始对这些现象开展实验，并已取得若干成功（甚至在未采用眼睛跟踪技术的情况下）。

反走样和对运动模糊和散焦效果的模拟均选取一个更大的采样空间进行融合而非单点采样，这样合成的图像将更接近真实相机的拍摄结果。许多绘制算法已将这些功能集成入"5D"绘制器，即取 x、y、时间、与镜头相关的 u 和 v 坐标五个维度上子像素的采样结果进行融合。Cook 等人最初提出的分布式随机光线跟踪方法[CPC84，Coo86]亦可扩展为对每一像素做统计意义上的时序采样，即简单地绘制多帧并对其绘制结果取平均。由于每一帧上所有像素的采样都取自同一时刻，对于大的运动，这种方法将使离散的高速物体呈现"鬼影"而不是噪声，如图 35-13 所示。因为两者都是对时间进行下采样，它们的效果都不理想，只不过呈现为走样的不同形式。这种对单帧画面上的像素取同一时间然后计算多帧画面平均值的方法的优点是：任何绘制器（包括光栅化绘制器在内的）经过简单扩展即能用这种方法实现运动模糊仿真。

大量运用于电影绘制中的 Reyes 微多边形绘制算法[CCC87]是一种随机光栅化算法。它在光栅化过程中采用多次时序采样来产生像运动模糊之类的效果，并避免规则时间采样可能引起的问题；Akenine-Möller 等人[AMMH07]介绍了针对三角形的显式时序随机光栅化方法；Fatahalian 等人[FLB⁺09]将这一方法运用于微多边形绘制，形成完整的 5D 微多边形光栅化方法；Fatahalian 等人将其光栅化转换为判定一个五维空间点是否位于多边形内的问题，并在专用的图形硬件上采用数据并行模式高效地实现了这一问题的求解。

鉴于对多个时序采样进行融合的方法太耗时，后来提出了多种技巧，可生成类似于运动模糊的效果。尽管这些近似的方法生成的画面有时质量不高，但由于其高效快捷，曾一

⊖ Cook 等最早将他们的方法称为"分布式"光线跟踪(distributed ray tracing)，因为其采样样本取自各个采样域，包括时间域。今天，该方法常称为分布光线跟踪(distribution ray tracing)，以区别于由多个计算机处理的情形。但该方法也被称为"随机"光线跟踪(stochastic ray tracing)，源于其实现时采取的随机采样方式。不过，从技术上讲，分布式采样(尤其是对视线采样)与具体样本的选择是不同的两件事。

度为游戏产业所青睐。Sung 等人［SPW02］对此做了很好的综述。其采用的主要方法是沿物体在屏幕空间的速度向量方向叠加一个拉伸的透明几何体，并人为地添加 MIP 层次纹理使物体模糊，本质上是一种基于每个像素的速度向量在屏幕空间实现的模糊化后处理［Vla08］。

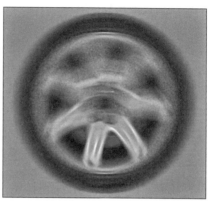

图 35-13　左边：在时间维度进行均匀下采样（对各帧做统计意义上的均匀采样）产生鬼影。右边：在时间维度进行随机下采样（各帧独立的随机采样）产生噪声［AMMH07］（由 Jacob Munkberg 和 Tomas Akenine-Möller 提供）

与生成清晰的物体图像相比，合成运动模糊之类的现象更加耗时。这是因为模糊化需要进行多时序采样或者需要额外的后处理。由于观察者难以发现图像模糊区域中的人工瑕疵，基于少量采样进行外推插值来生成模糊结果应是可行的。这是目前一个比较活跃的研究领域［RS09，SSD$^+$09，ETH$^+$09］。

35.3.5　利用时间连贯性

动画由多帧构成，因此绘制动画必定会比绘制单幅图像需要做更多的计算。然而，动画绘制的成本并不一定与动画的长度成正比。序列帧通常描述相似的几何形状、相似的照明环境并基于相似的摄制参数，我们称之为**帧间连贯性**（frame coherence）或者**时间连贯性**（temporal coherence）。这种连贯性可指每帧的场景或每帧的画面，可能同时存在或对两者都不存在。

帧间连贯性的优势在于人们经常能利用绘制上一帧的某些中间结果来绘制下一帧。因此，绘制动画第一帧的成本与绘制单幅图像相似，但后续帧的绘制成本会低得多。

举个例子，现代的光栅绘制系统仅当光源与视域四棱锥相交且视域椎内某物体的位置发生了变化，才重新计算该光源的阴影图。历史上，二维绘制程序在生成用户界面时并不能很快地更新整个屏幕，于是通过开发帧间连贯性提供一个响应界面。系统保持了一张永久性的屏幕图像并构建了图像中有待更新区域的二维包围盒表，即**便捷矩形**（dirty rectangle）。尽管现代图像处理器已能在每一帧的时间内很快地绘制整个屏幕，便捷矩形概念及泛化后的**便捷标志位**（dirty bit flag）概念仍然是图形学数据结构增量式更新的核心内容。

保存中间结果以便后面重用这一过程通常称为**备忘**（memoization），它也是动态编程技术的主要组成部分。如果我们仅提供固定大小的缓冲区来存放先前结果并设计了缓冲区内存已满时的更新策略，则该过程称为**缓存**（caching）。重用必定存在一些小的开销，用来判断已有的计算结果是否可满足要求。在不能满足（或结果已过时，如便捷矩形情形）时，算法需要重新花时间来计算所需的结果并将其存储起来。因此，当动画缺乏帧间连贯性时，重用策略实际上会提升绘制的成本。

当重用可减少绘制时间时，可降低分摊到每一帧的绘制成本。但最坏情形的绘制成本可能依旧很高。在交互式应用中这可能会引发问题：各帧不一致的绘制时间将破坏沉浸感，损害交互的连续性。当这种情形发生时，一种简单的解决方案是尽早结束该帧的绘制。举例来说，场景中用到的材质（即纹理）在帧与帧之间通常很少变化，其材质加载的成本可以分摊到多帧。然而，场景材质偶尔会发生急剧变化，例如摄像机登上山顶后，山谷突然呈现在视野中。可以设计一个绘制程序，当场景中出现新的材质时，使用某些默认材质或者低分辨率材质进行简单绘制。尽管当这些替代材料稍后被置换为正确材质时，画面将会出现跳跃（图像不连贯），但整个动画的帧速得到了维持。注意最坏的情形时常发生在动画的第一帧，因为这一帧没有前面的帧做参考，故无帧间连贯性可以利用。

35.3.6 第一帧问题

动画的第一帧通常是最耗时的。由于系统需要加载存储在磁盘或者网络上的场景所有的几何和材质信息，因此第一帧的绘制时间通常要比后续帧超出几个数量级。此时，GPU驱动尚未对各着色器进行编译，所有的硬件缓存也都是空的。更重要的是，与后面的增量式画面更新方式相比，初始"稳定状态"的场景光照及物理求解计算也是十分昂贵的。

当今的电子游戏可以 1/30 秒或 1/60 秒绘制大多数帧。但绘制第一帧可能需要约一分钟。当前台显示加载界面、预先绘制好的视频短片或者菜单时，系统在后台使用单独的线程加载数据，从而隐藏了第一帧的绘制开销。注意有些应用需持续地从磁盘读取数据。

如果计入光照预计算的成本，有些游戏第一帧的绘制时间可能长达数小时，这是因为求解场景的整体光照非常昂贵。这一结果会存储在磁盘上。通常会采用一种简化的策略，即假定场景光照明不发生显著变化，从而利用该结果近似表示后续帧的整体光照。尽管游戏中现已越来越多地采用某些形式的动态整体光照近似解，这种为备忘重用而进行的预计算在计算机图形学领域仍是一种常见的技术。

对电影的离线绘制通常也是受限于"第一帧"问题。电影绘制工场通常把各帧分派给不同的计算机，这使得每台计算机在绘制时难以利用和开发帧间连贯性。与交互式应用不同，电影在绘制时已有预设的运动脚本，因此每一帧的"工作集"仅包含直接影响该帧的元素。这意味着，即使在单个镜头中，工作集的连贯性也远弱于交互式应用情形。正是由于上述的系统结构和流水线，电影绘制器相当于总是在绘制第一帧，大多数电影的绘制时间主要受限于跨网络获取资源和计算中间结果的开销，而中间结果的计算与相邻结点相差很小。

35.3.7 时间连贯性带来的负担

通常认为动画具有时间连贯性，动画绘制算法有必要开发和维护这种连贯性。这种对动画算法特有的要求起因于人的视觉感知。

人的视觉系统对变化非常敏感——不仅对空间中呈现的变化（如边的变化），也对随时间而发生的变化（如画面闪烁或物体运动）敏感。对单幅图像几乎不会引起感知误差的瑕疵若发生在动画中则可能引发错误的运动感知，造成较大的感知误差。例如，因几何和纹理细节层次的改变引起画面跳变；在多边形的边缘部分的锯齿呈现漂浮状态；动态或高频的纱窗噪声及非真实感绘制时对视觉形成干扰的笔画运动等。

当突然改变表面的细节层次时会引发画面**跳变**（popping）。虽然转换前一帧和下一帧采用的曲面细节层次均能生成合理的图像，作为静态的单帧画面它们并无问题，但顺序播放时就会破坏视觉的时间连贯性。就几何细节而言，在屏幕空间实现细节过渡、细分曲面（见第 23 章）或者采取顶点动画方式都能隐藏细节层次的转换。当然，即使是光滑的几何过渡也会导致光照和阴影的急剧变化，而图像融合却能保证最终结果在视觉上是连贯的。然而，几何过渡可确保每一帧都对应一个真实的曲面，而图像融合方法在计算整体光照过程中会面临其深度缓存或合成曲面不确定的问题。就材质而言，三线性插值（见第 20 章）是一种标准方法，它保证了过渡的连续性并可对走样（模糊）现象和噪声进行调制。不过三线性插值对许多表示并不适用（如表面的单位法线）。

对每个像素进行单根射线采样会导致多边形的边缘处呈现"锯齿"。对静态图像而言，这些锯齿无疑会影响美观，对动画而言则更为糟糕：它们可能引发边缘在运动的错误感知。一种简单的解决方案是反走样：对每个像素提取多个样本或者解析计算多边形边在每个像素上的覆盖度。

在静态图像中，高频低强度噪声是可以忍受的，正是这一性质为采用半色调、抖动等技术成功提升固定色域的精度奠定了基础。然而，如果静态场景绘制生成的画面中含有某种噪声模式，且该噪声逐帧变化，那么这些噪声就会如同某种静态的漂浮物在场景表面浮动，令人不快。

动态噪声模式问题在任何一个随机采样算法中都会出现。除了抖动采样外，其他常遇到这一问题的算法包括在光线跟踪程序中对主光线进行抖动及在光子映射程序中对光子进行抖动。下面列举了三种避免这一问题的方法——采样模式静态化、采用哈希函数和对上一帧的样本做缓慢调整。

反走样中常见的超采样方法通常为静态采样模式，即在屏幕空间中采用某种固定的模式进行**超采样**。对采样模式的选择已有许多工作［GS89，Coo86，Cro77，Mit87，Mit96，KCODL06，Bri07，dGBOD12］，这项研究与白噪声随机数的生成［dGBOD12］有密切关系。

使用屏幕空间固定采样模式的一个缺点是容易引发**纱窗噪声**（screen door effect）（见第 34 章）。在单个图像中由屏幕空间静态伪随机采样模式引起的噪声不容易被察觉到，但对动态场景或动态画面而言，若仍取屏幕空间的固定采样模式，其引起的噪声就变得明显起来。这种噪声类似于透过纱窗观察整个场景，在现实世界中很常见。当观察者保持头部不动并透过窗户玻璃（或者略脏的眼镜）向外看时，窗户玻璃几乎是看不到的，但是随着观察者头部的移动，玻璃上的瑕疵和灰尘凸显出来。这是由于视觉系统总是试图维护透过玻璃观察景物的时间连贯性，而玻璃上的瑕疵却使景物的外观随头部的移动而变化，于是观察者察觉了这些瑕疵。

幸运的是，当采样模式的分辨率低于视敏度分辨率时，观察者对其产生的纱窗噪声不大敏感。这一性质为超采样和基于 α 覆盖度的透明计算中所采用，在这两种情形中，采样分辨率均高于像素分辨率，实际上已接近能分辨的特征尺度。抖动技术对静态图像或像素非常小时效果也很好，但当取大像素绘制并在播放其动画时将出现纱窗噪声。

在连续空间中取某种固定的采样模式（例如光线跟踪或光子映射中的整体照明离散采样模式）是具有挑战性的。此时，基于样本位置的哈希采样比伪随机采样更合适。从本质上说，哈希函数倾向于将邻近的输入映射为不同的输出，因此它仅适用于维护动态视点下静态场景的时间连贯性。对于动态场景，空间噪声函数由于其自身的空间连贯性而更合适［Per85］，而且它属于伪随机采样。

另一种提高采样时序连贯性的方法是从一个任意的样本集开始，随着时间的推移，根据需要增添或删除样本，实现样本集的缓慢更新。这种方法常为非真实感绘制所使用。动态画布算法[CTP+03](图 35-14)以天然介质风格绘制三维动画背景的纸面纹理。该算法每一个帧的静态画面都均类似于在绘图纸上手绘的三维草图。随着观察者视点的移近，纸面纹理从中心点逐渐放大从而避免了纱窗噪声同时产生三维运动效果。而随着观察者视线的转动，纸面纹理不断在画面上平移。该算法对同一纹理的多分辨率版本进行融合以支持画面无限缩放并通过优化二维变换来模拟任意的三维运动。初始的二维变换可以是任意的，在动画中的任意时刻，该变换决定于视点变化的历史轨迹，而非其在当前场景中的绝对位置。

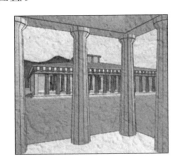

图 35-14 当摄像机运动时，动态画布算法[CTP+03]可生成与之对应的不同尺度的背景纸纹理细节（由 Joelle Thollot 提供，转载自 "Dynamic Canvas for Non-Photorealistic Walkthroughs"，Graphics Interface 2003 会议论文集，主编：Matthieu Cunzi，Joelle Thollot，Sylvain Paris，Gilles Debunne，Jean-Dominique Gascuel and Fredo Durand）

另一个缓慢更新样本集的例子是基于 graftals[MMK+00]（图 35-15）的笔刷连贯性。graftal 为场景图元素，对应于描绘小细节物体（如树叶或砖块的轮廓）的笔画或一组笔画。初始绘制场景时对这些 graftals（如树外形轮廓线上的树叶）进行随机采样，该集合为后续帧所重用。当某一 graftal 因观察者视点或者物体的运动与先前的画面位置偏离较远时，用新采样的 graftal 取代当前的 graftal。例如，当观察者围着树转时，移向画面上树中心的 graftal 被新的、位于该树侧影轮廓线上的 graftal 所替换。当然，这仅仅缓和了不连贯性，当替换 graftal 时依旧存在视觉跳跃。采用先前讨论的二维过渡技术可以减少这种因视觉跳跃引起的不连贯性。

图 35-15 采用 graftal 绘制的树的外轮廓细节、草及灌木可随摄像机视点在相邻帧间平滑地运动（Brown 图像组提供，©2000 ACM，Inc.，经允许转载）

维持大型物体（诸如笔画）时间连贯性有无意义是表意式绘制中的一个开放性问题。一方面，这些物体的运动在视觉上容易受人关注，另一方面，已有定格制作的手绘卡通电影，此处不连贯性被认为是一种风格而不是缺陷。经典的定格动画包括手动地为下一帧设定所选取的模型的静态图像。当这些静态图像依序播出时，模型就会按其自身方式运动而位于动画师设置的静态图像之间的中间运动并没有展现在影片中。

35.4 运动表示

本节，我们讨论动画方法、可设置动画的模型部件的命名、可供选择的动画参数表示方式以及动画的计算模型。

动画物体或场景的**状态**（state）是唯一确定其姿势所需的全部信息。对于动画，场景的表示必须包含场景的状态及其参数化控制方式两个方面。例如，我们如何对一个苹果的形状、位置及作用在苹果的重力进行编码？

就绘制而言，通常希望采用一种能支持生成物体真实动画的最简单的表示。在绘制中，光与物体之间的交互十分重要，因此物体的表面几何及其反射率必须精细表示。而动画重在模拟物体之间的相互作用，因此诸如物体的质量与弹性等性质是重要的。与绘制相比，动画对象的几何可以采用较为粗糙的表示。根据不同的应用已设计了各种不同的动画表示。本章引用了多种动画表示，作为案例研究，深入探讨了粒子与流体的边界。

我们对参数化的方式进行分类。此外也对控制方式、转为画家创作的关键姿势的状态、基于物理定律的动力学仿真以及艺术设计师构建的显式程序进行分类。许多系统都是混合型的，它们针对不同的场景内容采用不同的控制方式，用以表现不同层次的仿真细节或实现艺术控制。

35.4.1　物体

动画系统中的物体是一个可以定义的概念。举个例子，如果将一辆汽车称为"物体"，则意味着将各个系统抽象为一个复杂的仿真模型。相反，如果把单个齿轮定义为"物体"，那么汽车的仿真系统将变得简单，但会有很多部件。如果将这种理念推广到极致：为什么我们不将齿轮上的单个齿或单个分子看作一个"物体"，或者走另一种极端，将高速公路上的所有交通称为一个"物体"？

对物体定义的选择不仅决定了与之对应的仿真规则的复杂程度，还决定了物体会自然发生的行为（区别于需显式定义和实现的行为）。例如，由有限个元素组成的物体可自然地模拟齿轮和砖墙的破裂和变形。但作为基元的齿轮或者砖块不会发生破裂，除非存在由其碎片创建新物体的显式仿真规则。

如何估计我们想要模拟的场景行为的复杂度呢？一个翻倒的纸箱在其参考坐标系中始终维持刚体的形状，尽管该参考坐标系在空间处于运动状态。行人的行为则可通过关节相连的骨头组成的骨架来展示，骨架上面覆盖着可变形的肌肉和皮肤。溪流中的水没有任何刚性的子结构，它流过障碍物时发生形变，在重力、压力、阻力的作用下贴合于河床的形状。

上述每一种情形中的物体均具有不同数量的状态，用以描述其姿势和运动，因此计算其状态变化的算法也是不同的。

以下列举了一些计算机图形学领域常用的物体表示：

1）粒子（烟雾，子弹，人群中的个体）

2）刚性物体（金属框架，宇宙飞船）

3）软性刚体（沙滩排球）

4）关节式刚体（机器人）

5）质点弹簧系统（布料，绳索）

6）蒙皮骨架（人）

7）流体（泥，水，空气）

以上所列大致以物体表示的复杂度与算法状态为序。例如，粒子的动力学状态包含其位置与速度信息。而排列其后的刚体则在粒子的表示之外添加了三维朝向信息。

为什么要采用这么多种不同的表示呢？一种替代方案是采用某种统一表示，它不但在理论上更吸引人、从软件工程的角度上看也更容易实现，而且能够自动地处理具有不同表示的物体之间的相互作用。

因此，一种看似诱人的替代方式是选择最简单的表示作为所有物体的通用表示，然后对物体进行精细采样。具体而言，自然界的所有物体都是由原子构成的，因此粒子系统应是一种恰当的表示。尽管可能存在从粒子层次对所有物体进行模拟的方法[vB95]，然而具体实现时，画家认为这种方法过于笨拙，对于基于物理的仿真算法来说则计算量太大。

35.4.2　限制自由度

创作方法和表示并不一定总与观察者的感知相匹配。例如，许多电影和电子游戏在模拟那些看似复杂的角色的运动时常常只是移动它们的根坐标系(root frame)，将它们当作物理仿真中的简单刚体。在上述情形中，各个角色均依据其定义在根坐标系的蒙皮骨架的关键姿势来驱动。因此，对于不同尺度的运动，物体有不同的仿真规则和表示。这样既可避免计算角色之间真实交互的复杂度，同时又尽可能保持了大部分真实感。

这类似于绘制中用到的层次细节建模技巧。例如，我们可以使用盒形几何结构表示建筑物，通过凹凸纹理贴图描述砖块和窗框的细节，并利用双向散射分布函数(BSDF)刻画出砖块和花箱的微观粗糙结构——砖块的不光滑和花箱表面的光泽等。

降低物体表示的复杂度是一种减少物理仿真系统中独立(标量)状态变量数目(即系统的**自由度**)的方法。例如，纸上的一个点具有 x 与 y 两个位置自由度；绘制在纸上的正方形有四个自由度——中心点的水平方向和垂直方向坐标、正方形边长以及正方形与纸边缘的夹角；对于三维刚性物体，如果考虑构成它的原子，物体将具有亿万个自由度，但若将其作为一个整体考虑，则仅有六个自由度(三维空间位置和朝向)。模拟人群的核心位置(root position)与模拟人群中各个体角色的肌肉相比可大大减少系统的自由度。

此外，绘制中采用的物体模型比仿真中采用的物体模型具有更多的细节。例如，在惯性演示和碰撞检测中，宇宙飞船可以表示为圆柱体。但在绘制呈现时，宇宙飞船必须有舵、驾驶员座舱以及旋转的雷达天线等，使观察者看不出其与真实飞船的差异。

将绘制时的物体模型、运动控制模式和物体一般表示分离开来将在虚拟世界的仿真中引入误差。这些误差可能会也可能不会引起感知上的显著差异。从系统设计的角度上看，存在误差并不总是坏事。事实上，可接受范围内的误差可能是有益的：它为仿真(以及开发)提供了调整和选择的余地。

35.4.3　关键姿势

在**关键姿势**动画模式(又名关键帧插值模式)中，由动画创作师(**卡通制片者**)指定特定时刻的姿势，而由算法计算中间时刻的过渡姿势，而无须完整的物理学背景。

关键姿势动画的挑战在于为动画师创建一个适合的创作环境并且在插值过程中保留物体的一些重要的特性，如动量或体积。由于动画师的创作是表意式的，并不追求真实感或者可计算性，因此，理想中的关键姿势动画最终变成了一个人工智能的问题：猜测动画师可能会选择的中间过渡姿势。尽管如此，关键姿势动画是控制角色行为中最为常用的模式，在具有足够稠密的关键姿势的条件下，已有许多合适的求解算法。

35.4.4　动力学

在**动力学**(dynamic)(即基于物理的动画，仿真)模式中，物体表示为位置和速度，然后根据物理定律计算各帧状态的演化，当然这些定律并非必须是真实的物理定律。

物理力学定律已广为人知，但是它们通常只有数值解。求解稳定性和如何融入艺术化控制是动力学模式面临的两个挑战。所谓求解的稳定性，即维持能量不变，至少使能量不再增加和"爆炸"。但要做到这一点却很难保证数值求解方法的效率。此外，也很难让真实的物理定律实现艺术总监想要的效果，例如让电影中的爆炸气浪掀起一扇门直扑摄像机或者在视频游戏中的车在拐角处打滑但不会旋转失控。

35.4.5　过程动画

在**过程动画**（procedural animation）中，动画师（通常也是程序员）将为所有时刻的姿势指定显式表达式。在某种意义上，所有的计算机动画都是过程式的，因为当计算机生成一段动画时，必定有一段"程序"（procedure）计算新的物体位置。在关键姿势动画中，该段程序执行插值操作；在动力学动画中，则计算物体所受到的力。然而，有时需要另外考虑一种情形，即我们希望为物体的运动指定一个并非基于物理的运动方程。前面提到的炮弹例子即介于动力学动画和过程动画之间。Perlin 的舞蹈者［Per95］则是一个很好的复杂过程式运动的例子，其中舞蹈者四肢的运动是基于一个噪声函数。

如今的过程动画主要用于非常简单的演示，例如行星围绕恒星运动及游戏中粒子系统特效。过程动画至今未能广泛应用是因为难以用显式方程为画师指定的运动进行编码也难以使其与其他物体进行交互。

35.4.6　混合控制模式

当前的最新理念是将姿势与动力学结合，也是将演员表演、画家绘制手法所致力表现的内涵同基于物理仿真的高效性及真实性结合起来。实现混合控制模式有多种方法，在此我们仅概述一些关键思想。

采用物理学或者由物理学引发的方法调整现有姿势或创建新的姿势是当前一个活跃的研究课题。例如，给定椅子和人物的模型，让系统自动地求解人坐在椅子上最稳定且能量最低的位置。求解这类问题的一个经典方法是**逆向运动学**（Inverse Kinematic，IK）。IK 求解器需要给定初始位置、一系列约束以及求解目标，然后由此解出能最好地满足这些要求的中间过渡姿势（图 35-16），并在欠约束的情况下给出最终的姿势。比如，初始姿势也许是一个人站在书架旁，目标姿势则是他将手放在高于他头部的书架顶部的书上。而约束条件是此人必须要保持平衡、所有关节保持连接状态同时任何关节的活动都没有超出物理角度的限制。IK 系统被大量应用于对动作的小幅度修改，例如当人物行走在不平坦地面上或者打算伸手去取邻近物体时保持至少一只脚在地面上。当存在非平凡约束时，IK 求解器需要更复杂系统的支持。

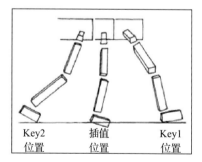

图 35-16　一个早期的逆向运动学算法通过对关键姿势插值得到腿的中间过渡姿势（由 A. A. Maciejewski 提供，©1985 ACM，Inc.，经允许转载）

一种可取的方式是对先前创作的动画做少量调整然后将其插入新的场景。例如，将一段行人在平坦地板上行走的动画修改成该人正登上飞机的舷梯，修改时应保证行人的脚不会贯穿梯板且其身体保持平衡。这类情形在电子游戏中十分常见，其中角色的运动由用户输入、所受到的外力和先前创作的片段联合确定[MZS09，AFO05，AdSP07，WZ10]。

如前所述，运动规划属于人工智能领域的问题。尽管如此，它与动力学紧密相关。清晨的穿衣动作远比伸手取书复杂——它不能由一个单一的姿势完成。面对满柜的衣服，虚拟人物不但需要采取一系列姿势在身体平衡的状态下穿好裤子，并且需要意识到只有打开衣柜才能取出衣服。图 35-17 所示为一些"简单"日常任务，但对虚拟人而言，它们均为复杂的运动规划。

图 35-17　仿真角色自动执行复杂任务的四个案例，每个案例均涉及运动规划(卡内基·梅隆大学图形学实验室提供，©2004 ACM，Inc.，经允许转载)

虚拟世界导航是运动规划的一种特殊情况。从高层次来看，对单个人而言，这只是一个简单的寻找路径问题。但当足够多的人聚集成群时，它演变成多角色的运动规划，而这是一个更具挑战性的问题。真实人群(或者兽群或者鸟群等)的行为仿真与基于粒子的流体仿真极为相似，依据一些局部规则即可衍生出全局性的行为状态，如图 35-18 所示。

当将要穿越的路径不适合行人通常的行走方式时，寻找路径问题的难度将显著增加。例如，图 35-19 中的行人不但需要寻找一条路径，而且需要决定何时蹲下、何时跳跃，在满足身体的约束条件下避开规划路径上的障碍。

二级运动(secondary motion)是相对于根运动的动画对象上某些部分的局部运动。例如，飘动的布料及头发、人体上肌肉脂肪的颤动等。二级运动对于我们完整地感知运动和行为具有重要意义，但是将其作为整个系统的一部分或者作为一个显式姿势来模拟效率并不高。动画师经常开发一些专用的二级运动仿真程序来创建角色的运动细节而无须花费整体模拟的代价[PH06，BBO+09，JP02]。这类似于采用纹理来表达小尺度的视觉细节，而不是基于几何建模来实现。

将为某物体动画创作或捕获的动作转移到另一个物体上是动画师感兴趣的[BVGP09，SP04，BCWG09，BLB+08]。有些情况下，除了在物体之间进行动作转移几乎别无他法。例如，采用动作捕获技术来制作半人马的动画时，我们只能同时将人的和马的动作转移到这一虚拟生物上。而对其他情况，这或许是一个成本的问题。相比于摄录许多不同体型、穿着不同服装的演员们的表演，采取动作转移方法时，仅需要记录单个演员的表演然后将其重新定位到人群中的不同个体上就可以了[LBJK09]。

图 35-18　Reynolds 原创的"boids"动画系统[Rey87]可由每只虚拟鸟的简单行为规则（下）生成复杂的宏观鸟群飞行现象（上）（由 Craig Reynolds 提供，©1987 ACM，Inc.，经允许转载）

图 35-19　需要寻找具体路径和进行整体运动规划的复杂穿越行为[SH07]（由 Jessica Hodgins 和 Alla Safonova 提供，©2007 ACM，Inc.，经允许转载）

　　似真动画（plausible animation）是从给定系统的结束状态计算该系统起始状态的倒推过程[BHW96，KKA05，YRPF09，CF00，TJ07，MTPS04]。例如，电影镜头中可能需要在玩家投掷一对骰子上同时出现两个六的画面。我们先从系统的终止状态——两个骰子朝上一面均为六——开始，逆向求解可能导致该结果的骰子滚动过程中物理上合理的反弹力序列。由于该问题可能是过约束的，我们可以接受某个"看似合理"的结果（即一般观察者难以察觉其中不满足物理定律之处）。让一颗扔出的骰子的动量增大 5% 产生一次新的翻滚看上去仍然逼真，但让它在空中弹起三米高就不可信了。

35.5 姿势插值

35.5.1 顶点动画

表示姿势最直接的方式是为它的每个关键帧给定一个单独的网格。在动画中，网格的拓扑结构通常保持不变，因此每个关键帧对应网格的顶点数目相同，顶点之间的邻接关系和顺序亦保持不变，变化的仅仅是顶点的位置。为了简化讨论，假定 $k[t]$ 为各时间段终点所在整数时刻的关键姿势，现需构建非整数时刻处于这些关键姿势之间的过渡姿势的连续表示。

若采用采样-保持插值，即角色在当前时间段结束之前保持现有姿势并在时间段结束的瞬间跳转为下一姿势，会导致明显的时间走样。由于 $x(t)$ 不连续，这意味着它在两帧间隔处的变化率为无穷大。

$$x(t) = k[\lfloor t \rfloor] \tag{35.14}$$

我们希望构建变化率为有限值的平滑过渡。引言中曾提到，方法之一是对相邻的关键姿势进行线性插值，这样可保证位置连续但变化率仍不连续。也就是说，尽管线性插值保持了姿势 C^0 连续但其瞬间速度依然可能为无限值，对角色运动而言，这是不正常的。高阶插值模式可以生成更平滑的插值，这与第 22 章中讨论的样条曲线类似。

事实上，样条曲线是解决关键姿势插值问题常用的一种方案。使用 Catmull-Rom 样条拟合每个顶点即可生成整体平滑的动画。然而，顶点位置样条并不能解决关键姿势插值中的所有问题。这类方法所需的存储空间与顶点数和关键姿势数的乘积成正比，且运行时执行的插值操作数也与顶点的数目呈线性关系。采用顶点样条插值方法时，需要动画师逐个调整顶点的位置而不是直接对更高层的元素，如四肢，进行操作。此外，插值结果很难控制。

由于每个顶点都是独立驱动而且这些顶点仅关联于角色的表面，因此动画过程中并无保持体积或表面面积的约束。

35.5.2 根坐标系运动

物体几何形状及其顶点动画的表示通常都是相对于物体的根坐标系。这意味着，尽管行人的脚在其重心以下前后摆动，行人的位置始终停留在原点。为了使角色在世界坐标中移动，我们可以制作一个动画让所有顶点都逐渐远离初始位置，但这将涉及大量冗余的动画数据。因此，我们通常只构建物体根坐标系的变换。根坐标系变换不仅适用于虚拟世界中的可见物体，灯光、摄像机、三维界面工具以及指针等可能与运动相关的对象都可以定义自己的坐标系。在本书中，我们一直在对参考坐标系之间的变换进行研究，在第 6、11、12 章中曾讨论了几种不同的三维参考坐标系表示形式：

- 4×4 矩阵
- 3×3 旋转矩阵与平移向量
- 欧拉角：滚转角、水平偏角、俯仰角以及平移向量
- 旋转轴、旋转角以及平移向量
- 单位四元组和平移向量

对于绘制而言，4×4 矩阵表示通常是最方便的且为大多数 API 所采用。由于不同表示的变换之间已可相互转换，这使得动画系统无须采用与绘制系统相同的表示。尽管在有

些情形中采用矩阵表示变换较为方便，但在动画仿真中更倾向采用四元组＋平移向量表示，而对于动画的运动剧本而言欧拉角表示更加适合。

在对各种表示进行选择时，从性能和可读性考虑，通常会选用一种误差最小且计算简单的表示。在动画中，我们常对含有参考坐标系的表示进行插值、微分或积分操作。在旋转体的情形中，将上述操作施加在一个本质线性的矩阵结构上通常会导致其顶点沿旋转球面的切线方向移动。若移动步长较小，将该点重新投影到旋转球上即可校正误差，但并非任何情况都是小步长，这种计算也不一定是高效的。尽管也有其自身的问题，四元数和方向角表示更适合用来描述球面上的操作。其中，轴-角表示存在和矩阵表示类似的问题。为了描述发生在其他平面上的旋转，旋转轴自身也必须做相应旋转，而轴是一种线性表示。相比而言，欧拉角可支持任意的旋转轴（导数的大小取决于旋转的方向）并且在连续旋转 90° 的条件下允许万向节死锁。因此，在众多情形下，尤其是对于自由移动的物体，四元数因其归一性而成为最佳选择。

现在考虑如何描述物体的运动或驱动该运动的力。我们通常希望选取一个参考坐标系，可最方便地给出这种描述。对于很多物体而言，选择一合适的欧拉标架最为理想。例如，汽车的两个前轮围绕着两根轴旋转而这两个轴关联在汽车的车身坐标系中，而对飞机的航向进行控制时调整的是机身参考坐标系中的偏航角、滚转角和俯仰角。

一旦根坐标系的位置有所变换，关联于根坐标系的刚体或动态物体亦可随之移动，这只需将所有顶点从根坐标系变换到世界坐标系即可。值得注意的是，尽管通常将根坐标系原点取在物体内（通常是物体的重心位置），但对于参考坐标系而言，它的原点也可以置于物体之外。

35.5.3　关节物体

很多我们通常将其作为单个场景元素建模的物体在动画中会改变其自身形状，并改变其根坐标系的位置和朝向。其中的一部分物体可以表示成物理上彼此关联的若干刚性部件的集合。例如，汽车可以建模为一个刚性车架和固定在车架上的四个可旋转的车轮。车上的每个顶点都唯一地归属于一个部件，因此可以采用该部件的坐标系来表示。

一种自然地将这些彼此关联的部件组织在一起的方式是小型"场景图"子树（见第 6 章）。其中选取一个部件作为根结点，它的形状由顶点定义，其他部件均为其子结点且关联于根坐标系。这些部件也递归地有它们各自的子结点。在汽车例子中，很自然地，会将汽车车架选作根结点。注意，树的一个良好性质是树的任何结点都可以作为根结点且其结果仍为树结构。例如，我们可选择左前方的轮子作为根结点，而汽车车架是其唯一的子结点。车架下有三个子结点，分别为汽车的其他三个轮子。这种架构由于缺乏对称性，因此难以表达驱动机构施加在轮子上的力，但是从数学的角度上看仍为一个有效的系统模型。

由于场景图的边通常对应于模型中的**关节**，我们将这种结构称为**关节刚性体**（articulated rigid body）。关节是对两个物体关联运动的一种约束。在汽车的例子中，车轮轴就是关节；对于机器人而言，关节可以是膝盖、肘部或者腰等部位；对于建筑物而言，关节可以是连接门和门框的合页或者供窗户移动的凹槽。我们常为模型添上几何信息以便通过视觉的方式呈现约束的物理内涵。然而，在动画中关节无须通过视觉或物理类似物予以表示。通常情况下，我们将物体的根坐标系设置在与其父结点相连的关节处，以利于描述关节所受到的约束和两侧物体所受的力。

采用关节刚性体的优势在于无须通过顶点的动画即可表示复杂的动态物体（如机器）。

这种表示不但在空间上和时间上都更加高效，而且实现也更为简单。除关节外，该表示可自动保持物体的体积。

关节刚性体的局限性在于它表示的运动均为机械式运动，这是由于组成它的每个部件都是刚体。如果采用它实现角色动画，则角色看上去会像个机器人。一个较为一般化的表示方式是采用**关节体**(articulated body)。关节体保持了参考坐标系的场景图，但对定义在各参考坐标系上的数据执行另外一些动画操作，如关键帧顶点插值。在被近年来更为通用的骨架动画模式取代之前，刚体坐标系与关键帧顶点插值的特定组合在实时性应用（如游戏）中一直是一种最为流行的动画模式。

35.5.4　骨架动画

可以基于骨架动态的位置及附着在骨架上的肌肉和其他内部组织约束来描述运动状态下生物表面的形状。一个明智的想法是通过参数化使表示这类生物的虚拟模型具有相似的形式。（这是敏捷建模原则的一个例子——首先确定需要对哪一类现象建模，然后确定所建的模型足以表示这些现象）。这就是所谓**骨架动画**(skeletal animation)模型（即**矩阵蒙皮**(matrix skinning)）。

骨骼动画模型定义了称为**骨骼**(bone)的参考坐标系集合。尽管这一名称容易被人记住，但是语义上可能引起混淆，因为与参考坐标系密切关联的是动画角色的关节而不是关节之间的骨骼。骨骼可能定义于一个公共的物体空间或者组织成一个以父子层次关系关联的树结构中。

我们习惯于将一个点表示成某一参考坐标系中多个轴向向量的加权组合。类似地，骨骼动画网格上的单个顶点可取多个参考坐标系中顶点位置的加权平均。例如，靠近肘部的点可表示成肩部-上臂参考坐标系中定义的顶点与肘部-前臂参考坐标系中定义顶点的加权平均。当肘部弯曲时，这种关联参数化方式使该顶点及采用类似方式定义的相邻顶点能够在肘部附近形成一个平滑的变形网格。而在关节刚性体动画中，定义于不同参考坐标系的曲面则可能出现尖锐相交的情形。

可将蒙皮表面的一点 x 表示为网格顶点 P_b 在相关骨骼坐标系中嵌入点的线性组合。设给定时刻相关骨骼的变换矩阵为 B_b，权重因子为 w_b：

$$x(t) = \sum_{b \in \text{bones}} (B_b(t)P_b)w_b \tag{35.15}$$

其中 $\sum w_b = 1$。注意到基于动画师输入姿势计算得到的 P_b 和 w_b 都已参数化且与之相关的所有操作均为线性，因此在实践中我们仅需存储三个向量 $P'_b = P_b w_b$ 就够了。

创建骨骼动画表示时，动画师通常在选定的某一标准姿势的网格中置入骨架。然后为每个表面网格顶点在相关的骨骼坐标系中的对应点赋予权重，系统根据这些权重计算每个顶点的 P'_b。经过第一次近似计算可得到每个顶点在其最邻近关节的参考坐标系中针对标准姿势的非零权重。动画师随后对骨架进行操作创建一个不同的姿势，按式(35.15)，所有顶点的位置随之改变。但部分邻近关节的顶点变换后的位置可能不理想，于是动画师对它们的位置一一进行调整，直至符合期望。随后，系统根据姿势和调整后的顶点位置重新计算出一组 P'_b 以最小化位置表示的误差。对更多的姿势重复上述过程。不过，这一过程很快演变成一个过度约束的优化问题，最终导致求出的权重对任何一个姿势都不能完美地满足视觉目标。当然，可通过在系统中添加更多的骨骼来减少约束。这种处理方式常常让系统中的大部分骨骼并不和原始生物的物理骨骼相对应——而仅仅是为了生成期望的姿势变形而给优化程序提供更多的自由度。鉴于骨骼并不需要和真实的骨架一一对应，骨架动画亦可以应用于树木之类的物体甚至水等并无骨架结构但是具有平滑变形外观的动画中。

　　试图依据直觉添加骨骼，然后通过非线性优化程序来生成期望的结果并非易事，这也是有经验的动画操控师十分吃香的一个原因。正如我们可以通过增加分片来降低网格曲面逼近任意形状的难度一样，我们可以通过增加可操控骨骼的数目来减轻操纵骨架的挑战。然而，它们也有类似的缺陷。在动画创建时（相对于模型操纵时间），必须为每块骨骼指定其在关键帧中相应的位置。过大的骨骼数目会明显地增加动画的难度和时间成本。在运行时，系统必须对每个顶点进行变换。虽然系统在采用公式（35.15）对每个顶点进行求和运算时，仅需考虑其相关骨骼的对应点具有非零权重的情形，然而，即使每个顶点只受到三条骨骼的影响，与刚性物体仅需做一次变换相比，其变换的时间开销将提高三倍；而且执行相同骨骼变换的顶点必须组合成小的子集成批处理（效率不高），这与可在并行结构上做高效处理的大型统一数据流差距明显。

35.6　动力学

35.6.1　粒子

　　动力学中，**粒子**（particle）是一种无限小的物体。以人类视觉的尺度，可以采用粒子来近似一个分子或一颗砂子。以天文学的尺度，则可采用粒子对行星和月亮进行建模。我们研究粒子基于两个原因。第一，在图形学领域，已广泛采用粒子和**粒子系统**（particle system）对非常小的物体（如子弹）或烟雾、雨、火等无定形、可压缩的对象进行建模［Ree83］。第二，粒子为驱动场景的动态变化提供了一个简单的系统。在讨论如何驱动粒子的动力学行为后，我们会进一步将其推广到更复杂的物体。

　　尽管粒子非常小，我们仍可采用几何或贴图板对其进行绘制。这将改善粒子的外观（零体积的粒子是不可见的），产生一种比实际模拟的对象更为复杂的感觉。

　　给定粒子的初始位置、初始速度以及关于时间的加速度表达式，我们希望获得粒子随后任一时刻的位置。假设未知的位置函数为 $t \mapsto \boldsymbol{x}(t)$，其中 $\boldsymbol{x}(0)$ 是粒子的初始位置，为三维空间向量。因粒子被表示为点，因而可以忽略其旋转，实现物理上的简化。此外，对于平移，除了下面与接触有关的两种情形之外，我们可以对每个轴向的平移独立进行处理。注意对于碰撞而言，物体在所有轴向都会存在重叠（例如，中午的赤道上，在人的局部参考坐标系中，人和太阳都有相同的 xz 位置，但在垂直方向存在巨大的距离差，故人不会在太阳的内部）；而在计算接触力时，我们需要得到表面朝所有轴向的法向分量，以便计算沿每个轴向的接触力分量。此处，我们暂时不考虑物体相接触的情形。

　　速度（velocity）等于位移除以位移的时间。这里的速度通常是指**瞬时速度** $\dot{\boldsymbol{x}}(t)$，即当时间段趋于 0 时速度的极限值：

$$\text{速度} = \dot{\boldsymbol{x}}(t) = \lim_{\Delta t \to 0} \frac{\boldsymbol{x}(t + \Delta t/2) - \boldsymbol{x}(t - \Delta t/2)}{\Delta t} \tag{35.16}$$

　　加速度（acceleration）之于速度类似于速度之于位移，它们具有相同的定义。因此，瞬时加速度可以表示为位移关于时间的二阶导数：

$$\text{加速度} = \ddot{\boldsymbol{x}}(t) = \lim_{\Delta t \to 0} \frac{\dot{\boldsymbol{x}}(t + \Delta t/2) - \dot{\boldsymbol{x}}(t - \Delta t/2)}{\Delta t} \tag{35.17}$$

　　依据上述概念，我们的问题归结为根据给定的 $\boldsymbol{x}(0)$、$\dot{\boldsymbol{x}}(0)$、$\ddot{\boldsymbol{x}}(t)$ 导出 $\boldsymbol{x}(t)$ 的函数表达式。若 $\boldsymbol{x}(t)$ 可导，根据第二积分基本定理：

$$x(t) = x(0) + \int_0^t \dot{x}(s)\mathrm{d}s \tag{35.18}$$

由于已知 $x(t)$ 的一阶和二阶导数，因此可假定 $x(t)$ 为可导函数。

然而，由于初始时没有 $\dot{x}(t)$ 的显式表示，无法直接使用公式(35.18)。因此，我们再次利用第二积分定理获得已知量表示的 $\dot{x}(t)$：

$$\dot{x}(s) = \dot{x}(0) + \int_0^s \ddot{x}(r)\mathrm{d}r \tag{35.19}$$

$$x(t) = x(0) + \int_0^t \left(\dot{x}(0) + \int_0^s \ddot{x}(r)\mathrm{d}r \right)\mathrm{d}s \tag{35.20}$$

$$x(t) = x(0) + \dot{x}(0)t + \int_0^t \int_0^s \ddot{x}(r)\mathrm{d}r\mathrm{d}s \tag{35.21}$$

生成动力学动画的一种方法是解析地计算出 $x(t)$ 的积分并依此计算 $x(t)$ 在时间集 $t = \{0, \Delta t, 2\Delta t, \cdots\}$ 上的值。当存在 $\ddot{x}(t)$ 的表达式且符号可积时，上述方法很方便且在动画过程中不会形成累积位移误差。解析方法适用于简单场景，例如物体以常数线性加速度下降或滑落，或者卫星以恒定径向加速度绕行星旋转(这两个例子均归结为重力)。入门类的物理教科书通常聚焦于此类问题，这是由于大多数复杂场景无法解析求解。

35.6.2 微分方程公式

给定物体的位移和速度，我们通常有办法计算该物体的瞬时加速度，但是并不一定能得到其在任意时刻的解析解。例如，根据牛顿第二定律($F = m \cdot a$)，物体的加速度 $\ddot{x}(t)$ 等于作用在物体上的力除以物体的质量。该作用力通常可从物体当前的位移和速度计算获得。给定 $x(t)$ 和 $\dot{x}(t)$ 的值，且已知粒子质量 m 和任意时刻粒子所受到的作用力函数 f，可以计算(作用力由用户输入控制等特殊情形除外)：

$$\ddot{x}(t) = \frac{f(t, x(t), \dot{x}(t))}{m} \tag{35.22}$$

方程(35.22)涉及 x 及其导数，因此它是一个(向量)**微分方程**。更具体的，鉴于 x 是单变量 t 的函数，方程(35.22)属**常微分方程**。由于 f 可任意取值，该方程为非线性微分方程。此类微分方程不易求解。事实上，尚无一般形式的该类方程的解析解。

导出加速度的表达式并不能立即解决问题，因为一开始我们就没有 x 和 $\dot{x}(t)$ 在任意时刻的解析解。导出一个基于两未知函数(且无解析解)的表达式看似没有意义。然而，如果我们已知某一时刻这两个函数的值，我们就可以计算出作用力，进而计算其加速度。这样即使不能显式、确切地知道未来时刻将发生什么，我们仍能将仿真过程推进到下一时刻。这给出了一个数值积分策略，并成为许多动力学算法的重要基础。下面我们看一个具体的例子。

考虑描述单一球下坠过程的一维系统，其任意时刻相对于地面的高度为 $x(t)$。根据第7章引入的记号，可显式给出该函数的类型如下：

$$x : \mathbf{R} \to \mathbf{R} : t \mapsto x(t) \tag{35.23}$$

(若用 C 语言实现，可写为 float x(float t)，但是我们假定并无显式的执行程序。)

同样，作用力函数 f 可以写为：

$$f : \mathbf{R}^3 \to \mathbf{R} : (t, y, v) \mapsto f(t, y, v) \tag{35.24}$$

(若用 C 语言实现，可写为 float f(float t, float y, float v);，并且我们假设该函数可求解。)

若球的当前高度为 y、速度是 v，那么通过函数 f 能够计算在 t 时刻球所受到的作用力。我们以地球表面的重力对该作用力建模：

$$f(t,y,v) = -9.81 \text{kg} \cdot \text{m/s}^2 \tag{35.25}$$

值得注意的是，在上述模型中，f 为恒定量，与时间、球的当前位置和速度无关。

考虑到球运动越快，受到的周围空气的摩擦力就越大，可建立一个更符合真实的作用力模型。摩擦力阻碍球的运动，因此会减小球的下坠速度。选择任意一个阻力系数，对现有模型进行改进：

$$f(t,y,v) = -9.81 \text{kg} \cdot \text{m/s}^2 - v \cdot 0.5 \text{kg/s} \tag{35.26}$$

在新的作用力模型中，当球的速度为 $v=0 \text{m/s}$ 时所受的力为 $-9.81 \text{kg} \cdot \text{m/s}^2$，而对正在下落且速度为 $v=-2\text{m/s}$ 的球，其所受力将降为 $-8.81 \text{kg} \cdot \text{m/s}^2$。新的作用力模型同样与时间、球的当前位置无关。当然，我们还可以考虑一个包含气流因素的更复杂的模型，而气流的影响与运动物体当时在时空空间中的位置相关。

现考虑球在三维空间中的运动。上述函数的类型有什么样的变化？此时球的位置和速度均为三维向量：

$$x : \mathbf{R} \to \mathbf{R}^3 \tag{35.27}$$

$$f : \mathbf{R}^1 \times \mathbf{R}^3 \times \mathbf{R}^3 \to \mathbf{R}^3 : (t,y,v) \mapsto f(t,y,v) \tag{35.28}$$

$$: \mathbf{R}^7 \to \mathbf{R}^3 : (t,y,v) \mapsto f(t,y,v) \tag{35.29}$$

该作用力函数依然有三个参数。由于该函数通常应用于位移和速度的计算，人们有时候也将其写作 $f(t,x,\dot{x})$ 并将 x，$\dot{x}$ 看作是变量[⊖]。本章前面曾提到符号标记中一些容易引起混淆的记号。尽管上述表示方法在动画笔记和研究论文中使用方便，但我们仍需仔细区分函数和函数所取的值。

35.6.3　分段常量近似

现在，假设作用力是时间的常值函数，因此加速度保持不变。在关于牛顿力学的物理教科书中，具有常数加速度的物体的最终位移为：

$$\boldsymbol{x}_1 = \boldsymbol{x}_0 + \boldsymbol{v}_0 t + \frac{1}{2}\boldsymbol{a}_0 t^2 \tag{35.30}$$

$$\boldsymbol{x}(t) = \boldsymbol{x}(0) + \dot{\boldsymbol{x}}(0)t + \frac{1}{2}\ddot{\boldsymbol{x}}(0)t^2 \tag{35.31}$$

$$= \boldsymbol{x}(0) + \dot{\boldsymbol{x}}(0)t + \frac{1}{2}\frac{f(0,\boldsymbol{x}(0),\dot{\boldsymbol{x}}(0))}{m}t^2 \tag{35.32}$$

其中，第二种表示采用了我们的符号标记方式。注意到等式右边是 t 的二次多项式且其他因子均为常量，因此它是一条抛物线，对应于投掷球在空中划过的弧线，其中球受到重力作用而具有恒定的加速度。这一表示与我们在直觉上将物体位移视为时间的函数是一致的。在恒定加速度的假设下，对公式(35.21)进行积分，可以得到以下公式：

$$\boldsymbol{x}(t) = \boldsymbol{x}(0) + \int_0^t \left(\dot{\boldsymbol{x}}(0) + \int_0^s \ddot{\boldsymbol{x}}(0)\mathrm{d}r \right)\mathrm{d}s \tag{35.33}$$

$$= \boldsymbol{x}(0) + \int_0^t \left(\dot{\boldsymbol{x}}(0) + \ddot{\boldsymbol{x}}(0)s \right)\mathrm{d}s \tag{35.34}$$

⊖　我们可通过将力重新定义为更高阶的函数 $f : \mathbf{R} \times (\mathbf{R} \to \mathbf{R}^3) \times (\mathbf{R} \to \mathbf{R}^3) \to \mathbf{R}^3$ 使其语义更为清晰，但做这种调整以保持概念的一致性并无实际用途，因为我们将力的函数施加在前面一帧的点和速度上而不是时间的函数上。

$$= x(0) + \dot{x}(0)t + \frac{1}{2}\ddot{x}(0)t^2 \tag{35.35}$$

$$= x(0) + \dot{x}(0)t + \frac{1}{2}\frac{f(0,x(0),\dot{x}(0))}{m}t^2 \tag{35.36}$$

到目前为止，积分计算均以恒定加速度为前提条件，我们仍然停留在最初的解析解。现在我们可以将上述结果推广到一般情形。假定 f 只在从 t_i 到 t_{i+1} 且间隔为 Δt 的每一个时间段内保持恒定但在不同的时间段可能变化。此时，加速度只是时间的分段常数函数，不过它是对真实情形的更好的近似。

基于上述假设，我们可将公式(35.36)推进到下一个时间段，其初始状态由 $x(t_1)$ 和 $\dot{x}(t_1)$(已知值)描述，在该时段物体保持常值加速度(恒定作用力)直至该时段的终点：

$$x(t_2) = x(t_1) + \dot{x}(t_1)\Delta t + \frac{1}{2}\frac{f(t_1,x(t_1),\dot{x}(t_1))}{m}\Delta t^2 \tag{35.37}$$

$$\dot{x}(t_2) = \dot{x}(t_1) + \frac{f(t_1,x(t_1),\dot{x}(t_1))}{m}\Delta t \tag{35.38}$$

以上公式称为 Heun-Euler 积分(Heun-Euler integration)，即 Heun 积分或改进的欧拉积分(用以区别 35.6.7.1 节中的"欧拉"积分)。

上述公式中并没有特指一个具体的空间维度，可适用于一维、二维、三维粒子等常见情形。事实上，我们可以对公式做进一步推广，即不再将 x 限为描述单个粒子的运动，而是将多个粒子的位移封装成为 $x(t)$ 函数并把它们视为 $x(t)$ 的不同分量。后面，我们还将进一步泛化上述公式并在该向量中为包含体积的物体添加朝向信息。

尽管上述积分方法并非完美，但是通常情况下它足以解决问题。如果所生成的动画不够流畅或者欠稳定，通常可以通过缩短采样时间段的长度来改善动画质量。这是因为当 $\Delta t \rightarrow 0$ 时 Heun-Euler 积分的估计值趋近于任意作用力函数(可积函数)的真实积分值。当物体所受的作用力较强或者频率较高时，因为必须将 Δt 取得足够小以保证动画的稳定性，仿真的计算量大为增加。对于这种情形，35.6.6 节中介绍的积分模式比 Heun-Euler 积分更加高效。

35.6.4 常见的力的模型

有基本力和派生力。重力、电力等基本力是经典物理学模型的基本元素，依据这些模型，它们无法被视为其他力相互作用的结果。而派生力(如浮力)是将多个微观力的共同作用归结为一个简单的高层模型，用以描述其宏观行为的一种方法。

可将系统受到的作用力记为 $f(t,y,v)$。倘若我们此时考虑的是单个物体，则该物体的质心位于 y 且线速度为 v。对于位移函数 x，我们通常将作用力函数记为 $f(t,x(t),\dot{x}(t))$。如前所述，我们将位移和速度表示为显式参数的形式而不仅仅是 x，因为这是进入动力学求解系统所需的函数形式。

作用力总是存在于两个物体之间。根据牛顿第三定律，两个物体受到相同大小的作用力但力的方向相反。因此，只需描述其中一个物体的作用力模型了。同样，在仿真时，也只需显式地计算其中一个物体的作用力。在由多个物体组成的系统中，参数 y 和 v 以向量数组的形式表示，作用力方程 f 则计算系统中其他物体作用在每个物体上的力。

若系统中有 n 个物体，则有 $O(n^2)$ 对物体需要考虑。作用力可以相互叠加，因此物体 1 所受的总的作用力等于所有物体对物体 1 的作用力之和。这意味着作用力函数实现的一般形式如代码清单 35-2 中所示，其中作用力函数 F(t,y,v,i,j) 计算物体 i 所受到的来自

物体 j 的作用力。作用力有多种，如重力和摩擦力，因此我们为 $\mathcal{F}$ 开设了一个包含 num-Forces 个实例的数组。

代码清单 35-2　总作用力函数计算的简单实现

```
1   // Net force on all objects
2   Vector3[n] f(float t, Vector3[n] y, Vector3[n] v) {
3       Vector3[n] net;
4
5       // for each pair of objects
6       for (int i = 0; i < n; ++i) {
7           for (int j = i + 1; j < n; ++j) {
8
9               // for each kind of force
10              for (int k = 0; k < numForces; ++k) {
11                  Vector3 fi = F [k](t, y, v, i, j);
12                  Vector3 fj = -fi;
13                  net[i] += fi;
14                  net[j] += fj;
15              }
16
17          }
18      }
19
20      return net;
21  }
```

然而，我们很少需要以如此一般化的方式计算总作用力和任意两物体间的作用力。在很多情况下，两物体间作用力为 0。例如，两个并无弹簧连接的物体之间，其弹簧作用力为 0；靠近地球表面物体的重力可直接建模而无须考虑地球的球面模型，而且大部分物体两两之间的重力可以忽略。其他类型的作用力仅在两物体相互靠近时才会发生作用，而且可通过采用一种空间数据结构（参见第 37 章）予以高效判断。计算很多物体对之间的作用力函数时并不需要所有的参数。综合上述因素，代码清单 35-3 给出了一种根据已知的作用力种类计算系统总作用力的有效方式。

注意，我们常使用下标来标识作用力的类型（kind）。例如，重力表示为 $\mathcal{F}_{gravity}$。尽管在数学上这种标记方式并不常见，但在物理学中它确是标准的方式。按照我们的约定，表示具体意义的下标（如 "gravity" 或者 "i" 表示输入作用力，"o" 表示输出作用力）使用 roman 字体，而表示序号的下标则视为变量且打印成斜体字。"gravity" 是函数名称的一部分，而不是变量。在公式中，我们将其简化标记为 $\mathcal{F}_g$。

大多数作用力函数都涉及一些相关的常数，而这些常数并未作为作用力函数的自变量显式列出。这就意味着在实际计算作用力函数时，需要获取每个对象的相关信息（可通过给定索引从全局场景数组中获得）。这与计算 BSDF 的典型接口十分相似，在该设计中，在规范化的入射光和反射光向量变量之外，扩充了诸如反射率和折射系数等作为成员变量。

代码清单 35-3　特定的总作用力函数

```
1   // Net force on all objects
2   Vector3[n] f(float t, Vector3[n] y, Vector3[n] v) {
3       Vector3[n] net;
4
5       // for each object
6       for (int i = 0; i < n; ++i) {
7           net[i] += F_gravity(i) + F_buoyancy(t, y, i);
8
```

```
9         for (int j in objectsNeariWithHigherIndex(i, y)) {
10            Vector3 fi = 𝓕_friction(t, y, v, i, j) + 𝓕_normal(y, i, j);
11            Vector3 fj = -fi;
12            net[i] += fi;
13            net[j] += fj;
14        }
15    }
16
17    // for each pair connected by a spring
18    for (int s = 0; s < numSprings; ++s) {
19        int i = spring[s].index[0];
20        int j = spring[s].index[1];
21        Vector3 fi = 𝓕_spring(y, v, i, j);
22        Vector3 fj = -fi;
23        net[i] += fi;
24        net[j] += fj;
25    }
26
27    return net;
28 }
```

35.6.4.1 重力

假设物体 i 是一个质心，物体 j 为一个球体(或者是另一个质心)。根据牛顿万有引力定律，物体 i(在 $\boldsymbol{y}_i$ 处)受到物体 j(在 $\boldsymbol{y}_j$ 处)的引力(如图 35-20 所示)为：

$$\mathcal{F}_{\mathrm{g}}(\boldsymbol{y}, i, j) = G\, \frac{m_i m_j}{\|\boldsymbol{y}_j - \boldsymbol{y}_i\|^2}\, \frac{\boldsymbol{y}_j - \boldsymbol{y}_i}{\|\boldsymbol{y}_j - \boldsymbol{y}_i\|} \quad (35.39)$$

当每个物体的包围球的半径远远小于两者之间的距离时上式提供了一个很好的近似(例如，计算两个星球之间的引力)。

当 $m_j \gg m_i$ 并且物体 i 的包围球的半径远比 $\|\boldsymbol{y}_i - \boldsymbol{y}_j\|$ 小时，物体 i 的重力加速度可近似为一个常数，而物体 j 由此引发的重力加速度可以忽略不计。下例即为此情形：物体 j 是一个星球，而物体 i 是在星球表面大小如人的物体。在此情形中(图 35-21)，我们可以忽略 j 所受的引力，i 所受的引力如下：

$$\mathcal{F}_{\mathrm{g}}(i) \approx \boldsymbol{g} m_i \quad (35.40)$$

该式提供了对重力很好的近似，其中 $\boldsymbol{g}$ 是加速度向量。在地球表面，$\|\boldsymbol{g}\| \approx 9.81\mathrm{m/s}^2$，其方向指向地球的中心。由于通常取地球表面局部切平面为参考坐标系，而忽略了地球的曲率，所以人们常称重力方向"朝下"，并且假设重力永远沿着一个不变的垂直轴方向。

需要注意的是，虽然物体所承受的重力与质量成正比，但其加速度与质量无关。可给出如下观察：如果忽略空气阻力和其他的力，所有物体下坠的速度相同。具体来说，如果两个物体仅受重力作用，则它们质心的下降速度是一致的。但物体上各独立的点会呈现不同的加速度和速度曲线。例如，对一根正翻着筋斗下坠的木棒来说，尽管其中心点在下落，但它的某一端可能具有朝上的瞬时速度。

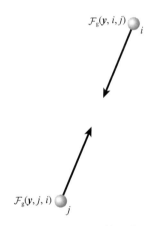

图 35-20   由于两物体间的地心引力导致的力

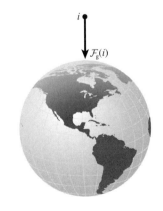

图 35-21   地球附近小物体所受到的重力

相比其他种类的力，重力十分微弱。一个硬币大小的冰箱磁贴即可抵御整个地球对它的重力引力。人类仅通过跳跃即可短暂地摆脱重力。对于宇宙的本质而言，为何重力如此微弱是一个费解的问题，至今尚无共识。对于模拟来说，由于重力十分微弱，可得出两点实用的推论。首先，除了两个物体尺寸差异十分巨大或者没有其他任何力存在的情形之外，重力可以被忽略。对于大部分的应用，我们只需要关注物体所受到的地球引力。其次，可以设想虚拟世界中大部分力的大小与重力相当（这些力与重力相反，从而使物体保持静止状态），或者其大小远超过重力（可驱动物体克服重力作用前进）。所以致力于调整积分器的常数使一堆翻转的积木趋于稳定是不可取的。正在发射中的步枪子弹或加速中的汽车所受的力的大小至少超出重力一个数量级。当作用力很大时，稳定性无疑需要保证，但这种力很少是重力。对积分器中常数的调整主要是确保灵敏性，这样重力仍能驱动失去支撑的物体从静止状态开始加速。

✓ **结构原则：** 我们可以将上述观察推广为结构原则：将那些令人吃惊的结构性的对称和非对称视为探寻其内在结构的线索，作为检查你的方案是否鲁棒的提示。例如，倘若那些似应相似的元素的大小相差一个或多个数量级或者需要用不同的参数来表示，如同自然界中的基本力的情形，就值得关注了：继续下去可能导致新的发现，而忽略这些差异，则会吃亏。

35.6.4.2　浮力

浮力是一种推动水或空气等流体介质中的物体上升的力。仅当介质和其中的物体受到某种常见外力（如重力）的作用时才会表现出来。

令 v_i 表示物体 i 的体积[一]（以 m³ 为单位），ρ 为介质的密度（单位 kg/m³），g 是物体所在地的重力加速度（单位 m/s²）。假设所在地区的重力加速度 g 是一个常数。此外，假设介质和物体都**不能压缩**，即在压力的作用下，它们的体积不会改变。水是不可压缩的。可以浮在水中的许多物体，例如木头、救生圈、船、鱼和人，也认为是不可压缩的。

若物体 i 不在介质中，它受到的浮力为 $F_b(\boldsymbol{x}, i) =$ 0N。如果它浸没在介质中（图 35-22），则浮力为：

$$\mathcal{F}_b(\boldsymbol{x}, i) = -\rho v_i \boldsymbol{g} \qquad (35.41)$$

公式中并没有出现物体的密度。密度大的物体因浮力而产生的向上的加速度较小，这是因为物体的重力大，而不是由于其浮力减小。因此，漂浮的物体所受到的浮力并不比不能漂浮的物体大。

对于介质来说，它当然也会受到一个大小相同，方向相反的作用力。然而，由定义，介质是由可自由移动的个体粒子构成的流体，本质上是一个非常松散的耦合系统。在动画实践中经常涉及的是大型的流体，因此可忽略浮力对它们的影响。

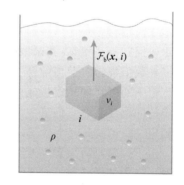

图 35-22　浸没在密度为 ρ 的液体中、体积为 v_i 的物体所受到浮力

在取值范围方面，4℃时的水的密度为 1000kg/m³，当温度升高或者下降时，其密度会有所下降。这一数字为精确的 10 的幂次——它是最初设计度量体系时确定的常数之一。

既然浸没在介质中的物体的质量和密度并没有出现在公式中，那为什么密度大的物体会沉没，而密度小的物体会漂浮起来呢？这是因为物体受到的总的作用力也包含了重力：

〇　注意体积标记 v_i 有别于本章中用来表示速度的 v 和 $\dot{x}$。

$f_i = \mathcal{F}_g(i) + \mathcal{F}_b$。如果物体属高密度，那么 $\mathcal{F}_g(i)$ 会比 $\mathcal{F}_b$ 大，综合起来就会产生向下的加速度。

当流体处于非静止状态时，流体的不同部分对流体自身和其中的物体产生不同的压力，从而在流体表面与其内部形成波浪和漩涡。

35.6.4.3 弹簧力

考虑一个理想的弹簧，它本身没有质量，并且每次在拉伸或压缩并释放后，均可恢复到静态时的长度。假设这只弹簧只沿长度方向伸缩，在与长度正交的方向上则完全刚性。

假定弹簧连接着物体 i 和 j（如图 35-23 所示）。令弹簧静止时的长度为 r，即当弹簧两端没有受到外力作用时 $\| y_i - y_j \| = r$。根据胡克定律，当物体 i 对弹簧进行压缩或拉伸时，它所受到的弹簧恢复力为：

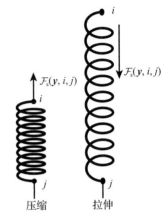

图 35-23　位于两个物体之间的弹簧力

$$\mathcal{F}_s(y, i, j) = k_s(r - \| y_i - y_j \|) \frac{y_i - y_j}{\| y_i - y_j \|} \tag{35.42}$$

有些弹簧与其他弹簧相比不容易变形。描述弹簧刚度的**常数** k_s 的单位是 kg/s^2（注意此处下标 s 表示的是名字，而不是索引）。该常数越大，代表弹簧产生的恢复力越大，这种弹簧称为硬弹簧，如果常数小，那么产生的恢复力就小，这种弹簧称为软弹簧。如果给弹簧附上质量，硬弹簧能使变形的恢复过程更快。

如同重力作用下的钟摆，弹簧恢复时也会跨过静止位置往复振荡。由于弹簧内部的摩擦以及弹簧与空气或物体表面的摩擦而导致的能量损耗会使弹簧逐渐减速并最终回到静止状态。在某些初始条件和力的联合作用下，弹簧也可能受到临界的阻尼作用，以致弹簧直接停止而不再振荡，但振荡是更一般的情形。这意味着，受到扰动时硬弹簧不一定比软弹簧更快回归静止状态（在摩擦力很小的情况下），只是它振动的频率更高。

在数值模拟时数值的舍去或者积分误差可能引起振荡器的能量增加，使它们变得不稳定。由于通常将绳子模拟成由刚性弹簧组成的链，而布料模拟成刚性弹簧构成的网，使不稳定的问题更甚。它们衍生出非常大的力和高频的振荡，需要采取更精确的积分计算来确保稳定性。

由于弹簧具有质量以及其材质的变形，真实世界中的大部分弹簧存在无法忽视的能量衰减。常用的做法是通过显式地添加一个阻尼项来模拟衰减。由于与速度方向相反，该项在形式上与摩擦力相同。虽然与表述原始力的项具有一致的形式，但它针对的是速度而不是距离。它的作用就像一个"更高一层"的弹簧，使弹簧的稳定性变得可调节。不过该方法并不能完全消除不稳定。在数字积分器采取固定时间步长的情况下，当对阻尼作用产生的加速度的积分超过了弹簧原有的速度时，过大的阻尼常数可能会增强振动而不是使振动减小。

35.6.4.4 法向力

放在桌上的苹果会受到一个向下的重力以及一个可以忽略不计的朝下的空气压力。但苹果与桌子之间处于相对静止状态，这是因为苹果还受到了一个与重力反向的力使苹果所受到的总作用力并非向下。该力源于苹果和桌子两者分子之间的静电推斥力，可保持两者之间不致互相穿透。因其方向垂直于两个接触面，我们称它为**法向力**。在上述情形中，两者的接触面为水平的桌面，苹果所受的推斥力沿着桌面的法向垂直向上。倘若物体位于一个倾斜面上（图35-24），这时，法向力仍指向离开表面的方向，但并非与重力反向，因此其合力将产生一个水平方向的加速度。

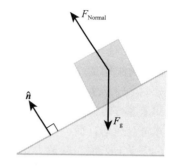

图 35-24　法向力可防止物体互相穿透，其方向沿接触面法向，大小决定于物体所受到的所有其他的力

这种力讲起来简单，但是其计算却非易事：该力的大小正好可防止相接触的两物体（刚体）互相穿透，其方向沿着接触面的法向，大小等于其他所有力的合力在法向上的投影。

法向力与之前讨论过的其他的力有着明显的不同。它不仅决定于系统的状态，而且还与物体所受的其他力有关。例如，当考虑弹簧力时，我们可将两个物体放在邻近位置，在它们之间连上弹簧，只需依据两物体的状态即可考察他们各自速度和位置的变化。但是如果我们堆放十本书在桌子上，来考虑它们彼此之间的相互作用力，则该问题的含义都成了问题。"首先计算所有其他的外力"意味着以非循环的方式进行计算，但在上述情况下是不可能的。书堆里的每一本书同时对上、对下产生推斥力。因此，法向力的摩擦作用被分解了，在这些情形中我们无法计算出合理的法向力（甚至在刚体堆放这类简单情形也难以计算），直到近些年来才提出了一些稳定高效的求解算法［GBF03，WTF06］。如果物体之间通过大量的关节相连或者彼此之间存在复杂的约束关联，如计算拼接好的七巧板部件之间的法向力，则简单的计算模型（如"法向力"方法）就会崩溃。

换言之，我们已经改变了模式，需要一个牛顿模型之外的模型，来延伸我们的框架。这是一个容易发生问题的节点。静止的接触状态（更不用说堆叠状态）要比快速运动的子弹轨迹更难以模拟似出乎一般人意料之外。与法向力密切关联的摩擦力的情形也是如此。在第一章中我们曾指出，科学取决于为达到理想层次的精度构建模型的学问。关于法向力的简单牛顿物理模型无疑高效又容易使用，但它不适合用来刻画多个物体之间的相互作用。当然你可以坦然面对这些局限性，避免处理复杂的交互作用，给模型打上补丁来防止其失效，或者采用一种计算和集成更为耗时的复杂模型。

作为构建更复杂模型的例子，接触力之间的循环依赖关系与我们之前讨论光线传输中的情形非常相似。我们需要的是稳定状态下的积分方程的解，而光线传输就涉及多个采用数值方法逼近稳定状态的数学模型。在本章中，我们将不深入这一特殊的问题，而更多地关注如何采用简单系统实现高效的模拟。

35.6.4.5　摩擦力和流体阻力

摩擦力是对导致物体减速现象的力的总称。广义地说，我们将与速度负相关的任何力都称为摩擦力。这就是为什么摩擦力通常被认为"阻滞运动"。当然，"运动"是针对参考坐标系而言。

举例来说，在没有摩擦力的情况下一辆车无法动起来。当汽车开始线性加速时，驱动轴的运动传动到轮轴，使其旋转，进而转动车轮。轮胎与路面之间的摩擦力阻挠车轮旋转，从而导致车子相对于路面向前运动，或路面相对于车向后运动（依赖于所取的参考坐标系）。对于理想的轮胎，这将完全抵消行驶中的轮胎与路面之间的接触点相对于轮轴的运动。因此，摩擦力的确会阻挠某些运动。不过，在垂直于路面的方向上几乎无摩擦力，因此接触点仍可能在路面上颠簸。当接触点脱离路面时，接触点会仍然可以向上运动。如果不考虑形变，轮胎旋转面上的每一点都有一个相对于轮胎在该点切平面的瞬时速度。整个轮胎由轮子，轮轴，归根结底是由传动系统和发动机驱动而旋转。由于接触点对轮胎沿道路平面的运动起阻碍作用，它们间的摩擦力反馈给传动系统，从而使车产生一个沿着路面向前的线性加速度。在冰面或者泥泞的路面上，轮胎和路面之间的摩擦力很小，在这种情况下，轮胎上的点可以相对于路面自由的移动，因此汽车不能前进。

车进行转弯时的情况也类似。在接触点处，轮胎沿着轴线方向的高摩擦力阻碍其沿轴线方向上运动，而因垂直于轮轴方向的摩擦力较低，允许车轮转动，从而使车转弯。因此，广义上来说，摩擦力是实现运动的必要因素。

摩擦力源于静电排斥力和吸引力。排斥力是由于相邻表面的分子相互碰撞。在学习 BSDF 时曾看到，宏观上光滑的表面在微观尺度下可能具有粗糙的形态。因此，两个平整表面相互平行滑动实际上如同两个长的线性齿条表面在相互咬合。这也是为什么粗糙的表面会增加摩擦力而新的礼服鞋底很滑的原因。鞋底是一块相对平滑的皮革，当鞋子穿过后，例如在混凝土人行道上走了几天，鞋底的皮革由于不均匀的着力会出现小的凹凸和裂纹。它们与路面上的凹凸纹理相互啮合产生较大的摩擦力。

静电引力则由于不同表面接触时其材料之间会形成一种化学上的结合，从而抗拒被拉开。当两种材料相同时，这种结合力更强。这是为什么一块光滑的玻璃很容易在光滑的木板上滑动，而要在另一片光滑的玻璃上滑动却很难。

常见情形均有其特定的摩擦力模型。我们主要介绍其中两个。**干摩擦**（dry friction）是指相互接触的固体平面之间发生的摩擦，而**流体阻力**则发生于固体和液体之间。

在干摩擦模型中，摩擦力可以分解为**静态摩擦力**（static）和**动态摩擦力**（kinetic）两项。将发生干摩擦的两个物体分别编号为 1 和 2，并将物体 1 所受力的参考坐标系视为两者的组合系统。也就是说，将两个物体看成一个整体，其质心始终保持不变。

当物体 1 移动时（即在参考坐标系中 $x(t) \neq 0$），静态摩擦力为 0。当物体 1 在系统的参考坐标系中处于静止状态，且与物体 2 通过表面保持接触时，我们可以给出阻挠加速的静态摩擦力的模型，其方向平行于接触面，大小为：

$$k = \mu_s \| \mathcal{F}_n \| \tag{35.43}$$

也就是说，如果施加的力为 f，且 $\| f \| - |f \cdot \hat{n}| < k$，物体将不会产生加速度。反之，物体将会加速同时受动摩擦力的作用（稍后将作简要介绍）。

静摩擦系数 μ_s 主要取决于两表面的化学成分、接触面的大小以及表面的微观几何形状。换句话说，在静摩擦力模型中，包含有许多隐藏的参数。不过，在简单的模拟中，该系数通常被近似为一个常数。

当两个物体在接触面上相对滑动时，需要采用动态摩擦力模型。动态摩擦力通常比静态摩擦力要小，这是因为运动中的物体在微观尺度上会弹离它们的接触面，从而消除了表面间导致摩擦的许多化学和力学的相互作用。

动摩擦力（如图 35-25）可以用下面的式子来定义：

$$\mathcal{F}_{kf}(t, y, v) = -\mu_k \| \mathcal{F}_n \| \frac{v}{\| v \|} \tag{35.44}$$

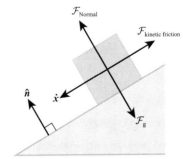

图 35-25　动摩擦力的大小与法向力大小成比例，方向与速度方向相反

……需要注意的是，在模拟的每一时间步中不要因摩擦力而反转速度的方向。反转方向必须由积分器实施，或者至少知晓积分器的时间步长。

流体阻力是周围液体介质（通常是水或者空气）对运动物体所施加的摩擦力（图 35-26）。Lord Raleigh 的流体阻力模型可以由下面的公式描述：

$$\mathcal{F}_d(t, \boldsymbol{y}, \boldsymbol{v}) = -\frac{1}{2}\rho\|\boldsymbol{v}\|aC_d\boldsymbol{v} \tag{35.45}$$

其中 a 是物体朝运动方向的表面面积；C_d 是阻力系数，它与物体的形状、粗糙程度以及表面材料的化学成分等密切相关；ρ 表示的是液体的密度。和其他摩擦力一样，在模拟的每一时间步中不要反转运动的方向。

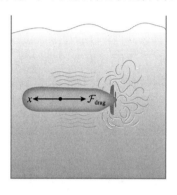

图 35-26　阻力由物体和周围液体间的摩擦以及由物体与液体间的相对运动和摩擦产生的液体压强引起。但很难建立这种阻力的正确而高效的模型，这是因为液体的行为很复杂，而且它还高度依赖于物体的形状和大小

流体阻力在宏观上导致两个特定的有趣现象。其一是**终极速度**。在流体介质中下落的物体不会不断地加速。例如，跳伞运动员在自由落体时的下降速度会逐渐趋于某一常数，原因是在某一点处，$\mathcal{F}_g = -\mathcal{F}_d$，$\mathcal{F}_d$ 与速度成比例，而物体的重力 $\mathcal{F}_g$ 为常值。

另一个有趣的现象是**升力**（lift）。当机翼在流体中运动时，它会受到一个总体向上的力，这使得飞机和鸟可以在没有上升气流的情况下飞起来。伯努利原理解释了为什么物体表面各处所受的流体阻力不同会导致升力。这如同车的轮胎，正是由于阻力的存在才使得车能够开动——只是并非沿摩擦力所指方向运动。

35.6.4.6　其他的一些力

现实世界当然还有一些其他基本类型的力：如，磁力、强核力、弱核力以及电力，可以采用如前所述的同样方式依据物理教科书予以表述。还有一些在建模方面非常有用的非基本类型的力，例如拉伸力和压缩力，可在机械工程类书籍中找到。

非物理力，例如在科幻小说中的冲击光束、牵引力，可以用任意的函数描述。理想中的任何力都可以插入仿真的框架，这是因为牛顿第一运动定律可将其简化成加速度，进而插入积分器。

35.6.5　粒子碰撞

35.6.5.1　碰撞检测

对于横截面很小的粒子，碰撞检测相当于进行光线跟踪。我们可以忽略粒子之间的碰撞，因为碰撞发生的概率微乎其微。粒子在足够小的时间区段内的路径可视为一段直线，从粒子的起点沿其速度方向进行光线跟踪，即可检测到它与场景中其他部分的碰撞。光线跟踪的数据结构和所有算法均可用于粒子的动态碰撞检测。

同样，也可以在有体积的粒子之间进行碰撞检测，在模拟每个粒子的运动时可将它们视为质点。为了检测两个粒子之间是否存在交，取其中一个粒子的参考坐标系（在该坐标系中这一粒子处于静止状态），然后去除沿相对速度向量方向的另一个粒子的参考坐标系。球状粒子的相交测试比较简单，它等价于检测点是否位于一个胶囊体内（胶囊体是指圆柱两端分别加上一个半球形的顶盖）。与之相比，其他形状粒子的碰撞检测较难计算，最好的解决方法是采用空间数据结构来检测多边形之间的碰撞（见第 37 章）。

35.6.5.2　受瞬态约束的法向力

当检测到碰撞后，系统必须做出响应：不能让粒子贯穿所碰撞的场景表面。我们已经观察到一种响应：法向力。当两个物体以非常低的速度发生碰撞时，最终可能导致物体静止。在这种情况下，通过反转速度方向对碰撞进行响应很可能会向系统注入能量。显然处于静态接触的两个物体不会朝对方加速。因为"碰撞"是在位置和时间有限计算精度下的响应，为保持系统的稳定性，我们可以显式地移动物体使它们脱离接触，或者施加法向力来防止穿透。

我们已经知道法向力难以确定，因为它有待计算确定了"所有力"之后才能定下来。当多个表面之间存在法向力时，确定这些力的作用顺序将是一个十分棘手的约束问题。在一个精心集成的系统中，通常会通过隐式而非显式的方式施加法向力。在这些情形下，通常会在两个物体的接触处构建一个临时的"关节"，这需要在模拟的每一个时间步长内都不移动两个物体的接触点[Lö81]。

35.6.5.3　补偿力

泛化后的法向力可以有效解决高速物体的碰撞响应问题。**补偿力**与法向力十分类似，但它适用于发生穿透的物体。补偿力的大小随着贯穿的深度而增加，其方向指向可使两个物体快速分离的方向。这实际上是一个合理的微观静电斥力模型。原子之间永远不会真正相碰。当它们相互接近时，斥力会逐渐增大，直到它们之间的相对速度发生反转，两者之间不再相互接近。从补偿力开始增大到再次变小的时间段内，仿真系统必须考虑补偿力的作用，最终导致弹性碰撞：两物体沿着它们发生碰撞平面的法向被反弹回来。

容易计算和施加补偿力，但却难以对它的大小进行调整。如果补偿力过小，物体可能会贯穿很深直至被反弹回来，看上去就像是橡胶材料。如果补偿力太大，那么如果集成过程精度不够，很有可能由于欠采样导致能量增加而破坏整个系统的稳定性。当有许多潜在的碰撞点时，不同的贯穿深度会导致补偿力的不均匀分布，甚至有可能使物体产生旋转。当这些补偿力很大时，它将成为一个影响系统稳定性的潜在原因，也就是说，小的转化误差能引发大的旋转错误。

35.6.5.4　冲量

补偿力的问题是需要时间去计算，这使动力学仿真采用的数值积分程序对补偿力的计算效率十分敏感。**冲量**因可在数值积分过程之外直接、实时的改变速度而成为解决碰撞问题的另一可选方案。这提供了一个很好的例子：知道一个模型应用的限制条件，在这些条件无法满足时不是打补丁而是改变模型。

当力为恒定力或者其产生的加速度变化很小，例如重力、弹簧力以及浮力之类的力时，数值积分方法是稳定的。当力按周期变化或者取决于速度时，例如法向力或者摩擦力时，数值积分的方法就不稳定了。若力所产生的加速度随时间变化且变化的时长小于仿真的时间步长时（例如补偿力），数值积分方法通常失效。一种解决方案是在仿真中取更短的时间步长或者采用更为复杂的积分器，但是这种方法仅仅是替换了限制条件，而不是取消限制条件。通过暂停数值积分，直接利用冲量操控速度，然后再重新启动数值积分，可以解决数值积分衍生方法所带来的内在局限性。注意到在光线传输中也有类似的情况。其中，"脉冲"是在概率分布函数上的一个尖峰，例如经由定向光源或者理想镜面反射产生的脉冲。对于这些面积为零的区域做积分就如对一个持续时间为零的力进行积分，因而是不稳定的。所以，稳定的绘制程序会采用绝对概率以显式的方式处理镜面反射和定向光源，而不是试图以非常小的角度分辨率去测量高幅值的概率分布函数。在动力学中，我们直接取速度的变化量，而不是试图在非常短的时间区段内对高幅值的速度导数（加速度）进行积分。

具体来说，瞬时变化意味着在零时间步长内加速度（$\ddot{x}$）不为零，因而 $\ddot{x}$ 为无穷大。也就是说，我们对物体施加了一个持续时间为零的无穷大的力。具体而言，力和加速度函数值中包含了数学上的脉冲。我们无法在积分框架内直接表示脉冲，因为当数字积分器遇到一个无穷大的加速度时，其浮点数表示的结果只能是：无穷大×0＝"非数字"，对这个量做进一步的高阶积分只会进一步传播"非数字"的结论。所以我们离开积分器，因其是系统不稳定和引发错误的源头：一旦积分器无法得到一个值或者控制一个运算，极易受到该项运算中舍入误差和逼近误差的攻击。

冲量方程是依据线性动量的物理概念推导出来的，可简单表示为：

$$\boldsymbol{p}_i(t) = m_i \dot{\boldsymbol{x}}(t) \tag{35.46}$$

因此，在碰撞中速度的变化是

$$\Delta \dot{\boldsymbol{x}}_i(t) = \frac{\Delta \boldsymbol{p}_i(t)}{m_i} \tag{35.47}$$

注意 $\Delta\dot{\boldsymbol{x}}(t)$ 和 $\ddot{\boldsymbol{x}}(t)$ 之间的重要区别，下面是对加速度函数导数的严格定义：

$$\ddot{\boldsymbol{x}}(t) = \lim_{\Delta t \to 0} \frac{\dot{\boldsymbol{x}}(t+\Delta t) - \dot{\boldsymbol{x}}(t)}{\Delta t} = \lim_{\Delta t \to 0} \frac{\dot{\boldsymbol{x}}(t) - \dot{\boldsymbol{x}}(t-\Delta t)}{\Delta t} \tag{35.48}$$

假定发生冲量的时刻为 t_0，$\dot{\boldsymbol{x}}(t)$ 在 t_0 处是不连续的，这意味着它的上、下端极限不相等，所以 $\dot{\boldsymbol{x}}(t)$ 在 t_0 处是不可微的。换句话说，$\ddot{\boldsymbol{x}}(t_0)$ 无定义（一个"无穷大值"却被整合成了一个有限量，显然不合常理）。

物理学家通常使用狄拉克 δ 函数 $\delta(t)$

$$\int_{-\infty}^{+\infty} \delta(t)\mathrm{d}t = 1 \tag{35.49}$$

$$\delta(t) = 0 \,\forall\, t \neq 0 \tag{35.50}$$

作为给 $\ddot{\boldsymbol{x}}(t_0)$ 赋值的符号（例如，$\ddot{\boldsymbol{x}}(t) = \delta(t-t_0)\Delta\dot{\boldsymbol{x}}(t)$）。注意 $\delta(t)$ 并非一个合适的函数，并且这种表示方法掩盖了下述事实：无法采用微分或积分来表示 $\ddot{\boldsymbol{x}}(t)$。

因为仿真的余下部分均基于对所估计导数的数值积分，因此掩盖 $\dot{\boldsymbol{x}}$ 在 t_0 处不可微和 $\ddot{\boldsymbol{x}}$ 在 t_0 处不可积是非常危险的。因此，我们接受 $\ddot{\boldsymbol{x}}(t_0)$ 不存在这一事实，并定义一个确实普遍存在且密切关联的函数：

$$\Delta\dot{\boldsymbol{x}}(t) = \dot{\boldsymbol{x}}(t)^+ - \dot{\boldsymbol{x}}(t)^- \tag{35.51}$$

上标表示单侧极限

$$\dot{\boldsymbol{x}}(t)^- = \lim_{\Delta t \to 0} \dot{\boldsymbol{x}}(t-\Delta t) \tag{35.52}$$

$$= \lim_{\Delta t \to 0} \frac{\boldsymbol{x}(t) - \boldsymbol{x}(t-\Delta t)}{\Delta t} \tag{35.53}$$

和

$$\dot{\boldsymbol{x}}(t)^+ = \lim_{\Delta t \to 0} \dot{\boldsymbol{x}}(t+\Delta t) \tag{35.54}$$

$$= \lim_{\Delta t \to 0} \frac{\boldsymbol{x}(t + \Delta t) - \boldsymbol{x}(t)}{\Delta t} \tag{35.55}$$

更直白一点，加号标识碰撞后的瞬间值，减号标识碰撞前的瞬间值。我们使用冲量来解决碰撞问题并直接从碰撞前的值跳跃到碰撞后的值，至于碰撞发生时的值是无关紧要的。

从基于速度转换为基于动量的优势在于，依据物理学中的**线性动量守恒定律**（law of conservation linear momentum），封闭系统中的动量为一个恒定量。因此

$$\sum_i \boldsymbol{p}_i^+(t) = \sum_i \boldsymbol{p}_i^-(t) \tag{35.56}$$

对于只有两个物体的系统，设其标记 i 和 j，该定律扩展为

$$\boldsymbol{p}_i^-(t) + \boldsymbol{p}_j^-(t) = \boldsymbol{p}_i^+(t) + \boldsymbol{p}_j^+(t_0) \tag{35.57}$$

$$\boldsymbol{p}_i^+(t) - \boldsymbol{p}_i^-(t) = -(\boldsymbol{p}_j^+(t) + \boldsymbol{p}_j(t)) \tag{35.58}$$

$$\Delta \boldsymbol{p}_i(t) = -\Delta \boldsymbol{p}_j(t) \tag{35.59}$$

这意味着我们只需要显式求解出其中一个物体的动量变化。

现在考虑包含更多物体的系统。假定所有的碰撞都是在物体间成对发生的，且在给定的时间 t_0 只有一个碰撞发生，则除了 i 和 j，我们可以忽略所有物体的动量变化，因而仍可使用式（35.59）。当然，这也要求我们对多个碰撞排出严格的顺序。但如果仿真器遇到的是多体碰撞，即上述成对碰撞的假设不成立，例如，堆栈中的每个物体连续地与另外两个物体碰撞，此时人工排序将引起系统的不稳定。即使采用基于冲量的仿真器也无济于事。

碰撞中的线性动量变化 [BW97a]

$$\Delta \boldsymbol{p}_i(t_0) = \hat{\boldsymbol{n}} \frac{(1 + \varepsilon_{i,j}) \, \hat{\boldsymbol{n}} \cdot (\dot{\boldsymbol{x}}_i^-(t_0) - \dot{\boldsymbol{x}}_j^-(t_0))}{\frac{1}{m_i} + \frac{1}{m_j}}, \quad \Delta \boldsymbol{p}_j(t_0) = -\Delta \boldsymbol{p}_i(t_0) \tag{35.60}$$

其中，$\varepsilon_{i,j}$ 是物体 i 和 j 之间的**恢复系数**（对其抗拒穿透能力的度量），$\hat{\boldsymbol{n}}$ 是接触面的单位法向量，m 表示质量。（$\Delta \boldsymbol{p}_i(t_0)$ 经常被表示为 $\boldsymbol{j}_i$。）

上述表达式的一个很好的性质是采用了质量的逆，而不是质量本身。这意味着当其中一个质量趋于无穷时，$\Delta \boldsymbol{p}$ 的极限存在而且是有限的。在实用中，它能够使某些物体保持不动从而免受碰撞的影响。例如，相对于人的质量而言，利用上式对地球或可认为具有无穷大质量的建筑物等不可移动的物体进行的碰撞模拟不会引起显著误差，而且通常可简单实现。但要注意不能给移动物体赋给无穷大的质量，否则该物体的动量会变成无穷大，从而导致非正常的结果。例如，倘若一辆火车在给定的路径上撞上了一辆汽车，依据动力学模拟，汽车在碰撞时将受到无穷大的动量。

一个通用的模型是 $\varepsilon_{i,j} = \min(\varepsilon_i, \varepsilon_j)$，选取单个物体的系数，这使得容易变形的材料具有较低的 ε。在完全无弹性的碰撞中，物体碰撞后黏在了一起。

35.6.6 动力学微分方程

数字计算机具有有限精度，因此，每次对 Heun-Euler 方程（35.37）、方程（35.38）进行迭代都会引入一些误差。模拟计算所取的时间步长越长，就越难预测，所得到的解就越不精确。此外，除非这些力真是分段恒值力，否则对它们进行分段常数逼近也会导致误差。取较短的时间步长可获得对力的更精细的采样，从而改善精度。但这样一来，对一个给定的时间段我们将需要执行更多的迭代，导致更多的计算和更大的积累误差。现在考虑

松弛力的分段恒值假设，采用数值方法求解 x，从而允许取较大的时间步长，且不会导致力的欠采样，在不增加总计算量的同时减少积累误差。

取以下函数描述系统在 t 时刻的状态

$$X(t) = \begin{bmatrix} x(t) \\ \dot{x}(t) \end{bmatrix} \tag{35.61}$$

尽管 X 是一种便于计算的表示，但仍包含了一些物理上的考虑。位置和速度(作为动量的代理)作为真实世界力学模型中物体的属性包含于状态向量中。按力与加速度成正比的物理定律可以计算力，但通常取位置和速度作为力函数的输入。这是因为力似乎从来不与加速度成正比，故我们并未将加速度显式地存储在状态向量中。唯一的例外是法向力模型，关于将加速度作为输入来计算法向力的问题前面已讨论。

注意 $X(t)$ 描述了 f 的第 2 个和第 3 个参数以及脉冲函数；我们仅取两个参数对它们进行重新定义，得到：

$$\dot{X}(t) = \begin{bmatrix} \dot{x}(t) \\ \ddot{x}(t) \end{bmatrix} = \begin{bmatrix} X(t)[n+1..2n] \\ \dfrac{f(t,X(t))}{m} + \dfrac{dj(t,X(t))}{dt} \end{bmatrix} \tag{35.62}$$

考虑到多个粒子各自具有不同的质量，对质量 M 的对角矩阵，可用 $f \cdot M^{-1}$ 取代 f/m。注意微分方程(35.62)是之前介绍过的单粒子函数(方程(35.22))的系统版本。

第 29 章基于绘制方程给出了光传输的框架，该方程是一个积分方程。同那里的情况一样，采用通用的数值方法求解有助于将我们的视角从当前具体的动力学问题引向更为广泛的计算机科学问题上。这样做有两个优点。首先，我们可以利用之前非图形学领域的成果，不仅是数学上的还包括求解常微分方程的软件库。同时，还可以将我们开发的算法应用到动力学之外的其他问题上(图形学和其他领域)。

35.6.6.1　时间-状态空间

让我们通过一个具体的例子来感受一下由 t，$X(t)$ 定义的 $2n+1$ 维时间-状态空间。

图 35-27 显示了建模为一维空间中一个粒子的炮弹的路径(由 y 坐标描述)。左上方图显示了大家熟悉的 $x(t)$ 相对 t 的时间-空间路径图，是一条抛物线。右上方图显示出 $\dot{x}(t)$ 相对 t 的时间-速度关系图，因为小球保持恒定的负加速度，该图呈线性。在炮弹飞行轨迹的顶点处 $\dot{x}(t)=0$。左下角的图综合上述两图，显示出 $X(t)$ 相对于 t 的时间-状态曲线。请记住，X 描述的是整个系统，而不仅仅是一个物体。由于本例中考虑的系统中只有一个粒子，它们正好相同。若有更多的粒子，时间-状态图将会具有更多的维度。

左下方子图的粗线显示的是一例特定的 X。在 (t,x) 平面和 $(t,\dot{x})$ 平面上的"阴影"细线是 X 在两个坐标平面上的投影，可作为参考。这两条线正是左上方和右上方图中绘制的曲线。

从 $t=0$ 向前展望，黑色的 $(t,X(t))$ 曲线描绘了系统的未来。取时间轴上更远的点回头来看，该曲线表示的是系统之前的历史。但是该曲线只是可能发生的情形之一。对应不同的初始条件，X 将取不同的函数，生成不同的曲线。

右下角的子图描绘可能构成 X 解的三条曲线，分别对应不同的初始条件。为使图示简单，子图中只绘出了 X 曲线在 $(t,\dot{x})$ 平面上的投影。其中粗的曲线是现有的炮弹 X 曲线，另一条对应炮弹从屋顶滚下，其 $\dot{x}(0)=0$，$x(t)>0$；第三条对应从低速大炮发射出的炮弹，其初速度较小，但非零。该炮弹较早地击中地面，击中后炮弹的速度和位移均降为零。在方程(35.62)依据不同的初始状态，X 有无穷多的解。

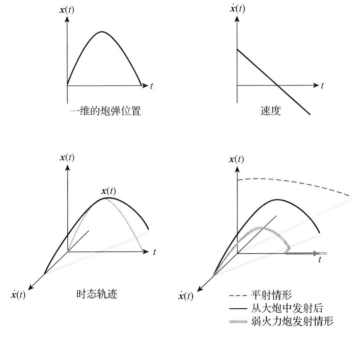

图 35-27 时间-状态空间中的炮弹路径

根据定义，系统的初始状态完全由用户选择的 $X(0)$ 决定。选择 $t=0$ 并无特别之处。假定不考虑用户交互输入的力，则对任何给定的 t_i，$t>t_i$ 后整个系统的解将取决于 $X(t_i)$。换句话说，给出 $X(0)$ 就能够得到之后所有时刻 t 的 $X(t)$，其结果是在 (t, X) 空间的一条曲线。对于不同的 $X(0)$，将得到不同的曲线。空间中的每个点将位于这许多可能的曲线中的一条上。此外，X 曲线并不仅仅是一个几何概念：它们是关于时间 t 的参数曲线。这正是计算 $\dot{X}(t)$ 的意义所在。

课内练习 35.3：这个练习必须完成。建议做完后再继续后面的内容。

我们刚刚讨论了图 35-27 的右下子图中三条不同 (t, X) 曲线的初始条件。试独立重绘右下子图。思考画曲线的过程和定义这些曲线的方程（不要仅仅是画曲线形状）。

现考虑一个新的场景。某人拿着一支炮筒从一栋建筑物半空的窗户探身出去垂直向上发射炮弹（非正常行为）。以函数 $X(t)$ 的形式写出该炮弹的运动方程，在时间-状态空间中绘出其轨迹，并叠加在之前的 X 曲线上。

考虑 X 曲线（如图 35-27 所示）在任意时刻 t 的切线。这些切线在时间-状态空间中定义了一个向量场，假定模拟的系统的解为 X，则这个向量场在 $(t, X(t))$ 处的值为 $\dot{X}(t)$。我们采用 D 表示这一向量值函数

$$D(t, Y) = \dot{X}(t) \quad \text{如果 } Y = X(t), \quad \forall \text{ 物理上可能的 } X \qquad (35.63)$$

根据式 (35.62) 的物理含义，它意味着

$$D(t, Y) = \begin{bmatrix} Y[n+1..2n] \\ \dfrac{f(t, Y)}{m} + \dfrac{j(t, Y)}{\Delta t} \end{bmatrix} \qquad (35.64)$$

在接下来的推导中，我们将不对 D、X 或 $\dot{X}$ 做任何假设，以保证我们的讨论对所有的常微分方程均有效。从现在起，它们可能为任意函数，甚至不一定是向量值函数。我们的目标

是通过切向场跟踪重建出对应的流线。

选取字母 D 是因为切向场函数容易让人联想起导数 $\dot{X}$。但实际上 D 并非导数：它表示的是时间-状态空间中的一个场（如图 35-28 所示），而 $\dot{X}$ 只是该空间中某一特定曲线 X 的正切函数。也就是说，每一个解 X 都是场 D 中的一条**流线**（flow curve）。

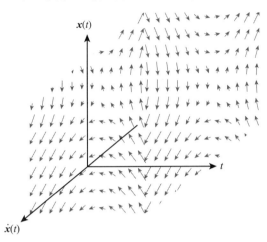

图 35-28　对任意力作用下的一维粒子状态空间向量值函数 D 的可视化

如果我们要跟踪的是一个特定的解 X，但在过程中却偏离了该曲线，此时 D 将我们导向另一条流线，从而脱离原来的解。图 35-29 描述了对一个简单的切向场进行跟踪的两个实例。尽管其并非我们所望，但在数值计算中这种情形被证明是不可避免的，我们所能做的就是尽量减少偏离和选择尽量合理的跟踪方向。

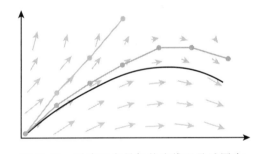

图 35-29　对应于向量场的流线以及试图在离散步长中跟踪它的两条曲线

35.6.6.2　切向场跟踪

考虑一系列的**状态向量**（state vector）$\{Y_1, Y_2, \cdots\}$ 使得 $Y_i \approx X(t_i)$，其中采样周期 $t_{i+1} - t_i = \Delta t$ 是恒定的。状态函数 X 的这些规则步长样本正是我们希望仿真系统能够提供的。

为了找到这些样本，我们从一个精确的初始状态值 $Y_1 = X(t_1)$ 开始，希望通过跟踪得到通过 (t_1, Y_1)、交于平面 $t = t_2$ 的 D 的流线。令相交点为 Y_2。重复这一过程直至找到余下的每一个样本。这种方法通过对隐含在 D 中的 $\dot{X}$ 函数进行数值积分来计算 X，而不是去求解 X 或 $\dot{X}$ 的显式表达式。

上述过程有点像侦探在城市交通中跟踪一辆嫌疑人的黑色轿车。侦探不想被嫌疑人察觉，所以他路上保持在几辆车的后面，以离开嫌疑人的视线。但是他也不想跟丢嫌疑人，所以必须周期性地拉近距离以保证轿车始终在他的视线之内。这里，黑色轿车的路径是 X 的解，是我们（和侦探）想要跟踪的，而不时检视黑色轿车的位置就像是计算 D 的值。侦探走的实际路径可由 Y 值定义，Y 值即我们在跟踪 X 时得到的样本（若不小心会发生偏离）。不过，对于侦探而言，路上除了嫌疑人的轿车外还有很多其他的黑色轿车——同样，对于我们的动态求解器而言，也有与我们的初始条件不匹配的其他 X 解。如果侦探过了很长时

间才检视嫌疑人的车，可能会弄错开始跟踪一辆并非嫌疑人的轿车。同样，我们的求解器
也可能会从某一时刻开始跟踪错误的解。

之前在式(35.37)中和式(35.38)中采用的 Heun-Euler 求解器假定 D 场描述的是在时
间区段上的线性流。这如同在每个时间步均暂停一次，重新选择一个跟踪方向，然后从当
前位置沿该方向按抛物线继续向前跟踪。我们所做可能更简化；例如，从当前位置沿该方
向按直线向前跟踪，这一过程称为显式欧拉积分。不过对于同样的计算量，在预测的准确
性方面，我们能比 Heun-Euler 积分或显式欧拉积分做得更好。

为了解具体的实现过程，我们对跟踪嫌疑人汽车的上述类比稍加扩展。侦探除了依据
他最后一次见到的轿车位置沿路直接向前跟踪之外，还有更多的选择。他可以在小段时间
内持续观察轿车的位置(即在多个点上计算 D)，然后在轿车在视线中消失之前，对轿车将
要驶往何处做出有一定根据的预测。我们将在 35.6.7 节讨论这一策略。首先，来看如何
在通用的动力学求解器中运用这个策略。

35.6.6.3　通用常微分方程求解器

采用数值方法以一定的时间步长计算常微分方程的解是非常简单的。函数 D 位于程序
一环内。具体实现机制取决于执行语言如 C#、C++ 或是 Java 中的一个类，Python、
Scheme 或 Matlab 中的一个函数，函数指针以及 C 中的 void 指针。

由 Y_i 推进到 Y_{i+1} 的积分程序如代码清单 35-4 所示。

代码清单 35-4　采用显式欧拉步骤的 ODE 积分器

```
1  vector<float> integrate
2   (float t,
3    vector<float> Y,
4    float Δt,
5    vector<float> D(float t, vector<float> Y) {
6
7    // Insert your preferred integration scheme on the next line:
8    ΔY = D(t,Y) · Δt
9
10   return Y + ΔY
11 }
```

下面我们将用另一表达式取代程序中的中心行。该方法是计算 ΔY 计算量最小而且较
为准确合理的方法。

35.6.7　求解常微分方程的数值方法

在数值方法中，必须在单次迭代的计算成本和为保持求解精度所需的迭代次数之间进
行权衡。通常会选择在每次迭代中进行更多的计算，这使得每一步都耗时较长。然而，对
图形应用程序而言，时间步长可能受绘制过程和用户输入的速率所控制。因此，具体允许
多大的时长会有一个限制。此外，函数 D 的计算中可能包括碰撞检测和约束求解，代价可
能很高。因此，虽然对于一般的应用 4 阶 Runge-Kutta 方法为默认选择，但许多实时图形
的动力学模拟器仍然采用简单的欧拉积分。

本章提出的积分方法的基本思想是任何无限可微函数 f 均可表示为泰勒多项式[-]，

[-]　该式只保证在 t_0 的一定邻域内有效。在实用中，该邻域通常为整个实数轴(对解析函数而言)，但也存在有
　　效邻域非常小的函数。脉冲函数即为一种其邻域非整条实数轴的情况，这对脉冲函数为何难以与动力学求
　　解的 ODE 框架很好交互提供了一个直觉的解释。

$$f(t) = \lim_{N \to \infty} \sum_{n=0}^{N} \frac{\mathrm{d}^n f(t_0)}{\mathrm{d}t^n} \frac{(t-t_0)^n}{n!} \tag{35.65}$$

$$= f(t_0) + \dot{f}(t_0)(t-t_0) + \ddot{f}(t_0)\frac{(t-t_0)^2}{2} + \dddot{f}(t_0)\frac{(t-t_0)^3}{6} + \cdots \tag{35.66}$$

对任意 t，可以采用有限个泰勒项来逼近 $f(t)$。为此，我们需知道在某一特定时刻 t_0 函数 $f(t_0)$ 的值，以及在 t_0 时刻 f 的相应阶导数。就近似计算 $Y \approx X(t)$ 而言，已知 $X(t_0)$，因为这是系统的当前状态。也知 $\dot{X}(t_0)$，因为它对应速度和加速度，可通过函数 D 计算得到。因此，可以直接采用只包含两项的泰勒近似：

$$X(t) \approx X(t_0) + \dot{X}(t_0)(t-t_0) \tag{35.67}$$

在这个近似式里出现的最高阶是 $n=1$ 阶，故称之为一阶近似。这种一阶近似的特定选择导致以上积分方法，我们称其为**向前欧拉积分**（forward Euler integration）。

取泰勒多项式的有限项进行近似的误差源于被舍弃的高阶项。如果高阶导数幅值的增长不如分母中的阶乘快，后面高阶项的影响会越来越小。在实际中遇到的许多函数（尤其在无脉冲的物理仿真中）的情形便是如此。一阶近似引起的误差由一个二阶项控制。该项包含 $(t-t_0)^2$，由于时间步长 $\Delta t = t - t_0$，它通常被称为按 $O(\Delta t^2)$ 增长。这里可能有点误导。实际上，当 n 的值较大时，高阶项中分母 n 的阶乘值比 Δt 的 n 次幂增长更快。此外，当 $\Delta t > 1$，Δt^n 按幂次增长，但这种情况是否会发生依赖于所选取的测量时间单位（虽然其导数也会随之变化从而抵消这一影响，稍后将会看到）。所以在评估逼近的精度时，一个更好的方式是认为"n 阶近似"包含了 n 个泰勒展开项。

在动力学系统中，我们并没有给出 X 高阶导数的显式函数。然而，基于对 D 的导数的定义，我们可以估计出具体时刻 t 的高阶导数值。例如：

$$\ddot{X}(t) = \lim_{t \to t_0} \frac{D(t, X(t)) - D(t_0, X(t_0))}{t - t_0} \tag{35.68}$$

我们可以选择大于 t_0 的任一 t 来逼近这个极限，但取大的时间步长时其精度通常会下降。通过递归地进行数值求导可估计任意阶导数的值。注意 n 阶导数的分母中包含 $(t-t_0)^n$，它将与泰勒展开项分子中的相同系数相互抵消。因此，许多数值积分器的最终形式里并不显式包含时间步长的高阶幂次。

进行数值求导的挑战是我们不能用 t_0 时刻函数 D 的值，除非知道 $X(t_0)$，但我们要求解的正是 $X(t_0)$。这意味着要等知道它的解之后才能进行数值求导。幸运的是，可以采用 $(n-1)$ 阶的方法来估计 $X(t_0)$。然后，采用这个值数值估算 n 阶导数。为了防止连续估计带来累积误差，许多方案折回重新估计 $X(t_0)$。

可以采用这一方法以任意精度估计任意阶导数的值。倘若降低数值求导的精度，可允许取较大的时间步长，这也意味着单位模拟时间的计算量会较小。然而，每一个 D 的计算方案都有一个计算成本。如果取大的时间步长计算欠精确导数值的总成本要高于取多个小步长计算精确导数值的总成本，则并不合算。同样，选用哪一阶的积分器也取决于 D 的计算成本，而该成本与场景的复杂度和所受的力密切相关。这就是为何不存在唯一的最佳动力学积分方案。

35.6.7.1 显式向前欧拉积分方法

我们已经看到了显式（向前）欧拉方法，

$$\Delta Y = D(t, Y) \cdot \Delta t \tag{35.69}$$

其中，Y 是系统的初始状态，D 是切向场：$D(t_0, Y) \approx \mathrm{d}Y(t_0)/\mathrm{d}t$，$\Delta t$ 是每一步的时长。

这也许是最简单、最直观的积分器。系统状态的改变源于我们对当前导数的估计(与所取时间步长有关)。对于位置而言,上式相当于假设速度为常数(即加速度为 0),故可按当前速度向前跟踪。若这些条件为真,上式当然是一个很好的估计,但若有明显的加速度则为一个糟糕的估计。

35.6.7.2 半隐式欧拉积分方法

显式欧拉积分仅仅考虑了在时间步长开始时的导数(如速度)。当加速度较大时,这对整个时间步长中的导数是一个较差的估计。另一种方法是取时间步长终止时的导数。这样做面临的挑战是,因为要估计的是时间步长终止时系统的状态,很难得到那时的值来达到目的。

半隐式欧拉积分方法(令人容易混淆的是,它也称为半显式欧拉积分方法)先进行显式欧拉积分直至时间步长的终点,利用终点的 Y 值估计导数,然后返回到时间步长的起点,并在该位置应用新得到的导数,重新进行积分计算。上述方法比显式欧拉方法更稳定,也比全隐式欧拉方法计算量小。全隐式欧拉方法需要进行过程迭代直至找到一个确定的点 [Par07]。

运用状态标识符号,半隐式欧拉积分器可表示为

$$令 \ Z = Y + D(t, Y) \cdot \Delta t \tag{35.70}$$

$$s = t + \Delta t \tag{35.71}$$

$$\Delta Y = D(s, Z) \cdot \Delta t \tag{35.72}$$

35.6.7.3 二阶 Runge-Kutta 积分方法

Runge-Kutta⊖ 积分方法是一种计算常微分方程近似解的迭代方法。这类方法可用一组系数和逼近阶数来描述,每一步均需基于之前的计算结果计算 D 的值。可从[Pre95]中查看 Runge-Kutta 的一般形式。

显式欧拉积分是唯一的一阶 Runge-Kutta 方法。在许多可能的两阶 Runge-Kutta 方法中,下式是一种普遍采用的形式:

$$\Delta Y = D\left(t_i + \frac{\Delta t}{2}, Y_i + \frac{\Delta t}{2} D(t_i, Y_i)\right) \cdot \Delta t \tag{35.73}$$

35.6.7.4 Heun 积分

与上式相比,Heun 积分方法属于改进的两阶 Runge-Kutta 方法。它相当于对显式欧拉积分和半隐式欧拉方法的步长计算方法取一个折中,是式(35.37)和式(35.38)所示方法的另一种表示。Heun 方法也称为**改进的欧拉**(modified Euler)方法和**显式梯形**(explicit trapezoidal)方法。

$$令 \ Z = Y + D(t, Y) \cdot \Delta t \tag{35.74}$$

$$s = t + \Delta t \tag{35.75}$$

$$\Delta Y = \frac{D(t, Y) + D(s, Z)}{2} \cdot \Delta t \tag{35.76}$$

35.6.7.5 显式四阶 Runge-Kutta

经典的四阶 Runge-Kutta 方法是一种计算机图形学中最常用的动力学积分程序,也是本章中结果最为准确的积分器。它由下式组成:

$$K_1 = D(t, Y) \tag{35.77}$$

⊖ 发音为"龙格库塔"。

$$K_2 = D\left(t + \frac{\Delta t}{2}, Y + K_1 \cdot \frac{\Delta t}{2}\right) \tag{35.78}$$

$$K_3 = D\left(t + \frac{\Delta t}{2}, Y + K_2 \cdot \frac{\Delta t}{2}\right) \tag{35.79}$$

$$K_4 = D(t + \Delta t, Y + K_3 \cdot \Delta t) \tag{35.80}$$

$$\Delta Y = \frac{1}{6}(K_1 + 2K_2 + 2K_3 + K_4) \cdot \Delta t \tag{35.81}$$

　　人们通常都采用四阶 Runge-Kutta 方法，事实上，这也是许多动力学高手常用的积分方法。然而，在这种结构布局下，计算 D 的耗费非常大，当取更多但更小的时间步长时，该积分器性能变差。因此，在选取一个好的积分器时必须考虑其总的计算成本。我们通常也会关心实现稳定积分的时间，这可通过采用许多小的欧拉积分步比较好地实现。在光线传播中也有一个类似的情形：与采用少数昂贵的样本相比，采用更多但较为低廉的样本可能会更快收敛。只有考虑了端到端的收敛、计算的稳定性和性能，我们才能为一个特定的系统做出设计决策。

35.7　动力学求解的稳定性

　　性能和可扩展性无疑是重要的考量因素，在计算机图形学中，动力学是为数不多的更为追求数值求解的稳定性而非性能的一个领域，稳定性问题始终是该领域发展中关注的一个焦点。数值求解的稳定性与求解精度和准确性相关，但与它们又不同。模拟一大块物体从楼梯上滚落，如果模拟结果与真实场景中的情形接近，则模拟被认为是正确的。如果模拟结果采用多位二进制数字表示(无论它们是否正确)，则模拟被认为是高精度的。如果模拟中的物体顺利地滚落下来，而不是重新获得能量或出现诸如被发射到太空或产生爆炸这样的意外，则模拟被认为是稳定的。这里的挑战在于稳定性常与准确性相对立。如果这块物体只是停留在楼梯的顶部，即便处于不平衡状态，模拟也是稳定的，但这一模拟结果不准确而且无用。尽管稳定性源于能量守恒，但错过应发生的碰撞、无休止的弹簧振荡、无限的微观碰撞也被认为是不稳定性的表现。

　　为什么动力学求解的稳定性如此之难？正如我们之前看到的，动力学问题与常微分方程和数值积分密切相关。数值积分的精度和准确度受三个因素控制：表示精度(例如，浮点四元数)、计算导数所采取的近似方法和推进(步进和积分)方法。其中的每一个因素都是复杂的误差来源。在向前积分时，系统向前推演的性质会形成正反馈，从而放大误差。这是经常造成额外能量从而导致不稳定的主要原因。通过引入非因果过程(同时采用向前和向后的时间步)进行求解，可以利用相应的负反馈来平衡正反馈的影响，提升系统的稳定性。不幸的是，系统的全程求解模式排除了交互的可能，而后面的输入是未知的。

　　与动力学形成对照的是，光能传输物理模拟的各种算法通常会收敛于一个稳定的结果。光能计算与动力学求解的不同体现在三个方面：光子之间不发生交互(至少在宏观尺度内)；光能沿传输路径穿越时空时其能量只会减少(至少在日常生活场景中)；光能在空间中的交互与其所在位置无关。最后一点不同之处有点微妙：在动力学求解器中动能是显式表示的，但势能在积分器中很大程度上是隐含的，容易导致误差累积。

　　因此，尽管辐射度和光子映射等算法采取了单向朝前(或朝后)的方法模拟光能传输，光传输积分器产生的反馈并没有被蕴含的物理过程放大。而在动力学求解中，力学定律和隐藏储备的势能加在一起，增大了误差和不稳定性。更糟的是，这一误差常与精度不成比例，因而单靠提高精度尚不足以解决这一问题。例如，将所有的 32 位浮点数表示转换为

64 位浮点数表示或积分的时间步长减半通常会使模拟的耗费增加一倍，却不能带来双倍的稳定性。其结果是，许多实用的动力学模拟器均采取与具体场景相关的常量来控制偏差，进行能量补偿和约束权重因子。但手工调节这些常量极为不易，且结果也难以令人满意。显然，求解的不稳定会降低模拟的准确度。

因此，不稳定性是动力学交互系统中一个内在的问题。稳定性是评价动力学系统和算法的首要标准，无论工业界和学术界对此都有许多优秀的工作。展望未来，我们提出关于稳定性的两点思考。

第一点思考是积分器的结构至少与计算导数和选择步长的方法同样重要，并且这可能是一个可做进一步改进的领域。这个观点主要受到 Guendelman、Bridson 和 Fedkiw 等人关于刚体堆叠稳定性[GBF03]工作的启发。他们证明了只需简单地重排积分器内环中各步的顺序，就可以显著提高系统对那些通常难以模拟场景求解的稳定性。之后他们又展示了一些可以有效提升系统稳定性的其他排序方法。受该项工作启发，另一些人对积分程序内环做了若干试验，做了各种小的调整，同样显著提升了常用动力学模拟器的稳定性。这一方面值得继续研究。

第二点思考是，在计算机图形学动力学中，"固定步长的四阶 Runge-Kutta 方法已足够好"这一传统说法尚未被正式研究。数值积分对许多领域都十分重要，它也是一个在持续发展的科学领域。对于各种新的积分方法的探索，尤其是对计算机图形动力学模拟中的步长自适应方法，我们尚不知晓。因此，一个开放的问题是，如何在每一步的成本和模拟每一帧所取的步数之间做出权衡。回顾一下，高阶积分只有既可减少求解的步数又能隐含地保持结果的精度才能显示出其优势。采用更多的低阶步数(尤其在大规模并行处理器上)对某些系统而言仍然是可取的选择。另一方面，采用极少的高阶步数可能更受人青睐。因此，针对数值积分的核心模式进行试验是有望产生有价值成果的另一领域。我们认为，在非图形的工程和科学应用中基于物理的仿真正朝着这一方向前进，因此图形学也应该朝着这一方向发展。

35.8 讨论

本章讨论了如何根据应用上下文采用微分方程来描述基于物理的动画，这些微分方程的求解面临各种挑战。另一类动画，或可称为"艺术动画"，需要动画师的参与，是一个独立的学科。尽管如此，基于物理的动画和基于算法的动画应用越来越广，甚至已渗透到艺术动画领域。因此需要为动画师设计一个内容丰富的界面，以便他们与物理过程进行交互，实施控制以获得某种艺术效果。这既是一种挑战，也是一种机遇。

可见性判定

36.1 引言

确定物体表面哪一部分可见是图形学一个基本问题。该问题是绘制过程中自然产生的，显然绘制那些不可见的物体不仅降低效率而且会导致错误的结果。依据所处理问题的导向，该问题被称为**可见面判定**或**隐藏面消除**。

可见性判定算法追求的两个目标是算法的正确性和高效性。要保证绘制正确性，可见性算法必须能准确判断连接两点的视线是否不受遮挡，或者说，找出从指定点通过视线能无遮挡看到的所有点的集合。最直观的应用是**基本可见性**：相机摄像时的可见性，以保证场景中为相机可见的部分在图像中呈现相应的颜色从而生成正确的结果。**光线投射**和**深度缓存**是迄今为止能保证可见性判定正确性的最流行的两种方法。

保守可见性算法设计的初衷在于提高效率。它将场景中相对于某一点可能可见的部分和显然不可见的部分分开。通过保守地剔除不可见部分，可减少需执行的精确可见性测试的工作量。显然单靠这一算法并不能保证可见性判定结果的正确性。当保守估计比精确测试能更快地获得结果时，如果先行采用保守算法对准备用来进行精确测试的场景面片集合进行删减，会加快绘制。例如，判定三角形网格因其包围球位于相机后面，所以对于相机不可见，这比对三角形网格的每一个三角形逐个进行测试要更高效。

背面剔除和**视域剔除**是两种简单而有效的保守可见性测试方法。**遮挡剔除**则考虑了场景中物体之间的遮挡，是一种更为复杂的视域剔除的改进版。已开发的复杂的**空间剖分数据结构**可用于降低保守可见性测试的成本。其中如空间剖分二叉树（BSP）和层次深度缓存通过在迭代机制中引入保守测试来提高可见性判断的效率和准确度。一个好的策略通常是结合保守可见性算法和精确算法，前者用来提高效率，后者则用来保证判定结果的正确性。

✓ **剔除准则**：一个常用的处理问题的高效方法是首先采用一个或多个快捷的保守方案来排除那些明显不正确的值以缩小求解空间，再采用慢但准确的求解方法，处理余下的少量对象。

基本可见性（primary visibility）告诉我们哪些表面向相机发射或散射光。这些表面处于光线传输过程中的"最后弹射"位置，是直接影响最终成像画面的表面。不过，必须记住的是，全局光照明绘制程序并不完全排除那些相机不能直接所见的点。这是因为即使一个表面不是直接朝相机散射光，它仍然可能影响最终的成像。图36-1的例子显示出：当移除相机不可见

图 36-1 黄色的墙目前仅由红色多边形（相机不可见）反射的光所照亮，移除红色多边形后，黄色墙将只被蓝色表面反射的光照亮

的表面时会改变最终图像，原因是该表面向另一个相机可见表面投射光。另一个例子是，虽然投射阴影的物体对相机来说不可见，但它投射的阴影却覆盖了场景中相机可见的一部分点。如果在整个绘制过程中移去这个物体则会使阴影消失。因此，基本可见性属于可由可见性算法处理的一个重要的子问题，当然它并不意味着可见性算法只能用在这里。

鉴于来自相机不可见点的投射光对最终的成像会产生间接影响，我们把精确可见性定义为一种性质，它需要在场景中的任意两点之间进行检验，而不仅限于相机和场景中一点之间。全局光照明算法必须考虑从光源通过场景到达相机的光线传播路径上每一段的可见性。基本可见性和间接可见性计算通常可采用相同的算法和数据结构。例如，第 15 章的阴影图（shadow map）等价于虚拟相机处于光源位置时的深度缓存。

尽管可见性算法源于对可见性的判定，但它也可用于非绘制类的应用上。快速移动粒子（例如子弹和雨滴）仿真中的碰撞检测通常将粒子视为光子，将它们移动的路径作为光线来进行跟踪。一般的建模求交操作（如将一个形状从另一个形状中切割出来），与用于沿着遮挡轮廓线分割曲面的经典可见性算法密切相关。

贯穿本章的一些介绍研究动因的例子强调了基本可见性的重要性。这不仅是因为它处理起来最为直观，而且因为相机的投影中心通常为单一点，这与大多数可见性测试是一致的。对于每个例子，读者需要考虑相同的准则如何应用到一般的可见性测试中。在研读每个数据结构时，还应考虑在每个点需执行的可见性测试的次数以分摊建立该数据结构的代价。

在这一章中，我们首先按照光传播文献的思路给出可见性问题的现代观点，将可见性问题形式化为一条光线的相交检测问题（这条光线首先交于哪一表面？）和任意两点之间的可见性函数（对于 PQ 是否可见？）。然后我们介绍对全部图元先做保守判定以实现高效剔除时可以分摊该计算代价的算法。不过，这并非算法研发的先后顺序，实际情况恰恰相反。

历史上，可见性最初的概念源于问题：这个三角形的哪些部分可见？该问题随着"这个三角形上的可见区域有多大？"而变得更加精确。在早期的单色向量显示器上绘制边或在早期光栅显示器和低速处理器上对三角形进行光栅化时，这是一个关键问题。随着光线跟踪和通用光传播算法的出现，在点与点之间出现了新的可见性问题。然后形成了针对单个图元可见性的正式定义，从部分覆盖的概念扩展为如今的框架。当然，经典图形学对几何基元的研究建立在对求交和精确可见性数学内涵的理解上。现代的概念只是推导过程的反演：基于绘制方程，从点和光线出发推导，而不是借助自行定义的光照模型和着色模型从进行计算的表面入手。

36.1.1 可见性函数

可见表面判定算法建立在对可见性精确定义的基础上，我们基于几何给出该算法的形式化描述，作为更高层算法的基础。虽然这对于算法的定义和理解是重要的，这种直接的形式很少被使用。

不能直接采用这一可见性定义在计算性能方面的一个考虑是，场景中包含大量的表面，逐一进行可见性测试将非常低效。所以需要寻找方法弥补在众多表面和众多点对之间进行可见性测试所带来的开销。

在数字化表示下，直接可见性在正确性方面所面对的问题是，在单一测试中所涉及的几何测试并不鲁棒。一般来说，直线上的大多数点不可能采用任何一种有限精度的格式来表示，所以在数字计算机里，对于"这个点是否遮挡了那条视线"的回答往往是否定的。不过我们可以采用空间区间，如线段、多边形和其他曲线段，来避开因数值表示精度所引发的问题。对于空间区间而言，它们对视线的遮挡是可表示的。但仍需记住在这些区间的边界处判定的精度是有限的。因此，当光线仅与三角形的边相交时，并不能确定该光线是否穿过三角形。事实上，我们甚至不能表示交点位置，此时的判定结果失去了意义。因此请注意本章所讨论的任何结论只有当计算得到的交点离开表面边界一定距离（与当前精度相关）才有效，并且我们希望在靠近边界的区域最好是空间连续的，而不是一个变化不定的不精确区域。

给定场景中的两点 P 和 Q，如果场景中物体和连接 PQ 的直线段（不包括两端点）无交，则**可见性函数** $V(P,Q)=1$，否则 $V(P,Q)=0$，如图 36-2 所示。有时采用以下**遮挡函数**会更为方便：$H(P,Q)=1-V(P,Q)$。可见性函数必然是对称的，因此 $V(P,Q)=V(Q,P)$。

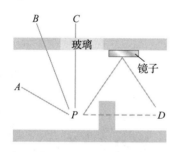

图 36-2　$V(P,A)=1$，因为 P、A 之间没有遮挡；P、B 之间有堵墙，所以 $V(P,B)=0$，$V(P,C)=0$，尽管 P 可以通过玻璃看见 C，但"可见性"的数学定义中，玻璃也是个遮挡物；同样，$V(P,D)=0$，尽管 P 可以在镜子中看到 D 的像

注意"可见性函数"中的"可见性"指的是在严格几何意义上沿视线方向的可见性。如果 P 和 Q 被一个玻璃平面隔开，那么 $V(P,Q)$ 等于 0，因为场景中的一部分物体（非空）跟连接 PQ 的线段相交。同样，如果位于 Q 点的观察者不能看到 P，但可以通过镜子看到 P 或看到 P 的阴影，我们仍然称 PQ 之间无直接可见性：$V(P,Q)=0$。

假设 X 是光线和场景的第一个交点，光线的起点为 P，方向 $\hat{\omega}=\mathcal{S}(Q-P)$。点 X 将光线分割成可见性不同的两段，为了理解这一点，定义 f 为与 P 点距离的可见性函数，$f(t)=V(P,P+\hat{\omega}t)$。在 X 和 P 之间（$0\leqslant t\leqslant|X-P|$）是可见的，$f(t)=1$，如图 36-3 所示，在 X 之后（$t>|X-P|$）。由于 X 的遮挡因而不可见，所以 $f(t)=0$。

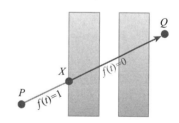

图 36-3　取沿光线方向的距离作为可见性函数的参数

计算可见性函数的值在数学上等价于给定光线的起始点 P 和方向 $\hat{\omega}$，找到第一个遮挡点 X，沿光线方向的第一个遮挡点就是光线求交测试问题的解。第 37 章将给出支持高效光线求交测试的数据结构。显然，计算 $V(P,Q)$ 最常见的方法就是求解 X，如果 X 存在，且位于线段 PQ 上，那么 $V(P,Q)=0$，否则，$V(P,Q)=1$。

一些绘制算法通过测试连接两点的线段与场景中任一表面是否有交来显式计算两点之间的可见性函数，这方面的例子包括光线跟踪器中的直接光照阴影测试、双向路径跟踪里的光线传播路径测试[LW93，VG94]和中心光线传播[VG97]。

另一些算法直接求解光线与场景景物的第一个交点，通过生成可见的点集来隐性计算可见性。这方面的例子包括光线跟踪器里的初始光线和递归光线以及延迟着色光栅器。这些都属于明确的可见性判定算法，它们在计算两点之间光线传播（在实时绘制中称为"着色")之前解决两者之间的可见性判定，从而避免了对彼此不存在光能传输的点之间进行散射计算的代价。而简单的绘制器首先计算光线的传播，然后再依照交点的排序隐式求解可见性。例如，一个简单的光线跟踪器可能对光线的每一个交点进行着色，但只保留离光线起点最近的那个交点的辐射值。这等价于未经深度预处理的光栅化绘制。显然，在着色的代价相对较高的情况下，最好在着色前进行可见性计算，但是采取隐式方式还是显式方式，在很大程度上取决于具体的机器体系架构和场景数据结构。例如，如今的光栅化绘制倾向于先做深度预处理，因为用来存储深度缓存的存储开销相对变小了。当整个屏幕的深度缓存与计算代价相比变得昂贵时（如同以前的情形，如果屏幕分辨率或其制造工艺变化很大也可能再次成为现实），那么可见性预处理也可能会成为自然的选择，而某些空间数据结构也会再次成为光栅化绘制的主流结构。

依照以往文献的惯例，我们的可见性函数定义在不包含两端点的线段开区间上。这意味着：当从 P 到 Q 的光线与场景几何的第一个交点 X 不位于 P 时，$V(P, X) = 1$。当可见性函数用于曲面上的点时这种定义十分方便。而如果定义在线段的闭区间上，那么场景里的表面将没有一处可见——它们都被自己遮挡了，此时我们不得不在光线传播方程里将表面上的点做少许偏移。

实际上，开区间和闭区间上可见性的区别仅仅简化了光线传播方程的概念，而并不影响程序的执行。这是因为在进行有限精度的算术运算时，每次运算后的取整操作都会隐式进行，与此同时会引入小的误差（见图 36-5）。所以我们必须明确地为所有的可见性函数和求交测试引入微小的偏移。这通常称为**光线凸起**（ray bumping），为此，执行可见性测试的射线的起点将从出发表面"凸起"一小段距离。注意到在光线的另一端也要做类似操作。举个例子，要评估 $V(Q, P)$，我们尝试寻找场景中一点 $X = Q + \mathcal{S}(Q - P)t$，$\varepsilon < t < |P - Q| - \varepsilon$。当且仅当找不到一个点来满足这个条件，才有 $V(Q, P) = 1$。ε 选择太小会导致一些人为的瑕疵，例如**阴影麻点**（**自阴影**），斑点状的高光和反射光以及间接光照变暗，如图 36-4 所示。

图 36-4　（上图）由于浮点数表示精度不够或者光线凸起偏移不够造成的自阴影，表现为阴影麻点和间接光照（例如镜面反射）中的斑点，（下图）消除阴影麻点之后的同一场景

这些瑕疵的噪声性质反映出在浮点数表示的微小值进行比较时对浮点数表示的误差十分敏感。

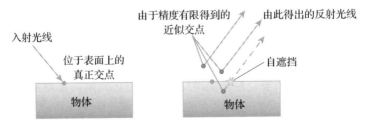

图 36-5　有限精度表示导致自我遮挡。将入射光线在曲面上的实际交点沿反射方向偏移一点距离作为测试光线起点，可以平衡浮点表示误差，减少产生图像瑕疵的可能性

36.1.2 基本可见性

基本可见性（视线可见性，相机可见性）指的是相机光圈上一点和场景中点之间的可见性。要绘制一幅图像，图像平面上的每一根采样光线都要进行可见性测试。最简单的情形是每个像素中心采样一条光线。在每个像素内采样多条光线可以提高最终生成的图像的质量，在 36.9 节中将讨论每个像素多采样情况下的可见性。

针孔相机光圈面积为零，因此对于图像平面上的每个采样点，只有一条光线可向相机传递光能。这就是图像平面上该点的**主要光线**。考虑主光线上的三个点：图像采样点 Q，光圈点 A，场景点 P，因为在相机里没有遮挡物，所以 $V(Q,P)=V(A,P)$。

由于所有采样点的可见性函数计算或求交测试光线共享同一个端点（相机针孔光圈），从而为分摊整个图像的运算带来了机会。**光束跟踪**（ray packet tracing）和**光栅化**（rasterization）即为采用该技术的两种算法。更多细节可见第 15 章，其中介绍了光栅化中的分摊模式，并指出在光栅化和光线跟踪中求交测试的等价性。

36.1.3 （二值）覆盖

覆盖是图像平面上点的可见性的特殊情况。对于由单个几何基元组成的场景，主光线的覆盖定义为一个二进制值：1 代表光线与位于图像平面和无穷远之间的几何基元有交，0 代表无交。这等价于从主光线起点沿着主光线方向至无穷远点的可见性函数。

对于包含多个几何基元的场景，位于相机视野中的基元有可能相互遮挡。光线的**深度复杂度**（depth complexity）定义为光线跟场景相交的次数。在任何给定的交点 P，其**不可见量度**（quantitative invisibility）[App67] 是指位于光线起点和 P 之间光线与其他图元相交的次数。图 36-6 展示了这些概念的例子。

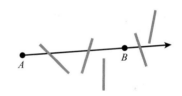

一些应用中，在计算深度复杂度和不可见性度量的时候，背面（其几何法向与光线方向的点积为正的表面）不予考虑。但当光线和表面的交为一条线段（图 36-7）而不是有限数量的点时处理就比较复杂。前面曾讨论过，由于浮点数精度表示有限，交于一条线段的情况是存疑的，事实上，要使它真的发生则需要我们明确地将几何体置于特定的位置，来表示这种不大可能出现的相交特例。当然，人们擅长设置这样的情形，例如，将边放置在精确表示的整数坐标系下，然后让表面以一些在真实测量数据中绝不可能出现的方式与轴向对齐。注意，对于由封闭的多边形表面表示的模型，通常的做法是忽略交于一条线的情形，但是对这种情形下的深度复杂度和不可见量度的定义在不同文献中有所不同。

图 36-6　两个点之间的不可见量度指的是两点之间线段和场景中物体表面相交的次数。在图中 B 点相对 A 的不可见量度是 2。光线的深度复杂度指的是光线与场景中物体表面总的交点数。图中 A 通过 B 的光线的深度复杂度是 3

图 36-7　光线跟相交表面相切

当光线与多个几何基元相交时，我们称第一个交点处的覆盖度是 1，之后的交点处的覆盖度为 0，与可见性函数的定义保持对应。

在本章的 36.9 节中，我们在每个像素内考虑多条采样光线，将二值覆盖扩展到**部分覆盖**。

36.1.4　目前的实践和动机

当前大部分绘制针对的是三角形。三角形可采取显式方法构建，或从其他形状自动生成。常见的可简化为三角形表示的几何基元为细分曲面、隐式曲面、点云、直线、字体形状、四边形和高度场模型。

光线跟踪绘制通过**光线投射**来实现精确可见性判定（36.2 节）：一条光线与模型相交时产生一个采样点。显然，优化光线三角形求交测试的数据结构对于可见性函数的高效计算十分重要。第 37 章描述了几种这样的数据结构。**背面剔除**（36.6 节）是光线投射的隐含组成部分。

基于硬件的光栅化绘制大都利用**视域剔除**（36.5 节）、**视域裁剪**（36.5 节）、**背面剔除**（36.6 节）、**深度缓存**（36.3 节）来确定每个采样点处的可见表面。这些方法可保证结果的正确性，但是计算时间与场景中的基元数呈线性关系。仅仅依赖这些方法将无法推广到大规模场景。为了提高效率，有必要辅以保守的遮挡判别方法和可在亚线性时间里剔除视域体外几何物体的层次化方法。

少数应用依赖于**画家算法**（36.4.1 节），该方法按照从后向前的顺序绘制场景中的每个物体，通过排序来解决可见性问题。这种方法既不精确又不保守[⊖]，但它的优点是极其简单。它大量应用于二维图形用户交互界面的绘制中，用来处理重叠的窗口。画家算法目前主要的 3D 应用是半透明表面的光栅化，尽管最近的趋势更倾向于采用更精确的逐像素随机方法和体积损耗（lossy-volumetric）的替代方法［ESSL10，LV00，Car84，SML11，JB10，MB07］。

很多应用实际上综合采用了多种可见性判定算法。例如，混合绘制器可对主光线和阴影测试光线进行光栅化处理，但在判定其他整体光照路径上的可见性时则采用光线投射方法。实时硬件光栅化绘制器可通过层次遮挡剔除或者保守可见性预计算来增强它的深度缓存判定性能。许多游戏依赖这些技术，但它们同时包括了基于光线投射的可见性判定算法，用于确定 AI 逻辑角色和物理模拟中的视线。

36.2　光线投射

光线投射是进行相交测试最直接的手段。如前所示，它也计算可见性函数：如果投射光线的起点为 Q，与场景中景物的第一个交点为 P，则 P 是始点为 Q、沿方向 $(P-Q)/|P-Q|$ 投射的光线的求交测试结果，$V(Q,P)=1$；否则 $V(Q,P)=0$。第 15 章介绍了一个面向三角形数组描述场景的光线投射算法，该算法可以同时用于基本可见性和间接可见性（这里指阴影测试）的计算。

向数组中的 n 个三角面片投射一条光线，其时间复杂度是 $O(n)$。要测试 $V(Q,P)=1$，算法必须将光线和每个三角形进行求交测试，要测试 $V(Q,P)=0$，则算法只要找到 PQ 线段的任意一个交点即可提早结束。这意味着在实用中采用光线投射计算可见性函数会比求

⊖　它也并非画家实际绘画的过程——举例来说，创作时有时先画前景再画天空——但这一名词如今不仅是技术术语，而且具有提示含义。

解求交测试要快。因此，测试一条阴影光线比寻找在场景中与相机光线第一个相交的表面要快。对于一个面片稠密且深度复杂的场景，两者之间的执行效率相差很大。

在对数组中的 n 个表面进行光线投射时，求得一个交点即终止的做法仍为常数级的加速，对于 n 个表面仍需执行 $O(n)$ 个操作。对于大规模、复杂的场景，线性复杂度仍然无法实用，尤其是当场景中大部分表面相对于给定点实际上均不可见时。因此，实用中很少有人会真的往一组表面上投射光线，几乎所有的应用都采用其他的数据结构来获得亚线性的算法效率。

第 37 章介绍了多种空间数据结构来加速光线求交测试。与表面采用数组表示时的线性复杂度相比，这些数据结构可以大幅度减少可见性判定的计算成本。不过只有当所需执行的可见性测试很多，足以补偿建立数据结构的时间成本时，构建新的数据结构才合算。尽管随着算法和数据结构的不同，在效率上仍存在常数级的差异，但对一百个以上的三角面片或其他几何图元和几千次的可见性测试，建立某种空间数据结构通常都会提升计算性能。

我们现在给出一个例子，说明在**二叉空间剖分树**（binary space partition tree）数据结构中如何进行光线-几何基元之间的求交测试。这个例子中遇到的问题也适用于其他空间数据结构，包括层次包围盒和空间网格。

36.2.1 BSP 光线多边形求交

二叉空间剖分树（Binary Space Partition tree，BSP tree）[SBGS69，FKN80]是一种根据几何基元的位置和大小对它们进行空间分类的数据结构。第 37 章详细描述了如何建立和维护这种数据结构以及其他类似的数据结构。BSP 树可用来帮助寻找光线和几何基元的第一个交点，相应算法的计算复杂度通常仅为基元数的对数比率。我们这里说"通常"是因为存在很多异常的树结构和场景物体分布，导致求交时间为线性，但是对于大多数场景而言很容易避免上述情形。这种对数复杂度使得对大规模场景进行光线跟踪成为可能。

BSP 树也可用来计算可见性函数，此时该算法几乎等同于寻找第一个交点。当检测到任何交点时，返回"假"值并结束，否则返回"真"。

BSP 数据结构有几种变化形式。在下面的例子中，考虑一种简单的 BSP 树，重点放在算法上。在这个简单的树结构中，每个中间结点代表一个**剖分平面**（不属于场景中的几何面），每个叶结点代表场景中的一个几何基元。剖分平面将空间分割成两个半空间。正半空间包含平面上的所有点以及平面法向指向一侧的所有点，而负半空间包含平面法向相反一侧的所有点。图 36-8 展示了一个这样的平面（在二维场景中，"平面"为一条线）。在构建一棵完整的树时，正、负半空间继续为其他平面所剖分，直到每个球至少被一个平面与其他球隔开。

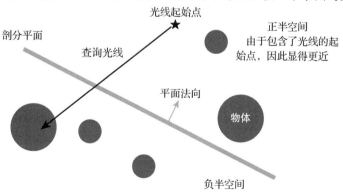

图 36-8 BSP 树某一内部结点的剖分平面将一个包含 5 个球的场景划分为两个半空间

BSP 树的内部结点最多有两棵子树，我们将其分别标记为**正**和**负**。树的构建算法确保正子树包含的只是剖分平面正半空间里的几何基元(或者位于该平面上的点)，负子树包含的是剖分平面负半空间里的基元。如果场景中的某一基元穿过剖分平面，那么算法在剖分平面处将其分割为两个多边形。

代码清单 36-1 给出了基于这个简单 BSP 树数据结构计算可见性函数的算法，采用递归求交函数实施。设树的当前结点为 node，如果线段 PQ 与以 node 为根结点的子树所包含的几何没有交，则点 Q 相对点 P 可见。倘若 node 为叶结点，它包含一个几何基元，intersects 程序测试线段 PQ 与几何基元的交是否为空。第 7 章描述了对不同的几何基元进行测试的求交算法，第 15 章给出了光线与三角形求交的 C++ 代码。

代码清单 36-1　采用 BSP 树进行可见性测试的伪代码

```
 1  function V(P, Q):
 2      return not intersects(P, Q, root)
 3
 4  function intersects(P, Q, node):
 5      if node is a leaf:
 6          return (PQ intersects the primitive at the node)
 7
 8      closer = node.positiveChild
 9      farther = node.negativeChild
10
11      if P is in the negative half-space of node:
12          // The negative side of the plane is closer to P
13          swap closer, farther
14
15      if intersects(P, Q, closer):
16          // Terminate early because an intersection was found
17          return true
18
19      if P and Q are in the same half-space of node:
20          // Segment PQ does not extend into the farther side
21          return false
22
23      // After searching the closer side, recursively search
24      // for an intersection on the farther side
25      return intersects(P, Q, farther)
```

图 36-9 展示了该算法基于一棵 2D 树对包含多个圆盘的场景进行迭代的过程。

如果 node 为中间结点，那么它包含一个剖分平面，生成两个半空间，分别对应于两个子结点。可根据子结点距离点 P 的远近来对它们进行分类。图 36-8 给出了对某一中间结点的子结点进行分类的例子。为便于重用这个算法的数据结构来寻找第一个交点，我们选择先访问 closer 结点。这是因为如果线段 PQ 和 closer 子结点所含的场景中的物体有交，该交点一定比 farther 子结点中的任何一个交点离 P 更近[SBGS69]。

如果 PQ 全部位于某一半空间里，对当前结点的求交测试只需在该半空间里进行即可。否则，在每一半空间里 PQ 都有可能和几何基元相交，因此对这两个空间都需要递归遍历。

课内练习 36.1： 在可见性测试代码中假定有一个稍近的半空间和一个稍远的半空间，如果剖分平面包含相机位置点 P，代码将如何执行？结果会正确吗？如果不正确，代码应做何修改？

最坏情况下程序需要访问树中的每一个结点，不过这种情况极少发生。通常，相对场景而言，PQ 很小，而且剖分平面将空间分成一系列凸区域，这些区域并不沿同一条线分布。因此可期望执行相对紧凑、深度优先的搜索，其运行时间跟树的深度成正比。

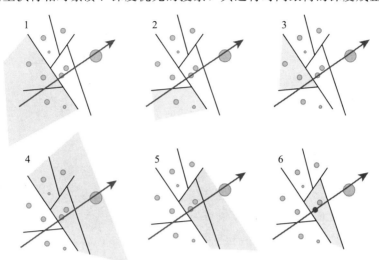

图 36-9 对存储在一棵 2 维 BSP 树中的圆盘场景进行光线跟踪。图中着色的子空间对应于算法每一步中处理的结点。迭代采用深度优先方式，在每个结点处优先遍历几何位置相对近的子结点

有很多方法可将这一算法的性能提升一个常数因子，其中包括更巧妙的建树算法和将二叉树扩展为更多分支树的算法。对于稀疏场景，采取另外的空间剖分方式可能更有优势。剖分平面产生的凸空间与这些空间内所含几何基元的包围盒相比，通常会占用很多空的区域。规则网格或者层次包围体方法可以提高叶结点子空间里的几何密度，从而减少基元求交测试的次数。

BSP 树迭代受限于存储带宽，通过压缩平面和结点指针表示可以明显节省存储 [SSW+06]。

36.2.2 光线测试的并行度评估

前面的分析考虑的是在单核上的串行处理，并行执行架构显然有所不同。对单个查询而言是很难并行执行对树的搜索的。靠近树的根部，没有足够多的任务分配给多个执行单元；树越往下，任务固然很多，但由于路径长度的不同，各个单元之间的负载平衡决定了实际的搜索效率。另外，如果计算单元之间共享一个全局内存，那么那块存储的带宽同样会限制整个性能。此时，增加计算单元会降低整个性能，因为他们会增加存储负担并降低存储访问的连贯性，从而抵消任何全局缓存的效率。

在同时进行多个可见性查询时，如果计算单元拥有足够的主存带宽或者独立的位于处理器上的缓存，要获得关于计算单元数的近乎线性的复杂度是有可能的，在这种情况下，所有线程可以并行地对树进行搜索。历史上能实施大规模并行搜索的架构需要具有一定程度的程序指令批处理功能，称为**向量化**（vectorization），也叫作单指令多数据流（SIDM）。向量指令意味着多组逻辑线程必须以同样的方式分支以取得最好的计算效率。当他们真的按同样的方式分支时，被称为分支相关；否则，称他们是分歧的。在实际中，分支相关对于在并行架构下执行存储受限的任何搜索都是必需的，这是因为，执行更多的线程会需要更多的带宽（他们需要从内存中取不同的数据）。

在 SIMD 架构下对 BSP 树进行搜索有很多策略。两种在学术和工业界都获得成功的策略是**光束跟踪**（ray packet tracing［WSBW01，WBS07，ORM08]）和**巨核跟踪**（megakernel tracing)[PBD⁺10]。每种策略本质上都是强制一组线程按同样的方式向下遍历树，即使有些线程本应按其他方式分支但仍被强制执行而不管其结果(见图 36-10)。在迭代到何种深度才基于线程之间的连贯性对它们重新捆绑以及如何调度和管理缓存结果等方面仍有一些与架构相关的实施细节。

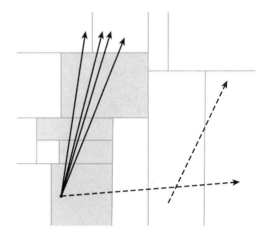

增加这种并行功能比单纯衍生出更多线程要复杂，这在考虑高效的可见性计算时是不容忽视的。在写这本书的时候，在同样的处理器上，与标量指令和分支指令相比，向量指令可以获得 8～32 倍的峰值性能提速。幸运的是，这种底层的可见性测试为很多库所支持，除非研习需要，否则无须实现这个算法。从高层看，可以认为硬件光栅化是面向小孔成像中的基本光线实施光线可见性测试并行化的极端优化。

图 36-10　一组具有类似起点和方向的光线可执行类似的 BSP 树遍历操作。在并行架构下同时执行可以分摊提取结点带来的存储开销，并充分利用向量寄存器和指令寄存器。那些偏离共同遍历路径的光线(图中用虚线表示)则会降低这种方法的效率

36.3　深度缓存

深度缓存[Cat74]是与图像帧缓存相平行的二维数组，它也叫作 z 缓存、w 缓存和**深度图**。最简单的形式是，图像的每个像素上有一个颜色值采样，每个像素上还关联了一个标量值，表示从投影中心到当前像素着色表面采样点的距离。

为了减少每个像素只取一个采样点所引起的走样，绘制器大多在一个像素里存储多个颜色和深度采样值。在生成供显示的图像时，对像素中保存的多个颜色采样值进行滤波(例如取其平均)，而忽略深度值。很多用于高效绘制的策略允许在颜色采样之外进行更为独立的深度采样，将"着色"(颜色)和"覆盖"(可见性)两者分离开来。这一节讨论对每个像素的单一深度采样，36.9 节将阐述多采样策略。

> 　　注意在采用深度缓存时实际上已假定每个像素的值可由单个表面决定。如果场景不满足这一假设，那么最终的绘制结果中就可能出现走样现象。对于远距离的复杂物体，这一假设通常不成立，此时多个表面可能投影到同一个像素内。针对这种情况，一个明智的做法是采用层次细节表示(level-of-detail representation)，对远处的物体(甚至是物体集)采取越远越简化的表示以确保上述假设成立。第 25 章讨论了网格的简化技术。其他方法例如精心选择远裁剪平面，或者用雾来隐蔽远处物体，都有助于解决这个问题。
>
> 　　显然，位于物体轮廓线上的像素一定会涉及多个表面，而不管物体在屏幕空间中有多大。不幸的是，人类的视觉系统对这些区域的瑕疵甚为敏感，而不太可能会注意到形状内部的走样现象。

图 36-11 再现了丢勒所创作的他和他的助手基于透视投影原理手工绘制鲁特琴情景的木刻画。之前我们曾见过并引用了这幅经典的木刻画。其中，一个人拿着笔在细线穿过成像平面的位置往帆布(相当于我们的颜色缓存)上画点。墙上的滑轮是投影的中心，细线则

对应于一根光线，注意到滑轮的另一侧吊着一个铅垂，它用来使细线保持收紧的状态。丢勒最主要的兴趣在通过标记细线和成像平面的交点所生成的二维图像上。但是，正如我们在第3章提到的，这种装置实际上不仅仅可以绘制图像。考虑一下，假设画家对他在成像平面上标记的每个点都标注采样时相应的铅垂位置与滑轮间的距离，会发生什么呢？他在为场景记录一个深度缓存，对场景中所有可见的三维几何采样点进行编码。

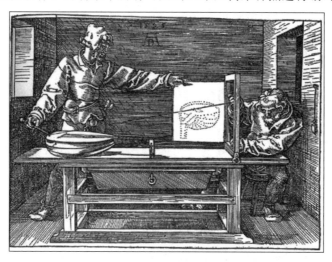

图36-11　两人采用早期的"绘制引擎"创作一幅鲁特琴图

　　丢勒图中的画家当然不需要为单幅图像保存深度缓存。摆放在他面前的实际物体保证了画面中正确的可见性。然而，如果给定两幅具有深度缓存的图像，则可以将它们融合到同一画面中，且保证每个点都有正确的可见性。在每个采样处，两幅图中只有具有更近深度值的点(这意味着滑轮下方的细线更长)才会在融合画面中可见。我们的绘制算法可用于绘制虚拟物体，但不具有物理上自动遮挡的好处。凸的或平面的基元(如点和三角形)当然不会自己遮挡自己。这意味着对每个基元，无须进行可见性判定就可以绘制一幅图像并生成其深度缓存。深度缓存允许我们将多个几何基元的图像进行组合，并保证每个采样点处正确的可见性。

　　对深度缓存信息进行可视化时，通常将远距离的深度值绘成白色，而将靠近相机的深度值绘成黑色，好像是黑色的形状从白色的雾中显现出来(见图36-12)。有很多对距离进行编码的方法。本节结束时将描述一些你可能会遇到的方法。深度缓存通常用来确保对场景光栅化时正确的可见性。然而，在其他绘制框架中(如光线跟踪)它也可用于计算阴影和基于深度的绘制后处理。

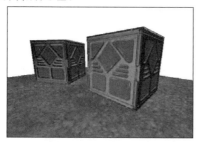

图36-12　场景的绘制结果(左)，其深度缓冲区的可视化结果(右)

在可见性判断中深度缓存有三个常见的应用。第一，在绘制场景时，深度缓存提供了隐式的可见表面判定。一个新的表面只有当其采样点在相机空间中的深度小于深度缓存中保存的值时才可能遮挡现有采样点。如果是这样，新表面将覆盖图像帧缓存中的颜色，同时它的深度值将取代深度缓存现存的深度值。之所以称隐式可见性，是因为一直到绘制结束之前都不知道哪一个是在给定采样点最近的可见表面，也不知道一个给定的表面相对相机是否可见。不过，绘制结束时，正确的可见性是可以保证的。

第二，场景绘制后，深度缓存记录了从投影中心穿过采样点处的光线跟场景的第一个交点。因为图像平面上的每个采样点的位置信息和相机参数都已知，采样点的深度值是重构着色表面采样点的三维位置时唯一尚需知晓的信息。

第三，场景绘制后，基于深度缓存可以直接计算关于投影中心的可见性函数，对于相机空间里的点 Q，$V((0,0,0),Q)=1$，当且仅当 Q 的投影点处的深度值比 Q 点的深度值小。

第二和第三个应用需稍做一点解释，说明为什么在绘制结束后还需要进行可见性测试。很多绘制算法要对场景和帧存进行多遍绘制。在第一遍做完之后高效实施求交测试和可见性判断可使后面的绘制更为高效。一个常见的基于这一想法的技术是**深度预处理**（depth prepass）[HW96]。在此遍绘制中，绘制器只生成深度缓存，不进行着色计算。这一有限的绘制过程与传统的绘制流程相比，其效率明显提高，有两个原因。首先，因为无须着色，可以采用固定功能电路；其次，深度缓存通常压缩存储，所以当只写入深度缓存时仅需要很小的存储带宽[HAM06]。

必须注意，深度缓存必须结合另外一个算法，例如光栅化，来查找基本光线和场景的交点。第 15 章给出了采用光线投射和光栅化进行求交测试的 C++ 代码。光栅化的执行代码中还包括了简单深度缓存的代码。该项执行假定所有的多边形都位于近裁剪平面的前面（见第 13 章关于裁剪平面的讨论）。这是为了应对深度缓存的一个缺点：实际上，它并非一个完整的可见性判定的解决方案。在光栅化过程中需要在近平面处对多边形进行裁剪以避免在 z=0 处出现投影奇点。注意深度缓存可表示相机背后的深度信息；但在投影变换之前对于三角形实施光栅化不仅棘手而且效率不高。因此，大部分光栅化算法都组合了配有几何裁剪算法的深度缓存。通过在光栅化之前剔除位于相机背后的几何基元（或其一部分）可确保几何算法高效地执行保守的可见性测试，深度缓存则确保屏幕空间采样的正确性。

事实证明深度缓存是一个实现屏幕空间可见性判定的强有力的解决方案。由于其功能强大，自 20 世纪 90 年代它就被嵌入专用的图形电路中，与此同时引发了很多图像空间的处理技术。图像空间是解决图形学问题的一个很好的空间，由于它基于输出分辨率进行求解从而避免了大量的计算。很多算法以一个常数存储作为代价，其计算复杂度可以与像素数成正比并与场景复杂度成亚线性关系（如果不是完全独立）。在算法上这是一个很好的折中。此外，几何求交测试易受数值不稳定的影响，毕竟计算机是以有限的精度来表示无限细的光线和平面贴近穿过。这使得光栅化/图像空间方法成为解决许多图形学问题的一个鲁棒方法，即使在结果中有可能出现走样。

课内练习 36.2：如果场景中有 T 个三角形，图像中有 P 个像素点，那么，在 T 和 P 处于何种情况下，可期望图像空间方法是一个很好的可见性或相关问题的解决方法？

课内练习 36.3：图像空间算法看上去似乎是万能的。请描述一种情况，说明由于图像空间数据的离散性质，使得它不适合解决问题。

36.3.1 通用深度缓存编码

广义地讲，深度编码有两种常用的方式：相机空间 z 方向的**双曲编码**和**线性编码**。对映射中换算规则的约定，每种方式都有几个变化的版本，但所有的版本都属于单调映射，即对 $z_1 < z_2$ 的判定可以转换为对 $m(z_1) < m(z_2)$（或者反向）的判定，这样无须执行逆向映射即可做出正确的可见性判断。

在选择一种对深度进行编码的方式时有许多因素需要权衡。编码和解码（基于深度的后处理）所需操作的多少是重要因素。底层的数字表示，即浮点表示和定点表示，影响着映射最终得到的数值精度，起主导作用的因素往往是关于深度的相对精度。这是因为基于深度缓存的可见性判定的准确性受限于它的精度。如果两个表面靠得非常近以至于它们的深度被表示成相同的数字，则深度缓存将无法区分哪一表面距离光线起点或相机更近。这意味着，只能依据基元的排序或者在求交算法中所引入的微小的舍入误差来随机判定可见性，导致单个采样点的可见性与它周围相邻的点不一致，形成瑕疵。这就是所谓的 **z 冲突**（z-fighting）。通常 z 冲突瑕疵会折射出光栅化和其他求交算法的迭代次序，呈现出深度微小偏差的规则模式。不同的映射方式和深度的底层数值表示将决定整个场景的精度。根据场景的种类和绘制应用程序，以下做法可能更合适：在靠近相机的地方取稍高精度、其余取统一精度、对一些特定的深度或可采用更高精度表示。Akeley 和 Su 对此给出了一个通用而权威的处理方法［AS06］。在本节中我们将总结映射的基本思想并通过图 36-13 和图 36-14 展示精度表示对整个视域锥的影响。

遵循 OpenGL 约定，在下面的定义中，设 z 是像素着色采样点在相机空间 z 轴上的位置，它永远是个负数。假定远和近分割平面为 $z_f = -f$ 和 $z_n = -n$。

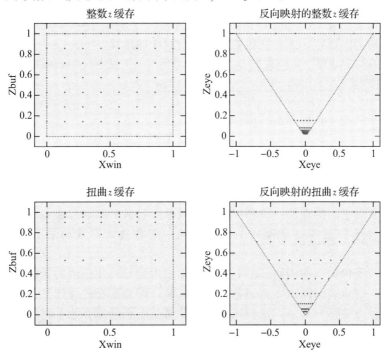

图 36-13　采用定点、反向映射定点、浮点精确表示的 $(x、z$ 缓存值$)$ 空间中的点。可看到在采用定点表示时，在屏幕空间的 x 或 y 方向的很宽范围深度有较好的精度

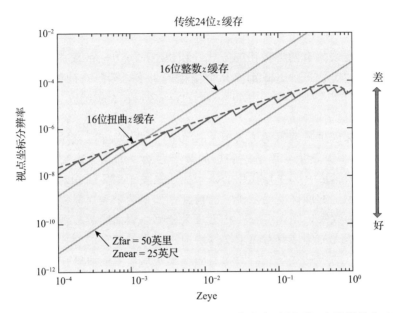

图 36-14   采用不同的方式表示 z 缓存值时的精度对比：24 位定点（绿色线）表示明显比 16 位定点（蓝色线）表示更精准；在远离相机的位置，16 位浮点表示比 16 位定点表示更准确（右边），但在十分靠近相机的位置精度稍低（左边）。在对数空间里蓝色和绿色线条为直线，但它们在线性空间里呈现为双曲线。橙色的浮点线呈现锯齿状是因为当采用单一指数表示时浮点数之间的间距是均匀的，但取下一个指数时会跳跃；橙色的曲线（虚线）是平滑后的趋势线

36.3.1.1   双曲编码

经典的图形学介绍了由投影矩阵产生以双曲线方式缩放的归一化值。这通常称为 **z 缓存**，因为它存储着点与 API 指定的投影矩阵相乘和执行齐次变换除法之后的 z 分量。这种表示也称为**扭曲的** z 缓存，因为它扭曲了场景空间中的距离。

OpenGL 的约定是将 $-n$ 映射到 0，$-f$ 映射到 1，夹在中间的值双曲地映射为

$$z \to \frac{f+n}{f-n} + \frac{2fn}{f-n}\frac{1}{z} \tag{36.1}$$

Direct3D 通过下式将 z 值映射到区间 $[-1, 1]$：

$$z \to \frac{f}{n-f} - \frac{fn}{n-f}\frac{1}{z} \tag{36.2}$$

这些变换使映射到近平面处（在这些地方由 z 冲突引起的瑕疵更为明显）附近的值具有相对更高的精度，具有适合定点执行的归一化范围，并可表示为一个矩阵乘法再加一个齐次化除法。靠近近平面的点的 z 值精度取决于近平面和远平面与投影中心的相对距离。当近平面向投影中心靠近时，精度高的区域迅速向它靠拢，导致场景远景处深度分辨率降低。

一个**互补**或**反向**的双曲编码[LJ99]将远平面映射到归一化范围的低端，而将近平面映射到高端。对于定点表示来说，这通常是不可取的，因为近处的物体其深度表示的误差反而更大，但在浮点表示方式下，这种映射方式使得整个场景具有几乎相同的精度。

非线性深度范围表示的另一个优点是它可以使得映射的极限取到无穷，$f \to \infty$ [Bli93]，从而允许用有限的精度表示无限的视域锥里各点的深度。

课内练习 36.4：假定 $n=1$m，$f=101$m，计算在 OpenGL 的投影矩阵作用下位于视域锥中哪一范围内的点将映射到 $[0,0.9]$。当 $n=0.1$m 时，重复上述计算。你在选取近平面

和远平面的位置方面将从中获得怎样的启示？若将近平面移到场景中更远的地方会有什么缺陷？

直到最近，双曲编码一直是首选的深度编码方式。这是因为它将整个顶点的变换过程表示为矩阵乘法，不仅数学表达优雅，而且可采用固定功能电路高效实现。然而，由于可编程的顶点变换和消费级硬件上浮点缓存的广泛采用使得其他编码方式也成为可行之选。这重新开启了对理想深度缓存表示的经典讨论。当然，理想的表示取决于实际应用，即使这种映射方式不被某些应用所采纳，它仍可能适合于其他的应用。超出存储精度来讨论问题是危险的。例如，如果算法想要从深度缓存中读取场景空间中的距离，则需要支付基于扭曲值进行重建的代价，场景空间中数值的精度和恢复该精度的代价当属重要的考虑因素。

线性　术语**线性** z **值**、**线性深度**、**w-缓存**描述了在 z 向呈线性分布的一类可能的值。"w"指的是一个点乘以透视投影矩阵之后但执行齐次变换除法之前的 w 分量。

这些表示包括直接的 z 值、正的深度值 $-z$、归一化值 $(z+n)/(n-f)$（在近平面为 0，远平面为 1），以及 $1-(z+n)/(n-f)$（对浮点表示具有良好的精度）[LJ99]。在定点表示下，这些表示在整个相机视域锥中具有统一的场景空间深度精度，使得深度上的 z 冲突保持一致，并可以简化对微小偏移量和其他一些"epsilon"的赋值处理。在需要输入深度的像素着色器中，线性深度在概念上（和计算上）通常更容易使用。这方面的例子有：软粒子[Lor07]和屏幕空间环境光遮挡[SA07]。

36.4　列表优先级算法

列表优先级算法按场景中物体的优先级顺序绘制场景元素，隐性求解可见性问题。由于被遮挡的物体具有较高的优先级，在绘制过程中会被后面画的物体覆盖，从而被隐藏。这类算法是实时网格绘制的重要组成部分。

列表优先级算法如今已经很少使用，这是由于出现了更好的替代算法。基于空间数据结构的算法能显式求解投射光线的可见性。对光栅化，深度缓存所需存储如今不仅速度快而且便宜。在这种情况下，蛮力执行的图像空间可见性判断成为光栅化的主流。但深度缓存也提供了一个智能的算法选择。实施先行深度测试和深度绘制可避免采样点绘制后又被覆盖的低效率。如今绘制器花费在采样点着色的时间远超过可见性判定，其原因是着色模型已经变得非常复杂。在这种情况下，采用表优先级可见性算法只会增加着色时间，从而使得原本耗时的绘制部分更加昂贵。下面讨论三个列表优先级算法，尽管它们目前的应用有限。

然而，简洁的基于优先级的隐式可见性方法和相对复杂的方法，例如层次遮挡剔除，正好互补。也有一些独立的应用，尤其是在非光栅输出的图形学里，列表优先级算法可能是最为合适的选择。事实上，画家算法已被嵌入大多数用户界面系统，甚至复杂的三维绘制器处理透明情形时也常可见到（此时存储和绘制时间受到严格限制）。

一些表优先算法为启发式算法，通常能产生一个正确的排序，但在某些情况下会失败。另一些算法为生成正确的排序，可能需要对输入的多边形进行分割，以便处理如图 36-15 所示的交叉覆盖情形。对这些算法的发展过程进行回顾和思考是有益的。如果采取剖分方式，剔除所有被遮挡的部分，而不是先绘制它们然后再覆盖，则可实现更高效的绘制。20 世纪 70 年代这种做法很流行。区域细分算法，如 Warnock 算法[War69]和 Weiler-Atherton 算法[WA77]，在二维空间中剔除遮挡区域。也有相似的一维逐行扫描线算法，如 Wylie［WREE67］、Bouknight［Bou70］、Watkins［Wat70］以及 Sechrest 和 Greenberg［SG81］等提出的方法，利用**活化边表**来记录水平线上离视点最近的多边形。这些方法后来发展成为单根扫描线深度缓存［Mye75，Cro84］，随后形成一种趋势。不过今天所有这些算法大都不再使用，取而代之的是全屏幕深度缓存。这对算法的长远开发而言是一个警示：由于深度缓存和画家算法本身的简洁性使得它们比数十年来开发的复杂的可见性算法具有更好的性能和可执行性。

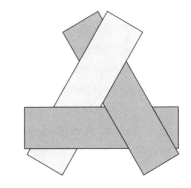

图 36-15　图中的三个凸多边形由于它们交叉重叠无法由画家算法正确绘制。尽管在每个点处有严格的深度次序，但对长方形而言不存在正确的排序

36.4.1　画家算法

画家绘制风景画时，一种可能的过程是：首先画天空；然后画山，山遮挡天空；再靠前，在山上画树。这在图形学上称为**画家算法**。遮挡和可见性通过用近处点的颜色覆盖远处点的颜色来实现。我们可以将这一思想推广到每个采样位置，因为在每个采样位置，总能排出一个正确的直接影响最终绘制结果的从后往前的顺序。为此，算法需要对所有的点排序，因而效率不高，但能生成正确的结果。

为了提高效率，画家算法常被施加在整个几何基元上（例如三角形）。遗憾的是，作为算法而言，它是不合格的。虽然几何基元通常可以通过排序来确定其正确的可见性，但在某些情况下无法做到。图 36-15 展示的三个三角形之间没有正确的前后次序。故这里的"算法"仅仅是启发式的，虽然它可以有效地实现。如果允许在几何基元投影交叉的地方对它们进行剖分，则可以得到一个排序。后面章节将会对此进行讨论。

尽管画家算法在一般情况下无法生成正确或者保守的结果，它在计算机图形学中仍有一些特殊的应用，在很多情况下则是一个有用的概念。它简单平凡，不占用空间存储，可在外存中操作（假定排序可在外存执行）。它是二维用户界面和演示图形系统中主流的可见性算法。在这些系统中，所有对象的模型都构建在平行于成像平面的平面上。在这种特殊情况下，所有基元均可排序，且排序很容易实现，因为这些平面都与成像平面平行。

> 主流的二维绘制系统，例如基于窗口的图形用户界面，也引入遮挡或"堆叠"功能，称为 2.5 维系统，这是因为它们存在深度上的次序（又名 z 向排序）和重叠，尽管其第三维的位置信息是模糊的。可以将这视为画家算法的一个应用，尤其是当基元之间遵循严格的深度次序时，排序能正确解决它们的可见性。
>
> 处理 2.5 维系统中遮挡情形的另一种做法是只考虑局部解，放松对整个场景一致性排序的要求。两个代表性例子是 Live Paint 和 Local Layering。Live Paint 系统［ASP07］用于编辑由曲线和泛填充区域组成的二维绘图（即"展示用向量图形"，经常可以在 Microsoft PowerPoint 和 Adobe Illustrator 中看到）。大多数处理这种图形的系统将基本元素视为 2.5 维填充图形，通过堆叠实现遮挡。系统可在它们之间执行求交、求并、相减等操作，在遮挡基础上进行编辑。不过这些操作过程会破坏原始的曲线。Live Paint 则将曲线本身作为平面图形进行操作，并且试图通过一系列巧妙的方法保持填充命令的一致性，从而支持对图像做更自然的编辑，并在编辑过程中保留原来的曲线。

Local Layering[MP09]是一个处理 2.5 维系统中离散、非凸多边形的系统。它不采取严格的全局深度排序，而是允许画家在每个交点处自行指定哪个多边形离视点更近，可生成复杂的重叠图形，例如将不同的几何图元编织在一起。

当我们采用深度缓存和先行的深度测试进行绘制时，在遇到远处表面之前如先遇到近处表面，则最为有利，这样远处表面会在先行的深度测试中因被遮挡而无须着色。在这种情况下采用逆序的画家算法（由前往后绘制）可以提高效率。深度预处理（prepass）可消除对排序的需求。不过排序可对预处理过程本身提供加速。令人惊讶的是，对于很多模型，可以通过预计算得到其几何基元的静态排序，基于这一静态排序即可得到在任何视角下从前往后的顺序[SNB07]，在不产生运行开销的情况下提高了运行性能。

画家算法通常被用来处理半透明性，这种半透明性可定义为分数可见性值（0 和 1 之间），OpenGL 和 Direct3D 中就是这么做的。对半透明表面采取从后往前的融合方式在许多情况下可很好地模拟它们之间以及它们与背景之间的半透明遮挡效果。不过随机算法似能生成更鲁棒的效果，只是以噪声和大内存消耗为代价。更完整的讨论见 36.9 节。

36.4.2　深度排序算法

Newell 等的**深度排序算法**[NNS72]针对多边形组成的场景扩展了画家算法，可在所有情况下生成正确的结果。该算法由四个步骤实现：

1）对每个多边形，取其离视点最远的顶点在相机空间中的 z 值作为排序的关键值。

2）根据排序关键值对所有多边形从远到近进行排序。

3）检测两个多边形排序是否存在二义性。如存在这种情形，对相关多边形进行分割直到生成的每一面片都有精确的排序，然后将它们按正确的优先级顺序插入排序表中。

4）按照优先级顺序从远到近绘制所有多边形。

在这个算法中，两个多边形排序存在二义性是指：它们的 z 值范围和 2D 投影（即齐次裁剪空间，与坐标轴平行的包围盒）重叠，并且一个多边形与另一多边形所在平面相交。

36.4.3　聚类和 BSP 排序

考虑由一组多边形定义的场景，成像采用针孔投影模型。Schumacker[SBGS69]注意到，可选取场景中一个跟任何其他多边形都不相交的平面将这些多边形分为两组。显然，那些和视点处于该平面同一侧的多边形离视点更近，不会被位于平面另一侧的多边形所遮挡。根据这一观察，Schumacker 递归地对场景中的多边形进行分组**聚类**，直到找不到合适的分割平面为止。然后，在每一聚类中，通过预计算，确定一个独立于视点的排序（见后面 Sander 等[SNB07]的相关工作），排序后再应用一个专用程序进行光栅化。

Fuchs、Kedem 和 Naylor[FKN80]将该思想推广为二叉空间剖分树。在本章中我们已经介绍了 BSP 树是如何通过加速光线-基元求交来判定可见表面。它们也可用在适合列表优先级算法处理的问题中，这也是它最初的应用动因。（下面会看到两个采用 BSP 树判定可见性的应用：门户通道和镜子中的可见景物，以及可见性预计算。）

光线求交的算法逻辑也适用于基于 BSP 树的表优先级绘制。在概念上我们对所有可能的视线进行光线求交测试。代码清单 36-2 基于预计算好的 BSP 树，对所有多边形进行从远到近的排序，可以将它看成深度排序算法的一个变化版本，在这里我们无须在遍历树时进行空间剖分，因为在树的构建过程中已经在分割平面处对局部空间（包括其中所含的多边形）做了剖分。

代码清单 36-2 采用列表优先级算法来绘制 BSP 树所含的多边形，树的根结点代表位于点 P 的观察者

```
1   function BSPPriorityRender(P, node):
2       if node is a leaf:
3           render the polygon at node
4           return
5
6       closer = node.positiveChild
7       farther = node.negativeChild
8
9       if P is in the negative half-space of node:
10          swap closer, farther
11
12      BSPPriorityRender(P, farther)
13      BSPPriorityRender(P, closer)
```

36.5 视域剔除和裁剪

假定我们依靠精确的方法，如深度缓存或者 Newell 等的深度排序算法，来获得光栅化情形下正确的可见性。为了避免向非法或不正确的内存地址写入数据，我们对视窗进行二维**裁剪**。这意味着光栅化过程中可能生成位于视窗外的位置 (x, y)，但只允许对视窗内的位置写入数据。也可在深度方向进行裁剪：禁止写入其深度值位于相机之后或超过远平面的采样点。

第 13 章中曾介绍视域长方体，其近平面和远平面平行于成像平面，它对应于一个称为视域四棱锥的三维空间体，棱锥的底部为矩形，顶部被切掉。基于视窗对几何基元的投影做二维裁剪相当于在三维空间中采用视域锥的侧面进行裁剪，两者生成的结果等价。

如果单纯进行裁剪固然可保证正确性，但可能效率低下。举例来说，大部分已经光栅化的几何基元最终可能还是被裁剪掉了。有三种常用办法可提高这种情形下的计算效率：

- **视域剔除**：删除完全位于视域之外的多边形。
- **近平面裁剪**：采用近平面对多边形进行裁剪确保简单光栅化算法有效，避免将时间花在那些未能通过深度裁剪的采样点上。
- **视域体裁剪**：沿视域四棱锥的侧面和远平面对多边形进行裁剪。

总之，好的策略是用二维和三维裁剪来互相补充。哪一种效率更高、实现更简便、就用哪一种。例如，先基于视域锥做粗的剔除，然后近平面剪切，再在二维中裁剪。对于其投影与视窗相比相对较小的几何基元，视窗裁剪大都可以通过，这意味已经过大计算量的大部分光栅化几何基元均可显示在屏幕上。

36.5.1 视域剔除

剔除位于视域锥之外的多边形很简单。其中的一个 3D 算法是测试多边形的每个顶点和视域锥每个边界面的相对位置。假定边界面为有向平面，则视域锥是六个正半空间的交。如果存在某个边界面，多边形的所有顶点均位于它的负半空间内，那么这个多边形必定位于视域锥之外，可以剔除。不过，对于小的多边形而言，对每个多边形执行这种测试效率不高。例如，如果一个多边形最多只影响一个采样点处的可见性，那么对该点进行三维包围盒测试可得到同样的结果。因此视域锥剔除可以采用层次包围盒的方式实现。

不过刚才介绍的三维视域锥剔除算法可能过于保守。假设多边形位于视域锥之外但靠

近视域锥角点或棱边，其包围盒可能会与视域锥的边界面相交。

36.5.2　裁剪

36.5.2.1　Sutherland-Hodgman 二维裁剪

裁剪算法有很多，也许最简单的是 Sutherland-Hodgman[SH74]算法的二维版。算法可用一个具有凸**边界**的多边形来裁剪一个任意形状的**源**多边形（见图 36-16）。该算法递进地取边界多边形每一条边所在的直线对源多边形进行裁剪，具体实现过程如代码清单 36-3所示。

代码清单 36-3　二维空间里 Sutherland-Hodgman 裁剪伪代码

```
1   // The arrays are the vertices of the polygons.
2   // boundaryPoly must be convex.
3   function polyClip(Point sourcePoly[], Point boundaryPoly[]):
4       for each edge (A, B) in boundaryPoly:
5           sourcePoly = clip(sourcePoly, A, Vector(A.y-B.y, B.x-A.x))
6       return sourcePoly
7
8   // True if vertex V is on the "inside" of the line through P
9   // with normal n. The definition of inside depends on the
10  // direction of the y-axes and whether the winding rule is
11  // clockwise or counter-clockwise.
12  function inside(Point V, Point P, Vector n):
13      return (V - P).dot(n) > 0
14
15  // Intersection of edge CD with the line through P with normal n
16  function intersection(Point C, Point D, Point P, Vector n):
17      distance = (C - P).dot(n) / n.length()
18      t = (D - C).length()
19      return D * t + C * (1 - t)
20
21  // Clip polygon sourcePoly against the line through P with normal n
22  function clip(Point sourcePoly[], Point P, Vector n):
23      Point result[];
24
25      // Add the last point, if it is inside
26      D = sourcePoly[sourcePoly.length - 1]
27      Din = inside(D, P, n)
28      if (Din): result.append(D)
29
30      for (i = 0; i < sourcePoly.length; ++i) :
31          C = D, Cin = Din
32
33          D = sourcePoly[i]
34          Din = inside(D, P, n)
35
36          if (Din != Cin): // Crossed the line
37              result.append(intersection(C, D, P, n))
38
39          if (Din): result.append(D)
40
41      return result
```

课内练习 36.5：构造一个源多边形，采用 Sutherland-Hodgman 算法以单位正方形为窗口对它进行裁剪，得到一个带有退化边（指在两边相交的顶点处，其外夹角等于 180 度）的多边形。

该代码采用 Sutherland-Hodgman 算法取矩形视窗对多边形的投影进行裁剪。当多边形的投影明显位于视窗之外时，视窗裁剪比对每个采样点进行剪切测试更为高效。该算法在很多应用背景中(包括形状的建模)可作为一种通用的几何操作。

该算法可能生成一些退化的边，这对多边形光栅化没有影响，但在其他场合可能会带来问题。

36.5.2.2   近平面裁剪

可以将二维 Sutherland-Hodgman 算法扩展到更高维空间。用平面来裁剪多边形时，需要遍历多边形的每一条边，寻找它与平面的交点。对整个视域锥而言，这一过程只需执行一次，每次处理一个平面。现在考虑用近平面实施裁剪的步骤。

在相机空间，很容易求得多边形的边和近平面的交点，这是因为近平面的方程很简单：$z = -n$。实际上，这等同于用一条线对多边形进行裁剪，因为可以将被裁剪的多边形垂直投影到 xz 或者 yz 平

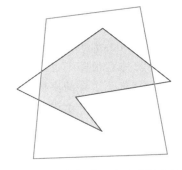

图 36-16   红色的输入多边形被凸的蓝色边界多边形所裁剪，裁剪结果为黄色区域的边界

面上。代码清单 36-4 给出了用平面 $z = zn (zn < 0)$ 裁剪一个多边形的算法细节的伪代码，其中多边形采用顶点链表表示。

代码清单 36-4   用近平面 z= zn 裁剪由顶点数组表示的多边形

```
1   function clipPolygon(inVertices, zn):
2     outVertices = []
3     Let start = inputVertices.last();
4     for end in inputVertices:
5       if end.z <= zn:
6         if start.z > zn:
7           // We crossed into the frustum
8           outVertices.append( clipLine(start, end, zn) )
9
10          // the endpoint of this edge is in the frustum
11          outVertices.append( end )
12
13      elif start.z <= zn:
14        // We crossed out of the frustum
15        outVertices.append( clipLine(start, end, zn) )
16
17      start = end
18
19    return outVertices
20
21
22  function clipLine(start, end, zn):
23    a = (zn - start.z) / (end.z - start.z)
24    // This holds for any vertex properties that we
25    // wish to linearly interpolate, not just position
26    return start * a + end * (1 - a)
```

36.5.3   全视域体裁剪

在采用近平面进行裁剪后，可保证多边形每个顶点的 z 分量 $z < 0$，这意味着可以将多边形投影到**齐次裁剪空间**(homogeneous clip space)，通过透视投影变换将视域锥映射为一个立方体，如第 13 章所述。

我们可以在投影变换前继续对 3D 视域锥的其他平面执行 Sutherland-Hodgman 裁剪算法。然而，视域锥的侧平面不像近平面一样垂直于某一坐标轴，所以用这些平面进行裁剪需

要对被裁剪对象的每个顶点执行更多的操作。相比之下，透视投影变换之后，视域锥的每个平面都与某一坐标轴垂直，视域锥侧面裁剪将与近平面裁剪一样高效。也就是说，裁剪仍然为二维操作。对视域锥远平面的裁剪既可以在投影前执行，也可以在投影后执行。

当在笛卡儿三维空间实施近平面裁剪时，可以对每个顶点的属性（如纹理坐标）进行线性插值。然而在齐次裁剪空间里，这些属性不再沿一条边线性变化，不能直接进行线性插值。不过其关系仍然很简单。

实际上不需要对被裁剪的每一条边执行这些操作，而是在对位置进行投影时，对每个属性做 $u' = -u/z$ 变换，然后对 u' 属性进行裁剪，裁剪时可认为这些属性是线性的，所有操作仍为二维操作。前面曾提到，光栅化过程中对属性进行插值时必须采用透视变换后仍然正确的方式，现在可沿扫描线对 u' 属性进行线性操作（参见深度缓存章节）。不过，在对每一个采样点进行着色时，仍需返回初始的属性空间，这只需计算 $u = -u'z$，式中 z 值为双曲插值得到的值。由上所述，三维空间中属性裁剪的代价等同于二维空间中属性裁剪的代价，所有的二维优化技术（例如有限微分）都可以应用到 u' 上。

36.6　背面剔除

不透明实体的背面对观察者的视线而言是隐藏面，这是因为物体本身挡住了视线。剔除物体背面可以保守地排除场景中大约一半的几何基元。毋庸置疑，在计算可见性函数时，背面剔除是一种很好的优化，但对于整个绘制管线则不然。最终生成的图像可能会受到某些相机不可见点的影响，例如通过镜子反射看到的景物、视域外物体所投射的阴影等。所以尽管背面剔除是优化可见性计算最早的手段，但重要的是如何正确地运用它。人们有时可看到因程序在错误的时刻实施剔除而导致画面瑕疵，如画面上本应出现的阴影，却因为投射阴影的物体不在视域中而消失。

尽管背面剔除可以应用到参数曲面上，但它通常应用于多边形。这是因为对多边形一个点进行测试就能判定整个多边形位于物体背面还是前面，测试效率很高。而曲面就需要测试多个点，或者需要对于整个曲面进行解析测试，才能得出同样的判断。

我们能直观地判别物体的背面，它是我们看不到的部分！但在几何上如何判别呢？考虑一个封闭不自交的多边形网格，以及位于这一网格所定义的多面体外点 Q 处的一名观察者。设 P 是多边形的一个顶点，$\hat{n}$ 是多边形的法向（具体而言，是真实的多边形法向，不是保存在多边形顶点用于表面光滑着色的表面法向）。该多边形定义了一个通过点 P 法向为 $\hat{n}$ 的平面。当 Q 位于该多边形所在平面的正半空间时，称该多边形为**前面**（相对于点 Q）；而当 Q 位于负半空间时，则称该多边形为**背面**。如果 Q 正好位多边形所在的平面上，那么多边形位于将物体分划为正面和背面的**轮廓线**上。

$$(Q-P) \cdot \hat{n} > 0 : 多边形为前面 \tag{36.3}$$

$$(Q-P) \cdot \hat{n} < 0 : 多边形为背面 \tag{36.4}$$

$$(Q-P) \cdot \hat{n} = 0 : 多边形在轮廓线上 \tag{36.5}$$

上述结果与我们所选择多边形的顶点以及相机视域角无关。不过，图 36-17 显示：离相机近的物体比同一物体位于远处时具有更大面积的背面，这是一个普遍现象，至少对于凸的物体如此。

课内练习 36.6：证明对同一三角形和同一视点，背面判定结果与所选择的顶点无关。

大多数光线跟踪和光栅化程序会在逐个像素进行求交测试之前，对场景中所有的三角形面片实施背面剔除。对于光栅化这个策略更高效，因为它们可以分摊对场景中所有三角

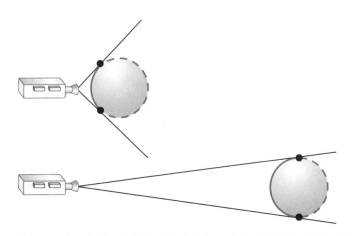

图 36-17　两个相机朝右，面向两个球。长线条所示为从相机中心到球的轮廓线的光线（轮廓线是前表面和后表面的分界线）。上面的相机离球更近，所以球的大部分表面为背面，下面的相机离球远，只有大约一半的球表面为背面

形进行背面测试（包括将三角面片读入内存）的成本。光线跟踪通常必须对每个像素执行背面测试。

　　背面剔除算法假定对象为不透明实体。如果光线的起始点 Q（例如发出初始光线的视点）位于网格体内，则背面剔除将不可靠。在这种情况下，将难以确定可见性判定的结果，因为它并不对应于一个物理真实的场景。假如组成物体的材质可透光，但纯几何的"可见性"测试并非光传输的可见性测试。

　　在这种情况下，如果滥用几何可见性并实施背面剔除，则这些背面会消失。在实用中，我们可以将透明物体的表面构建成彼此重叠朝向相反的一对表面。例如，一个玻璃球可以由一个朝外的球形玻璃面和一个与外表面完全重叠但法向朝内的玻璃面组成。在这种表示方式下，仍然可以执行背面剔除。来自球外的光线首先交于空气-玻璃外侧表面（前向面），进入球内（不考虑任何体内折射），然后通过另一侧的玻璃内侧表面（相对于射入光线为前向面）离开，如图 36-18 所示。

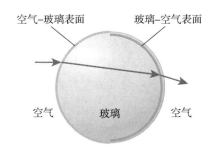

图 36-18　在背面剔除中光线将先后与玻璃球中朝向光线入射方向的空气-玻璃外侧表面和玻璃-空气内侧表面相交

36.7　层次遮挡剔除

　　假设有一个包围盒以及盒外一点 Q，如果包围盒的任何一部分对点 Q 都不可见，则位于盒内的任何物体的任何一部分对 Q 也不可见。显然这一观察适用于任何形状的盒，而不仅仅是方形包围盒。这是**遮挡剔除算法**的核心思想。它是一种保守的判定方法，即对一个形状复杂的物体，假定包围该物体的几何上相对简单的包围盒不可见，则该物体必定不可见。对动态场景而言，这是高效实施保守可见性判定的一种非常好的策略。

　　包围盒应该多简单呢？如果它太简单，可能会比原始物体大得多导致许多测试为真，实际结果为假（即包围盒可见但盒内的真实物体并不可见）。如果包围盒形状太复杂，即便它预测效果非常准确，所获效率的提升也十分有限。一个自然的选择是分而治之。构建场景的**层次包围盒**（Bounding Volume Hierarchy，BVH，见第 37 章），然后遍历 BVH 树。

如果某一个结点不可见，则它的子结点必定不可见。这是**层次遮挡剔除**的一种形式。

一个具有层次空间数据结构的光线跟踪器可以有效地执行遮挡剔除，尽管这种结构通常并非用于此目的。例如，当光线穿过 BVH 树时正好对应于上面叙述的算法。

对于光栅化，只有采用包围盒进行可见性测试明显快于直接对几何基元进行测试，遮挡剔除才有用。有两种执行策略（通常直接嵌入光栅化硬件中）对此予以支持。

第一种是特殊的光栅操作，称为**遮挡查询**[Sek04]，它不调用着色程序或改变深度缓存，唯一的输出是已通过深度缓存可见性测试的采样点的数量。它比全光栅化流程快很多，因为它既不需要将数据发送到帧缓存，也不需要同步访问深度缓存来实现更新，除了深度以外无须对其他属性进行插值，不启动任何着色操作。第 38 章中将证明上面提到的操作均为光栅化中昂贵的操作，排除这些操作可以大大减少光栅化的代价。

具有遮挡查询功能的遮挡剔除会从主绘制线程异步地发出几个查询。获得查询结果后，当且仅当一个或多个像素通过遮挡查询，主程序才会绘制相应的物体。当发现可见边界时，则沿 BVH 树逐层往下递归地考虑场景小一点景物的包围盒。

第二种硬件高效遮挡剔除的策略是采用**层次深度缓存**（通常称为**层次 z 缓存**）[GKM93]。这是一张类似于深度 MIP Map 的图像金字塔。树的第一层是全分辨率深度缓存，每往下一层，其分辨率较其父结点减半。层次深度缓存第 $k+1$ 层的采样存储两个值：第 k 层四个采样点深度的最大值和最小值。采用这种数据结构的层次光栅化程序 [GKM93，Gre96]可确定每个深度采样局部区域内（取最低分辨率）几何基元的最小或最大深度值。如果几何基元的最小深度小于层次 z 缓存当前采样点的最大深度[⊖]，那么该基元的某些部分在全分辨率下可能可见，因此光栅化程序将进入该采样点的下一层。如果基元的最小深度大于或等于深度缓存里采样点的最大深度值，那么由该采样点代表的子树中的最远点也比基元上的最近点离相机更近，在这种情况下，可判定在所表示的所有的分辨率下该基元都会被遮挡。

对于大的几何基元来说，层次深度缓存自然最为高效。这是因为倘若大基元的某些部分在树的顶端被保守地估计为不可见，则在更高分辨率下的许多可见性测试均无须再执行。对小的基元而言，光栅化程序必须在树的深层才能开始测试，由此节省的成本也相对较小。因此基于 BVH 的层次遮挡查询倾向于用少数大的基元来包围由众多小基元构成的网格，从而从遮挡查询和改善层次深度缓存的效率上获益。因此，层次遮挡查询中的"层次"通常指图像空间中的深度缓存树和几何包围盒树。

36.8　基于分区的保守可见性

在构建 BSP 树过程中剖分操作构建了许多空间分区，本小节探讨空间分区的其他用途。相关技术，尤其是穿刺树，是 20 世纪 90 年代初到 2000 年实时绘制室内环境的关键技术。其中蕴含了一些优美的计算机科学和几何的思想。然而，在编写本书时它们已经风华不再，因为层次遮挡剔除为处理动态和任意构形的场景提供了更多的灵活性。尽管这些算法可用于点对点的显式可见性测试，但它们通常用来生成对给定视点**潜在可见**的几何基元集合。

回想一下，BSP 树的叶结点为经过平面反复裁剪后的多边形（对此本章曾讨论过），假定分割之前的所有原始多边形都是凸的平面多边形，则叶结点也是凸的平面多边形。

空间中的任意一点可以依据它位于树上每个结点分割平面的正半空间还是负半空间递

⊖　即离相机更近，注意在相机坐标系中，景物深度值为负值。——译者注

归地进行分类，因此每一点的空间位置对应于树的一条路径。经过这一系列剖分平面对空间的切割，形成了一个包含该点的凸多面体。称此多面体内的空间为**分区**。如果点位于场景的边缘，则这个多面体可能有无限大的体积。

分区的某些侧面可能对应于 BSP 树中的叶结点。这些多边形阻塞了可见性。另一些侧面为空，称为**入口**（portal），因为它们是通向相邻分区的窗口或门洞。凸的空间具有很好的可见性性质：空间内所有的点都相互可见（对于针孔相机，可以选择一个这样的空间来保证图像视域内的可见性）。分区里的任何一个点都可以通过入口看到相邻的分区。然而，即便如此，相邻分区的可见性仍局限于从视点出发沿入口边界向前延伸的视域锥内。如果直接穿过该分区再通过第二个入口进入另一个分区，那么另一个分区内的可见性就会被对应于前后入口的两个视域锥的交所限制。穿过多个入口后，视域锥变小；如果一个入口位于另一个入口的视域锥之外，则它们视域锥的交为空。以上大部分关键观察最早由 Jones 提出[Jon71]，由此形成了一系列可见性判定算法。

考虑这么一张图，分区为图上的结点，入口为连接相邻结点的边。一个点相对另一个点可见当且仅当这两点在图上是连通的。此外，我们可以检测出以下情形：相邻分区的特定几何使得视线无法穿过两个以上的入口。例如，在一个由无透射和无反射窗户构成的网格中，视线可以从当前分区通过北面的窗户进入相邻的分区；然后穿过该分区东面的窗口进入下一分区，但无法穿过下一分区的南面窗口向前看，因为这会要求视线弯折。在算法上，它对应于以下情形：第三个分区的南面窗口完全位于前两个窗口形成的视域锥的交之外。

对于一个复杂的场景，可能存在无数的分区，采用图的思路可能导致低效率。但是如果在构建分区和入口时排除诸如家具之类的小物体，只考虑墙壁之类的大物体，能使形成的分区相对减少[Air90]。不过，忽略**小细节物体**的任何一种可见性计算方法都只能提供保守的可见性，必须继续执行另一种算法才能得到正确的结果。此处，深度缓存是共同的选择。

可以明确地说，如果包含 P 的分区的任何一部分对包含 Q 的分区都不可见，则 $V(P, Q)$ 必定等于 0。有了分区对分区的可见性算法，我们就可以保守地估算点与多边形的可见性。Airey[Air90]率先提出了很多分区对分区的可见性算法，包括光线投射算法和阴影体算法，这些方法的正确性基于大量采样的高概率，故不是保守的。因此，在这些方法下执行的净可见性计算也不是保守的。

36.8.1 穿刺树

Teller[Tel92]设计了一个封闭、保守的解析算法来计算分区之间的保守可见性。他的算法可在 $O(n^2)$ 操作内计算 n 个多边形的 BSP 树来形成分区。然后，使用线性编程优化框架计算分区邻接图中所有可能的直线**穿刺线**遍历，直到出现遮挡，算法最坏情况下的复杂度是 $O(n^3)$。从一个分区出发的所有遍历的集合称为**穿刺树**（stabbing tree）。实际上，$O(n^3)$ 渐近上界具有误导性。存在很多平凡的反例，例如当入口对观察者来说为背面，且常数因子很小的情形。Teller 曾在复杂的室内场景模型上观察到复杂度为 $O(n)$ 的情形。尽管如此，每一对分区都必须执行算法最后一步，因此整个算法很慢，可作为一个耗时数分或数小时的离线过程。算法结束时，每个分区都生成了一个列表，列出了对它保守可见的所有其他分区。

在 Teller 框架的运行阶段，通过遍历原始 BSP 树，可确定空间中的一个点所关联的分区，时间复杂度为 $O(\log n)$。然后根据该分区提供的潜在可见的分区列表，快速地剔除场景中的大部分几何，然后即可通过光线投射执行显式的点对点的可见性测试。或者，在绘制时对潜在可见分区中的所有多边形（包括细节物体）进行光栅化，通过使用深度缓冲器，隐式地实现可见性判定。后一种方法在 1996 年视频游戏 Quake 中采用，并在游戏界迅速推广。

36.8.2　入口和镜子

Teller 的穿刺树需经过一个很长的预计算步骤，这使得它无法应用到包含动态几何的场景中。入口和镜子算法[LG95]是另一种选择。该算法实现简单，便于扩展到动态场景和镜子可见的间接场景。当从视点发出的光线穿过入口时算法重新访问已创建的视域锥。算法无须 BSP 树的支持且可用于分区非凸的情形，可允许分区内的景物在运行中有所变化。其基本思想是递归跟踪各入口的视域锥，并将其对先前穿过的每一个入口进行裁剪。图 36-19 显示了算法可视化的两个例子。第一幅图像取相机视角，突出显示了入口和镜子所定义的裁剪窗口。第二幅图像是场景的顶视图，显示了视域锥在连续穿过多个入口时如何变窄，以及当它遇到镜子时是如何反射的。

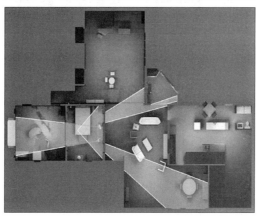

图 36-19　上图：在 Fred Brooks 卧室内看到的视图。室内有两扇开着的房门，中间有一面镜子，对应的入口用白色的轮廓线标示，镜子的轮廓线则采用红色。下图：可见区域的俯视图解。注意投向镜子的视线形成了折向观察者身后场景的反射视域锥（版权归属 David Luebke，©1995 ACM）

假定场景可以由分区多面体、它们之间的邻接关系以及具有细节的景物来表示。假定在交互序列的开始我们知道观察者位于哪个分区，且观察者将在空间中连续移动（而不是瞬间到达）。当观察者穿过入口时，算法将更新观察者的状态，通过访问该入口的邻接信息确保指针指向包含投影中心的当前分区，故对任何一帧均可在 $O(1)$ 时间内确定观察者所在分区。

在绘制一帧时，将 clipPoly 初始化为对应于视窗的屏幕空间矩形，sector 为观察者当前所在分区。调用代码清单 36-5 中的 portalRender(sector, clipPoly) 函数，递归地绘制穿过入口看到的景物，直至看不到新的入口时为止。intersect 程序为简单的二维凸多边形求交，可以用 Sutherland-Hodgman 算法实现。

当场景中所有的分区都是凸的且没有细节几何时，上述算法可提供精确的可见性（无须深度缓存的支持）。该方法的一个优点是：一旦使用深度缓存，则不仅可允许入口非凸和包含几何细节的场景，而且一般 2D 裁剪可被 projPoly 程序中保守的矩形裁剪（对应于包围盒）代替。这有可能会引发一些额外的递归调用，但它可显著地简化裁剪求交过程，因为其操作的对象均为轴向对齐的屏幕空间矩形。

将算法推广到镜子在概念上很简单。我们将镜子建模为一个通向虚拟世界的入口，该世界跟真实世界属于镜像对称。为了实现这一点，增加 portalRender 子程序记录视点是否被奇数或偶数个镜子反射，并通过镜子所在平面反射视点。镜子的两个复杂之处是：镜子必须位于空间分区的边界面上（不能是景物细节）；对于非凸的分区，则必须注意不要反射那些位于镜子后面（在虚拟世界中它们位于前面）的景物。也就是说，通过镜子看到的虚拟世界必须用镜子平面进行裁剪，直至遇到下一个镜子。这种情况下出现的问题类似于被模板掩模的镜子。关于如何进行裁剪以及如何反射投影变换矩阵可参见 Kilgard 的技术报告[Kil99]。

代码清单 36-5　入口和镜子算法的入口部分

```
1  function portalRender(sector, clipPoly):
2    render all detail objects in sector
3
4    for each face F in sector:
5      if F is not a backface:
6        if F is a portal:
7          // Limit visibility by the bounds of the portal
8          projPoly = project( clipToNearPlane(F.polygon) )
9          newClip = intersect( projPoly, clipPoly )
10
11          if newClip is not empty:
12              portalRender( F.nextSector, newClip )
13        else:
14          // F is an opaque wall
15          render F.polygon
```

36.9　部分覆盖

在一些情形中，将二值可见性（也称为二值覆盖）扩展为[0，1]区间内的**部分覆盖**值是非常有用的。这些情形中很多与成像模型有关。

考虑当初定义二值覆盖的成像模型。对于一个具有瞬时快门的针孔相机，存在一根光线将光能传输到图像平面上的每个点。因为曝光时间为零，场景相对相机而言是静止的。对成像平面上的单个点 Q，我们可以直接计算场景中一点 P 关于 Q 的可见性函数。

现在考虑基于物理的透镜成像相机模型，显然，它的曝光时间不等于零，像素面积也不为零。图像中一个像素的辐射光能是入射到该像素的辐射度函数对像素面积、光圈立体角和曝光时间的积分。这里涉及 5 个参数，记为 (x,y,u,v,t)，代表成像平面上的点 Q' (x,y,u,v,t) 通过透镜到达场景中点 $P'(t)$ 的路径。这里引入 $'$ 记号将它们与前面讨论过的点区分开来。

点 P' 和点 Q' 之间的二值可见性随参数的不同而变化，集合 $Q'(x,y,u,v,t)$ 中的点对集合 $P'(t)$ 中的点的**部分覆盖率**（partial coverage）是对二值可见性函数在这些参数定义域上变化的积分。作为二值可见性的面积加权平均，部分覆盖率的值必然在 $[0,1]$ 区间内。为了将上述定义扩展到曲面上，可以将曲面上的点记为 $P'(i,j,t)$，其中 (i,j) 为表面位置坐标，t 为时间。

36.9.1　空间反走样（xy）

在瞬时针孔投影模式下，点 P 和点 Q 之间的可见性以及其覆盖函数均为 0 或 1。然而场景中的一个点集对成像平面上一个点集的覆盖率可以是小数，因为在这两个集合中的光线可能具有不同的二值可见性。

一个令人感兴趣的情况是，场景中的区域是由函数 $P'(i,j,t)$ 定义的一块可移动的曲面片，而成像平面上的区域为一个像素。为了简化定义，假定曲面为凸多边形，不存在自遮挡。当对于所有的参数，$P'(i,j,t)$ 定义的曲面上的点对 $Q(x,y,u,v,t)$ 表示的点的可见性都等于 1 时，称 $P'(i,j,t)$ 曲面片完全覆盖这个像素。如果该二值可见性函数对参数空间的积分小于 1，则称这个曲面片部分覆盖这个像素。

广义地说，**走样**是因试图用很少的位置来存储过多的值造成的（见图 36-21 和第 18 章）。就像在抢椅子游戏中一样，有些值无法得到保存。当我们试图用一个采样点（像素中心）来表示从场景中穿过像素的所有光，在成像过程中就会导致走样。此时，我们采用的是一个单一的可见性函数值来表示投影到像素区域上的整个曲面片的可见性。单一采样所覆盖的面积是无穷小的区域，在该区域内，二值可见性结果是准确的，但像素面积$^\ominus$比单个采样点大得多，因此这个二值可见性结果不能代表真正的覆盖率（可能只是部分覆盖）。将这个部分的覆盖率取整为 0 或 1 将导致不正确的结果，形成块状图像。显然，采样多条光线的入射路径来更好地逼近部分覆盖率可以减少这种瑕疵带来的影响。对更多的光线路径（或者更多的采样）进行计算的过程称为**反走样**。

理想情况下，我们会取整个像素区域对入射辐射度函数进行积分，或取其传感响应函数的支撑区域（可超出一个像素）。现在，暂且假设像素仅对位于其边界内的光线作出响应，而且不论在像素内何处采样其响应都是一致的。

当我们试图区分一个像素的值和像素内某一点的值时，可采用某些定义对此做精确的描述。图 36-20 显示了一个基元（三角形）覆盖在一个像素网格上。**片段**（fragment）指给定像素内的一部分区域。每个像素包含一个或多个**采样**，每个采样对应一条基本光线。为了生成图像，需要为每个像素计算一个颜色值，该颜色根据每个采样点的值来计算。然而，这些采样值并不需要独立地进行计算。例如，中心区像素上的所有采样点为同一个片段所完全覆盖，也许可只计算其中一个值并将其赋给该像素中的所有采样点。这里把为一个或多个采样点计算颜色值的过程称为**着色**（shading），以区别于覆盖率的计算（该计算旨在判

$\ominus$　更准确的说法：关于该像素的测量或响应函数支撑区域。

定哪些采样点为片段所覆盖）。尽管我们的讨论在表述时采用了基于物理的绘制语言，但"着色"这个术语同样适用于任何一种颜色计算（例如文本或表意式绘制）。

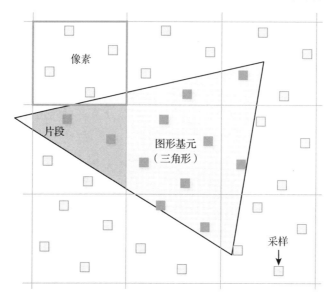

图 36-20   像素是帧缓存中的一片矩形区域，图形基元是待绘制的几何形状，例如一个三角形。片段是图形基元位于一个像素内的部分。采样点是在像素内的一个点。在采样点处计算覆盖率和着色（尽管它们选取的可能不是相同的采样点）。像素的颜色通过 reslove 操作（对邻近采样点的值进行滤波）确定，例如，取一个像素内所有采样值的平均

如果要将在每个像素上只计算一个采样的绘制器变为能计算整个像素区域入射辐射度的积分，最易于实现的方法是采集多个样本然后进行数值积分。这种策略已为很多算法所采用。

超采样反走样（SSAA）对每个采样点计算其可见性。对于给定片段，分别计算其可见性值为 1 的那些采样点的颜色。注意，像素内同一片段上不同的采样点可能有不同的颜色。通过计算每个像素内所有采样点颜色值的平均，将得到最终的超采样帧缓存，生成每个像素单一颜色值的图像。

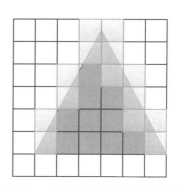

图 36-21   三角面片在标记深蓝色的像素块上具有二值可见性值 1，在白色像素上是 0。一个二进制值不能精确表示在三角形斜边上的像素块的可见性，在图中标记为浅绿色。试图在这些像素上计算二值可见性必然导致走样

SSAA 算法有几个优点。增加采样点数量可自动增加对着色计算涉及的几何、材质、光照和其他输入参数的采样，由多个输入参数引发的走样问题可用同一个算法来解决。SSAA 实现非常简单，使用直观，可产生预期的效果。在不支持 SSAA 算法的绘制器上实现 SSAA 的一种方法是利用**累积缓存**（accumulation buffer）。累积缓存允许多遍执行每个像素单采样的绘制流程然后取所有流程结果的平均。如果每一遍绘制的是不同的子像素，最后的绘制结果与每个像素多采样是等同的。累积缓存实现方案减少了对帧缓存的高峰存储需求，但增加了几何变换和光栅化的成本。

SSAA 的主要缺点是，与一个像素计算一个采样相比，每个像素计算 N 个采样其计算成本增加了 N 倍，而且可能并非必需。在很多情况下，在一个基元内因光照和材质差异而引起的着色效果的变化比不同基元之间着色的变化缓慢得多，至少它可采用诸如 Mip-Map 这样的过滤策略来进行修补，故它的带宽是有限的。这意味着在一个像素内采用同一片段着色的所有采样点很可能具有相似的值。在这种情况下，独立地计算每个采样点的颜色是低效的。

A 缓存 [Car84] 将覆盖计算和着色计算分离开来以解决 SSAA 的过分着色问题。A-缓存绘制器在每个采样点处计算片段的覆盖状况。如果至少有一个采样点被覆盖，则将该片段加到像素的片段链表里。如果该片段完全遮挡了链表中已有的某些片段，则删去这些被遮挡的片段。当所有的基元都光栅化后，对仍保留在每个像素中的片段进行着色处理。绘制器为每个片段计算一个单一的颜色并将它用于该片段上被覆盖但并未被遮挡的采样点。与着色计算相比，算法对覆盖率（反映几何变化）的测量更准确。因为覆盖率仅涉及简单而固定的计算，一般而言，它比着色计算更高效，MSAA（简称"覆盖"）的优点是：增加每个像素内采样点数量的额外成本最小。也就是说，计算 N 个采样可能跟计算一个采样代价几乎一样。

A 缓存可以用来对多个半透明的片段实施从后往前的合成。在这种情况下，如果遮挡片段是半透明的，则认为当前片段未被遮挡。在着色和合成之前要先对所有片段进行排序。A 缓存的缺点是实现时需要一个可变的存储空间，且在计算覆盖率和光栅化过程中需引入适当的逻辑进行状态的更新。因此，它一般被用来做离线的软件绘制。然而，可限制存储空间的 A 缓存版本最近在生产应用上表现出很好的效果 [MB07, SML11, You10]。当超出每像素采样链表的最大长度时，这些版本简单地替换掉之前保存的值。更复杂的方法是在像素内存储可逼近所有已观察到的覆盖率和深度采样值的高阶曲线。该方法主要用在相对均匀透明的材料，例如烟和头发 [LV00, JB10]。

多采样反走样（MSAA）类似于 A 缓存，但它对每个采样点进行覆盖计算之后立即执行深度测试和着色，故无须为每个像素管理和维护一个链表。这一点限制了它在空间反走样方面的应用，不过随机采样方法可以将时间域（运动模糊）、透明和透镜（景深）采样的影响扩展到空间域 [MESL10, ESSL10]。

对每个片段，MSAA 在每个采样点计算其二值可见性覆盖状况掩码。在最常见的应用中，这一过程通过光栅化和深度缓存测试实现，所用深度缓存的采样点数多于彩色像素数。如果每一采样点都可见，MSAA 绘制器将为整个像素计算一个单一的颜色值。否则选取一个采样点计算其颜色值。在不同的实现方案中，执行着色的采样点的位置有所不同。一些方案选择靠近像素中心的采样点（不管其是否可见），另一些则选择第一个可见的采样点，用这个颜色值来近似像素中每个采样点处的颜色。

MSAA 有几个缺点，第一，着色计算应取像素各处颜色的平均而不是某个点的值。MSAA 将像素内各处着色函数变化导致的走样问题留给了着色器——它只减少了几何边上的走样。当着色器计算平坦、无光泽、具有均匀外观的表面的颜色时，MSAA 提供了一个很好的近似。与此相反，在计算起伏不平表面的镜面反射时，着色效果可能呈现出明显的欠采样，这是因为这类表面的着色函数在空间中变化非常快。

第二，MSAA 在每个采样点需要存储独立的覆盖掩码。这使得它需要消费与 SSAA 相同的存储器带宽和空间成本，尽管它常常可显著地减少计算量。

第三，MSAA 适合用于比像素大很多的几何基元，以及包含很多采样点的像素。如果网格表面被细分，每个基元只覆盖少量的采样点，将仍然需要执行大量的着色计算。

第四也是最后一点，MSAA 不能用于延迟着色算法中的着色。顾名思义，延迟着色将可见表面判定和着色分开。它分两遍执行，第一遍计算每个采样点处着色函数的输入参数并存入缓存，第二遍迭代计算每个采样，读取输入值，并计算采样点的颜色值。当采样点多于像素个数时，执行"resolve"操作，按屏幕分辨率对结果进行滤波和降采样。MSAA 需要多个采样来分摊单一着色的计算代价。在提前着色模式下这是可行的，因为在计算颜色时，单个片段的覆盖信息已在内存里，但延迟着色在求得了所有片段的覆盖后才转入着色阶段，这使得着色时哪些采样点对应于像素中同一片段已无从知晓。因此人们面临两个并非理想的选择：重新找一个采样点，其着色结果可以为像素内的采样点共享，或强制性地对所有采样进行着色。

着色缓存（shading cache）和解耦着色（decoupled shading）[SaLY$^+$08，RKLC$^+$11，LD12]是当前热门研究的方法，它们通过增加一个间接层在有限的内存占用下捕捉着色和覆盖采样点之间的关系。研究的目标是综合 MSAA 和延迟着色的优点，而无须构建一个类似于两者中任何一个的算法框架。

覆盖采样反走样（CSAA）[You06]结合了 A 缓存和 MSAA 的优势。它将覆盖的分辨率与着色分辨率、深度缓存分辨率相分离。其关键思想是，每个像素内有一个大的高分辨率样本的集合，但这些样本是指向一个小的不同颜色（或深度、纹理等）值集合的指针而不是显式的颜色值。例如，图 36-22 显示了一个像素内的 16 个采样点的位置，它们指向包含 4 个可能颜色值的表。

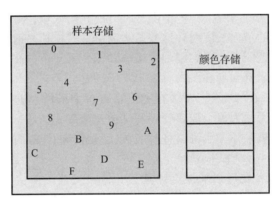

图 36-22　在 16x CSAA 下的单个像素的存储分配图解[You06]。左边的大框画出了覆盖采样点，每个颜色采样包含了一个 2 位二进制整数，指向颜色列表（右边小的方框）中 4 个槽中的一个。当需要存储第五个颜色时，4 个颜色中的某个颜色被替换。因此，CSAA 是一种启发式的方法，当多个不同的表面覆盖同一个像素时不能保证着色结果的正确性（由 NVIDIA 提供）

与评估片段受其他片段遮挡的状况相比，CSAA 提供了对片段在像素内面积的更精确估计。当每个片段被光栅化时，CSAA 为每个像素计算一个颜色、不考虑遮挡的多个二值可见性采样，以及考虑遮挡的少量二值可见性采样。类似于 A 缓存链表中的条目，每个像素内维护一小块固定数量的槽（通常 4 个）。每个槽存储单个片段的高分辨率覆盖掩码、着色值和深度（以及模板）样本。当片段拥有一些与众不同的高分辨率覆盖采样且像素内有空余的槽时，保留该片段。当所有的空槽填满后，则替换一些片段。因此，一个配置有 16 个覆盖采样和 4 个槽的像素可能仅保存对像素颜色值有实际影响的 12 个片段。不过，对于那些屏幕空间面积大于一个像素的基元，通常只有少数片段会覆盖像素，因此，尽管

CSAA 是有损的，它可以成功地表示细粒度的覆盖，所需的存储代价比 MSAA 和 A 缓存少，但绘制速度稍低。

解析覆盖(analytic coverage)其历史早于 CSAA，但在今天看来可以视为 CSAA 的极限情形。与其不考虑遮挡对片段的覆盖做大量的离散采样，可通过精确求解几何交来计算该片段对像素的覆盖。对瞬时针孔相机和简单的几何表面而言，这不过是直接度量一个凸多边形的面积。该面积除以像素的面积即为表面对像素的部分覆盖率。

在光栅化背景下，对某些几何基元执行上述计算时，其计算开销可以分摊到很多像素上，所以解析方式计算部分覆盖信息仅少量地增加了光栅化的成本。可高效实现部分覆盖光栅化算法的几何基元包括直线[Wu91，CD05a]、圆[Wu91]以及多边形和圆盘(倘若忽视它们的另外一侧表面)。

现代基于硬件的光栅化 API，例如 OpenGL 和 Direct3D，在执行光栅化时包含了计算几何基元部分覆盖率这一选项。但具体实现细节有所不同。有时候，其基本过程涉及大规模的离散采样而不是计算准确的解析结果。因为最终结果的精度是固定的，只要采样足够的样本，两者的差别实际上无关紧要。

解析覆盖的优点在于比它多个离散采样具有更高的精度，对每个像素无须额外的内存和着色成本。它通常被用来实现细线条的光栅化以及绘制多边形、2.5 维演示图形和用户界面。

解析覆盖一个很大的缺陷是计算每个片段的部分覆盖率时，丢失了像素哪些部分被覆盖的信息，导致无法正确地融合同一像素内两个分离片段的覆盖。当片段之间存在遮挡时这个问题更为突出，因为遮挡会改变每个片段的实遮挡掩码。Porter 和 Duff 关于这个主题的一篇颇具影响力的论文[PD84]枚举了对片段之间的覆盖进行组合的种种方法并对其中的问题进行了深入分析(见第 17 章)。在实用中，他们的 OVER 操作通常用于组合像素内各片段的颜色(采用解析反走样)。在这种情况下，每个像素只有一个深度采样、一个颜色和连续的覆盖估计值。假定 α 表示新片段的部分覆盖率，s 是它的颜色值，d 是之前存储的颜色值。如果新片段的深度表明它比之前着色这个像素的片段离视点更近，那么存储的颜色值将改写为 $\alpha s+(1-\alpha)d$。在满足以下两个条件的情况下，该结果总体上能生成正确的结果。首先，$\alpha<1$ 的片段必须按由远到近的顺序进行绘制，因而像素着色时无须知道之前对像素颜色有所贡献的片段。其次，所有对像素颜色有贡献的部分覆盖片段其覆盖区域必须互不重叠。如果这一条件不成立，可能出现下述情况，例如，新片段($\alpha=0.1$)完全遮挡了先前覆盖同一区域的片段，此时需以新片段的颜色改写先前的着色值，而不是对两者进行组合。

在绘制 2.5 维演示图形时，确保该过程按由后往前的顺序是容易的，互不重叠却很难保证。当违反这一条时，位于同一层相邻几何基元之间棱边处的像素将被错误地着色。在不同层几何基元之间的棱边处也会出现类似情况，尽管后果没那么明显。

课内练习 36.7：举一个例子，给出具体的覆盖值和几何位置，展示即使在正确的排序下，同一像素内两个片段的单色着色结果不能在解析遮挡下正确组合。

36.9.2　散焦(*uv*)

对于透镜相机，光可通过很多路径入射到成像平面上的每个点。每条路径的最后一段均位于相机光圈上的一点和成像平面上一点之间。显然，从场景中一点入射到图像平面上一点的"光线"并非简单的几何射线，因为在透镜处发生了折射。不过，我们只需要对光线在场景点和光圈之间的可见性进行建模，这是因为相机内无遮挡。

场景中的点 P 向光圈辐射出一束光线。如果光圈形状如圆盘，则这些光线将呈圆锥状。对光束内的光线可计算其二值可见性函数。

如果场景中没有遮挡物体并且相机聚焦于 P 点，相机透镜会将所有光线折射到图像平面上的一点（假定没有色差；见第 26 章），P 在针孔相机图像平面上的投射点 Q 将为 P 点发出的初始光束的折射光所完全覆盖。

如果场景中的点仍在焦点上，但是有遮挡物位于该点和相机透镜之间，阻挡了一部分投向光圈的光线，那么实际上从该点发出的光线只有一部分到达光圈形成图像。在这种情况下，Q 只受到 P 的部分覆盖，如图 36-23 所示。

如果没有遮挡，但 P 点在焦点之外，从 P 点发出的光束在图像平面上将扩散为一个区域。点 Q 接收到的光只是焦点情形的一部分，此时它也只受到 P 的部分覆盖。

当然，一个点也可能既在焦点外又受部分遮挡而形成部分覆盖，其他部分覆盖的情形也可以与这些情形形成组合。

注意即使在点 P 被相机壳部分遮挡且相机为有限焦距，只要透镜比较大，从场景中的点仍有一些光线到达相机的光圈。对于一个透镜相机，为计算总的入射光，需要知道透镜的尺寸。总的入射光跟部分覆盖率成比例，但必须知道透镜的尺寸以计算总的入射光能。

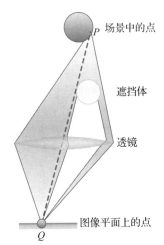

图 36-23　因透镜受到部分遮挡导致点 P 对点 Q 而言部分遮挡

计算由散焦形成的部分覆盖率的一种方法是：对入射光线束中的许多根光线进行采样，计算其可见性并对结果取平均。因为所有的光线发自同一起点，所以可以分摊这些二值可见性计算的成本。第 15 章讨论的光线**包跟踪**（packet tracing）和**光栅化**（rasterization）算法利用了该结果。

36.9.3　运动模糊（t）

如同真实的相机光圈面积不为零，拍照的曝光时间也不为零。这意味着在曝光时间内可见性可能会变化。对任何一个特定的时间，可以确定两点之间的可见性。在曝光时间内总的可见性是二值可见性在这一段时间内的积分，在这期间内可能有几何基元从两点之间穿过，导致**运动模糊**效果。在存在运动模糊情况下讨论基本光线的可见性时，必须考虑以下事实，即我们测试可见性的点分布在时空曲线上。这只需在相机空间中执行所有测试就可以轻松验证，在相机空间里基本光线对于时间参数保持静态，故只需要考虑场景相对相机的运动。

为了表示运动，必须对空间数据结构作适当扩展。特别地，空间数据结构需要界定曝光时间内每个基元沿运动轨迹形成的包络。这一步骤在散焦情况下是不必要的，因为在光线求交测试中只是光线发生了变化，而不是几何基元。当几何基元间发生相对运动时，基于单一静态位置建立的数据结构已不再适用。一种常用的策略是先用保守的运动包络面（一般为凸）取代每个基元，然后第二步，构建这些“代理”（不是原始基元）的层次数据结构。如果是薄多边形在旋转，可能会导致过于保守的估计。但另一方面，与采用紧密包裹旋转基元的复杂形状相比，这种方法在实现上更为直观。

这个策略概括起来就是把光线投射视为一个"四维"问题，此时，所有的光线和景物表面均存在于四维空间中[Gla88]。前三维代表空间，第四维代表时间，但在数学上，可以将光线求交问题和空间数据结构的构建统一处理，忽略两者之间的差别。对于其包围盒的层次结构，处理方式同前一段所述。基于这一拓展，我们还可以考虑任意的包围盒结构，例如四维 BSP 树或者包围球层次结构，以便提供更为紧密的包裹。

36.9.4　覆盖作为材质属性(α)

可以选取几何基元作为更复杂几何形状的代理。例如，把窗口屏幕或者一片枫树叶表示为单个矩形，在这种情况下，可以将精细尺度的覆盖作为材质属性存储起来。按照惯例，这一属性由变量 α 表示。Alpha 为显式覆盖度：$\alpha=0$ 代表未覆盖(例如，叶子轮廓线之外的区域)，$\alpha=1$ 代表完全覆盖(例如，叶子轮廓之内的区域)，$0<\alpha<1$ 代表部分覆盖(例如，整个窗口屏幕可以表示为 $\alpha=0.5$)。

课内练习 36.8：在何种情况下(例如物体相对其他物体或相机的位置)把覆盖当作材料属性生成图像会导致实质性错误？

注意到单个 α 值不足以表示颜色表面的透明度。透过绿色酒瓶看到的红色墙应为黑色。但是如果采用绿色对瓶子表面建模，设置 $\alpha=0.5$，则透过瓶子看到的墙面为棕色，其颜色成分 50% 为红，50% 为绿。这是实时绘制中一个常见的瑕疵。离线绘制对这种情况的建模更为正确，它为所模拟的每一个光波频率分别设置一个覆盖度，或者对透过瓶子的光线进行采样时将它们作为散射光而不是合成的光。在实时绘制中通过用空间精度换取覆盖精度也能有效地实现这一目标[ME11]。

显式覆盖度值 α 必须接入整个帧缓存的覆盖合成方案中。两种常见的方式是解析覆盖和随机覆盖。对于解析覆盖，只需简单地按从后往前的顺序绘制场景，绘制时显式地合成每个片段；或者把各片段存入 A 缓存，然后在求解时按上述方法处理。

随机方法随机设置部分覆盖掩码的比特使得其近似等于 α，然后使用其他的方案(例如 MSAA)进行着色和 resolve 操作。重要的是确保为每个片段选择的覆盖掩码位在统计上是独立的[ESSL10]，因为这是隐含于 resolve 过滤器中的合成操作的基本假设[PD84]。

近期的工作表明，对随机反走样方法来说，resolve 操作的质量可通过采用比典型的盒式过滤器更为复杂的过滤器而得到改善，不过复杂 resolve 操作的成本是否低于单纯提高采样数量的成本[SAC$^+$11]，这一点尚有待证实。

36.10　讨论和延伸阅读

Sutherland 和 Sproul[sss74]的经典论文 "A characterization of ten hidden-surface algorithms" 综述了 1974 年时可见性研究的现状，当时主要的目标是确定为相机可见的三角形集合。目前这些算法已不再用于三角形的基本可见性判定，取而代之的是鲁棒的 z 缓存和高效的层次遮挡剔除算法。然而，考虑到其他潜在的应用，仍有必要熟悉 Sutherland 和 Sproul 列举的这些算法。例如，BSP 树[SBGS69，FKN80]最初是用来对多边形进行深度排序的，以便可采用画家算法的变化版本完美地绘制多边形。BSP 树曾在 20 世纪 90 年代广泛用于游戏引擎中多边形的可见性计算，并且也是当今大多数 CG 电影特效中光照明算法的核心[Jen01]。BSP 树并非对多边形进行排序从而实现从后往前的绘制，而是通过一种有效的方法来划分 3D 空间，可在 $O(\log n)$ 的时间内访问物体表面，并创建能高效执行可见性判定的凸空间单元。我们预计当今的可见性表面算法和数据结构在未来的 30 年中会找到类似的新的应用，与此同时，更新、更好的可见性判定算法会相继出现。

36.11   练习

36.1   在典型的 Sutherland-Hodgman 的裁剪中，通常被裁剪的多边形小于裁剪窗口多边形，并且它最多和裁剪窗口多边形的一条边有交；通常，输入的多边形从窗口内部出发，穿过窗口边界，在窗口外保持一段时间，然后重新穿过同一窗口边返回窗口内。在这种情形下，当一个具有 n 条边的多边形对由 k 条边组成的裁剪窗口做裁剪时，尽管涉及对 $O(nk)$ 对边的求交测试，但最终只需生成和插入两个点。试构建一个例子，在这个例子里，需计算和插入 $O(nk)$ 个交点。

空间数据结构

37.1　引言

空间数据结构，例如八叉树（图 37-1），是经典的有序数据结构（如二叉搜索树）在多维空间的推广。因为空间数据结构一般通过存储空间来换取查询效率，所以也称为**空间加速数据结构**。空间数据结构有助于查找不同几何片段之间的交，例如，用来确定网格模型表面上与光线相交的首个三角形。

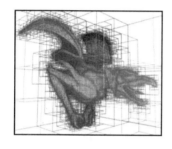

图 37-1　位于一棵八叉树中的 gargoyle 模型。包围模型的立方体空间被递归地细分成一些小的立方体子空间，形成一个树结构。该结构支持高效的空间相交查询，而无须遍历检查模型中的每一个三角形。图中的细线显示的是立方体单元的边界（由 Preshu Ajmera 提供）

在对空间数据结构的研究和分析方面，计算机图形学对计算机科学做出了重大贡献。很多领域都采取了将数据值关联到不同维度的空间位置处的做法。许多机器学习、有限元分析和统计算法所依赖的一些数据结构，其实最早是为绘制和动画而开发的。

在第 15 章的光线投射绘制方法中，场景面片被表示为无序的三角形链表。本章将叙述如何通过界面对这些链表进行抽象。一旦具体实现过程被抽象化，就可以方便地更改实现过程，而不必频繁地重写光线投射程序。为什么要更改实现过程呢？在入门的计算机科学教程中都会介绍一些改善常用操作时空代价的数据结构，本章将这一思路运用于三维图形场景。不过，在比较 3D 点或形状等非标量对象时，必须调整"大于""小于"和"等于"等概念的定义。

最初的光线投射算法绘制几十个三角形通常需要数分钟，具体依赖于图像分辨率和处理器速度。但通过精致的编程可大幅度地加快绘制速度，即使采用最基本的层次包围盒结构，也能让绘制程序在数分钟内处理几百万个三角形。希望你能体会到我们第一次实现这一加速效果时曾经历的快乐。这个例子充分说明，对算法的理解能够直接产生令人惊讶的效果，有时算法上的小聪明可立即见证奇迹。

为了有助于从一维数据结构扩展到 k 维数据结构，建立起对空间数据结构性能的直观认识，我们先介绍经典的一维有序数据结构以及刻画它们特征的方法。

由于三角形网格是曲面的一种常见表示形式，而光线则在光能传播中起核心作用，所以本章和文献中特别关注用于加速光线-三角形求交（ray-triangle intersection）的数据结构。

我们在计算机图形学中常遇到的二维和三维空间数据结构中挑选了一些例子。不过，本章所描述数据结构适用于任意维数，并可用于图形学和非图形学领域。

本章的前半部分叙述建立空间数据结构的动机，解释它们在不同程序设计语言中的实施细节，并且回顾数据结构的评价方法。如果你刚开始接触空间数据结构，那么请阅读本章的前半部分；如果你已掌握了它们的基本概念，有意了解更多的细节，则可跳过这一部分。

在展开本章的后半部分时，假定你已熟悉空间数据结构的基本概念。该部分将探讨 4 种最常用的数据结构：表、树、网格(grid)和哈希网格(hash grid)。并对每一种结构，介绍其几种变化的形式，如树的变化形式 BSP 树、kd 树、八叉树(octree)、BVH 和球树(shpere tree)等。所介绍的内容将突出如何权衡各种数据结构的得失以及当你选定某种数据结构后如何对其进行调整。

经验表明，理解空间数据结构的有关算法是相对容易的，但是将理解转化为可良好运行(例如高效、易用、便于维护且具有通用性)的界面并实现，则可能需要积累数年的经验。

37.1.1   动因举例

许多图形算法常需执行一些查询操作，这些查询其实可描述为某种几何求交。例如，考虑一个动画场景，其中包含了一个匀速运动的球，运动方向朝摆放在地板上的由 3 个方盒组成的金字塔，如图 37-2 所示。当球沿着直线运动时，球在三维空间中的轨迹形成了一个类似**胶囊**的包围体。胶囊包围体的中间是一个与球等半径的圆柱，两端分别对应于球的前半侧和后半侧表面。物理模拟中的每一个离散时间段都对应一个胶囊包围体，覆盖球在该时段内的所有位置。由于方盒处于静止状态，其占据的空间保持不变。故运动中的球与方盒一定会在某个时间段发生碰撞。为了判断碰撞是否发生在当前时间段内，可以计算当前时段运动球的胶囊包围体与方盒的几何交。如果交为空，则在该时间段内的任何时刻，球与方盒都不会相交，因而碰撞也不会发生。如果有交，则期间会产生碰撞，这时运动系统将做出正确的响应，撞击盒子同时改变球的轨迹。

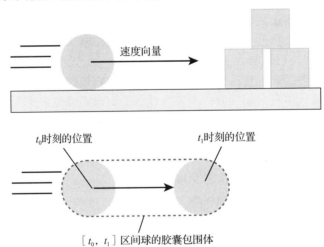

速度向量

t_0 时刻的位置 t_1 时刻的位置

$[t_0, t_1]$ 区间球的胶囊包围体

图 37-2   匀速运动的球在任一时间段内的空间轨迹均为胶囊形。如果某一时间段的胶囊包围体
　　　　　与方盒存在交，则碰撞发生在该时间段内

求交计算对于绘制更是关键性的。绘制中常涉及的求交判断有：

- 确定光线与场景的第一个交点，用于光线投射和光子跟踪。
- 求取视域棱锥与场景的交集，以确定场景中可能可见的物体。
- 求取包围光源的球体⊖与场景的交集，以确定哪些物体受到了显著的直接光照。

⊖　球体定义为球面内部的实体；技术上，几何球面 S^k 是一个 $(k-1)$ 维的曲面，而不是 k 维的内部实体。然而值得注意的是，球体的交常被表述为球面的交。

- 计算球体与预存的入射光子路径的交集，以估计光子映射中的辐射强度。

在前面的动态场景例子中包含了 3 个方盒和 1 个移动球，显然应计算每一个时间段的胶囊包围体并测试它和各方盒的相交情况。但是，这一碰撞检测策略难以应用于包含数百万个几何元素的场景。通俗地讲，为了获得可扩展性，算法执行一次碰撞检测所需的运算量必须低于场景中元素数 n 的线性倍数。例如，采用树之类的数据结构预计能将一般情形中的求交测试的代价降至 $O(\log n)$。对于异常的、存在 m 个真实交点的情况，算法能够达到的最优时间复杂度是 $O(m)$，这是因为每一个交点都需要被求解出来。倘若我们对输入几何元素的空间分布施加一些约束，例如其空间分布密度不超过某一上界[SHH99]，这是可以实现的。注意，即便这样的约束成立，在最差的情况下，仍有 $m=n$。这意味着，在最差情况下，任何空间求交算法的时间复杂度均为 $O(n)$。此外，获得最优性能或许需要更多存储空间或算法将更为复杂，甚至可能超过系统的能力。

不存在"最好"的空间数据结构。不同的结构适用于不同的数据和不同种类的查询操作。例如，在上面包含四个物体的场景中，判断胶囊包围体与方盒是否有交的数据结构可能就不同于包含几百万个三角形的场景中光线与三角形求交的数据结构。同一原则对经典的数据结构也是成立的。例如，一般而言，哈希表既不优于也不劣于二叉搜索树，它们分别适合于不同类型的应用。就空间数据结构而言，链表包围盒表适用于小的场景，但在大场景中，空间二叉剖分树（Binary Space Partition，BSP）则是更好的选择。

算法和系统设计的高明之处在于能针对具体的应用在不同的数据结构和算法中做出最佳选择。为此，需要根据输入对象的规模和特性、查询频次以及编程语言和资源来考虑算法的时间和空间耗费以及实现的复杂程度等。本章的余下部分将探讨这些因素。

37.2 程序界面

空间数据结构的实现通常具有**多种形态**。每种数据结构可按某种基本几何元素表示为参数化的形式，在本章中我们都将其称之为值（Value）。例如，在大多数编程语言中，都不会对链表进行实例化，而是建立某元素的链表，如 C++ 和 C# 中的**模板类**和 Java 中的**泛型**（generic）。Scheme、Python、JavaScript 和 Matlab 等编程语言在运行时刻，通过动态定型机制确定具体形态。ML 类的语言则通过类型推断在编译阶段决定其形态（polymorphism）。在图形学中流行的三种面向对象的语言，Java/C++/C#，使用尖括号表示多态机制，本书也予以采用（例如 List<Triangle> 代表一个三角形链表的数据结构）。

本章通篇假设**值**是数据结构中所存储的基本几何元素（geometric primitive，以下简称为几何基元）的类型。常见的几何基元包括三角形、球面、网格（mesh）和点。为了用于构建通用的空间数据结构，值的类型必须能支持特定的空间查询操作。为此，37.2.2.2 节介绍了一个进行抽象的方法。简言之，数据结构把关键字映射为值。对于一个空间数据结构，关键字对应于几何形状，而值是关联在几何上的属性。人们常通过具体编程语言的多态机制，将同一个对象的关键字和值呈现成不同的界面。例如，一个建筑对象可以定义一个矩形平板几何为**关键字**，作为数据结构内部的设置；而将它的表面材质、质量、使用者、更换代价等具体信息作为**值**，用于模拟中。注意，依赖于具体应用，关键字可以有千差万别的形式，如精细的网格、可见几何体的包围盒，或者甚至是用于模拟的定义在质心处的一个点。相同的值在不同的数据结构中可以表示为不同的关键字，但是，对于具体的数据结构而言，从值中提取某种具体类型的关键字必须是一个确定性的过程。

注意到，在此处使用的数据结构术语"关键字"与本章采用的计算机科学通用术语是一致的，但并非典型的图形学用法。事实上，那些体的关键字通常称为**包围几何**（bounding geometry）、**包围体**（bounding volume）[RW80]或者代理（proxy）。

本章使用变量 key 表示各种程序的数据结构中所采用的关键字的几何类型。具体的几何类型取决于数据结构和应用。也使用变量名 value，它的类型始终是值。

从应用程序界面考虑，交集查询操作可以设计成：返回精确的求交结果（参见图 37-3，左），或者保守地返回可能有交的所有几何基元（参见图 37-3，右）。后者之所以重要，是因为有时无法有效表达简单形状间的交集。例如，考虑一个三角形集合和一个点光源的光照球之间的交集。交集中可能有许多三角形因被球的边界表面切割掉一部分，而不能再表示为三角形。然而，三角形是场景的基本表示单元，接受交集信息的绘制系统的处理对象通常是三角形。若为被切割过的三角形另行构建一种曲线三角形表示无疑会增加系统的复杂度，且其生成的形状将使得绘制系统难以直接处理。在这种情况下，与其精确返回场景与球几何交集，让交集查询保守地返回与球可能相交的所有三角形会更为实用。

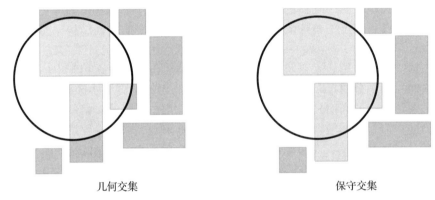

几何交集　　　　　　　　　　　保守交集

图 37-3　（左）2D 情形中球与一些方盒的几何交集。（右）保守结果或更容易计算

为使数据结构更为实用，通常会和几何相交查询一起提供传统的集合运算，如插入、删除、确认等功能，实现这些运算只需运用非空间数据结构技术即可。相比之下，相交查询依赖于几何，正是这一需求使空间数据结构凸显出来，下面将作重点阐述。

37.2.1　求交方法

空间数据结构中最常用的方法是求取一组几何基元与球体（一个球面包围的实体内部）、与轴对齐的方盒，以及与光线的交。代码清单 37-1 给出了这些方法的一个 C++ 接口示例。

代码清单 37-1　各种空间数据结构中的典型求交方法

```
1  template<class Value>
2  class SpatialDataStructure {
3  public:
4      void getBallIntersection (const Ball& ball, std::vector<Value*>& result) const;
5      void getAABoxIntersection(const AABox& box, std::vector<Value*>& result) const;
6      bool firstRayIntersection(const Ray& ray, Value*& value, float& distance) const;
7  };
```

当然还有许多其他有用的相交查询，例如前面碰撞检测例子中的胶囊形-盒体求交。如果在某类应用中非常频繁地涉及某种特定的相交查询，以致影响到整个系统性能，则针对该类查询特地设计一种数据结构或许是一个可取的想法。

对于其他的情况，一个更好的策略是采用二阶段求交法。第一阶段利用库中的通用空间数据结构保守地判断其简化几何体之间是否有交。第二阶段则对上阶段返回的可能相交的几何元素逐一进行精确的求交计算。对于这类查询，该策略综合利用了简洁的链表遍历和精巧数据结构的性能。

例如，相对于运动速度而言，动态系统每步通常取较短的时间间隔，在该时间步内，运动球所扫过的胶囊形并不比原球体大多少，故可将胶囊形合理地近似为一个包含它的球体，如图 37-4 所示。

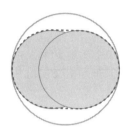

图 37-4　将一个短胶囊形（虚线）近似为一个包围球（实线）。为保持视觉的连贯性，选取动画帧频时，应使物体在相邻帧之间移动的距离仅为本身大小的若干分之一。在这种情形中，取动态球路径的静态包围球并非过分保守

采用一般的球-盒求交会找出与胶囊形邻近的所有方盒，其中一些方盒可能与胶囊并不相交。但如果第一阶段返回的方盒少，则对它们逐一进行遍历的效率仍然较高。事实上，这种二阶段求交的效率优于那些针对胶囊-方盒求交而采取特殊数据结构的一步求交法。这是因为，球的几何简单，可以基于一般数据结构对求交过程进行优化，而胶囊形则不能。

和球体类似，轴对齐方盒和光线也具有特别简单的几何。因此，虽然我们的三个求交测试方法可以作为设计其他几何查询方法的示例，但是它们最适合的还是自身的情形。

仔细地选择求交测试的程序说明会使其实现和应用变得十分方便。作为一个适合于普通应用的例子，现在详细地介绍一个具体的程序说明。我们将它作为一个小的案例，讨论设计空间数据结构过程中可能遇到的一些问题，并为读者的编程提供一些解决之道。

在某些情况下，你可能会不加改动地采用这里给出的程序说明。但更可能的是采用其思想设计出自己的风格。也可能有一天，你发现自己正采用别人的空间数据结构 API，该 API 关联了不同的程序说明。这时，你首先需要了解该 API 是如何按其程序说明进行求交测试的，体会不同的程序说明对求交测试的性能和方便程度的影响。

方法 getBallIntersection

```
1   void getBallIntersection
2    (const Ball& ball,
3     std::vector<Value*>& result) const;
```

将和球体在空间交叠（相交）的所有几何基元添加到 result 数组[⊖]中。该程序并不返回精确的求交结果，因此无须将它们对球体进行裁剪。

采用添加到数组中而非重写数组，可赋予相交查询程序调用方更大的灵活性。如果调用方希望对数组进行重写，则只需在程序调用前简单地清空数组即可。然而，有些任务不宜采用重写方式进行输出，例如，需要对几次查询的结果进行累计，或需对存储在不同数据结构中的几何基元执行同样的查询时。

在上述程序说明中，我们已设定 getBallIntersection 仅返回与球体潜在相交的几

⊖　本章中采用"数组"表示动态数组数据结构（例如 C++ 中的 std:vector），以区分几何中的向量。

何基元。存储在数据结构中的几何基元可能含有一些与求交计算无关的信息，例如，绘制时用的反射属性，多角色游戏之类分布式应用中的网络连接关系，等等。此外，它们也许对不同的子系统取不同的几何表示。因此，虽然可取数据结构所存储的几何基元的近似包围体以提高求交测试效率，但最终还是要对几何基元进行求交测试以确定精确的交。当然，几何基元求交测试的代价会比其近似包围体求交测试的代价要高。于是，球体求交程序的另一种界面是，采用保守测试，返回可能与球体相交的所有几何基元。若调用方尚需基于该结果做更多的相交测试，则这一界面再合适不过。

方法 getAABoxIntersection

```
void getAABoxIntersection(const AABox& box, std::vector<Value*>& result) const;
```

类似于 getBallIntersection。它在数据结构中搜索与轴对齐方盒 box 空间交叠的所有几何基元。与轴对齐方盒进行相交测试要比与任意朝向的方盒进行相交测试快得多，而且轴对齐方盒的表示更为紧凑。

轴对齐方盒不仅对几何基元的求交测试有重要作用，对于 kd 树和网格等一类对空间进行轴对齐剖分的数据结构，轴对齐方盒与其中任一结点进行求交测试的效率也很高，只需沿每个轴向进行 1～2 次比较即可。

方法 firstRayIntersection

```
bool firstRayIntersection(const Ray& ray, Value*& value, float& distance) const;
```

执行光线与几何基元集合间的相交测试（图 37-5）。有三种可能结果。

1）不相交。返回 false，程序调用的参数保持不变。

2）找到交点，最近交点与光线起始点距离为 r，但 $r \geqslant$ distance。程序返回 false，所调用的参数保持不变。

3）找到交点，最近交点与光线起始点的距离为 r，且 $r <$ distance。程序返回 true。距离参数 distance 重新赋值为 r，指针 value 则指向最近交点所在的几何基元。

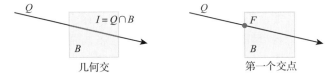

图 37-5　（左）查询 2D 光线 Q 与方盒 B 的几何交 I。（右）点 F 称为光线与方盒的第一个交点，即距离光线起始点最近的那个交点

上述界面基于对代码清单 37-2 中所列查询方法的各种常见应用的需求，例如，考虑对从视点出发的光线、从光源发出的光线（光子）、运动中的粒子的光线跟踪，或拾取其投影位于鼠标点击区域中的物体等。在每一种情形中，可能存在多个物体与光线有交，但是调用方只需确定光线最先相交的物体。注意到物体可能存储在多个数据结构中——例如被区分为静态物体与动态物体，或者因其几何而适合存储于不同的数据结构。从一个数据结构获得相交查询结果后，对下一个数据结构进行查询时无须搜索较之前保存交点更远的交点。故程序调用方几乎都会用新发现的最近交点覆写之前保存的最近距离，所以只需简单地原址更新即可。代码清单 37-2 展示了对这种情况的一个简洁易懂的程序实现。注意该代码中有一个地方容易出错。如果第二个光线交点不小心写成 hit= hit||dynamicObjects...，那么求得光线与任一静态物体的交点后，程序将无法执行与其他动态物体的求交测试以判断是否存在更近的交点。当然，这种不正确使用逻辑"或"操作而导致提前

退出所引发的危险，绝不仅仅局限于光线求交或计算机图形学之中！

代码清单 37-2　方法 firstRayIntersection 在光线跟踪绘制中的典型应用

```
1  Radiance rayTrace(const Ray& ray) {
2    float distance = INFINITY;
3    Value* ptr = NULL;
4
5    bool hit = staticObjects.firstRayIntersection (ray, ptr, distance);
6    hit = dynamicObjects.firstRayIntersection(ray, ptr, distance) || hit;
7
8    if (hit) {
9        return shade(ptr, ray.origin + distance * ray.direction);
10   } else {
11       return Radiance(0);
12   }
13 }
```

即使高层场景管理程序只创建了一个空间数据结构，仍可能有多个空间数据结构在程序中运行。这是因为，如同其他复杂的数据结构，在具体实现时，一个复杂的空间数据结构常会化为多个简单的空间数据结构实例。例如，空间树的每一个结点的内容通常以空间链表的方式存储，而每一结点的子结点同样为一棵空间树的实例。此处介绍的求交方法可从多个数据结构中累积求交结果，从而使设计复杂的空间数据结构变得容易。

除了便于程序调用方输入和更新最远距离参数之外，某些应用本身也存在对调用方最远搜索距离的限制，例如采用距离受限的虚拟交互工具进行拾取，向光源投射的阴影探测光线，等等。向数据结构传递搜索范围信息有利于优化求交过程。

对于光线-三角形求交，通常会对 firstRayIntersection 做适当扩展使其返回交点在三角形上的重心坐标。如 9.2 节所示，基于重心坐标很容易重建光线交点在三角形上的位置坐标，以及通过对三角形顶点的插值获得交点处的光照计算参数。当然，返回重心坐标并非必须，因为调用方能根据交点在光线上的距离值将它们计算出来。但重心坐标可在计算交点时自然获得，并高效、方便地返回给调用方，无须在相交查询之外再费时费力重新计算。

有些数据结构能够查询是否存在距离 $r <$ distance 的交点，而且比求取最近交点更快。这类查询常用于阴影测试、泛光遮挡等通过光线投射执行的检测中。在这种情形中，算法无须保留数值参数，也无须更新距离。

37.2.2　提取关键字和包围体

我们希望设计一类数据结构，能够通过实例化来表示各种不同的几何基元。例如，三角形树和盒体树可采用共同的结构来构建。这种树的模板有别于具体的几何树，其概念称为**多态性**。或许你已经非常熟悉这些经典数据结构中的概念了。例如，std::vector<int> 和 std::vector<std::string> 有相同的构造，但针对不同的值的类型。

对于空间数据结构，我们也需要数据结构具有多态化界面和从值中提取**关键字**的多态化接口。具体界面的选择依赖于实现语言和相关程序的需求。

37.2.2.1　继承

在面向对象的语言，例如 Java 中，通常采用继承提取关键字，如代码清单 37-3 和代码清单 37-4 所示(后一代码清单中有一实例)。

代码清单 37-3 一个 Java 继承接口，可表示一几何基元的轴对齐包围盒、包围球和点关键字，
并对保守相交查询做出相应的响应

```java
1  public interface Primitive {
2    /** Returns a box that surrounds the primitive for use in
3        building spatial data structures. */
4    public void getBoxBounds (AABox bounds);
5
6    public void getSphereBounds (Sphere bounds);
7
8    public void getPosition (Point3 pos);
9
10
11   /** Returns true if the primitive overlaps a box for use
12       in responding to spatial queries. */
13   public bool intersectsBox (AABox box);
14
15   public bool intersectsBall (Ball ball);
16
17   /** Returns the distance to the intersection, or inf if
18       there is none before maxDistance */
19   public float findFirstRayIntersection(Ray ray, float maxDistance);
20 }
21
22 public class SomeStructure<Value> {
23   ...
24   void insert(Value value) {
25     Point3 key = new Point3();
26     value.getPosition(key);
27     ...
28   }
29 }
```

代码清单 37-4 一个基于继承方式构建的三角形。必要时可采用 getBoxBounds 计算其包围盒；
或预先构建包围盒并保存

```cpp
1  public class Triangle implements Primitive {
2
3    private Point3 _vertex[3];
4
5    public Point3 vertex(int i) {
6      return _vertex[i];
7    }
8
9    public void getBoxBounds(AABox bounds) {
10     bounds.set(Point3::min(vertex[0], vertex[1], vertex[2]),
11               Point3::max(vertex[0], vertex[1], vertex[2]));
12   }
13   ...
14
15 }
```

对继承的含义，采用面向对象语言编程的程序员通常已十分熟悉，它将与 value 相关的程序实现限制在相应的值类中。这使得它在提取关键字时成为极具吸引力的选择。然而，这种程序实现的简洁性却牺牲了灵活性。使用继承方法无法将两种不同关键字提取方法关联于同一个类，而且，对空间数据结构的不同需求将给值的类型设计带来影响，因为它们需要并发实现。

37.2.2.2 特性化

基于 C++ 的程序可以采用基于 C++ 标准模板库(STL)风格的 trait 数据结构。在这种

设计模式中，一个 trait 模板类定义了一组方法的原型，然后针对每一具体的值类，设置特定化模板给出这组方法的实现过程。代码清单 37-5 为该接口一个例子，该模板称为 PrimitiveKeyTrait，可支持包围盒、包围球和位置关键字。在其定义之后是该模板针对 Triangle 类的特定化实现，以及一个空间数据结构如何使用 trait 类从值中获取位置关键字的例子。

代码清单 37-5   一个 C++ 的 trait，可提取基元的轴对齐包围盒、包围球和点关键字

```
1   template<class Value>
2   class PrimitiveKeyTrait {
3   public:
4       static void getBoxBounds (const Value& primitive, AABox& bounds);
5       static void getBallBounds (const Value& primitive, Ball& bounds);
6       static void getPosition (const Value& primitive, Point3& pos);
7
8       static bool intersectsBox (const Value& primitive, const AABox& box);
9       static bool intersectsBall(const Value& primitive, const Ball& ball);
10      static bool findFirstRayIntersection(const Value& primitive, const Ray& ray,
            float& distance);
11  };
12
13  template<>
14  class PrimitiveKeyTrait<Triangle> {
15  public:
16      static void getBoxBounds(const Triangle& tri, AABox& bounds) {
17          bounds = AABox(min(tri.vertex(0), tri.vertex(1), tri.vertex(2)),
18                  max(tri.vertex(0), tri.vertex(1), tri.vertex(2)));
19      }
20      ...
21  };
22
23  template< class Value, class Bounds = PrimitiveKeyTrait<Value> >
24  class SomeStructure {
25      ...
26      void insert(const Value& value) {
27          Box key;
28          Bounds<Value>::getBoxBounds(value, key);
29          ...
30      }
31  };
```

对于可提供支持的语言，函数重载是实现模板部分特定化的另一可行的方法，代码清单 37-6 展示了一个通过 C++ 重载功能实现的接口例子。虽然它类似于模板特定化，但是很容易被误用，因为一些语言（特别是 C++）在编译时检查对象的类型，而并非在运行时检查（如 ML 即为一种在运行时检查类型的语言）。如果与继承一起混合使用，重载可能会导致语义错误。

代码清单 37-6   一个基于重载而非模板定义实现的 C++ trait

```
1   void getBoxBounds(const Triangle& primitive, AABox& bounds) { ... }
2   void getBoxBounds(const Ball& primitive, AABox& bounds) { ... }
3   void getBoxBounds(const Mesh& primitive, AABox& bounds) { ... }
4   ...
5
6   template<class Value>
7   class SomeStructure {
8       ...
9       void insert(const Value& value) {
10          Box key;
11          // Automatically finds the closest overload
```

```
12              getBoxBounds(value, key);
13              ...
14          }
15  };
```

在支持首类函数(first-class function)或语法闭包(closure)的语言中，trait 也可以在运行时执行。这虽然放弃了静态的类型检查，但提高了设计方式的灵活性，可减少库存码并在更多语言中实现。例如，代码清单 37-7 使用 Python 语言中的 trait 模式，它依赖动态的类型检查和在线的错误检查，以确保无误。

代码清单 37-7   一个 Python 语言的 trait，提取基元的轴对齐包围盒、包围球和点关键字

```
1  def getTriangleBoxBounds(triangle, box):
2      box = AABox(min(tri.vertex(0), tri.vertex(1), tri.vertex(2)),
3              max(tri.vertex(0), tri.vertex(1), tri.vertex(2)))
4  }
5
6  class SomeStructure:
7      _bounds = null
8
9      def __init__(self, boundsFunction):
10          self._bounds = boundsfunction
11
12      ...
13      def insert(self, value):
14          Box key;
15          self._bounds(value, key)
16          ...
17      }
18  };
19
20  SomeStructure s(getTriangleBoxBounds)
```

基于 trait 的设计模式在提取关键字方面有三个主要优点。trait 允许数据结构的实施方让该数据结构同先前定义的值类协同运行。例如，可以创建一个新的 BSP 树空间数据结构，并写一个 trait 使它能与一个无法改写的当前库文件中的 Triangle 类一起工作。由此带来的一个优点是，trait 将关键字提取操作的复杂性与值类分离开来。

trait 的另一优点是，允许属于同一个值类的数据结构实例采用不同的 trait。例如，你可能希望建立一棵树，该树取三角形中最靠近坐标原点的顶点作为位置关键字。此外，还打算建另一棵树，却以三角形重心作为位置关键字。然而，若 getPositionKey 为 Triangle 下的一个方法，则上述想法将不可能实现。但在代码清单 37-5 所示的 trait 模式下，它们可以分别实例化为 SomeStructure< Triangle, MinKey > 和 SomeStructure <Triangle, CentroidKey> 。

与继承相比，trait 的缺点是将值类的实施分划成多个片段，因而提高了设计和维护这种值类的代价。

此外，与其他的方法相比，trait 会涉及更多的语义和语法。代码清单 37-5 中使用 C++ 模板技术的方法为一个典型的例子。虽然许多 C++ 程序员自己从未写过基于 trait 的类，甚至模板类，但他们几乎都使用过模板类和 trait 类。因此，这种设计模式明显地提高了创建新型数据结构的门槛，也稍微提高了创建新类型几何基元的门槛，但是并没有增加使用数据结构的障碍。

在实践中，我们发现 trait 设计对于提升程序的效率和模块化是有益的，但在此模式下的值类将不再是模块化的。从总体上看，trait 可以认为是一个实际应用中不可或缺的幽灵。

37.3　数据结构的特征分析

经典的有序结构存储了某种元素的集合。其中每个元素都包含**值**以及作为**关键字**的一个整数或者实数。例如，值可能为学生记录，而关键字则为学生的成绩。之所以称其为**有序**数据结构，是因为它已依关键字具有一个整体上的排序。

不管其原本的含义如何，关键字可以理解为实数轴上的一个位置，这导致我们稍后将其推广为以空间中的点表示的多维空间关键字。

有很多分析数据结构的方法。本章将交替介绍两种分析方法。不可能给出一种对所有数据结构均适用的特征分析方法，并由此得出结论说哪种数据结构是最好的，因为最好的结构取决于在场景中将要遇到的数据的类型。下面将简述某些渐近分析方法，以及将它们运用于实际时需要具体考虑的一些因素。每一小节的结论并不是我们真正关心的，而是在得出结论过程中所遇到的问题，它们有待读者去思考和解决。

我们认为有两种可用的分析模式，并对选择数据结构提供以下指导性建议。

- **以通用方式选用数据结构时**，信任其渐近界估计（大写 "O"，Big-O）。以通用方式使用意味着：数据结构是算法的次要要素，但数据量相当大，对数据中关键字的分布以及可能涉及的查询知之甚少。信任其界限估计意味着，例如，在大致相等的存储开销下，基于树结构的操作通常快于对链表的操作。界限估计参数化应基于真正起主导作用的因素，通常为数据元素的数量。
- **假如你对所考虑的具体问题**的领域知识有所了解且注重实现的效率，则建议充分发挥你所有的工程能力。如，综合考虑实际的场景类型和数据的分布以及具体的计算机环境，并做一些测试实验。也许，对于当前所面对问题的规模，采用树的分散存取方式比不上对数组直接查取的效率，或者关键字聚集成群能够加以利用。

为了具体了解数据结构的分析工具，并与空间数据结构进行类比，接下来将通过一个例子来比较两种大家熟悉的经典数据结构。考虑采用两种数据结构来保存某大学中一门课程数据库中 n 个学生的记录，每条记录都包含一个实数关键字，即该学生这门课程的成绩。

首先考虑的结构是**链表**。称链表有序，仅意味着其任何两个关键字都可按数学上的小于、大于或等于进行比较和排序。但表中存储的元素本身可取任意顺序。复杂一些的数据结构则利用关键字的顺序提高数据查取的效率。

第二种数据结构是平衡**二叉树**。平衡树中的元素按以下方式排列：每一个结点右子树中所有元素的关键字均大于或等于当前结点中元素的关键字，而其左子树中所有元素的关键字则小于或等于当前结点中元素的关键字。

37.3.1　一维链表举例

链表所需的存储空间正比于学生记录的数目 n。准确地说，等于 n 乘以一条记录以及指向下一记录的指针两者所占用的存储空间，外加一些额外存储空间对类进行封装，如代码清单 37-8 所示。以上可描述为：链表占用的存储空间为 $O(n)$，即对于足够大的 n，存在一个常数 c，使得链表占用的空间小于等于 $c \cdot n$。

具体地，考虑在链表中查询学生记录的时间开销，链表中的学生记录按成绩连续排列。如果把记录看作分布在实数线上与其关键字相对应的点，那么查询操作等价于查找指定的成绩区间与记录集合之间的几何交。这一几何解释稍后将启发我们在对球体和盒体等更高维的形状进行相交查询时构建高维关键字。

为了找到那些与待查成绩区间相交的记录，必须检查所有的 n 条记录，从而获得其关键字位于给定区间内的相关记录。注意，因为链表索引与关键字并无关联，所以每次查询都必须查看全部 n 条记录。此外，启动查找操作可能也会占用一些额外的时间开销，而每次比较的时间开销则取决于处理器的结构，因此准确的运行时间很难预测。但可以归结为：单次搜索操作的时间复杂度为 $O(n)$。

如果小心运用，这个大"O"记号对于分析一个数据结构的渐进增长特征是非常合适的，这样我们就可以不必困扰于那些小的附加开销。核心的思想是，对于实用中可能遇到的链表，如果链表的长度增加一倍，那么内存需求也大致会增加一倍。例如，如果链表长度有 100，那么很可能无须考虑存储那些固定数目的参数值所引起的额外开销。

在实现一个系统的时候，如果对其待处理的数据规模和硬件能力有所了解，那么可以采用细致的工程分析，进一步加强渐近分析。在此阶段，重要的是考虑那些固定的时空开销的影响。例如，假设除记录之外，链表还存储了数千字节的数据。可能包括一个用于快速内存分配的缓冲池 freelist、链表长度，以及一个指向链表末尾的用于快速分配的额外指针，如代码清单 37-8 所示。

代码清单 37-8　链表类模板的例子

```
1  template<class Value>
2  class List {
3      class Node {
4      public:
5          float key;
6          Value value;
7          Node* next;
8      };
9
10     Node* head;
11     Node* tail;
12     int length;
13     Node* freelist;
14     ...
15  };
```

在该链表的表示中，一个只包含 3 个小元素的链表所需空间可能与一个包含 6 个元素的链表几乎一样。这是因为，对于小的链表，freelist 的长度会占据整个链表所需空间的一大半。

因此，在工程分析中，应该扩展原有的忽略运行因素的渐近分析，加入对固定因素和实现过程中最新发现参数的考虑，例如 freelist 的大小和存取记录时所引发的额外开销等。

37.3.2　一维树举例

二叉搜索树通过关键字排序来提高某些查找操作的效率。为此，每次搜索将增加一些额外但恒定的运行开销，并导致存储空间增加。

采用树的原因是我们希望不仅能找到成绩位于给定区间内的所有学生，而且查找速度要比使用链表快。树的表示与链表相近，只不过每个结点含有两个指向子结点的指针。因而其所占用空间的界限估计亦比链表高出一个常数因子，但是存储 n 个元素的空间开销仍

为 $O(n)$。

对于 n 个学生记录而言，其平衡二叉树的高度为 $\lceil \log_2 n \rceil$。如果只有一个学生的成绩位于查询区间内，那么查找到该学生最多只需进行 $\lceil \log_2 n \rceil$ 次比较。进一步，如果该学生的记录存储于某中间结点（非叶结点），那么也许最快可通过 3 次比较操作找到他，并排除所有其他学生的可能性。

因此，若只有一个学生的成绩位于查询区间内，最坏情况下的搜索时间开销为 $O(\lg n)$，比链表好。在运行时，遍历树与遍历链表的恒定开销相近，因此一般可认为树的性能总是优于链表。

注意查询结果和查询区间的长度、学生成绩的分布有关，查到的也可能不止一条学生记录。这意味着查询的时间开销与最终查询**结果密切相关**（Output-Sensitive），这一数量应体现在上界估计中。如果有 s 个学生满足查询条件，那么查询时间应为 $O(s + \lg n)$。由于 $0 \leqslant s \leqslant n$，而最坏的情况是查询结果包含了所有的学生，所以在一般情况下，查询时间上界的最紧估计为 $O(n)$。

当然可以基于学生成绩的分布和我们所需进行的查询，来分析具体的时间开销。但如此一来，会将理论分析和工程因素混在一起，不大可能获得一个理论上或实用意义的上界。一旦对数据的分布或实现环境有所了解，我们应该根据实际情况进行封底的估计，或者开始进行一些实验。

在实践层面上，可考虑在内存中沿着指针访问一棵树时缓存连贯性的影响，这与将一棵树以向量堆或链表的形式打包成数组然后按顺序存取的时间开销是不同的。还需要考察实际数据结构的复杂度，以及为支持快速查询建立树和对树进行更新的运行时间。

对于查询操作和学生记录在数轴上分布不均匀的情况，平衡树在很多查询中并不能取得最优性能。例如，假设有很多学生的成绩都分布在 34 附近，但是我们经常查询的是分数大于 50 的成绩。对应于这种情况，我们希望分数小于 50 的成绩位于深层子树中，从而使成绩大于 50 的学生记录结点分布在根结点附近。显然靠近根结点的结点可快速访问，而且保留在高速缓存中的机会更多。

37.4　多维数据结构概述

本章的余下部分讨论 4 种空间数据结构。它们可看作经典的一维链表、树、数组和哈希表向 k 维的扩展，如表 37-1 中的映射关系所示。表中所列的求交时间与查询元素的空间分布和求交几何有密切关系，但是大"O"时间复杂度提供了有用的上界估计。

表 37-1　包含 n 个 k 维元素的不同数据结构的大致时间和空间代价。每个空间轴细分为 g 个网格，但这些表达式并未对该参数进行建模

1D 数据结构	k 维类比	求交时间	总空间
链表	链表和数组	$O(n)$	$O(n)$
树	BVH 和 BSP 树	$O(\log n)$	$O(n)$
单元数组	单元的网格	$O(n/g^k)$	$O(g^k + n)$
哈希表	哈希网格	$O(1)$	$O(n)$

可以对这些空间数据结构的运行时间给出一些直观说明：对链表的操作为线性时间，对树的操作为对数时间，对规则网格的操作则为常数时间。规则网格对存储空间的需求是一个问题，因为场景中不存在几何对象的空网格也要占用内存。但若采用哈希表，则只需存储非空的单元。因此可以认为，链表、树和哈希网格等数据结构所需的存储空间与存入

的基元数量成线性比例。

如果对场景结构有所了解，那么可以采用一些不依赖于体系结构的方法对数据结构进行调整，通常能取得恒定倍数的平均加速，加速效果可达 $2\sim10$ 倍。这些方法对于数据查取的实时性和支持交互操作是有效的。然而，若数据集规模较小或者应用无实时性要求，则并非紧要。

上述些观察结果都建立诸如"合理"的场景、合理的参数等非正式的概念上。如果场景的结构差，当然也有可能偏离渐近估计。事实上，最终花去的计算时间甚至可能慢于线性复杂度。在最坏情况下，很多数据结构的空间和时间估计实际上是无界的。为了说明这一点，对每一种数据结构，我们都将介绍一些人们曾遇到过的主要问题。你可以从中体会和归纳出一些共性的问题。实际上，表中所列出的时间和空间复杂度不过是对这些数据结构在通常情况下性能的直观估计。正如前面章节所述，为了证明这些界限估计，需要假设场景中的对象满足某种分布，同时对其他大的问题做出假设，以利于简化证明。充分理解场景中几何对象的分布并操控估计中的常数因子，是图形学的重要组成部分。在学习数据结构时，将这些背后的假设和抽象隐藏起来是有利的。但在具体应用数据结构的时候，重新探讨这些假设并复原被抽象的细节则是必要的。

除了改进算法和优化与体系结构无关的常数因子，还可能存在一些可观的常数倍的（可能是简单实现方法的 50 倍）性能加速。加速的方法是关注实现的任何细节，例如减少内存读取、避免不必要的比较以及开发小规模的指令并行性。究竟哪一项细节优化是可取的，取决于运行平台、实际场景和具体的查询操作，以及你在多大程度上愿意为此调整数据结构。过去几十年中，这一领域的众人经验积累了许多久经验证的宝典秘籍，这里仅仅阐述其中的少数几种。建议参考最新的 SIGGRAPH 课程讲义、EGSR 的 STAR 报告以及诸如 *GPU Pro* 等系列图书以获取关于目前体系结构的最新建议。

37.5　列表

一维表是一种数据的有序集合，但其存储方式并没有利用关键字来降低对数据查询时间估计的渐近界限增长的量级。例如，考虑一个通过学生成绩查询存储在表中的相关学生记录的例子，如 37.3.1 节中所述。表中每一个元素包含一条由该生成绩和其他的学生信息所组成的记录。假若表中存储的记录是无序的，则在一个具有 n 条记录的表中，通过成绩查找一条具体记录需要做 n 次比较。我们至多可以将表中的记录按照关键字排序，将比较次数的期望值降至 $n/2$，但这仍然是线性的，且最坏情况仍然需要进行 n 次比较。

对于无序的一维表，无论采用动态数组的实现方式（见代码清单 37-9）还是链表的实现方式（代码清单 37-8），其空间和时间开销的期望值差别并不大。若表中的记录已排序，则数组实现方式容许做二分搜索，而链表实现方式则容易进行记录的插入和删除。数组实现方式适用于小规模数据集且每一数据元素占用的空间亦小的情形。若单个数据元素需占用大的空间，则链表是一种更好的实现方式。而对于大规模数据集，则宜采用更复杂的空间数据结构。

代码清单 37-9　C++实现的一个空间表，采用数组作为基本结构

```
1  template<class Value, class Trait = PrimitiveKeyTrait<Value> >
2  class List {
3    std::vector<Value> data
4
5  public:
```

```
 6
 7    int size() const {
 8      return data.size();
 9    }
10
11    /* O(1) time */
12    void insert(const Value& v) {
13      data.push_back(v);
14    }
15
16    /* O(1) time */
17    void remove(const Value& v) {
18      int i = data.find(v);
19      if (i != -1) {
20        // Remove the last
21        data[i] = data[data.size() - 1];
22        data.pop();
23      }
24    }
25
26    ...
27  };
```

现在考虑将一维关键字(例如成绩)推广到高维关键字(例如 2D 位置)的含义。图 37-6 所示为一个包含 7 个点的二维样本数据集，以及与之对应的两种列表的实现方式。

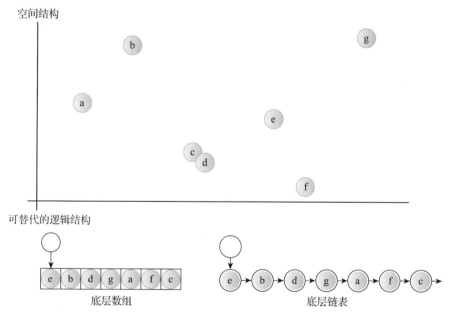

图 37-6　一个分布在二维空间中的点集，以及两种基于列表语义表示该点集的逻辑数据结构。左侧图中表的实现采用数组方式，而右侧图中则采用链表方式实现。注意表中元素的顺序是任意的

与一维表相比，这里的关键字不再具有一种宏观顺序。例如，$(0，1)$ 和 $(1，0)$ 之间不存在如同 3 和 6 之间的那种"大于"关系。该问题的出现是因为关键字具有二维甚至更高的维度。在计算机图形学仍有很多案例，在这些情形中，三维数据可用一维的值来描述，并赋予其一维关键字(例如场景中物体离视点的深度值)。如同在任一计算机学科的任一领域或软件开发中一样，一维数据结构在图形学中仍是一种有用的工具。

给定 n 个值，其中每个值配有一个 kd 关键字(图 37-6)，则无论采用链表实现还是数

组实现，表数据结构均需要 $O(n)$ 的空间。实用时，如果数据结构是动态的，则这两种实现方式所需的空间都不仅限于 n 个元素自身。链表指针将产生额外开销。动态数组则需要分配一块大出若干倍的缓冲区，以支持对数组尺度的调整。

因为不存在一种对常见查询均有效的值的排序方式，以光线或方盒求交测试为例，将需要对 n 个元素逐一进行测试（见代码清单 37-10 和代码清单 37-11），即便已经获得了部分查询结果，亦是如此。或许我们可以设想按 kd 关键字做某种排序，如按照其到原点的距离或者其第一个坐标排序，但是除非能确信查询操作将获益于该排序并提前结束，否则它无法保证总会提高效率。

代码清单 37-10   光线-几何基元(表结构)求交的 C++ 实现。信号选择方法简化了实现过程

```
1    /* O(n) time for n = size() */
2    bool firstRayIntersection(const Ray& ray, Value*& value, float& distance) const {
3      bool anyHit = false;
4
5      for (int i = 0; i < data.size(); ++i) {
6        if (Trait::intersectRay(ray, data[i], distance)) {
7          // distance was already updated for us!
8          value = &data[i];
9          anyHit = true;
10       }
11     }
12
13     return anyHit;
14   }
```

代码清单 37-11   保守的光线几何基元包围球(表结构)求交的 C++ 实现

```
1    /* O(n) time for n = size() */
2    void getBallIntersection(const Ball& ball, std::vector<Value*>& result) const {
3      for (int i = 0; i < data.size(); ++i) {
4        if (Trait::intersectsBall(ray, data[i])) {
5          result.push_back(&data[i]);
6        }
7      }
8    }
```

两种数据结构都能在平均 $O(1)$ 的时间内插入新的元素。链表支持在表头插入，而数组的插入位置却在末尾。查找一个待删除的元素涉及查询，所以需要做 n 次操作。一旦找到，链表能够在 $O(1)$ 时间内通过修改指针删除该元素。数组也可以在 $O(1)$ 时间内实现删除，这只需将最后一个元素复制到待删除元素的位置，并将数组元素的个数减 1 即可。因为数组未经排序，所以无须拷贝更多的元素。当然关键的是，数组及其中内容仅限于局部调用，没有任何外部的指针可指向已被移走的末尾元素。

数组以一种便于缓存的方式对其中的元素进行包装，具有一定的优势，但这仅适用于小的数组元素。大的数组元素则可能无法匹配高速缓存线，这就需要在插入和删除过程对它们进行复制，其代价将抵消高速缓存在主存延迟和带宽节省上的获益。

37.6   树

如同在查询一维有序数据时所带来的加速，树结构对查询二维和更高维的有序数据同样可提供实质性加速。在一维空间中，很容易对实轴进行"剖分"，只需按某个分割值 v 将所有大于 v 或小于 v 的数分开即可。但对高维空间，通常采用超平面对空间进行剖分。对超平面的不同选择导致了不同的数据结构，下面我们将介绍其中的几种。

37.6.1 二叉空间剖分树

一维二叉搜索树通过分割点递归地对数轴进行剖分(图 37-7 和图 37-8)。在二维情形中,空间树通过分割直线对空间进行剖分(图 37-9)。在三维情形中,空间树通过分割平面对空间进行剖分。

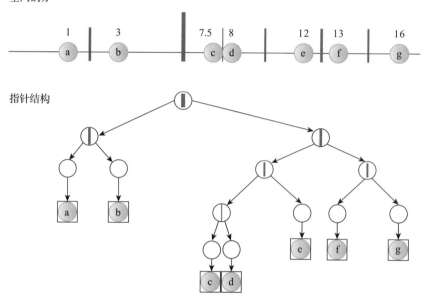

图 37-7　一棵一维二叉树的图示,它记录了对若干附有关键字的值(灰色圆盘)的剖分(垂直线)过程。剖分线宽度对应于结点在树中的深度,根结点则是最宽的

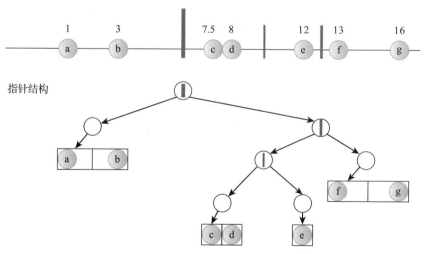

图 37-8　对应于图 37-7 中数据的另一树结构。该树深度较浅,并可在一个结点内存储多个几何基元(用相邻的方盒表示)。当处理单个结点的附加代价较高时,这种结构更受欢迎

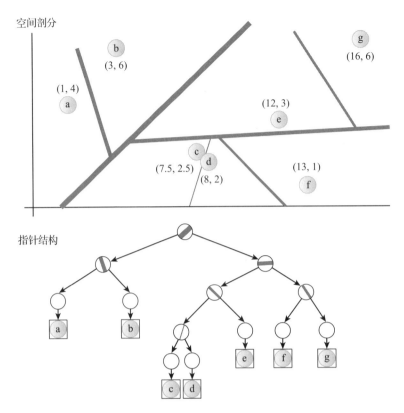

图 37-9   一棵二维空间二叉剖分树的图示，它记录了对若干附有关键字的值（蓝色圆盘）的剖分
（红色线）过程。剖分线宽度对应于结点在树中的深度，根结点是最宽的

上述类比可以持续到高维空间。对于任意维空间，**二叉空间剖分**（BSP）树代表了对该空间的一个递归的二叉（即一分为二）剖分[SBGS69，FUCH80]。该剖分将空间划分为一些凸子空间，即凸多边形、凸多面体或者高维的版本，称为多胞形（polytope）。树的叶结点对应着这些子空间，下面我们将其统称为多面体。树的中间结点对应于剖分面，也代表它的子结点空间的并集所构成的凸空间。

在适当的条件下，BSP 树能以对数时间复杂度完成求交查询。这些求交查询可大致分为求取待查询的几何对象与叶结点对应的多面体或者叶结点所含几何基元之间的交集。注意对于后一情况，树只是加速了对结点的求交计算。对叶结点中的基元而言，其代表的是与某一表结构中物体的求交操作。虽然这种情形没有提供更多加速，但却为应用程序员提供了一个十分有用的程序接口。开发应用的程序员将主要关注于几何基元，而希望树结构能对其求交查询提供加速，但不影响查询结果的语义。

除了对光线、方盒和包围球查询，BSP 树还能够相对于某个参考点，按照从前到后重叠的顺序，排列其所有元素；它们还能够生成一个凸多面体，将围绕某个点周围的空白空间分割出来。许多视频游戏采用后者方法，定位环绕观察者的凸空间，从而快速获取先前预计算的可见表面信息。

因为二叉分割可提供凸空间沿光线投射方向的排序，故可按序枚举各结点，从而部分地实现对光线所穿过空间中的几何基元的排序。注意这并非完整的排序，因为某些结点空间中可能不止一个几何基元，而这些几何基元可能被保存在一张无序的表中。结点排序后有利于光线投射过程及时终止，这使得其常用于加速光线跟踪，如 36.2.1 节所示。BSP

树也支持对位于视域棱锥内的被遮挡结点进行层次式剔除，从而提前终止跟踪，如 36.7 节所示。

　　无论空间的维度是多少，树在内存中的逻辑（即指针）结构均为二叉树结构（见代码清单 37-12）。树通常建立在几何基元（如多边形）之上。这留下一个问题，即如何处理那些跨越空间剖分面的几何基元。一种方式是，对跨越剖分面的几何基元进行分割，并在叶结点中以链表的形式保存那些切割后已完全位于叶结点凸空间中的几何基元。为了保留输入数据的精度，可以在建立树结构的过程中执行切割操作，而在叶结点中保存原来的基元。这时，同一个基元可能会出现于多个叶结点中。

代码清单 37-12　　BSP 树的 C++ 实现

```
 1  template<class Value, class Bounds = PrimitiveKeyTrait<Value> >
 2  class BSPTree {
 3    class Node {
 4    public:
 5      Plane partition;
 6
 7      /* Values at this node */
 8      List<Value, Bounds> valueArray;
 9
10      Node* negativeHalfSpace;
11      Node* positiveHalfSpace;
12    };
13
14    Node* root;
15
16    ...
17  };
```

　　另一种方式是，将那些跨越剖分面的几何基元保存在剖分面对应的结点中。如果有许多几何基元跨越位于根结点附近的剖分平面，则会影响树搜索的渐近时间效率。不过对于某些场景，可通过选择合适的剖分面来避免对几何基元的切割，从而避免这个问题。

　　虽然所有叶结点都代表凸空间，但是位于树的最外端的叶结点却对应着体积无限大的空间。例如在图 37-7 中，数轴上最右端的分割代表了从 14.5 到正无穷大的区间。无限大空间对于某些计算会很棘手，但也体现了树结构的优势，即每一棵 BSP 树都能够表示整个空间。因此，无须改变树的结构，便可通过在树结点中动态地添加和删除几何基元，来表示含有任意运动基元的场景，这是非常有利的。当场景大部分物体处于静态，树结构将具有明显的优点。相比之下，哪怕只有一个基元移动到原设定的场景边界之外，那些只能表示有限区域的空间数据结构（例如空间网格）都必须改变结构，才能表示新的情况。

　　一棵包含 n 个几何基元的树至少要存储其所有基元的指针，所以它所占用的空间至少与 n 呈线性关系。最小的空间开销情形为树中只有少数结点却存储了大量的几何基元，或者所建立的是一棵高度不平衡树，其中大多数的结点只有一个分支，如图 37-10 所示。

　　注意树的空间估计没有上界。这里有两个原因，且实用中也很常见。首先，完全可以不受基元个数的限制而增加对空间的剖分，因为这将有利于稍后插入新的几何基元。此外，如果某些树结点的几何基元均已移走但又未删除相应结点（考虑到删除操作的效率），也会导致这种过度剖分的情况。

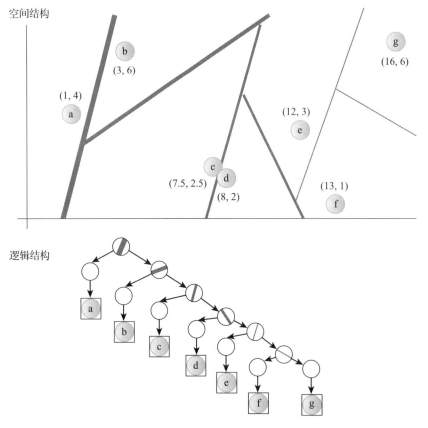

图 37-10 一个退化的 BSP 树。它的渐近性能估计与表相同，其原因是采用了一种低效的空间剖分方式。甚至对一棵基于高效剖分方式建立的树，在其中某些元素移动后，也可能导致这种情况。更差的情形是树中含有大量的空结点

　　其次，在对空间进行剖分中，若剖分平面选择不当，将显著地增加需存储的几何基元的数量。如 37.6.2 节所述，如何选择剖分平面是一个难题。对于任意场景，很难指望一定有一种优化的剖分方式可避免几何基元数量的大量增长。几何基元的大量增长会抵消高效树结构所带来的优势，因此必须小心地选择剖分平面。

　　大部分涉及树结构的算法都假设树构造合理，结点数不超过 $2n$。

　　对一棵平衡的 BSP 树，能通过 $O(\lg n)$ 次比较，找到包含某空间点的叶结点(称为点的定位)。所以通常认为基于树结构的操作具有对数级的时间复杂度。如果这棵树并非平衡树但具有一定规模，则所需的比较次数可能增至 $O(n)$，例如图 37-10 中退化的树。若树的规模不合理，则在树中定位一个点的时间将没有上界，这如同树的空间估计没有上界一样。

　　常见的求交问题，如求取光线的第一个交点、保守的包围球求交测试以及保守的包围盒求交测试，其难度丝毫不逊于在树结点中找到包围某个点的空间凸区域。因此，所有基于 BSP 树的求交查询运算量的时间估计，对平衡树至少是对数级的，而对结构不合理的树则无上界。包围体(球体、盒体)求交测试的时间则至少与输出结果呈线性关系，甚至可能和几何基元数 n 呈线性关系。

　　观察表明，求交查询的实际运行时间通常随待查询的几何物体所在剖分空间的数目而增长。幸运的是，它经常为亚线性增长。这基于以下观察：如果光线在到达第一个相交基元之前穿过的距离长，那么它很可能穿越了许多剖分空间，反之若光线穿过的距离短，则

只穿越了少量的剖分空间。该直觉也适用于运行时间与各几何基元体积的关系。

更乐观的估计是，运行时间的增长可能与所查询的几何物体的分布范围呈对数关系，因为若几何基元在空间均匀分布，则空间剖分后将产生一棵平衡树。但要证明这一上界，就需对几何基元的空间分布和空间剖分方式做大量的假设。

几何基元的空间分布对 BSP 树理论起了非常重要的支撑作用，尽管它给 BSP 树的形式化分析增添了不确定因素。人们通常致力于使二叉树处于平衡状态，最大限度缩短从根节点到叶结点的最长路径，从而最小化最坏情形下的搜索代价。

树的平衡状态（和大"O"分析）有助于使最坏情形下的运行时间降至最小。但是面对指定的查询方式和场景分布，可能更希望找到一个使整体运行时间降至最小的树结构。在算法的书著中，一般突出了第一个目标，但实用中往往更关注第二个目标。

实例表明，处于平衡态的空间树数据结构在实用中很少是最优的[Nay93]。这初看起来出人意料，因为经典的二叉树数据结构按通常设计应保持平衡态，以最小化最坏情形下的查询代价。但是，平均情形下的性能与具体查询操作密切相关，而在图形学应用中将涉及大量的查询操作，所以应有意识地使树结构保持某种"不"平衡状态，从而有利于预期的查询操作。这一点与在数据压缩中构造 Huffman 编码所使用的树有相似之处。建立该树时，已知道输入流中各数据的统计分布，故希望以各结点数据在输入流中出现的频次对相应结点进行加权，最小化树中各结点的加权平均深度。遗憾的是，我们并不知晓将要执行的具体查询任务，难以仿照 Huffman 算法建立空间数据结构。但是，图形数据具有空间语义，故可以采用某些合理的启发式假设。例如，可以假设查询任务在空间中均匀分布，或者随机查询结果为某个几何基元的概率正比于该基元的大小。

最后，因为实际运行时间才是效能分析真正关注的，因此还必须考虑建立树的时间，以及优化过程中所涉及的内存操作和比较操作的关联代价。

37.6.2　构建 BSP 树：八叉树、四叉树、BSP 树、kd 树

选择好的剖分平面很困难。理论上有无穷多的平面可供选择。具体选择取决于查询操作的类型、数据的分布情况，以及优化目标针对的是最差情形、最好情形还是平均情形。如果采用预计算来建立树，则构建过程可能代价高昂，例如，建立一棵含有 n 个几何基元的树，有些算法可能会耗时 $O(n^2)$。但若需在程序交互过程中频繁地建立或者修改一棵树，则需要同时使构建树和查询操作的总时间最小化，在选择剖分平面时可能会更关注它们能否被迅速确定而不是能否获得高的查询效率。

至于可供选择的剖分平面过多，一个简便的解决方法是引入约束条件，来减少候选剖分面的数量。这种方法还有一个额外优点，即可以用较少的数据位来表示剖分过程，从而降低存储代价和查询过程中的内存带宽。

一种人为设置的约束是只做轴向对齐的剖分[RR78]。这样生成的 BSP 树称为 kd 树（也写作 kd 树）。剖分轴向的选择可以基于数据的分布，也可以采取各轴向逐次轮替的方式。在后者情形中，每一剖分面可简单地用一实数（为该剖分面到坐标原点的距离）予以表示（见代码清单 37-13），而平面法向则根据该节点在树中的深度确定。

代码清单 37-13　kd 树的表示

```
1  template<class Value>
2  class KDTree {
3    class Node {
4    public:
5      float partition;
```

```
6     Node* negativeHalfSpace;
7     Node* positiveHalfSpace;
8     List<Value> valueArray;
9   };
10
11  Node* root;
12
13  ...
14  };
```

如不理会约束条件，有多种选择剖分面位置的方法：
- 按空间范围平均剖分
- 按几何基元数平均剖分
- 按几何基元做中位剖分
- 按一定的光线相交概率进行剖分[Hav00]
- 按聚类剖分

在树上的每一结点处对包含其所有几何基元的空间同时沿各轴向的中分面进行剖分，将得到一组嵌套的 k 维长方体（k-Cube）[RR87]。这意味着每一剖分面都通过父结点长方体空间的中心。在 3D 空间则称为**八叉树**（octree）（参见代码清单 37-14）。尽管可以采用二叉树予以表示，但是为了高效起见，八叉树通常采用 8 个指针指向各子结点，故取名为八叉树。在 2D 空间的对应版本称为**四叉树**（见图 37-11），当然也可以推广到 1D 或 4D 空间，甚至更高维空间。

代码清单 37-14 八叉树的表示

```
1   template<class Value>
2   class OctTree {
3    class Node {
4    public:
5      Node* child[8];
6      List<Value> valueArray;
7   };
8
9    Node* root;
10   Vector3 extent;
11   Point3 origin;
12   ...
13  };
```

一般而言，如果采取直接的方式建树，则建树过程将是耗时的。通常认为构建树应作为一个预处理步骤，并避免在运行时改变树的结构。

然而，如果愿意采取较复杂的建树方法，并采用并行系统实现，也可以在当前设备上快速建树。Lauterbach 等人[LGS+09]报告了一个在 GPU 上动态建树的方法，速度可达在同一 GPU 上对相同数量的多边形实施光栅化的一半。由于建树的效率可与光栅化效率相提并论，因此该方法适用于动态场景。注意到在许多应用中，动态场景中绝大部分物体的位置在相邻帧间保持不变，故只有那些包含动态物体的子树需要重建。幸运的是，虽然快速建树系统的实现并非易事，但是已有一些运行库，可为用户建树提供支持。

下面是一些传统的心得和要点：
- 目前的硬件结构对构建层次非常深的树是有利的，所以可将场景细分到每一个结点只包含 1～2 个几何基元[SSM+05]。

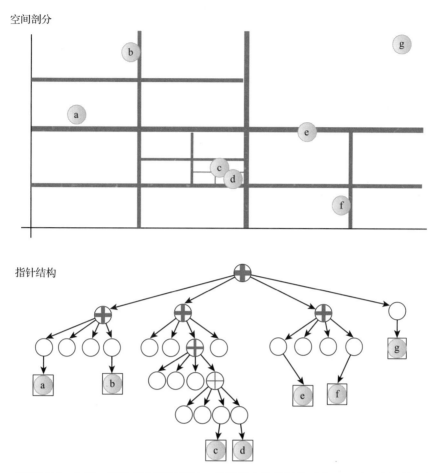

图 37-11　一棵四叉树。如果一簇数据点不能通过 2 的低幂次数的剖分面分开，则生成的树可能达到非常深的层次，如本例中基元 c 和 d 附近的树结点。对于这类数据集，一个更好的建树策略是创建一个包含这两个基元的二级结点，而不是对树的各层结点进行持续剖分直到所生成的子结点只包含一个几何基元。然而，如果 c 和 d 分别代表一个簇，各自含有数百个几何基元，则不可能构建出一棵高效的树——或者允许每一个结点中含有大量的几何基元，或者形成一条很长的退化的中间结点链

- 前面已讨论过，一般希望所建的树是非平衡树[SSM+05]。
- 考虑到内存的带宽和高速缓存的连贯性，当树模型中涉及的常数较少时（通常如此），节省空间即可节省运行时间。因此，采用紧致的树表示能够带来性能的大幅度提升。这里有一些技巧，可以减少内部结点的内存占用。
  - 将子结点存放在连续的内存空间中，这样只需一个指针即可索引全体。
  - 使用 kd 树而不是 BSP 树，这样只需对父结点剖分面位置做一次偏移即可得到当前结点的剖分面。或者使用八叉树而无须保存中间结点的信息。
  - 将每一结点中需保存的数值（例如 kd 树结点剖分面的位移量），通过限制其精度直接存放在子结点指针数值未使用的二进制位中。

上述优化方法在实用中可产生 10 倍以上的性能提升[SSM+05]。

- 小心地处理对物体进行分割时的精度问题。受制于有限的精度，新生成的顶点很少精确地位于剖分面上，这使得切割生成的几何基元的位置稍许偏移，进入相邻的兄弟结点中。

- 小心地处理"小于"与"小于等于"等比较操作。考虑当一个点位于剖分面上时可能引发的各种情况，从而确保树的构建算法和遍历算法保持一致。不幸的是，由于常根据几何基元来选择剖分面，剖分面精确地通过某个顶点或者边的情况并不少见。

37.6.3　包围体层次结构

包围体层次结构（BVH）是由一组递归嵌套的包围体，例如轴对齐包围盒[Cla76]，所构成的空间树。图 37-12 展示了一个建立在 2D 点集上的轴对齐包围盒层次结构。代码清单 37-15 是一个典型的包围盒层次结构表示。

代码清单 37-15　基于轴对齐包围盒的 BVH

```
1  template< class Value, class Trait = PrimitiveKeyTrait<Value> >
2  class BoxBVH {
3   class Node {
4   public:
5     std::vector<Node*> childArray;
6
7     /* Children in this leaf node. These are pointers because a value
8     may appear in two different nodes. */
9     List<Value*> valueArray;
10
11    AABox bounds;
12   };
13
14   Node* root;
15   ...
16  };
```

空间结构

逻辑结构

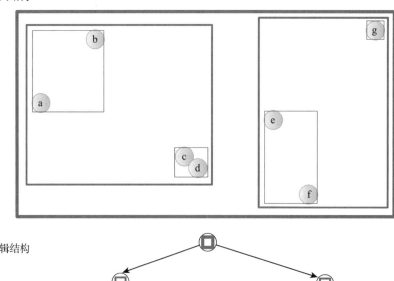

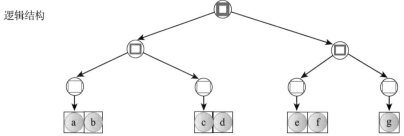

图 37-12　一个二维轴对齐包围盒 BVH。这是另一种形式的 BSP 树，它拥有更紧致的包围盒，但若允许更新树中的几何基元，则需对树的结构进行修改

与 BSP 树不同，BVH 树为聚集在一起的几何基元提供了具有较小体积的紧致的包围盒。构建 BVH 时，通常先构建其空间 BSP 树，然后从叶结点开始直到根结点为止，递归地构造每一结点内所含几何基元的包围盒。采用这种构建方式，同层次结点的包围盒经常会部分重叠；类似于构建 BSP 树中的情形，也可以通过对几何基元进行切割构造一种使同层次结点空间完全分离的 BVH。

常用的包围盒一般选择包围球和轴对齐包围盒，因其存储方式和相交检测相对简洁。相应的 BVH 树分别是我们熟知的 **球树**（sphere tree）和 **AABB 树**（Axis-Aligned Bounding Box tree）。

37.7 网格

37.7.1 构造

网格是基于基数（radix-based）的一维数组的扩展，它将空间中的一个有限矩形区域分割成大小相等的**单元网格**（cell）或桶（见图 37-13）。网格范围内的任一点 P 必定位于某个单元网格中。其所在单元网格的多维索引可通过以下运算确定：用点 P 的各方向坐标减去网格中相应的最小顶点坐标，除以单元网格的边长，然后截去其小数部分。如果单元网格的最小坐标顶点位于坐标原点且各方向边长全为 1，那么只需简单地对点 P 的各向坐标"向下取整"即可。因此，若所有单元网格为均匀网格，则可在常数时间内找到包含点 P 的单元网格。但网格结构所占用的存储空间与单元网格数量和整个网格的体积成正比。利用网格结构进行相交检测的时间与所检测物体的体积（或光线的长度）成正比。

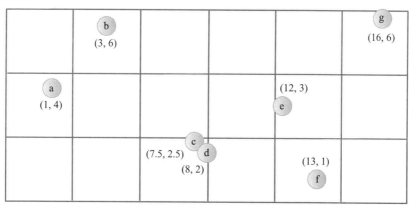

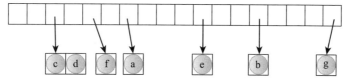

图 37-13　采用点关键字的二维网格图示。下图所示逻辑结构即为实现时的逻辑结构，
　　　　　从最底行开始，逐行将网格的二维数组展开为一维数组

和树结构相比，网格简单、容易构造，且其插入和删除操作仅涉及较少的内存分配和复制代价。因而非常适合于存储动态数据，常用于碰撞检测以及动态物体的其他最近邻搜

索等。

代码清单 37-16 列出了三维网格的一种可能的表示形式和相关的辅助程序。其基本表示为一个多维数组。以图像(像素的二维数组)为例,其常用的网格表示方式是将它依次沿每个轴展开,形成一个一维数组。在该代码清单中,程序 cellIndex 将点的坐标映射为三维索引,而程序 cell 在常数时间内返回该三维索引所对应的单元网格。

代码清单 37-16　以 x 轴为序的三维网格的实现以及相关的辅助程序

```
1  struct Index3 {
2      int x, y, z;
3  };
4
5  template< class Value, class Bounds = PrimitiveKeyTrait<Value> >
6  class Grid3D {
7      /* In length units, such as meters. */
8      float cellSize;
9      Index3 numCells;
10
11     typedef List<Value, Bounds> Cell;
12
13     /* There are numCells.x * numCells.y * numCells.z cells. */
14     std::vector<Cell> cellArray;
15
16     /* Map the 1D array to a 3D array. (x,y,z) is a 3D index. */
17     Cell& cell(const Index3& i) {
18       return cellArray[i.x + numCells.x * (i.y + numCells.y * z)];
19     }
20
21     Index3 cellIndex(const Point3& P) const {
22       return Index3(floor(P.x / cellSize),
23                     floor(P.y / cellSize),
24                     floor(P.z / cellSize));
25     }
26
27     bool inBounds(const Index3& i) const {
28       return
29         (i.x >= 0) && (i.x < numCells.x) &&
30         (i.y >= 0) && (i.y < numCells.y) &&
31         (i.z >= 0) && (i.z < numCells.z);
32     }
33
34     ...
35 };
```

既然查询一个单元网格所涉及的运算相对较少,则每种运算在总的查询时间中将占有较大比例,因而值得对它们做更细致的优化。在代码清单 37-16 所示的简单版本中,如果 cellSize 是 1.0,那么 cellIndex 中的除法运算可以全部省去。否则,可用预先计算好的 1/cellSize 乘以 P,这在任何体系结构上都比进行除法运算要快。向下取整操作 floor 是比较耗时的浮点运算,可以用系统支持的截断并强制转换为整数(truncate-and-cast-to-integer)运算所替代。当 numCells.x 和 numCells.y 是 2 的幂次时,程序 cell 中的乘法运算可转化为更快的移位操作。最后,放弃全面封装化,将单元网格的一维索引置于数据结构之外也是一种较好的选择。这样一来,调用方即可以在任一坐标方向自选步长直接遍历这个一维数组。

按常规,空间网格展开成一维数组后,其最前面索引(例如 x 轴)下标依序变化的数组元素将具有相邻的内存地址。如果按另一坐标轴方向遍历网格元素对于查询更有利,则先沿着该轴向展开空间网格数组将会提升高速缓存的连贯性。例如,如果在实用中需跟踪大量沿垂直方向的光线，则应使网格元素的存储沿垂直轴向具有连贯性。

　　有时候光线前进的主方向无法预测，或需沿多个坐标轴向进行相交检测，例如包围球求交等体相交检测(volume query)。如果在这些应用中内存的连贯性是需考虑的因素，那么将空间网格数组沿着一条空间填充曲线展开不失为一个好的解决方案。Hilbert 曲线[Hil91，Voo91]或 Morton 曲线[Mor66]("Z"字形)等定义了一种索引方式，总体上会将空间邻近的元素映射到相邻的内存地址上，每个索引的计算只需通过少量位操作即可完成。

　　对于给定空间范围的网格，若要调整每一单元网格的大小，或者说，单元网格总的数量，则需对将执行的查询操作的类型和数据在空间的分布有充分了解。这个问题在介绍查询算法之后再进行讨论较好，所以将它安排在 37.7.3 节。

　　采用程序 inBounds 可方便地识别下标的合法性。由于网格的空间范围有限，这一检查是必要的。在一些应用中，数据集本身具有明确的空间边界。例如，在视频游戏等具有确定边界的虚拟环境中，物体的运动永远不会超出边界。在这些情形中，网格空间的有限性不会产生任何限制。在另一些情形中，某场景在特定区域非常稠密，但有少量元素分布在远离该区域的地方，甚至可能不知其实际边界。对此可对网格结构进行扩展，另设一张链表存放网格范围之外的元素。这样既可以表示无确定边界的空间，又能够在稠密区域内提供高效的查询。如果数据集既没有空间边界，又非大量地聚集在一个稠密区域，那么简单的网格将不是合适的数据结构选项。但是，稀疏的哈希网格也许仍然可用，将在本节后面进行描述。

37.7.2　光线求交

　　为了确定光线与位于空间网格中几何基元的第一个交点，相交检测算法需要沿光线进入网格的方向，依次遍历光线所经过的单元网格，如图 37-14 所示。在二维情形，这等价于对直线进行(有序)**保守的光栅化**：确定直线穿过的所有单元网格。在三维情形中，这一过程称为**保守体素化**。

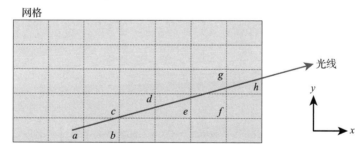

图 37-14　光线遍历一个二维网格(摘自[AW87])。为了正确地遍历网格，遍历算法必须依次访问 a、b、c、d、e、f、g 和 h 等单元网格(转载自 Eurographics, Coference Proceedings, 1987(ISBN 0444702911，主编 Marechal)中 John Amanatides 和 Andrew Woo 的论文"A Fast Voxel Traversal Algorithm for Ray Tracing"中的图 1)

　　代码清单 37-17～代码清单 37-19 给出了一个保守体素化算法，该算法最早由 Amanatides 和 Woo 提出[AW87]。在初始化阶段(代码清单 37-18)，算法先找到光线起点所在的单元网格，计算几个有关点 $Q(t)=P+\vec{d}t$ 沿光线移动的相对速度向量，其中 P 表示光线起点，$\vec{d}$ 表示光线方向。然后不断前进，以移动到下一根网格边界线为一步(代码清单 37-19)直至穿过网格。

代码清单 37-17   3D 网格跟踪器的接口

```
1  class RayGridIterator {
2  public:
3      /* Current grid cell */
4      Index3 index;
5
6      /* Sign of the direction that the ray moves along each axis; +/-1 or 0 */
7      Index3 step;
8
9      /* Size of one cell in units of t along each axis. */
10     Vector3 tDelta;
11
12     /* Distance along the ray of the first intersection with the
13        current cell (i.e., that given by index). Initially zero. */
14     float tEnter;
15
16     /* Distance along the ray to the intersection with the next grid
17        cell. tEnter and tExit can be used to bracket ray ray-primitive
18        intersection tests within a cell. */
19     Vector3 tExit;
20
21     RayGridIterator(const Ray& ray, float cellSize);
22
23     /* Increment the iterator, stepping exactly one cell along exactly one axis */
24     RayGridIterator& operator++();
25  };
```

代码清单 37-18   光线-网格跟踪器的初始化

```
1  RayGridIterator::RayGridIterator(const Ray& ray, float cellSize) {
2      tEnter = 0.0f;
3
4      // Iterate over axes, treating points and vectors as linear algebra vectors
5      for (int a = 0; a < 3; ++a) {
6          index[a] = floor(ray.origin()[a] / cellSize);
7          tDelta[a] = cellSize / ray.direction()[a];
8
9          step[a] = sign(ray.direction()[a]);
10
11         float d = ray.origin()[a] - index[a] * cellSize;
12         if (step[a] > 0)
13             // Measure from the other edge
14             d = cellSize - d;
15
16         if (ray.direction()[a] != 0)
17             tExit[a] = d / ray.direction[a];
18         else
19             // Ray is parallel to this partition axis.
20             // Avoid dividing by zero, which could be NaN if d == 0
21             tExit[a] = INFINITY;
22     }
23  }
```

代码清单 37-19   Amanatides 和 Woo 的算法，沿光线方向依次遍历 3D 网格的单元

```
1  RayGridIterator& operator++() {
2      tEnter = tExit;
3
4      // Find the axis of the closest partition along the ray
5      int axis = 0;
6      if (tExit.x < tExit.y)
7          if (tExit.x < tExit.z)
8              axis = 0;
```

```
 9       else
10         axis = 2;
11   else if (tExit.y < tExit.z)
12     axis = 1;
13   else
14     axis = 2;
15
16   index[axis] += step[axis];
17   tExit[axis] += tDelta[axis];
18
19   return *this;
20 }
```

该算法的一个缺点是，所有以 t 字母开头的变量都以浮点数形式保存，通过累加保持增长，将导致取整累计误差。如果采用定点运算，交点位置的误差将不会累积，但关于光线方向的近似误差会增加。

对于绘制分布在原点周围的一定范围内（例如，坐标的浮点值 $<10^4$）的物体，该算法已足够鲁棒。但对于动态模拟，却可能还不够鲁棒，因为漏掉一次碰撞检测就可能导致物体被卡住，或在场景中坠落。

代码清单 37-20 给出了基于网格结构求交的一个实际算法，算法同时考虑几何基元和单元网格，对光线穿越的所有单元网格进行检测，对所经过的每一个单元网格，采用隐含的链表求交方法查找首个交点。

代码清单 37-20　基于 3D 网格和网格跟踪器进行光线求交

```
 1 class Grid3D {
 2   ...
 3
 4   /* Assumes that the ray begins within the grid */
 5   bool firstRayIntersection(const Ray& ray, Value*& value, float& distance) const {
 6
 7     for (RayGridIterator it(ray, cellSize); inBounds(it.index); ++it) {
 8         // Search for an intersection within this grid cell
 9         const Cell& c = cell(it.index);
10         float maxdistance = min(distance, t.tExit);
11         if (c.firstRayIntersection(ray, value, maxdistance)) {
12             distance = maxdistance;
13             return true;
14         }
15     }
16
17     // Left the grid without ever finding an intersection
18     return false;
19   }
20 };
```

由于同一几何基元可能包含于多个单元网格中，所以每一步的求交测试仅需检测位于当前单元网格内的交点。有关这种情形的一个例子如图 37-15 所示。在该图中，正在对标记为 b 的单元网格进行求交测试。由于在物体 Y 所占据的单元网格中包含单元网格 b，所以在当前的测试中，需检查光线与 Y 是否相交。事实上确有交点，但该交点位于单元网格 c，而不是单元网格 b 内。倘若算法返回该交点，则它将错过真正的第一个交点，即光线与单元网格 c 中物体 X 的交点。

凭直觉，算法的运行时间将与被跟踪光线所穿越的单元网格数成正比，此为迭代跟踪的代价，而每一步迭代所需的固定开销很低——几次浮点数运算而已。对光线在到达第一个交点前无须穿行太长距离的情况，该算法具有实用性。事实上，设一个 k 维网格沿每一维度的细分次数为 g，则它具有 $O(g^k)$ 个单元网格。此时，光线穿行的最长距离为 $O(g)$——网格的对角线长度。假定每一网格可包含 n 个几何基元，其最差情况是，所有几何基元都分布于沿对角线的每一个网格单元中，而且光线与它们都没有交点，此时相交查询的代价是 $O(g \cdot n)$。

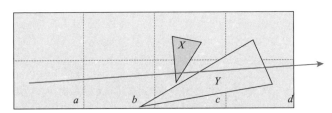

图 37-15   本例展示了利用空间网格加速光线-三角形求交算法在光线前进过程中，检查交点是否位于当前单元网格内的必要性（根据 Eurographics 1987 论文集所载 John Amanatides 和 Andrew Woo 的论文 "A Fast Voxel Traversal Algorithm for Ray Tracing" 中的图 1 重绘）

显然，对于这样的场景，空间网格并非合适的数据结构，即便采用空间链表也会有更好的效率。算法最差情形下的计算复杂度与所期待的相去甚远。实际上，网格更适合于场景中的几何基元大体上呈均匀分布的情形，且其尺寸可包含于一个网格单元中。同样，若大部分光线在到达第一个交点前只需穿越小部分场景，网格结构也是合适的选择。

对空间分布不均匀的大场景进行相交查询时，采用树结构将比采用网格具有更好的渐近性能估计——在长时间的运行下，这两种数据结构将会呈现对数级复杂度与线性复杂度的差异。然而，穿越空网格单元所需计算很少，故其算法复杂度估计中线性时间开销（与数组长度相关）的常数因子较小，即使光线需穿越大量的空网格单元问题也不大。实际上，对于有限大小的场景，在光线相交查询方面网格的表现可能优于树结构，特别是总的运行时间包含了构建数据结构时间的时候。

37.7.3   选择网格分辨率

如果要与大量的包围盒或包围球进行求交测试，则应根据待求交物体的尺寸，确定网格的大小，使得求交算法只需测试少量的单元网格（例如 $1 \sim 4$ 个）。

光线穿越网格（与网格结构进行求交）所需时间与光线长度呈线性关系，这是因为其穿过的单元网格数量大致地正比于光线的长度。求交测试所需时间也与光线所穿过的单元网格内所含几何基元的数量呈线性关系，这使得最小化光线所穿过的单元网格的数量与最小化每一单元网格内光线与几何基元的求交计算之间形成了冲突。假定光线穿越网格的代价小于光线与几何基元求交测试的代价。对于每一种几何基元而言，这两类代价之比可能是一个常数，但对于不同种类的几何基元，该比值可能变化很大，譬如说，光线-球体/光线-网格为 3∶1，光线-隐式曲面/光线-网格为 200∶1。实用中可能需执行百万数量级的求交测试，每一种几何基元出现概率大不相同。因此这些比值的变化将影响网格结构的空间开销，从而影响其可行性和内存效率。选取网格分辨率时应该优先考虑哪一种求交测试才能提高效率？对这个问题，并无明确结论，它取决于场景的结构和各类求交测试的代价。

很清楚，如果增大 g，单元网格尺寸将变小，如图 37-16(左)所示。这使得每一个非空单元网格中需进行求交测试的几何元素的数量减少，但却增加了光线需穿过的单元网格数。这对稠密场景是有利的。图 37-16(左)突出显示了同光线进行求交测试的几何元素，它们只占网格内所含几何元素的一小部分。与此形成对比的是，需与光线求交的网格边界数却非常多。

如果减小 g，则单元网格尺寸增大。这使得光线可快速地跨过大的空网格，但与此同时，在非空单元网格中需要测试的元素数也会增加。这对稀疏场景较为有利。图 37-16（右）显示了一个粗网格，所含场景与图 37-16（左）相同。此时，光线跨越网格所涉及的光线-网格求交数量相对较少，但是在每一个网格单元内需要执行更多的光线-元素求交。

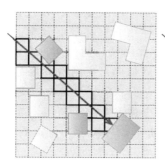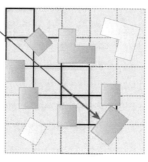

图 37-16　（左图）：取较大 g 值时将形成小的单元网格。光线搜索程序必须穿越许多的单元网格（以粗黑边界显示），但其中大部分单元网格为空。若光线与场景几何元素进行求交测试的代价大于其跨越单元网格的代价，这种情形是有利的。（右图）：g 取较小值时形成大的单元网格单元。光线只需穿越少量单元网格，但是这些网格都含有多个几何元素：在这种情况下，保守的光线-单元网格求交测试会导致众多的误报。尽管如此，当光线与几何元素求交的代价小于其穿越网格单元的代价时，仍是有利的

现在讨论景物在场景**空间中分布不均匀**的情形，即其中既有景物分布稠密的区域，也有分布稀疏的区域。对于这类场景采用网格进行光线求交可能并不适宜，因为取任何一个 g 值都无法很好地处理这两种区域。相比之下，树结构是一个更好的选择，因为它能够适应不同密度的空间分布。

三种细节情形可能影响上面结论的有效性。首先，网格结构似并非一种实用的数据结构。原因是许多图形场景仅需表示景物表面的几何。这使得其空间分布本身就不均匀，这是因为几何基元分布在物体的表面上，并非在物体的内部。

其次，空间分布的均匀性本身取决于尺度，并非一种可靠的标准。纽约城曼哈顿区高大的建筑分布在一个近于规则的网格上。图 37-17 显示了该分布的一个理想俯视图。但假设选取房间大小的空间网格（例如，选择 g 使得 $g^3/n \approx 4 \times 4 \times 2.5 \mathrm{m}^3$）来考察建筑物外表面的几何模型，我们将发现，场景几何实际上是非均匀分布的，因为只有那些包含建筑物外表面的网格空间含有几何，而位于建筑物内部或完全处在建筑物之外的那些网格却是空的。

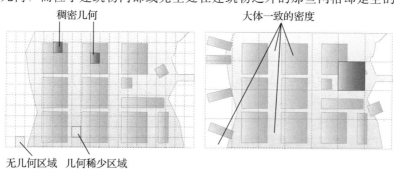

图 37-17　岛上城市的虚拟俯视图。（左）选取小的网格单元使场景几何形成非均匀分布。（右）选取足够大的网格单元时则形成大致均匀的场景分布

但是，如果选取的网格单元至少是街区的尺寸，那么我们将发现，每一个单元中因包含几乎相同数量的建筑物外表面，而呈现大致均匀的分布。（当然，某些建筑物模型可能含有更多的细节，在此假设取合适的细分精度。）因此，选择网格单元尺寸的困难之一在于：场景的空间分布密度本身依赖于网格单元的尺寸，而空间分布的密度将影响我们对数据结构的选择。

最后，光线与树结点和网格进行求交测试时（不考虑光线与树结点或网格单元中的几何基元求交的代价），各自涉及的固定开销能导致它们在求交效率上几个数量级的差异。原因是，网格的规则结构使得其无须显式地存储网格几何因而占用内存小。BVH 树必须显式地表示每一结点的包围盒，而网格单元的几何则可由网格单元的尺寸隐式确定，无须读取内存。光线穿越网格的过程等价于对直线进行保守的光栅化。直线光栅化算法容易简化成 1、2 种情形，对位于直线（光线）上的每个像素（网格单元）只需进行几次加法运算。如果光线与网格的求交测试比光线与树结点的求交快 50 倍，那么我们即使考察了大量空的网格单元，也不致影响其在整体效率上的优势。

37.8　讨论和延伸阅读

本章已经涉及了很多知识点，包括许多不同层次的实现细节和抽象概念。现在返回来做一个整体回顾。在用于表示场景的空间数据结构中运用计算机科学的基本原则，可在场景绘制和碰撞检测中，获得极大的速度提升。当然，很多地方仍需细心处理，以避免出现退化情形并进一步优化峰值性能。但是不采用这些数据结构，哪怕是最简单的空间树，将是不可思议的，因为任何常数项加速方法都没法让你的程序能够处理大规模场景。

一些具体案例验证过的常识，让我们发现了以下重要结论：

1）不同的数据结构适合于不同的地方，而选择哪一种结构并不总是依据它们的渐近性能表现。有时通过实际测试可发现最好的答案。

2）即使已经找到了最佳的数据结构，你也可能仍需进行一些细致调整。

3）结合硬件上的技巧常常能够获得 10 倍甚至更多的加速。

以上各条需按顺序进行：在进行基于硬件的优化之前，应该先选择正确的数据结构；在对数据结构进行细致调整之前，应该先在样本场景上做一些测试。

空间数据结构一直是计算机图形学中的热点话题。应该尝试运用嵌套结构（例如 Grid3D<BSPTree<Triangle>>），将不同结构的元素组合在一起。如果你的特定应用尚未被充分研究，则极有可能取得超过文献中基于通用结构的结果。事实上，它也是该领域向前发展的一个主要方式。例如，几乎每年都会有一些新的论文，研究空间树的剖分方式或 BVH 的聚类策略。1987 年的一个好想法是在构建光线与基元求交的结构时考虑光线的方向［AK87］；在 2000 年，Havran 提出了改进的表面积启发式算法［Hav00］，从而影响了工程师基于面积对建树过程进行优化的方式；在 2010 年，Pantaleone 和 Luebke 采用大规模并行的方式实现树结构的实时构建，其优化目标针对构建树的时间，而不是单纯的查询时间［PL10］。

将同一个场景数据存于多个结构中亦很常见。例如，可能需要将场景中的角色保存在一链表中以便于在人工智能游戏中进行快速遍历，另采用一哈希网格用于碰撞检测，构建 BSP 树用于绘制。一个复杂的数据结构通常可包含多种简单的数据结构。除了可综合发挥面向各种简单数据结构的不同算法的效率外，它还提供了统一的接口。这种方法以存储空间和复杂的实现程序换取高的性能。特别地，同一数据被保存于多处有可能导致复制时难以同步，这一点在考虑性能优势时必须做仔细权衡。

存在一些常用的数据结构，但新颖的数据结构也在不断增加。例如，大部分非图形程序仅采用几种经典的数据结构，如数组、哈希表，偶尔会使用树。而大部分图形程序除此之外，还会采用一些本章介绍的空间数据结构（其中链表和 BVH 最为常见）。在使用这些数据结构的实践中产生了很多经验智慧。从而节省了对这些数据结构进行完善和优化的代价，程序员们可以专注于具体的应用本身，而不必花功夫去学习新的数据结构接口。

但是，有时确需采用某种新颖的数据结构。例如，如果整个程序的性能依赖于面向大规模数据的快速优先级排序，则有必要阅读一篇关于向左倾斜的红黑树结构（left-leaning red-black tree）的论文[Sed]，并且予以实现。如果程序的性能特别依赖于光线和高度场的求交，则值得在可优化该问题求解的数据结构上下功夫，例如 Musgrave[MKM89]的，以及 Amanatides 和 Woo[AW87]的网格跟踪算法。有关光线求交的数据结构是全局光照明文献中讨论的永恒话题。从介绍光线跟踪前沿的 STAR 报告中，可以找到有关当前最新方法的综述（例如[WMG+09]）。光线与球体、盒体以及其他的几何基元求交常见于物理模拟中。本章介绍的有关数据结构设计和分析要点不仅适用于已经讨论过的结构，对将来你自己发明的新结构也是适用的。

在本章中，我们采用了光线-三角形求交作为贯穿本章的实例，部分原因为光线投射是大多数绘制系统常用到的操作，而三角形网格是大部分场景几何表示的首选。但将来（甚至在当今的一些场合）这两点可能都会改变。也许光束跟踪成为必需，或者场景几何已主要由点、样条曲面或其他至今未知的新基元来表示。那时，对加速用数据结构的选择也会跟着改变，但是本章介绍的相关分析方法仍然有效：需进行权衡的因素包括内存的连贯性、数据的存取模式、有待处理的典型问题是否足够大适于渐进分析，以及实现和使用的代价等，这些仍然将影响你对新型数据结构的选择。

现代图形硬件

在计算机设计中，众所周知：小型化意味着更快速。

——Richard Russel

38.1　引言

现代所有的个人计算机都采用了专用硬件来加速光栅化图形的二维和三维绘制。除了将 PC 连接到显示器的接口，这种硬件严格意义上来说并非必要，因为绘制完全可以由 PC 的通用处理器来完成。在这一章中，我们将讨论为什么 PC 要包含专用绘制硬件，该硬件是如何组织的，它被怎样呈现在图形编程人员面前，以及它如何有效地加速三维绘制算法和其他算法。

在整个计算历史中可见到很多专用计算硬件失败的例子，如 Lisp 机器[Moo85]和 Java 解释器[O'G10]语言加速器、数值计算加速器，甚至 Voxel Flinger[ST91]图形加速器。现代**图形处理单元**(其复杂程度和晶体管数量超过了通用 CPU)，是上述规律的一个非常突出的例外。由于具备了四方面的条件，专用图形处理单元(简称为 GPU)大获成功，并将继续保持这一势头。这些条件是：功能有别、工作负荷充足、市场需求强劲、通用性。

- **功能有别**：专用硬件可以比通用 CPU 更加高效地实现图形算法。其中最主要的原因可归结为并行化：在执行图形算法时，专用硬件可采用成千上万[Ake93]个单独的处理器同时工作。虽然一般的计算任务很难并行化，但是图形算法却很容易分解为独立的任务，每个任务均可独立执行，所以，更为适合并行实现⊖。历史上，在图形管线的不同阶段(见第 1 章和第 14 章)，图形的并行运算采用的是独立的处理器。除了管线并行化，现代 GPU 在管线的每个阶段也采用了多个处理器同时工作。目前的趋势是将管线划分为更少的阶段但增加每个阶段计算的并行化程度。并行性和其他有助于 GPU 功能有别的因素会在接下来的 38.4 节中讨论。
- **工作负荷充足**：图形计算量巨大。在交互式应用(如游戏)中常需绘制由数百万个三角面片组成的场景，其生成的每帧画面都包含一两百万像素，并且每秒需生成 60 帧或者更多的画面。目前的交互绘制质量要求对每个像素执行数千次浮点运算，这一需求还在不断增加。显然，现代的交互图形应用程序的工作负荷难以由单个通用 CPU 甚至是一个小型处理器集群来承担。
- **市场需求强劲**：20 世纪 80 年代和 90 年代初，工程和医学等领域的技术计算一直维持着对专用图形加速器的中等规模的市场需求。在这段时期 Apollo Computer 和 Silicon Graphics 等公司也开发出了很多为现代图形处理器所用的基础技术[Ake93]。但是直到 90 年代末计算机游戏的市场需求急剧增加之后，作为其功能支撑的图形处理器才成为 PC 结构的标准构件。

⊖　确实，人们常说图形学本身就是高度并行的，因为它蕴含了大量的并行机会。

- **通用性**：如同软件产业、网络业务，业界的一个共识是禁用不常见的专用插件，而当其已经受到普遍认可时则鼓励和提高其利用率。强劲的市场需求是使个人计算机 GPU 日益普及的一个必要条件，但是要实现通用，从架构标准的角度看，还需要 GPU 芯片是可以互换的。OpenGL［SA04］和 Direct3D［Bly06］这两种图形绘制接口如今已经为业界所广泛接受。使用这些接口的应用程序员可以认为不同厂商、不同时期开发的 GPU 在所有方面（除了性能）完全等价。Direct3D 定义的摘要会在 38.3 节受到进一步关注。

基于经典图形管线的 GPU 已在计算机体系结构中占据了一个稳定的位置，下一节将要介绍的 NVIDIA 的 GeForce 9800 GTX 即为例证，因此值得学习和理解。但是由于它还可用于许多其他特定用途的功能单元，上述情形可能会变化。

并行性（指单个 CPU 上拥有多个处理器，或称多个**核**）已经取代提高时钟频率成为大幅度提高 CPU 性能的手段。如同过去时钟频率按指数规律提升，我们期待 CPU 拥有核的数量也按此规律增加。由此产生的并行性可以使通用 CPU 比 GPU 具有更高的性能，从而减少对专用硬件的需求。

另外，本章讨论的经典流水线体系结构存在的局限性可采用一个竞争性的架构来克服，进而取代目前的 GPU。如同在第 36 章中介绍的 z 缓存可见面算法，GPU 已经趋于蛮力算法，这使得工作负荷量在某种程度上是自循环的：由于 GPU 执行低效率的算法从而放大了其工作负荷量。加速光线跟踪是可以取代目前 GPU 的一个候选架构。

或许最可能出现的结果是：为了适应新的算法和体系结构特点，GPU 的架构会和过去的十年一样持续稳定的发展。

本章的其余部分将会通过 3 个范例来介绍图形架构：OpenGL 和 Direct3D 的软件体系结构以及 2008 年 4 月发布的 NVIDIA GeForce 9800 GTX GPU。虽然这款 GPU 已不是那么流行，但是影响它的设计的那些决定将会长时间有效。

本章中定义的许多术语读者大多已经在前面遇到过。这样安排有两个原因：首先，读者在图形学中先前积累的经验将有助于阅读本章；其次，本章给出的一些定义已经被当作行业常规（举例来说，"color"表示 RGB 三元组而不是代表人的大脑中的一种感知），我们相信读者能准确理解本章所述的内容。

38.2　NVIDIA GeForce 9800 GTX

图 38-1 展示了 2009 年初最先进的个人计算机系统的关键部件及其连接关系。Intel Core 2 Extreme QX9770 CPU、Intel X48 Express 芯片组以及 NVIDIA GeForce 9800 GTX GPU 是那时桌面计算中可用的性能最高的部件。假定售价在 5000 美金内，骨灰级玩家必定会买这种系统。了解这一背景后，让我们来看看 9800 GTX GPU 的性能和设计。

像 Extreme CPU 一样，GTX GPU 也是一个独立的部件（一个封装的硅**芯片**），它通过数百个焊接电路互连安装在电路板上。CPU、芯片组以及 CPU 内存都安装在一个叫作**主板**的主系统电路板上。PC 其他大部分电子配件也是如此。GPU 和 GPU 存储安装在另一独立的 PCIe 电路板上，并通过复式插座连接到主板（见图 38-2）。

GeForce 9800 GTX 最引人注目的特点就是它极高的性能。它每秒可以绘制 340 000 000 个小三角形，而在绘制很大的三角形时，它每秒最多可以填充接近 11 000 000 000 个像素。在执行像素着色的专用代码时，它每秒可以执行 576 000 000 000 次浮点操作（576GFLOPS）。这个浮点计算能力已经超过了十年前最强的超级计算机，是 Intel Core 2 Extreme QX9770

CPU 的 102.4GFLOPS 的 5 倍以上。内存的带宽（数据在处理器芯片和外部随机存储器之间传输的速率）是衡量性能的几乎同等重要的指标。Core 2 Extreme QX9770 CPU 通过 X48 Express 芯片组来访问外部存储器，这种芯片组可支持高达 25.6GB/s 的存储传输速率，不过连接 CPU 和芯片组的前端总线将 CPU-内存的传输速率限制在 12.8GB/s 的速度之下。相比而言，GPU 可直接访问其存储器，传输速率最高可达 70.4GB/s，是 CPU 的 5 倍以上。

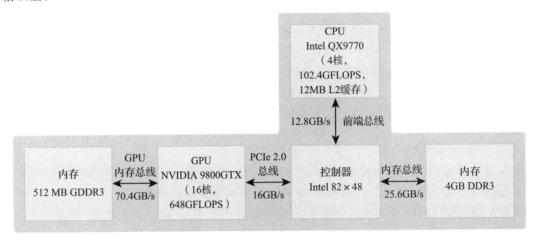

图 38-1　PC 结构框图

按投资产生复利的相同方式，CPU 和 GPU 的性能以稳定的指数增长速率达到了目前的状态。这一指数规律增长的基础是摩尔定律（Gordon Moore 在 1965 年曾做出预测：经济上最优的集成电路上的晶体管数量会如同 Intel 开始生产集成电路的前几年那样呈指数增长[Moo65]）。在随后的 40 年中，实际的增长率稳定地保持在每年约 50%，奠定了摩尔预测的标志性地位。高的复利率产生了巨大的收益。

图 38-2　NVIDA GeForce 9800 GTX 图形卡（由 NVIDIA 提供）

以每年比上一年增长 50% 进行计算，10 年后会产生 $1.5^{10} = 57.67$ 倍的增长。而如果每年递增 100%，10 年后会产生 $2^{10} = 1024$ 倍的增长，因此相同的初始值但按不同的年度增长率递增，10 年后的最终值相差了将近 20 倍。受摩尔定律的推动，集成电路存储器的存储容量（与晶体管数量成正比）自 20 世纪 60 年代早期第一块商业产品出现后增长了超过一千万倍。

集成电路芯片上晶体管数量的增长提升了电路的复杂度，而工程师则通过**并行**（同时执行多项操作）、**高速缓存**等技术（把频繁使用的数据元素存储在计算单元附近的高速但小容量的存储器中）将电路的复杂度转化为性能的提升。晶体管数的增长主要缘于晶体管和硅集成电路上的内部连接的尺度持续减小（Intel Core2 Extreme QX9770 CPU 内部连接的**刻线宽度**仅为 45nm，是人类头发宽度的 1/2000，是蓝光波长的 1/10）。小一点的晶体管改变状态更快，而短的内部连接具有更小的时延，因此电路可以运行得更快。晶体管数量以及电路速度的共同增长使精心设计的部件的性能以每年接近 100% 的速率增长。

GPU 设计者充分利用了晶体管数量和电路速度两者的增长。在 2001～2010 的 10 年中，NVIDIA GPU 性能指标，诸如每秒绘制的三角形数量和每秒绘制的像素数量，分别以每年 70％和每年 90％的速度增长。存储带宽每年的增长率只有 50％。但是由于电路复杂度的增长，可支持数据压缩技术，使有效存储带宽达到了每年 80％的增长率，从而支持了绘制性能的高速增长。

相比而言，CPU 设计者充分利用了电路速度增长的优势，但是在将晶体管数量的增长转化为性能增长这一点上，却并未那么成功。CPU 性能过去一直以每年 50％的速率增长，这个成就相当不错，但是与 GPU 性能每年 70％～90％的增长率相比，差距明显。当今 GPU 相对 CPU 的性能优势是它们分别以不同的复合增长率递增的直接结果。

2000 年不久后，CPU 的功耗就超过了 100W，接近个人机箱式计算机单个部件功耗的最大值。由于电路功率和电路速度直接相关，CPU 时钟频率的增长率突然降到几乎为 0，而时钟频率是此前 20 年间 CPU 性能增长的主要推动力，其年度增长率为 20％。这一事件推动了 CPU 设计者在电路中加入更多的并行机制（这一方法在 GPU 中被成功使用）。Intel Core 2 Extreme QX9770 CPU 是四核设计，这意味着在一个元件封装内包含 4 个微处理器核。2005 年引入了双核 Intel CPU，而现在四核设计也出现了。在 Core 2 Extreme QX9770 中，每个核有 4 个浮点算术逻辑运算单元（ALU），每个 ALU 包括一个加法单元和一个乘法单元，总共 32 个浮点运算单元。对比之下，NVIDIA GeForce 9800 GTX GPU 有 16 个核，每个核心有 8 个浮点 ALU，每个 ALU 有两个乘法单元和一个加法单元，总共 384 个浮点运算单元。尽管 CPU 核心的时钟频率大约是 GPU 核的两倍（3.2GHz：1.5GHz），但 GPU 中的浮点单元数使得它的 GFLOPS 是 CPU 的 5 倍以上（576：102）。

综上所述，在 2009 年 GPU 持续保持比 CPU 明显高的性能，这是因为它们采用并行方式执行更多的计算。与 CPU 相比，它们通过把更大比例的硅面积投入计算功能上来实现这一目的。截至 2013 年，这一趋势并没有放缓的迹象。在下面几节中我们会进一步讨论 GPU 的并行机制。

38.3 体系结构与实现

当你编写使用 GPU 进行图形绘制的代码时，并非直接操纵 GPU 的硬件电路，而是对其抽象层进行编码。抽象层由 GPU 硬件、固件（GPU 上运行的代码）以及设备驱动（CPU 上运行的代码）共同实现，其中的 GPU 固件和设备驱动由 GPU 的制造厂商制作和维护（对于 GeForce 9800 GTX 来说，即 NVIDIA 公司），对于抽象层的实现，它们都是不可缺少的基础构件。

将抽象层同其具体的实施过程分离开，以及由此带来的效益在软件开发领域已被广泛认同。信息隐藏是 Parnas 在 1972 年提出的[Par72]。当今 C++开发者通过构建抽象类将实现细节隐藏在接口背后。在 C++开发之前，C 程序员就被告知，可通过使用函数、头文件、隔离的代码文件等来获得后来为 C++抽象类提供的各种便利。

计算机硬件的开发者甚至更早就认识到了将接口和物理实现分离开来的重要性。Gerrit Blaauw 和 Fred Brooks，与 Gene Amdahl 以及其他一些人曾在 1964 年构建了 IBM System/360，推动了计算的现代化[ABB64]，他们将系统的**体系结构**定义为"呈现在使用者面前的系统功能外观、在使用机器语言编程的人员眼中的系统的概念结构和功能行为"[BJ97]。他们使用"implementation"和"realization"两个词分别表示系统逻辑上的组织和物理上的具体实施。通过对体系结构和实现[⊖]做细致区分，使得 System/360 类似于一

⊖ 当今使用术语"体系结构"有时含有实现的意思，但是本章中我们将两者仔细地区分开。

个计算机族群，虽然各自可有不同的实现和执行方法（对应不同的成本和性能），但呈现在程序员面前却是单一的接口，并确保针对此族群中某一成员编写的代码在其他成员上亦可正确运行。

同样，在第 16 章介绍并在 15.7 节详细讨论过的 Direct3D 及 OpenGL 描述了现代 GPU 的体系结构。如同 System/360 体系结构那样，它们支持代码移植，但是更为深入。GPU 和 CPU 两者的体系结构都包含以下特点：

- 都允许配置上的差别。对 CPU 来说，包括内存大小、磁盘存量、I/O 外设；而对 GPU 来说，则包括帧缓存大小、纹理存储量以及每一 GPU 中的颜色编码方式。
- 都没有设定绝对的性能表现，允许以不同的成本和多种优化方式实现。
- 对所有输入的语义都有严格的设定（不管输入有效或无效），以进一步保证代码的兼容性。

GPU 和 CPU 体系结构的一个重要区别是在层次上：Direct3D 和 OpenGL 是通过库和函数调用来说明的，它们被编译到应用程序的代码中；而 CPU 则是由指令集体系结构（ISA）描述的，具体的指令由编译器生成。GPU 相对高层次的抽象使得 GPU 的实现具有更大的创新空间，这也许是上一节中讨论过的 GPU 性能在历史上保持更高增长率的因素之一。例如，Direct3D 和 OpenGL 都经过精心设计来支持高度并行的实现。

38.3.1 GPU 体系结构

Direct3D 和 OpenGL 给出了对抽象层的严谨、详细的说明，也适合于描述体系结构，但这里我们并不完整地给出其中任何一个界面的定义，而是建立一个在选定细节层次上与上述两种体系结构相一致的简化的管线模型。图 38-3 是此体系结构的一个框图。

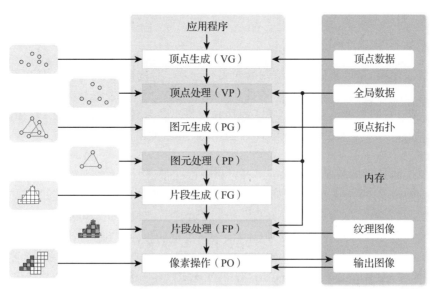

图 38-3　图形管线。此细节层次同时符合 Direct3D 和 OpenGL。箭头指示了绘制过程中的数据流

就像读者在前面的章节中见到的那样，图形学体系结构操作的对象为聚合的数据类型，这些数据类型包括顶点、图元（如三角形）、像素片段（常直接称为**片段**）、像素以及多维的像素数组（如二维图像以及一、二、三维纹理）。纹理图中的像素叫作**纹理元素**（texel）。整个流程中的操作按图 38-3 所示的固定顺序依序执行。一般而言，应用程序并不能

修改这个顺序，不过可以省略其中的某些阶段(譬如图元处理阶段)。

我们通过对单个三角形的处理来简要地回顾图形管线的操作过程(见图 38-3 左侧那一列)。由应用程序驱动，顶点生成阶段从存储的几何与属性数据(坐标值和颜色值)中创建三个顶点。接着将它们传送到顶点处理阶段，在这里执行的操作包括坐标的空间变换等，得到齐次裁剪坐标下的顶点。图元生成阶段则将裁剪后的坐标顶点组装成一个三角形，在这个过程中可能需要访问存储的拓扑信息。接下来三角形被送入图元处理阶段，在这个阶段它可能会被剔除，或为相关的图元所替换(如将它细分成四个更小的三角形)，也可能什么都不动。到达片段生成阶段后，三角形为视域锥的边界所裁剪，接着投影到屏幕空间，进行光栅化。在输出图像中为被三角形投影所覆盖的每一像素各自生成一个**片段**(片段指三角形上投影在相关像素上的局部几何区域)。片段处理阶段执行光照计算，访问纹理图像，为每个片段着色。最终，着色后的片段被合并到输出图像的对应像素中。在像素操作阶段执行的操作包括比较 z 值的大小、对颜色做简单的算术运算，以决定当前片段的颜色能否(以及如何)影响或替换相应像素的颜色。

上述管线中的三个阶段——顶点、图元和片段的处理阶段——可在应用程序中进行编程。通常会为片段处理阶段指派一个简单的程序(在应用程序中采用 C 或类似语言编写)，每个片段均执行此程序。类似地，对顶点和图元处理阶段也各指派一个程序分别对每个顶点和图元实施相应的操作。每个可编程的处理阶段都支持浮点运算、逻辑运算及条件流程控制、对全局数据的索引和对纹理图像的滤波采样(即插值)，后两者都保存在主存内。剩下的几个阶段——顶点生成、图元生成和片段生成阶段以及像素操作阶段——均称为固定功能阶段，因为它们无法在应用程序中编程(通常通过各种模态说明进行配置)。

现代图形体系结构支持两种类型的指令，一类用于设置状态，另外一类则用来启动绘制操作。因此，绘制处理涉及两步：设置所有必需的状态；运行绘制管线来启动绘制操作。[⊖]顶点数据及其拓扑关系、纹理图像以及应用程序中与相关处理阶段相关联的程序都是管线状态的重要组成部分。另外，每个固定功能阶段所附的模态状态决定了操作的细节(例如在片段生成阶段实施光栅化时是否进行反走样处理)。图 38-3 强调的是绘制过程而不是状态设置，两者都忽略了模态状态，注意大容量存储器的状态(例如纹理图像)为只读取状态。

图形管线体系结构的某些性质对图形应用以及 GPU 实现有很大影响。其中一条性质是，在进行绘制操作时所有的大存储器的状态均为只读取而不能输出图像(倘若允许写操作，将会使并行系统中所有处理器的存储器状态值难以**保持一致**[见 38.7.2 节])。操作的先后顺序也许更为重要。在绘制(片段必须按照其相关三角形进入管线的顺序输出到图像)以及更改状态时(在状态变动之前已启动的绘制操作不会受该状态更改所影响，它只影响状态更改之后才调用的绘制操作)都涉及操作的先后顺序。依序绘制给 GPU 的实现者带来了很大的挑战，而大存储器为只读状态(如在绘制操作中不允许更改纹理存储)则简化了这个任务。反过来，应用程序开发者常为只读状态的语义所约束，不过他们同时却获得了依序绘制语义所带来的便利。进行体系结构设计时需要弄清楚两者之间的冲突并进行最优的权衡。如果两者之中只有某一方面的人对设计的体系结构完全满意，那么它可能不是正确的方案。这一点非常重要，故我们将其归纳为一条基本原则。

⊖ 早期的 OpenGL 接口提供了指令，可同时指定顶点状态以及启动绘制(即第 16 章所述"即时模式"绘制)，从而模糊了这一区别。

✓ **设计权衡准则**：进行体系结构设计时需要找出实现者和用户在需求上的冲突，并做出最好的权衡。

38.3.2　GPU 实现

现在我们将注意力转到 NVIDIA GeForce 9800 GTX 图形管线体系结构的实现上来。图 38-4 给出了此实现的框图。图中各模块的名字都经精心选择，以揭示它们与图 38-3 展示的图形管线框图中模块的对应关系。图形管线框图中的顶点、图元及片段生成阶段和实现框图中的同名模块之间具有一对一的对应关系。相反，图形管线中的三个可编程阶段则对应于 16 个核(core)、8 个纹理单元(TU)以及称为"任务队列和分配"的模块的集合。这些高度并行、可针对应用进行编程的计算核的复合体及固定功能硬件是 GTX 实现的中心环节(对此我们还会做更多的说明)。最后，对应关系还包括图形管线中的像素操作阶段与实现框图中的四个 pixel ops 模块相对应，以及图形管线旁边的大存储模块与实现框图中的 8 个 L1$、4 个 L2$ 以及 4 个 GDDR3 存储块的组合体相对应。实现框图中的 **PCIe 接口**和**内部连接网络**两个模块代表了一个重要机制(在体系结构图中没有画出)。其他一些重要的模块，比如显示刷新(定时地将输出图像中的像素传输到显示器上)及存储控制逻辑(一个高度优化的复杂电路)在实现框图中被省略了。

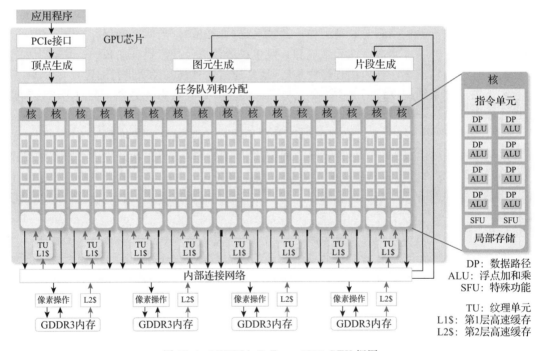

图 38-4　NVIDIA GeForce 9800 GTX 框图

38.4　并行化

几十年来晶体管的数量和性能一直呈指数律增长，从而为计算机系统设计者提供了丰富的资源来设计和构建高性能系统。从根本上讲，计算是对数据实施的操作。**并行化**由于可以对同时实施的操作进行组织和协调，成为实现高性能操作的关键。本节讨论的主题就是并行化。与数据相关的性能讨论放在 38.6 节。

我们对同一时间内做多件事情并不陌生。例如，你可能一边开车或刷牙，一边在思考计算机图形系统的结构。在计算领域，如果两件事同时在处理，我们就说它们是并行实现的。在本章中，我们进一步将其区分为真并行和虚拟并行。**真并行**（true parallelism）指对物理上同时发生的操作各自采取独立的运行机制；**虚拟并行**（virtual parallelism）采用的则是单一机制，该机制在顺序执行的任务间快速进行切换，从而构建出这些任务同时运行的效果。

我们在使用一台计算机时所见到的并行大多为虚拟并行。例如，鼠标的拖动和滚动条的移动看起来是同时发生的，但实际上它们是由单一的处理单元分别计算的。通过计算资源的共享和根据计算量需求按比例分配资源，虚拟并行可提高计算的效率，但是其性能的提升并不能超过单一处理器计算能力的峰值。

为了提高计算性能，所有的计算机硬件需要采取真并行的运行方式。例如，即使对于每次执行一条指令的标量处理器，其硬件实现实际也是高度并行的。它采用了独立的专用电路分别执行地址转换、指令解码、算术运算、程序计数器增长及很多其他操作。在更精细的细节层次上，地址转换和算术运算使用二进制加法电路。它们采用了可并行操作的按位全加器和"快进"（fast-carry）网络，可在单个指令周期内计算出所需结果。在现代高性能的集成电路中，最长的顺序执行路径通常不超过 20 个晶体管，而整个电路需要数十亿个晶体管，可见整个电路必然是高度并行的。

由于真正的硬件并行是面向计算过程的设计，不能从体系结构的角度予以定义。作为替代，体系结构的并行性可以通过虚拟并行（通过共享硬件电路）和真并行（采用独立硬件电路）或者两者的结合来实现。为了便于理解这些替代的方式，并说明并行化一直以提高计算性能为中心，我们将简要介绍一个有几十年历史的老系统：CRAY-1 超级计算机的体系结构及实现。

CRAY-1（见图 38-5）由 Cray Research，Inc 研发，主要是为了满足美国国防部的计算需求。在 1976 年首次推出时，它是世界上最快的标量处理器：指令周期 12.5ns，每秒可执行 8000 万指令[⊖]。浮点运算的峰值达到每秒 2.5 亿次，指对多达 64 个操作数的向量执行算术运算的特殊指令。具体来说：**向量数据**从存储器提取，存储在 64 位向量寄存器中，并通过**向量算术指令**进行操作（例如，对于两个向量，执行向量加法或对应向量元素相乘的向量积），计算结果返回主存储器。

图 38-5　CRAY-1 超级计算机在 1976 年问世的时候，是当时世界上最快的系统（由 Clemens Pfeiffer 提供。原图地址为 http://upload. wikimedia. org/wikipedia/commons/f/f7/Cray-1-deutschesmuseum. jpg）

⊖　这里提供的是一种简化分析。在有些标量运算的情形中，CRAY-1 每周期可执行 2 条指令。

由于对各向量元素执行的操作彼此之间互不依赖(计算任意一对向量元素的和与计算其他任何一对向量元素的和互不相关),一条向量指令所含的 64 个操作可以同时进行计算。原则上,这样实现是可能的,但若基于目前的射极耦合逻辑电路(ECL)所能达到的电路的密度,这样做是不切实际的。确实,倘若这一实现是可行的,则峰值性能可以达到 $64×80\,000\,000=5120\text{MFLOPS}$,超过现有峰值性能 20 倍。实际上,对 64 个数据对同时进行运算的体系结构并行化是通过虚拟并行来实现的(64 个操作数的算术运算由同一个算术电路按序完成)。

使用**流水线**并行技术大致可以将标量算术运算的峰值性能提高 3 倍。这里采用了两种特殊的电路方案。首先,由于采用单一 ECL 电路很难在 12.5ns 内完成浮点运算,设计者将浮点运算电路划分成几个阶段:加法运算分解为 6 步,乘法分为 7 步,交换操作分为 14 步。每一步在单个周期内执行一部分操作,然后将这一步的结果传送给下一阶段。这样一来,浮点操作被划分到流水线的不同顺序阶段(如操作数对齐、溢出检查),所有阶段的操作同时进行。在每个周期,每个浮点计算单元的最后一个阶段都会产生一个结果。由于单个阶段的操作大为简化,可在 12.5ns 的周期内执行完毕,因此可以达到 80MFLOPS 的性能。其次,流水线的链式机制允许一条向量指令的运算结果马上用作第二条向量指令的输入(因该结果已计算好),不用等待第一条向量指令的 64 个操作全部完成。这使得小型的向量复合运算(比如 $a×(b+c)$)只需比单个向量运算稍微多花一点时间(图 38-6)。最佳情形是,所有三个浮点处理器都处于工作状态,阶段流水线加操作的链式结构能使计算性能维持在 250MFLOPS。

并行化的另一个重要特征是任务和数据并行。**数据并行**是对具有相同结构的不同数据元素执行相同操作的一个特例,CRAY-1 的向量指令所指定的数据并行操作可对多达 64 对浮点数执行相同的操作。**任务并行**是在各个数据集上执行两个或多个不同操作的一般情形。流水线并行(例如 CRAY-1 的浮点运算电路分阶段和链式操作)是任务并行的一种特定组织形式。任务并行的其他例子还包括并发程序的多线程、运行于单个操作系统上的多个进程以及虚拟机上的多操作系统。

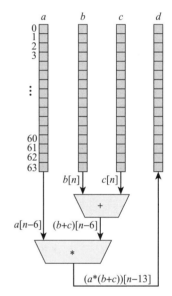

图 38-6   在 CRAY-1 超级计算机上采用链式方法计算向量表达式 $d=a×(b+c)$ 的值。浮点加法单元采用 6 步算出结果,乘法则需要 7 步

GPU 并行也可以根据这些特征进行划分。GPU 架构(见图 38-3)是一个任务并行的流水线。GeForce 9800 GTX 的 GPU 流水线结合了真流水线并行和虚拟流水线并行。固定功能的定点、图元和片段生成阶段采用独立的电路实现(属于真并行)。可编程的顶点、图元和片段处理阶段采用单一计算引擎,引擎为这些不同的任务所共享。这个昂贵的计算引擎占据了 GPU 电路中相当大的一部分,可根据正在运行的应用程序的实时需求进行动态分配,属于虚拟并行方式。真并行方式因将固定数量的电路分派给流水线任务,故仅对可将顶点、图元和片段的工作负荷转向静态的、指定具体电路的分配具有高效率。固定功能阶段规定采取这种静态分配方式。这类电路只占整个 GPU 的一小部分,因此提供这类电路并不会显著增加 GPU 的成本。

以流水线分阶段方式实现任务并行仅仅是 GeForce 9800 GTX 运行中并行层次结构的最顶层(往下一直到将晶体管分成若干小组)。稍下一层的并行结构是以任务并行方式运行的 16 个计算核以及宽度为 16 的向量处理器,其中每个计算核为数据并行。与 CRAY-1 不同(以虚拟并行方式进行向量运算),GeForce 9800 GTX 对向量的操作为虚拟并行和真并行的混合——具有一个独立的电路系统,可提供 8 条向量数据处理的路径。在对包含 16 个元素的向量进行处理时,任何一条路径都会用到两次(这一并行电路系统体现为 16 个核中的每个核都有 8 条数据通路[DPs],见图 38-4)。由于单个解码指令施加在每一个向量元素上,真并行的向量实现有时也称为 SIMD(单指令多数据)。与标量计算核(SISD)相比,SIMD 核可以在单位硅面积上执行更多的计算(GFLOPS),因此更令人满意。对于 GPU 实现,计算速率是必然会优先考虑的因素。

GPU 核的 SIMD 向量实现并未直接体现在其体系结构上(与 CRAY-1 的向量指令相比),了解这一点很重要。虽然对每一个元素(以顶点为例)而言,GPU 程序模型执行相同的程序,但顶点程序可能包含分支,每个顶点转入的分支可能有所不同。GPU 实现包含了执行**预测**的额外的电路单元。当所有 16 个向量数据元素转入同一分支路径时,处于满效率操作状态。如果其中某一分支有所不同,向量数据元素就会被分为两组:一组转入其中一个分支路径,另一组转入另一分支路径。两个分支程序相继执行,不属于当前执行路径的分支被封锁(38.7.3 节中的图 38-9 给出了分叉和非分叉的预测执行图)。嵌套的分支则导致进一步的分组。极限情况下,每个元素均需分别进行计算,但这种极限情形极少出现。因此,单程序多数据(SPMD)架构是基于可预测的 SIMD 计算核来实现的。

38.5　可编程性

我们通过一个简单的例子展开对可编程性的讨论。代码清单 38-1 是采用 Direct3D 高级着色语言(HLSL)编写的完整的片段处理程序。该程序为图元光栅化生成的每个像素片段[⊖]指定需执行的操作。尽管这些操作通常很复杂,但本例中指定的操作非常简单:每个片段颜色的红、绿、蓝以及 Alpha 通道分量受浮点变量 brightness 影响被衰减。"着色器"这一术语取自于 Pixar 的 RenderMan 着色语言,通常指用来进行片段处理的程序(以及顶点和图元处理程序),不过其功能远不止单纯计算颜色这么简单。

代码清单 38-1　一个简单的 HLSL 片段处理程序(Microsoft 称其为"像素着色器")。片段的颜色为浮点变量 brightness 所衰减

```
1  float brightness = 0.5;
2
3  struct v2f {
4      float4 Position : POSITION;
5      float4 Color : COLOR0;
6  };
7
8  struct f2p {
9      float Depth : DEPTH0;
10     float4 Color : COLOR0;
11 }
12
13 // attenuate fragment brightness
```

⊖　此处"片段"指光栅化产生的数据结构,是流水线中片段处理阶段的操作对象。它有别于帧缓存器中存储的数据结构,后者被 1992 年的 OpenGL 版本称为片段,并在此后成为工业标准。Microsoft Direct3D 和 HLSL 则将这两者都称为"pixel",从而模糊了其间的差别。HLSL 更是将其程序中可分离的一段代码称为"片段"。请读者留意。

```
14  void main(in v2f Input, out f2p Output) {
15      Output.Depth = Input.Position.z;
16      Output.Color = brightness * Input.Color;
17  }
```

HLSL 采用了 C 和 C++ 的编程人员所熟悉的风格。类似 C++ 的语法，着色器的第一行声明变量 brightness 为一个全局浮点变量，初始值为 0.5。如同 C++ 程序，该值可以被非局部代码所修改。在 HLSL 中，这类非局部代码包含 Direct3D 应用中驱动 GPU 流水线的相关代码。举例来说，应用程序可以调用 Direct3D 函数将 brightness 的值修改为 0.75。

```
SetFloat("brightness",0.75);
```

结构 v2f 和 f2p 的定义方式与 C++ 语法非常相似，在 HLSL 中它们有两个额外的属性：向量数据类型和相应的语义。**向量数据类型**（例如 float4）是一个速记符号，类似于 C++ 中的数组 typedef，但是有一些额外的功能。该符号可用于标记长度为 2、3、4 的向量，同时也适用于正方阵（例如 float 4×4）以及所有的 HLSL 数据类型（例如 half、float、double、int 和 bool）。**语义**是一些预定义的标记（例如 POSITION 和 COLOR0），通过冒号和变量名（例如 Position 和 Color）分开。语义标记将 HLSL 程序中的变量与流水线的固定功能阶段机制联系在一起（更具体地说，将应用编写的着色器程序和由体系结构确定的固定功能机制连接在一起）。

片段着色器中的操作由 main 函数指定。变量值通过 v2f 类型的结构变量 Input 输入，其结果通过 f2p 类型的结构变量 Output 输出。在 main 函数主体中，输出的深度值设置为输入深度值，而输出的颜色值被设置为衰减后的输入颜色值。值得注意的是，HLSL 按照数学的方式定义向量（Input.Color）与标量（brightness）的乘法运算——运算结果为相同维度向量，每一个分量的值乘以该标量值。

从 Direct3D 10(2006) 开始，HLSL 成为编程人员使用 Direct3D 编写顶点、图元和片段着色器的唯一语言。早期的 Direct3D 版本包含类似汇编语言的接口，该接口在 Direct3D 9 中受到批评，并为 Direct3D 10 所弃用。因此，HLSL 是 Direct3D 体系结构的一部分，编程人员可以通过 HLSL 指定着色器的操作。本节无意提供一个 Direct 3D 着色器的编码教程，不过这个简单的代码示例确实包含了很多关键的思想。

关于这个简单的着色器的运作过程有一个很实用的比喻：着色器就像作用在流水上的加热器。正如水流经管道一样，像素片段按顺序输入着色器。然后对每一个输入的像素片段施加一个简单的操作，就像加热器对每一个水流单元进行加热一样。最后像素片段被输出供后续处理，犹如水流经管道出口从加热器流出。这个比喻确实贴切，因此 GPU 处理过程常被称作**流水处理**。这也是本节中我们讲述 GPU 可编程性的思路。不过下一节将会考虑一个对 GPU 实现有明显影响的重要例外。

在通用 CPU 上编写高度并行的代码是困难的——估计仅有一小部分计算机程序员所编写的并行代码能执行可靠的操作并获得倍增的性能[⊖]。相对而言，编写着色器代码是一项相对简单的任务：甚至连初级程序员都可以获得正确以及高性能的结果。两者难度上的不同源于 CPU 的通用体系结构与 GPU 的专用体系结构的差别。GPU 采用单指令多数据

⊖ 很容易编写一段代码来开发 CPU 在电路层次上的并行性能，通过同时运行多个程序，亦可开发操作系统的虚拟并行能力。但开发中间层次的并行性（在单一程序内多线程任务并行）并不容易。

(SPMD)模式，着色器编写者只需考虑单一的顶点、图元或片段，由 GPU 实现来考虑如何保证着色器按正确顺序运行且处理的数据是正确的等所有细节，并高效地利用数据并行电路。而 CPU 程序员在编程时却必须对并行性予以仔细考虑，这是因为编写代码时需指定线程级并行所需的全部细节。

尽管 GPU 编程被体验者认为是一种新的、令人鼓舞的发展，但 GPU 编程的历史与GPU 本身一样悠久。1978 年问世的 Ikonas 图形系统［Eng86］为应用开发者提供了一个可全编程的体系结构。10 年后 Trancept 提出了 TAAC-1 图形处理器，它包括一个 C 语言的微程序编译器，以简化应用专用程序的开发。这些早期 GPU 的体系结构类似于一种扩展的 CPU 体系结构；它们与更为专用的流水线体系结构几乎没有相似之处，而后者则是本章讨论的主题。自 20 世纪 80 年代初以来，流水线体系结构一直与主流的 GPU 实现方式共同发展。与类似于 CPU 的体系结构不同，流水线结构在 2001 年 OpenGL 和 Direct3D两者扩展之前一直不支持应用专用程序（着色器）。但从那以后，对着色器的支持成为GPU 的典型特征。

虽然为应用程序员提供可编程性有所延迟，但从一开始，基本上所有 OpenGL 和 Direct3D 的执行程序都是它们的开发者编写的。例如，可编程逻辑阵列（PLA）指定了几何引擎的行为，在 80 年代早期曾为 Silicon Graphics 公司图形业务的核心，它就是在电路制造前使用斯坦福开发的微代码汇编器编写的。随后开发的 Silicon Graphics 的 GPU 包含了微代码计算引擎，该引擎可以在交付后以软件更新的形式重新编程。不过应用程序员不能对这些程序进行更改，他们只能在类似于固化的流水线体系结构约束下设置 GPU 操作的相关模式。

主流的 GPU 在 80 和 90 年代一直将可编程性隐藏在模态体系结构的界面之后，这其中有几个原因。直接原因是，不同 GPU 之间的编程模型显著不同，将其实现方式提供给编程人员会导致在技术升级后，原有的应用程序需要重新编写，从而损害向前兼容性，而这是所有计算体系结构所秉持的关键原则（程序员合理地认为他们的程序不需要修改就可以运行于未来的系统上，甚至会更快）。今天的 GPU 驱动器通过将高层的、独立于具体实现的着色器代码交叉编译成低层的、与具体实现相关联的微代码，解决了这个问题。不过这些软件技术在 80～90 年代尚在成熟过程中，那时候它们在 CPU 上运行非常缓慢。

可以依据计算机性能呈指数提高以及复杂度不断提升的背景，将上面所述以及其他的一些原因做如下总结：
- **需求**：GPU 性能的增长造就了对面向应用的可编程性的需求，一是为了在交互速度下支持更复杂的操作，二是因为这些操作的模态说明变得越来越复杂。
- **GPU 硬件能力**：80、90 年代的高性能 GPU 采用了由不同厂商提供的多种部件。随着晶体管数量的提高，现代 GPU 可由一块单独的集成电路实现。单芯片实现给设计者提供了更多的控制，可以通过最小化不同代产品在实现上的差异来简化从高层语言到 GPU 微代码的交叉编译过程。
- **CPU 硬件能力**：增长的 CPU 性能使得 GPU 驱动软件能以足够的性能（在编译和生成微代码两方面）执行（简化的）从高层语言到硬件微代码的交叉编译。

38.6 纹理、内存和时延

到目前为止，我们在对并行性和可编程性的讨论中一直将图形管线（流水线）作为**流式处理器**对待。处理器对各个预先定义的小规模的数据单元（图形管线中的顶点、图元、片段等)实施操作，并未读取更多的外部存储器中的数据。但现实中的图形管线并无这样的限制。相反，如图 38-3 所示，除了从管线的上一阶段中获得数据外，管线的大多数阶段均可访问更一般的存储系统。在本节中，我们以纹理映射作为典型例子，来说明访问这种存储系统所带来的机遇和性能上的挑战。

38.6.1   纹理映射

在第 20 章曾讲到，纹理映射是将图像数据映射到一个几何图元上。在图形管线中，纹理映射分两步实施：映射和估值。

映射步骤将一个图元的几何坐标映射为纹理图像的图像空间坐标。在现代图形管线中(见图 38-3)，它通过将纹理图像坐标关联到几何图元的顶点来实现。该纹理坐标可在应用程序中通过类似于 OpenGL 的 TexCoord* 命令的界面直接指定，或由顶点着色器通过计算来间接确定(即由运行于管线顶点处理阶段的应用专用程序来生成纹理坐标，或修改它关联的纹理坐标)。为了确定各像素片段内表面采样点的纹理坐标，可基于采样点在图元内的位置对相关顶点的纹理坐标进行线性插值。像素中心采样点的纹理坐标插值是图形管线中片段生成阶段光栅化处理的一部分。尽管对图元的几何坐标进行插值是线性的，但它是在保存于帧缓存中的已变形的投影坐标系中实施的，从数学上讲，每次映射都需执行一次高精度的除法运算(对光栅化生成的每个像素片段都需执行一次)。虽然对现代 GPU 而言，执行这一除法的代价无足轻重，但对 80 年代来说却是非常大的负担，这也是为什么当时只有昂贵的、特定的图形系统，比如飞机训练模拟器，才提供有纹理映射功能的一个重要原因。

估值[-]也是一个插值过程。但不同于纹理坐标插值只需访问关联在图元顶点上的少数纹理坐标，估值需访问纹理图像中的多个像素(称之为**纹理元素**)。注意到纹理图像可能非常大，Direct3D 10 支持包含 4096×4096 个纹理元素的图像，需要至少 800 万字节的存储空间。因此，大规模的内存访问(纹理映射步骤一般无此要求)对纹理估值而言是最基本的需求。

图像等同于二维的颜色表，而基于表的插值(基于规则空间分布的离散数据点集通过计算其邻近数据点的加权平均来构建新的数据点)是一个基础的数学运算，许多非图形系统均可提供。MATLAB 中大量使用的 interp1、interp2 和 interp3 命令即为很好的例子。这些命令可在一维、二维、三维数组所定义的空间内构造新的数据点。纹理图像插值在 OpenGL 和 Direct3D 中均有提供，但优先于应用程序的可编程性，它们被隐藏于固定功能的纹理映射机制之内。

现在的 Direct3D 和 OpenGL 着色语言如同 MATLAB 一样，公开了面向一维、二维和三维纹理图像的表插值的一维、二维和三维版本。重要的是，这些图像插值函数可基于待估值图像的位置参数进行插值。(不论图像的尺寸，0 和 1 之间的参数均定义从图像的一边到另一边的位置。位于 0~1 之外的参数根据之前的指定可被翻卷、被反射或被裁剪掉)。因此，着色器可使用在光栅化阶段生成的图元插值坐标(即它们能执行传统的纹理坐标映射)或选择采用由其他任意纹理图像插值函数计算得到的纹理坐标。这种更为灵活的纹理图像插值是现代 GPU 强大的功能，但是，这也使它的实施变得复杂化(参见 38.7.2 节)。

代码清单 38-2 修改了代码清单 38-1 所给出的片段着色器例子中基于常量的颜色衰减方式，其衰减转而由一个一维纹理图像(brightness_table)来定义。如同之前的全局变

［-］   估算纹理图像上某一区域的平均纹理值。——译者注

量 brightness, brightness_table 在绘制之前由应用程序指定并在绘制过程中保持不变。但与 brightness 存储在 GPU 寄存器(如图 38-4 的内核)中不同, brightness_ table 属于大容量存储器状态(参见 38.3 节), 存储在芯片外的 GPU 存储器系统(如图 38-4 的 GDDR3 存储器)中。代码中的采样器 s 是一个简单数据结构, 它指定一张纹理图像(brightness_table)和对它进行估值的技术(在纹理元素之间执行线性插值)。

代码清单 38-2   另一个简单的 HLSL 片段着色器

```
 1  texture1D brightness_table;
 2
 3  sampler1D s = sampler_State {
 4      texture = brightness_table;
 5      filter = LINEAR;
 6  };
 7
 8  struct v2f {
 9      float4 Position : POSITION;
10      float4 Color : COLOR0;
11      float TexCoord : TEXCOORD0;
12  };
13
14  struct f2p {
15      float Depth : DEPTH0;
16      float4 Color : COLOR0;
17  }
18
19  // attenuate fragment brightness with a 1-D texture
20  void main(in v2f Input, out f2p Output) {
21      Output.Depth = Input.Position.z;
22      Output.Color = tex1D(s, Input.TexCoord) * Input.Color;
23  }
```

输入结构 v2f 中增加了第三个分量 TexCoord, 其语义为 TEXCOORD0, 它指定了被估值的纹理区域的位置。在 main 主程序中, 调用一维纹理映射函数 text1D, 其参数包括采样器 s(指出将对 brightness_table 进行线性插值)和纹理坐标 Input.TexCoord(指出 brightness_table 插值的位置), 该函数返回一个浮点数结果。然后 Input.Color 向量(包含四个分量)乘以该值进行缩放, 衰减后的四分量颜色向量被赋给 Output.Color。

纹理图像插值过程可进一步细分为三步。

1) **地址计算**: 基于给定的插值坐标, 计算与之邻近的各纹理元素的存储器地址。

2) **数据访问**: 从内存中读取这些纹理元素的颜色值。

3) **加权求和**: 基于给定的插值坐标, 计算每一个被访问纹理元素在采样区域中所占的权重, 计算相关纹理元素颜色的加权和并返回结果。

GPU(如 GeForce 9800 GTX)采用硬件实例并行方式依序执行这些步骤(作为数据并行操作的流水线来实施)。在这三步中, 加权求和的并行化是做得最好的: 本例中的一维插值只需要将两个权重值相加, 但是二维和三维的图像插值则需对 4 个和 8 个值进行求和。

图像插值方法可对图像进行准确采样, 但高品质的图像重建同时需要图像样本的精确度和足够的样本数。倘若样本数量不足, 则会导致走样(即在重建生成的图像中对应于原采样图像中高频细节的部分呈现出低频走样)。这类走样在静止图像中固然令人不快(见图 18-10 和图 18-11), 但在动态三维图形显示时却更令人讨厌, 因为它们所引入的虚假运动会吸引并误导观察者的注意力。现代图形系统的设计目标之一就是使这种走样最小化。

通常, 图像的重建是在帧缓存中实现的。每一个帧缓存像素的颜色均由像素-片段着色器在纹理图像中提取一个采样点,以该采样点的纹理值来指定(如代码清单 38-1 中的着色器例子)。在这种方式下,仅当相邻的帧缓存像素所对应的两个纹理图像采样点在纹理坐标空间中的距离不超过一个纹理元素才能实现合适的图像采样⊖。单个帧缓存像素间距所对应的纹理坐标空间距离是一个关于模型几何、变换和投影的复杂函数,一般而言并不能在光栅化之前予以预测,因此片段着色器存在欠采样和走样的风险。解决方法之一是在编码时对欠采样的情形进行了检测和必要的补偿。不过编写这样的着色器并不可取,原因之一是在最坏的情况下(当整幅纹理图像对应于一个帧缓存像素),这种补偿会要求单个片段着色器访问纹理图像的每一个纹理元素并做加权求和。

　　GPU 通过把这一过程分解为两步来解决这个问题:预绘制(只需执行一次)和实时的绘制处理(通过 Tex1D 一类的插值指令来检测欠采样,如有必要,可在常数时间内对其进行补偿)。在 1983 年,Lance Williams[Wil83]第一次发布了这种被称为 MIP-map 映射的两步方法。

　　在 MIP-map 映射的预绘制阶段,构建包括原始纹理图像在内的纹理图像的多分辨率版本(见图 38-7)。原始图像的各向尺寸虽然不必相等但必须为 2 的幂次。首先通过高品质滤波(避免走样)生成原始图像 1/2 分辨率的压缩版。然后重复这一过程(生成 1/4 分辨率,1/8 分辨率版本,等等)直至压缩图像在所有方向的尺寸都等于单位值为止。如果原始图像的各向尺寸不同,小尺寸的方向会先达到单位长度,然后继续保持单位长度,直至算法结束。

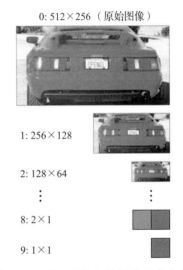

0: 512×256 (原始图像)

1: 256×128

2: 128×64

⋮

8: 2×1

9: 1×1

图 38-7　MIP 映射包括原始图像和重复尺寸减半的缩略图。最小的图像只有一个像素

　　三角形光栅化一次会生成四个像素片段,称为**片段四元组**(quad fragment),每组对应一个 2×2 像素的帧缓存区域。光栅化成片段四元组的唯一目的是以可靠和廉价的方式保证纹理采样点之间的间距合理⊜。计算一维纹理采样点间的间距是一个简单的差分问题。正确地估计二维和三维纹理采样点间的间距需计算各差分平方和的平方根,但是有时也用差分之和作为保守的估计以减少计算量。从左到右和从上到下各采样点之间的间距都需计算。基于这些间距值,可计算出一个代表性的间距 ρ。如果 $\rho \leqslant 1$,意味着对纹理图像的采样是充分的。算法将在原始纹理图像上实施纹理图像插值,并返回所得到的结果。

　　如果 $\rho > 1$,在原始纹理图像上进行纹理插值会导致走样。但采用第一级 MIP-map 图像进行插值时仅当 $\rho > 2$ 时才会出现走样,而在第二级 MIP-map 图像上进行插值时仅当 $\rho > 4$ 时才发生走样。一般而言,假设 $n = \lceil \log_2 \rho \rceil$,选取第 n 级 MIP-map 图像上执行插值即可避免走样。

　　虽然采用第 n 级 MIP-map 图像执行插值避免了上述走样,但是却引发了自己的走样问题,特别是在动态三维图形显示时较为明显。这是因为当屏幕上相邻像素的颜色值来自

⊖　参阅第 18 章有关采样、重建和走样的讨论。

⊜　此处还有片段四元组光栅化的代价,参阅 Fatahalian 等的[FBH+10]。

不同层级的 MIP-map 图像时会导致颜色不连续，这种不连续性将随着物体和摄像机的运动而移动。为了避免出现这一情形，需要再做一次插值⊖。我们在第 n 级和 $n-1$ 级的 MIP-map 图像上进行插值（$n=0$ 对应于原始纹理图像）。然后再用 $\lceil \log_2\rho \rceil - \log_2\rho$ 作权重因子对这两个插值结果进行插值。当这一方法应用于二维纹理图像时，有时也将它称为**三线性 MIP-map 映射**，意指插值是在三个维度中进行的：对两个空间图像的插值以及在它们结果之间的插值。但是这个术语并不准确而且应该避免，例如，对只有一个 MIP-map 层级的三维纹理的采样也是三线性插值的。

现代 GPU 中的纹理映射算法是非常复杂的，在上述简短的讨论中许多重要的细节被简化甚至忽略了。要了解一个简洁但充分描述全部细节的纹理映射或是任何一个特定的 GPU 架构，请参考 OpenGL 说明书。这个说明书的最新版本可在 www.opengl.org 下载。

38.6.2　内存基础

为了理解对内存的访问和读取是怎样并为什么使得高性能 GPU 的运行（特别是它们的纹理映射能力）变得复杂化，我们现在专门讨论一下内存。

内存是一种状态。从抽象、理论上的意义说，一比特存储在一个存储器芯片上、存储在寄存器中和作为有限状态机的一部分并无区别。每个比特都只有两种状态，真或者假，每个比特的值都能进行查询或被指定。在这个意义上说，所有的比特是同等的。

但是，所有的比特并非一样。区别在它们的位置。具体而言，是比特的物理位置和依赖于（或改变）其值的电路位置之间的距离。理想情况下，所有的比特应位于紧靠其相关的电路的地方。但在实践中，只有少数位于这样的位置。原因是多方面的，但从根本上来说是因为各比特的存储位置在物理上必然存在差异⊖。这为区分**内存**（大量的比特的聚合，这些比特必然与它们的相关电路相隔较远）和简单**状态**（少量的比特的聚合，且与相关的电路掺杂在一起）提供了依据。

为什么距离很重要？从根本上说，是因为信息（一个比特的值）传输的速度不能超过每纳秒 1/3 米。按我们的日常经验，这一极限（光在真空的传播速度）并不重要，我们似乎没有感觉到光的传播是需要时间的。但对高性能系统而言，这一限制却至关重要。举例来说，在英特尔酷睿 2 至尊版 QX9770 CPU（参见图 38-1）0.31ns 时钟周期（3.2 千兆赫）内，一比特传输的距离不超过 10 厘米。这是最好的情况，而且从未实现过！在实践中，信号传播从未超过 1/2 光速，在密集的电路系统中极易降为 1/10 光速或更低。在一个时钟周期内这是一个极小的宽度。引用 CRAY-1 超级计算机的设计师理查德·罗素的话，"在计算机设计中更小意味着更快。"事实上，在选择 CRAY-1 类似于情侣座的形状（见图 38-5）时考虑的是最小化其信号线的长度[Rus78]。

在实践中，距离不仅增加了比特传播到内存（或从内存中传出）所需的时间，也减小了**带宽**（比特信息传播的速度）。单个状态的比特可以通过关联电路一对一地连接，因此它们的状态可以并行传输，实际传输速度并无限制。但更大的存储器不能用线一一连接，因为布线的成本实在是太高：由于需要用到大量的线，各自的成本将随线的长度增加。特别是，各集成电路之间的连接线的成本比集成电路内部的连接线高得多（况且这样也会使问题复杂化，消耗更多的能源却更慢）。但大容量内存采用特殊制造技术进行了优化，这种

⊖　这一问题连同其解决方法在动态三维图形学中会反复遇到，此时需对可能导致相邻帧画面之间不连续的任何算法进行插值以避免出现这种问题。

⊖　量子存储方式，如全息摄影，可在将来放宽这一限制，但这类方法尚未用于当今的计算系统中。

技术与生产逻辑和状态电路的技术不同，所以它们通常作为单独的集成电路来实施。例如，图 38-4 所示的四个 GDDR3 存储块是独立的集成电路，每个存储十亿比特。但它们与 GeForce 9800 GTX GPU 的连接只用了 256 根线，每根线平均 1600 万比特。

减少内存和关联电路之间的连接线意味着降低带宽，无疑也增加了延迟。倘若需要查询或修改某一存储的比特，需要通过电路来指定具体是哪一位。我们将这种指定称为存储器**寻址**。由于比特是通过连接线进行多对一映射的，故寻址必须在连接线的存储器一端实施。因此，执行存储器查询的电路必须忍受两方面的传输延迟：一个将地址传送到存储器，第二个是返回查询数据。这两次传输所需的时间，加上存储器电路执行查询本身需要的时间，称为存储器的**时延**⊖。总之，时延和带宽是最重要的两个与存储相关的约束，系统实现者必须予以考虑。

有了这一些理论背景，我们来考虑一个重要的实际例子：动态随机存取存储器（DRAM）。DRAM 之所以重要，是因为其巨大的存储容量（2009 年单个 DRAM 芯片可存储 40 亿比特）和高读写性能，这使得它成为大规模计算机存储系统的最佳选择。例如，在图 38-1 的 PC 框图中基于 DDR3 的 CPU 存储器和基于 GDDR3 的 GPU 的存储器都是采用 DRAM 的技术实现的。

由于现代集成电路技术是一种平面技术，DRAM 被组织为以单个比特为存储单元的二维阵列（见图 38-8）。也许令人惊讶，DRAM 单元并不能单个地对某个位进行读写。在 DRAM 的界面中指定的对各个位的操作在内部实现时是对存储**块**的操作（在图 38-8 中存储阵列中的每一行均为一个存储块）。当读取某一位时，包含该比特的存储块中的所有的位均被转移到位于二维阵列边缘的存储块缓存区中。然后将要读取的比特从存储块缓存区取出并传送到发出请求的电路。向某一比特写入数据则分为三步：首先将相关存储块中的所有比特从存储单元阵列转移到存储块缓冲区；然后将块缓冲区中指定位的值更改为新值；最后将块缓冲区中的内容重新写回到存储单元阵列中。

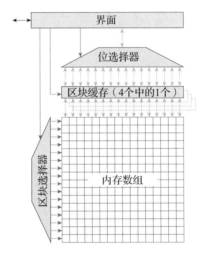

图 38-8　一个简化的 GDDR3 存储电路框图。为了更为清晰，我们将实际的存储容量（10 亿比特）简化为 256 位，组织成 16 个 16 位的存储块阵列（行）。到达块左侧的箭头指示出控制路径，而交汇于块缓存区顶部和底部的箭头为数据传送路径

虽然早期的 DRAM 将这一复杂性隐藏在一个简单的界面协议后，但现代的 DRAM 已公开了其内部资源和操作⊖。比如 GeForce 9800 GTX 采用的 GDDR3 中的 DRAM 包含了四个独立的块缓冲区，每一个缓冲区均可独立地从存储阵列加载，进行修改和重新写回阵列，在某些情况下也可以执行并发操作。因此，连接到 GDDR3 DRAM 电路并不仅仅是读取或写入比特，它实际上如同一个复杂的、优化的子系统对存储阵列实行管理。事实上，

⊖　注意时延仅影响内存的读取。在写入时则可通过管线并行化予以掩盖，如 38.4 节所述。
⊖　采用本章的术语，DRAM 结构在不断进化以更加密切地配合它的实现。

现代 GPU 的内存控制电路都很庞大，精心设计的子系统为整个系统的性能做出了重要贡献。

但是得到优化的是哪一方面的性能呢？实际上，DRAM 存储器控制器并不能同时最大化带宽和最小化时延。例如，可以对请求进行聚类使得涉及同一存储块的操作聚合在一起，从而最小化块缓冲区和存储阵列之间的数据传递，这样即可以牺牲一定时延为代价优化带宽。注意到现代 GPU 的性能常常受限于内存带宽，因此其性能优化也是偏重于带宽。这样带来的结果是总的内存时延——通过内存控制器到 DRAM，在 DRAM 内，再通过内存控制器返回到 GPU——可达（也确实达到）数百个计算周期。这一观察是我们的第二个硬件原则。

✓ **内存设计原则**：内存的主要挑战是访问时延和有限带宽。存储能力为第二位的问题。

GPU（如 GeForce 9800 GTX）处理这一（有时）巨大的内存时延的方式是下一小节讨论的主题。

38.6.3 应对时延

再来看看代码清单 38-2 列出的片段着色程序，不计入对 `tex1D` 指令的执行，这段着色程序的 9 次操作中，有 5 次浮点赋值和 4 次浮点乘法。同时，如果不考虑纹理插值，执行这段代码大约需要 10 个时钟周期，倘若 GPU 数据路径支持短向量操作的并行化实现，所需时间会更短（GeForce 9800 GTX 数据路径对此不支持）。可惜，即使 GPU 提供多个硬件来支持图像插值所需的计算（如 GeForce 9800 GTX 等很多现代的 GPU），由于从内存读取各纹理元素的值导致时延，基于纹理的片段着色程序的执行时间仍然可能达到成百上千个时钟周期。如果简单地实现这段着色代码，其性能会因为内存时延而降低到 1/10、1/100，甚至更多。

面对这种情况有三种可能的应对方式：接受它；采取进一步的步骤来解决存储时延；在等待内存处理时安排系统去做一些其他的事；当然后两种可以结合。

从工程的角度，可考虑接受非最优的情形。正如代码优化依据对性能的分析来引导，硬件优化的验证方式是其动态性能（真实场景）的显著提升。注意，如果绘制中基本上不涉及纹理插值，那 GPU 的最低性能几乎不受真实场景影响。但事实上，在现在的着色程序中纹理插值比比皆是，所以它的优化对 GPU 实现者至关重要，必须有所作为。

在优化内存控制器后，进一步减少存储时延的措施是采用缓存技术。简单来说，**缓存**是由不同大小的存储器组成的层次结构，是对各向同性的、大的存储系统（距离较远，高延迟）的补充和增强。最小的缓存位于离调用电路最近的地方，而最大的缓存则离它最远。所有的现代 GPU 都使用缓存技术实现纹理插值。但不同于 CPU（比如 Intel Core 2 Extreme QX9770）主要依靠其大的缓存系统（四层）来实现存储带宽和时延的双重优化，选择 GPU 缓存的大小时，着重考虑的是其提供的存储带宽能充分利用，不过对减小内存时延来说，它仍然太小。对减小时延这一重要问题的进一步讨论可参见稍后的 38.7.2 节。

因为采取前两种应对方式不能有效地解决时延问题，GPU（如 GeForce 9800）性能的提升主要依靠第三种方式，即在 GPU 等待内存返回值时执行一些其他的任务。这种技术称为**多线程**。其中一个线程是在执行任务时对动态的、非存储状态（如程序计数器和寄存器）进行修改。多线程的思想并不陌生，它与在 38.4 节讨论过的思想有一定关联。从该节中曾提到，可编程的顶点、图元、片段处理阶段均由单个计算引擎执行，这个计算引擎为多个任务所共享。多线程即为这种虚拟并行的代名词。当多个任务共享一个处理器时，当前正在执行任务的线程被存储在程序计数器和处理器本身的寄存器中(并被修改),而其他任务的线程则保存在**线程存储器**中(维持不变)。当改变当前正在处理器上执行的任务时,涉及两个线程之间的切换:将正在执行任务的线程从处理器复制到线程存储器中,随后,将要执行任务的线程从线程存储器复制到处理器中。

多线程的实现因采取的调度技术不同而有所区别。通过调度决定两件事:什么时候切换线程以及将哪一线程转变为活化状态。由于对常规顺序的线程循环地进行交错调度,这使得每个线程都能依次分配到固定数量的执行周期(尽管其数量不一定相等)。分时段调度则执行活动线程直到不能继续下去(它也许在等待一个依赖于外部的操作如读取内存,或者依赖于内部的操作如多周期 ALU 操作),这时便和下一个可运行的线程进行切换。在调度区中一直维持两个线程 ID 队列:分别为阻塞队列和可运行队列。当线程执行受阻时它的 ID 被添加到阻塞队列里。不再受阻的线程的 ID 则从阻塞队列移回可运行队列中,它们的状态亦同时改变。

GPU(如 GeForce 9800 GTX)采用交错调度和分时段调度的层次组合实现多线程。GeForce 9800 GTX 硬件可在零个时钟周期内完成阻塞线程的置换,即线程切换不耗费任何时钟周期。由于线程切换不涉及任何性能损失,GeForce 9800 GTX 循环遍历可运行队列里的所有线程,通过在每个时钟周期内的线程切换,实现了简单的静态负载平衡。不同类型的任务(顶点、图元、片段)之间的负载均衡是通过对在同一个核上执行的线程按不同类型任务的比例进行组合来实现的。每个线程组的负载平衡(正在执行的线程组中所含线程不能改变)可根据不同类型任务的队列深度对所含线程进行调整。

根据 DRAM 的容量标准,线程一般很小,大概 2000 字节(每个向量元素大约 128 字节)。这意味线程存储器中可存入大量的线程,然而实际上并非如此。以 GeForce 9800 GTX 为例,在其昂贵的片上存储器上,每个处理核最多存储 48 个线程。必须指出,存储时延是这样做的首要原因。为了在零周期内完成线程切换,对运行队列中线程访问必须做到实时。所以,线程存储器的时延必须非常低,而且必须在本地(事实上,GeForce 9800 GTX 存储器将所有的线程存储在单一的寄存器文件中。其中的线程完全不用换入或换出,而是根据将要执行的线程对寄存器的地址进行转移)。从广义上说,多线程只是填补 DRAM 的延时,但要让它占满相同的时延时间是不切实际的,所以线程存储器是一个昂贵而稀缺的资源。

线程存储器是一种稀缺资源,其容量大小对性能有很大的影响(当可运行队列为空时,处理器将处于停顿状态)。可减少线程存储需求的优化方法成为研究热点。接下来讨论两种优化方法,它们均为 GeForce 9800 GTX 所采用。

首先考虑线程的大小。由于寄存器的内容构成了线程状态的重要组成部分,倘若只保存和恢复处于"活跃"状态的寄存器的内容,则可明显减少线程的大小。原则上,在整个着色器执行阶段,寄存器的活动均可进行跟踪,因此线程存储器的使用取决于阻塞线程的程序计数器。在实际应用中,在着色器执行时,线程大小一直是固定的,以适应可能在执行的任一阶段调用的寄存器的最大数目。由于着色器的编译器是由 GPU 实现的(着色器的架构是作为一种高级语言的接口来说明的),GPU 不仅知道寄存器的使用峰值,而且可以通过编译优化来影响它。

线程大小之所以重要,是因为有限容量的存储器可存储的小线程要比大线程多,从而降低了运行队列为空和处理器停顿的可能性。尽管这一关系很容易理解,但让程序员感到不解的是:通过最小化执行长度(执行指令的数目)来优化着色器性能的努力,可能导致性能的下降而不是提升。一般而言，着色器长度（编译后指令的数目）和寄存器的使用之间需要进行权衡，也就是说，简短、高度优化的程序会比冗长、未经优化的程序使用更多的寄存器（这一优化结果与直觉相反）。现代 GPU 着色器编译器采用了启发式方法对这一需权衡的问题进行优化，但即使是有经验的程序员有时也会混淆。

另一种性能优化方法是加长线程运行时间，让运行队列一直保持多个线程。简单的调度器在线程对存储器进行读取时（或执行从存储器读取数据的命令，比如 tex1D 指令），如果它确信待读取的数据在下一个时钟周期尚未获得，则会阻止线程。但是在下一个时钟周期该数据可能并不必需——也许在该线程即将执行的数条指令均无须依赖该数据，直到执行再后面一条指令。当这种情形真的发生时，我们可采取一种称作**记分牌**（score boarding）的硬件技术进行检测，让线程继续执行，直到需要该数据，这样一来即可在运行队列中保持更多的线程来避免停顿的发生。一个好的编程习惯是：在编写串行代码时将执行时存在某种依赖性的代码尽量排在后面。着色器编译器已经过优化，不论代码的结构如何，均可检测出这种重新排序的机会。

尽管采用多线程的处理器核技术来掩盖存储时延是现代 GPU 的一个重要特性，但是这一技术在 CPU 的实现中已有很长的历史。CRAY-1 没有使用多线程，但是在 CRAY-1 之前的 CDC 6600，（60 年代初期的 Seymour Cray 设计）就使用了这一技术[Tho61]。它采用一个**寄存器桶**（barrel）联合实现流水线并行和多线程。该技术循环执行 10 个线程，每个线程处于 10 个时钟指令周期运行的不同阶段。Stellar GS 1000 是一个构建于 80 年代后期的图形超级计算机，在它的向量处理器上以循环方式执行四个线程，从而加速图形操作[ABM88]。IA-32 系列的大多数 Intel 处理器实现了"超线程"，这是一个 Intel 的多线程版本。

38.7　局部性

有一条共同的经验：程序常常花 90% 的时间来执行其中 10% 的程序代码。当然，这个 90/10 比率只是个近似值——比如在 John Hennessy 和 David Patterson[HP96]的测试报告中，运行代码所占百分率在 6%～57% 之间变化——但是它却暗示了一个基本事实，那就是计算不同的事件（诸如生成一个地址或转入一个分支），所引起的后续计算并不均匀。这些被视为随机变量的事件实际上对应不同的概率分布（指可能导致不同的后续计算）并具有依赖性（指这一概率分布会随着最近发生过的事件而变化）。

不公平的硬币测试固然不受欢迎，然而在计算中这种不均衡并具有依赖性的概率分布却是一个重要的机遇——系统的设计者们可以借此进行优化以显著提升系统的性能和效率。在计算机科学中，**"局部性"**这个术语描述了这种不均衡并具有依赖性的概率分布性质，在函数计算系统中常可观察到这种局部性。本节中我们将定义不同形式的局部性并研究系统设计者如何利用由此带来的效益。

38.7.1　访问的局部性

在把内存抽象为条目的有序数组时，即可发现在程序执行过程中存在两种访问模式。第一种是，最近访问过的条目有更高的概率被再次访问，这种性质称为**时间局部性**。第二种是，地址邻近的条目被访问的时间往往也是相近的。这条性质尽管也与时间相关，但它仍然被称为**空间局部性**以强调它可作用于多个条目。时间局部性和空间局部性一并称为**访问局部性**。

尽管访问局部性在所有的计算系统中都可观察到，系统的设计决策将强烈影响对局部性的开发。考虑读取指令的序列，在设计计算机时可以在每条指令上附加下一条待执行指令的地址，从而允许程序在执行时可跳转到代码中的任意位置。但这种方式从未被采用[⊖]。相反，设计人员普遍地选择按顺序执行指令，除非是程序中存在分支的情形。显然，这种选择直接提升了访问的空间局部性。由于大多数分支程序会导致一段短的指令序列被反复执行（即循环运行），按序读取指令还提升了访问的时间局部性。确实，这一选择重在保证指令访问的局部性，而不在数据访问的局部性（尽管设计者也试图去提升后者）。

由于 GPU 着色器代码通常比它们要访问的数据结构小很多，与指令读取的局部性相比，GPU 设计者更关心数据访问的局部性。一个极大影响 GPU 数据访问局部性的设计决定是如何将二维纹理坐标（给出二维纹理图像中各纹理元素的具体位置）映射为纹理元素数据存储位置的一维地址。在对一个小三角形光栅化生成的各片段进行纹理映射时，它们的二维纹理坐标通常聚集于纹理图像上的一个小区域。如果要访问的这些纹理元素的一维地址也聚集于一个小的存储区间中，数据访问的局部性会大为增强。

设 (x, y) 表示边长（纹理元素个数）为 w 的正方形纹理图像的二维整数坐标，a_0 表示纹理数据在内存中的基地址。那么一种显而易见的映射方式是按**光栅顺序**，即

$$a = a_0 + x + w \cdot y \qquad (38.1)$$

不过，式(38.1)仅当 y 取单一值时才会得到单个紧致的内存地址段。如果纹理元素片并不位于纹理图像中单一的扫描线上，不同的 y 值会各自形成小的地址段，而这些地址段之间相距数个纹理边长 w 的间隔。由于 w 可能很大（比如 1024 甚至 4096），整个纹理图像映射的地址集合就很不紧密了。

如果把式(38.1)所示的按光栅顺序映射改为**方块拼接**映射，就能极大地提高纹理图像访问的空间局部性。在该方式中，整幅纹理图像被合理地划分成若干小的方块，这些方块填满整个图像，彼此之间既无空隙也不重叠。方块拼接映射是分层的：首先按光栅顺序执行方块映射，然后在选中方块内按光栅顺序进行纹理像素映射。设 w_t 表示小的纹理方块的边长，具体映射方式可表示如下：

$$a = a_0 + w_t^2\left((x \div w_t) + \frac{w}{w_t}(y \div w_t)\right) + (x \oslash w_t) + w_t(y \oslash w_t) \qquad (38.2)$$

$\div$ 表示整除（截断余数，例如 $7 \div 4 = 1$)，而 $\oslash$ 表示去模除法，得到余数（例如 $7 \oslash 4 = 3$)。如果要访问的纹理元素全部位于单一方块中（也就是进行纹理元素的地址映射时，上式中只有后面两项有所不同），则空间局部性将提高 w/w_t 倍，这是因为各小的内存地址段之间的间距降为 w_t（在式(38.2)中最后一项乘以 y 的那个数）而不是 w（式(38.1)中乘以 y 的数）。减小纹理方块的边长会增加提升的幅度：把 2048×2048 的纹理图像划分成 8×8 的纹理元素方块会使空间局部性提高 256 倍！然而太小的方块将会使纹理元素片跨越多个方格的可能性增加，导致局部性下降。倘若纹理元素片的二维集合很小且被划分在竖直方向上相邻的两个方格内，其局部性甚至有可能低于光栅映射方式。系统设计的高超之处是在这类权衡中找到最佳的方案。一个聪明的解决方案是采取多层方块拼接，在方块内继续划分方块。当然这种方法也会受限于复杂度，因为层级深度的增加会引入另一个需要权衡的因素。

我们刚刚看到在实现 GPU 时是如何通过分块纹理映射来提高内存访问的空间局部性

⊖ 基于著者所知。但是执行指令序列部分随机化目前被作为一个安全措施使用，以防范计算机"黑客"的攻击。

的。也可以通过对 GPU 体系结构（它们的编程界面）的设计来提高这种局部性。例如，在 OpenGL 的编程界面中，每幅纹理图像都关联了其纹理重建的滤波模式，由 GPU 驱动程序根据其滤波细节（线性或是三次滤波）来选择适当的纹理拼接分块参数。而 Direct3D 界面在映射同一纹理图像时允许采用多种纹理插值模式。这些选择给程序员提供了更多的灵活性（可以将一幅单一的纹理图像用于不同的地方，而这些地方需要采用不同的插值方法），但却限制了从 GPU 驱动方面可实行的优化（例如，只能为纹理图像选择一个折中的分块拼接方案）⊖。

38.7.2　高速缓存

我们已经讨论了数据局部性的含义，也见过通过设计 GPU 架构和实现方式提高数据局部性的一些例子。现在，我们来看系统设计员如何通过开发数据局部性来极大提高计算系统的性能。

回顾 38.6.2 节，存储器系统设计者最为关注的两个指标：时延和带宽均与存储器容量负相关：容量较小的存储器具有较小的访问时延和较高的存取带宽，即它们比容量大的存储器具有更快的访问速度。由于访问对象的局部性，这意味着，对于给定的较短的时间窗口，大多数访问集中在少量的物理存储块，我们可以通过将这些块存储在一个更小、更快的存储器上来改进性能。可采取两种方式对外发布局部存储：显式方式和隐式方式。

显式方式直接在体系结构中列出局部存储，对其使用给予程序员完全的控制权。与主存储器系统（大容量）相比，显式局部存储（小容量）的地址只需较少的二进制位，在使用时可减少处理器指令流的比特率，并降低访问指定数据的时延，增加访问带宽。寄存器是显式局部存储的极端形式：仅需要非常小的地址，其带宽巨大，访问时延几乎可以忽略不计。图 38-3 中的显式**局部存储块**属于一种更典型的形式。因为这些存储器无论是在 OpenGL 或在 Direct3D 管线模型中均不可见，我们推迟到 38.9 节再讨论。

尽管在 Direct3D 体系结构中寄存器是显式的，但对它们的分配和使用决定于着色器的编译程序而不是程序员，原则上，编译程序也可以对其他局部存储器的使用进行管理和优化，但在实践中这部分工作留给了程序员。尽管程序员可对局部存储实施强大的管理，但它也是复杂、耗时且容易出错的，因此，通过一种架构内的低层机制（通常由硬件实现）对局部存储实施隐式和自动的管理更为理想。我们称这样的局部存储为**高速缓存**。

高速缓存拦截对主存的所有访问。如果请求的数据已保存在高速缓存中，它或立即返回数据（低时延）或是就地修改数据（对写请求的响应）。如果所请求的数据不在高速缓存中，先清除之前存在缓存中的部分数据，同时从主存中读取数据并保存到高速缓存中，然后或返回请求的数据（针对读请求，此时有高的时延）或是就地进行修改（针对写请求）。所有的这些操作都是隐式的，无须程序员干预，因此不会存在编程错误。但是程序员可以通过编码，最大化数据的局部性，来显著提升系统的性能，这是因为访问主存的代价是很高的。

与从主存读取数据相比，从高速缓存读取数据可以显著地降低时延。如果以读取主存数据的时延作为评价基准，两者间的差异是令人满意的：如果大部分请求的数据都在高速缓存中（称为**命中**），时延可大大减少。人们或许以为应以高速缓存命中时的时延作为评价基准，因为只有当高速缓存未命中率降为 0 时才能达到最佳性能。不幸的是，时延上的差

⊖　OpenGL 3.3 以及后续版本采用了 Direct3D 的方案，不再将纹理图像和插值模式绑定在一起。

距过大并非理想的选择，这是因为即使少量数据未命中也会明显提高其时延的平均值。例如，假设一台高速缓存未命中时的时延与命中情形相差 100 倍，则它的平均时延可能会由于增加 1% 的未命中率而翻倍。在实际中，仅有容量非常大的高速缓存的平均时延接近于这一命中时延。

高速缓存被组织成大小相等的单元，称为"**行**"，行通常比单个数据项要大得多。在处理器与高速缓存之间以单个的数据项为粒度进行数据传输：从高速缓存的某一行读取一个字并返回到处理器，或从处理器读取一个字节写入高速缓存相应的行。但高速缓存和主存之间则以高速缓存行为粒度进行数据传输。从主存中读出或写入主存的是整个缓存行。在选择高速缓存行的大小时使其与主存带宽保持一致，以保证数据的高效传输。例如，高速缓存行可与主存中的块具有相同的大小或至少为其中的大部分。当高速缓存的一个读请求未命中时需要从主存中下载一行，而空间局部性将确保这一行中大部分数据项（即使不是全部）将在被另一行覆盖之前被访问。在对高速缓存进行设计时，可以考虑不时地将一些高速缓存行写回主存（**回写高速缓存**），而不是在处理器向高速缓存写入一个数据项后再立即将该行写回主存（**直写高速缓存**），以最小化写入数据所占用的主存带宽，进而最大化读取数据的主存带宽。

从处理器的角度来看，高速缓存缓解了主存的两个关键问题：表观主存时延减少，表观主存带宽增加。如果高速缓存的容量可以任意大，原则上表观时延和表观带宽可以降低或上升到一个收益递减点（到达该点后，进一步的改进将不再继续提升处理器的性能）。在实践中，高速缓存的大小被限定为主存容量的一小部分，之后，高速缓存的性能对主存性能的影响变得迟钝。由于即使在非常低的未命中率下表观时延也将快速增加，GPU 的性能提升并不因内存带宽而受到影响（假设为典型的图形加载）。而表观主存时延则被多线程所掩盖（否则不可接受），如 38.6.3 节所述，而不是因为有超大容量的高速缓存。

如果着色器编程人员需用的内存带宽超过了现有的能力，可能会造成麻烦。例如，GPU 的纹理插值性能依赖于高度的数据局部性。如果这一假设得不到保证，例如，纹理样本的地址分布在不相邻的、相距甚远的纹理元素片段中，则在纹理插值时，可能需要将主存中大量的存储块传输到高速缓存中，从而导致着色器性能直线下降。纹理欠采样是造成这种情况的原因之一。因此，纹理走样不仅会恶化图像的质量，也会极大影响 GPU 的性能！读取关联纹理（调用 tex1D、tex2D 或 tex3D）时，如果其参数不是源于三角形插值的纹理坐标，也可能破坏甚至摧毁局部性。由此产生的后果是对关联纹理的查找变得缓慢，而这一功能是多年前可编程着色器首次实现就为 GPU 所支持的。

到目前为止，我们考虑的是单个高速缓存，但现代 GPU 通常配有两层高速缓存，而 CPU 则有更多层（3 层或 4 层）。按照惯例，它们被命名为 L1 缓存，L2 缓存，…，Ln 缓存，沿处理器朝主存方向顺序编号⊖。L1 缓存容量最小，不过其时延也最小，在设计时对 L1 缓存进行了优化，使它可与处理器进行良好的交互。Ln 缓存的容量最大，时延也最高，其优化目标是与主存进行良好的交互。随着存储器层次的增多，最坏情况下的时延也可能增加，这是因为各层缓存未命中率代价总和随之增加，但总体性能得到了改善。

在拥有多处理核的系统中，通常其高速缓存也是并行的。例如 GeForce 9800 GTX GPU 就为每对核配置了单独的 L1 高速缓存，并为每个存储体配置了一个单独的 L2 缓存（见图 38-4）。多 L1 缓存设计使得每个 L1 缓存仅与两个处理核紧密耦合。通过提高局部性

⊖ 有时候也非正式地使用缩略词 L1$，L2$，…，$Ln$$，如图中所示。

(让每个 L1 缓存在物理上更接近相应的处理核)以及降低访问冲突(每个缓存只接受少量处理核的访问请求)来降低时延。为每个存储体配备一个 L2 缓存可使每个缓存能将对主存相应部分的访问聚集起来。显式的局部存储也是并行化的——GeForce 9800 GTX 为每个核配置了单独的局部存储。

回忆一下,隐式局部存储的关键优势在于其编程模型非常简单和可靠。增加存储层级并不破坏这个模型:尽管一个单独的物理内存位置可为层次存储结构的多个层所缓存,但来自多个核的访问"看到"的内容是一致的,原因是系统对这些访问请求的处理也是一致的。然而并行的高速缓存(例如多个 L1 缓存)却会打破这个模型,这是因为它们对这些缓存的访问和更新都是独立的。因此即使是重复访问单一的物理内存地址,其结果也可能不一致。如果这种情况发生,存储系统的编程模型就不再连贯,与此同时,编程出现错误的概率就会飙升。

并行系统的架构师用如下三种方式之一来处理高速缓存一致性问题。

1) **一致性存储**:通过增加层次存储结构的复杂性来保证存储的一致性。高速缓存的一致性协议保证了对一个数据复制品的修改会立即(或在必要时)传播或转移到其他的复制品上。不过这种解决方案代价高昂,不仅会增加实现的复杂度,而且不可避免地会带来性能上的损失。

2) **不一致存储**:接受存储的不一致性——程序员必须应对由此引起的额外复杂性。从系统实现的角度这种解决方案花费较少,但却会导致编程效率上的降低。

3) **限制访问**:通过限制内存的访问方式,而不是通过增加层次存储结构实现的复杂度来保证存储的一致性。这一方式为 GPU 所采用,如 Direct3D 和 OpenGL 界面中所示。共享的存储(如纹理图像)只能读,因此不可能出现不一致性。而从并行处理核的视角来看,执行写操作的存储(如帧缓存器)只能写——对帧缓存的读-改-写操作(如深度缓存和混合操作)是由专用的"像素操作"电路直接在帧缓存器的物理存储上实现的(见图 38-4)。因此也不会出现不一致。

高速缓存是计算机体系结构中的核心概念,在本节简短的介绍中,我们只能触及其表面。诸如回收策略和组相关性等更多的内容则完全没有涵盖。建议有兴趣的读者精读本章末所推荐的书目。需要提醒的是,其中大部分文献是从 CPU 架构师的角度撰写的,而他们的经验和相关的视角与 GPU 架构师会有所不同。

38.7.3 分歧

38.4 节中曾提到有些 GPU,如 GeForce 9800 GTX 采用 SIMD 处理单元来实现 SPMD 编程模型。基于单一程序多数据编程模型编写的着色器程序,每个着色器如同独立执行,从而大大简化了程序员的工作。在单指令多数据的实现中,多种元素(如顶点、几何图元或像素片段)被整合为一个个短的向量,通过共享同一指令序列的多条数据通路并行执行。(GeForce 9800 GTX 有 16 个核,每个核都附有一个可以存放 16 个元素的有效向量。)

实现 SIMD 的动机是追求高效率:当多个数据通路执行同一指令序列时,可在同一硅单元面积上处理更多的数据通路,从而减少每条数据通路获取指令的带宽。例如,如果假设核执行的指令序列与一条数据通路的指令序列占据同样的硅单元面积,那么向量宽度为 16 的真并行 SIMD 核仅需占用 16 SISD 核的一半(17/32)$^{\ominus}$的硅单元面积,也就是说每单

$\ominus$ (16 条数据通路面积＋1 条指令序列面积)/(16 条数据通路面积＋16 条指令序列面积)。——译者注

位硅面积的峰值性能几乎翻倍。但是这样的性能提升仅当组装在每个向量中的元素都执行同样的指令序列才起作用。当它们需执行不同的指令序列时，也就是指令序列出现**分歧**时，这种高效率将不复存在。

当 OpenGL 和 Direct3D 首次发布 GPU 着色器编程功能时，着色器尚无条件转移指令。每个着色器执行的是同样的指令序列，而不管操作的数据元素是什么，所以分歧仅仅局限于在执行过程中着色器程序需进行切换的向量。然而，从那之后，GPU 架构开始支持对大数据块进行操作（如 Direct3D 中的顶点缓冲器和 OpenGL 中的顶点数组），而在操作过程中，不允许切换着色器程序。此外，在 GPU 实现中，通常按照先到先服务的原则对 SIMD 向量进行打包处理，如同滑雪者被送上升降缆车一样。因此，向量遭遇着色器程序改变的情形并不常见，所以分歧并非一个显著的问题。

现代 GPU 支持着色器中的条件转移，不过，程序员使用条件转移则会增加分歧的机会。在最差的情况下，向量中的每个元素各自执行一段完全不同的程序（例如，着色器程序等同于 C++ 中的 switch 声明，根据每一个元素的索引做出不同的选择），此时，彻底分歧，无任何并行可言。但更常见的情形是，向量元素共享一部分代码，预知这一情况的 SIMD 核将并行执行这一部分代码，此时并行度仅仅是有所降低。

图 38-9 通过一个简化的四元素向量核展示了一个典型的情形。着色器 A 包含一个条件转移，其中 no 分支需执行 2 步操作，yes 分支需执行 4 步操作。另外四步操作中有 2 步位于转移之前，2 步在转移之后，无论转入哪个分支这 4 步都得执行。在 B 所示的第一个例子中，所有 4 个元素都无转移，没有发生分歧。针对这种情况的预测是，对向量中的每个元素并行执行相同的 no 路径操作。因为任何一个元素都不需要执行 yes 路径上的操作，

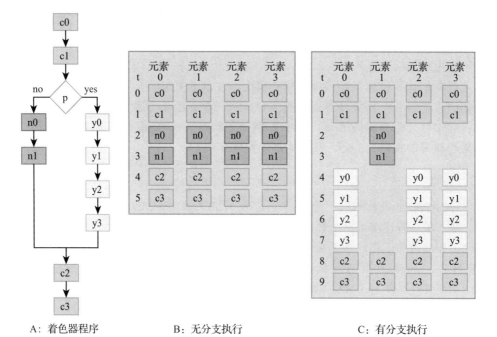

图 38-9　已经过预测的四元素向量核在有分歧和无分歧时的执行过程。每个元素都执行着色器 A 中的指令。着色器 A 包含 10 条指令，p 为分叉点。在 B 所示情形中，所有 4 个元素在运算中都没有转移，无分歧，仅需执行 6 步操作。在 C 所示情形中，元素 1 没有转移，但是其他的三个元素都执行 yes 分支。已经过预测的核分别执行 yes 和 no 分支来处理分歧情形，总共涉及 10 步操作

这些操作并没有占用指令周期。故整个着色器的执行仅需 6 个时钟周期。

在第二个例子(如 C 所示)中，一个向量元素的计算转入 no 分支，但是其他向量元素取 yes 分支。因为两个分支都有涉及，执行出现分歧。对这种情形的预测是，先对转入 no 分支的向量元素执行该路径上的每一个操作，然后对转入 yes 分支的另外三个向量元素并行执行 yes 路径上的每一个操作。因为所有的 yes 和 no 操作都被执行，着色器需要完整的 10 个时钟周期来完成上述过程。

显然，分歧降低了含预测功能的 SIMD 核的运算效率。我们采用计算**利用率**，即有用的工作占为该工作所设置的所有操作的比率，来估计这个损失。设 n 为向量的长度，i_{pred} 为预测的完成向量计算所需的指令步数，i_{seq} 为对各向量元素依序执行着色器程序所需的所有指令的总步数(如同在单一处理器上执行)。那么向量运算的利用率(u_{vec})为有用工作(i_{seq})占为这项工作所设置的所有操作总数($n \cdot i_{pred}$)的比率：

$$u_{vec} = \frac{i_{seq}}{n \cdot i_{pred}} \tag{38.3}$$

在例子 B 中，没有分歧，

$$u_{vec} = \frac{6+6+6+6}{4 \times 6} = 1.0 \tag{38.4}$$

这是最大可能的利用率值，表示完全利用。在例子 C 中，存在分歧，

$$u_{vec} = \frac{8+6+8+8}{4 \times 10} = 0.75 \tag{38.5}$$

表示部分利用。预测处理确保在每个时钟周期中至少对一个向量元素执行了一项操作，所以对于宽度为 n 的向量核，其最小的利用率为 $1/n$。最小的利用率通常发生在上面提到的 switch 分支情形中；当某一个向量元素的执行路径远远长于其他向量元素的执行路径时，利用率也会趋于最小。

利用率对计算性能做了直接的缩放，例 C 中的 0.75 利用率对应于 75% 的峰值性能，或者 33% 的额外运行时间(当向量中聚集许多元素时)。由于低利用率由分歧直接导致，所以理解分歧发生的可能性是很有意义的，这或许是最小化分歧的第一步。

让我们再次考虑一个含有一个条件转移的着色器。假设 p 是该分支转入 yes 路径的概率，$1-p$ 是转入 no 路径的概率。如果对每个向量元素，p 是独立计算的，也就是说，对 p 的计算不存在局部性，那么对于一个宽度为 n 的向量核，分歧发生的概率为：

$$p^n \qquad\qquad\qquad 无分歧，所有的元素都取 yes 路径$$
$$(1-p)^n \qquad\qquad 无分歧，所有的元素都取 no 路径 \tag{38.6}$$
$$1-(p^n+(1-p)^n) \quad 分歧，不同的利用率$$

除非 p 非常接近于 0 或接近于 1，分歧发生的概率会随着向量长度 n 而快速增长。例如，当 $n=4$ 时，对应于 $p=0.1$ 的分歧的概率是 34%，但当 $n=16$ 时，分歧的可能性就增长到 81%，当 $n=32$ 时为 97%，$n=64$ 时为 99.9%。甚至当 $p=0.01$ 时，看似很小的概率，但当向量长度为 64 时，分歧出现的概率几乎为一半(47%)。如果上述推论是正确的，那它可能会影响 GPU 的架构执行包含多个元素的向量的计算，但一般而言，情况并非如此。

实际上，对向量中各元素，p 的计算不是彼此无关的——它们趋于聚集到 yes 组或者 no 组。从时序上的局部性可做出如下预测：重复地调用表明同一代码分支被重复执行。计算机图形学的几何性质常会增强这一效应。考虑一个典型的例子：当三角形处于阴影中时 p 为真，其他时为假。实际上有一些三角形部分地位于阴影中，但除非表面剖分确实很粗，否则大多数三角形要么被完全照亮，要么完全在阴影中。在这些三角形光栅化生成的

片段流中，将有很多的像素片段具有相同的预测值。这些像素片段加载到 SIMD 向量机后分歧的概率会较小。

就像 GPU 设计者通过控制纹理像素到内存的映射方式来改进空间局部性一样（见 38.7.1 节），他们还通过控制光栅化过程中像素片段生成的顺序来提升空间局部性。实际上，像素片段流不是按照光栅化路径依序生成的，而是经常采用一个更复杂的二维路径（类似一条**空间填充曲线**，见图 38-10）。对于那些在帧缓存上投影区域较小的三角形，采用这个顺序并无多大区别。但对于大一些的三角形，这个顺序显著提高了它们所生成的片段在像素坐标系中的空间局部性。如同小三角形光栅化的情形，这个局部性可以有效减少 SIMD 执行中的分歧。另外，它还有利于提高纹理坐标的空间局部性，从而提高了纹理映射过程中对内存访问的局部性。

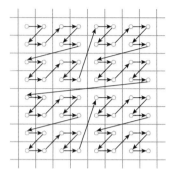

图 38-10   一段光栅化路径，显示出高度的二维空间局部性

38.8   其他组织方案

Direct3D 及 OpenGL 在一个相对较高的层次上给出了对 GPU 体系结构的说明，这给具体实现的人员留出了充分的创新空间。但这种空间并不是无限的，一些有吸引力的替代设计方案试图冲击甚至突破了此限制。本章考虑其中三种替代方案：延迟着色、分片绘制以及 CPU/GPU 混合绘制。这三种方案在以往的研究或产品系统中都实现过，有些已为当前的嵌入式或移动系统所采用，它们都具有良好的性质而可能成为未来绘制硬件系统的候选方案。

38.8.1   延迟着色

延迟着色的目标是只着色可见的样本，以最小化着色的开销[⊖]。由于 Direct3D 和 OpenGL 都采用 z 缓存算法在帧缓存中决定采样点的可见性，因此只能等整个场景都绘制后才被完全确定每个样本的可见性。这使得着色操作必须延迟到这一阶段之后，因而绘制过程被分成两个阶段：首先将整个场景绘制到帧缓存中，然后对帧缓存中的每个像素进行着色计算。此外，由于像素着色时需要访问多个参数（在光栅化阶段由插值得到，如表面法线、材质参数以及纹理名称等），它们的值也需要计算并存入帧缓存中。

除了减少着色的计算量，延迟着色还改善了着色计算的局部性。考虑下述实现方式：按横平竖直的方式将屏幕区域划分成若干像素方块，逐个方块进行着色计算。由于各个三角形常常跨越方块的边界，因此按单个方块延迟着色，将降低这些三角形着色计算的局部性。但若将若干三角形组合成一个像素块进行绘制，就会形成三维空间局部性，可用来优化光照计算。例如，在一个拥有许多光源的高照明场景中，可以忽略与当前着色区域块中的三角形相距很远的灯光。当场景中有数以千计的光源时，延迟着色在性能上的优势就凸显出来了。

延迟绘制面临的困难包括：

⊖   此处的着色只考虑入射到表面样本的直接光，而不考虑从其他表面反射来的间接光。这在高性能图形绘制中是常用的简化方法。

- **需占用额外的存储和带宽**：在帧缓存中为每个像素存储其着色所需的信息对存储及带宽都是一项很大的开销。采用索引方式对此会有所帮助：纹理信息可以采用引用方式；更进一步，整个着色器都可以通过引用来表示。但是诸如表面法向和插值求得的纹理坐标等参数与每个像素有关，需存储其具体值。而绘制时多变的存储需求则让情况变得更加复杂，况且在每个像素处最大的存储需求在绘制开始时并不易推断出来，故不管是 Direct3D 还是 OpenGL 都没有指定其上限。

- **不兼容多重采样反走样(MSAA)**：多重采样反走样是目前减小全景绘制中边缘走样的首选方法，但它需要在每个像素上存储多个颜色和深度的样本。例如，在每个像素保存四个样本的多重采样反走样会使帧缓存的存储需求扩大四倍。当它与延迟着色组合使用时，将使帧缓存已经繁重的存储需求又提升四倍。另外，着色计算量也将提高同样的倍数，从而抵消掉了多重采样反走样算法在每个像素只进行一次着色计算的核心优势。着色计算量的可能增加与存储量的必然增加，使得延迟绘制与多重采样反走样方法难以兼容$^{\ominus}$。

- **无法在着色器中指定可见性**：高性能绘制方法有时会对复杂几何体的可见性做某种近似，比如在绘制植物叶子时，会使用带透明度的纹理模版。但这种优化与延迟着色相矛盾，因为后者的目标是在着色之前就完全确定每个像素处的可见性。

与上述看似暗淡的背景相反，延迟着色却有一个意想不到的好结果。包括 GeForce 9800 GTX 在内的所有现代 GPU 都执行了一个名为 early z-cull 的优化算法。该优化算法可概述如下：在绘制一帧场景画面时，GPU 会在专用局部缓存中建立一个 z 值层级结构。用此 z 值层次结构去对光栅化生成的像素片段进行测试。如果不可见，则直接剔除(在着色之前)，如果可见，则存入帧缓存(并对 z 值层级结构中相关元素的值进行更新)。这只需要增加很小的额外存储空间，且不需占用主存带宽，却因延迟着色获得了很大的性能提升，尤其是当程序员以近似于从前到后的顺序提交场景数据的时候(即被绘制的物体离视点越来越远)效果更为明显。尽管对程序员来说对场景中的景物做从前到后的准确排序是个很大的负担，但生成一个近似的排序则容易得多，并且局部的排序错误所导致的代价也比较低(仅仅是性能略有下降)。另一个替代方案是将整个场景绘制两遍：第一遍关闭着色程序，仅构建整个场景的 z 值金字塔，第二遍时再启用着色程序精准地对可见的像素片段进行着色，以此完整地实现延迟着色。不过，early z-cull 并没有对包含数以千计光源的场景做计算局部性的优化，因此 GPU 架构师仍需继续研究真正实现延迟着色的方法。

课内练习 38.1：假设像素的深度复杂度是 n(也就是说，通过该像素的光线可能与场景中 n 个不同的表面相交，但只有最近的那个表面可见)，这些表面按随机顺序处理。而当我们采用 early z-cull 算法时，仅当像素片段比之前遇到所有片段更为靠前时才对其着色，那么在对此像素进行绘制的过程中，先后被着色的片段的数量其期望值是多少？

38.8.2 分片绘制

我们通常将光栅化定义为将屏幕坐标系下的几何基元直接转换为像素片段的过程。然而，将它们转换为大一些的屏幕区域分片，例如 $n \times n$ 像素大小的方形片，也是可以的。GeForce 9800 GTX 光栅器就是一个很好的例子——它输出 2×2 大小的**方形片**来简化纹理映射计算(参见 38.6.1 节)。分片绘制方法将光栅化分成两个阶段：第一个阶段输出中等

$\ominus$ 在撰写本章时，研究人员正在积极地研究与多重采样反走样兼容的延迟绘制算法。

大小的分片,例如每一片对应于(典型情况下)屏幕坐标系中 8×8、16×16 或 32×32 像素,第二个阶段再将每个方形片转化为像素片段。当然,方形片含有屏幕坐标系下的基元信息以保证第二阶段的光栅化能够生成正确的像素片段。

分片绘制将整个绘制过程分成了两个阶段,分别对应于光栅化的两个阶段。在第一阶段,对场景中的景物进行分片光栅化,对生成的方形片进行分类并存放到各自的桶中,每只桶对应于屏幕上一方形区域。只有在第一阶段完成后(即场景中所有几何基元均已光栅化为方形片并放入相应的桶中),第二个阶段才会开始。在第二阶段中对每只桶独立地进行处理,直至生成一个 $n×n$ 的像素片并存入帧缓存中。

分片绘制有几个吸引人的性质:

- **局部存储**:可绝对保证帧缓存数据的连贯性,分片绘制时仅访问当前方形片内的像素,对像素的处理限制在局部存储内,而不涉及主存,从而节省了能耗和主存周期,这使分片绘制成为移动设备上有吸引力的绘制方案。
- **对整个场景反走样**:前面曾提到,多重采样反走样需要在每个像素处存储多个颜色和深度样本。增加样本数有助于提高绘制的质量,但倘若在整个帧缓存上进行这种绘制,则所需的存储和带宽将变得非常昂贵。而如果将绘制限制在一个小的方形片上,上述算法则很经济。事实上,更为高级的绘制算法,如独立于排序的透明表面绘制,只要合理地使用局部存储,也可得到支持。
- **延迟着色**:每次仅在一个小的方形片上进行绘制突破了延迟着色的关键限制(指延迟着色对存储容量和带宽的过度需求,以及与多重采样反走样方法的不兼容性)。

虽然分片绘制的优点具有很大的吸引力,然而目前没有 PC 上的 GPU 实现它$^{\ominus}$。其根本原因是分片绘制与 Direct3D 及 OpenGL 定义的绘制流水线架构相差太大——我们称其为**抽象距离**过大。典型的后果是,过大的抽象距离导致其产品呈现出混乱的性能特征(预期执行很快的操作会变慢,而预期很慢的操作却变得很快)或稍许偏离规定的操作。遭遇到的实际问题如下:

- **过度的时延**:早期的分片绘制系统,如在北卡罗莱纳大学教堂山分校开发的 Pixel-Planes 5 系统,其时延增加了一整帧时间。
- **多遍绘制操作性能变差**:虽然 Direct3D 和 OpenGL 可支持先进的多遍绘制技术,但实现分片绘制时,每一最终帧需要多次执行两遍操作。以绘制曲面上的镜面反射像为例:绘制在反射像中可见的场景,将绘制生成的图像作为纹理加载,绘制曲面,并在曲面上映射经适当变形的纹理图像。对于上述操作,一些采用分片绘制技术的系统不予支持;其他系统虽然支持,但性能很差。
- **不可控的存储需求**:尽管分片绘制将对像素存储量的需求限制在一个方形片内,但是放置方形片的桶对存储的需求将会随着场景复杂度而增长。无论 OpenGL 还是 Direct3D 都没有对场景复杂度设立限制,因此一个完全可靠的实现需要无限的内存(显然这是不可能的)或必须引入对复杂度的限制以应对有限的桶存储无法处理的情况。

上述这些困难足以将分片绘制挡在主流 PC GPU 之外。但是近来在 GPU 实现上的新趋势,尤其是分时共享单个计算引擎来实现绘制流水线中所有的着色阶段,也许会克服上面所述的某些困难。

$\ominus$ 低端的 Intel GPU 以前实现过分片绘制,但是现在则没有了。(本书出版后,出现了采用了分片绘制技术的 PC 显卡。——译者注)

38.8.3　Larrabee：GPU 和 CPU 的混合体

2008 年，Intel 发表了一篇技术论文[SCS⁺08]，介绍了一种即将推出的 GPU，它的代号为 Larrabee。尽管该产品从未发货，具体原因我们稍后会简要加以讨论，它仍然是一次将 Intel CPU 的思想和有竞争力的 GPU 整合成一款引人注目产品的认真的尝试。我们将在本节不长的篇幅中分析这个混合型 GPU，首先把它的实现方式和体系结构与 NVIDIA GeForce 9800 GTX GPU 和 Intel Core 2 Extreme QX9770 CPU 做对比，然后考虑由此导致的优势和弱点。我们先考虑其具体实现，请参见图 38-11 中的 Larrabee 实现框图，图的绘制方式和图 38-4 中 NVIDIA GeForce 9800 GTX 的框图保持一致（尽可能一致）。

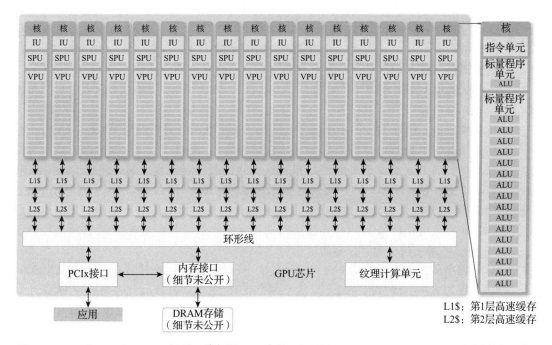

图 38-11　Intel Larrabee GPU 框图。请与图 38-4 中的 NVIDIA GeForce 9800 GTX GPU 框图进行比较

在几个关键方面上 Larrabee 的实现更类似于 NVIDIA GeForce 9800 GTX GPU，而不是 Intel Core 2 Extreme QX9770 CPU。

- **多核**：Larrabee 以及 GeForce 9800 GTX 实现的框图主要由多个处理核组成。虽然 Larrabee GPU 核的数量从未公布，但据知它至少包含 16 个核，这个数目达到甚至超过了 GeForce 9800 GTX，并且远远超过了 Core 2 Extreme QX9770 的四核。此外，就像 GeForce 9800 GTX 的核那样，Larrabee 核的设计也是最大化每单位芯片面积的性能（也就是整体的 GPU 性能），Core 2 Extreme QX9770 CPU 核的设计则是最大化每个核的性能（以整体的性能为代价）。
- **宽向量**：Larrabee 和 GeForce 9800 GTX 的核都包括宽 SIMD 单元：对于 GeForce 9800 GTX，$n=8$（虚拟化后为 $n=16$），而对 Larrabee，$n=16$。两个 GPU 的核都为预测功能提供硬件支持，为每个向量元素提供单独地址的电路，以便数据可高效地**聚集**到向量中以及**返回**到主存。相反，Core 2 Extreme QX9770 CPU 实现的是窄向量（$n=4$），不支持数据的高效聚集/分散或预测。

- **纹理计算**：两个GPU都设有专用的固定功能单元来支持纹理计算；而CPU则不提供相应支持。

除了这些重要的相似性之外，在一些方面Larrabee与GeForce 9800 GTX的实现也存在区别，从这些方面可看出Larrabee继承了CPU的一些特性：

- **专门的、固定功能的硬件**：除了纹理计算单元之外，Larrabee省去了GeForce 9800 GTX的很多固定功能单元，包括顶点生成、图元生成、片段生成（光栅化）、任务排队与分发以及像素操作。
- **时延隐藏**：如同Core 2 Extreme QX9770 CPU，Larrabee更为依赖于它的大容量、层次化的高速缓存来掩盖访问内存的时延⊖。每个Larrabee核只支持4个线程，与之对应的是GeForce 9800 GTX可支持48个线程的多线程并发⊖。
- **缓存一致性**：Larrabee层次式的缓存需要确保完全一致性，就像Core 2 Extreme QX9770 CPU的缓存一样（而且代价更高，因为在层次式缓存中Larrabee每层缓存的数量至少是Core 2 Extreme QX9770 CPU的四倍）。而GeForce 9800 GTX没有实现缓存一致性。

Larrabee的强大实现能力与GeForce 9800 GTX GPU并列，但在体系结构上并非如此，在这一方面它与Core 2 Extreme QX9770 CPU更为类似。

- **指令集架构**：Larrabee和Core 2 Extreme QX9770的计算核共享Intel的IA32指令集架构（ISA）（Larrabee的ISA增加了向量指令）。而GeForce 9800 GTX核是可编程的，它的ISA隐藏于OpenGL和Direct3D的着色器语言后面。虽然Larrabee和Core 2 Extreme QX9770均可通过编程来支持OpenGL和Direct3D，事实上Intel的工程师已将这两套API移植到了Larrabee上（采用分片绘制方法！），但是这两套API并不是由硬件体系结构直接支持的。确实，没有任何证据表明这两个类似于CPU的体系结构中包含绘制管线模型。
- **单一程序多数据流**：就像Core 2 Extreme QX9770 CPU一样，在ISA中Larrabee核呈现为可执行向量指令的标量核。每个核有17个计算单元：对应一个标量与16个向量元素。程序员使用标量和向量指令的组合来显式地管理控制流（整个核使用一个程序计数器）和对数据的向量操作。预测处理也是显式的——程序员操纵一个掩码来控制进入指定分支的向量元素。而GeForce 9800 GTX则将这些复杂的运作隐藏在它的SPMD体系结构中，它允许程序员将对每个向量元素的计算视为一个独立的执行单元，具有完整控制流（具有自己的程序计数器）和数据操作能力。

相对于GeForce 9800 GTX的SPMD体系结构，Larrabee的类CPU体系结构具有一些重要的优势：

- **灵活性**：Larrabee可以同样的效率执行任意的图形算法，这是因为它并非针对特定的算法而优化。而GeForce 9800 GTX则是专为图形绘制管线优化的。
- **通用性**：在执行任意的非图形学算法时，Larrabee同样高效。
- **适用性**：如同Core 2 Extreme QX9770，Larrabee可以运行系统层次的程序，甚至是操作系统。而GeForce 9800 GTX则不能。

⊖ Larrabee的高速缓存包含64K字节的一级缓存与256K字节的二级缓存。而NVIDIA没有公布GeForce 9800 GTX的对应缓存数据，不过它们肯定要低得多。

⊖ 有一个用来隐藏时延的**软纤程**（fiber）技术——显式地把多线程指令序列编写成单线程的代码。然而由于它无法实现GPU中并行块的调度，因此效率较低。

不过 Larrabee 的灵活性、通用性和适用性是有代价的：它的编程比对诸如 GeForce 9800 GTX 这样的传统 GPU 的编程要困难得多。并且，尽管 Intel 的专家们精心编程，但基于 Larrabee 实现的 OpenGL 和 Direct3D 平台其性能表现明显低于更具竞争力的传统 GPU。当然，Larrabee 更通用的体系结构(ISA 对 GeForce 9800 GTX 的 SPMD)对此有所帮助，然而根本原因在于 Larrabee 的实现中缺乏对图形算法的专门考虑。尽管所有的图形算法都可以在通用的向量计算核上运行，但对有些算法而言这样做的效率会很低。传统 GPU，如 GeForce 9800 GTX，针对这种情况进行了优化。图形学中那些独立、逐元素且含有丰富语义(由应用确定，可编程)的操作，例如对于顶点、图元和片段的操作，均由数据并行的向量处理核完成，而与绘制管线相关带有内在固定语义算法，例如光栅化(片段生成)则采用专门的固定功能的计算单元来实现。

固定功能的计算单元可通过多种途径提高效率：

- **高效并行化**：专用的硬件可以高效地并行化那些并非天然数据并行的算法。
- **正确的配置**：当算法由面向任务的专用硬件实现时，可以对诸如数值表示及精度之类的算法参数进行优化。例如，8 位整数的乘法对硬件的要求不到 32 位浮点数乘法的十分之一。
- **序列优化**：当算法由专用硬件实现时，每一步均由严格符合计算(例如两个值的加法)需求的硬件来实现，而不是消耗核中计算单元的全部计算能力(加、减、乘、除等)。此外，对算法步骤序列的管理也使用专用的硬件(例如简单的有限状态机)，而不是在核的通用指令单元(这些单元的存储型程序模型会占用大量的内存带宽与层级缓存)上运行的管理程序。

这些优点合在一起所导致的节省是显著的。例如，所有的现代 GPU 都设有专用硬件进行视频解码[⊖]。尽管可以使用通用的数据并行核进行视频解码，但有报道表明，由专门设计的单元实现时，其消耗的功率仅为通用核的 1/100，这使便携计算机在播放电影时不会很快耗尽电池。使用固定功能的硬件来执行图形绘制管线不同阶段的任务也可获得类似的节省率。

Larrabee 的设计者并非不知道这些优势，例如在执行纹理计算时选择采用特别定制的固定功能单元。但是总的来说，他们所设计的 GPU 实现方式从面向特定用途转向通用性，意在以现有应用(例如 OpenGL 和 Direct3D)上的性能损失来换取在新领域中的性能提升。这些新领域包括新的图形流水线或非图形绘制算法。在竞争激烈的市场中，虽然在新应用上的良好表现会令人瞩目，但在现有应用上所呈现的稳定性能表现也至为重要。对于这款缺乏市场竞争力的 GPU，Intel 最终选择了放弃。

38.9 GPU 作为计算引擎

正如我们已看到的，像 GeForce 9800 GTX 这样的现代 GPU 采取大规模并行方式，通过具有固定功能和可面向应用编程的绘制管线，调用数以百计的 GFLOPS 来绘制 3D 图形。

由于 GPU 的峰值性能比 CPU 高出很多(见 38.2 节)，且 GPU 各可编程阶段所采用的单一程序多数据流架构很容易发挥其峰值性能(见 38.5 节)，这无疑推动了程序员将他们的非图形程序从 CPU 导入 GPU，以获得加速。在本章结束前，我们对这些工作做一个简短的讨论。

⊖　这一硬件不在本章的讨论范围内。

从 GPU 出现开始,一些极具创造力的程序员就力图将非图形算法导入 GPU。在 GPGPU(在 GPU 上执行通用计算)的标题下,这些工作成为 90 年代末的一个重要趋势。这一趋势的主要推动力是由于可编程着色器在单芯片 GPU(几乎无处不在)上的普及,例如 NVIDIA 高性能显卡安装在 GeForce 9800 GTX 上。

适合大量数据并行(见 38.4 节)的算法可采用着色器来执行**内核**计算而从 CPU 移植到 GPU。例如,图像处理中的滤波器内核是计算邻近像素值的加权平均,作为当前像素的输出值。要运行着色器(即执行算法),先将原始数据作为 2D 纹理加载,然后绘制映射该纹理的 2D 矩形,将绘制结果输出到帧缓存。随着时间的推移,研究人员逐渐确定了一些数据并行表示,可适用于原本认为并不属于数据并行的算法(例如数据排序),从而使得 GPGPU 适用范围更加广泛。

随着 GPGPU 的日益普及,为了更好地发挥 GPU 的通用计算能力,又开发出了新的架构。这方面的例子包括 OpenCL、微软的 Direct Compute 和 NVIDIA 的 CUDA。这些架构都保持了传统流水线架构下的 SPMD 编程模型(即着色器),采用相同的多线程 SIMD 内核。然而,都省去了图形绘制管线和许多固定功能实现方式,而呈现出一个单一的计算流程。此外,还添加了更适合通用计算的机制,如可直接执行的命令(不再需要先光栅化一个矩形以执行由着色器实施的内核计算)和显式定义的本地内存(参见 38.7.2 节)等。通用计算架构对 OpenGL 和 Direct3D 而言是一个备选方案,而不是替代。有些架构还支持 GPU 上的互操作,即允许单个 GPU 同时计算和显示数据,而无须在 GPU 和 CPU 之间来回传送中间数据。

在十年的发展中,GPGPU 走过了很长的路。当今世界上最快的超级计算机使用 GPU 作为其主要的计算引擎,所处理的应用从对冲基金的管理到量子物理的计算。尽管 GPU 永远都不会取代 CPU,但是一种源自 GPU 和 CPU 技术,类似于英特尔 Larrabee 原型的新的计算架构将会定义计算机体系结构的未来。

38.10 讨论和延伸阅读

图形硬件设计是一种非常特殊但十分重要的计算机体系结构设计。任何想要更为深入地学习这方面内容的读者应当首先阅读由 Hennessy 和 Patterson [HP96]写的经典著作,该书对本章中的内容做了更为详细的分析和权衡。

即使你并没有想去设计下一款 GPU,熟悉一些有关体系结构方面的知识对你无疑是有益的,它能使你更好地理解这些方面如何影响你对 GPU 的使用。一个好的出发点正如 Ulrich Drepper 所说:"每个程序员都应该熟悉内存"[Dre07]。

多年来,计算机在多个方面得到了极大的改善——处理器内核速度更快、带宽更大、网络速度更快、内存更大而且更加便宜——其中许多改进都遵循指数规律,即经典的摩尔定律。但是所有都呈指数增长的情况下掩盖了一个非常重要的事实,这些指数增长中的指数常数是不同的。例如,GPU 比 CPU 增长速度更快。即使在 GPU 这样的硬件设备中,不同的指数常数会带来完全不一样的发展前景。如果你想了解 GPU 在未来将如何改变,这些不同的指数常数(以及指数增长停止时最终达到的高度)将会成为重要的预测依据。

38.11 练习

38.1 回想一下,以年度 r 的增长率增长 y 年会带来 $t = r^y$ 的累积增长(见 38.2 节)。例如每年 1.5 倍的年度增长率 5 年后将带来 $7.59 = 1.5^5$ 的累积增长。试推导一个公式,将 r 表示为 y 和 t 的函数。

使用此公式计算十年累积增长到 10 倍、100 倍、1000 倍所需的年增长率值。

38.2　精确的性能测量是了解体系结构执行情况的好方法，也是你调整图形程序的必备条件。使用 Direct3D 或 OpenGL 编写一个程序，初始化图形绘制管线状态，按照设定的次数执行一项简单的绘制任务，并返回每次迭代所用的时间。使用此程序来测量绘制不同大小三角形的速率。是否存在这样一个尺寸值，当三角形大小低于此值时，绘制性能无明显变化？如何解释此现象？

以下为实现精确性能测量的几点提示：

- 不管是 Direct3D 还是 OpenGL 都没有提供计时器。因此必须学习操作系统中的相关命令。
- 为了得到精确的计时，必须在开始计时以及停止计时前清空 GPU。OpenGL 为此提供了 glFlush()命令。为什么这一点很重要？
- 在计时测试期间不要交换缓存区。
- 在计时测试期间不要运行其他应用程序。
- 重复运行测试程序以获得一致性的结果。

考虑一下其他影响测量的因素。

38.3　使用先前练习中开发的框架来检测性能与数据连贯性之间的关联度。使用线性图形插值，将一张 1024×1024 的纹理图像映射到一个 256×256 的三角形上。当纹理像素到屏幕像素以 1 对 1、2 对 1、4 对 1 方式进行映射时，比较其实现性能上的差异。如果性能上无差别，那么通过使用多重纹理增大对存储带宽的需求，直到发现性能上的差异为止。基于你的实验结果，对存储带宽峰值做一个估计。如果可能，把你的估计值和你所使用的 GPU 官方公布的带宽值做一下对比。

38.4　在 38.8.2 节中曾提到，目前的趋势是使用一个单一的、分时共享的计算引擎来执行着色绘制管线的所有流程，用以克服某些困难。具体可克服哪些困难？相关情形是怎样得到改善的？

38.5　未采用分片光栅化模式的延迟着色的一个困难是它需要在帧缓存中存储法线和纹理坐标等通过插值得到的参数(见 38.8.1 节)，因而需要大量的存储空间。这些大存储量、逐像素的数据块是否可以如同对纹理图像和着色器那样，采用引用来替代？请提出解决方案。并将此方案的存储需求和逐像素存储进行比较，请合理假设帧缓存的尺度、数值表示方式、每帧画面中的三角形数量以及投影后三角形的平均尺寸等参数。

推荐阅读

计算机图形学原理及实践（原书第3版）（基础篇）

作者: [美] 约翰·F. 休斯　安德里斯·范·达姆　摩根·麦奎尔　戴维·F. 斯克拉

詹姆斯·D. 福利　史蒂文·K. 费纳　科特·埃克里　译者: 彭群生 刘新国 苗兰芳 吴鸿智 等

ISBN: 978-7-111-61180-6

计算机图形学原理及实践（原书第3版）（进阶篇）

作者: [美] 约翰·F. 休斯　安德里斯·范·达姆　摩根·麦奎尔　戴维·F. 斯克拉

詹姆斯·D. 福利　史蒂文·K. 费纳　科特·埃克里　译者:彭群生 吴鸿智 王锐 刘新国 等

ISBN: 978-7-111-67008-7

　　本书是计算机图形学领域久负盛名的经典教材，被国内外众多高校选作教材。第3版全面升级，新增17章，从形式到内容都有极大的变化，与时俱进地对图形学的关键概念、算法、技术及应用进行了细致的阐释。为便于教学，中文版分为基础篇和进阶篇两册。

　　主要特点:

　　◎ 首先介绍预备数学知识，然后对不同的图形学主题展开讨论，并在需要时补充新的数学知识，从而搭建起易于理解的学习路径，实现理论与实践的相互促进。

　　◎ 更新并添加三角形网格面、图像处理等当代图形学的热点内容，摒弃了传统的线画图形内容，同时关注经典思想和技术的发展脉络，培养解决问题的能力。

　　◎ 基于WPF和G3D展开应用实践，用大量伪代码展示算法的整体思路而略去细节，从而聚焦于基础性原则，在读者具备一定的编程经验后便能够做到举一反三。

推 荐 阅 读

增强现实：原理与实践

作者：[奥] 迪特尔·施马尔斯蒂格 [美] 托比亚斯·霍勒尔 译者:刘越 ISBN: 978-7-111-64303-6

增强现实：原理与实践（英文版）

ISBN: 978-7-111-59910-4

随着真实世界中计算机生成的信息越来越多，增强现实（AR）可以通过不可思议的方式增强人类的感知能力。这个快速发展的领域要求学习者掌握多学科知识，包括计算机视觉、计算机图形学、人机交互等。本书将这些知识有机融合，严谨且准确地展现了当前颇具影响力的增强现实技术和应用。全书从基础理论、核心技术、系统架构和领域应用的角度深入浅出地介绍增强现实的相关知识，实现了理论与实践的有机融合，适合开发者、高校师生和研究者阅读。

本书要点：

- 显示：涵盖头戴式显示器、手持式显示器和投影式显示器等。
- 跟踪/感知：包括物理原理、传感器融合以及实时计算机视觉等。
- 标定/注册：实现可重复、精确且一致的操作。
- 真实和虚拟物体的无缝融合。
- 可视化：使信息的呈现更直观、更容易理解。
- 交互：从简单的情境信息浏览到全面的三维交互。
- 通过增强现实创建新的几何内容。
- AR的表示和数据库的开发。
- 具有实时、多媒体和分布式元素的AR系统架构。

推荐阅读

数字图像处理（第3版）

作者：姚敏 等 ISBN：978-7-111-57596-2

本书是基于作者在浙江大学讲授数字图像处理课程的经验，并在第2版的基础上结合数字图像处理领域的发展修订而成的。除了涵盖数字图像处理的基本理论和技术，还结合作者的工程、科研经验列举了大量实例，有助于读者提高理论与实践结合的能力，达到学以致用的目的。

本书内容全面，既包括数字图像处理的基本理论、主要技术，又涉及相关领域的最新进展，为初学者展示数字图像处理的全景。

本书坚持理论联系实际的编写方针，既注重理论分析，又关注关键算法的MATLAB实现，力求做到理论分析概念严谨、模型论证简明扼要、实例演示清晰明了。

本书结合当前数字图像领域的研究热点，新增了图像语义分析方面的内容，包括图像语义分割、图像区域语义标注、图像语义分类等主题，为读者进行后续学习和研究打下坚实基础。

数字图像处理原理与实践（第2版）

作者：全红艳 王长波 ISBN：978-7-111-57290-9

本书是在作者多年图像处理的研究和实践基础上编著而成，主要讲述了数字图像处理的基本概念、方法、原理及应用，叙述过程中始终贯穿实践这个主题，真正做到了理论与实践并举，旨在为提升读者的创新意识和实践能力奠定坚实的基础。

○ 理论与实践相结合，使算法理解与应用相得益彰。

○ 适用于理论教学，知识点讲述深入浅出，便于理解和掌握。

○ 适用于工程开发与设计，提供了大量的代码，有利于指导工程实践。

○ Opencv、Matlab以及C++三种实现方法，应用领域广、实用性强。

○ 配以丰富的实例，有助于读者深刻理解图像算法，巩固所学技能。